W. KÜKENTHAL · E. MATTHES · M. RENNER

Leitfaden für das Zoologische Praktikum

Leitfaden für das Zoologische Praktikum

Begründet von WILLY KÜKENTHAL
Fortgeführt von ERNST MATTHES

16. Auflage

neubearbeitet von

DR. MAXIMILIAN RENNER

Professor am Zoologischen Institut
der Universität München

Mit 219 Abbildungen

GUSTAV FISCHER VERLAG · STUTTGART
1971

1. Auflage 1898
2. Auflage 1902
3. Auflage 1905
4. Auflage 1907
5. Auflage 1911
6. Auflage 1912
7. Auflage 1918
8. Auflage 1920
9. Auflage 1928
10. Auflage 1931
11. Auflage 1944
12. Auflage 1949
13. Auflage 1953
14. Auflage 1959
15. Auflage 1967

ISBN 3-437-20081-x

Druck Offizin Andersen Nexö, Leipzig
Einband Sigloch, Künzelsau
Printed in Germany

Vorrede zur ersten Auflage

Das zoologische Praktikum, wie es gegenwärtig an den meisten Hochschulen gehandhabt wird, beschränkt sich nicht auf zootomische Übungen an einigen wenigen einheimischen Typen, sondern stellt ein *praktisches Repetitorium der Grundtatsachen der Zoologie* dar, indem das zu untersuchende Material allen Tierstämmen entnommen und auch das *Mikroskop* als Hilfsmittel herangezogen wird. Die Anfertigung leichter mikroskopischer Präparate wird dem Praktikanten überlassen, während schwierigere, wie z.B. Schnitte, als fertige Präparate gegeben werden. Was die Beschaffung des Materials betrifft, so sind *marine Formen* von den zoologischen Stationen in Neapel, Rovigno, Helgoland usw. jederzeit zu billigen Preisen erhältlich.

Wohl überall dürfte es sich als zweckmäßig herausgestellt haben, diesen für Anfänger bestimmten praktischen Übungen in einem kurzen Vortrage eine zusammenfassende Übersicht über das zu behandelnde Thema vorauszuschicken, denn in den meisten Fällen wird der Anfänger bei der Kürze der zu Gebote stehenden Zeit und der mangelnden Übung, nur einzelne, leichter präparierbare Organsysteme in oft sehr verschiedener Reihenfolge sich zur Anschauung bringen können.

Von diesen Gesichtspunkten aus ist vorliegender «*Leitfaden*» geschrieben worden. In zwanzig Kapiteln habe ich den Stoff derart angeordnet, daß jedem *speziellen Kurse* eine *allgemeine Übersicht* vorausgeht. Zahlreiche eingestreute *Notizen technischen Inhaltes* sollen das Buch auch für das *Selbststudium* geeignet machen, natürlich nur in Verbindung mit einem der modernen Lehrbücher der Zoologie. Als Hilfsmittel zur sofortigen Orientierung sollen die kurzen, kleingedruckten «*Systematischen Überblicke*» der Stämme des Tierreiches dienen.

Besonderen Wert habe ich auf die Abbildungen gelegt, welche, soweit sie neu sind, sämtlich nach eigenen Präparaten gezeichnet worden sind, einige von mir selbst, der größere Teil aber von meinem Schüler Herrn TH. KRUMBACH und Herrn A. GILTSCH. Beiden Herren bin ich für das Interesse und die Sorgfalt, welche sie auf ihre Aufgabe verwandten, zu großem Dank verpflichtet.

Manchen wertvollen Wink gab mir die langjährige praktische Erfahrung meines verehrten Lehrers Prof. HAECKEL, und auch meine anderen Jenenser Kollegen haben mich verschiedentlich unterstützt. Ganz besonderen Dank schulde ich meinem Freunde Prof. A. LANG in Zürich für die kritische Durchsicht der Korrekturbogen, und schließlich möchte ich auch nicht verfehlen, das liebenswürdige Entgegenkommen des Verlegers, Herrn Dr. FISCHER, dankend hervorzuheben.

Vielleicht darf ich mich der Hoffnung hingeben, daß auch die Herren Fachgenossen mir ihre Ausstellungen und Vorschläge zu Verbesserungen werden zukommen lassen.

Jena, den 20. Juni 1898

W. KÜKENTHAL

Vorrede zur neunten Auflage

Der Aufforderung des Herrn Verlegers, KÜKENTHALS Leitfaden für das zoologische Praktikum neu herauszugeben, bin ich gern nachgekommen. Einmal aus alter Anhänglichkeit an meinen verewigten Lehrer, dann aus der Überzeugung heraus, daß dieser seit Jahren vergriffene Leitfaden nach wie vor ein unentbehrliches Hilfsmittel für den zoologischen Anfangsunterricht darstellt.

Den Grundcharakter des Buches glaubte ich unverändert lassen zu sollen. Von verschiedenen Seiten wurde zwar der Wunsch geäußert, auch die Physiologie im «Kükenthal» zu ihrem Recht kommen zu lassen. Ich konnte mich nicht entschließen, dem Buche auf diese Weise einen zwiespältigen Charakter aufzuprägen. Physiologische Praktika haben wir jetzt genügend, und ihre Zahl wird sich voraussichtlich in den nächsten Jahren noch vermehren. Aufgabe des «Kükenthal» ist in meinen Augen, dem Anfänger die unentbehrliche morphologische Grundlage zu geben. So wurde lediglich mehr als bisher darauf geachtet, bei Erwähnung eines Organes seine Aufgabe kurz anzugeben.

Während also der Grundcharakter des Buches erhalten bleiben konnte, mußte im einzelnen außerordentlich viel abgeändert werden. In manchen Abschnitten, namentlich in den «Allgemeinen Übersichten», ist vom alten KÜKENTHALschen Text so gut wie nichts stehengeblieben. Auch wurden einige neue Abschnitte (Trypanosoma, Monocystis, Trichinella, Erdnematoden, Trematodenentwicklung) eingefügt, dafür die Zahl der im Praktikum behandelten Coelenteraten etwas herabgesetzt. Dabei war es mein Bestreben, den Umfang des Buches nicht wesentlich größer werden zu lassen.

Von vielen Seiten bin ich bei meiner Arbeit aufs freundlichste unterstützt worden, sei es durch Hinweise auf Fehler, die gelegentlich aufgefallen waren, sei es durch eine systematische Überprüfung einzelner Abschnitte. Die Namen aller Kollegen zu nennen, die mir in dieser Beziehung wertvolle Dienste geleistet haben und die ich meines wärmsten Dankes versichert zu sein bitte, ist nicht möglich.

Doch möchte ich Herrn Prof. Dr. JUST meinen besonderen Dank für die gewissenhafte, kritische Durchsicht der Korrekturbogen aussprechen. Zu besonderem Dank bin ich auch meinem Assistenten, Herrn Dr. R. SEIFERT, verpflichtet, dessen geschickter Hand ich die 34 neuen Abbildungen dieser Auflage verdanke und der des weiteren die Freundlichkeit hatte, das Register anzufertigen.

Mein Dank gebührt schließlich auch dem Herrn Verleger, der für die schnelle Drucklegung des Buches sorgte und auf jeden meiner Wünsche bereitwillig einging.

Greifswald, den 27. April 1928

E. MATTHES

Vorwort zur 15. Auflage

Kurz nach Abschluß des Manuskripts für die 14. Auflage verstarb Prof. Dr. E. MATTHES. Er hat zwischen 1928 und 1958 sechs Auflagen des Leitfadens für das Zoologische Praktikum bearbeitet und das Werk mit glücklicher Hand laufend modernisiert, ohne die von W. KÜKENTHAL konzipierte und didaktisch so günstige Verquickung von lehrbuchhafter und praktischer Einführung in die vergleichende Morphologie der Tiere zu verändern.

An dieser seit nunmehr fast 70 Jahren bewährten Grundkonzeption festzuhalten, schien auch mir geraten. Im einzelnen war freilich – seit der letzten Bearbeitung sind nahezu 10 Jahre vergangen – eine Reihe von Änderungen und Berichtigungen notwendig geworden. Stark überarbeitet, bzw. neu geschrieben wurden vor allem die Abschnitte Einleitung, Protozoa, Plathelminthes, Arthropoda (insbesondere Flußkrebs und Insekten) und Echinodermata. 13 Abbildungen wurden neu aufgenommen, 21 durch Neuzeichnungen ersetzt und 88 weitere überarbeitet oder verbessert, einige, mir weniger wichtig erscheinende, entfielen. Auch den «Abriß der vergleichenden Anatomie der Wirbeltiere» habe ich nicht mit in die neue Auflage übernommen, da in den allgemeinen Übersichten bei den einzelnen Wirbeltierklassen das Wesentliche bereits gesagt ist und zu eingehenderer Beschäftigung mit der Materie ohnehin Lehrbücher der vergleichenden Anatomie herangezogen werden müssen. Der ehemalige 2. Anhang, der «Systematische Überblick» dagegen, wurde belassen. Um die Verwendbarkeit des Werkes zur raschen und wiederholenden Information zu erweitern, habe ich dort jene Tiergruppen, die im Hauptteil nicht behandelt werden, ausführlicher beschrieben, als es bisher der Fall war.

Neu aufgenommen habe ich lediglich die Präparation von zwei weiteren Haupttypen der Insektenmundwerkzeuge, und zwar vor allem deswegen, weil an diesem leicht zu beschaffenden Material die vergleichend und die funktionell anatomische Betrachtungsweise so überaus günstig demonstriert werden kann. Dem Leitfaden zusätzliche Präparationsanweisungen zuzufügen, konnte ich mich bei dieser ersten von mir bearbeiteten Neuauflage nicht entschließen.

Zum Schluß möchte ich allen Kollegen, die mich mit ihrem Rat unterstützten, bestens danken. Ganz besonders danke ich Frau Prof. Dr. M. VON DEHN und Herrn Prof. Dr. A. KAESTNER für wertvolle Ratschläge und anregende Diskussionen und Frl. cand. rer. nat. R. BAYER für die sorgfältige und kritische Durchsicht der Korrekturbogen. Herzlich danke ich schließlich der Leitung und den Mitarbeitern des Verlags für die Bereitwilligkeit, mit der auf meine Wünsche und Anregungen eingegangen wurde.

München, den 5. März 1967 M. RENNER

Vorwort zur 16. Auflage

Auch bei der Bearbeitung dieser Auflage habe ich mich bemüht, dem Doppelcharakter dieses Buches als Praktikumsleitfaden und Lehrbuch Rechnung tragend, das Werk in beiden Richtungen auszubauen und zu verbessern. Neue Forschungsergebnisse – auch aus dem Bereich der Ultramikroskopie – wurden, wo immer es angebracht erschien, berücksichtigt. Erweiterungen des Stoffes auf der einen Seite machten, da der mit der 15. Auflage erreichte Umfang des Werkes nach Möglichkeit nicht überschritten werden sollte, Kürzungen an anderer Stelle nötig. Ganz in Fortfall kam nur eine Präparationsanweisung (Styela). Stärker überarbeitet wurden einige Abschnitte aus dem Bereich der Protozoen und der Wirbeltiere. Dort vor allem, jedoch nicht nur dort, wurden Abbildungen (insgesamt 19) durch Neuzeichnungen ersetzt. 15 Abbildungen kamen neu dazu, und 13 wurden verbessert oder verändert. Anstelle der Kaninchenpräparation – sie wird in zoologischen Praktika heute kaum mehr durchgeführt – findet sich nun eine Anleitung zur Präparation der Ratte. Dem erstmals in der 15. Auflage beigegebenen Register habe ich, einer oft von Studenten an mich herangetragenen Anregung folgend, ein «Wörterbuch» angefügt, das, um das Verständnis der Fachausdrücke zu erleichtern, Worterklärungen bringt. Notwendige Definitionen werden nur dann gegeben, wenn sie im Textteil des Buches fehlen. Der Umfang des «Wörterbuches» ist verständlicherweise beschränkt. Die Praxis wird zeigen, ob und in welchem Rahmen bei späteren Auflagen Erweiterungen angebracht erscheinen.

Wiederum verdanke ich viele Anregungen und Verbesserungsvorschläge Kollegen und Studierenden. Besonders dankbar für fruchtbare Diskussionen bin ich Frau Prof. Dr. M. v. DEHN, Herrn Prof. Dr. A. KAESTNER, den Herren Dr. F. BARTH, Dr. U. HALBACH, Dr. A. ROTH und Dipl.-Biol. TH. HEINZELLER. THOMAS HEINZELLER habe ich außerdem herzlich zu danken für die mit viel Verständnis und Geschick vorgenommenen Neuzeichnungen. Weitere Neuzeichnungen führte Fräulein U. SENTNER aus. Herr U. NEBELSIEK hat die systematische Gliederung der Vögel überarbeitet, Herr P. WIRTZ machte mich auf eine notwendige Umordnung der Fischsystematik aufmerksam, Fräulein I. THOMAS und meine Tochter SIGRID halfen mir beim Lesen der Korrekturen und die Herren T. OSTEN und P. WIRTZ bei der Auswahl der Fachausdrücke für das «Wörterbuch». Auch ihnen allen gilt mein Dank.

Schließlich danke ich Frau v. LUCIUS und Herrn v. BREITENBUCH, den Inhabern des Verlags, für die Geduld und Bereitwilligkeit, mit der sie auf meine Wünsche eingingen.

München, den 21. Oktober 1970 M. RENNER

Inhaltsverzeichnis

Einleitung

A. Der Arbeitsplatz

Erfolgreiche Arbeit im Praktikum setzt die Ausstattung des Arbeitsplatzes mit geeigneten Instrumenten und Chemikalien voraus. Die optischen Instrumente, die Präparierwannen und die Chemikalien werden von den Instituten gestellt, Präparationsbestecke, Objektträger, Deckgläser usw. (s. unten) sollten sich die Studenten jedoch selbst beschaffen.

In einem neuzeitlichen Praktikum wird für jeden Studenten neben einem Mikroskop ein Stereomikroskop («Binokular») zur Verfügung stehen. In beiden Fällen sind Instrumente von einheitlichem Typ anzustreben. Es genügen Geräte mittlerer Leistungsfähigkeit, sogenannte Kursmikroskope und Kursbinokulare.

Als Beispiel eines geeigneten Kursmikroskopes sei genannt das «Kurs- und Arbeitsmikroskop SM-LUX» der Firma Leitz. Es ist in der Grundausrüstung ein Gerät mit Grob- und Feintrieb, festem, viereckigem Tisch, monokularem Tubus mit Schrägeinblick, 4fachem Revolver, in der Höhe verstellbarem Kondensor mit Irisblende und Filterhalter und eingebauter Niedervoltleuchte. Als optische Ausstattung genügen achromatische Objektive mit den Eigenvergrößerungen 2,5 ×, 10× und 45× und zwei Huygens-Okulare mit 6- bzw. 12facher Eigenvergrößerung. Immersionsobjektive werden von Fall zu Fall ausgegeben. Die von den Herstellerfirmen der Instrumente gelieferten Immersionsöle sind anderen Mitteln (wie z. B. Anisol) vorzuziehen.

Als Stereomikroskop hat sich für Kurszwecke das „Stereomikroskop FG II" von Leitz vielfach bewährt. Am Säulenstativ mit seitlichem Tragarm ist das Instrument weit vielseitiger verwendbar als am Stativfuß; dem Säulenstativ ist daher unbedingt der Vorzug zu geben. Mit den durch Okularwechsel erzielbaren Vergrößerungen von 10×, 20× und 30× wird man meist auskommen. Tischlampen zur Beleuchtung sind nur ein Notbehelf. Wo immer man es ermöglichen kann, sollten sie durch spezielle, regelbare Niedervoltleuchten (z. B. die «Monla» von Leitz) ersetzt werden.

Außer den genannten Instrumenten sollen für jedes Praktikum ein leistungsfähiges (Forschungs-)Mikroskop mit Dunkelfeld- und Phasenkontrasteinrichtung und ein Stereomikroskop, das bis etwa 100fach vergrößert, verfügbar sein.

Die meisten Präparationen werden in Wachsbecken vorgenommen werden. Es empfiehlt sich, zwei Größen anzuschaffen, ovale oder rechteckige von 30 cm Länge, 20 cm Breite und 5 cm Höhe und kleinere, quadratische von etwa 12 cm Seitenlänge und 3 cm Höhe. Beide werden mit einer Mischung aus 50% Paraffin, 25% Bienenwachs und 25% Hammeltalg, die mit Ruß schwarz gefärbt wurde, etwa 1 cm hoch ausgegossen.

An Chemikalien sollen an jedem Arbeitsplatz vorhanden sein: destilliertes Wasser, Alkohol 70%, 96% und 100%, Xylol, Boraxkarmin, HCl-Alkohol, Nelkenöl, Caedax, Glyzerin und Glyzeringelatine. In einem allen Praktikanten zugänglichen Schrank werden weitere Agenzien aufstehen (z. B. Formol 40%, konzentrierte Pikrinsäurelösung und Eisessig zum Ansetzen von Bouinscher Flüssigkeit; weitere Fixierungsgemische bzw. die zu ihrem Ansetzen nötigen Stoffe; Natriumchlorid und Kaliumchlorid zum Ansetzen physiologischer Lösungen und, je nach Bedarf, Farbstoffe wie Methylgrün und Farblösungen wie Eosin und Hämatoxylin). Schließlich ist jeder Arbeitsplatz noch mit einem Bunsenbrenner und je zwei Arbeitsplätze mit einem gemeinsamen Abfalleimer ausgerüstet. Außerdem werden Bechergläser, Erlenmeyerkolben, Meßzylinder, Uhrschälchen, Boverischälchen und ein Arkansasschleifstein zur Verfügung gestellt.

Als Präparierbesteck (s. Abb. 1) sind folgende Instrumente unbedingt vonnöten: eine feine Pinzette von etwa 10 cm Länge (kurze Pinzetten, wie sie zur Schönheitspflege verwendet werden, sind für unsere Zwecke unbrauchbar), eine gröbere Pinzette von etwa 13 cm Länge, mindestens eine sehr spitz auslaufende, sogenannte Uhrmacherpinzette, zwei Präpariernadeln (entweder in Holzgriffen eingezogen oder zwei Nadelhalter, in die auswechselbar Nähnadeln eingesteckt werden können), eine feine Schere von etwa 11 cm und eine stärkere von etwa 14 cm Länge (beide sollen einen spitzen und einen stumpfen Scherenast haben), ein kleineres Präpariermesser von ungefähr 12 cm Gesamtlänge und schließlich eine Sonde von 1 mm Spitzendurchmesser. Außerdem werden benötigt Stecknadeln mit Kugelköpfen, ein paar Rasierklingen (besonders geeignet, weil nur mit einer Schneide versehen, sind «Apollo»klingen), Objektträger, Deckgläser und einige zu Pipetten ausgezogene Glasröhren mit Gummisauger.

Für feinere Präparationen ausgezeichnet geeignete Präpariermesserchen kann man sich aus Rasierklingen selbst herstellen. Dazu bricht man von den Klingenschneiden mit Hilfe von zwei Zangen (Achtung: Augen schützen!) dreieckige, rauten- oder sensenförmige Stückchen ab, natürlich ohne die Schneide zu beschädigen. Die so erhaltenen «Splitter»-Messerchen werden mit Siegellack in Glasröhrchen von geeignetem Durchmesser befestigt. Man kann sich leicht ein Sortiment derartiger Präpariermesser zulegen und nach Bedarf erneuern.

B. Einige Regeln für den Gebrauch des Mikroskops und die Anfertigung mikroskopischer Präparate

So verschieden die Mikroskope auch gestaltet sein mögen, ihre Hauptbestandteile sind immer: das Stativ, der Objekttisch, der Tubus mit Revolver, die Triebvorrichtungen, der Spiegel (oder die Ansteckleuchte), der Kondensor mit Blende, die Objektive und die Okulare.

Das Objektiv entwirft vom Objekt in der Ebene der Okularblende ein reelles, vergrößertes, aber auf dem Kopf stehendes und seitenverkehrtes Bild, das durch das Okular wie mit einer Lupe betrachtet wird. Jedes Objektiv und jedes Okular besitzt eine bestimmte Eigenvergrößerung. Sie ist bei modernen Geräten immer in die Fassungen eingraviert. Die von einer gegebenen Objektiv-Okular-Kombination gelieferte Gesamtvergrößerung ergibt sich durch Multiplikation der Eigenvergrößerungen. Ein 40fach vergrößerndes Objektiv liefert, kombiniert mit einem 12fachen Okular daher eine 480fache Gesamtvergrößerung.

Neben der Eigenvergrößerung ist bei den Objektiven eine weitere Zahl, die numerische Apertur (A), eingraviert. Sie entspricht der sogenannten Lichtstärke der Fotoobjektive und ist ein Maß für die Leistungsfähigkeit des Objektivs. Die Zahlen 40/0,65 zum Beispiel besagen, daß das Objektiv eine Eigenvergrößerung von 40 und eine Apertur von 0,65 besitzt. Von der Apertur – und von der Wellenlänge (λ) des verwendeten Lichtes – hängt das Auflösungsvermögen eines Mikroskopobjektivs

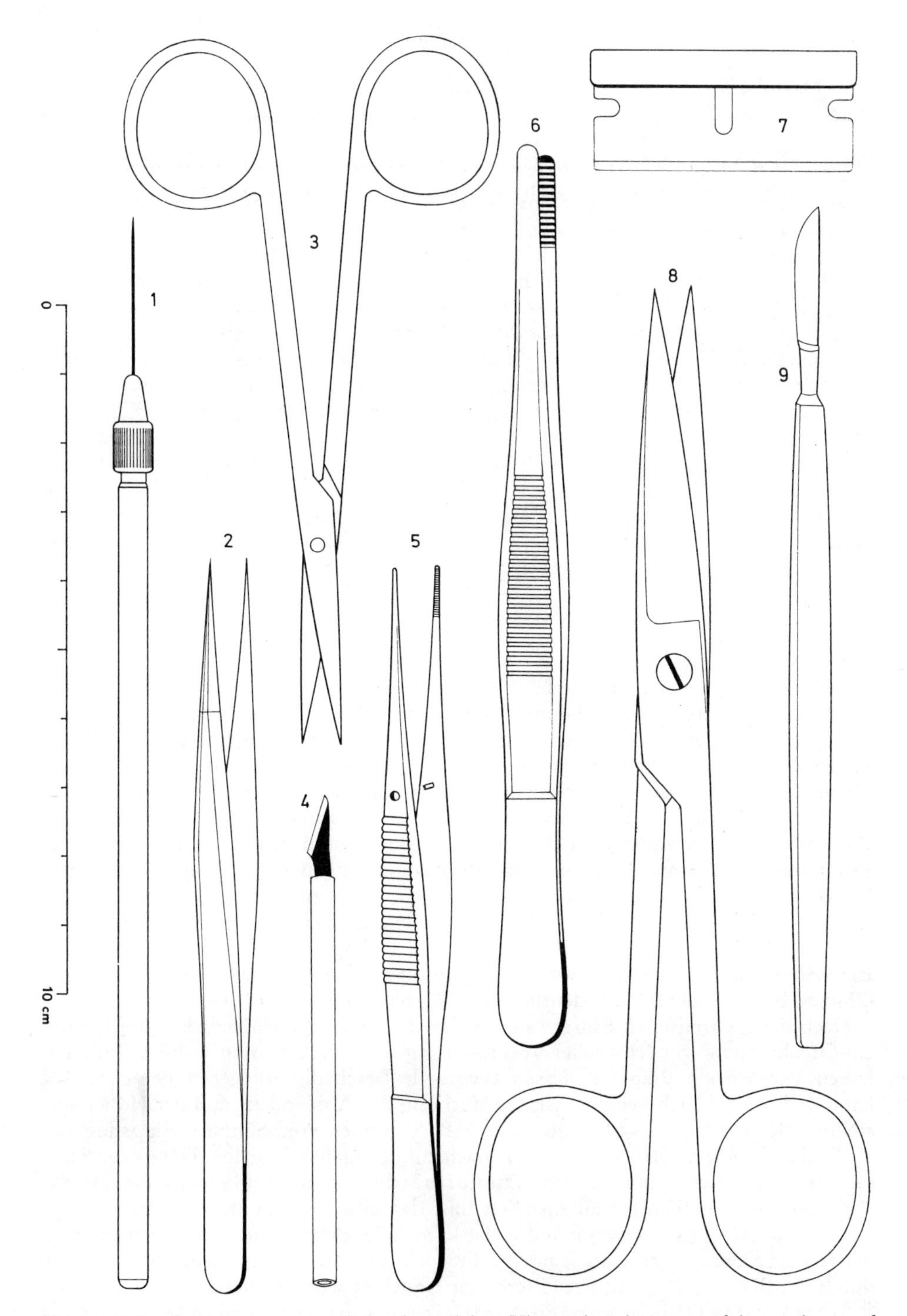

Abb. 1: Präparierinstrumente: 1 Präpariernadel, 2 Uhrmacherpinzette, 5 feine, spitze und 6 große, stumpfe Pinzette, 3 kleine und 8 große Schere, 4 Splittermesserchen, 7 Rasierklinge, 9 Skalpell

ab. Das Auflösungsvermögen gibt den kleinsten Abstand (d) zweier Objektpunkte an, die im Mikroskop gerade noch getrennt abgebildet werden. Für geradlinig einfallendes Licht ist $d = \frac{\lambda}{A}$, d.h. der Abstand, den zwei Objektpunkte mindestens haben müssen, um getrennt abgebildet zu werden, ist um so geringer, je kürzer die Wellenlänge des Lichtes und je größer die Apertur des Objektivs ist.

Von der Apertur hängt außerdem die nutzbare oder förderliche Gesamtvergrößerung ab. Sie liegt im Bereich des 500 bis 1000fachen der numerischen Apertur. Die mit dem Objektiv 40/0,65, das wir als Beispiel gewählt haben, erzielbare förderliche Gesamtvergrößerung umfaßt demnach den Vergrößerungsbereich von 325- bis 650fach. Da die Eigenvergrößerung des Objektivs 40 beträgt, ist es zweckmäßigerweise mit Okularen der Eigenvergrößerung 8mal bis maximal 16mal zu kombinieren. Ein Okular mit mehr als 16facher Eigenvergrößerung liefert zwar ein größeres Bild, jedoch nicht mehr Einzelheiten; es führt lediglich zu einer «leeren» Nachvergrößerung. Die Auflösungsgrenze ist in diesem Fall mit einem 16fachen Okular erreicht («Grenzokular»).

Man merke sich: Maximale Auflösung ist erreicht bei einer Gesamtvergrößerung, die dem 1000fachen Wert der Objektivapertur entspricht. Sehr leicht läßt sich daraus die Eigenvergrößerung des jeweiligen Grenzokulars errechnen:

$$\text{Eigenvergrößerung des Grenzokulars} = \frac{\text{Objektivapertur} \cdot 1000}{\text{Eigenvergrößerung des Objektivs}}$$

Der in der Höhe verstellbare Kondensor ist optisch ähnlich aufgebaut wie ein Objektiv, wird jedoch in umgekehrter Richtung vom Licht durchsetzt. Er hat die Aufgabe, das vom Spiegel eingefangene oder das von der Kunstlichtleuchte gelieferte Licht gerichtet dem Präparat zuzuführen. Im Gegensatz zu der (meist) unveränderlichen Apertur der Objektive ist die der Kondensoren durch eine eingebaute Irisblende (Aperturblende) – manchmal außerdem durch eine ausklappbare Frontlinse – regelbar. Sie ist der Apertur des jeweiligen Objektivs und den Erfordernissen des Präparats durch Verändern der Blendenweite (bzw. durch Ein- oder Ausklappen der Frontlinse) in jedem Fall anzupassen. Von der richtigen Einstellung der Aperturblende hängt die Bildqualität in hohem Maße ab; ist sie zu weit geöffnet, so zeigt das Bild wegen Überstrahlung nur geringe Auflösung. Auch eine zu geringe Öffnung der Aperturblende setzt die Bildqualität und die Auflösung merklich herab .Die optimale Einstellung ist dann erreicht, wenn bei langsamem Zuziehen der zuvor maximal geöffneten Blende das Bild sich deutlich zu verdunkeln beginnt.

Nach der theoretischen Einführung hat der Praktikant das Mikroskop auf irgendein Objekt zuerst mit schwacher Vergrößerung einzustellen. Man wähle bei diesem ersten Versuch ein Präparat, dessen eventuelle Beschädigung verschmerzt werden kann und das zugleich geeignet ist, die Wirkung des Abblendens und der Höhenverstellung des Kondensors klarzumachen (z.B. Schuppen vom Schmetterlingsflügel).

Wird der Spiegel verwendet, so ist zunächst gutes Licht zu suchen. Direktes Sonnenlicht ist unter allen Umständen zu vermeiden; zweckmäßig ist es, das Mikroskop unweit vom Fenster aufzustellen und das diffuse Licht des Himmels einzufangen. Allerdings wird man heute meist künstliche Beleuchtung (Ansteckleuchten) verwenden; dann ist es jedoch nötig, die spektrale Zusammensetzung des Lichtes durch ein Blaufilter, das in den Filterhalter eingelegt wird, zu verbessern.

Stets ist das Objekt zunächst mit einem schwach vergrößernden Objektiv (2,5 × bis 10 ×) zu betrachten, eine Regel, die der Anfänger fast immer zu wenig beachtet. Erst dann, wenn man sich orientiert und die günstigste Stelle des Präparates ausgesucht hat, sind stärkere Objektive einzuschalten. Die Meinung, daß man bei starker Vergrößerung «besser» sieht, ist ebenso verbreitet wie irrig. Die Regel sei: verwende die schwachen Objektive, solange sie noch irgend ausreichen! Sie haben den großen Vorteil, ein ausgedehnteres Bildfeld zu liefern und haben zudem eine größere Tiefenschärfe. Wer zu mikroskopieren gelernt hat, weiß, wie viele Einzelheiten man schon bei relativ schwacher Vergrößerung erkennen kann.

Um zu vermeiden, daß beim Senken des Tubus oder beim Heben des Tisches das Objektiv auf das Präparat stößt und es zerdrückt und womöglich selbst Schaden leidet, muß die grobe Einstellung mit der Triebschraube stets von der Seite her kontrolliert werden. Besondere Vorsicht ist bei stärkerer Vergrößerung geboten, da die Objektive dem Präparat dann bis auf weniger als 1 mm genähert werden müssen. Am sichersten geht, wer das Objektiv bei seitlicher Kontrolle bis fast zur Berührung an das Objekt herandreht, dann durch das Okular schaut und solange den Tubus aufwärts bewegt (bzw. den Tisch senkt), bis das Bild erscheint. Zur Scharfeinstellung dient die Mikrometerschraube.

Man gewöhne sich gleich von Anfang an daran, beim Mikroskopieren beide Augen geöffnet zu haben. Das mit dem unbewaffneten Auge Gesehene zentralnervös «abzuschalten», bereitet nur kurzfristig Schwierigkeiten. Der Rechtshänder wird mit dem linken Auge ins Mikroskop sehen. Er kann dann, ohne den Kopf heben zu müssen, beim Zeichnen den Blick rasch zwischen Objekt und Zeichenblatt wechseln.

Jeder Praktikant soll soviel als möglich zeichnen, und zwar nicht nur um das Gesehene festzuhalten, sondern um zu lernen, die Einzelheiten eines mikroskopischen Präparates auch tatsächlich zu sehen. Wer zeichnet, wird gezwungen, genau hinzuschauen. Mit Sorgfalt und Übung kann es auch der Unbegabte soweit bringen, eine einfache, aber richtige und klare Skizze zu entwerfen. Künstlerisch wirkende Zeichnungen sind durchaus entbehrlich und meist gar nicht erwünscht. Man lege das Zeichenheft rechts vom Mikroskop auf den Tisch und versuche, abwechselnd mit dem linken Auge mikroskopierend und mit dem rechten auf das Papier schauend, das Gesehene wiederzugeben, indem man zunächst die Umrisse mit zarten Bleistiftstrichen entwirft, wobei besonders auf die möglichst genaue Einhaltung der Proportionen zu achten ist. Dann werden die Einzelheiten eingetragen. Gewöhnen Sie sich daran, große Zeichnungen zu entwerfen und an Papier nicht zu sparen; der Anfänger zeichnet in der Regel alles in viel zu kleinem Maßstab. Von Teilen des Objekts, die einer stärkeren Vergrößerung bedürfen, werden Teilabbildungen angefertigt. Man zeichne das Bild möglichst in die Mitte des Blattes, um erläuternde Hinweise anbringen zu können. Qualität geht vor Quantität, auch hier: Man bringe lieber weniger, dafür aber gute Zeichnungen zu Papier. Periodisch sich wiederholende Strukturen werden im allgemeinen nur einmal genau ausgeführt, sonst aber nur skizzenhaft angedeutet.

Das Mikroskop sauber zu halten, ist eine Forderung, die eigentlich selbstverständlich sein sollte. Ein verunreinigter Objekttisch ist in jedem Fall – selbst wenn es sich nur um Wasser handelt – sofort zu reinigen.

Niemals schraube man Objektive und Okulare auseinander, niemals berühre man die Linsen und die Spiegelfläche mit den Fingern. Staub wird mit einem weichen, trockenen Haarpinsel, festhaftender Schmutz mit einem weichen, reinen (möglichst oft gewaschenen) Leinenlappen, der notfalls mit Wasser angefeuchtet wird, entfernt. Um Caedax zu beseitigen, wird der Lappen mit Xylol oder Benzin benetzt. Unter keinen Umständen darf Alkohol verwendet werden, da der Kitt, mit dem die Linsen in der Fassung befestigt sind, alkohollöslich ist. Hat das Putzen nicht den gewünschten Erfolg, so wende man sich an den Assistenten.

Zur Aufnahme der Präparate dienen Objektträger, zum Abdecken der Objekte, die sich in einem Tropfen Wasser, physiologischer Kochsalzlösung oder Glyzerin befinden oder in Caedax eingeschlossen sind, werden Deckgläschen verwendet; nur wenige Objekte werden trocken (in Luft) untersucht. Gebrauchte Objektträger und Deckgläschen werden in einer Waschlauge, und nur wenn es nicht anders geht, in Bichromatschwefelsäure (Augen und Hände schützen!) gereinigt.

Die Herstellung der Präparate muß in erster Linie in Rücksicht darauf erfolgen, daß sie das Licht bis zu einem gewissen Grad durchlassen. Bei kleinen Objekten, wie z.B. Infusorien, oder dünnen Häuten, ist das ohne weiteres der Fall, bei anderen, die infolge ihrer Dicke zu undurchsichtig sein würden, hilft man sich durch Zerzupfen oder durch Herstellen dünner Schnitte.

Das Zerzupfen wird mit zwei Präpariernadeln in einem Tropfen Wasser, physiologischer Kochsalzlösung oder Glyzerin besorgt. Schnitte werden, nachdem man das Präparat in Paraffin, Paraplast oder in ein Kunstharz eingebettet hat, mit dem Mikrotom ausgeführt.

Sollen kleine Wassertiere lebend mit dem Mikroskop betrachtet werden (Protozoen, Hydra, Cyclops und andere), so ist zu bedenken, daß die Schwere des Deckgläschens ausreicht, diese kleinen Tiere zu zerquetschen; man stütze das Deckgläschen daher entweder durch untergelegte Haare oder Glasfäden oder durch Anbringen von Wachsfüßchen an den Ecken. Wir verwenden dazu Knetwachs, da gewöhnliches Wachs nicht fest an Glas haftet. Am einfachsten stellt man die Wachsfüßchen her, indem man mit den vier Ecken des sauber geputzten und vorsichtig zwischen zwei Fingern gehaltenen Deckgläschens nacheinander aus der Klebwachskugel je ein kleines Füßchen aussticht. Durch leichten Druck auf zwei gegenüberliegende Ecken des Deckgläschens wird der Abstand zwischen ihm und dem Objektträger allmählich so weit verringert, daß die Tiere sich nur noch ganz langsam von der Stelle bewegen können. Das überschüssige Wasser ist seitlich mit Filtrierpapierstreifen abzusaugen.

Teile lebender Gewebe werden nicht im Wasser, sondern in physiologischer Kochsalzlösung von geeigneter Konzentration untersucht. Als Aufhellungsmittel für manche toten Objekte wird Glyzerin, meist mit etwas Wasser vermischt, angewandt; bei Alkoholpräparaten läßt sich auch Nelkenöl als Aufhellungsmittel verwenden, das sich mit stärkerem Alkohol (bis zu 75% herunter) mischt.

Wer sich über das Mikroskop und die Herstellung mikroskopischer Präparate genauer unterrichten will, sei auf die reiche darüber existierende Literatur hingewiesen. Außer der von R. Krause herausgegebenen «Encyclopädie der mikroskopischen Technik» (Berlin und Wien 1927) seien genannt: das Standardwerk von B. Romeis, «Mikroskopische Technik» (16. Aufl. München und Wien 1968) und die «Arbeitsmethoden der makroskopischen und mikroskopischen Anatomie» von H. Adam und G. Czihak (Stuttgart 1964), ein Werk, das sich durch ausführliche Behandlung aller in diesem Zusammenhang interessierenden Probleme und Methoden auszeichnet und in dem sich reiche Literaturangaben finden.

C. Die Stämme des Tierreiches

Die Zahl der bekannten Tierarten beträgt etwa 1,2 Millionen. Die vergleichende Untersuchung ihres Baues hat zu der Erkenntnis geführt, daß sie sich zu größeren oder kleineren natürlichen Gruppen, die in ihrer Organisation einem bestimmten Bauplan folgen, zusammenfassen lassen. Der Bauplan erfährt innerhalb der Gruppen

Abänderungen von Art zu Art, bleibt aber von dem anderer Gruppen deutlich abgesetzt.

Diese Gruppen, die in manchen Fällen nur wenige Arten umfassen, in anderen Tausende oder selbst Hunderttausende, heißen Tierstämme (Phyla). Ihre Zahl schwankt von Untersucher zu Untersucher: ein allgemein anerkanntes System des Tierreiches gibt es noch nicht. Das hier verwendete stellt mit seinen 28 Tierstämmen also nur eine von vielen Möglichkeiten dar.

Allen Systemen gemeinsam ist ein Ordnungsprinzip, das von einfachen zu differenzierten Lebensformen fortschreitet. Dementsprechend stehen die einzelligen Tiere am Anfang jedes natürlichen Systems. Ihr Bauplan weicht grundlegend von den Bauplänen der übrigen Tiere ab. Sie werden daher als Unterreich der *Protozoa* (Einzeller, mit 5 Stämmen) dem Unterreich der *Metazoa* (Vielzeller), in dem alle übrigen Tierstämme vereint sind, gegenübergestellt.

Die *Metazoa* lassen sich entsprechend der Differenzierungshöhe ihrer Zellen in drei Abteilungen zergliedern. Die erste wird von den *Mesozoa*, einer kleinen Gruppe parasitischer Organismen gebildet. Sie sind die einfachsten vielzelligen Tiere. Ihr Körper besteht aus einem einschichtigen Zellschlauch, der eine oder mehrere Fortpflanzungszellen umhüllt. Es bleibt offen, ob dieser einfache Bau ursprünglich ist, oder die Folge einer durch die entoparasitische Lebensweise bedingten Rückbildung darstellt.

Die Sonderstellung des Stammes der *Porifera* oder Schwämme beruht darauf, daß die ihren Körper aufbauenden Zellen keine echten Epithelien und keine echten Gewebe bilden, während das bei allen folgenden Metazoenstämmen der Fall ist. Auf Grund dieser – und anderer – Eigenheiten hat man ihnen als *Parazoa* den Rang einer Abteilung gegeben.

In der 3. Abteilung der Vielzeller sind unter der Bezeichnung *Eumetazoa* die übrigen Tierstämme vereint. Sie haben stark differenzierte Zellen, die zumindest zu Epithelien, meist auch zu Organen zusammengeschlossen sind.

Innerhalb der *Eumetazoa* unterscheiden sich die in der Unterabteilung der *Coelenterata* vereinten Gruppen von den übrigen durch das Vorhandensein nur eines inneren Hohlraumes, des verdauenden Enteron, während eine davon unabhängige Leibeshöhle (Cölom), wie sie sich bei den Vertretern der 2. Unterabteilung, den *Bilateria*, allmählich entwickelt, noch fehlt. Die Coelenteraten sind außerdem (meist) radiärsymmetrisch, die *Bilateria*, wenigstens ursprünglich, bilateralsymmetrisch.

Bei den *Bilateria* lassen sich wieder zwei große Gruppen unterscheiden: die *Protostomia (Gastroneuralia)*, deren Mund auf den Urmund der Gastrula zurückzuführen ist, und die *Deuterostomia (Notoneuralia)*, bei denen der Urmund zum After wird, während die Mundöffnung eine sekundäre Neubildung darstellt.

Die *Protostomia* umfassen die Mehrzahl aller Tierstämme, die *Deuterostomia* neben einigen kleineren Stämmen vor allem die Stachelhäuter (*Echinodermata*) und die Chordatiere (*Chordata*).

In der folgenden Tabelle sind alle rezenten Tierstämme aus Gründen der Übersichtlichkeit in linearer Anordnung aufgeführt. Den tatsächlichen verwandtschaftlichen Beziehungen würde eine zwei- oder gar dreidimensionale Darstellung besser gerecht werden. Diejenigen Stämme, von denen Vertreter in diesem Buch behandelt werden, sind durch * gekennzeichnet. Ein auf dieser Grundlage weiter ausgeführtes System, mit kurzer Charakterisierung der einzelnen Stämme und ihrer Unterabteilungen (Klassen und Ordnungen), findet sich im «Systematischen Überblick» am Schluß des Buches.

Reich der Tiere

	Stämme		
I. Unterreich: Protozoa	Flagellata*		
	Rhizopoda*		
	Sporozoa*		
	Protociliata		
	Ciliata*		
II. Unterreich: Metazoa			
1. Abteilung: Mesozoa	Mesozoa		
2. Abteilung: Parazoa	Porifera*		
3. Abteilung: Eumetazoa			
1. Unterabteilung: Coelenterata	Cnidaria*		
	Acnidaria*		
2. Unterabteilung: Bilateria			
Protostomia	Plathelminthes*	parenchymatöse	Acölomata
	Kamptozoa		
	Nemertini		
	Nemathelminthes*	pseudocölomate	
	Priapulida		
	Mollusca*		Cölomata
	Sipunculida		
	Echiurida		
	Annelida*		
	Onychophora		
	Tardigrada		
	Pentastomida		
	Arthropoda*		
	Tentaculata*		
Deuterostomia	Branchiotremata		
	Echinodermata*		
	Pogonophora		
	Chaetognatha*		
	Chordata*		

I. Unterreich: Protozoa, Einzellige Tiere

A. Technische Vorbereitungen

Das Protozoen-Material gewinnen wir teils im Laboratorium durch Ansetzen von «Infusionen», teils im Freien aus Tümpeln und Gräben. Außerdem sind rechtzeitig fixierte Foraminiferen und Radiolarien aus einer der biologischen Meeresstationen zu bestellen. Für die parasitischen Formen folgen unten Sonderanweisungen.

Infusionen setzt man – soweit man keine Reinzuchten zur Verfügung hat, – mindestens 4 Wochen vor Beginn des Praktikums in der Weise an, daß man Glasgefäße von etwa 25 cm Höhe und 15 cm Durchmesser mit abgestandenem Leitungswasser füllt und in jedes Glas eine reichliche Portion frischer oder bereits in Zersetzung befindlicher Pflanzenteile gibt (Wiesenheu, Stroh, Salatblätter, welkes Laub, Gerberlohe usw.). Die Gläser müssen in einem warmen Raum stehen, und zwar am Fenster (Licht!), und mit einer Glasscheibe zugedeckt sein. Nach einigen Tagen entnimmt man den einzelnen Kulturgläsern mit einer sauberen Pipette eine Probe, die man unter dem Mikroskop auf Protozoen untersucht. In vielen Fällen wird man schon jetzt, wenn auch nur spärlich, verschiedene Protozoenformen antreffen, meist kleine Flagellaten und Ciliaten. Diejenigen Gläser, in denen sich nichts entwickelt hat, «impft» man, indem man ihnen einen Schuß Wasser zusetzt, das man aus Tümpeln, Gräben, Regentonnen, Wasserkübeln in Gewächshäusern usw. entnommen hat und das man ein Gazefilter passieren läßt, um zu vermeiden, daß kleine Krebse (Cyclopiden und Daphniden) in die Zuchtgläser geraten.

Nach 14 Tagen etwa wird man in den meisten Infusionen eine reiche Protozoenfauna vorfinden. Nicht selten treten zunächst *Colpoda*, dann hypotriche Ciliaten, dann *Paramecium*, dann *Vorticella* und schließlich Amöben auf. Doch ist das durchaus keine feste Regel. Bei der mikroskopischen Probe muß man das Wasser der Oberfläche, der tieferen Schichten und den Bodensatz gesondert prüfen.

Jetzt noch einige Spezialanweisungen für die einzelnen Formen. Doch sei betont, daß es Rezepte, nach denen man ein bestimmtes Protozoon mit Sicherheit an jedem Ort und zu jeder Jahreszeit gewinnen kann, nicht gibt. Jede Infusion wird vielmehr ihre besondere Fauna und Faunenfolge zeigen. Man ist also mit dem Material mehr oder minder vom Zufall abhängig, setze daher von vornherein mindestens 5–10 Infusionen an; besser mehr als weniger. Da die Fauna des einzelnen Gefäßes sich verändert, so daß beispielsweise nach einer einige Tage währenden Blütezeit der Paramecien diese wieder verschwinden, ist es erforderlich, etwa jede Woche einige neue Infusionen anzusetzen. Doch gieße man die alten Infusionen nicht fort.

Paramecien treten in den Infusionen fast stets auf. Sie sind bei reicher Anwesenheit schon mit bloßem Auge in den Gläsern als weiße «Staubwolke» zu erkennen. Um sie für den Kurs auf einen möglichst kleinen Raum zu konzentrieren, wendet man mit Vorteil eine sogenannte Paramecienfalle an. Das sind unten geschlossene Glasröhren von etwa 50 cm Höhe und 2 cm Durchmesser, die man zu mehreren in einem geeigneten Stativ im Kursraum aufstellt. Einige Stunden vor dem Kurs werden sie aus einem reichlich Paramecien enthaltenden Kulturglas fast bis zum Oberrand gefüllt. Nach Verlauf einiger Zeit sieht man schon mit bloßem Auge, daß die Paramecien sich in der obersten Wasserschicht ansammeln (negative Geotaxis!). Nun kann man mit der Pipette kleine Mengen dieses dicht bevölkerten Wassers abheben und auf die Objektträger geben. Ortwechsel, wie überhaupt Erschütterungen der Falle, müssen vermieden werden.

Stentor findet sich oft gleichzeitig mit Paramecien und ist ebenfalls gut mit bloßem Auge oder der Lupe zu erkennen. Hat man ein Glas mit *Stentor* entdeckt, so kann man sie in Mengen züchten, wenn man angefaulte Salatblätter zusetzt.

Vorticella entwickelt sich häufig in abgeblühten Paramecienkulturen. Man findet sie dort vorwiegend an der Oberfläche des Wassers. Viel günstiger und sicherer zu erhalten sind aber die reichen Ansammlungen von *Vorticella*, wie man sie im Freien oder auch in alten Aquarien an Wasserpflanzen, nicht selten aber auch an lebenden oder toten Wasserinsekten und an Schnecken sitzend finden kann. Als weißer, pilzartiger Besatz heben sie sich für das Auge sehr gut von der dunklen Unterlage ab. Man entnimmt also, wenn man in den Infusionen keine *Vorticella* erzielt hat, verschiedenen Tümpeln reichlich Wasserpflanzen und sucht sie zu Hause einzeln in klarem, chlorfreiem Wasser auf *Vorticella* ab.

Amöben können in allen Infusionen entstehen. Bevorzugte Stellen sind der Bodensatz der Kulturgläser sowie die an der Oberfläche älterer Infusionen schwimmende *Kahmhaut* aus Bakterien und Kahmhefen. Sehr schöne und saubere Amöbenpräparate kann man bei reicherer Anwesenheit dadurch gewinnen, daß man auf die Wasseroberfläche der Amöben enthaltenden Kulturgläser vorsichtig Deckgläschen auflegt, sie einige Stunden liegen läßt und dann wieder abhebt. – Haben die Infusionen keine Amöben ergeben, so muß man sie im Freien suchen. Sie finden sich hier sehr oft an der Unterseite der schwimmenden Blätter von Wasserrosen (*Nymphaea*), an im Wasser liegenden faulenden Schilfstengeln u. dgl. Man schabe den Oberflächenbesatz («Bewuchs») solcher Pflanzenteile mit einem feinen Messer vorsichtig ab. Auch aus Moosrasen kann man durch Auspressen oder Durchspülen bisweilen schöne, große Amöben gewinnen.

Actinosphaerium findet sich in Tümpeln mit klarem, nicht fauligem Wasser, z. B. in kleinen, schattigen Waldtümpeln. Um eine größere Menge für den Kurs zu sammeln, schöpft man aus dem *Actinosphaerium* enthaltenden Tümpel ein größeres Wassergefäß und hält es in Augenhöhe gegen das Licht. Die schwebenden Actinosphaerien sind dann als milchigweiße, kleine Kugeln von etwa 0,5 mm Durchmesser leicht zu erkennen. Da sie allmählich zu Boden sinken, rührt man das Wasser von Zeit zu Zeit vorsichtig auf. Die Actinosphaerien werden einzeln mit einem Glasrohr herauspipettiert und in das Transportglas überführt. So kann man relativ schnell eine größere Wassermenge an Ort und Stelle auf Actinosphaerien abfischen. Da die Actinosphaerien nicht zu jeder Jahreszeit in der nötigen Menge im Freien zu finden sind, empfiehlt es sich, sie dauernd zu züchten. Das gelingt unschwer, wenn man sie in flache Schalen mit klarem Wasser überführt, die kühl und vor direktem Lichteinfall geschützt aufgestellt werden. Als Kulturflüssigkeit ist doppelt destilliertes Wasser zu verwenden, dem pro 100 ml etwa 2 ml einer Erdabkochung zugesetzt sind. Die Erdabkochung wird folgendermaßen hergestellt: Ein Brei aus 2 l Wasser und 1 kg ungedüngter Gartenerde wird in einem Glasgefäß im Wasserbad 1 Stunde lang auf Siedetemperatur gehalten. Nach dem Abkühlen wird der Sud vorsichtig abgegossen, auf die Hälfte eingekocht und schließlich bis zur Verwendung im Kühlschrank aufbewahrt. Die Kulturflüssigkeit ist alle 2–3 Wochen zu wechseln. Gefüttert wird mit *Paramecium* oder *Stentor*.

Auch Euglena wird man in der Regel im Freien erbeuten können. Seichte Gräben mit stehendem, fauligem Wasser, Pfützen und kleinere Teiche auf Gutshöfen oder an Dorfrändern sind oft so reich an *Euglena*, daß das Wasser dadurch grün gefärbt erscheint. Hat man einen solchen Fundort festgestellt, so hole man sich die benötigten Euglenen am Tage vor dem Kurs. Auch *Euglena* kann man für den Kurs «konzentrieren». Man bringt sie einige bis 24 Stunden vorher in ein Glas, das allseitig mit schwarzem Papier abgedeckt ist. An einer Stelle schneidet man ein kleines Fenster aus und stellt das Gefäß dann so auf, daß das Fenster dem Lichteinfall zugewandt ist. Die Euglenen sammeln sich dann zuverlässig hinter dem Fenster an (positive Phototaxis!) und können von hier aus mit der Pipette abgenommen werden.

Die Zucht von *Euglena* ist nicht ganz leicht. Sie gelingt bei guter Beleuchtung in einer Nährlösung aus 0,5 g Pepton, 0,5 g Traubenzucker, 0,2 g Zitronensäure, 0,02 g $MgSO_4$, 0,05 g KH_2PO_4 und 100 ml aqua dest. Als einfach herzustellendes Nährmedium hat sich ein Käseabsud bewährt. Man bedeckt 2 g Edamerkäse in 400 ml fassenden Bechergläsern mit etwa 250 ml Quarzsand, füllt mit Wasser auf und kocht im Wasserbad $^1/_2$ Stunde. Nach dem Abkühlen wird mit Euglenen geimpft. Die Kulturgefäße werden dicht (etwa 15 cm) unter einer Leuchtstoffröhre aufgestellt und 12 Stunden pro Tag beleuchtet. Alle 2–3 Wochen muß erneut überimpft werden.

Gregarinen entnehmen wir am einfachsten dem Darm der sogenannten Mehlwürmer (Larven des Mehlkäfers *Tenebrio molitor*), die man in Tierhandlungen kauft. Bei guter Infektion kann man rechnen, daß jeder oder doch jeder zweite oder dritte Mehlwurm Gregarinen enthält. Hat man einen solchen Stamm von Mehlwürmern einmal gefunden, so legt man am besten mit ihm eine eigene Mehlwurmzucht in einem mit Kleie, Futterhefe und alten Lappen beschickten Gefäß an. Die Präparate werden in der Weise hergestellt, daß man dem Mehlwurm Kopf und Hinterleibsspitze abschneidet, dann den zwischen den Fettmassen bräunlich hervortretenden Darm mit der Pinzette erfaßt, im ganzen herauszieht und auf dem Objektträger in physiologischer Kochsalzlösung (von 0,9%) zerzupft. Man kann Gregarinen auch aus dem Darm der Küchenschabe entnehmen, doch pflegen Schaben nicht so reich infiziert zu sein wie Mehlwürmer. Auch der Darm der Ohrwürmer (*Forficula*) und der der Wanderheuschrecke *Locusta migratoria* beherbergt große, schon mit bloßem Auge gut sichtbare Gregarinen.

Für Zygoten und Sporen der Gregarinen bieten *Monocystis* und andere Gattungen, die in den Samenblasen von Regenwürmern schmarotzen, ein günstigeres Material. Man eröffnet einen kräftigen, mit Chloroform narkotisierten Regenwurm durch einen dorsalen Längsschnitt, der die Segmente 9 bis 12 umfaßt. Es treten dann die Samenblasen sofort als umfangreiche weiße oder gelbliche Bildungen zutage, und man kann schon mit bloßem Auge feststellen, ob sie infiziert sind: sie zeigen in diesem Fall hellere, kreisförmige Einschlüsse verschiedener Größe. Eine infizierte Samenblase, zerzupft in 0,43%iger physiologischer Kochsalzlösung, genügt für eine Reihe von Präparaten.

Haemosporidien (*Plasmodium*) werden als Ausstrichpräparate verteilt, die nach Giemsa oder Pappenheim gefärbt sind. Plasmodiumhaltige Ausstriche sind in Ost- und Südeuropa durch Kliniken oder befreundete Ärzte leicht zu beschaffen; in Nordeuropa wird man sich rechtzeitig an Kollegen aus jenen Gebieten wenden müssen. Nicht gefärbte Ausstriche können jahrelang trocken aufgehoben werden; um sie vor Staub zu schützen, wickelt man sie einzeln in Papier ein.

Um lebende Trypanosomen zeigen zu können, verschaffe man sich einen Tag vor dem Kurs eine mit *Trypanosoma brucei*, *Tr. congolense* oder *Tr. lewisi* infizierte weiße Maus, wie sie in den meisten hygienischen Universitätsinstituten dauernd gehalten werden. Außerdem sind gefärbte Ausstrichpräparate bereitzuhalten, falls man nicht vorzieht, die Färbung von den Studenten ausführen zu lassen.–Statt *Trypanosoma brucei* kann man das in mancher Beziehung günstigere *Trypanosoma granulosum* aus dem Aal heranziehen. Einige lebende Aale – fast jeder erweist sich als infiziert – werden für den Kurs bereitgehalten. Um das Blut zu gewinnen, erfaßt man die Tiere mit einem Tuch und macht an der Bauchseite einen querliegenden Einschnitt, unmittelbar vor den Brustflossen. Das herausquellende Blut wird mit einer sauberen Pipette entnommen, wobei man seine Vermischung mit dem Hautschleim vermeiden muß, und tropfenweise auf sorgfältig gereinigte Objektträger verteilt. Einige der Präparate werden sofort mit einem sauberen Deckgläschen zugedeckt, zur Lebendbeobachtung der Parasiten, die anderen für die Herstellung von Ausstrichen verwandt, die man nach dem Trocknen färbt.

B. Allgemeine Übersicht

Die Protozoen sind einzellige («nichtzellige») Tiere. Sie werden als besonderes Unterreich den vielzelligen Tieren (Metazoen) gegenübergestellt. Fast alle Protozoen sind von sehr geringer Körpergröße, die meisten sind mikroskopisch klein. Wie jede Zelle bestehen auch sie aus einem protoplasmatischen Zelleib, der von einer Zellmembran umschlossen ist, und mindestens einem Zellkern.

Das Protoplasma zeigt im Lichtmikroskop einen körnigen, wabigen oder auch faserigen Aufbau. Es besteht aus Eiweißstoffen, Kohlehydraten, Fetten, Lipoiden, Wasser und Salzen. Träger der Lebensvorgänge sind die Eiweißstoffe, die in der Regel eine außerordentlich komplizierte submikroskopische Struktur besitzen. Nicht selten kann man am Plasma der Protozoen eine Außenschicht, ein Ektoplasma, von einem inneren Bezirk, dem Entoplasma, unterscheiden. Das Ektoplasma ist zähflüssig, homogen und hyalin (strukturlos und klar), während das dünnflüssigere Entoplasma im Lichtmikroskop den geschilderten Aufbau zeigt. Elektronenmikroskopische Aufnahmen lassen erkennen, daß es von einem Netzwerk röhren- und plattenförmiger Hohlräume durchzogen ist (endoplasmatisches Retikulum). Häufig sind den Membranen, die die Hohlräume begrenzen, Partikel aus Ribonukleinsäure (Ribosomen) aufgelagert; das Retikulum wird dann auch als Ergastoplasma bezeichnet. – Ekto- und Entoplasma sind nicht zwei verschiedene Plasmaarten, sondern nur verschiedene (Struktur-)Zustände ein und desselben Grundplasmas; sie können wechselseitig ineinander überführt werden. Die Zellmembran kann so dünn sein, daß sie lichtmikroskopisch kaum wahrzunehmen ist, meist jedoch ist sie gut entwickelt und wird dann als Pellicula bezeichnet. Sie ist aus einer bis mehreren Elementarmembranen (s. S. 52) aufgebaut. Je nach dem Grade ihrer Festigung verleiht sie den damit ausgerüsteten Protozoen eine mehr oder weniger vollkommene Formbeständigkeit.

Echte Organe fehlen den Protozoen insofern, als zum Begriff des «Organs» das Merkmal der Mehrzelligkeit gehört. Wohl aber verfügt die Protozoenzelle über zahlreiche, oft sehr kompliziert gebaute Differenzierungen, die funktionell durchaus den Organen der Metazoen gleichzusetzen sind. Wir nennen sie Organelle.

Der Fortbewegung dienen im einfachsten Fall (Amoebina) lappenartige Vorbuchtungen des Protoplasmas, die Scheinfüßchen oder Pseudopodien. Sie gestatten ein nur langsames «Vorwärtsfließen», wobei das Tier seine Gesamtkörperform andauernd verändert. Die Pseudopodien anderer Einzeller sind fadenartig dünn und strahlen von einem Zellkörper mit definierter Gestalt aus. Bei Ciliaten und Flagellaten wirken Wimpern und Geißeln als – dauernd vorhandene – Bewegungsorganelle. Durch ihren Schlag werden die Tiere schnell vorangetrieben. Nicht wenige Protozoen besitzen außerdem kontraktile Fibrillen, die ihnen energische und rasche Körperbewegungen ermöglichen.

Die Art und Weise der Ernährung ist mannigfaltig. Manche Protozoen (viele Flagellaten) sind in der Lage, sich wie Pflanzen autotroph zu ernähren – sie bauen mit Hilfe der Energie des Sonnenlichtes aus anorganischen Stoffen organische Substanzen auf –, die meisten Einzeller jedoch ernähren sich wie Tiere heterotroph. Für sie ist die Aufnahme organischen Materials lebensnotwendig.

Unter den Flagellaten gibt es Formen, die sich sowohl heterotroph als auch autotroph - man sagt amphitroph - ernähren können. Die im umgebenden Medium gelösten (organischen bzw. anorganischen) Nährstoffe treten dann unmittelbar durch die Zellmembran in den Körper ein. Ernährungsorganellen fehlen diesen Formen ebenso wie den ebenfalls von flüssigen organischen Substanzen lebenden entoparasitischen Protozoen.

Die Aufnahme geformter Nahrung erfolgt bei den Protozoen, die nicht von einer Pellicula umschlossen sind, an beliebiger Stelle der Körperoberfläche, indem die Nahrungspartikel vom Protoplasma umflossen werden. Bei den Formen mit Pellicula dient eine bestimmte Körperstelle als Mund (Zellmund, Cytostom), eine andere als After (Zellafter, Cytopyge). An der Mundstelle ist die Pellicula verdünnt; sie besteht dort nur aus einer Elementarmembran. Oft ist der Bereich des Zellmundes mit besonderen Organellen (z. B. Cilien) bewehrt, die das Hineinstrudeln der Nahrungspartikel besorgen (Strudler). Er kann sich in einen trichterförmigen Kanal, den Cytopharynx, fortsetzen. In anderen Fällen wird das flach an der Körperoberfläche liegende Cytostom der Beute angedrückt und diese dann durch Auseinanderweichen der Mundränder verschlungen (Schlinger).

Die von den Protozoen zusammen mit einem Tröpfchen Wasser aufgenommenen, geformten Nahrungsbestandteile, liegen im Zellplasma innerhalb winziger Bläschen, deren Wände aus einer Elementarmembran (S. 52) bestehen. Wir nennen die so entstandenen Bildungen *Nahrungsvakuolen* oder besser *Gastriolen*. In sie hinein werden durch die Membranwand Fermente zur Auflösung der Nahrung abgeschieden. Verdautes wird – vermutlich mittels Mikropinocytose (s. S. 18) – resorbiert, Unverdauliches mit der Gastriole zur Zellwand befördert und dort nach außen entleert.

Ganz andere Funktion haben die *pulsierenden* (kontraktilen) *Vakuolen*, von Flüssigkeit erfüllte Bläschen, die rhythmisch anschwellen (Diastole) und, sich nach außen entleerend, zusammenfallen (Systole). Sie dienen dem Austreiben überschüssigen Wassers, das durch Diffusion oder zusammen mit der Nahrung ins Körperinnere gelangte, sind also Regulatoren des osmotischen Druckes. Sehr wahrscheinlich haben sie daneben noch exkretorische, vielleicht auch respiratorische Aufgaben zu erfüllen. Kontraktile Vakuolen kommen, in der Ein- oder Mehrzahl, fast allen das Süßwasser bewohnenden Protozoen zu. Sie liegen dicht unter der Zelloberfläche, oft an bestimmten Stellen. Den marinen und parasitischen Protozoen fehlen sie meist.

Die Protozoen leben im Wasser oder in wässerigen Flüssigkeiten. Ungünstige Lebensbedingungen, wie Nahrungsmangel und besonders Trockenheit, vermögen viele von ihnen zu überdauern, indem sie eine feste Schutzhülle, eine *Cyste*, um sich abscheiden. Ihr kommt für die Verschleppung der Protozoen, namentlich auch der parasitischen, eine große Bedeutung zu. Auch Fortpflanzungs- und Befruchtungsvorgänge spielen sich häufig innerhalb von Cysten ab.

Außer diesen nur zeitweise auftretenden Schutzhüllen sind bei sehr vielen Protozoen auch *dauernde Schutzgebilde* vorhanden, die als Hüllen, Gehäuse, Skelette usw. auftreten und aus gallertiger oder häutiger, oft mit Fremdkörpern inkrustierter Masse oder aus Calciumcarbonat oder Kieselsäure bestehen.

Im Innern des Protozoons liegt der sehr verschieden gestaltete *Kern*. Er kann in der Ein-, Zwei- oder Vielzahl vorhanden sein. Bei Ciliaten (und einigen anderen Formen) beobachtet man einen Kerndualismus, derart, daß neben einem großen, stark färbbaren *Makronucleus* (Hauptkern) ein kleinerer *Mikronucleus* (Nebenkern) vorhanden ist; beide eventuell in der Mehrzahl. Sie werden – ihrer physiologischen Bedeutung entsprechend – auch als somatischer Kern und generativer Kern (= Geschlechtskern) bezeichnet.

Die Fortpflanzung der Protozoen kann sich als einfache *Zweiteilung*, als *Knospung*, als *multiple Teilung* oder als *Plasmotomie* abspielen. Geschieht die Fortpflanzung im Zusammenhang mit geschlechtlichen Vorgängen, so spricht man von *geschlechtlicher* (*Gamogonie*), sonst von *ungeschlechtlicher Fortpflanzung* (*Agamogonie*). Die Zweiteilung kann eine Längs- oder Querteilung sein. Knospung liegt vor, wenn ein zunächst kleineres Teilstück aussproßt, das sich dann von der Mutterzelle abschnürt. Bei der multiplen Teilung zerfällt die Mutterzelle durch einen einzigen Teilungsvorgang in viele, und zwar der Zahl der Kerne entsprechende Tochterzellen. Plasmotomie schließlich ist die Zweiteilung einer vielkernigen Mutterzelle nach vorausgegangener Verdoppelung der Kerne. Findet die multiple Teilung innerhalb einer Cyste im Anschluß an eine Befruchtung statt, so spricht man von *Sporenbildung* (*Sporogonie*). – Unvollständige Teilung führt zur Bildung von Kolonien.

Befruchtungsvorgänge sind aus allen Protozoenstämmen bekannt geworden. Das Wesentliche an der Befruchtung ist die *Verschmelzung zweier* geschlechtlich differenzierter Kerne, die ihrerseits die Voraussetzung ist für die Meiose, bei der allein eine Neukombination von genetischem Material möglich ist. Diese Kernverschmelzung (Karyogamie) findet meist im Anschluß an eine vorübergehende und partielle (Konjugation), oder dauernde und vollständige (Kopulation) Vereinigung zweier Zellindividuen statt. Die dadurch bewirkte Verdoppelung der Chromosomen wird spätestens vor der Bildung neuer Geschlechtskerne bzw. neuer Geschlechtszellen durch die Reduktionsteilung rückgängig gemacht. Die enge Beziehung, in der die Befruchtung bei den Metazoen zur Fortpflanzung steht, bahnt sich bei den Protozoen erst an; bei vielen von ihnen sind die beiden Vorgänge zeitlich weit voneinander entfernt.

Die Kopulation entspricht der Vereinigung von Ei- und Samenzelle bei den Metazoen, d.h. es verschmelzen zwei ganze Zellindividuen mit Plasma und Kern zu einer dauernden neuen Einheit. Die miteinander verschmelzenden Zellen nennen wir Gameten. Sie können gleich oder ungleich gestaltet sein (Isogameten, Anisogameten). Ihr Verschmelzungsprodukt wird als Zygote, die die Gameten bildende Zelle als Gamont bezeichnet. Auch in den Fällen, wo die sich vereinigenden Gameten in Gestalt und Struktur nicht zu unterscheiden sind, also bei den Isogameten, liegt (wohl) immer eine physiologische geschlechtliche Differenzierung vor.

Die Befruchtungsvorgänge bei den Protozoen verlaufen als Gametogamie, Autogamie oder Gamontogamie. Von Gametogamie spricht man dann, wenn Gameten weder innerhalb von Cysten, die von den Gamonten gebildet wurden, noch in Räumen, die von den Gamonten umschlossen werden, sondern als freischwimmende Zellindividuen kopulieren.

Die Autogamie ist gekennzeichnet dadurch, daß Gameten oder Gametenkerne miteinander verschmelzen, die von *ein und demselben* Gamonten gebildet wurden. Es gibt zwei Formen der Autogamie. Die bei der Autogamie im engeren Sinne entstehenden Gametenkerne verbleiben (selbstverständlich) im Gamontenorganismus und vereinigen sich dort zum Synkarion. Der zweite Typ, die Pädogamie, unterscheidet sich von der Autogamie i.e.S. dadurch, daß auf die Kernteilung eine Zellteilung erfolgt. Es werden also Gameten – und nicht nur Gametenkerne – gebildet. Die Gameten bleiben innerhalb der Schale oder Cyste des in der Bildung der Geschlechtszellen aufgegangenen Gamonten und verschmelzen dort paarweise zu Zygoten.

Als Gamontogamie werden geschlechtliche Vorgänge zusammengefaßt, bei denen bereits die Gamonten zusammenfinden. Auch hier gibt es zwei Formen. Bei der einen entstehen zwar Gameten, aber sie werden nicht völlig frei, sondern verbleiben in einem von den Gamonten, bzw. deren Gehäusen umschlossenen Raum oder in einer von den Gamonten gebildeten Cystenhülle und verschmelzen dort miteinander zu Zygoten. Bei der zweiten Form, der Konjugation, verwachsen die Partner (Konjuganten) an einer bestimmten Stelle ihres Zelleibes unter Auflösung der Zellmembran vorübergehend miteinander und tauschen dann über die Plasmabrücke Geschlechtskerne miteinander aus. Die Konjugation ist der typische Befruchtungsprozeß der Ciliaten.

Wechseln geschlechtliche und ungeschlechtliche Fortpflanzungsweisen und somit geschlechtlich entstandene und ungeschlechtlich entstandene Generationen miteinander ab, so spricht man von einem Generationswechsel. Man nennt ihn obligatorisch, wenn der Wechsel zwischen der einen und der anderen Fortpflanzungsform regelmäßig erfolgt. Häufiger ist der fakultative Generationswechsel, bei dem auf jede geschlechtlich entstandene Generation mehrere bis viele sich ungeschlechtlich fortpflanzende Generationen folgen.

Die Gameten sind immer haploid, die Zygoten immer diploid, die übrigen Individuen des Generationenzyklus können wie die Zygoten alle diploid sein (diplohomophasischer Generationswechsel; Reduktionsteilung bei der Gameten- oder Gametenkernbildung; z.B. bei Heliozoen; S. 24), oder sie sind wie die Gameten alle haploid (haplo-homophasischer Generationswechsel; Reduktionsteilung ist die erste Teilung der Zygote; bei Sporozoa; S.40). Schließlich kann mit dem Wechsel der Generationen ein Kernphasenwechsel einhergehen dergestalt, daß die eine Generation diploid, die andere dagegen haploid ist (heterophasischer Generationswechsel; Reduktionsteilung bei der Agametenbildung; bei Foraminifera; S.21).

C. Spezieller Teil

Ihrer Kleinheit wegen sind die Protozoen nur unter dem Mikroskop zu untersuchen. Es wird aus einer der angelegten Kulturen ein Wassertropfen auf den Objektträger gebracht und ein Deckglas mit Wachsfüßchen aufgelegt. Von vornherein schließe man alle größeren Tiere, wie Rotatorien, Copepoden, Nematoden von der Betrachtung aus und widme sich ausschließlich der Untersuchung der Protozoen. Stets ist zuerst schwache Vergrößerung anzuwenden.

I. Rhizopoda, Wurzelfüßler

Wir beginnen das Studium der Protozoen mit den Rhizopoda, weil sie die am einfachsten organisierten Einzeller sind. Stammesgeschichtlich dürften sie aus Flagellaten hervorgegangen sein, wofür auch das gelegentliche Auftreten begeißelter Formen oder Stadien spricht.

Namengebendes Merkmal der Rhizopoda ist ihre Eigenart, Scheinfüßchen (Pseudopodien) auszubilden. Es handelt sich dabei um protoplasmatische Fortsätze, die an beliebiger Stelle des Zellkörpers entstehen und jederzeit wieder eingezogen werden können. Sie dienen der Bewegung und Nahrungsaufnahme und sind keineswegs, wie man nach dem Namen des Stammes vermuten sollte, stets wurzelförmig verzweigt. Vielmehr kann man vier verschiedene Hauptformen von Pseudopodien unterscheiden: Lobopodien (Lappenfüßchen) sind lappenartige, nicht selten geweihähnlich gestaltete Zellfortsätze, die relativ rasch gebildet und wieder eingeschmolzen werden können. Sie sind die Pseudopodien aller Amöben und vieler Testacea. Die Filopodien (Fadenfüßchen) sind viel feiner, fadenartig dünn und zugespitzt, nicht selten verzweigt, aber meist nicht durch Anastomosen (Querverbindungen) verbunden. Sie bestehen größtenteils aus hyalinem Ektoplasma. Ebenfalls fadenartig dünn sind die Axopodien (Achsenfüßchen), bei Heliozoen und Radiolarien vorkommende Pseudopodien. Sie sind jedoch unverzweigt und elastisch starr radial vom Körper des Protozoons abgestreckt. Ihre Steifheit erhalten sie von einem zentralen «Achsenstab», der – wie das Elektronenmikroskop enthüllte – aus einem Bündel feinster Röhren (Mikrotubuli) besteht, und von dünnflüssigem Protoplasma umgeben ist. (s. Abb. 9). Die Rhizopodien oder Reticulopodien (Wurzelfüßchen) sind für die Foraminiferen charakteristisch. Sie sind verzweigt und bilden miteinander Anastomosen (s. Abb. 5).

1. Amoebina, Wechseltierchen

a) *Amoeba proteus*, Amöbe

Für den Anfänger eignen sich nur große und gut bewegliche Arten, wie z. B. *Amoeba proteus*. Man gibt je einen Tropfen der Amöbenkultur auf die Objektträger. Falls die Tiere nicht schon durch pflanzliches Material oder Detritus genügend gegen Quetschung geschützt sind, erhalten die Deckgläschen an den Ecken niedrige Wachsfüßchen. Die Präparate müssen erst einige Zeit, etwa 5 Minuten, ruhig liegen, da die Tiere infolge der Erschütterung Kugelform angenommen haben. Nach dieser Zeit beginnen sie bei genügend hoher Zimmertemperatur, besser noch dem Sonnenlicht ausgesetzt, ihre Bewegungen wieder aufzunehmen. Bei Verwendung von Mikroskopierlampen achte man darauf, daß die Präparate nicht zu warm werden.

Mit der mittleren Vergrößerung üben wir uns zunächst im Auffinden der Amöben, wofür die Blende stark zu verengen ist, und studieren dann ihre Bewegungsformen etwas genauer.

Die Amöben sind typische Vertreter der Rhizopoda (Wurzelfüßler), bei denen wir die Bildung der für diesen Stamm charakteristischen Pseudopodien (Scheinfüßchen) besonders gut verfolgen können. Wir sehen sie bald an dieser, bald an jener Stelle des Körpers hervorquellen, was zur Folge hat, daß sich der Umriß des Tieres ständig ändert (daher Amöbe – Wechseltierchen) und das ganze Tier sich langsam und häufig die Richtung wechselnd vorwärts bewegt. Es ist ein Kriechen oder langsames Rollen, seltener ein Schreiten. Wir halten bei einem der Tiere die verschiedenen Phasen der Bewegung zeichnerisch fest, am besten durch eine Serie von Skizzen mit jeweiliger Zeitangabe. Auch an der Unterseite des Wasseroberflächenhäutchens können sie in

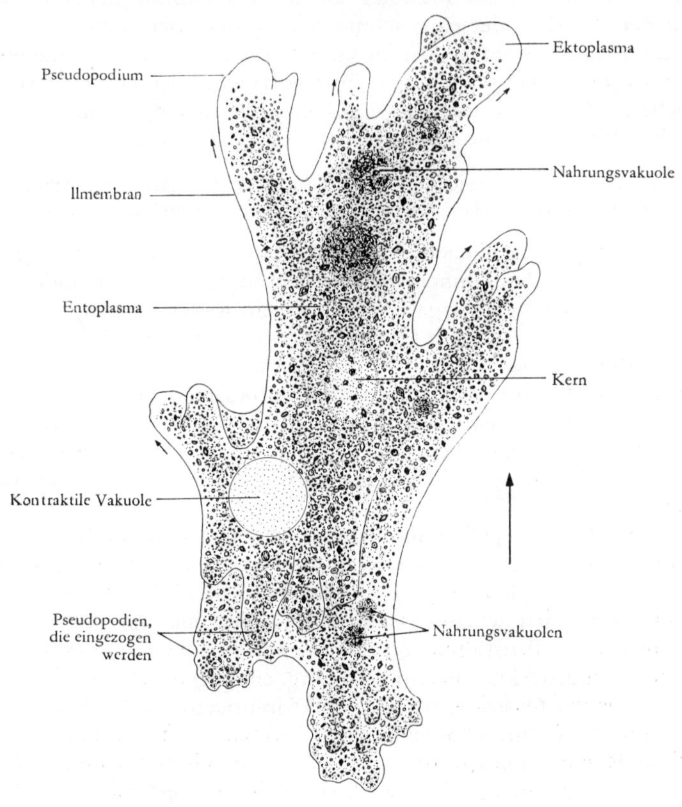

Abb. 2: *Amoeba proteus.* Kleine Pfeile: Fließrichtung der Pseudopodien. Großer Pfeil augenblickliche Fortbewegungsrichtung der Amöbe. 350×.

dieser Weise entlangkriechen. In dem Maße, in dem das Plasma in ein sich bildendes Pseudopodium hineinströmt, schrumpfen die Pseudopodien der Gegenseite ein, wobei sich ihre Oberfläche in Runzeln legen kann (Abb. 2). Bei manchen Amöbenarten stellt der ganze Körper eine einheitliche Kriechsohle dar, deren jeweiliger Vorderpol aus einem einzigen, nicht deutlich abgesetzten Pseudopodium besteht («Limax-Amöben»).

Die Form der Pseudopodien ist bei den einzelnen Amöbenarten verschieden. Nur selten sind sie wurzelförmig, wie es der Name Rhizopoda vermuten läßt, viel häufiger haben sie das Aussehen von breiteren oder schmaleren Lappen, sind finger- oder auch strahlenförmig. Ihre Form ist im übrigen nicht streng artspezifisch, hängt vielmehr in hohem Maße von den Umweltbedingungen ab. Der Mechanismus der Pseudopodienbildung ist immer noch nicht völlig geklärt. Eine lokale Herabsetzung der Oberflächenspannung, die man früher als wesentlich ansah, spielt jedenfalls keine Rolle. Nach neueren Untersuchungen sind feinste kontraktile Fibrillen, die in großer Zahl den Zelleib durchsetzen, für Plasmaströmung und Pseudopodienbildung verantwortlich.

Die äußerst dünne, im Lichtmikroskop kaum erkennbare Zellmembran, die das Tier lückenlos umhüllt, besteht aus einer Elementarmembran (S. 52). Sie kann rasch und jederzeit neugebildet oder eingeschmolzen werden. Bei *Amoeba proteus* und bei einigen anderen Amöbenarten ist – für uns nicht erkennbar – der Zellmembran außen eine feine, «haarige» Schleimschicht aus Mucopolysachariden aufgelagert, die bei der Nahrungssuche (z. B. beim Einfangen von Pantoffeltierchen), vielleicht auch bei der Haftung an der Unterlage, eine Rolle spielt.

Wir suchen uns jetzt eine besonders große und durchsichtige Amöbe zur näheren Betrachtung ihrer inneren Organisation aus, wofür etwa 400fache Vergrößerung zu verwenden ist.

Neben der Fortbewegung dienen die Pseudopodien auch der Nahrungsaufnahme. Unter günstigen Umständen können wir beobachten, wie sie einen anderen Einzeller oder einen kleinen vielzelligen Organismus (z. B. ein Rädertierchen) von allen Seiten umfließen und in eine Gastriole (Nahrungsvakuole) einschließen, indem sich die distalen Zonen der Pseudopodien erst überlappen, um dann – aber das ist nicht zu erkennen – unter Auflösung der Zellmembran miteinander zu verschmelzen. Ältere Gastriolen mit mehr oder weniger verdauten Einschlüssen werden wir fast stets im Protoplasma verstreut liegen sehen. Die unverdaulichen Reste werden entfernt, indem die Nahrungsvakuole zur Zelloberfläche wandert und dort ihren Inhalt nach außen entleert.

Eine derartige Aufnahme geformter Nahrungspartikelchen durch Protozoen-, und auch durch Metazoenzellen, nennt man Phagocytose, während ein ähnliches Einverleiben von kleinsten Flüssigkeitstropfen als Pinocytose («Trinken der Zelle») bezeichnet wird. Bei ihr werden winzige, schlauchförmige, und mit der Flüssigkeit des Außenmediums erfüllte Einstülpungen der Zellwand als membranumhüllte Bläschen nach innen abgeschnürt. Die diesem Vorgang entsprechende Aufnahme gelöster Nahrungsstoffe aus der Gastriole wird als Mikropinocytose bezeichnet.

Das Zellplasma ist erfüllt von zahlreichen kleinen – oft ebenfalls in Elementarmembran-«Beutelchen» eingeschlossenen – Körnern (Granula) und Kristallen, die nach Form und Größe und vor allem auch stofflich sehr verschieden sind. Zum Teil konnten sie als Speicherstoffe erkannt werden (Fette, Glykogen, Eiweißkristalle). Andere bestehen aus Dikarbonylharnstoff. Selbstverständlich finden sich auch Mitochondrien im Plasma.

Sehr deutlich sehen wir, daß eine ziemlich breite Außenzone des Amöbenkörpers frei von Granula und Nahrungsvakuolen ist. Wir haben hier das homogene, zähere Ektoplasma (S. 12) vor uns. Es ist außen von der Zellmembran überzogen. Im zentralen, dünnflüssigeren Entoplasma können wir dank der Anwesenheit der Granula ständig Verschiebungen oder Strömungen feststellen. Sie werden besonders sinnfällig bei der Bildung neuer Pseudopodien. Wie wir jetzt bei genauerer Beobachtung erkennen, wölbt sich hierbei zunächst nur das hyaline Ektoplasma zu einem Hügel vor, dann aber nimmt auch das schnell einströmende Entoplasma an der Bildung und Vergrößerung des Pseudopodiums teil. Bei der Bildung einer Nahrungsvakuole wandelt sich das ihr anliegende Ektoplasma in Entoplasma um («Ekto-Entoplasmaprozeß»).

Im Entoplasma findet sich neben Granula und Nahrungsvakuolen noch ein helles Bläschen, das an Größe allmählich gewinnt, um dann plötzlich zu verschwinden. Es ist die sich periodisch entleerende kontraktile Vakuole, das Organell der Osmoregulation. In ihrer Umgebung befinden sich im Plasma submikroskopisch kleine Bläschen. Sie hat bei Amöben noch keine feste Lage, wird also von den Plasmaströmungen hin und her geschoben.

Das gleiche gilt für den ebenfalls im Entoplasma eingebetteten, ovalen oder linsenförmigen Kern. Da er annähernd das gleiche Lichtbrechungsvermögen hat wie das Cytoplasma, ist er allerdings bei der lebenden Amöbe nur schwer als ein etwas dunklerer Fleck oder auch eine etwas lichtere Aussparung erkennbar. Viele Amöben sind mehrkernig.

Die Fortpflanzung einer Amöbe durch Zweiteilung erst des Kerns, dann des Plasmaleibes wird man in unseren Präparaten nur ausnahmsweise zu beobachten das Glück haben. Geschlechtsvorgänge sind nur von einer Amöbenart *(Amoeba diploidea)* bekannt.

Um den Kern besser zur Anschauung zu bringen, werden zum Schluß noch fixierte und gefärbte Amöbenpräparate verteilt.

b) *Arcella* und *Difflugia*

Wir betrachten im Anschluß an die «nackten» Amoebina zwei Gattungen, die zu den beschalten Amöben (Testacea, Thecamoebaea) gehören.

Zunächst *Arcella*. Hier besteht die Schale aus einer vom Tier ausgeschiedenen organischen Substanz. Sie ist, je nach dem Alter, von hellgelber bis dunkelbrauner Farbe, von Gestalt etwa linsenförmig, unten eingewölbt, und zeigt bei stärkerer Vergrößerung eine zierliche Oberflächenstruktur in Form einer hexagonalen Felderung (Abb. 3). Sie umschließt den Weichkörper fast vollständig; nur an der Unterseite ist eine große zentrale Öffnung ausgespart, durch die wir bei längerer Beobachtung die fingerförmigen Pseudopodien austreten sehen. Mit ihrer Hilfe gleitet das Tier langsam vorwärts. Vom inneren Bau – erwähnt sei nur der Besitz von zwei Kernen

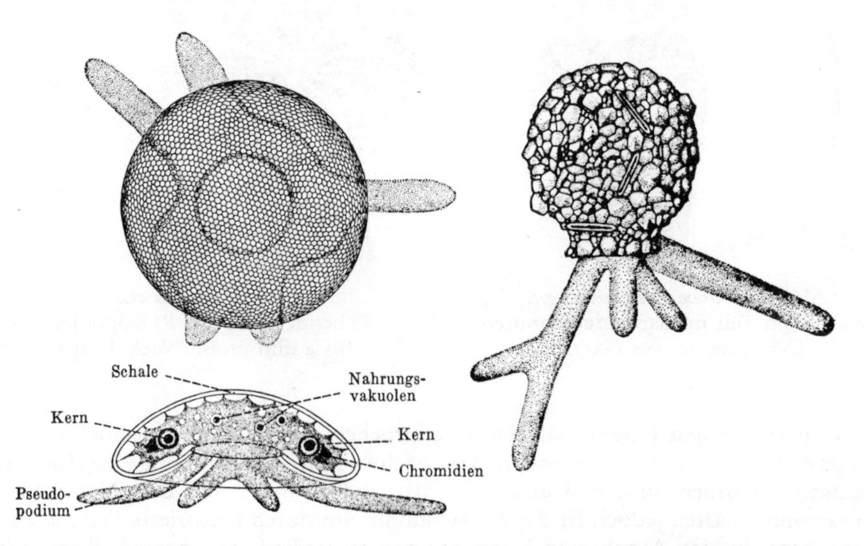

Abb. 3: Links: *Arcella vulgaris*, oben dorsale Ansicht, unten optischer Längsschnitt und Seitenansicht kombiniert. 250× (nach VERWORN und KÜHN). Rechts *Difflugia urceolata*. 200× (Nach VERWORN)

und ein basophil färbbarer Plasmabezirk (Chromidialapparat) unbekannter Bedeutung – läßt uns die Undurchsichtigkeit der Schale nur in seltenen Fällen etwas erkennen.

Bei *Difflugia*, einer anderen Gattung, ist die Schale glockenförmig und besteht aus kleinen Fremdkörpern, meist Sandkörnchen, daneben Diatomeenschalen, Schwammnadeln und dergleichen, die in eine organische Grundsubstanz eingelassen sind (Abb. 3). Die Fremdkörper werden wie Nahrungsbrocken umflossen und aufgenommen und dann von innen her in das schon vorhandene Pflaster eingebaut. Aus der Öffnung am unteren Ende sieht man unter günstigen Verhältnissen (Ruhe, Wärme usw.) die fingerförmigen Pseudopodien heraustreten. Bei stärkerer Vergrößerung können wir an ihnen sehr schön die Plasmaströmung beobachten. – Die Testacea leben vorwiegend im Süßwasser; besonders häufig findet man sie in Mooren und Moosrasen.

2. Foraminifera, Kammerlinge

Beim Studium der marinen Foraminiferen wird man meist gezwungen sein, sich auf die Betrachtung von verschiedenen Schalenformen zu beschränken. Dort, wo lebende Tiere zur Verfügung stehen, sollte man zumindest einige Demonstrationspräparate bei Hell- und Dunkelfeldbeleuchtung aufstellen.

Die Foraminiferen sind beschalt. Die Schale besteht aus einer organischen Grundsubstanz, in die Fremdkörper eingelagert sein können, meist jedoch ist sie durch Einlagerung von Kalk (Calcit) verfestigt. Sie ist mehr oder weniger gleichmäßig von

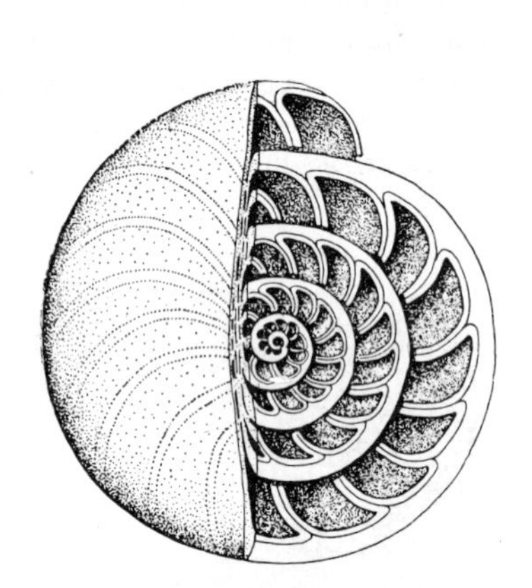

Abb. 4: *Nummulites cummingii.* Schale zum Teil median aufgeschnitten. (Nach Brady aus Grell)

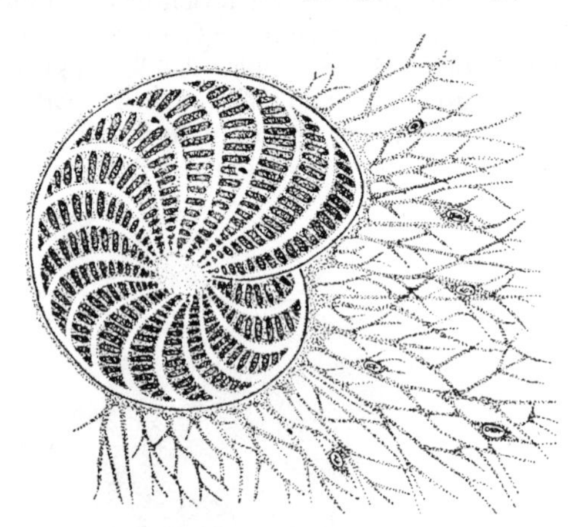

Abb. 5: *Elphidium crispa.* Lebendes Tier mit Rhizopodien. Bis 4 mm groß. (Nach Jahn)

sehr vielen feinsten Porenkanälchen durchbrochen, in die siebartig gelochte – allerdings nur mit dem Elektronenmikroskop nachweisbare – Querwände eingebaut sind. Primitive Formen sind einkammerig (Monothalamia), bei der Mehrzahl der Foraminiferenarten jedoch ist der Schalenhohlraum durch perforierte Scheidewände (Foramina) in eine Anzahl von Kammern unterteilt (Polythalamia), die im Laufe des Wachstums hintereinander gebildet werden (Abb. 4). Der Weichkörper der Tiere füllt alle Kammern aus.

Die Pseudopodien sind fast immer typische, zur Verschmelzung und Netzbildung neigende Rhizopodien (= Retikulopodien). Sie strahlen entweder durch die Mündung der letzten Kammer, also nur durch die Hauptöffnung (Imperforata) oder durch sie und durch Poren, die ähnlich den Porenkanälchen die Schale durchsetzen, nach außen (Perforata; Abb. 5). Die im Lichtmikroskop einheitlich erscheinenden einzelnen Rhizopodien bestehen in Wirklichkeit aus Bündeln von über 500 feinsten, verschieden dicken protoplasmatischen Strängen, die mannigfach miteinander vernetzt sind. Jeder einzelne Strang ist von einer Fortsetzung der Zellmembran überzogen. Wenn lebendes Material zur Verfügung steht, so versäume man nicht, an den Rhizopodien die lebhafte Protoplasmaströmung zu beobachten. Sie ist nicht selten an ein und demselben Rhizopodium sowohl zentrifugal als auch zentripedal gerichtet, ein Vorgang, der leichter verständlich ist, seit man den komplexen Aufbau der Rhizopodien kennt. Mit Hilfe dieser Strömungen werden Nahrungspartikel zum Zellkörper hin und unverdauliche Futterreste von ihm weg befördert. Eine Ortsveränderung geht nur langsam vor sich. Wie diese durch die Pseudopodien bewerkstelligt wird, ist noch weitgehend ungeklärt. – Auch beim Anbau einer neuen Schalenkammer sind die Pseudopodien von Bedeutung: Sie treten fächerförmig aus der Hauptöffnung hervor und lagern an der Randzone Detritusteilchen ab. Dann ziehen sie sich zurück, bis ihre Oberfläche die Form der neuen Kammer eingenommen hat. Auf dieser Oberfläche wird die organische Grundmembran der Schale abgeschieden, die schließlich durch Kalk oder Fremdkörper verstärkt wird. Außen ist die gesamte Schale von einem feinen und nur schwer nachweisbaren Film von Cytoplasma überzogen. Soll der Zellkörper studiert werden, so ist es nötig, nach dem Fixieren die Schale mit verdünnter Säure zu lösen. – Die Foraminiferen sind ein- oder mehrkernig. Das Plasma ist reich an Mitochondrien, Eiweißschollen, Öltropfen und Kristallen.

Charakteristisch für den Lebenszyklus ist ein regelmäßiges Alternieren von geschlechtlicher (Gamogonie) und ungeschlechtlicher Fortpflanzung (Agamogonie). Der Zelleib der sich ungeschlechtlich vermehrenden Individuen (Agamonten) zerfällt durch multiple Teilung in zahlreiche einkernige Stücke, die das mütterliche Gehäuse verlassen, eine Schale bilden und heranwachsen. Man bezeichnet sie, solange sie noch jung sind, als Agameten (oder Pseudopodiosporen), später, im erwachsenen Zustand, als Gamonten. Aus ihnen entstehen nach einiger Zeit, wiederum durch multiple Teilung, Tausende von zweigeißeligen Gameten. Nach dem Verlassen der mütterlichen Schale verschmelzen sie mit je einem Gameten des gleichen oder eines anderen Gamonten. In nicht wenigen Fällen lagern sich bereits die Gamonten paarweise so zusammen, daß zwischen ihnen ein Hohlraum entsteht, in dem wenige, unbegeißelte und amöboid bewegliche Gameten die Kopulation vollziehen (Gamontogamie). Bei wieder anderen Formen schließlich verschmelzen Gameten ein und desselben Gamonten im mütterlichen Gehäuse (Pädogamie). In jedem Fall werden die Zygoten zu Agamonten.

Die beiden Generationen sind oft schon an der Schale dadurch zu unterscheiden, daß die geschlechtlich entstandenen Agamonten eine kleinere Anfangskammer aufweisen («mikrosphärische Form») als die ungeschlechtlich gebildeten Gamonten («makrosphärische Form»). Das kommt daher, weil die Zygoten kleiner sind als die Agameten. Wo diese Unterscheidungsmöglichkeit fehlt, lassen sich die Generationen cytologisch unterscheiden: die Gamonten sind einkernig, die Agamonten mehrkernig. Die Reduktionsteilung findet vor der Bildung der Agameten statt. Die Kerne der Gamonten sind somit haploid, die der Agamonten diploid. Der Entwicklungsgang ist also ein heterophasischer Generationswechsel (s. S. 14,15).

Die Foraminiferen leben ausschließlich im Meer, meist am Boden, wenige pelagisch. Die rezenten Arten sind zwischen 20 μ und einigen Zentimetern groß. Die Schalen abgestorbener Tiere bilden dicke Lagen von Foraminiferenschlamm. – Fossile Foraminiferen findet man in allen geologischen Formationen vom Kambrium an. Neuerdings spielen sie als Leitfossilien eine wichtige Rolle bei Erdölbohrungen. In frühtertiären Kalken erhaltene Arten (Nummuliten) weisen bis zu 11 cm Durchmesser auf.

Die Fülle der rezenten Spezies ist gewaltig. Der systematischen Ordnung liegt der Bau der Schale zugrunde. Bei den Polythalamia lassen sich folgende vier Haupttypen unterscheiden:

1. Perlschnurförmige Anordnung. Bei ihr liegen die einzelnen Kammern in einer Reihe. Die Verbindungslinie der aufeinanderfolgenden Kammeröffnungen bildet eine gerade Linie oder einen flachen Bogen (Abb. 6, 2). Bei der Gattung *Lagena*, die im Prinzip hierher gehört, löst sich die neue Kammer bald nach ihrer Entstehung von der vorhergehenden ab, so daß die Schale einkammerig bleibt (Abb. 6, 1).

2. Spiralige Anordnung. Zu diesem Typus gehört die Mehrzahl aller Gattungen (Abb. 6, 4–7). Die Spirale, in der die Kammern angeordnet sind, liegt entweder in einer Ebene oder steigt schraubenförmig an. Bei der Gattung *Miliola* (Abb. 6, 4) nimmt jede Kammer einen halben Umgang ein.

3. Zopfförmige Anordnung. Die Kammern ordnen sich alternierend in zwei (oder mehr) Reihen an, so daß die Verbindungslinie ihrer Öffnungen im Zickzack verläuft (Abb. 6, 3).

4. Zyklische Anordnung. Die (späteren) Kammern legen sich in konzentrischen Kreisen um die schon vorhandene Schale herum (Beispiel: *Orbitolites*, Abb. 7). Die ersten Kammern sind spiralig angeordnet.

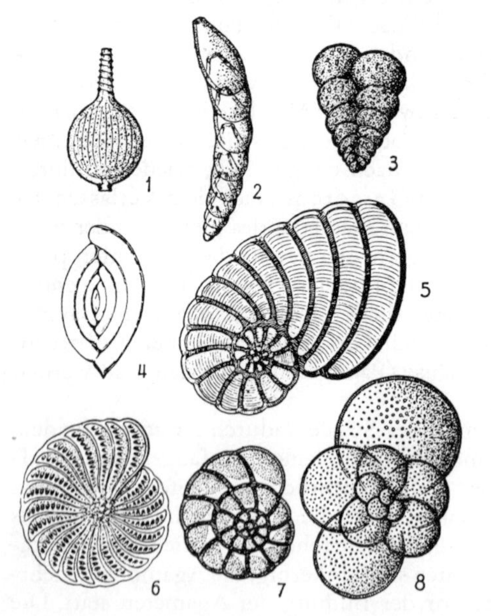

Abb. 6: Foraminiferenschalen. *1 Lagena; 2 Nodosaria; 3 Textularia; 4 Miliola; 5 Peneroplis; 6 Polystomella; 7 Rotalia; 8 Globigerina.* Alle 20×. (6 und 7 nach Kühn)

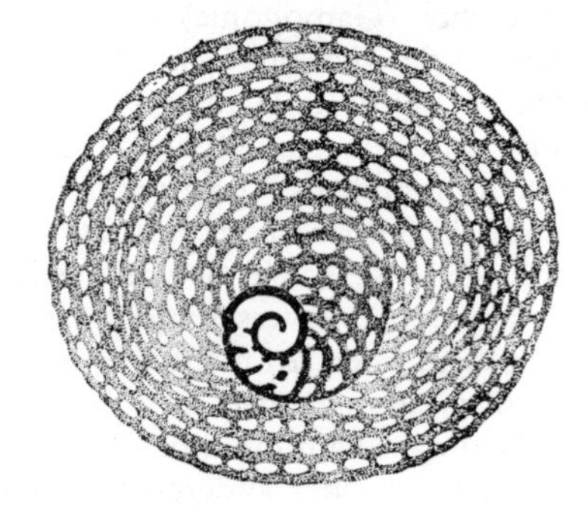

Abb. 7: *Orbitolites.* Die ersten Kammern zeigen Spiralanordnung, die späteren umfassen als konzentrische Ringe die ganze Schale; sie sind in Sekundärkämmerchen unterteilt. In der Seitenansicht ist *Orbitolites* eine flache Scheibe. 45×. (Nach Kühn)

Ein Übergang von der einen zu einer anderen Anordnungsform, wie er eben erwähnt wurde, läßt sich auch sonst häufig beobachten («biforme Schalen»). So folgt *Peneroplis* (Abb. 6, 5) zunächst dem Spiraltypus, um später zu geradliniger Aneinanderreihung der Kammern überzugehen. Und auch *Globigerina*, wohl die häufigste Foraminiferengattung, deren Schalen als «Globigerinenschlamm» weite Strecken des Meeresbodens bedecken, besitzt eine biforme Schale. Wie Abb. 6, 8 zeigt, gehört sie zunächst dem Spiraltypus an, während die späteren Kammern sich ganz unregelmäßig ansetzen können (sogenannter Acerval- oder Haufentypus).

3. Heliozoa, Sonnentierchen

Actinosphaerium eichhorni, Sonnentierchen

Mit dem Beginn der wärmeren Jahreszeit treten in stehenden Gewässern gelegentlich kleine, milchigweiße Kügelchen von der Größe eines Stecknadelkopfes auf: Es handelt sich um das zu den Heliozoen (Sonnentierchen) gehörige *Actinosphaerium eichhorni* (Abb. 8). Betrachtet man das Tier zunächst mit schwacher Vergrößerung, so fällt auf, daß von der Kugel zahlreiche, feine Pseudopodien strahlenartig abstehen. Die Kugel selbst besteht aus zwei Schichten, einer helleren Rindenschicht (Ektoplasma) mit großen Vakuolen und einer dunkleren, dichteren Markschicht (Entoplasma). In der Markschicht erkennt man eine größere Anzahl stärker lichtbrechen-

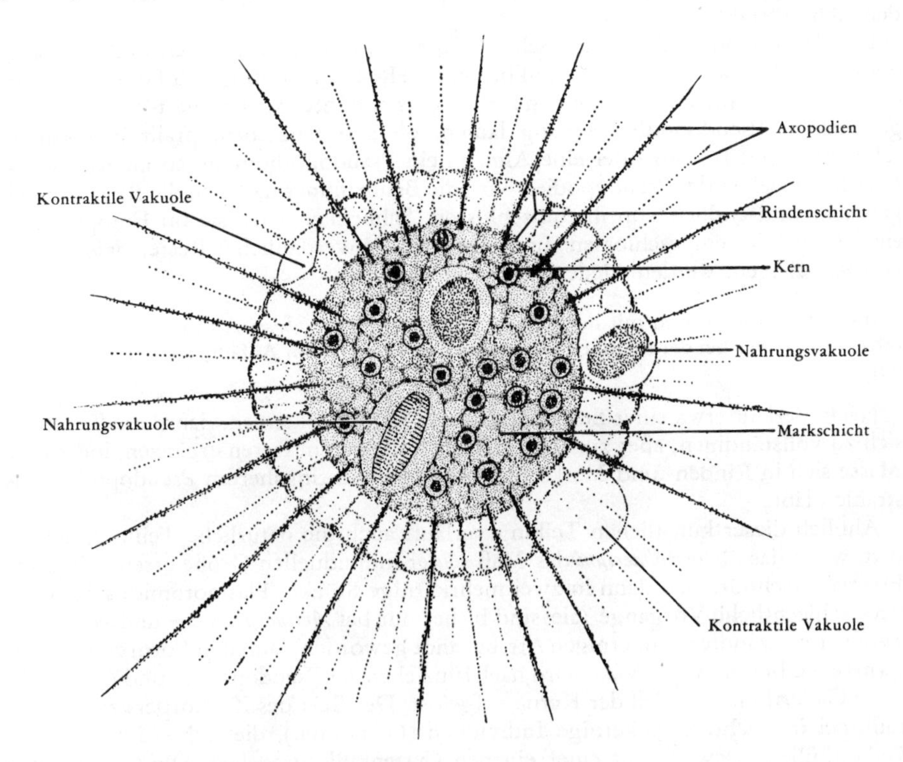

Abb. 8: *Actinosphaerium eichhorni*. 50×. (Nach Kühn, verändert)

der Gebilde, die Kerne. Die beiden Körperschichten sind nicht wie bei den Radiolarien (s. S. 27) durch eine feste Membran voneinander getrennt, sondern liegen direkt einander an.

Wir stellen jetzt das Mikroskop auf die Peripherie der Rindenschicht ein und bemerken, daß an einer oder zwei Stellen sich eine Vakuole hervorwölbt, um dann plötzlich wieder einzusinken. Das sind die kontraktilen Vakuolen.

Die Pseudopodien der Heliozoen sind typische Axopodien (s. S. 16). Sie scheinen auf den ersten Blick starr und unbeweglich zu sein. Erschüttert man indessen den Objektträger, auf dem sich das Tier befindet, so sieht man, wie die anscheinend starren Strahlen umknicken und erst allmählich ihre frühere Steifheit wiedererlangen. Auch vermögen sich die Pseudopodien zu verlängern und zu verkürzen.

Mit starker Vergrößerung läßt sich erkennen, daß in jedem Pseudopodium ein hyaliner, festerer Achsenfaden (aus Stereoplasma; submikroskopischer Bau s. S. 16 und Abb. 9) verläuft, der bis an die Markschicht des Körpers zu verfolgen ist. Diesen Achsenfaden umgibt eine Schicht dünnflüssigeren inhomogenen Plasmas, (Rheoplasma), das auf ihm entlang zu gleiten vermag und sich häufig zu Höckern oder spindelförmigen Gebilden ansammelt. Beim Einziehen eines Pseudopodiums wird der Achsenfaden eingeschmolzen. Die Pseudopodien der Heliozoen haben also «Achsenfestigkeit».

Man kann den Achsenfaden deutlich sichtbar machen, wenn man das Tier chemisch reizt, z. B. durch Zusatz von etwas Kochsalzlösung. Es erfolgt dann ein Einziehen der Pseudopodien, wobei sich ihr Rindenprotoplasma klumpig zusammenballt und den Achsenstrahl hier und da freilegt.

Die Pseudopodien dienen als Schwebefortsätze und zum Erfassen und Festhalten der Beute; doch scheinen sie nur auf bestimmte Reize hin klebrige Stoffe abzusondern, die die Beute festhalten. So können z. B. hypotriche Infusorien ungestört auf den ausgestreckten Pseudopodien entlang laufen, ohne festzukleben, prallt indessen ein schwimmendes Infusor oder eine Alge an ein Pseudopodium an, so kleben sie fest. Durch Einziehen der Pseudopodien wird die Beute immer näher an die Rindenschicht gebracht und endlich von ihr umschlossen. Schließlich wird sie im Entoplasma in eine Gastriole eingeschlossen und verdaut. Unverdauliche Reste, wie Schalen von Kieselalgen, werden wieder ausgestoßen.

Im Uhrschälchen wird mit der feinen Schere ein *Actinosphaerium* in eine Anzahl Stücke zerschnitten, was bei der relativen Größe des Tieres auch dem Anfänger unschwer gelingen wird.

Nach Verlauf etwa einer Stunde kann man bereits erkennen, daß diese Teilstücke sich zu vollständigen, aber zunächst natürlich kleineren Tieren ergänzen, indem ihre Masse sich in Rinden- und Markschicht sondert und ringsherum Pseudopodien ausstrahlen läßt.

Ähnlich dieser künstlichen Teilung verläuft auch die natürliche Teilung, die eintritt, wenn das *Actinosphaerium* das Maß seiner individuellen Größe erreicht hat. Das Plasma zerschnürt sich dann in zwei mehrkernige Stücke (Plasmotomie; s. S. 13).

Geschlechtliche Vorgänge (sie sind bisher nur bei *Actinosphaerium* und *Actinophrys sol*, einer verwandten, einkernigen Art, bekannt geworden) laufen in Form einer P ä d o g a m i e ab. Bei *Actinosphaerium* wird nach Einziehen der Pseudopodien und Abscheiden einer Gallerthülle ein Teil der Kerne aufgelöst. Der Rest des Zellkörpers zerteilt sich multipel in mehrere einkernige Individuen (Gamonten), die sich – innerhalb der Gallerthülle – jeweils mit einer eigenen Cystenhülle umgeben. Die Gamonten in den Tochtercysten teilen sich nun ihrerseits, so daß schließlich in jeder dieser Cysten

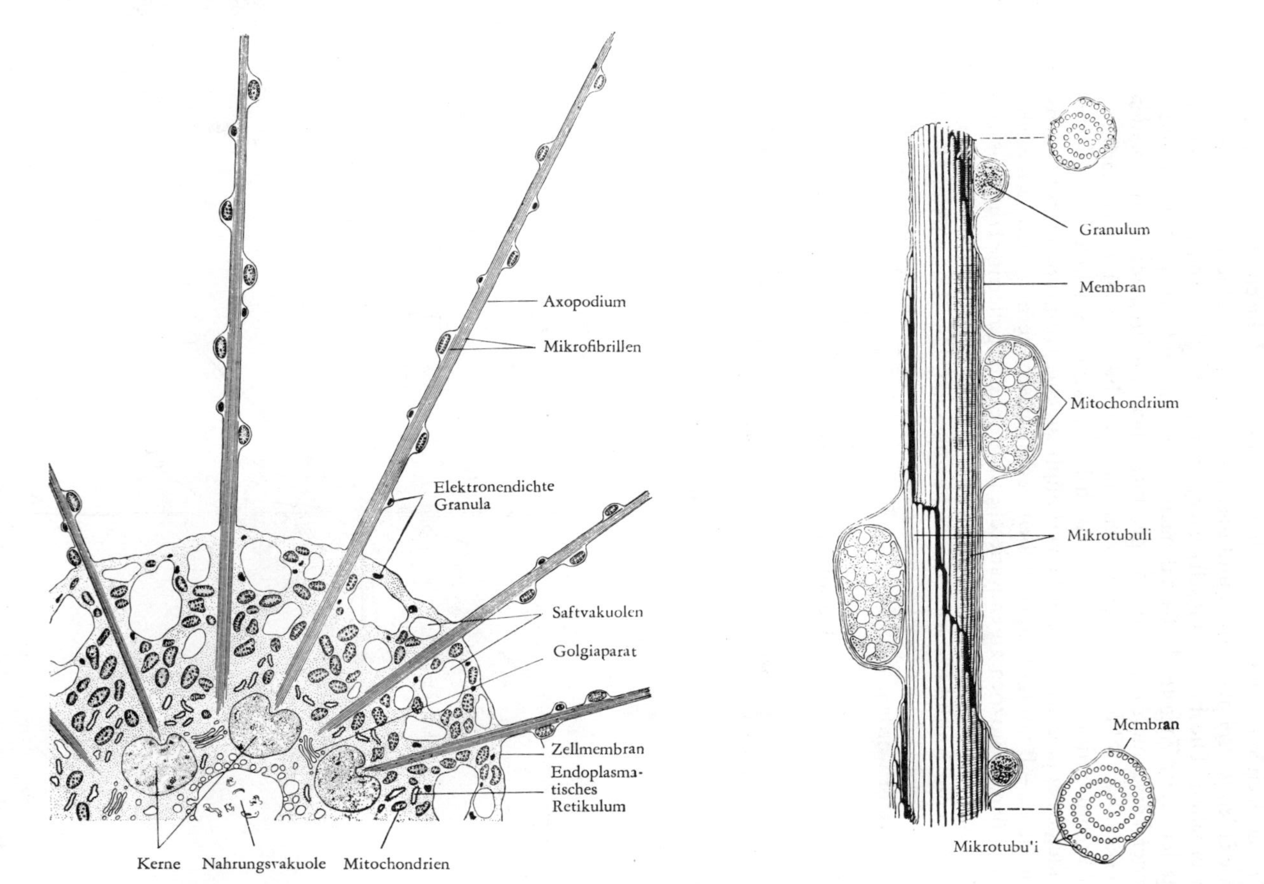

Abb. 9: *Actinosphaerium nucleofilum.* Feinstruktur nach elektronenmikroskopischen Untersuchungen. Links: Teil des Zellkörpers mit Axopodien. Schnitt, 2500×. Rechts: Teil eines Axopodiums nahe seinem distalen Ende. Plastische Darstellung und zwei Schnitte, die die spiralige Anordnung der Mikrotubuli erkennen lassen. Etwa 30000×. (Nach Tilney und Porter)

zwei – erst allerdings noch «unreife», diploide Geschlechtszellen nebeneinander liegen. Die nun folgenden meiotischen Teilungen bleiben auf die Kerne beschränkt, die Zellen teilen sich nicht mehr. Von den vier in jeder Zelle entstehenden haploiden Kernen werden je drei pyknotisch und resorbiert. Je einer bleibt als haploider Gametenkern erhalten. Die beiden Geschwistergameten verschmelzen schließlich wieder miteinander – zur Zygote, die bald danach auskriecht und Axopodien ausbildet. Zu Beginn der Verschmelzung wird eine geschlechtliche Differenzierung der beiden Gameten erkennbar: Nur einer der beiden Gameten bildet pseudopodienartige Fortsätze in Richtung des Partners aus. – Auch bei diesem autogamen Geschlechtsvorgang findet, da er ja mit einer Meiose verknüpft ist, eine Umgruppierung genetischen Materials statt. – Bei ungünstigen Lebensverhältnissen vermag sich *Actinosphaerium* wie viele andere Protozoen zu encystieren, indem es eine gallertige Hülle ausscheidet.

Da die Kerne im Leben oft nur schwer zu erkennen sind, wird dem Präparat zum Schluß ein wenig Jodtinktur von einer Seite zugesetzt. Die Kerne treten dann deutlich hervor. Auch können fertige mikroskopische Präparate (Totalpräparate oder Schnitte) verteilt werden.

4. Radiolaria, Strahlentierchen

Zum Studium der Organisation dienen fertige mikroskopische Präparate von *Acanthometron* und von Radiolarienskeletten.

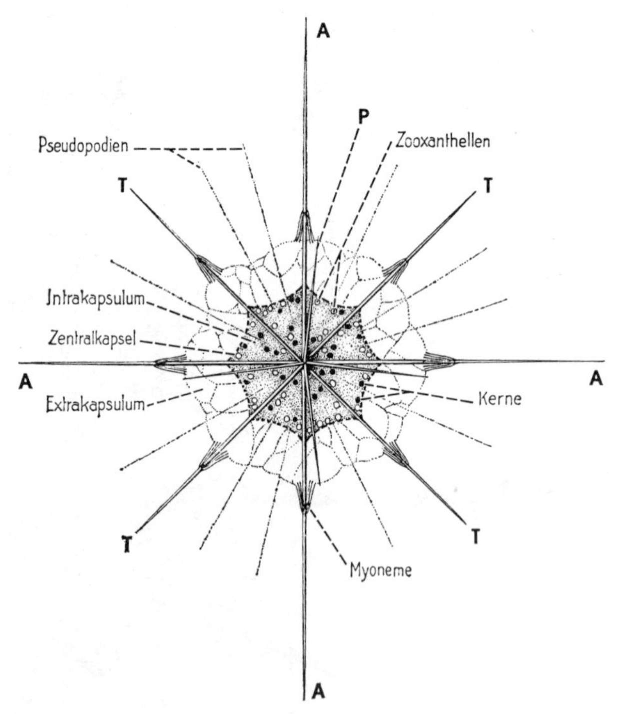

Abb. 10: *Acanthometron elasticum*. Polansicht. Zentralkapsel an den Durchtrittsstellen der Stacheln etwas nach außen gezogen. Äquatorialstacheln, Polstacheln und Tropenstacheln sind durch A, P und T kenntlich gemacht. An den Polstacheln keine Myoneme eingezeichnet. 200×. (Nach R. HERTWIG und KÜHN)

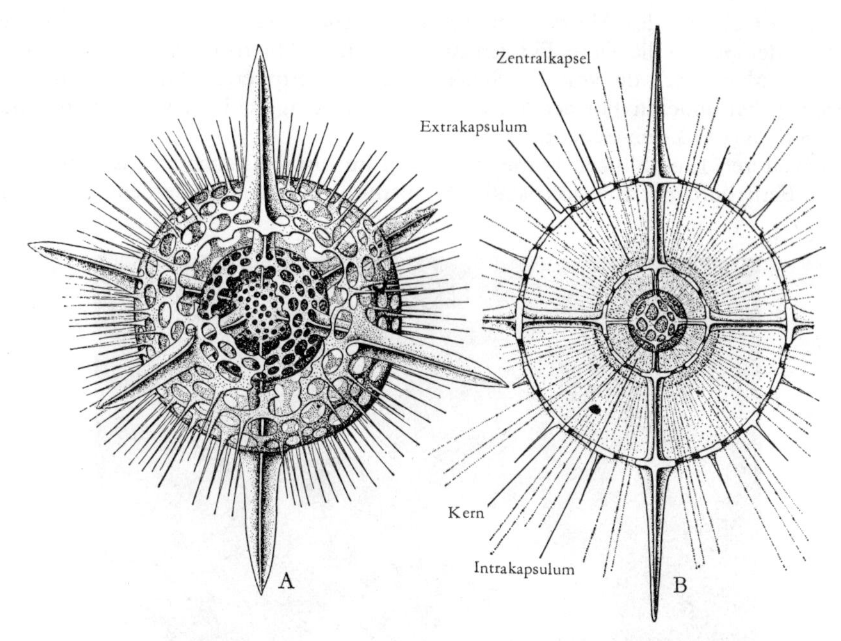

Abb. 11: *Hexacontium asteracanthion.* A Skelett aus drei Gitterkugeln, zwei davon innerhalb der Zentralkapsel, die innerste im Kern gelegen. Die beiden äußeren Gitterschalen aufgebrochen. B Schnitt durch ein Tier mit Weichkörper. (Nach HAECKEL und HERTWIG aus KÜHN)

Die Radiolarien (Strahlentierchen) haben in der Regel einen kugelförmigen Körper, von dem, wie bei den Heliozoen, die Pseudopodien (bei den Acantharia Axopodien, sonst Filopodien) radiär ausstrahlen. Charakteristisch für sie ist der Besitz eines Skeletts aus Kieselsäure oder – bei den *Acantharia* zu denen *Acanthometron* gehört – aus Strontiumsulfat. *Acanthometron* besitzt 20 im Zentrum des Körpers zusammenstoßende Stacheln. Sie sind so verteilt, daß zwischen den beiden stachellosen Polen der vertikalen Hauptachse fünf Gürtel von je vier Stacheln liegen, die als Pol-, Tropen- und Äquatorialstacheln bezeichnet werden (Abb. 10).

Meist sind die Skelette erheblich komplizierter gebaut. Neben den radiären Stacheln treten besonders häufig eine oder mehrere, und dann konzentrisch angeordnete Gitterkugeln auf, aber auch scheiben-, helm- oder ampelförmige Gerüstwerke kommen vor. Die Mannigfaltigkeit und Schönheit ihrer «Filigran»-Skelette macht die Radiolarien zu den reizvollsten mikroskopischen Objekten (Abb. 11 A). Besonders klare Bilder der Skelettkonstruktionen liefert neuerdings das Raster-Elektronenmikroskop (Abb. 12).

Sämtliche Skeletteile, auch die scheinbar weit herausragenden Stacheln sind vom Weichkörper überzogen. Für den Bau des Weichkörpers aller Radiolarien ist charakteristisch, daß das Plasma durch eine Polysaccharidmembran, die Zentralkapsel, in einen äußeren und einen inneren Bezirk (extra- und intrakapsuläres Plasma) geschieden wird, die durch zahlreiche feine oder auch einige größere Öffnungen der Kapselwand miteinander in Verbindung stehen (Abb. 11 B). Das intrakapsuläre Plasma enthält die in der Mehrzahl vorhandenen Kerne. Das Extrakapsulum ist grob vakuolisiert. Die Vakuolen enthalten gallertige Substanzen oder Flüssigkeiten, deren Dichte geringer ist als die des Meerwassers. Je nach dem Grad ihrer Füllung schweben, sinken, oder steigen die Tiere. Bei den Acantharien sind hierfür außerdem kontraktile Fibrillen (Myoneme), die von den Stacheln zu den peripheren Plasmapartien ziehen (Abb. 10), bei anderen Formen im Intrakapsulum eingeschlossene Öltropfen oder Gasbläschen (CO_2) von Bedeutung.

An weiteren Einschlüssen kommen sowohl im intra- als auch im extrakapsulären Plasma Fetttröpfchen, Eiweißkristalle, Pigmente u.dgl. vor; außerdem – im Extra-

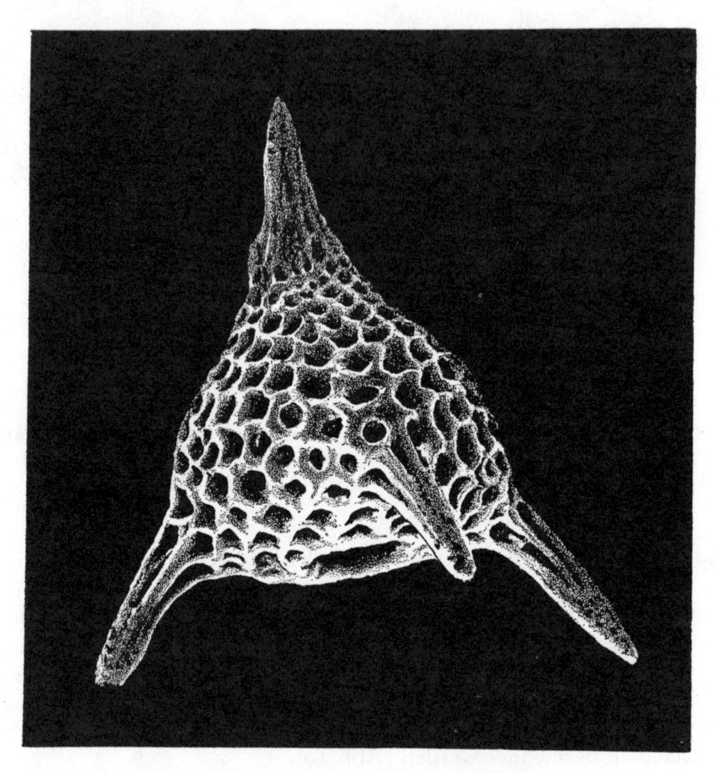

Abb. 12: Radiolarienskelett. Gezeichnet nach einer Aufnahme mit dem Rasterelektronenmikroskop. 400×. (Aus Ruska nach Huber)

kapsulum – natürlich Nahrungsvakuolen. Es fehlen dagegen kontraktile Vakuolen (marine Tiere!). Sehr häufig findet man im Inneren lebender Radiolarien Fremdorganismen eingeschlossen, die ihrer gelbbraunen Chromatophoren wegen als Zooxanthellen bezeichnet werden. Es handelt sich dabei um autotrophe Flagellaten aus der Ordnung der Cryptomonadina, die mit den Radiolarien in einem Verhältnis gegenseitigen Nutzens (S y m b i o s e) stehen, indem sie den bei der Photosynthese ausgeschiedenen Sauerstoff, vielleicht auch einen Überschuß von Assimilaten, den Radiolarien zur Verfügung stellen, selbst aber Schutz und Nahrung vom Wirtstier haben.

Die Bildung des Skeletts erfolgt im extrakapsulären Protoplasma, doch wächst bei Formen mit konzentrisch angeordneten Gitterkugeln die Zentralkapsel nicht selten über die inneren Skeletteile hinaus. Der Kapselmembran wird dabei vermutlich durch

Intussuszeption Material eingelagert, das in Form von Stäbchen im Golgikomplex gebildet wird.

Die Fortpflanzung der Radiolarien erfolgt durch Zweiteilung oder – sehr häufig – durch zweigeißelige Schwärmsporen, die durch multiple Teilung entstehen und kristalline Einschlüsse aufweisen (Kristallschwärmer). Bei der Zweiteilung werden Zentralkapsel und Skelettelemente häufig auf beide Tochterindividuen verteilt. Festgefügte Gittergehäuse werden von einem Tochtertier verlassen, das dann ein neues Skelett ausscheidet. Geschlechtsvorgänge sind bisher nicht zweifelsfrei nachgewiesen worden.

Die koloniebildenden Radiolarien werden am besten durch Präparate von *Collozoum inerme* veranschaulicht. Die Zentralkapseln dieser skelettlosen Form sind von einem gemeinsamen Extrakapsulum umgeben. In jeder Zentralkapsel findet sich beim lebenden Tier eine ansehnliche Ölkugel. Deutlich sind an den Präparaten die die Zentralkapseln umgebenden Zooxanthellen zu bemerken.

Die Radiolarien sind planktonische Bewohner vor allem der tropischen und subtropischen Meere. Die abgesunkenen Skelette toter Tiere bilden am Meeresboden die Radiolarienschlamme.

II. Flagellata, Geißeltierchen

Die Flagellata oder Mastigophora («Geißelinfusorien») gehören in einem natürlichen System ohne Zweifel an die Spitze der Protozoen, denn aus ihnen haben die anderen Protozoenklassen – und auch die verschiedenen Algenreihen – ihren Ursprung genommen. In der morphologischen Differenzierung, insbesondere dem Reichtum an Organellen, übertreffen sie aber entschieden die hier aus didaktischen Gründen an erster Stelle behandelten Rhizopoden. Sie sind somit die ursprünglichsten, nicht aber die einfachsten Protozoen.

Das kennzeichnende Merkmal der Flagellaten ist der Besitz einer oder mehrerer Geißeln. Die Geißeln sind fadenartige, glatte oder mit einem feinsten Haarbesatz versehene, sehr dünne (Durchmesser 0,2 μ), oft aber mehr als körperlange Bewegungsorganelle, die durch ihre bisweilen recht komplizierten Schwingungen den Einzeller vorantreiben. Sie entspringen meist am Vorderende von der Oberfläche der Zelle oder in einer Vertiefung, einem Geißelsäckchen. In ihrem submikroskopischen Feinbau stimmen sämtliche bei Protozoen, Spermien und bei vielzelligen Pflanzen und Tieren vorkommende Flimmern und die davon ableitbaren Zellorganellen überraschend überein (Abb. 13): Der Geißelschaft ist von einer Fortsetzung der Zellmembran überzogen. In seinem Inneren befinden sich – in eine protoplasmatische Matrix eingebettet und achsenparallel – 2 zentrale Fibrillen und, um sie kreisförmig angeordnet, 9 Doppelfibrillen. Sämtliche Fibrillen sind sog. Mikrotubuli, also feinste röhrige Strukturen (von etwa 200 Å Durchmesser). Eine der Doppelfibrillen trägt im Bereich des Geißelschaftes seitliche Fortsätze, die sog. Arme. Die beiden zentralen Fibrillen werden meist von einer feinen gemeinsamen Hülle und einem spiralig verlaufenden Mikrotubulus umgeben; sie sind nur im Geißelschaft ausgebildet. Die peripheren Doppelfibrillen dagegen setzen sich in den Zelleib hinein fort. Zu jeder Doppelfibrille tritt dort ein weiterer achsenparalleler Mikrotubulus, so daß die fibrilläre Basis jeder Flimmer aus einem Palisadenkranz von 9 Dreifachfibrillen besteht. Diese Dreiergruppen sind im Querschnitt nicht tangential wie die Doppelfibrillen im Schaft, sondern turbinenschaufelartig angeordnet. Zusammen mit anderen Strukturen der Geißel- oder Cilienbasis bilden sie den zylinderförmigen Basalkörper (das Kinetosom), der durch eine feine Platte vom Inneren des Geißelschaftes abgetrennt ist. Die Doppel- und Tripelfibrillen sind sowohl untereinander, als auch mit dem axialen Zentrum durch Ring- bzw. Speichenstrukturen verbunden. Sehr wahrscheinlich sind die Fibrillen die kontraktilen Elemente der Geißeln und für deren Bewegung verantwortlich. – Manche Flagellaten können sich außer durch den Geißelschlag auch mit Hilfe von Pseudopodien (Übergang zu den Rhizopoden!) oder metabolisch (siehe Abb. 15) fortbewegen.

Besonders interessant ist die Ernährungsweise der Flagellaten. Sehr viele von ihnen sind nämlich autotroph, d.h. sie ernähren sich ausschließlich nach Art der grünen Pflanzen durch Photosynthese (sie assimilieren) und sind zu diesem Zweck mit besonderen Zellorganellen, den Chromatophoren ausgestattet. Die Chromatophoren enthalten stets Chlorophyll, daneben oft noch Xanthophyll und Karotinoide, und sind daher nicht nur nach Form, sondern auch nach Farbe (grün, gelb, braun, rot) verschieden. Diesen «Phytoflagellaten» stehen zahlreiche «Zooflagellaten» gegenüber, die sich rein tierisch, heterotroph, durch Aufnahme organischer Stoffe in fester oder flüssiger Form ernähren und dementsprechend meist keine Chromatophoren besitzen. Feste Nahrungsstoffe werden durch Pseudopodien, oder an einer besonders dazu differenzierten Körperstelle, mit dem Cytostom (Zellmund), gelöste mit der

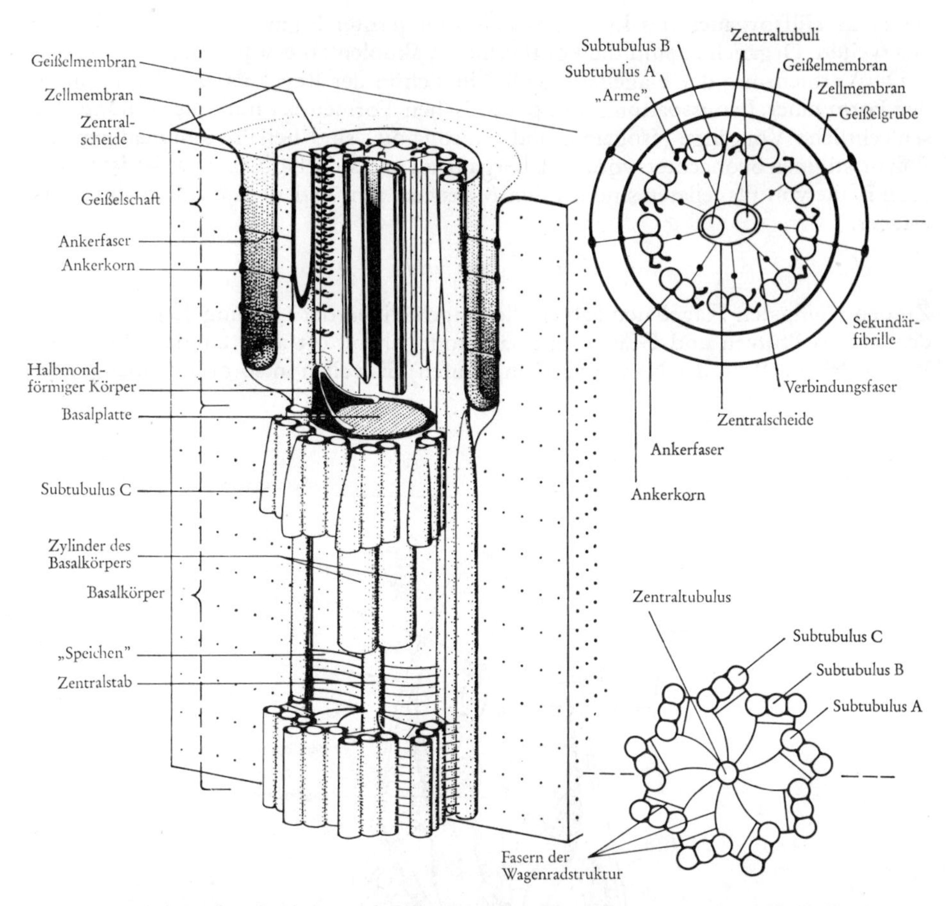

Abb. 13: Feinbau der Geißeln und Cilien. Links: Blockdiagramm einer Geißelbasis. Der Geißelschaft entspringt in einer Einsenkung der Zelloberfläche. Mittlere Teile der Tubuli des Basalkörpers herausgeschnitten. Rechts: Querschnitte: oben durch den Schaft, unten durch den Basalkörper. Etwa 150000 ×. (kombiniert nach versch. Autoren)

ganzen Körperoberfläche aufgenommen. Als mixotroph werden Flagellaten bezeichnet, die Chromatophoren besitzen und auch assimilieren, zusätzlich aber auch noch heterotroph Nahrung aufnehmen müssen. Schließlich gibt es Arten, die sich je nach Ernährungs- und Lichtbedingungen sowohl auto- oder mixotroph als auch rein heterotroph ernähren können (amphitrophe Ernährungsweise). – Manche grüne, mixotrophe Flagellaten verlieren, wenn man sie im Dunkeln in Nährlösungen züchtet, ihre Chromatophoren. Sie und ihre Abkömmlinge können sich dann nur mehr heterotroph ernähren.

Viele Protozoen reagieren auf Lichtreize, aber nur unter den Flagellaten gibt es Formen, die Organelle des Lichtsinnes besitzen. Das eigentliche Sinneselement ist (bei Euglenen) eine – lichtmikroskopisch allerdings kaum wahrnehmbare – Anschwellung im Bereich der Basis der lokomotorischen Geißel (s. Abb. 14). In ihrer unmittelbaren Nachbarschaft befindet sich im Plasma oder am Rand eines Chromatophors als Hilfsorganell des Lichtsinnes ein orangeroter Pigmentfleck, das Stigma. – Als weitere Organellen sind die kontraktilen Vakuolen zu erwähnen.

Die Vermehrung der Flagellaten vollzieht sich in der Regel als Zweiteilung unter der Form einer Längsspaltung, bei parasitischen Formen als multiple Teilung. Geschlechtliche Vorgänge (Isogamie und Anisogamie) sind bei Phytomonadinen und Polymastiginen beobachtet worden. Übergang zu parasitischer Lebensweise ist häufig. Eine Reihe von Flagellaten sind für den Menschen sehr bedeutungsvolle Krankheitserreger.

1. *Euglena viridis*

Zu den häufigsten Flagellaten zählen die Angehörigen der Gattung *Euglena*. Sie finden sich in Pfützen und Gräben mit nährstoffreichem, oft auch ammoniakhaltigem Wasser (also z. B. in der Nähe von Dunghaufen) bisweilen in so großer Menge, daß

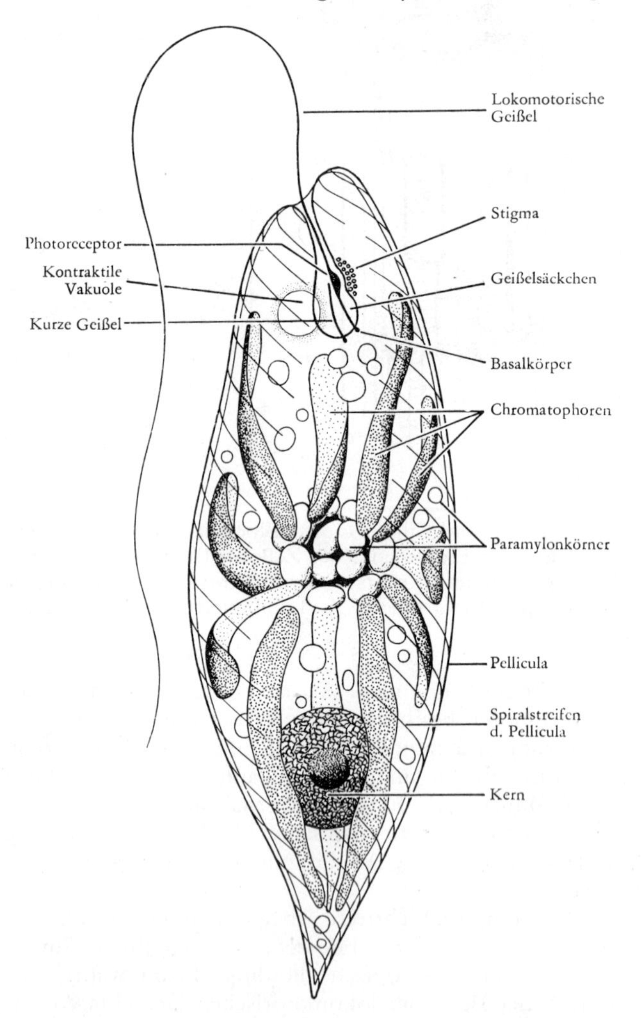

Abb. 14: *Euglena viridis*. Etwa 1000×. (Nach FOTT, verändert)

das Wasser dadurch grün gefärbt erscheint. Die grüne Farbe der Tiere, die uns auch im Präparat sofort auffällt, rührt vom Besitz mehrerer Chlorophyll enthaltender Chromatophoren her. Bei *Euglena viridis* (Abb. 14) sind die Chromatophoren zu einem großen Stern angeordnet. Das stärkeähnliche Assimilationsprodukt, Paramylon, sehen wir in Form zahlreicher Körner im Plasma aufgespeichert. Daneben ernähren sich die Euglenen auch heterotroph von gelösten organischen Substanzen, was für sie dann von besonderer Bedeutung wird, wenn bei Lichtmangel Photosynthese unmöglich ist.

Der spindelförmige Zellkörper erhält Form und Stütze von einer ziemlich dicken, elastisch festen, aus Proteinen bestehenden Pellicula. Sie liegt unmittelbar unter der Elementarmembran, die auch hier den Zelleib außen begrenzt. Die Pellicula ist protoplasmatischer Natur – besteht also nicht aus Cellulose – und zeigt eine feine, enge Streifung, die den Körper in Spiraltouren überzieht (in Abb. 14 nur angedeutet).

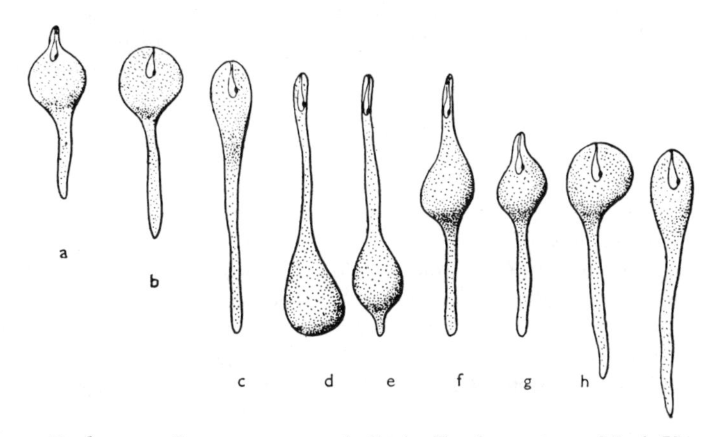

Abb. 15: *Euglena spec.* Sogenannte metabolische Fortbewegung. (Nach HOLLANDE)

Sie wird hervorgerufen durch leistenförmige Erhebungen, zwischen denen relativ tiefe Furchen verlaufen. Jeder Leiste sind einige im Cytoplasma nahe der Oberfläche furchenparallel verlaufende Mikrotubuli zugeordnet. Durch feinste Poren in der Pellicula wird aus membranumhüllten Sekretvakuolen, die im oberflächennahen Cytoplasma liegen, eine schleimige Substanz nach außen abgeschieden. Sie überzieht die Zelle als feiner Film.

Trotz der ziemlich festen Pellicula hat *Euglena* im beträchtlichem Maß die Fähigkeit der «Metaboli», d.h. sie vermag die spindelförmige Normalgestalt in mannigfacher Weise vorübergehend abzuändern und sich auch auf diese Weise fortzubewegen. (Abb. 15). Auch kann sie sich unter ungünstigen Lebensbedingungen völlig abkugeln und durch Abscheiden einer Gallerthülle schützen. Da sich unsere zwischen Objektträger und Deckglas eingeschlossenen Euglenen unter recht ungünstigen Bedingungen befinden, haben wir Gelegenheit, Metabolie und Abkugelung zu beobachten. Welche Organellen die Formveränderungen ermöglichen, ist unbekannt.

Normalerweise dient als Bewegungsorganell die lange, zarte Geißel (Flagellum), die am Vorderende am Boden einer flaschenartigen Vertiefung, dem Geißelsäckchen, entspringt und durch den «Flaschenhals» (Pseudostom, Kanal) nach außen zieht. Der freie Teil der sehr dünnen Geißel (Durchmesser des Schaftes etwa 0,4 μ) trägt – für uns nicht erkennbar – einen einseitigen Besatz feinster «Härchen» (Mastigonemen). Ob das Geißelsäckchen dem Cytopharnyx anderer Protozoen entspricht, ist unsicher, da *Euglena* keine geformte Nahrung aufnimmt. Die Geißel selbst ist am lebenden Tier nicht leicht zu sehen, da sie sich in ununterbrochener, schneller Bewegung befindet. Setzt man dem Präparat von der Seite etwas schwarze Wasserfarbe zu, so erkennt man, daß sie beim Schwimmen meist nach hinten gerichtet ist. Ihr Schlag erfolgt in komplizierten Spiraltouren; er bewirkt neben der in langgestreckten Schraubenlinien erfolgenden Vorwärtsbewegung eine Rotation des Körpers.

Man kann die Bewegung verlangsamen, wenn man die Tiere einer niedrigeren Temperatur, etwa 12°C aussetzt, oder dadurch, daß man das Medium durch Zusatz einer etwa 3 %igen Gelatinelösung dickflüssiger macht. Besonders bewährt hat sich folgende Methode: Man bereite eine etwa 1 %ige Lösung von Agar in Wasser und halte sie bei 40°C flüssig. Nun gibt man einen kleinen Tropfen der Kulturflüssigkeit, der frei von Schmutzpartikelchen usw. sein soll, auf den Objektträger und einen ebenso großen Tropfen der Agarlösung auf ein Deckglas, drehe dieses rasch um, zentriere Tropfen über Tropfen und lasse es auf den Objektträger fallen. Die Temperatur des Gemisches sinkt augenblicklich unter 30°C; es geliert zu einem inhomogenen Medium, in dem in einem Gelatinenetz winzigste «Aquarien» eingeschlossen sind, in denen die Protozoen nur geringe Bewegungsfreiheit haben. Man vermeide auf das Deckglas zu drücken oder es seitlich zu verschieben. Diese Methode eignet sich auch für Lebendbeobachtung anderer kleiner Organismen.

Euglena viridis hat, wie alle Arten der Gattung, neben der langen, lokomotorischen, eine weitere, kurze Geißel. Sie entspringt ebenfalls im Geißelsäckchen, ragt aber nicht daraus hervor. Da ihr distales Ende der lokomotorischen Geißel im Bereich des Photorezeptors anliegt, oder wenigstens sehr nahe kommt, war man lange Zeit der irrtümlichen Meinung, die lange Geißel entspränge zweiwurzelig.

Das Rezeptororganell des Lichtsinnes, eine winzige Anschwellung am Schaft der lokomotorischen Geißel, den Paraflagellarkörper, werden wir mit unseren Hilfsmitteln nicht sehen können, wohl aber das Stigma, das als kleiner, leuchtend orangeroter Fleck am Vorderende des Einzellers auffällt. Es besteht aus einer Ansammlung kleinster, membranumhüllter Pigmentkörnchen aus Carotinoiden, die einer schüsselförmigen Eindellung der Geißelsäckchenwand, in die sich der Paraflagellarkörper schmiegt, unmittelbar anliegen. Über die ausgesprochen starke Phototaxis von *Euglena* vgl. S. 10.

Neben dem Geißelsäckchen liegt eine kontraktile Vakuole, kranzförmig umgeben von kleinen Bildungsvakuolen. Sie ergießt ihren Inhalt in das Geißelsäckchen, das man deswegen auch als Reservoir bezeichnet. Aus den Bildungsvakuolen wird die kontraktile Vakuole dann wieder aufgefüllt.

Weiter hinten im Körper liegt der im Leben nicht sichtbare, bläschenförmige Kern, mit großem, zentralem Binnenkörper. *Euglena viridis* hat 46 Chromosomen.

Die – ungeschlechtliche – Fortpflanzung beginnt mit der Mitose des Kernes, schreitet fort mit der Verdoppelung der Organellen des Bewegungsapparates und findet ihren Abschluß in der von vorn nach hinten fortschreitenden Längsteilung der Zelle. Geschlechtliche Vorgänge wurden zwar bei anderen Flagellaten, bisher aber nicht bei den Euglenoidea mit Sicherheit nachgewiesen.

Man wird nicht immer *Euglena viridis* in den Zuchten haben. Häufig findet man *E. geniculata*, die zwei Chromatophorensterne (einen in der vorderen und einen in der hinteren Körperhälfte) hat. Zahlreiche grüne, oft lappig sternförmige Chromatophoren in einem langovalen, mit kurzer Spitze endenden Körper charakterisieren *E. velata*, während *E. gracilis* durch dichtgepackte, scheibenförmige und am Rande gelappte Chromatophoren gekennzeichnet ist.

2. *Peranema spec.*

In der gleichen Wasseransammlung, die uns *Euglena* lieferte, findet sich häufig eine bis 70 μ große, gleichfalls zur Ordnung der Euglenoidea gehörende Gattung, *Peranema*. Auch die Vertreter dieser Gattung haben zwei ungleich lange, am Boden des Geißelsäckchens entspringende Geißeln, die aber – im Gegensatz zu den Euglenoiden – jetzt beide weit aus dem Geißelsäckchen hervorragen (Abb. 16). Die eine, stärkere (Schwimm- oder Hauptgeißel), ist beim Schwimmen streng nach vorn gerichtet, während die andere der Körperoberfläche angeschmiegt nach hinten zieht (Schleppgeißel). Besonders die stärkere Geißel werden wir hier weit besser beobachten können als bei *Euglena*, da sie nicht nur erheblich dicker ist (1 μ), sondern außerdem auch noch viel ruhiger gehalten wird. Sie läßt an ihrem vordersten Abschnitt eine wellenförmige Bewegung erkennen, die sich nur bei stärkerer Reizung des Tieres basalwärts auf einen größeren Teil der Geißel ausdehnt. Die Bewegung des ganzen Tieres ist in der Regel eine gleitende, wobei die Bauchseite, d.h. die Seite, an der das Geißelsäckchen mündet, der Unterlage zugekehrt ist. *Peranema* zeigt im Zusammenhang damit einen bilateralen Bau. Im übrigen kann die Körpergestalt als spindelförmig mit etwas verjüngtem Vorderende bezeichnet werden. Doch ist gerade *Peranema* eine stark metabolische Gattung, so daß wir häufig auch eine von der Spindelform abweichende Gestalt beobachten werden. Es lohnt sich, einige der verschiedenen Erscheinungsformen zu skizzieren.

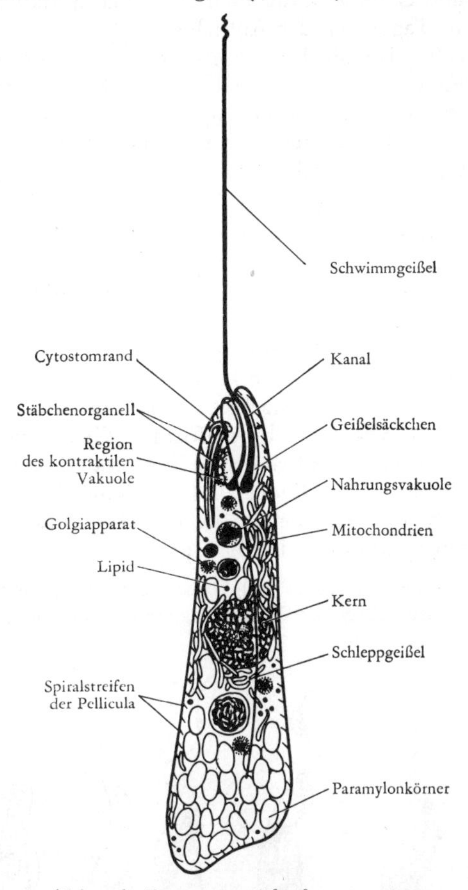

Abb. 16: *Peranema trichophorum*. 1300×. (Nach LEEDALE)

Der auffallendste Unterschied gegenüber *Euglena* ist, daß wir hier eine farblose Flagellatenform vor uns haben. Chromatophoren fehlen vollständig; die Gattung ernährt sich rein tierisch mit Hilfe eines Organells der Nahrungsaufnahme, das aus zwei parallelen, spitz zulaufenden Stäbchen besteht, die seitlich vom Geißelsäckchen im Protoplasma liegen. Ihre hakenförmigen Vorderenden sind am versteiften Rand des Zellmundes (Cytostom) befestigt. Dieser Zellmund – er befindet sich am Vorderende seitlich und etwas hinter der Mündung des Geißelsäckchens – ist keine Öffnung, sondern eine besonders strukturierte Zone der Zellwand. Bei der Nahrungsaufnahme, bei der die Stäbchen funktionell beteiligt sind, entstehen dort die Nahrungsvakuolen. Phagozytierte Beuteorganismen sind Bakterien, Algen, Hefen und oft relativ sehr große Protozoen.

3. *Trypanosoma brucei*

Die Trypanosomen sind eine Gruppe von Flagellaten, die im Blut zahlreicher Wirbeltiere schmarotzen; sie können schwere Krankheiten hevorrufen (*Trypanosoma gambiense* ist der Erreger der Schlafkrankheit). Das als Beispiel gewählte *Trypanosoma brucei* kommt im Blut fast aller Großsäugetiere Afrikas vor; es ist der Erreger der Naganaseuche. Die Übertragung erfolgt durch die Tsetsefliegen *Glossina morsitans* und *G. palpalis*, die auch die Schlafkrankheit überträgt. Die Stechfliegen werden erst 20 Tage nach der Aufnahme trypanosomenhaltigen Blutes infektiös, was darauf beruht, daß die Parasiten innerhalb verschiedener Zonen des Verdauungskanals der Fliege einen Formwechsel vollziehen, der mit einer starken Vermehrung kombiniert ist. Schließlich wandern sie den Speicheldrüsengang hoch in die Speicheldrüsen, wo sie nach weiteren Vermehrungsteilungen zu infektionsfähigen Trypanosomen von typischer Gestalt werden.

Es werden zunächst Präparate mit lebenden Trypanosomen verteilt. Kurz vor Kursbeginn wird eine stark infizierte weiße Maus mit Chloroform getötet und ihr das Blut mit einer sauberen, nicht zu feinen Pipette direkt aus dem Herzen entnommen, je ein kleiner Tropfen auf einen gründlich gesäuberten Objektträger gebracht, ein Deckglas aufgelegt und fest angedrückt.

Zwischen den dichtgedrängten roten Blutkörperchen, die in unserem Präparat blaßgelb aussehen, erkennen wir zahlreiche, in lebhafter Bewegung befindliche Trypanosomen. Bei stärkerer Vergrößerung können wir auch hier schon einige Einzelheiten, wie die membranförmige Geißel und den Kern, erkennen. In erster Linie soll uns aber das Präparat eine Vorstellung von der enorm großen Zahl, in der der Parasit sich im Blut befindet, und von seiner Bewegungsweise vermitteln. Wir sehen, daß es sich im wesentlichen um ein Hin- und Herschlängeln ohne ausgiebige Vorwärtsbewegung handelt.

Es werden dann nach Giemsa gefärbte Ausstrichpräparate verteilt. Falls genügend Immersionsobjektive zur Verfügung stehen, nicht eingedeckte Präparate, andernfalls in Caedax eingeschlossene.

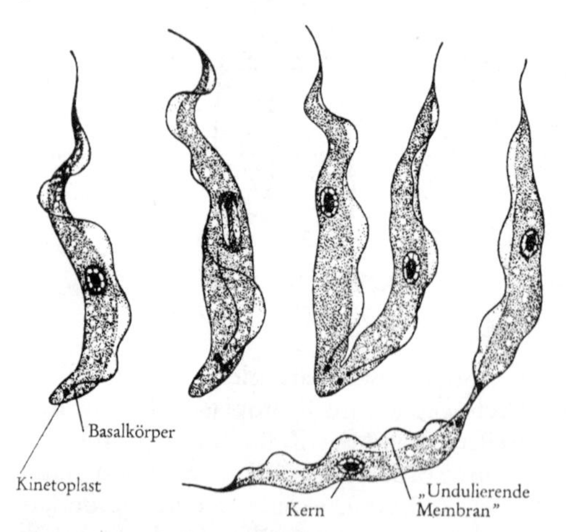

Abb. 17: *Trypanosoma brucei*. Links gewöhnliche Form, rechts anschließend drei Stadien der Längsteilung. Länge 12–35 µ. (Nach Kühn)

Wir betrachten das Präparat zunächst mit etwa 100facher Vergrößerung. Die roten Blutkörperchen sind hier blaßrosa, die viel spärlicheren weißen Blutkörperchen blaß-violett gefärbt, ihr Kern dunkelviolett. Wir suchen uns eine Stelle aus, an der die Blutkörperchen nicht zu dicht aneinanderliegen und gehen, um das *Trypanosoma* selbst zu studieren, zur stärksten Vergrößerung über (Abb. 17).

Das Vorderende der schlank lanzettförmigen, mehr oder weniger stark geschlängelten Parasiten ist zugespitzt, das Hinterende stumpfer. In der Nähe des Hinterendes entspringt von einem Basalkörper das Fibrillenbündel der Geißel. Es verläuft eine kurze Strecke innerhalb der Zelle, dann aber als

«Randfaden» in der bandförmigen Geißel, die, lose mit dem Zellkörper verbunden, nach vorne zieht, und bei der Bewegung den Eindruck einer «undulierenden Membran» erweckt. Erst am Vorderende wird ein Stück der Geißel frei. Der Kern, lebhaft rot gefärbt, liegt etwa in der Mitte des Körpers. Das Plasma hat einen bläulichen Ton angenommen und zeigt sich reich und grob vakuolisiert. Kernfärbung zeigt auch die Geißel und ferner ein Körper, der ihrem Ursprung dicht benachbart ist. Er wird als Kinetoplast (früher Blepharoplast) bezeichnet und ist ein für das Leben im Wirbeltierblut entbehrliches, für das Leben im wirbellosen Überträger aber notwendiges Stoffwechselorganell von komplizierter, mitochondrienähnlicher Feinstruktur. Sehr wahrscheinlich ist er ein hochspezialisierter Teil eines Mitochondriums. Er enthält sehr viel Desoxyribonukleinsäure und entsteht – wie die Mitochondrien – ausschließlich durch Teilung aus seinesgleichen (er repliziert sich autonom). Neue Bezeichnung: Kinetoplast-Mitochondrium.

Die Vermehrung erfolgt bei *Tr. brucei* durch Längsteilung. Zunächst tritt Zweiteilung des Basalkörpers ein, dann des Kinetoplasts und des Kerns (Abb. 17). Die Teilung des Basalkörpers hat auch eine Verdoppelung der Geißel zur Folge. Die danach einsetzende Plasmadurchschnürung beginnt von vorn her, so daß die beiden Tochtertiere schließlich nur noch am Hinterende miteinander zusammenhängen, bis sie sich ganz voneinander lösen. – Man suche die einzelnen Stadien des Teilungsvorganges im Präparat auf und skizziere sie.

4. *Trypanosoma granulosum*

Als einen weiteren Vertreter der Trypansomen wollen wir noch *Trypanosoma granulosum* betrachten, eine Art, die im Blut des Aales *(Anguilla anguilla)* schmarotzt, ohne ihren Wirt sichtbar zu schädigen.

Ein Tropfen Blut eines Aales (s. S. 11), bei dem man vorher Infektion mit Trypanosomen festgestellt hat, wird auf den Objektträger gebracht, mit einem Deckgläschen bedeckt und sofort bei mittlerer Vergrößerung auf Trypanosomen abgesucht. Dann stärkste Vergrößerung, am besten Immersion. Für längere Untersuchung empfiehlt sich die Umrandung des Deckgläschens mit Wachs oder Vaseline.

Trypanosoma granulosum ähnelt in allen wesentlichen Zügen dem uns bereits bekannten *Trypanosoma brucei*, ist aber dabei erheblich größer, ungefähr 50 μ lang; auch das freie Geißelstück ist länger als bei jenem. Die Bewegung besteht in einem lebhaften Schlängeln und Sicheinrollen.

Es werden jetzt gefärbte Ausstrichpräparate verteilt, nicht eingedeckt oder in Caedax eingeschlossen, entsprechend dem, was oben bei *T. brucei* angegeben wurde.

Im gefärbten Ausstrichpräparat können wir Kern, Kinetoplast und die bandartige Geißel gut erkennen. Wir achten nebenbei darauf, daß die roten Blutkörperchen in diesem Präparat, da von einem Fisch stammend, oval und kernhaltig sind, beides im Gegensatz zum Säugetierblut.

Als Zwischenwirt dient bei *Trypanosoma granulosum* ein Egel, *Hemiclepsis marginata*, der bei uns im Süßwasser allgemein verbreitet ist. Die Egel setzen sich an Aalen, mit denen sie in Berührung kommen, fest und saugen mit dem Blut des Wirtes zugleich die Parasiten auf. Die Vermehrung durch Zweiteilung geht im Zwischenwirt weiter, wobei auch in diesem Fall eine auffällige Formänderung des Parasiten zu beobachten ist (vgl. Abb. 18): der Körper wird gedrungener, und indem der Kinetoplast und mit ihm die Geißelbasis sich nach vorn bis etwa in Höhe des Kernes verlagern, kommt es zu einer entsprechenden Verkürzung der «undulierenden Membran», womit die Crithidia-Form erreicht ist. Dieser Formwandel vollzieht sich im Magen des Egels innerhalb weniger Stunden. Nach einigen Tagen wandern die Crithidien in den hinteren Darmabschnitt und machen dort unter Vermehrung einen weiteren Formwandel durch: Kinetoplast und Geißelbasis verschieben sich bis fast an das Vorderende des Körpers, die «undulierende Membran» verschwindet vollständig. Diese als Leptomonas bezeichnete Erscheinungsform stellt eine weitere Annäherung an den Bau freilebender Flagellaten dar. Stammesgeschichtlich ist natürlich der umgekehrte Weg (Leptomonas – Crithidia – Trypanosoma) durchschritten worden. Schließlich sammeln sich die Parasiten in der Rüsselscheide des Egels an. Hier zeigen sie wieder die typische Trypanosoma-Form, durch die beim nächsten Saugen die Infektion eines neuen Wirtes erfolgt.

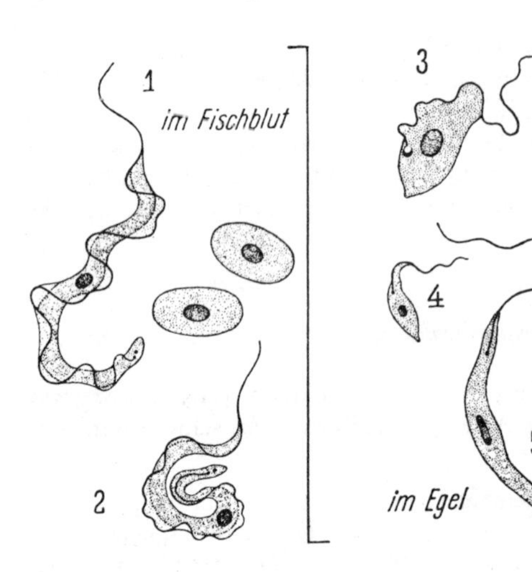

Abb. 18: *Trypanosoma granulosum.* 1 und 2 aus dem Blut des Aales; daneben zwei rote Blutkörperchen bei gleicher Vergrößerung; 3 aus dem Magen des Egels (Crithidiaform); 4 und 5 aus dem Darm des Egels (Leptomonasform). 600×. (Nach Brumpt)

Falls die Zeit es gestattet, läßt man die Kursteilnehmer Ausstrich und Färbung selbst ausführen. Jeder Praktikant hält einen sorgfältig gereinigten Objektträger bereit, auf dessen eines Ende, etwa 1 cm vom Rande entfernt, man aus der Pipette einen kleinen Tropfen des zu untersuchenden Blutes gibt. Der Praktikant setzt auf die Mitte des Objektträgers unter einem Winkel von etwa 45° einen zweiten auf, der am besten geschliffene Kanten hat, zieht ihn in Richtung des Bluttropfens bis zur Berührung, wartet einen Augenblick, bis der Tropfen in dem Winkel zwischen beiden Objektträgern sich ausgezogen hat, und führt nun den geschliffenen Objektträger in umgekehrter Richtung, also wieder zur Mitte hin und darüber hinaus, immer unter Wahrung des Winkels von ungefähr 45°, in gleichmäßigem Zuge über den beschickten Objektträger hinweg. Dadurch breitet sich der Bluttropfen in gleichmäßig dünner Schicht fast über den ganzen Objektträger aus. Schnelles Hin- und Herfächeln läßt den Ausstrich in kurzer Zeit trocknen, und dann kann die Färbung beginnen. Die empfehlenswerteste Methode hiefür ist die von Pappenheim angegebene: 1. Der horizontal gelegte Objektträger wird mit einigen Tropfen May-Grünwald-Lösung bedeckt und so 3 Minuten stehengelassen. 2. Man fügt die gleiche Menge destillierten Wassers, das absolut rein und säurefrei sein muß, hinzu und bewegt den Objektträger zur besseren Durchmischung leicht hin und her (1 Minute). 3. Die verdünnte Farblösung wird abgegossen und durch verdünnte Giemsa-Lösung, 0,3 ml Lösung auf 10 ccm Aqua dest., ersetzt; 12–15 Minuten so liegenlassen. 4. Die Farblösung abfließen lassen, mit destilliertem Wasser kräftig abspülen. Trocknen durch Fächeln oder zwischen Filtrierpapier. Der so gefärbte Ausstrich wird am besten sofort, ohne Deckglas, mit Immersion untersucht.

III. Sporozoa, Sporentierchen

Die Sporozoen sind ohne Ausnahme Entoparasiten (Binnenschmarotzer). Sie stellen keine natürliche systematische Kategorie dar, vielmehr eine Zusammenfassung recht verschiedener Protozoengruppen, die, im Zusammenhang mit ihrer besonderen Lebensweise, gewisse Übereinstimmungen in Körperbau und Lebenszyklus zeigen. Während sich ihre Organisation durch das Fortfallen mancher für Parasiten überflüssiger Organelle vereinfacht hat, hat sich ihre Vermehrungsweise und damit ihr Lebenszyklus gegenüber den frei lebenden Protozoen kompliziert. Multiple Teilung, sonst unter den Protozoen relativ selten, ist bei ihnen zur Regel geworden. Sie dient in einem ersten Abschnitt des Lebenszyklus der Vermehrung des Parasiten innerhalb des Wirtes (Schizogonie), in einem zweiten der Übertragung auf einen neuen Wirt (Sporogonie), wobei die Teilungsprodukte in feste, als «Sporen» bezeichnete Kapseln eingeschlossen sind. Wenn die Übertragung durch einen Zwischenwirt erfolgt, fällt mit der Notwendigkeit eines Schutzes gegen das Vertrocknen die Sporenbildung fort. Die Phase der Schizogonie kann durch starkes Größenwachstum vertreten sein (Gregarinen). Zwischen Schizogonie und Sporogonie treten Individuen (Gamonten) auf, die Geschlechtszellen – Isogameten oder Anisogameten – bilden. Je zwei Gameten verschmelzen zu einer Zygote, die das Ausgangsstadium für die Sporogonie darstellt. Der Wechsel zwischen geschlechtlicher und ungeschlechtlicher Fortpflanzung ist obligat; die Sporozoa weisen einen Generationswechsel auf.

Der Körper kann rundlich oder wurmförmig und dann von bedeutender Größe sein. Die Art der Fortbewegung ist mannigfach. Viele Formen zeigen – bei regungsloser Körperoberfläche – ein eigenartiges Gleiten, andere bewegen sich mit Hilfe kräftiger Kontraktionswellen fort, die über den Körper laufen (Agilisform) und an die metabolische Fortbewegung von *Euglena* erinnern (Abb. 15). Wieder andere vermögen sich wie Nematoden (s. S. 147) hin und her zu schlängeln. Manche Mikrogameten besitzen Geißeln.

Nahrung wird in verarbeiteter und flüssiger Form dem Wirtskörper entzogen und durch die Oberfläche aufgenommen, was das Fehlen von Cytostom und Nahrungsvakuolen erklärt. Da die Sporozoen in einem isotonischen Medium leben, können sie auch auf kontraktile Vakuolen verzichten.

Die beiden wichtigsten Klassen der Sporozoa sind die Telosporidia und die Neosporidia. Wir werden uns hier auf die Telosporidia beschränken, von denen man annehmen darf, daß sie eine natürliche Gruppe bilden.

1. Gregarinida, Gregarinen

Die Gregarinen sind Parasiten, die im Darm und anderen Körperhöhlen wirbelloser Tiere leben. Sie sind von flacher, wurmförmiger Gestalt und erreichen eine für Protozoen ungewöhnliche Größe von einigen zehntel bis maximal 15 mm.

Bei der Fortpflanzung wechseln geschlechtliche und ungeschlechtliche Vorgänge miteinander ab. Die geschlechtliche Fortpflanzung ist eine Gamontogamie: Je zwei reife Individuen (Gamonten) legen sich aneinander und umgeben sich mit einer gemeinsamen, kugeligen Cyste (Gamontencyste, Abb. 20). In der Cyste macht jeder der beiden – ursprünglich einkernigen – Gamonten eine starke Kernvermehrung durch. Die Kerne wandern an die Peripherie und umgeben sich mit einem Plasmamantel; damit sind aus jedem Gamonten eine große Zahl von Einzelzellen, Gameten, hervorgegangen (Gamogonie). Ein großer, mittlerer Plasmakomplex des ursprünglichen Gamonten bleibt von dieser Aufteilung unberührt; er wird als Restkörper bezeichnet. Nun kommt es zur Kopulation, indem je ein Gamet, der von dem einen der beiden Gamonten herstammt, mit einem vom anderen Gamonten entwickelten Gameten verschmilzt (Kopulation der Gameten) Die Gameten können morpho-

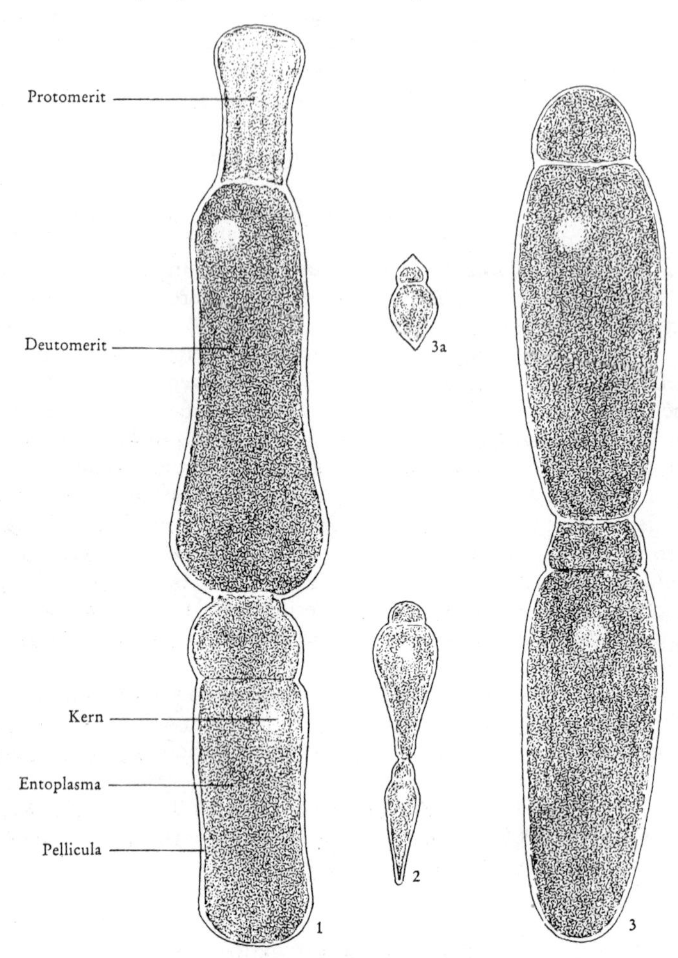

Abb. 19: Gregarinen aus dem Mehlwurmdarm. 1 *Gregarina cuneata.* 2 *Gregarina steini;* 3 *Gregarina polymorpha;* 3a jugendliches Individuum dieser Art. Etwa 200×.

logisch gleich (Isogameten) oder verschieden gestaltet (Anisogameten) sein. Die Verschmelzungsprodukte, die Zygoten, umgeben sich – immer noch innerhalb der Gamontencyste und jede für sich – mit einer festen Hülle und werden dadurch zu spindelförmigen Sporen oder Sporocysten. Der Inhalt jeder Spore teilt sich multipel in 8 Sporozoiten (Sporogonie). Dabei findet – bei der ersten Teilung des Zygotenkernes – die Reduktion der Chromosomenzahl statt. Diploid ist also nur die Zygote. Ein derartiges Alternieren von geschlechtlichen und ungeschlechtlichen Fortpflanzungsweisen bezeichnet man als haplo-homophasischen Generationswechsel (S. 15). – Gelangen die reifen Sporen ins Freie und werden sie von einem neuen Wirtstier mit der Nahrung aufgenommen, so kriechen die Sporozoite aus einer vorgebildeten Öffnung der Spore aus oder werden durch ihr Auseinanderklappen frei und wachsen allmählich zu den vegetativen Gregarinenformen (Trophozoiten) heran, von denen wir ausgegangen sind.

Wir betrachten zunächst die vegetativen Formen und wählen dazu *Gregarina polymorpha* oder *G. cuneata*, beides Parasiten im Darm der Larve des Mehlkäfers *Tenebrio molitor*. Eine dritte hier schmarotzende Art, *G. steini*, trifft man seltener an (Abb. 19).

Der Körper von *Gregarina* gliedert sich in zwei Abschnitte, einen vorderen, Protomerit genannt, und einen hinteren Hauptabschnitt, den Deutomeriten. Bei jugendlichen Individuen setzt sich überdies der vordere Abschnitt des Protomeriten noch als ein besonderer Epimerit ab, der bei anderen Gregarinenformen mannigfache Hafteinrichtungen besitzt. Mit ihnen sind die jungen Gregarinen in Zellen verankert.

Die Oberfläche des Zellkörpers ist kompliziert gestaltet. Schon im Lichtmikroskop kann man manchmal eine feine Längsstreifung erkennen. Sie kommt, wie das Elmiskop zeigt, durch längsparallele, leistenförmige Erhebungen des Ektoplasmas zustande, die außen von zwei eng benachbarten Elementarmembranen begrenzt sind. Eine weitere elektronendichte Schicht, die bisweilen als dritte Elementarmembran gedeutet wird, umgrenzt den Zellkörper unmittelbar unter der Basis der Auffaltungen. Diese drei Grenzschichten stellen mitsamt dem die Falten erfüllenden Ektoplasma die aufgrund lichtmikroskopischer Untersuchungen als Pellicula bezeichnete Körperaußenschicht dar. Nicht das die Falten erfüllende Ektoplasma, wohl aber der relativ dünne Ektoplasmamantel, der sich zwischen Pellicula und Endoplasma findet, ist von einem feinsten Fibrillennetz durchzogen. Das Endoplasma ist reich an Reservestoffen (Paraglykogen, Fett, Eiweiße) und anderen granulären Gebilden. Zu Myonemen gebündelte kontraktile Fibrillen, die sich vor allem in der Außenschicht des Endoplasmas vorfinden, macht man für die Gestaltsveränderungen, zu denen die verschiedenen Gregarinida in unterschiedlichem Ausmaß befähigt sind, verantwortlich.

Zwischen dem Protomerit und dem Deutomerit ist ein Septum aus elektronendichtem Material quer ausgespannt. Sein Rand ist mit sich aufspleißenden Fibrillen an der inneren Schicht der Pellicula befestigt. Zellmund, Zellafter, kontraktile Vakuolen und Nahrungsvakuolen fehlen den Gregarinen, was alles mit ihrer parasitischen Lebensweise zusammenhängt. Die Nahrungsstoffe gelangen durch Permeation (= aktive Aufnahme gelöster Nahrungsstoffe durch die Zellmembran), vielleicht auch durch Pinocytose in den Körper. Der Kern liegt im Deutomeriten und ist auch im Leben als hellere Stelle inmitten des durch die Reservestoffe getrübten Entoplasmas zu erkennen.

Fast stets wird man im Präparat paarweise aneinandergeschlossene Gregarinen finden, wobei sich die eine mit ihrem Vorderende am Hinterende der anderen angehängt hat. Es handelt sich dann um zwei Tiere, die sich später in eine gemeinsame Cyste zur Bildung der Gameten einschließen werden. Bisweilen machen sich an den beiden vereinten Tieren morphologische oder färberische Unterschiede bemerkbar, die man als Zeichen einer (stets anzunehmenden) geschlechtlichen Differenzierung auffaßt.

Überaus eigenartig ist die Fortbewegung der Gregarinen. Wir erkennen sie als ein gleichmäßiges, ruhiges, gleichsam stures Vorwärtsgleiten bei regungslos erscheinender Zelloberfläche. Wie diese Bewegung zustandekommt, ist noch nicht zweifelsfrei geklärt. Sehr wahrscheinlich beruht sie auf submikroskopischen Kontraktionen der Pellicula oder der darunterliegenden Fibrillenbündel. Die hinter dem Tier nach Tuschezusatz sichtbare, schleimige «Spur» hat offenbar ursächlich nichts mit der Fortbewegung zu tun. Oft kann man erkennen, daß der Schleim mitgeschleppt wird. Die Fortbewegung kann also keineswegs durch ein Vorwärtsstemmen an ausgeschiedenem Schleim zustandekommen. Langsames seitliches Einknicken der Gregarinen beruht auf Kontraktionen von Myonemen.

Gamogonie und Sporogonie studieren wir an *Monocystis spec.* (Abb. 20). Die Gregarinen der Gattung *Monocystis* schmarotzen in den Samenblasen der Regenwürmer. Vor dem Kurs

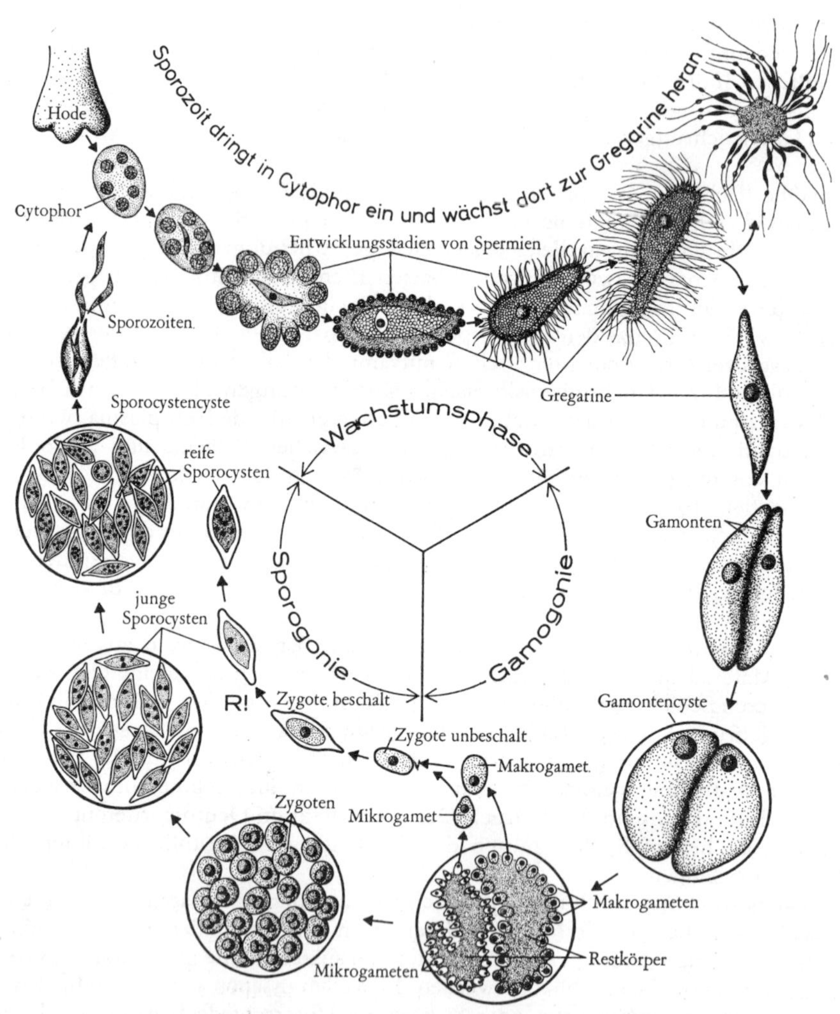

Abb. 20: Entwicklungszyklus von *Monocystis spec.* Die reifen Sporocysten enthalten 8 Sporozoiten, auf den Schnittpräparaten sind jedoch nicht immer alle 8 Kerne zu sehen. R! Reifeteilung. Die einzelnen Entwicklunsgsstadien sind zum Teil verschieden stark vergrößert. (Nach mikroskopischen Präparaten und unter Verwendung von Abbildungen verschiedener Autoren)

werden die Samenblasen einiger Regenwürmer freipräpariert, samt Inhalt in wenig 0,43%ige NaCl-Lösung (Boverischälchen) gebracht und zerzupft. Nur diejenigen, die sich als ausreichend infiziert erweisen, werden für den Kurs verwendet. Jeder Praktikant erhält einen Tropfen der milchig-trüben Suspension samt einigen kleinen Stückchen Samenblasenwand auf den Objektträger. Deckglas mit Wachsfüßchen.

Zunächst werden uns in dem Präparat kugelige Gebilde von verschiedener und oft ansehnlicher Größe auffallen, die mit zitronenförmigen Körpern angefüllt sind. Es handelt sich um die von je einem Gamontenpaar angefertigten Cysten. Sie sind dicht mit Sporocysten vollgepackt, die in ihrem Inneren bei starker Vergrößerung 8 spindelförmige Sporozoiten erkennen lassen. Werden die Sporocysten nach dem Tode ihres Wirtes frei und gelangen mit der Nahrung in den Darm eines anderen Regenwurmes, so wird ihre Wandung von den Verdauungsenzymen aufgelöst. Die von der Hülle befreiten Sporozoite wandern, die Gewebe durchdringend, in die Samenblasen, die – bei reifen Regenwürmern – mit einer Suspension der verschiedensten Entwicklungsstadien der Spermien erfüllt sind. Die Hoden der Lumbriciden entlassen die männlichen Keimzellen nämlich in Form von mehrkernigen, kugeligen Follikeln. Aus diesen Follikeln differenzieren sich unter wiederholten Teilungen die Spermien, die dabei peripher eine gemeinsame zentrale Plasmamasse, den Cytophor, umgeben. Das ganze ist dann während eines bestimmten Entwicklungsstadiums einer Morula nicht unähnlich. Später, bei fortschreitender Ausbildung der Samenfäden, nehmen die Gebilde ein sternstrahlenförmiges Aussehen an.

Die Sporozoite dringen in junge Follikel ein und wachsen im Cytophor heran. Dabei wird der sie umhüllende Plasmamantel, in dem die Spermien mit ihren Köpfen befestigt sind, immer dünner, so daß die erwachsenen Gregarinen (Trophozoiten) wie bewimperte Infusorien aussehen. Schließlich verlassen sie das Wirtsplasma. Sie sind nun von länglich lanzettförmiger Gestalt und fallen außer durch ihre Größe nicht selten durch eine metabolische Beweglichkeit auf (vgl. Abb. 15). Der Kern ist meist gut sichtbar. Die bei *Gregarina* beobachtete Zweiteilung in Protomerit und Deutomerit fehlt bei der Gattung *Monocystis*.

Je zwei erwachsene Gregarinen (Gamonten) legen sich aneinander, runden sich halbkugelförmig ab und scheiden die gemeinsame Cystenhülle (Gamontencyste) aus. Durch fortgesetzte und rasch hintereinander ablaufende Mitosen werden die beiden Gamonten erst vielkernig, um schließlich unter Hinterlassung eines Restkörpers durch multiple Teilung in Gameten zu zerfallen, die – wie auf S. 40 geschildert – innerhalb der Gamontencyste paarweise kopulieren, eine Sporocystenhülle ausscheiden und nach drei Teilungsschritten acht haploide, infektionsfähige Sporozoite liefern.

Nur im Frühjahr und Frühsommer wird man in genügender Zahl alle Stadien finden. Man halte daher für Kurse in anderen Jahreszeiten gefärbte Schnittpräparate vorrätig.

2. Haemosporidia

Die gleichfalls zum Stamm der Sporozoa gehörenden Haemosporidia sind, wie schon ihr Name zu erkennen gibt, Blutparasiten. Sie schmarotzen in den roten Blutkörperchen (Erythrocyten) von Wirbeltieren. Die für uns wichtigste Gattung *Plasmodium* ist, mit den vier Arten *Plasmodium malariae*, *P. vivax*, *P. falciparum* und *P. ovale* der Erreger der Malaria des Menschen. Als Überträger von Mensch zu Mensch dienen ausschließlich Stechmücken der Gattung *Anopheles* (und zwar nur die Weibchen), die beim Saugen die Parasiten mit dem Blut aufnehmen.

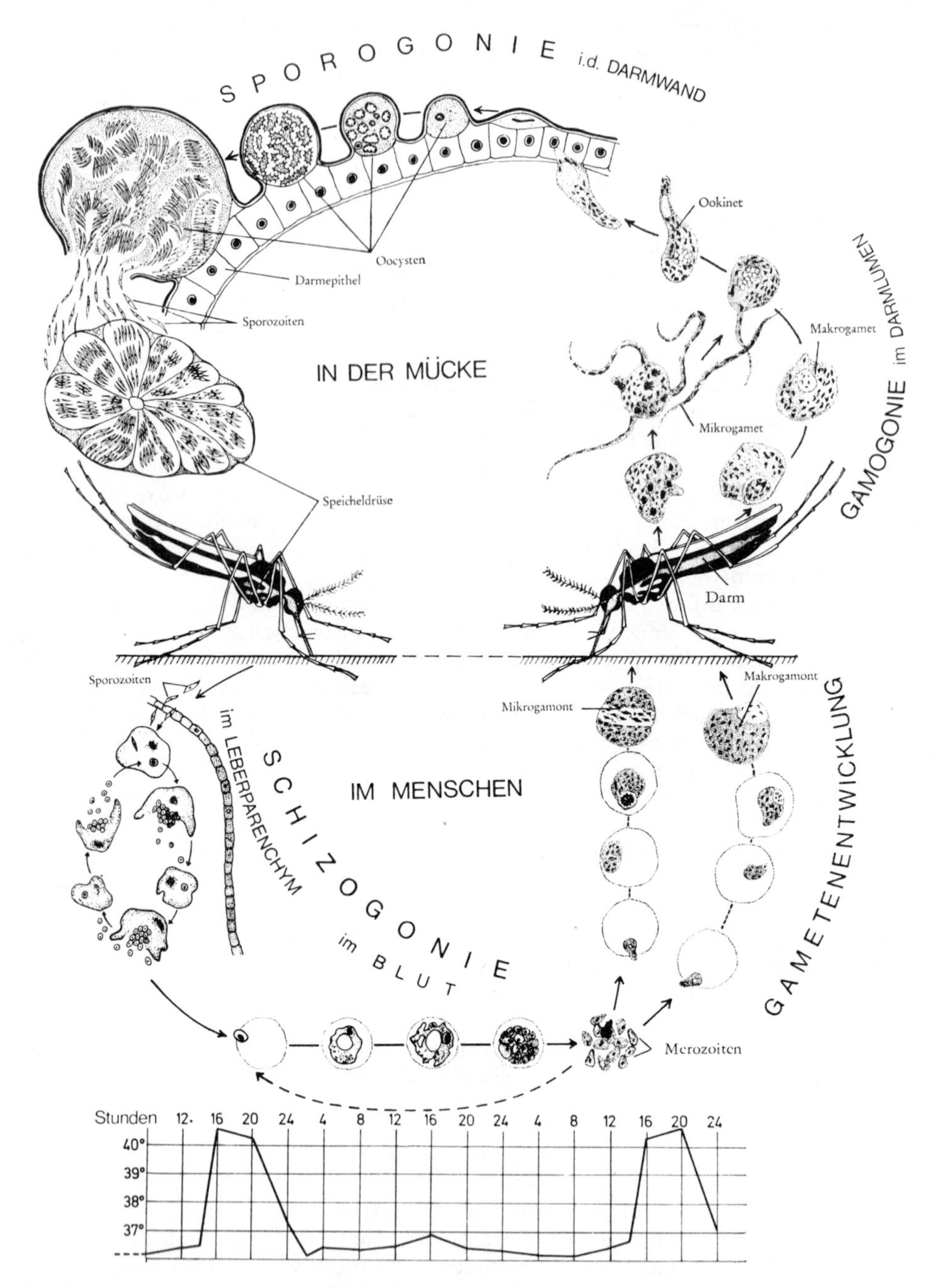

Abb. 21: Malaria: Entwicklungszyklus von Plasmodium vivax, des Erregers der Tertiana, des gutartigen Dreitagefiebers. Unten Fieberkurve. (Kombiniert nach verschiedenen Autoren)

Ein bis zwei Wochen nach dem infizierenden Stich der Mücke findet man die Parasiten innerhalb von roten Blutkörperchen. (Vergl. Abb. 21). Sie nehmen in ihnen amöboide Form an, wachsen schnell heran, werden vielkernig und teilen sich dann in eine entsprechende Zahl von Tochterindividuen (Merozoiten), die, durch Zerfall des Blutkörperchens frei geworden, sofort frische Blutkörperchen anfallen. Dieser als Schizogonie bezeichnete Vermehrungsvorgang beansprucht 3 Tage bei *P. malariae*, 2 Tage bei *P. vivax* und 24–48 Stunden bei *P. falciparum*. Er wiederholt sich immer von neuem, bis die Zahl der Parasiten (Schizonten) so groß ist, daß der Wirtskörper mit einem Fieberanfall auf die giftigen Zerfallsprodukte der Erythrocyten und Schizonten-Restkörper reagiert.

Nach einer gewissen Zeit setzt die Bildung von Geschlechtsformen (Gamogonie) ein, die innerhalb der roten Blutkörperchen beginnt, aber nur im Darm der Mücke zum Abschluß kommen kann. Im Blut des Menschen finden wir daher nur Vorstadien der Geschlechtsformen, die weiblichen Makrogamonten (= Makrogametocyten) und die männlichen Mikrogamonten (= Mikrogametocyten). Aus ihnen entstehen im Darm des Zwischenwirts die Gameten: Der Makrogamont wird zum Makrogameten, der Mikrogamont bildet 4–8 schlank wurmförmige und sich schlängelnd bewegende Mikrogameten aus. Die Geschlechtszellen verschmelzen paarweise zu amöboid beweglichen Zygoten (Ookineten). Sie durchdringen das Darmepithel und wachsen, von einer Bindegewebskapsel des Wirtes umgeben, an der Darmaußenwand zu 60 μ großen Oocysten heran. In den Oocysten entstehen Tausende von sehr kleinen, beweglichen Sichelkeimen, die Sporozoiten. Nach etwa 14 Tagen werden sie durch Platzen der Cystenwand frei, gelangen in die Leibeshöhle, schwimmen zur Speicheldrüse, durchbohren deren Zellen und sammeln sich schließlich in den Drüsenkanälen. Beim Stich werden sie mit dem gerinnungshemmenden Speichel der Mücke in die Blutbahn des Menschen gespritzt.

Im Gegensatz zu älteren Darstellungen dringen die Sporozoiten dort nicht in Erythrocyten ein, sondern setzen sich in den Zellen des Leberparenchyms und des retikuloendothelialen Systems fest, wachsen heran und vermehren sich – ebenso wie später im Blut – durch Schizogonie. Erst die hier gebildeten Merozoiten begeben sich in die Blutbahn, um dort die roten Blutkörperchen zu befallen, womit sich der Entwicklungskreis schließt. – In ihm wechseln 2 verschiedene ungeschlechtliche Vermehrungsteilungen, die Sporogonie und die Schizogonie, mit einer geschlechtlichen Vielteilung, der Gamogonie, ab. Diploid ist nur die Zygote, alle übrigen Stadien haben einen haploiden Chromosomensatz. Wir haben also auch hier einen haplohomophasischen Generationswechsel vor uns.

Es werden zunächst nach PAPPENHEIM gefärbte Blutausstriche verteilt, die reichlich mit *P. vivax* infiziert sind, wovon man sich vor Beginn des Kurses überzeugt. Außerdem stelle man einige Mikroskope mit ausgesucht guten Präparaten verschiedener Entwicklungsstadien auf und lege beschriftete Skizzen daneben, damit die Kursteilnehmer das Objekt, das sie in ihren Präparaten zu suchen haben, zuerst einmal kennenlernen.

Sind die zur Verfügung stehenden Ausstriche nur schwach infiziert, so empfiehlt es sich, die parasitenhaltigen Blutkörperchen vor Beginn des Kurses durch Umkreisen mit einem Objektmarkierer anzumerken.

Wir suchen uns eine Stelle des Präparates aus, an der die blaß rosa gefärbten Erythrocyten in einfacher Schicht aber möglichst dichter Anordnung liegen, geben einen Tropfen Immersionsöl auf diese Stelle, bringen das Immersionsobjektiv zum Eintauchen und stellen mit der nötigen Vorsicht scharf ein. Langsam den Objektträger verschiebend, werden uns zunächst eine Reihe von Blutkörperchen auffallen, die sich von den Erythrocyten durch bedeutendere Größe und vor allem durch den Besitz

Abb. 22: Die drei häufigsten Malaria-Erreger in ihren wichtigsten Erscheinungsformen im Ausstrich des peripheren Blutes. Kern bzw. Chromatinbrocken des Kerns schwarz, Pigment sehr dicht punktiert, etwas heller das Plasma des Parasiten, am hellsten die roten Blutkörperchen. (Nach Abbildungen von DOFLEIN-REICHENOW). Etwa 2800×

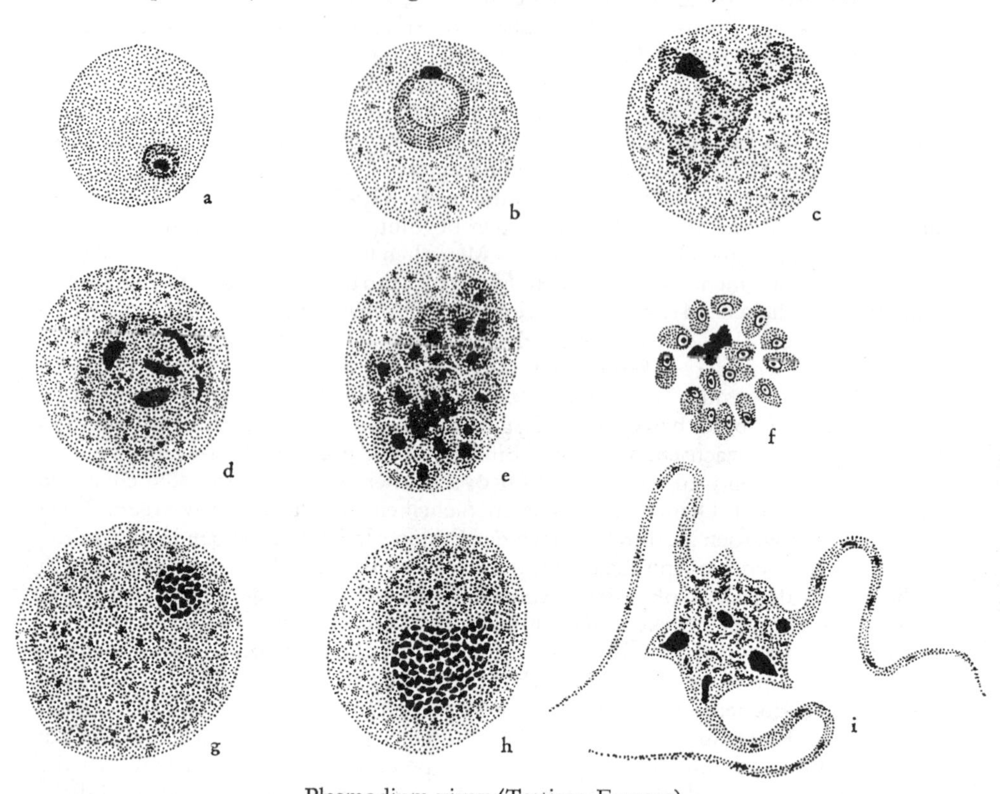

Plasmodium vivax (Tertiana-Erreger)
a jüngste Form des Schizonten; b etwas älteres Stadium, SCHÜFFNERsche Tüpfelung der Wirtszelle; c ältere, amöboide Form mit großer Vakuole; d junger Schizont; e ausgewachsener Schizont, kurz vor Zerfall in Merozoiten, mit zentraler Pigmentanhäufung; f Zerfall in Merozoiten, in der Mitte der «Restkörper»; g Makrogamont; h Mikrogamont; i Mikrogametenbildung

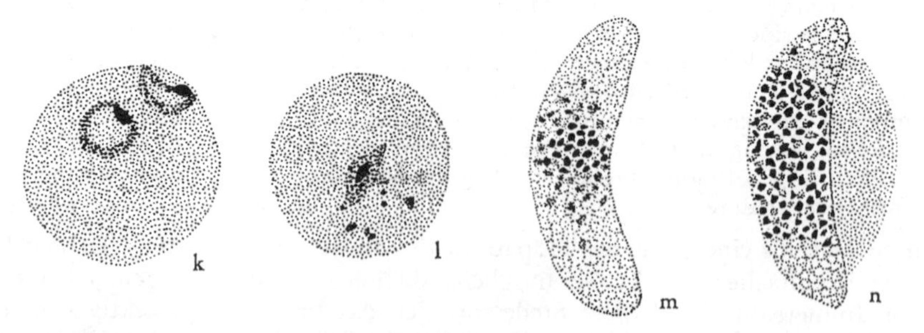

Plasmodium falciparum (Tropica-Erreger)
k kleine Ringform, Doppelinfektion; l etwas älteres Stadium, MAURERsche Fleckung der Wirtszelle; m Makrogamont; n Mikrogamont

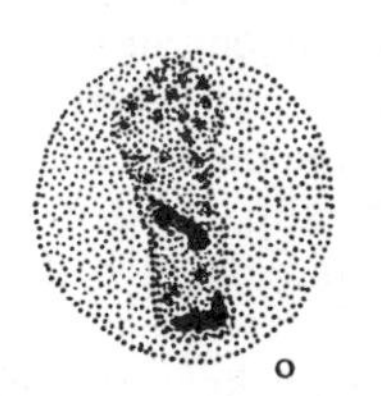
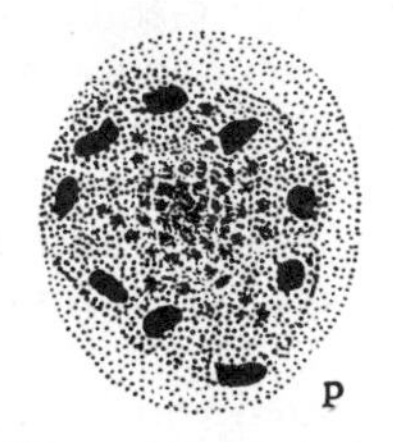
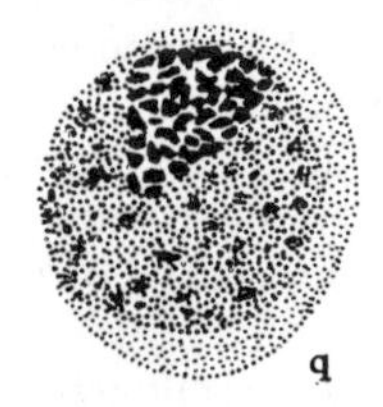
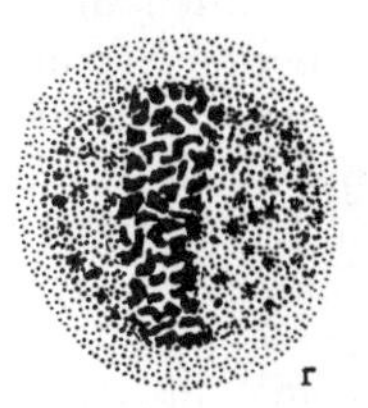

Plasmodium malariae (Quartana-Erreger)
o halberwachsener, bereits zweikerniger Schizont von typischer Bandform; p reifer Schizont, typische Rosettenform; q Makrogamont; r Mikrogamont

eines (violett gefärbten) Kernes unterscheiden, der rundlich, gewunden bandförmig oder auch scheinbar in mehrere Stücke aufgeteilt sein kann. Es handelt sich hierbei um weiße Blutkörperchen (Leukocyten), durch die wir uns nicht irreführen lassen dürfen. Wir suchen vielmehr weiter, bis wir innerhalb eines roten Blutkörperchens einen blau gefärbten Einschluß finden (Cytoplasma des Parasiten), der einen oder mehrere lebhaft rot gefärbte Körperchen (Kerne des Parasiten) enthält. – Man darf sich auch nicht irreführen lassen durch Thrombocyten («Blutplättchen»), die zufällig auf einen Erythrocyten zu liegen kamen. Sie zeigen eine rotviolette Färbung.

Handelt es sich um ein jüngstes Stadium des Parasiten, so stellt er sich uns als ein recht kleines, mehr oder weniger rundliches, einen Kern einschließendes Scheibchen dar (Abb. 22a). Wir müssen uns vorstellen, daß das Scheibchen im Leben innerhalb des Blutkörperchens amöboide Bewegungen ausführt, die bei unserer Art, wie der Speziesname *vivax* andeutet, sogar besonders lebhaft sind.

Finden wir ein solches jüngstes Stadium nicht in unserem Präparat, was häufig eintreten kann, so werden wir doch sicher die etwas weiter entwickelten Stadien des Parasiten antreffen, die durch ihre eigenartige Ringform unverkennbar sind (Abb. 22b). Sie kommt dadurch zustande, daß im Zentrum des Parasiten eine große Vakuole auftritt, die das gesamte Cytoplasma randwärts drängt. Innerhalb des blauen Ringes hebt sich der rote Kern gut ab. Bei weiterem Wachstum nimmt der Parasit wieder eine amöbenähnliche Form an (Abb. 22c). Sein Umriß ist jetzt sehr unregelmäßig; bisweilen erscheint er in mehrere Stücke zerissen. In seinem Inneren häufen sich zunehmend schwarzbraune Pigmentkörnchen an, die aus zerstörtem Hämoglobin gebildet werden, während die zunächst noch vorhandene Vakuole allmählich verschwindet. Schließlich nimmt der Parasit den größten Teil des Blutkörperchens für sich in Anspruch. Jetzt hat auch die Kernteilung eingesetzt, so daß wir zwei, vier oder mehr Tochterkerne antreffen werden, deren Zahl bei *P. vivax* auf 12 bis 24 ansteigt (Abb. 22d,e).

Das befallene rote Blutkörperchen zeigt eine auffallende Größenzunahme und ein Verblassen der Farbe; außerdem tritt in ihm in zunehmendem Maße eine feine Punktierung, die «Schüffnersche Tüpfelung» auf, die durch Produkte der Hämoglobinverdauung verursacht wird. Kurz darauf würde das Blutkörperchen zerplatzen und der Parasit sich in eine der Zahl der Tochterkerne entsprechende Zahl von Merozoiten aufteilen, während das jetzt in seiner Mitte zusammengeballte Pigment als «Restkörper» übrigbleibt. (Abb. 22f). Damit ist ein sich bei dieser Art in 48 Stunden abspielender Zyklus der Schizogonie beendet.

Etwa 8–10 Tage nach dem ersten Fieberanfall treten auch Gamonten (= Gametocyten) im peripheren Blut auf. Jüngere Stadien können leicht mit Schizonten verwechselt werden, doch zeigen sie, da eine Vakuole fehlt, nie Ringform. Die erwachsenen Gamonten sind ansehnliche, scheibenförmige Gebilde, die den Raum des stark vergrößerten Erythrocyten bis auf einen schmalen Randsaum ausfüllen. Sie sind reich an groben Pigmentkörnchen. Eine Verwechselung dieser Stadien mit Schizonten ist schon deshalb nicht möglich, weil diese bei entsprechender Größe bereits vielkernig wären. Der Kern ist bei den Makrogamonten (Abb. 22 g) randständig, bei den Mikrogamonten (Abb. 22h) mehr zentral gelegen, oft bandförmig, und dabei bedeutend größer.

Um auch die ganz anders gestalteten Gamonten von *P. falciparum* kennenzulernen, wollen wir uns jetzt auch noch Ausstriche von Blut ansehen, das damit infiziert ist. Die ausgewachsenen Gamonten (Abb. 22m und n) haben hier eine so charakteristische Form, daß wir sie unschwer und mit aller Sicherheit auffinden können; wie umgekehrt ihr Vorkommen im Blutausstrich mit Sicherheit eine Infektion mit dem besonders gefährlichen *Falciparum*-Parasiten anzeigt. Die Gamonten haben eine längsovale Gestalt, können aber, da sie an Länge (9–14 μ) den Durchmesser der Erythrocyten (8 μ) übertreffen, nur eingekrümmt in ihnen Platz finden, was ihnen die typischen Bananen- oder auch Sichelform (daher der Artname *falciparum*) gibt. Im Innern finden sich neben dem relativ großen Kern reichlich Pigmentkörnchen. Das Pigment ist bei den Makrogamonten in der Mittelpartie, um den Kern herum, angehäuft (Abb. 22 m), während es bei den (übrigens selteneren) Mikrogamonten gleichmäßig fast über den ganzen Plasmabezirk verteilt ist (Abb. 22 n).

Wir werden wahrscheinlich in den gleichen Ausstrichen auch junge Schizonten antreffen, die den entsprechenden Stadien des *Vivax*-Parasiten sehr ähneln, da auch sie typische Ringform aufweisen (Abb. 22k). Doch sind sie anfangs erheblich kleiner ($^1/_6$ Erythrocytendurchmesser), und der Plasmaring ist so dünn, daß der Kern vorspringt («Siegelringform»). Oft liegen sie ganz oberflächlich im Blutkörperchen, das nicht selten von zwei oder mehr Parasiten befallen ist. Später nehmen die Schizonten amöboide Gestalt an (Abb. 22 l). Größe und Farbe der Erythrocyten werden durch sie im Gegensatz zu *P. vivax* nicht verändert, wohl aber tritt in ihnen eine großschollige, aus Produkten des Hämoglobinabbaues bestehende Fleckung auf («Maurersche Fleckung»).

Für das Studium der Schizogonie sind unsere Präparate nicht geeignet. Wohl kann man bisweilen einen Ring mit zweigeteiltem Kern beobachten, alles Weitere aber spielt sich in den Kapillaren innerer Organe ab, so daß es auf unseren Ausstrichen peripheren Blutes nicht in Erscheinung tritt. Die Neigung der Schizogoniestadien, sich in den Kapillaren anzuhäufen und diese zu verstopfen, bedingt übrigens den besonders gefährlichen Charakter der von *P. falciparum* hervorgerufenen Malaria.

Falls auch noch Präparate von *P. malariae* gegeben werden, so werden wir an ihnen im wesentlichen folgende Unterschiede feststellen können. Die Schizonten, die zuerst gleichfalls ringförmig sind, nehmen hier bald eine wenig gegliederte, amöboide Form an; stärker herangewachsen zeigen sie oft eine rechteckige Form, indem sie bandförmig das ganze Blutkörperchen durchziehen (Abb. 22 o). Die Blutkörperchen selbst bleiben nach Größe und Farbe unverändert; eine Vergrößerung, wie sie für *P. vivax* so charakteristisch ist, tritt jedenfalls nicht ein, ebenso wie eine Tüpfelung oder Fleckung fehlt. Die reifen Schizogoniestadien zeigen in der Regel acht Kerne, die nicht wie bei *P. vivax* über den ganzen Zellkörper zerstreut, sondern peripher angeordnet sind, so daß das typische Bild einer Rosette entsteht, in deren Mitte ein großer Pigmenthaufen zu sehen ist (Abb. 22 p).

Die Gamonten zeigen bei *P. malariae* niemals Bananenform, ähneln vielmehr sehr denjenigen von *P. vivax*. Es sind große, scheibenförmige, grob pigmentierte Gebilde, die das Blutkörperchen fast ausfüllen, es jedoch nicht ausdehnen. Sie bleiben also erheblich kleiner als die von *P. vivax*. Makro- und Mikrogamonten lassen sich durch Größe und Lage des Kernes in der gleichen Weise unterscheiden, wie es für *P. vivax* angegeben wurde (Abb. 22 q und r).

Plasmodium malariae ist der Erreger der seltenen Malaria quartana (Viertagefieber; Fieberanfälle alle 72 Stunden, also jeden vierten Tag, wenn man den Anfallstag als ersten Tag bezeichnet). *P. vivax* verursacht die Malaria tertiana (gutartiges Dreitagefieber, Fieberanfälle alle 48 Stunden, also jeden dritten Tag) und *P. falciparum* die Malaria tropica (bösartiges Dreitagefieber, Fieberanfälle unregelmäßig, meist jeden dritten Tag). Auch Mischinfektionen kommen vor. Besonders die Kombination *P. vivax* und *P. falciparum* ist nicht selten.

IV. Ciliata, Wimpertierchen

Die Ciliaten sind die am höchsten differenziertenProtozoen. In Zahl und Ausbildungsgrad ihrer Organelle übertreffen sie alle übrigen Einzeller. Sie unterscheiden sich außerdem durch ihre Kernverhältnisse grundlegend von ihnen.

Als Bewegungsorganelle dienen allgemein Wimpern (Cilien). Sie sind bedeutend kürzer als Geißeln, weisen aber einen mit diesen übereinstimmenden Feinbau auf (s. S. 30): Sie sind von einer Fortsetzung der Zellmembran überzogen, besitzen 2 zentrale Fibrillen und 9 kreisförmig angeordnete, periphere Doppelfibrillen und – an der Basis der Doppelfibrillen – im Ektoplasma einen Basalkörper (Kinetosom). Im einfachsten Fall sind alle Cilien von gleicher Länge und Stärke und in regelmäßiger Reihung über den ganzen Körper verteilt. In anderen Fällen sind sie ungleich oder (und) auf bestimmte Zonen der Körperoberfläche beschränkt. Ihre Bewegungsform ist ein kräftiger, rückwärts gerichteter Schlag und ein langsameres, in der gleichen Ebene erfolgendes, mit einer Einkrümmung verbundenes Zurückkehren zur Ausgangsstellung. Dort wo sie in (geraden oder spiraligen) Längsreihen angeordnet sind, schlagen die Cilien einer Reihe metachron. Umkehr des Cilienschlages ist eine normale und häufige Erscheinung. Nicht selten sind benachbarte Cilien zu stärkeren Borsten (Cirren) oder aber zu dreieckigen Membranellen oder rechteckigen undulierenden Membranen oberflächlich verbunden. Derartige Sonderbildungen stehen oft im Dienst des zweiten Aufgabenkreises der Cilien, dem Herbeistrudeln von Nahrungspartikeln.

Ektoplasma und Entoplasma sind deutlich gegeneinander abgesetzt, eine elastisch feste Pellicula von kompliziertem Feinbau (s. S. 52) ist stets vorhanden. Die Körperform ist weitgehend konstant; sie kann passiv – beim Passieren von Engstellen – oder aktiv – durch Verkürzung kontraktiler Elemente – verändert werden. Im Ektoplasma, mehr oder weniger dicht unter der Pellicula, liegt ein bisweilen recht kompliziertes System von Fibrillen. Bei *Paramecium* z. B. entspringt von jedem Basalkörper eine quergestreifte Fibrille, die cilienreihenparallel und begleitet von Fibrillen, die von davor und dahinter liegenden Kinetosomen entspringen, an 5 weiteren Basalkörpern vorbei nach vorn zieht und dann endet. Nicht die einzelnen Fibrillen, wohl aber die Fibrillenbündel können lichmikroskopisch sichtbar gemacht werden. Tiefer im Ektoplasma findet sich ein zweites System – nun nicht quergestreifter – Fibrillen. Es ist ungewiß, ob die quergestreiften oder die glatten oder beide Fibrillensorten konktraktil sind.

Die Nahrung wird durch den Zellmund (Cytostom) aufgenommen. Er ist bei den von größerer Beute lebenden Ciliaten, den «Schlingern», eine am vorderen Pol gelegene, verschließbare Öffnung. Bei den von Bakterien und anderer Kleinnahrung lebenden Formen, den «Strudlern», ist er meist weiter nach hinten verlagert und mehr oder weniger versenkt. Vom Cytostom gelangt die Nahrung über den oft mit besonderen Wimperorganellen ausgestatteten Cytopharynx – in bläschenförmige und von einer Elementarmembran umschlossene Hohlräume, Gastriolen (=Nahrungsvakuolen), eingeschlossen – ins Körperinnere. Nach der Verdauung des verwertbaren Materials werden die Nahrungsvakuolen von der Plasmaströmung an eine bestimmte Stelle der Körperwand (Cytopyge, Zellafter) transportiert, wo sie sich nach außen öffnen und die unverdaulichen Nahrungsreste entleeren.

Der Osmoregulation dienende kontraktile Vakuolen sind in der Ein- oder Mehrzahl bei allen im Süßwasser lebenden (und einem Teil der marinen) Ciliaten an fester Stelle vorhanden. Sie können von längs- oder radiärgestellten Zuführungskanälen gespeist werden. Das sie umgebende Plasma (Nephridialplasma) ist von einem Flechtwerk feinster Tubuli durchsetzt, die mit dem endoplasmatischen Retikulum in Verbindung stehen und (nur) während der Diastole in die Zuführungskanäle münden. Die Hauptvakuole und der Exkretionsporus sind von kontraktilen Fibrillen umgeben. – Nicht selten wird man im Cytoplasma Kristalle erkennen.

Von weiteren, nicht immer vorhandenen Organellen seien die Trichocysten erwähnt. Sie sind dicht unter der Körperoberfläche gelegene, einige μ lange und mit einer Spitze versehene Gebilde von schlank amphorenförmiger Gestalt. Bei Reizung können sie blitzschnell durch Poren ausgeschleudert werden und nehmen dann das 10fache ihrer ursprünglichen Länge ein. Sie sind Verteidigungswaffen. Ob sie darüber hinaus noch andere Funktionen haben, ist ungewiß. Sie entstehen in membranumhüllten Vesiceln im Cytoplasma. Ausgestoßene Trichocysten werden durch neue ersetzt.

Die Organisationshöhe der Ciliaten erfährt eine besondere Betonung dadurch, daß bei ihnen die dem Kern innerhalb des Zelleibes zufallenden Aufgaben in der Regel auf zwei morphologisch und physiologisch verschiedene Kerne verteilt sind, während sie bei fast allen übrigen Protozoen (Ausnahme: manche Foraminiferen) und darüber hinaus bei allen Metazoen in einem Kern vereint sind. Sie werden dem Größenverhältnis nach als Makronucleus und Mikronucleus bezeichnet, der physiologischen Bedeutung nach als somatischer und generativer Kern. In beiden Kernen treten Chromosomen auf. Der Makronucleus ist (meist) polyploid; er steht den gesamten Stoffwechsel- und Bewegungsvorgängen vor. Der diploide Mikronucleus enthält das Erbgut und spielt nur bei Geschlechtsvorgängen eine Rolle. Mikronucleuslose Rassen leben und teilen sich normal, können aber nicht mehr konjugieren.

Die Vermehrung erfolgt in den meisten Fällen durch Querteilung. Der Durchschnürung des mütterlichen Plasmaleibes geht die Differenzierung der für die zwei Tochterzellen notwendigen Organelle und die Teilung von Mikro- und Makronucleus voraus. Der Mikronucleus teilt sich mitotisch. Beim Makronucleus erfolgt keine dem Bild der Mitose vergleichbare Ordnung des chromosomalen Materials; er streckt sich, wird etwa sanduhrförmig und teilt sich schließlich in zwei (meist) gleichgroße Stücke. Diesem Teilungsvorgang ging eine Verdoppelung des DNS-Gehalts voraus. Die Tochterkerne erhalten also auch hier den vollen Genbestand.

Die geschlechtliche Fortpflanzung der Ciliaten ist eine Konjugation. Im typischen Fall verwachsen die Konjuganten in der Mundregion unter Auflösung der Pellicula miteinander. Während die Makronuclei schollig zerfallen und schließlich aufgelöst werden, führen die Mikronuclei in rascher Folge zwei Teilungen durch. Dabei findet die Chromosomenreduktion statt. Drei der Kerne werden im Plasma aufgelöst. Der vierte macht eine mitotische Teilung durch, so daß schließlich jeder der Konjuganten zwei (haploide) Gametenkerne besitzt. Einer der beiden Kerne bleibt stationär, während der andere über die Verwachsungsbrücke zum Konjugationspartner hinüber wandert (Wanderkern) und dort mit dem stationären Kern zum diploiden Synkaryon verschmilzt. Es findet also eine wechselseitige Befruchtung und somit ein wechselseitiger Austausch genetischen Materials statt. Danach trennen sich die beiden Partner wieder. Aus dem Synkaryon entsteht durch Äquationsteilung ein neuer Makronucleus und der definitive Mikronucleus.

1. *Paramecium caudatum*, Pantoffeltierchen

Als Vertreter der Ciliaten oder Wimperinfusorien betrachten wir zunächst *Paramecium caudatum*.

Es wird ein Tropfen aus der Paramecienfalle auf den Objektträger gebracht und ein Deckgläschen mit Wachsfüßchen aufgelegt. Um die Aufmerksamkeit des Praktikanten nicht abzulenken, empfiehlt es sich, eine Reinkultur von Paramecien zu verwenden und nicht eine Infusion, die neben Paramecien noch andere Ciliaten oder Flagellaten enthält. Wir verwenden zunächst die schwache Vergrößerung.

P. caudatum hat eine gedrungen-spindelförmige Gestalt. Eine Einwölbung der Körperoberfläche, die sich von dem etwas schlankeren Vorderende in einer Viertelspiraltour bis etwa zur Mitte des Körpers hinzieht, wobei sie an Breite allmählich abnimmt, läßt das Tier ausgesprochen asymmetrisch erscheinen. Die Einwölbung ist das Mundfeld (Peristom), das sich nach hinten über den Mundtrichter (Vestibulum) zum Zellmund (Cytostom) verengt. Die Körperseite des Peristoms wird als die ventrale bezeichnet (Abb. 23).

Die Ortsbewegung der Paramecien wird durch den rhythmischen Schlag der zahlreich über den ganzen Körper verteilten Cilien bewirkt. Es handelt sich dabei, wie man bei genauerem Beobachten erkennt, um eine recht komplizierte Bewegungsart: das Tier beschreibt eine langgestreckte Spirale und rotiert gleichzeitig um die eigene Längsachse. Stößt es auf ein Hindernis, so schwimmt es zunächst, durch Umkehr des Cilienschlages, ein Stück zurück, hält an, beschreibt mit dem Vorderende einen kleinen Kreisbogen und schwimmt in der so gewonnenen neuen Richtung wieder vorwärts. Kommt es so an dem Hindernis nicht vorbei, wiederholt sich die gleiche Reaktion. Dasselbe Verhalten kann man beobachten, wenn das Tier bei der Vorwärtsbewegung in ein Reizfeld gerät, das ihm nach Art oder Stärke des Reizes nicht zusagt.

Um die Organisation von *Paramecium* im einzelnen bei starker Vergrößerung studieren zu können, müssen wir seine Bewegung verlangsamen. Das kann man durch Zusetzen einer vorher in der richtigen Konsistenz abgepaßten Gelatinelösung (oder Zusetzen von etwas Agar-agar, Traganth usw., vgl. S. 34) erreichen. Oder man bringt ein wenig zerfasertes Filtrierpapier unter das Deckglas: auf den Berührungsreiz hin legen sich die Paramecien mit den stillstehenden Cilien der berührenden Körperseite an den Papierfasern fest. Die für unsere Zwecke günstigste Methode besteht aber darin, durch Druck auf die Wachsfüßchen den Abstand zwischen Objektträger und Deckglas so zu verringern, daß sich die Tiere nur noch ganz langsam von der Stelle bewegen können. Das hat äußerst behutsam und unter ständiger Kontrolle bei schwacher Mikroskopvergrößerung zu erfolgen, um die Tiere nicht zu zerquetschen. Das überschüssige Wasser ist durch Filtrierpapierstreifen, die man an eine Kante des Deckglases anlegt, abzusaugen.

Der ganze Körper wird umgeben von einer elastisch festen Pellicula, die aus 3 Elementarmembranen aufgebaut ist. (Elementarmembranen bestehen aus einer zentralen Lipoidschicht und aus je einer peripheren Proteinschicht.) Auf der Pellicula erheben sich hexagonal aneinanderstoßende Leisten. In den von ihnen umschlossenen Grübchen (Wimperfeld) ist je eine Cilie mit einem Basalkörper eingepflanzt. Um den vorderen Körperpol herum und fast auf der ganzen Ventralseite sind die Cilien verdoppelt. Die äußere der drei Elementarmembranen bedeckt Zelle und Cilien, die beiden inneren umschließen alveoläre Räume; sie werden durchsetzt vom Cilienschaft und – neben ihm – von je einem der eigenartigen Parasomalsäckchen, offenen, glaskolbenartigen Einsenkungen der äußeren Membran. Die Basalkörper der einzelnen Cilien sind durch Fibrillenbündel, die man aber nur durch eine besondere Technik sichtbar machen kann, reihenweise in der Längs- und teilweise auch Querrichtung miteinander verbunden (s. oben S. 50). Zumindest einem Teil dieser fibrillären Strukturen schrieb man früher Erregungsleitung zu. Sie sollten die Koor-

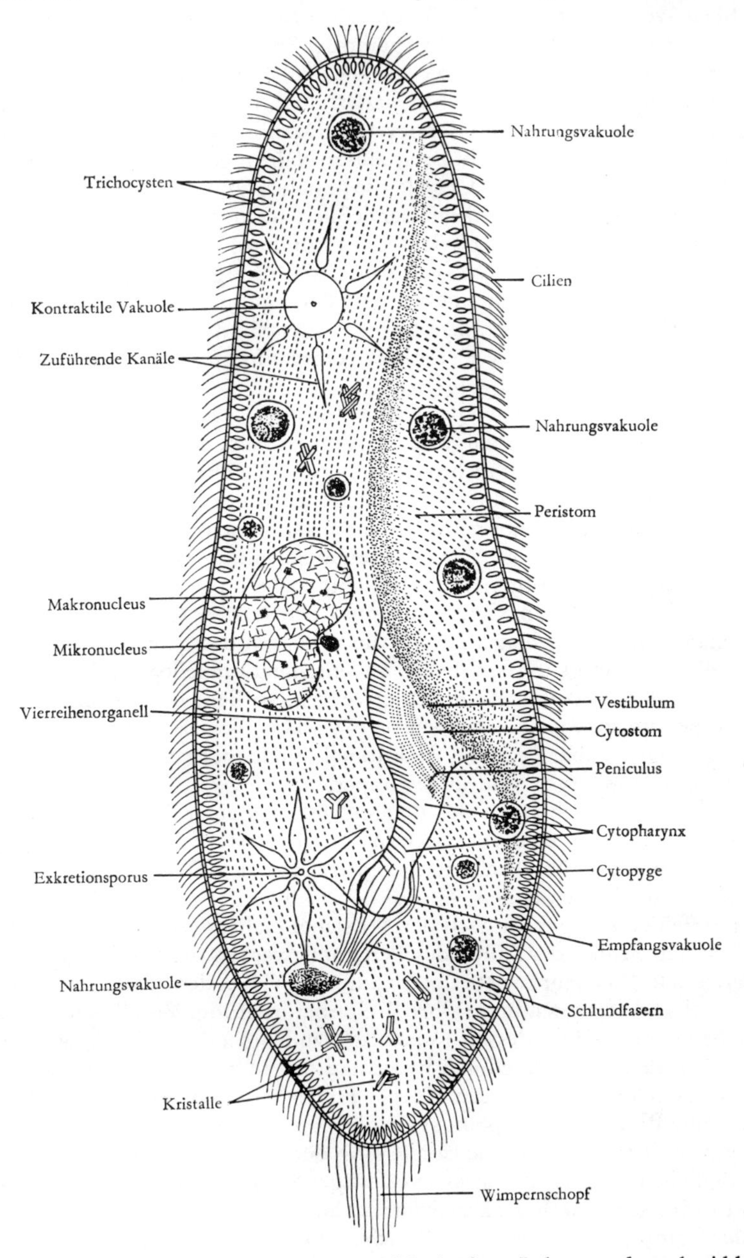

Abb. 23: *Paramecium caudatum*. Etwa 500×. (Nach dem Leben und nach Abbildungen verschiedener Autoren)

dination des Cilienschlages ermöglichen. Anderen wird, wie erwähnt, Kontraktionsfähigkeit zugeschrieben. In den letzten Jahren deckte das Elektronenmikroskop eine verwirrende Fülle von im Plasma verlaufenden, aus Mikrotubulibündeln bestehenden Fibrillen auf. Sicher ist ein Teil davon für die aktive Formveränderlichkeit verantwortlich. Ob andere als nervöse Elemente funktionieren, ist ungewiß, ja, nach dem augenblicklichen Stand der Forschung sogar unwahrscheinlich. – Der Mantel hyalinen Plasmas unter der Pellicula, das Ektoplasma, wird hier als Corticalplasma bezeichnet. In ihm sitzen, die Oberfläche in der Mitte der Verdickungsleisten erreichend, die Trichocysten. Das Entoplasma ist granuliert. In ihm finden sich an auffälligen Einschlüssen außer Nahrungsvakuolen oft recht ansehnliche Kristalle von mannigfacher Gestalt. Sie bestehen zum größten Teil aus phosphorsaurem Kalk und werden als Exkrete schließlich aus dem Körper entfernt.

Mundfeld (Peristom) und Mundtrichter (Vestibulum) sind normal bewimpert. Einwärts der Mundöffnung zieht der sich trompetenförmig verjüngende Cytopharynx nach hinten. Ein kurzer, durch eine weitere Verengung gekennzeichneter daran anschließender Abschnitt, der Cytoösophagus, endet blind in der Tiefe des Zelleibes. Er ist, ebenso wie der hintere Cytopharynxabschnitt, nur durch eine Elementarmembran gegen das Plasma abgegrenzt.

Der Cythopharynx trägt eine spezifische Bewimperung. Ein langgestrecktes, aus 2 mal 4 parallelen Cilienreihen aufgebautes Wimpernfeld, der Peniculus, beginnt im Bereich des Zellmundes an der rechten Pharynxwand, zieht, eine Viertelspirale durchlaufend nach hinten unten und endet ventral kurz vor dem Cytoösophagus. Ein weiteres, bandförmiges Wimpernfeld besteht aus 4 Reihen langer Cilien. Dieses Vierreihenorganell (es wurde früher Vierermembran genannt, weil man glaubte, die Cilien seien reihenweise zu Membranellen verklebt) zieht an der dorsalen Cytopharynxwand vom Mund bis zum Cytoösophagus. Die letzten Cilien vermögen in den Cytoösophagus hineinzuschlagen. Auch die Wimpern des Peniculus sind nicht zu Membranellen vereinigt. Wenn beide Cilienreihenorganelle durch die Art ihrer Schlagweise trotzdem diesen Eindruck erwecken, so liegt das vielleicht daran, daß (nur elektronenmikroskopisch nachweisbare) seitliche Fortsätze der Cilien diese zwar nicht morphologisch aber (schlag-) funktionell miteinander verbinden. Die übrigen Wandteile des Cytopharynx sind unbewimpert.

In rippenartigen Erhebungen der tieferen, nur aus einer Elementarmembran bestehenden Pellicula der Cytopharynxwand inserieren etwa 12 Schlundfasern. Sie ziehen dicht unter der Oberfläche nach hinten über den Cytoösophagus hinaus ins Plasma, wo sie schließlich enden.

Das Pantoffeltierchen gehört nach der Art seiner Nahrungsaufnahme zu den Strudlern: Durch den Schlag der Cilien des Peristoms werden die Nahrungspartikel zum Mund gestrudelt. Im Cytopharynx übernehmen die Cilien des Peniculus und des Vierreihenorganells («Vierermembran») ihre Weiterbeförderung. Von ihnen werden sie in den Ösophagus gestrudelt, dessen Lumen mit zunehmender Füllung und außerdem durch den von den Cilien erzeugten hydrostatischen Druck breiter wird und dessen Boden sich mehr und mehr in den Körper hinein vorwölbt, so daß schließlich eine etwa eiförmige Blase – die Empfangsvakuole – am eigentlichen und nun wieder verengten Cytoösophagus hängt. Die Entstehung der Empfangsvakuole an dieser Stelle wird ermöglicht einerseits durch ein verfestigendes Fibrillennetz der Cytopharynxwand und andrerseits durch die Elastizität der anschließenden Pellicula. Da dieser Abschnitt, der Cytoösophagus, aber auch nach Ablösung der Empfangsvakuole erhalten bleibt, muß notwendigerweise mit zunehmendem Wachstum der Vakuole Wandmaterial (wahrscheinlich durch Intussuszeption) gebildet werden. Schließlich hängt die Vakuole nur mehr an einem kurzen Verbindungsstück am «Ösophagus». Eine Einfaltung an dieser Stelle und Kontraktionen der basalen Teile der Schlundfasern führen endlich zum Ablösen der Empfangsvakuole, die, nun als kugelrunde und von einer einfachen Elementarmembran umhüllte Nahrungsvakuole (Gastriole) ihren Weg im Plasma beginnt, während am Cytoösophagus eine neue Empfangsvakuole entsteht.

Die Bildung der Gastriolen läßt sich gut beobachten, wenn man einem frischen Tropfen mit Paramecien etwas Karmin (Wasserfarbe) oder chinesische Tusche beimischt und nach etwa einer halben Minute das Deckglas auflegt. Sehr informativ ist die Fütterung der Pantoffeltierchen mit Hefezellen, die mit einem Indikatorfarbstoff gefärbt sind.

Wir geben zu 15 g Bäckerhefe 30 mg Neutralrot und 30 ml destilliertes Wasser, rühren gut durch und kochen etwa 15 Minuten lang. Von der erkalteten Suspension mischen wir eine winzige Menge – soviel wie an einer in die Hefeaufschwemmung getauchten Präpariernadel hängen bleibt – einer Objektträgerkultur zu. Neutralrot ist im saueren Bereich bis zum pH 6,8 rot, im neutralen und basischen goldgelb. Die Hefesuspension wird fast immer schwach sauer und somit rot angefärbt sein, während (vor allem ältere) Paramecienkulturen meist leicht basisch reagieren. Die erst roten Hefezellen werden also nach Zugabe zum Kulturtropfen eine blaßgelbe Färbung aufweisen.

Wir sehen, daß die Paramecien die Hefezellen nach Art von Nahrungspartikeln – als solche kommen in erster Linie Baktieren in Frage – einstrudeln. Es wird nicht wahllos eingestrudelt. Auf noch unbekannte Weise werden, offenbar im Vestibulumbereich, die Futterstoffe chemisch überprüft. Nach kurzer Zeit werden wir in unserem Präparat zahlreiche Tiere, deren Gastriolen gefärbte Hefezellen enthalten, antreffen, und können die allmähliche Bildung einer Vakuole, ihre Ablösung und Formveränderung deutlich verfolgen. Die abgelöste Nahrungsvakuole wird in einer regelmäßigen Bahn durch den ganzen Körper geführt (Zyklose der Nahrungsvakuolen). Währenddessen laufen Verdauungsvorgänge in ihr ab. Sie sind von einem Wechsel der Azidität des Vakuoleninhaltes begleitet. An der Färbung der Hefezellen erkennen wir, daß der pH-Wert des Gastrioleninhaltes nach der Abschnürung für kurze Zeit dem des aufgenommenen Mediums entspricht. Er wird dann aber immer sauer (deutliche Rotfärbung der Hefe) und erreicht einen pH von 4 bis maximal 1,4! Gleichzeitig nimmt das Volumen der Gastriole ab. Später wird ihr Inhalt neutral bis leicht basisch und somit die Hefezellen erneut blaßgelb. – Die unverdaulichen Reste der Nahrung werden schließlich am Zellafter (Cytopyge) nach außen entleert.

Statt Neutralrot kann man auch Kongorot zur Anfärbung der Hefe verwenden. Kongorothefezellen sind im neutralen oder schwach alkalischen Kulturmedium kräftig rot. Sie lassen die Entstehung der Nahrungsvakuolen daher weit besser verfolgen als die anfangs blaßgelben Neutralrothefezellen. Da ihre Färbung jedoch erst bei pH 3 deutlich in blau umschlägt, ist der Wechsel der H-Ionenkonzentration nicht immer nachzuweisen, vor allem dann nicht, wenn das Kulturmedium alkalisch oder neutral reagierte.

Ganz vorzüglich in ihrer Tätigkeit zu beobachten sind bei *Paramecium* die beiden kontraktilen Vakuolen, von denen wir die eine im vorderen, die andere im hinteren Drittel des Körpers dicht unter der dorsalen Oberfläche liegen sehen. Sie ziehen sich in regelmäßigen Abständen zusammen (Systole) und spritzen ihren Inhalt durch eine Öffnung der Pellicula, den Exkretionsporus, nach außen. Damit verschwinden sie für das Auge, werden aber bald wieder sichtbar, schwelllen allmählich an (Diastole), um sich schließlich in einer neuen Systole zu entleeren. Wir zählen etwa 3–10 «Pulsschläge» pro Minute. Die Pulsfrequenz ist von der Temperatur und der mit der Nahrung aufgenommenen Wassermenge abhängig. Um die Vakuolen herum sehen wir Zuführungskanäle in sternförmiger Anordnung; sie werden vom osmore-

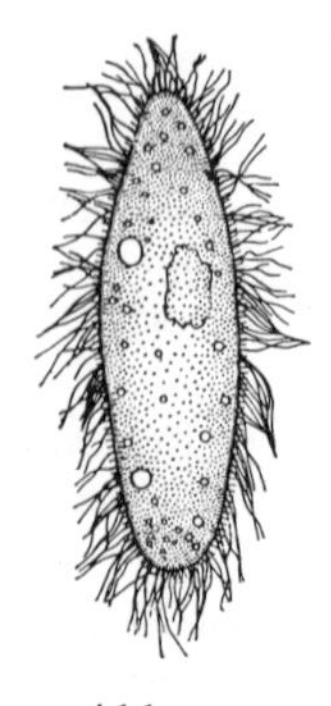

Abb. 24: *Paramecium* mit ausgeschleuderten Trichocysten. (Nach JENNINGS aus GRELL)

gulatorisch tätigen Nephridialplasma umhüllt und stellen den wesentlichsten Teil des ganzen Apparates dar, während die Vakuole selbst nur eine Art von Sammelblase ist. Die allmähliche Füllung und Leerung der Kanäle läßt sich bei starker Vergrößerung gut beobachten. Kurz vor und während der Systole schließen sich die zuführenden Kanäle gegen die Sammelblase ab. – Man zeichne die Vakuole und ihre Zuführungskanäle in den einzelnen Stadien ihrer Tätigkeit. Das Ausstoßen des Wassers wird besser erkennbar, wenn wir dem Präparat etwas chinesische Tusche zusetzen.

Um jetzt auch die (im Leben kaum sichtbaren) Kerne hervortreten zu lassen, wird auf einen neuen Objektträger neben einen Tropfen mit Paramecien-Wasser ein Tropfen von 2%igem Formol gegeben, beide verbunden und darauf ein kleiner Tropfen 4%ige Methylgrünlösung zugesetzt. Dann Deckglas mit Wachsfüßchen. – Natürlich können zur Beobachtung des Kerns auch fertige, mit Boraxkarmin gefärbte Caedaxpräparate gegeben werden.

Die Kerne der durch das Formol getöteten und fixierten Tiere haben eine tiefblaue Färbung angenommen. *Paramecium caudatum* hat, wie die meisten Ciliaten, zwei physiologisch ungleichwertige Kerne, den vegetativen Makronucleus und den generativen Mikronucleus. Der Makronucleus ist etwa bohnenförmig gestaltet, der sehr viel kleinere Mikronucleus schmiegt sich ihm in einer kleinen Vertiefung an.

Infolge des starken chemischen Reizes ist bei diesen Tieren auch die Mehrzahl der Trichocysten zur Ausschleuderung gekommen. Wir sehen sie als lange Fäden das ganze Tier wie ein Stachelkleid umgeben. Besser sichtbar zu machen sind sie, wenn wir unserer Kultur vom Deckglasrand her einen kleinen Tropfen Tinte zufügen. (Abb. 24).

2. *Vorticella*, Glockentierchen

Von dem weißlichen Überzeug alter, ins Wasser hängender Zweige, Wurzeln usw. (vgl. S. 10), den man aus Vorticellen bestehend erkannt hat, wird etwas abgeschabt und mit einem Tropfen Wasser auf den Objektträger gebracht.

Vorticella hat die Gestalt eines Glöckchens, dessen Öffnung durch eine Art Deckel, die Peristomscheibe (Wimperscheibe), fast völlig geschlossen ist (Abb. 25) und das mit seinem entgegengesetzten Ende einem langen Stiel aufsitzt, mit dem sich das Tier festheftet. Die Gattung gehört zu den peritrichen Ciliaten, die durch eine adorale Wimperspirale charakterisiert sind. Die aus drei Wimperstreifen bestehende, in der Aufsicht linksgewundene Spirale zieht zunächst am Rand der Wimperscheibe entlang, geht dann auf den Rand des Bechers selbst über und endet nach insgesamt etwas mehr als einer Spiraltour im trichterförmigen Vestibulum. Der äußere, saumartig vorspringende Wimperstreifen besteht aus einer einzigen Reihe schräg bis horizontal liegender Cilien, die zu einer Membran verbunden sind. Die beiden inneren Wimperstreifen setzen sich aus zwei Reihen freier, vertikalstehender Cilien zusammen. Wir haben es hier mit einem Strudelapparat zu tun, der einen die Nahrungspartikel zum Zellmund hinabreißenden Wasserwirbel erzeugt.

Das Cytostom ist auch bei *Vorticella* durch Ausbildung eines Vorraumes, Vestibulum, in die Tiefe versenkt worden. Die an der Vestibulumwand inserierenden Cilien sind zu einer undulierenden Membran zusammengeschlossen, deren lebhaftes Schlagen wir deutlich erkennen. Die Bildung und Ablösung der Nahrungsvakuolen ist auch bei *Vorticella*, besonders nach Karminzusatz, sehr gut zu beobachten. – Die kontraktile Vakuole ergießt ihren Inhalt durch Vermittlung eines, oft auch als Reservoir beschriebenen Ausführungsganges in das Vestibulum, gegen das sich auch der Zellafter öffnet.

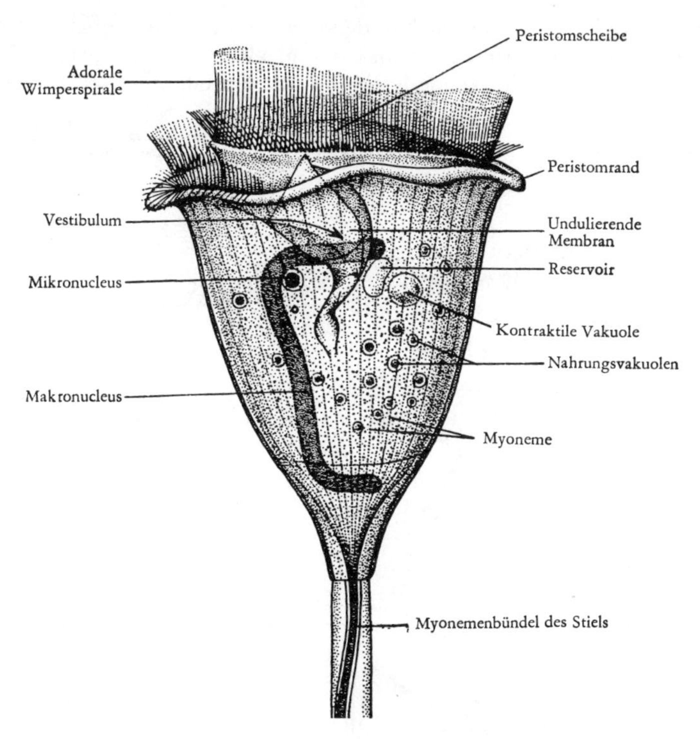

Abb. 25: *Vorticella nebulifera*. 900×. (Nach Bütschli aus Grell)

Bei jeder Erschütterung oder einem stärkeren Berührungsreiz sehen wir die Vorticellen energisch zurückschnellen, wobei sich der Stiel korkzieherartig aufrollt, die Peristomscheibe sich deckelartig schließt und der Peristomrand sich über der Wimperscheibe sphinkterartig zusammenzieht, so daß der Körper kugelförmig wird. Nach kurzer Zeit streckt sich der Stiel wieder gerade aus, das Glöckchen öffnet sich, und die Wimperspirale beginnt von neuem ihre Tätigkeit. Diese schnellen Bewegungen werden dem Tier durch zahlreiche kontraktile Fibrillen (Myoneme) ermöglicht, die vom Stiel her in die Wandung des Glöckchens aufwärtsstrahlen und teilweise auch auf die Peristomscheibe übergreifen, während andere den Peristomrand ringförmig durchziehen. Im Stiel vereinigen sich die Myoneme zu einem Bündel. Es verläuft – in eine protoplasmatische Grundsubstanz eingebettet und von einer röhrenförmigen Fortsetzung der Pellicula umhüllt – axial bis zur Basis des Stieles. Dieser axiale Strang ist umgeben von einem peripheren, flüssigkeitserfüllten Mantel, der von achsenparallel angeordneten elastischen Fibrillen durchzogen wird. Sie sind die Gegenspieler der Stielmyoneme.

Der große, wurstförmige Makronucleus ist bisweilen schon im Leben gut zu erkennen. Ihm liegt ein sehr kleiner Mikronucleus an. Durch Zusetzen von Jodlösung kann man die Kerne besser hervortreten lassen.

3. *Stentor*, Trompetentierchen und *Stylonychia*

Außer den beschriebenen werden sich in den meisten Präparaten noch eine ganze Anzahl anderer Infusorien vorfinden. Eines der größten und schönsten, *Stentor*, hat, wenn es sich mit seinem Hinterende festheftet, die Gestalt eines schlanken Trichters

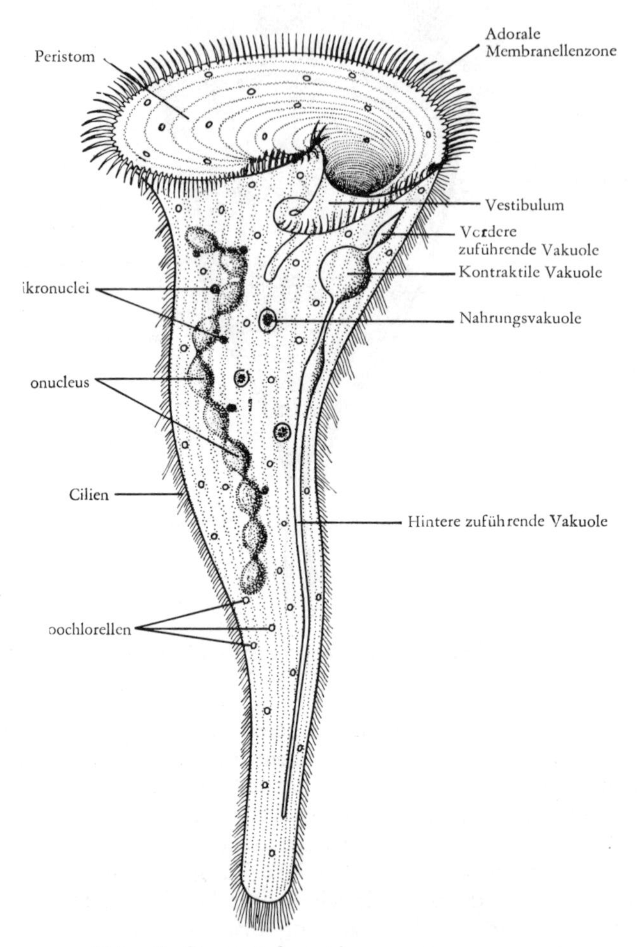

Abb. 26: *Stentor polymorphus*. 200×.

oder auch einer Trompete, wie der deutsche Name «Trompetentierchen» anzeigt. Das Tier kann sich aber auch von dem Substrat ablösen und frei herumschwimmen, wobei es eine mehr abgerundete, etwa ovale Körperform annimmt.

Die Gattung *Stentor* gehört zur Ordnung Spirotricha, die durch eine adorale Membranellenzone gekennzeichnet ist. Die sie zusammensetzenden Membranellen sind schlanke, dreieckige, durch Verschmelzung von Einzelcilien entstandene Plättchen, die in einer von links nach rechts, also im Uhrzeigersinn verlaufenden Spirale zum Cytostom führen. Die adorale Membranellenzone dient einerseits zum Einstrudeln der Nahrung, andrerseits als Bewegungsorganell. Außer ihr findet sich noch eine feine, in Längsreihen angeordnete Bewimperung, und zwar am ganzen Körper, was die Unterordnung Heterotricha, zu der *Stentor* gehört, von den beiden anderen Unterordnungen Oligotricha und Hypotricha unterscheidet. Längere, zu Gruppen vereinigte Cilien dienen wahrscheinlich als Tastorganelle.

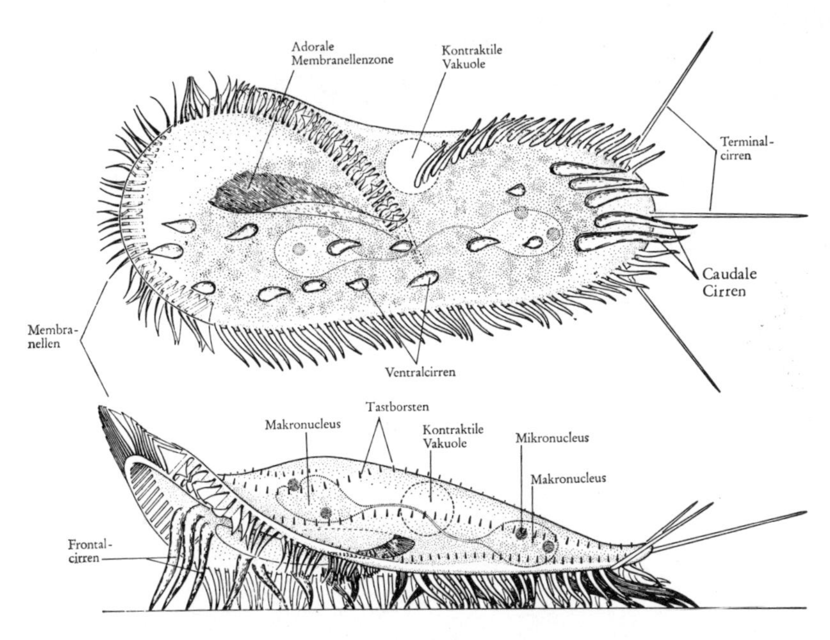

Abb. 27: *Stylonychia mytilus*. Oben Ventralansicht, unten von der Seite. 400×. (Nach Machemer aus Grell)

Für schnelle Veränderungen der Körperform verfügt *Stentor* über ein reiches System von kontraktilen Fibrillen (Myonemen). Die kontraktile Vakuole ist mit zwei Zuführungsvakuolen ausgestattet, einer vorderen, kürzeren und einer sehr langen hinteren, die sich bis zum Körperende erstreckt.

Der Makronucleus, der bei der abgebildeten Art *Stentor polymorphus* (Abb. 26) wie eine Perlschnur aussieht, ist oft schon beim lebenden Tier erkennbar. Ihm sind mehrere rundliche Mikronuclei angelagert.

Stentor polymorphus ist meist durch Zoochlorellen (symbiontische Algen der Gattung *Chlorella*) grün gefärbt, während eine andere, gleichfalls häufige Art, *Stentor coeruleus*, ihre blaugrüne Farbe der Anwesenheit von Pigmentkörnchen verdankt, die in längsverlaufenden Streifen im Corticalplasma liegen. In den unpigmentierten, hellen «Zwischenstreifen» entspringen die Cilien, im Corticalplasma darunter verlaufen die kontraktilen (Längs-)Fibrillen. Die unpigmentierten *Stentor*-Arten weisen die gleichen Baueigentümlichkeiten auf, nur sind bei ihnen die Körnchen pigmentfrei und die Streifen daher weniger deutlich.

Auch die Unterordnung Hypotricha pflegt in unseren Infusionen durch die eine oder andere Gattung, besonders durch *Stylonychia* und *Oxytricha*, vertreten zu sein. Bei den Angehörigen dieser Unterordnung ist der Körper abgeflacht, so daß wir eine stärker gewölbte, einige feine Tastcilien tragende Rückenfläche von einer abgeflachten, mit Cirren besetzten Bauchfläche unterscheiden können. Die Cirren sind kräftige, durch Verkleben mehrerer Cilien entstandene Bewegungsorganelle, die diese Ciliaten nicht nur zu schnellem Lauf, sondern auch zu plötzlichen, weiten Sprüngen befähigen. Daneben ist natürlich, wie bei allen Spirotricha, eine adorale Membranellenzone vorhanden, während im übrigen die Bewimperung stark oder völlig rückgebildet ist (Abb. 27).

II. Unterreich: Metazoa, Vielzellige Tiere

Porifera, Schwämme

A. Allgemeine Übersicht

Die Schwämme bilden eine eigene, von den anderen Metazoen («*Mesozoa*» und «*Eumetazoa*») scharf gesonderte, und ihnen daher als «*Parazoa*» gegenübergestellte Abteilung mit nur einem Stamm (Porifera). Sie sind festgewachsen, durch Stockbildung sehr verschieden gestaltet und nur während des Larvenstadiums freibeweglich. Eine Familie kommt im Süßwasser vor, die überwiegende Mehrzahl der Schwämme ist marin.

Die ursprüngliche Grundform des Schwammkörpers ist ein einfacher Schlauch oder Becher (Abb. 29), dessen Hauptöffnung, das Osculum, als Austrittsöffnung für den den Schwammkörper ständig durchfließenden Wasserstrom dient. Die Körperwand ist von zahlreichen, verschließbaren, kleinen Poren durchsetzt, durch die das Wasser und mit ihm die Nahrung (Einzellige Organismen, Detritus usw.) in das Innere einströmen kann.

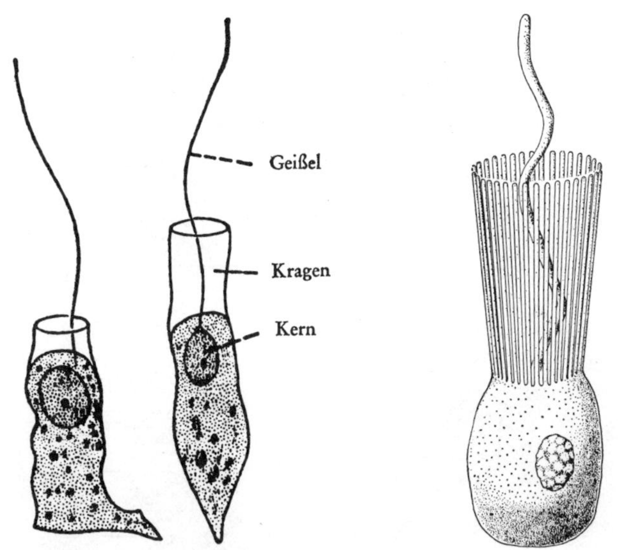

Abb. 28: links: Zwei isolierte Kragengeißelzellen von *Sycon ciliatum*. 700×. (Nach Vosmaer und Pekelharing). Rechts: Rekonstruktion des Feinbaus einer Kragengeißelzelle nach elektronenmikroskopischen Aufnahmen. (Aus Brandenburg)

Die Wandung des Schwammkörpers ist aus zwei Schichten aufgebaut. Das innere Hohlraumsystem ist ganz oder streckenweise mit an Choanoflagellaten erinnernden Zellen, den sogenannten Kragengeißelzellen, besetzt (Abb. 28). Sie sind epithelartig angeordnet. An ihrem dem Hohlraum zugewandten Zellpol erhebt sich ein röhrenförmiger, oben offener Kragen, in dessen Lumen eine Geißel schwingt. Wie das Elektronenmikroskop zeigt, besteht die Kragenwand aus etwa 35 pallisadenartig angeordneten Fibrillen (vermutlich feinste, stabförmige Pseudopodien), die durch eine große Zahl von Quersprossen (Mikrofibrillen) miteinander verbunden sind. Die Kragenwand stellt also eine Art Reuse dar. Wir werden einem ähnlichen Zelltyp später begegnen (S. 118). Die Gesamtheit der Kragengeißelzellen wird als Gastrallager bezeichnet. Es wird von dem bei weitem die Hauptmasse des Körpers ausmachenden Dermallager umkleidet (Abb. 29).

Das Dermallager besteht aus mesenchymartig zusammengeschlossenen Zellen, die an der Oberfläche des Tierkörpers zu einem Epithel angeordnet sein können. Alle Zellarten – auch die des Gastrallagers – sind amöboid beweglich.

Das Deckephitel wird von flachen, polyedrisch aneinanderschließenden Zellen, den

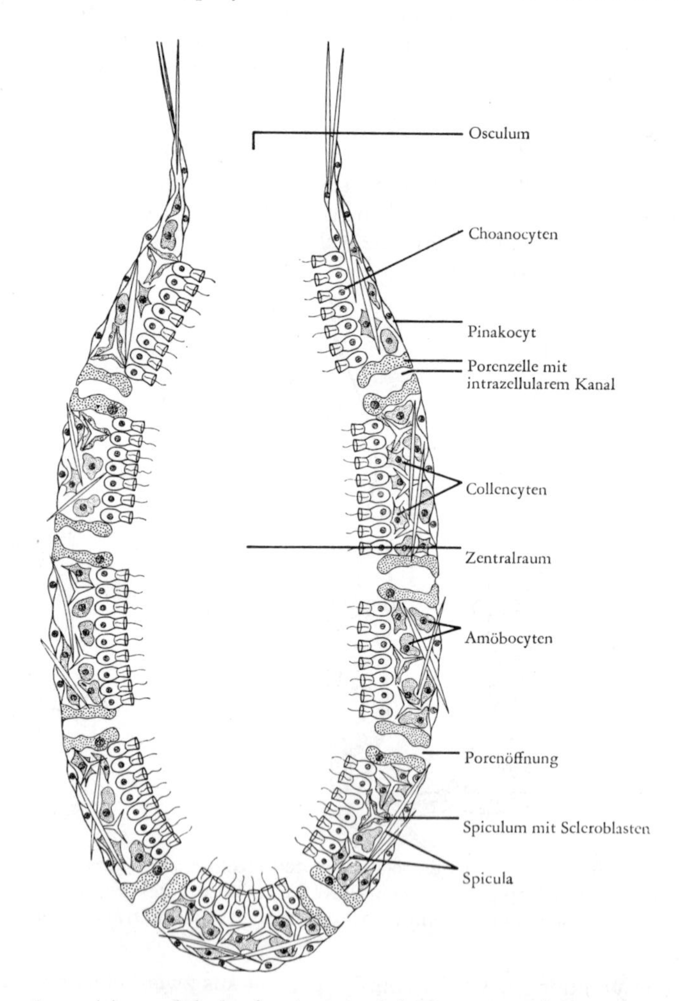

Abb. 29: Leicht schematisierter Schnitt durch einen Schwamm vom Ascontyp. (Nach HYMAN, verändert)

Pinakocyten aufgebaut. Die übrigen in der Tiefe gelegenen und in eine gelatinöse Interzellularsubstanz eingebetteten Zellen haben recht verschiedene Funktion und dementsprechend verschiedenen Bau. Sternförmige und mit langen Plasmafortsätzen einander berührende Zellen, die Collencyten, bilden ein dreidimensionales Ge-

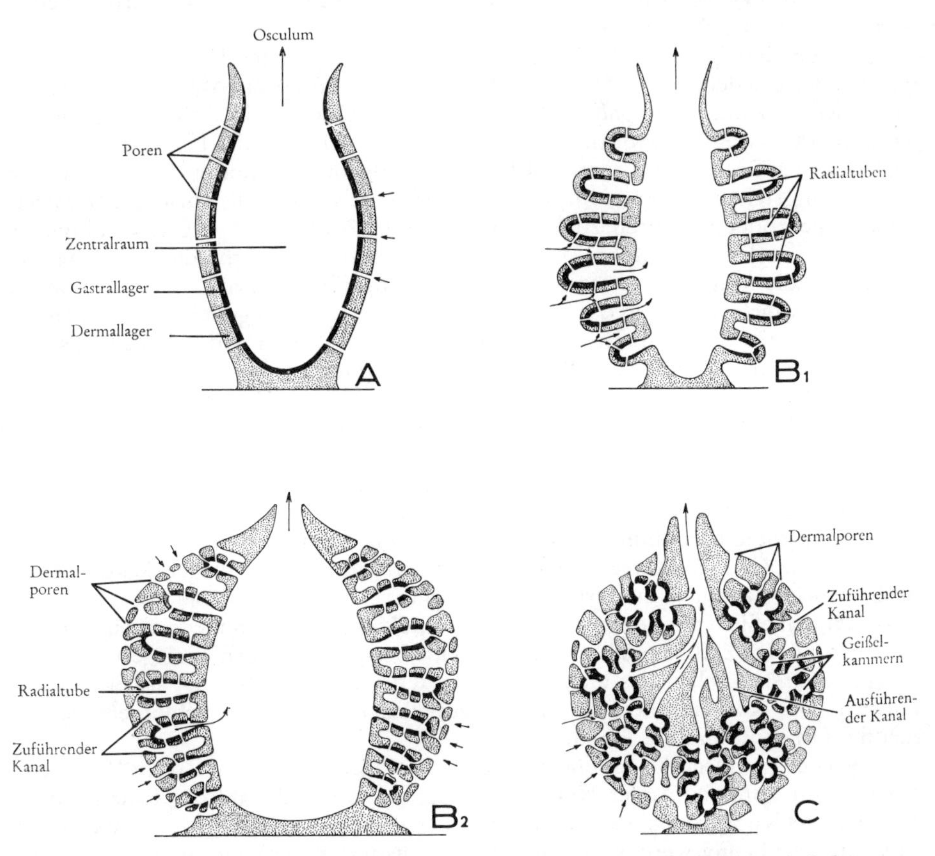

Abb. 30: Schematischer Längsschnitt durch Schwämme vom A Ascontyp, B Sycontyp, C Leucontyp. Dermallager punktiert, Choanocyten (Gastrallager) schwarz. Die Pfeile geben die Richtung des Wasserstroms an. (Nach HYMAN, verändert)

rüst. Die eigentliche stützende Substanz jedoch wird von den Skelettbildnern, den Scleroblasten, in ihrem Innern – meist in Form von Nadeln (Spicula) – entwickelt. Von den übrigen Zellen des Dermallagers sind die Archaeocyten hervorzuheben. Sie können nach Art embryonaler Zellen alle anderen Zellformen aus sich hervorgehen lassen. Durch besondere Beweglichkeit fallen die der Phagocytose und Verdauung dienenden Amöbocyten auf, während die spindelförmigen Myocyten wie Muskelfasern kontraktil sind. Sie umgeben sphinkterartig die Oscula und regulieren deren Weite. Die den Wasserstrom erzeugenden Kragengeißelzellen, die Choanocyten, wurden bereits erwähnt. Die Geschlechtszellen – sie gehen fast immer aus Archaeocyten hervor und sind bei den Poriferen niemals zu Gonaden vereint – liegen einzeln im Dermallager. Nerven- und Sinneszellen fehlen.

Die Spicula bestehen aus kohlensaurem Kalk (Kalkschwämme) oder aus Kieselsäure (Kieselschwämme). Am Aufbau des Skeletts ist außerdem häufig eine organische, aus Proteinen bestehende Substanz, das Spongin (s. S. 70), beteiligt. Die Spicula können rückgebildet sein, und dann fehlt ein Skelett entweder völlig («Fleischschwämme») oder es bleibt von ihm nur ein Netzwerk von Sponginfasern bestehen (Hornschwämme).

Das innere Hohlraumsystem ist sehr verschieden ausgestaltet. Es werden drei Bautypen unterschieden. Im einfachsten Fall, beim Ascontypus (Abb. 30 A), ist es ein einheitlicher Raum, der in ganzer Ausdehnung von Kragengeißelzellen ausgekleidet wird. Bei der zweiten Bauform, dem Sycontypus, zieht sich das Lager der Kragengeißelzellen auf radial zum zentralen Hohlraum angeordnete und mit ihm in offener Verbindung stehende Kammern, die Radialtuben, zurück, die entweder frei nach außen ragen oder mit ihren Außenwänden, unter Aussparung enger, zuführender Kanäle, verwachsen sind (Abb. 30 B_1 und B_2). Die dritte Bauform, die des Leucontypus, ist die komplizierteste, indem die Kragengeißelzellen auf bestimmte, meist kleine und kugelförmige, in das mächtig entwickelte Dermallager eingebettete Hohlräume, die Geißelkammern, beschränkt sind. Ein zuführendes Kanalsystem läßt das von den Poren der Oberfläche (Dermalporen) aufgenommene Wasser zu den Geißelkammern strömen, von wo es durch ein ausführendes Kanalsystem in den Zentralraum und von dort durch das Osculum nach außen geleitet wird (Abb. 30 C).

Die Schwämme sind zum Teil zwittrig, zum Teil getrenntgeschlechtlich. Die amöboiden Eier phagocytieren andere Zellen und nehmen dadurch sehr an Größe zu. Besamung, (totale) Furchung und Entwicklung bis mindestens zur Blastula, die bei den einzelnen Gruppen verschieden gebaut ist, erfolgt im Dermallager. Dann verläßt die begeißelte Larve den mütterlichen Schwamm, schwimmt 1–2 Tage frei umher und setzt sich schließlich mit dem vorderen Körperpol fest. Danach findet eine eigenartige Umlagerung des Zellmaterials statt: Die geißelbewehrten Zellen verlagern sich ins Innere, während Zellen des ursprünglich hinteren Körperpols, oder – bei anderen Formen – des Körperbinnenraumes das Dermallager bilden. Zum Schluß entwickeln sich das Osculum und die Poren.

Neben der geschlechtlichen findet sich allgemein ungeschlechtliche Vermehrung durch Sprossung oder Knospenbildung, In der Mehrzahl der Fälle sondern sich dann die Knospen nicht vom Mutterkörper ab, so daß ein kolonialer Verband entsteht. Sehr häufig werden im Laufe des Wachstums neue Zentralräume und neue Oscula gebildet. Dabei kommt es höchstens zu einer Verzweigung, jedoch nicht zu einer Abtrennung der neu entstandenen Teile. Man betrachtet derartige Schwammgebilde heute als Individuen und nicht als Tierstöcke.

Bei gewissen Schwämmen, besonders den Spongilliden des Süßwassers, schließen sich zu einer bestimmten Jahreszeit, z.B. im Herbst, eine Anzahl von Archaeocyten zu kugeligen Gebilden zusammen, den Gemmulae, die durch eine feste Hülle geschützt werden. Im Winter zerfällt der ganze Schwamm mit Ausnahme der Gemmulae, die im nächsten Frühjahr einen neuen Schwammkörper aufzubauen imstande sind. Die Gemmulae stellen somit zunächst eine der Encystierung der Protozoen vergleichbare Schutzmaßnahme gegenüber ungünstigen Umweltbedingungen dar; da andrerseits der einzelne Schwamm eine große Zahl von Gemmulae hervorbringt, von denen jede ein neues Schwämmchen entstehen lassen kann, stellt die Gemmulation auch eine weitere Form der Vermehrung dar.

B. Spezieller Teil

1. *Sycon raphanus*

Es werden sowohl konservierte, ganze Exemplare dieses Kalkschwammes (Ordnung: Calcarea) zur Betrachtung herumgegeben, wie auch fertige mikroskopische Präparate verteilt, Längs- und Querschnitte von teils entkalkten, teils nicht entkalkten Stücken.

Die äußere Betrachtung ergibt, daß dieser Schwamm eine langgezogene Becherform besitzt, die nahezu schlauchförmig werden kann. Die meist ziemlich weite Öffnung am freien Ende ist das Osculum, aus dem beim lebenden Schwamm das Wasser ausströmt. Umgeben ist es von einem Kranz sehr langer, dünner, einstrahliger Kalknadeln, die langsam bewegt werden können. Die Oberfläche ist mit zahlreichen Papillen besetzt, die aber bei äußerlicher Betrachtung kaum hervortreten, da sich zwischen den aus jeder Papille heraustretenden Büscheln von Kalknadeln zahlreiche Fremdkörper ansammeln.

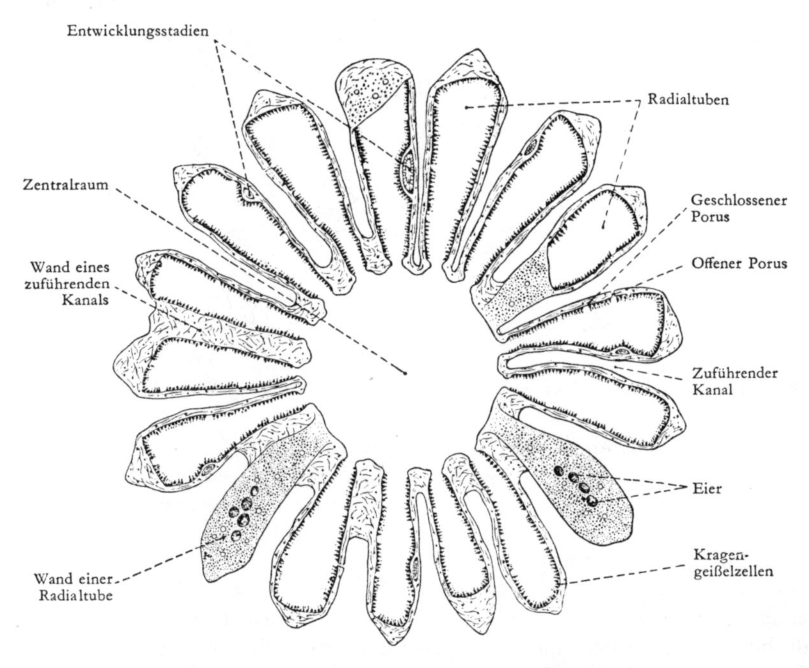

Abb. 31: Querschnitt durch einen entkalkten *Sycon raphanus*. 40×

Auf einem Querschnitt durch einen entkalkten Schwamm, den wir mit schwacher Vergrößerung betrachten, sieht man in der Mitte den kreisrunden Zentralraum, von dem eine Anzahl kleinerer, langgestreckter Hohlräume, die Radialtuben, ausstrahlt. Sie sind mit ihren zentralen Teilen untereinander verwachsen, während sie peripher frei vorragen und so die erwähnten Papillen der Außenfläche hervorrufen. Die Mündungen der Radialtuben in den Zentralraum sind nicht immer zu sehen, da sie ziemlich eng sind, und die Schnitte zudem meist etwas schräg durch die Radialtuben gehen. Dadurch erklärt es sich auch, daß auf der Abbildung (Abb. 31) nicht alle Radialtuben in ihrer vollen Längsausdehnung getroffen sind. Zwischen den Radialtuben bleiben ziemlich breite zuführende Kanäle ausgespart, die das Wasser von außen aufnehmen und den Radialtuben durch feine intrazellulare Poren zuführen, die wir aber in unseren Präparaten meist geschlossen antreffen.

Längsschnitte durch den Schwamm lassen, besonders wenn sie durch die Mitte geführt sind, seine kelchförmige Gestalt deutlich erkennen. Die Radialtuben im unteren Teil eines derartigen Präparats erscheinen infolge ihrer schrägen Lage und gegenseitiger Abplattung meist als sechseckige Felder. Tangentiale Schnitte durch die Wand zeigen sehr schön die Anordnung der (quergetroffenen) Radialtuben und der zuführenden Kanäle in regelmäßig alternierenden Reihen.

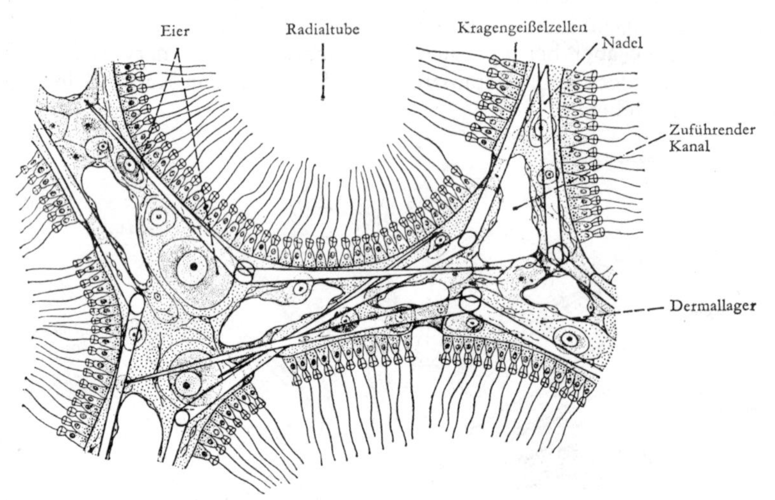

Abb. 32: Querschnitt durch vier Radialtuben von *Sycon raphanus*. (Nach SCHULZE)

Stärkere Vergrößerung der Präparate (Abb. 32) läßt bisweilen erkennen, daß die Radialtuben von Kragengeißelzellen ausgekleidet sind, deren Geißel zwar meist verlorengegangen ist, aber die einen deutlich sichtbaren, randständigen Kragen von etwa der halben Höhe der Zelle besitzen. Zwischen den Radialtuben finden sich in der Interzellularsubstanz amöboid bewegliche Geschlechtszellen. Sie sind bei den vorwiegend weiblichen Tieren oft bereits befruchtet, so daß sie als Furchungsstadien erscheinen. Später würden sie als zur Hälfte bewimperte Larven die Wandung der Radialtuben durchbrechen und durch das Osculum nach außen gelangen.

Auf nicht entkalkten Schnitten ist die Anordnung der Nadeln zu studieren. Einstrahler finden sich als Kranz sehr feiner, dichtgedrängter und langer Nadeln um das Osculum herum. Etwas kürzer aber kräftiger sind die zum Teil aus der Körperwand nach außen vorragenden Einstrahler. Zwischen den Radialtuben liegen vorwiegend Dreistrahler, während die zentral gelegenen Vierstrahler mit einem Strahl in den Zentralraum hineinragen.

2. *Oscarella lobularis*

Querschnitte durch diesen krustenförmig dem Untergrund aufsitzenden Schwamm vom Leucontyp, der zu den Kieselschwämmen gehört, aber sekundär alle Skelettelemente verloren hat, zeigen bei schwacher Vergrößerung eine nach außen in großen Falten vorspringende Leibesmasse, die sich in zwei Teile sondert. Der äußere, in den Falten gelegene, enthält sehr zahlreiche Geißelkammern, der innere wird von weiten, netzförmig miteinander verbundenen Kanälen durchzogen, die in ihrer Gesamtheit

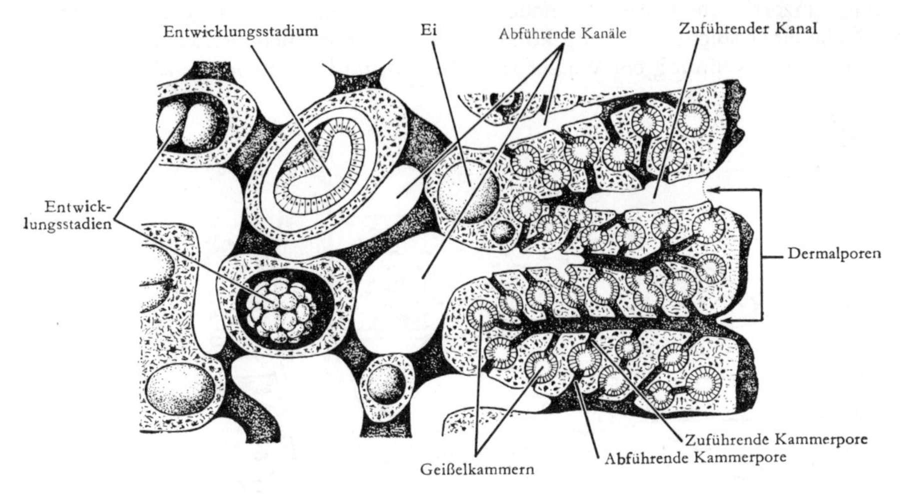

Abb. 33: Stück eines Schnittes durch *Oscarella lobularis*. (Nach SCHULZE, aus LANG)

dem zentralen Hohlraum einfacher gebauter Schwämme entsprechen. In jede Falte führt einer dieser größeren Kanäle hinein. Die Oberfläche, die mehrere Oscula und eine große Zahl kleinerer, interzellularer Poren (Dermalporen) aufweist, trägt ein Pflasterepithel, das mit Ausnahme der Geißelkammern auch alle inneren Räume auskleidet. Von den Dermalporen gehen die zuführenden Kanäle aus, die zu den Geißelkammern führen. Abführende Kanäle verbinden die Kammern entweder mit anderen Geißelkammern oder unmittelbar mit einem der Kanäle im Innern des Körpers, die ihrerseits zu einem der Oscula hinleiten. Die Form der Geißelkammern ist meist rundlich. In dem Maschenwerk, das die Kanäle des Innern umkleidet, liegen zahlreiche Geschlechtszellen. In manchen Präparaten findet man auch befruchtete Eizellen, Furchungsstadien und Larven verschiedener Altersstufen (Abb. 33).

3. *Spongilla lacustris*, Süßwasserschwamm

Spongilla lacustris ist ein Vertreter der Spongilliden, der einzigen Familie des Tierstammes, die im Süßwasser lebt. Wir finden diesen Kieselschwamm im Frühjahr und Sommer als grauen, gelblichen oder grünen, krustenförmigen Überzug an schwimmenden oder ins Wasser hineinragenden Holzteilen, an Steinen oder auch besonders häufig an abgestorbenen Schilfstengeln. Später wachsen die Krusten baumförmig zu oft ansehnlicher Größe aus.

Es werden zunächst kleine Stücke des lebenden Schwammes verteilt.

Zunächst beachte man an einem frischen Süßwasserschwamm den ganz eigentümlichen Geruch, der von ihm ausströmt – er erinnert an Schlamm, aber auch an Phosphor oder Jod – dann die Färbung, die bei den im Licht wachsenden Spongillen grün, bei den im Dunkeln lebenden grau oder gelblich ist. Die grüne Farbe rührt von symbiontischen einzelligen Algen her, vor allem Arten der Gattung *Pleuroccocus*.

Die Schwammoberfläche zeigt einige größere, röhrenförmig ausgezogene Öffnungen. Legen wir einen frischen Schwamm in eine Schale mit Wasser, dem wir ein wenig feinzerriebene Karminkörnchen zusetzen, so sehen wir, wie diese, sobald sie in die Nähe einer solchen Öffnung kommen, weit fortgeschleudert werden. Es kommt also aus dieser Öffnung ein Wasserstrom heraus, und wir haben es somit mit einem

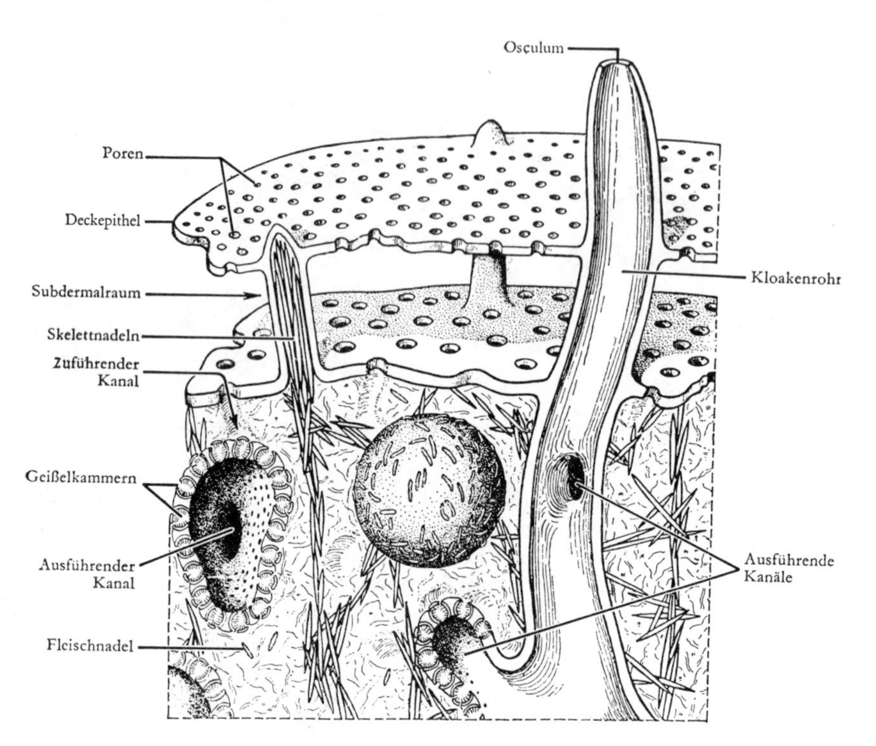

Abb. 34: Schematischer Schnitt durch ein oberflächlich gelegenes Stück des Süßwasserschwammes *Spongilla lacustris*. In der Mitte eine Gemmula. 40×. (Nach ARNDT)

Osculum zu tun. Über dem Osculum erhebt sich ein häutiges Oscularrohr, das deutlich wahrnehmbare Bewegungen ausführt – es ist mechanisch, thermisch und elektrisch reizbar – und dessen Form auch mit der Strömung wechselt.

Ferner weist die Schwammoberfläche viele sehr feine Löcher auf, in die das Wasser einströmt. Diese Poren setzen sich aber nicht direkt in die zu den Geißelkammern führenden Kanäle fort, sondern münden in weite Hohlräume ein, die unter der Oberfläche liegen und miteinander in Verbindung stehen: **Subdermalräume** (Abb. 34). Getragen wird die obere Haut durch von unten kommende Bündel von Kieselnadeln, die als stützende Stangen dienen und auf der Oberfläche als feine Spitzen hervortreten.

Im Sommer wird man fast regelmäßig auf der Oberfläche oder auch im Kanalsystem der Süßwasserschwämme sehr eigenartige, grün gefärbte, $^1/_2$–1 cm lange Insektenlarven herumkriechen sehen. Es handelt sich um die Larven von *Sisyra*, (Sisyridae, Schwammfliegen) einer Familie der Planipennia. Der Besitz von mehrgliedrigen Bauchfüßen an den ersten sieben Hinterleibssegmenten ist ein sehr altertümliches und kennzeichnendes Merkmal dieser Larven, deren grüne Farbe dadurch zustande kommt, daß sie Weichteile des Schwammkörpers einsaugen. – Übrigens sind die Schwämme noch für manche anderen Schmarotzer (Protozoen, Oligochäten) ein beliebtes Angriffsziel, was bei festsitzenden Tieren, die zudem aktiver Verteidigungsmittel entbehren, sehr verständlich ist. Dabei handelt es sich zum Teil nur um einen für den Schwamm unwesentlichen Raumparasitismus, oft aber auch um echte Parasiten. So wird man bisweilen in seinem Innern weite Kanäle antreffen, die von Köcherfliegenlarven ausgefressen wurden und nicht mit dem natürlichen Hohlraumsystem des Schwammes verwechselt werden dürfen.

Man öffne einen frischen Süßwasserschwamm vorsichtig mit einer feinen Schere.

Wir gewinnen so einen Einblick in den Subdermalraum.

Am Boden des Raumes befinden sich etwas größere Löcher, die zu den kleinen Geißelkammern führen. Aus ihnen tritt das Wasser, nachdem die feinen mit ihm einströmenden Nahrungspartikel von den Kragengeißelzellen abgefangen wurden, unmittelbar in die sehr weiten ausführenden Kanäle ein, die ihrerseits durch ein «Kloakenrohr» im Osculum münden. Daß wir an einem Schwamm mehrere, ja viele solcher Oscula finden, erklärt sich aus der Stockbildung des Schwammes durch Knospung.

Der feinere Bau des Weichkörpers ist schwieriger zu erkennen. Die Oberfläche ist mit dermalem Plattenepithel bedeckt, das auch Kanäle und Subdermalräume auskleidet. Es stellt eine Differenzierung des dermalen Lagers dar. Die tiefer liegenden Zellen des Dermallagers sind, wie sich durch vorsichtiges Zerzupfen eines kleinen Stückchens lebenden Schwammes feststellen läßt, amöboid beweglich. Einige von ihnen bilden sich zu Geschlechtszellen aus, andere werden zu skeletterzeugenden Scleroblasten.

Das Skelett bildet ein unregelmäßiges Gerüstwerk, dessen einzelne Bestandteile einfache, beiderseits spitz zulaufende Nadeln sind. Als Mörtel zur Verkittung der aus Kieselsäure bestehenden Nadeln dient ein Fasernetz aus Spongin. Bei manchen Arten finden sich neben den Gerüstnadeln (Megaskleriten) noch kleinere, verstreut liegende Fleischnadeln (Mikroskleriten).

Gute Skelettpräparate erhält man auf folgende Weise. Man lege ein Stück des frischen oder konservierten Schwammes in ein Glasschälchen und übergieße es mit Eau de Javelle (= wässerige Lösung von Kaliumhypochlorit); diese Flüssigkeit darf nicht zu lange aufbewahrt werden, da sich sonst ihre Wirkung vermindert. Nach einigen Minuten sind die Weichteile aufgelöst. Mit einem Pinsel wird nun etwas von dem weißlichen Rückstand auf den Objektträger gebracht und in Wasser untersucht. Glyzerin hellt zu sehr auf und ist daher nicht zu empfehlen.

Das so gewonnene Präparat läßt die Längs- und Querzüge der Kieselnadeln und die sie verbindende Kittsubstanz gut erkennen. Handelte es sich um im Herbst gesammelte Exemplare, so wird man gleichzeitig zahlreiche bis senfkorngroße, kugelige Gebilde, die Gemmulae, finden. Sie sind Anhäufungen embryonal gebliebener Zellen (Archaeocyten), die von einer doppelten Sponginhülle umschlossen werden. Die beiden Sponginschichten, zwischen denen ein Luftraum liegt, werden meist von besonderen kleinen Kieselgebilden, den Amphidisken, gestützt. Die Körper der meisten einheimischen Süßwasserschwämme gehen im Winter zugrunde, während sich aus den Gemmulae im Frühling ein neuer Schwamm aufbaut, indem die Archaeocyten aus einer oder mehreren vorgebildeten Öffnungen der Hülle auskriechen. Die Form der Gemmulae ist bei den verschiedenen Arten verschieden, so daß sie zur Artbestimmung benutzt werden kann.

4. Spicula-Präparate anderer Kieselschwämme

Zur Demonstration der großen Verschiedenheit der Skelettgebilde werden verschiedene Kieselschwämme entweder als Alkoholmaterial oder in fertigen Präparaten gegeben.

Die Untersuchung des Alkoholmaterials geschieht am einfachsten, indem mit einer Schere kleine Stückchen vom Schwamm abgetrennt und in einem Uhrschälchen mit Eau de Javelle in der oben angegebenen Weise behandelt werden (S. 69). Will der Praktikant sich ein Dauerpräparat machen, so ist bereits im Uhrschälchen mit destilliertem Wasser, das einmal gewechselt werden muß, auszuwaschen; dann wird das Wasser vorsichtig abgegossen und durch absoluten Alkohol ersetzt. Der Rückstand wird auf dem Objektträger mit einem Tropfen Nelkenöl bedeckt, der dann mit Filtrierpapier abgesaugt und durch Caedax ersetzt wird.

Die Wahl des Materials richtet sich natürlich nach den Vorräten jedes Institutes. Am empfehlenswertesten ist zunächst ein Rindenschwamm (*Geodia* oder eine verwandte Gattung). Der Schnitt mit der Schere muß auch die Rinde mitnehmen, an der dann die in mehreren Lagen auftretenden Kieselkugeln zu demonstrieren sind. Als Vertreter der Hexactinelliden sind *Euplectella* und *Hyalonema* geeignet.

Reicht die Zeit nicht aus, so sind fertige mikroskopische Präparate der Skeletteile dieser und anderer Kieselschwämme zu geben.

Die Nadeln oder Spicula der Schwämme sind äußerst formverschieden. Da sie immer artspezifisch sind, sind sie für die Beschreibung und Bestimmung eines Schwammes von Wichtigkeit. Wie unsere Präparate zeigen, kommen jeder Schwammart eine ganze Reihe verschiedener Spiculaformen zu. Ihre anorganische Komponente wird um einen Achsenfaden aus organischem Material herum abgeschieden, den man auch beim fertigen Spiculum oft noch gut erkennen kann.

5. Keratosa, Hornschwämme

Die Keratosa, zu denen der allbekannte Badeschwamm gehört, verdanken ihren Namen dem Sponginskelett, das sich aus netzartig untereinander verbundenen Faserzügen aufbaut. Elastizität und Farbe dieses Skeletts erinnern in der Tat an Horn, chemisch besteht aber keine nähere Verwandtschaft zwischen beiden Substanzen, so daß der von altersher übliche Name «Hornschwämme» in dieser Beziehung irreführend ist. Das Spongin gehört zur Gruppe der Gerüsteiweiße (seine Besonderheit liegt in dem Reichtum an organisch gebundenem Jod) und verdankt seine Entstehung der Tätigkeit besonderer Zellen, der Spongoblasten, die der werdenden Faser in geschlossenem Verbande anliegen, und nach ihrer Fertigstellung verschwinden.

Wir haben das Spongin schon bei den Süßwasserschwämmen, als Kittsubstanz der Nadelzüge, kennengelernt. Dort war es aber nur in der geringen für diesen Zweck erforderlichen Menge vorhanden. Für die Hornschwämme ist charakteristisch, daß es so reichlich um die Kieselnadeln herum abgeschieden wird, daß diese allseitig von ihm umhüllt werden. Die Zahl der Kieselnadeln nimmt gleichzeitig ab, und der letzte Schritt ist dann ihre völlige Rückbildung, so daß nur das Fasernetz des Spongins übrigbleibt, womit wir beim «Hornschwamm» im engeren Sinne, dem Badeschwamm, angelangt sind. Sekundär kann sein Sponginnetz kleine Fremdkörper aufnehmen, wie Sandkörnchen, Foraminiferenschalen, Nadeln oder Nadeltrümmer verwester Kieselschwämme und anderes.

Wir sehen uns zunächst das Skelett von *Haliclona (Chalina) oculata* an, das uns sehr schön den Übergang zum reinen Hornschwamm zeigt. Diese an der atlantischen Küste weit verbreitete und auch in der Nordsee häufige Schwammart bildet ansehnliche, strauchartig verzweigte Kolonien. Die im Querschnitt drehrunden oder etwas abgeflachten Zweige, die meist nahe der Basis beginnen, haben einen Durchmesser von etwa $^1/_2$–1 cm und lassen zahlreiche, in zwei Längsreihen angeordnete Oscula von etwa $^1/_2$–1 mm Durchmesser erkennen.

Es werden dicke Querschnitte von Zweigstücken, deren Weichkörper vorher durch Eau de Javelle zerstört wurde, als fertige Präparate in Glyzeringelatine oder Caedax verteilt. Besonders schöne Präparate erzielt man durch Einbetten eines Zweigstückes in Wachs oder Paraffin. Schnitte geeigneter Dicke – am günstigsten sind solche von 0,2–0,3 mm – können dann leicht mit einem scharfen Präpariermesser angefertigt werden.

Bei schwacher Vergrößerung stellen wir fest, daß das Skelett im zentralen Teil des Schnittes ein unregelmäßiges Maschenwerk bildet, das aus Sponginfasern mit eingelagerten Kieselnadeln besteht. Randwärts zeigen die Faserzüge eine deutliche radiäre Anordnung. Wir können in diesen radiären Zügen, die – sich vereinigend – zu den basalwärts ziehenden «Hauptfasern» werden, zwei bis vier Kieselnadel nebeneinander liegen sehen, während die sie verbindenden, konzentrisch verlaufenden «Nebenfasern» in der Regel nur eine einzige Nadel bergen, so daß hier, wie im ganzen zentralen Teil, der Anteil des Nadelskeletts gegenüber dem Sponginskelett noch stärker zurücktritt. Nach außen zu trägt jede Hauptfaser ein ganzes Büschel von etwas auseinander gespreizten Nadeln, die im Leben das über den Subdermalräumen liegende, feine Deckepithel stützen. Alle Nadeln sind von der gleichen, einfachen Form: schlanke, beiderseits zugespitzte, glatte Gebilde von etwa 0,1–0,2 mm Länge.

Zum Schluß sehen wir uns noch kleine Stückchen vom Skelett eines Badeschwamms, *Spongia officinalis*, an, die mit zwei Präpariernadeln etwas zerzupft und in Glyzerin unter einem Deckglas bei schwacher Vergrößerung untersucht werden. Wir sehen, daß hier zum Unterschied von *Haliclona* die Faserzüge einen anscheinend ganz regellosen Verlauf haben, was mit der gleichfalls unregelmäßigeren Gesamtform dieser Art zusammenhängt. Von Kieselnadeln ist keine Spur zu finden, eine Eigenart, der *Spongia officinalis* und einige ihr nahestehende Arten und Gattungen ihre Verwendbarkeit zur menschlichen Hautpflege verdanken.

Cnidaria, Nesseltiere

Die beiden ersten Tierstämme der Eumetazoa, die Cnidaria und die Ctenophora (oder Acnidaria), werden wegen wichtiger gemeinsamer Baueigentümlichkeiten in der Unterabteilung der Coelenterata zusammengefaßt und den in der Unterabteilung der Bilateria vereinten übrigen Eumetazoa gegenübergestellt.

Die Coelenteraten haben, ebenso wie die Schwämme, nur einen einzigen inneren Hohlraum, den Gastralraum. Sie übertreffen die Schwämme aber in der strafferen Zusammenfassung der Zellen zu Geweben. Wir können bei den Coelenteraten bereits von einem Verdauungs- und einem Muskelsystem sprechen, außerdem haben sie ein Nervensystem, das den Schwämmen völlig fehlt.

Am Aufbau des Körpers der Coelenteraten sind nur zwei Keimblätter beteiligt: das äußere Keimblatt (Ektoderm) bildet die Körperdecke, das innere (Entoderm) umkleidet den Gastralraum. Sie sind stets einschichtige Epithelien und liegen im einfachsten Fall dicht aneinander, nur durch eine zarte Stützlamelle (Mesogloea) getrennt. Beide Epithelien sind Mischgewebe, d.h. wir finden in ihnen Zellen von verschiedener Form und Leistung vereint. Nicht wenige dieser Zellen üben sogar mehrere verschiedene Funktionen aus. Die Mesogloea kann zu einer mehr oder weniger voluminösen, nicht selten faserigen Gallertmasse und schließlich, durch Einwandern von Ektodermzellen, zu einer Art Mesenchym werden.

Der verdauende Hohlraum ist zunächst ein einfacher Sack, kompliziert sich dann durch Ausbildung von peripheren Taschen oder Kanälen zu einem Hohlraumsystem, das, da es nicht nur der Verdauung, sondern auch der Verteilung der Nährstoffe dient, als Gastrovaskularsystem bezeichnet wird. Ein After fehlt stets, so daß die Mundöffnung auch zum Ausstoßen der Nahrungsreste dient.

Das Muskelsystem besteht aus Längs- und Ringfasern, die entweder in den verbreiterten Basen der Ektoderm- und Entodermzellen liegen oder sich von ihnen frei gemacht haben und in die Mesogloea verlagert sind.

Das Nervensystem besteht aus einem Netzwerk von Nervenzellen und ihren Ausläufern in Höhe der Basen der Ektodermzellen. Ein schwächeres Netz kann sich den Entodermzellen anschließen. Das Netzwerk ist bisweilen zu strangartigen Bahnen angeordnet, bildet aber nie ein knotiges Zentralorgan aus. Es handelt sich also um ein typisches diffuses Nervensystem.

Skelettbildungen kommen in verschiedener Form als Exo- oder Endoskelett vor; sie können mächtige Ausmaße erreichen (Riffkorallen).

Respirations-, Zirkulations- und Exkretionsorgane fehlen den Coelenteraten. Die Geschlechtsorgane beschränken sich auf die Gonaden selbst, ohne besondere Ausführgänge oder andere Hilfsapparate.

Ungeschlechtliche Fortpflanzung ist weit verbreitet, meist in der Form einer zur Koloniebildung führenden Knospung.

Innerhalb der Coelenterata zeichnen sich die Cnidaria durch den Besitz von hoch differenzierten, dem Beuteerwerb und der Verteidigung dienender Zellen, den Nematocyten, aus, die ihnen allgemein und nur ihnen zukommen. Wir kennen etwa 20 verschiedene Nematocytentypen von im Einzelnen unterschiedlichem, prinzipiell jedoch gleichartigem Bau: Sie entwickeln an ihrer distalen Oberfläche einen im Lichtmikroskop borstenartigen Fortsatz, das Cnidocil, und in ihrem Inneren eine sekreterfüllte, mit einem feinsten Schlauch ausgestattete Kapsel (Nematocyste). Bei Reizung des Cnidocils «explodiert» die Kapsel, d.h. der nicht selten bewehrte Hohlfaden wird blitzartig ausgeschleudert. Bei einigen der Kapseltypen, bei den für den Stamm namengebenden Nesselkapseln (Cniden), wirkt das dabei freiwerdende, aus Proteinen und Mucopolysacchariden bestehende, die Beutetiere rasch lähmende und schließlich tötende Sekret, mehr oder weniger stark nesselnd. (s. auch S. 79).

Die Cnidarier treten in zwei Hauptformen auf, dem festsitzenden Polyp und der frei lebenden Meduse. Bei den Hydrozoen können beide Formen regelmäßig miteinander abwechseln (Generationswechsel), bei den Scyphozoen herrscht die Meduse vor, die Anthozoen schließlich treten nur als Polypen auf. Dabei wird der an eine Gastrula erinnernde Polyp meist als die ursprüngliche Form betrachtet, die Meduse als eine aus ihm durch Verkürzung der Hauptachse und Entwicklung der Gallertmasse ableitbare Umformung im Hinblick auf die freie Lebensweise. Doch wird auch die Ansicht vertreten, daß die Meduse die Urform darstellt, der Polyp aber ein selbständig gewordenes Jugendstadium, das bei vielen Cnidariern zum Endstadium der Entwicklung wurde.

I. Hydrozoa: Hydroidpolypen

A. Technische Vorbereitungen

Zur Untersuchung kommen von lebenden Tieren *Chlorohydra viridissima* oder eine *Hydra-* oder *Pelmatohydra*-Art. Diese Süßwasserpolypen sind zwar weit verbreitet, aber nicht immer leicht zu finden. Am besten ist es, wenn man Schilfstengel, *Myriophyllum*, *Eloda*, *Lemna* usw. von verschiedenen Fundorten, sowohl Tümpeln und Teichen wie Flüssen, ein paar Tage ruhig in Wasser stehenläßt und dann unter Vermeidung von Erschütterungen auf Polypen hin untersucht. Sie sitzen dann, dem Auge gut sichtbar, den Wänden wie dem Boden des Aquariums, besonders an der dem Licht zugekehrten Seite, an. Hat man einmal einen Fundort entdeckt, so kann man ziemlich sicher sein, alljährlich dort Hydren wiederzufinden.

Die mindestens acht Tage vor der Verwendung einzufangenden Hydren werden auf zwei Gläser verteilt. In eines gibt man möglichst viele kleine Süßwasserkrebse, Cyclopiden und Daphniden, hinein, die den Hydren als Futter dienen. Die so reichlich genährten Tiere treiben innerhalb dieser Zeit zahlreiche Knospen. Die in dem anderen Glas befindlichen erhalten keinerlei Nahrung. Knospung unterbleibt bei ihnen, dafür bilden sich nach einiger Zeit oft Geschlechtsprodukte aus.

Man kann Hydren das ganze Jahr über im Aquarium züchten, wenn man sie zusammen mit Wasserpflanzen hält und gelegentlich mit Daphnien füttert. Die Aquarien müssen mit einer Glasscheibe zugedeckt sein, das Wasser ist nötigenfalls zu erneuern.

Außerdem sind mit Boraxkarmin gefärbte Caedaxpräparate verschiedener Arten mariner Hydroidpolypen erforderlich: *Tubularia larynx* und *Cordylophora caspia* als Vertreter der Athecatae, *Laomedea flexuosa* als Vertreter der Thecatae.

B. Allgemeine Übersicht

Der Körper der Hydroidpolypen ist in seiner einfachsten, auf die Gastrula zurückführbaren Form (Abb. 35) ein zylindrischer Schlauch, der mit dem aboralen Pol festsitzt und am oralen Pol die häufig zu einem mehr oder weniger hohen Kegel oder Rüssel (Hypostom, Proboscis) ausgezogene Mundöffnung trägt. Die Mundöffnung liegt im Zentrum des Mundfeldes (Peristom) und ist umgeben von Tentakeln, fingerförmigen, hohlen oder soliden Körperfortsätzen, die zum Erfassen der Beute dienen. Die Tentakel sind bisweilen auf zwei Kränze verteilt, von denen der eine in Höhe der Mundöffnung (Oraltentakel), der andere tiefer steht (Aboraltentakel). Auch eine unregelmäßige Verteilung der Tentakel kommt vor. Der Körper, der unten zu einer Fußscheibe verbreitert sein kann, ist fast immer in einen schmäleren und in der Regel erheblich längeren Stiel (Hydrocaulus) und in einen erweiterten oberen Abschnitt, das Polypenköpfchen (Hydranth) gegliedert. Bei den Süßwasserpolypen ist diese Gliederung wenig ausgesprochen.

Die Körperwand des Polypen ist zweischichtig. Diese beiden Epithelschichten, das Ektoderm und das Entoderm, entsprechen den zwei Körperschichten der bei vielen Metazoen während der Entwicklung auftretenden Gastrula.

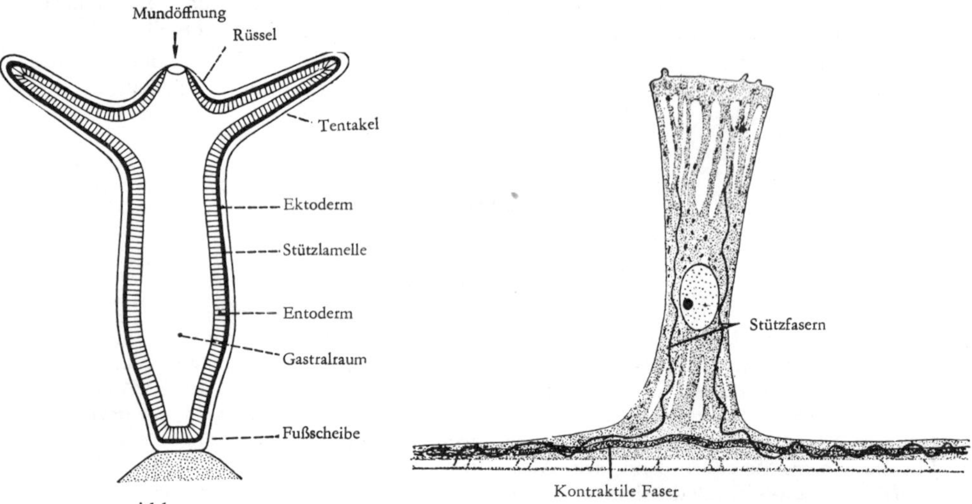

Abb. 35: Schematischer Längsschnitt durch einen Hydroidpolypen

Abb. 36: Ektodermale Epithelmuskelzelle einer *Hydra*. Dicke der kontraktilen Faser 1–2 μ. (Nach HYMAN, verändert)

Zwischen Ektoderm und Entoderm liegt eine von beiden Epithelien erzeugte dünne, im Lichtmikroskop strukturlose Lamelle, die Stützlamelle (Mesogloea). Sie entwickelt sich bei anderen Coelenteraten zu einer bindegewebigen Schicht.

Die Basis der Ektodermzellen ist in der Längsrichtung ausgezogen; in diesem, der Stützlamelle anliegenden Fuß, verläuft eine aus zahllosen, feinsten Myofibrillen zusammengesetzte kontraktile Faser. Ihrer Doppelfunktion entsprechend bezeichnet man diese Zellen auch als Epithelmuskelzellen (Abb. 36). In den Verband der Epithelmuskelzellen sind Drüsenzellen und schlanke Sinneszellen eingesprengt. Mehr basal findet sich ein Netz von Nervenzellen. Zwischen oder in die Ektodermzellen schieben sich reichlich Nesselzellen ein, die in ihrem Innern die Nesselkapseln entwickeln. In den meisten Fällen scheidet das Ektoderm eine Art von Kutikula (Periderm, Perisark) ab, die den Stiel stützt und vielfach auch das Köpfchen schützend umfaßt.

Die meist mit Geißeln versehenen Entodermzellen besorgen als Drüsenzellen und Freßzellen (Nährzellen) die Verdauung der aufgenommenen Nahrung; auch in ihrer Basis sind meist kontraktile Fibrillen eingelagert, die aber in der Querrichtung, also ringförmig, verlaufen.

Geschlechtliche und ungeschlechtliche Fortpflanzung, als Knospung, kommen nebeneinander vor. Wenn sich, wie es die Regel ist, die Knospen nicht loslösen, son-

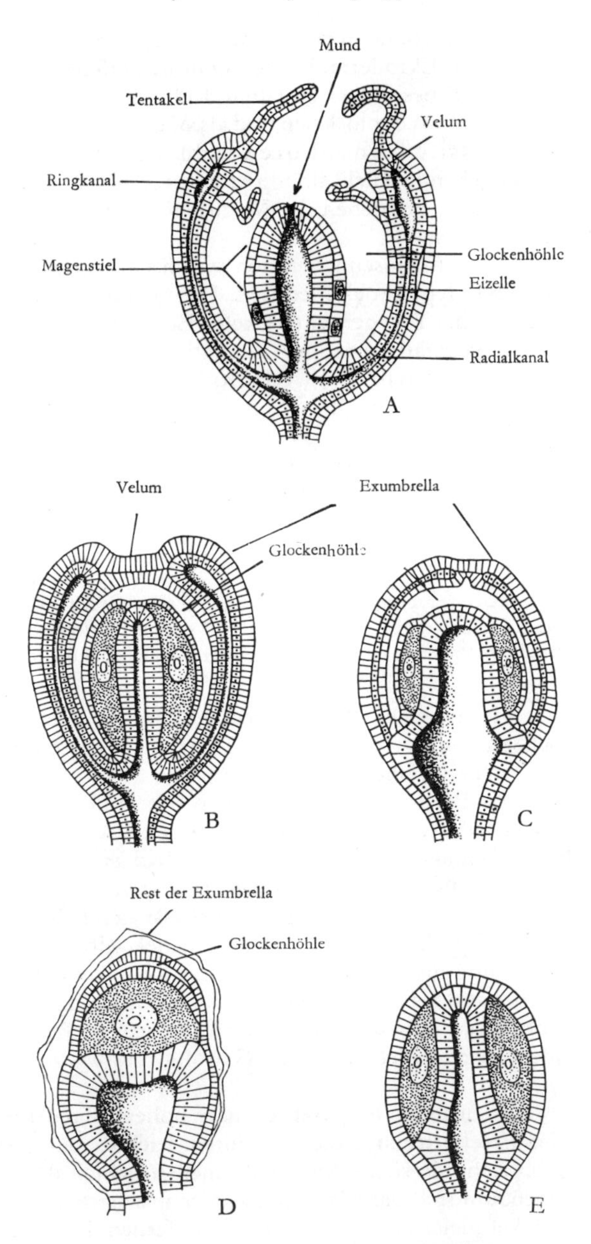

Abb. 37: Schematische Dartsellung verschiedener Rückbildungsstufen von Gonophoren Ektoderm ohne, Entoderm mit eingezeichneten Zellkernen; Gastrovaskularsystem plastisch; Eizellen punktiert. A Meduse, B Eumedusoid mit Radialkanälen und Magenstiel, C Cryptomedusoid mit einfacher Entodermlamelle (keine Radialkanäle mehr) und gut ausgebildeter Glockenhöhle, D Heteromedusoid ohne Entodermlamelle, Glockenhöhle nur angedeutet, E styloider Gonophor, einfache Ausstülpung aus Ektoderm und Entoderm (nach KÜHN, verändert)

dern mit dem Muttertier verbunden verbleiben, entstehen Tierstöcke. Die Geschlechtszellen entstehen im Ektoderm. Ihre endgültige Differenzierung wird bei den meisten Hydroidpolypen in besonders gestaltete Individuen des Stöckchens verlegt (Dimorphismus), die sich entweder loslösen und als Medusen frei umherschwimmen oder am Stöckchen als sessile Gonophoren verbleiben und dann eine allmähliche und bisweilen sehr weitgehende Rückbildung erleiden. Abb. 37 zeigt eine Reihe derartiger Rückbildungsstadien, bei denen die Medusenorganisation schließlich bis zur Unkenntlichkeit verwischt ist.

Polypengeneration und Medusengeneration wechseln miteinander ab: Durch Knospung entstehen am Polypenstock Medusen. Die Medusen erzeugen Geschlechtszellen, aus denen sich wieder Polypen entwickeln. Einen derartigen Generationswechsel, bei dem eine vegetativ erzeugte Generation (hier Medusen) mit einer geschlechtlich erzeugten (hier Polypen) abwechselt, bezeichnet man als Metagenese.

C. Spezieller Teil

1. *Hydra*, Süßwasserpolyp

Eine *Chlorohydra viridissima* oder eine der *Hydra*- oder *Pelmatohydra*-Arten wird mit ziemlich viel Wasser auf den Objektträger gebracht und mit einem Deckgläschen zugedeckt, das mit hohen Wachsfüßchen versehen ist. Wir verwenden zunächst nur die schwache Vergrößerung.

Die Körpergestalt gleicht einem langgestreckten Becher oder einem unten geschlossenen Schlauch, der am oberen Ende eine Tentakelkrone trägt. Die Zahl der Tentakel schwankt zwischen 4 und 12.

Am entgegengesetzten Pol heftet sich der Polyp mit Hilfe eines von den Zellen des «Fußblattes» (Fußscheibe) abgeschiedenen, klebrigen Sekretes an Wasserpflanzen fest. Das innerhalb der Tentakelkrone gelegene Mundfeld ist zu einem kleinen Hügel ausgezogen, dem «Rüssel» auf dessen Spitze die meist fest verschlossen gehaltene und daher schwer erkennbare Mundöffnung liegt; sie erweist sich beim Schlingakt als erstaunlich erweiterungsfähig. Das Innere des Schlauches wird von einem einzigen großen Hohlraum eingenommen, der sich auch in die Tentakel fortsetzt. Der untere Abschnitt des Körpers kann als ein dünnerer Stiel gegen den oberen Abschnitt, die Magen- oder Rumpfregion, abgesetzt sein. Bei der Gattung *Pelmatohydra* ist diese Zweiteilung besonders ausgesprochen, bei der Gattung *Chlorohydra* fehlt sie äußerlich ganz.

Hydra kann, wie wir an unserem Präparat sehen, in hohem Maße ihre Körpergestalt verändern. Bei jeder Erschütterung, die wir durch leichtes Beklopfen des Deckgläschens hervorrufen zieht sie sich schnell auf einen Bruchteil ihrer Länge, bis zur Kugelform, zusammen, um sich dann langsam wieder auszustrecken, eine Bewegung, an der auch die Tentakel gleichsinnig teilnehmen. Außerdem beobachten wir ein gelegentliches Abbiegen des Körpers und Einkrümmen der Tentakel. Ermöglicht werden diese Bewegungen durch die längs und zirkulär verlaufende Muskelfibrillen der Epithelmuskelzellen.

Die Wandung des Schlauches wird von einer äußeren Zellenschicht, dem Ektoderm, und einer inneren, dem Entoderm, aufgebaut. Dazwischen liegt die feine Stützlamelle oder Mesogloea. In ihre amorphe Grundsubstanz aus sauren Mucopolysacchariden sind Proteinmikrofibrillen eingelagert. Sie ist elastisch fest und ermöglicht als eine Art Skelett der Hydra eine aufrechte Stellung einzunehmen. Ohne weiteres können wir auch am lebenden Tier die beidenKörperschichten unterscheiden: Das Ektoderm ist heller, durchsichtiger, das Entoderm durch Nahrungs- und Sekreteinschlüsse getrübt. Besonders deutlich ist der Unterschied bei *Chlorohydra*, wo nur das

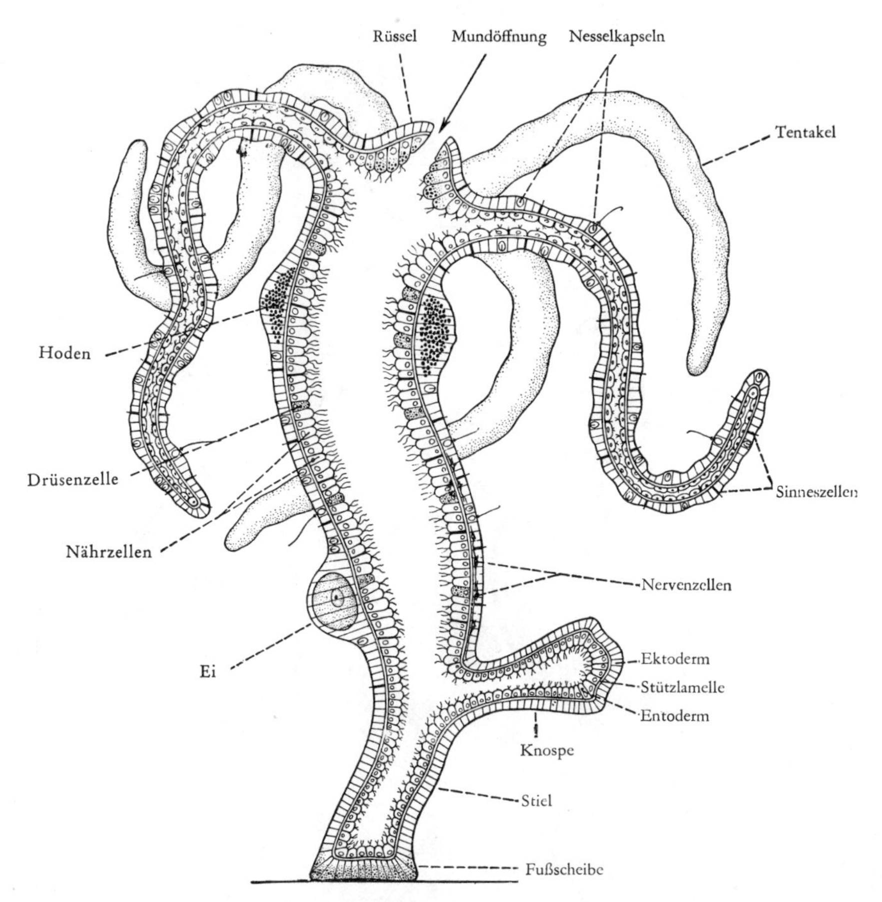

Abb. 38: Längsschnitt durch *Chlorohydra viridissima*, schematisch. Zellkerne im Ektoderm nicht eingezeichnet.

Entoderm die namengebende, durch symbiontische Zoochlorellen bedingte Grünfärbung aufweist.

An der Oberfläche stoßen die einzelnen Ektodermzellen dicht aneinander und rufen dadurch eine aus unregelmäßigen Vielecken bestehende Felderung hervor (Abb. 41). Etwas unter der Oberfläche aber sind sie pfeiler- oder wurzelartig ausgezogen, so daß zahlreiche Hohlräume ausgespart bleiben, die interstitiellen Räume. In ihnen, zum Teil aber auch in den Ektodermzellen selbst, liegen in großer Zahl kleine rundliche Zellen, interstitielle Zellen, die bei Hydra eine ähnliche Rolle spielen, wie die Archaeocyten der Schwämme; sie entstehen während der Entwicklung früh aus Ektoderm- und Entodermzellen und weisen wie die Archaeocyten

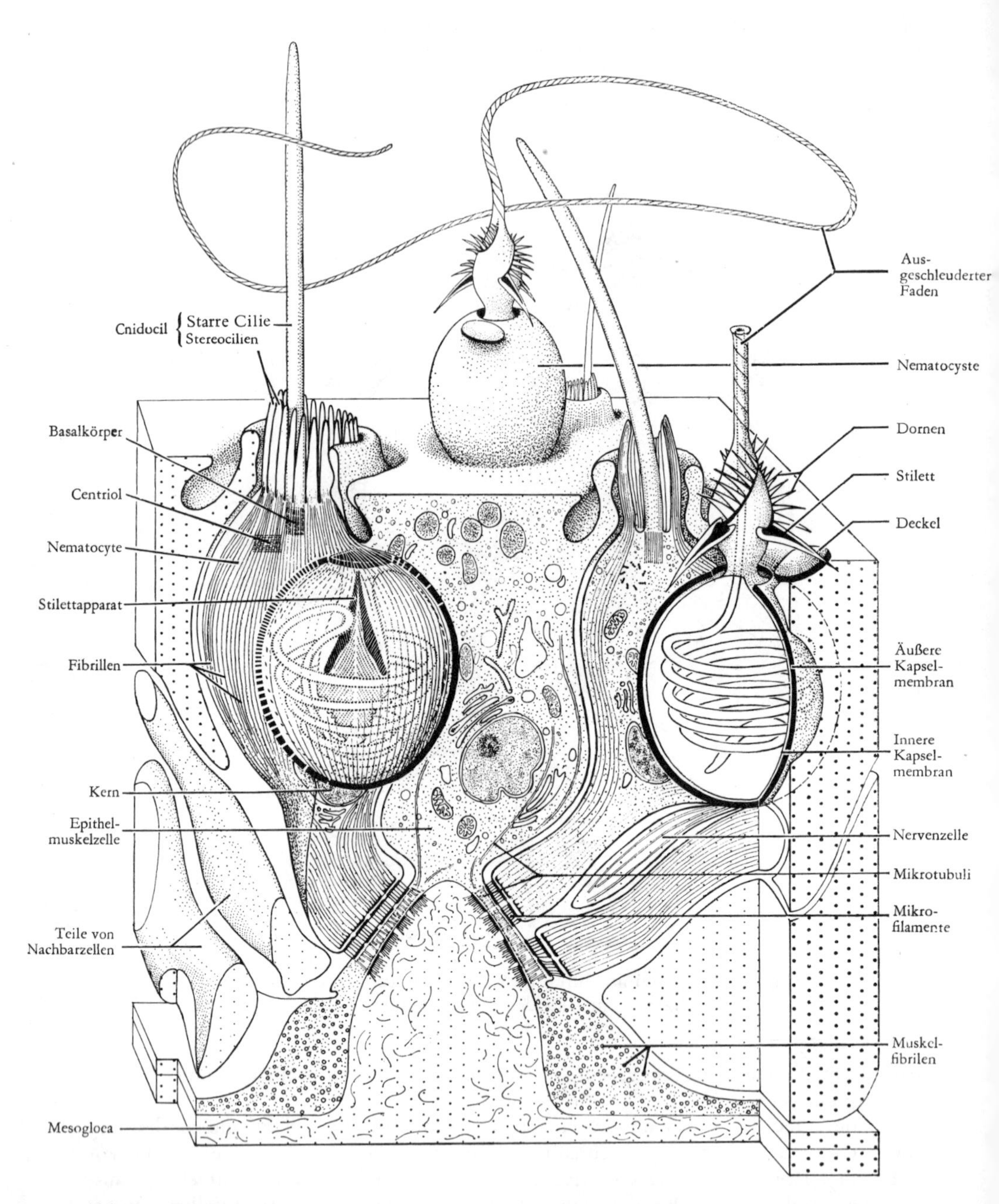

Abb. 39: Feinbau von Nematocyten im Epithelverband. Links eine ruhende, rechts eine explodierende und hinten eine explodierte Penetrante. Die Nematocysten sitzen den Nematocyten seitlich, bruchsackartig an. In den Zellen erkennbar: Kerne, Mitochondrien, Golgiapparat und endoplasmatisches Retikulum. Etwa 1200 ×. (Kombiniert nach SLAUTTERBACK und anderen Autoren)

embryonalen Charakter auf. Sie können alle anderen (spezialisierten) Zelltypen aus sich hervorgehen lassen; auch die Geschlechtszellen entstehen aus ihnen.
Besonders viele interstitielle Zellen differenzieren sich zu den, für die Cnidaria charakteristischen Nematocyten (s. S. 72). Wir sehen ihre Kapseln an unserem Präparat besonders deutlich und zahlreich an den Tentakeln (Abb. 41). Immer sind die Nematocyten in engstem morphologischen und funktionellen Kontakt mit den ektodermalen Epithelmuskelzellen (Abb. 39). Die Epithelmuskelzellen überziehen mit ihrer kontraktilen Basis leistenartige Vorwölbungen der Mesogloea und zwar mit relativ dicker, die kontraktilen Fibrillen enthaltender Schicht, das basale Drittel der Leisten, mit sehr dünner Schicht dagegen die oberen $^2/_3$ der Erhebungen. An dieser dünnen Schicht, die mit besonderen fibrillären Organellen an der Mesogloea wurzelt, sind seitlich mit gleichartigen Strukturen die schlanken Basen der becherförmigen Nematocyten befestigt. Der Teil der Nematocyte, in dem die Kapsel (Nematocyste) liegt, wird von der Epithelmuskelzelle fast vollständig umhüllt; aus ihrer Oberfläche vor ragt nur ein borstenförmiger Fortsatz der Nematocyte, das Cnidocil.

Die Kapsel ist ein relativ großes Bläschen von eiförmiger oder zylindrischer Gestalt. Es wird von einer äußeren, stärkeren und elastischen, und einer zarten, inneren Wand umschlossen. Die äußere Wand bildet oben einen Deckel, die innere schlägt sich hier in Gestalt eines langen, mehr oder weniger aufgerollten, dünnen Schlauches ins Innere um. Kapsel und Schlauch sind von einem Sekret erfüllt. Struktur und Länge des Schlauches sind für die verschiedenen Kapseltypen charakteristisch. Er kann an seiner Basis mit Stiletten, oder entlang seiner ganzen Länge mit dornartigen Fortsätzen bewehrt sein. Oft weist er feine Poren auf, aus denen sich nach dem Ausschleudern das Kapselsekret ergießt.

Das im Lichtmikroskop als feine Borste erkennbare Cnidocil erweist sich im Elmiskop als hochdifferenziertes Organell, an dessen Aufbau auch die Epithelmuskelzelle, von der die Nematocyte umhüllt wird, beteiligt ist. Die äußere, sich kamin- oder ringwallartig erhebende Basis des Cnidocils wird nämlich von der Epithelmuskelzelle gebildet. Innerhalb dieses ovalen Ringwalles erheben sich zwei – ebenfalls ringförmige – Pallisaden von je 21 längeren, äußeren (Stereocilien) und kürzeren, inneren, fingerförmigen Fortsätzen der distalen Oberfläche der Nematocyte. Exzentrisch, im Bereich des einen Brennpunktes dieser von Wall und Pallisaden umgebenen «Arena», erhebt sich eine starre Cilie. Sie hat mit einem oder einigen der Stereocilien Berührungskontakt. Ihr Schaft ist – wie der aller Cilien – durchzogen von ringförmig angeordneten 9 Doppelfibrillen, zu denen sich hier – vor allem in den proximalen Zonen – etwa 18 weitere Mikrofibrillen gesellen. Axial ist die Cilie durchzogen von einem dichten Material, das eine überaus feine, längsparallel orientierte Faserung erkennen läßt. Mikrofibrillen und Achse enden am Basalkörper. Auch die Stereocilien und die innern, kurzen fingerförmigen Fortsätze sind von zahlreichen, eine Querstreifung aufweisenden, feinsten Filamenten durchzogen. Die Filamente der inneren Fortsätze ziehen zur Kapselwand und umhüllen sie oberflächennah, die der Stereocilien ziehen zwischen Kapsel- und Zellwand nach basal, um sich dort zu dem Faserbündel zu vereinigen, mit dessen Endstrukturen die Nematocyte an der dünnen Plasmalage befestigt ist, mit der die Epithelmuskelzelle die Mesogloealeisten überzieht.

Man findet bei Hydra drei Hauptformen von Nematocysten. Die größten, die Durchschlagskapseln oder Penetranten (= Stenotele; Abb 39), treten vor allem gegenüber Beutetieren mit glatter, festen Kutikula in Tätigkeit. Die Wand der Schlauchbasis der Penetranten ist verstärkt und im Inneren mit drei spiralig angeordneten Reihen von Borsten bewehrt, von denen die untersten zu starken, spitzen Stiletten vergrößert sind. Streift ein Beutetier an einem der Tentakel von *Hydra* dicht vorbei und berührt dabei das Cnidocil einer Penetrante, so kommt es zur Explosion der Kapsel: Der Deckel springt auf, der eingestülpte Faden stülpt sich nach außen vor, wobei zunächst die Stilette des Halsteils vorgeschlagen werden und dem Beutetier eine Wunde beibringen, in die sich dann das durch feine Poren der Schlauchwand austretende giftige Kapselsekret ergießt, was zur schnellen Lähmung des Beutetieres führt. Das Sekret vermag außerdem die Kutikula der Gliedertiere, die als Beute für *Hydra* in Frage kommen, blitzschnell zu durchschweißen. Der gesamte Entladungsvorgang dauert nur 3 bis 6 Millisekunden. Der Mechanismus der Explosion ist unbekannt.

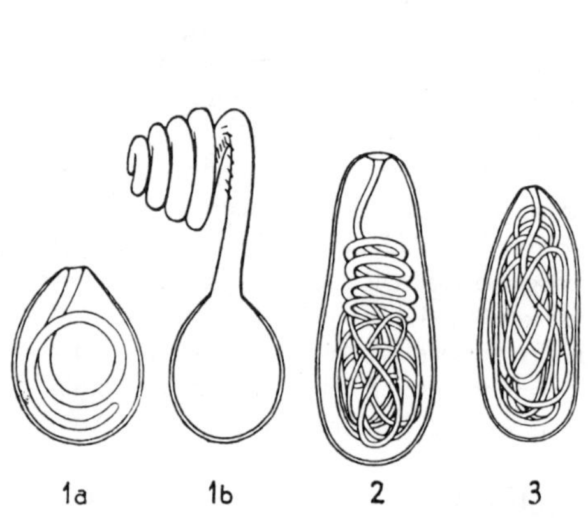

Abb. 40: Nematocytentypen von *Hydra*. 1 Volventen (=Wickelkapseln), und zwar 1a unentladen, 1b entladen, 2 und 3 Glutinanten (=Klebkapseln, Haftkapseln), und zwar 2 streptoline Glutinante, 3 stereoline Glutinante, beide unentladen. Der vierte Nematocytentyp wird durch die in Abb. 39 gezeichneten Penetranten (= Durchschlagskapsel) dargestellt. Etwa 2000×. (Nach TOPPE und P. SCHULZE)

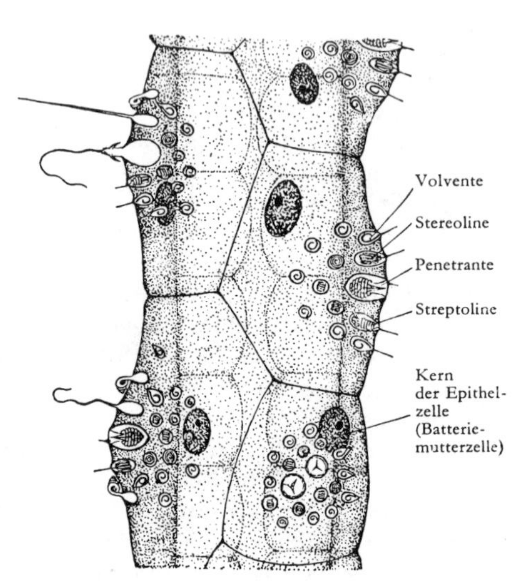

Abb. 41: Stück eines Tentakels von *Hydra* mit Nematocystenbatterien in großen Ektodermzellen. Die Nematocyten sind nicht eingezeichnet. Links sind eine Penetrante, eine stereoline Glutinante (oben), eine streptoline Glutinante (unten) und drei Volventen explodiert. (Nach KÜHN und GELEI)

Eine zweite Form sind die Wickelkapseln oder Volventen (Abb. 40). Sie haben das Aussehen einer Retorte mit abgebrochenem Hals und zeigen im Innern einen kurzen und nur wenig aufgewundenen Faden. Zur Explosion kommen sie, wenn der zartere Reiz vorüberstreifender Borsten eines Beutetieres ihre Cnidocile trifft. Sie umwinden diese Borsten spiralig und halten das fortstrebende Beutetier fest, bis es der Wirkung der Penetranten erlegen ist. Die Volventen sind die kleinste Form der Nematocysten. Die dritte Form sind die Haftkapseln oder Glutinanten, die wieder in zwei Unterformen vorkommen (sog. streptoline und stereoline, vgl. Abb. 40). Sie sind schlank zylindrisch und führen einen lang aufgewundenen Faden. Die Glutinanten sondern ein klebriges Sekret ab und sollen weniger beim Beutefang als bei der Ortsbewegung von *Hydra* eine Rolle spielen.

Die einzelnen Kapselformen sind über den Körper und die Tentakel ungleichmäßig verteilt. Die besonders stark bewehrten Tentakel enthalten in jeder Ektodermzelle («Batteriemutterzelle») eine ganze Batterie von Nesselzellen (Abb. 41), wobei die hochgewölbte Mitte von 1–2 Penetranten eingenommen wird, die von einigen Glutinanten und zu äußerst von einem ganzen Kranz von Volventen umgeben werden. Bei der Art *Hydra attenuata* zählt man beispielsweise 1–2 Penetranten, 2–3 Glutinanten und 14–18 Volventen in jeder Batteriemutterzelle.

Der Entstehungsort, das «Keimlager» der Nematocyten ist das Ektoderm der mittleren Körperregion. Hier bilden sie sich aus interstitiellen Zellen, wandern dann zum Verbrauchsort, nehmen dort Verbindung auf mit einer Ektodermzelle, oder schieben sich in eine Ektodermzelle ein, so daß sie in einer kleinen «Schießscharte» die Körperoberfläche erreichen. Jede Nematocyste funktioniert nur einmal. Die Nematocyte gelangt nach der Explosion ihrer Kapsel in den Gastralraum und wird vom Entoderm verdaut.

Die Ektodermzellen sind an der Basis schiffchenförmig ausgezogen und bilden hier kontraktile Fibrillen aus, die parallel zur Längsrichtung des Tieres verlaufen, bei Kontraktion also den Körper verkürzen. Dieser Doppelfunktion verdanken die Ektodermzellen den Namen Epithelmuskelzellen. Zwischen den gewöhnlichen Ektodermzellen sind, was wir aber an unserem Präparat nicht erkennen können, ab und zu schlankere Sinneszellen mit einem Sinnesstiftchen eingestreut. Sie stehen an ihrer Basis mit einem der Stützlamelle auflagernden, lockeren Netz von Nervenzellen in Verbindung (diffuses Nervensystem). Die Ektodermzellen der Fußscheibe sondern ein klebriges Sekret ab, das der Festheftung dient. Sie können aber auch eine kleine Gasblase ausscheiden, mit deren Hilfe sich das Tier an der Wasseroberfläche «verankert».

Die Entodermzellen sind von zweierlei Art: Nährzellen und Drüsenzellen. Die Nährzellen sind durch den Reichtum an Vakuolen und durch ein Geißelpaar ausgezeichnet. An der Basis bilden auch sie Muskelfibrillen aus, die aber zirkulär verlaufen, bei Kontraktion also den Körper schlank und lang werden lassen. Die Drüsenzellen sind weniger zahlreich, schlanker und entbehren zum Teil der Geißeln. Die Verdauung der aufgenommenen Nahrung findet zunächst extrazellulär, im Innern des stark erweiterungsfähigen Magenraumes statt, unter Einwirkung der von den Drüsenzellen abgeschiedenen proteolytischen Fermente. Ist die Beute auf die Weise in kleinste Partikel zerfallen, so werden diese von den Nährzellen aufgenommen und ihre Verdauung in Nahrungsvakuolen zum Abschluß gebracht (intrazelluläre Verdauung, Phagocytose). Der Stielabschnitt nimmt an der Verdauung nicht teil; Drüsenzellen fehlen hier. Die unverdaulichen Reste werden durch die Mundöffnung ausgestoßen.

Die Fortpflanzung von *Hydra* ist eine geschlechtliche oder eine ungeschlechtliche. Bei der ungeschlechtlichen kommt es an der Grenze von Stiel und Rumpf zur Ausbildung einer oder mehrerer aus dem Mauerblatt des Rumpfes hervorsprossender Knospen, die auf eine lokale Anhäufung, starke Vermehrung und schließliche Differenzierung interstitieller Zellen zurückzuführen sind. Der ganze Vorgang, von der ersten Andeutung einer Knospe bis zum Ablösen der jungen *Hydra*, kann innerhalb zweier Tage beendet sein. Daher werden wir im Sommer und bei guter Fütterung der in Kultur genommenen Hydren oft Individuen mit 3–4 verschieden weit entwickelten Knospen antreffen. Sehr viel seltener ist eine andere Form der ungeschlechtlichen Vermehrung, die Querteilung.

Es gibt unter den Süßwasserpolypen getrenntgeschlechtliche und hermaphroditische Arten. Bei den zwittrigen entwickeln sich die Hoden im oberen Abschnitt der Magenregion, die Ovarien im unteren. Der Stiel ist in jedem Fall gonadenfrei. Die Gonaden bestehen aus lokalen Anhäufungen interstitieller Zellen des Ektoderms, die als Vorwölbungen der Oberfläche hervortreten. Die Zellen des Entoderms sind in ihrem Bereich erhöht und mit Reservestoffen reich erfüllt, was übrigens auch an den Stellen einer Knospenbildung zu beobachten und leicht verständlich ist. Die interstitiellen Zellen der Hodenanlagen entwickeln sich zu einer großen Zahl von Spermatozoen, während diejenigen des Ovariums schließlich nur ein einziges, großes Ei ergeben. Da sich das Ei in die Spalträume zwischen den stark gedehnten Ektodermzellen einpassen muß, erhält es eine merkwürdig gelappte Form, die zu der irrtümlichen Auffassung von seiner amöboiden Natur Veranlassung gab. Das reife, kugelige Ei durchbricht die Ektodermzellen, wird aber von ihnen wie in einem kleinen Becher festgehalten. Befruchtung und Furchung erfolgt am Körper des Muttertieres. Nach

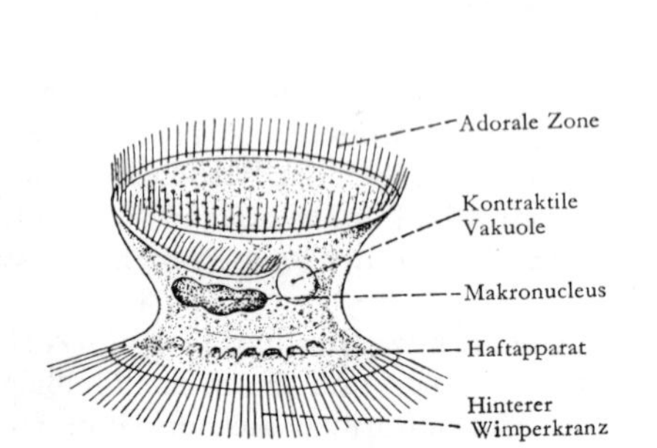

Abb. 42: *Trichodina pediculus*. Ansicht von der Vestibularseite, Haftscheibe durchschimmernd. (Nach BÜTSCHLI, aus LANG)

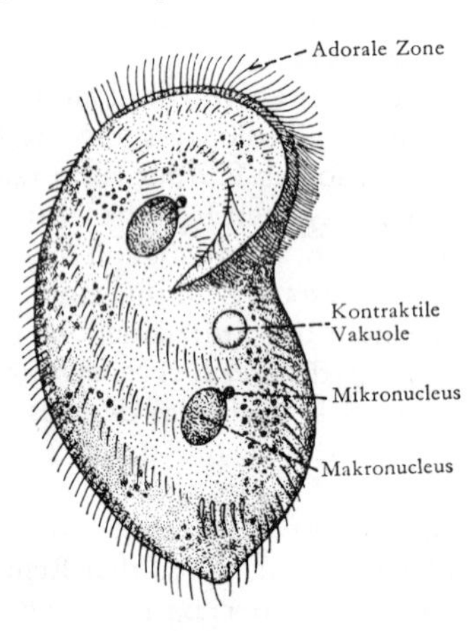

Abb. 43: *Kerona polyporum*, Ventralansicht. (Nach KAHL und anderen Autoren)

der Befruchtung umgibt sich das Ei mit einer kräftigen Schale (Embryothek), löst sich dann vom Mutterkörper ab und fällt zu Boden. Nach einiger Zeit platzt die Schale und gibt den bereits weit differenzierten Embryo frei, der durch Munddurchbruch und Tentakelbildung seine endgültige Form gewinnt.

Hat man eine *Hydra* mit reifen Hoden vor sich, so kann man durch vorsichtiges Zerzupfen die Spermatozoen freilegen, die aus einem stark lichtbrechenden Köpfchen und einer sehr zarten, langen Geißel, dem Schwanzfaden, bestehen.

Häufig wird man bei *Hydra* auf der Körperoberfläche Infusorien herumkriechen sehen, ohne daß dadurch eine Explosion der Nematocysten ausgelöst wird. Es handelt sich um Arten, die fast ausschließlich auf *Hydra* leben. Eine von ihnen ist die «Polypenlaus», *Trichodina pediculus* (Abb. 42). Dieses Infusor gehört zu der Ordnung der Peritricha; es hat zwei Wimperzonen ausgebildet. Die vordere führt zum Cytostom, mit der unteren (hinteren) vermag sich das Tier kriechend schnell vorwärts zu bewegen, doch schwimmt es auch frei umher. Die Gestalt ist die eines kurzen, trommelähnlichen Zylinders («fliegende Untertasse»). Die von dem unteren Wimperkranz umschlossene Fläche trägt einen aus etwa 24 hakenförmigen «Zähnen» bestehenden Haftapparat. Eine andere häufig anzutreffende Art ist *Kerona polyporum* (Abb. 43). Sie gehört zur Ordnung Hypotricha, die durch die dorsoventrale Abflachung des Körpers gekennzeichnet ist.

Erwähnenswert ist die große Regenerationsfähigkeit von *Hydra*, die diesem Tier auch den Gattungsnamen eingetragen hat. Man kann ein Individuum in mehrere Stücke zerschneiden, von denen ein jedes wieder zu einem vollständigen Tier auswächst.

Zum Schluß setzen wir dem Präparat 0,2%ige, mit Methylgrün angefärbte Essigsäure zu, wodurch die Nematocysten zur Explosion kommen. Durch vorsichtiges Beklopfen und allmähliches Andrücken des Deckgläschens kann man dann noch Ektoderm und Entoderm voneinander trennen und bei Geschick und Glück einzelne Zellen isolieren: Epithelmuskelzellen des Ekto- und Entoderms, Sinneszellen, Nervenzellen, Drüsenzellen.

Bedeutend besser gelingt die Mazeration in Bela-Hallerscher Flüssigkeit, einem Gemisch aus Eisessig (1 Teil), Glycerin (1) und Wasser (2). Man geht folgendermaßen vor: Eine Hydra wird auf einen sauberen Objektträger gegeben, das Wasser entfernt und durch 2 bis 3 Tropfen der Bela-Hallerschen Flüssigkeit ersetzt. Nach 30–60 Sekunden wird die Mazerationsflüssigkeit mit Zellstoff sorgfältig abgesaugt. Nun überschichtet man das Präparat mit einer wässerigen Methylgrün- oder Methylviolettlösung, läßt den Farbstoff einige Minuten lang einwirken, saugt wiederum ab und gibt frisches Wasser zu. Schließlich wird sehr vorsichtig ein Deckglas aufgelegt und, wenn die Hydra nicht schon jetzt in Zellen und Zellgruppen zerfallen ist, mit der Spitze der Präpariernadel auf das Deckglas getupft. Man kann meist alle verschiedenen Zelltypen, Nervenzellen eingeschlossen, identifizieren. – Zum Verständnis des histologischen Aufbaus empfiehlt es sich ferner, noch fertige, gefärbte Querschnitte von Hydren auszuteilen, di e mit Rußgelatine gefüttert wurden.

2. *Tubularia larynx*

Es werden mit Boraxkarmin gefärbte Präparate von ganzen Polypenköpfchen sowie Längsschnitte durch die Köpfchen ausgeteilt.

Diese in der Nordsee häufige Form gehört zur Familie der Tubulariidae, die ihrerseits der Ordnung Hydroida, Unterordnung Athecatae, angehört. Sie bildet individuenreiche, durch Knospung entstandene Stöckchen. Betrachten wir zunächst das Ganzpräparat mit schwacher Vergrößerung, so sehen wir, daß die Gliederung des Einzelpolypen in Köpfchen (Hydranth) und Stiel (Hydrocaulus) gut ausgesprochen ist und daß der Stiel von einer vom Ektoderm abgeschiedenen, röhrenförmigen Hülle (Periderm, Perisarc) – sie besteht aus Proteinen, in die Chitinmikrofibrillen eingelagert sind – umgeben und gestützt wird. Sie wird von innen laufend verstärkt und endigt unterhalb des Köpfchens, das also nicht geschützt wird (Athecatae!). Das rundliche Köpfchen sitzt breit dem Stiel auf und zieht sich nach oben in eine Art Rüssel aus, der mit der Mundöffnung endet. Die fingerförmigen Tentakel sind in zwei Kränzen angeordnet, der eine tiefer gelegen mit etwa 20 größeren Tentakeln, der andere mit ebenso vielen oder etwas weniger, kleineren Tentakeln um die Mundöffnung herum; sie werden als aborale und orale Tentakel unterschieden.

Bei erwachsenen Exemplaren fallen uns etwas oberhalb vom aboralen Tentakelkranz entspringende, traubenförmige Bildungen auf, die aus einem kurzen Stiel und ihm ansitzenden, ovalen Ballen bestehen. Es handelt sich bei diesen Ballen um Gonophoren, d.h. abweichend gestaltete Individuen, die die Geschlechtszellen bergen (Abb. 44). Jüngeren (kleineren) Exemplaren fehlen diese Gonophoren noch.

Die Gonophoren der vorliegenden Art lösen sich nicht los, um als Medusen eine freischwimmende Lebensweise zu führen, sondern bleiben am Polypen sitzen, stellen also sessile Gonophoren dar. Durch Vergleich verschiedener Präparate läßt sich die Ausbildung der Gonophoren verfolgen. Sie verläuft folgendermaßen: Die kurzen Stiele treiben zunächst kleine Seitenknospen aus, die Anlagen der künftigen Gonophoren, deren Wandung, wie die des Polypen und des Stieles, aus Ektoderm, Stützlamelle und Entoderm besteht. Am freien Ende wuchert das Ektoderm nach innen und schnürt eine Portion ab, die sich kappenförmig um den als Spadix bezeichneten Entodermkegel herumlegt. Innerhalb dieser abgeschnürten Ektodermmasse entwickeln sich die Geschlechtszellen, und zwar in demselben Polypen entweder nur männliche oder nur weibliche. Die weiblichen Gonophoren enthalten einige wenige Eier, die in der Weise entstehen, daß eine Anzahl von Keimzellen verschmelzen, aber nur ein Kern bestehenbleibt, der zum Eikern wird. Das befruchtete Ei läßt noch innerhalb des Gonophors eine kleine, mit einigen Tentakeln ausgestattete Larve entstehen, die

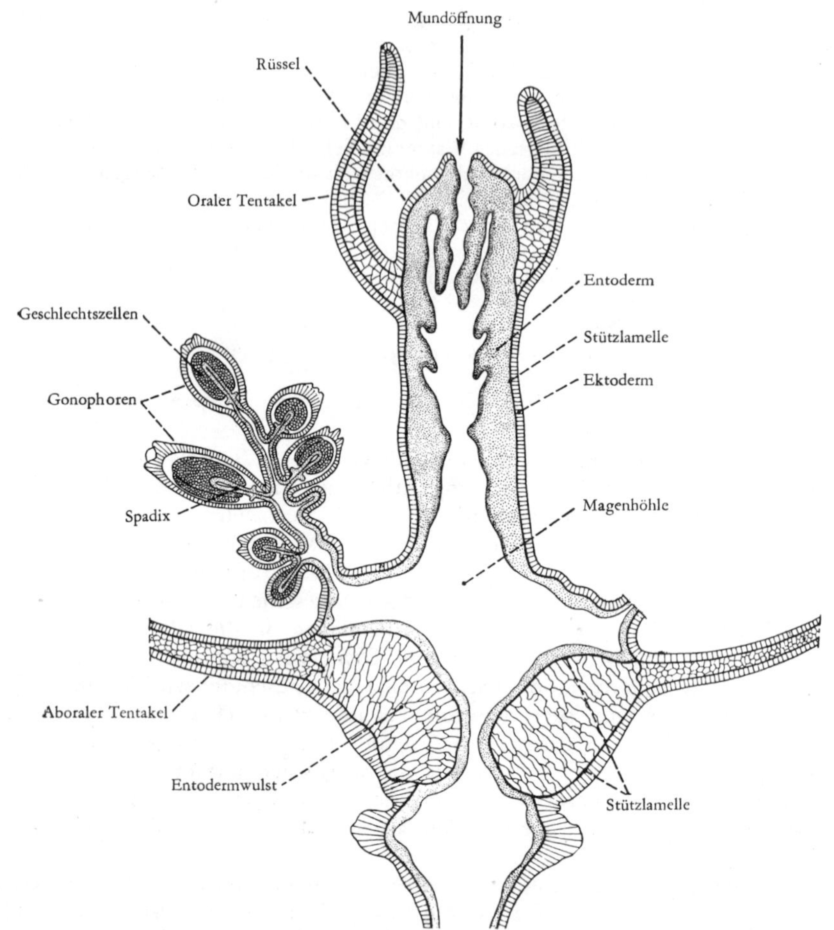

Abb. 44: Längsschnitt durch einen Polypen von *Tubularia larynx*

Actinula, die aus der von drei oder vier Höckern umstellten Öffnung am freien Ende des Gonophors ausschlüpft. Die Larve setzt sich bald darauf fest und wandelt sich in einen Polypen um, den Primärpolypen der künftigen Kolonie. – Bei anderen Arten der gleichen Gattung, so z.B. bei *Tubularia dumortieri*, entwickeln sich die Gonophoren zu richtigen Medusen, die sich vom Stöckchen loslösen.

Der feinere Bau von *Tubularia larynx* wird am besten an Längsschnitten einzelner Polypenköpfchen untersucht. Abb 44.

In diesen Präparaten fällt zunächst ein ringförmiger Wulst auf, der in Höhe der aboralen Tentakel den inneren Hohlraum zu einem schmalen Kanal verengt. Dieser Wulst, eine Besonderheit der Gattung *Tubularia*, entsteht durch Umbildung, vor allem Vakuolisierung von Entodermzellen und stellt eine Art von Füllgewebe (Parenchym) dar. Von einer «Mesogloea» oder gar einem mesodermalen Gewebe zu sprechen, wie es bisweilen geschieht, ist somit nicht gerechtfertigt. Eine entsprechende, wenn auch weniger stark entwickelte Bildung findet sich bei anderen Vertretern der Familie in Höhe der oralen Tentakel, was es wahrscheinlich macht, daß es sich um Stützeinrichtungen für die Tentakel handelt.

Der erwähnte Kanal, der die Magenhöhle des Hydranthen mit dem den ganzen Stiel durchsetzenden Hohlraum verbindet, erweitert sich unmittelbar unterhalb des Entodermwulstes, was äußerlich in einer ringförmigen Anschwellung, dem «Knopf», zum Ausdruck kommt, der dadurch noch mehr hervortritt, daß in seinem Bereich die Zellen des Ektoderms besonders hoch werden.

Die Tentakel, die wir bei *Hydra* hohl fanden, sind hier von großen, unregelmäßig in mehreren Reihen angeordneten Entodermzellen erfüllt. In den unteren Tentakeln sind die Maschen der Entodermzellen etwas enger als in den oberen, wo sie besonders an der Spitze sehr groß werden. Nach außen zu folgt auf das Entoderm die Stützlamelle und dann das Ektoderm mit seinen zahlreichen Nesselzellen.

Im oberen Abschnitt des Gastralraumes erhebt sich das Entoderm zu Längsfalten. Die Stützlamelle umschließt allseitig den oben erwähnten Entodermwulst und grenzt ihn somit gegen das axiale Entoderm der Tentakel und das den Gastralraum auskleidende, unveränderte Entoderm ab.

Falls an Stelle von *Tubularia larynx* Präparate von *Tubularia indivisa* verteilt wurden, werden wir gewisse Abweichungen feststellen. So hängen die Gonophorentrauben bei dieser Art nach unten, während sie bei *T. larynx* aufrechtstehen, und zeigen, falls es sich um weibliche Gonophoren handelt, einen fingerförmigen Fortsatz. Die Hydranthenstiele sind bei *T. indivisa* bisweilen sehr lang, und das Periderm ist dicker und von bräunlicher Farbe.

3. *Cordylophora caspia*

Die wie *Tubularia* zu der Unterordnung der Athecatae gehörende *Cordylophora caspia* kommt im Brackwasser, seltener im Süßwasser vor, während alle anderen Hydroidpolypen, mit Ausnahme von *Hydra*, Meeresbewohner sind. Sie kann dichte Rasen aus horizontal gelagerten Röhren (Stolonen) und sich senkrecht daraus bis zu einer Höhe von 8 cm erhebenden Stämmen bilden. Jeder Stamm (Hydrocaulus) gibt in ziemlich regelmäßigen Abständen Seitenäste ab, die sich ihrerseits in der gleichen Weise weiter verzweigen können und schließlich in Polypenstielen (Hydranthophoren) enden, an deren Spitze die jüngsten Polypenköpfchen (Hydranthen) sitzen, während der zuerst entstandene Polyp den Hauptstamm des ganzen Stöckchens bildet (monopodiale Verzweigung). Am Polypenstiel entwickeln sich als seitliche Aussprossungen die Geschlechtsindividuen (Gonophoren). Der Hydrocaulus und alle seine Zweige werden vom Periderm umhüllt und gestützt, das auch um die Gonophoren herum eine kräftige Kapsel bildet, während die Polypenköpfchen einer Peridermhülle entbehren.

Die Polypenköpfchen sind langgestreckt, die endständigen am größten und mehr aufgetrieben. Wie bei *Tubularia*, so bildet auch hier der vorderste, die Mundöffnung tragende Teil eine Art Rüssel (Proboscis). Die Tentakel sitzen nicht, wie bei *Tubularia*, in zwei Kränzen, sondern unregelmäßig zerstreut und in wechselnder Zahl, bis über 20, an der oberen Hydranthenhälfte (Abb. 45).

Die Gonophoren sind ansehnliche Gebilde von etwa eirunder Gestalt, an deren Aufbau sich alle Schichten des Weichkörpers sowie das umhüllende Periderm beteiligen. Sehr wahrscheinlich handelt es sich auch bei *Cordylophora* um rückgebildete Me-

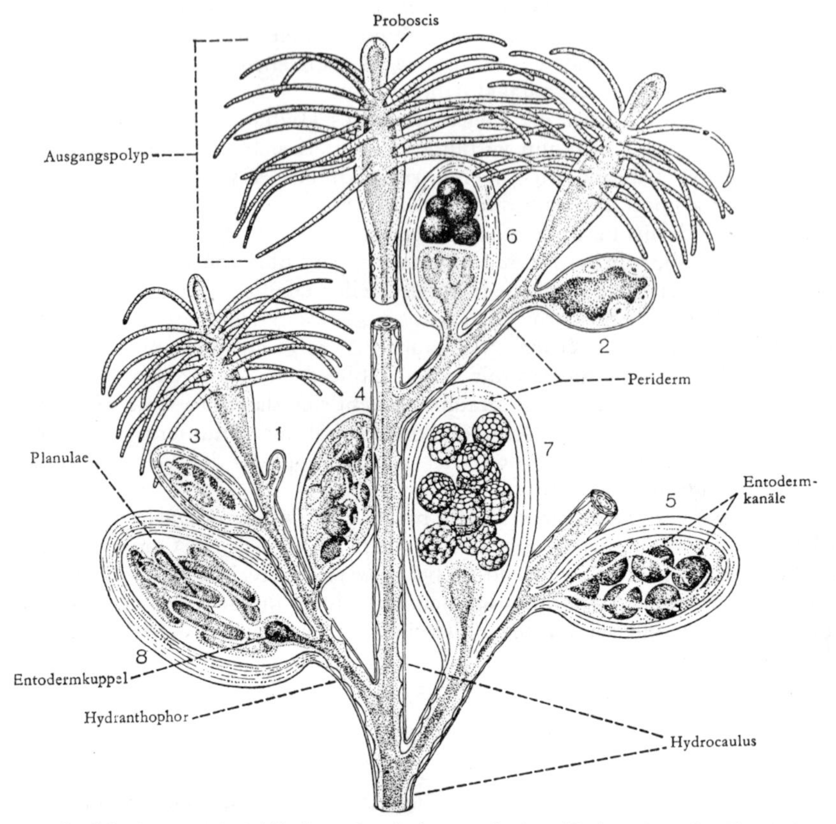

Abb. 45: *Cordylophora caspia.* Teil eines Stöckchens mit drei Hydranthen (an der Spitze der des Ausgangspolypen) und acht weiblichen Gonophoren (1–8) in aufeinanderfolgenden Entwicklungsstadien. Im Gonophor links unten Planulalarven kurz vor dem Ausschlüpfen. (Nach F. E. SCHULZE)

dusen. Es wird aber auch die Meinung vertreten, daß sich die Gonophoren in diesem Fall unmittelbar von Hydranthen ableiten, die Tentakel und Mundöffnung verloren haben. Die Kolonien sind eingeschlechtlich, ein bestimmtes Stöckchen bildet also nur männliche, ein anderes nur weibliche Gonophoren. Die Eizellen entwickeln sich im Ektoderm des Haupthydranthenstieles und wandern von hier zu den Gonophoren hin, während die männlichen Geschlechtszellen in diesen selbst entstehen. Das Ektoderm der Gonophoren wuchert mit den Geschlechtszellen nach innen vor und drängt den entodermalen Hohlraum auf ein baumförmig verzweigtes Kanalsystem zusammen (Ernährungskanäle). Die Befruchtung findet im Innern des Gonophors statt, das schließlich ganz mit Furchungsstadien der Eier oder Larven erfüllt ist. Das Entoderm ist dann auf eine kleine Kuppel an der Basis zurückgedrängt. Schließlich platzt der

Gonophor am äußeren Pol auf und die als Planulae bezeichneten Larven schlüpfen aus. Sie schwärmen einige Stunden umher, setzen sich dann mit dem Vorderpol fest und wandeln sich unter Durchbruch der Mundöffnung am entgegengesetzten Ende und Aussprossen der Tentakel zu dem Ausgangspolypen eines neuen Stöckchens um.

Wenden wir stärkere Vergrößerung an, um den Bau der Tentakel zu studieren, so sehen wir einen Unterschied gegenüber dem der *Tubularia*-Tentakel. Das Entoderm besteht nämlich hier aus einer einzigen Reihe hintereinander liegender, saftreicher Entodermzellen (Turgorzellen), in deren Mitte der Kern liegt. Nach der Spitze des Tentakels zu werden diese Zellen immer höher.

Nicht selten wird man übrigens im Präparat an den Stämmen kugelförmige Körperchen sitzen finden, in deren Mitte ein stark gefärbter, wurstförmiger Körper sichtbar wird. Es sind das Vorticellen, die mit konserviert und gefärbt worden sind; der wurstförmige Körper ist der Kern (vgl. S. 57).

4. *Laomedea flexuosa*

Diese in der Nord- und Ostsee sehr häufige, große Form, die früher als *Campanularia flexuosa* bezeichnet wurde, gehört, wie wir bei schwacher Vergrößerung auf den ersten Blick erkennen, zur Unterordnung der Thecaphorae: Die Peridermhülle des Stieles erweitert sich zu Bechern (Hydrothecae), die die Hydranthen umgeben.

Laomedea flexuosa bildet aufrecht stehende Kolonien, die sich, im Gegensatz zu den Athecatae, sympodial verzweigen. Die Seitenzweige enden entweder in Hydranthen oder in Gonangien, d.h. in Peridermkapseln (Gonothecae), die eine Anzahl von Geschlechtsindividuen (Gonophoren) einschließen. Gonotheken und Hydrotheken stellen eine unmittelbare Fortsetzung des den Hydrocaulus umgebenden Peridermrohres dar, das im Bereich ihrer Stiele eine sehr charakteristische Ringelung aufweist. Die Hydrotheken gewähren den zurückziehbaren Polypenköpfchen Schutz, was man am Präparat erkennen kann, da einige der Köpfchen gänzlich in sie eingezogen sind, während andere mit ausgestreckten Tentakeln aus der Hydrothek hervorragen.

Bei Anwendung stärkerer Vergrößerung sehen wir, besonders deutlich innerhalb der Hydranthenstiele, einen von einschichtigem Entoderm ausgekleideten Kanal, der die ganze Kolonie durchzieht und sich innerhalb eines jeden Polypenköpfchens zum Magenraum erweitert, in dessen Bereich die Entodermzellen besonders hoch sind. Nach außen zu vom Entoderm liegt, durch die zarte Stützlamelle von ihm getrennt, das gleichfalls einschichtige Ektoderm, das sich, nachdem es die Peridermhülle abgeschieden hat, zurückzieht; es bleibt nur hier und da durch seitliche Ausläufer mit dem Periderm in Verbindung. Im untersten Abschnitt einer jeden Hydrothek bildet das Periderm eine ringförmige Querwand (Diaphragma), auf der die durch einen Ektodermwulst verbreiterte Basis des Polypenköpfchens aufsitzt.

Der obere, die Mundöffnung tragende Abschnitt des Hydranthen ist zu einem typischen Rüssel (Proboscis) verschmälert, der von drüsig umgewandelten, einen Schleim absondernden Entodermzellen ausgekleidet wird. Dem unteren, erweiterten Abschnitt des Hydranthen sitzt ein einfacher Kranz fingerförmiger Tentakel auf. Im Ektoderm der Tentakel sehen wir zahlreiche, etwas vorspringende Nematocyten; die solide Achse wird von in einer Reihe angeordneten Entodermzellen gebildet.

Die Gonophoren entstehen als seitliche Ausbuchtungen eines gemeinsamen Stieles, des Blastostyls, der den morphologischen Wert eines umgewandelten Hydranthen hat. Oben erweitert sich der Blastostyl und schließt mit einer breiten ektodermalen Endplatte ab. Die Gonophoren von *L. flexuosa* sind als stark rückgebildete Medusen zu betrachten, und zwar die weiblichen als heteromedusoide, die männlichen als styloide Gonophoren (vgl. Abb. 37 D und E). Die Kolonien sind getrenntgeschlechtlich. Die weiblichen Gonophoren enthalten je ein großes Ei, aus dem sich eine Planula-Larve entwickelt.

Vergleichen wir mit der eben betrachteten jetzt noch eine andere Art derselben Gattung, *L. geniculata*, so werden wir einige Unterschiede feststellen können. *L. geniculata* ist eine namentlich auf Laminarien sehr häufige Art, die wenig verzweigte Kolonien bildet. Das Periderm zeigt bei ihr unterhalb der Polypenstiele sehr charakteristi-

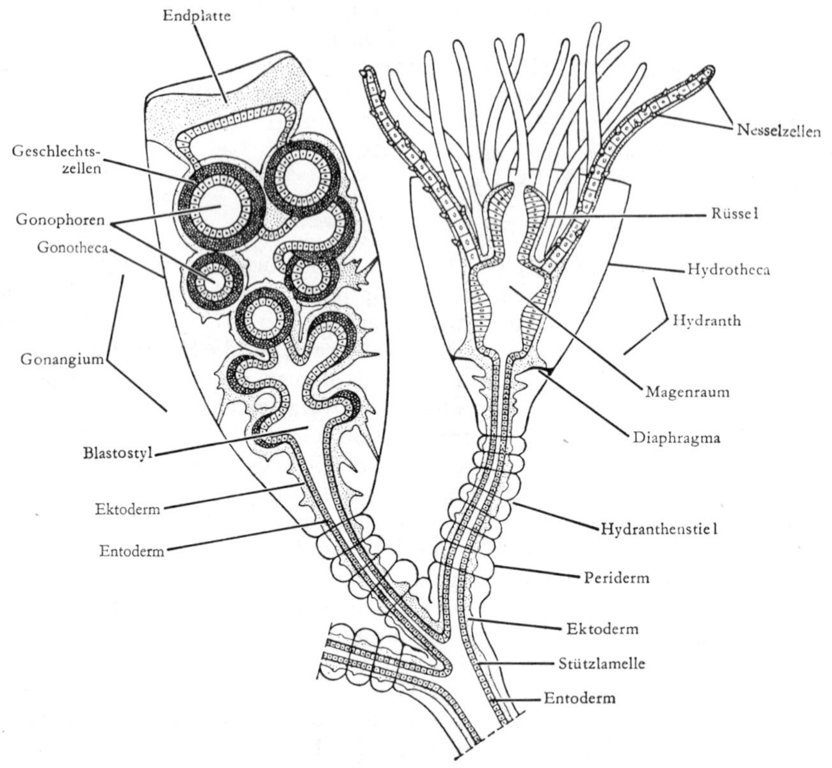

Abb. 46: *Laomedea flexuosa*, Nährpolyp und Gonangium

sche, nach innen gerichtete Verdickungen und bildet an der Spitze der Gonotheken einen Kragen, der ihre enge Öffnung umfaßt. Der auffallendste Unterschied betrifft jedoch die Gonophoren: es sind bei dieser Art echte, 16–20 Tentakel tragende Medusen, die aus der Öffnung der Gonothek ausschlüpfen, um ein freies Leben zu führen. Wir können in unseren Präparaten neben fertigen Medusen auch verschiedene Stadien ihrer Entwicklung auffinden. Wir werden diese, gewöhnlich mit dem Gattungsnamen *Obelia* bezeichneten Medusen im nächsten Kapitel genauer behandeln. Es ist sehr bemerkenswert, daß *L. flexuosa* und *L. geniculata*, obwohl es sich um nah verwandte Arten handelt, so beträchtliche Unterschiede hinsichtlich der Morphologie der Gonophoren aufweisen, in dem einen Fall handelt es sich um Medusen, im anderen um heteromedusoide oder gar styloide Gonophoren. Diese Tatsache läßt den taxonomischen Wert der Gonophoren recht gering erscheinen; sie stützt andererseits die Auffassung, die in den so stark vereinfachten Gonophoren von *L. flexuosa* Endstadien der Medusenrückbildung erblickt.

II. Hydrozoa: Hydromedusen

A. Technische Vorbereitungen

Für das Studium der Hydromedusen sind fertige, mit Boraxkarmin oder Hämalaun gefärbte mikroskopische Präparate erforderlich. Und zwar wurden hier als Vertreter der Anthomedusen *Sarsia*, als Vertreter der Leptomedusen *Obelia (Laomedea)* und als Vertreter der Trachymedusen *Liriope* gewählt. Von *Sarsia* können auch mit Formol fixierte, in Glyzerin aufbewahrte Exemplare verteilt werden.

B. Allgemeine Übersicht

Als Medusen oder Quallen werden zwei verschiedene Gruppen von freischwimmenden Coelenteraten bezeichnet, von denen wir die eine, die Hydromedusen, bereits erwähnt haben; es waren die sich vom Stock ablösenden Geschlechtstiere der Hydroidpolypen. Die zweite Gruppe, die der Scyphomedusen (S. 96), zeigt neben

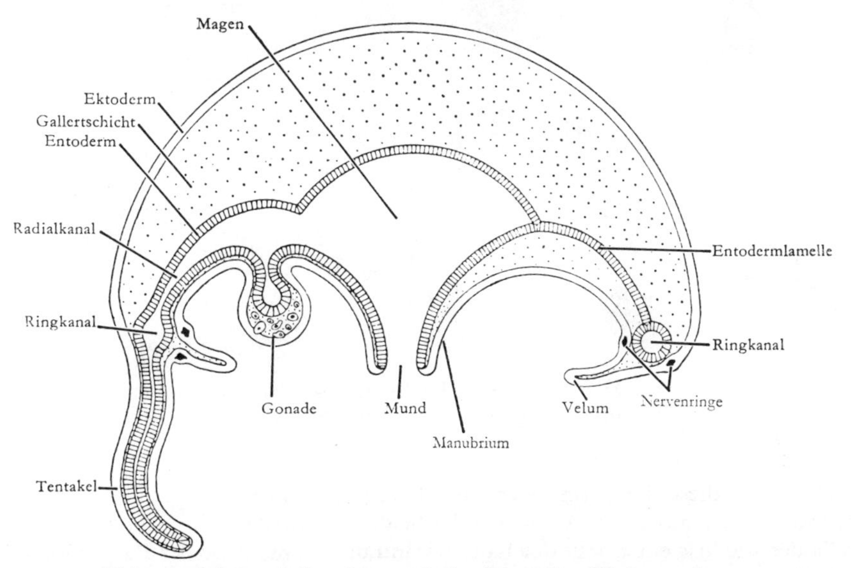

Abb. 47: Schematischer Längsschnitt durch eine Hydromeduse

mancherlei Ähnlichkeiten mit den Hydromedusen auch deutliche Unterschiede. Auch die Herkunft der Scyphomedusen ist eine andere, indem sie nicht von Hydropolypen, sondern von den anders gebauten Scyphopolypen abstammen, wenn sie überhaupt ein Polypenstadium aufweisen, was keineswegs allgemein der Fall ist.

Bei den Hydroidpolypen hatten wir diejenigen Formen von Geschlechtstieren näher kennengelernt, die sich nicht ablösen, um als Hydromedusen ein freies Leben zu führen, sondern am Stocke verbleiben: die sessilen Gonophoren. Die freiwerdenden Hydromedusen erreichen in Übereinstimmung mit den neuen Existenzbedingungen, die die schwimmende Lebensweise mit sich bringt, in vieler Hinsicht eine höhere

Organisationsstufe. Ihre Form ist die einer flachen Schale oder einer hochgewölbten Glocke, aus der, von der Mitte der Unterseite entspringend, ein verschieden langes Rohr herabhängt. Die Glocke wird als Umbrella, ihre gewölbte Oberseite als Exumbrella, ihre ausgehöhlte Unterseite als Subumbrella und das herabhängende, mit der Mundöffnung beginnende Rohr als Magenstiel oder Manubrium bezeichnet. Der bei den Polypen einfach gebaute Gastralraum gliedert sich bei den Medusen in einen Magen, der sich entweder auf den Magenstiel beschränkt oder bis in den Schirm hinaufzieht und sich hier sackartig erweitert, in die von seinem oberen Ende zur Peripherie des Schirmes ziehenden Radialkanäle (ursprünglich 4 an Zahl) und in den sie verbindenden, in der Peripherie des Schirmes liegenden Ringkanal (Abb. 47 u. 48). Die Gesamtheit dieser inneren Räume wird als Gastrovaskularsystem bezeichnet.

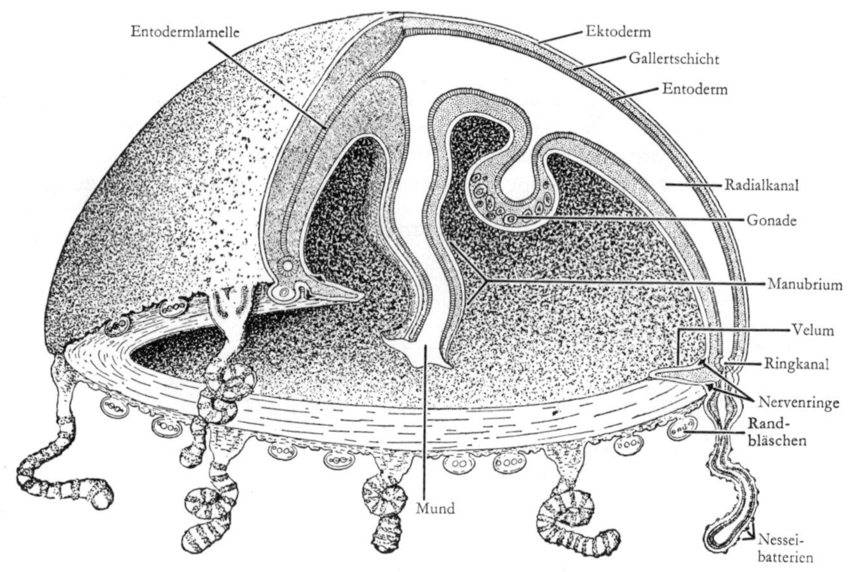

Abb. 48: Schematische Darstellung einer Hydromeduse, der etwas mehr als ein Quadrant ausgeschnitten ist. (Nach PARKER und HASWELL, verändert)

Daß trotz dieser Umformungen die Meduse nur ein modifizierter Hydroidpolyp ist, erkennt man aus einem Vergleich der beiden Schemata Abb. 35 u. 47. Die Exumbrella der Meduse entspricht der Körperwand und Fußscheibe des Polypen, die Subumbrella dem Peristom, der Magenstiel dem Rüssel, wie er sich bei vielen Polypen vorfindet. Die Längsachse des Polypen verkürzte sich, während sich der Körperdurchmesser vergrößerte. Die wichtigste Abwandlung liegt aber darin, daß die einfache Stützlamelle des Polypen zu einer mächtigen, bei Hydrozoen zellfreien, aber von Fibrillen durchzogenen Gallertschicht wurde. Sie ist von den zum Schirmrand ziehenden Radialkanälen durchsetzt. Zwischen den Radialkanälen ist das exumbrellare und das subumbrellare Entoderm zu einer Lamelle, der einschichtigen Entodermlamelle, geworden (Abb. 47 rechts).

Der ganze Schirm sowie die Außenseite des Magenstieles sind von Ektodermepithel bedeckt, während das gesamte Gastrovaskularsystem von entodermalem Geißelepithel ausgekleidet ist.

Wie bei den Hydroidpolypen an der Grenze von Körperwand und Peristom, so finden sich auch bei den Hydromedusen an entsprechender Stelle, also am Schirmrand, hohle oder solide, mit Nematocyten ausgerüstete Tentakel.

Neue, in Übereinstimmung mit dem frei beweglichen Leben auftretende Organe sind das Velum und die an der Peripherie des Schirmes sitzenden Sinnesorgane. Das Velum ist ein vom Schirmrand nach innen vorspringender, ektodermaler Saum, in den die Stützlamelle eintritt. Es dient zusammen mit der Subumbrella als Bewegungsorgan und hat wie diese eine wohlausgebildete Ringmuskulatur. Durch eine kräftige Kontraktion der subumbrellaren Muskulatur wird das Wasser aus der Glockenhöhle bei gleichzeitiger Verengung der zentralen Öffnung des Velums ausgestoßen. Durch den Rückstoß schwimmt die Meduse mit der Exumbrella voran. Wenn die Muskulatur erschlafft, nimmt die Glocke, dank der Elastizität der Mesogloea wieder ihre frühere Form an.

Als Lichtsinnesorgane dienen einfache, an der Basis der Tentakel sitzende Augen (Ocellen); neben ihnen oder statt ihrer findet man nicht selten Schweresinnesorgane (Statocysten), vom Ektoderm gebildete offene Grübchen oder geschlossene Bläschen, in denen ein frei beweglicher Statolith den Härchen von Sinneszellen aufruht.

Auch das Nervensystem steht bei den Medusen auf einer höheren Organisationsstufe als bei den Polypen. Es kommt hier zu einer Art Zentralisation, indem sich die Nervenzellen mit ihren Fasern zu zwei Ringen am Schirmrand anordnen, von denen der eine oberhalb, der andere unterhalb der Basis des Velums liegt (vgl. Abb. 47 u. 48). Der obere Ring ist den Tentakeln und Ocellen zugeordnet, der untere den Statocysten sowie der Muskulatur des Velums und der Subumbrella. Daneben ist aber auch bei den Medusen ein diffuser Nervenplexus erhalten, der sich an der ganzen Subumbrella, dem Magenstiel und den Tentakeln ausbreitet. Der Exumbrella fehlt ein Plexus.

Die Hydromedusen entstehen stets ungeschlechtlich, als seitliche Ausknospungen eines Polypenstöckchens. Die von athekaten Polypen abstammenden Medusen werden als Anthomedusen bezeichnet, die von thekaten als Leptomedusen. Die Anthomedusen sind fast stets stark gewölbt, die Leptomedusen in der Regel scheibenförmig.

Die Geschlechtsprodukte entwickeln sich, wie bei den sessilen Gonophoren, aus dem Ektoderm, und zwar entweder am Magenstiel (Anthomedusen) oder an den Radialkanälchen (Leptomedusen). Sie liegen zwischen Stützlamelle und Ektodermzellen. Die Hydromedusen sind meist getrenntgeschlechtlich.

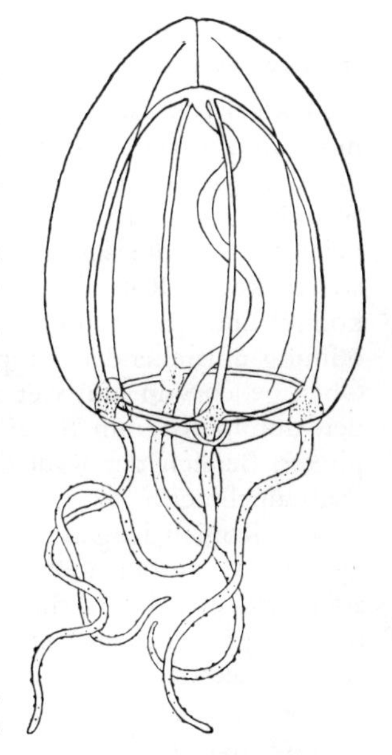

Abb. 49: *Sarsia producta*. (Nach Böhm)

C. Spezieller Teil

1. *Sarsia producta*

Sarsia producta kommt bei Helgoland von April bis Juni vor. Von März bis Juli ist *Sarsia tubulosa* dort häufiger, in der Ostsee sehr häufig. Man verteilt entweder gut konservierteExemplare einer dieser Arten in Boverischalen mit Alkohol (bzw. Glyzerin) zur Lupenbetrachtung oder fertig gefärbte Präparate.

Sarsia gehört zu den Anthomedusen, und zwar zur Familie der Codonidae. Die etwa 4 mm hohen, 3 mm breiten Medusen haben eine hochgewölbte Gestalt (Abb. 49). Die Gallertmasse der Umbrella ist stark entwickelt und die Meduse daher ziemlich derb. Die Subumbrella ist sehr tief ausgehöhlt. Man sieht das besonders deutlich, wenn man das Tier mit der Nadel so orientiert, daß man in die Glocke hinein schauen kann. Am Rande zwischen Exumbrella und Subumbrella verläuft ein schmales aber deutliches Velum, an dem man mit schwacher Mikroskopvergrößerung die Ringmuskulatur erkennt. Der Magenstiel ist außerordentlich kontraktionsfähig und daher an konservierten Exemplaren verschieden lang, meist aber in die Glocke zurückgezogen.

Der Magen nimmt das Innere des Magenstiels ein; er erweitert sich in seinem unteren Abschnitt. Nach oben zu setzt er sich als feiner Kanal durch die Gallerte bis zur Exumbrella fort. Die vier vom Magen ausgehenden Radialkanäle sind deutlich zu sehen. Da, wo die Radialkanäle in den Ringkanal einmünden, sieht man eine Verdickung, in deren ektodermalem Epithel ein runder Ocellus liegt, und von der aus die vier hohlen, meist stark kontrahierten Tentakel abgehen. An einzelnen Exemplaren sieht man auch die Gonaden, die als einheitliche Masse den Mundstiel umgeben.

2. *Obelia (Laomedea) geniculata*

Diese kleine, im Durchmesser nur wenige Millimeter messende Meduse ist an den atlantischen Küsten Europas sehr verbreitet und gehört mit anderen, schwer zu unterscheidenden Arten der gleichen Gattung zu den – von thekaphoren Hydroidpolypen abstammenden – Leptomedusen. Die Leptomodeusen sind besonders dadurch charakterisiert, daß sie ihre Geschlechtsprodukte nicht am Magenstiel, sondern an der Wandung der Radialkanäle bilden (Abb. 50).

Es werden fertige gefärbte Präparate ausgeteilt, die zunächst mit schwacher, dann mit stärkerer Vergrößerung zu untersuchen sind.

Der Schirm ist kreisrund und flach scheibenförmig; von einer «Glocke» kann man hier kaum sprechen. Die Mundöffnung erscheint bei rein ventraler Ansicht als ein Quadrat, dessen Ecken zipfelförmig ausgezogen sind. Sie liegt an der Spitze eines Mundrohres (Manubrium), das wir aber nur bei solchen Präparaten sehen können, bei denen es in die Ebene der Scheibe umgeklappt ist (Abb. 50.). Das Manubrium ist ein weites, kurzes Rohr, das von einer viereckigen Erweiterung im Zentrum der Scheibe kommt und sich nach unten zu ausweitet, wo es mit vier zungenförmigen, die Mundöffnung umstellenden Lappen endet. Im Innern des Manubriums liegt der Magen. Oben gehen von ihm vier rechtwinklig gestellte Radialkanäle ab, die peripher in den unmittelbar am Scheibenrand verlaufenden Ringkanal einmünden. Im peripheren Bereich der Radialkanäle sind die Gonaden als kugelige Anschwellungen wahrzunehmen.

Die ziemlich langen Tentakel stehen sehr zahlreich am Schirmrand; auf jeden Quadranten entfallen etwa 14 bis 18, doch ist ihre Zahl nicht konstant. Die Tentakel sind solid, aus einer Achse von regelmäßig aneinandergereihten Entodermzellen und dem mit großen Nematocyten versehenen Ektoderm bestehend. An der Basis der meisten Tentakel sehen wir kleine Anschwellungen, die halbkugelförmig über den Schirmrand vorspringen; einigen Tentakeln, so namentlich den noch nicht zu voller Länge entwickelten, fehlen diese Basalknöpfe. Im Bereich des Basalknopfes kann man bei bestimmten Tentakeln mit der starken Vergrößerung ein kleines, helles, scharf umrandetes Bläschen liegen sehen. Es handelt sich um die Statocysten oder Randbläschen (Abb, 50). Im ganzen sind acht Statocysten vorhanden, so daß auf jeden Quadranten zwei entfallen, in ziemlich regelmäßiger «adradialer» Anordnung. Wir dürfen sie nicht verwechseln mit den von der Basis eines jeden Tentakels nach innen vorspringenden «Bläschen», die nur die basalen Entodermzellen der Tentakel darstellen.

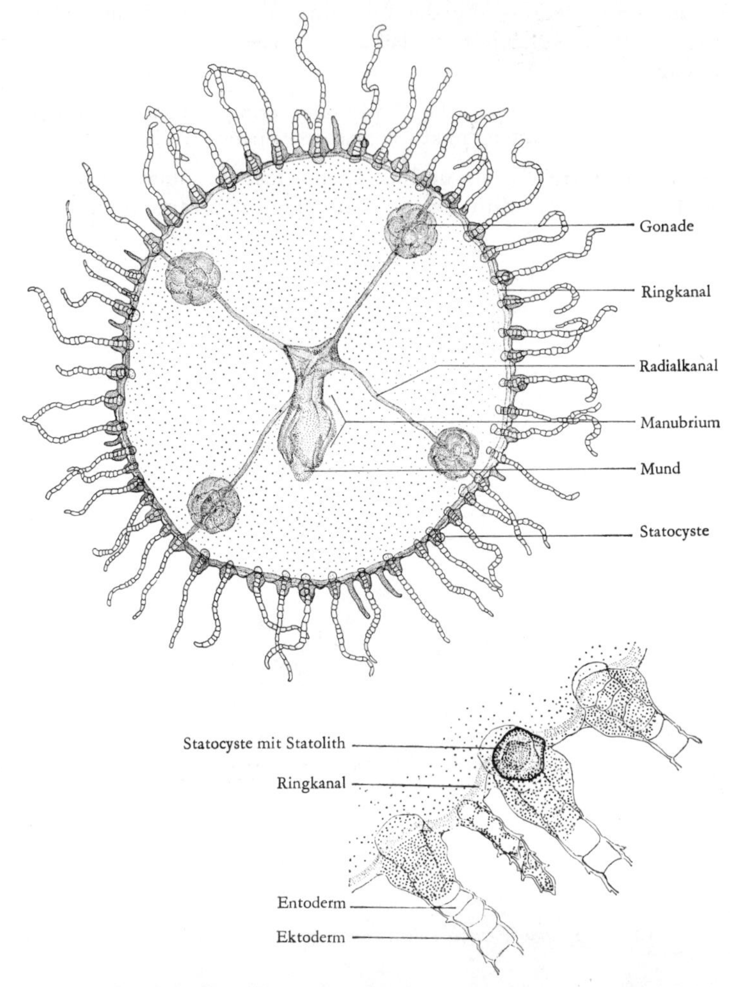

Abb. 50: *Obelia (Laomedea) geniculata.* Oben Ventralansicht. 25 ×. Unten ein Stück Schirmrand mit Statocyste, den Basen einer sprossenden und dreier entwickelter Tentakel. 60 ×. (Nach einem Präparat)

Die Statolithen selbst sind nur dann noch vorhanden, wenn die Tiere mit säurefreiem Formol fixiert wurden. Ocellen kommen bei *Obelia* nicht vor. Die Nematocyten sind als dunkle Pünktchen an den Tentakeln gut zu erkennen; sie zeigen eine ringförmige Anordnung.

Ein Velum, wie es für die große Mehrzahl der Hydromedusen so charakteristisch ist (craspedote Medusen), kommt *Obelia* nicht zu; es ist wahrscheinlich sekundär rückgebildet worden.

3. *Liriope eurybia*

Liriope ist eine besonders im Mittelmeer sehr häufige und in großen Schwärmen auftretende Hydromeduse, die der Ordnung Trachylina angehört, bei der ein Generationswechsel fehlt, so daß aus den Eiern der Meduse direkt wieder Medusen entstehen.

Sie eignet sich wegen ihrer flachen Form und geringen, meist unter 1 cm betragenden Größe sehr gut zur Anfertigung mikroskopischer Präparate (Abb. 51).

Der Schirm ist kreisförmig und flach, an seiner Peripherie sieht man ein breites, zartes Velum. Aus der Mitte der Subumbrella entspringt mit konischer Basis ein

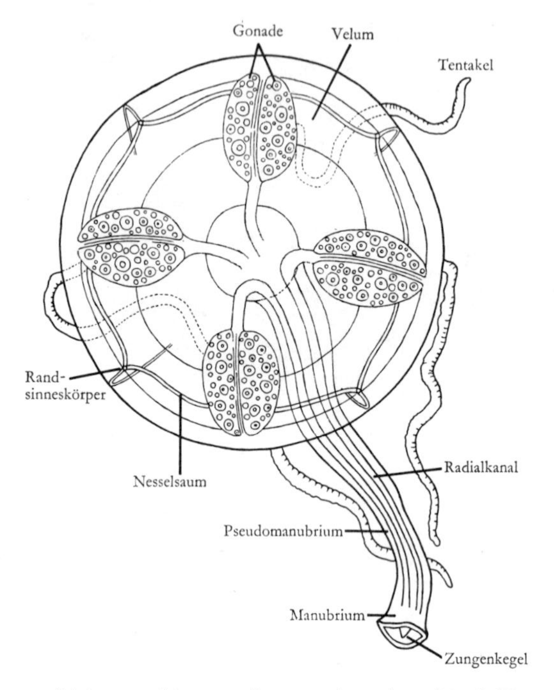

Abb. 51: *Liriope eurybia* von oben gesehen 6×. (Nach HAECKEL)

Gebilde, an dessen unterem Ende die Mundöffnung liegt, und das wir daher zunächst ohne Bedenken als den Magenstiel (Manubrium) ansprechen werden. Aus der quadratischen, ganzrandigen, also nicht gelappten Mundöffnung springt eine gallertige Spitze, der Zungenkegel, vor.

Der Mund führt direkt in den Magen, der nur einen recht kleinen, untersten Abschnitt des «Magenstiels» einnimmt und von dessen oberem Ende die vier Radialkanäle zum Schirm emporsteigen. Nur dieser unterste Abschnitt ist daher streng genommen als Magenstiel zu bezeichnen, sein ganzer oberer Abschnitt, der bis auf die vier Radialkanäle einen soliden, gallertartigen Zapfen bildet, stellt in Wirklichkeit einen nach unten ausgezogenen Teil der Subumbrella dar und wird daher besser als Pseudomanubrium bezeichnet.

An den Radialkanälen sitzen die stark entwickelten Gonaden, entweder männliche, oder weibliche, die sofort an den großen Eiern zu erkennen sind. Die Gonaden haben die Form von flachen, eiförmigen Blättern, die peripher bis zum Ringkanal reichen.

Dort, wo die Radikalkanäle den Schirmrand erreichen, entspringen die vier Tentakel, die hohl und länger als der Schirmdurchmesser sind.

Es sind acht Randsinneskörper vorhanden, vier an den Tentakelbasen und vier dazwischen stehend. Wendet man stärkere Vergrößerung an (Vorsicht!), so sieht man, daß es sich bei den Trachymedusen nicht um Bläschen, sondern um kleine, vom Schirmrand frei herabhängende Kölbchen handelt, die wahrscheinlich als verkürzte und umgebildete Tentakel aufzufassen sind. Ihre entodermale Achse bildet den Statolithen aus, ein konzentrisch geschichtetes Kalkkörperchen, weshalb diese Organe auch als «Steinkölbchen» bezeichnet werden. Das ganze Kölbchen sitzt einem Polster ektodermaler, lange, feine Fortsätze tragen der Sinneszellen auf und stellt, wie die Statocysten von *Obelia*, ein Gleichgewichtssinnesorgan dar.

Bei starker Vergrößerung sieht man deutlich, daß die Muskulatur der Subumbrella und des Velums quergestreift ist. Ein dem Schirmrand parallel laufendes Band, das besonders dicht mit Nesselzellen besetzt ist, wird als der «Nesselsaum» bezeichnet.

Aus den Eiern von *Liriope* entwickeln sich Planulalarven, die dann durch Mund- und Tentakelbildung zu Actinulalarven werden, die sich ihrerseits unmittelbar zu Medusen umwandeln.

III. Scyphozoa

A. Technische Vorbereitungen

Als Beispiel der Scyphomedusen ist *Aurelia aurita* zu empfehlen, eine Art, die in der Nord- und Ostsee zu bestimmten Jahreszeiten in gewaltigen Schwärmen auftritt. Es ist leicht, bei einer solchen Gelegenheit Material zu konservieren, das für viele Jahre ausreicht. Die Tiere werden vom Boot aus mit dem Netz einzeln gefangen und in 2%igem Formol fixiert. Man fängt aus dem Schwarm vorteilhaft weibliche Tiere heraus, deren Mundarme mit Eiern und Larven voll besetzt sind, was sich schon mit bloßem Auge leicht erkennen läßt. – Außerdem werden mikroskopische Präparate von sehr jungen Exemplaren von *Aurelia aurita* gebraucht (Durchmesser bis etwa 1 cm), ferner von Ephyren der gleichen Art sowie schließlich von erwachsenen Exemplaren von *Nausithoë punctata*.

B. Allgemeine Übersicht

Wie die Hydromedusen aus den Hydropolypen hervorgehen, so die Scyphomedusen, die Medusenform der Scyphozoa, aus Scyphopolypen. Die Hydromedusen entstehen an den Hydropolypen durch laterale Knospung, die Scyphomedusen aus den Scyphopolypen durch terminale Knospung, indem sich die Mundscheibe des Polypen abschnürt und zur freischwimmenden Meduse wird, oder indem durch übereinanderliegende, ringförmige Einschnürungen gleich ein ganzer Satz von Medusen entsteht (Strobilation). Der Scyphopolyp kann sich durch seitliche Knospung vermehren. Bei den Scyphozoa spielt die Polypengeneration meist nur eine untergeordnete Rolle gegenüber der durchaus dominierenden, hoch entwickelten Meduse. Das Polypenstadium kann sogar ganz fortfallen; dann entwickelt sich aus dem befruchteten Ei der Meduse wieder eine junge, freischwimmende Meduse. Es gibt aber auch rein polypoide, festsitzende Scyphozoa (Ordnung Stauromedusae).

Der nur 1–7 mm große Scyphopolyp, Scyphostoma genannt, unterscheidet sich vom Hydropolypen vor allem durch vier entodermale, an Drüsenzellen reiche Längsfalten (Gastralwülste, Septen oder Täniolen, Abb. 52 u. 58), die weit nach innen vorspringen und die Peripherie des Gastralraumes in vier Gastraltaschen unterteilen. Die Septen sind von zelliger Mesogloea erfüllt und von Längsmuskelsträngen durchsetzt, die an trichterförmigen Einsenkungen des Mundscheibenektoderms ihren Anfang nehmend bis zur Basis des Polypen ziehen. Durch Öffnungen im oberen Bereich der Septen sind die Gastraltaschen ringförmig miteinander verbunden. Die Mundscheibe erhebt sich zu einer vierkantigen Proboscis; die an ihrem Rand entspringenden Tentakel sind mit einer einreihigen Achse von Entodermzellen ausgefüllt. Die Basis des Polypen scheidet einen kleinen Peridermnapf ab.

Die Scyphomeduse ist von glocken-, würfel- oder scheibenförmiger Gestalt. Die Mesogloea ist stark entwickelt, in der Exumbrella wie auch in der Subumbrella (vgl. Abb. 53), und enthält neben zahlreichen Fibrillen auch Zellen, so daß sie bei den Scyphomedusen den Charakter eines Bindegewebes annimmt. Auf der Unterseite hängt ein verschieden langer Magenstiel herab. Am Rand fehlt das Velum der Hydromedusen (daher acraspede Medusen!), dagegen finden sich hier mindesten 8 paarige, lappenförmige Ausbuchtungen der Scheibe, die Randlappen. Die Mundöffnung ist kreuzförmig gestaltet, ihre Ecken sind in Zipfel ausgezogen, die zu mächtigen Mundarmen auswachsen können. Durch die Ecken des Mundkreuzes gelegt gedachte Achsen sind die Perradien (Abb. 54), mit ihnen alternieren die vier Interradien, und zwischen diesen acht Hauptradien (Perradien + Interradien) kann man noch acht Adradien ziehen.

Der Bau des Gastrovaskularsystems ist bei den einzelnen Ordnungen recht verschieden und kann sehr kompliziert werden. Sein innerhalb des Magenstiels ge-

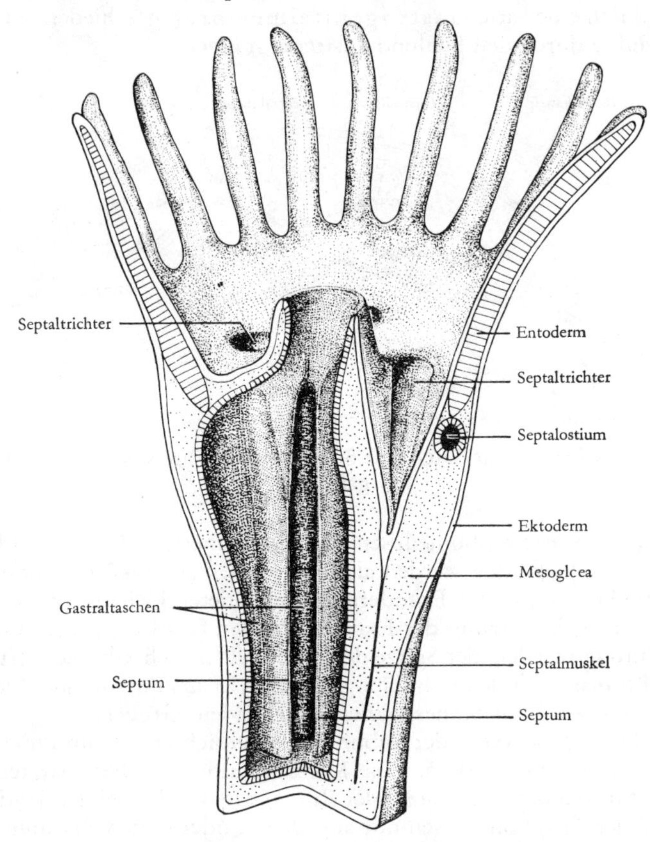

Abb. 52: Schematische Darstellung eines Scyphopolypen, dem ein Sektor von etwa 120° herausgeschnitten wurde. Links ist eine Gastraltasche angeschnitten, rechts wurde ein Septum halbiert. Etwa 20×. (In Anlehnung an eine Abb. von Kaestner)

legener Abschnitt wird als Mundrohr bezeichnet und ist wie das ganze Gastrovaskularsystem von Entoderm ausgekleidet. Innerhalb des Schirmes erweitert sich der Hohlraum bedeutend und kann durch vier interradiale Septen, die denen des Scyphostoma entsprechen, in einen Zentralmagen und vier perradiale Magentaschen (Gastraltaschen) gegliedert werden. Vom freien Rand der Septen entspringen tentakelförmige, als Gastralfilamente bezeichnete Fortsätze. Sie sind sehr reich an Entodermzellen, die verdauende Fermente absondern. Die Septen gehen in der Mehrzahl der Fälle in der weiteren Entwicklung verloren, so daß nur die Gastralfilamente bestehen bleiben und der Magenraum sich wieder einheitlicher gestaltet, indem die Magentaschen zu einem weiten «Kranzdarm» zusammenfließen. Er treibt zahlreiche Radialkanäle vor, die einfach bleiben oder sich vielfach verzweigen und an der Peripherie in einen Ringkanal münden können.

Neben der Mundrohrbasis liegen interradial in der Subumbrella meist vier ektodermale Einbuchtungen, die Subgenitalhöhlen, die bei manchen Arten zusammenfließen können. Unmittelbar über ihnen legen sich im Entoderm des Zentralmagens die nach innen vorspringenden Gonaden an. Magentasche und Subgenitalhöhle bleiben aber durch eine zarte Gastrogenitalmembran geschieden, so daß die Geschlechtsprodukte durch den Schlund austreten müssen.

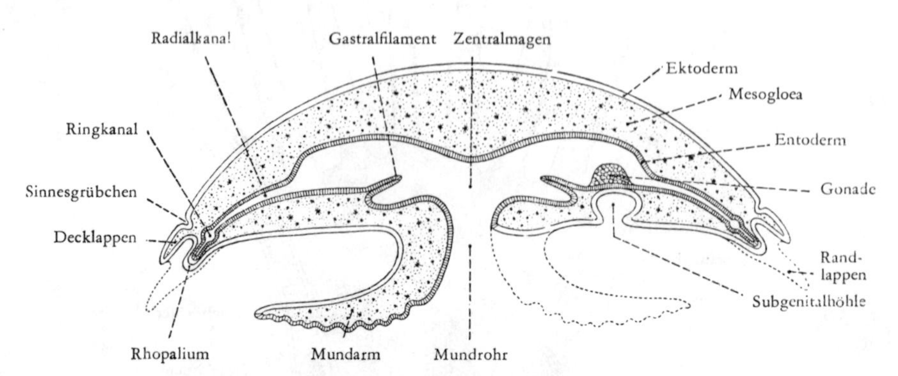

Abb. 53: Schematischer Schnitt durch eine Scyphomeduse, links perradial, rechts interradial geführt

Die Sinnesorgane der Scyphomedusen finden sich, meist in der Achtzahl, am Rande der Scheibe oder Glocke. Sie werden als Rhopalien (Randkörper) bezeichnet und haben die Form hohler und von Entoderm ausgekleideter, kleiner Tentakel oder Keulen, die durch einen Vorsprung der Exumbrella, den Decklappen, geschützt werden. In den Entodermzellen der Spitze der Keule bilden sich zahlreiche Statolithen aus. An den Rhopalien finden sich häufig einfache Lichtsinnesorgane (Ocellen, auch Becheraugen) und zwei mit Sinnesepithel ausgekleidete Gruben.

Das diffuse Nervensystem der Subumbrella verdichtet sich am Fuße eines jeden Rhopaliums zu einem Ganglion. Eine Konzentration des Nervensystems in Form zweier dem Schirmrand parallel laufender Ringe, wie wir das bei den Hydromedusen fanden, ist bei den Scyphomedusen nur angedeutet oder fehlt vollkommen.

C. Spezieller Teil

1. *Aurelia aurita*, Ohrenqualle

Aurelia aurita ist wohl die häufigste Scyphomeduse der europäischen Küsten. Sie gehört zur Ordnung der Semaeostomeae, deren Mundrohr in vier faltige Mundarme ausgezogen ist.

Aurelia aurita durchläuft ein Jugendstadium, das als Ephyra bezeichnet wird. Diese sich von dem Scyphopolypen durch Strobilation (endständige Knospung) ablösende Jungmeduse ist anders gestaltet als das erwachsene Tier und weist einfachere Organisationsverhältnisse auf. Wir beginnen daher mit ihrer Betrachtung (Abb. 54).

Es werden fertige mikroskopische Präparate gegeben und zunächst bei schwacher Vergrößerung betrachtet.

Die Ephyra hat die Gestalt einer flachen Scheibe, von deren Rand acht ansehnliche, zungenförmige Lappen, die Stammlappen (Randlappen) ausgehen. Jeder dieser Lappen ist an seinem freien Ende zu zwei kleinen Flügellappen (Okularlappen) eingekerbt. In den Kerben erkennen wir als kleinen, kolbenförmigen Vorsprung einen Sinneskörper. Zwischen den Stammlappen entwickeln sich später acht Velarlappen, die schließlich gleiche Länge erreichen.

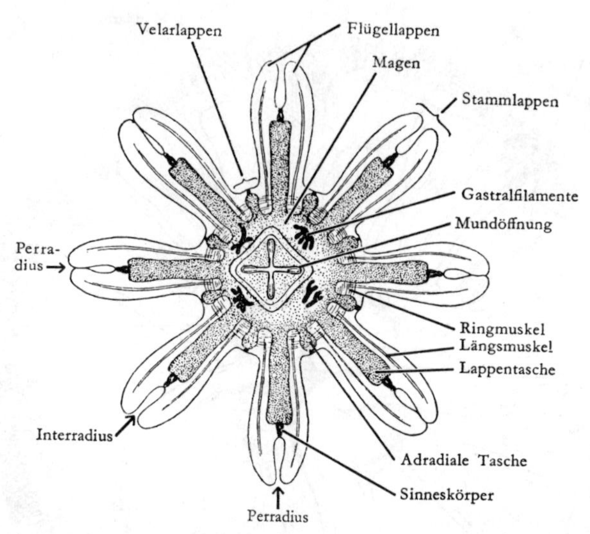

Abb. 54: Ephyra von *Aurelia aurita*. 28×. (Nach Claus und Friedemann)

Am freien Ende des kurzen, vierkantig prismatischen Magenstieles liegt die kreuzförmige Mundöffnung. Der Magenstiel führt in den flachen, scheibenförmigen Zentralmagen, an dessen unterer Wand vier Gruppen von Gastralfilamenten durch ihre stärkere Färbung leicht erkennbar sind. Die Arme des Mundkreuzes entsprechen den Perradien, die Gastralfilamente liegen in den Interradien.

Vom Zentralmagen gehen acht größere, taschenförmige Ausstülpungen in die Stammlappen hinein (Lappentaschen). Zwischen ihnen, also adradial, stülpen sich acht kleinere Taschen gegen die Basis der Velarlappen vor.

Wenden wir stärkere Vergrößerung an, so können wir die parallel zum Schirmrand ziehende Ringmuskulatur der Subumbrella erkennen und die feineren Längsmuskelzüge, die in die Flügellappen hineinziehen.

Um den Bau der zur Meduse umgewandelten Ephyra kennenzulernen, werden jetzt entweder fertige mikroskopische Präparate kleiner Aurelien von etwa 1 cm Scheibendurchmesser verteilt oder in Formol konservierte, ausgewachsene Stücke, am besten weibliche Tiere mit voll entwickelten Gonaden und Furchungsstadien der Eier an den Mundarmen.

Der Körperumriß der fertigen Meduse ist gleichmäßiger und weniger gelappt als der der Ephyra, da die tiefen Einschnitte zwischen je zwei Stamm- oder Randlappen inzwischen von den breiten Velarlappen ausgefüllt wurden (Abb. 55). An der Peripherie finden sich zahlreiche kurze Tentakel, die den Velarlappen aufsitzen. Das

Mundrohr hat sich in vier einfache, fahnenartige Mundarme mit gekräuselten Rändern ausgezogen.

Stark umgewandelt ist das Gastrovaskularsystem. Aus den 16 peripheren Taschen der Ephyra sind 16 schmale, langgestreckte Radialkanäle geworden, die am Rand in einen Ringkanal einmünden. Von ihnen sind die adradialen einfach, die per- und interradialen reich verzweigt, hier und da mit Anastomosen zwischen den Zweigen. Zwischen den einzelnen Kanälen ist das Entoderm der Exumbrella mit dem der Subumbrella zu einer «Gefäßplatte» (Kathammalplatte) verwachsen. Die Zahl der Gastralfilamente hat sich stark vermehrt.

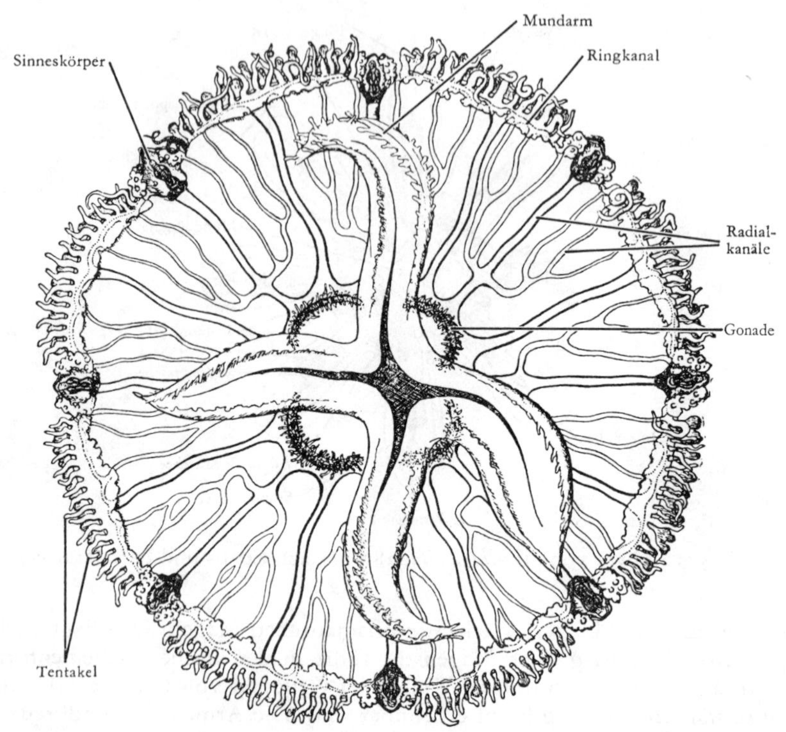

Abb. 55: *Aurelia aurita*, junges Tier.

Peripher von ihnen, also gleichfalls interradial, sehen wir die hufeisenförmigen, im Leben durch blaue oder rote Färbung auffallenden Gonaden. Sie bilden sich als Falten des subumbrellaren Entoderms, die sich in den Zentralmagen vorstülpen und im Innern die Geschlechtszellen entstehen lassen. Im Bereich der Gonaden ist die Gallertschicht der Subumbrella unterdrückt (Abb. 53), so daß sich an der Unterseite der Scheibe eine Vertiefung, die Subgenitalhöhle, bildet, die nur durch eine zarte Gastrogenitalmembran vom Zentralmagen geschieden ist.

Die reifen Eier platzen in den Magen hinein und werden dort besamt. Durch den Mund werden sie dann zwischen die zusammengefalteten Mundarme geleitet, an denen sie, von einem schleimigen Sekret umhüllt, ihre Embryonalentwicklung bis zur Planulalarve durchmachen. Finden wir an unserm Tier überhaupt Entwicklungsstadien, so können wir meist, indem wir von verschiedenen Stellen kleine Stücke des angeschwollenen Randes eines Mundarmes entnehmen und auf dem Objektträger zerzupfen, den ganzen Entwicklungsgang von der ersten Furchung bis zur fertigen Larve verfolgen. Die Furchung ist eine totale und äquale. Die elliptische bis birnenförmige Larve zeigt außen ein einschichtiges Ektoderm, innen ist sie zunächst von einem kompakten Entoderm ganz erfüllt. Erst später bildet sich im Innern des Entoderms ein Hohlraum, der Urdarm. Die bewimperte Larve schwärmt dann aus, setzt sich nach einiger Zeit mit dem verbreiterten Vorderpol fest und wird zum Scyphopolypen.

Die acht Rhopalien (Sinneskörper, Randkörper) bezeichnen uns durch ihre Lage die Spitzen der Stammlappen der Ephyra. Schneiden wir einen dieser Sinneskörper mit seiner Umgebung heraus und betrachten ihn mit der Stereolupe, so finden wir einen kleinen Kolben, der vom Schirmrand horizontal nach außen absteht und von einer Deckplatte helmartig überwölbt wird. Die kolbige Endanschwellung birgt zahlreiche prismatische Kristalle, die Statolithen, die aus Entodermzellen hervorgegangen sind. An der Unterseite des Randkörperstieles stehen im Verband mit Stützzellen zahlreiche Tastsinneszellen. Zwei Grübchen, das eine an der Basis des Rhopaliums, das andere an der der Deckplatte werden meist als Riechgruben bezeichnet. Ihre Funktion ist jedoch noch nicht überprüft und daher die Bezeichnung «Sinnesgruben» besser. Zwei dunkle Flecke geben sich als Lichtsinnesorgane zu erkennen. Das eine, an der Außenseite, ist ein flacher Ocellus, dessen Sinneszellen zwischen Pigmentzellen liegen, das andere liegt im Inneren des Randkörpers unter einer ektodermalen Deckschicht. Es ist als Becherauge ausgebildet: Ein Becher aus (entodermalen) Pigmentzellen umhüllt eine Gruppe ektodermaler Sehzellen. Die Bedeutung der Rhopalien als Gleichgewichtssinnesorgane ist experimentell erwiesen. Sie sind außerdem tonuserregende Organe, d.h. Zentren, von denen Nervenimpulse zur subumbrellaren Muskulatur fließen, die diese zu rhythmischer Kontraktion bringen.

2. *Nausithoë punctata*

Diese im Mittelmeer häufige Form eignet sich dank ihrer flachen Gestalt und geringen Größe (Schirmdurchmesser 8–10 mm) gut für mikroskopische Präparate. Der zugehörige Scyphopolyp, *Spongicola fistularis*, lebt als Kommensale im Hohlraumsystem von Schwämmen.

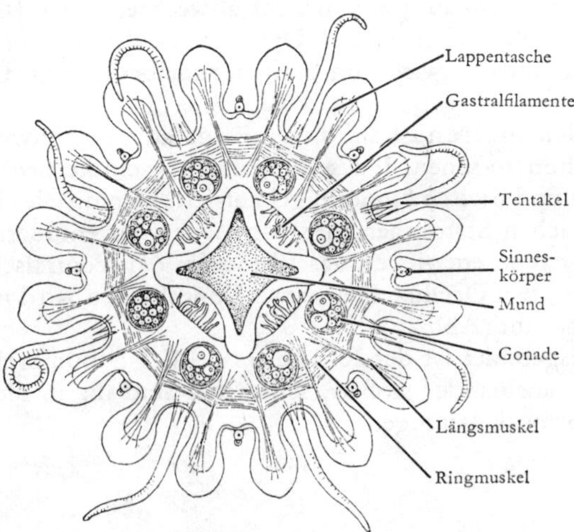

Abb. 56: *Nausithoë punctata.* 7×. (Nach Mayer)

Man wendet am besten ganz schwache Vergrößerung an. Das Bild unserer Meduse läßt sich am leichtesten zeichnen, wenn man zunächst die Radienkreuze durch leichte Striche andeutet und dann die einzelnen Organe auf sie verteilt, also auf die Perradien das Mundkreuz und vier der Sinneskörper, auf die Interradien die Gastralfilamente und die vier übrigen Sinneskörper usw.

Die Gestalt (Abb. 56) erinnert an die einer Ephyra, doch zeigt der Besitz von Gonaden sofort an, daß es sich um eine fertige Meduse handelt. Der Mund ist, wie bei *Aurelia*, kreuzförmig, doch fehlen die für jene Gattung so charakteristischen Mundarme. Das vierseitig prismatische Manubrium (Magenstiel, Mundrohr) führt in den flachen, scheibenförmigen Zentralmagen, von dem 16 Radialtaschen ausgehen, die man an der dunkleren Färbung erkennt. Die Gastralfilamente sind interradial in vier reihenförmig angeordneten Gruppen an der Magenwand befestigt. Die acht Gonaden liegen als rundliche Säckchen adradial nahe der Basis der Tentakel.

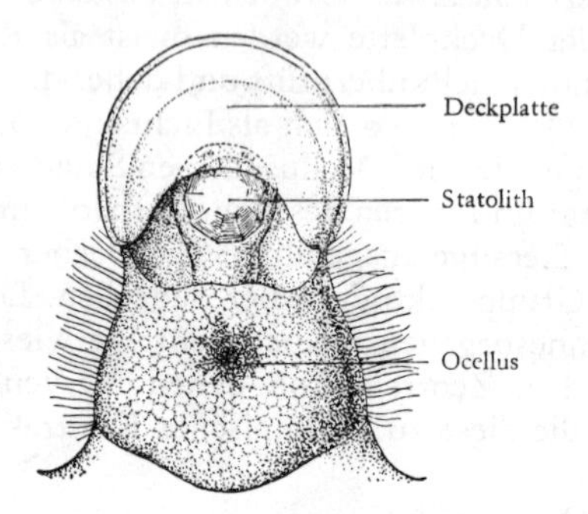

Abb. 57: Sinneskolben von *Nausithoë punctata*, Ventralansicht. (Nach O. und R. Hertwig)

Der Schirmrand zieht sich zu acht Paar Randlappen von ansehnlicher Größe aus. In den Einschnitten zwischen ihnen sitzen entweder Tentakel oder Randorgane (Rhopalien), und zwar regelmäßig miteinander abwechselnd, so daß wir im ganzen acht Tentakel und acht Rhopalien zählen. Die Tentakel sind lang und gegen die Spitze hin verjüngt; ihr Inneres wird von breiten, scheibenförmigen Entodermzellen ausgefüllt.

Der Bau der Rhopalien ist auf diesen Präparaten bei Anwendung stärkerer Vergrößerungen schön zu sehen. Jedes Rhopalium ist ein kolbenförmiger Anhang, der einem niedrigen und breiten Sinneshügel aufsitzt. Sein distales Ende birgt einen großen, kristallähnlichen Statolithen, der von Zellen der entodermalen Achse gebildet wird. Proximal davon entwickelt das Ektoderm der Ventralseite ein pigmentiertes Lichtsinnesorgan, den Ocellus. Der ganze Sinneskolben wird haubenartig von einer Deckplatte überwölbt (Abb. 57).

Sehr wohl ausgebildet ist der Ringmuskel der Subumbrella, dessen 16 Einzelabschnitte eckig aneinander stoßen; schwächer sind die in die Randlappen hineinziehenden Radiärmuskelstränge.

IV. Anthozoa, Korallentiere

A. Technische Vorbereitungen

An Material werden gefärbte Längs- und Querschnitte durch ein Stück des Coenosarks (= Coenenchyms) von *Alcyonium digitatum*, gefärbte oder ungefärbte Präparate von einzelnen Polypen und Skleritenpräparate gebraucht. – Ferner in Alkohol konservierte Seeanemonen, z. B. *Anemonia sulcata* aus dem Mittelmeer. Um ihre Kontraktion, die das Studium der inneren Organisation sehr erschweren würde, zu vermeiden, ist es unerläßlich, die Seeanemonen vor der Fixierung zu betäuben. Hierzu setzt man einige lebende Exemplare in ein kleines Aquarium und fügt, sobald sich die Tiere gut ausgestreckt haben, dem Wasser etwas Magnesiumsulfat oder Menthol zu.

B. Allgemeine Übersicht

Während bei den Hydrozoen der Polyp, bei den Scyphozoen die Meduse vorherrscht, treten die Anthozoen lediglich in der Polypenform auf (Anthopolyp, Korallenpolyp); Medusen gibt es in dieser Klasse überhaupt nicht.

Für die Anthopolypen ist besonders die Ausbildung eines Schlundrohrs (Stomodaeum) kennzeichnend, d. h. einer Einstülpung der Mundscheibe, die als Rohr in die Gastrovaskularhöhle hineinhängt und die ihrem Ursprung gemäß von Ektoderm ausgekleidet ist. Von der Körperwand gehen wie bei den Scyphozoen Septen (Mesenterien) aus, deren Innenränder am Schlundrohr ansetzen und so die Gastrovaskularhöhle in einen Zentralraum und in Radialkammern gliedern, deren Zahl der der Septen entspricht. Unterhalb des Schlundrohres ragen die Septen mit freien Rändern in den Gastralraum hinein, so daß hier die Radialkammern («Fächer») gegen den Zentralraum hin offen sind. Die Kammern können außerdem dadurch miteinander kommunizieren, daß die Septen in der Höhe der Mundöffnung von je einer kreisförmigen Öffnung durchbohrt sind («Ringkanal»). Die Unterschiede im Bau des Gastrovaskularraumes eines Hydroidpolypen, Scyphopolypen und Anthopolypen werden besonders deutlich bei einem Vergleich der Querschnitte durch diese drei Formen (Abb. 58).

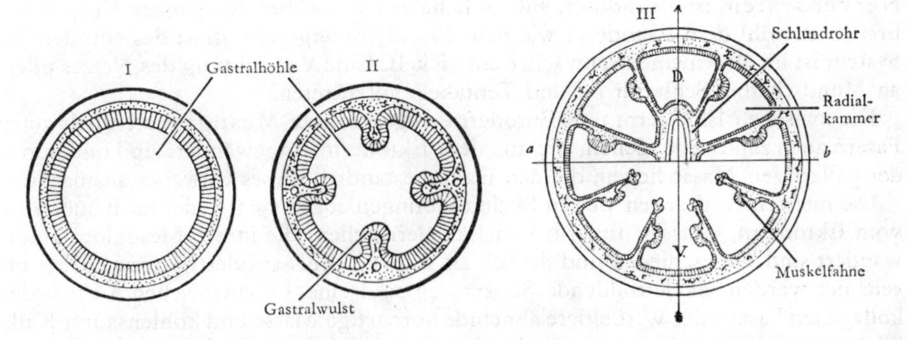

Abb. 58: Schematische Querschnitte durch Hydropolyp (I), Scyphopolyp (II) und Anthopolyp (III). Der Anthopolyp ist oberhalb der Linie a–b im Bereich des Schlundrohres, unterhalb dieser Linie unter dem Schlundrohr durchschnitten

Am Körper eines Korallenpolypen unterscheidet man Fußscheibe, Mauerblatt und Mundscheibe.

Die in der Mitte der Mundscheibe gelegene Mundöffnung ist meist spaltförmig. Die durch ihren großen Durchmesser gehende Ebene (Sagittalebene) teilt den Körper in zwei spiegelbildlich gleiche Hälften. Äußerlich erscheinen die Anthozoen allerdings meist streng radiär gebaut. Das Schlundrohr ist im Querschnitt oval bis spaltförmig, seltener kreisrund. Es ist an beiden oder nur einer, der «ventralen» Schmalseite mit einer Flimmerrinne (Siphonoglyphe) versehen. Die Zellen der Siphonoglyphe tragen Geißeln, die Wasser und damit Sauerstoff in die Gastrovaskularhöhle hineintreiben. Die freien Ränder der Mesenterien tragen krausenförmige, drüsen- und nematocytenreiche, teilweise flimmernde Mesenterialfilamente. Unterhalb der Mesenterialfilamente finden sich mitunter besondere Nesselorgane, die Akontien, die durch den Mund oder durch seitliche, das Mauerblatt durchsetzende Poren herausgeschleudert werden können. Zwischen den Mesenterien, die das Schlundrohr erreichen (vollständige oder Makromesenterien), entwickeln sich oft kürzere, die es nicht erreichen (unvollständige oder Mikromesenterien), wodurch sich das Querschnittsbild komplizieren kann.

Vom Rand der Mundscheibe gehen die Tentakel ab, deren Zahl sechs oder acht oder mehr beträgt. Sie sind hohl und stehen in offener Verbindung mit den Radialkammern.

Bei manchen Anthozoen (Aktinien) haben die Spitzen der Tentakel feine Öffnungen, die vermutlich bei der Kontraktion der Tiere zur schnelleren Entleerung der in den hohlen Tentakeln befindlichen Flüssigkeit dienen.

Die Muskulatur der Anthozoen ist hoch entwickelt. In den Tentakeln, vor allem an deren Innenseite, und im Mauerblatt findet sich eine Längsmuskulatur, auf der Mundscheibe eine radiäre, beide ektodermalen Ursprungs. Die Muskulatur der Mesenterien leitet sich vom Entoderm ab. Sie erscheint auf der einen, der «dorsalen» Seite schwach ausgebildet als transversale Muskulatur, auf der anderen, der «ventralen» Seite in starker Ausbildung («Muskelfahnen») als Längsmuskulatur. Die Anordnung dieser Muskelfahnen an den Mesenterien ist derart, daß eine gewisse bilaterale Symmetrie entsteht (Abb. 58 III). Weitere entodermale Muskulatur findet sich in Form von Ringmuskeln der Mundscheibe, der Fußscheibe, der Tentakel und des Schlundrohres. Am oberen Ende des Mauerblattes entwickelt sich zudem oft ein besonders kräftiger Ringmuskel, der als Schließmuskel dient.

Sinneszellen befinden sich verstreut in den Epithelien; Sinnesorgane fehlen. Das Nervensystem ist als diffuser, subepithelialer Plexus über den ganzen Körper verbreitet, sowohl dem Ektoderm wie dem Entoderm angeschlossen; das entodermale System ist im allgemeinen schwächer entwickelt. Eine Verdichtung des Netzes pflegt an Mundscheibe, Schlundrohr und Tentakeln aufzutreten.

Die zwischen Ektoderm und Entoderm eingeschaltete Mesogloea enthält außer Fasern auch zahlreiche Zellen, die aus dem Ektoderm eingewandert sind und nun in der gallertigen Masse liegen, die den Hauptbestandteil dieses Gewebes ausmacht.

Die meisten Anthozoen weisen Skelettbildungen auf, die entweder nach außen zu, vom Ektoderm, oder im Innern, von Ektodermzellen, die in die Mesogloea eingewandert sind, abgeschieden und danach als Außenskelett oder Innenskelett bezeichnet werden. Skelettbildende Substanzen sind eine, im chemischen Aufbau den kollagenen Fasern der Wirbeltiere ähnelnde hornartige Masse und kohlensaurer Kalk. Sie kommen beide mitunter gemischt vor. Das ektodermale Außenskelett ist entweder eine hornige Kutikularbildung oder besteht in kompakten Kalkabscheidungen (Steinkorallen). Das von der Mesogloea gebildete Skelett besteht entweder aus einzelnen, regelmäßig geformten Kalkkörperchen (Skleriten), die von Hornfasern eingeschlossen sein können, oder stellt eine zusammenhängende Bildung, die Achse dar, die entweder aus Skleriten besteht, die durch Kalkmasse verkittet sind (z. B. Edelkoralle), oder von Hornsubstanz mit oder ohne Kalkeinlagerungen gebildet wird.

Die Skelettbildung erfolgt bei den riffbildenden Steinkorallen (Madreporaria) nur im unteren Teil des Korallenpolypen, und zwar bildet sich die Fußplatte als äußere Kalkabscheidung der Fußscheibe zuerst, dann treten, radiär angeordnet, 12 Leisten auf, die Strahlenplatten, die von unten her zwischen die Septen des Tieres als Sklerosepten hineinragen, und schließlich eine ringförmig die Strahlenplatten ver-

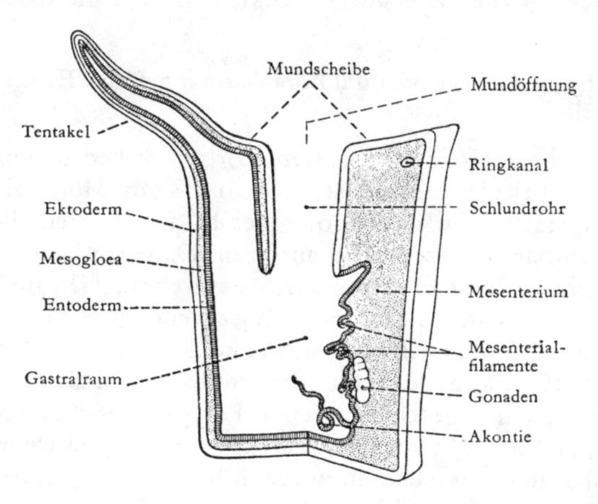

Abb. 59: Schematischer Längsschnitt durch einen Anthopolypen (Seerose), links durch eine Radialkammer, rechts durch ein Mesenterium geführt

bindende Mauerplatte (Theca), die ebenfalls von der Fußplatte aus in die Höhe wächst. Da hier das Skelett eine äußere Ausscheidung des Ektoderms ist, tritt es nirgends in den Körper selbst hinein, sondern wird vom Ektoderm der Fußscheibe eingehüllt. Die Sklerosepten entstehen nicht in den weichen Mesenterien des Körpers, sondern schieben sich von unten her zwischen diese ein, das Ektoderm der Fußscheibe vor sich «herdrängend».

Die Mehrzahl der Anthozoen bildet durch Knospung ohne nachfolgende Trennung «Stöcke». Die Einzeltiere sind durch band- oder röhrenartige Stolonen, die zu Stolonenplatten verschmelzen können, oder aber durch eine fleischige Körpermasse, Coenosark, miteinander verbunden. Das Coenosark enthält alle drei Körperschichten, außen das Ektoderm, dann die stark entwickelte Mesogloea und innen zahlreiche Entodermkanäle, die mit den Gastrovaskularhöhlen der einzelnen Polypen in Verbindung stehen.

Die Gonaden liegen im Entoderm der Mesenterien. Aus den befruchteten Eiern entwickeln sich, häufig schon vor dem Ausstoßen, also noch im Polypengastrocöl, bewimperte, freischwimmende, anfangs tentakellose Larven (Planulae), die sich später festsetzen.

C. Spezieller Teil

1. *Alcyonium digitatum*, Mannshand

Als Vertreter der zweiten Unterklasse der Anthozoen, die durch den Besitz von acht Mesenterien und acht Tentakeln gekennzeichnet ist und daher den Namen Octocorallia trägt, untersuchen wir *Alcyonium digitatum*, eine in den nördlichen Meeren sehr häufige Form. *Alcyonium* bildet rötliche, gelbe oder weißliche, klumpige, in einige stumpfe, fingerförmige Fortsätze ausstrahlende Körper, auf denen die kleinen, durchscheinenden, weißen Polypen teils ausgestreckt, teils ins Innere des Coenosarks eingezogen sitzen.

Es werden zunächst ungefärbte oder mit Boraxkarmin gefärbte Einzelpolypen in fertigen Präparaten verteilt.

Man sieht einen schlauchförmigen, zarten Körper, der an seinem freien Ende mit acht gefiederten Tentakeln besetzt ist (Abb.61). Vom Mund zieht sich das etwa 1 mm lange, längsgefaltete Schlundrohr herab, an das sich die acht an diesem Präparat schwer sichtbaren Mesenterien ansetzen. Dagegen lassen sich sehr deutlich die acht an ihren freien Rändern sitzenden Mesenterialfilamente wahrnehmen, von denen sechs stark gewunden und kurz sind, zwei dagegen langgestreckt und tief ins Innere hinabziehend. Es handelt sich um die beiden dorsalen Mesenterialfilamente; sie stammen aus dem Ektoderm des Schlundrohres, während die übrigen entodermaler Herkunft sind. An einzelnen geschlechtsreifen Polypen wird man auch die Gonaden sehen, ansehnliche, gelbrote Eier bergende Ovarien oder milchweiße Hoden, die seitlich an den ventralen und lateralen, entodermal bekleideten Mesenterien sitzen und in die Gastralhöhlen der Polypen hineinhängen.

Bei etwas stärkerer Vergrößerung werden an der Basis wie unterhalb der Tentakel der Polypen kleine, aus kohlensaurem Kalk bestehende Skeletteile, die Skleriten, sichtbar.

Zur Untersuchung des Coenosarks werden fertige gefärbte Querschnitte verteilt. Sie müssen parallel der Oberfläche und nicht zu tief geführt sein.

Auf den Querschnitten sehen wir zunächst einige größere, kreisrunde Hohlräume, die Gastralhöhlen der Polypen, die in verschiedener Höhe getroffen sind.

Wir beginnen mit der Betrachtung eines tief unterhalb des Schlundes liegenden Querschnittes (Abb. 60 rechts oben). In den von Entoderm ausgekleideten, kreisrunden Hohlraum springen acht kurze Leisten vor, die Querschnitte der Mesenterien (Septen). Man sieht die von der Mesogloea des Coenosarks ausgehende, strukturlose Lamelle als Achse des Mesenteriums und beiderseits davon Muskulatur. Die Muskulatur der ventralen Seite ist stets stark entwickelt und bildet die sogenannte «Muskelfahne». Da sie im Präparat quer durchschnitten ist, ist es klar, daß diese Muskelfasern längsverlaufen. Die der anderen Seite ist dagegen eine sehr schwach entwickelte transversale Muskulatur, die vom Mauerblatt schräg abwärts zur Fußscheibe wie schräg aufwärts zur Mundscheibe zieht. Die Anordnung der Septenmuskulatur ist sehr regelmäßig, indem die beiden in der Sagitalachse liegenden Fächer die gleiche Muskelart einander zugekehrt haben, und zwar das «ventrale» Fach die Muskelfahnen, das «dorsale» die schwache Transversalmuskulatur. Auf jeder Seite der Sagittalachse bleiben nunmehr noch zwei Mesenterien übrig, die ihre Muskeln gleichsinnig mit den beiden anderen Mesenterien derselben Körperhälfte angeordnet zeigen. Am freien Ende jedes Mesenteriums sitzt eine oft krausenartig eingefaltete, stärker gefärbte

Zellmasse, der Querschnitt durch ein Mesenterialfilament. Die beiden dorsalen Mesenterien, von denen wir schon erwähnten, daß sie viel länger sind und vom Ektoderm abstammen, fallen auch im Querschnitt als abweichend auf. Sie tragen Geißeln, die das Wasser zur Mundöffnung heraustreiben, während die übrigen Mesenterien besonders reich an Drüsenzellen sind, die Verdauungsfermente absondern. Die dor-

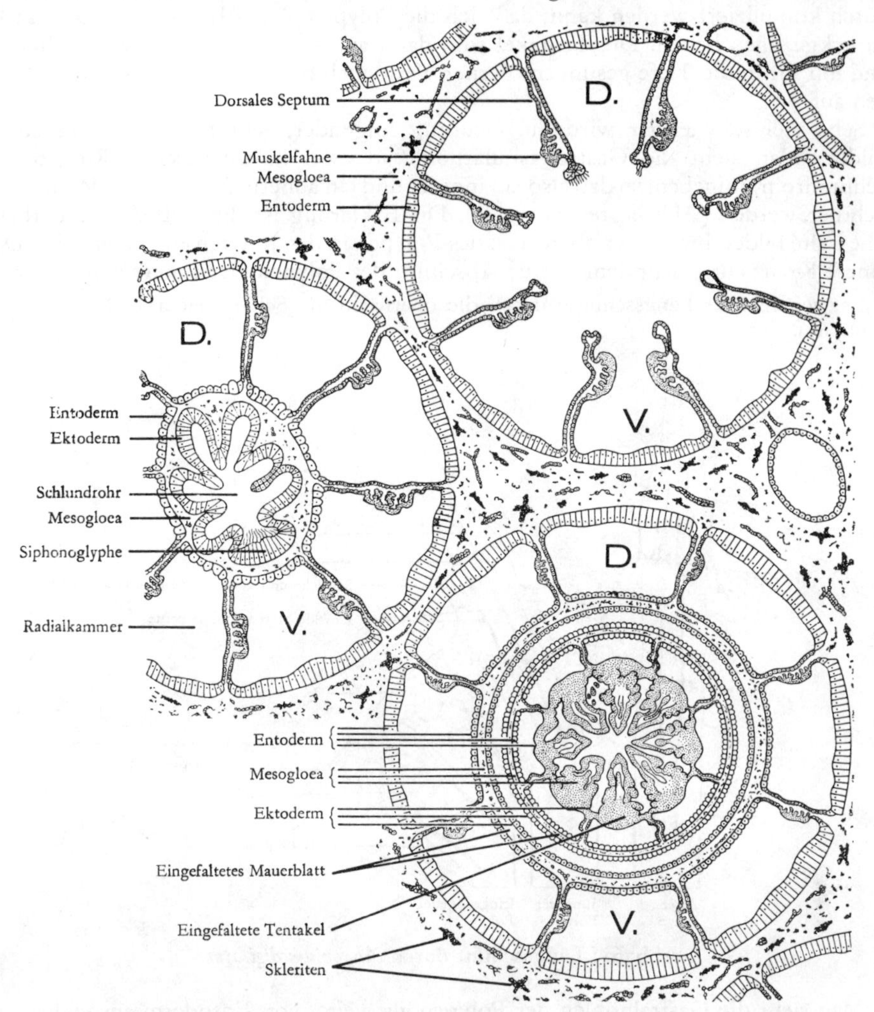

Abb. 60 Querschnitt durch das Coenosark und drei in verschiedener Höhe getroffene Polypen von *Alcyonium digitatum*. D dorsal, V ventral.

salen Mesenterien sind zudem steril, an den sechs übrigen Mesenterien entwickeln sich die Geschlechtsprodukte, die an langen Stielen frei in die Gastralhöhle hineinhängen.

Wir suchen nunmehr einen Polypenquerschnitt auf, der in einer höheren Lage geführt worden ist und das Schlundrohr getroffen hat (Abb. 60 links). Wir sehen hier, wie die Mesenterien das Schlundrohr erreichen und den Gastrovaskularraum in acht Radialkammern teilen. Das Schlundrohr zeigt im Querschnitt innen das Ektoderm, dann folgt eine Mesogloeaschicht mit einzelnen eingestreuten Kalkskleriten und zu äußerst das Entoderm. Eine breite Rinne des Schlundrohres, die von geißeltragenden Zellen ausgekleidet wird, ist die Siphonoglyphe. In dem ihr zugeordneten «ventralen» Fach sehen wir die Muskelfahnen einander zugekehrt.

Bei diesem und noch höher geführten Schnitten ist zu beachten, daß das Bild dadurch kompliziert werden kann, daß sich die Polypen in das Innere des Coenosarks zurückgezogen haben. Die Tentakel sind dann auf die Mundscheibe eingeschlagen und mit ihr in die Tiefe gesunken. Ferner weist auch das Schlundrohr starke Faltungen auf.

Sehr viel schwieriger wird die Deutung folgender, sehr häufig anzutreffender Bilder. Man sieht die Gastrovaskularhöhle in zwei konzentrischen Ringen das Schlundrohr umgeben, so daß also ein innerer und ein äußerer Kranz von Mesenterien sichtbar werden (Abb. 60 rechts unten). Die Erklärung ist die, daß das Mauerblatt eine Falte bildet, indem der obere Teil des Polypen in den unteren eingezogen ist. Der innere Kranz entspricht dem oberen Abschnitt des Polypen, der äußere dem unteren.

Es werden jetzt Längsschnitte durch die oberflächliche Schicht einer Kolonie verteilt Abb. 61).

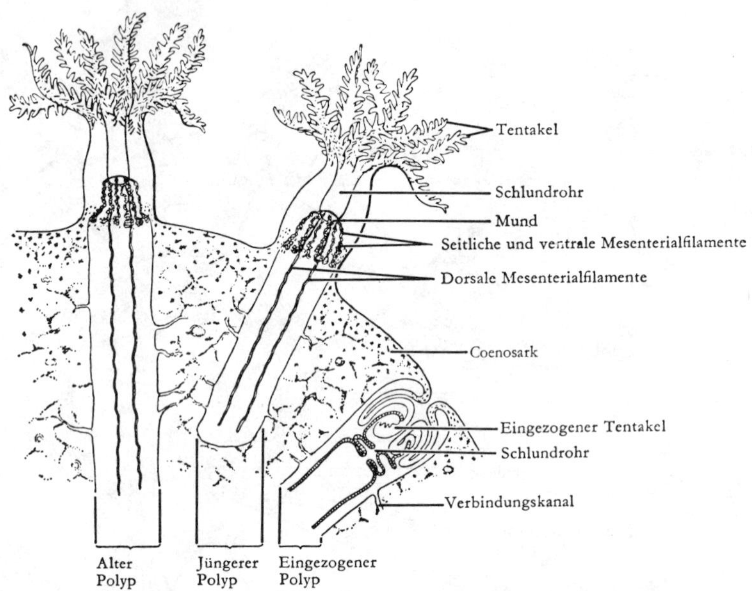

Abb. 61: Längsschnitt durch *Alcyonium digitatum*

Man sieht die Gastralhöhlen der Polypen als weite, von Entoderm ausgekleidete, zylindrische Hohlräume. Die ältesten Polypen erstrecken sich bis zur Basis der Kolonie, die jüngeren reichen weniger tief in das Coenosark hinein. Alle diese Polypenröhren lassen deutlich die beiden bis zur Basis reichenden «dorsalen» Mesenterialfilamente erkennen. Die Gastrovaskularräume der einzelnen Polypen stehen miteinander durch Kanäle in Verbindung, die das Coenosark durchsetzen. Außer diesem entodermalen Kanalsystem ist im Coenosark noch ein Netzwerk solider, ektodermaler Zellstränge zu erkennen, während die Skleriten durch die zur Anfertigung der Schnittpräparate notwendige Entkalkung zerstört wurden. An den Polypen selbst werden wir vielfach die bei der Besprechung der Querschnitte erwähnte Faltung der

Wandung beobachten, wie sie auch bei dem am weitesten rechts gelegenen Polypen der Abb. 61 angegeben ist.

Um die Skleriten zur Anschauung zu bringen, werden entweder fertige Dauerpräparate verteilt, oder der Praktikant stellt sich ein Skleritenpräparat selbst in der Weise her, daß er eine möglichst feine Scheibe von *Alcyonium* mit etwas Eau de Javelle übergießt. Nach einigen Minuten sind die Weichteile größtenteils gelöst und die Skleriten übriggeblieben.

Wir sehen, daß die Skleriten unregelmäßige, vielzackige Gebilde sind. Sie haben bei jeder Art eine bestimmte Form und sind daher für die Systematik der Alcyonarien von großem Wert.

Träufelt man auf ein zweites Scheibchen einige Tropfen verdünnter Salzsäure, so kann man ein heftiges Aufbrausen (Kohlendioxidentwicklung) und das Auflösen der Skleriten beobachten, die sich somit als aus kohlensaurem Kalk bestehend erweisen.

2. *Anemonia sulcata*, Wachsrose

Anemonia sulcata, eine an den Küsten des Mittelmeeres sehr häufige Art, gehört zu den Hexacorallia, der ersten Unterklasse der Anthozoen, und innerhalb dieser zu der unter dem deutschen Namen Seerosen oder Seeanemonen allgemein bekannten Ordnung Actiniaria.

Es werden in Alkohol konservierte Tiere verteilt.

Wir betrachten zunächst die äußere Form dieser Seerose mit dem Stereomikroskop. Die breite, stark gefaltete Fußscheibe, mit der das Tier dem Untergrund aufsitzt, läßt deutlich Ring- und Radiärmuskulatur erkennen. Das Mauerblatt zeigt starke, ringförmige Einschnürungen, die zumeist auf die Kontraktion des Tieres beim Abtöten zurückzuführen sind. Die die Kontraktion bedingende Längsmuskulatur ist in Form von parallelen Streifen deutlich von außen wahrnehmbar.

Die Mundscheibe ist rings umgeben von 4–5 Kränzen dicht gestellter, ungefiederter Tentakel, deren Anordnung man sich zur Anschauung bringen kann, wenn man einige von ihnen dicht über der Basis abschneidet. Dabei sieht man zugleich, daß jeder Tentakel einen hohlen Schlauch darstellt, dessen Hohlraum mit einer der Radialkammern in Verbindung steht. An der Spitze der Tentakel sind feine Öffnungen sichtbar. Bei der vorliegenden Art sind die Tentakel nicht zurückziehbar, während dies bei den meisten anderen Aktinien der Fall ist.

Die Mundscheibe ist flach ausgebreitet; in ihrer Mitte liegt die ovale Mundöffnung, deren Ränder meist etwas vorgewulstet sind. Außerhalb des Tentakelkranzes findet sich am oberen Rand des Mauerblattes eine vorspringende Falte (Randfalte), auf der kleine, warzenförmige Erhebungen in dichter Anordnung sitzen, die sogenannten Randsäckchen, die in ihrem Innern zahlreiche Nesselkapseln bergen und so als Nesselbatterien dienen.

Mit einem scharfen Messer wird die Aktinie in der Sagittalebene durchschnitten.

Von der Mundöffnung aus führt das häutige Schlundrohr ins Körperinnere hinein, das durch die zahlreichen Mesenterien in Fächer gegliedert wird. Nur ein Teil der Mesenterien erreicht das Schlundrohr (vollständige Mesenterien), die anderen endigen frei in der Gastrovaskularhöhle. Die Mesenterien tragen an der einen Fläche eine Längsmuskelfahne, ihr freier Rand ist zu den Mesenterialfilamenten verdickt.

Bei geschlechtsreifen Tieren werden wir die Mesenterien durch die in die Mesogloea eingebetteten, oft mächtig entwickelten Gonaden aufgetrieben finden. Sie nehmen den mittleren Abschnitt des Mesenteriums, zwischen Gastralfilament und Muskelfahne, ein, doch tragen nicht alle Mesenterien Geschlechtsorgane.

Um einen Überblick über die Anordnung der Mesenterien zu erhalten, wird ein zweites Exemplar durch Querschnitte, deren erster dicht über der Fußscheibe geführt wird, in einzelne Scheiben zerlegt.

Die Mesenterien sind paarweise angeordnet. Der Raum zwischen den beiden Mesenterien eines Paares wird als Binnenfach bezeichnet, der zwischen zwei Paaren als Zwischenfach. Die unvollständigen Mesenterien entstehen paarweise in den Zwischenfächern. Im allgemeinen liegen die Muskelfahnen eines Paares im Binnenfach, sind also einander zugewandt. Nur die beiden Paare, die an die Schlundrinnen angrenzen, machen hiervon eine Ausnahme, indem sie die Muskelfahnen nach außen gekehrt tragen; sie werden als Richtungsfächer bezeichnet, weil sie die bilaterale Symmetrieachse kennzeichnen.

Acnidaria (Ctenophora), Rippenquallen

A. Technische Vorbereitungen

Für die Untersuchung der Ctenophoren sind am günstigsten gut fixierte, in 4%igem Formol aufgehobene Exemplare von *Pleurobrachia pileus*, wie sie von der Biologischen Anstalt Helgoland in vorzüglichem Erhaltungszustand bezogen werden können.

B. Allgemeine Übersicht

Die Acnidaria bilden einen kleinen, nur etwa 80 Arten umfassenden, in sich gut geschlossenen, rein marinen Tierstamm mit der einzigen Klasse Ctenophora.

Das Fehlen einer Leibeshöhle zwischen verdauendem Binnenraum und Körperwand kennzeichnet sie als echte Coelenteraten. Die artenarme Gruppe ist sehr formenreich. Ihre bekanntesten Vertreter erinnern durch ihren (scheinbar) radialen Bau, durch die gallertige Beschaffenheit ihres Körpers und durch ihre meist planktonische Lebensweise und Transparenz unwillkürlich an Medusen, was ihnen den deutschen Namen «Rippenquallen» eingetragen hat. Eine nähere Verwandtschaft mit Medusen besteht jedoch nicht.

Nach dem Verlassen der Eihüllen sind alle Ctenophoren von kugeliger Gestalt. Nur bei der Ordnung der Cydippea bleibt diese Form erhalten, die übrigen ändern sie postembryonal ab. Dabei kann sich der Körper durch die Ausbildung breiter Schwimmlappen komplizieren oder durch seitliche Kompression zu einem langen Band werden. Bei den wenigen zu kriechender Lebensweise übergegangenen Gattungen ist er dagegen dorso-ventral abgeflacht. Immer jedoch ordnen sich die Einzelteile so um die vertikale Hauptachse an, daß der Körper durch zwei durch diese Achse gelegte Symmetrieebenen in spiegelbildlich gleiche Hälften zerlegt werden kann: Die Ctenophoren sind zweistrahlig-symmetrisch (biradial oder disymmetrisch) gebaut. Die Hauptachse verbindet die Mundöffnung mit dem gegenüberliegenden, dem apikalen Pol, der durch ein Sinnesorgan, das Scheitelorgan, gekennzeichnet ist. Die beiden Symmetrieebenen werden als sagittale und transversale oder anschaulicher als Schlund- und Tentakelebene bezeichnet.

Besonders charakteristisch ist der Bewegungsapparat, da er in dieser Form einzig bei Ctenophoren vorkommt. Er besteht aus den acht «Rippen», das sind in Meridianebenen verlaufende Reihen quer gestellter Ruderplättchen («Kämme»), die dicht am apikalen Pol beginnen und sich mehr oder weniger weit gegen die Mundöffnung hinabziehen. Der Schlag der Plättchen, die durch die Verschmelzung von Cilien entstanden sind, ist normalerweise gegen den apikalen Pol gerichtet, so daß das Tier mit der Mundöffnung voran schwimmt.

Die Mehrzahl der Ctenophoren besitzt zwei gegenständige Tentakel, die in der Tentakelebene höher oder tiefer vom Körper abgehen. Meist sind sie mit zahlreichen Nebenfäden versehen und entspringen aus einer tiefen, blind endigenden, aus einer Ektodermeinstülpung entstandenen Tentakeltasche, in die sie zurückgezogen werden können. Sie dienen als außerordentlich verlängerungsfähige Fangapparate und bestehen aus einer muskulösen Achse und einem Epithel, das fast völlig von eigenartigen Klebzellen (Colloblasten, Abb. 64) gebildet wird. Die Colloblasten sind auf die Tentakel beschränkt, fehlen also den tentakellosen Formen.

Das Gastrovaskularsystem ist reich gegliedert. Der Mund führt in einen röhren- oder sackförmigen, stark erweiterungsfähigen Abschnitt, der durch Einwachsen des Ektoderms entsteht und daher als Schlund zu bezeichnen ist. Seine Wand ist reich an Drüsenzellen. Sie sondern Verdauungssekrete ab, durch die die Nahrung vorverdaut und in Partikel zerlegt wird.

Der Schlund kann wenig oder stark abgeflacht sein, die Mundöffnung ist in diesem Fall schlitzförmig, und der größte Durchmesser von Mund und Schlund fallen in die Sagittalebene. Oben schließt sich an den Schlund der eigentliche, transversal gestellte Magen an, der auch als Trichter oder Infundibulum bezeichnet wird. Er ist nur wenig geräumig, stellt aber insofern den zentralen Abschnitt des ganzen Gastrovaskularsystems dar, als von ihm aus die als «Gefäße» bezeichneten kanalartigen Teile des Systems abgehen. Von ihnen seien hier nur die acht Rippengefäße genannt, die dicht unter den Ruderplättchenreihen entlangziehen. Sie können sich reich verzweigen und durch Anastomosen ein Netzwerk bilden. Weitere Gefäße werden im «Speziellen Teil» beschrieben (S.115). In den Gefäßen, zum Teil aber auch schon im Schlund, wird die Verdauung intrazellulär, durch «Phagocytose», zu Ende geführt.

Magen und Gefäße werden von einem einschichtigen entodermalen Epithel ausgekleidet. Ebenso bildet das den Körper außen bedeckende Ektoderm nur ein zartes einschichtiges Epithel. Das zwischen Ektoderm und Entoderm liegende gallertige Füllgewebe, Mesenchym oder Mesogloea genannt, macht somit bei weitem die Hauptmasse des Körpers aus. In die sehr wasserreiche Gallerte – der Körper der Ctenophoren besteht zu mehr als 99% aus Wasser – sind Bindegewebszellen und -fasern eingelassen. Außerdem wird sie von zahlreichen, an den Enden verzweigten Muskelfasern durchzogen, die zu Bündeln zusammengefaßt sein können. Es handelt sich dabei um selbständige Muskelzellen, die aus Mesenchymzellen entstanden sind, also nicht mehr um Epithelmuskelzellen, wie bei den Medusen und Polypen. Alle Zellelemente des Mesenchyms entstammen dem Ektoderm.

Das Nervensystem besteht aus einem basal zwischen den Epidermiszellen liegenden, unregelmäßigen Netzwerk meist multipolarer (mit mehreren Fortsätzen versehener) Nervenzellen. Es handelt sich also um ein diffuses Nervensystem, ohne Herausbildung übergeordneter Zentren. Im Verlauf der acht Rippen ordnen sich die hier bipolaren Nervenzellen zu je zwei Längssträngen an, die zwischen den Ruderplättchen quer miteinander verbunden sind. Ein solches «Stranggewebe» findet sich außerdem, in Ringform, um die Mundöffnung herum. Vermutlich sind auch im Mesenchym Nervenzellen vorhanden, wenn sie auch bisher nicht sicher nachgewiesen werden konnten.

Von Sinnesorganen wurde das Scheitelorgan (Apikalorgan) bereits erwähnt. Es ist ein statisches Sinnesorgan, das den Wimperschlag koordiniert und so für Aufrechterhaltung der vertikalen Gleichgewichtslage sorgt. Sein Bau weicht, wie sich zeigen wird (S.114), von dem der bei den Medusen gefundenen Statocysten erheblich ab. Im übrigen finden sich Sinneszellen in die Epidermis eingestreut; im Mundsaum sind sie besonders häufig. Lichtsinnesorgane fehlen ganz.

Die Wand der Rippengefäße ist von kleinen Öffnungen durchbrochen, die von zwei Wimperzellkränzen umstellt sind. Der Schlag des einen Wimperkranzes ist gegen das Lumen des Gefäßes gerichtet, der des anderen gegen das Mesenchym. Bau und Lage dieser Organe legen die Vermutung einer exkretorischen Funktion nahe.

Alle Ctenophoren sind Zwitter. Die Geschlechtsorgane entwickeln sich in der den Rippen zugewandten Wand der Rippengefäße als einheitliche oder unterbrochene Bänder. Männliche und weibliche Gonaden sind regelmäßig verteilt, so wie es aus

Abb. 63 ersichtlich wird. Eier und Spermatozoen gelangen durch das Gefäßsystem und den Mund ins Freie.

Obwohl die Ctenophoren zweifellos den Coelenteraten zuzurechnen sind, weichen sie von den vorausgehend behandelten Formen durch das völlige Fehlen von Nesselzellen, die Ausbildung der sie funktionell vertretenden, aber ganz anders gebauten Klebzellen, durch den Besitz selbständiger Muskelzellen, durch abweichende und vollkommenere Gliederung des Gastrovaskularsystems, durch den Besitz eines eigenartigen Bewegungsapparates und eines apikalen Sinneskörpers so stark ab, daß ihnen der Rang eines besonderen Tierstammes eingeräumt werden mußte, der den Cnidaria als Acnidaria gegenübergestellt werden kann.

C. Spezieller Teil

Pleurobrachia pileus

Pleurobrachia pileus ist eine kosmopolitische Art, die bei uns in der Nordsee häufig ist. Ihr Verbreitungsgebiet umfaßt auch noch die Ostsee bis Gotland und Danziger Bucht. Es handelt sich also um eine ausgesprochen «euryhaline» (gegen Unterschiede des Salzgehaltes wenig empfindliche) Art. Sie ist gleichzeitig «eurytherm», wie ihr Vorkommen in allen Zonen beweist.

Jeder Praktikant erhält ein Exemplar in einem Glasschälchen mit Wasser zur Betrachtung unter dem Stereomikroskop auf schwarzem Untergrund.

Der zweistrahlig symmetrische Körper hat etwa die Form einer Stachelbeere (Abb. 62) und besteht größtenteils aus einer mächtig entwickelten, weichen, beim lebenden Tier glasklaren Gallertmasse, in der Zellen und Muskelfasern enthalten sind, der Mesogloea (Mesenchym).

An einem Pol des Körpers erkennen wir die meist etwas vorgewölbte Mundöffnung, am entgegengesetzten liegt in einer Einziehung das apikale Sinnesorgan (Scheitelorgan). Die Verbindungslinie zwischen oralem und apikalem Pol stellt die Hauptachse des Körpers dar.

Auf der Oberfläche ziehen sich in gleichem Abstande acht in Meridianebenen verlaufende Bänder, die «Rippen» (Pleurostichen) hin, die aus zahlreichen, quer gestellten Plättchen, den Wimpernplättchen oder «Kämmen» bestehen. Sie lassen durch ihre streifige Struktur erkennen, daß sie aus miteinander verschmolzenen Cilien entstanden sind. Wir haben hier den Bewegungsapparat der Ctenophoren vor uns, der beim lebenden Tier in rhythmischer Folge schlägt und dabei ein prachtvoll irisierendes Farbenspiel erzeugt. In der Ruhelage überdecken sich die Plättchen dachziegelartig, dem Körper anliegend und den freien Rand dem Mundpol zugekehrt. Der Anstoß zur Bewegung geht immer von dem dem Scheitelpol nächsten Plättchen aus, das somit auch den Takt für die übrigen bestimmt. Hört es zu schlagen auf, kommen auch die anderen Plättchen zur Ruhe. Dadurch, daß nur die Rippen einer Körperseite schlagen (oder mit voller Kraft schlagen), kann sich das Tier, mit dem Mund voran, in jeder beliebigen Richtung fortbewegen. Umkehr des Schlages – und als Folge davon eine Bewegung mit dem Scheitelpol voran – tritt nur auf starke Reizung hin auf. – Es ist verständlich, daß ein auf Cilienschlag aufgebauter Bewegungsapparat keine große Kraft entfalten kann. Die passive Ortsbewegung durch Meeresströmungen spielt daher eine überlegene Rolle.

Das Scheitelorgan ist ein von hohen, bewimperten Ektodermzellen ausgekleidetes Grübchen, aus dem sich vier S-förmige, durch Verschmelzung von Cilien entstandene Federn erheben. Auf ihren Spitzen ruht ein kugeliger Haufen kleiner Kalkkörper, der als Statolith dient. An der Basis der Federn beginnt je eine Flimmerrinne, die sich gabelnd zu den beiden Wimperplättchenreihen eines

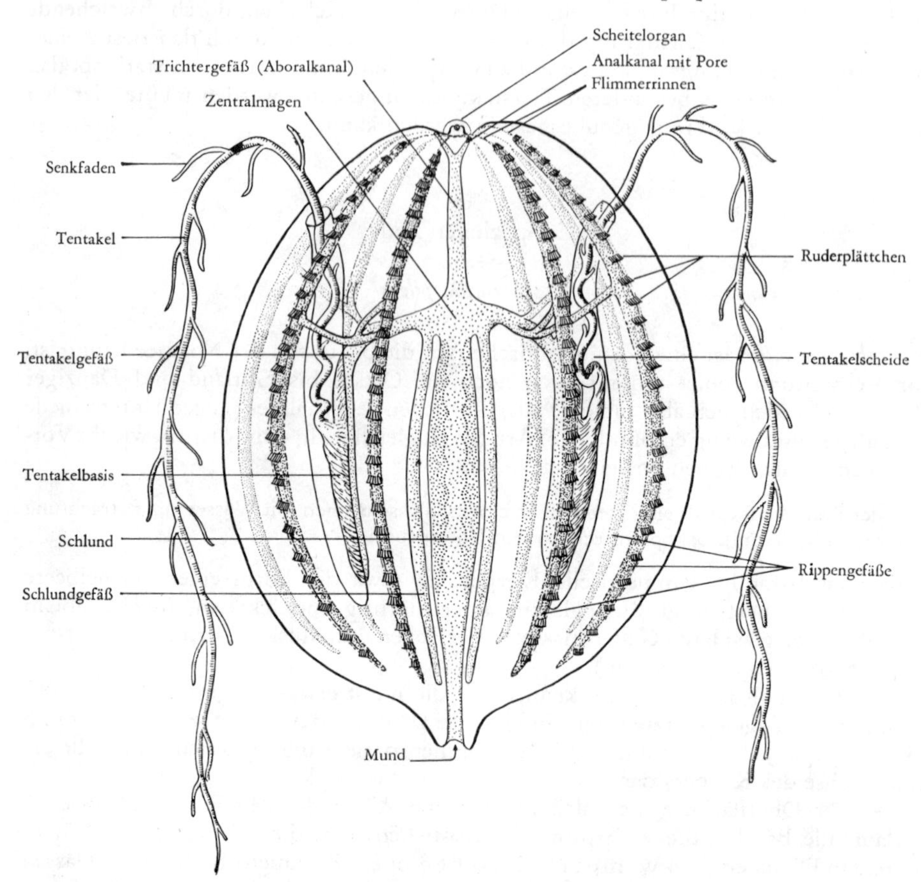

Abb. 62: *Pleurobrachia pileus*

Quadranten führt. Das ganze Organ ist von einer durchsichtigen Glocke aus verklebten Cilien überdacht. An ihrer Basis sind vier Öffnungen für den Durchtritt der Flimmerrinnen ausgespart. Zwei weitere Öffnungen führen zu zwei in der Sagittalebene lang gestreckten, bewimperten Feldern, die vom Sinnesepithel der Grube abgehen. Sie werden als Polplatten bezeichnet. Ihre Funktion ist unbekannt. Organe des chemischen Sinnes, wie man früher annahm, sind sie jedenfalls nicht, erweisen sich dagegen als mechanisch stark reizbar. Leider lassen unsere fixierten Tiere von diesen Einzelheiten nur wenig erkennen. Stellen wir das Tier vertikal auf, so markiert sich der Rand der Glocke als Kreis und vier milchig getrübte Stellen peripher in ihm lassen die Wimperfedern ahnen, die den Statolithen tragen. Sehr gut sind dagegen die langgestreckten Polplatten zu erkennen.

Der schlitzförmige Mund ist sehr erweiterungsfähig, so daß auch größere Beutetiere verschlungen werden können. Seine an Sinneszellen sehr reichen Ränder können sich lippenartig vorstülpen und wieder einziehen. Auf den Mund folgt als langes, abgeflachtes, gleichfalls sehr erweiterungsfähiges Rohr der Schlund (Pharynx), der noch von Ektoderm ausgekleidet wird, also ein Stomodaeum darstellt. Durch seine milchweiße Färbung hebt er sich gut von der Umgebung ab, und wir sehen, daß er senkrecht bis zu zwei Drittel der Körperhöhe aufsteigt. Sein größter Durchmesser liegt in der Sagittalebene. Auf den Schlund folgt der entodermale Magen, der zuweilen als Trichter bezeichnet wird. Er ist ein niedriger, zarthäutiger Sack, dessen größter Durchmesser in der Transversalebene liegt und somit senkrecht zu dem des Schlundes steht. Der Schlund ragt von unten her in den Trichter hinein und steht mit ihm nur durch eine enge, durch Muskeln verschließbare Schlundpforte in Verbindung. Der Trichter setzt sich nach oben zu im Trichtergefäß (= Aboralkanal) fort das wir fast bis zum Scheitelpol verfolgen können.

Während Schlund, Trichter und Trichtergefäß schon bei äußerer Betrachtung gut erkennbar sind, wird man, da unsere Tiere durch die Fixierung an Transparenz eingebüßt haben, die von diesem zentralen Abschnitt des Gastrovaskularsystems ausgehenden weiteren «Gefäße» meist nicht deutlich wahrnehmen können. Wir schneiden daher mit einer feinen Schere einen Sektor der Haut mit darunter liegender Mesogloea heraus. Die Schnitte werden am besten entlang der Innenseite der in Abb. 63 mit 3 und 6 bezeichneten Rippen geführt. Es ist zweckmäßig, das Tier vorher festzulegen, wofür kleine Metallwinkel, wie sie zum Einbetten in Paraffin benutzt werden, gut geeignet sind.

Von dem gegen das Trichtergefäß nicht deutlich abgesetzten Trichter sehen wir zunächst zwei kurze, aber weite radiale Kanäle abgehen, die in der Transversalebene leicht abwärts ziehen (Transversalgefäße). Sie gabeln sich zweimal und geben dadurch je vier engeren, schräg nach oben und gegen die Peripherie gerichteten Gefäßen den Ursprung, die in die unter den Wimperplättchenreihen verlaufenden Rippengefäße einmünden. Von der Verzweigungsstelle der Transversalgefäße entspringt jederseits ein Tentakelgefäß, das sich gabelnd die Tentakelbasis nach unten begleitet. Unmittelbar vom Trichter geht außerdem jederseits ein Gefäß ab, das in der Transversalebene neben dem Schlund hinabzieht (Schlundgefäße). Schon erwähnt hatten wir das axial verlaufende Trichtergefäß. Es gabelt sich unter dem Apikalpol in vier kurze zu kleinen Ampullen anschwellende Äste auf, von denen zwei dicht neben dem Scheitelorgan blind enden, während die anderen beiden hier durch Analporen nach außen münden. Wir können die Poren deutlich erkennen, wenn wir das Tier vom apikalen Pol aus betrachten. Durch sie werden, ebenso wie durch den Mund, unverdauliche Nahrungsreste ausgeleitet.

Das ganze Gastrovaskularsystem ist von einem Wimperepithel ausgekleidet, dessen Schlag streifensweise gegensinnig ist und so Strömungen in beiden Richtungen hervorbringt. In die nach außen gerichtete Wandung der Rippengefäße sind außerdem die Geschlechtsorgane eingebettet. Ovarien und Hoden sind in zwei Längsstreifen so angeordnet, daß auf den einander zugewandten Seiten zweier Rippengefäße stets gleichgeschlechtliche Gonaden liegen (Abb. 63). Die reifen Geschlechtszellen gelangen durch das Gastrovaskularsystem und den Mund nach außen.

Auch die Tentakel, die sich durch ihre gelbe Farbe gut abheben, können wir jetzt besser als vor der Präparation überschauen. Sie entspringen mit in axialer Richtung breit gestreckter Wurzel an der Innenwand einer geräumigen Ektodermeinstülpung, der Tentakelscheide. In voll ausgestrecktem Zustand sind sie bis über einen Meter lange, einreihig mit zahlreichen kürzeren Seitenfäden besetzte Fangleinen. Bei unseren Exemplaren sind sie entweder ganz eingezogen oder ragen nur wenig aus den gut sichtbaren Öffnungen der Tentakelscheiden hervor. Die Seitenfäden sind dicht mit Klebzellen (Colloblasten, Abb.64) besetzt Es handelt sich um hochdifferenzierte Zellen, deren glockenförmiges Hauptstück durch zwei Fäden, einen zentralen und einen diesen umwindenden dickeren und kontraktilen Spiralfaden fest an der Basis des Deckepithels verankert ist. Die Oberfläche des Köpfchens ist mit Körnern eines sehr klebrigen, wahrscheinlich auch giftigen Sekrets dicht besetzt. Die Klebzellen entwickeln sich aus interstitiellen Zellen der Epidermis und wandern zunächst an die Tentakelbasis, um hier ihre Sonderform herauszubilden, wobei ihr Kern zum Zentralfaden wird. Beutetiere, die mit den Klebzellen in Berührung kommen, bleiben an

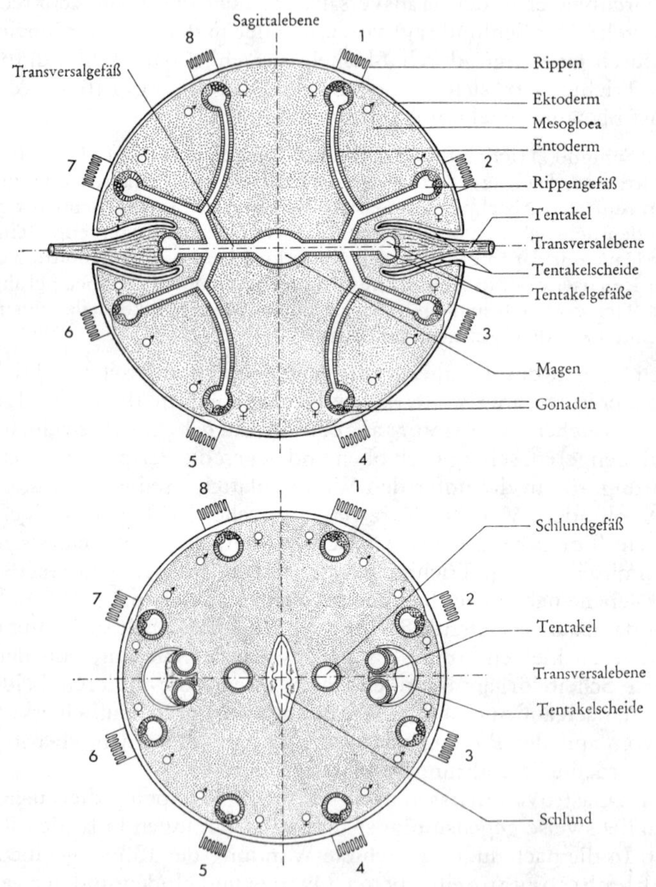

Abb. 63: *Pleurobrachia pileus*. Oben: Kombinierter Querschnitt in der Höhe der Mündung der Tentakelscheiden. Unten: Querschnitt in der Höhe der Schlundgegend

ihnen haften, und der Spiralfaden sorgt dafür, daß sie immer wieder an den Tentakel herangezogen werden. So vertreten die Klebzellen funktionell die Nesselzellen der Cnidarier. Die Tentakel werden als Angelleinen hinter dem Tier hergeschleppt. Sobald Beutetiere festgeklebt sind, werden die Tentakel schnell eingezogen und zum Mund geführt, dessen Lippen die Beute abnehmen. In der Ruhe oder bei schneller Bewegung sind die Tentakel ganz in ihre Taschen zurückgezogen.

Zum Schluß können wir noch folgende Zupfpräparate machen. Einige Tentakelfäden werden auf dem Objektträger in einem Tropfen Wasser mit Hilfe von zwei Präpariernadeln fein zerzupft. Nach Auflegen eines Deckgläschens können wir dann – meist bei starker Mikroskopvergrößerung – einige Colloblasten in ausgestrecktem Zustand finden, an denen wir deutlich den gröberen Spiralfaden und das Köpfchen mit seinen Sekretkörnern erkennen können (Abb. 64).

Für ein zweites Präparat schneiden wir ein Stück einer Rippe heraus und färben es auf dem Objektträger mit einem Tropfen einer 1%igen, wässerigen Lösung von Methylgrün. Nach einer Minute saugen wir die Farblösung mit Filtrierpapier ab und

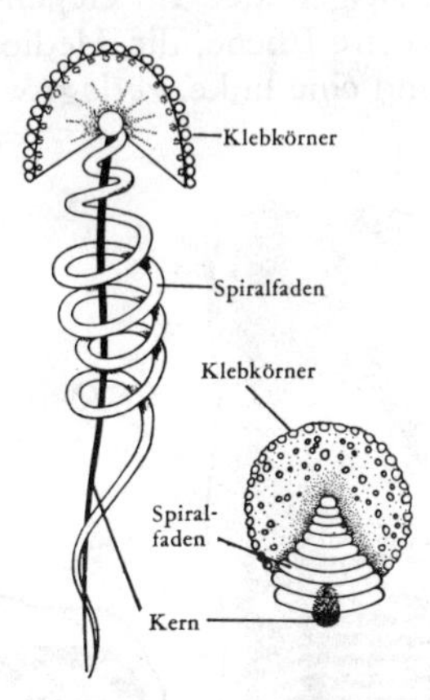

Abb. 64: Rechts junge, links funktionierende Klebzelle (Colloblast). (Nach KOMAI)

ersetzen sie durch einen größeren Tropfen Wasser, den wir einige Male erneuern. Dann wird ein Deckgläschen aufgelegt und bei mittlerer Vergrößerung beobachtet. Man sieht zwischen den Ruderplättchen und beiderseits der Rippe Stücke der Epidermis, in der lebhaft blau gefärbte Gebilde auffallen. Es handelt sich um Drüsenzellen, deren Sekret den Farbstoff angenommen hat. Wir sehen, daß ihre Zahl sehr groß ist. Weitere Drüsenzellen, die infolge einer Verschiedenheit ihres Sekretes die Farbe nicht angenommen haben, erscheinen als helle Lakunen. Zwischen den Drüsenzellen erkennt man die Kerne der viel kleineren gewöhnlichen, das heißt nicht drüsig umgewandelten Epidermiszellen. Wie man sieht, stellt die Epidermis der Ctenophoren im wesentlichen ein Drüsenepithel dar.

Das gleiche Präparat wird meist auch Fragmente der unter der Epidermis liegenden Mesogloea zeigen; wenn nicht, mache man ein neues Präparat, indem man zwischen zwei Rippen ein Stück Epidermis und Mesogloea herausschneidet. Wir setzen von der Seite her einen Tropfen Säurefuchsin (1%) zu, den wir nach etwa einer Minute mit einem Filtrierpapierstreifen wieder absaugen, wobei wir an der anderen Seite des Deckgläschens die entsprechende Menge leicht mit Essigsäure angesäuerten Wassers mit einer Pipette zusetzen. Dadurch treten in der Mesogloea zahlreiche, lebhaft rot gefärbte Bänder hervor, die zum Teil durch Schrumpfung eingerollt sind. Es sind das langgestreckte Muskelzellen. Außerdem finden wir kleine, zerstreut liegende Zellen von unregelmäßigem Umriß, die eigentlichen Mesogloeazellen. Die auf den ersten Blick als eine strukturlose, gelatinöse Füllsubstanz erscheinende Mesogloea hat also in der Tat den Charakter eines Bindegewebes.

Plathelminthes, Plattwürmer

Die Plathelminthen eröffnen den Reigen jener Tierstämme, die als Bilateria den Coelenteraten gegenübergestellt werden. An dem meist längsgestreckten Körper der Bilateria ist (wenigstens im Larvenstadium) ein Vorder- und ein Hinterende und eine Bauch- und eine Rückenseite ausgebildet. Im Gegensatz zu den Coelenteraten kann ihr Körper darum nur durch eine Ebene, die Mediosagittalebene, in spiegelbildlich gleiche Hälften, eine rechte und eine linke, zerlegt werden.

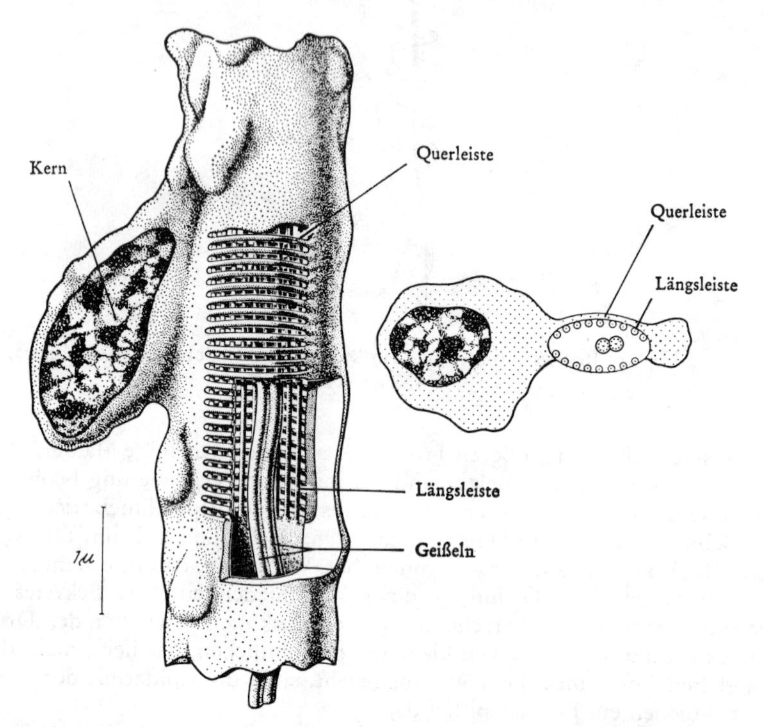

Abb. 65: Rekonstruktion der Reußengeißelzelle eines Turbellars; teilweise aufgeschnitten. Rechts ein Querschnitt durch die Reuse in Höhe des Kernes. (Nach KÜMMEL)

Die gestreckte Körperform und die wenigstens ursprünglich kriechende Lebensweise der Bilateria führten dazu, daß sich an dem bei der Ortsbewegung vorangehenden Pol Sinneszellen und Sinnesorgane anhäuften und – im Zusammenhang damit – sich ein Zentralorgan des Nervensystems, ein Gehirn, ausbildete. Auch die Mundöffnung fand hier im allgemeinen die günstigste Lage. Der vorderste Körperabschnitt wurde so zu einem organologisch bevorzugten Bezirk, er wurde zum Kopf.

Einen beträchtlichen Fortschritt in der Organisationshöhe verdanken die Bilateria dem Auftreten eines dritten Keimblattes: zum Ektoderm und Entoderm gesellt sich das Mesoderm. Es bildet Gewebe und Organe, die den Raum zwischen der Körperinnenwand und der Darmaußenwand bisweilen völlig, meist jedoch unter Aussparung eines bei den Coelenteraten noch nicht vorhandenen Hohlraumes, der Leibeshöhle, ausfüllen. Das Mesoderm liefert wichtige Organsysteme: Mesenchym, Cölomsäcke, Muskulatur, Gefäßsystem, Exkretionsorgane und Gonaden. Es spaltet sich während der Keimesentwicklung meist, jedoch nicht in allen Fällen, vom Entoderm ab.

Die Plathelminthen sind, wie schon der Name «Plattwürmer» verrät, in der Regel dorso-ventral stark abgeflacht. Ihre Leibeshöhle ist bis auf feinste, flüssigkeitserfüllte Spalträume von einem mächtig entwickelten mesodermalen Gewebe (Mesenchym, Parenchym) erfüllt, in das alle übrigen Organe eingebettet sind. Die Plathelminthes sind demnach parenchymatöse Acölomata.

Das Fehlen von After, Respirationsorganen und Gefäßsystem lassen die Plathelminthen als die primitivsten Bilateria erscheinen. Muskelsystem und besonders die Geschlechtsorgane sind dagegen hoch entwickelt.

Der Osmoregulation und – neben der Körperoberfläche – vermutlich auch der Exkretion dienen Protonephridien. Sie bestehen aus einem im Mesenchym eingebetteten, reich verzweigten Geäst feiner Röhrchen, die in der Regel in zwei stärkere, laterale Längskanäle münden. Diese öffnen sich mit einem gemeinsamen, unpaaren Porus, oder – häufiger – mit paarigen Poren nach außen. Die im Körperparenchym liegenden Enden der feinsten Verzweigungen werden von großen, oft mit sternförmigen Ausläufern versehenen Zellen, den sogenannten Reusengeißelzellen (= Cyrtocyten; früher als Terminalzellen bezeichnet) eingenommen. Sie sind eigenartig und höchst kompliziert gebaut und erinnern an die Kragengeißelzellen der Schwämme. Wie bei diesen erhebt sich vom Zellkörper ein Rohr, das aber nun nicht frei endigt, sondern an die feinsten Zweige des Kanalnetzes anschließt. Die Reusengeißelzellen sitzen somit als Endstücke den protonephridialen Kanälchen auf. Die Wand ihres rohrförmigen Fortsatzes ist stellenweise reusenartig gefenstert. Die «Fensteröffnungen» sind von einer feinsten Membran überzogen. Im Lumen der Röhrchen sorgt eine vom Zellkörper entspringende Wimperflamme aus einzelnen bis vielen Geißeln für den notwendigen Flüssigkeitsstrom. (Abb. 65)

I. Turbellaria, Strudelwürmer

A. Technische Vorbereitungen

Von Turbellarien werden Süßwassertricladen zur Lebendbeobachtung benötigt. Sehr gut eignet sich *Dugesia (=Planaria) gonocephala*, doch hat auch *Dendrocoelum lacteum* seine Vorteile. Am besten gibt man beide Formen nebeneinander; im Notfall genügt irgendeine andere Planarienart. Man sammelt sie einige Tage vorher in Bächen, Flüssen oder Teichen, in denen sie an der Unterseite von Steinen, Holzstücken und Blättern zu finden sind. Besonders ergiebig pflegen Gebirgsbäche zu sein. Mit angefeuchtetem, flachgedrücktem Pinsel – nie darf eine Planarie mit der Pinzette ergriffen werden – werden sie vorsichtig von der Unterlage abgenommen und in eine weithalsige Glasflasche überführt, die mit Wasser vom Herkunftsort gefüllt und gegen Erwärmung zu schützen ist (am sichersten Thermosflasche). Zu Hause werden die Tiere in größere Glasschalen gegeben. Einen Teil der Tiere läßt man hungern, die anderen bekommen einige Daphnien oder auch Regenwurmstückchen und dergleichen als Nahrung.

Außerdem werden Caedaxpräparate ungefärbter, aber in gut gestrecktem Zustand fixierter Tiere benötigt. Für *Dugesia gonocephala* ist es günstiger, Hungertiere zu fixieren, für *Dendrocoelum lacteum* Tiere mit gefülltem Darm.

B. Allgemeine Übersicht

Die bisweilen prächtig bunt gefärbten Turbellarien sind meist freilebende Plattwürmer, die im Meer und im Süßwasser, aber auch in wassererfüllten Spalträumen des Bodens und in feuchten Landbiotopen leben. Nicht wenige sind Kommensalen, jedoch nur einige Arten Parasiten.

Der längsovale bis bandförmige Körper ist häufig abgeplattet, wobei die Bauchseite eine ebene Kriechsohle bildet, während die Rückenseite etwas gewölbt ist. Ein Kopf kann mehr oder weniger deutlich abgesetzt sein; seine Seiten sind nicht selten zu Tentakeln oder «Öhrchen» ausgezogen. Er birgt das Gehirn und Sinnesorgane, ist aber nur selten Träger der Mundöffnung.

Die Haut ist ein einschichtiges Epithel aus flachen, kubischen oder prismatischen Zellen, die häufig einer Basalmembran aufsitzen und außen – wenigstens auf der Bauchseite – dicht mit Wimpern besetzt sind (Name: «Strudelwürmer»). Ihre Kerne befinden sich nicht selten in schlauchartigen Zellausstülpungen, die, den Hautmuskelschlauch durchsetzend, bis in das Mesenchym hineinragen. Bei manchen Gruppen sind die Zellgrenzen der Epidermis nur elektronenmikroskopisch nachzuweisen. Die Hautzellen beherbergen stark lichtbrechende Stäbchen (Rhabditen), die, ins Wasser ausgestoßen, zu einem klebrigen Schleim aufquellen. Ebenso wie ein von Drüsenzellen abgeschiedenes Sekret, dient er der Verteidigung, dem Beutefang und dem Wundverschluß. Die Neubildung der Rhabditen erfolgt in Drüsenzellen, die im Epithelverband stehen oder – wie auch viele der Hautdrüsen – tief ins Mesenchym hineinragen und nur mit ihren Ausführungsgängen die Oberfläche erreichen.

Der Hautmuskelschlauch setzt sich aus glatten Ring-, Diagonal- und Längsmuskeln zusammen. Er ist in die periphere Zone des Mesenchyms eingebettet. Einzelne Muskelfasern durchsetzen den Körper in dorso-ventraler Richtung. Die histologische Struktur des Mesenchyms ist erst ungenügend erforscht. Es besteht wohl meist aus einem dreidimensionalen Zellennetz, dessen Maschen freibewegliche Zellen

(Amöbocyten) und Gewebsflüssigkeit erfüllen. Auf keinen Fall ist es ein bloßes Füll- oder Bindegewebe.

Das Nervensystem kann subepidermal liegen und einen ausgesprochen geflechtartigen Bau zeigen. Meist aber liegt es im Mesenchym, und es kommt zur Heraussonderung eines oft deutlich paarigen Gehirns (Cerebralganglion) und paariger Markstränge, die, am Gehirn beginnend, den Körper der Länge nach durchziehen und durch ringförmige Kommissuren miteinander verbunden sind. – Von Sinnesorganen sind unter der Haut gelegene, aus Pigmentbecher und Sinneszellen zusammengesetzte Augen (Pigmentbecherocellen) in ein oder mehreren Paaren fast stets vorhanden. Organe des chemischen und des Strömungssinnes sind besonders am Kopf entwickelt, während mit haarförmigen Fortsätzen versehene Tastsinneszellen vornehmlich an den Körperrändern anzutreffen sind. Alle Turbellarien können sich im Schwerefeld orientieren, Statocysten jedoch findet man zwar bei vielen, aber nicht bei allen Arten als kleine, dem Gehirn aufliegende Bläschen.

Der Mund kann an irgend einem Punkt der ventralen Mittellinie, vom Vorder- bis zum Hinterende, liegen. Er führt in einen muskulösen, drüsenreichen und bewimperten Pharynx, der häufig rüsselartig aus einer Pharyngealtasche vorgestülpt werden kann. Der Pharynx ist ektodermaler, der daran anschließende Mitteldarm entodermaler Herkunft. Der Mitteldarm endigt immer blind, ist aber sonst recht verschieden gestaltet, stabförmig gerade, dreiästig oder vielästig und jeweils mit oder ohne seitliche Divertikel. Bei den Acoelen besteht er meist aus einem soliden Gewebsstrang, in dem Zellgrenzen ebenso wie in der Epidermis nur elektronenmikroskopisch nachzuweisen sind. Die Nahrung wird in diesem Fall in temporären Vakuolen der Strangzellen verdaut.

Die Protonephridien sind bei marinen Formen nur schwach entwickelt, den Acoelen fehlen sie ganz. In der Regel sind zwei oder vier Paar Längskanäle vorhanden, die durch eine oder zwei hinter dem Mund gelegene Öffnungen oder durch sehr viele und dann in zwei Reihen angeordnete Rückenporen ausmünden.

Da die Turbellarien Zwitter sind und neben den Gonaden noch Dotterstöcke, Kopulationsapparate und eine Reihe weiterer Hilfseinrichtungen besitzen, gewinnt ihr Geschlechtsapparat einen sehr komplizierten Bau. Männliche und weibliche Geschlechtsöffnung münden getrennt oder liegen in einer gemeinsamen Tasche, dem Atrium genitale. Den Eizellen werden, falls sie nicht selbst dotterreich sind, eine größere Zahl von Dotterzellen beigesellt (zusammengesetzte Eier). Die Entwicklung ist meist direkt.

C. Spezieller Teil

Dugesia gonocephala (= Planaria gonocephala)

Dugesia gonocephala ist ein häufiger Bewohner des Süßwassers; sie findet sich vor allem in sauberen, fließenden Gewässern.

Die Gattung *Dugesia* gehört zusammen mit den ebenfalls weitverbreiteten Gattungen *Planaria, Crenobia* und *Polycelis* zur Familie der Planariidae und damit zur Unterordnung der Tricladida. Auf Deutsch werden alle Arten der Familie als Planarien bezeichnet. Die Tricladida sind, wie schon der Name andeutet, dadurch gekennzeichnet, daß sich der Darm aus drei Ästen, einem vorderen und zwei hinteren, aufbaut. Wir betrachten das Tier mit dem Stereomikroskop bei schwacher Vergrößerung in einem flachen Schälchen mit Wasser.

Der Körper unserer Art ist langgestreckt (Abb. 66). Der Kopf setzt sich deutlich ab. Er ist vorn zugespitzt und zieht sich seitlich in die «Öhrchen» (Aurikel) aus, so daß er im ganzen einen ausgesprochen dreieckigen Umriß hat, wodurch *D. gonocephala* leicht von anderen Arten der Familie zu unterscheiden ist. Doch ändert sich, wie wir beobachten, die Form des Kopfes beim kriechenden Tier dauernd, indem er bald spitzer, bald stumpfer wird; bisweilen hebt das Tier die Vorderspitze und bewegt die «Öhrchen».

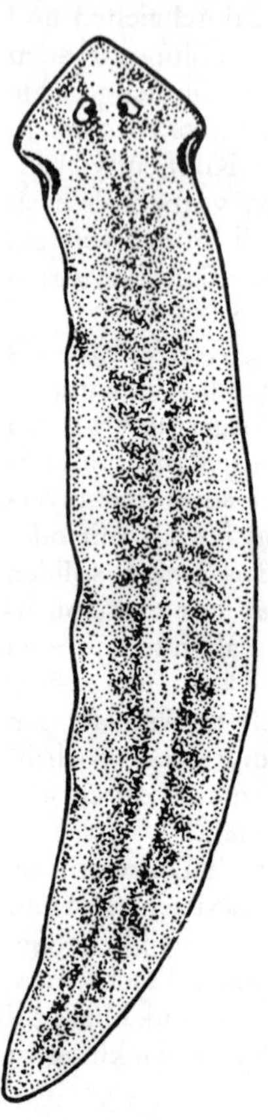

Abb. 66: *Dugesia gonocephala* (= *Planaria gonocephala*). Dorsalansicht eines lebenden Tiers. (Aus ENGELHARDT)

Vor allem wird uns aber zunächst die Bewegungsweise unserer Planarie auffallen und fesseln. Es ist ein gleichmäßiges, anscheinend müheloses Dahingleiten, so charakteristisch für die Turbellarien, daß es uns auf den ersten Blick gestattet, sie als solche zu erkennen und von anderen Würmern zu unterscheiden. Da man keine Muskelarbeit wahrnimmt, möchte man zunächst annehmen, daß diese Fortbewegung auf der Tätigkeit des dichten Wimperkleides beruht. Das ist aber nur für sehr kleine Turbellarien (< 2,5 mm) zutreffend, die in dieser Weise nicht nur zu kriechen, sondern auch ganz nach Art ciliater Protozoen zu schwimmen vermögen. Bei allen etwas größeren Arten reicht das an die Oberfläche gebundene Wimperkleid nicht aus, um für sich allein den Körper von der Stelle zu bringen, da ja die Oberfläche mit dem Quadrat, das Volumen aber, und damit das Gewicht, mit der dritten Potenz der linearen Ausdehnung wachsen. Hier treten in immer steigendem Maße kleinste Muskelkontraktionen hinzu, die als Wellen mit kurzen Abständen und so rasch, daß wir sie mit bloßem Auge nicht erkennen können, von vorn nach hinten über die Bauchfläche verlaufen.

Unser Tier ist aber noch anderer Körperbewegungen fähig. Zunächst einmal kann es sich außerordentlich verkürzen, wobei der Kopf verstreicht. Wir können die Verkürzung jederzeit hervorrufen, wenn wir das Tier mit einem Pinsel reizen. Erst wenn es sich wieder in Bewegung setzt, streckt sich der Körper zu seiner vollen Länge von etwa 2 cm aus, und Kopfspitze und Öhrchen treten hervor. Außerdem kann sich die Planarie auch nach einer Seite oder nach oben oder unten einkrümmen, was wir am besten erkennen können, wenn wir sie mit dem Pinsel vorsichtig auf den Rücken drehen. Kurz, der ganze Körper arbeitet wie ein großer Muskel, der die verschiedensten Formen annehmen kann. Das erklärt sich daraus, daß die einzelnen Bezirke des Hautmuskelschlauches gesonderter Kontraktion fähig sind, und daß zudem auch das Parenchym von zahlreichen, in verschiedener Richtung laufenden Muskelzügen durchsetzt ist.

Am Kopf fallen uns sofort die Augen auf, als tiefschwarze Flecke, an die sich nach außen zu ein heller Bezirk anschließt. Normalerweise ist ein Paar solcher Augen vorhanden, nicht selten aber findet sich vor dem einen oder auch vor beiden noch je ein etwas kleineres Auge. Bei anderen süßwasserbewohnenden Tricladen finden sich Augen in großer Zahl entlang dem Vorder- und Seitenrand (Gattung *Polycelis*). Jeder der schwarzen Flecke ist ein von Pigmentzellen gebildeter Becher, in den die den hellen Hof einnehmenden Sinneszellen mit ihren reizaufnehmenden Teilen hineinragen. Augen dieser Bauart werden daher als «Pigmentbecherocellen» bezeichnet. Der

Pigmentbecher, dessen Öffnung lateralwärts und ein wenig nach vorn und oben schaut, ist ein das Richtungssehen ermöglichender Hilfsapparat. Daß unser Tier lichtempfindlich ist und immer die dunkelste Stelle des Schälchens aufsucht, ist leicht zu beobachten. Die hellen Höfe lateralwärts der Pigmentbecher kommen dadurch zustande, daß hier das Parenchym kein Pigment führt. Da die Augen der Planarien unter der Haut im Parenchym eingebettet liegen, ist es für ihre Funktion natürlich unerläßlich, daß pigmentfreie Stellen nach Art von Fenstern das Licht zum Sinnesorgan gelangen lassen.

Unmittelbar hinter den Öhrchen fallen uns zwei weitere pigmentfreie Stellen auf. Sie geben den Sitz kleiner Wimpergruben an, die als Auricularsinnesorgane bezeichnet werden und als Organe des chemischen Sinnes funktionieren. Mit ihrer Hilfe können die Planarien Beutetiere bis zu einer Entfernung von einigen Zentimetern lokalisieren. Auch die Öhrchen selbst sind besonders reich an Sinneszellen.

Im übrigen verdeckt das reiche Parenchympigment, das lediglich einen schmalen Außensaum freiläßt, uns fast völlig den Anblick der inneren Organe. Nur in der Mittellinie und etwa in der Körpermitte sehen wir ein Organ hell durchschimmern. Es ist der muskelkräftige Pharynx, der hinten mit der Mundöffnung beginnt, vorn in den Darm übergeht. Er ist in eine Pharynxtasche eingesenkt und kann, wie wir

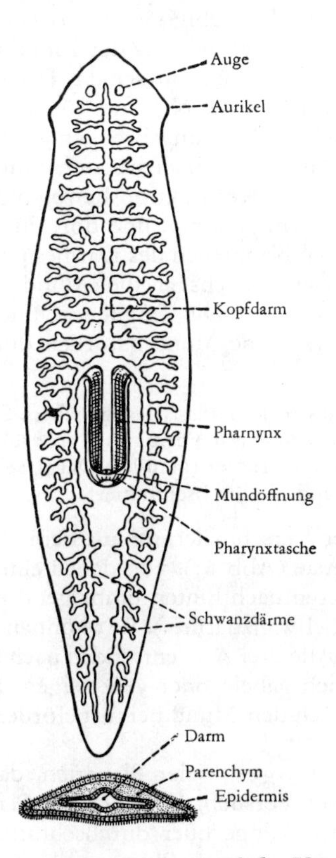

Abb. 67: *Dugesia gonocephala*. Unten schematischer Querschnitt durch die Vorderhälfte des Körpers

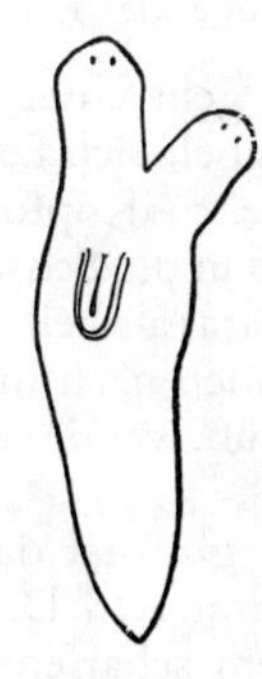

Abb. 68: *Dugesia gonocephala*, operiert am 25. 2. (Längsspaltung der vorderen Körperhälfte), fixiert am 9. 6. 6×

später sehen werden, weit aus dem Körper ausgestülpt werden. Bei geschlechtsreifen Exemplaren kann sich hinter dem Pharynx noch eine zweite hellere Region abheben, die vom Kopulationsorgan (Penis) eingenommen wird.

Drehen wir das Tier auf den Rücken, so können wir die Mundöffnung deutlich erkennen und ein Stück dahinter auch die Geschlechtsöffnung, als einen weißlichen Punkt. Genauer gesagt handelt es sich um die Öffnung des Atrium genitale, in das männlicher und weiblicher Sexualapparat einmünden. Von den Geschlechtsorganen selbst können wir aber auch in dieser Lage, selbst wenn sich das Tier gerade in der Fortpflanzungsperiode (Frühjahr und Sommer) befindet, nichts erkennen, es sei denn, daß es bereits eine der großen, braunen und kugeligen Eikapseln im Atrium genitale birgt. In einer solchen Eikapsel, die später an Pflanzenteilen oder Steinen des Wohngewässers mit einem kleinen Stiel befestigt wird, sind neben mehreren Eizellen eine viel größere Zahl als Nahrung dienender Dotterzellen eingeschlossen.

Um den Rüssel zur Anschauung zu bringen, werden jetzt Planarien verteilt, die einige Tage gehungert haben, und als Futter gleichzeitig kleine Fleischbrocken, Regenwurmstückchen oder dergleichen ausgegeben. Es ist von Vorteil, für diesen Versuch ein größeres Schälchen zu verwenden.

Einige Minuten, nachdem wir ein Futterbröckchen in das Schälchen mit der hungrigen Planarie gelegt haben, beginnt diese, falls sie vorher ruhig saß, zu kriechen. Binnen kurzem hat sie den Köder gefunden, und bald sehen wir aus der Mundöffnung ein weißliches, zylinderförmiges Organ austreten, das sich mit seinem freien Ende dem Nahrungsbrocken anlegt. Es ist der zur Aufnahme der Nahrung rüsselartig aus seiner Tasche ausgestülpte Pharynx. Er kann kleinere Nahrungsbrocken ganz in sich hineinschlingen, während er sich in größere allmählich hineinarbeitet, unterstützt durch verdauende Drüsensekrete. Durch peristaltische Kontraktionsbewegungen des Rüssels wird die Nahrung portionsweise in den Darm gepumpt und dort durch Fermente in kleine Brocken zerlegt, die dann von den Nährzellen des Darmes phagocytiert werden. Es wird jetzt auch klar, daß das, was wir zunächst als die «Mundöffnung» bezeichnet hatten, diesen Namen nicht ganz verdient. Die fragliche Öffnung ist vielmehr die der Pharynxtasche, während der wirkliche Mund natürlich durch die Öffnung des Pharynx selbst dargestellt wird.

Es werden jetz ungefärbte Caedaxpräparate gut gestreckter Planarien gegeben. Steht an Stelle von *D. gonocephala* das milchweiße *Dendrocoelum lacteum* zur Verfügung, so erübrigt es sich, Präparate auszugeben, da bei dieser pigmentfreien Art der (gefüllte) Darm schon im Leben mit genügender Klarheit durch die Körperwand hindurchschimmert.

Der Darm geht unter plötzlicher, erheblicher Verschmälerung aus dem Pharynx hervor und gabelt sich fast unmittelbar in drei Äste (Abb. 67), von denen einer nach vorn weiterzieht («Kopfdarm»), die beiden anderen nach hinten umbiegend parallel zueinander bis in die Schwanzspitze verlaufen («Schwanzdärme»). Wir können sie auf unserem Präparat als helle Linien gut verfolgen. Alle drei Äste entsenden nach außen, die hinteren auch nach innen, Blindsäcke, die sich gabeln oder verzweigen. Da ein After fehlt, muß, was unverdaulich ist, wieder durch den Mund herausbefördert werden.

Erstaunlich groß ist das Regenerationsvermögen vieler Planarien, darunter auch das unserer Art. Das zeigt uns ein einfacher Versuch. Eine unserer Planarien wird mit einem scharfen Messer oder einer Rasierklinge quer durchschnitten. Bei einer anderen wird die vordere Körperhälfte, etwa bis zum Pharynx, durch einen möglichst genau in der Mittellinie verlaufenden Längsschnitt gespalten. Am besten eignen sich hierfür möglichst große, gut genährte Tiere, die man vor der Operation einige Tage hungern läßt. Die operierten Tiere werden, vor Sonne geschützt, in einer größeren Glasschale mit Wasser gehalten. Einige Wochen später stellen wir fest, daß die hintere Hälfte des quer durchschnittenen Tieres einen Kopf mit zwei Augen regeneriert hat, die vordere Hälfte einen Schwanzabschnitt, während das längsgespaltene Tier an den beiden Wundflächen je eine Vorderkörperhälfte entwickelt hat, mit den entsprechenden Augen, so daß ein zweiköpfiges Monstrum entstanden ist (Abb.68).

II. Trematodes, Saugwürmer

A. Technische Vorbereitungen

Von Trematoden werden mit Boraxkarmin gefärbte mikroskopische Präparate des kleinen Leberegels, *Dicrocoelium lanceolatum*, gegeben, der sich wegen seiner geringen Größe und relativen Durchsichtigkeit sehr gut dazu eignet. Auch *Opisthioglyphe ranae* ist als fast schematisch einfache Form sehr geeignet. Von *Fasciola hepatica*, dem großen Leberegel, sind gefärbte mikroskopische Präparate von jungen, höchstens 1 cm langen Egeln (Darm), und von vollentwickelten Tieren (Geschlechtsorgane) erforderlich; sehr zu empfehlen ist die Demonstration von einigen Exemplaren mit injiziertem Exkretionssystem. Zur Färbung leistet das altbewährte Boraxkarmin (1 Tag) bei anschließender gründlicher Differenzierung (mindestens 14 Tage) die besten Dienste. Fügt man dem Alkohol oder Glyzerin, in dem man die Tiere nach dem Fixieren aufbewahrt, einige Tropfen Karbolsäure hinzu, so stellt sich nach einigen Tagen eine haltbare Dunkelfärbung der Dotterstöcke und Dottergänge ein, die auch in gefärbten Präparaten diese Organe gut hervortreten läßt. – Sehr dankbar ist es, eine frisch vom Schlachthof bezogene, reich infizierte Leber im Kurs zu eröffnen und die noch lebenden Egel in den Gallengängen zu zeigen und herausholen zu lassen. An diesen Egeln kann man auch den dunkel angefüllten Darm mit allen seinen Verzweigungen gut erkennen, namentlich wenn man die Tiere zwischen zwei Objektträgern etwas quetscht. – Als mikroskopische Präparate sind weiterhin mit Hämatoxylin-Eosin gefärbte Querschnitte von *Fasciola hepatica* erforderlich. Um das Bild nicht zu verwirrend zu gestalten, nimmt man sie am besten aus der Körpermitte oder etwas dahinter, so daß Uterus und Ovarium nicht mehr getroffen sind.

Um Entwicklungsstadien von Trematoden zeigen zu können, sammle man schon einige Tage vorher reichlich Wasserschnecken (besonders *Lymnaea*-Arten, aber auch *Bithynia*, *Paludina*, *Planorbis*) und stelle sie einzeln in Wassergläsern an ein sonniges Fenster. Aus einigen der Schnecken wird man dann die Cercarien in großen Mengen ausschlüpfen sehen. Bricht man die Schale einer hiermit als infiziert festgestellten Schnecke auf, so findet man die Leber oft vollständig durchsetzt mit Sporocysten und Redien. Das so gewonnene Material wird etwas zerzupft und zur Lebenduntersuchung verteilt. Befallene Limnäen sind übrigens an dem stark aufgetriebenen letzten Schalenumgang leicht zu erkennen. Findet man keine infizierten Schnecken, so muß man auf fertige, gefärbte Präparate von Sporocysten, Redien und Cercarien zurückgreifen.

B. Allgemeine Übersicht

Die Trematoden sind meist kleine (0,5 bis 10 mm), blatt- oder zungenförmige Plattwürmer, die ausschließlich als Parasiten auf der Körperoberfläche (Ektoparasiten) oder im Innern (Entoparasiten) anderer Tiere leben. Ihre Körperdecke ist von eigenartiger Struktur, deren wahre Natur erst das Elektronenmikroskop enthüllte. Die relativ dicke und derbe Körperaußenschicht wurde bisher als Kutikula beschrieben. Sie sollte von tief im Mesenchym versenkten Zellen oder dem Mesenchym selbst ausgeschieden werden. Tatsächlich handelt es sich um eine wimperlose, syncytiale, protoplasmatische Epidermis, deren Kerne in sackartigen, tief ins Mesenchym hineinreichenden Fortsätzen der syncytialen Körperdecke liegen. Die Oberfläche der Körperdecke ist oft mit Höckern, Dornen oder Haken aus Proteinen besetzt. Ein Teil von ihnen dient, ebenso wie die Saugnäpfe, als Haftapparat. Fast stets ist ein vorderer Mundsaugnapf vorhanden, der die Mundöffnung umfaßt; dazu tritt oft ein in der Mittellinie der Bauchfläche liegender Bauchsaugnapf. Besonders stark ausgebildet sind die Haftapparate bei den ektoparasitisch lebenden Saugwürmern. Hier können sechs bis acht Sauggruben, deren Wirkung noch durch Haken oder Krallen unterstützt wird, auf einer großen Haftscheibe des Körperhinterendes vereint sein.

Der Hautmuskelschlauch ist stark entwickelt und besteht aus Ring-, Längs- und Diagonalmuskeln. Ferner finden sich dorso-ventrale Muskeln sowie die Saugnapfmuskeln: einerseits meridian verlaufende, die den Saugnapf abflachen, andererseits äquatoriale und radiäre, die sein Lumen vertiefen und erweitern und dadurch das Ansaugen des Saugnapfes bewirken.

Das Nervensystem besteht aus einem hinter dem Mundsaugnapf liegenden Cerebralganglion (Gehirn), von dem sechs Markstränge, zwei ventrale, zwei laterale und zwei dorsale nach hinten und drei Paar kürzere nach vorn ziehen. Ringförmige Kommissuren stellen Querverbindungen her.

Im Zusammenhang mit der parasitischen Lebensweise sind Lichtsinnesorgane nur bei manchen Ektoparasiten und bei den freischwimmenden ersten Larvenstadien (Miracidien) der Entoparasiten ausgebildet. Es sitzen dann zwei oder vier Paar Pigmentbecherocellen dem Gehirn auf.

Auch der Darmkanal (Abb. 69) verrät durch seinen einfachen Bau die Folgen der parasitischen Lebensweise. Er beginnt mit dem vorn und etwas bauchwärts gelegenen Mund, auf den ein kurzer Vorderdarm (Speiseröhre) folgt, dessen Anfangsstück zu einem muskulösen Pharynx entwickelt ist. Dann gabelt sich der Darm in zwei einfache, nach hinten ziehende, blinde Schenkel. Nur bei sehr großen Trematodenarten wie z. B. dem großen Leberegel (*Fasciola hepatica*), ist der Darm reich verzweigt. Der Mund dient auch als After. In den Vorderdarm münden Speicheldrüsen, meist in Form einzelner Drüsenzellen.

Der Raum zwischen Darmkanal und Haut wird ausgefüllt von einem lockeren Mesenchym. Eine Leibeshöhle im eigentlichen Sinne des Wortes fehlt (Acölomata!). Das System unregelmäßiger, von Lymphe erfüllter Spalten im Parenchym wird bisweilen mißverständlich als Schizocöl bezeichnet.

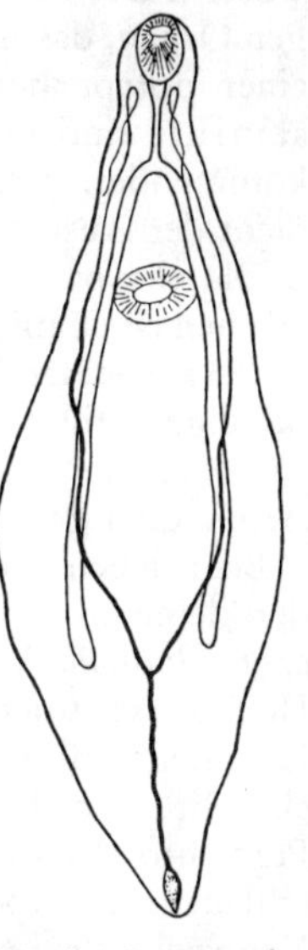

Abb. 69: Saugnäpfe, Darm- und Protonephridialsystem von *Dicrocoelium lanceolatum*

Die Protonephridien bestehen aus zwei großen Längskanälen, von denen zahlreiche Seitenkanäle abgehen, die sich im Parenchym ausbreiten und mit Reusengeißelzellen (S. 119) endigen. Die beiden Hauptkanäle münden getrennt rechts und links am Vorderende auf der Rückenseite, während sie in anderen Fällen, in eine kontraktile Blase vereinigt, hinten ausmünden (Abb. 69).

Der Geschlechtsapparat ist, wie sehr oft bei Parasiten, mächtig entwickelt. Fast alle Saugwürmer sind Zwitter. Die männlichen Geschlechtsorgane bestehen aus zwei ovalen oder lappigen, nicht selten aber auch stark verzweigten Hoden. Ihre Ausführgänge und ableitenden Gefäße (Vasa efferentia) vereinigen sich zum Samenleiter (Vas deferens), dessen zur Samenblase erweiterter Endabschnitt in einen vorstreckbaren Penis (= dauernd rutenförmiges Begattungsorgan), oder in einen ausstülpbaren Cirrus (= nur während der Kopulation rutenförmiges Begattungsorgan) mündet. Der weibliche Geschlechtsapparat ist komplizierter gebaut. Aus einem unpaaren, median gelegenen Ovar gelangen die Eizellen über einen kurzen Ovidukt in eine Erweiterung des Ausführungsganges, die als Ootyp bezeichnet wird. Kurz vorher hat der Ovidukt den vereinigten Ausführgang zweier seitlich gelegener Dotterstöcke aufgenommen. Im Ootyp werden jeder Eizelle eine Anzahl Dotterzellen (bei *Fasciola hepatica* etwa 30) beigegeben. Dort findet außerdem die Besamung und die beginnende

Schalenbildung aus einem Material statt, das von den Dotterzellen abgeschieden wird. Ein den Ootyp puderquastenförmig umgebender Komplex einzelliger Drüsen wird als Mehlissche Drüse bezeichnet. Welche Rolle das davon in den Ootyp ergossene Sekret spielt, ist unbekannt. Aus dem Ootyp gelangen die Eier durch eine als Ventil funktionierende Ringfalte in den Uterus, der – oft stark mit Eiern gefüllt – als vielfach geschlängeltes Rohr den Körper durchzieht und neben der männlichen Geschlechtsöffnung oder im gemeinsamen Atrium mündet.

Die Spermatozoen gelangen bei den Digenea meist durch den Uterus zu den Eiern. Die Monogenea dagegen haben einen eigenen Begattungskanal, eine Vagina entwickelt. Das bei der Begattung aufgenommene Sperma wird in einem bläschenförmigen Organ, das über einen kurzen Schlauch mit dem Ovidukt verbunden ist, oder in einer ootypnahen Erweiterung des Uterus gespeichert. Derartige Receptacula seminis sind im Tierreich weit verbreitet. Ein bei den Digenea nicht selten vorkommender, vom Ootyp zur Rückenfläche führender Gang, der Laurersche Kanal, dient der Ausleitung von überschüssigem Sperma und Zelltrümmern.

Die ektoparasitischen Trematoden entwickeln sich direkt, die entoparasitischen machen einen mit einem Wirtswechsel verknüpften Generationswechsel durch. Dabei treten nacheinander mehrere typische Larvenformen auf. Zu den Ektoparasiten gehört das eigenartige, auf den Kiemen von Fischen schmarotzende Doppeltier (*Diplozoon paradoxum*). Wir wollen uns eingehender jedoch nur mit zwei entoparasitischen Arten, dem großen und dem kleinen Leberegel befassen.

Beide leben in den Gallengängen von Säugetieren, der große vornehmlich im Rind, der kleine im Schaf. Aus den mit dem Kot ausgeschiedenen Eiern des großen Leberegels (*Fasciola hepatica*) schlüpfen, wenn die Weiden nach Regengüssen oder durch Hochwasser überschwemmt sind, bewimperte Larven, Miracidien, die sich in die Haut der amphibisch lebenden kleinen Schlammschnecke *Galba* (= *Lymnaea*) *truncatula* einbohren. In der Leibeshöhle der Schnecke bildet das Miracidium Wimperkleid und Pigmentbecherocellen (S. 127) zurück und wächst zu einem fast organlosen Keimschlauch, der Sporocyste, heran. In ihrem Inneren entwickelt sich aus diploiden Keimzellen (sie machen nur eine mitotische Reifeteilung durch) parthenogenetisch eine zweite, abweichend gebaute Generation von Larven, die Redien. Sie sind gegenüber den Sporocysten durch den Besitz von Mund, Darm, Zentralnervensystem, Speicheldrüsen und Geburtsöffnung ausgezeichnet und besitzen, wie übrigens sämtliche Larvenstadien, Protonephridien. Außerdem haben sie stummelförmige Fortbewegungsorgane, mit deren Hilfe sie zur Mitteldarmdrüse («Leber») der Schnecke wandern, wo sie sich festsetzen und stark heranwachsen. In den Redien entwickeln sich – wiederum parthenogenetisch aus Keimzellen – als dritte Generation die Cercarien. Sie haben Darm, Saugnäpfe und Nervensystem der erwachsenen Formen, dazu einen Ruderschwanz, entbehren aber der Geschlechtsorgane. Die Cercarien verlassen, die Haut durchbohrend, die Schnecke, schwimmen kurze Zeit (bis maximal 24 Stunden) umher, runden sich dann unter Verlust des Ruderschwanzes ab und schließen sich, an eine Pflanze festgeheftet, in eine Cyste ein. Gelangen die nun Metacercarien genannten Tiere mit dem Gras von Überschwemmungswiesen in den Darm eines Wiederkäuers, so verlassen sie die Cystenhülle, durchbohren die Darmwand und wandern durch die Leibeshöhle in die Leber und dort in die Gallengänge, wo sie innerhalb von zwei bis drei Monaten zu geschlechtsreifen Tieren heranwachsen.

Auch beim kleinen Leberegel (*Dicrocoelium lanceolatum*) werden die Eier mit dem Kot des Wirtstieres im Gelände verstreut. Als Zwischenwirte fungieren zunächst Landlungenschnecken der Gattungen *Zebrina* und *Helicella*, die sich von faulenden Blättern ernähren und daher auch die unvollkommen verdauten Pflanzenteile im Kot der Wirtstiere fressen. Dabei infizieren sie sich mit den Eiern, aus denen kurz darauf im Darm der Schnecke die bereits fertig ausgebildeten Miracidien schlüpfen. Die Miracidien wandern zur Mitteldarmdrüse, setzen sich dort fest und wachsen zu unregelmäßig gestalteten Sporocysten I. Ordnung heran, in deren Leibeshöhle sich aus Keimballen 2–3 mm große Sporocysten II. Ordnung entwickeln. Die Muttersporocyste degeneriert, in den Tochtersporocysten entstehen wiederum parthenogenetisch mit einem langen Schwanz ausgestattete Cercarien, die – ihre Mutter durch die Geburtsöffnung verlassend – über das Venensystem zur Atemhöhle der Schnecke wandern. Dort werden sie, in Gruppen bis zu mehreren tausend in Schleimballen gehüllt, ausgestoßen. Diese Schleimballen werden von Ameisen der Gattung *Formica* gefressen. Die Cercarien (im Durchschnitt etwa 50) gelangen dabei in den Kropf der Tiere, durchbohren dessen Wand und encystieren sich als schwanzlose Metacercarien in der Leibeshöhle des Abdomens. Stets dringt jedoch eine der Cercarien in das Unterschlundganglion ein und encystiert sich dort. So befallene Ameisen zeigen ein eigenartiges und auffallendes Verhalten: Sie erklettern Pflanzen und verbeißen sich mit ihren Mandibeln für Stunden in endständige Blätter oder Blüten. Die pflanzenfressenden Endwirte nehmen sie mit dem Futter auf und infizieren sich mit den in der Leibeshöhle der Ameise encystierten Parasiten.

Auch bei zahlreichen anderen Trematodenarten gelangen die Cercarien in einen zweiten Zwischenwirt (Mollusk, Arthropode, Fisch oder Frosch), in dem sie sich einkapseln, um erst dann, wenn sie samt diesem von einem dritten Wirt gefressen werden, zu geschlechtsreifen Saugwürmern heranzuwachsen. Wir haben also bei den entoparasitischen Trematoden einen durch Metamorphose und Wirtswechsel komplizierten Generationswechsel vor uns. Ob dabei die Redien und Cercarien auf jeden Fall parthenogenetisch (aus geschlechtlich differenzierten aber unbefruchteten Zellen) entstehen, oder ob sie bei manchen Formen, wie behauptet wird, durch Polyembryonie gebildet werden, muß vorerst noch offen bleiben. Bei den Leberegeln alternieren jedenfalls mehrere parthenogenetisch in Larven entstandene Generationen mit einer Generation, die von Zwittern bisexuell erzeugt wurde. Einen Generationswechsel, bei dem zweigeschlechtlich und eingeschlechtlich erzeugte Generationen miteinander abwechseln, bezeichnet man als Heterogonie. Treten, wie hier, verschieden gestaltete, eingeschlechtlich erzeugte Generationen auf, so spricht man von einer polymorphen Heterogonie.

C. Spezieller Teil

1. *Dicrocoelium lanceolatum*, der kleine Leberegel

Dicrocoelium lanceolatum, der kleine Leberegel oder Lanzettegel, findet sich in den Gallengängen zahlreicher Säugetiere, vor allem von Schaf und Rind.

Es werden fertige mikroskopische Präparate gegeben, die zunächst mit schwacher Vergrößerung zu betrachten sind.

Der bis zu 10 mm lange Körper des Tieres ist lanzettförmig. Deutlich lassen sich die beiden Saugnäpfe erkennen, von denen der Bauchsaugnapf der größere ist. An den Mundsaugnapf schließt sich der kurze, muskulöse Schlund (Pharynx) an, der sich zur dünnen Speiseröhre (Ösophagus) verlängert. Über dem Beginn der Speiseröhre liegen dorsal die beiden durch eine Querkommissur verbundenen, oft schwer sichtbaren Hirnganglien. Der Darm gabelt sich nunmehr, und die beiden einfachen, unverästelten Schenkel endigen blind an der Grenze des dritten und letzten Körperviertels (Abb. 70).

Vom Protonephridialsystem, wie es Abb. 69 darstellt, ist an unseren Präparaten fast nichts wahrzunehmen; alles, was man in ihnen an Organen sonst noch sieht, gehört zu den beiden Geschlechtsapparaten. So liegen hinter dem Bauchsaugnapf zwei große, etwas gelappte Hoden, und vorn vor dem Bauchsaugnapf sieht man den in

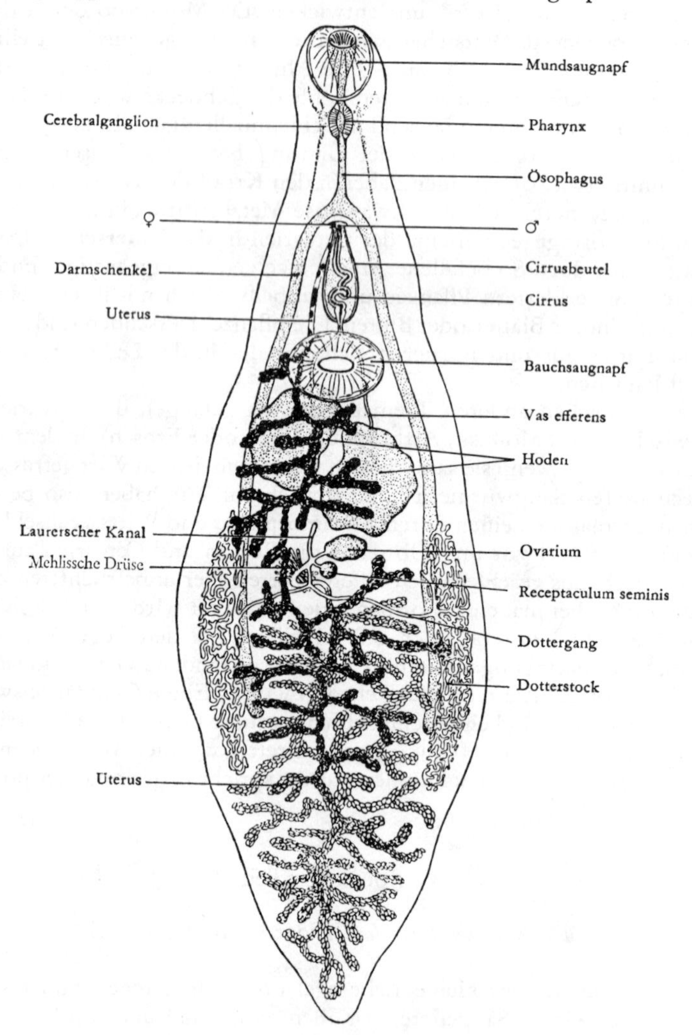

Abb. 70: *Dicrocoelium lanceolatum*. 28×

einen Cirrusbeutel eingeschlossenen Cirrus sich bis zur Gabelung des Darmes erstrecken. Die Mündung des Cirrusbeutels, d.h. die männliche Geschlechtsöffnung, liegt unmittelbar hinter der Gabelung des Darmes. Von den Hoden gehen die mit stärkerer Vergrößerung erkennbaren Ausführgänge (Vasa efferentia) ab, die sich zu einem kurzen, in den Cirrus übergehenden Samenleiter vereinigen.

Vom weiblichen Geschlechtsapparat imponiert zuerst der meist in ganzer Länge von Eiern erfüllte Uterus. Er beginnt in der Mitte des Körpers, zieht bis zum hinteren Körperende, wendet sich dann wiederum nach vorn und mündet schließlich unmittelbar neben der männlichen Öffnung aus. Er ist in zahlreiche, querlaufende Schlingen gelegt, was im Präparat oft eine reiche seitliche Verzweigung vortäuscht. Die jüngsten, im Anfangsteil des Uterus liegenden Eier haben eine hellgelbe, durchsichtige Schale, dann wird die Schale braun, und die ältesten, in den Endabschnitt des Uterus vorgeschobenen Eier sind undurchsichtig schwarzbraun.

Das Ovarium liegt hinter dem zweiten Hoden und erscheint als rundlicher Körper von geringerer Größe, in dem wir bei starker Vergrößerung die kleinen Eier sehen können. Stets wird der Eierstock später reif als die Hoden. Vom Ovarium gelangen die Eier in den Ootyp (Abb. 71). Er ist umgeben von der meist nur schwach sichtbaren Mehlisschen Drüse. Ebenfalls nur schwer, wenn überhaupt erkennbar ist der Laurersche Kanal, der als feiner Gang vom Ootyp zur Rückenfläche zieht. Sehr gut zu sehen ist, falls mit Sperma gefüllt, das ihm anhängende Receptaculum seminis. Es liegt als scharf konturierte Blase mit lebhaft gefärbtem Inhalt unmittelbar hinter dem Ovarium.

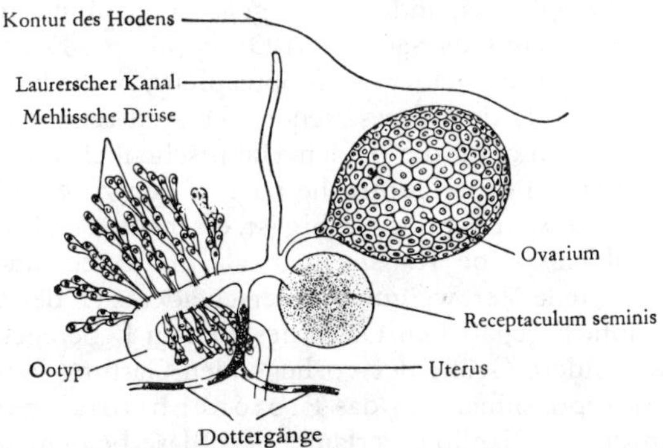

Abb. 71: Weibliche Geschlechtsorgane von *Dicrocoelium lanceolatum*. Etwa 300×. (Aus BRAUN, nach LEUCKARDT)

Die beiden Dotterstöcke nehmen in der Gegend der Körpermitte die rechte und linke Seite ein und fallen wegen ihrer abweichenden Färbung sogleich ins Auge. Sie bestehen aus Gruppen von meist kurzen, keulenförmigen, oft verzweigten Dottersäckchen, die jederseits in einen oft nur undeutlich sichtbaren Längskanal münden. Von der Mitte des Längskanales führt ein querverlaufender Dottergang zum Anfangsteil des Uterus.

2. *Fasciola hepatica*, der große Leberegel

Fasciola hepatica, der (große) Leberegel, schmarotzt gleichfalls in den Gallengängen verschiedener Säugetiere, oft vergesellschaftet mit dem Lanzettegel. Auch beim Menschen wird er – allerdings selten – angetroffen. Er erreicht eine Länge von etwa 3 cm und eine Breite von etwa 1 cm.

Es werden mit Boraxkarmin gefärbte mikroskopische Präparate sowohl junger als auch voll entwickelter Tiere ausgeteilt, die mit dem Stereomikroskop oder schwacher Mikroskopvergrößerung zu studieren sind; stärkere Vergrößerung führt bei diesen dicken Präparaten zu nichts – es sei denn zur Zertrümmerung des Präparates.

Der Körper ist stark abgeflacht, fast blattförmig, sein vorderster Abschnitt als «Kopfzapfen» deutlich abgesetzt. Etwas dahinter liegt die breiteste Stelle des Tieres, das sich dann nach hinten zu allmählich verjüngt. Die Körperoberfläche ist dicht mit kleinen, in die Kutikula eingesenkten, schuppenartigen Bildungen besetzt, die in Querreihen angeordnet sind. Wir können sie besonders gut an den Seitenrändern des Kopfzapfens erkennen. Sie bestehen aus einer stark lichtbrechenden Substanz (Skleroproteinen?) und spielen, da ihre Spitzen alle nach hinten gerichtet sind, zweifellos eine Rolle bei der Vorwärtsbewegung des Tieres in den Gallengängen des Wirtes.

Bei den noch nicht geschlechtsreifen Tieren kann man den Darm in ganzer Ausdehnung gut überblicken, während er bei den herangewachsenen durch die mächtig entwickelten Geschlechtsorgane größtenteils verdeckt wird. Der Darmkanal beginnt in der Tiefe des endständigen Mundsaugnapfes. Der Bauchsaugnapf liegt nur wenig hinter dem Mundsaugnapf und damit sehr weit vorn. An den Mundsaugnapf schließt sich ein kräftiger Pharynx an, dem ein sehr kurzer Ösophagus folgt. Der Pharynx kann durch eine besondere Muskulatur zurückgezogen oder auch, wie es unsere Abbildung zeigt, bis in den Mundsaugnapf hinein vorgeschoben werden. Da er sich einerseits gegen den Ösophagus, andererseits gegen den Mundsaugnapf abschließen kann, arbeitet er abwechselnd als Saug- und Druckpumpe. Der Ösophagus ist sehr kurz und gabelt sich, noch im Gebiet des Kopfzapfens, in die beiden Darmschenkel, die fast bis zum Hinterende des Tieres ziehen. Sie sind sehr reich mit verzweigten Blindsäcken ausgestattet, die, da die beiden Hauptschenkel des Darmes der Mittellinie genähert verlaufen, in der Hauptsache nach außen zu entwickelt sind. Da die Wandung der Blindsäcke sehr dehnungsfähig ist, erscheinen sie je nach dem Füllungsgrad des Darmes bald als feine Kanäle, bald als breite, einander fast berührende Räume. Durch seine reiche Verzweigung unterscheidet sich der Darm von *Fasciola* auffällig von dem einfach gegabelten Darm des kleinen Leberegels, ein Unterschied, der durch die bedeutendere Größe der vorliegenden Gattung verständlich wird.

Am hinteren Körperpol öffnet sich das Protonephridialsystem, das mit einer langgestreckten, in der Medianlinie verlaufenden Blase beginnt und sehr reich verästelt ist. Doch kann man das im allgemeinen nur an Präparaten sehen, bei denen das Protonephridialsystem vorher mit Tusche injiziert wurde.

Wir betrachten jetzt eine ausgewachsene *Fasciola*, um auch den Geschlechtsapparat kennenzulernen. Richten wir unsere Aufmerksamkeit zunächst auf das vordere Drittel des Wurmkörpers (Abb. 72), so wird uns in seiner Mitte als erstes der Uterus auffallen, den wir an den ihn dicht erfüllenden, gelbbraunen Eiern leicht erkennen. Er zieht, sich stark nach rechts und links windend, nach vorn und mündet hier in der weiblichen Geschlechtsöffnung, die noch vor dem Bauchsaugnapf und gleich hinter der Darmgabelung liegt. Unmittelbar hinter dem Uterus werden wir sodann in der Mittellinie einen rundlichen Körper bemerken, der sich durch größere Dichte und daher kräftigere Färbung von der Umgebung abhebt. Es handelt sich um die den Ootyp umgebende Mehlissche Drüse. In ihr wurden zwei Zelltypen, große Sekretzellen und kleine nicht sekretorisch tätige Zellen nachgewiesen. Ein wenig caudal davon werden wir zwei mehr oder weniger bräunlich gefärbte, quer ziehende Gänge erkennen, die, von den Seiten her kommend, sich in einer kleinen Anschwellung vereinigen. Es sind die von den Dotterstöcken ausgehenden Dottergänge, die erwähnte Anschwellung ist das Dotterreservoir. Kurz vor dem Ootyp vereinigt sich der nunmehr unpaare Dottergang mit dem vom Ovarium kommenden Eileiter, der sich zum Ootyp erweitert und dann in den Uterus übergeht. Im Gegensatz zum Lanzettegel dehnt sich der Uterus nur nach vorn vom Ootyp aus. Als Receptaculum seminis funktioniert eine ootypnahe Erweiterung des Uterus. Der Laurersche Kanal ist auch bei *Fasciola* vorhanden. Er zieht im Bereich der Mehlisschen Drüse dorsalwärts und ist bisweilen, vor allem bei Rückenansicht, gut erkennbar.

Eileiter, unpaarer Dottergang und Anfangsteil des Uterus sind recht feine Kanäle, und da sie zudem noch in der Mehlisschen Drüse verpackt sind, werden wir sie nur selten und nur bei der vergleichenden Betrachtung einer größeren Zahl von Präparaten klar zu erkennen vermögen, um so deutlicher aber das Ovarium selbst, das hier die Gestalt fingerförmiger, verzweigter Schläuche hat. Es ist in unserem Präparat lebhaft rot gefärbt und liegt in der Regel rechts – bei ventraler Ansicht des Tieres also links – von der Mittellinie, seitlich vom hinteren Abschnitt des Uterus. Den vom Ovarium schräg nach hinten ziehenden Eileiter hatten wir bereits erwähnt.

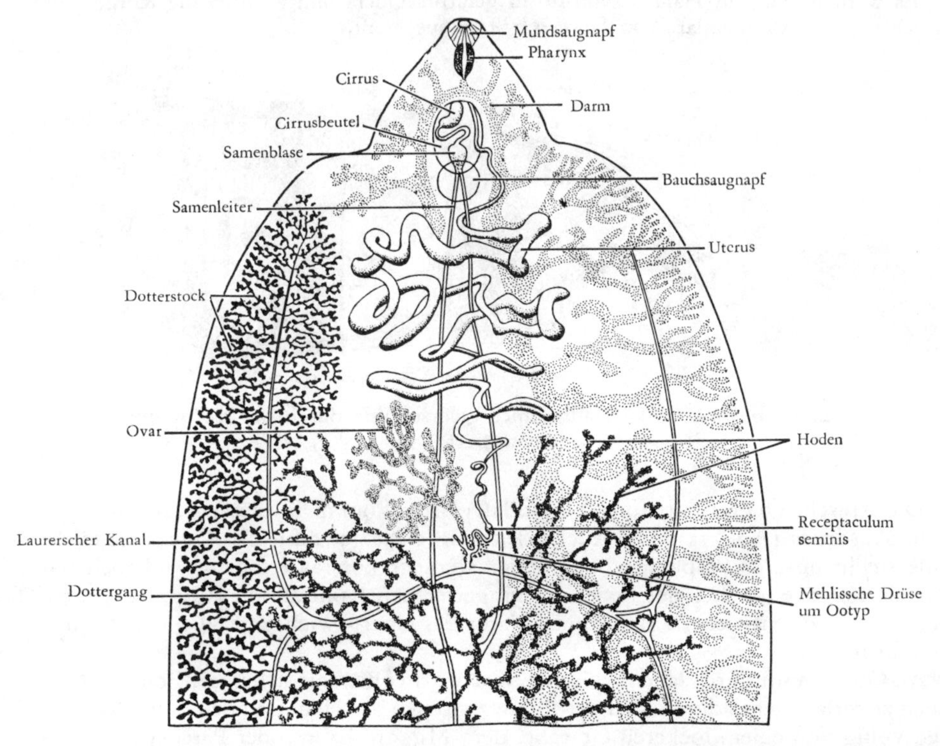

Abb. 72: Großer Leberegel, *Fasciola hepatica*. Vorderes Körperdrittel; leicht schematisiert. Dotterstock nur links, Darmschenkel nur rechts eingezeichnet. 8×

Die Dotterstöcke übertreffen das Ovarium bedeutend an Ausdehnung. Sie nehmen die ganzen Seitenfelder des Körpers in Anspruch, beginnen gleich hinter dem Kopfzapfen und erstrecken sich bis ins Hinterende, das sie ganz erfüllen. Sie setzen sich aus einer Unzahl kleiner, bläschenartiger Gebilde, den Dotterfollikeln, zusammen, die sich durch ihre bräunliche Farbe abheben. Die Ausführungsgänge der Follikel münden jederseits in einen meist gut sichtbaren Längskanal, der einen kurzen vorderen und einen viel längeren hinteren Schenkel unterscheiden läßt und seinerseits in den bereits erwähnten, quer zur Mitte ziehenden Dottergang übergeht.

Der Rest des Körpers, also das ganze Mittelfeld mit Ausnahme des hintersten und des von Ovarium und Uterus besetzten vordersten Abschnittes, wird von den beiden außerordentlich stark entwickelten Hoden eingenommen. Es sind reich verzweigte Schläuche, die sich in je einem Vas efferens vereinigen. Die beiden Vasa efferentia ziehen rechts und links von der Mehlisschen Drüse nach vorn und verschmelzen in der Gegend des Bauchsaugnapfes zum unpaaren Samenleiter (Vas deferens), der dicht neben der weiblichen Geschlechtsöffnung mündet. Er ist bei dieser Art in ganzer Länge in einen Cirrusbeutel eingeschlossen. Gleich nach seinem Eintritt in den Beutel erweitert sich der Samenleiter zur Samenblase (Vesicula seminalis), während sein muskulöser Endabschnitt als Cirrus ausgestülpt werden kann. Cirrus und Samenblase sind meist gut erkennbar, während das schmale Mittelstück des Samenleiters, wie auch der Cirrusbeutel, sich unserer Beobachtung in der Regel entziehen.

Es werden jetzt mit Hämatoxylin-Eosin gefärbte Querschnitte durch die Körpermitte geschlechtsreifer Exemplare von *Fasciola hepatica* ausgeteilt.

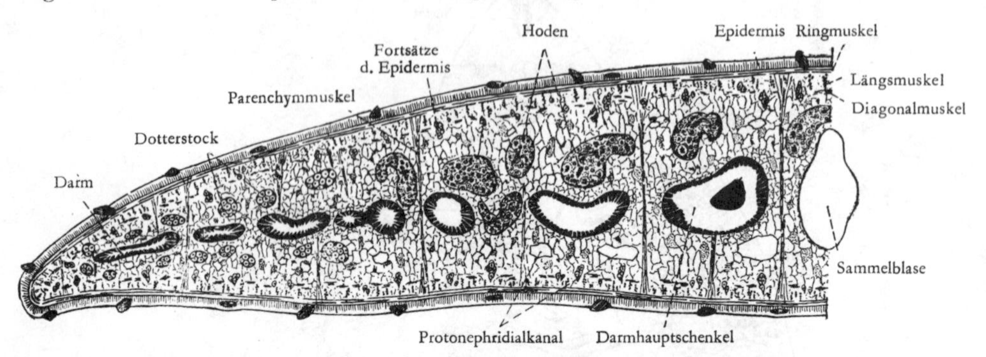

Abb. 73: *Fasciola hepatica*. Linke Hälfte eines Querschnitts durch die Körpermitte, etwas schematisiert. 20×

Die typische Querschnittsform eines Plattwurms kommt in diesen Präparaten gut zum Ausdruck (Abb. 73). Die Rückenseite ist leicht gewölbt, die Bauchseite eben; falls sie in unseren Präparaten mehr oder weniger konkav erscheint, so haben wir das als Folge einer bei der Fixierung eingetretenen Kontraktion zu verstehen, bei der die stärker entwickelte Bauchmuskulatur das Übergewicht über die Rückenmuskulatur hatte.

Als Querschnitt durch einen typischen Plattwurm offenbart sich unser Präparat aber noch zuverlässiger dadurch, daß der Raum zwischen der Haut und den inneren Organen völlig von einem lockeren Gewebe, dem Mesenchym (oder Parenchym), ausgefüllt wird. Seinen maschigen Bau können wir gut erkennen.

Die syncytiale, kernfreie Außenlage der Epidermis, die man früher als Kutikula ansprach, zeigt eine vertikale Streifung. In sie sind die Hautstacheln eingelassen. Sie sind meist nicht in voller Länge getroffen, so intraepidermale Bildungen vortäuschend. An die Epidermis schließt sich unmittelbar das Mesenchym an, in das die die Kerne enthaltenden Plasmafortsätze hineinragen (s. S. 126).

In die Rindenpartie des Parenchyms ist der aus drei in verschiedener Richtung verlaufenden Fasersystemen zusammengesetzte Muskelschlauch eingebettet. Oberflächennah breitet sich zunächst eine dünne Lage von Fasern aus, die der Haut parallel laufen, in ihrer Gesamtheit also eine Ringmuskulatur darstellen. Etwas tiefer ins Parenchym eingesenkt liegen die im Schnitt quergetroffenen Fasern der Längsmuskelschicht. Sie sind in senkrecht stehenden Reihen oder schmalen Gruppen angeordnet und heben sich durch ihre rötliche Färbung gut vom umgebenden Parenchym ab. Noch tiefer und etwas schwerer erkennbar sehen wir die Fasern der Diagonalmuskelschicht, die ihrem Verlauf entsprechend in kurzen, schrägen Anschnitten getroffen sind.

Neben dem Hautmuskelschlauch (und der Muskulatur in der Wand bestimmter innerer Organe) besitzen die Trematoden noch eine das ganze Füllgewebe durchsetzende «Parenchymmuskulatur», von der wir unschwer die dorso-ventralen Faserbündel auffinden können, die zwischen den inneren Organen von der dorsalen bis zur ventralen Körperseite ziehen, wobei sie sich an beiden Enden pinselartig aufspalten.

Die Kerne des epidermalen Epithels liegen, wie schon in der «Allgemeinen Übersicht» erwähnt, in Zellfortsätzen, die einzeln oder zu traubigen Gruppen vereint tief ins Parenchym reichen. Wir können diese Teile der Epidermis mit den großen, blau gefärbten Kernen zum Teil zwischen den Längsmuskelfasern, in der Hauptsache aber zwischen und unterhalb der Diagonalfasern liegen sehen. Die feinen, halsartig dünnen Verbindungsstücke zwischen den die Kerne beherbergenden Zellabschnitten und der kernlosen Außenlage sind in unserem Präparat nur selten zu sehen.

Wir wenden uns nun der Betrachtung der «inneren Organe» zu. Um uns unter ihnen zurechtzufinden, müssen wir unseren Schnitt noch einmal mit dem Ganzpräparat bzw. der Abb. 72 vergleichen und dabei berücksichtigen, daß er durch die mittlere Körperregion, also hinter der Mehlisschen Drüse, geführt wurde. Somit haben wir im Innern des Parenchyms die folgenden Organe zu erwarten: die beiden Hauptschenkel des Darmes mit ihren die ganze Breite des Präparates einnehmenden Verzweigungen, die Durchschnitte der gleichfalls stark verzweigten Hoden (im Mittelfeld) und schließlich die Dotterstöcke (in den beiden Seitenfeldern). Außerdem werden von dem in Abb. 72 nicht eingezeichneten Protonephridialsystem die in der Mittellinie des Körpers verlaufende, langgesteckte Sammelblase und seitlich davon ihre größeren Verzweigungen getroffen sein.

Vom Darm sind naturgemäß die gleich rechts und links der Mittellinie liegenden Hauptschenkel am größten. Nach den Seiten zu wird das Kaliber der Darmschenkel infolge ihrer fortschreitenden Verzweigung immer geringer. Bisweilen wird ein in der Querrichtung verlaufender Zweig in größerer Länge getroffen oder gerade die Stelle einer Verzweigung angeschnitten sein. Die Darmschenkel können von einer homogenen, bräunlichen Masse, dem aufgenommenen Blut des Wirtes, erfüllt sein. Das Epithel des Darmes erscheint auf den Schnitten bisweilen sternförmig gefaltet oder in einzelne Keile zerspalten; in Wahrheit ist es ein geschlossenes, einschichtiges Epithel, dessen große Kerne leicht erkennbar sind, während die Abgrenzung der einzelnen Zellplasmen undeutlicher ist. Alle Verzweigungen des Darmes halten sich in der Mittelebene, von Bauch- und Rückenfläche etwa gleich weit entfernt.

Das Epithel der Sammelblase des Protonephridialsystems und das der einmündenden Kanäle ist sehr flach und in unseren Präparaten kaum zu sehen; Blase und Kanäle erscheinen daher wie Lücken innerhalb des Parenchyms. Auch die feineren und feinsten Verzweigungen des Protonephridialsystems können wir nicht mit Sicherheit ansprechen. Die Reusengeißelzellen und ihre Wimperflammen sind nur an mit Eisenhämatoxylin gefärbten Schnitten bei starker Vergrößerung (Ölimmersion) deutlich zu erkennen.

Die Hoden fallen durch ihre sattblaue Färbung auf, eine Folge ihres Kernreichtums. Sie liegen vor allem dorsal, zum Teil aber auch zwischen den Darmschenkeln. Daß es sich nicht um einzelne Hodenblasen, sondern um Abschnitte einer einzigen, paarigen und reichverzweigten Geschlechtsdrüse handelt, wissen wir vom Studium der Totalpräparate her, können es aber auch der Form der Anschnitte bisweilen ganz gut entnehmen. Die männlichen Geschlechtszellen befinden sich in den verschiedensten Stadien der Entwicklung. Wir sehen zahlreiche Mitosen und an vielen Stellen ganze Bündel von bereits fertigen, fadenförmigen Spermatozoen, deren langgestreckte Kopfabschnitte sich nur wenig absetzen.

Die von den Verzweigungen des Hodens freigelassenen Seitenfelder werden von den Dotterstöcken eingenommen, deren Anschnitte wir sowohl dorsal wie ventral der Darmschenkel finden. Die einzelnen Dotterzellen mit ihren großen Kernen und den zahlreichen in das Cytoplasma eingebetteten Dottertröpfchen lassen sich gut erkennen.

Sollten wir einen Querschnitt durch die vordere Körperregion, dicht vor der Mehlisschen Drüse, zur Untersuchung erhalten haben, so sieht das Bild natürlich etwas anders aus. Wir werden dann in der Mitte des Präparates die Windungen des Uterus angeschnitten finden, in denen wir zum Teil schon fertige, aus einer Eizelle und mehreren Dotterzellen zusammengesetzte und mit einer Schale versehene Eier erkennen. Seitlich davon, aber auch noch im Mittelfeld und nur auf einer Körperseite entwickelt, sehen wir das Ovarium mehrfach angeschnitten, dicht erfüllt von den in Bildung befindlichen Eizellen. Von den Hoden sind entweder nur die vordersten Verzweigungen getroffen, oder sie sind bereits völlig aus dem Präparat verschwunden. Dagegen werden wir die Seitenfelder auch in diesem Präparat von den Dotterstöcken eingenommen finden, die ja viel weiter oralwärts reichen als die Hoden (vgl. Abb. 72).

3. Sporocysten, Redien, Cercarien

sE werden Präparate von Sporocysten und Redien verteilt; wenn möglich frisches Material aus einer in Wasser zerzupften Mitteldarmdrüse einer Lymnaea, sonst fertige gefärbte Präparate.

Die Sporocysten und Redien sind wenig bewegliche, sack- oder schlauchartige Gebilde, «Keimschläuche», erfüllt von Tochterstadien, die sich in ihrem Innern parthenogenetisch aus Keimzellen entwickeln. Die Entscheidung, ob eine Sporocyste oder eine Redie vorliegt – nicht immer ist beides vorhanden –, gelingt meist leicht (vgl. Abb. 74). Die Redien sind in der Regel schlanker, haben oft einen durch

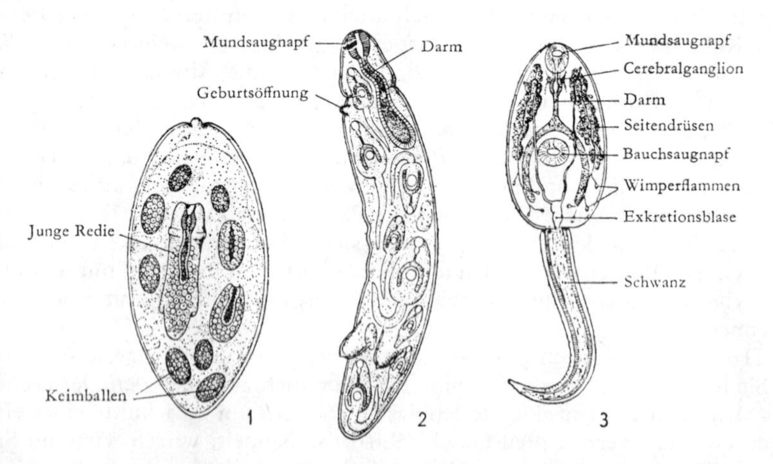

Abb. 74: Entwicklungsstadien von Trematoden. Sporocyste (1), Redie (2) und Cercarie (3) von *Fasciola hepatica*. Vergr. 1 = 60, bei 2 = 33, bei 3 = 50 ×

einen Ringwulst abgesetzten «Kopfteil», zwei stumpfe, zum Vorwärtsstemmen dienende Fortsätze am Hinterkörper, vor allem aber sind sie durch den Besitz eines Pharynx mit anschließendem, kurzem oder längerem, nicht gegabelten Darm und einer Geburtsöffnung im vorderen Körperdrittel ausgezeichnet. Die Sporocysten sind viel einfacher gebaut. Es sind lediglich muskulöse Säcke, ohne Pharynx oder anderweitige (für uns erkennbare) Organe. Die Keimballen im Innern der Sporocysten entwickeln sich in der Regel zu Redien (bei manchen Arten aber wiederum zu Sporocysten oder auch direkt, unter Überspringen der Rediengeneration, zu Cercarien), die Keimballen in den Redien zu Cercarien.

In einem zweiten Präparat werden jetzt Cercarien, wenn möglich frisch mit der Pipette einem Schneckenglas entnommen (vgl. «Technische Vorbereitungen», S. 126), zur Untersuchung gegeben.

An den Cercarien können wir meist einen ovalen Vorderkörper und einen kräftigen Ruderschwanz unterscheiden. Mund- und Bauchsaugnapf, Pharynx und gegabelter Darm sind vorhanden, die Protonephridialorgane mit ihren Endzellen oft sehr schön in Tätigkeit (Schlagen der Wimperläppchen) zu erkennen, kurz, der Bau des fertigen Trematoden ist bei ihnen im wesentlichen schon erreicht, nur daß die Geschlechtsorgane noch nicht oder noch nicht voll entwickelt sind. Oft finden sich zwei große, seitliche Drüsenpakete, die bei der späteren Encystierung der Cercarie eine Hülle um das Tier bilden. In der dorsalen Lippe des Mundsaugnapfes liegt bisweilen ein kleiner Bohrstachel. Der Ruderschwanz ist bei manchen Arten einfach, bei anderen gegabelt. Kurz vor der Encystierung wirft die Cercarie den Ruderschwanz ab und schließt sich in eine derbe, kugelige Kapsel ein.

Es empfiehlt sich, den Cercarienpräparaten einen Tropfen einer sehr schwachen Neutralrotlösung zuzusetzen und das Deckgläschen durch Absaugen des Wassers anzupressen. In den Minuten vor dem Absterben der gepreßten Tiere treten die einzelnen Organe, vornehmlich das Protonephridialsystem, mit besonderer Deutlichkeit zutage.

III. Cestodes, Bandwürmer

A. Technische Vorbereitungen

Von Cestodenmaterial besorge man sich, wenn möglich, finniges Schweinefleisch vom Schlachthof, das entweder frisch oder mit Formol fixiert und in 70%igem Alkohol konserviert untersucht wird. Ferner werden in Alkohol konservierte Proglottiden von *Taenia solium*, *Taenia saginata* und *Diphyllobothrium latum* verteilt.

An fertigen mikroskopischen Präparaten sind erforderlich: 1. Reife Proglottiden dieser drei wichtigsten im Menschen vorkommenden Bandwürmer, gefärbt oder ungefärbt. 2. Mittelreife Proglottiden mit vollständig entwickeltem Geschlechtsapparat, gefärbt. 3. Gefärbte Ganzpräparate von *Echinococcus granulosus*. 4. Gefärbte Präparate von der Wand einer *Echinococcus*-Blase.

Als Demonstrationsmaterial sind vollständige, konservierte Exemplare der häufigeren Bandwürmer, eine *Echinococcus*-Blase, sowie, unter dem Mikroskop, einige Bandwurmköpfe aufzustellen.

B. Allgemeine Übersicht

Die Bandwürmer oder Cestoden sind durchweg Parasiten. Die mit der parasitischen Lebensweise einhergehende Umgestaltung des Körpers ist noch einschneidender als bei den Trematoden. So fehlt ihnen ein Darm, und die Nahrungsstoffe werden in gelöster Form mit der gesamten Körperoberfläche aufgenommen, zum großen Teil in Form von Glykogen gespeichert und anaerob zu CO_2 und Fettsäuren abgebaut.

Die Entwicklung der Cestoden ist eine Metamorphose, die nur selten mit einem Generationswechsel, aber fast immer mit einem Wirtswechsel verknüpft ist. Die als Finne bezeichnete Larve setzt sich im Bindegewebe, den Muskeln, der Leber und in anderen Organen des Zwischenwirtes fest, das geschlechtsreife Endstadium, die Bandwurmkette, lebt in der großen Mehrzahl der Fälle als Schmarotzer im Darm von Wirbeltieren.

Die befruchteten Eier des Bandwurmes entwickeln sich zunächst zum «sechshakigen Embryo» (Oncosphaera), der, um zur Finne zu werden, von einem Zwischenwirt aufgenommen werden muß. Bei *Taenia solium* (Schweinebandwurm) ist es das Schwein, das die Oncosphaeren mit der Nahrung herunterschlingt. Die Oncosphaeren durchbohren dann die Darmwand des Schweines und gelangen mit dem Blutstrom in das Bindegewebe der Muskeln und anderer Organe, wo sie sich zu Finnen umwandeln. Durch Genuß des «finnigen» Fleisches kommen die Finnen in ihren Endwirt (bei *Taenia solium* den Menschen). In seinem Darm ergibt die Finne den Kopf, Scolex, des Bandwurmes, an dessen hinterem Ende, unter oft sehr bedeutendem Längenwachstum des ganzen Tieres, sich mehr oder minder scharf getrennte Glieder (Proglottiden) differenzieren, in denen Eier in großer Zahl ausgebildet werden. Durch stück- oder gruppenweise Ablösung der am Hinterende liegenden reifen Proglottiden gelangen die befruchteten und in der Regel schon zu Embryonen (Oncosphaeren) weiter entwickelten Eier ins Freie.

Die Finne ist meist ein Bläschen (Cysticercus, Blasenwurm), von dessen Wandung ein Kopfzapfen, der künftige Scolex, nach innen einsproßt. Im Darmkanal des Endwirts wird die Finnenblase verdaut und der Scolex ausgestülpt. Besondere Organe sichern seine Festheftung an der Darmwand. Sehr häufig sind mit besonderer

Muskulatur ausgebildete Saugnäpfe, aber auch einfachere, grubenartige Vertiefungen, die dem gleichen Zweck dienen, kommen vor. Nicht selten sitzen kutikulare Haken an der Außenfläche eines durch Muskeln beweglichen vorderen Teiles (Rostellum) des Scolex.

Bei manchen Arten werden viele Scoleces von der einzelnen Blase erzeugt (Coenurusform der Finne), bisweilen in der Weise, daß sich von der Wand der großen Finnenblase zunächst Tochterblasen (und von diesen eventuell Enkelblasen) abschnüren, die dann erst in «Brutkapseln» eine Reihe von Scoleces ausbilden (z.B. *Echinococcus granulosus*, Hundewurm).

Anders verläuft der Entwicklungsgang von *Diphyllobothrium latum* (Fischbandwurm). Hier treten zwei Finnenstadien auf, untereinander verschieden gestaltet und in zwei verschiedenen Zwischenwirten lebend. Die hier durch eine langbewimperte Embryonalhülle schwimmbefähigten, erst im Wasser aus dem Ei sich entwickelnden Oncosphaeren gelangen zunächst in einen kleinen Süßwasserkrebs (*Cyclops* oder *Diaptomus*), in dem sie sich zum ersten Finnenstadium (Procercoid) ausbilden. Das Procercoid ist keine Blase, sondern eine langgestreckte Larvenform, die hinten auf einer kugeligen Abschnürung die Embryonalhaken der Oncosphaera trägt. Werden die Krebse von einem Fisch gefressen, so bilden sich die Parasiten in der Muskulatur oder anderen Organen des Fisches zum zweiten Finnenstadium, dem Plerocercoid, um. Das Plerocercoid ist ein bereits wurmähnliches Entwicklungsstadium mit wohl ausgebildetem Scolex am Vorderende. Durch Fischgenuß in den Darm des Endwirts, so des Menschen, gelangt, wächst das Plerocercoid schnell zum reifen Bandwurm heran.

Die Körperdecke der Cestoden ist ähnlich gebaut wie die der Trematoden (S. 126): Eine relativ dicke pseudokutikulare, in Wirklichkeit aber aus Protoplasma bestehende Außenlage der Epidermis, in der keine Zellgrenzen zu erkennen sind, ist über dünne Protoplasmabrücken mit tief im Parenchym versenkten Ausbuchtungen verbunden, in denen die Kerne liegen. Ihrer Funktion als Organ der Nahrungsaufnahme entsprechend, zeigt die Außenschicht der Epidermis eine Oberflächenvergrößerung durch Mikrovilli. Sie scheidet außerdem Stoffe aus, die die Darmenzyme des Wirtes hemmen und so verhindern, daß der Wurm verdaut wird. –

Der aus Ring- und Längsmuskeln zusammengesetzte Hautmuskelschlauch ist schwach entwickelt. Dafür ist eine kräftige Binnenmuskulatur vorhanden, die in das Parenchym eingebettet ist und aus Muskelzügen oder -platten besteht. Das Parenchym, das wie bei den anderen Plattwürmern den Raum zwischen Haut und inneren Organen völlig ausfüllt, so daß eine Leibeshöhle fehlt, läßt eine Mark- von einer Rindenschicht unterscheiden, die durch transversal verlaufende Muskelfaserzüge geschieden werden. In der Rindenschicht verläuft eine kräftige Längsmuskulatur, dorso-ventrale Fasern durchsetzen den ganzen Körper.

Das Nervensystem besteht außer einem unter dem Hautmuskelschlauch gelegenen Plexus aus einer Reihe von längsverlaufenden Marksträngen, von denen die beiden seitlich gelegenen meist am stärksten entwickelt sind. Die Stränge durchziehen den Bandwurm der ganzen Länge nach. Sie beginnen im Kopf in einem kräftig entwickelten, paarigen Gehirn und sind dort außerdem, und in jedem Glied, durch Ringkommissuren untereinander verbunden. Vom Gehirn ziehen Nerven zu den Haftorganen. Sinnesorgane fehlen, freie Sinnesnervenendigungen finden sich zahlreich in der Epidermis.

Das Protonephridialsystem umfaßt meist vier Längskanäle (darunter zwei sehr schwach entwickelte), von denen kleinere Seitengefäße in den Körper gehen, die mit Reusengeißelzellen (s. S. 118) enden. Die Längskanäle münden am Hinterrand der jeweilig letzten Proglottis aus; sie sind in jedem Glied durch einen Querkanal, im Kopf durch eine Haarnadelschleife miteinander verbunden.

Die Geschlechtsorgane, männliche und weibliche in jeder Proglottis, sind sehr stark entwickelt. Nur die jüngsten, dem Kopf am nächsten stehenden Glieder haben noch keine Geschlechtsorgane, bei den mittleren sind sie am vollständigsten entwickelt, während bei den letzten und ältesten Gliedern, den «reifen», fast nur der mit Eiern bzw. Embryonen gefüllte Uterus übrigbleibt, im übrigen aber bereits eine weitgehende Atrophie der Geschlechtsorgane eingetreten ist.

Wie bei manchen Trematoden, so finden sich auch bei den ursprünglicheren Formen der Cestoden drei Geschlechtsöffnungen, die männliche und zwei weibliche, von denen die eine die Mündung der Vagina, die andere die des Uterus darstellt; meist fehlt jedoch die Uterusmündung (so bei der Gattung *Taenia*). Die Genitalöffnungen sind randständig oder flächenständig.

Die männlichen Geschlechtsorgane bestehen aus zahlreichen Hodenbläschen im Parenchym, deren Vasa efferentia sich zu einem muskulösen Vas deferens vereinigen. Das Ende dieses Samenleiters, der Cirrus, liegt in einem gleichfalls muskulösen Beutel, dem Cirrusbeutel. Er ist ausstülpbar und wird bei der Paarung in die weibliche Geschlechtsöffnung eingeführt.

Die weiblichen Organe beginnen mit dem am Hinterende jeder Proglottis liegenden, paarigen Keimstock (Ovarium). Der davon ausgehende Eileiter vereinigt sich mit dem Ausführgang der Dotterstöcke. Im Umkreise der als Ootyp bezeichneten Vereinigungsstelle liegt die Mehlissche Drüse. Im Ootyp werden jeder Eizelle eine (bei den Taeniidae), wenige oder viele Dotterzellen, die dem sich entwickelnden Embryo als Nahrung dienen, beigegeben. Das nunmehr zusammengesetzte Ei wird im Ootyp oder Uterus von einer Schale umhüllt. Das Schalenmaterial stammt von den Dotterzellen oder von dem sich bereits im Uterus entwickelnden Embryo. So auch bei der Gattung *Taenia*. Das Sekret der Mehlisschen Drüse bildet höchstens eine feine Grundlamelle um Ei und Dotterzellen, an die das Schalenmaterial von innen angelagert wird. Der Ootyp nimmt vor seinem Eintritt in die Mehlissche Drüse noch einen anderen Kanal auf, die nach außen führende Vagina, die dicht neben dem Cirrus in einer gemeinsamen Grube, dem Genitalatrium, mündet. Nach seinem Austritt aus der Mehlisschen Drüse wird der Eileiter zum Uterus; er enthält die fertigen Eier und mündet entweder ebenfalls nach außen (Pseudophylliden) oder endigt blind (Taenien), vorher zahlreiche Seitenäste aussendend.

C. Spezieller Teil

1. *Taenia solium*, Schweinebandwurm, *T. saginata*, Rinderbandwurm, *Diphyllobothrium latum*, Fischbandwurm

Jeder Praktikant erhält zunächst etwas finniges Schweinefleisch, aus dem er die einzelnen Finnen – ohne sie anzustechen – herauszulösen und in ein mit Wasser gefülltes Schälchen zu bringen hat. Schon mit bloßem Auge läßt sich der meist ins Innere der elliptischen Blase eingestülpte Scolex als weißlicher Fleck erkennen. Um ihn besser zur Anschauung zu bringen, kann man ihn entweder durch vorsichtiges Quetschen der Blase zwischen zwei Fingern zur Ausstülpung bringen, oder man hebt ihn mittels einer Nadel aus der Blase heraus, oder man schneidet ihn samt einem Stück der Umgebung aus der Blasenwand aus, bringt ihn dann mit reichlichem Wasserzusatz auf einen Objektträger und legt unter leichtem Druck einen zweiten Objektträger auf das alsdann fertige Präparat. Falls finniges Schweinefleisch nicht beschafft werden kann, werden gefärbte Caedaxpräparate ausgestülpter Scoleces verteilt.

Bei schwacher Vergrößerung sehen wir, daß der Scolex fast rechteckigen Umriß hat. Deutlich treten an den vier Ecken die halbkugeligen Saugnäpfe hervor. Charakteristisch für die vorliegende Art (*Taenia solium*, Schweinebandwurm) ist der Besitz eines Hakenkranzes von meist 26 bis 28 Haken an der Vorderfläche des Kopfes. Man erkennt zweierlei Haken, größere und kleinere, die in zwei konzentrischen Kreisen stehen. Im inneren Kreise befinden sich die größeren Haken, im äußeren Kreise, mit ihnen wechselständig, die kleineren. Die Spitzen der Haken beider Kreise liegen vom

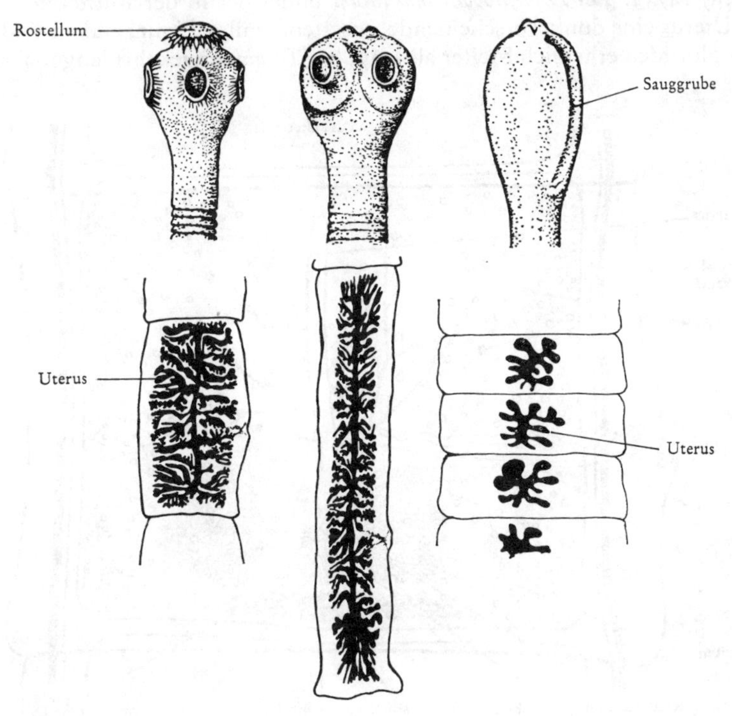

Abb. 75: Köpfe und reife Proglottiden von *Taenia solium* (Schweinebandwurm), *Taenia saginata* (Rinderbandwurm) und *Diphyllobothrium latum* (Fischbandwurm). (Die reifen Taenien-Proglottiden nach VERSTER)

Zentrum gleich weit entfernt. Die genauere Betrachtung der Haken zeigt deren einzelne Teile: eine etwas nach außen gekrümmte Spitze, einen in das Integument eingesenkten Stiel und eine seitliche Zacke. Der Hakenkranz sitzt auf dem beweglichen Rostellum, einem Muskelpolster, das die Haken aufrichten bzw. nach außen umschlagen kann. Seine Wirkungsweise läßt sich durch verminderten oder verstärkten Druck auf den dem Objekt aufliegenden Objektträger demonstrieren.

Um die wesentlichen Unterschiede der drei beim Menschen vorkommenden Bandwürmer zu zeigen, werden möglichst reife Glieder von *Taenia solium*, *Taenia saginata* und *Diphyllobothrium latum* verteilt. Die Proglottiden werden in Glyzerin zwischen zwei Objektträgern leicht gepreßt, das Präparat dann gegen das Licht gehalten und mit einer schwachen Lupe betrachtet. Außerdem werden gefärbte, in Caedax eingeschlossene Präparate verteilt.

Die Proglottiden der beiden Taenienarten unterscheiden sich dadurch von denen des *Diphyllobothrium*, daß ihre auf einer leichten Erhebung ausmündenden Ausführgänge der Geschlechtsorgane randständig sind und daher leicht wahrgenommen werden können, während sie bei *Diphyllobothrium* flächenständig und bei diesen Präparaten kaum erkennbar sind. Einzelne Proglottiden der beiden Tänienarten lassen sich – entgegen früheren Angaben – nach dem in durchfallendem Licht deutlich sichtbaren Uterus nicht immer mit Sicherheit bestimmen, da die als Bestimmungsmerkmal herangezogene Anzahl der Uterusseitenäste erheblich variiert. Sie beträgt bei *Taenia solium* (Schweinebandwurm) jederseits 7–16 und bei *Taenia saginata* (Rinderbandwurm) 14–32. Bei *Diphyllobothrium latum* bildet der in der Mitte der Proglottis liegende Uterus eine dunkel erscheinende, rosettenförmige Figur; zudem sind hier die reifen Proglottiden erheblich breiter als lang, bei *Taenia* umgekehrt länger als breit.

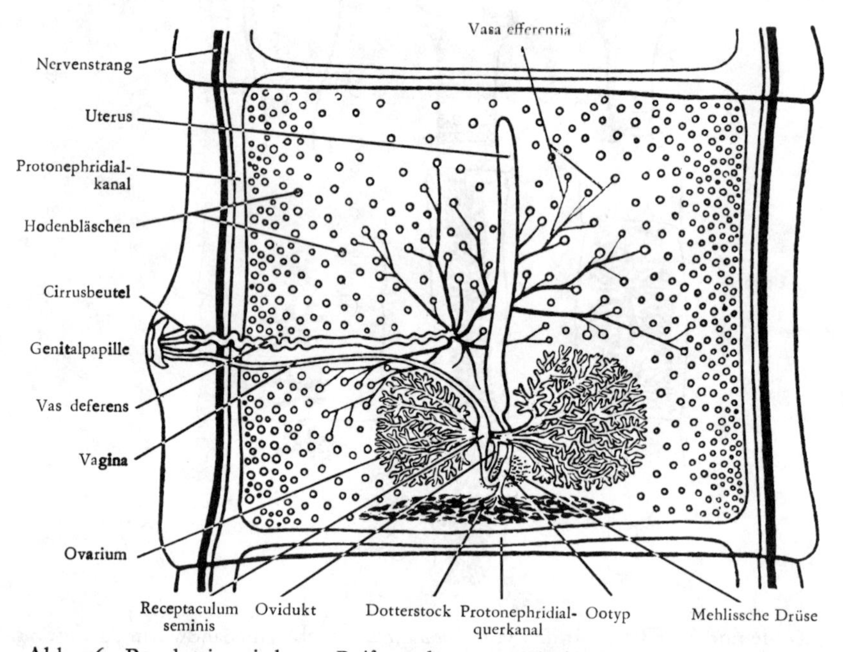

Abb. 76: Proglottis mittleren Reifegrades vom Rinderbandwurm, *Taenia saginata*. (Nach SOMMER, verändert)

Die Unterschiede der Köpfe der drei Formen ergeben sich aus Abb. 75: *Taenia solium* hat vier Saugnäpfe und einen Hakenkranz, *Taenia saginata* vier besonders kräftige Saugnäpfe, aber keinen Hakenkranz, *Diphyllobothrium latum* einen gestreckten, abgeflachten Kopf mit zwei tief einschneidenden, länglichen Sauggruben.

An den gefärbten Präparaten von *Taenia* sehen wir bei mikroskopischer Betrachtung, daß der Uterus dicht von derbschaligen Eiern erfüllt ist; sie enthalten bereits Oncosphaeren. Hoden und Ovarien sind in den reifen Proglottiden vollkommen rückgebildet, vom ganzen Geschlechtsapparat sind außer dem Uterus nur noch Vagina und Vas deferens übriggeblieben. Sie sind leicht zu unterscheiden, da das Vas deferens vor der Vagina liegt und bedeutend stärker ist.

Es werden nunmehr zum Studium der Geschlechtsorgane fertige mikroskopische Präparate mittelreifer Proglottiden (evtl. auch Flächenschnitte) von *Taenia saginata* gegeben.

Die männlichen und weiblichen Geschlechtsöffnungen liegen, wie wir bereits wissen, am Rande der Proglottis, und zwar dicht beieinander und in der Tiefe einer kraterförmig ausgehöhlten Erhebung, der Genitalpapille. Die Hoden setzen sich aus sehr zahlreichen, im Parenchym zerstreuten Bläschen zusammen, von denen Sammelgänge (Vasa efferentia) ausgehen, die mehr und mehr zusammenfließen, um schließlich in das weite und stark gewundene Vas deferens einzumünden. Sein Endabschnitt, der Cirrus, liegt in einer besonderen Hülle, dem Cirrusbeutel, kann hervorgestülpt werden und dient als Begattungsorgan (Abb. 76).

Die Vagina zieht als feiner, nicht gewundener Kanal in flachem Bogen von der weiblichen Geschlechtsöffnung gegen den Hinterrand der Proglottis, schwillt zu einem kleinen Receptaculum seminis an und vereinigt sich mit einem Gang, der vom zweiteiligen Eierstock herkommt, mit dem Eileiter. Kurz darauf nimmt der vereinigte Gang, jetzt «Befruchtungsgang» genannt, noch den Ausführgang des Dotterstocks auf. Nun biegt der Gang nach vorn um und erweitert sich zu dem in der Mittellinie verlaufenden, geraden, blind endenden Uterus. An der Umbiegungsstelle münden zahlreiche, radiär gestellte, einzellige Drüsen in den Gang ein, in ihrer Gesamtheit als Mehlissche Drüse (früher «Schalendrüse») bezeichnet. In dem von ihr umhüllten, etwas erweiterten Abschnitt des Ganges, dem Ootyp, werden die Eier von der Grundlamelle umgeben (s. S. 141) und in den Uterus abgeschoben. Der Uterus ist, je nach dem Reifegrad, noch unverzweigt oder zeigt bereits einige aussprossende Seitenzweige. Diese Verzweigung wird später sehr viel reicher, entsprechend der wachsenden Zahl der im Uterus unterzubringenden Eier.

Vom Geschlechtsapparat abgesehen, können wir an unseren Präparaten lediglich noch die beiden starken seitlichen Kanäle des Protonephridialsystems mit dem sie am Hinterrand jeder Proglottis verbindenden Quergang erkennen.

An aufgestelltem Demonstrationsmaterial ganzer Taenien ist die verschiedene Form der Proglottiden zu beachten.

Die reifen Endglieder sind langgestreckt, nach vorn zu werden die Glieder quadratisch, noch weiter vorn quergestreckt. Der auf den Kopf folgende, als «Hals» bezeichnete Körperabschnitt zeigt noch keine Gliederung. Er ist die Wachstumszone der ganzen Bandwurmkette, in der die neuen Glieder entstehen, die dann allmählich nach hinten abgeschoben werden. Die randständigen Genitalpapillen aufeinanderfolgender Glieder alternieren, bei *T. solium* ziemlich regelmäßig, bei *T. saginata* unregelmäßig.

Es werden jetzt fertige Präparate halbreifer Proglottiden von *Diphyllobothrium latum* verteilt.

Diphyllobothrium zeigt einen stark abweichenden, noch mehr trematodenähnlichen Bau der Geschlechtsorgane. Der männliche Geschlechtsapparat, der sonst ähnlich wie bei *Taenia* gebaut ist, mündet flächenständig in der Mittellinie, dem Vorderrand der Proglottis genähert, nach außen. Im weiblichen Geschlechtsapparat treten zwei große, im Parenchym unter der Form kleiner Bläschen zerstreute Dotterstöcke auf. Der vom Ootyp abgehende Uterus zieht in vielen Windungen, also ähnlich wie bei *Dicrocoelium*, nach vorn, enthält in reifem Zustande sehr große, derbschalige, zusammengesetzte Eier und mündet ebenfalls flächenständig in der Mittellinie, ein Stück hinter der männlichen Geschlechtsöffnung, nach außen (im Gegensatz zum blind endenden Uterus von *Taenia*). Außerdem ist, wie bei *Taenia*, eine Vagina vorhanden, deren Mündung unmittelbar hinter derjenigen des Vas deferens liegt (Abb. 77).

Die reifen Proglottiden des Fischbandwurmes entleeren die Eier bereits im Darm; danach verkümmern sie und gehen mit dem Stuhl ab. Die Eier des Schweine- und die

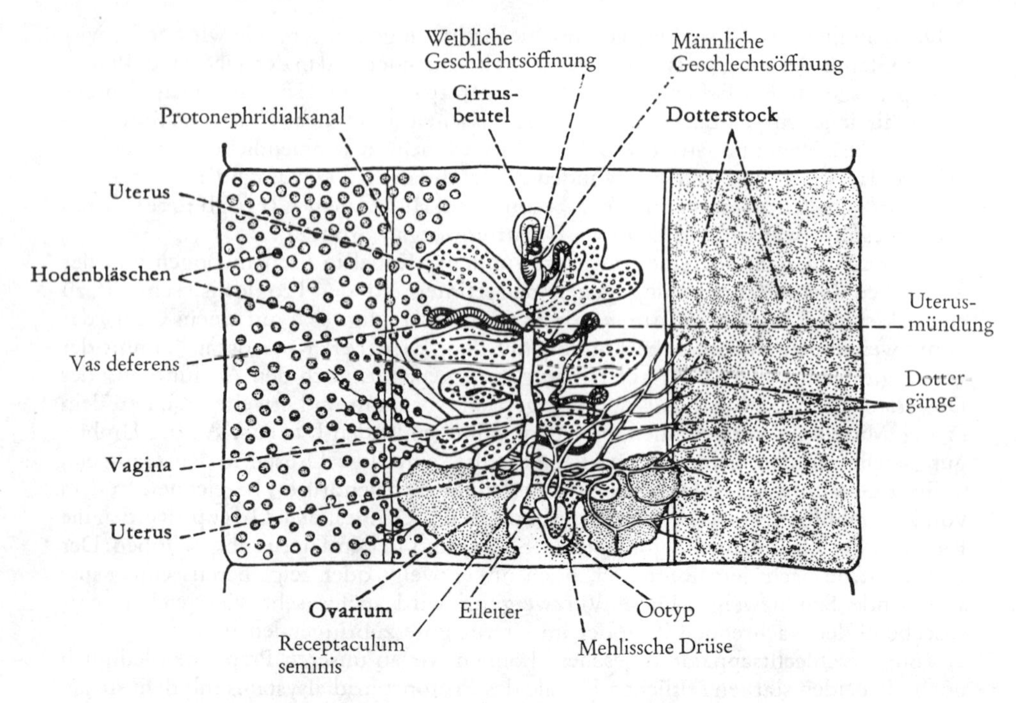

Abb. 77: Proglottis mittleren Reifegrades vom Fischbandwurm, *Diphyllobothrium latum*. Rechts ist nur der Dotterstock, links sind nur die Hoden eingezeichnet

des Rinderbandwurmes werden erst, nachdem die reifen Glieder den Darm verlassen haben, frei. Beim Schweinebandwurm gehen kleine Ketten aus einigen Proglottiden mit den Exkrementen ab, während beim Rinderbandwurm die zu kriechender Fortbewegung befähigten Glieder einzeln und unabhängig von der Stuhlentleerung den Darm durch die Afteröffnung verlassen.

2. *Echinococcus granulosus*, Blasenwurm, Hundewurm

Es werden fertige, gefärbte Präparate ganzer Tiere verteilt, die sich dank ihrer geringen Körpergröße sehr gut für solche Präpatare eignen.

Echinococcus granulosus lebt im Dünndarm vom Hund, Katze, Dachs und Fuchs, meist in sehr großer Zahl. Er wird nur 3–6 mm lang. Der Scolex trägt ein vorstülpbares Rostellum und einen zweireihigen Hakenkranz. Von den 3–4 Gliedern ist das vorletzte geschlechtsreif, während das etwa 2 mm lange und 0,6 mm breite, letzte Glied einige tausend Eier mit bereits reifen Larven (sechshakigen Oncosphaeren) enthält. Sie gelangen mit dem Kot ins Freie.

Während der im Hundedarm parasitierende, geschlechtsreife Wurm seinen Wirt nicht nennenswert schädigt, hat die Infektion mit Eiern des *Echinococcus* für den Zwischenwirt (Rind, Schaf, Schwein, Ziege und Mensch), schwere, beim Menschen sogar meist katastrophale Folgen. Die Finnen des *Echinococcus granulosus*, die sich vornehmlich in der Leber, aber auch in der Lunge, im Herz, Gehirn und anderen Organen ansiedeln, wachsen nämlich im Verlauf von Monaten oder Jahren unter schweren, letztlich oft tödlichen Zerstörungen des befallenen Organs zu apfel-, beim Menschen sogar bis kopfgroßen, flüssigkeitserfüllten Blasen (Echinokokkenblase, Hydatide) heran.

Die Wand der Blase besteht aus einer äußeren, chitinösen, mehrschichtigen Kutikula und einer daran anliegenden, inneren, an Muskelfasern und Kalkkörperchen reichen Keimschicht. Aus ihr entstehen hunderttausende von Brutkapseln, winzige etwa 1/3 mm große Gebilde mit einem kutikulaumkleideten Binnenraum und einer äußeren Keimschicht, die 10 bis 30 Scolices erzeugt. Häufig werden nach innen, nicht selten aber auch nach außen – und das macht die Infektion dann besonders bösartig – Tochterblasen gebildet, die ihrerseits Brutkapseln, oder auch Enkelblasen aus sich hervorgehen lassen. Frißt ein Hund finniges Fleisch, so wächst in seinem Darm jeder Scolex zu einem Bandwurm heran. Die Infektion der Zwischenwirte erfolgt durch die mit *Echinococcus*eiern verunreinigte Nahrung. Die Oncosphären verlassen im Darm die Eihülle, durchbohren die Darmwand und gelangen über die Pfortader in die Leber, oder, wenn sie diese passieren, in andere Organe.

Es werden fertige, gefärbte Präparate von Wandstücken einer *Echinococcus*-Blase verteilt.

Wir sehen, daß an der Wand der Blase oder an der der Brutkapseln sich einige bis zahlreiche Scolices ausgebildet haben. Im ganzen können durch diese ungeschlechtliche Fortpflanzung im Larvenzustand aus einer Oncosphaera Hunderttausende, ja Millionen von Scolices hervorgehen. Unterbleibt die Bildung von Brutkapseln, Scolices und Tochterblasen, was nicht selten der Fall ist, so spricht man von sterilen Cysten oder Acephalocysten.

Ein naher Verwandter des Hundewurms ist *Echinococcus multiocularis*. Endwirt sind Katze und Fuchs, Zwischenwirte Wühl- und Feldmäuse und der Mensch. Das Finnenstadium ist nicht blasig, sondern flächig und breitet sich wie eine Krebsgeschwulst im Gewebe aus.

Nemathelminthes, Rundwürmer

Bei den vorausgehend behandelten Plathelminthen fanden wir den Raum zwischen Körperinnen- und Darmaußenwand bis auf kleine interzelluläre Spalträume von einem dichten mesenchymatischen Gewebe erfüllt. Im Gegensatz dazu erstreckt sich bei den Nemathelminthen zwischen Hautmuskelschlauch und Darm ein weiter, flüssigkeitserfüllter Hohlraum, in dem das aus einem weitmaschigen Netzwerk unregelmäßig verästelter Zellen bestehende Mesenchym so schwach entwickelt ist, daß man es präparativ oder histologisch nur schwer darstellen kann. Der Hohlraum ist weder segmentiert noch von mesodermalen Epithelien umkleidet. Eine Leibeshöhle dieser Art wird als Pseudocoel bezeichnet.

Die Nemathelminthen sind meist von wurmförmiger Gestalt. Ihre Epidermis ist zum großen Teil oder völlig von einer Kutikula bedeckt. Sie haben – wiederum im Gegensatz zu den Plathelminthen – einen After: Der Darm ist ein durchgehendes, (unverzweigtes) Rohr. Als Exkretionsorgane finden sich in mehreren Klassen Protonephridien; in anderen Fällen haben die Exkretionsorgane die Form von Drüsenzellen oder Röhren oder fehlen ganz. Respirationsorgane und Zirkulationssystem fehlen immer. Die Geschlechtsorgane sind viel einfacher gebaut als bei den Plattwürmern. Die Geschlechter sind fast stets getrennt. Es werden – als einzige der 6 Klassen – nur die Nematoden, die Fadenwürmer behandelt.

Nematodes, Fadenwürmer

A. Technische Vorbereitungen

Zur Untersuchung ist *Parascaris equorum* (=*Ascaris megalocephala*), der Pferdespulwurm, herangezogen worden. Er ist wegen des starken Rückganges der Pferdeschlachtungen allerdings nur mehr schwer zu beschaffen, so daß man zur Präparation zweckmäßigerweise den Schweinespulwurm, *Ascaris suum*, verwendet, der übrigens morphologisch und serologisch vom Spulwurm des Menschen, *Ascaris lumbricoides* nicht zu unterscheiden ist. Trotzdem soll eine Infektion des Menschen mit *Ascaris suum* nicht möglich sein. Auch der Rinderspulwurm, *Neoascaris vitulorum*, ist für die Präparation gut geeignet; er ist namentlich bei Kälbern häufig, wo man ihn bisweilen in großer Zahl im Dünndarm antrifft. Auch die anderen genannten Spulwürmer leben in großer Zahl im Dünndarm ihrer Wirte. Die in Formol fixierten und in Alkohol aufbewahrten Tiere werden im Wachsbecken seziert. Kurz vor der Sektion werden sie durch Kochen in Wasser erweicht. – Von mikroskopischen Präparaten sind gefärbte Querschnitte durch die Körpermitte eines weiblichen Tieres sowie durch die Pharynxregion nötig.

Die zur mikroskopischen Lebendbeobachtung vorzüglich geeignete *Rhabditis pellio* kann man leicht züchten, indem man mit Chloroform getötete, mit Wasser abgespülte und in Stücke zerschnittene Regenwürmer in einer Schale auf Gartenerde legt. Die Schale wird mit einer Glasplatte zugedeckt und im Dunkeln aufbewahrt. Nach etwa 5 Tagen haben sich auf den faulenden Wurmstückchen und der umgebenden Erde reichlich Nematoden entwickelt, die man mit der Pipette abnimmt und in einem Tropfen Wasser untersucht.

Für das Studium von *Trichinella spiralis* sind mikroskopische Präparate von trichinösem Fleisch erforderlich, die ungefärbt oder mit Boraxkarmin gefärbt sein können, außerdem gefärbte Präparate männlicher und weiblicher Darmtrichinen.

B. Allgemeine Übersicht

Die Nematoden sind eine artenreiche, sehr interessante und überaus weitverbreitete Tierklasse. Es ist ihnen gelungen, fast sämtliche Lebensräume, auch denkbar extreme, zu erobern und teilweise in unermeßlicher Individuenzahl zu besiedeln. Viele von ihnen sind Parasiten von Pflanze, Mensch und Tier. Im Gegensatz zur Vielgestaltigkeit ihrer Lebensweise steht die Einheitlichkeit ihres Körperbaues. Die Nematoden sind drehrund, manchmal fadenartig, sehr oft schlank spindelförmig. Die meisten sind klein, unter 1 cm Länge. Nur manche Schmarotzer werden viel größer, z. T. über einen Meter lang. Den Körper umgibt eine feste, meist glatte, oft aber auch geringelte, elastische Kutikula. Sie besteht aus gegerbten Proteinen und wird von der darunterliegenden Epidermis (hier auch Hypodermis genannt) ausgeschieden. In der Jugend ist die Epidermis ein einschichtiges Epithel, dessen Zellen häufig in 8 Längsreihen angeordnet sind. Später verschwinden die Zellgrenzen meist, die Epidermis wird zu einem Syncytium. Die Kerne sind unregelmäßig verstreut oder liegen in vier nach innen vorragenden leistenförmigen Verdickungen (Epidermisleisten), von denen zwei kräftigere lateral (die Seitenlinien) und je eine schwächere dorsal und ventral (Rücken- und Bauchlinie) den Wurm der Länge nach durchziehen.

Zwischen den Längsleisten der Epidermis befindet sich, ihr innen eng anliegend, eine einschichtige Lage mächtig entwickelter Längsmuskelzellen. Sie ragen bei größeren Formen mit keulenförmigen Anschwellungen weit in die Leibeshöhle hinein (Abb. 79 u. 81). Der periphere, der Hypodermis ansitzende Abschnitt der Muskelzellen, birgt, U-förmig angeordnet, als kontraktile Elemente schräggestreifte Längsfibrillen. Der keulenförmige Teil ist rein protoplasmatisch, enthält den Kern und sendet gegen den dorsalen, bzw. ventralen Längsnervenstamm einen Fortsatz aus, in den Nervenfasern eindringen (Abb. 81). Die Muskelzellen holen sich also gewissermaßen die Innervation. – Hypodermis und Längsmuskulatur bilden eine funktionelle Einheit, den Hautmuskelschlauch.

Zwischen Körperwand und Darm liegt das geräumige, von einer eiweißhaltigen Flüssigkeit erfüllte Pseudocoel. Man hatte es früher für frei von mesenchymatischen Zellen gehalten – eine Täuschung, der man auch bei der Präparation unterliegt. In Wahrheit wird es von einem locker gebauten, überaus zarten und daher bei der Präparation nicht sichtbaren Gewebe durchsetzt, das aus wenigen Zellen und einem von ihnen ausgehenden komplizierten Netz- und Lamellenwerk besteht. Gut sichtbar sind dagegen 2 bis 6 große büschelförmige Zellen, die im vorderen Bereich des Körpers den Seitenlinien anliegen und mit ihren Ausläufern weit in die Leibeshöhle hineinragen. Sie kommen nur bei parasitischen Nematoden vor. Ihre Funktion ist unbekannt. Die alte Bezeichnung «phagocytäre Organe» ist irreführend; man nennt sie besser «büschelförmige Zellen» (Pseudocoelzellen der englischsprachigen Autoren).

Der Darm ist in drei Abschnitte gegliedert, auf den mit einer kräftigen Muskulatur ausgerüsteten und nach Art einer Pumpe arbeitenden Pharynx folgt der geradlinig nach hinten verlaufende Mitteldarm (oft ohne nachweisbare Muscularis) und schließlich ein kurzer, wieder mit Muskeln versehener Enddarm. Pharynx und Enddarm sind mit einer kutikularen Intima ausgekleidet. Der oft von Lippen oder Papillen umstellte Mund liegt genau terminal, der After ventral, unweit dem hinteren Körperende.

Das Nervensystem besteht aus einem ringförmig den Schlund umgebenden Gehirn (aus Ganglienzellen und Nervenfasern) und mehreren längsverlaufenden Nerven und Marksträngen (s. S. 151), die sämtlich in der Epidermis liegen. Die beiden stärksten ziehen in der ventralen und dorsalen Epidermisleiste nach hinten. Alle Nervenbahnen stehen nahe dem Hinterende miteinander in Verbindung. Weitere ringförmige oder auch halbringförmige und dann unsymmetrisch angeordnete Kommissuren kommen nicht regelmäßig vor. Sinnesorgane sind in Form von Papillen und Sinnesborsten vor allem am Vorderende und im Bereich des Mundes ausgebildet. An einigen von ihnen wurden ciliäre Strukturen nachgewiesen. Als Chemorezeptoren werden an den Kopfseiten liegende grubenförmige Vertiefungen gedeutet. Einige freilebende Formen besitzen Pigmentbecherocellen.

Ein Blutgefäßsystem fehlt, die Atmung erfolgt durch die Haut. Die das Pseudocoel erfüllende Flüssigkeit enthält bei den Ascariden Haemoglobin.

Das Exkretionssystem besteht aus zwei Röhren, die in den Seitenlinien verlaufen und im vorderen Teil des Körpers durch einen Querkanal miteinander in Verbindung stehen. Die Mündung nach außen erfolgt durch einen unpaaren Porus in der ventralen Epidermisleiste. Die H-förmige oder, bei Reduktion der kurzen vorderen Schenkel, etwa stimmgabelförmige Röhre ist ein intrazellulärer Kanal innerhalb einer einzigen großen Zelle. Geißeln oder Wimpern kommen – mit der oben erwähnten Ausnahme – bei den Nematoden weder im Bereich der Exkretionsorgane noch sonst wo im Körper vor. Auch die Spermien sind unbegeißelt.

Die Nematoden sind meist getrenntgeschlechtlich. Der Geschlechtsapparat ist sehr einfach gebaut. Beim Weibchen besteht er aus zwei Schläuchen, die bei größeren Formen sehr lang und dünn werden und in zahlreichen Windungen auf- und abziehen. Das blinde Ende der Schläuche liefert die Eier, stellt also das Ovarium dar; von hier aus gelangen die Eier in einen etwas weiteren Abschnitt, den Eileiter, der seinerseits in einen wiederum erweiterten Uterus übergeht. Die beiden Uteri vereinigen sich zu einem kurzen, als Vagina zu bezeichnenden Gang, der in der Ventrallinie mit der weiblichen Geschlechtsöffnung nach außen mündet. Diese Öffnung liegt etwa in der Mitte des Körpers, öfter davor als dahinter. Beim Männchen stellt der Geschlechtsapparat fast stets einen unpaaren Schlauch dar, dessen vorderer Hauptabschnitt dem Hoden entspricht, während der hintere als Samenleiter dient. Er mündet in den Enddarm ein, der demnach als Kloake zu bezeichnen ist. Meist besitzen die Männchen besondere Begattungsorgane, die Spicula, gekrümmte, vorstreckbare Nadeln, die als Haftorgane und zur Erweiterung der Vagina dienen.

Die Befruchtung erfolgt stets im Uterus. Die von einer mehr oder weniger dicken Schale umschlossenen Eier sind «einfach», d.h., es sind ihnen keine Dotterzellen beigegeben. Die Ablage der Eier erfolgt vor *(Ascaris, Parascaris)* oder während der Furchung oder erst, nachdem in ihnen die Tiere bereits fertig ausgebildet sind. In seltenen Fällen sprengen sie die dünne Eischale noch im Uterus der Mutter, so daß ein «Lebendgebären» zustande kommt *(Trichinella)*.

Die Furchung ist weitgehend determiniert. Die einzelnen Organe des fertigen Tieres bauen sich aus einer ganz bestimmten, relativ kleinen Zahl von Zellen auf (Zellkonstanz); das Regenerationsvermögen ist demzufolge äußerst gering.

Die Entwicklung ist eine direkte; trotzdem werden die Jugendstadien herkömmlich als «Larven» bezeichnet. In den Entwicklungsgang sind Häutungen eingeschaltet, in der Regel vier. – Parthenogenese und Heterogonie (S. 129) kommen nicht selten vor.

C. Spezieller Teil

1. Parascaris equorum (= Ascaris megalocephala), Pferdespulwurm

Wir betrachten zunächst die äußere Körperform eines weiblichen Wurmes. Der über 20 cm lange, walzenförmige Körper läuft nach beiden Enden zugespitzt aus, doch ist das Vorderende leicht vom Hinterende zu unterscheiden durch drei vorgewulstete Lippen, die den terminal liegenden Mund umgeben. Dicht vor dem Hinterende liegt ventral der quergestellte After. Durch die Lage des Afters läßt sich leicht die Bauchseite von der Rückenseite unterscheiden. In der vorderen Körperregion findet sich eine ringförmige Einschnürung und in ihr, an der ventralen Seite, ein feiner Porus, die Geschlechtsöffnung. Die Entfernung zwischen ihr und dem vorderen Körperende beträgt bei der vorliegenden Art etwa ein Viertel der Körperlänge, bei *A. lumbricoides* und *A. suum* ein Drittel. Bauch- und Rückenlinie schimmern an konservierten Exemplaren nur undeutlich durch, dagegen sind die beiden Seitenlinien, besonders im vorderen Körperteil, sehr deutlich. Außerdem sieht man den Darm und, in Form von weißen Schläuchen, einen Teil des Geschlechtsapparates hindurchscheinen.

Die Leibeshöhlenflüssigkeit der Würmer steht sehr oft unter Druck. Man sticht die Ascariden daher zweckmäßigerweise vor Beginn der Präparation im Wachsbecken unter Wasser mit einer kräftigen Nadel im Bereich des Körperendes an, dabei die Einstichstelle mit der Hand abdeckend, um zu verhindern, daß herausspritzende Flüssigkeit in die Augen gelangt. Der Wurm wird nunmehr mit der feinen Schere etwas seitlich von der Rückenlinie bei sehr flacher Scherenführung aufgeschnitten, wieder in das Wachsbecken unter Wasser gebracht, auseinandergebreitet und mit Nadeln festgesteckt. Da beim Zerschneiden frischer Ascariden flüchtige Stoffe entweichen, die heftiges Hautjucken, Augenstechen, auch Erbrechen hervorzurufen vermögen, empfiehlt es sich, nur konservierte Exemplare zu verwenden oder die frischen Tiere vor der Präparation für mehrere Stunden in 0,9%ige Kochsalzlösung zu legen.

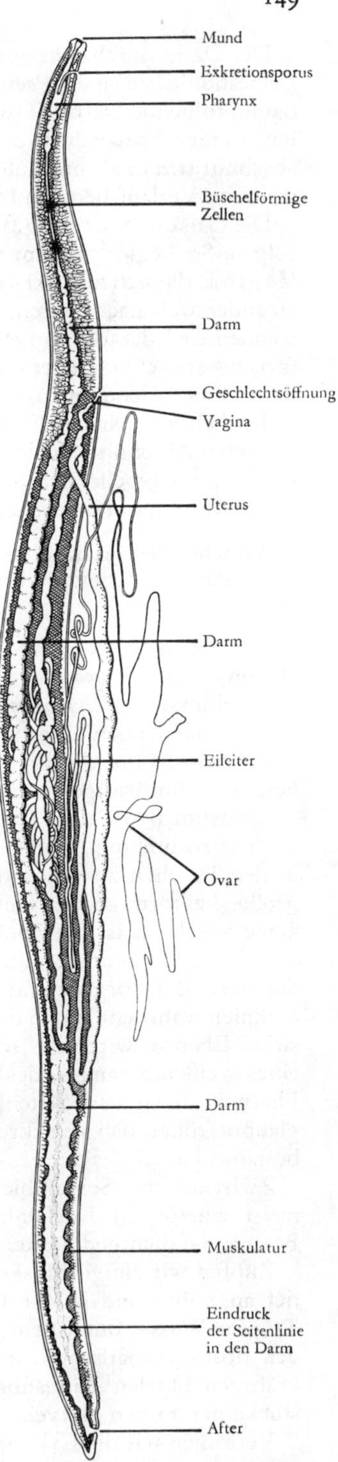

Abb. 78: Anatomie eines weiblichen *Parascaris equorum*. Ansicht von rechts.

Der Darm durchzieht geradlinig die, wie oben erwähnt, nur scheinbar einheitliche Leibeshöhle (sie ist ein Pseudocoel) und bildet vorn einen muskulösen Pharynx. Der darauf folgende Darmteil ist im größten Teile seines Verlaufes von zwei langgestreckten, weißen Schläuchen, den Geschlechtsorganen umsponnen. Im hinteren Körperabschnitt tritt er als muskulöser Enddarm wieder frei zutage, so daß wir ihn in seinem weiteren Verlauf bequem bis zum After verfolgen können.

Die Geschlechtsorgane sind am besten von dem Geschlechtsporus aus zu verfolgen. Sie beginnen beim Weibchen mit einer kurzen, sich allmählich erweiternden Vagina, die sich zu zwei dicken Röhren aufgabelt. Die beiden Röhren ziehen nebeneinander weit nach hinten, biegen dann, erheblich dünner werdend, nach vorn um, wenden sich darauf, immer feiner und feiner werdend, wieder nach hinten, und so fort, bis schließlich jeder dieser langen Schläuche als zarter Faden sein blindes Ende findet. Die fadendünnen Endabschnitte sind die Ovarien, in denen sich die außerordentlich zahlreichen Eier bilden und heranwachsen, die darauf folgenden, etwas stärkeren Abschnitte dienen als Eileiter, und die zur unpaaren Vagina hinführenden, mächtig anschwellenden Schläuche schließlich sind die beiden Uteri, in denen die Eier befruchtet und beschalt werden.

Wir schneiden aus dem Uterus, dicht vor der Vagina, ein kleines Stück heraus, eröffnen es mit einem Längsschnitt und zerzupfen es auf dem Objektträger in einem Tropfen Glyzerin. Deckglas auflegen!

Der Uterus ist dicht angefüllt mit befruchteten, aber noch ungefurchten Eiern. Das Ei von *Parascaris equorum* ist fast kugelig und in eine dicke, schwer durchlässige Schale eingeschlossen; *A. lumbricoides* und *A. suum* haben kleinere, elliptische Eier, deren Schale außen noch eine buckelige Eiweißhülle trägt. Bei fixierten Spulwürmern findet man häufig die Eier in verschiedenen Stadien der Furchung, bisweilen auch bereits wurmförmige Embryonen innerhalb der Eischale.

Entnehmen wir dem Uterus ein zweites Stück weiter kaudal, dort wo er wieder nach vorn umbiegt, und breiten wir es nach dem Aufschneiden aus, so finden wir in den Furchen zwischen den die Uteruswand bildenden Zellen zahlreiche, relativ große, keilförmige, schwanzlose Spermatozoen liegen. Die Eier haben hier noch keine Schale, es ist die Zone, in der die Befruchtung stattfindet.

Kehren wir zu unserem Sektionspräparat zurück, so lassen sich nach Herausnahme der Geschlechtsorgane und vorsichtigem Abheben des Darmes sehr deutlich die Seitenlinien wahrnehmen, in die die längsverlaufenden Exkretionskanäle eingebettet sind. Ebenso wird die schwächere Bauchlinie sichtbar und läßt den Verlauf eines weißen Stranges, des ventralen Nervenstranges, erkennen. Etwas hinter dem Pharynx sitzen den Seitenlinien je zwei große, büschelförmige Zellen auf. Man glaubte früher, daß sie exkretorisch tätig seien («phagocytäre Organe»), was sich nicht bestätigt hat (S. 147).

Zwischen den Seitenlinien, der Bauchlinie und der (durch den Eröffnungsschnitt meist zerstörten) Rückenlinie sehen wir an der Körperwand einen samtartigen Besatz: die dichtgedrängten Längsmuskelzellen des Hautmuskelschlauches.

Zupfen wir einige Muskelzellen ab, wobei wir mit der feinen Pinzette möglichst tief angreifen und in der Längsrichtung ziehen, und betrachten wir sie in einem Tropfen Wasser unter dem Mikroskop, so können wir an jeder Muskelzelle deutlich den protoplasmatischen, in die Leibeshöhle weit hineinragenden Kolben und die kräftigen basalen Längsfibrillen unterscheiden. Bisweilen sind auch die Anfangsstücke der zu den Nerven ziehenden plasmatischen Fortsätze gut zu erkennen.

Verfolgen wir die Exkretionsgefäße innerhalb der Seitenlinien, so ist zu erkennen, daß sie sich etwa einen halben Zentimeter hinter der Mundöffnung durch eine Brücke vereinigen, die in dem ventral gelegenen Exkretionsporus ausmündet.

Wir schneiden nunmehr mit einem Scherenschnitt die drei den Mund umgebenden Lippen ab, bringen sie unter Glyzerin auf den Objektträger, bedecken das Präparat mit einem Deckgläschen und betrachten es zunächst bei schwacher Vergrößerung unter dem Mikroskop.

Die Gestalt der Lippen ist für jede Art sehr charakteristisch. Bei unserer Form erscheinen die Lippen annähernd herzförmig, mit zwei tiefen, seitlichen Einschnitten. Deutlich hebt sich im Präparat die dicke, kutikulare Hülle von einer dunklen, in ihr liegenden Masse ab. Nach der Spitze zu entsendet diese Masse zwei durch eine tiefe Einsattlung getrennte Lappen, die jederseits eine flache Einbuchtung aufweisen. Die Lippenränder sind vorn und seitlich von einer Hautleiste umsäumt, die bei stärkerer Vergrößerung einen dichten Besatz kleiner, zahnartiger Gebilde erkennen läßt.

Es werden jetzt fertige, mit Hämatoxylin-Eosin gefärbte Querschnittspräparate durch die Mitte eines weiblichen Wurmes gegeben; man vergleiche dazu die Abbildungen 79 und 81.

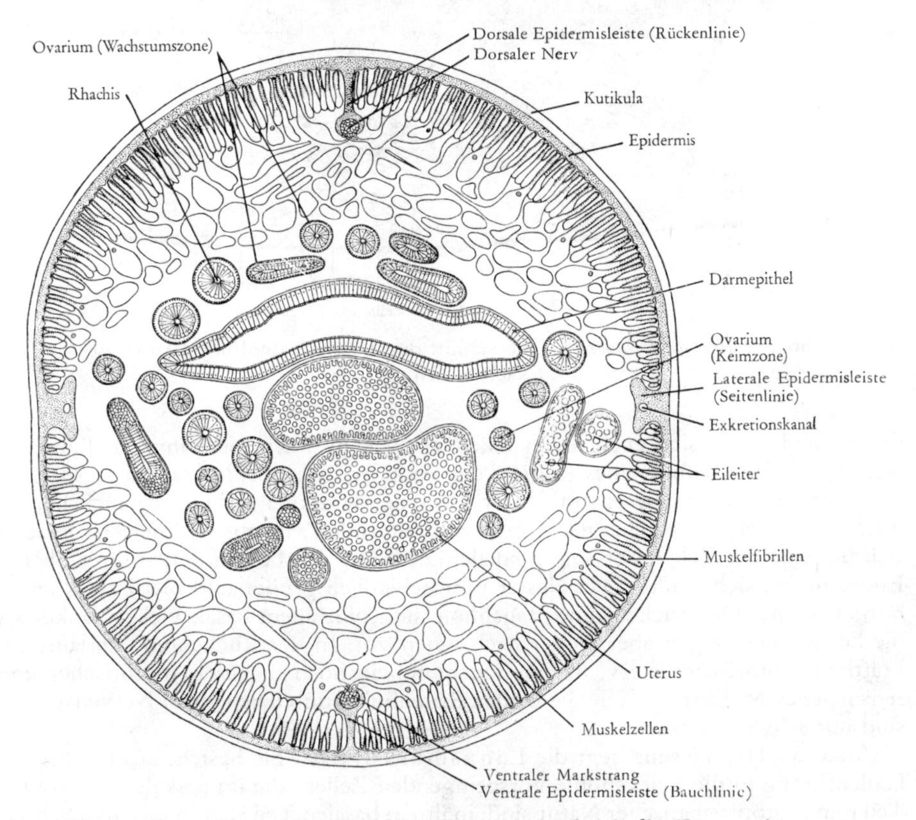

Abb. 79: *Parascaris equorum*, Weibchen. Querschnitt durch die Körpermitte. 22 ×

Zu äußerst liegt die transparente Kutikula, die aus mehreren, zum Teil faserigen Schichten besteht. Darunter befindet sich die Epidermis, die die Kutikula ausgeschieden hat; Zellgrenzen lassen sich in dieser auch Hypodermis genannten Schicht nicht nachweisen, da die Zellen zu einem Syncytium verschmolzen sind. Das Plasma erscheint mehr oder weniger grobkörnig, manchmal wie schollig zerbrochen oder vakuolisiert und ist von Fibrillen durchzogen, die freilich erst bei Eisenhämatoxylinfärbung deutlich zu erkennen sind. Die Kerne sind unregelmäßig verteilt oder auch zu Reihen geordnet und von unterschiedlicher Größe. An vier Stellen verdickt sich die Hypodermis und springt ins Innere vor, und zwar bildet sie zu beiden Seiten je eine Längsleiste, die Seitenlinien, dorsal und ventral die Rücken- und Bauchlinie. Die Seitenlinien (Abb. 80) sind bedeutend breiter, im Querschnitt etwa amboß-

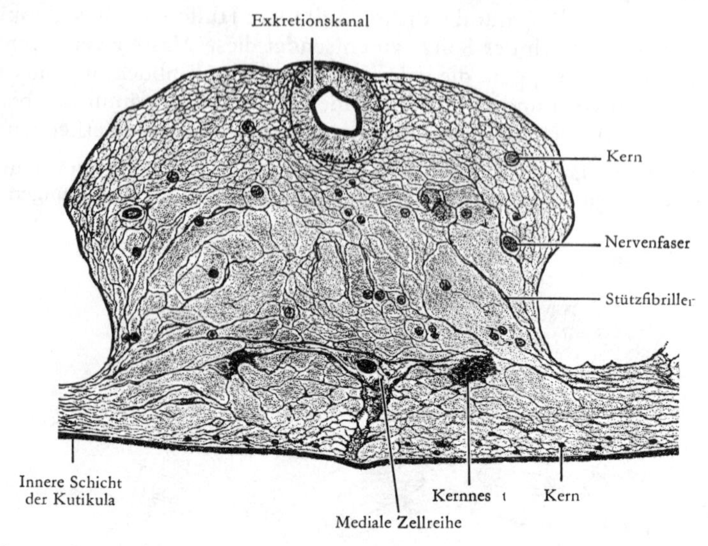

Abb. 80: *Parascaris equorum*. Querschnitt durch eine Seitenlinie. Etwa 170×. (Nach SCHNEIDER)

förmig und lassen sich auch daran erkennen, daß in ihnen, dem inneren Rand genähert, der Querschnitt eines Rohres, des Exkretionskanales, sichtbar wird. In der Mitte der Seitenlinie ist, mit ihrer Basis der Kutikula aufsitzend, auch bei erwachsenen Tieren, eine sich nach oben verbreiternde Zelle zu erkennen. Es handelt sich um eine der Zellen der sog. medialen Zellreihe. Zu beiden Seiten ihres oberen Endes finden sich häufig zwei Nester unterschiedlich großer und meist stark angefärbter Kerne. Die Rücken- und Bauchlinie sind, vor allem basal, viel schlanker als die Seitenlinien, ragen aber weiter nach innen vor. In der Rückenlinie verläuft ein kräftiger motorischer Nerv, in der Bauchlinie ein noch dickerer, motorischer und sensorischer Markstrang. Die die beiden Seitenlinien durchziehenden Nervenstränge sind nur schwer zu erkennen.

Unter der Hypodermis liegt die Längsmuskulatur. Sie besteht aus mächtigen, keulenförmig in die Leibeshöhle vorspringenden Zellen, die im apikalen (zentralen) Teil rein protoplasmatischer Natur sind, in ihrem basalen Teil aber in unserem Schnitt quergetroffene, also längslaufende, kontraktile, schräggestreifte Fibrillen aufweisen, die in U-förmiger Anordnung in der Peripherie der Zelle liegen. Die langen, zum dorsalen und ventralen Nervenstrang ziehenden Fortsätze der Zellen werden nur relativ selten in voller Ausdehnung achsenparallel getroffen sein. An den Nervenbahnen nehmen immer mehrere Muskelzellen Verbindung mit einem einzelnen Axon auf (Abb. 81). Ring- und Diagonalmuskeln fehlen den Nematoden.

Im Innern finden wir den quergeschnittenen Darm, der von einer Schicht sehr langer, schmaler Zylinderzellen gebildet wird, deren Kerne in regelmäßiger Anordnung nahe dem basalen Ende der Zellen liegen. Ihre dem Darmlumen zugekehrte Oberfläche wird begrenzt von einem im Lichtmikroskop längsgestreift erscheinenden

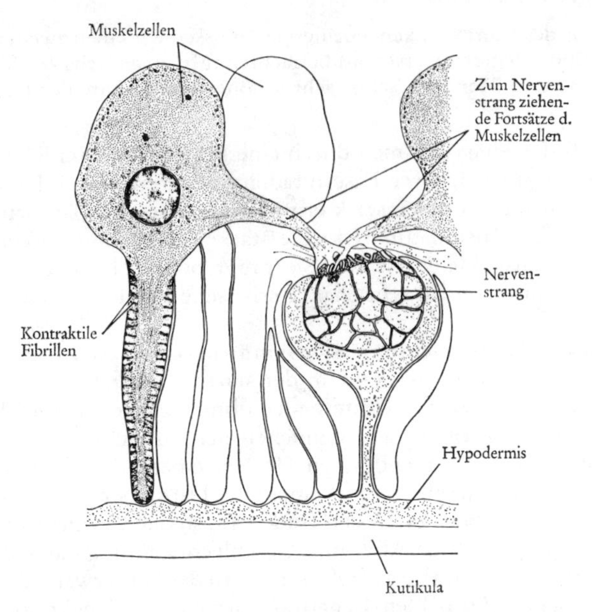

Abb. 81: *Ascaris lumbricoides*. Querschnitt durch Muskelzellen und ihre myoneuralen Fortsätze. (Nach ROSENBLUTH)

sog. Stäbchensaum. Er besteht, das läßt allerdings nur das Elektronenmikroskop erkennen, aus einem dichtstehenden Rasen schlauchförmiger und gleichlanger Zellausstülpungen (Mikrovilli). Den Abschluß der Darmzellen nach außen bildet eine Basalmembran, die von Bindegewebselementen gebildet wird. Eine Muskulatur fehlt dem Mitteldarm.

Neben dem Darm sehen wir in der Leibeshöhle noch zahlreiche, meist quer, zuweilen aber auch längs getroffene Röhren von verschiedenem Durchmesser: Sie alle stellen Abschnitte des Geschlechtsapparates dar. Bei zwei von ihnen, die besonders weit und mit Eiern erfüllt sind, handelt es sich um die beiden Uterusschenkel. Die Uteruswand ist ein einschichtiges, außen von einer bindegewebigen Grenzlamelle, in die Muskelfasern eingelagert sind, umfaßtes Epithel, das sich aus großen, kolbenförmigen Zellen zusammensetzt, zwischen denen mit Spermatozoen gefüllte Furchen liegen. Sodann sehen wir Röhren mittleren Kalibers, die von radiär gestellten, keilförmigen Zellen angefüllt sind, die alle mit ihrer Spitze einem protoplasmischen Mittelstrang ansitzen. Wir haben hier Querschnitte durch die Wachstumszone des Ovariums vor uns. Die keilförmigen Zellen sind noch unfertige Eier, wir können in ihnen außer einem basal gelegenen Kern zahlreiche Dottertröpfchen erkennen. Der Mittelstrang wird als Rhachis bezeichnet. Seine Funktion ist noch nicht geklärt, vielleicht dient er zur Ernährung der Eier. Er setzt sich bis in die das blinde Ende der Schläuche einnehmende Keimzone der Ovarien fort. In der Keimzone entstehen die Eier durch Teilung aus einer endständigen Urgeschlechtszelle, liegen zunächst gleichmäßig verteilt im Lumen der Keimzone und gelangen dann in die Wachstumszone, wo sie sich radiär um die Rhachis anordnen. Erst im Eileiter werden sie frei und runden sich ab. Im Uterus findet die Besamung statt, worauf sich die Eier mit einer Schale umgeben.

Um die Struktur des Pharynx kennenzulernen, müssen wir einen zweiten, durch die vorderste Körperregion gelegten Querschnitt betrachten. Mit einem scharfen Skalpell kann man sich von einem fixierten Tier auch selbst sehr schöne Querschnitte der Pharynxregion herstellen.

Wir sehen, daß das Pharynxlumen durch eine kräftige, in drei Säulen angeordnete Muskulatur eingeengt wird, deren Fasern radiär verlaufen. Durch Kontraktion dieser Muskulatur kann sich das Lumen stark erweitern und so eine Saugwirkung ausüben. Als Gegenspieler der Muskulatur wirkt die starke, gelbliche Kutikula, von der wir das Pharynxlumen ausgekleidet sehen. Sie prägt bei erschlaffter Muskulatur dank ihrer Elastizität dem Lumen das sehr charakteristische Bild eines engen, dreistrahligen Spaltraumes auf.

Es bleibt noch die Betrachtung eines männlichen Wurmes. Dieser ist bedeutend kleiner als das Weibchen und an der starken ventralen Einkrümmung oder gar spiraligen Einrollung seines Hinterendes ohne weiteres kenntlich. Eine gesonderte Geschlechtsöffnung kommt dem Männchen nicht zu, vielmehr mündet das unpaare Genitalrohr, das aus einem fadendünnen Hoden, einem sich daran anschließenden Ausführgang, dem Samenleiter, und einem als Ductus ejaculatorius bezeichneten weiteren Endstück besteht, in den Enddarm, so daß die dicht vor dem Körperende gelegene Öffnung zugleich After und Geschlechtsöffnung darstellt und der Endabschnitt des Darmes als Kloake aufzufassen ist. In der Hinterwand der Kloake liegen in muskulösen Säcken die beiden Begattungsorgane, zwei gekrümmte, kutikulare Nadeln, die als Spicula bezeichnet werden.

Alle genannten Spulwürmer leben im Dünndarm ihrer Wirte. Sie ernähren sich vom Darminhalt. Die abgelegten, ungefurchten Eier gelangen mit dem Kot ins Freie. Erst dort, in sauerstoffhaltiger Umgebung, entwickeln sie sich weiter. Es entsteht eine sehr kleine etwa 200 μ lange Larve, die frei wird, wenn das Ei mit verunreinigter Nahrung in den Darm des Wirtes gelangt. Sie durchbohrt das Darmepithel und wandert in das Blutgefäßsystem ein, wo sie in etwa 10 Tagen auf 2 mm Länge heranwächst. In der Lunge verläßt sie schließlich, aus Kapillaren in Alveolen durchbrechend, die Blutbahn wieder und wird vom Flimmerepithel der Trachea in den Rachen befördert. Wird sie jetzt mit dem Speichel verschluckt – und nicht ausgehustet – so wächst sie, zum zweitenmal im Dünndarm angekommen, zum geschlechtsreifen Tier heran. Der Spulwurm des Menschen wird etwa ein Jahr alt.

2. *Rhabditis pellio*

Mit der Pipette wird auf eine gut mit Würmern besetzte Stelle unserer Kultur ein Tropfen Wasser gegeben, der dann wieder eingezogen und auf einen Objektträger übertragen wird. Deckglas mit Wachsfüßchen. Zunächst schwache, dann stärkere Mikroskopvergrößerung.

Meist wird es sich bei den Würmern unserer Kultur um *Rhabditis pellio* handeln, eine Art, die in der Leibeshöhle von Regenwürmern lebt. Doch ist es wohl möglich, daß nicht alle Nematoden unseres Präparates zu der genannten Art gehören, da die

Erde eine sehr große Zahl frei lebender Gattungen und Arten beherbergt. Da aber die Organisation aller dieser «Erdnematoden» in den Grundzügen die gleiche ist, kann eine jede von ihnen als Untersuchungsobjekt dienen.

Dank ihrer geringen Größe und vor allem dank ihrer Durchsichtigkeit zeigen uns diese Arten die uns schon bekannte Organisation der Nematoden in fast schematischer Klarheit. Der Körper ist typisch spindelförmig, wobei das Vorderende etwas breiter als das Hinterende ist, das in eine schlanke Spitze ausgezogen sein kann. Die Bewegungsweise der Tiere ist sehr charakteristisch: Es handelt sich um ein einfaches Schlängeln, ohne jede Veränderung der Körperlänge oder -dicke. Diese bei allen Nematoden zu beobachtende Einförmigkeit erklärt sich aus dem Besitz einer starken Kutikula und dem Fehlen einer Ringmuskulatur; wie wir bereits wissen, setzt sich der Hautmuskelschlauch lediglich aus Längsfasern zusammen.

Von den inneren Organen können wir den Darm und den Geschlechtsapparat gut erkennen. Der Vorderdarm kann eine im Vergleich zu den Spulwürmern etwas kompliziertere Form haben, indem er zwei hintereinander geschaltete, muskulöse Anschwellungen aufweist. Der Geschlechtsapparat hingegen ist einfacher gebaut oder, genauer gesagt, weniger ausgedehnt, indem die ihn zusammensetzenden Schläuche viel kürzer sind als bei den parasitischen Nematoden. Die Männchen zeigen am Hinterende Spicula oder einen von radiären Strahlen gestützten, schirmartigen Kopulationsapparat.

Häufig werden wir Männchen und Weibchen in Begattung antreffen. Bei den schon befruchteten Weibchen ist die Geschlechtsöffnung durch einen Sekretpfropf verklebt; in ihrem Innern können wir unbefruchtete wie befruchtete Eier, Furchungsstadien und eventuell weit entwickelte Larven wahrnehmen. Zerquetschen wir ein derartiges Weibchen durch leichten Druck auf das Deckglas, so treten die Einzelheiten der hier nicht näher zu behandelnden Reifung, Befruchtung und Furchung noch klarer zutage.

3. *Trichinella spiralis*, Trichine

Trichinella spiralis ist ein sehr gefährlicher Parasit. Wir unterscheiden zwei Altersstadien, die nach dem Ort ihres Vorkommens als «Muskeltrichine» (das Jugendstadium) und «Darmtrichine» (das geschlechtsreife Stadium) bezeichnet werden. Die Darmtrichinen leben, in die Darmwand eingebohrt, im Dünndarm des Menschen, des Schweines, des Hundes, der Ratte und anderer Säuger. Nach der Begattung, die im Darmlumen stattfindet, sterben die Männchen bald ab. Die viel zahlreicheren Weibchen bohren sich erneut in die Darmschleimhaut ein und gebären schubweise oft über 1000 Larven, die mit Hilfe ihres Mundstachels in Gefäße eindringen. Mit dem Lymph- oder Blutstrom gelangen sie über das Herz in die Muskulatur des Wirtstieres, dringen in eine Muskelfaser ein, wachsen heran, rollen sich spiralig auf und werden von einer vom Wirtsgewebe erzeugten Kapsel umschlossen, die schließlich verkalkt. Gelangen die Kapseln beim Genuß trichinösen Fleisches in den Magen eines neuen Wirts (Mensch, Schwein usw.), so werden sie aufgelöst, die Trichinen werden frei, erlangen Geschlechtsreife und begatten sich, womit der Kreis geschlossen ist. – Die durch die Darmtrichinen hervorgerufenen Schädigungen der Darmschleimhaut sind relativ harmlos, während die Trichinose, das ist der Befall von Muskelgewebe durch Muskeltrichinen, zu schweren, bisweilen tödlichen Erkrankungen führt.

Es werden Präparate männlicher und weiblicher Darmtrichinen ausgeteilt.

Die weibliche Darmtrichine ist 3–4 mm lang und 60 μ dick, das Männchen wird bei einem Durchmesser von 40 μ nur etwa 1,5 mm lang und ist außerdem durch zwei

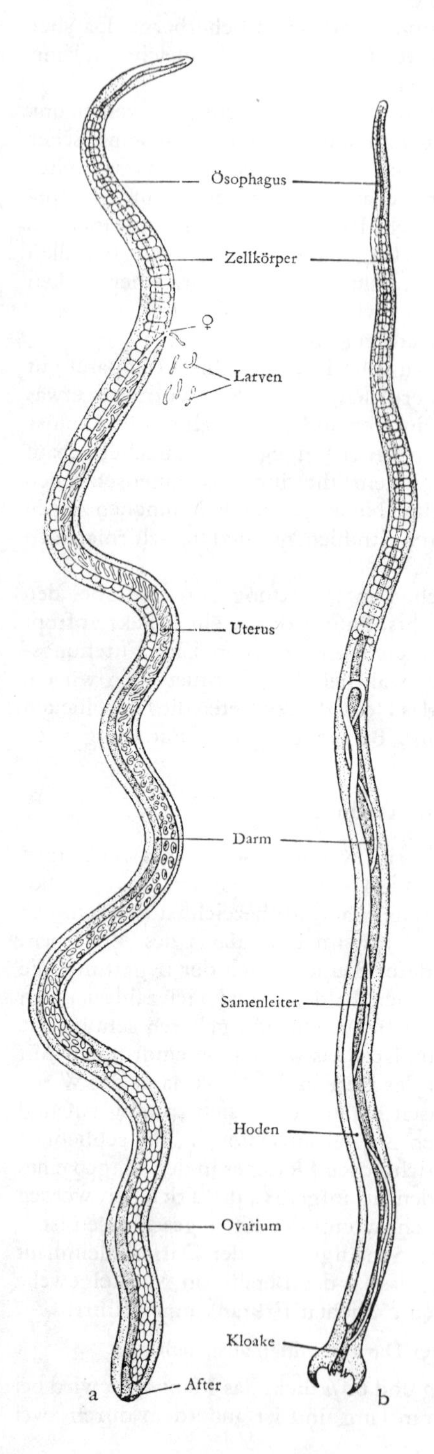

kegelförmige Zapfen am Hinterende gekennzeichnet. Der Ösophagus nimmt fast die ganze vordere Körperhälfte ein. Er wird umfaßt von hufeisenförmigen Zellen, dem sogenannten «Zellkörper», dem man die Funktion einer Verdauungsdrüse zuschreibt.

Der weibliche Genitalschlauch gliedert sich in Ovarium und Uterus, die Geschlechtsöffnung liegt an der Grenze des vordersten Körperfünftels. Den Uterus sehen wir mit Larven verschiedener Entwicklungsstufen dicht angefüllt (Abb. 82a).

Der Geschlechtsapparat des Männchens mündet kurz vor dem Hinterende in den Enddarm (Kloake), der Genitalschlauch zieht von hier bis etwa zur Mitte des Körpers, biegt um und zieht wieder bis fast zum Hinterende zurück, wo er blind endet. Dieser rückläufige Schenkel ist dicker, er stellt den Hoden dar, der andere Schenkel den Samenleiter. (Abb. 82b).

Es werden Präparate von trichinösem Fleisch verteilt.

Wir werden in diesen Präparaten schon bei schwächster Vergrößerung unschwer die Trichinen innerhalb der Muskulatur finden, und zwar in der Regel bereits eingekapselt. Die Muskelfaser, in die der Parasit eindrang, ist zerstört, die benachbarten Fasern sind spindelförmig auseinandergedrängt. Die Kapseln haben Zitronenform, die Parasiten in ihnen sind spiralig, ring- oder brezelförmig aufgerollt. Bisweilen finden wir zwei von einer gemeinsamen Kapsel eingeschlossene Trichinen. Die Verkalkung der Kapsel beginnt von den Polen her. Völlig verkalkte Kapseln sind undurchsichtig.

Abb. 82: *Trichinella spiralis*,
a Weibchen, 70×; b Männchen, 120×.
(Nach Csokor und eigenen Präparaten)

Mollusca, Weichtiere

Mit nahezu 130000 Arten bilden die Mollusken den – nach den Arthropoden – zweitgrößten Tierstamm. Sie besitzen, wie die Anneliden, eine – meist allerdings auf den Herzbeutel und die Gonadenhöhlen beschränkte – sekundäre Leibeshöhle, unterscheiden sich aber von ihnen durch das Fehlen jeder Segmentierung.

Das Vorkommen einer an die Trochophora der Anneliden erinnernden Larve (Veliger) und die Übereinstimmung im Furchungstyp (Spiralfurchung) ließ trotzdem die Vermutung aufkommen, daß die Mollusken von segmentierten Vorfahren abzuleiten wären. Diese Vermutung wurde in jüngster Zeit verstärkt durch die Entdeckung der ursprünglichen Monoplacophora, in deren Rumpf in einigen aufeinanderfolgenden Abschnitten sich paarige Organe wiederholen. Da die Eigenart ihres Körperbaues jedoch auch andere Ursachen haben kann, sind auch die Monoplacophora keine sichere Stütze für die Ableitung der Mollusken von segmentierten Vorfahren, obwohl die Annelidenverwandtschaft außer Zweifel steht. Sehr wahrscheinlich haben beide Stämme gemeinsame Vorfahren.

Am Körper eines Mollusks lassen sich in typischen Fällen vier Hauptteile unterscheiden: Kopf, Fuß, Eingeweidesack und Mantel. Der Kopf enthält die Cerebralganglien, ist oft Träger von Sinnesorganen (Fühler, Augen) und umfaßt die Mundöffnung. Der Fuß ist die mit einer besonders kräftigen Muskulatur ausgestattete und bisweilen verlängerte ventrale Partie des Hautmuskelschlauches, der Eingeweidesack eine dünnhäutige Ausbuchtung der Rückenseite, die von der Schale umfaßt wird, und der Mantel (Pallium) schließlich, jene Region der Haut, die die Schale abscheidet. Er verlängert sich entweder ringsherum oder nur nach hinten oder vorn mit einer Hautduplikatur, der Mantelfalte, so eine Rinne oder Höhle, die Mantelrinne oder Mantelhöhle, überdachend, die die Atmungsorgane birgt.

Die Haut, soweit sie nicht von der Schale bedeckt wird, trägt oft einen Cilienbesatz, entbehrt fast immer einer Kutikula und ist sehr reich an großen Drüsenzellen, daher schlüpfrig und weich («Weichtiere»). Die Schale besteht aus einer organischen Außenschicht, dem aus sklerotisierten Proteinen aufgebauten Periostracum, und darunter liegenden Kalkschichten, von denen die innerste als Perlmutterschicht entwickelt sein kann. Das Dickenwachstum der Schale erfolgt in der ganzen Ausdehnung des Mantels, ihr Flächenwachstum nur am Mantelrand. Verlagerung der Schale ins Innere des Körpers und sekundäre Rückbildung sind nicht selten.

Durch starke Entwicklung eines muskelreichen Zwischengewebes ist das Cölom der Mollusken im allgemeinen auf einen Raum beschränkt, der die Gonaden und das Herz einschließt. Meist ist nur der das Herz umschließende Teil als Herzbeutel (Perikard) erhalten.

Sehr charakteristisch ist für die Mollusken der Bau des Zentralnervensystems. Von den über dem Schlund gelegenen paarigen Cerebralganglien ziehen zwei Paar Stränge nach hinten: ventral die Pedalstränge, seitlich die Pleuralstränge. Bei den ursprünglichen Polyplacophora und Monoplacophora haben sie den Charakter von «Marksträngen», das heißt, es sind Nervenzellen über ihre ganze Länge verteilt. Bei den übrigen Mollusken sind diese zu Ganglien zusammengefaßt. Und zwar bilden die Pedalstränge nur ein Paar von Ganglien, die Pedalganglien, aus, während an den Pleuralsträngen drei Ganglienpaare entstehen, die von vorn nach hinten als Pleural-,

Parietal- und Visceralganglien bezeichnet werden. Sekundär kommt es dann oft zu einem Zusammenschluß einzelner Ganglien, und schließlich können sich alle Ganglien zu einem umfangreichen Zentralorgan um den Schlund herum vereinigen.

An Sinnesorganen sind Augen, Gleichgewichtsorgane (Statocysten) und eine besondere Form von in der Mantelhöhle gelegenen chemischen Sinnesorganen (Osphradien) weit verbreitet. Die Entwicklungshöhe der Lichtsinnesorgane ist überaus mannigfaltig. Vom Hautlichtsinn über Gruben-, Becher- und Blasenaugen bis zu hochkomplizierten Linsenaugen kommen alle Übergänge vor. Ihr vergleichendes Studium im Rahmen eines Praktikums ist lehrreich und reizvoll zugleich.

Das Herz liegt dorsal, ist meist sehr kurz und empfängt das von den Atmungsorganen kommende Blut durch Venen. Es setzt sich aus einer Kammer und einer (meist) von der Zahl der Kiemen abhängigen Zahl von Vorkammern zusammen. Das Gefäßsystem ist, obwohl Arterien, Venen und zum Teil auch Kapillaren reich entwickelt sind, stets «offen», steht also in Verbindung mit den als Reste der primären Leibeshöhle aufzufassenden Spalträumen zwischen den Organen.

Die für die Mollusken charakteristischen Atmungsorgane sind Kammkiemen (Ctenidien) oder davon ableitbare Faden- oder Blattkiemen. Die typischen Ctenidien – sie kommen nur mehr bei wenigen Gattungen vor – bestehen aus einem medianen Septum und ihm beiderseits oder auch nur an einer Seite ansitzenden dreieckigen Lamellen. Ursprünglich in großer Zahl vorhanden, sind die Kiemen bei rezenten Mollusken meist auf ein Paar oder ein Stück beschränkt. Beim Übergang zum Landleben werden sie durch reiche Blutgefäßverzweigungen in der Decke der Mantelhöhle, die sogenannte Lunge, ersetzt.

Der vorderste Abschnitt des Darmes wird durch Entwicklung kräftiger Muskulatur zu einem Schlundkopf. An seinem Boden liegt sehr oft eine mit nach hinten gerichteten Zähnchen besetzte chitinige Platte, die Radula, die nach Art einer Feile die Nahrung abraspelt; auch sie ist ein Organ, das auf die Mollusken beschränkt ist. Der Mitteldarm ist mit einer umfangreichen, meist paarigen, aus einer großen Zahl von Drüsenschläuchen bestehenden Mitteldarmdrüse ausgestattet. Der oft nach vorn zu verschobene After mündet in der Mantelhöhle.

Die meist paarigen Exkretionsorgane leiten sich von Metanephridien ab (s. S. 202). Sie beginnen mit einer dem Wimpertrichter der Anneliden entsprechenden Öffnung im Herzbeutel, der ja einen Cölomraum darstellt. Die sackartig erweiterten Nierenkanäle münden in die Mantelhöhle.

Die paarigen oder unpaaren Gonaden entwickeln sich in der Wand oder als Aussackungen des Cöloms. Zur Ableitung der Geschlechtszellen können die Nierenkanäle dienen, meist sind aber besondere Ausführgänge entwickelt. Hermaphroditismus ist häufig, und die Fortpflanzungsorgane sind dann recht kompliziert gebaut. Ungeschlechtliche Fortpflanzung und Parthenogenese kommen nicht vor.

Die bei vielen Mollusken auftretende, frei schwimmende Larve stimmt mit der Trochophora der Anneliden (s. S. 199) durch ihren äquatorialen Wimperkranz, die als Anlage der Cerebralganglien aufzufassende Scheitelplatte, Besitz von Protonephridien und Auftreten paariger Mesodermstreifen überein. Der äquatoriale Wimperkranz wächst bei ihr zu Lappen aus, die als Velum (Segel) bezeichnet werden und ihr den Namen Veliger eintrugen.

I. Polyplacophora, Käferschnecken

A. Technische Vorbereitungen

Bei der Untersuchung von *Chiton* muß von einer Präparation abgesehen werden. Zur Demonstration der äußeren Körperverhältnisse werden große, in Alkohol konservierte Exemplare verteilt, während der innere Bau an fertigen mikroskopischen Präparaten, Querschnitten durch eine kleinere Form, z. B. *Chiton marginatus*, gezeigt wird.

B. Allgemeine Übersicht

Die Polyplacophoren oder Käferschnecken stehen der mutmaßlichen Stammform der Mollusken nahe, weisen aber in ihrer Organisation neben primitiven Merkmalen auch Abweichungen auf, die als sekundäre Anpassungserscheinungen an das Leben in der Brandungszone zu betrachten sind.

So ist die Ausbildung eines breiten Saugfußes und die abgeflachte Körpergestalt sicher als sekundäre Anpassung aufzufassen, vielleicht auch die Gliederung der Schale in aufeinanderfolgende, gegeneinander verschiebbare Stücke, die dem Tier ein Einrollen (nach Art einer Rollassel) gestatten.

Unter den primitiven Merkmalen ist an erster Stelle die ausgesprochen bilaterale Symmetrie zu nennen, die sich nicht nur in der äußeren Gestalt, sondern auch im inneren Bau kundgibt.

Das Nervensystem ist noch nicht in Ganglien und Nervenfaserstränge gesondert, vielmehr sind Markstränge vorhanden: ein querliegender Cerebralstrang, der durch eine ventrale Kommissur zu einem den Schlund umgebenden Ring vervollständigt ist, und zwei Paar von ihm aus nach hinten ziehende Längsstränge, die Pedalstränge (die der Mitte genähert im Fuß verlaufen) und die Pleurovisceralstränge (die in den Körperseiten nach hinten ziehen). Alle 4 Längsstränge sind durch zahlreiche Kommissuren miteinander verbunden.

Die Mantelhöhle wird von einer Kopf und Fuß ringförmig umgebenden Rinne dargestellt. In ihr liegen zu beiden Seiten zahlreiche gefiederte Kiemen.

Die bilaterale Symmetrie prägt sich außerdem in der medianen Lage des Afters und in der paarigen Ausbildung von Mitteldarmdrüse, Niere und Herzvorkammer aus. (Eigenartigerweise ist die rechte Hälfte der Mitteldarmdrüse kleiner als die linke.) Die Nieren sind reich verzweigte, etwa ∩-förmige Gänge, die mit je einem Wimpertrichter im Perikard beginnen und auf der Höhe der 7. Schalenplatte beidseits in die Mantelrinne münden. Die meist unpaare Gonade hat paarige Ausführgänge; sie öffnen sich dicht vor den Nierenmündungen.

Das Perikard und in ihm das kurze Herz liegen unter der 7. und 8. Schalenplatte. Zwei seitliche Vorkammern empfangen das arterielle Blut aus den Kiemenvenen und ergießen es durch eine oder zwei seitliche Öffnungen in die Herzkammer, die es über eine unpaare, dorsomedian gelegene Aorta in Gefäße und Lakunen pumpt.

Die Mundhöhle ist mit einer sehr langen Radula ausgestattet. In den Pharynx münden ein Paar Speicheldrüsen, in den Ösophagus die sogenannten Zuckerdrüsen (sie liefern Glykogenase) und in den langen und gewundenen Mitteldarm zwei Mitteldarmdrüsen.

Die Ausstattung mit Sinnesorganen ist, der sessilen Lebensweise entsprechend, nur spärlich. Tastborsten finden sich an verschiedenen Stellen. Auf chemische Reize reagierende Sinneszellen sind besonders im Bereich des Mundes gehäuft. Im Mundboden befindet sich außerdem eine ausstülpbare Tasche, in deren Epithel ebenfalls Chemorezeptoren liegen. Eigenartige Sinnesorgane sind die die Schalenplatten durchsetzenden Ästheten. Neben ihnen oder von ihnen umringt finden sich in der Schale zahlreiche, pigmentumhüllte, everse Augen aus einigen Dutzend becherförmig angeordneten Retinazellen mit zentralem Rhabdom (aus Mikrovilli) und einer bikonvexen Linse. Statocysten scheinen zu fehlen, trotzdem sind die Tiere fähig, sich nach der Schwerkraft zu orientieren.

C. Spezieller Teil

Chiton spec.

Es werden zunächst große Exemplare einer *Chiton*-Art zur Betrachtung der äußeren Körperform verteilt.

Auf dem Rücken des länglich-ovalen, oben gewölbten, unten abgeflachten Tieres sehen wir acht hintereinanderliegende, verkalkte Schalenstücke, die sich dachziegelartig decken. Die von der Schale unbedeckte Randpartie des Körpers ist durch eine starke, vornehmlich aus Mucopolysacchariden bestehende Kutikula geschützt, in der kurze Kalkstachel, -schuppen oder -borsten sitzen.

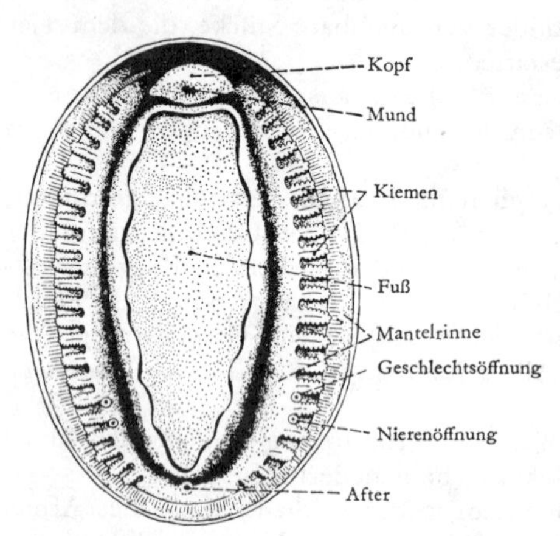

Abb. 83: *Chiton*, von unten gesehen, leicht schematisiert. (Aus BOAS)

Die Bauchseite (Abb. 83) zeigt in der Mitte den breiten, äußerst muskulösen Fuß und vorn den deutlich davon abgesetzten, etwas tiefer liegenden Kopf mit der queren Mundspalte in der Mitte.

Von der meist als Mantelfalte betrachteten Randzone des Körpers, die ziemlich breit und muskulös ist und ebenso wie der breite, als Saugscheibe wirkende Fuß zur Festheftung des Tieres dient, werden Fuß und Kopf durch eine tiefe Rinne getrennt, die sich ringsherum zieht und der Mantelhöhle anderer Mollusken entspricht. In dieser Rinne liegen zu beiden Seiten die dicht aneinandergelagerten, doppelfiedrigen Kiemen; bei manchen Arten sind sie auf den hinteren Teil des Körpers beschränkt.

Wir schneiden eine einzelne Kieme mit der feinen Schere heraus, legen sie auf einen Objektträger und betrachten sie unter Wasser bei schwacher Vergrößerung.

Es zeigt sich, daß die breite, oben spitz zulaufende Kieme aus einer Achse besteht mit zahlreichen, zarten Fiederchen auf jeder Breitseite, die lamellenartig dicht nebeneinanderliegen.

Im hinteren Abschnitt der Mantelrinne sehen wir rechts und links die Geschlechtsöffnungen liegen, dicht dahinter die Nierenöffnungen und ganz hinten median den After.

Es werden jetzt Querschnitte durch die mittlere Körperregion einer kleineren, vorher entkalkten Form verteilt.

Die Rückseite ist gewölbt, die Bauchseite durch den breiten, muskulösen Fuß leicht kenntlich (Abb. 84). Zu beiden Seiten des Fußes sehen wir die Mantelfalte oder Randzone mit einer nach innen vorspringenden Lateralleiste und von einem inneren und einem äußeren Mantelmuskel durchzogen. Zwischen Mantelfalte und Fuß liegt jederseits die Mantelhöhle, eine tiefe Rinne, in die von oben eine der Kiemen hineinragt, deren einzelne, transversal gelagerte Blättchen deutlich sichtbar sind.

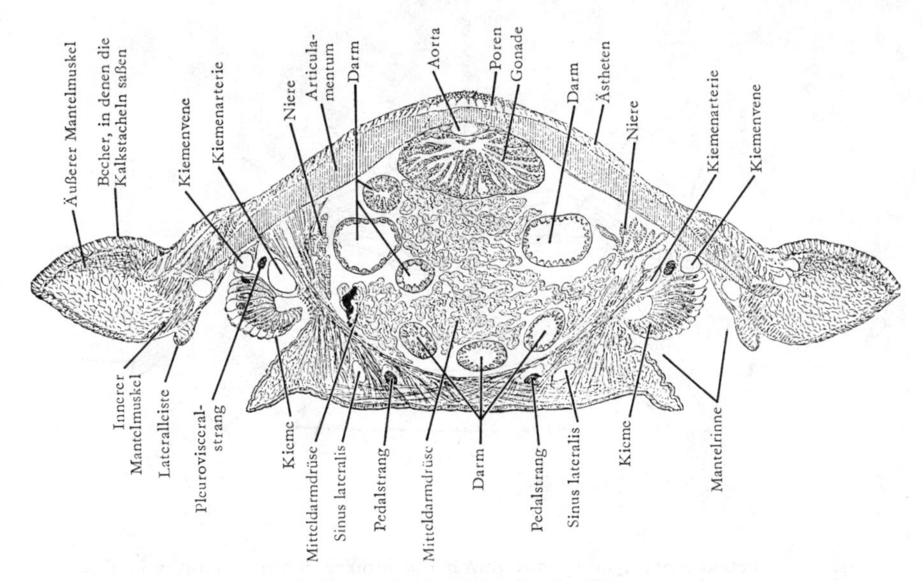

Abb. 84: Querschnitt durch *Chiton*

Gehen wir zur Betrachtung des I n t e g u m e n t e s über, so sehen wir auf der Dorsalseite der Randzone tief eingesenkte Becher; in ihnen saßen Kalkstacheln, die aber bei der Entkalkung des Objektes aufgelöst worden sind.

Der mittlere Teil des Rückens wird von der 8teiligen Schale bedeckt. Sie ist aus 2 mächtigen Schichten aufgebaut. Zu unterst liegt eine kalkreiche, von der Rückenepidermis sezernierte Lage, das A r t i c u l a m e n t u m. Da der Kalk bei der Fertigung des Präparates zerstört wurde, finden wir an ihrer Stelle einen Hohlraum, der sich von der Hypodermis bis zur äußeren Schalenschicht, dem T e g m e n t u m, erstreckt. Das Tegmentum besteht aus organischem Material, ist pigmentiert und wird von der medialen Wand einer schienenförmigen Epidermisaufwölbung gebildet, die die Schale seitlich begrenzt. Über die Schalenstücke legt sich eine dünne, organische Membran, das P e r i o s t r a c u m, das von den lateralen Wänden der seitlichen Epidermisschienen produziert wird. Das Tegmentum wird von Poren durchsetzt, in denen von (Glia-?)Zellen begleitete Nerven zur Oberfläche ziehen. Sie weichen oben auseinander und enden an den als Ästheten bezeichneten Sinnesorganen und an den Augen (s. S. 160).

Von inneren Organen fällt uns der mehrfach durchschnittene D a r m auf; er hat also im Tier einen geschlängelten Verlauf. Das stark entwickelte, lappig gebaute Organ in der Mitte ist die früher meist als «Leber» bezeichnete paarige M i t t e l d a r m d r ü s e.

Dorsal davon liegt in der Medianlinie die Gonade, entweder ein Hoden oder ein Eierstock, darüber die Aorta. An der Seite liegen die stark verästelten Nieren. Über den Kiemen sehen wir zwei «Blutgefäße» (richtiger gefäßartige Bluträume) liegen; das innere ist die Kiemenarterie, das äußere die Kiemenvene. Zwischen beiden liegt der Querschnitt des lateralen Markstranges (Pleurovisceralstrang); die beiden ventralen Nervenstränge (Pedalstränge) sind beiderseits der Mittellinie in die starke Muskulatur des Fußes eingebettet. Lateral davon findet sich jederseits ein Blutsinus (Sinus lateralis).

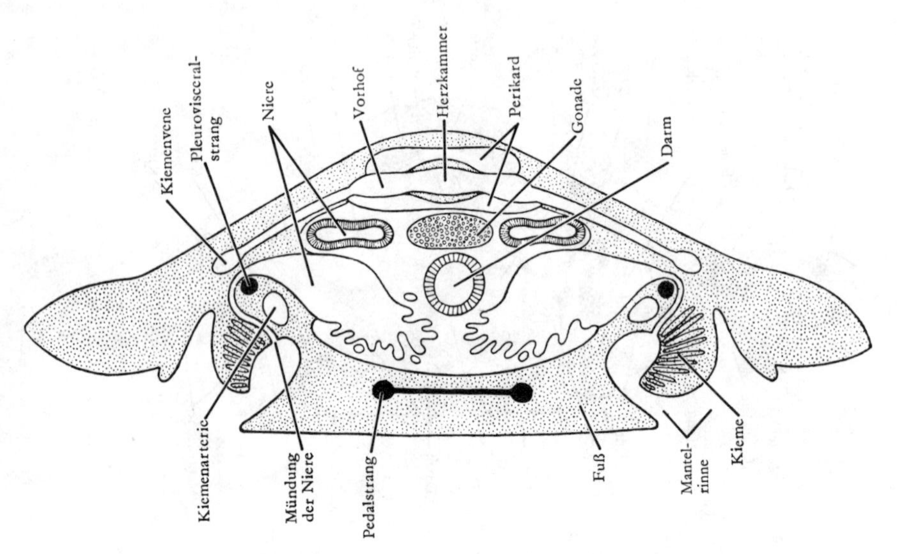

Abb. 85: Schematischer Querschnitt durch die hintere Körperregion von *Chiton*. (Nach SEDGEWICK, verändert)

Ein weiter hinten geführter Schnitt (vgl. die schematische Abb. 85) würde uns das vom Perikard umhüllte Herz mit seinen beiden seitlich gelegenen Vorkammern zeigen, in die die Kiemenvenen münden.

II. Gastropoda, Schnecken

A. Technische Vorbereitungen

Von Schnecken eignet sich die große Weinbergschnecke, *Helix pomatia*, gut zur Präparation. Es ist sehr wichtig, die Tiere in ausgestrecktem Zustand zu untersuchen. Um dies zu erreichen, werden sie zwei Tage vor dem Kurs in ein hohes, bis zum Rand mit abgekochtem Wasser gefülltes Gefäß gebracht, das mit einer beschwerten Glasscheibe so verschlossen wird, daß keine Luftblase unter dem Deckel stehen bleibt. Nach 48 Stunden sind die Schnekken erstickt und vollkommen ausgestreckt. Der Zusatz von etwas Choralhydrat beschleunigt den Prozeß. Auch kann man die Schnecken in eine $^1/_2$–1%ige Lösung von Hydroxylamin einlegen, in der sie nach 10–20 Stunden abgetötet sind. Die Schale bricht man vorsichtig mit einer starken Pinzette von der Mündung her entzwei. Schwacher Alkohol entfernt den Schleim.

Will man die Schnecken in kürzester Zeit zur Sektion gebrauchsfähig machen, so tötet man die ausgestreckten Tiere durch Einlegen in heißes Wasser, worauf sie sich ganz leicht aus der Schale herausdrehen lassen; dann reinigt man sie von dem anhaftenden Schleim, indem man sie auf kurze Zeit in schwachen Alkohol bringt. Doch sind derartig behandelte Schnekken nicht so schön ausgestreckt wie die erstickten.

Außerdem halte man einige lebende Schnecken und eine saubere Glasplatte bereit, um die wellenförmig über den Fuß laufenden Muskelkontraktionen zeigen zu können.

B. Allgemeine Übersicht

Die vier Hauptabschnitte des Molluskenkörpers, Kopf, Fuß, Mantel und Eingeweidesack, sind bei den Schnecken fast stets gut entwickelt und leicht abgrenzbar. Am Kopf sitzt ein Paar dem Tastsinn und chemischen Sinn dienende Fühler. An ihrer Basis können mehr oder weniger hochentwickelte Augen liegen, oft aber ist als Träger für sie ein zweites, hinteres Fühlerpaar vorhanden. Der Fuß ist sehr muskulös, reich an Bindegewebe und Blutlakunen und schwellbar. Seine Unterseite ist sohlenartig abgeplattet. Muskelkontraktionen, die mit kurzen Abständen wellenartig über die Sohle von hinten nach vorn laufen, bedingen ein langsames Vorwärtskriechen, das durch das Sekret einer großen, vorn am Fuß mündenden Schleimdrüse erleichtert wird. Bei freischwimmenden Schnecken bildet der Fuß lappenartige Flossen aus. Das einschichtige Epithel der Körperdecke ist wenigstens an der Sohlenfläche des Fußes bewimpert; es ist überall reich an Drüsenzellen.

Der Eingeweidesack tritt dorsal bruchsackartig hervor. Von seiner Oberfläche erstreckt sich eine Hautfalte nach unten, seine Basis kragen- zum Teil sogar mantelartig umhüllend. In dem durch den Mantel gebildeten, geräumigen Hohlraum, der Mantelhöhle, liegen die Kiemen, die Afteröffnung und die Mündung der Exkretions- und Geschlechtsorgane (pallialer Organkomplex).

Der schalenbedeckte Eingeweidesack wird während der Embryonal- bzw. Larvalentwicklung als dorsale Vorwölbung angelegt. Dann wächst aber die Rückenseite der Larve viel schneller als die Bauchseite (also positiv allometrisch), so daß er mehr und mehr nach hinten, in Richtung der Längsachse verlagert wird, während die Bauchseite zwischen Mund und After im Wachstum zurückbleibt. Das führt dazu, daß der Eingeweidesack schließlich ganz in die Verlängerung der ursprünglichen Längsachse der Larve zu liegen kommt und der After der Mundöffnung stark genähert ist. Die Dorsoventralachse des Tieres ist also nach hinten gekippt und stellt nun die Fortsetzung der Längsachse dar. Schon vorher begann als kragenartige Ringfalte am Eingeweidesack die Mantelbildung. Sie schreitet vor allem ventral rasch voran und führt zur Bildung der Mantelhöhle, die unten weit nach vorne reicht, so daß sogar die mundwärts gewanderte Afteröffnung von ihr umhüllt wird.

Außerdem – und das führt nun zu charakteristischen anatomischen Eigenheiten – erfährt der Eingeweidesack eine Drehung (Torsion) um seine Längsachse. Dabei wird die ursprünglich unten angelegte Mantelhöhle samt den Kiemen und den übrigen Teilen des pallialen Organkomplexes mehr oder weniger weit nach rechts, im Extremfall – bei einer Torsion um 180° – sogar nach oben verlagert. Die Kiemen und mit ihnen die Herzvorkammern liegen dann (oben) vor dem Herzen (Vorderkiemer). Sehr oft geht die Torsion jedoch nicht so weit. Die dann allein erhaltene Kieme und die dazugehörige Vorkammer bleiben hinter dem Herzen (Hinterkiemer).

Etwa gleichzeitig mit der Torsion entsteht als ventraler Auswuchs in der Nähe des Kopfes der Fuß. Er wächst caudad, schiebt sich unter den Eingeweidesack und drückt ihn aus der Längsachse des Tieres heraus nach oben. Der stark in die Länge gewachsene Eingeweidesack aber hat sich – als weitere, das Verständnis der Schneckenanatomie erschwerende Komplikation – inzwischen zu einer seitlich (meist nach rechts) herausgezogenen, also asymmetrischen Spirale eingerollt. Die asymmetrische Architektur des Schneckenkörpers wird vervollständigt dadurch, daß ursprünglich links angelegte Teile paariger Organe (Nieren, Mitteldarmdrüse, Kiemen und Herzvorkammern) in der Entwicklung meistens zurückbleiben oder vollständig fehlen. Nur einige primitive Prosobranchier sind davon ausgenommen.

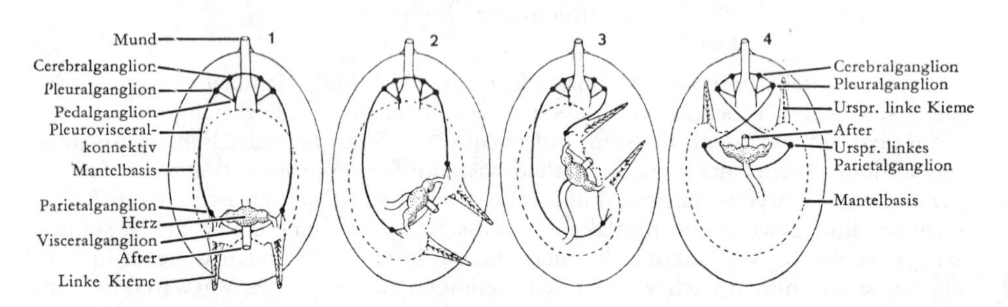

Abb. 86: Schematische Darstellung der Entstehung der Streptoneurie. (Nach LANG)

Die Schale, die von dem den Eingeweidesack überdeckenden Mantel abgeschieden wird, gibt die Form des Eingeweidesackes genau wieder, ist also gleichfalls meistens spiralig aufgerollt. Ein Periostracum ist immer vorhanden, eine Perlmutterschicht selten. In der Regel verschmelzen die inneren Wandungen der Spirale zu einer Kalkspindel, Columella. Von der engsten Windung der Columella entspringt ein meist doppelter Muskel, der Spindelmuskel, der in Fuß und Kopf einstrahlt und diese Teile in die Schale zurückzuziehen vermag. Im übrigen liegt die Schale dem Weichkörper frei auf. Das Wiederaustreten des Fußes wird durch Einpressen von Blut bewirkt. Die Mehrzahl der Schnecken, die meisten Vorderkiemer, scheiden auf der Oberseite des hinteren Fußteiles eine hornige oder kalkige Platte ab, das Operculum, das die Schalenöffnung hinter den zurückgezogenen Tieren völlig zu verschließen vermag. Viele Landschnecken verschließen zu Beginn der Überwinterung die Schalenmündung durch einen Kalkdeckel, das Epiphragma, ein nicht ständiges Schutzorgan, das im Frühling wieder abfällt.

Der Darm ist nahezu in seinem gesamten Verlauf von der Torsion betroffen. Der ursprünglich wie bei *Chiton* endständig gelegene After ist nach rechts vorn hinter den Kopf gerückt. Der vorderste Abschnitt des Darmes ist zu einem muskelkräftigen Schlundkopf (Pharynx) entwickelt. Von seinem Boden erhebt sich ein Muskelwulst, die Zunge, die fast stets von einer mit Zähnchen dicht besetzten chitinigen Reibplatte (Radula) bedeckt ist. Die Anordnung der Zähnchen ist artspezifisch und daher für die Systematik wichtig. Die Radula wird in ihrer Tätigkeit oft von seitlichen chitinigen Kiefern unterstützt, die zu einer unpaaren dorsalen Platte verschmelzen können. In den Schlundkopf mündet ein Paar Speicheldrüsen. Der stark gewundene Darm wird von einer mächtigen Mitteldarmdrüse umhüllt, die oft nicht ganz treffend als «Leber» bezeichnet wird. Ihre Aufgabe besteht in der Absonderung verdauender Sekrete, in der Resorption der Verdauungsprodukte und in der Speicherung von Reservestoffen. Auch Phagocytose kommt vor. Der gesamte Inhalt des Vorderdarmes (Magen) wird mehrfach in ihr Gangsystem hineingedrückt und wieder herausgepreßt.

Das Nervensystem erinnert mit paarigem Cerebralganglion und zwei von ihm ausgehenden Längssträngen jederseits an dasjenige der Amphineuren. Nur sind die Körper der Nervenzellen zur Bildung von Ganglienknoten zusammengetreten, während ihre Fortsätze, die Nervenfasern, die als Konnektive bezeichneten Längsverbindungen zwischen den einzelnen Knoten herstellen. Die ehemaligen Pedalstränge sind so zu den Cerebropedalkonnektiven zwischen Cerebral- und Pedalganglion geworden. An den lateralen Pleurovisceralkonnektiven finden sich zwischen Cerebralganglion (vorn) und Visceralganglion (hinten) noch zwei weitere Ganglien, die Pleural- und Parietalganglien (Abb. 86, 1). Peural- und Pedalganglion sind durch ein Konnektiv verbunden. Für den kräftig entwickelten Schlund finden sich noch zwei ventral von ihm gelegene Buccalganglien vor. Während die Cerebralganglien ihre Lage über dem Anfangsdarm stets beibehalten, können die Pleural- und Parietalganglien sich dem Visceralganglion eng anschließen und diese drei hinteren Ganglienpaare sich weit nach vorn verlagern und so das ganze Zentralnervensystem um den Vorderarm herum konzentriert werden. – Auch das Nervensystem kann unter den Einfluß der Torsion geraten (Abb. 86, 2–4), und zwar in der Weise, daß das Parietalganglion der rechten Seite über den Darm hinweg nach links, das der linken Seite unter dem Darm hindurch nach rechts rückt, woraus sich eine als Streptoneurie bezeichnete Überkreuzung der Pleurovisceralkonnektive ergibt. Sie kann sekundär wieder ausgeglichen werden oder durch Vorverlagerung der hinteren Ganglien von vornherein unterbleiben (Euthyneurie).

Der Atmung dienen neben der Haut Kiemen oder Lungen. Eine Kammkieme (Ctenidium) mit Schaft und zwei Reihen von Fiederblättchen haben nur noch primitive Prosobranchier. Bei den übrigen Schnecken trägt der Schaft der einen erhalten gebliebenen Kieme nur noch auf einer Seite Blättchen, mit der anderen ist er an der Decke der Mantelhöhle verwachsen. Liegt die Kieme vorn (Vorderkiemer, Prosobranchier), so fließt das Blut nach hinten zum Herzen ab und die Vorkammer liegt dementsprechend vor der Herzkammer; liegt die Kieme hinten (Hinterkiemer, Opisthobranchier), so liegt auch die Vorkammer hinter der Herzkammer. Oft wird die typische Kammkieme durch sekundäre Kiemen in Form von Anhängen der Rückenhaut ersetzt. Bei den Lungenschnecken fehlen Kiemen vollständig. Als Atemorgan dient das zur Lunge gewordene Epithel des Daches der Mantelhöhle. – Aus dem arteriellen Herz wird das Blut über eine gegabelte Aorta durch Arterien, die sich reich aufteilen, in den Körper gepumpt. Venen sind nicht immer vorhanden, Blutlakunen stets eingeschaltet.

Die Niere beginnt im Perikard mit einem Wimpertrichter, an den ein kurzer Renoperikardialgang anschließt. Wimpertrichter und Gang werden auch als «Nierenspritze» bezeichnet. Der übrige, größere Teil des Exkretionsorganes gliedert sich in einen sackartigen Abschnitt, dessen Wand von Blutlakunen erfüllte Falten bildet, und einen einfachen Ausführgang (Ureter), der sich in die Mantelhöhle öffnet.

Die Gonade ist stets nur in der Einzahl vorhanden. Die Vorderkiemer sind meist getrennten Geschlechtes, die Hinterkiemer und Lungenschnecken dagegen Zwitter. Die Gonade kann in die Niere münden, besitzt meist aber einen eigenen Ausführungsgang. Durch Ausbildung zahlreicher Anhangsdrüsen und anderweitiger Hilfsorgane kann der Geschlechtsapparat, namentlich bei Zwittern, einen recht komplizierten Bau gewinnen.

Bei den im Meer lebenden Schnecken entwickelt sich aus dem Ei eine typische Veliger-Larve. Die besonderen Gastropoden- bzw. Molluskenmerkmale, wie Schale,

Mantel und Einrollung, treten schon während der Larvenzeit auf, also bevor die junge Schnecke zum Leben am Boden übergeht. Bei den Süßwasser- und Landschnecken ist die Entwicklung direkt.

Die meisten Schnecken leben im Meer (Hinterkiemer, die meisten Vorderkiemer), manche auf dem Land (die meisten Lungenschnecken und einige Vorderkiemer), andere im Süßwasser (einige Lungenschnecken und einige Vorderkiemer).

C. Spezieller Teil

Helix pomatia, Weinbergschnecke

Bei einer der getöteten Weinbergschnecken wird zunächst die äußere Körperform untersucht. Von den vier Hauptabschnitten des Körpers sind Kopf und Fuß leicht estzustellen. Der große Fuß ist auf der Unterseite sohlenartig abgeplattet, vorn geht er allmählich in den rundlichen Kopf über, der die beiden Fühlerpaare trägt. Von ihnen ist das hintere, durch die an seinen Spitzen liegenden Augen ausgezeichnete Paar etwas größer. Meist sind die Fühler bei den getöteten Tieren mehr oder weniger eingezogen. Der Eingeweidesack ist größtenteils in der Schale verborgen, und das gleiche gilt natürlich für den die Schale ausscheidenden Hautbezirk, den Mantel, von dem nur der wulstige Rand entlang der Schalenöffnung hervortritt (Abb. 87).

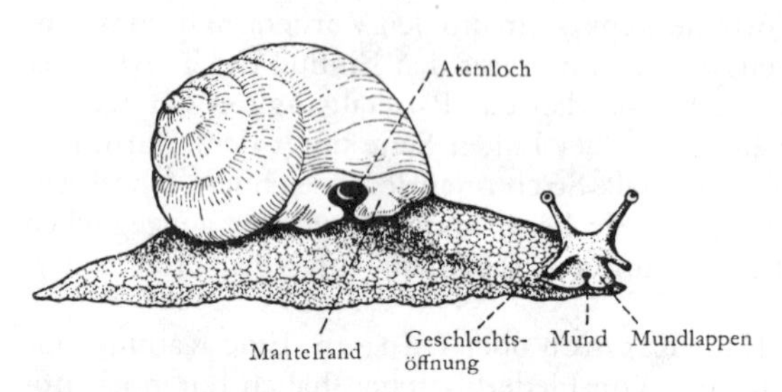

Abb. 87: Weinbergschnecke, *Helix pomatia*

Von Körperöffnungen sehen wir an der Ventralseite des Kopfes den Mund, der zwischen zwei bisweilen als «Lippententakel» bezeichneten Mundlappen gelegen ist, dann das Atemloch, das auf der rechten Seite unter dem Mantelrand zutage tritt und auch den After und die Exkretionsöffnung umschließt. Die feine Geschlechtsöffnung ist schwer zu erkennen; sie liegt rechtsseitig unterhalb des hinteren Fühlers. Unter dem Mundspalt schließlich mündet die große Fußdrüse aus, deren Schleim in einer vertikalen Furche zur Vorderspitze der Kriechsohle gelangt.

Wir tragen nun die Schale ab. Die Schnecke wird auf den Tisch gelegt und die unterste Schalenwindung mit vorsichtig geführten Hammerschlägen zertrümmert. Mit der starken Pinzette, besser noch mit einer gebogenen Zange, wird dann die Schale Stück für Stück abgetragen. Aus den obersten Windungen läßt sich der Körper durch vorsichtiges Drehen leicht herauslösen.

Der spiralig aufgerollte Eingeweidesack liegt nun nackt vor uns. Durch seine zarthäutige Decke schimmern verschiedene Organe durch. Ein von reich verzweigten Gefäßen durchzogener Bezirk seiner größten Windung stellt die Lunge dar (Abb. 88). Sie breitet sich in der Decke einer von rechts vorn her kommenden Einstülpung aus, der geräumigen Atemhöhle, die wir mit dem Stiel der Präpariernadel vom Atemloch aus sondieren können. Am hinteren Rand der Lunge schimmert links von der Medianlinie das Herz blaß hindurch, in das von vorn her die Lungenvene mündet. Rechts vom Herzen, der Medianen genähert, schiebt sich ein gelblich gefärbtes Organ keilförmig in die Lunge hinein; das ist die Niere. Die immer kleiner werdenden oberen Windungen werden in der Hauptsache von der bräunlichen Mitteldarmdrüse eingenommen. Am oberen Rand der zweitgrößten Windung schimmert gelblich die **Eiweißdrüse** durch.

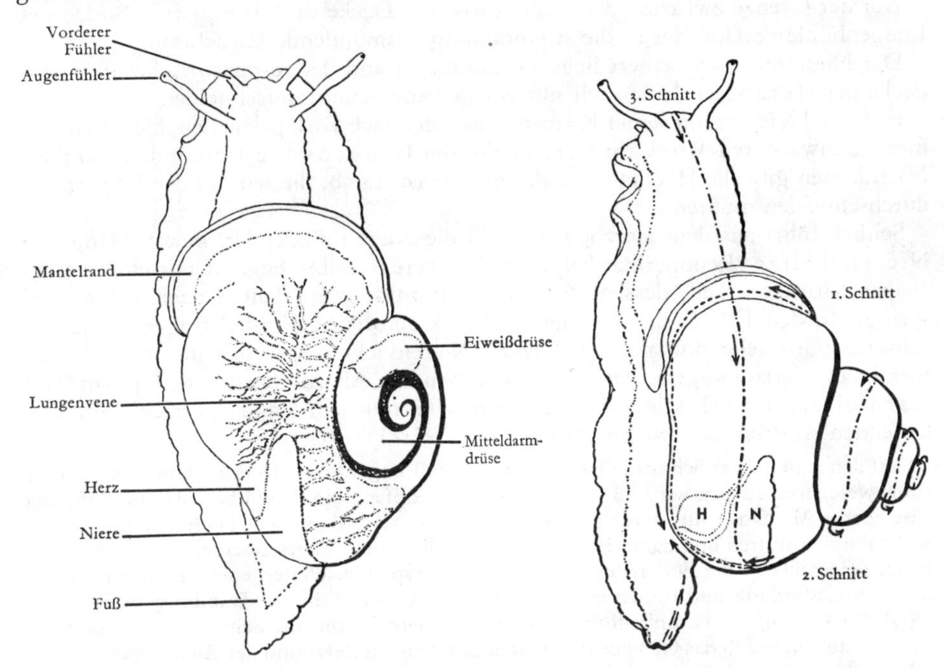

Abb. 88: *Helix pomatia* nach Entfernung der Schale

Abb. 89: Die drei Schnitte zur Präparation von *Helix pomatia*

Wir beginnen die Sektion, indem wir die kleine Schere in die Atemöffnung einführen, den derben Mantelwulst nach oben zu durchschneiden und nun hinter dem Mantelwulst und in einem Abstand von etwa 4 mm parallel zu ihm den Schnitt in der Decke der Atemhöhle entlang führen bis fast zu der Stelle, an der das Herz durchschimmert (Abb. 89). Wir klappen die Decke der Atemhöhle noch nicht auf, sondern führen erst noch einen Hilfsschnitt von einer anderen Stelle aus. Wir heben mit der Pinzette die dünne Körperhaut am hinteren (rechten) Ende der Niere an und führen **vorsichtig** einen Schnitt am hinteren Nierenrand entlang bis fast zum Ende des 1. Schnittes (Abb. 89). Nachdem wir uns davon überzeugt haben, daß an der geschonten Stelle ein Gefäß, die **Aorta**, aus dem Herzen austritt, vereinigen wir Schnitt 1 und 2 und können nunmehr die Lungenhöhle aufklappen, indem wir die obere Lungenwand nach rechts legen. – Der Schnitt 3 der Abb. 89 unterbleibt vorläufig!

Wir sehen, daß die Blutgefäße an der Innenseite der oberen Lungenwand von einer im Bogen herumziehenden Randvene herkommen und in eine in der Mittellinie von vorn nach hinten ziehende, große **Lungenvene** (Abb. 90) münden. Sie sind besonders im vorderen Abschnitt reich entwickelt und verlaufen zum Teil in leistenartigen Erhebungen der Wand, den Lungentrabekeln.

Der Boden der Lungenhöhle stellt zugleich die Decke des Eingeweidesackes dar, d.h. die eigentliche Rückenhaut des Körpers, da sich die der Mantelhöhle der anderen Mollusken entsprechende Lungenhöhle als eine über dem Vorderkörper gelegene Einstülpung entwickelt. Dieser Boden ist glatt, wölbt sich gegen die Lungenhöhle vor und besitzt eine kräftige, in zwei gekreuzten Lagen angeordnete Muskulatur.

Durch Kontraktion der Muskulatur flacht sich der Boden ab und bewirkt so, nach Art unseres Zwerchfells, das Einströmen frischer Luft. Für das Erweitern und Schließen des Atemloches ist eine besondere Muskulatur entwickelt.

Auf der Grenze zwischen der respiratorischen Decke und dem glatten Boden der Lungenhöhle verläuft der in die Atemöffnung ausmündende Enddarm.

Der Niere dicht angelagert liegt am hinteren Rand der respiratorischen Lungendecke der Herzbeutel, den wir mit einem Längsschnitt aufschneiden.

Es wird das Herz mit seiner Kammer und der nach vorn gelegenen, kleineren und muskelschwächeren Vorkammer, in die die Lungenvene einmündet, sichtbar. Nach hinten gibt die Herzkammer die große Aorta ab, die wir bei der Präparation durchschneiden mußten.

Seitlich führt aus dem Herzbeutel ein in die Niere mündender, kurzer Gang, die Nierenspritze (Renoperikardialgang). Die Niere selbst beginnt mit einem sackartigen, drüsigen Teil, dessen Wandung mit zahlreichen Falten nach innen vorspringt. In den Falten, die das eigentliche exkretorische Epithel tragen, verlaufen zahlreiche arterielle Blutlakunen. Dieser «Nierensack» biegt vorn in einen röhrenförmigen, glattwandigen, nach hinten ziehenden Abschnitt um, den primären Harnleiter, der sich seinerseits in den parallel mit dem Enddarm nach vorn verlaufenden Ausführgang (sekundärer Harnleiter) fortsetzt.

Mit den ersten zwei Schnitten haben wir nur die Lungenhöhle eröffnet. Um nun auch die Eingeweide freizulegen, wird mit der Schere vom Kopf aus ein dicht über der Mundöffnung ansetzender Medianschnitt durch die Körperdecke bis zum Mantelwulst geführt, der Mantelwulst durchschnitten und dann, immer in der Medianlinie weiterschneidend, die Decke des Eingeweidesackes – der Boden der Lungenhöhle – gespalten. Weitergehend kommen wir auf die zweite Windung und folgen mit unserem Schnitt der Höhe der Windungen soweit als möglich (Abb. 89). Es ist unbedingt erforderlich, beim Schnitt die Schere flach anzusetzen, da sonst unweigerlich das Gewebe der Mitteldarmdrüse verletzt und der Zwittergang durchschnitten wird.

Die aufgeschnittenen Hälften der Eingeweidehülle werden vorsichtig und möglichst nahe dem Fuße abgeschnitten und das Tier im Wachsbecken unter Wasser festgesteckt, indem eine starke Nadel durch die hintere Spitze des Fußes geführt wird, zwei schwächere durch seine vorderen Seitenlappen. Die zarten Bindegewebsbrücken, die die einzelnen Organe miteinander verbinden, durchschneiden wir und legen die Organe in der Weise auseinander, wie es in Abb. 90 abgebildet ist.

Wir beginnen mit dem Darmkanal. Dicht hinter der Mundöffnung liegt als ansehnlicher, weißlicher Körper der Schlundkopf, von dem aus der Ösophagus nach hinten zieht, um ohne deutliche Grenze in den geräumigen, langgestreckten Magen überzugehen. Auf dem vorderen, spindelförmig erweiterten Abschnitt des Magens liegen flach ausgebreitet zwei langgestreckte, weiße Drüsenmassen, die Speicheldrüsen, die auf der uns zugekehrten, also dorsalen Seite ein Stück weit verschmolzen sind. Jede dieser beiden Drüsen geht in einen bandartig gewundenen Kanal über, der zu beiden Seiten der Speiseröhre nach vorn zieht, um in den Schlundkopf einzumünden. Der hintere Abschnitt des Magens verschmälert sich allmählich und geht in den eine Schlinge bildenden Dünndarm über. An der Grenze von Magen und Dünndarm liegt ein Blindsack, in den die beiden umfangreichen, braunen Mitteldarmdrüsen einmünden, die die oberen Windungen des Eingeweidesackes fast völlig erfüllen. An den Dünndarm schließt sich der Enddarm an, der am Rande der Lungenhöhle zum After zieht.

Vom Nervensystem sehen wir die beiden großen, dicht aneinanderliegenden Cerebralganglien den Ösophagus in Form eines breiten Bandes dorsal überbrücken. Von ihren Vorderecken gehen kopfwärts einige Nerven ab, von denen wir ein Paar als

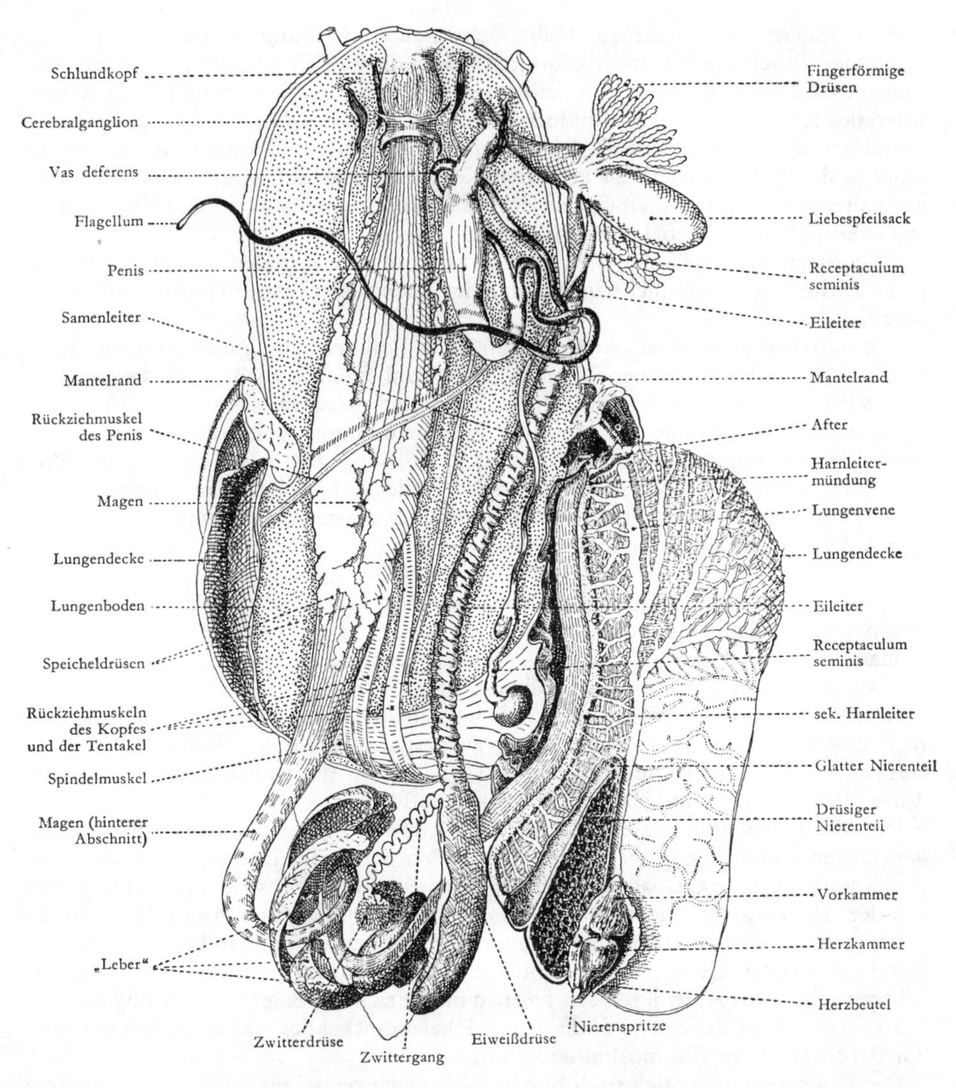

Abb. 90: Anatomie von *Helix pomatia*

Tentakelnerven zur Basis der hinteren Fühler ziehen sehen. Eine zweite Ganglienmasse findet sich ventral vom Ösophagus. In ihr sind, dicht aneinandergerückt, die Pleural-, Parietal- und Visceralganglien enthalten sowie auch, am weitesten vorn und unten sitzend, die Pedalganglien. Obere und untere Ganglienmasse werden rechts und links vom Ösophagus durch Nervenfaserzüge, die kurzen Cerebropleural- und Cerebropedalkonnektive, miteinander verbunden. Streptoneurie liegt in diesem Fall nicht vor.

Von den seitlich und unterhalb vom Ösophagus verlaufenden Muskeln fallen uns besonders zwei seitliche auf, die zu den hinteren Tentakeln ziehen und als deren Rückziehmuskeln dienen. Meist sind im Präparat die Tentakel eingestülpt und liegen im Innern, fallen aber durch ihre schwärzliche Färbung sofort auf; das Auge schimmert durch die Wandung hindurch. Auch die zu den vorderen Tentakeln führenden, schwächeren Muskelbündel sind zu erkennen sowie weitere, die als Retraktoren des Kopfes und der Schlundmasse dienen. Alle diese Muskelzüge gehören dem von der unteren Hälfte der Spindel entspringenden Musculus columellaris zu, der sowohl in den Fuß einstrahlt als auch den Körper in zwei längsgerichteten, sich vorn aufspaltenden Hauptmuskelbündeln durchzieht, im ganzen also ein Zurückziehen des Weichkörpers in die Schale gewährleistet.

Mächtig entwickelt ist der Genitalapparat, und zwar finden sich, da die Pulmonaten Zwitter sind, männliche und weibliche Geschlechtsorgane in jedem Individuum vereinigt.

Die unpaare Gonade ist ein aus zahlreichen Follikeln zusammengesetzter, rundlicher Körper, der aus seinen Wandzellen sowohl Eier als auch Spermatozoen entstehen läßt und daher als Zwitterdrüse bezeichnet wird. Die Zwitterdrüse ist in das Mitteldarmdrüsengewebe der obersten Spiralwindungen vollkommen eingebettet, hebt sich von ihm aber durch ihre weißliche Färbung gut ab, so daß wir sie durch vorsichtiges Zerzupfen der Mitteldarmdrüse freilegen können. Man geht am sichersten, wenn man zunächst ihren Ausführgang, Zwittergang genannt, aufsucht und diesen dann in die Leber hinein verfolgt, bis man auf die puderquastenförmige Gonade trifft.

Der Zwittergang führt als ein zunächst sehr feiner und daher bei der Präparation leicht abreißender, dann weiterer, mäandrisch gewundener Kanal von der Gonade quer hinüber zur Basis eines umfangreichen, dick fingerförmigen Organes, das wir als Eiweißdrüse schon früher erwähnt hatten.

Im Innern der Eiweißdrüse ist gerade an der Stelle, an der der Zwittergang eintritt, ein kleiner, länglicher Hohlraum ausgespart, der seiner Funktion nach als Befruchtungstasche bezeichnet wird. Er liegt an derjenigen Seite der Eiweißdrüse, die uns durch ihre starke Abflachung auffällt.

Von der Befruchtungstasche aus zieht ein kräftiger, mit wulstigen Auftreibungen versehener Schlauch kopfwärts, der sich im Vorderkörper in zwei gesonderte, ungleich starke Kanäle aufspaltet. Es ist der Eisamenleiter. Über seinen Bau unterrichtet uns der schematische Querschnitt Abb. 91. Wir sehen, daß sich vom Hohlraum des Eileiters ein kleinerer Abschnitt, dem ein mächtiges Drüsenband aufsitzt, rinnenförmig absondert. Diese kleinere Rinne ist der Samenleiter. Beide sind von einem Wimperepithel ausgekleidet. Nach vorn zu macht sich der Samenleiter völlig frei und führt nun als Vas deferens unter dem Rückziehmuskel des rechten Augententakels hindurch zur Basis des muskulösen Penis.

Der Penis verlängert sich nach hinten zu in einen peitschenförmigen Anhang, das Flagellum, das als hohler Drüsenschlauch zur Bildung der Spermatophore (S. 171) dient. Außerdem inseriert an der Basis des Penis ein langer, dünner Rückziehmuskel (Retractor penis); er zieht zur linken Körperwand hinüber.

Der weibliche Ausführgang (Eileiter) mündet nach Abspaltung vom männlichen bald in die Vagina ein, die mit dem Penis einen gemeinsamen Vorhof (Atrium, Vestibulum) besitzt, der in der äußeren Geschlechtsöffnung die Körperoberfläche erreicht.

An der Vagina sitzen nun noch drei auffallende Anhangsorgane. Zunächst, unmittelbar an der Einmündungsstelle des Eileiters, ein langer Kanal, der hinten mit einer birnförmigen, meist rötlich gefärbten Blase endigt. Wir haben hier das Receptaculum seminis vor uns. An dem Kanal kann, wie es die Abb. 90 zeigt, eine kleine Aussackung entwickelt sein, was aber keineswegs immer der Fall ist. Dann fällt uns ein plump geformter Sack auf, der eine schräg nach hinten gerichtete Fortsetzung der Vagina bildet. Es ist der Liebespfeilsack. In die Vagina münden außerdem zwei große, fingerförmig zusammengesetzte Drüsenpakete, die fingerförmigen Drüsen.

Spalten wir den abgeschnittenen Pfeilsack mit einem Scherenschnitt vorsichtig der Länge nach auf, so finden wir zur Fortpflanzungszeit in seinem Innern meist den

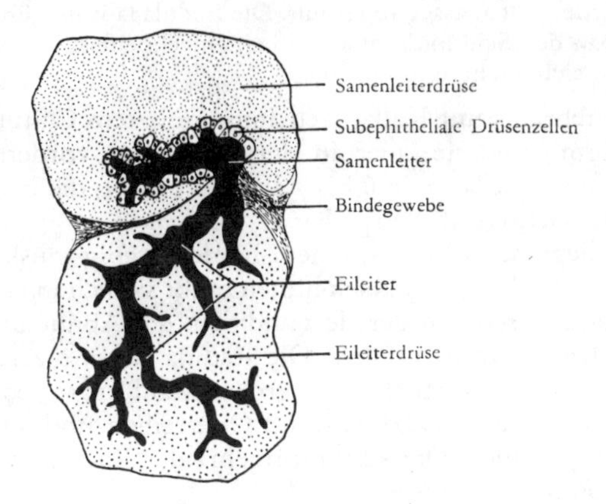

Abb. 91: Halbschematischer Querschnitt durch den Eisamenleiter von *Helix pomatia*. (Nach BREUCKER, verändert)

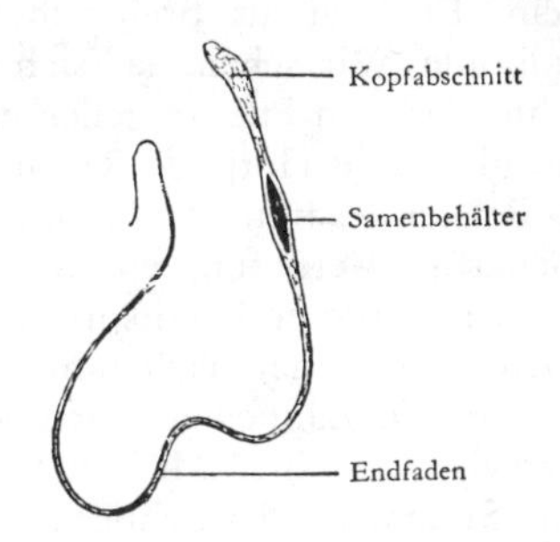

Abb. 92: Eine Spermatophore von *Helix pomatia*. Natürliche Größe. (Nach MEISENHEIMER)

Liebespfeil vor, einen stilettartigen, vierkantigen, nach oben scharf zugespitzten Körper, der aus kohlensaurem Kalk besteht und etwa 1 cm lang wird. Er sitzt in der Tiefe des Sackes mit breiter Basis einer Papille auf, die ihn abgeschieden hat. Die Wandung des Sackes besteht aus einer sehr kräftigen Muskulatur, die den Pfeil bei der Begattung herauspreßt und dem Partner tief in den Körper, meist in die Muskulatur des Fußes, hineintreibt. Das dünnflüssige Sekret der fingerförmigen Drüsen erleichtert die Durchführung dieses eigenartigen und nicht ungefährlichen Reizaktes.

Bei der Kopulation, die sich über Stunden ausdehnt, führt jedes der beiden kopulierenden Tiere nach Vorwölbung des Geschlechtsatriums den ausgestülpten Penis in die Vagina des Partners ein. Die Spitze des Penis dringt dabei weit in den Stiel des Receptaculum seminis ein. Kurz vorher hat sich im Penis und Flagellum eine mehrere Zentimeter lange Spermatophore gebildet, indem eine große Menge von Spermatozoen, die von der Zwitterdrüse her durch Zwittergang und Samenleiter bis in den Penisschlauch gelangt waren, von dem Sekret des Flagellums in eine gallertartige Masse eingeschlossen wurde. Wir können an einer solchen Spermatophore (Abb. 92) ein Kopfstück, den eigentlichen mit Spermatozoen vollgepfropften Samenbehälter und einen langen, peitschenförmigen Endfaden unterscheiden, die in ihrer Gesamtheit einen getreuen Ausguß von Penisrohr und Flagellum darstellen. Die Spermatophore eines jeden Partners wird von dem mit kräftiger Ringmuskulatur ausgerüsteten Stiel des Receptaculum seminis bis in die Endblase geschoben, wo sie sich allmählich auflöst und dadurch die Spermatozoen frei gibt. Diese wandern einige Tage später aktiv den Stiel des Receptaculum wieder hinab, dann den Eileiter hinauf und gelangen somit schließlich in die Befruchtungstasche. Hier bleiben sie etwa einen Monat lang liegen. Dann erst gelangen inzwischen reif gewordene Eier von der Zwitterdrüse her durch den Zwittergang zu ihnen, und die Befruchtung kann vollzogen werden.

Die befruchteten Eizellen werden, von der Eiweißdrüse sehr reichlich mit Nährmaterial umgeben – sie erreichen dadurch einen Durchmesser von etwa 5 mm –, im Eileiter mit einer dünnen Kalkschale versehen und schließlich in einer vom Muttertier selbstbereiteten Erdhöhle in größerer Zahl abgelegt.

Der Schlundkopf wird herausgelöst und in einem Reagenzgläschen 2 bis 3 Minuten in starker Kalilauge gekocht (Vorsicht!). Die nach dem Zersetzen der Weichteile übrigbleibenden Stücke, Radula und Oberkiefer, werden mit Wasser abgespült. Die Radula läßt sich übrigens auch herauspräparieren, indem man den Schlundkopf von oben aufschneidet; sie fällt durch ihre gelbliche Farbe auf und läßt sich leicht ablösen.

Der bräunliche Oberkiefer besteht aus mit Kalksalzen imprägniertem Chitin-Protein. Er liegt als breit-sichelförmige Platte quer in der Decke der vorderen Mundhöhle. Wir sehen, daß sich seine Oberfläche in 6 bis 7 Leisten erhebt, die beim Anschneiden von Pflanzenteilen eine wichtige Rolle spielen.

Die gleichfalls chitinige Radula liegt der «Zunge», einem bindegewebig-muskulösen Polster des hinteren Mundhöhlenbodens, auf. Nach hinten senkt sie sich in eine taschenartige Vertiefung ein, die Radulatasche, in der sie ständigen, der Abnutzung am freien Vorderende entsprechenden Zuwachs erfährt. Die Radula ist eine zarte, gelbliche Platte, der nach hinten gerichtete Zähnchen in großer Zahl (20–25 000) aufsitzen. Die Zähnchen sitzen in regelmäßigen Längs- und Querreihen und sind symmetrisch zu einer Mittelreihe angeordnet. Die «Zahnformeln» der Radula sind für die Systematik der Schnecken von großem Wert.

III. Bivalvia, Muscheln

A. Technische Vorbereitungen

Die erforderliche Zahl von frischen Flußmuscheln (*Unio* spec.) und frischen Teichmuscheln (*Anodonta* spec.) wird vor der Präparation etwa 24 Stunden lang in eine 1%ige Chloralhydratlösung gelegt, um sie zu betäuben. Durch Einlegen in Wasser, das auf 60° erwärmt worden ist, kann man sie dann abtöten. Einige Exemplare von *Unio* bleiben am Leben, um das Ein- und Ausströmen des Atemwassers zu zeigen; sie werden in einem Zylinderglas mit Wasser so aufgestellt, daß ihre Atemöffnungen, die am spitzen Schalenpol liegen, nach oben kommen. Später verwenden wir sie, um an kleinen, herausgeschnittenen Kiemenstückchen die Tätigkeit der Wimperzellen unter dem Mikroskop beobachten zu können. Ein Exemplar von *Anodonta* wird nach vorsichtiger Wegnahme der Schalenteile in der Schloßgegend lebend im Wasser aufgestellt, um die Kontraktionen des Herzens zeigen zu können.

B. Allgemeine Übersicht

Die Muscheln sind im Gegensatz zu den Schnecken bilateralsymmetrisch. Ihr Kopf ist rudimentär, seine ursprüngliche Lage ist nur an der Mundöffnung und den Mundlappen erkennbar. Der Körper ist seitlich zusammengedrückt und mehr oder weniger langgestreckt. Er besteht aus einem die Eingeweide bergenden, dorsalen Rumpf und einem unpaaren, ventralen Auswuchs, dem muskulösen Fuß. Vom Rücken erstrecken sich beidseits umfangreiche lappenartige Hautduplikaturen, die Mantellappen, nach ventral. Sie sind nach vorn und hinten und unter den Rumpf hinaus verlängert und umschließen, da sich ihre freien Ränder einander nähern, mitsamt den beiden Schalen, die sie nach außen abschneiden, nicht nur den Rumpf der Tiere, sondern auch einen ventral davon gelegenen Hohlraum, die Mantelhöhle. Der Fuß teilt die Mantelhöhle unvollkommen in eine linke und eine rechte Hälfte. In jeder Hälfte hängen zwei meist blattförmige Kiemen wie Tücher an der Leine von ihrer in der «Achsel» zwischen Mantelabfaltung und Fußbasis verlaufenden Ursprungsnaht nach unten.

Der Fuß ist in der Regel zungen- oder beilförmig, manchmal sehr groß. Er ist stark schwellbar, kann vorgestreckt werden und dient der Fortbewegung und zum Graben. In ihn einstrahlende Muskeln vermögen ihn völlig in die Schale zurückzuziehen.

Die innere Oberfläche des Mantels ist bewimpert. Der freie Mantelrand endet in drei längsverlaufenden Falten, die durch zwei tiefe Rinnen voneinander getrennt sind. Die äußere Falte liefert das Periostracum, jene organische Schicht, die die Schale außen überzieht (siehe unten); die mittlere ist mit Sinneszellen besetzt und trägt zudem oft Sinnesorgane und Tentakel. Die inneren Falten der beiden Mantellappen sind muskulös und können, sich dicht aneinanderpressend, die Mantelhöhle hermetisch abschließen. Manchmal sind sie sogar miteinander verwachsen. Auf jeden Fall bleiben aber drei schlitzförmige Öffnungen ausgespart, eine ventrale zum Durchtritt des Fußes und zwei am Hinterende gelegene, von denen die untere als Atemöffnung (Branchialöffnung) frisches Atemwasser einfließen läßt, die obere als Kloakenöffnung zum Ausstoßen von verbrauchtem Atemwasser und Kot dient. In der Umgebung der beiden endständigen Öffnungen kann der Mantel zu zwei mehr oder minder langen Siphonen auswachsen.

Die beiden Schalenhälften sind dorsal durch ein straff elastisches Ligament (aus chinongegerbten Proteinen) miteinander verbunden. Unmittelbar darunter befindet sich das «Schloß». Es besteht aus zahnartigen Vorsprüngen, die in entsprechende Vertiefungen der anderen Schalenhälfte eingreifen. Der Zug des gespannten Ligaments bewirkt das Öffnen der Schale, sobald die beiden quer durch die Tiere von Schale zu Schale ziehenden Schließmuskeln erschlaffen. Darum klaffen tote Muscheln.

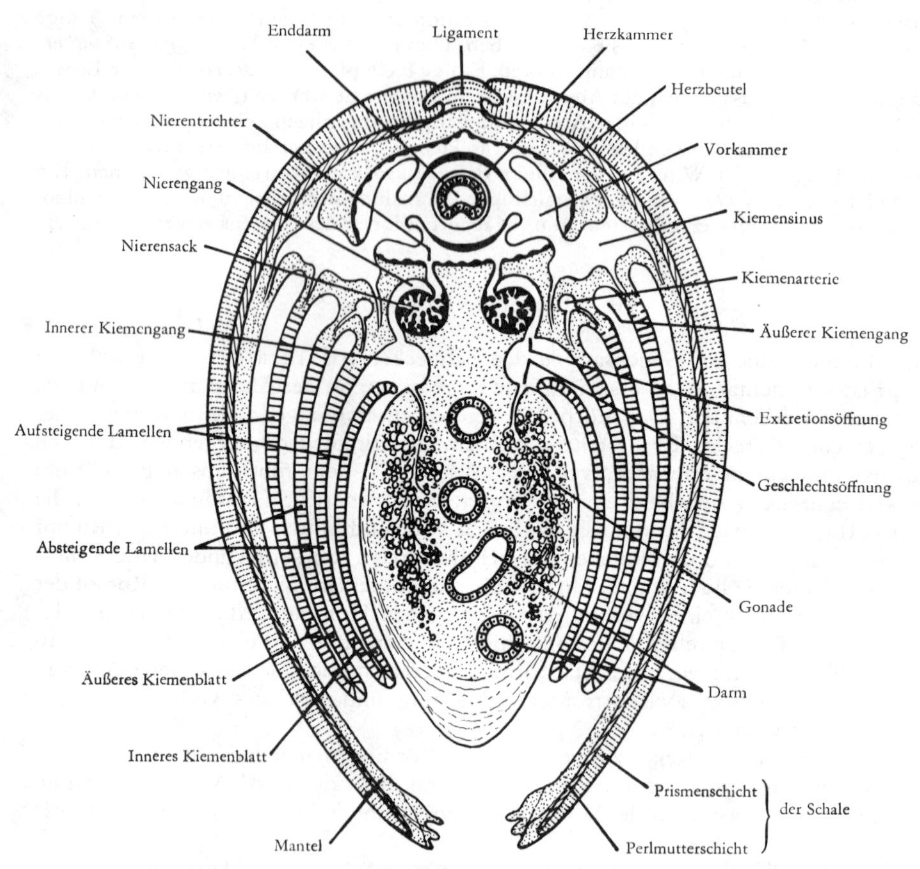

Abb. 93: Schematischer Querschnitt einer Muschel.

An der Innenseite trockener Schalen fallen ein oder zwei Eindrücke auf, die der Insertion der Schließmuskeln entsprechen; ferner eine dem Schalenrand parallel ziehende Linie, die Mantellinie, die von den sich an der Schale festheftenden Muskelfasern des Mantelrandes herrührt. Bei den mit Siphonen versehenen Muscheln buchtet sich die Mantellinie hinten ein, während bei den anderen diese Einbuchtung fehlt. Die Schale besteht bei den Süßwasser- und manchen Meeresmuscheln aus drei Schichten: zu innerst liegt die Perlmutterschicht, die von sehr dünnen, schalenoberflächenparallelen Lamellen gebildet wird, nach außen zu folgt die Prismenschicht mit senkrecht zur Oberfläche gestellten Prismen und ganz außen das verschieden gefärbte Periostracum. Die Perlmutter- und die Prismenschicht – sie werden von der Fläche des Mantelepithels abgeschieden – bestehen im wesentlichen aus Kalziumcarbonat (Aragonit und – seltener – Calcit), das in einem organischen Material (Conchiolin) eingelagert ist. Das Periostracum ist rein organisch; es besteht aus chinongegerbten Glykoproteinen und schützt die Kalkschichten vor der Auflösung durch das Wasser. Die Perlmutterschicht fehlt vielen marinen Muscheln.

Die Kiemen sind bei einigen primitiven Muscheln noch typische Ctenidien. Die meisten Arten haben jedoch entweder Fadenkiemen (= Filibranchien) oder Blattkiemen (= Eulamellibranchien). Beide sind im Prinzip gleichartig gebaut. Ihr langer Schaft – wir haben ihn oben als Ursprungsnaht der Kiemen bezeichnet – ist medial der Mantelabfaltung mit dem Körper verwachsen. Er trägt eine äußere und eine innere Reihe langer Fäden. Nur selten hängen die Fäden einer Reihe voneinander unabhängig in die Mantelhöhle. Meist sind sie durch seitliche Halterungen verkettet. Bei den Filibranchien stellen vielleicht klettenartig miteinander verhakte Cilienbürsten die Verbindung her, während die Fäden der Eulamellibranchien durch Gewebsbrücken miteinander verwachsen sind. Beide Kiemen sind also eigentlich mehr oder weniger engmaschige Netze. Allerdings bestehen sie fast immer aus einem Doppelnetz, das dadurch entsteht, daß jede Kiemenbahn sich ventral umbiegt – die lateralen nach außen, die medianen nach innen – und wieder zur Basis aufsteigt und dort am Rumpf befestigt ist. Der dadurch entstehende Kiemenbinnenraum (= Interlamellarraum) wird bei den Blattkiemen durch querverlaufende Gewebsstränge überbrückt; sie fehlen den Fadenkiemen. In beiden Fällen aber erweitern sich die Interlamellarräume oben zu nach hinten ziehenden Kanälen, den Kiemengängen oder Suprabranchialräumen. Die Kiemenoberfläche ist mit Flimmerepithel bekleidet; im Innern wird ihr Gewebe von zahlreichen Blutbahnen durchzogen. Das Atemwasser gelangt durch die Spalten hindurch in den Binnenraum, von dort nach oben und wird in den Kiemengängen zur terminalen Ausströmöffnung abgeleitet. Die aus organischen Abfallstoffen (Detritus) und kleinsten Organismen bestehende Nahrung wird dabei von einem die Kiemenfläche überziehenden Schleimmantel abgefangen, durch den Flimmerschlag an den Unterrand der Kieme und dann nach vorn zum Mund befördert. Gröbere Partikel werden hier von den Mundlappen zurückgewiesen.

Die Kiemenblätter überragen hinten – ebenso wie der Mantel – den Rumpf. Die medialen, also aufsteigenden Lamellen der beiden inneren Kiemenblätter – sie waren im Bereich des Rumpfes an der Fußbasis befestigt – sind hier über ein querliegendes Septum miteinander verwachsen. Von der Mantelhöhle wird so ein «unter dem First liegender Dachraum» abgetrennt, dessen Boden von dem Septum und den oberen Randpartien aller Kiemenblätter gebildet wird. In ihn münden also auch die lateralen Suprabranchialräume und außerdem der After; daher die Bezeichnungen Kloakenraum, dorsaler Kiemengang oder dorsomedianer Suprabranchialraum.

Der quergestellte Mundspalt ist seitlich jederseits in zwei große, nach hinten gerichtete Lappen, die Mundsegel oder Mundlappen, ausgezogen. Bewimperte Furchen und Leisten an ihrer Innenseite treiben die Nahrungspartikel dem Mund zu. Speicheldrüsen, Radula und Kiefer fehlen. Eine kurze Speiseröhre führt zum erweiterten Magen. In ihm oder im Anfangsteil des Darmes findet sich ein sogenannter «Kristallstiel» vor, eine gallertartige Sekretmasse, die verdauende Fermente, vor allem eine Amylase, enthält. In den Magen mündet die große, paarige Mitteldarmdrüse. Der Darm zieht in vielen Windungen nach hinten und mündet in den Kloakenraum. Um den Enddarm ist in der Regel die Herzkammer herumgewachsen, so daß der Darm das Herz zu durchbohren scheint.

Das Nervensystem der Muscheln ist dadurch ausgezeichnet, daß sich das Pleuralganglion dem Cerebralganglion angliedert, das Parietalganglion dem Visceralganglion, und daß die Parietovisceralganglien der beiden Seiten zu einem einheitlichen Körper vereinigt sind; auch die beiden Pedalganglien liegen dicht aneinander. Alle drei Ganglienkomplexe sind weit voneinander gerückt; Pedal- und Visceralganglion sind durch lange Konnektive mit dem Cerebralganglion verbunden. Auf den Pedalganglien liegen die beiden vom Cerebralganglion aus innervierten Statocysten. Sind Sehorgane vorhanden, so sitzen sie in großer Zahl am Mantelrand – der, wie schon betont, reich an Sinneszellen ist – oder an den Siphonen. Als Organe des chemischen Sinnes finden sich zwei in der Mantelhöhle hinter der Fußbasis gelegene Osphradien.

Das Herz wird vom Herzbeutel, einem Rest des Cöloms, umhüllt, in den eine Drüse exkretorischer Funktion (Perikardialdrüse) mündet. Es besteht aus der Herzkammer und einer flügelförmigen Vorkammer jederseits. Die Vorkammern nehmen das sauerstoffreiche Blut von den Kiemen auf und leiten es in die Herzkammer. Die Herzkammer drückt es in die Arterien, die bei den meisten Muscheln mit einer vorderen und einer hinteren Aorta beginnen. Aus den Arterien tritt das Blut in ein Lakunensystem des Körpers über und sammelt sich in einem unter dem Herzbeutel liegenden venösen Längssinus wieder an. Von ihm aus strömt es größtenteils zu den Nieren, um dann in je einem zuleitenden Kiemengefäß in die Kiemen einzutreten. Nachdem es in den Kiemen oxydiert worden ist, fließt es in den beiden ableitenden Kiemengefäßen zu den Vorhöfen des Herzens zurück.

Die Nieren sind paarig und symmetrisch unter dem Herzbeutel gelegen und stehen jederseits mit ihm durch einen Wimpertrichter in Verbindung, während die Ausmündung im inneren Kiemengang liegt. Jede Niere besteht aus einem oberen, glattwandigen Raum, dem Nierengang (= Ureter), und einem unteren, von stark durchbluteten Lamellen durchsetzten, exkretorischen Nierensack. Der Nierensack steht durch den Wimpertrichter mit dem Herzbeutel in Verbindung, während der Uretergang sich nach außen öffnet. Mitunter münden die Gonaden in die Nierengänge; sie dienen dann gleichzeitig auch als Gonodukte. In den meisten Fällen aber münden die Ausführgänge der stark verästelten Geschlechtsdrüsen mit besonderen Öffnungen neben den Exkretporen in den Suprabranchialraum. Die Muscheln sind fast immer getrennten Geschlechts.

Die Entwicklung der Embryonen erfolgt bei manchen Süßwassermuscheln im Binnenraum der äußeren Kieme des Muttertieres. Bei den marinen Muscheln tritt wie bei marinen Schnecken die Veligerlarve auf, die frühzeitig eine zunächst einheitliche Schale abscheidet, die dann entlang der Rückenlinie in die beiden Klappen zerlegt wird.

Alle Muscheln sind Grundbewohner. Die meisten leben halb oder ganz eingegraben. Manche (z.B. die Auster) sind mit einer Schalenhälfte festgewachsen und werden dadurch asymmetrisch; andere vermögen sich durch seidenartige Fasern, die Byssusfäden, festzuheften. Diese Fäden – sie bestehen aus gegerbten Proteinen – werden von einer oft ansehnlichen, im hinteren Teil des Fußes gelegenen Byssusdrüse ausgeschieden und mit Hilfe des vorn zu einem Spinnfinger ausgezogenen Fußes dem Untergrund angeheftet.

C. Spezieller Teil

Anodonta cygnea, Teichmuschel, und *Unio* spec., Flußmuschel

Wir wählen zuerst eine Flußmuschel (*Unio* spec.) und betrachten deren äußere Körperform. Diejenige Längsseite, an der die beiden Schalenhälften durch das Schloß verbunden sind, ist die Rückenseite (Dorsalseite), die entgegengesetzte die Bauchseite (Ventralseite). Das kurze, abgerundete Ende ist das Vorderende (Oralende), das längere, mehr zugespitzte das Hinterende (Kaudalende). An der Außenfläche der Schalen sehen wir zahlreiche, dem Rand parallel laufende, konzentrische Linien, die die aufeinanderfolgenden Anwachsstreifen abgrenzen. In ihrem Zentrum liegen auf der Rückenseite zwei vorspringende Höcker, die Wirbel (s. Abb. 94). In der Rückenlinie erkennen wir das außerhalb der Schale gelegene, elastische Ligament, das bei Erschlaffen der Schließmuskeln die Schale öffnet. Betrachten wir eine leere Muschelschale, so finden wir auf der sie auskleidenden, glänzenden Perlmutterschicht (Hypostracum) die Eindrücke der Schließmuskeln sowie die dem Schalenrand parallel laufende, der Anwachsstelle des Mantelrandes

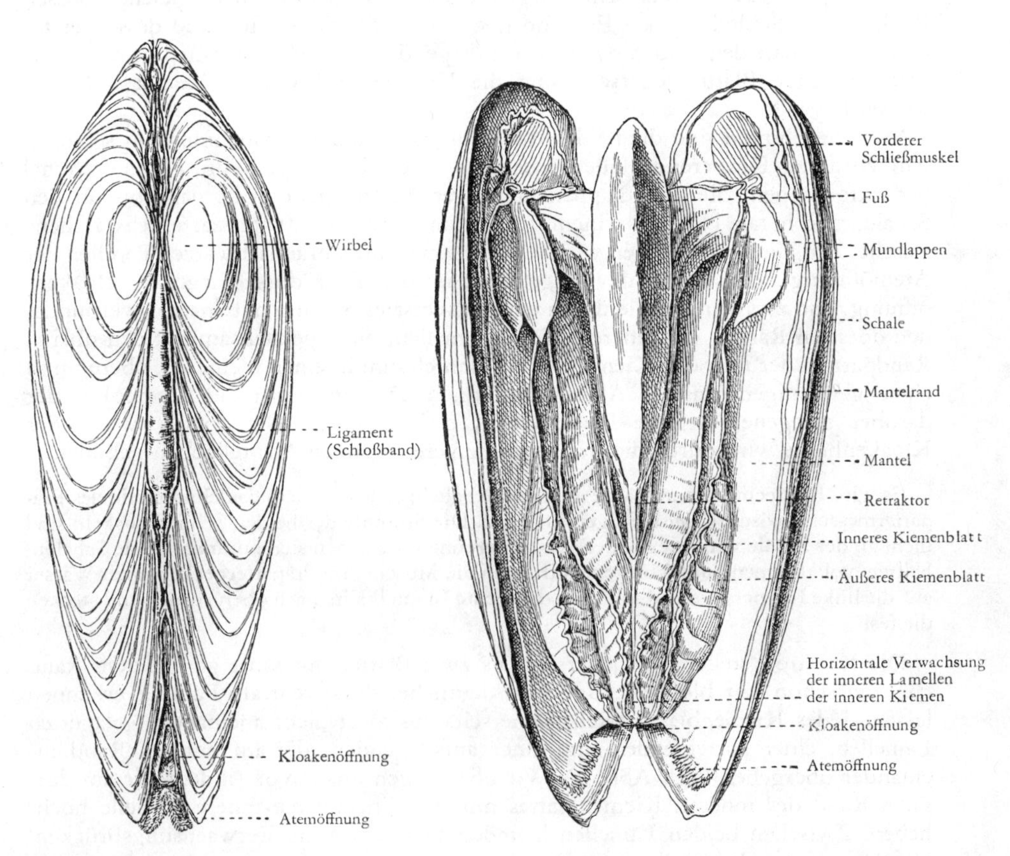

Abb. 94: Rückenansicht einer Flußmuschel

Abb. 95: Geöffnete Flußmuschel (♀)

entsprechende «Mantellinie». Die äußere Schicht, die grünlichbraune Kutikula (Periostracum), tritt etwas über den Schalenrand hinweg. – Ein Vergleich mit der leeren Schale einer Teichmuschel zeigt, daß diese viel dünner ist und vor allem kein eigentliches Schloß besitzt, was auch in dem Namen *Anodonta* zum Ausdruck kommt.

Bei der lebenden Muschel, die wir in ein Wasserglas mit dem Hinterende nach oben gestellt hatten, sehen wir die beiden Schalenhälften oben etwas geöffnet und blicken in zwei Öffnungen des Mantels hinein, die durch eine schmale, häutige Brücke voneinander getrennt sind. Die am meisten dorsal gelegene, also dem Schloß genäherte Öffnung ist die Kloakenöffnung, aus der das verbrauchte Atemwasser zugleich mit dem Kot herausbefördert wird; die mehr ventral gelegene größere Öffnung, die von Reihen kleiner, spitzer Papillen umstellt ist, dient als Atemöffnung zur Einfuhr des frischen Wassers, das gleichzeitig auch die aus Detritus bestehende Nahrung zuführt.

Zum Durchschneiden der beiden Schließmuskeln wird jetzt das Skalpell am Vorder- wie am Hinterende vom Rücken aus zwischen beide Schalenhälften eingeführt. Um nicht andere Organe zu verletzen, darf der Schnitt nicht zu tief gehen. Dann werden beide Schalenhälften langsam so weit auseinandergebogen, wie es Abb. 95 angibt.

Wir können das in seiner Schale liegende Tier mit einem Buch vergleichen, dessen Rücken dem Schloß, dessen Einband den beiden Schalenhälften und dessen erstes und letztes Blatt den beiden der Schale anliegenden Mantelfalten entsprechen. Zwei darauffolgende Blätter jederseits sind die Kiemen, während zu innerst Fuß und Rumpf liegen.

Vorn und hinten sind die beiden quer durchschnittenen Schließmuskeln sichtbar. Am vorderen Körperende fallen jederseits zwei dreieckige, von Flimmerepithel bedeckte Lappen, die Mundlappen, auf. Der Mantel geht nicht ganz bis an den Schalenrand heran. Nahe an seinem verdickten Rand verläuft eine zarte, schwärzliche Furche. Am Hinterende sehen wir die schon erwähnten braunschwarzen Papillen der Atemöffnung. Vollständig davon getrennt ist die mehr dorsal liegende Kloakenöffnung, und zwar sind es die durch ein transversales Septum miteinander verbundenen dorsalen Ränder der inneren Kiemenlamellen, die – gemeinsam mit den oberen Randpartien der lateralen Kiemen – den Mantelraum in einen kleineren, oberen und einen geräumigen, unteren Abschnitt trennen. Der untere ist die Atemhöhle, der darüber gelegene, kleinere Raum die Kloakenhöhle. Die dorsale Wand der Kloakenhöhle wird durch die sich über ihr vereinigenden Mantellappen gebildet.

Es wird die rechte Mantelhälfte von der Schale losgelöst, indem das Hinterende des Präpariermessers zwischen beide eingeführt wird. Die Stümpfe der beiden Schließmuskeln sind dicht an der Schale von ihrer Unterlage abzutrennen. Es lassen sich nunmehr beide Schalenhälften vollkommen zurückbiegen. Wir legen die Muschel im Präparierbecken unter Wasser auf die linke Körperseite und schlagen die rechte Mantelhälfte nach oben zurück und stecken die fest.

Die Kiemen stellen sich jederseits als zwei Blätter mit sanft gerundetem Rand dar, die schon mit bloßem Auge eine deutliche, dorsoventrale Faltung erkennen lassen. Jedes Kiemenblatt besteht seinerseits aus zwei dicht aneinander gelagerten Lamellen, einer absteigenden und einer aufsteigenden, die am unteren Rand ineinander übergehen (vgl. Abb. 93). Wir überzeugen uns davon, indem wir am dorsalen Rand des inneren Kiemenblattes mit der Pinzette die innere Lamelle hochheben. Zwischen beiden Lamellen befinden sich zahlreiche Verwachsungsbrücken. Die Lamellen selbst sind netzartig gebaut, d.h. sie weisen sehr zahlreiche, rechteckige Öffnungen auf, die in Reihen angeordnet sind, wovon wir uns am besten überzeugen können, wenn wir ein herausgeschnittenes Stückchen Kieme unter dem Mikroskop betrachten. Das ganze so gebildete Gitterwerk wird von Flimmerepithel überzogen. Schneidet man einer lebenden Muschel ein Stückchen der Kiemen heraus, so kann man die Tätigkeit dieses Flimmerepithels sehr schön unter dem Mikroskop beobachten (Objektträger, Wassertropfen, Deckgläschen). Der zwischen absteigender und aufsteigender Lamelle liegende innere Kiemenraum ist an der Basis der Kiemen geräumiger und heißt hier Kiemengang (Suprabranchialraum). Während die innere Lamelle des inneren Kiemenblattes teilweise nicht festgewachsen ist, haftet die äußere Lamelle des äußeren Kiemenblattes fest am Mantel an. Der Kiemenraum der äußeren Kiemen dient bei der weiblichen Fluß- und Teichmuschel als Brutraum für die sich entwickelnden Embryonen.

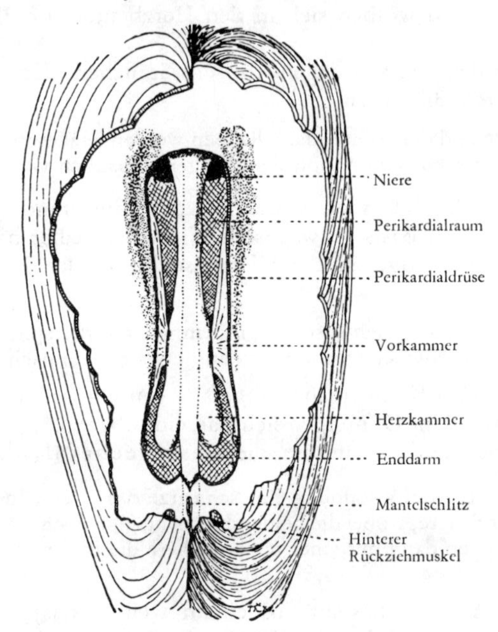

Abb. 96: *Anodonta* (Teichmuschel).
Schale vom Rücken aufgebrochen, Herzbeutel geöffnet

Jetzt lassen sich auch die Verhältnisse in der hinteren Region besser überblicken. Wir sehen, daß die oben erwähnte transversale Scheidewand zwischen Atemraum und Kloakalraum von den miteinander verwachsenen inneren (aufsteigenden) Lamellen der inneren Kiemenblätter gebildet wird.

Der Fuß ist ein muskulöses, beilförmiges Organ, das sich wenig scharf von dem kompakten Rumpf absetzt.

Zur Untersuchung der inneren Organe wählen wir besser eine Teichmuschel *(Anodonta cygnea)*, weil diese, bei sonst ziemlich gleichartiger Organisation, bedeutend größer und leichter präparierbar ist als die Flußmuschel. Selbstverständlich können auch beide Präparationen an Teichmuscheln durchgeführt werden.

Die Schale einer abgetöteten Teichmuschel wird vom Rücken her, nachdem man sie vorsichtig angeschlagen hat, mit einer gebogenen Zange in dem in Abb.96 angegebenen Umfang aufgebrochen.

Es ist dadurch das Herz freigelegt worden, allerdings noch umschlossen vom Herzbeutel, einem geräumigen, durchscheinenden Sack. Eröffnen wir ihn durch einen vorsichtigen Längsschnitt und tragen seine dorsale Wand ab, so erkennen wir die hinten in zwei Zipfel auslaufende, langgestreckte Herzkammer, in die seitlich die beiden flachen, dreieckig gestalteten Vorhöfe einmünden. Das Blut – es enthält Haemocyanin als respiratorischen Farbstoff – strömt in oxydiertem Zustande aus den Kiemen in die Vorhöfe und von da ins Herz, das es in den Körper pumpt. Deutlich sichtbar ist auch der Enddarm, der die Herzkammer geradlinig in der Medianen durchzieht. Zwei langgestreckte, rotbraun gefärbte Organe, die in den vorderen Winkeln des Herzbeutels liegen und sich in den Mantel vorstülpen (s. Abb. 96), sind die Perikardialdrüsen. Zwei kleinere Perikardialdrüsen liegen an der hinteren Wandung der Vorhöfe und wölben sich in den Herzbeutel vor. Ihre Funktion ist umstritten.

Von den unter dem Herzen liegenden, schwärzlichen Nieren sieht man nur den vorderen Teil durchschimmern.

Die rechte Schale und der rechte Mantellappen werden jetzt entfernt und die beiden rechten Kiemen zurückgeschlagen und mit dem Finger allmählich vom Körper abgepreßt.

Das innere Blatt der medianen Kieme ist vom Hinterrand bis etwa zur Mitte des Fußes nicht mit dessen Basis verwachsen. Wir sehen daher nach dem Zurücklegen der Kieme durch den sogenannten Kiemenschlitz in den inneren Suprabranchialraum (Abb. 97).

Nun verlängern wir den Kiemenschlitz, indem wir mit der spitzen Schere die Verwachsungsnaht der inneren Kiemenlamelle vorsichtig etwa 10 mm nach vorne zu auftrennen.

Dadurch werden im Kiemengang, ungefähr 5 mm rostrad vom Beginn der Verwachsungsnaht zwei feine Öffnungen sichtbar, eine obere, längliche, die Exkretionsöffnung und eine rundliche, untere, die Geschlechtsöffnung.

Wir führen in die Exkretionsöffnung eine schwarze Borste ein, entfernen die beiden rechten Kiemen mit der Schere, wobei die beiden Kiemengänge noch deutlicher zur Anschauung kommen und verfolgen dann mit einer feinen Schere die in die Nierenöffnung eingeführte Borste.

Die Niere (s. Abb. 97) besteht aus einem weiten, haarnadelförmig gebogenen Schlauch, der in der Längsachse des Körpers liegt und sich bis zum hinteren Schließmuskel hinzieht. Der ventrale Schenkel des Schlauches (Nierensack) beginnt mit dem Wimper- oder Nierentrichter («Nierenspritze»), der sich im Herzbeutel öffnet. Der Nierensack ist pigmentiert und durch zahlreiche, von drüsigem Epithel überzogene Falten von schwammigem Gefüge ausgezeichnet. Der obere Schenkel (der Nierengang oder Ureter) ist glatt und ohne exkretorisches Epithel. Jeder Ureter mündet in dem inneren Kiemengang nach außen und steht nahe seinem vorderen Ende mit dem der Gegenseite durch einen Schlitz in Verbindung.

Die paarigen Gonaden sind umfangreiche Gebilde, die einen großen Teil des Rumpfes und Fußes einnehmen können. Sie münden mit je einem kurzen Ausführgang. Die Teichmuscheln sind meist getrenntgeschlechtlich, bisweilen aber auch, vor allem in stehenden Gewässern, zwitterig.

Vom Nervensystem sind die paarigen Cerebralganglien, richtiger Cerebropleuralganglien, leicht zu finden, wenn man unterhalb und nach innen vom vorderen Schließmuskel die oberste, seitlich vom Mund liegende Hautschicht vorsichtig abhebt. Es tritt dann das Ganglion als ein kleiner, rotgelber Körper hervor, von dem aus eine Kommissur zum Cerebralganglion der anderen Seite geht. Außer schwäche-

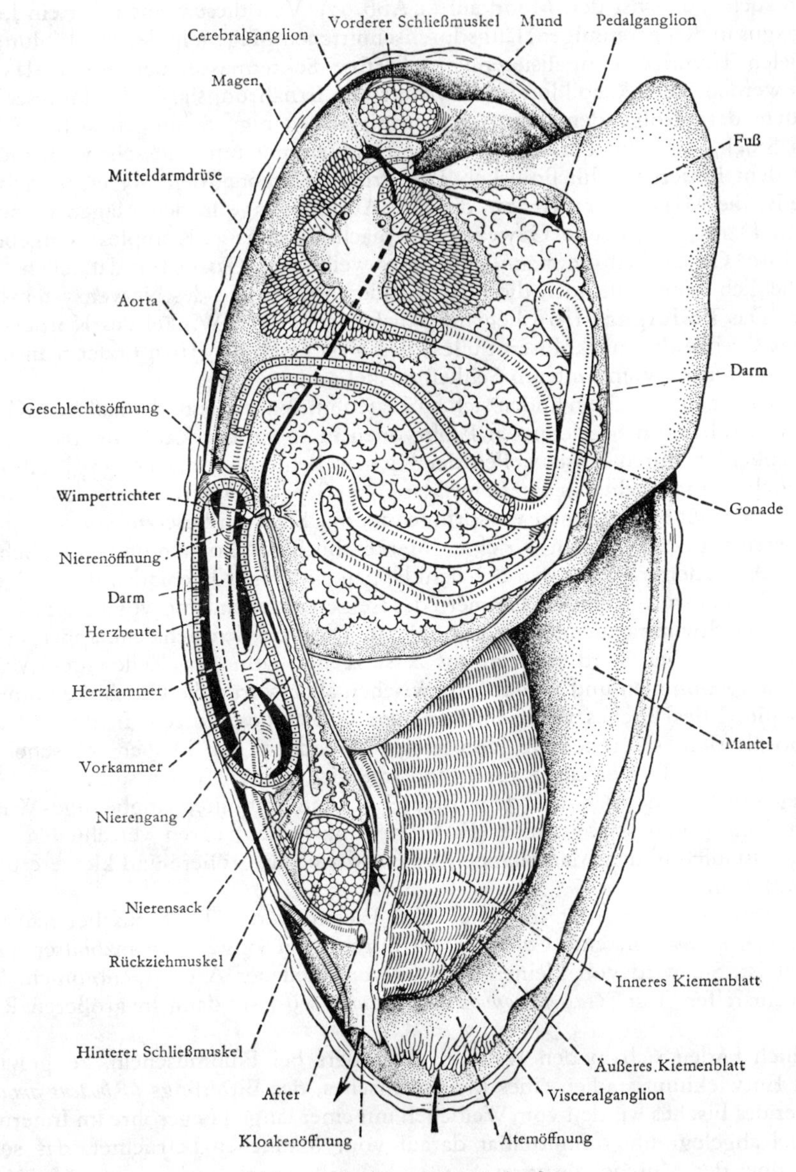

Abb. 97: Anatomie von *Anodonta*

ren, vom Cerebralganglion abgehenden Nerven sind die zu den Pedal- und Visceralganglien verlaufenden Konnektive ein Stück weit zu verfolgen.

Die Präparation des Darmkanals und der anderen im Innern des Rumpfes und Fußes liegenden Organe ist recht schwierig. Um wenigstens eine allgemeine Vorstellung von ihnen zu erhalten, empfiehlt es sich, mit einem breiten Präpariermesser vom Fuß aus einen Medianschnitt durch den ganzen Körper zu führen.

Man suche zunächst den Mund auf (s. Abb. 97). Von diesem aus führt ein kurzer Ösophagus in den geräumigen, längsdurchschnittenen Magen, in dessen Höhlung wir bei vielen Tieren eine opalisierende, gallertige Sekretmasse, den Kristallstiel, finden werden. Sein Ausbildungsgrad hängt von Ernährungslage und Jahreszeit ab. Von dem darauffolgenden Darm sind wenigstens einige Schlingen sichtbar; sein letztes Stück, das vom Perikard und der Herzkammer umschlossen wird, mündet hinter dem hinteren Schließmuskel. Die grünlich-braune, den Magen umgebende Masse ist die Mitteldarmdrüse, die ihre Ausführgänge in den Magen sendet. In das den Darm umgebende Gewebe sind mächtige drüsige Komplexe eingebettet, die in ihrer Gesamtheit die männlichen oder weiblichen Gonaden darstellen.

Schließlich kann man noch die beiden anderen Ganglien des Nervensystems aufsuchen. Das Pedalganglion liegt im vorderen, unteren Winkel des Körpers, unweit der Grenze des muskulösen Fußes; das Visceralganglion findet man leicht, wenn man ventral vom hinteren Schließmuskel sucht.

Bei weiblichen Muscheln finden sich zu Zeiten im Binnenraum der äußeren Kiemen die als Glochidien bezeichneten Embryonen in so großer Zahl vor, daß sie sich schon äußerlich durch Anschwellen der Kiemen bemerkbar machen (vgl. Abb. 95). Ein Glochidium besteht aus einer zweiklappigen Schale, an deren ventralen Rändern sich jederseits eine nach innen vorspringende, mit Stacheln besetzte Spitze befindet. Im Inneren der Schale finden wir einen Mantel mit Sinnesborsten und einen Schließmuskel. Außerdem ragt aus den Schalenklappen ein langer Klebfaden der im Verein mit den Schalenspitzen ein Anklammern des freigewordenen Embryos an der Flossenhaut vorbeischwimmender Fische ermöglicht. Das von den Schalenklappen erfaßte Epidermisstückchen wird fermentativ zersetzt und von den Zellen des Mantelepithels aufgenommen und verdaut. Inzwischen aber wurde die Glochidie vom Epidermisepithel des Fisches völlig überwuchert und eingeschlossen. In dieser Kapsel metamorphosiert sie innerhalb von einigen Wochen zur kleinen Muschel, die schließlich durch Platzen der Kapselwand frei wird und zu Boden sinkt.

Gelegentlich sieht man auf dem Mantel schleimumhüllte, langbeinige Wassermilben *(Atax)* von schwärzlicher Farbe herumkriechen, deren verschiedene Entwicklungsstadien in den Mantellappen sitzen, wo sie als größere und kleinere Fleckchen auffallen.

Ein weiterer Parasit, der in Leber und Eierstock der Teichmuschel haust, ist *Bucephalus polymorphus*, eine Cercarie, die durch zwei lange Schwanzblätter ausgezeichnet ist. Sie wird von kleinen Fischen verschiedener Art aufgenommen. Zum geschlechtsreifen Tier *(Gasterostomum fimbriatum)* wird sie dann in größeren Raubfischen.

Endlich finden sich in den Kiemen, besonders bei Flußmuscheln, zu gewissen Zeiten Entwicklungsstadien eines kleinen Fisches, des Bitterlings *(Rhodeus amarus)*. Die Eier des Fisches werden vom Weibchen mit einer langen Legeröhre im Innern der Muschel abgelegt und unmittelbar darauf vom Männchen befruchtet, das seinen Samen über der Muschel abspritzt.

IV. Cephalopoda, Tintenfische

A. Technische Vorbereitungen

Von Cephalopoden werden in Alkohol oder Formol konservierte Exemplare von *Sepia officinalis* oder, falls nicht beschaffbar, von *Alloteuthis subulata* zur Präparation gegeben. *Sepia* kann von der Zoologischen Station in Neapel, *Allotheuthis* von der Biologischen Anstalt Helgoland bezogen werden. Es empfiehlt sich, nur Tiere zu verwenden, die nicht länger als einige Wochen in der Konservierungsflüssigkeit gelegen hatten. Ihre Präparation ist viel einfacher und lehrreicher als die von älterem und darum hart-brüchigem Material. Ist man trotzdem genötigt, darauf zurückzugreifen, so ist es zweckmäßig, die Tiere vor der Präparation einige Tage zu wässern.

B. Allgemeine Übersicht

Die Tintenfische oder Cephalopoden sind eine jener Tiergruppen, deren Blütezeit der Vergangenheit angehört: einigen tausend ausgestorbenen Arten stehen nur rund 700 rezente gegenüber. Es sind rein marine Tiere, die in Körpergröße, Lebhaftigkeit der Bewegung und Schnelligkeit ihrer Reaktionen alle anderen Mollusken weit übertreffen; in ihrer Organisationshöhe halten sie den Vergleich mit Insekten und Wirbeltieren aus.

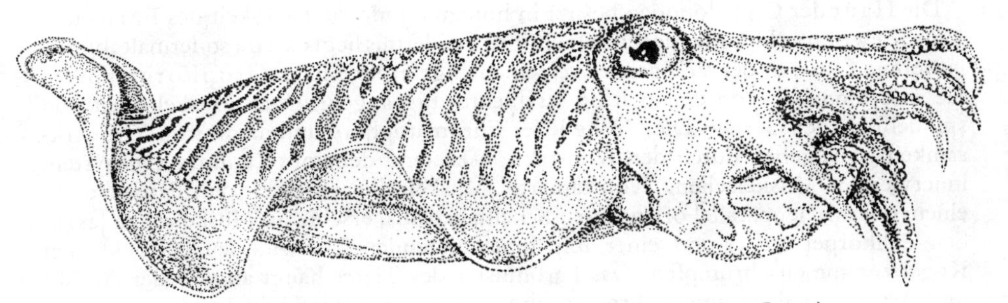

Abb. 98: Schwimmende Sepia. (Nach einem Foto von LANE)

Die Cephalopoden haben einen b i l a t e r a l - s y m m e t r i s c h e n Körper, an dem sich zwei durch eine Einschnürung getrennte Hauptabschnitte unterscheiden lassen: K o p f und R u m p f. Um den Cephalopodenkörper mit dem der anderen Mollusken vergleichen zu können, muß man ihn so orientieren, daß der Kopf nach unten, die freie Spitze des Rumpfes nach oben zu gerichtet ist. Wir finden dann unschwer die vier Teile des Molluskenkörpers, Kopf, Fuß, Eingeweidesack und Mantel wieder. Der Rumpf entspricht im wesentlichen dem E i n g e w e i d e s a c k, der hier die Form eines hohen, etwas abgeflachten Kegels hat. Das dem Kopf entgegengesetzte Körperende stellt also den höchsten Punkt des Eingeweidesacks dar. Er wird wie bei den anderen Mollusken von einem M a n t e l umfaßt, der hinten als Mantelfalte frei herunterhängt und hier eine Mantelhöhle überdacht, die sich hinten (und oft auch vorn) über dem Kopf in einer Spalte öffnet. In ihr liegen die Kiemen, die die Form typischer Kammkiemen haben und in der Vier- oder Zweizahl entwickelt sind, wonach die beiden Unterklassen Tetrabranchiata und Dibranchiata unterschieden werden. Ferner münden in der Mantelhöhle der Enddarm und die Exkretions- und Geschlechtsorgane (pallialer Organkomplex). Die Mantelhöhle hat also bei den Cephalopoden, im Gegensatz zu den Gastropoden, ihre ursprüngliche Lage (hinten) beibehalten.

Eine eigentümliche Umbildung hat der ursprüngliche Molluskenfuß erfahren. Sein Vorderabschnitt ist um den Mund herum gewachsen und zu 8 oder 10 mit Saugnäpfen besetzten Armen (bei der Gattung *Nautilus* zu zahlreichen «Cirren») umgebildet, sein Hinterabschnitt ist in ein Paar ventralwärts gekrümmter Seitenlappen ausgezogen, die durch Übereinanderlagerung *(Nautilus)* oder Verwachsung (Dibranchiata) zum Trichter werden, einem konischen Rohr, das zum Ausstoßen des Atemwassers dient. Die Innervierung der Arme und des Trichters vom Pedalganglion aus zeigt, daß es sich in Wahrheit um dem Molluskenfuß homologe Bildungen handelt. Somit entspricht, was auf den ersten Blick als Kopf erscheint, dem Kopf und Fuß, der sogenannte Rumpf dem Eingeweidesack und Mantel.

Eine äußere Schale findet sich unter den heute lebenden Cephalopoden nur bei der Gattung *Nautilus*, dem einzigen rezenten Vertreter der Tetrabranchiata. Sie ist hier in der Medianebene spiralig nach hinten eingerollt und im Innern durch quer verlaufende Septen gekammert. Alle anderen Gattungen haben eine innere, mehr oder weniger rückgebildete Schale, die meist unverkalkt bleibt und bis auf zwei «hornige» Stäbchen ganz schwinden kann. Entwicklungsgeschichtlich erklärt sich das in der Weise, daß der die Schale absondernde Bezirk des Mantelepithels, die sogenannte Schalendrüse, durch Faltenbildung ins Innere des Körpers verlegt und zum «Schalensack» wird.

Die Haut der Cephalopoden besitzt in hohem Grade die Fähigkeit des Farb- und Musterwechsels. Unter der einschichtigen Epidermis liegt eine mesodermale, bindegewebige Cutis, in der sich große, verschieden gefärbte Chromatophoren finden. Sie sind umgeben von einem Ring strahlenförmig angeordneter Muskelzellen von spindelförmiger Gestalt. Die Größe jeder Chromatophore und damit ihre Farbwirksamkeit ist gegeben durch den Kontraktionszustand der vom Zentralnervensystem innervierten Muskelzellen. Kontrahierte Muskelzellen breiten die Farbzelle zu einem oberflächenparallel orientierten Scheibchen aus, erschlaffte Muskelzellen lassen den Zellkörper auf Grund einer ihm innewohnenden Elastizität zu einer kleinen Kugel zusammenschrumpfen. Das Farbmuster des Tieres hängt ab von der Anzahl und Art der ausgebreiteten Chromatophoren. Der in erster Linie nervös gesteuerte Farb- und Musterwechsel kann außerordentlich rasch erfolgen. Die Farben erlangen besondere Leuchtkraft durch lichtreflektierende und irisierende Zellen (Iridocyten), die tiefer in der Cutis liegen. Zahlreiche Cephalopoden besitzen hochentwickelte Leuchtorgane.

Vielfach finden sich am seitlichen Körperrand Flossen in wechselnder Ausdehnung und Ausbildung, die durch wellenförmiges Schlagen ein Vorwärtsschwimmen ermöglichen. (s. Abb. 98). Außerdem kann das Wasser der Atemhöhle, indem sich der Rand des Mantels dem Rumpf fest anlegt und seine kräftige Muskulatur sich kontrahiert, mit großer Gewalt durch den Trichter ausgetrieben werden, so daß das Tier mit der Spitze des Eingeweidesackes voran, also rückwärts, durch das Wasser schießt.

Der Darm ist U-förmig gebogen. Die von einer ringförmigen Lippe umgebene Mundöffnung birgt zwei kräftige hornige Kiefer, von der Gestalt eines Papageienschnabels. Am Boden des muskulösen Schlundkopfes, in den ein oder zwei Paar Speicheldrüsen münden, liegt eine mit kräftigen Zähnen bewehrte Radula. Der lange Ösophagus, er ist manchmal kropfartig erweitert, führt zum Magen, der aus

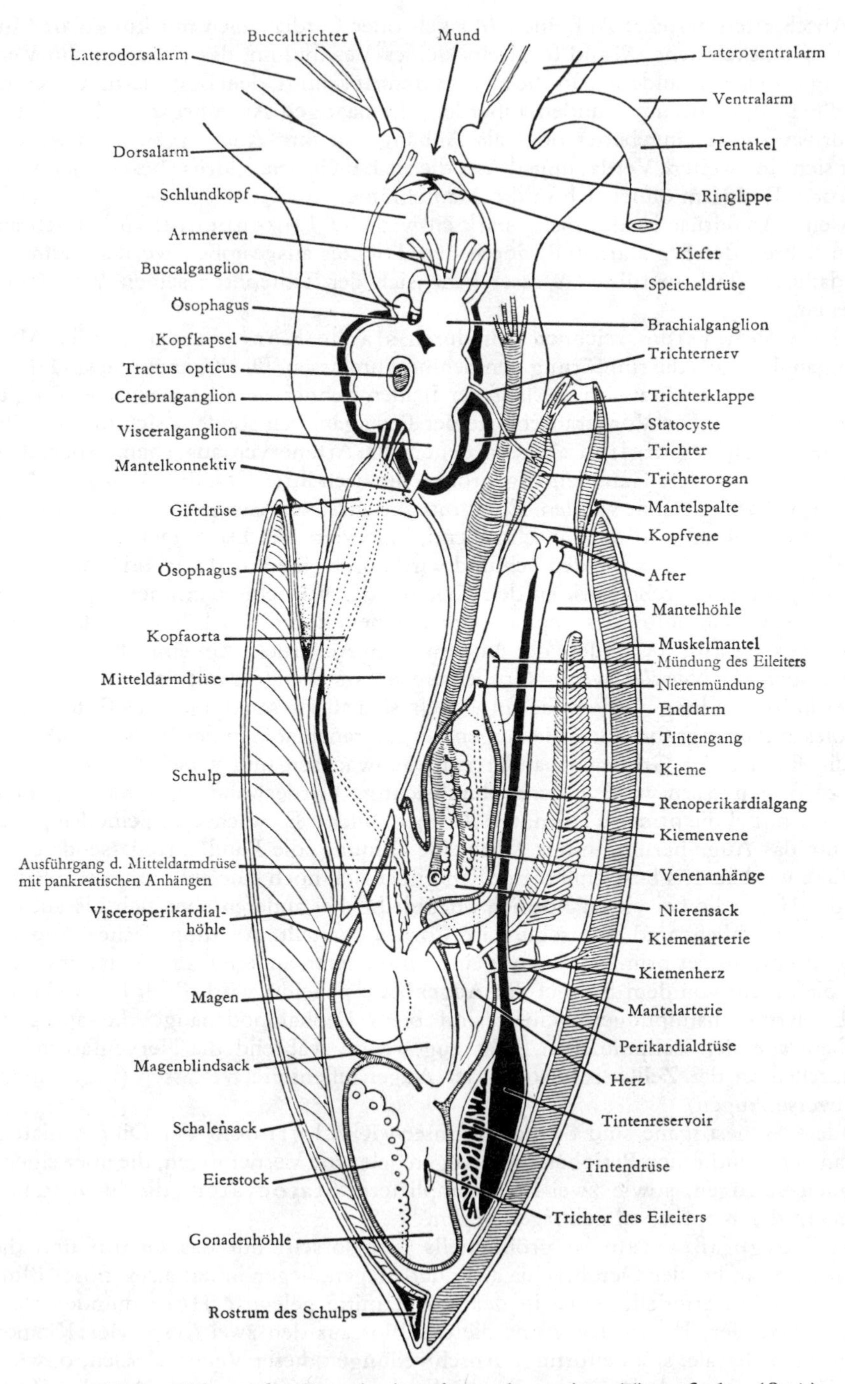

Abb. 99: Schema der Organisation eines zehnarmigen Tintenfisches (*Sepia*) im idealen Sagittalschnitt. Die Nidamentaldrüsen sind weggelassen

drei Abschnitten besteht: Auf einen Muskel- oder Cardiamagen mit kutikularer Intima und muskelreicher Wand folgt ein kleines Vestibulum, das einerseits die Verbindung zum Darm, andererseits die zum dritten Abschnitt, dem Blinddarm (Coecum) herstellt. In das Coecum münden außerdem die paarigen Ausführgänge der Mitteldarmdrüse. In sie eingebettet oder als Anhänge an ihre Ausführgänge entwickelt findet sich eine weitere Verdauungsdrüse, die als Bauchspeicheldrüse bezeichnet wird. Der kurze Enddarm öffnet sich in die Mantelhöhle.

Als eine Analdrüse ist der meist stark entwickelte Tintenbeutel zu betrachten, dessen Sekret, der Sepiafarbstoff, durch den Trichter ausgestoßen werden kann. In dem dadurch stark getrübten Wasser kann sich der Tintenfisch seinen Verfolgern entziehen.

Das Nervensystem zeichnet sich durch starke Konzentration aller Molluskenganglien aus, die ringförmig den Schlund umfassen. Die Konnektive sind demnach sehr stark verkürzt. Im Verlauf der beiden Sehnerven sind mächtige Ganglia optica entwickelt. Die Vorderabschnitte der Pedalganglien sondern sich oft als selbständige Brachialganglien ab, von denen die Armnerven ausgehen. Auch dem Mantel sind besondere Ganglien zugeordnet, die nach ihrer Gestalt Sternganglien (Ganglia stellata) genannt werden. Ein sympathisches Nervensystem, auf dem Magen zu einem Ganglion gastricum anschwellend, innerviert den Darmtractus.

Der Ganglienkomplex um den Schlund wird durch eine Kopfkapsel umfaßt und geschützt, deren Gewebe stark an den Knorpel der Wirbeltiere erinnert.

Die hohe Organisation des Cephalopodenkörpers kommt auch in der Ausbildung der Sinnesorgane, besonders der Augen, zum Ausdruck. Am einfachsten gebaut sind sie noch bei *Nautilus*, wo sie Grubenaugen darstellen, die mit dem umgebenden Wasser in Verbindung bleiben. Sie entwickeln sich als Einsenkungen des Ektoderms. Von diesen Augengruben sind die Augen der Dibranchiaten in der Weise abzuleiten, daß die Ränder der Gruben einander entgegenwachsen und verschmelzen, womit diese zu Augenblasen werden, deren durchsichtige Vorderwand zusammen mit dem äußeren Epithel die primäre Hornhaut (Cornea) bildet. Es wächst nun eine Ringfalte vorn um das Auge herum, in der Mitte eine Öffnung, die Pupille, freilassend; diese Ringfalte wird als Iris bezeichnet. Endlich bildet sich noch eine äußere, zweite Ringfalte der Haut, die bei vielen Formen offenbleibt, bei anderen aber sich bis auf ein enges Loch schließt und eine sekundäre Cornea darstellt. Als dioptrischer Apparat erscheint vorn in der primären Cornea eine Linse, deren äußere Hälfte von der Oberhaut, die innere von dem Epithel der Augenblase geliefert wird. Ihrer Entwicklung aus Epidermiseinstülpungen gemäß sind beim Cephalopodenauge die apikalen, stäbchentragenden Zellpole dem Licht zugewandt, während die Nervenfasern die Retinazellen an der Zellbasis, also an der Augenaußenseite, verlassen (zugewandte oder everse Augen).

Andere Sinnesorgane sind die sogenannten «Riechgruben» der Dibranchiaten, zwei an der mundfernen Peripherie der Augen gelegene Vertiefungen, die über eigene Ganglien verfügen, sowie zwei hochkomplizierte Statocysten, die in ventralen Kammern der Kopfkapsel geborgen liegen.

Das Blutgefäßsystem ist größtenteils geschlossen; nur das Gehirn und die Speicheldrüsen, bei den Octobrachia auch der Magen, liegen innerhalb venöser Blutlakunen. In das arterielle, etwa in der Körpermitte gelegene Herz münden zwei (bei *Nautilus* vier) Kiemenvenen, die das Blut aus den zwei (resp. vier) Kiemen heranführen; basale, spindelförmige Anschwellungen dieser Venen werden, obwohl ihre Wand nicht muskulös ist, meist als «Vorkammern» bezeichnet. Aus der Herzkammer treiben nach vorn und hinten abgehende Arterienstämme (Aorta cephalica und Aorta abdominalis) das Blut in den Körper. Es wird, nachdem es ein wohl ausgebildetes Kapillarsystem bzw. die Lakunen durchflossen hat, wieder durch das Venensystem gesammelt und gelangt größtenteils durch die sich in zwei (bei *Nautilus* vier) Schenkel gabelnde Hohlvene, die Vena cephalica, zu den beiden an der Basis der Kiemen liegenden, kontraktilen Kiemenherzen (die bei *Nautilus* fehlen). Sie pressen das Blut in die zuführenden Kiemengefäße (Kiemenarterien). An jedem Kiemenherz hängt eine sich ins Cölom öffnende, wie Protonephridien gebaute und vermutlich exkretorisch tätige Perikardialdrüse. Als Blutfarbstoff funktioniert Haemocyanin.

Von der Leibeshöhle (Cölom) haben sich bei den Cephalopoden Herzbeutel, Nierensäcke und Gonadenhöhle, bei *Nautilus* und den Decabrachia dazu ein ansehnlicher unpaarer Cölomraum im dorsalen Rumpfteil erhalten (Visceroperikardialhöhle), so daß sich die Cephalopoden in diesem Punkt als recht ursprünglich erweisen, im Gegensatz zu ihrer sonstigen hohen Organisation.

Die beiden (bei *Nautilus* vier) Nieren stehen mit der Visceroperikardialhöhle durch Wimpertrichter (Nephrostome) in Verbindung. Jede Niere besteht aus zwei sackartigen Abschnitten, einem vorderen, mehr median gelegenen, der sich bei den zehnarmigen Tintenfischen mit dem der Gegenseite zu einem unpaaren, medianen Sack vereinigt, und einem dorsolateralen. Die lateralen Nierensäcke umhüllen die beiden Venenschenkel, deren Wand nicht glatt ist, sondern durch viele alveoläre Ausbuchtungen («Venenanhänge»), die in das Nierenlumen ragen und es ausfüllen, eine starke Oberflächenvergrößerung erfährt. Der Primärharn stammt aus dem Perikard. Aus den Nierensäcken gelangen die Exkretstoffe in die Ausführgänge, die mit je einem Schlitz oder auf schornsteinartiger Papille in die Mantelhöhle münden.

Die Cephalopoden sind stets getrennten Geschlechts. Die Gonade ist immer unpaar, die Leitungswege sind dagegen bei den Weibchen vieler, bei den Männchen ganz weniger Arten paarig; sonst ist der rechtsseitige geschwunden. Ihre Ausmündung liegt in der Mantelhöhle auf einer Papille seitlich des Afters. Der Samenleiter gliedert sich in mehrere Abschnitte. Er beginnt mit einem aufgeknäuelten Gang, an den sich ein erweiterter Teil, die Samenblase, anschließt. In ihr werden die Spermatozoen in längliche, kompliziert gebaute Behälter, die Spermatophoren, eingeschlossen. Das Endstück weitet sich erneut sackartig zur Needhamschen Tasche aus, in der die Spermatophoren aufbewahrt werden.

Als Begattungsorgan dient ein für diesen Zweck besonders und für jede Art charakteristisch umgestalteter Arm, der Hectocotylus oder besser hectocotylisierte Arm. Sein Endstück ist bei einigen Formen (z.B. *Argonauta*) zu einem fadenförmigen Penis umgestaltet, der von dem Ausführungsgang einer im Innern des Armes liegenden, die Spermatophore aufnehmenden Blase durchbohrt wird. Bei diesen Cephalopoden, deren Männchen sehr klein sind, löst sich der Hectocotylus bei der Begattung los. Er bleibt in der Mantelhöhle des Weibchens längere Zeit lebensfähig. Bei allen übrigen Cephalopoden (weitaus der Mehrzahl!) ist der hectocotylisierte Arm nur wenig umgebildet und löst sich bei der Begattung nicht ab. Er dient hier als eine Art Brücke für die Übertragung der Spermatophoren, die am oder im Ovidukt, in der Mantelhöhle oder einfach außen am Weibchen befestigt werden.

Der weibliche Geschlechtsapparat besteht aus dem Ovarium, dem eigentlichen (paarigen oder unpaaren) Ovidukt, den ihn umfassenden Eileiterdrüsen und zwei Paar großen, auf den Nierensäcken liegenden und unabhängig in die Mantelhöhle mündenden Nidamentaldrüsen, deren Sekret die äußeren Eihüllen liefert. Die sogenannten vorderen (akzessorischen) Nidamentaldrüsen sind Symbiontenorgane

(Pflegestätten symbiontischer Bakterien); vielleicht haben sich aus ihnen auch die bei manchen Arten vorkommenden Leuchtorgane entwickelt.

Aus den großen, entweder einzeln in lederartigen Kapseln oder in größerer Zahl in Gallertschläuchen abgelegten, sehr dotterreichen Eiern entwickeln sich die Jungen meist ohne Metamorphose.

C. Spezieller Teil

Sepia officinalis, Sepia

Es werden in Akohol oder Formol konservierte Tiere verteilt, zunächst zur Betrachtung der äußeren Körperform, anschließend zur Sektion, die im Wachsbecken unter Wasser erfolgt.

Wir orientieren das Tier so, daß es auf der dunkleren Körperseite liegt, mit dem Kopf vom Beschauer abgewandt (Abb. 100). Die uns zugekehrte Seite soll im folgenden als die untere (physiologische Bauchseite), die aufliegende als die obere (physiolo-

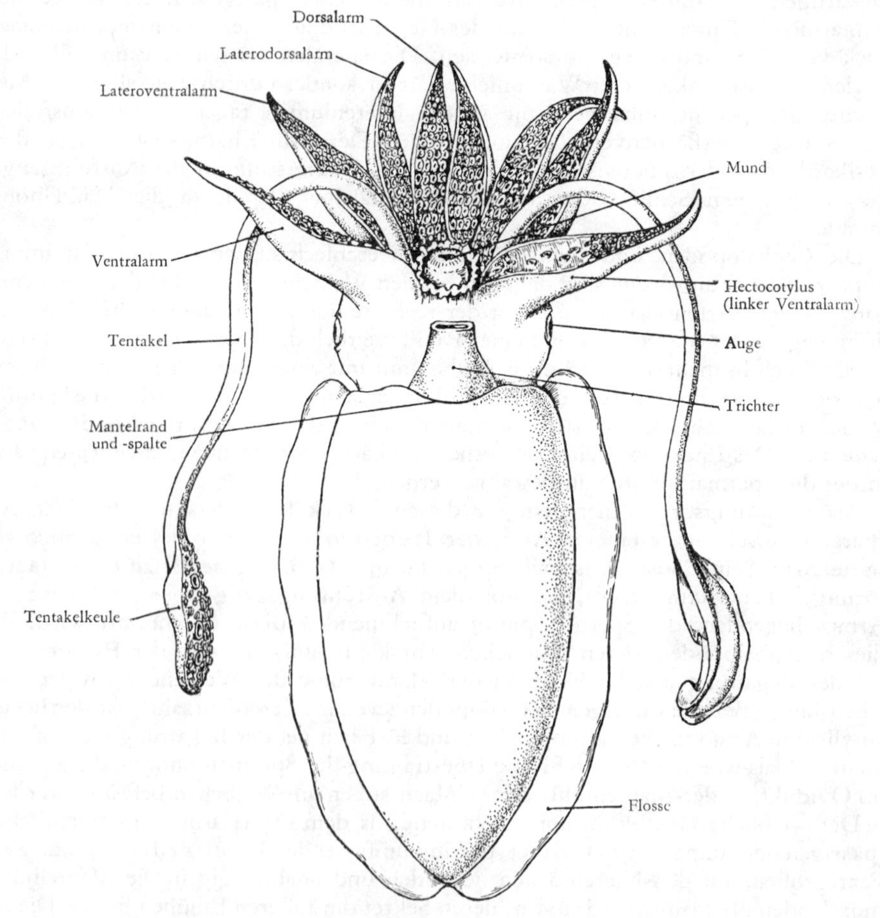

Abb. 100: Äußere Körperform von *Sepia officinalis*

gische Rückenseite) bezeichnet werden, die nach dem Kopf zu liegende Region als die vordere, die entgegengesetzte als die hintere; daß vergleichend-morphologisch eine andere Bezeichnungsweise anzuwenden wäre, wurde in der «Allgemeinen Übersicht» erörtert.

Der ovale, abgeplattete Rumpf wird von einer hinten unterbrochenen Hautfalte, der Flosse, umgeben. Aus dem Rumpf ragt, durch eine tiefe, ringsherum gehende Spalte getrennt, der ansehnliche Kopf heraus. Auf der dunkler gefärbten Seite des Rumpfes läßt sich ein ausgedehntes, hartes Gebilde durchfühlen, die hier als «Schulp» bezeichnete innere Schale.

Am Kopf sehen wir rechts und links zwei große Augen, ein Paar lange Fangarme oder Tentakel sowie vier Paar ziemlich kurze aber kräftige Arme, die den Mund umgeben. Die stärksten sind die beiden uns zugekehrten, durch einen breiten Zwischenraum voneinander getrennten Ventralarme. Auf den Ventralarm folgt jederseits der Lateroventralarm, dann der Laterodorsalarm und schließlich der Dorsalarm. Jeder Arm trägt an der Innenseite Saugnäpfe, die nach der Spitze zu an Größe abnehmen. Die Saugnäpfe sitzen wie Beeren an kurzen Stielen, sind zu viert in Querreihen angeordnet und werden von gezähnten Hornringen gestützt. Im Leben werden die Tentakel in zwei tiefen Taschen zwischen den Ventral- und Lateroventralarmen verborgen getragen, um beim Beutefang gleichzeitig mit großer Schnelligkeit vorgestoßen zu werden. Sie sind viel dünner, fast zylindrisch und nur an ihrem keulenartig verdickten Ende mit Saugnäpfen besetzt, die hier in schiefen Achterreihen stehen. An der Basis des linken Ventralarmes finden sich beim Männchen der *Sepia* an Stelle der Saugnäpfe Hautfalten: der Arm ist hectocotylisiert (s. S. 187). In der Mitte des Armkranzes liegt auf einem kurzen Kegel der Mund. Mit dem Finger lassen sich die verborgenen Hornkiefer fühlen. Der Trichter tritt auf der uns zugekehrten Seite schornsteinartig zwischen Kopf und Rumpf hervor.

Um den Mundkegel herum liegt eine kranzförmige Tasche, die beim Weibchen als Bursa copulatrix bezeichnet wird. Bei der Begattung bildet der basale Teil des hectocotylisierten Armes eine Rinne, die den Trichter des Männchens mit der Bursa des Weibchens verbindet und der Überführung der Spermatophoren dient. Die Spermatophoren, deren Schläuche man hier nicht selten finden wird, entleeren ihren Inhalt in die Bursa des Weibchens. Zur Ablage der Eier schließt das Weibchen die Arme zusammen und führt in den so gebildeten Raum die Mündung des Trichters ein. Das aus dem Trichter austretende Ei wird bei seinem Vorübergleiten an der Bursa copulatrix befruchtet und mit Hilfe der Arme an einer geeigneten Stelle befestigt.

Durch einen etwa 1 cm seitlich der Mittellinie mit dem Präpariermesser geführten Längsschnitt wird die hellere Rumpfseite (Bauchseite) aufgetrennt. Der Schnitt beginnt an dem den Trichter überdeckenden Mantelrand und muß weiter hinten sehr vorsichtig geführt werden, um nicht den Tintenbeutel anzuschneiden, dessen Inhalt das Präparat schwärzen würde. Mit den Fingern hält man die beiden Schnittflächen oberhalb der Messerführung auseinander.

Mit diesem Schnitt haben wir eine muskulöse Integumentfalte, den Mantel, durchtrennt und damit die Mantel- oder Atemhöhle eröffnet (Abb. 101). Der Mantel heftet sich links, rechts und hinten dem Körper an, sein Vorderrand zieht um den sich hier halsartig verjüngenden Kopf frei herum. An den Trichterflügeln sehen wir rechts und links eine längsovale, von Knorpelmasse gestützte Grube, in die ein jederseits von der Innenfläche des Mantels vorspringender Knopf paßt (Mantelschließapparat). Eine ähnliche Haftvorrichtung findet sich an der Oberseite zwischen Hals und Mantel. Vom Trichter ziehen zwei mächtige Muskelpfeiler nach hinten, die am Schulprand entspringen und als Depressores infundibuli bezeichnet werden.

In der Mantelhöhle fallen besonders die beiden Kiemen ins Auge. Es sind ansehnliche, gefiederte Gebilde, die zu beiden Seiten des Eingeweidesackes entspringen und sich nach der Mantelspalte zu erstrecken. Auf der frei in die Mantelhöhle ragenden Kante zieht sich die starke Kiemenvene entlang; auf der anderen Seite ist die Kieme durch ein schmales Band, in das eine Hormondrüse von unbekannter Funktion ein-

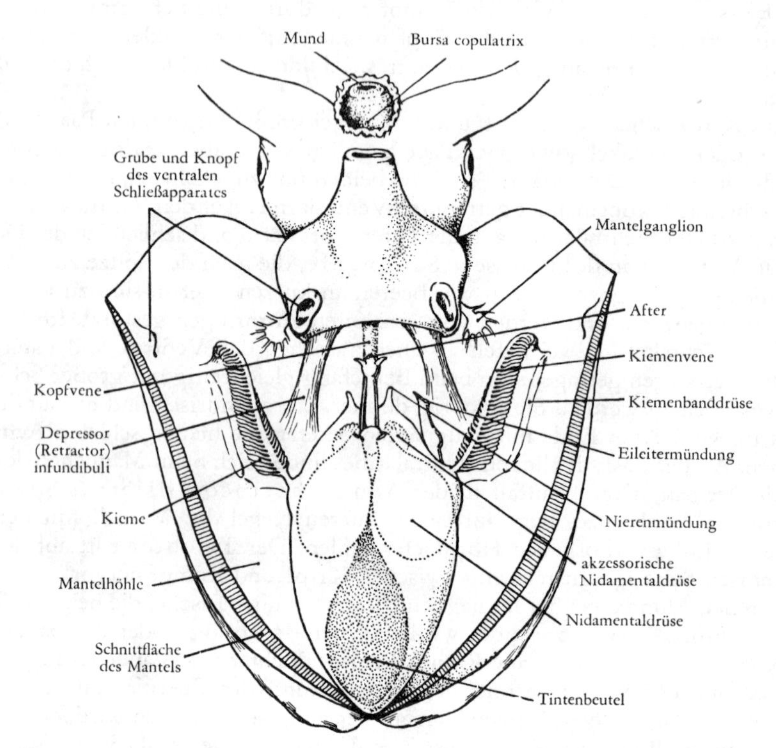

Abb. 101: Weibliche *Sepia officinalis*, nach Eröffnung der Mantelhöhle

gebettet liegt (Branchialdrüse), am Mantel festgeheftet. Im hinteren Abschnitt des Eingeweidesackes bezeichnet ein etwa herzförmiger, metallisch schillernder Bezirk die Lage des Tintenbeutels. Er verjüngt sich nach vorn zu zum Tintengang, der unmittelbar vor dem After in den Enddarm mündet. Der After wird von einem Paar zungenartiger Anhänge flankiert. Seitlich und hinter dem After liegen auf zwei schornsteinartigen Papillen die Mündungen der Nierensäcke. Auf der linken Seite des Tieres sehen wir zwischen Kieme und Nierenöffnung einen weiteren Kanal ausmünden, den Ausführgang der Gonade. Durch ein häutiges Septum wird die Mantelhöhle hinten in eine rechte und linke Hälfte zerlegt.

Mit der stumpfen Pinzette wird die den Eingeweidesack bedeckende, zarte Hülle vorsichtig entfernt; man hüte sich besonders davor, den Tintenbeutel zu verletzen. Ist das Unglück dennoch geschehen, so ist das Präparat gründlich unter fließendem Wasser abzuwaschen.

Um Raum zum Präparieren zu gewinnen, steckt man den Mantel jederseits mit kräftigen Nadeln fest; gibt der Mantel nicht nach, so muß man einige tiefe Einschnitte in den Mantelrand machen.

Nach vollendeter Präparation sehen wir an einem **weiblichen** Exemplar folgendes (Abb. 102; für das Männchen vgl. weiter unten): Der große, schwarze Tintenbeutel nimmt die Hauptmasse des Raumes ein und überdeckt die meisten anderen Organe. Ganz hinten tritt seitlich unter dem Tintenbeutel das unpaare Ovarium hervor, an das sich nach vorn der Eileiter ansetzt, oft leicht kenntlich an den großen, gegeneinander abgeplatteten Eiern. Ovar und Eileiter sind bei hochträchtigen Weibchen so dicht mit Eiern vollgepackt, daß die Grenze zwischen beiden Organen nicht erkennbar ist. Der Eileiter verläuft an der linken Körperseite weiter nach vorn und wird vor seiner Ausmündung in die Mantelhöhle von der Eileiterdrüse umgeben.

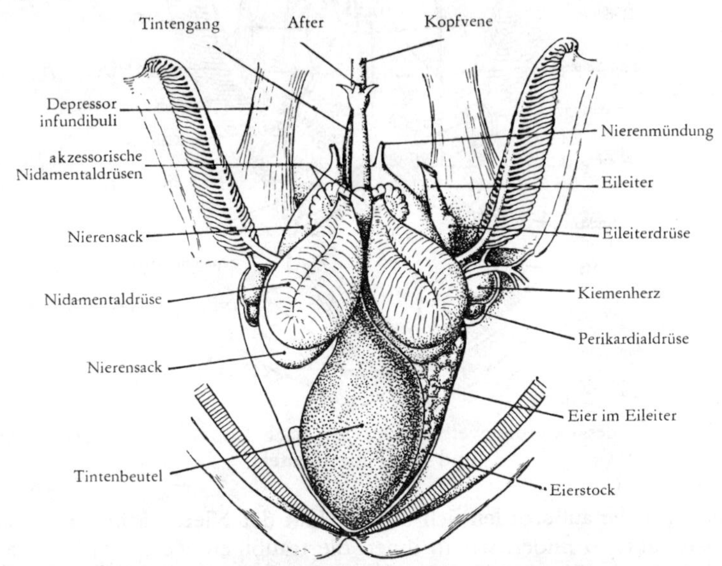

Abb. 102: Eingeweidesack einer weiblichen *Sepia*, nach Eröffnung der Bauchdecke

Vor dem Tintenbeutel liegen rechts und links zwei große, ovale Körper von blätteriger Struktur, auf deren Oberfläche eine Längsfurche verläuft. Sie werden als Nidamentaldrüsen bezeichnet und sondern Sekrete ab, die zur Herstellung der äußeren Eihülle dienen. Schon vor der Entfernung der Bauchdecke konnte man sie hindurchschimmern sehen (Abb. 101), ebenso wie drei davor gelegene, kleinere Drüsen, die akzessorischen Nidamentaldrüsen, die Symbiontenorgane darstellen (vgl. S. 187). Jetzt nach erfolgter Präparation sehen wir auch die Ausmündungen der Nidamentaldrüsen in die Mantelhöhle besser (Abb. 102).

Die beiden großen Nidamentaldrüsen werden von hinten her vorsichtig entfernt, indem der Griff des Skalpells darunter geschoben wird. Dann nimmt man die Finger zu Hilfe und kann nun den ganzen Drüsenkomplex nach vorn zu abheben. Ebenso verfährt man mit dem Tintenbeutel, auch ihn hebt man langsam ab unter gleichzeitiger Zuhilfenahme einer Pinzette, mit der man die an ihm haftenden Membranen entfernt. Er läßt sich so mit Leichtigkeit unverletzt herausnehmen, nachdem man den Ausführgang kurz vor dem After unterbunden und dann zwischen After und Unterbindungsstelle durchschnitten hat.

Das Ovarium erweist sich als großes, etwa dreieckiges Organ, das den hintersten Teil des Eingeweidesackes einnimmt (Abb. 103). Weiter vorn, in Höhe der Kiemenbasen, liegen die beiden ansehnlichen Nierensäcke, die zu beiden Seiten des Afters in die Mantelhöhle ausmünden. Sie erstrecken sich weit auf die Oberseite und bilden dort einen unpaaren, geräumigen dorsalen Nierensack, der vorläufig aber von den paarigen Nierensäcken und dem Magen verdeckt wird.

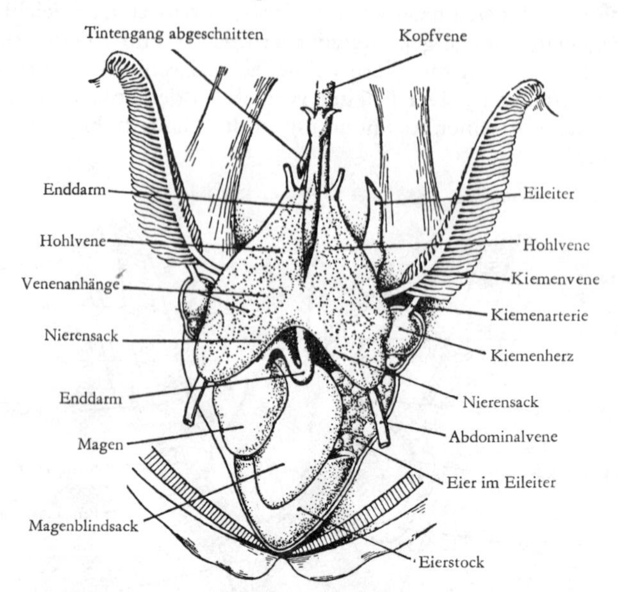

Abb. 103: Eingeweidesack einer weiblichen *Sepia*, nach Entfernung der Nidamentaldrüsen und des Tintenbeutels

Schneiden wir die außerordentlich dünne Haut der Nierensäcke an der uns zugewandten Seite auf, so finden wir in ihnen die traubigen Venenanhänge, die wir schon vorher durchschimmern sahen. Diese alveolären Ausbuchtungen der Venenwand ragen weit in das Nierenlumen hinein. Sie schieben dabei das angrenzende und sie überziehende Nierenwandepithel vor sich her, so daß sie sich in der Tat immer außerhalb des Nierenhohlraumes befinden. Das die Anhänge durchströmende venöse Blut gibt Exkretstoffe in die Nierensäcke ab.

Im Präparat (Abb. 103 und 104) links liegt der Magen (Muskel- oder Cardiamagen) und rechts davon ein Magenblindsack (Pylorusmagen, Coecum) von je nach der Füllung verschiedener Form. Schneiden wir diesen Blindsack auf, so sehen wir seine Wandung mit zahlreichen vorspringenden Lamellen besetzt und im oberen Teil spiralig eingedreht, was zur Bezeichnung Spiralcoecum führte. Geformte Speisereste wird man in diesem Blindsack nie finden; er dient dazu, die Sekrete der Mitteldarmdrüsen («Leber»), die ihm über das Vestibulum durch die beiden sich im Endabschnitt vereinigenden Ausführgänge zugeführt werden, aufzunehmen.

Entfernen wir mit Pinzette und Nadel die Venenanhänge, so können wir vom Magen aus den Darm verfolgen, der mit einem etwas erweiterten Abschnitt beginnt, sich um sich selbst windet (Enddarmschlinge) und, geradlinig nach vorn ziehend, mit dem After endigt (Abb. 104).

Gerade hinter dieser Windung des Enddarmes befindet sich das arterielle Herz, ein im wesentlichen quer gestellter Schlauch, der etwas links unterhalb des Darmes liegt und schräg nach vorn aufsteigt; das von ihm nach vorn abgehende Blutgefäß ist die

Kopfaorta, das nach hinten ziehende die Bauchaorta. Die sehr kleine, nach hinten umbiegende Genitalaorta ist ohne Lupe kaum zu sehen. Die Kiemenvenen, sie münden links und rechts in das Herz, sind basal blasig aufgetrieben; diese Anschwellungen wurden früher als Vorkammern bezeichnet, was insofern nicht berechtigt ist, als ihre Wandung einer eigenen Muskulatur entbehrt. Die Kiemenvenen führen arterielles Blut dem Herzen zu, von dem es dann durch die drei Aorten in die verschiedenen Körperregionen gepreßt wird. Vom Venensystem sehen wir folgendes:

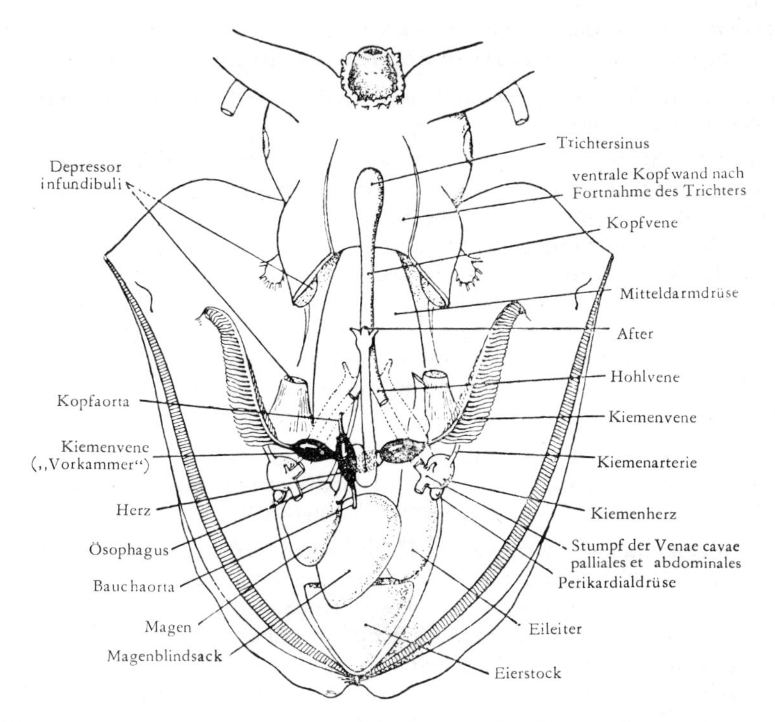

Abb. 104: Anatomie von *Sepia*, nach Entfernung der Nieren, Venenanhänge und des Trichters

Eine starke Kopfvene, die zum Teil unter dem Enddarm und Trichtergang verborgen liegt, führt das venöse Blut nach hinten. Sie gabelt sich in die beiden Hohlvenen, die wir bei der Entfernung der Venenanhänge der Nierensäcke größtenteils mit entfernt haben. Jede Hohlvene mündet in das an der Basis der Kiemen liegende Kiemenherz, das auch das Blut einiger anderer Venen (V. abdominalis, V. pallialis) aufnimmt. Die Kiemenherzen sind kontraktil und treiben das venöse Blut durch die Kiemenarterien in die Kiemen, wo es oxydiert wird, um dann durch die Kiemenvenen dem Herzen zugeführt zu werden. An der Hinterseite jedes Kiemenherzens sitzt ein konisches, vermutlich exkretorisch tätiges Gebilde, die Perikardialdrüse.

Wir haben der Beschreibung der Eingeweide bis jetzt ein weibliches Exemplar zugrunde gelegt. Liegt ein **männliches** Individuum vor, so ist die Präparation insofern einfacher, als die Nidamentaldrüsen fehlen und man nach Wegnahme der Eingeweidehülle gleich die Nierensäcke vor sich liegen sieht. Die übrige Anordnung ist ungefähr die gleiche. An der Stelle, wo beim Weibchen der Eierstock liegt, findet sich beim Männchen der Hoden,und statt des Eileiters finden wir den Samenleiter, der mehrere Abschnitte unterscheiden läßt. Er beginnt als stark aufgeknäuelter Kanal und erweitert sich dann plötzlich zu einem mit zwei Anhangsdrüsen («Prostata») versehenen Sack, der Samenblase. Die in ihr gebildeten Spermatophoren gelangen durch den anschließenden, wieder kanalartigen Abschnitt in das zu einer mächtigen Blase, der Needhamschen- oder Spermatophorentasche, angeschwollene Endstück, das ebenso wie der Eileiter auf einer rechts gelegenen Papille in die Mantelhöhle mündet.

Nachdem wir nun den Eingeweidesack und seinen Inhalt genauer kennengelernt haben, gehen wir zur Präparation der vor ihm gelegenen Organe über.

Durch einen medianen Längsschnitt trennen wir den Trichter auf, so daß wir in seine Höhlung hineinblicken können.

Wir bemerken innen an seiner dorsalen Wand nahe der Mündung einen blattförmigen Anhang, der als Ventil wirkt und Trichterklappe genannt wird, sowie eine meist W-förmig gestaltete, große Schleimdrüse, das Trichterorgan.

Der Trichter mündet mit weiter Öffnung in der Mantelhöhle und verjüngt sich nach vorn zu. Das Wasser tritt, bei verschlossenem Trichter, durch die Mantelspalte in die Mantelhöhle ein und umspült die Kiemen. Zur Ausatmung schließt sich der Mantelspalt, während die Trichterklappe sich öffnet, so daß das Wasser aus der vorderen Trichteröffnung ausströmt. Bei besonders kräftiger Atembewegung wird es mit so großer Gewalt ausgepreßt, daß das Tier durch den Rückstoß mit dem Hinterende voran durch das Wasser schießt.

Wir tragen jetzt den Trichter völlig ab. Zunächst werden die beiden großen Muskelpfeiler hinter dem Trichter durchschnitten, dann wird durch einen Flächenschnitt die dorsale Trichterwand abgetragen, so daß sich der gesamte Trichterapparat abheben läßt.

In der Medianlinie der freigelegten Fläche sehen wir den vorderen Abschnitt der Kopfvene, die sich vorn zum Trichtersinus erweitert. Das venöse Blut des Kopfes und der Arme sammelt sich zunächst in einem anderen, den Schlundkopf umgebenden Sinus an und tritt dann in die Kopfvene über, die sich nach hinten, wie erwähnt, in die beiden Hohlvenen gabelt.

Lösen wir die Kopfvene samt Trichtersinus von ihrer Unterlage und nehmen wir außerdem die Decke der über dem Trichter freigelegten Fläche ab, so erscheint die von einer zarten Hülle umgebene, hellbraune bis olivfarbene Mitteldarmdrüse. Sie besteht aus zwei langen, dreieckigen, in der Medianlinie zusammenstoßenden Säcken (Abb. 105). Die beiden Säcke lassen sich mit dem Griff des Präpariermessers auseinanderdrücken. In der Tiefe erscheint dann der geradlinig verlaufende, dünne Ösophagus und neben ihm die Kopfaorta.

Mit einem Messerschnitt trennen wir nun in der Medianlinie die Muskulatur zwischen den Ventralarmen durch und führen den Schnitt vorsichtig weiter nach vorn, bis wir auf ein großes, annähernd kugeliges Gebilde, den Schlundkopf, stoßen.

Der muskulöse Schlundkopf ist vorn durch Muskeln mit den Buccalpfeilern verbunden, die zipfelartig nach vorn streben und ihrerseits außen an die Armbasen geheftet sind.

Hat man den Schnitt tief genug geführt, so ist auch der Kopfknorpel und die Ventralmasse des Gehirns durchtrennt worden. Damit ist der Ösophagus in ganzer Länge sichtbar, dem seitlich, unmittelbar vor den Lebersäcken, ein Paar kleiner, in einen Blutsinus eingebetteter Drüsen anliegt. Sie werden meist als «hintere Speicheldrüsen» bezeichnet, sezernieren aber nicht Speichel, sondern ein für Beutetiere sehr starkes Gift, das beim Biß durch die sich in der Medianlinie zu einem unpaaren Kanal vereinigenden Ausführgänge in die Schlundhöhle gelangt.

Am Innenwinkel jedes Lebersackes entspringt ein Ausführgang, der, mit bäumchenartigen Anhängen («Pankreas») besetzt, der Speiseröhre parallel zum Magen zieht. Die beiden Ausführgänge der Mitteldarmdrüse vereinigen sich kurz vor ihrer Einmündung in den mittleren, Vestibulum genannten, Magenabschnitt.

Schließlich schneiden wir noch den Schlundkopf auf; das Messer wird bei einem Medianschnitt bald auf Widerstand stoßen, verursacht durch einen der beiden hornigen Kiefer. Wir gehen daher seitlich rechts und links von diesem Kiefer mit der Präparation weiter und können ihn bald, wie auch den darunterliegenden Kiefer, mit den Fingern herausziehen.

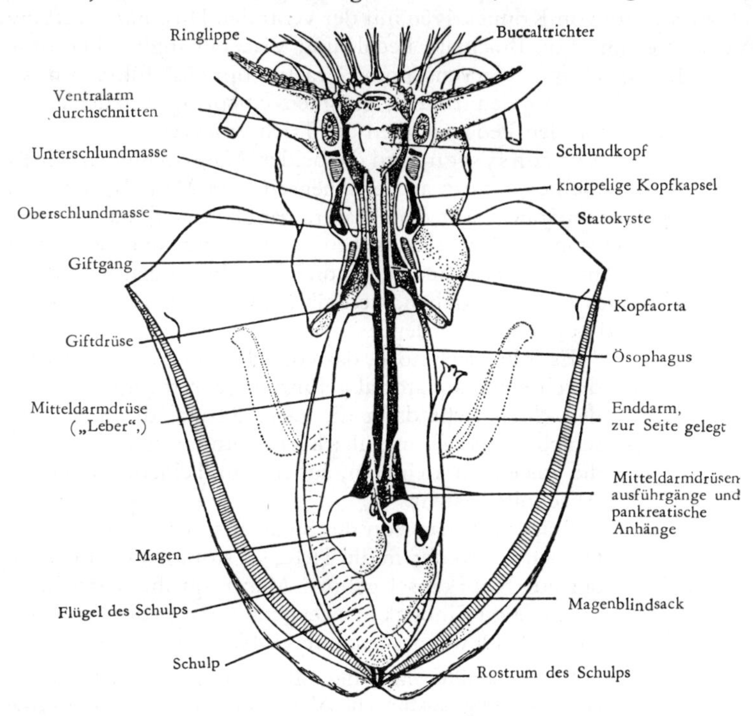

Abb. 105: Anatomie von *Sepia*, ventrale Kopfwand median gespalten

Dadurch wird die Radula frei, eine zahnbesetzte Platte, die einer vorspringenden, zungenartigen Leiste aufliegt. Unter der Lupe läßt sich erkennen, daß die ein- oder mehrspitzigen, nach hinten gerichteten Zähnchen in sieben Längsreihen angeordnet sind. Will man Kiefer und Radula unverletzt gewinnen, so empfiehlt sich eine Mazeration des ganzen Schlundkopfes mit Kalilauge.

Um den Schulp freizulegen, führt man in der Medianlinie der dunkel gefärbten Oberseite einen Schnitt durch das dünne Integument und kann leicht das in einer Tasche, dem Schalensack, liegende Gebilde frei präparieren und herausnehmen (Abb. 99).

Der Schulp ist ein ansehnlicher, ellipsoider Körper, dessen Ränder hornig sind, während die Hauptmasse wie auch das in einen spitzen Dorn, das Rostrum, auslaufende Hinterende im wesentlichen aus kohlensaurem Kalk bestehen. Die lamelläre Struktur des Schulps zeigt seine Herkunft von einer ursprünglich gekammerten

Schale an. Im Schulp finden sich Gasansammlungen zur Aufrechterhaltung der normalen Körperstellung.

Das zentrale Nervensystem wird, da seine gesamte Unterschlundmasse durch den vorhin ausgeführten Medianschnitt gespalten wurde, besser an einem anderen Exemplar untersucht. Man geht dabei von der Rückenseite aus, indem man kopfwärts von der Schulptasche die Muskulatur abpräpariert. Man stößt so auf den gewölbten Kopfknorpel, nach dessen schwieriger Eröffnung das Gehirn sichtbar wird. Dadurch, daß man die die Augengruben bildenden Seitenwände des Kopfknorpels abträgt, wird die Gesamtheit jener Ganglien freigelegt, die im Verein mit den Cerebralganglien einen Schlundring um den Ösophagus bilden. Die Cerebralganglien sind durch zwei Paare von Konnektiven mit der ventralen Hirnmasse verbunden, die aus der Verschmelzung von Brachial-, Pedal- und Visceralganglien hervorgegangen ist (Abb. 99). Ein mächtiger Nervenstamm (Tractus opticus) führt zum Ganglion opticum im Augapfel. Von den Brachialganglien entspringen jederseits die fünf starken Armnerven, von den Pedalganglien die Trichternerven.

Vom peripheren Nervensystem sind die beiden Mantelganglien ohne weiteres sichtbar (s. Abb. 101). Sie liegen vorn an der Innenseite des Mantels, seitlich von den Grübchen des Schließapparates. Mit den Visceralganglien sind sie jederseits durch einen starken Nervenstamm (Mantelkonnektiv) verbunden und senden strahlenförmig eine größere Anzahl Nerven aus, die in die Mantelmuskulatur eindringen und ihnen ein sternförmiges Aussehen geben, weshalb die Ganglien auch als «Sternganglien» (Ganglia stellata) bezeichnet werden.

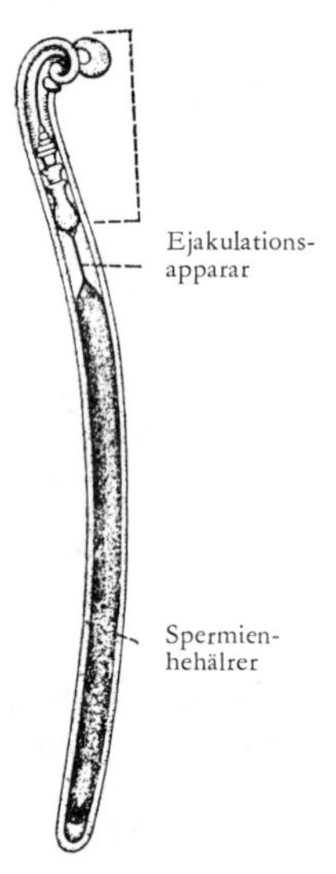

Abb. 106: Spermatophore von *Sepia* (Nach Milne Edwards, aus Lang)

Es lohnt sich noch, das vorsichtig herausgenommene Auge durch einen äquatorial geführten Schnitt ringsum aufzuschneiden. Man sieht dann die zarte Retina, die dunkle Pigmentschicht und die vom Ciliarkörper umgürtete, kugelrunde Linse, die aus einem kleineren, äußeren und einem größeren, inneren Abschnitt besteht.

Präpariert man von der Stelle aus, wo sich früher der Trichter befand, weiter in die Tiefe, so stößt man bald auf Knorpel, der zur Kopfkapsel gehört. Man trägt ihn vorsichtig ab und erhält damit Einblick in zwei geräumige, in der Mittellinie durch eine Scheidewand getrennte Höhlen, die Statocysten.

Unter Zuhilfenahme des Mikroskopes läßt sich noch folgende Untersuchung ausführen. Man schneidet bei einem erwachsenen männlichen Tier die Spermatophorentasche auf und wird als Inhalt zahlreiche weiße Fäden bis zu 2 cm Länge finden. Wir legen einige unter Wasser auf den Objektträger, bedecken das Präparat mit einem Deckgläschen und betrachten es bei schwacher Vergrößerung (Abb. 106).

Es ist ein ganz überraschendes Bild, das wir jetzt sehen. Jedes dieser Fädchen stellt eine Spermatophore dar, d.h. ein doppelwandiges Rohr, dessen hinterer Hauptabschnitt ganz von Spermatozoen erfüllt ist und daher als Spermienbehälter bezeichnet wird. Der vordere Abschnitt, dessen Ende spiralig eingerollt ist, bildet einen kompliziert gebauten Ejakulationsapparat. Gelangen reife Spermatophoren des lebenden Tieres ins Wasser, so stülpt sich infolge einer Quellung der Ejakulationsapparat aus und zieht den Samenbehälter mit sich, der mit ihm durch ein fadenförmiges Zwischenstück verbunden ist.

Statt der ziemlich teuren *Sepia* wird heute nicht selten die in der Nordsee häufige *Alloteuthis* (Zwergkalmar) in den Kursen verwandt. Diese Art bleibt wesentlich kleiner und ist deshalb etwas schwieriger zu präparieren (Männchen eignen sich viel besser als Weibchen). Hinsichtlich der inneren Anatomie ist die Übereinstimmung mit *Sepia* recht groß; nur ist alles, ebenso wie bei *Loligo*, mehr in die Länge gezogen und seitlich verkürzt. An Hand der voranstehenden Darstellung wird man sich auch in die etwas abweichende Organisation dieser langmanteligen Arten hineinfinden können. Statt des Kalkschulps findet sich bei ihnen ein horniger, vorn schmaler, hinten, im Bereiche der dreieckigen Flossen, federartig breit werdender Gladius, der den Rumpf in ganzer Länge stützt.

Von den Chromatophoren lassen sich unschwer mikroskopische Präparate anfertigen. Man umschneidet – am besten am Mantelsaum – einen rechteckigen Bezirk von etwa 5 mm Breite und ein bis zwei Zentimeter Länge an einer Schmal- und an den beiden Längsseiten mit dem Rasiermesser, entfernt erst die zarte, einschichtige Epidermis und versucht dann, an der angeschnittenen Schmalseite beginnend, einen möglichst dünnen Streifen der Cutis abzuziehen. Diese Streifen werden mit Eisenhämatoxylin gefärbt und in Caedax eingedeckt. Die Chromatophoren und die sie radiär umgebenden Muskelzellen sind gut zu erkennen, allerdings nur an den Stellen, an denen das Präparat dünn genug ist, was sehr oft nur an der flach keilförmig auslaufenden Randzone der nicht angeschnittenen Schmalseite der Fall sein wird.

Annelida, Ringelwürmer

Die Anneliden haben – ebenso wie die Mollusken – eine sekundäre Leibeshöhle (Cölom). Während sie bei den Mollusken mit Ausnahme der zehnarmigen Tintenfische auf das Perikard, die Gonadenhöhlen und die Nierensäcke beschränkt bleibt und ungegliedert ist, durchsetzt sie bei den Anneliden den ganzen Körper und besteht aus zahlreichen, hintereinandergelegenen, paarigen Kammern, den Cölomsäcken. Diese Segmentierung bleibt nicht auf das Cölom beschränkt, sondern greift auf die Mehrzahl der Organe über, so daß der Körper sich aus aufeinanderfolgenden Abschnitten (Metameren, Segmente) von mehr oder weniger gleichförmigem Bau zusammensetzt. Äußerlich prägt sich die Metamerie durch die an den Segmentgrenzen verlaufenden Furchen aus, wodurch der meist langgestreckte Körper der Anneliden wie geringelt erscheint («Ringelwürmer»).

Die Segmentierung des Cöloms geht auf die metamere Anlage des mittleren Keimblattes, des Mesoderms, zurück: zwei bei der Larve am Urmund beginnende und sich auf der späteren Ventralseite nach vorn erstreckende Zellstreifen (Urmesodermstreifen) spalten sich quer in Blöcke auf, von denen ein jeder, sich aushöhlend, zu einem aus einer einfachen Epithellage bestehenden Cölomsack wird. Auswachsend treffen die Säcke der beiden Körperseiten über und unter dem Darm zur Bildung des dorsalen und ventralen Aufhängebandes (Mesenterium) zusammen, während die Wände der aufeinanderfolgenden Säcke zu den die einzelnen Segmente trennenden Querwänden (Dissepiment) verschmelzen. Dissepimente und Mesenterien bestehen somit aus zwei – fest miteinander verwachsenen – Epithellagen. Das seitliche, die Körperdecke innen auskleidende Cölomepithel wird als Hautfaserblatt oder Somatopleura (auch parietales Blatt) bezeichnet, während man das zentrale, den Darm umhüllende Cölothel Darmfaserblatt oder Visceropleura (auch splanchnisches Blatt) nennt. Vom Cölomepithel (= Peritoneum) überzogen werden auch alle anderen in der Leibeshöhle liegenden oder an sie angrenzenden Organe. – Das Mesoderm liefert außerdem die Muskulatur der Körperwand und die des Darmes. Die Körpermuskulatur bildet zusammen mit der einschichtigen Epidermis einen kräftigen Hautmuskelschlauch, an dem stets zumindest eine äußere Ring- und eine innere Längsmuskelschicht zu unterscheiden ist.

Das Nervensystem der Anneliden ist ein typisches «Strickleiternervensystem». Es besteht aus einem paarigen Oberschlundganglion (Cerebralganglion), von dem zwei Längsverbindungen rechts und links vom Vorderdarm als Schlundkonnektive hinabsteigen und sich in zwei der Bauchseite genäherten Längssträngen («Bauchmark») durch den ganzen Körper hinziehen. Ihre Nervenzellen schließen sich in jedem Segment zu einem Paar von Bauchganglien zusammen, die durch eine Kommissur quer miteinander verbunden sind.

Die Anneliden haben ein wohlausgebildetes. geschlossenes Blutgefäßsystem, dessen Lumen einen Restraum der primären Leibeshöhle darstellt und dessen Wände (wenigstens zum Teil) mesodermaler Herkunft sind. Es setzt sich aus zwei Hauptlängsstämmen zusammen, von denen der über dem Darm gelegene meist kontraktil ist und das Blut kopfwärts treibt (Rückengefäß). Er steht mit dem unter dem Darm liegenden Bauchgefäß durch ein Kapillarnetz (nach anderer Meinung durch ein Lakunensystem) in der Darmwand und durch Ringgefäße, die in den Dissepimenten verlaufen, in Verbindung. Bei den Hirudineen ist das Blutgefäßsystem meist rückgebildet. Seine Aufgabe wird dann vom röhrenförmig eingeengten Cölom übernommen. – Bei vielen Anneliden sind besondere Respirationsorgane (Kiemen) als verzweigte, reich durchblutete Anhänge der Körperwand entwickelt, während in anderen Fällen Hautatmung vorliegt.

Die Exkretionsorgane sind stark gewundene, innen von Flimmerepithel ausgekleidete Kanäle, von denen jedem Segment ursprünglich ein Paar zukommt (daher auch «Segmentalorgane»). Sie beginnen mit einem Wimpertrichter, der, mit kurzem Hals dem hinteren Dissepiment der Cölomsäckchen vorne aufsitzend, sich in die Leibeshöhle öffnet. Das anschließende Nephridialkanälchen durchsetzt das Dissepiment, nimmt – von Cölothel überzogen – im folgenden Segment seinen Lauf und mündet dort durch einen seitlichen Porus nach außen. Neben diesen Metanephridien kommen, allerdings selten, auch noch protonephridiale Exkretionsorgane, und zwar Solenocyten (Röhrchenzellen) vor. Die Solenocyten der Anneliden erinnern an Reusengeißelzellen; allerdings schwingt im Solenocytenröhrchen nur eine Geißel und keine aus mehreren Geißeln zusammengesetzte Wimperflamme.

Die Gonaden werden gleichfalls metamer, als flächenhafte Bildungen des Peritoneums angelegt. Die Geschlechtszellen werden durch Platzen frei, gelangen dadurch in die Leibeshöhle und werden entweder durch besondere trichterförmige Ausführgänge (Gonodukte) oder aber durch die Exkretionskanäle nach außen befördert, die man dann als Nephromixien bezeichnet.

Die Entwicklung erfolgt direkt oder über eine Metamorphose, bei der eine sehr typische Larvenform, die Trochophora, durchlaufen wird. Sie ist von kugeliger Gestalt und mit einem äquatorialen Wimperkranz (Prototroch) ausgerüstet, der den Körper in eine obere Episphäre und eine untere Hyposphäre gliedert. Die Episphäre, sie geht beim Schwimmen voraus, trägt am Scheitel ein Wimperbüschel und eine Ansammlung von Sinnes- und Ganglienzellen («Scheitelplatte»). Der Mund öffnet sich unmittelbar hinter dem Prototroch. Er führt in einen kurzen Darm, der terminal, an dem der Scheitelplatte gegenüberliegenden Pol, nach außen mündet. Die primäre Leibeshöhle ist von Flüssigkeit erfüllt und wird von Muskelsträngen durchzogen. In ihr liegen außerdem protonephridiale Exkretionsorgane. Aus dieser frei schwimmenden Larve geht der Ringelwurm unter Bildung von Cölomsäcken durch einen eigenartigen Sprossungsvorgang nahe dem unteren Pole hervor. Nur ein Teil der Episphäre wird als vor dem ersten wahren Segment liegender, lippenartiger Körperabschnitt (Prostomium) und ein Teil der Hyposphäre als den After umgebender Endabschnitt (Pygidium) übernommen; beide Abschnitte entbehren infolgedessen eines Cöloms.

I. Oligochaeta, Wenigborster

A. Technische Vorbereitungen

Zur Untersuchung kommt *Lumbricus terrestris*, eine der größten und häufigsten Arten einheimischer Regenwürmer.

Um die Tiere gut gestreckt abzutöten, werden sie eine Stunde vor der Präparation in ein mit Chloroformwasser gefülltes, mit einer Glasplatte zugedecktes Gefäß gelegt (Choroformwasser: ein Teil Chloroform auf 100 Teile Wasser, gut durchgeschüttelt). Für die Beobachtung gewisser Einzelheiten der äußeren Körperform und das Studium der Geschlechts- und Exkretionsorgane sind in Pikrinsäure fixierte, in Alkohol aufbewahrte Würmer noch günstiger.

Von mikroskopischen Präparaten sind mit Hämatoxylin-Eosin gefärbte Querschnitte der mittleren Körperregion erforderlich.

Für die Anfertigung dieser Präparate ist zu beachten, daß der Darm des Regenwurmes mit Erde gefüllt ist, so daß es fast unmöglich ist, gute Querschnitte zu erzielen. Um dem abzuhelfen, bringe man den betreffenden Wurm auf einige Tage in ein hohes Zylinderglas, das mit feuchtem Fließpapier gefüllt ist, und erneuere das Papier jeden Tag. Indem der Wurm den erdigen Kot abgibt und dafür das weiche Papier seinem Darm einverleibt, erlangt er bald die wünschenswerte Schnittfähigkeit.

B. Allgemeine Übersicht

Die Oligochäten, zu denen die Regenwürmer gehören, wurden früher mit den Polychäten in der Klasse der Chaetopoda oder Borstenwürmer zusammengefaßt. Man hat dann festgestellt, daß ihre Beziehungen zu den Hirudineen oder Egeln viel enger sind als die zu den Polychäten. Oligochäten und Hirudineen werden daher in einer Klasse vereinigt, für die der Name Clitellata oder Gürtelwürmer geprägt wurde. Das die Klasse kennzeichnende Clitellum ist eine oft deutlich vorspringende, drüsige Umbildung der Haut im Bereich bestimmter Segmente. Das Sekret der Drüsenzellen dient zur Bildung des Eikokons und spielt außerdem bei der Begattung eine Rolle. Von den Polychäten unterscheiden sich die Clitellaten weiterhin durch das Fehlen von Parapodien (Stummelfüßen) und durch den zwitterigen Geschlechtsapparat.

Die Oligochäten sind langgestreckte, drehrunde oder leicht kantige Würmer, mit deutlich ausgesprochener innerer und äußerer Segmentierung. Die Zahl der Segmente beträgt 7 bis 600.

Die innere Segmentierung kommt besonders sinnfällig darin zum Ausdruck, daß die geräumige, zwischen Darm und Hautmuskelschlauch gelegene Leibeshöhle durch zarte Querwände, Septen oder Dissepimente, in hintereinander liegende Kammern aufgeteilt ist. Die Leibeshöhle ist von einem besonderen Epithel, dem Peritoneum, ausgekleidet. Ein ventrales und ein (allerdings meist rückgebildetes) dorsales Aufhängeband des Darmes (Mesenterium) bewirken eine teilweise Längsscheidung des ganzen Cölomkammersystems. Den Dissepimenten entsprechen meist genau die Intersegmentalfurchen, die außen die einzelnen «Ringel» voneinander abgrenzen; innere und äußere Segmentierung decken sich also. Die einzelnen Segmente sind ursprünglich durchaus gleichartig gebaut (homonome Segmentierung). Nervensystem, Blutgefäße und Exkretionsorgane können sich Segment für Segment in ihrem Aufbau getreu wiederholen.

Die Leibeswand der Oligochäten ist ein typischer Hautmuskelschlauch. Die Epidermiszellen sind zu einem einschichtigen Epithel angeordnet, in das Drüsenzellen und Sinneszellen eingestreut sind. Nach außen sondern sie eine zarte, oft irisierende Kutikula ab. Nach innen schließt sich fugenlos der aus glatter Muskulatur bestehende Muskelschlauch an, der sich aus einer äußeren Ring- und einer inneren Längsmuskellage zusammensetzt, wozu noch eine Schicht von Diagonalmuskeln kommen kann. Zu innerst liegt das zarte Peritonealepithel.

Wichtige Bildungen der Epidermis sind die haar- oder hakenförmigen Borsten. Sie bestehen aus einem Protein-Chitin-Gemisch und werden von einer einzigen, in der Tiefe eines Borstensäckchens liegenden Epidermiszelle erzeugt. Muskeln, die schräg vom Grund der Borstensäckchen zur Körperwand ziehen, dienen ihrer Bewegung. In der Regel findet sich in jedem Segment jederseits ein dorsales und ein ventrales Borstenbündel, das aus zwei oder mehr Borsten besteht.

Das Nervensystem ist zwar der Anlage und auch dem histologischen Aufbau nach ein typisches Strickleiternervensystem, jedoch sind die Bauchganglien und die Konnektive einander so genähert, daß das Bauchmark bei makroskopischer Präparation als zwar knotiger, aber einheitlicher Strang erscheint. Im Verband der Epidermis liegen freie Nervenendigungen und bisweilen zu Knospen zusammengefaßte oder in Flimmergruben eingesenkte Sinneszellen. Sie dienen der Tast- und Chemorezeption. Die ebenfalls in der Haut, oder auch darunter liegenden Lichtsinneszellen sind am Vorder- und Hinterende gehäuft. Augen in Form einfacher Pigmentbecherocellen kommen nur selten vor.

Der Darmkanal beginnt mit der meist etwas ventral verschobenen Mundöffnung, die vom Kopflappen (Prostomium) überdacht wird. Auf die mit einer Kutikula ausgekleideten Mundhöhle folgt der muskulöse und daher oft mächtig verdickte Pharynx, der seinerseits in den schlanken Ösophagus übergeht. Der Ösophagus kann sich zu kropf- und magenartigen Bildungen erweitern und in seinem hinteren Abschnitt Aussackungen vortreiben, die oft kompliziert gefaltet sind und stets in inniger Beziehung zu einem Blutsinus stehen. Diese eigenartigen, in ihrer Funktion noch nicht ganz geklärten Anhangsorgane werden als Morrensche Drüsen bezeichnet. Da sie bei landlebenden Formen Kalkkonkremente enthalten, spricht man auch von Kalkdrüsen. Der Mitteldarm ist meist ein gerades und ziemlich weites Rohr. Bei den in der Erde lebenden Oligochäten ist seine dorsale Wand median mehr oder weniger tief rinnenförmig nach innen eingefaltet. Durch diese Typhlosolis wird die Oberfläche des verdauungsaktiven Darmepithels erheblich vergrößert. Die Wand des Darmes baut sich aus dem Darmepithel, einer Ring- und Längsmuskelschicht sowie dem Peritoneum auf, dessen Zellen sich stark vergrößern können, um als Chloragog-Zellen der Speicherung von Reservestoffen zu dienen. Zwischen Darmepithel und Darmmuskulatur verlaufen Blutkapillaren bzw. Blutlakunen (s. S. 199). Der Enddarm ist meist kurz und einfach gebaut, der After endständig.

Das Blutgefäßsystem, das von der Leibeshöhle völlig getrennt ist, entspricht mit Bauch- und Rückengefäß dem oben für die Anneliden allgemein angegebenen Grundplan. Das Rückengefäß ist kontraktil und treibt das Blut von hinten nach vorn. Das Bauchgefäß steht, abgesehen von den Kapillaren in der Darmwand, mit dem Rückengefäß in jedem Segment durch ein Paar mehr peripher ziehender Gefäßschlingen in Verbindung, die Zweige an den Hautmuskelschlauch abgeben. Durch Ausbildung weiterer, sowohl längs wie quer verlaufender Gefäße kann das System erheblich verwickelter werden. Im Vorderkörper können einige der den Darm umfassenden Gefäßschlingen muskulös anschwellen und so zu Lateralherzen werden, die das Blut zum Bauchgefäß treiben. Meist ist das Blut durch im Serum gelöstes Hämoglobin rot gefärbt; es enthält nur wenig Blutzellen.

Kiemen kommen bei den Oligochäten nur ganz vereinzelt vor, so daß Hautatmung die Regel ist.

Die Exkretionsorgane, meist typische Metanephridien, die sich mit Wimpertrichtern ins Cölom öffnen, sind stark gewundene, von Blutgefäßen umsponnene Kanäle. In einigen der vordersten und hintersten Segmente können sie fehlen, im übrigen kommt jedem Segment ein Paar zu.

Der Geschlechtsapparat der Oligochäten ist zwittrig. Die Gonaden, meist ein Paar Ovarien und zwei Paar Hoden, liegen in bestimmten Segmenten des Vorderkörpers, die Hoden stets vor den Ovarien. Ei- und Samenzellen, die sich unreif aus den Gonaden lösen, werden vorübergehend von Aussackungen der Dissepimente, von Samensäcken und Eiersäcken, auch Samenblasen und Eihälter genannt, aufgenommen und später durch besondere Gänge abgeleitet, Diese Ausführgänge beginnen mit Wimpertrichtern in den die Gonaden beherbergenden Cölomkammern. Zum weiblichen Apparat gehören die Receptacula seminis, kugelige Einstülpungen des Hautmuskelschlauches, die bei der wechselseitigen Begattung den Samen des Partners aufnehmen und bis zur Eiablage aufbewahren.

Die Entwicklung der Oligochäten erfolgt direkt, ohne freies Larvenstadium. Ungeschlechtliche Fortpflanzung kommt bei einigen Familien vor.

Die Oligochäten leben teils im Süßwasser, teils im Schlamm oder in feuchter Erde; im Meer sind sie nur spärlich vertreten.

C. Spezieller Teil

Lumbricus terrestris, Regenwurm

Zunächst erhält jeder Praktikant einen lebenden Regenwurm auf einem Bogen Fließpapier.

Das Vorderende des Körpers ist zugespitzt, das Hinterende abgerundet und etwas verbreitert. Die schwach irisierende Haut ist auf der Oberseite dunkler gefärbt als auf der Unterseite. Die vordere Hälfte des Körpers ist zylindrisch, die hintere flacht sich zunehmend ab.

Der Körper ist in ganzer Länge in dicht stehende Ringel abgeteilt, die der inneren Segmentierung genau entsprechen. Die Zahl der Segmente nimmt mit dem Alter zu, und zwar liegt die Wachstumszone nahe dem Hinterende. Die vordersten Ringel sind länger als die übrigen. Auf dem Rücken sehen wir das meist etwas geschlängelte Hauptlängsgefäß des Körpers deutlich durchschimmern; weniger deutlich ein schwächeres Längsgefäß der Bauchseite, das, wie wir später sehen werden, nicht dem Bauchgefäß, sondern dem oberflächlicher liegenden Subneuralgefäß entspricht.

Vorn am Kopf liegt ventral der Mund, von einer Art Oberlippe, dem Kopflappen (Prostomium) überdeckt, der nicht den Wert eines Segmentes besitzt und daher auch nicht als solches gezählt wird. Dorsal durchsetzt der Kopflappen das erste echte Segment, ventral zeigt er eine je nach dem Kontraktionszustand mehr oder weniger deutliche Längsfurche. Sie führt, wie wir uns durch Sondieren überzeugen, in die Mundöffnung hinein. Am Hinterende liegt im letzten Abschnitt, im Pygidium, das ebenfalls nicht den Wert eines Segmentes besitzt, der querovale After.

Bei geschlechtsreifen Tieren findet sich von Februar bis August im vorderen Körperabschnitt eine auch durch ihre hellere Färbung auffallende, sattelförmige Verdickung, das Clitellum. Es umfaßt Rücken und Flanken der Segmente 32 bis 37 und verdankt seine Entstehung der mächtigen Entwicklung von Hautdrüsen. Sie spielen einmal bei der gegenseitigen Begattung der Regenwürmer eine Rolle, indem die beiden mit den Bauchflächen aneinander liegenden Tiere durch ihr Sekret wie mit einem Gürtel fest aneinandergeschlossen werden, sodann bei der Eiablage (vgl. S. 209). Die Seitenränder des Clitellums treten als Längswülste («Pubertätsleisten») besonders hervor. Papillenartige Vorwölbungen finden sich oft auch im 26. Segment, um die ventralen Borsten herum.

Beim Kriechen streckt sich zunächst die vorderste Körperregion des Wurmes lang aus, infolge einer Kontraktion der Ringmuskulatur dieser Region. Darauf beobachten wir eine von vorn nach hinten verlaufende Kontraktionswelle der Längsmuskulatur, die zu einer lokalen Verdickung führt und den Körper nach vorn zieht. Unmittelbar anschließend, oder auch gleichzeitig, streckt sich die vorderste Körperregion erneut aus, es folgt eine zweite Kontraktionswelle der Längsmuskulatur und so fort. Die an der Bauchfläche sitzenden, nach hinten gerichteten Borsten gestatten das Vorziehen der hinteren Körperregion – wir können ihr Rascheln auf dem Fließpapier gut hören –, verhindern aber, nach Art von Ankern, daß die vordere Region gleichzeitig nach hinten gezogen wird. Ziehen wir den Wurm, mit dem Hinterende voran, zwischen den Fingern durch, so fühlen wir einen stärkeren Widerstand als in umgekehrter Richtung.

Betrachten wir jetzt einen der mit Pikrinsäure fixierten, in Alkohol aufbewahrten Würmer (Abb. 107), so können wir die Borsten leichter erkennen als am lebenden Tiere und stellen fest, daß jedem Segment acht Borsten zukommen. Sie sind jederseits zu einem ventralen und einem lateralen Paar angeordnet.

An diesen fixierten Tieren lassen sich auch die Geschlechts- und Exkretionsöffnungen besser als am lebenden Wurm erkennen. Die Geschlechtsöffnungen liegen seitlich an der Bauchfläche, und zwar die weiblichen im 14., die männlichen im 15. Segment, unmittelbar nach außen zu von den ventralen Borsten. Die männlichen Öffnungen werden von lippenförmigen Querwülsten eingefaßt, die weiblichen sind sehr fein und daher schwerer erkennbar. Vom Außenrand der die männliche Geschlechtsöffnung einfassenden Lippen führt eine Rinne nach hinten bis zum Clitellum; sie dient dem Transport des Spermas und wird

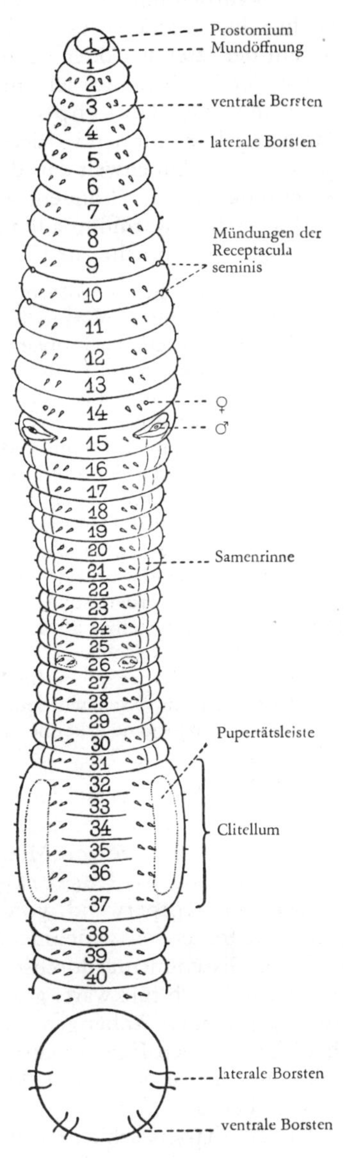

Abb. 107: *Lumbricus terrestris*. Ventralansicht des vorderen Körperabschnittes. Unten: Borstenstellung im Querschnitt. 4×

daher als Samenrinne bezeichnet. Eine ihr parallel laufende zweite Rinne unbekannter Funktion (Transport der Eier?) geht vom Innenrand der Lippen aus. Zur Zeit der Fortpflanzung wird man ferner in den beiden das 10. Segment begrenzenden Furchen jederseits die feinen Öffnungen der Receptacula seminis finden. Die nicht immer wahrnehmbaren Exkretionsporen liegen ganz vorn im Segment, oft unmittelbar in seiner vorderen Grenzfurche, teils im Zuge der ventralen Borstenpaare, teils in dem der lateralen oder noch höher; sie fehlen den ersten drei Segmenten.

Auf der Rückenseite sieht man bei gut gestreckten Würmern feine Poren in der Medianlinie, die Rückenporen. Sie liegen in der Tiefe der die Segmente trennenden Furchen, fehlen nur den vordersten Segmenten und stellen Verbindungen der Leibeshöhle mit der Außenwelt dar, durch die Cölomflüssigkeit und in ihr enthaltene Zellen ausgestoßen werden können, was besonders als Folge einer Reizung (Zwicken mit der Pinzette, Erwärmung auf 35 °C) eintritt.

Wir gehen nunmehr zur Untersuchung der inneren Organe über.

Es werden die in Chloroformwasser getöteten Tiere zur Sektion ausgeteilt. Der Wurm wird im Becken unter Wasser (besser in 0,43%iger NaCl-Lösung) so aufgesteckt, daß die dunklere Rückenseite nach oben zu liegen kommt. Und zwar führt man eine starke Stecknadel an der Grenze von 1. und 2. Segment ein, eine zweite etwas vor dem Hinterende und spannt nun den Wurm allmählich so weit aus, als es ohne Zerreißen möglich ist. Mit der feinen Schere wird jetzt von vorn her der Hautmuskelschlauch in der durch das Rückengefäß angegebenen Mittellinie eröffnet, wozu man ihn mit der Pinzette anheben muß, um nicht das Gefäß oder den unmittelbar darunter liegenden Darm anzuschneiden. Besondere Vorsicht ist im 3. Segment geboten (Cerebralganglion!) und vom 20. Segment ab nach hinten, da hier der Darm dem Hautmuskelschlauch dicht anliegt. Es ist von Vorteil, den Schnitt in der hinteren Körperhälfte mehr seitlich zu führen. Dann biegen wir den Hautmuskelschlauch vorsichtig auseinander und stecken ihn seitlich durch schräg eingeführte, feinere Nadeln fest (Abb. 108). Dazu werden, soweit das erforderlich ist, die die einzelnen Segmente trennenden Dissepimente unmittelbar am Hautmuskelschlauch durchschnitten. Man hüte sich aber davor, den Hautmuskelschlauch so weit auseinanderzuziehen, daß er platt wie ein Brett dem Boden des Präparierbeckens aufliegt, da manche Organe dadurch eine unnatürliche Lage erhalten oder gar zerrissen werden. Um gewisse Einzelheiten der Geschlechts-, Exkretions- und Zirkulationsorgane erkennen zu können, ist ein binokulares Präpariermikroskop unentbehrlich.

Wir betrachten zuerst den Darmtrakt. Die nach unten gerichtete Mundöffnung führt in die Mundhöhle, die nach hinten in den bauchigen, muskulösen Pharynx übergeht. Der Grenze von Mundhöhle und Pharynx liegt dorsal ein paariges, weißes Körperchen auf, das Cerebralganglion. Zahlreiche Muskelfaserzüge gehen vom Pharynx zur Körperwand, von denen die vorderen kurz und rein seitlich gerichtet sind, die folgenden zunehmend länger werden und schräg nach hinten ziehend mehrere Dissepimente durchsetzen. Durch ihre Kontraktion wird der Pharynx erweitert und nach rückwärts gezogen. Die Wand des Pharynx ist im übrigen dicht mit kurzen, plumpen Anhängen besetzt; es sind Büschel von Drüsenzellen, die wegen ihrer färberischen Eigenschaften als chromophile Zellen bezeichnet werden. Ihr Sekret ist reich an Schleim (Erleichterung des Schlingaktes), enthält aber auch proteolytische Fermente.

An den Pharynx schließt sich der schlankere Ösophagus an, der etwa vom 7. bis zum 13. Segment reicht. Sein hinterer Abschnitt (10. bis 12. Segment) ist beiderseits zu drei Paar weißen, reich durchbluteten Kalksäckchen ausgebuchtet, von denen die beiden hinteren die eigentlichen, Kalziumcarbonat ausscheidenden Drüsen, die vorderen, die sich in den Darm öffnen, lediglich Reservoire sind. Der Kalk gelangt in den Darm und wird mit dem Kot ausgeschieden. Die physiologische Bedeutung der Kalk-

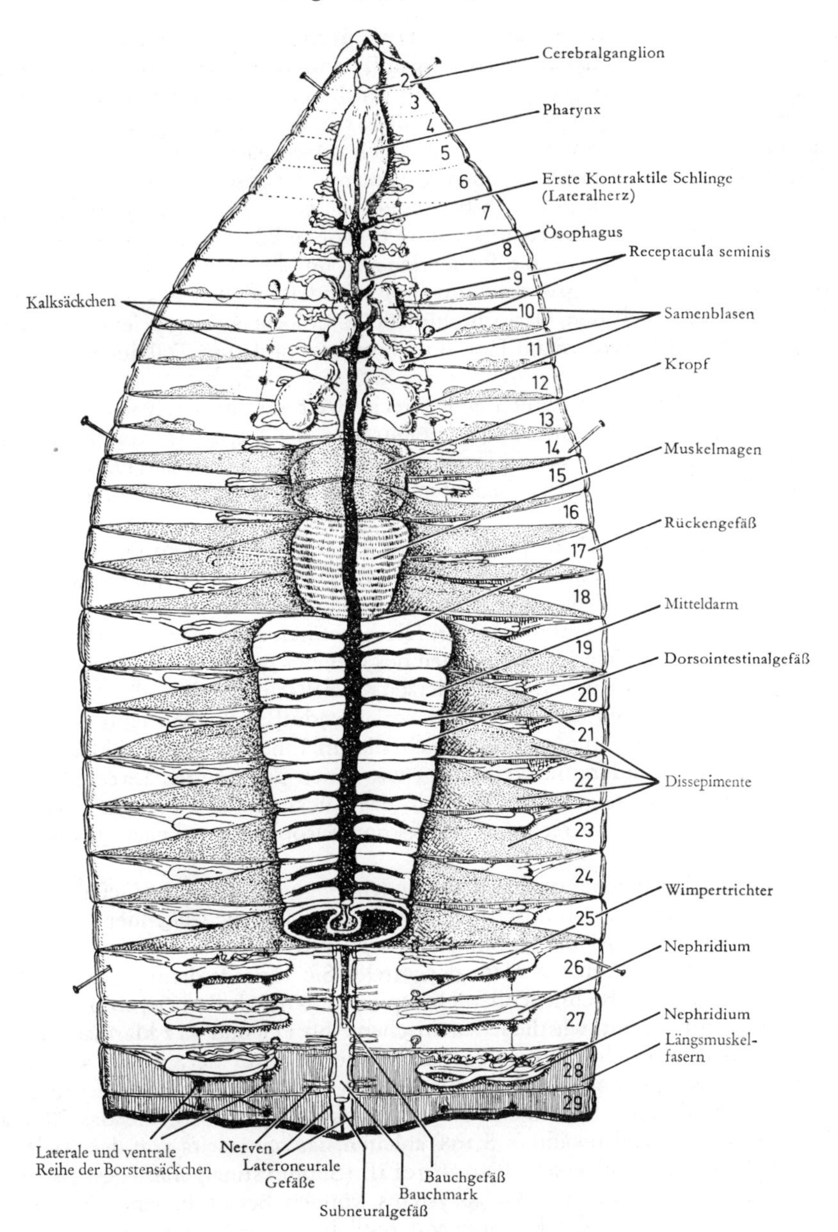

Abb. 108: Anatomie von *Lumbricus terrestris*. Die Längsmuskulatur ist nur in den Segmenten 28 u. 29 eingezeichnet

drüsen ist noch nicht völlig geklärt, auf alle Fälle aber sind sie an der Einregulierung eines bestimmten pH-Wertes im Blut und in der Cölomflüssigkeit beteiligt. Auf den Ösophagus folgen der rundliche Kropf und, unmittelbar daran anschließend, der mit einer sehr kräftigen Muskulatur und einer starken kutikularen Intima ausgestattete

Muskelmagen, in dem die aus alten Blättern und anderen Pflanzenteilen bestehende Nahrung unter Mitwirkung der gleichzeitig aufgenommenen Sandkörnchen zerrieben wird. Kropf und Muskelmagen gehören zum Vorderdarm; sie sind besonders differenzierte Abschnitte des Ösophagus. Der Mitteldarm, dessen Anfangsteil an Breite den Magen übertrifft, läuft geradlinig, sich allmählich verschmälernd nach hinten. Er wird durch die sich ansetzenden Dissepimente segmental eingeschnürt und ist von einer gelbbraunen Masse bedeckt, die sich besonders im Zuge des Rückengefäßes anhäuft und sich, wie wir mit dem Stereomikroskop erkennen können, aus keulenförmigen, zelligen Anhängen zusammensetzt. Es handelt sich um die sogenannten Chloragog-Zellen, das sind stark vergrößerte und umgewandelte Zellen des die Leibeshöhle auskleidenden und auch den Darm umhüllenden Cölothels. Sie speichern Fett und Glykogen und sind außerdem am Eiweißstoffwechsel und zum Teil auch an der Exkretion beteiligt.

Schneiden wir den Darm seitlich eine Strecke weit auf, so sehen wir eine Längsfalte in sein Lumen von der Dorsalseite her einragen, die Typhlosolis. Sie wird von Gefäßen durchzogen und ist von Chloragog-Zellen erfüllt. Da sie den Darm in ganzer Länge durchzieht, bringt sie eine bedeutende Vergrößerung der sezernierenden und resorbierenden Fläche mit sich.

Vom Blutgefäßsystem sehen wir das starke Rückengefäß dem Darm aufliegen, das wir nach vorn zu bis in die Region des Pharynx verfolgen können. Es ist kontraktil und treibt das Blut nach vorn; die Blutbewegung nach hinten wird durch Ventilklappen in seinem Innern verhindert. Bei frisch getöteten oder nur betäubten Würmern sind die rhythmischen Kontraktionen des Gefäßes gut zu beobachten. Im 7. bis 11. Segment gehen vom Rückengefäß jederseits Gefäßschlingen ab, die den Ösophagus umfassend in das ventral vom Darm verlaufende Bauchgefäß einmünden. Die Wandung dieser Gefäßschlingen, die gleichfalls im Innern mit Ventilklappen ausgestattet sind, ist besonders muskelkräftig, was ihnen den Namen Lateralherzen eingetragen hat. Im 12. Segment münden in das Rückengefäß zwei von vorn kommende Längsgefäße ein, die rechts und links dem Ösophagus anliegen (Ösophagusgefäße).

Im Bereich des Darmes selbst münden in jedem Segment drei Paar Gefäßschlingen in das Rückengefäß ein, die wir durch Abpinseln der sie dicht bedeckenden Chloragog-Zellen freilegen. Die vorderste Schlinge ist sehr zart und daher nicht immer gut erkennbar; sie wurde in Abb. 108 nicht dargestellt. Sie verläuft dicht an dem das betreffende Segment vorn abschließenden Dissepiment, wird als dorsoparietales Gefäß bezeichnet und kommt, wie die schematischen Abb. 111 und 112 klarmachen, von dem unterhalb des Bauchmarks gelegenen Subneuralgefäß her, wobei sie Seitenzweige von der Körperwand und den Nephridien aufnimmt. Deutlich sichtbar sind stets die beiden hinteren Schlingen (Dorsointestinalgefäße), die das Blut aus dem Kapillarnetz der Darmwand (s. S. 198) ableiten, das seinerseits von dem zwischen Darm und Bauchmark gelegenen Bauchgefäß (Subintestinalgefäß) gespeist wird. Diese ventralen Abschnitte des Gefäßsystems können besser in jener Region erkannt werden, in der wir die Körperwand seitlich aufgeschnitten haben. Notfalls ist der Darm noch etwas zur Seite zu ziehen und festzulegen. Wir entdecken dabei noch ein weiteres segmentales Gefäßpaar, die ventroparietalen Gefäße, die vom Bauchgefäß zur Körperwand ziehen.

Die Dissepimente sind zarte, gefensterte und daher die einzelnen Körpersegmente nur unvollkommen trennende Membranen, die sich am Darm und an der Leibeswand anheften und nur den vordersten Segmenten fehlen. Sie entwickeln sich als Duplikaturen des Peritoneums, das die ganze Leibeshöhle auskleidet. In einigen Segmenten der Ösophagusregion werden sie zu dicken, nach hinten geneigten, muskulösen Scheidewänden.

In jeder Cölomkammer finden wir rechts und links vom Darm als opake, in Querschlingen liegende Kanälchen die Nephridien (Segmentalorgane). Sie sind vom Peritoneum überzogen und an einer Peritonealfalte an der vorderen Dissepimentwand befestigt und fehlen nur den ersten drei und den letzten Segmenten. Jedes Nephridium beginnt mit einem Wimpertrichter (Nephrostom), der jedoch nicht in demselben Segment wie das zugehörige Exkretionskanälchen, sondern in dem davor liegt. Und zwar sitzen die sehr kleinen und flachen Nephrostome mit kurzem, verdickten Hals der Vorderseite der Dissepimentwand, an deren Rückseite das Kanälchen befestigt ist, in dem Bereich zwischen Darm und ventraler Leibeshöhlenbegrenzung auf. Man suche sie bei guter Beleuchtung (Mikroskopierlampe) unter Zuhilfenahme eines Stereomikroskops im Gebiet des Mitteldarmes in den Segmenten, deren Dissepimente wenigstens im basalen Teil nicht zerstört sind. Der Darm ist vorsichtig zur Seite zu schieben und mit zwei Nadeln zu fixieren. Abgelöste Chloragog-Zellen werden mit feinem Pipettenstrahl weggespült. – Der muskulöse Endabschnitt der Nephridialkanälchen ist erweitert und wird als Harnblase bezeichnet. Sie mündet im Exkretionsporus nach außen.

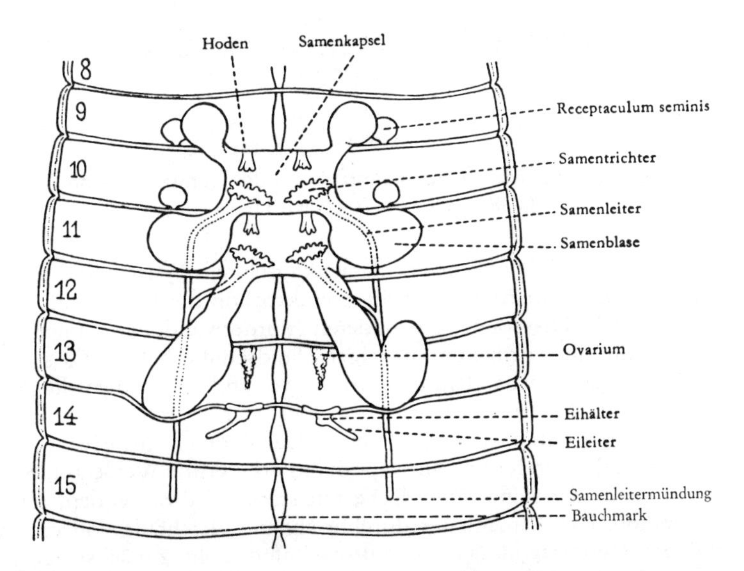

Abb. 109: Geschlechtsorgane des Regenwurmes, *Lumbricus terrestris*

Wir kommen jetzt zum Studium des recht komplizierten Geschlechtsapparates. Schon bei Eröffnung der Körperwand werden drei Paar großer, gelblich-weißer Blasen aufgefallen sein, die die Segmente 9 bis 13 einnehmen und bei starker Entwicklung dorsal über den Ösophagus hinübergreifen. Sie enthalten reichlich Spermatozoen, sind aber nicht, wie man früher fälschlich annahm, die Hoden, sondern Ausstülpungen der Dissepimente, die als Samenblasen bezeichnet werden. Entfernen wir den Ösophagus, indem wir ihn vorn durchschneiden, mit der Pinzette anheben und sehr vorsichtig bis zum 12. Segment von seiner Unterlage trennen, so erkennen wir, daß die Samenblasen von taschenförmigen Räumen ausgehen, von denen der eine im 10., der andere im 11. Segment unter dem Ösophagus liegt. Es sind die Samenkapseln, Cölomräume, die völlig von der Leibeshöhle im engeren Sinne abgetrennt sind und in denen die Hoden verborgen liegen. Wie wir bei genauem Zusehen erkennen können und die Abb. 109 und 110 etwas schematisch darstellen, geht das erste und zweite Samenblasenpaar von der vorderen Samenkapsel aus, wobei das erste Paar eine nach vorn gerichtete Aussackung des Dissepimentes 9/10 ist, das zweite eine nach hinten gerichtete des Dissepimentes 10/11. Von der hinteren Samenkapsel stülpt sich das dritte Paar von Samenblasen nach hinten zu als Aussackung des Dissepimentes 11/12 aus; es kann so groß werden, daß es noch das ganze Segment 13 einnimmt.

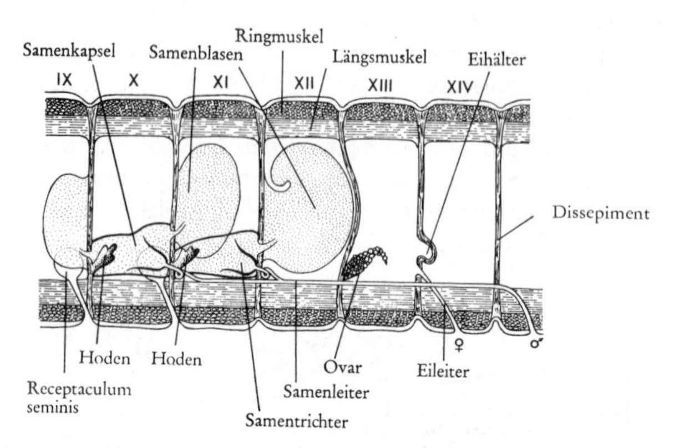

Abb. 110: Schematischer Längsschnitt durch die Genitalsegmente von *Lumbricus terrestris*. (Nach HESSE)

Schneidet man in die Decke einer der Samenkapseln ein Fenster und spült sie mit der Pipette aus, so findet man mit dem Stereomikroskop die Hoden als kleine, der durch das betreffende Dissepiment gebildeten Vorderwand der Samenkapsel ansitzende Körper, die die Form kurzfingeriger Handschuhe haben. Es sind also im ganzen zwei Paar Hoden vorhanden, die vorn im 10. und 11. Segment liegen. Hinter jedem Hoden liegt in der Samenkapsel ein großer, stark gefalteter Flimmertrichter (Samentrichter), der sich nach hinten in einen Kanal, den Samenleiter, fortsetzt. Der Samentrichter fällt durch seine an Naphthalin erinnernde Weiße auf. Sie kommt durch den dichten Besatz seiner Oberfläche mit stark lichtbrechenden, reifen Spermienfäden zustande. Der Samenleiter durchbricht die gleichfalls von einem Dissepiment gebildete Hinterwand der Samenkapsel und zieht zunächst schräg, dann geradlinig nach hinten. Die beiden Samenleiter einer Seite vereinigen sich zu je einem Kanal, der im 15. Segment den Hautmuskelschlauch durchsetzt und mit der männlichen Geschlechtsöffnung ausmündet. Die männlichen Geschlechtszellen lösen sich unreif, in Form mehrkerniger, kugeliger Follikel von den Hoden ab, geraten in die Samenkapsel, dann in die Samenblasen, wo sie Teilungen und ihre Enddifferenzierung durchmachen, und kehren schließlich als fertige Spermatozoen in die Samenkapseln zurück, aus denen sie durch die Samentrichter abgeleitet werden (s. auch S. 43).

Die weiblichen Geschlechtsorgane bestehen aus einem Paar sehr kleiner, schlank kegelförmiger, opak-weißlicher Ovarien, die vorn im 13. Segment, rechts und links neben dem Bauchmark, der Basis des Dissepiments 12/13 angeheftet sind, und zwei kurzen, schräg nach hinten und außen gerichteten Eileitern, die im 14. Segment ausmünden. Die Eileiter beginnen mit einem Flimmertrichter, der mit nach vorne gerichteter Öffnung flach im Dissepiment 13/14 liegt. Unmittelbar darüber bildet das Dissepiment häufig je eine kleine, den Samenblasen entsprechende Aussackung, die Eihälter, in denen sich die zur Ablage bereiten Eier ansammeln.

Man kann die Ovarien, gute Beleuchtung und Augenhilfe vorausgesetzt, leicht finden, wenn man die Samenblasen und den Ösophagus im 13. Segment seitlich verschiebt und mit Nadeln fixiert. Wurde bei der Präparation der männlichen Geschlechtsorgane die Speiseröhre nicht nur bis zum 12. Segment, sondern ganz entfernt, so sind die Ovarien nur dann noch erhalten, wenn man sehr umsichtig präpariert hat. Im andern Fall wurden sie mit dem Dissepiment herausgerissen.

Zum weiblichen Geschlechtsapparat gehören außerdem noch zwei Paar Receptacula seminis, Einstülpungen des Integuments, die nach der Leibeshöhle zu geschlossen sind und in unserem Präparat als weiße, kugelrunde Körper auffallen, die lateral im 9. und 10. Segment liegen. Man kann sie leicht finden und, von hier aus die Segmente zählend, zur Orientierung benützen.

Bei der gegenseitigen Begattung legen sich zwei Würmer (wie schon auf S. 203 erwähnt) mit der Bauchfläche aneinander, und zwar so, daß das Clitellum des einen Wurmes den Segmenten 9 bis 15 und damit den Öffnungen der Receptacula seminis des anderen anliegt. Drüsen der Haut und des Clitellums scheiden nun schleimige Sekrete ab, die an der Luft erhärten und die Genitalregionen der Gatten wie mit Manschetten umhüllen. Das aus der männlichen Öffnung austretende Sperma wird in der sich durch Muskelkontraktion zu einem Rohr schließenden Samenrinne bis zu den Receptacula seminis des Partners geleitet und dort gespeichert. Dann trennen sich die Würmer. Zur Eiablage bildet der Wurm erneut einen Sekretgürtel um die Region des Clitellums herum. Dieser Gürtel wird durch peristaltische Bewegungen des Hautmuskelschlauches langsam kopfwärts verschoben. Während er an den beiden weiblichen Geschlechtsöffnungen vorbeigleitet, werden in ihn ein oder einige Eier abgelegt. Dann zieht sich der Wurm allmählich nach rückwärts aus dem Gürtel heraus; beim Passieren der Receptacula seminis-Eingänge wird Sperma zu den Eiern gegeben. Ist der Gürtel ganz abgestreift, so schließt er sich vorn und hinten zu einem zitronenförmigen, Eier und Sperma enthaltenden Gebilde zusammen, das als Kokon bezeichnet wird.

Wir tragen jetzt die Samenkapseln mit den anhängenden Samenblasen ab, entfernen, unter Schonung des Cerebralganglions, den Pharynx und den Darm, einschließlich des ihrer Ventralseite angelagerten Bauchgefäßes, und gewinnen so einen Überblick über das Nervensystem.

Das Bauchmark besteht aus zwei Längssträngen, die aber so innig miteinander verbunden sind, daß sie äußerlich als ein einziger Strang erscheinen. Die in der Mitte eines jeden Segments liegenden Ganglienanschwellungen sind nicht scharf abgesetzt. Von jeder Ganglienanschwellung gehen dicht beieinander zwei Paar Nerven ab, die in den Hautmuskelschlauch übertreten. Ein drittes, feineres Nervenpaar entspringt weiter vorn vom Bauchmark, dicht am Dissepiment. Trennen wir das Bauchmark eine Strecke weit von seiner Unterlage ab, so finden wir ihm ventral anliegend das mäßig starke Subneuralgefäß, während die ihm rechts und links anliegenden feineren lateroneuralen Gefäße in Abhängigkeit von der Blutfüllung meist nur streckenweise zu erkennen sind. In jedem Segment gehen vom subneuralen Gefäß rechts und links eines der oben erwähnten dorsoparietalen Gefäße ab, und in jedem Segment führen ihm zwei von den lateroneuralen Blutbahnen kommende Adern Blut zu. Die Lateroneuralgefäße empfangen ihrerseits Blut aus der Haut. Verfolgen wir das Bauchmark nach vorn zu, so sehen wir es sich in zwei Längsstränge, die Schlundkonnektive, aufspalten, die beiderseits des Pharynx zu dem im dritten Segment liegenden Cerebralganglion aufsteigen. Es verrät in seiner Form noch die Entstehung aus zwei getrennten Ganglien und entsendet nach vorn zwei relativ starke Nervenpaare.

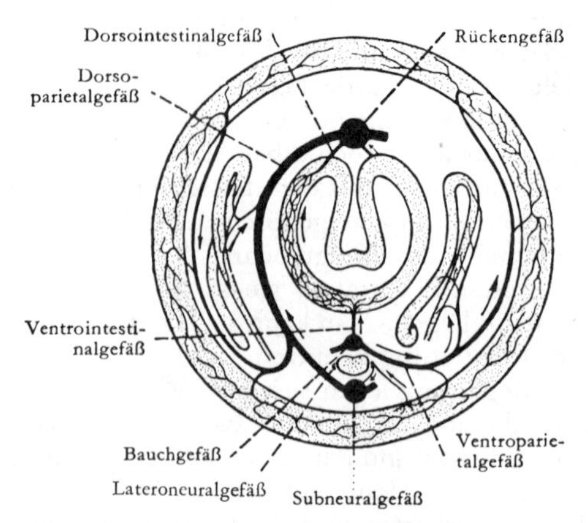

Abb. 111: *Lumbricus*. Schema des Gefäßsystems im Querschnitt

Vergegenwärtigen wir uns noch einmal das Gefäßsystem im Zusammenhang (Abb. 111 und 112), so können wir das folgende Schema entwerfen. Einem dorsalen Hauptgefäß (Rückengefäß), in dem das Blut von hinten nach vorn getrieben wird, stehen zwei ventrale Gefäße gegenüber, das subintestinale (Bauchgefäß) und das subneurale, in denen das Blut von vorn nach hinten fließt. Das dorsale Hauptgefäß

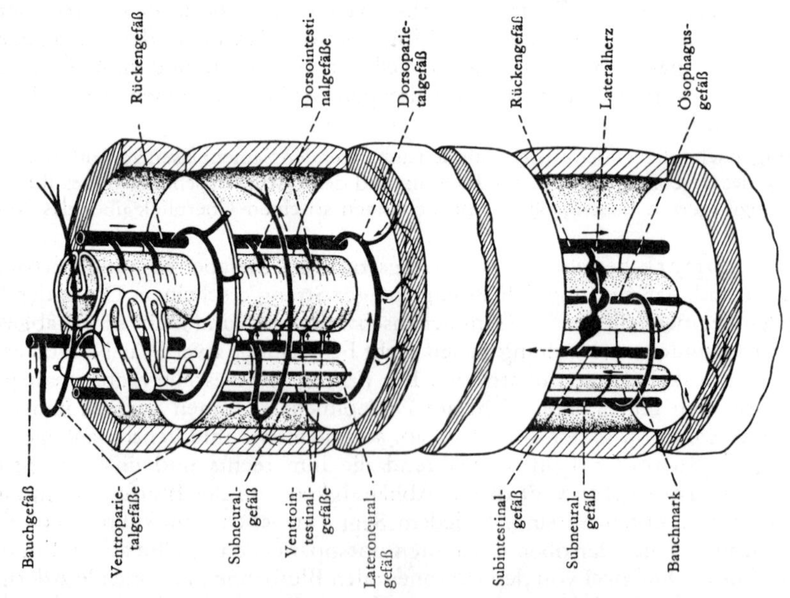

Abb. 112: *Lumbricus*. Schema des Gefäßsystems, rechts im Bereich des Ösophagus, links im Bereich des Darmes

ist mit den beiden ventralen in jedem Segment durch zwei Gefäßbogen verbunden. Der eine, als splanchnischer Bogen bezeichnet, entspringt mit mehreren Wurzeln (Ventrointestinalgefäße) aus dem subintestinalen Gefäß, teilt sich zum Kapillarnetz der Darmwand auf und mündet durch die dorsointestinalen Gefäße ins Rückengefäß. Der zweite Gefäßbogen, als somatischer bezeichnet, breitet sich mit seinen kapillären Verzweigungen vor allem in der Körperwand aus, steht also, unter anderem, im Dienste der Hautatmung. Sein zuführendes Gefäß ist das ventroparietale, das vom Bauchgefäß entspringt, seine abführenden Gefäße sind die vom subneuralen zum Rückengefäß ziehenden dorsoparietalen Gefäße und die aus der Haut zu den Lateroneuralgefäßen ziehenden Adern. Die vordere Körperregion weicht von diesem Schema ab, einmal durch Ausbildung der beiden seitlichen Ösophagusgefäße, besonders aber durch die Einschaltung der Lateralherzen als direkte Verbindungen zwischen Rücken- und Bauchgefäß.

Wir gehen jetzt zur mikroskopischen Betrachtung einiger Einzelheiten über.

Schauen wir uns zunächst den Darminhalt etwas näher an, so finden wir ihn bestehend aus Erdteilchen, untermischt mit pflanzlichen Resten. Im vorderen Darmteil sind die Massen gröber, im hinteren feiner. Der Regenwurm nährt sich von vegetabilischen Resten und gibt die Erde in stark zerriebenem Zustande durch den After wieder ab. Da er sich des Nachts nach oben begibt, werden die Exkremente größtenteils auf der Erdoberfläche abgelegt. Dadurch, wie durch das Bohren in der Erde überhaupt, tragen die Regenwürmer zur Zerkleinerung, Auflockerung und Umlagerung der Erdkrume bei.

Es ist eine nicht ganz leichte, aber lohnende Aufgabe, eines der Nephridien in ganzer Länge herauszupräparieren, das dann in einem Tropfen 0,43%iger NaCl-Lösung unter dem Mikroskop untersucht wird. Dazu wird die Verbindung mit dem Exkretionsporus durchtrennt und außerdem der mediale, vom Nephrostom durchbohrte Abschnitt des vorausgehenden Dissepimentes mit herausgeschnitten, um nicht den präseptalen Abschnitt mit dem Wimpertrichter zu verlieren. Wir sehen, daß der Wimpertrichter die Form eines abgeflachten Trichters hat, daß das Exkretionskanälchen reich von Blutgefäßen umsponnen wird und daß seine einzelnen Abschnitte von recht verschiedenem Kaliber sind. Bei frisch getöteten oder nur betäubten Tieren werden wir im Innern des Kanälchens eine lebhafte Flimmerbewegung beobachten können, die dem Transport der Exkretionsstoffe dient. Nicht selten werden wir in dem Kanälchen kleine, sich lebhaft schlängelnde Nematoden finden, Larven der schon früher erwähnten Art *Rhabditis pellio* (vgl. S. 154), die, wenn sie durch den Tod des Wirtes frei werden, sich binnen kurzem zu geschlechtsreifen Tieren entwickeln.

Betrachten wir eines der Ovarien bei schwacher Vergrößerung in einem Tropfen Wasser oder Glyzerin, so können wir die einzelnen Eier gut erkennen. Ihre Bildungszone liegt in der am Dissepiment angehefteten Basis des Ovariums, während die fertig entwickelten Eier seine Spitze einnehmen.

Zerzupfen wir eine Samenblase auf dem Objektträger, so werden wir meist, außer den schon erwähnten parasitischen Nematoden, Gregarinencysten und meist auch freie Gregarinen vorfinden (vgl. S. 43). Verdünnen wir einen Tropfen der beim Anschneiden aus der Samenblase austretenden, milchigen Flüssigkeit mit physiologischer Kochsalzlösung (0,43%) und legen ein Deckgläschen auf, so werden wir die männlichen Geschlechtszellen in allen Stadien der Entwicklung antreffen. Sie sind zu 8, 16 oder mehr zu Rosetten oder maulbeerförmigen Körperchen vereint, teils unmittelbar durch ihre Basen, teils durch Vermittlung einer zentral liegenden Plasmamasse. Es handelt sich in der Mehrzahl um Spermatogonien und Spermatocyten, doch werden wir auch Gruppen von Spermatiden und ihre Übergangsformen zu fertigen Spermatozoen antreffen (s. S. 43).

Es werden jetzt fertige mikroskopische Präparate, Querschnitte durch die mittlere Körperregion eines Regenwurms verteilt.

In der Mitte des Präparates (Abb. 113) sehen wir den Querschnitt des Darmes und zwischen ihm und dem dicken Hautmuskelschlauch eine geräumige Leibeshöhle. Die Dorsalseite des Darmes wird durch die nach innen einspringende Typhlosolis angezeigt. Über ihr liegt das Rückengefäß, unter dem Darm das Bauchgefäß und unter diesem wiederum das Bauchmark. Rechts und links vom Darm sind in der Leibeshöhle Anschnitte der Nephridien zu sehen.

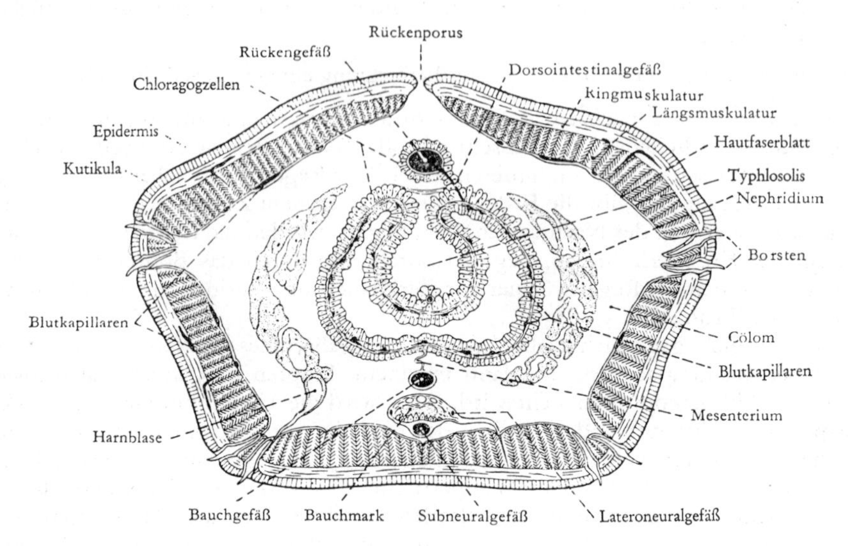

Abb. 113: Querschnitt durch die Körpermitte vom Regenwurm, *Lumbricus terrestris*

Die Epidermis ist ein einschichtiges, aus schmalen, prismatischen Zellen zusammengesetztes Epithel. Nach außen zu von ihr liegt eine dünne Kutikula. Zwischen den gewöhnlichen Epidermiszellen finden sich zahlreiche, ein schleimiges Sekret absondernde Drüsenzellen, die sich durch ihre bauchige Form und den bei Hämatoxylin-Eosin-Färbung blauen Inhalt zu erkennen geben. Sehr viel seltener sind die durch das Eosin rötlich gefärbten serösen Drüsenzellen. Zwischen den Basen der Epidermiszellen bemerken wir zahlreiche Kerne, die zu Lymphzellen gehören.

Unmittelbar unterhalb der Epidermis liegt, von einer äußerst feinen Basalmembran abgesehen, die deutlich in zwei Schichten gesonderte Muskulatur. Die äußere Schicht umfaßt die Ringmuskelfasern, die einzeln in ein lockeres Bindegewebe eingelassen sind und deren oberflächlich gelegene Kerne wir gut erkennen können. Die Längsmuskelfasern der sehr viel dickeren inneren Schicht sind in größerer Zahl innerhalb schmaler, durch zarte Bindegewebssepten getrennte Fächer («Muskelkästchen») zweireihig angeordnet. Die Fasern sitzen den Septen an, während das Kästchen im übrigen von einem gallertigen Bindegewebe erfüllt ist.

Die Innenfläche des Hautmuskelschlauches wird vom Hautfaserblatt bekleidet, das auch die in der Leibeshöhle liegenden Organe umhüllt. Obwohl es nur ein flaches

Epithel ist, läßt es sich doch sehr gut wahrnehmen; es zeigt uns an, daß die Leibeshöhle den morphologischen Wert eines Cöloms hat.

An vier Stellen ist der Hautmuskelschlauch durch die paarweise angeordneten, leicht S-förmig gekrümmten Borsten unterbrochen. Sie sitzen in Hauteinstülpungen, den Borstentaschen, an denen Muskelbündel ansetzen, die die Borsten zu bewegen vermögen. Eine weitere Unterbrechung des Hautmuskelschlauches bemerken wir in der Dorsallinie, im Zuge der Rückenporen; die Poren selbst werden wir natürlich nur in Querschnitten antreffen, die genau zwischen zwei Segmenten hindurchgehen.

In der Darmwand (Abb. 114) lassen sich folgende Schichten unterscheiden. Zu innerst die eigentliche Darmschleimhaut, ein einschichtiges Epithel schlanker Zellen, die an ihrem freien Ende reich mit Cilien besetzt sind; ihre eng geschlossenen Basalkörper können, falls die Cilien zerstört sind, eine Kutikula vortäuschen. Zwischen den gewöhnlichen Darmzellen finden sich zahlreiche bauchigere und stärker gefärbte Drüsenzellen. Es folgen eine Ring- und eine Längsmuskelschicht, beide sehr dünn. Zwischen ihnen und dem Darmepithel breitet sich das zwischen Rücken- und Bauchgefäß eingeschaltete Kapillarnetz (nach anderer Meinung Lakunensystem) aus. Das den Darm außen umziehende Peritoneum ist ungewöhnlich hoch, da es sich zu Chloragog-Zellen umgebildet hat, die gelbgrüne Körnchen aus Heteroxanthin enthalten.

Zwischen Darm und Bauchgefäß spannt sich ein Mesenterium aus, in dem wir meist Anschnitte jener Gefäße erkennen, die vom Bauchgefäß zum Kapillarnetz der Darmwand aufsteigen. Die von diesem Kapillarnetz zum Rückengefäß führenden dorsointestinalen Gefäße und die vom Bauchgefäß und vom Subneuralgefäß abgehenden Schlingen (ventroparietale und dorsoparietale Gefäße) werden natürlich nur bei vereinzelten Präparaten getroffen sein.

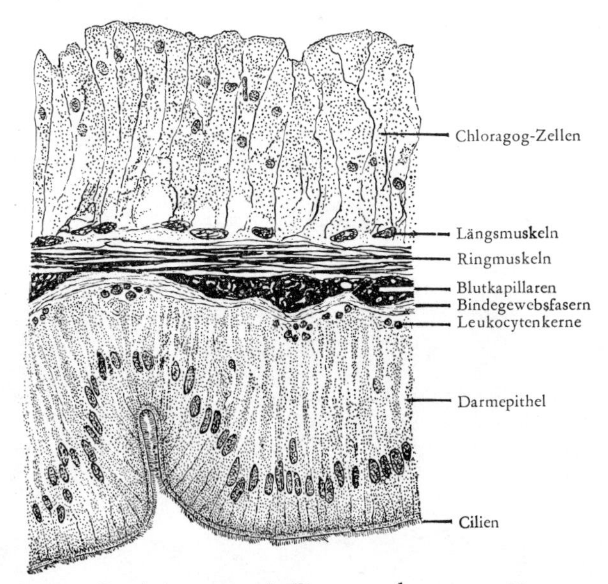

Abb. 114: *Lumbricus terrestris*. Darmwand quer. 350×.

Ventral vom Bauchgefäß und ohne mesenteriale Verbindung mit ihm sehen wir das Bauchmark. Seine paarige Natur ist hier im Querschnitt noch erkennbar durch die Zusammensetzung aus zwei Längssträngen, die an den Segmentgrenzen deutlich vonein-

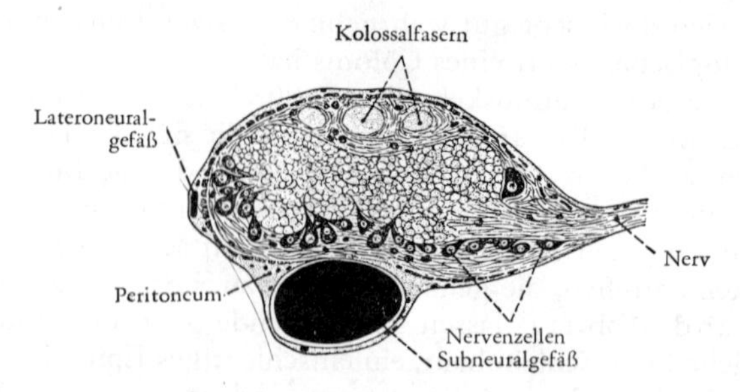

Abb. 115: *Lumbricus*. Querschnitt des Bauchmarks. (Nach K. C. SCHNEIDER)

ander geschieden sind, während sie sich in der Segmentmitte, wo sie zu Ganglien anschwellen, durch zahlreiche Querfasern eng aneinanderschließen. Die großen birnenförmigen Ganglienzellen sehen wir lateral und ventral zu einer oberflächlichen Schicht angeordnet. Dorsal fallen uns drei sehr starke Nervenfasern auf, die sogenannten Kolossalfasern, die das Bauchmark in ganzer Länge durchziehen. Umhüllt wird das Bauchmark vom Peritoneum, das auch das subneurale und die beiden lateroneuralen Gefäße umfaßt.

II. Hirudinea, Egel

A. Technische Vorbereitungen

Zur Untersuchung gelangt *Hirudo medicinalis*, der Blutegel, der in Apotheken oder durch Tierversandgeschäfte erhältlich ist. Man sichere sich die für den Kurs benötigte Zahl von Blutegeln durch frühzeitige Bestellung; sie lassen sich in kühl aufgestellten, zugedeckten Aquarien sehr lange ohne Fütterung halten. Abgetötet werden sie in einem verschließbaren Glasgefäß mit etwas Choroform, oder, was für die Untersuchung des Nervensystems vorteilhafter ist, durch Einlegen in 10% Alkohol. Von mikroskopischen Präparaten sind mit Hämatoxylin-Eosin gefärbte Querschnitte der mittleren Körperregion erforderlich.

B. Allgemeine Übersicht

Die Hirudineen unterscheiden sich von den Oligochäten, mit denen sie in der Klasse der Clitellata vereint werden, vor allem dadurch, daß bei ihnen die für alle Anneliden charakteristische sekundäre Leibeshöhle, das Cölom, durch die mächtige Entwicklung eines den Raum zwischen Hautmuskelschlauch und inneren Organen erfüllenden Zwischengewebes (Körperparenchym) oft sehr stark unterdrückt wurde. Durch den Besitz dieses Parenchyms, das sich von der epithelialen Wand des ehemaligen Cöloms herleitet, wird eine auffällige, aber trügerische Ähnlichkeit mit Plathelminthen erzeugt, die durch Abplattung des Körpers in dorso-ventraler Richtung noch verstärkt wird.

Ferner sind Hirudineen den Oligochäten gegenüber durch das völlige Fehlen von Borsten und den Besitz zweier Saugnäpfe gekennzeichnet. Der hintere, größere, liegt ventral vom After und dient nur zum Festheften, der vordere wird von der Mundöffnung durchbohrt und dient daher auch noch der Nahrungsaufnahme. Indem sich die Egel abwechselnd mit einem der beiden Saugnäpfe festheften, bewegen sie sich nach der Art der Spannerraupen (Geometriden) fort.

Die Zahl der Segmente beträgt außer bei *Acanthobdella* stets 33, das Clitellum erstreckt sich über das 10.–12. Segment, ist aber nur zur Zeit der Eiablage gut erkennbar. Die Epidermis ist sekundär geringelt. Auf ein inneres Segment entfallen 2 bis 14 äußere Ringel.

Unter dem drüsenreichen Hautepithel liegt eine in reichliches Bindegewebe eingebettete Muskulatur, und zwar zu äußerst eine Ringmuskelschicht, dann eine Diagonalschicht mit sich kreuzenden Fasern und nach innen eine starke Längsmuskulatur. Zu diesen den ungemein kräftigen Hautmuskelschlauch bildenden Schichten kommt noch eine dorso-ventrale Muskulatur, die das Körperparenchym schräg vom Rücken zum Bauche durchsetzt.

Das Nervensystem ist das typische der Anneliden, nur daß sich die beiden Längsstränge des Bauchmarks – ebenso wie bei den Oligochäten – so eng aneinander geschlossen haben, daß das Bild einer Strickleiter äußerlich verlorengeht. In allen Segmenten finden sich Anschwellungen des Bauchmarkes, die Bauchganglien, von denen jederseits zwei Nerven ausgehen. Von Sinnesorganen sind neben zahlreichen, verstreut liegenden Lichtsinneszellen primitive Augen (Ocellen mit oder ohne Pigmentmantel) in wechselnder Zahl und Lage zu finden. Spindelförmige Sinneszellen der Haut, die sich zu Sinnesknospen vereinigen können, dürften dem Tastsinn und chemischen Sinn dienen. Die Sinnesknospen zeigen teilweise eine regelmäßige, segmentale Anordnung. Sie liegen meist auf dem mittleren Ring der Segmente.

Der Darm beginnt mit einem sehr verschieden gestalteten Pharynx, nach dessen Bau wir die drei Überfamilien der Gnathobdellodea (Kieferegel), Rhynchobdellodea (Rüsselegel) und Pharyngobdellodea (Schlundegel) unterscheiden. Bei den Kieferegeln entspringen an der Innenseite der Muskelwand des Pharynx drei reich bezahnte, halbkreisförmige Kiefer; bei den Rüsselegeln fehlen die Kiefer, dafür kann der ganze, vorn oft zugespitzte Schlund, der in der Ruhe in einer mit Längsmuskulatur ausgestatteten Tasche, der Rüsselscheide, liegt, aus dieser vorgestreckt werden; bei den Schlundegeln fehlen Kiefer wie Rüssel. Am Mitteldarm finden sich meist paarige Blindsäcke, die sein Fassungsvermögen erheblich vergrößern. Der Enddarm zeigt häufig vor seiner Ausmündung in den durch den hinteren Saugnapf dorsalwärts verschobenen After noch eine Erweiterung.

Außer bei den (mit nur einer Art vertretenen) Borstenegeln, die ein wohlausgebildetes Blutgefäßsystem und eine sekundäre Leibeshöhle haben, ist ein echtes Blutgefäßsystem und eine Leibeshöhle mit ansehnlichen Cölomräumen nur bei den Rüsselegeln vorhanden. Bei den beiden anderen Überfamilien fehlt das Gefäßsystem spurlos. Es wird hier durch die gefäßartig verengten Reste des Cöloms morphologisch und funktionell ersetzt. Von solchen »Gefäßen» – richtiger Cölomlakunen – werden vor allem ein Bauchkanal, zwei Seitenkanäle, häufig auch noch ein Rückenkanal und zahlreiche Querverbindungen beobachtet. An bestimmten Stellen können sich die Kanäle zu muskulösen und daher kontraktilen Anschwellungen, den Ampullen, erweitern.

Besondere Atmungsorgane fehlen meist. Nur bei den Fischegeln kommen sie in Form von seitlich liegenden, kontraktilen Bläschen zur Entwicklung. In allen anderen Fällen liegt reine Hautatmung vor, die durch Ausbildung eines ungemein dichten Netzes von Blutkapillaren zwischen den Basen der Epidermiszellen begünstigt wird.

Die Exkretionsorgane sind abgewandelte Metanephridien, die in 10 bis 17 Segmenten in je einem Paare vorhanden sind. Jedes Nephridium besteht aus einem vielfach geschlängelten Kanal, dem sich nach innen zu ein Wimpertrichter ansetzt, während er nach außen unter Vorschaltung einer oft recht ansehnlichen Harnblase mündet. Der Wimpertrichter öffnet sich gegen das Cölom oder liegt in einer der Restlakunen des Cöloms, einer Ampulle etwa. Eine Eigentümlichkeit des Hirudineennephridiums ist, daß der Wimpertrichter nie in offener Verbindung mit dem Kanal steht und daß sich meist zwischen beide eine Amöbocyten beherbergende Erweiterung, die Nephridialkapsel, einschaltet.

Die Hirudineen sind Zwitter. Der männliche Geschlechtsapparat besteht aus einer Anzahl Hoden, die in den mittleren Körpersegmenten paarig und metamer angeordnet sind, und deren kurze Ausführgänge jederseits in ein nach vorn ziehendes Vas deferens münden. Beide Samenleiter wenden sich vorn zur ventralen Mittellinie, mit einem gemeinsamen Endstück ausmündend, das bei manchen Hirudineen als ein vorstülpbarer Begattungsapparat, Penis, ausgebildet ist.

Der weibliche Geschlechtsapparat besteht aus zwei stets vor den Hoden gelegenen Ovarien, die entweder gemeinsam nach außen münden oder kurze Ausführgänge, Eileiter, besitzen, die sich zu einem muskulösen, sackartig erweiterten Kanal, der Vagina, vereinigen.

Die Begattung ist wechselseitig. Dabei dringt der Penis in die weibliche Geschlechtsöffnung des Partners ein, oder – was häufiger der Fall ist – es wird eine Spermatophore außen an beliebiger oder an bestimmter Körperstelle angeheftet. Die Spermatozoen gelangen durch die Haut und entlang von Gewebslücken zu den Ovarien.

Die Eiablage erfolgt im Frühjahr und findet im Wasser oder auch in feuchter Erde statt. Die Eier liegen meist zu mehreren in den «Kokons», eigentümlichen Kapseln mit bisweilen schwammiger Hülle und Eiweißinhalt, beide von der Haut des Tieres abgeschieden. Die Embryonen wachsen auf Kosten des als Nahrung dienenden Eiweißes heran, sprengen dann die Eihülle und werden allmählich dem erwachsenen Tiere immer ähnlicher, machen also keine Metamorphose durch. Bei manchen Hirudineen findet sich Brutpflege.

C. Spezieller Teil

Hirudo medicinalis, medizinischer Blutegel

Bevor wir die Sektion des Blutegels beginnen, sehen wir uns die Art der Fortbewegung an einem nicht betäubten Tiere genauer an. Der mit dem hinteren Saugnapf festsitzende Egel streckt zunächst den Vorderkörper lang aus, heftet sich mit dem vorderen Saugnapf fest, hebt dann den hinteren ab und setzt ihn unmittelbar hinter dem vorderen an, wobei sich der Körper verkürzt und einkrümmt. Dann löst sich der vordere Saugnapf wieder ab, der Vorderkörper streckt sich aus und so fort. Werfen wir das Tier ins Wasser, so sehen wir, wie es mit eleganten, schlängelnden Bewegungen zu schwimmen vermag. Die Schlängelung erfolgt in der Vertikalebene.

Das getötete Tier wird in das Wachsbecken gelegt und zunächst seine äußere Körperform unter Zuhilfenahme eines Stereomikroskops betrachtet. Der Körper ist dicht geringelt; wie wir bei der Sektion sehen werden, entsprechen aber erst fünf dieser Ringel (am Vorder- und Hinterende sind es weniger) einem inneren Segment. Rücken- und Bauchseite lassen sich leicht unterscheiden. Der Rücken ist mehr gewölbt, von grünschwarzer Farbe und durch gelb- oder rotbraune Längsstreifen geschmückt, von denen sich zwei an der Seite, zwei etwas dunklere auf dem Rücken finden. Die Zeichnung des Blutegels ist übrigens sehr variabel. Die flachere Bauchseite ist heller gefärbt, grünlich oder bräunlich. An den beiden Körperenden findet sich je ein Saugnapf, der größere am Hinterende, der kleinere, mehr löffelförmige, am Kopfe. Schaut man mit der Lupe in den Grund des Kopfsaugnapfes, so sieht man den dreizipfeligen Mund, und breitet man diesen mit der Pinzette etwas auseinander und trocknet mit einem Stückchen Filtrierpapier den hier reichlich ausgetretenen Schleim ab, so sieht man auch die drei mercedessternförmig angeordneten Kiefer, an denen man schon mit der Lupe die dem Rand in einer Reihe aufsitzenden, verkalkten Zähnchen sehen kann.

Betrachten wir die Bauchseite aufmerksam mit dem Stereomikroskop, so fallen uns in der Medianlinie zwei deutliche, auf kleinen Papillen stehende Öffnungen auf. Es sind die Geschlechtsöffnungen, vorn die männliche, dahinter die weibliche. Hin und wieder werden auch zu beiden Seiten der Mittellinie die feinen Poren sichtbar, mit denen sich in gewissen, der inneren Metamerie entsprechenden Abständen die Nephridien nach außen öffnen. Solche Exkretionsporen gibt es 17 Paar. Sie liegen in den Segmenten 6 bis 22. Auf dem mittleren Ringel jedes Segments erhebt sich ringsherum eine Anzahl feiner Sinnespapillen. Im 1., 2., 3., 5. und 8. Ringel liegen je ein Paar als kleine schwarze Punkte erkennbare Augen (Pigmentbecherocellen).

Das Tier wird jetzt unter Wasser in dem Wachsbecken auf den Bauch gelegt, der hintere Saugnapf mit einer starken Nadel angesteckt, der vordere mit einer zweiten Nadel durchbohrt und der Blutegel ganz langsam, soweit es geht, in die Länge gezogen und diese Nadel dann ebenfalls festgesteckt. Diese Streckung wird noch ein paarmal wiederholt, bis die äußerste Dehnungsmöglichkeit erreicht ist. Nun wird der Rücken neben der dorsalen Mittellinie aufgeschnitten. Dieser Schnitt muß sehr vorsichtig geführt werden, damit der der dor salen Körperwand anhaftende Darm nicht angeschnitten wird. Man kann ihn entweder mi einem sehr scharfen, vorn abgerundeten Präpariermesser machen oder mit der feinen Schere nur muß man sich stets ganz oberflächlich halten, um das Einschneiden in den Darm, das sich meist sofort durch Bluterguß kundgibt, zu vermeiden. Ist der Längsschnitt geführt, so wird zunächst ganz vorsichtig mit der Schere, unter Zuhilfenahme der Pinzette, die Körperhaut der einen, dann die der anderen Seite freipräpariert und hierauf mit schräg eingeführten Nadeln festgesteckt.

Ist die Präparation gut gelungen, so sieht man den unversehrten Darm in voller Ausdehnung vor sich liegen (Abb. 116). Vorn am Kopf befinden sich die drei Kiefer, zu deren Bewegung sich Muskelmassen anheften, die schräg nach hinten zur Leibeswand ausstrahlen. Unmittelbar hinter dem oberen Kiefer liegt das Oberschlundganglion (Cerebralganglion), das dem Anfangsteil des Pharynx aufliegt. Der Pharynx ist ein kurzes, zylindrisches, vom vierten bis zum siebenten Segment reichendes Rohr, von dessen Wandung zahlreiche Muskeln zur Leibeswand ziehen. Sie bewirken eine Erweiterung des Pharynx und damit ein Ansaugen, während die in der Wand des Pharynx liegenden Ringmuskeln als Antagonisten wirken.

Der auf den Pharynx folgende Darm gliedert sich in zwei Abschnitte. Der erste, der dünnwandige Magen, bildet zehn Paar Blindsäcke, von denen die beiden letzten sehr lang sind und den Hinterdarm zu beiden Seiten flankieren. Der zweite Abschnitt, der Hinterdarm, schwillt an seinem Ende zu einem dickeren Enddarm an und mündet dorsal vom hinteren Saugnapf im After aus. Der Magen hat längsgestellte, der Hinterdarm quergestellte Schleimhautfalten; der Enddarm ist glatt. Bei einem Saugakt können bis zu 15 ml Blut aufgenommen werden. Es wird im Magen eingedickt und monatelang gespeichert. Es gerinnt nicht und geht auch nicht in Fäulnis über und wird nur sehr langsam in einfache Eiweißbestandteile zerlegt. Verantwortlich dafür ist das von den Speicheldrüsen sezernierte blutgerinnungshemmende Hirudin und bakterostatische und eiweißspaltende Stoffe, die vom symbiontischen Bakterium *Pseudomonas hirudinis* geliefert werden, das den Darm des Blutegels besiedelt.

Schneidet man einen Kiefer ab und legt ihn auf einem Objektträger unter das Mikroskop, so lassen sich bei schwacher Vergrößerung die etwa 80 verkalkten Zähnchen erkennen, die dem bogigen Kieferrand senkrecht aufsitzen. Bei der Nahrungsaufnahme saugt sich *Hirudo* mit dem Mundsaugnapf fest und preßt dann die Kiefer, die sich wie um Querachsen hin und her drehen, gegen die Haut. Die rasch eingesägte Wunde ist dreistrahlig.

Zwischen den Zähnchen der Kiefer münden die Ausführgänge von einzelligen, in die Pharynxmuskulatur eingebetteten Speicheldrüsen. Sie sondern Sekrete ab, die die Blutgerinnung hemmen (Hirudin), die Wundränder anästhetisieren und den Blutzustrom zur Einschnittstelle vermehren.

Bevor man den Darm entfernt, beachte man den seiner dorsalen Mittellinie aufliegenden Rückenkanal, der, wie auch die anderen Cölomkanäle, rotes Blut enthält.

Es ist nun der Darm vorsichtig von seiner Unterlage abzulösen und herauszunehmen. Diese Präparation muß sorgfältig gemacht werden, da der Darm auch an der Bauchseite stark festhaftet. Am besten verwendet man zum Lostrennen eine krumme Schere und beginnt vom Enddarm aus.

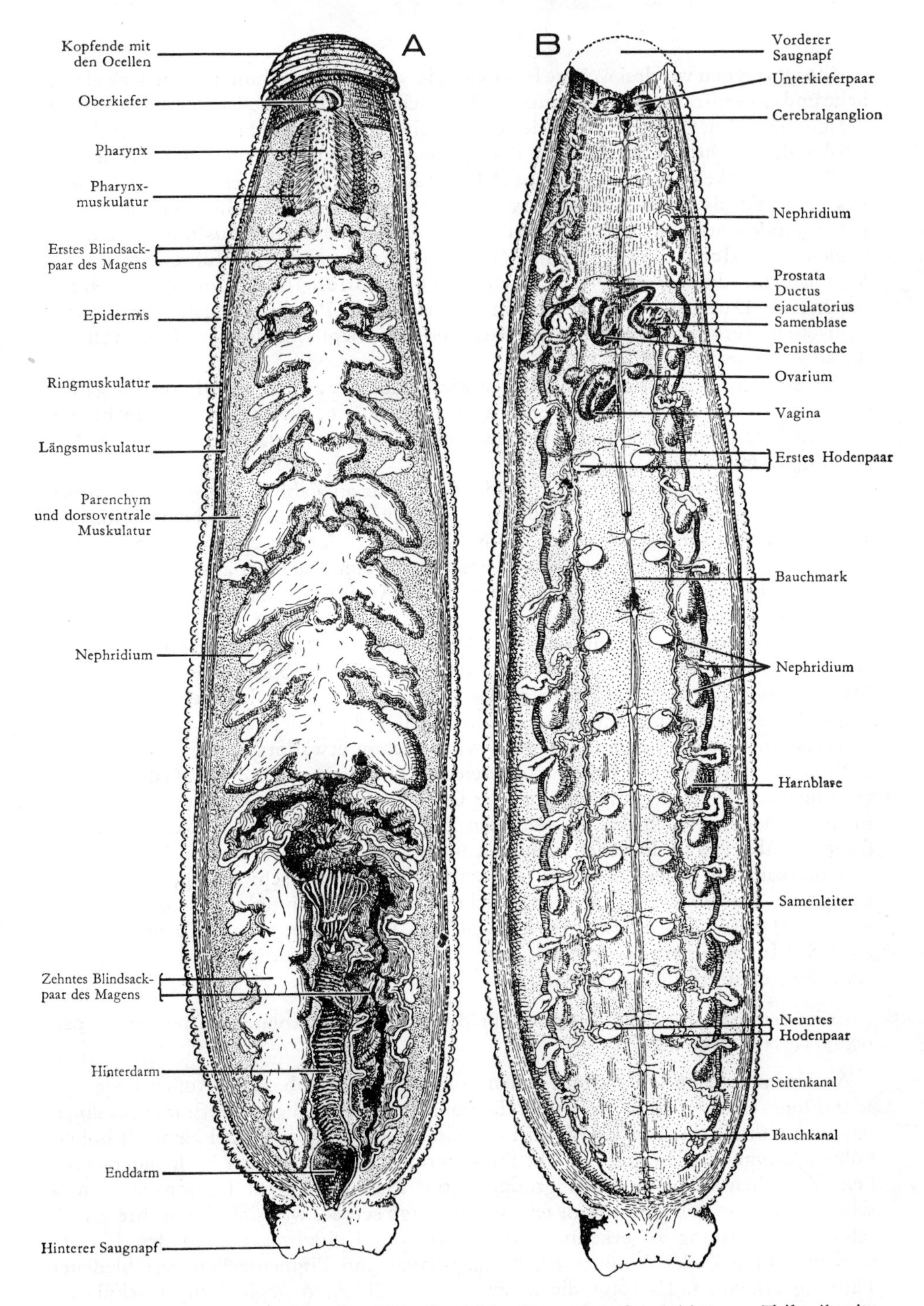

Abb. 116: Anatomie von *Hirudo medicinalis*. A Der Darm in seinem hinteren Teil teilweise aufgeschnitten. B Nach Wegnahme des Darmes

Zunächst sehen wir drei weitere Blutkanäle von vorn nach hinten ziehen, zwei seitliche und ein ventraler, der das Bauchmark umschließt. Alle diese Kanäle (oft als «Blutgefäße» bezeichnet) sind als Reste der Leibeshöhle aufzufassen, die bei den Hirudineen infolge der mächtigen Ausbildung des Körperparenchyms rückgebildet worden ist.

Wir überblicken jetzt auch die Geschlechtsorgane, von denen zunächst die neun Paar Hoden als helle, rundliche, segmental angeordnete Bläschen auffallen. Von jedem Hoden geht ein kurzer Kanal zu den seitlich liegenden Ausführgängen, den beiden Vasa deferentia (Samenleiter), die den Samen nach vorn führen, dort durch Verknäuelung die beiden Samenblasen («Nebenhoden») bilden und von beiden Seiten her als Ductus ejaculatorii in den unpaaren Penis münden, der in einer Penistasche verborgen liegt. An der Basis des Penis liegt eine drüsige Anschwellung, die sogenannte Prostata.

Ein Segment hinter dem Penis liegen die beiden Ovarien, deren Ausführgänge, Ovidukte, sich zur sackförmigen Vagina vereinigen, die, wie wir schon bei der äußeren Betrachtung des Tieres gesehen haben, hinter der männlichen Geschlechtsöffnung ausmündet.

Die Segmentalorgane oder Nephridien, 17 Paar an Zahl, liegen streng metamer. Sie fehlen nur den vordersten und hintersten Segmenten. Ein jedes Nephridium besteht aus einem stark geknäuelten, dünnen Schlauch, der mit einem Wimpertrichter in einer Cölomlakune beginnt und sich am anderen Ende zu einer ansehnlichen Blase, der «Harnblase», erweitert, von der ein kurzer Ausführungsgang nach außen geht. Die äußeren Mündungen der Nephridien haben wir bereits bei der Betrachtung der äußeren Körperform erwähnt. In den hodenführenden Segmenten liegt das schlüsselartig verbreiterte innere Ende des Nephridiums dem Hodenbläschen unmittelbar auf. Daß zwischen Trichter und Nephridialkanälchen eine von Amöbocyten erfüllte Blase eingeschaltet ist, die nur mit dem Trichterkanal, jedoch nicht mit dem Nephridialkanälchen in offener Verbindung steht, wurde schon erwähnt (S. 216).

Vom Nervensystem haben wir bereits das dorsal vom vorderen Teile des Pharynx liegende Oberschlundganglion oder Cerebralganglion kennengelernt. Nunmehr können wir auch das im ventralen Blutkanal eingebettete Bauchmark verfolgen (s. Abb. 116 B). Deutlich sieht man an ihm, trotz der dunklen Umhüllung durch den Blutkanal, in jedem Segment eine starke, kugelige Anschwellung, die Bauchganglien. Das erste von ihnen entspricht mehreren verschmolzenen Ganglien und wird als Unterschlundganglion bezeichnet. Hier spaltet sich das Bauchmark zu zwei Schlundkonnektiven auf, die, den Vorderdarm umgreifend, dorsalwärts zum Oberschlundganglion ziehen.

Es werden jetzt fertige mikroskopische Präparate, Querschnitte durch die mittlere Körperregion eines Blutegels, gegeben.

An einem solchen Querschnitt sehen wir folgendes (Abb. 117). Außen liegt eine sehr dünne, strukturlose Kutikula, die von der darunterliegenden Epidermis abgeschieden worden ist. Die Epidermis ist ein einschichtiges Epithel ziemlich hoher, kolbenförmiger Zellen, die nur mit ihren peripheren Abschnitten aneinanderschließen. Zwischen ihnen münden große, in die Tiefe verlagerte Drüsenzellen, teils schlauchförmige Schleimdrüsen, teils sackförmige seröse, was sich durch ihre unterschiedliche Färbung zu erkennen gibt. Unter der Epidermis und in den Lücken zwischen ihren Zellen können wir Blutkapillaren und Pigmentzellen verschiedener Färbung erkennen. Es folgt die in zwei Hauptschichten gegliederte Muskulatur, außen die in drei durch Längsfasern geschiedene Lagen angeordnete Ringmuskulatur, innen die mächtige Längsmuskelschicht, die durch dorso-ventrale Muskelzüge in Portionen geteilt wird. Zwischen Ring- und Längsmuskelschicht finden sich außerdem noch schräge Muskelfasern vor, so daß der Körper nach verschiedenen Richtungen gestreckt, zusammengezogen und abgeplattet werden kann. Nach innen von der Muskulatur werden die Lücken zwischen dieser und den inneren Organen durch ein bindegewebiges Parenchym ausgefüllt.

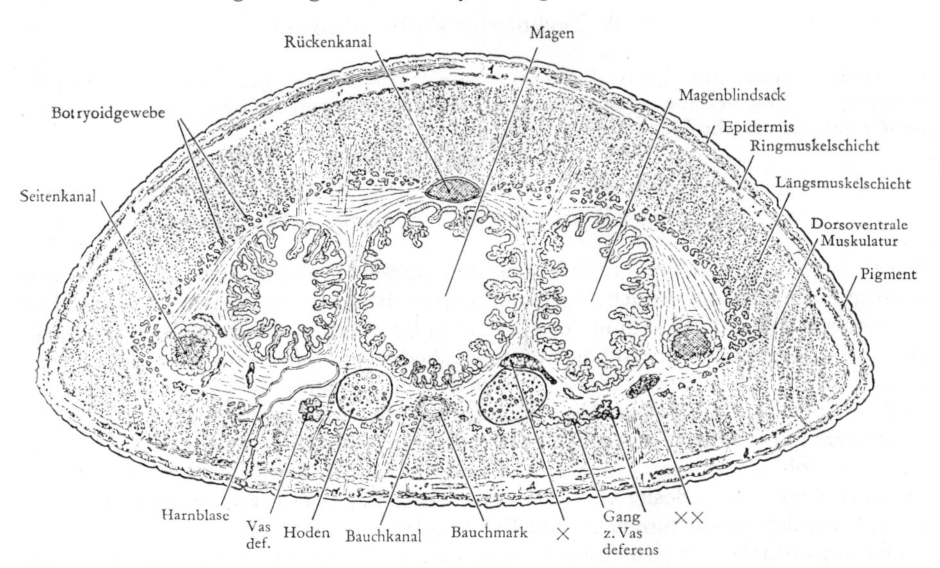

Abb. 117: Querschnitt durch die Körpermitte von *Hirudo medicinalis*. × Verbreitertes Anfangsstück eines Nephridiums × × Anschnitt des aufgeknäuelten Nephridialkanals

In der Mitte des Präparates sehen wir den geräumigen Darm, zu dessen beiden Seiten die Querschnitte der Darmdivertikel liegen. Das auskleidende Entoderm ist ein stark gefaltetes Epithel.

Außerdem sehen wir die Querschnitte der mächtigen, starkwandigen Seitenkanäle, ferner den dorsalen Kanal und den ventralen, der das Bauchmark umgibt. Innerhalb des Hautmuskelschlauches liegt ein Netzwerk verknäuelter Cölomlakunen, deren Wandungen große Zellen mit gelben oder grün-braunen Körnchen aufsitzen. Man bezeichnet sie als Botryoid-Zellen. Sie sind wie die Chloragog-Zellen der Oligochäten Abkömmlinge des Cölothels und sind wie diese am (Eiweiß-)Stoffwechsel und an der Exkretion beteiligt.

Das Bauchmark zeigt deutlich, falls der Schnitt nicht gerade ein Ganglion getroffen hat, seine Zusammensetzung aus zwei Längssträngen, zu denen in etwas tieferer Lage noch ein dritter, feinerer, als Mediannerv bezeichneter Strang kommt.

Rechts und links vom Bauchmark findet man bei einzelnen Präparaten Querschnitte der Hoden, an der Gestalt und Färbung der Samenzellen leicht kenntlich, die in verschiedenen Entwicklungsstadien und zu Haufen vereint in ihnen liegen. Auch die geknäuelten Ausführgänge der Hoden sowie die Querschnitte der oben und seitlich dickwandigen Samenleiter sind deutlich sichtbar. Die mannigfachen, teilweise von Blutkapillaren umsponnenen Hohlräume, die wir seitlich der Hoden sehen, sind Teile der Nephridien, deren Aufbau nur durch eingehenderes Studium einer Schnittserie erkannt werden kann. Das gleiche gilt für die eventuell angeschnittenen Ampullen, die dorsal von den Hoden liegen und die Wimperorgane bergen.

III. Polychaeta, Vielborstige

A. Technische Vorbereitungen

Es werden große, gut fixierte Exemplare von *Nereis pelagica* gebraucht sowie gefärbte Ganzpräparate kleiner Exemplare; weiterhin mit Boraxkarmin gefärbte (oder auch ungefärbte) mikroskopische Präparate von Einzelsegmenten.

B. Allgemeine Übersicht

Die Polychäten gehören gleichfalls zu den Anneliden und sind in vieler Hinsicht ursprünglicher als die Angehörigen der vorher behandelten Klasse Clitellata. Das gilt namentlich für die Ordnung der Polychaeta Errantia, zu denen auch unser Objekt *Nereis pelagica* gehört, während die Polychaeta Sedentaria infolge festsitzender Lebensweise und Bau von Röhren viele sekundäre Abweichungen vom Typus erfuhren. Wir wollen daher diese allgemeine Übersicht auf die Errantia beschränken.

Die Errantia sind langgestreckte, im Querschnitt mehr oder weniger runde Anneliden mit wohl ausgeprägter innerer und äußerer Segmentierung. Das namengebende Merkmal liegt in dem Besitz von zahlreichen, bündelweise angeordneten Borsten, die in besonderen Fußstummeln, den Parapodien, sitzen.

Die Segmentierung ist fast rein homonom, indem alle Segmente gleichartig ausgebildet sind. Nur der Kopf, der aus der Verschmelzung mehrerer Segmente entstanden ist, macht eine Ausnahme.

Die Parapodien mit den eingepflanzten Borstenbüscheln helfen hebelartig bei der Fortbewegung, die im wesentlichen eine schlängelnde ist. In der Regel trägt jedes Segment ein Parapodienpaar, wodurch die äußere Segmentierung noch sinnfälliger wird. Die Form der Parapodien ist recht verschieden. Als Norm kann gelten, daß von einem gemeinsamen Stamm ein dorsaler und ein ventraler, borstentragender Ast (Notopodium und Neuropodium) entspringen. Doch können auch zwei gesonderte Parapodien jederseits vorhanden sein oder Reduktionen und Umbildungen eintreten, die namentlich das Notopodium betreffen. Häufig entspringen von den Parapodien fühlerartige Anhänge, die Rücken- und Bauchcirren.

Die Leibeswand besteht aus einer einschichtigen Epidermis, die eine dünne Kutikula abscheidet, und dem Muskelschlauch, der aus Ring- und Diagonalmuskeln und einer in 4 Längsbändern gegliederten Längsmuskelschicht besteht.

Die geräumige Leibeshöhle, die von einem Peritonealepithel ausgekleidet ist und somit ein Cölom darstellt, wird durch meist wohl ausgebildete quere Scheidewände (Dissepimente oder Septen), die den äußeren Segmentgrenzen entsprechen, in Kammern zerlegt.

Der Darmkanal beginnt mit der etwas ventral verschobenen, von einem Kopflappen (Prostomium) überdachten Mundöffnung. Der darauf folgende Schlund ist als Rüssel vorstülpbar und oft mit (chitinigen?) Zähnen oder Kiefern bewehrt. Der Darm verläuft meist geradlinig nach hinten, selten ist er gewunden oder mit segmentalen Blindsäcken ausgestattet. Er wird ursprünglich durch ein dorsales und ein ventrales, aus dem Peritonealepithel entstandenes Aufhängeband (Mesenterium) in seiner Lage gehalten. Der After liegt genau terminal am Hinterende im Pygidium.

Das Nervensystem ist das typische Strickleiternervensystem der Anneliden. Von Sinnesorganen sind die bisweilen erstaunlich hoch entwickelten Augen hervorzuheben. Seltener finden sich Statocysten, während Organe des mechanischen und chemischen Sinnes vielgestaltet und weit verbreitet sind. Namentlich die Cirren und die Anhänge des Kopfes sind reich an Sinneszellen und Sinnesorganen.

Das Blutgefäßsystem ist geschlossen, von der Leibeshöhle völlig getrennt und meist gut entwickelt. Es besteht im wesentlichen aus zwei Hauptstämmen, dem Rückengefäß und dem Bauchgefäß, die durch segmental angeordnete, in der Körperwand verlaufende Schlingen sowie durch Gefäßnetze in der Darmwand in Verbindung stehen. Das Rückengefäß ist kontraktil, vertritt die Stelle eines Herzens und treibt das Blut von hinten nach vorn.

Die Atmung erfolgt durch die Haut, oft auch durch besondere Kiemen, zarthäutige Ausstülpungen, die an der Basis der Notopodien sitzen. Daneben kommt Darmatmung vor.

Die Exkretionsorgane sind in der Regel Metanephridien, die paarweise in jedem Segment auftreten können und daher auch Segmentalorgane genannt werden. Ihre Wimpertrichter öffnen sich wie bei den Oligochäten unter Durchbohrung des Dissepiments in der nächstvorderen Cölomkammer. Doch sind auch Protonephridien nicht selten. Ihre Terminalorgane (Solenocyten) tragen einen langen, röhrenförmigen Fortsatz, in dem eine Geißel schwingt. Sie münden in die Nephridialkanälchen.

Die Geschlechtsorgane wuchern im Peritonealepithel und können in fast allen Segmenten ausgebildet sein. Fast ausnahmslos sind die Polychäten getrennt-geschlechtlich. Die Geschlechtsprodukte gelangen durch Bruch der Körperwand, durch Abschnürung eines hinteren sie enthaltenden Körperstückes oder – das ist am häufigsten der Fall – durch Ausführgänge ins Freie. Die Ausführgänge beginnen mit einem großen (Genital-)Trichter, der entweder direkt nach außen mündet, oder – was die Regel ist – mit einem Segmentalorgan verschmilzt, so daß die Geschlechtsprodukte durch den Exkretionskanal ausgeleitet werden (Nephromixien). Neben der geschlechtlichen Fortpflanzung kann sich eine ungeschlechtliche durchsetzen, die stufenweise bis zu einem wohlausgebildeten Generationswechsel führt.

Die Entwicklung ist eine Metamorphose; als Larvenform tritt die Trochophora (s. S. 199) auf, die in abgeänderter Form auch bei Nemertinen, Bryozoen und Mollusken wiederkehrt («Trochophora-Tiere») und zu mannigfachen phylogenetischen Konstruktionen Veranlassung gab.

Die Polychäten sind fast ausnahmslos Meeresbewohner, viele von ihnen schnelle und kräftige Räuber.

C. Spezieller Teil

Nereis pelagica

Es werden zunächst große, fixierte Exemplare zur Betrachtung unter dem Präpariermikroskop verteilt.

Die äußere Segmentierung, die der inneren entspricht, ist recht gleichförmig. Nur vorn finden wir als einen besonderen Abschnitt den Kopf, und das Hinterende des Körpers ist den vorhergehenden Segmenten gegenüber durch den Besitz zweier Anhänge, der Analcirren, ausgezeichnet.

Wir betrachten nunmehr den Kopf von dorsal (Abb. 118). In der Mitte liegt der Kopflappen (Prostomium), dessen zugespitztem vorderem Ende zwei kurze Fühler, die Prostomialtentakel, ansitzen. An seiner Basis liegen, in trapezförmiger Anordnung, vier relativ hoch entwickelte blauschwarze Augen. Seitlich setzen sich an den Kopflappen die etwa doppelt so langen Palpen an, mit einem birnförmigen Basalglied und einem kleinen, kugeligen Endglied. Das sich anschließende Körpersegment ist doppelt so breit wie die folgenden und aus dreien verschmolzen; man nennt es das Mundsegment oder Peristomium. Borstenbündel besitzt es nicht, dafür sind die Parapodialcirren besonders stark entwickelt. Wir sehen rechts und links je vier derartiger Peristomialtentakel zu den Seiten des Kopflappens aus dem Peristomium entspringen.

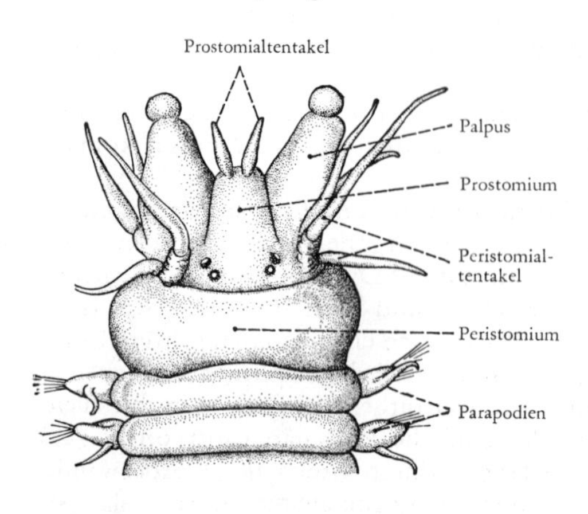

Abb. 118: Kopf von *Nereis pelagica* von der Dordalseite. Auf dem Prostomium 4 Augen

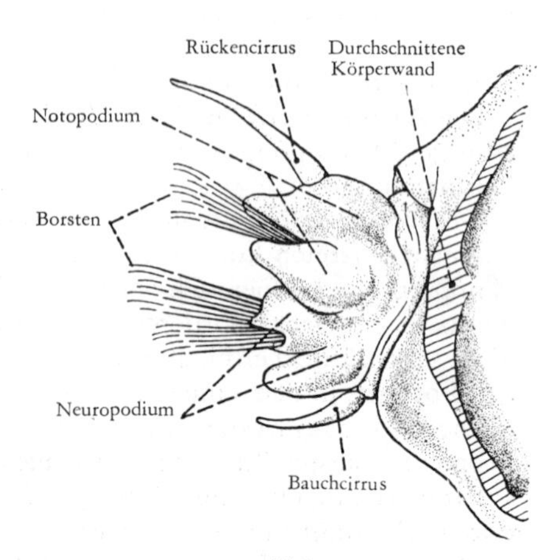

Abb. 119: Parapodium von *Nereis pelagica*

Bei manchen Exemplaren ist der Rüssel vorgestülpt und imponiert als ansehnliches, zylindrisches, mit Gruppen braunschwarzer Papillen besetztes Gebilde. Aus seinem Lumen ragt ein Paar starker, innen gezähnter Kiefer hervor.

Wir gehen nunmehr zur Betrachtung der Parapodien über, durch die sich die Polychäten vor allen anderen Ringelwürmern auszeichnen, und wählen zum Studium das 14. der linken Seite (Abb. 119).

Mit der feinen Schere wird das Parapodium vom Körper abgeschnitten, auf einen Objektträger gelegt und unter der Lupe betrachtet.

Mit Ausnahme des Kopfabschnittes trägt jedes Segment bei *Nereis* jederseits ein Parapodium, das die typische Aufteilung in einen dorsalen Ast (Notopodium) und einen ventralen (Neuropodium) zeigt. Jeder Ast gabelt sich seinerseits in zwei als «Lippen» bezeichnete Fortsätze und trägt ein kräftiges Borstenbüschel. Rückencirrus und Bauchcirrus, die wohl vor allem als Träger von Sinnesorganen von Bedeutung sind, sehen wir gut entwickelt. Dagegen fehlen *Nereis* die an den Parapodien anderer Polychäten als fadenförmige oder verästelte Anhänge ausgebildeten, reich durchbluteten Kiemen. Das Pygidium besitzt keine Parapodien.

Es werden jetzt mikroskopische Ganzpräparate kleinerer Exemplare verteilt, an denen wir manche Einzelheiten des Kopfes und der Parapodien noch besser erkennen können, sowie mit Boraxkarmin gefärbte (oder auch ungefärbte) Querschnitte von der Dicke eines Segmentes. Derartige Präparate können auch von den Praktikanten selbst mit einem scharfen Messer leicht hergestellt werden.

Betrachten wir zunächst in diesen Präparaten (Abb. 120) noch einmal die Parapodien, so bemerken wir jetzt, daß in die beiden Borstenbüschel je eine besonders kräftige Borste von innen her vorstößt, die als Acicula bezeichnet wird und als Stütze für die beiden Äste des Parapodiums dient. Auch sehen wir verschiedene Muskelbündel, deren Aufgabe es ist, Borsten und Parapodialäste zu bewegen und die Aciculae zu sperren.

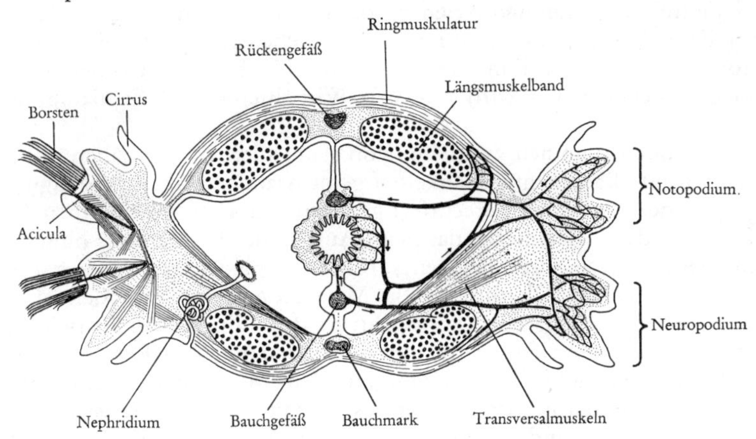

Abb. 120: *Nereis*. Schematischer Querschnitt. Rechts die Hauptstämme des Blutgefäßsystems eingezeichnet (schwarz), links Borsten und Muskeln des Parapodiums sowie ein Metanephridium (Nach versch. Autoren)

Im übrigen zeigt uns der Querschnitt die relativ schwache Ringmuskulatur und die sehr kräftige Längsmuskulatur des Hautmuskelschlauches. Die Ringmuskulatur findet seitlich durch die Parapodien eine Unterbrechung, die Längsmuskulatur ist in vier Bänder aufgeteilt, von denen die ventralen etwas eingerollt sind.

In der Mitte der geräumigen Leibeshöhle sehen wir den Darm liegen. Die Leibeshöhle selbst wird durch schräg verlaufende Muskelzüge, die sogenannten Transversalmuskeln, die dicht neben der ventralen Mittellinie beginnen und schräg nach außen und oben ziehen, in eine zentrale «Darmkammer» und die beiden seitlich-unten liegenden «Nierenkammern» aufgeteilt, in denen wir die Nephridien auf diesen dicken Querschnitten nur undeutlich erkennen können.

Vom Blutgefäßsystem sehen wir zum mindesten die beiden Hauptgefäße, das Rücken- und das Bauchgefäß. Schwerer zu erkennen sind das Gefäßnetz der Darmwand und die vom Bauchgefäß abgehenden segmentalen Schlingen, die Zweige in die Parapodien entsenden.

Schließlich stellen wir noch fest, daß das ventral in der Mittellinie gelegene Bauchmark sich aus zwei dicht nebeneinanderliegenden Längsstämmen zusammensetzt.

Bisweilen werden wir die Leibeshöhle von Eiern oder Spermatozoen angefüllt finden, die sich von den am Cölomepithel sitzenden Gonaden abgelöst haben und eine Zeitlang frei in der Leibeshöhle flottieren, bevor sie nach außen gelangen.

Arthropoda, Gliederfüßler

Der Stamm der Arthropoden ist nicht nur der umfangreichste aller Tierstämme – etwa drei Viertel der bekannten Arten gehören ihm an – sondern auch der nach den Wirbeltieren erfolgreichste. Es gibt nur wenige Lebensräume, die nicht von Arthropoden erobert und – zum Teil in ungeheurer Anzahl – besiedelt wurden. Die Organisationshöhe mancher Arten wird nur von Wirbeltieren und Cephalopoden übertroffen.

Die Arthropoden stammen zweifellos von Anneliden ab. Sie haben mit ihnen so viele grundlegende Baueigentümlichkeiten gemeinsam, daß ihre Vereinigung in der Stammgruppe der Articulata gerechtfertigt erscheint. Die gemeinsamen Baueigentümlichkeiten sind: 1. Metamerie, das heißt Aufbau des Körpers aus hintereinanderliegenden Segmenten, 2. dorsal gelegenes, röhrenförmiges Herz, 3. ventral gelegenes Strickleiternervensystem. Allerdings ist die Metamerie der Arthropoden im Vergleich zu den Anneliden innerlich stark verwischt, da die während der Entwicklung auftretenden Cölomkammern frühzeitig unter sich und mit den Resten der primären Leibeshöhle zu einem einheitlichen Hohlraum, dem Mixocöl, verschmelzen.

Die äußere Segmentierung ist dagegen fast immer deutlich. Sie ist heteronom, das heißt die Segmente sind gruppenweise voneinander verschieden, innerhalb der Gruppe jedoch gleichartig. Die Segmente der auf diese Weise entstehenden Körperteile (Tagmata) können miteinander verschmolzen sein. Immer ist das Vorderende des Körpers durch ein Tagma aus fest miteinander verbundenen Segmenten gekennzeichnet. Es wird je nach seiner Ausgestaltung als Kopf, Prosoma oder Cephalothorax bezeichnet. Der daran anschließende Rumpf kann einheitlich sein, meist aber ist er in zwei Körperteile unterteilt, am häufigsten in Thorax und Abdomen.

Das namengebende Merkmal der Arthropoden sind die gegliederten Extremitäten. Sie dienen als Beine der Fortbewegung, als Mundwerkzeuge der Nahrungsaufnahme und als Antennen verschiedenen Sinnesleistungen.

Der Körper der Arthropoden ist umhüllt von einer Kutikula, die aus einem Chitin-Protein-Komplex besteht und von einer darunterliegenden Epidermis (= Hypodermis) abgeschieden wird. Bei den Crustacea enthält sie oft Einlagerungen aus Kalziumcarbonat. Die Kutikula ist dort, wo bewegliche Teile aneinander grenzen, also zwischen freien Segmenten (als Intersegmentalhaut) und an den Gelenkstellen der Extremitäten und Flügel (als Gelenkhaut), zum Teil auch an den Körperflanken (als Pleurum) weichhäutig und biegsam, sonst aber elastisch-hart, sklerotisiert. Sie schützt den Körper vor Verletzungen durch mechanische und chemische Eingriffe, gibt ihm als Außenskelett Form und Halt und dient einer überaus vielfältigen Muskulatur aus quergestreiften Muskelfasern zum Ansatz.

Selbst die unsklerotisierten Teile der Kutikula sind nur beschränkt dehnungsfähig. Eine Größenzunahme, ein Wachstum also, und auch eine Veränderung der Körpergestalt, kann daher nur im Zusammenhang mit (hormonregulierten) Häutungen erfolgen. Die alte Kutikula platzt entlang von Häutungsnähten und wird abgestreift. Schon vorher war darunter von der Hypodermis eine neue, erst noch unsklerotisierte, größere und (oder) veränderte und daher an vielen Stellen in Falten liegende farblose Kutikula abgeschieden worden. Durch Luft- oder Wasserschlucken wird sie nach dem Abstreifen der alten Kutikula geglättet und ausgefüllt. Danach setzt der einige Stunden dauernde Sklerotisierungs- und Pigmentierungsprozeß ein.

Das Zentralnervensystem besteht wie das der Anneliden aus einem über dem Schlund gelegenen Gehirn (= Oberschlundganglion) und einem Bauchmark aus hintereinanderliegenden, paarigen Ganglien, die durch Konnektive miteinander verbunden sind. Häufiger zeigt sich eine Tendenz zur Verschmelzung der Ganglienpaare aufeinanderfolgender Segmente. Sie tritt namentlich dann ein, wenn sich die Segmente selbst zu einem einheitlichen Tagma vereinten.

Die höhere Organisation der Arthropoden zeigt sich sehr deutlich in der Vielheit und Vollkommenheit ihrer Sinnesorgane. Die hoch entwickelten Augen haben meist den Bau von Facettenaugen, doch kommen auch einfache Punktaugen vor. Die Arthropoden sind die einzigen wirbellosen Tiere, bei denen sich echte Gehörorgane finden.

Das Blutgefäßsystem besteht aus einem dorsal gelegenen schlauchförmigen, bisweilen aber zu einem Säckchen verkürzten Herzen, das in einem abgesonderten Teile der Leibeshöhle, dem Perikardialsinus, untergebracht ist. Durch segmentale, seitlich gelegene Öffnungen, die Ostien, empfängt es das Blut aus dem Perikardialsinus und drückt es in das mehr oder weniger vollkommene Arteriensystem. Das Gefäßsystem der Arthropoden ist, im Gegensatz zu dem der Anneliden, stets «offen», das heißt, es mündet früher oder später in Teile der Leibeshöhle ein. Echte Venen treten überhaupt nicht auf. Bei sehr kleinen Arthropoden können alle Gefäße, bisweilen sogar das Herz rückgebildet sein.

Die meisten Arthropoden haben lokalisierte Atemorgane. Sie sind bei den primär das Wasser bewohnenden Arten als Kiemen, bei den übrigen im Wasser lebenden Arthropoden ebenso wie bei den Landformen als Röhren- oder Fächertracheen ausgebildet.

Der Darm ist gestreckt oder gewunden, trägt oft blindsackförmige Anhänge und besteht aus einem ektodermalen Vorder- und Hinterabschnitt und dem entodermalen, oft nur ein Drittel oder weniger der gesamten Darmlänge ausmachenden Mittelstück, in das häufig eine umfangreiche Mitteldarmdrüse mündet.

Als Exkretionsorgane funktionieren nur bei einem Teil der Arthropoden von Segmentalorganen ableitbare Nephridien. Sie sind nur in einem oder höchstens zwei Paaren vorhanden und haben keine Verbindung mit dem Mixocöl, sondern beginnen mit einem Säckchen, das einen Cölomrest darstellt. Trichter und ausleitendes Kanälchen sind wie alle Gewebe der Arthropoden wimperlos. – Häufig sind die Nephridien durch völlig andersartige, schlauchförmige und in den Darm mündende Exkretionsorgane, Malpighische Gefäße, ersetzt.

Die Arthropoden besitzen paarige Gonaden. Eine Verbindung zwischen Exkretions- und Reproduktionsapparat besteht nicht. Es sind stets eigene Ausführgänge und dazu mancherlei Drüsen- und Kopulationsanhänge vorhanden. Hermaphroditismus ist sehr selten, Getrenntgeschlechtlichkeit die Regel. Ungeschlechtliche Fortpflanzung (in Form von Polyembryonie) ist auf Einzelfälle beschränkt, Parthenogenese jedoch recht häufig. Die Entwicklung verläuft meist als Metamorphose.

I. Crustacea, Krebse

A. Technische Vorbereitungen

Von Krebsen untersuchen wir *Daphnia*, *Cyclops*, den Flußkrebs und die Strandkrabbe. *Daphnia*- und *Cyclops*-Arten sind überall in unseren Teichen häufig und erfüllen das Wasser oft in großen Mengen. Man schöpft Teichwasser mit einem großen Glas heraus oder benutzt besser zum Fischen ein feines Gazenetz, das dann in ein mit klarem Wasser gefülltes Glas umgestülpt und ausgewaschen wird.

Flußkrebse werden beim Händler gekauft und unmittelbar vor Beginn der Präparation in einem bedeckten Glasgefäß (ohne Wasser!) durch Chloroform getötet. Lebend können sie in einem Aquarium mit fließendem Wasser beliebig lange gehalten werden; wenn es dunkel und kühl steht, schreiten sie sogar zur Fortpflanzung.

Strandkrabben können von biologischen Stationen der atlantischen Küsten bezogen werden. Sie werden in Holzkisten mit feuchtem Tang verschickt. Im Seewasseraquarium halten sie sich sehr gut bei einem Wasserstand von 10 cm und Filterung. Sie werden in Süßwasser, dem man etwas Chloroform zusetzt, abgetötet.

B. Allgemeine Übersicht

Die Krebse bilden die einzige Klasse der Diantennata (oder Branchiata), des ersten Unterstammes der Mandibulata. Sie sind somit zu kennzeichnen als mit Mandibeln ausgerüstete Arthropoden, die mit Kiemen atmen und zwei Paar Antennen besitzen.

Ihr Körper – er ist deutlich segmentiert – besteht aus dem Acron, einer unterschiedlich großen Anzahl von Segmenten (meist 10 bis 20) und dem Telson. Die Segmente (= Metameren) treten gruppenweise zu Körperteilen zusammen. In die Bildung des Kopfes sind außer dem Acron fünf Segmente eingegangen, die zwei Paar Antennen und drei Paar Mundwerkzeuge (Mandibeln, 1. Maxillen, 2. Maxillen) tragen. Die Zahl der Thoracomeren – auch sie sind mit je einem Extremitätenpaar (Thoracopoden) ausgerüstet – variiert ebenso wie die der meist gliedmaßenlosen Abdomensegmente (Pleomeren). Häufig verschmelzen ein oder einige Brustringe mit dem Kopf zu einem einheitlichen Cephalothorax. Den Abschnitt, der aus den restlichen freien Thoraxsegmenten gebildet wird, bezeichnet man als Peraeon. Der Körper der Krebse gliedert sich also entweder in Kopf (= Cephalon), Thorax und Abdomen (= Pleon) oder in Cephalothorax, Peraeon und Abdomen (Pleon). Die Grenze zwischen Thorax bzw. Peraeon und Abdomen ist an keine bestimmte Intersegmentalfurche gebunden, sie liegt bei den verschiedenen Gruppen an verschiedener Stelle. Man rechnet diejenigen Körpersegmente zum Abdomen, die keine oder kleinere, auf jeden Fall aber andersartige Beine tragen als die davorliegenden Segmente.

Sehr häufig ist wenigstens ein Teil der Segmente dorsolateral zu flachen, doppelwandigen Platten (Epimeren) ausgezogen, die entweder seitlich abstehen oder nach unten abgebogen die Körperflanken überdecken. In nicht wenigen Fällen bildet der Kopf allein eine derartige Abfaltung, die dann als Rückenschild oder Carapax meist nicht nur seine Seiten überdeckt, sondern auch dorsal nach hinten ragend mehr oder weniger große Bezirke des Körpers schalenartig umhüllt. Im Extremfall umgibt der Carapax das ganze Tier muschelschalenförmig.

Die Extremitäten der Krebse sind nach einem einheitlichen Typus, dem des Spaltfußes gebaut, oder wenigstens davon ableitbar. Wir unterscheiden an einem typischen Spaltfuß einen Stammteil (Protopodit), der meist aus zwei Gliedern (Coxa = Coxopodit und Basis = Basipodit) besteht, und zwei ihm aufsitzende, gegliederte Äste, die entsprechend ihrer median oder lateral gelegenen Ursprungsstelle am Basipodit als Innenast (Endopodit) und Außenast (Exopodit) unterschieden werden. Auswüchse oder Fortsätze des Protopoditen werden je nachdem, ob sie nach innen oder nach außen entwickelt sind, als Enditen und Exiten bezeichnet. Besonders häufig findet sich ein dünnwandiger Exit an der Coxa; er führt den Sondernamen Epipodit und steht meist im Dienste der Atmung. Die Endite arbeiten als Kauladen und sind daher an den Mundwerkzeugen ausgebildet. Durch Rückbildung des Exopoditen kann die Extremität einreihig, zum Stabbein werden. Am meisten weichen die Blattbeine der Anostraca, Phyllopoda und Phyllocarida vom Typus ab. Sie sind von einer sehr dünnen Kutikula überzogen, von etwa rechteckigem Querschnitt und erhalten ihre Steifigkeit durch einen gegenüber dem Außenmedium erhöhten Binnendruck der Körperflüssigkeit (Turgorextremitäten).

Ihren Namen verdanken die Crustaceen der Eigentümlichkeit, daß in die Chitin-Protein-Kutikula eine meist ansehnliche Quantität von kohlensaurem Kalk abgelagert und dadurch ein harter und spröder Panzer gebildet wird.

Der Darmkanal beginnt mit einem auf der Unterseite des Kopfes liegenden Mund, der vorn und hinten von je einer unpaaren Hautfalte, der Oberlippe und der Unterlippe, begrenzt ist. Häufig ist der Vorderdarm zu einem Kaumagen umgebildet, der Mitteldarm besitzt meist eine Mitteldarmdrüse.

Atemorgane fehlen bei manchen, vor allem kleinen Formen, bei denen die ganze Körperoberfläche im Dienst der Respiration steht; meist aber sind Kiemen entwickelt: äußere Anhänge der Extremitäten oder Körperseiten, die eine große Oberfläche, sehr zarte Kutikula und reiche Durchblutung aufweisen. Nicht selten funktioniert daneben, oder auch allein, die Carapaxinnenfläche als Atemorgan. Manche Krebse haben sich dem Leben auf dem Lande angepaßt und nehmen den Sauerstoff aus der Luft auf.

Das Gefäßsystem ist von sehr verschiedener Ausbildungshöhe, doch niemals geschlossen. Das Herz liegt dorsal über dem Darm in einem Perikardialsinus. Das Blut wird vom Herzen aus durch Arterien (die bei kleinen Formen, wie die Gefäße überhaupt, fehlen können) in den Körper getrieben. Das venös gewordene Blut sammelt sich in größeren Hohlräumen, Blutlakunen, und tritt dann in die Kiemen ein, von denen es, wieder mit Sauerstoff angereichert, durch besondere Kanäle zum Herzbeutel geleitet wird. Aus ihm tritt das Blut dann durch Spalten der Herzwand (Ostia) in das Herz ein.

Das Nervensystem ist ein Strickleiternervensystem, mit Cerebralganglion (Oberschlundganglion), Schlundkonnektiven und Bauchganglienkette. Es kann zu einer Verschmelzung einiger bis sämtlicher Bauchganglien kommen.

Von Sinnesorganen finden sich Tasthaare, Geruchs- und Geschmacksorgane sowie oft hochentwickelte Lichtsinnesorgane in recht allgemeiner Verbreitung. Die Augen finden sich in zweierlei Form; das einfacher gebaute ist das sogenannte Stirnauge oder Naupliusauge. Es ist meist dreiteilig, d.h. aus drei Gruppen von Sinneszellen und einer gemeinsamen Pigmentmasse aufgebaut, und liegt in der Mittellinie des Kopfes über dem Ganglion. Die zusammengesetzten oder Facettenaugen stehen in Zweizahl seitlich am Kopf, unbeweglich oder auf beweglichen Stielen. Sie setzen sich aus einer oft sehr großen Zahl stiftförmiger Einzelaugen (Ommatidien) zusammen, deren Gesamtheit ein einziges, aufrechtes, wie aus einzelnen Mosaiksteinchen zusammengesetztes Bild zustande kommen läßt. Statische Organe finden sich nur bei den höheren Krebsen vor, meist in Grübchen an der Basis der ersten Antennen. Sie sind von der Kutikula der Körperdecke ausgekleidet und bergen im Innern eine mit Sinneshaaren besetzte Leiste (Crista statica) und einen Statolithenhaufen.

Als Exkretionsorgane fungieren zwei «Drüsen», entweder die Maxillen- (Schalen-) oder die Antennendrüse, die von Nephridien der Anneliden abzuleiten sind. Sie bestehen aus einem gewundenen Kanälchen, das sich durch einen Trichter mit einem Cölomsäckchen in Verbindung setzt. Das Kanälchenende kann zu einer Harnblase anschwellen. Die Antennendrüsen münden in einem Basalglied der zweiten Antennen, die Schalendrüsen an der Basis der zweiten Maxillen.

Die meisten Krebse sind getrennten Geschlechts. Die Geschlechtsorgane münden auf der Bauchseite. Nicht selten findet sich Parthenogenese, bisweilen Heterogonie (s. S. 129).

Nicht wenige Krebse weisen, wenn sie die Eihüllen verlassen, Segmentzahl und Gestalt der Adulti auf, so daß ihre postembryonale Entwicklung auf Größenwachstum und Reifung der Gonaden beschränkt ist (direkte Entwicklung). Meistens aber schlüpft aus dem Ei eine Larve, die wesentlich anders gebaut ist als das erwachsene Tier und aus einer geringeren Anzahl von Metameren besteht. Die volle Segmentzahl und die endgültige Gestalt werden erst im Verlauf von mehreren Häutungen erreicht (Metamorphose). Die Mannigfaltigkeit der Larvenformen ist groß. Die einfachste und häufigste Form ist der aus 3 Metameren bestehende Nauplius. Er ist von gedrungenem Bau und hat drei Paar zum Schwimmen dienende Extremitäten, von denen das erste, einreihige zu den ersten Antennen wird, das zweireihige zweite und dritte zu den zweiten Antennen und zu den Mandibeln. Das Auge («Naupliusauge») ist ein unpaarer, mehrteiliger Pigmentbecherocellus. Eine andere, ebenfalls weitverbreitete Larvenform ist die Zoëa. Sie kommt nur bei Malakostraken vor, ist komplizierter gebaut und bereits in Cephalothorax – der 2 oder 3 Paar Spaltfüße trägt – und in ein langes, gegliedertes Pleon unterteilt. Sie hat Komplexaugen. Die bei vielen Dekapoden vorkommende, sich meist aus der Zoëa entwickelnde und ihr nicht unähnliche Mysis besitzt bereits sämtliche Thoracopoden als Spaltfüße.

Die Krebse leben zum großen Teil im Meer, teils schwimmend, teils auf dem Boden kriechend. Andere besiedeln das Süßwasser; eine Anzahl sind zum Landleben übergegangen (z. B. Landasseln). Manche sind Parasiten.

C. Spezieller Teil

1. *Daphnia pulex*, Wasserfloh

Die Daphnien werden mit Hilfe einer weiten Pipette mit etwas Wasser auf den Objektträger gebracht. Das Deckgläschen wird an der Unterseite mit hohen Wachsfüßchen versehen, die bei der Beobachtung so weit zusammengedrückt werden, daß das Tier festliegt. Die Untersuchung des lebenden Tieres erfolgt zunächst bei schwacher Vergrößerung.

Die Daphniden gehören zur Unterklasse der Phyllopoda, und zwar zur Unterordnung der Cladoceren.

Der Körper ist in eine zweiklappige Schale (Carapax) eingeschlossen, die nur den nach unten abgeknickten Kopf mit den starken Ruderantennen freiläßt. Beide Schalen sind auf dem Rücken verbunden und bilden hier einen Kiel, der hinten in einen Stachel ausläuft (Abb. 121). Die Schale ist entstanden auf der Grundlage einer Hautduplikatur, die von der Kopfgegend her den Körper seitlich und nach hinten überwuchs. Stellt man auf die Oberfläche der Schale ein, so sieht man, daß sie in regelmäßiger Weise gefeldert ist.

Von den Extremitäten erwähnten wir bereits die zu kräftigen Ruderorganen umgebildeten zweiten Antennen. Sie bestehen aus einem starken Stammglied und zwei mit Schwimmborsten versehenen Ästen; der Charakter des Spaltfußes tritt bei ihnen also klar hervor. In das Stammglied sehen wir einige kräftige Muskeln ein-

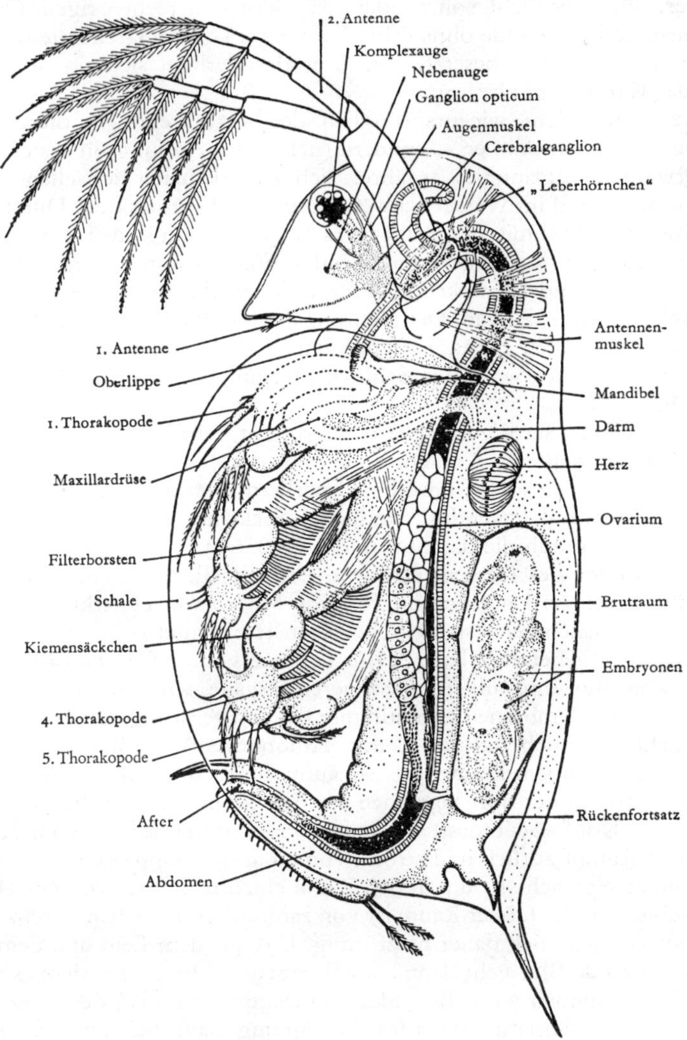

Abb. 121: *Daphnia pulex*. Etwa 35 ×

treten. Sehr viel kleiner sind die oberhalb der Mundöffnung sitzenden ersten Antennen; sie sind unbeweglich und tragen an der Spitze feine Kutikularröhrchen (Ästhetasken), die der Chemorezeption dienen.

An Mundgliedmaßen sind ein Paar kräftiger Mandibeln und ein viel schwächeres Paar erster Maxillen entwickelt, während die zweiten Maxillen fast spurlos verlorengingen. Die Mandibeln können wir als ungegliederte, schlank keilförmige Stücke parallel zum Vorderrand der Rumpfschale liegen sehen. Ihr freier Rand ist gezähnelt und einwärts gekrümmt. Die ersten Maxillen sind zarte, schwer erkennbare, beborstete Platten.

Es folgen fünf Paar Beine, deren Gestalt nicht leicht festzustellen ist, da sie sich gegenseitig überdecken und von den Schalen umhüllt werden. Auch sie zeigen Spaltfußcharakter, sind aber nicht von rundem, sondern von rechteckigem Querschnitt. Es sind weichhäutige Gebilde ohne echte Gelenke («Turgorextremitäten»). Am Rand sind sie mit Borstenreihen besetzt, von ihrer Basis erhebt sich ein blasenförmiger Epipodit, das Kiemensäckchen.

Die Beine dienen nicht, wie ursprünglich, der Fortbewegung – diese Arbeit hat die Ruderantenne übernommen –, sondern (neben der Atmung) in erster Linie dem Nahrungserwerb. Die Daphnien ernähren sich von kleinsten tierischen und pflanzlichen Organismen und im Wasser schwebenden Zerfallsprodukten. Durch den ständigen, raschen und rhythmischen Schlag der Beine wird ein in den Schalenraum von vorn her eintretender, ihn hinten verlassender Wasserstrom erzeugt. Die Borstenkämme an den Beinrändern wirken als Filter, die aus diesem Wasserstrom die Nahrungspartikelchen herausfangen. Der Nahrungsbrei wird dann in die auf der Ventralseite zwischen den Beinen entlangziehende Bauchrinne geleitet und in ihr nach vorn bis zum Mund befördert, wo durch Schluckbewegungen die Aufnahme in den Ösophagus erfolgt.

Der Hinterleib ist stark ventralwärts gekrümmt, sehr beweglich und endigt mit zwei nach hinten gerichteten Krallen.

Von inneren Organen erregt unsere Aufmerksamkeit zunächst das lebhaft pulsierende Herz, ein dorsal liegendes, rundliches Säckchen mit einer Spaltöffnung (Ostium) jederseits, durch die das Blut in das Herz tritt.

Die Kontraktionen des Herzens erfolgen sehr schnell, man kann in der Sekunde etwa vier zählen; sie werden durch ringförmige Muskulatur bewirkt. Umgeben wird das Herz von einem schwerer sichtbaren, zarten Herzbeutel.

Vom Herzen ausgehende Blutgefäße fehlen völlig. Das farblose oder ganz schwach gefärbte Blut umspült frei die inneren Organe, wird aber durch im Körper ausgespannte, feine Membranen in bestimmte Bahnen gezwungen. Mit stärkerer Vergrößerung sieht man auch farblose Zellen (Amöbocyten) im Blut schwimmen und kann deren Weg verfolgen. Betrachtet man aufmerksam den vorderen Rand des Herzens, so wird man aus der dort liegenden arteriellen Öffnung die Blutzellen ausströmen und in den Kopf sowie dessen Gliedmaßen eintreten sehen; vom Kopf kehrt das Blut in den Rumpf zurück und strömt von da in die Beinpaare und Kiemen. Ein anderer Strom zweigt sich ab, um in den Raum einzutreten, der von der Duplikatur der Schale gebildet wird. Dieser Raum ist von zahlreichen Lamellen durchzogen, und der Blutstrom verästelt sich daher netzförmig. Das aus dem Leib und dem Schalenraum zurückkehrende Blut geht dann zum Herzbeutel zurück, aus dem es vom Herzen wieder aufgenommen wird. Bei jeder Kontraktion (Systole) des Herzens schließen sich die Ostien, während seine arterielle Öffnung klafft, bei der darauffolgenden Erschlaffung der ringförmigen Muskulatur liegen die Dinge umgekehrt, und das Herz dehnt sich gleichzeitig dank der Elastizität seiner Wandung wieder aus (Diastole).

Vom Nervensystem ist das Gehirn (Cerebralganglion) zu sehen, unmittelbar über dem Schlund gelegen und aus rechtem und linkem Ganglion verschmolzen. Rückwärts gehen die beiden den Schlund umfassenden Konnektive ab. Nach vorn zu schließt sich an das Gehirn das Ganglion opticum an, von dem aus das große, unpaare Auge (Komplexauge) innerviert wird, das durch seine fortwährende, zitternde Bewegung auffällt. Es ist bei Embryonen paarig angelegt, verschmilzt aber beim erwachsenen Tiere. Wir sehen in der Peripherie eine zarte Hülle, darunter eine Anzahl heller, stark lichtbrechender Körper, die Kristallkegel, denen sich nach innen zu radiär gestellte, zu Ommatidien vereinte Sinneszellen anschließen; doch wird das Innere durch das dichte dunkle Pigment verdeckt.

Die zitternde Bewegung wird durch das Spiel der Augenmuskeln hervorgerufen, die, meist sechs an der Zahl, am Auge inserieren und in der Nähe der Basis der Ruderantenne entspringen.

Eine Pigmentstelle, die dem Cerebralganglion anliegt, ist das sogenannte «Nebenauge», (Naupliusauge); es entspricht dem Sehorgan des Nauplius.

Als weitere Sinnesorgane haben wir die feinen, röhrenförmigen Aufsätze am freien Ende der ersten Antenne, die als Geruchsorgane dienen, schon erwähnt. Zahlreiche feine Haare sind Tastorgane.

Die Maxillardrüse, das Exkretionsorgan, ist sehr groß und liegt in transversaler Ausdehnung unter der Mandibel; sie ist in eine Schalenduplikatur eingebettet und wird daher auch als «Schalendrüse» bezeichnet. Der Darmkanal steigt, vom Mund beginnend, als Schlund bogenförmig in die Höhe. Vom langgestreckten Mitteldarm gehen nach vorn zwei Blindsäcke, die Mitteldarmdivertikel, ab. Der Enddarm ist kurz, an sein Ende setzen sich ringsherum strahlenförmig Muskeln an.

Dorsal vom Darm liegt ein Fettkörper, der je nach dem physiologischen Zustand des Tieres verschieden entwickelt ist. Nicht selten enthält er Vorratsstoffe in Form von hellen, roten oder auch blauen Tropfen. Auch das Blut ist bisweilen, durch Hämoglobin, rötlich angefärbt.

Von den Geschlechtsorganen sieht man die beiden Eierstöcke als langgestreckte Säcke zu beiden Seiten des Darmes liegen und hinten über kurze Ovidukte in den Brutraum münden. Das Keimlager liegt bei *Daphnia* am rückwärtigen Ende des Ovars; die in der cranial gelegenen Wachstumszone heranreifenden Eier müssen also bei der Ablage am Keimlager vorbeigleiten. Die Keimzellen sind in Vierergruppen geordnet. Es werden zwei verschiedene Eisorten gebildet, entweder nährstoffarme Jungferneier (Subitaneier) oder große, nährstoffreiche Dauereier (Latenzeier). Subitaneier entstehen, wenn nur eine der vier Zellen der Vierergruppen sich zum Ei entwickelt, während die restlichen drei zu Nährzellen werden. Diese Eier gelangen, ohne eine Reduktionsteilung durchlaufen zu haben (also diploid), in den Brutraum und entwickeln sich dort parthenogenetisch direkt zu jungen, weiblichen oder männlichen Wasserflöhen. Bei der Bildung der Latenzeier werden mehrere Vierergruppen zur Ernährung eines einzigen Eies verwendet. Sie sind haploid, bedürfen, um sich zu entwickeln, der Besamung und werden, von einem Teil des bei der Eiablage gehäuteten Carapax (vom Ephippium) umhüllt, frei abgelegt. Aus ihnen schlüpfen, oft erst nach der Überwinterung, Weibchen, die sich ausschließlich parthenogenetisch fortpflanzen. Die männlichen Daphnien (1–1,5 mm) sind kleiner als die Weibchen (3–4 mm), ihre ersten Antennen sind bedeutend größer, ragen am Kopfvorderrand deutlich vor und tragen am Ende eine gegliederte Borste.

Bei vielen Tieren wird man in dem dorsalen Raum, der zwischen Schale und Körper liegt, einige große Eier bzw. Embryonen oder auch schon junge Daphnien erblicken. Er wird von einem dorsalen Fortsatz des Abdomens, dem Rückenfortsatz, abgeriegelt und dient als Brutraum, in dem sich die Subitaneier entwickeln.

Häufig werden wir die Schale mit Vorticellen besetzt finden, die sich oft in großer Zahl hier angesiedelt haben.

Die meisten Organe, und ganz besonders die Schalendrüse, die sonst nur schwer zu finden ist, sind bedeutend besser zu mikroskopieren, wenn man die Kulturflüssigkeiten mit Lösungen von Vitalfarbstoffen schwach anfärbt. Besonders geeignet sind Methylenblau, Toluidinblau, Neutralrot und Vitalneurot. Da man im allgemeinen nicht vorhersagen kann, wie lange es dauert, bis bestimmte Organe angefärbt werden, ist es ratsam, im Abstand von etwa 10 Minuten die Daphnien zum Mikroskopieren zu entnehmen. Mit Methylenblau behandelte Tiere können mit 6–8%igem Ammoniummolybdat fixiert werden, ohne die Färbung zu verlieren.

2. *Macrocyclops albidus* (= *Cyclops albidus*), Hüpferling

Als Vertreter der Copepoda, der 6. Unterklasse der Crustacea kann uns irgendeine der im Süßwasser so häufigen *Cyclops*-Arten dienen.

Es werden lebende Exemplare einer *Cyclops*-Art verteilt, und zwar wenn möglich zunächst Weibchen mit Eiersäckchen. Deckglas mit hohen Wachsfüßchen. Der Praktikant legt durch vorsichtigen Druck auf zwei gegenüberliegende Ecken des Deckgläschens das Tier so fest, daß es sich nicht mehr vom Ort bewegen kann; was natürlich bei Lupen- oder schwacher Mikroskopvergrößerung zu kontrollieren ist, um ein Zerquetschen des Tieres zu vermeiden. Am besten werden die Tiere zunächst in Bauchlage, also Rücken nach oben, festgelegt. Liegen sie zufällig auf der Seite oder auf dem Rücken, so ist durch vorsichtiges Verschieben des Deckgläschens die Bauchlage leicht zu erzielen.

Der langgestreckte Körper von *Cyclops* zeigt eine deutliche Segmentierung. Er läßt einen ovalen, vorderen und einen schmäleren, wohl abgesetzten hinteren Abschnitt unterscheiden (Abb. 122). Der vordere Abschnitt stellt im wesentlichen Kopf und Thorax dar, der hintere das Abdomen. Das erste Segment des vorderen Abschnittes ist sehr ausgedehnt, nimmt reichlich die Hälfte des ganzen Vorderkörpers für sich in Anspruch. Ihm folgen drei kürzere und auch allmählich an Breite verlierende Segmente. Wir werden geneigt sein, im vordersten, großen Segment den Kopf, in den drei folgenden den Thorax zu erblicken. Das ist auch insofern richtig, als das vorderste Segment im wesentlichen durch die Verschmelzung der fünf Kopfsegmente entstanden ist; da aber in seine Bildung auch noch das erste und zweite Thoraxsegment eingegangen sind, ist das vorderste Großsegment zutreffender als Cephalothorax zu bezeichnen. Das scheinbar dritte Thoraxsegment ist somit bereits das fünfte. Hinter ihm liegt die Gelenkstelle zwischen dem vorderen und hinteren Körperabschnitt.

Das nächstfolgende Segment, das dem unbefangenen Blick als erstes Abdominalsegment erscheinen möchte, ist in Wahrheit ein sechstes Thoraxsegment, das sich dem Abdomen fest angeschlossen hat. Es folgen die fünf wahren Abdominalsegmente, deren Zahl sich beim Weibchen allerdings scheinbar auf vier verringert, da das erste und zweite völlig miteinander verschmolzen sind. So erklärt sich, daß wir in unserem Fall hinter dem sechsten Thoraxsegment nur vier Segmente zählen und daß das erste von ihnen, an dem seitlich die Eiersäckchen angeheftet sind, so viel größer ist als die folgenden. Das letzte Segment des Abdomens trägt das Telson, zwei eingliedrige, reich beborstete Anhänge die zusammen als Schwanzgabel oder Furca bezeichnet werden. Die Furca kann an Länge das ganze Abdomen bedeutend übertreffen und stellt ein wichtiges Schwebe- und Steuerorgan dar.

Von den Extremitäten des Kopfes sind bei dorsaler Ansicht nur die ersten und zweiten Antennen sichtbar. Die ersten Antennen des Weibchens sind lange, einreihige Gebilde, die nicht nur Träger zahlreicher Sinnesorgane (Tastsinn und chemischer Sinn) sind, sondern auch als Balance- und Schwebeorgane dienen. Sie setzen sich bei der Gattung *Cyclops*, je nach der Art, aus 8 bis 17 Gliedern zusammen. Auch die zweiten Antennen sind einreihig, doch erheblich ärmer an Gliedern und daher auch wesentlich kürzer.

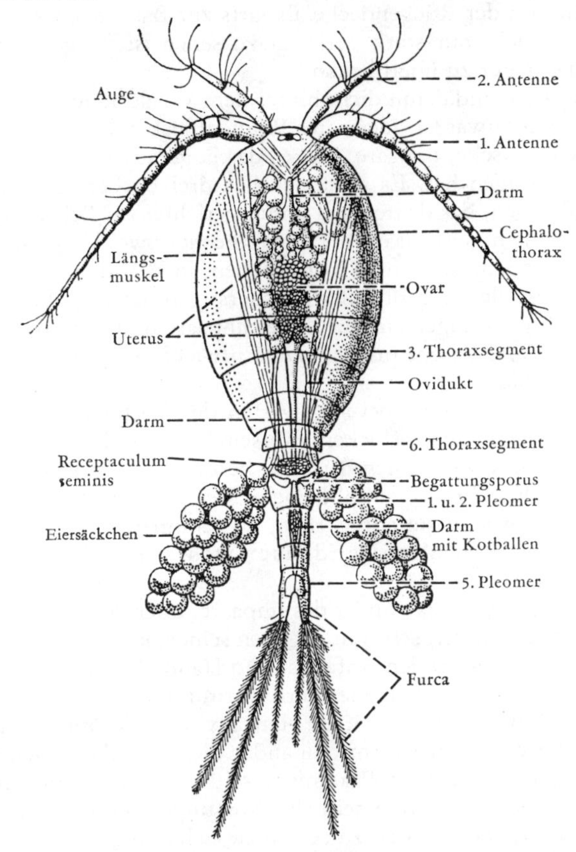

Abb. 122: *Macrocylops albidus*. Rückenansicht eines Weibchens. Etwa 50×
(Aus KAESTNER, verändert)

Da die Copepoden nur eine sehr zarte, unverkalkte Chitinkutikula besitzen, können wir in unserem Präparat auch manches von der inneren Organisation sehen. Dabei fällt uns als erstes, durch seine kräftige Peristaltik, der Darm auf. Er ist ein unverzweigtes, geradliniges Rohr, das ventral mit der Mundöffnung beginnt und am Hinterrand des letzten Abdominalsegments, zwischen den Gabelästen der Furca, mit dem After endet. Oft können wir sehr schön, namentlich im Abdomen, die peristaltischen Bewegungen des Darmrohres erkennen und den durch sie bedingten Transport der Kotballen bis zum After hin beobachten. Der Darm wird vom Fettkörper umgeben, von dem wir wenigstens die mehr oder weniger zahlreichen und oft gefärbten Öltropfen gut erkennen können. Der vordere Abschnitt des Darmes ist zu einem Magen erweitert.

Rechts und links vom Darm sehen wir sodann zwei kräftige Muskelbänder, die an der Grenze von Vorder- und Hinterkörper dicht nebeneinander beginnen und, nach vorn auseinanderweichend und breiter werdend, fast bis zur Antennenbasis ziehen. Nach hinten zu finden sie eine Fortsetzung in schmäleren Muskelbändern, die das Abdomen der Länge nach durchziehen. Außer dieser «Stammuskulatur» ist auch eine gleichfalls kräftig entwickelte Extremitätenmuskulatur vorhanden, die in den Thoraxsegmenten von der Rückendecke abwärts zur Basis der Extremität zieht, daher bei dorsaler Ansicht nur stark verkürzt zu sehen ist. Dagegen ist die kräftige Antennenmuskulatur gut zu überblicken.

Noch vor dem Darm und damit dicht hinter dem Vorderrand des Körpers fällt uns in der Mittellinie ein schwarzer oder roter Pigmentfleck auf. Es handelt sich um das für die Copepoden typische, unpaare Auge, das ja gerade unserer Gattung den Namen «*Cyclops*» eingetragen hat. Es setzt sich aus drei Becheraugen zusammen, von denen zwei dorsal liegen, das dritte nach unten gerichtet ist. Bei stärkerer Vergrößerung sehen wir aus dem gemeinsamen Pigmentbecher zwei kugelige, stark lichtbrechende Gebilde vorragen, die Linsen vortäuschen, in Wahrheit aber von den transparenten Lichtsinneszellen der dorsalen Becheraugen selbst gebildet werden. Die Copepoden besitzen ganz allgemein nur dieses unpaare und primitive Auge, das dem Naupliusauge von *Daphnia* entspricht; zur Entwicklung paariger Komplexaugen kommt es bei ihnen nicht.

Herz und Gefäßsystem fehlen bei allen Arten der Gattung *Cyclops* vollkommen. Das Blut zirkuliert frei in Gewebslücken. Für sein Hin- und Herfluten sorgen die ausgiebigen Bewegungen des Darmes, für die besondere Muskeln entwickelt sind. Atemorgane fehlen den Copepoden allgemein. Bei der geringen Körpergröße und der durchlässigen Haut sind sie entbehrlich, es genügt die Hautatmung. Exkretionsorgane sind als ein Paar Maxillendrüsen wohl vorhanden, am lebenden Tiere aber schwer sichtbar.

Von den Geschlechtsorganen ist das unpaare, über dem Darm liegende Ovarium nicht leicht zu erkennen; sehr gut dagegen seine paarigen Ausführgänge, die in ihrem als Uterus zu bezeichnenden Anfangs- und Hauptabschnitt mehr oder weniger vollständig von den relativ großen Eiern erfüllt sind. Der Uterus beginnt am Ovarium und besteht aus zwei Schläuchen, die ventral vom Ovarium und dorsal von dem zum Magen erweiterten Darmabschnitt einander dicht genähert nach vorn und hinten ziehen. Von ihnen zweigt ein Paar mehr seitlich, rechts und links vom Darm gelegener Schläuche ab, die durch seitliche Ausstülpungen ein kompliziertes Aussehen erhalten können. Nach hinten zu setzen sie sich unmittelbar in die feinen Ovidukte fort, die im ersten Abdominalsegment seitlich ausmünden. Der Endabschnitt der Ovidukte erzeugt eine Substanz, die gleichzeitig mit den Eiern austretend, zum Eiersäckchen wird.

Im ersten Abdominalsegment liegt außerdem das Receptaculum seminis, eine breite, oft gelappte und je nach der Art spezifisch geformte Tasche, die in der Mittellinie ventral mit einer Öffnung mündet, die ihrer Funktion nach als Begattungsöffnung zu bezeichnen ist. Hier kleben die Männchen die mit Sperma gefüllten Spermatophoren an, bohnenförmige Gebilde, die neben einer Unzahl von Spermatozoen eine Quellsubstanz enthalten, die das Sperma durch die Begatttungsöffnung in das Receptaculum seminis hineintreibt. Nicht selten werden wir Weibchen antreffen, die zwei derartige Spermatophoren angeheftet tragen. Vom Receptaculum seminis führt nach rechts und links ein kurzer, übrigens schwer sichtbarer Kanal zu den Oviduktmündungen, so daß die Eier bei ihrem Austritt aus dem Eileiter besamt werden können.

Durch ein leichtes Verschieben des Deckgläschens bewirken wir jetzt, daß das Tier auf den Rücken zu liegen kommt. Für manche Einzelheiten ist die Seitenlage noch günstiger, die sich in der gleichen Weise erzielen läßt.

Bei ventraler oder seitlicher Ansicht stellen wir fest, daß Extremitäten nur am Cephalothorax und Thorax (eigentlich: Peraeon) entwickelt sind, am Abdomen dagegen völlig fehlen. Hinter den schon erwähnten ersten und zweiten Antennen folgen ein Paar Mandibeln, zwei Paar Maxillen und ein Paar für den Nahrungserwerb umgebildeter Maxillipeden, die morphologisch das Extremitätenpaar des ursprünglich ersten, mit dem Kopf verschmolzenen Thoraxsegmentes darstellen. Doch können alle die erwähnten Extremitätenpaare in ihrem oft recht komplizierten Bau nur nach Isolierung deutlich erkannt werden. Auf die Maxillipeden folgen vier Schwimmextremitäten, die bei den Copepoden einen sehr charakteristischen Bau haben, worauf wir weiter unten zurückkommen. Sie sind in der Ruhelage schräg nach vorn gerichtet und eng aneinandergelegt. Bei der Bewegung schlagen sie einzeln, mit dem letzten beginnend, nach hinten, wobei sie gleichzeitig seitwärts gespreizt werden. Dann werden sie geschlossen wieder nach vorn geführt. Alle diese Bewegungen verlaufen so schnell, daß nur Zeitlupenaufnahmen sie zu analysieren vermochten. Die Thoracopoden stellen zweifellos die wichtigsten Organe der Ortsbewegung dar, die bei *Cyclops* und seinen Verwandten in eigenartig ruckweisen Stößen erfolgt, was ihnen den deutschen Namen «Hüpferlinge» eingetragen hat. Auch das letzte, dem Abdomen angeschlossene Thorakalsegment trägt bei *Cyclops* ein Fußpaar, das allerdings stark rudimentär ist und nur aus ein bis zwei Gliedern besteht. Es ist besonders bei Seitenlage gut zu erkennen und für die Artbestimmung von Wichtigkeit. Seine physiologische Bedeutung ist unbekannt.

Wir entfernen jetzt das Deckgläschen und lösen mit Hilfe zweier Nadeln – am besten sind feine Insektennadeln hierzu geeignet – einen der Thoracopoden ab.

Jeder Thoracopod (Abb. 123) besteht aus einem zweigliedrigen Basalteil, dem Protopoditen, und zwei ungefähr gleichmäßig ausgebildeten, dreigliederigen Ästen, Exopodit und Endopodit, die beide reich beborstet sind. Wir haben hier also einen

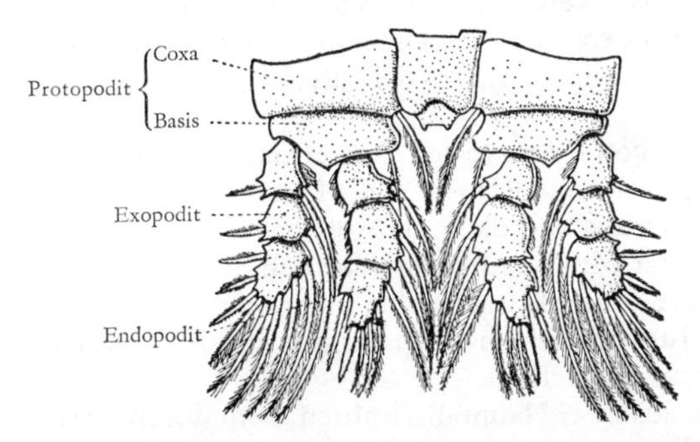

Abb. 123: *Macrocyclops albidus.* Erstes Schwimmfußpaar (eines Weibchens) 80×

typischen Spaltfuß vor uns, wie er für die Crustaceen ursprünglich allgemein anzunehmen ist. Charakteristisch für die Copopoden ist, daß rechtes und linkes Bein eines Thoraxsegmentes an ihrer Basis durch eine mediane Platte fest miteinander verbunden sind, so daß sie nur zusammen schlagen können.

Zum Schluß können noch Männchen von *Cyclops* verteilt werden sowie Nauplien.

Die Männchen sind erheblich kleiner als die Weibchen. Sie unterscheiden sich von ihnen ferner dadurch, daß erstes und zweites Abdominalsegment unverschmolzen bleiben. Auch der verschiedene Bau der ersten Antenne läßt die Geschlechter leicht unterscheiden. Beim Männchen sind nämlich die ersten Antennen relativ kurz, dafür aber breit und muskelkräftig. Sie sind hakenförmig eingeknickt und dienen als Klammerextremitäten, mit denen das Männchen das Weibchen bei der Paarung am Abdomen erfaßt, um ihm seine Spermatophoren anzuheften. Der unpaare Hoden liegt im Vorderkörper, die paarigen Vasa deferentia münden am ersten Abdominalsegment. Sie sind, wenn nicht zufällig mit Sperma gefüllt, schwer zu erkennen. Ihre Endabschnitte erweitern sich taschenartig, und wir werden in ihnen oft jederseits eine der großen, bohnenförmigen Spermatophoren fertig liegen sehen.

Die Entwicklung von *Cyclops* durchläuft zahlreiche, durch Häutungen getrennte Stadien, die als Nauplius-, Metanauplius- und Copepoditstadien bezeichnet werden. Ein Nauplius, den wir uns noch ansehen wollen, zeigt einen ovalen, unsegmentierten Körper, einen sackförmigen Darm, das Naupliusauge und drei Paar Extremitäten, die den ersten Antennen, zweiten Antennen und Mandiblen entsprechen. Das erste Paar ist einreihig, die beiden anderen zeigen deutlich Spaltfußcharakter. Alle drei Paare dienen der Ortsbewegung, die in raschen und ausgiebigen, durch Ruhepausen getrennten Sprüngen besteht. Zweite Antennen und Mandibeln dienen aber gleichzeitig auch dem Nahrungserwerb. Die Nauplien lassen sich leicht aus Eiersäckchen ziehen. Man trenne die Eipakete vorsichtig ab und gebe sie in Boverischälchen mit Teichwasser.

3. *Astacus astacus*, Flußkrebs

Für die Dekapoden werden zwei Präparieranweisungen gegeben, eine für den Flußkrebs und eine für die Strandkrabbe. Es genügt die Präparation nur einer Form. Da bei der Beschreibung, um Wiederholungen zu vermeiden, die Schwerpunkte etwas verschoben sind, ist es jedoch vorteilhaft, beide Kapitel zu lesen.

Der Flußkrebs ist ein Vertreter der Malacostraca und gehört zur Ordnung der Decapoda. Die Malakostraken sind durch konstante Segmentzahl (fast stets 19) gekennzeichnet, die Dekapoden durch die Umwandlung der drei ersten Thoracopodenpaare in Kieferfüße (Maxillipeden), so daß als Laufbeine nur die fünf folgenden Paare verbleiben.

Der ganze Körper ist von einem festen Panzer umgeben, der aus einer Chitinkutikula besteht, in die Kalksalze eingelagert sind. Er ist ein Ausscheidungsprodukt der darunterliegenden Epidermis und dient als Außenskelett nicht nur dem Schutz, sondern auch dem Ansatz der Muskulatur. An manchen Stellen ragen Skelettelemente als Versteifungsleisten oder Muskelansatzstellen mehr oder weniger weit nach innen vor (Endoskelett). In der Jugend mehrmals, später nur ein- bis zweimal jährlich wird der Panzer durch Häutung gewechselt.

Der Körper besteht aus zwei Hauptabschnitten, dem durch Verschmelzen der Segmente von Kopf und Brust entstandenen Kopfbruststück (Cephalothorax, der sogenannten «Krebsnase») und dem Hinterleib (Abdomen, dem «Krebsschwanz»). Das Kopfbruststück wird durch das gewölbte Rückenschild (Carapax) oben und seitlich umfaßt. Eine seichte aber deutliche Querfurche, die Nackenfurche (Sutura cervicalis), gibt die hintere Begrenzung des Kopfes an. Zu beiden Seiten der Mittellinie des Bruststückes verlaufen zwei weitere, sehr seichte Furchen nach hinten; sie bezeichnen die Grenzen zwischen der eigentlichen Brust und den zu beiden Seiten des Körpers liegenden, von gewölbten Ausladungen des Rückenschildes überdachten und fast völlig abgeschlossenen Kiemenhöhlen. Vorn spitzt sich der Carapax zu einem stachelartigen Fortsatz, dem Rostrum, zu, an dessen Seiten die gestielten Augen sitzen.

Am Hinterleib ist die Segmentierung erhalten geblieben, und zwar zählen wir sechs vollentwickelte Segmente. Das Telson, dem nicht der morphologische Wert eines Segments zukommt, bildet als letztes Glied den Mittelteil des Schwanzfächers. Die sechs Ringe, von denen der erste noch zum Teil vom Carapax bedeckt wird, sind beweglich miteinander verbunden.
Betrachten wir den Krebs von der Bauchseite, so fallen vor allem die segmental angeordneten Gliedmaßen auf, mit Einschluß der Antennen insgesamt 19 Paare.

Wir studieren sie zunächst am intakten Tier, indem wir sie mit der Pinzette oder den Fingern hin und her bewegen und in den Gelenken beugen, bis uns ihr Bau und ihre Gliederung klar geworden ist.

Die erste Antenne (Antennula) besteht aus drei aufeinanderfolgenden Stammgliedern, denen zwei zarte, gegliederte Geißeln aufsitzen, die äußere etwas dicker und länger als die innere. An der Außengeißel finden sich vom siebenten bis zum vorletzten Ring Sinnesborsten, die der Chemorezeption dienen. Im ersten Stammglied liegt das Gleichgewichtsorgan, die Statocyste. Es ist ein kutikulares Säckchen, dessen dorsale Öffnung Borsten überdecken. Seine untere und hintere Wand erhebt sich zu einer gebogenen Leiste, der zu beiden Seiten Sinnesborsten aufsitzen, auf deren Spitze, in eine gallertige Masse eingebettet, kleine, von außen hereingebrachte Fremdkörper, meist Sandkörnchen, ruhen (siehe auch S. 246).

Sehr viel größer als die erste ist die zweite Antenne, das wichtigste Tastorgan des Krebses. Auf ihrem kurzen und breiten ersten Stammglied bemerken wir auf einem gelblichen Höcker als feine Pore die Mündung des Exkretionsorganes, der Antennendrüse. Außer der langen Geißel (Endopodit), findet sich noch ein äußerer Ast (Exopodit), der die Form einer breiten, dreieckigen Schuppe hat.

Als nächste Extremitäten folgen die ersten Mundgliedmaßen, die Mandibeln. Sie besitzen eine massive, innen gezähnte Kaulade, die der Coxa entspricht, und einen dreigliedrigen Taster oder Palpus, der vergleichend anatomisch aus distalen Teilen des Protopoditen und dem reduzierten Endopoditen aufgebaut ist. Die Mandibeln stehen rechts und links von der Mundöffnung, die vorne von einer unpaaren, querovalen und seitlich beborsteten Platte, der Oberlippe (Labrum), begrenzt wird. Sie ist, ebenso wie die Unterlippe, die als häutige Falte die Mundöffnung hinten abschließt und die seitlich zwei löffelartige, den Mandibelhinterflächen angeschmiegte Fortsätze («Paragnathen») trägt, nicht extremitätenhomolog.

Es folgen die beiden Maxillenpaare, die sehr viel zarter als die Mandibeln sind und nach innen zu blattförmige Kauladen tragen. An der zweiten Maxille fällt der Exopodit als langgestreckte, etwas gebogene Platte auf; sie wird als Scaphognathit bezeichnet. Beim lebenden Tier ist sie in ununterbrochener Bewegung und erzeugt den die Atemhöhle von hinten nach vorn durchziehenden Wasserstrom.

Unmittelbar an die zweiten Maxillen schließen sich nach hinten zu drei Paar Kieferfüße (Maxillipedes) an, bei denen der Spaltfußcharakter vom ersten zum dritten fortschreitend immer reiner zum Ausdruck kommt. Die Kauladen verschwinden, die Exopoditen und besonders die Endopoditen werden größer.

Alle drei Kieferfüße tragen einen lateralen Anhang (Epipodit), der in die Kiemenhöhle aufsteigt und daher beim Ablösen der Extremität leicht verloren geht. Der Epipodit des ersten Kieferfußes ist eine breite, membranartige Platte, die gemeinsam mit dem Scaphognathiten der zweiten Maxille für eine Erneuerung des Atemwassers in der Kiemenhöhle sorgt. Beim lebenden Tier sieht man sie fast ununterbrochen kräftig nach vorwärts schlagen. Die Epipoditen des zweiten und dritten Kieferfußes sind dicht mit feinen, fingerförmigen Anhängen besetzt und stellen die beiden vordersten Kiemen dar. Alle Kieferfüße und die Maxillen haben außerdem die Aufgabe, die Nahrung zu halten und den Mandibeln zuzureichen. In Abb. 127 sind die Epipoditen fortgelassen.

Auf die Kieferfüße folgen fünf Paar als Schreitfüße dienende Brustgliedmaßen (Peraeopoden), die der Ordnung den Namen Dekapoden verschafft haben. Es fehlt ihnen der äußere Ast (Schwimmfußast) des typischen Spaltfußes. Sie bestehen aus sieben Gliedern – durch Verwachsung sind es bisweilen nur sechs –, von denen zwei der Basis, fünf dem Endopoditen angehören. Der erste Fuß ist mit einer großen und kräftigen, der zweite und dritte mit einer kleinen Schere ausgerüstet. Die Schere entsteht in der Weise, daß das vorletzte Glied der Extremität sich fingerförmig über die Ansatzstelle des letzten Gliedes hinaus verlängert. Man beachte, daß die Drehachsen der Gelenke zwischen den einzelnen Gliedern des Scherenfußes in verschiedenen Ebenen liegen, wodurch der Aktionsradius der Schere erheblich vergrößert wird. Auch achte man auf die Sperrvorrichtungen am Gelenkrand, die ein Überdrehen verhüten. Durch Aufschneiden der Schere an den Seitenrändern können wir uns die beiden Muskeln zur Anschauung bringen, die ihr Öffnen und Schließen bewirken; der Schließmuskel ist bei weitem der kräftigere.

Es folgen die Beine des Hinterleibes, fünf Paar (beim Weibchen 4 Paar) Pleopoden. Bei ihnen tritt, mit Ausnahme des ersten, der ursprüngliche Spaltfuß wieder zutage. Sie helfen beim Schwimmen und dienen beim Weibchen auch zum Tragen der befruchteten Eier und Embryonen (Brutpflege). Beim Männchen sind die beiden vordersten Paare zu Hilfsorganen für die Begattung umgewandelt. Der aus der Geschlechtsöffnung an der Basis des letzten Brustfußes austretende und schnell erhärtende Samen wird in ihnen zu länglichen Spermatophoren geformt, die sie an der an der Basis des dritten Brustfußes gelegenen weiblichen Geschlechtsöffnung festkleben. Das erste Paar dieser Kopulationsfüße ist einheitlich, rinnenförmig, das zweite läßt einen fein gegliederten Exopoditen und einen sehr viel kräftigeren Endopoditen unterscheiden, dessen freies Ende tütenförmig eingerollt ist. Beim Weibchen ist das erste Paar Pleopoden rückgebildet. Am letzten Körpersegment sitzen als sechstes Paar der Hinterleibsextremitäten zwei breite Platten (Uropoden), aus Innen- und Außenast eines Spaltfußes entstanden, die einem kurzen Stammglied (Protopodit) aufsitzen und die Seiten des Schwanzfächers bilden. Der Außenast zeigt ein querverlaufendes Gelenk, ist also zweigliedrig. Die mittlere Platte des Schwanzfächers ist das Telson, das auf der Unterseite den After als deutlichen Längsschlitz trägt.

Die Zahl der Extremitäten gibt uns, da zu jedem Segment ein Extremitätenpaar gehört, die Möglichkeit, auch die Zahl der den Körper des Flußkrebses aufbauenden Segmente festzustellen. Danach setzt sich der Kopf aus 5 Segmenten zusammen (1. Antenne, 2. Antenne, Mandibel, 1. Maxille, 2. Maxille), der Thorax aus 8 (3 Kieferfüße, 5 Peraeopoden) und das Abdomen aus 6 (5 Pleopoden, 1 Uropod). Im ganzen sind es also 19 Segmente. Diese Zahl gilt fast für alle Malakostraken. Nur die Leptostraca und eine Unterordnung der Mysidacea haben 7 Abdomenringe und somit ingesamt 20 Segmente.

Zum Studium der inneren Organisation ist es notwendig, die dorsale Körperdecke zu entfernen. Es wird zunächst, indem man den Krebs in die linke Hand nimmt und das Abdomen möglichst weit nach unten abbiegt, die Intersegmentalhaut zwischen Cephalothorax und erstem Hinterleibsring durchtrennt. Dann werden mit der sehr flach angesetzten Schere zwei parallele Schnitte etwa in der Gegend der oben erwähnten zarten Längsfurchen vom Cephalothoraxhinterrand nach vorn bis in die Höhe der Augen geführt, wo sie durch einen kurzen Querschnitt miteinander verbunden werden. Das Mittelstück des Carapax wird darauf am hinteren Ende mit der Pinzette gefaßt und mit einem schlanken Skalpell vorsichtig von seiner Unterlage abgelöst. Wenn man sorgfältig arbeitet, wird die Hypodermis erhalten bleiben und als zarte, pigmentierte Haut die Organe bedecken.

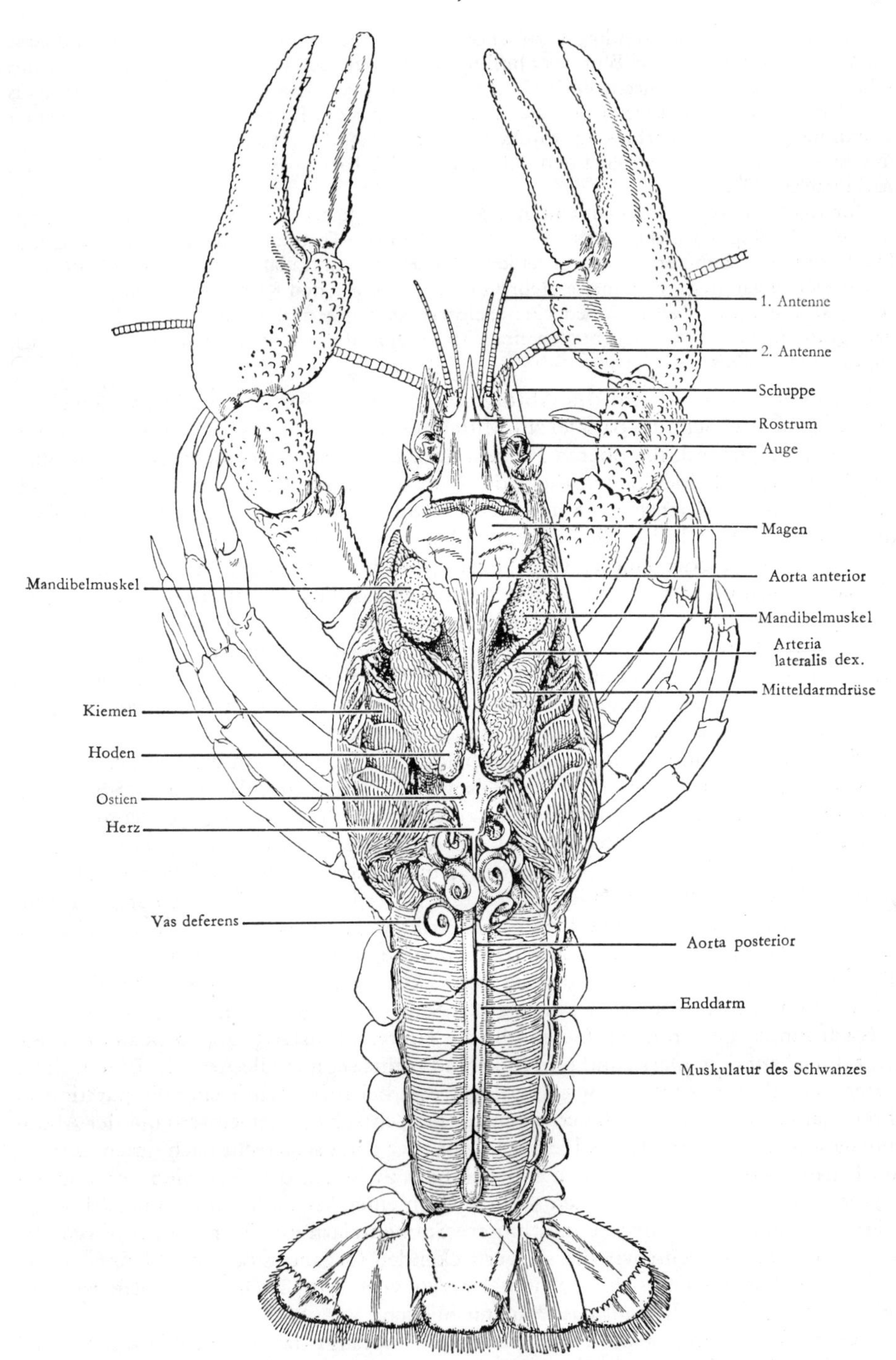

Abb. 124: Anatomie eines männlichen Flußkrebses. Dorsalansicht

Es ist jedoch nicht notwendig, sie zu schonen. Wichtiger ist es, rasch zu arbeiten, und zwar aus folgendem Grund: Das Blut des Flußkrebses ist praktisch farblos, die Gefäße daher nur schlecht sichtbar und in ihrem Verlauf schwer zu verfolgen. Ein Anfärben des Gefäßsystems verschafft Abhilfe. Man injiziert, sobald man den Carapax zur Hälfte abgetragen hat, mit einer Injektionsspritze eine Farblösung direkt in das nun sichtbare Herz. Die Injektion gelingt unschwer, wenn sie sofort nach dem Abtöten des Krebses vorgenommen wird, besser am narkotisierten Tier.

Zur Injektion verwende man eine mit Kongorot angefärbte, 0,43%ige Kochsalzlösung, der zur Lähmung der Gefäßmuskulatur auf 50 ml 2 bis 3 Tropfen Amylnitrit zugesetzt sind. Die Lösung soll Zimmertemperatur haben. Man achte darauf, daß beim Einstich keine Luft in das Herz gelangt. Es ist daher angebracht, zur Injektion den Krebs völlig mit physiologischer Lösung (0,43% NaCl) zu bedecken. Selbstverständlich muß die Spritze luftfrei sein. Es genügt die Injektion von Bruchteilen eines Milliliters. Man wende keinen zu großen Druck an, da die Gefäße sonst platzen.

Nach der Injektion wird das Abtragen des Carapax fortgesetzt. Dann führt man dorsolateral zwei Schnitte parallel zur Mittellinie des Abdomens nach hinten und trägt, von vorn beginnend, die oberen Panzerstücke der Schwanzsegmente ab. Schließlich werden noch die beiden Seitenstücke des Kopfbruststückes entfernt. Die weitere Präparation wird im Wachsbecken unter Wasser oder besser in 0,43%iger NaCl-Lösung durchgeführt. Alle Teile sollen von der Flüssigkeit bedeckt sein.

Der größte Teil der inneren Organe ist nunmehr sichtbar (Abb. 124). Vorn, vom Transversalschnitt aus sich nach hinten erstreckend, liegt der umfangreiche Magen. Er wird flankiert von den beiden kräftigen Mandibelmuskeln, die beim Entfernen der dorsalen Körperdecke von ihren Ursprungsflächen abgetrennt wurden. Seitlich vom Magen und den Mandibelmuskeln liegen die rostralen Teile der beiden mächtigen, schwach bräunlichen Mitteldarmdrüsen, die sich nach rückwärts bis zum Herzen erstrecken. Die Seiten des Präparates bilden die zarten Kiemen.

Dicht vor dem hinteren Rand des Cephalothorax liegt median das (im Leben weißliche) Herz. Es ist von rhombischer Gestalt und besitzt drei Paar Ostien, von denen allerdings nur das dorsal gelegene Paar zu sehen ist. Nach vorn gehen vom Herzen drei Gefäße ab. Das mittlere versorgt die Augen und das Cerebralganglion (Aorta anterior), während die beiden seitlichen (Arteriae laterales) nach Abgabe eines Astes an den Magen, zu den Antennen ziehen und außerdem den Exkretionsorganen Blut zuführen. Zwei weitere, lateral von den Arteriae laterales, an der Ventralseite des Herzens entspringende Gefäße (Arteriae hepaticae) werden erst sichtbar, wenn wir die Tubuli der Mitteldarmdrüse, die sie verdecken, mit feinem Pipettenstrahl aufgelockert und mit der stumpfen Pinzette zur Seite gedrängt haben.

Nach hinten geht nur ein Gefäß ab, die Hinterleibsarterie (Aorta posterior). Sie liegt dorsal auf dem Darm und gibt links und rechts segmentale Äste ab. Eine weitere Arterie (A. descendens), die wir allerdings erst bei fortgeschrittener Präparation in ihrem ganzen Verlauf werden verfolgen können, entspringt gemeinsam mit der Abdominalaorta am Hinterende des Herzens, geht aber dann senkrecht nach unten, seitlich am Darm vorbei, «durchbohrt» das Bauchmark zwischen den Ganglien der Thoraxsegmente 6 und 7 und gabelt sich schließlich in einen kopfwärts und einen schwanzwärts ziehenden Ast (vordere und hintere Subneuralarterie). Wir können ihren Ursprung erkennen, wenn wir die sie verdeckenden Organe – bei den Männchen die weißlichen Samenleiter – hinter dem Herzen vorsichtig nach unten drücken und schräg von der Seite her auf das Präparat blicken.

Der das Herz umgebende Perikardialsinus empfängt das in den Kiemen arteriell gewordene Blut (es enthält Hämocyanin als respiratorischen Farbstoff) durch die gefäßartigen Branchioperikardialkanäle, die oft, aber nicht ganz richtig, als Kiemenvenen bezeichnet werden. Wir werden die durchsichtigen, häutigen Stränge nur bei sehr sorgfältiger Präparation darstellen können. Aus dem Perikardialsinus gelangt das Blut durch die Ostien ins Herz und von da durch die offen endenden Arterien in die Lücken zwischen den Organen, also ins Mixocöl. Das venös gewordene Blut sammelt sich in einem großen, ventral gelegenen Blutsinus an, von dem aus es in die Kiemen strömt. Der Blutkreislauf ist also nicht geschlossen.

Durch das Entfernen der Seitenteile des Rückenschildes haben wir die Kiemen freigelegt. Wie wir gesehen haben, ist der Panzer am Rücken in einem medianen Streifen, der der Breite der eigentlichen Brust entspricht, festgewachsen, wölbt sich aber jederseits frei über die Kiemen hinweg, zwei Kiemenhöhlen bildend, die sich nach vorn zu in Spalten öffnen. Diese Spalten dienen dem Ausstrom des Atemwassers. Der Einstrom erfolgt durch sieben ventrale Öffnungen, von denen die erste vor dem zweiten Kieferfuß, die letzte vor dem fünften Brustfuß liegt.

In jeder der beiden Atemhöhlen finden wir 18 glasklare, büschelige Kiemen. Sie bestehen aus einem dorsal gerichteten Schaft, dem viele kleine, zylindrische Anhänge entsprießen und lassen sich am besten betrachten, wenn wir den Krebs auf die Seite legen. Die hinterste Kieme entspringt an der Rumpfwand über dem letzten Schreitbeinpaar, also an der Pleuralregion. Sie ist daher als Pleurobranchie zu bezeichnen.

Der letzte Thoracopod selbst trägt keine Kiemen, wohl aber die übrigen Schreitbeine (je 3) und der zweite und der dritte Kieferfuß (2 bzw. 3). Jeweils eine dieser Kiemen sitzt an der Coxa der entsprechenden Extremität (Podobranchien), während die übrigen, also eine am ersten Kieferfuß und je zwei am dritten Kieferfuß und an den vier Paraeopoden, aus der Gelenkhaut zwischen Coxa und Rumpf hervorwachsen (Arthrobranchien). Wir studieren Insertion, Anordnung und Bau der Kiemen, indem wir sie mit der Pinzette vorsichtig hin und her wenden und finden, daß der Schaft der Podobranchien außer den zylindrischen Röhrchen zwei wie Wellblech gefaltete Lamellen trägt, die, nach rückwärts divergierend, Schaft und Lamellenbasis der folgenden Podobranchie und die unteren Arthrobranchien umfassen. Sie leiten (dabei gleichzeitig auch selbst als Kiemen funktionierend) das durch die Bewegung der Scaphognathiten angesaugte Wasser an den Kiemen entlang in den Firstraum der Atemhöhle, wo der Wasserstrom nach vorn umbiegt und dem Ausgang zustrebt. Wer das Präparat mit dem Stereomikroskop betrachtet, wird in der Pleuralregion über den Schreitbeinen 2, 3 und 4 je einen zarten Schlauch von etwa 4 mm Länge entdecken. Es handelt sich um rudimentäre Pleurobranchien. – Schließlich fallen fünf Büschel langer, dünner Haare auf, die an höckerigen Erhebungen der Schreitbeincoxen sitzen. Man vermutet, daß sie das Eindringen von Fremdkörpern in den Kiemenraum verhindern.

Wir wenden den Krebs und betrachten die in ihrer Anordnung noch ungestörten Kiemen der anderen Seite, und tragen danach die gesamte linke Thoraxwand ab, indem wir erst ihre häutige Verbindung zum Abdomen durchtrennen und dann knapp über den Beineingelenkungen mit flach angesetzter Schere bis zum Vorderrand des Segmentes der ersten Thoracopoden entlangschneiden. Ein dort bogig von oben nach unten geführter Schnitt trennt die Verbindung zu den Kopfflanken. Es bleiben nun nur noch die an der Pleuralwand innen ansetzenden Muskeln mit dem Skalpell zu lösen. Die anatomischen Verhältnisse im Cephalothorax sind jetzt, vor allem, wenn wir das Präparat bald von oben, bald von der Seite betrachten, leichter zu überblicken.

Zunächst lockern wir das Gewebe der Mitteldarmdrüsen mit oft wiederholtem Wasserstrahl aus der Pipette und mit der Pinzette vorsichtig auf und finden, daß sie aus einer sehr großen Anzahl dünner Schläuche aufgebaut sind, die – zu Lappen geordnet – jederseits in drei Ausführgänge münden. Die drei Gänge jeder Seite vereinigen sich zu einem Hauptgang. Die beiden Hauptgänge münden in den Mitteldarm, der sehr kurz und auf das Mündungsgebiet der Mitteldarmdrüsen beschränkt ist. Die Aufgabe der Mitteldarmdrüsen besteht in der Bildung von Enzymen für die im Magen stattfindende Verdauung, in der Resorption der aufgespaltenen Nahrung sowie in der Speicherung von Fett und Glykogen.

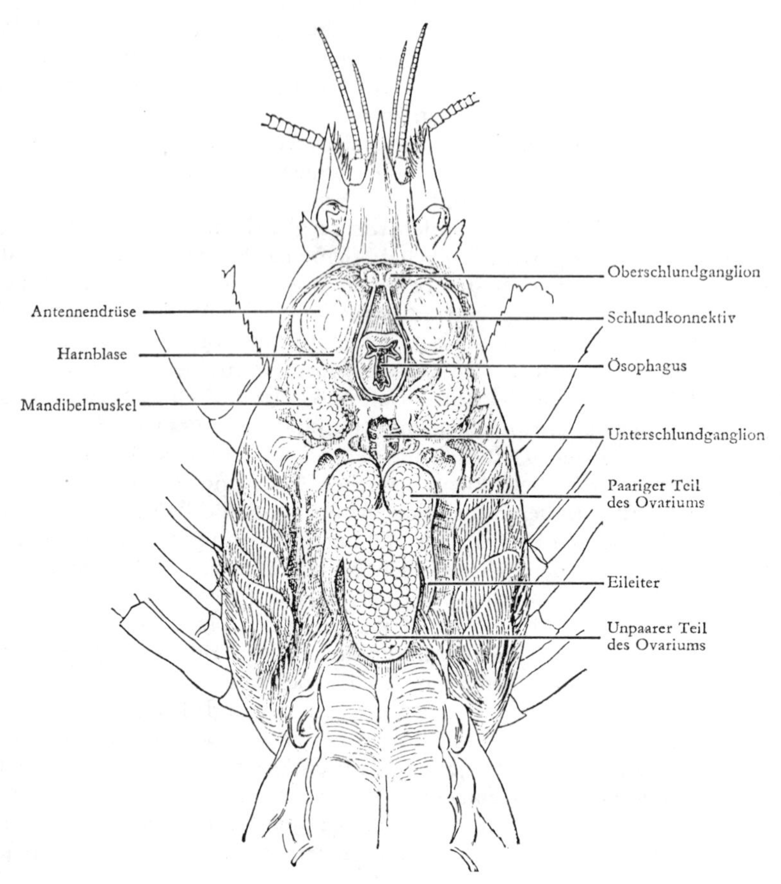

Abb. 125: Anatomie eines weiblichen Flußkrebses. Dorsalansicht. Magen, Mitteldarmdrüse und Herz sind entfernt

Wenn wir ein männliches Tier vor uns haben, so werden uns schon zu Beginn der Untersuchung der inneren Organe stark geknäuelte, schneeweiße Schläuche aufgefallen sein, die etwas hinter dem Herzen liegen und sich in der Tiefe verlieren (Abb. 124). Es sind die Ausführgänge der beiden Hoden, die Vasa deferentia, die jederseits auf der Bauchseite an der Basis des fünften Brustbeines ausmünden. Die Hoden selbst liegen dicht vor und unter dem Herzen und sind in ihrem hinteren Abschnitt miteinander verschmolzen.

Liegt ein weibliches Tier vor, so finden wir die ähnlich angeordneten Ovarien ebenfalls im hinteren Teil verschmolzen. Vom Ovarium geht jederseits ein kurzer Ovidukt (Eileitern) zur Basis des dritten Brustbeines (Abb. 125).

Wir legen jetzt den Krebs auf die rechte Seite, entfernen beim Männchen den linken Samenleiter sowie (bei beiden Geschlechtern) die wie bindegewebige Stränge anmutenden, durchsichtigen Branchioperikardialkanäle und drängen mit Fingerspitzen und stumpfer Pinzette die Lappen der Mitteldarmdrüse so ab, daß sie die Sicht nicht behindern.

Es ist nun leicht, die Gefäße in ihrem Verlauf zu verfolgen. Wir sehen insbesondere, daß die Arteria descendens am Enddarm vorbei nach unten zieht und zwischen Längsmuskeln, die wir mit der Pinzette auseinanderdrücken, in einem Loch eines inneren Skelettelementes verschwindet. Vorn führt, vom Mund her kommend, die kurze Speiseröhre senkrecht nach oben zum Magen, an dessen Außenwand wir eine komplizierte Muskulatur erkennen.

Die dorsale Decke des Magens wird nun – ohne das hinten abgehende Darmrohr zu verletzen – vorn, links und hinten umschnitten und nach rechts geklappt und der bräunliche, schleimige Mageninhalt mit Pipette und Pinzette entfernt.

Der Magen – er gehört noch zum ektodermalen Vorderdarm – ist zweiteilig. In der vorderen, geräumigen Cardia sieht man von beiden Seiten zwei starke, gezahnte Chitinleisten ins Innere vorspringen und an der Magendecke median eine weitere, unpaare. Im Verein mit der hochentwickelten Spezialmuskulatur dienen diese drei «Magenzähne» zum Zerkleinern und Durchkneten der Nahrung, die außerdem von den bis hierher vorgeleiteten Verdauungsenzymen der Mitteldarmdrüse chemisch aufgeschlossen wird. Zuzeiten liegen in zwei seitlichen Ausbuchtungen der Cardia die sogenannten «Krebsaugen», halbrunde, weiße Ablagerungen aus kohlensauerem Kalk, die höchstwahrscheinlich bei der Neubildung des Panzers nach der Häutung verbraucht werden.

Im zweiten Teil dieses Kaumagens, im Pylorus, erkennen wir komplizierte Falten und Reusen. Sie dienen dazu, Grobes vom Feinen zu trennen. Nur feinste Partikel gelangen zur Endverdauung in die Mitteldarmdrüsen, die gröberen werden über ein Trichterventil in den Enddarm befördert. Der eigentliche, eine kutikulare Auskleidung entbehrende, entodermale Mitteldarm ist, wie gesagt, auf das Gebiet der Mitteldarmdrüsenöffnungen beschränkt. Unmittelbar dahinter beginnt der nun wieder ektodermale und mit einer kutikularen Intima versehene Enddarm. Er zieht unter dem unpaaren Teil des Hodens (oder Ovariums) und unter dem Herzen als gerades Rohr ins Abdomen, wo er, in die kräftige Schwanzmuskulatur eingebettet, unter der Hinterleibsaorta dem Körperende zustrebt.

Rechts und links von den vorderen Magenwänden und hinten von den großen Mandibelmuskeln begrenzt, liegen in der Tiefe die als Antennendrüsen bezeichneten Exkretionsorgane. Sie bestehen aus einem smaragdgrünen, einen Cölomrest darstellenden Endsäckchen, der «grünen Drüse», und einem ihm aufliegenden, meist kollabierten, weißlichen Sack, der den zur Harnblase erweiterten Endabschnitt des Organes darstellt und nach vorn zu im Basalglied der zweiten Antenne ausmündet.

Vor der Präparation des Nervensystems ist es erforderlich, einen Teil der Organe zu entfernen. Wir befestigen den Flußkrebs mit ein paar Nadeln im Wachsbecken, durchschneiden die das Herz vorn und hinten verlassenden Gefäße, schonen jedoch die A. descendens, trennen den Magen vom Ösophagus und nehmen ihn samt Mitteldarmdrüsen und Enddarm heraus. Nun liegen die Gonaden frei vor uns. Nachdem wir ihre Ausführgänge soweit als möglich verfolgten, werden auch sie entfernt.

Die Präparation des Nervensystems erfolgt von hinten nach vorn zu, indem die Muskeln des Abdomens einer nach dem anderen und vorsichtig herausgenommen werden. Wir stoßen dann in der Tiefe auf das weiße Bauchmark. Es schwillt in jedem Segment zu einem Ganglion (richtiger: Ganglienpaar) an, so daß im Hinterleib sechs solcher Ganglienpaare vorhanden sind, von denen jederseits drei Nerven entspringen.

Verfolgt man das Bauchmark nach vorn, so sieht man es etwa 1 cm kaudal von der Stelle, an der die A. descendens sich unseren Blicken entzieht, unter einer aus mehreren Stücken bestehenden, endoskelettalen Platte verschwinden. Der zwischen dieser Skelettplatte und der ventralen äußeren Körperwand liegende Raum beherbergt seitlich die Muskeln der Thoraxextremitäten, während sein mittlerer, von senkrechten Streben seitlich begrenzter Abschnitt einen Kanal bildet (Sternalkanal), in dem das Bauchmark und die Subneuralarterie liegen.

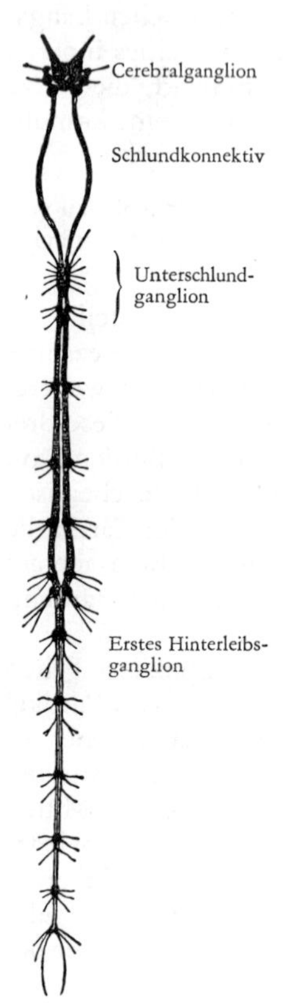

Abb. 126: Nervensystem des Flußkrebses

Präparieren wir diese innere Skelettplatte vorsichtig und Stück für Stück ab, so können wir das Bauchmark durch den Cephalothorax bis zum Unterschlundganglion hin verfolgen. Von ihm gehen die beiden Schlundkonnektive, den Ösophagus umfassend, nach oben zum Cerebralganglion, das vorn im Kopf zwischen den Basen der beiden Augenstiele zu finden ist. Außer dem Unterschlundganglion zählen wir fünf Ganglienpaare im Thorax, die den fünf mit Schreitfüßen ausgestatteten Segmenten zugehören. Zwischen dem dritten und vierten Paar weichen die Konnektive etwas weiter auseinander; hier tritt die Arteria descendens zwischen ihnen hindurch. Viertes und fünftes Ganglienpaar des Thorax liegen dicht hintereinander. Das große Unterschlundganglion ist aus einer Verschmelzung der sechs Ganglienpaare entstanden, die den sechs der Nahrungsaufnahme dienenden Extremitäten entsprechen. Von diesen sechs Ganglienpaaren liegt das hinterste, das also dem dritten Kieferfußpaar zugehört, etwas getrennt. (Abb. 126).

Die Präparation des Nervensystems gelingt besser, wenn wir die Krebse mit 70%-igem Alkohol übergießen und über Nacht (abgedeckt!) stehen lassen. – Schließlich werden noch sämtliche Gliedmaßen einer Körperseite mit Skalpell und kleiner Schere an ihrer basalen Eingelenkung von hinten nach vorn fortschreitend abgetrennt und wie in Abb. 127 dargestellt, der Reihe nach auf einen Bogen Papier gelegt.

Wir schließen mit der mikroskopischen Untersuchung einzelner Teile. So kann man die ersten Antennen mit dem Stereomikroskop betrachten, um den von Borsten umstellten Eingang zu dem Gleichgewichtsbläschen zu sehen. Es läßt sich leicht freilegen, wenn man das Basalglied der Antenne mit der Öffnung nach oben im Wachsbecken befestigt und mit zwei längsparallelen Schnitten (mit der Rasierklinge) die Seitenwände der im Querschnitt etwa trapezförmigen Antennenbasis entfernt.

Ferner kann man ein Auge abschneiden und auf einen Objektträger legen, um unter dem Mikroskop bei Auflicht die viereckigen Facetten zu erkennen, von denen jede einem Ommatidium entspricht. Ein weiteres Präparat gewinnt man durch Zerrupfen eines Stückchens des Samenleiters. Bei starker Vergrößerung kann man dann die Spermatozoen erkennen, die unbeweglich sind und eine eigenartige, vom gewohnten Bild stark abweichende Gestalt haben, indem sie aus einem zentralen, scheibenförmigen Teil und einigen langen und starren davon abgehenden Strahlen bestehen.

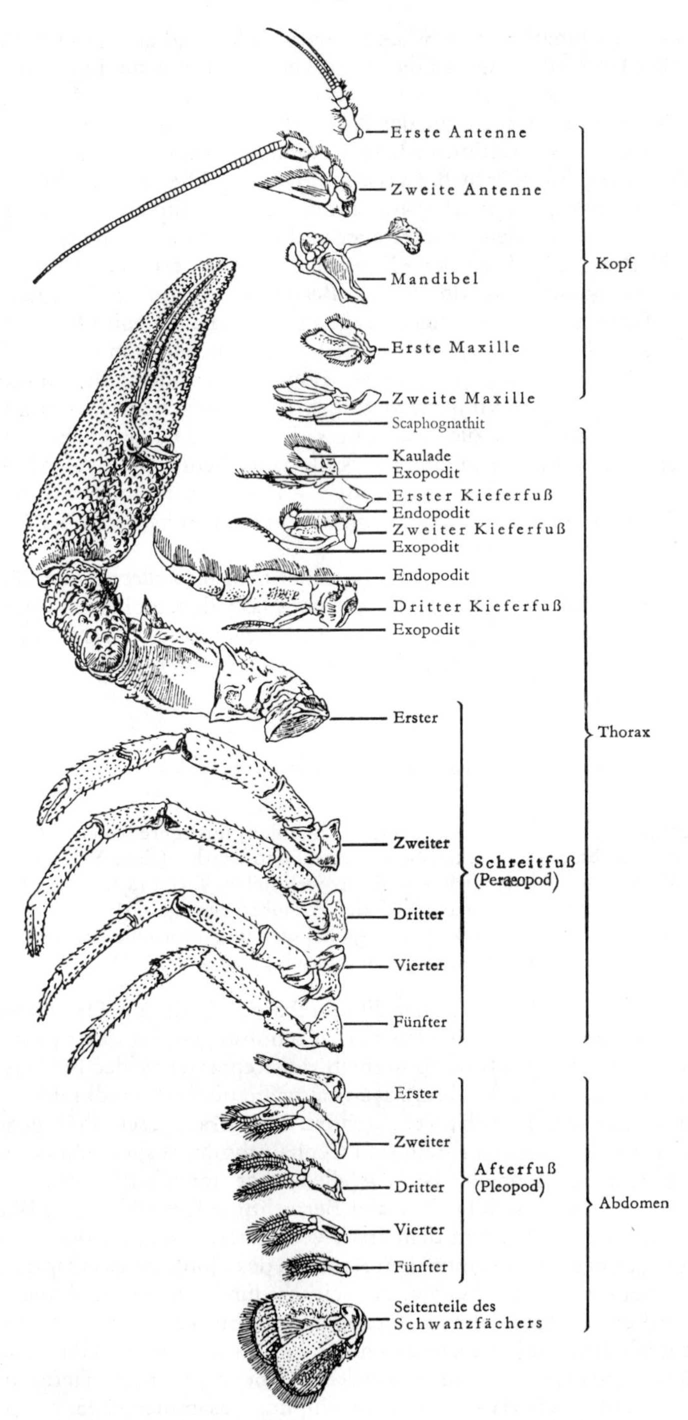

Abb. 127: Die Gliedmaßen des männlichen Flußkrebses

Auch vom Bauchmark ist ein Stück abzuschneiden und auf dem Objektträger auszubreiten. Bei Untersuchung in Glyzerin erkennt man gut die Doppelnatur der einzelnen Ganglien sowie der sie verbindenden Längskonnektive.

An den Kiemen, aber auch auf der Körperoberfläche der Krebse wird man nicht selten einen nur wenige Millimeter langen, weißen Wurm finden. Es handelt sich um den parasitischen Oligochäten *Branchiobdella parasita*. Die Durchsichtigkeit der Tiere erlaubt im mikroskopischen Präparat ihren Bau zu studieren. Wir bringen einen Wurm unter Wasser auf den Objektträger und legen ein Deckglas mit Wachsfüßchen auf. Obwohl *Branchiobdella* zu den Oligochäten gehört, erinnert ihr Bau in manchen Punkten an Hirudineen, so durch den Besitz eines hinteren Saugnapfes und das Fehlen von Borsten. Die vier hervorragend deutlichen Nephridien besitzen große Flimmertrichter, die in der geräumigen Leibeshöhle liegen. Ein dorsales und ein ventrales Blutgefäß sind durch transversale Bogen verbunden. Der muskulöse, gelbbraune Darm zeigt Kontraktionsbewegungen; vorn liegen zwei kräftige Kiefer. Die beiden Ovarien liegen im 7., die Hoden im 5. Segment. Die mit einem Trichter beginnenden Samenleiter führen in einen ausstülpbaren Penis. Die ovalen Eikokons werden an Stielchen an den Kiemen befestigt. – Einen weiteren, 1–2 mm langen Parasiten, den Trematoden *Astacotrema cirrigerum*, findet man häufig in der Nähe des Darmes in der Schwanzmuskulatur.

Am Darm oder in dessen Umgebung findet man bisweilen kleine, länglich eiförmige Gebilde von hellroter Farbe, die in einer glashellen, an beiden Polen zugespitzten Hülle liegen. Es sind Jugendformen des Kratzwurmes (Acanthocephalen) *Polymorphus minutus*. Erwachsen lebt er im Darm von Wasservögeln.

4. *Carcinus maenas*, Strandkrabbe

Obwohl der Flußkrebs zweifellos das für den Anfänger günstigere Objekt ist, wird mancherorts als Ersatz für ihn die Strandkrabbe herangezogen werden (siehe Vorbemerkung S. 238) Jeder Praktikant soll ein männliches und ein weibliches Tier präparieren. Einige lebende Strandkrabben werden zur Beobachtung der Atembewegungen, des Seitwärtsganges, des Aufbäumreflexes und der Autotomie bereitgehalten; die Autotomie läßt sich allerdings nur an völlig gesunden und kräftigen, am besten frisch gefangenen Tieren zeigen.

Die Strandkrabbe gehört wie der Flußkrebs zur Ordnung Decapoda und zur Unterordnung Reptantia, d.h. also zu den zehnfüßigen, im wesentlichen sich kriechend fortbewegenden Krebsen. Innerhalb der Reptantia ist der Flußkrebs ein Vertreter der langschwänzigen Krebse, Macrura, während die Strandkrabbe zu den kurzschwänzigen Krebsen, Brachyura, gehört. Die Brachyuren sind gegenüber den Makruren durch den stark verbreiterten Cephalothorax ausgezeichnet, während das Abdomen kürzer und schmäler ist, vor allem aber unten nach vorn umgeschlagen getragen wird, so daß es sich bei dorsaler Betrachtung fast völlig dem Blick entzieht.

Der Cephalothorax wird von dem stark verkalkten Carapax oder Rückenpanzer bedeckt. Wir können an ihm einen dem Rostrum des Flußkrebses entsprechenden vorderen oder Stirnrand unterscheiden, der seitlich durch die beiden Augenbuchten abgegrenzt wird und in drei Zähne ausgezogen ist (Abb. 128). Zwischen Stirnrand und Augenbuchten sehen wir jederseits einen Fühler vorragen. Es sind die einästigen zweiten Antennen. Die ersten Antennen werden wir beim getöteten Tiere von oben her in der Regel nicht sehen, da sie bei Beunruhigung zusammengeklappt und in besonderen Gruben unter dem Stirnfortsatz verborgen werden. In den Augenbuchten, die von unten her durch eine besondere Zacke des Außenskeletts geschützt werden, liegen die beweglichen Augenstiele mit den stark gewölbten Augen an der Spitze.

Seitlich von den Augenbuchten folgt jederseits der Vorderseitenrand, der in fünf spitze Zähne ausgezogen ist, dann der glatte, aber durch eine scharfe Kante deutlich markierte Hinterseitenrand und schließlich der das erste Abdominalsegment teilweise überdeckende Hinterrand, der seitlich etwas ausgebuchtet ist, um den Hüftgliedern des letzten Beinpaares Platz zu geben.

Die Oberfläche des Carapax zeigt ein System von Furchen, durch die bestimmte Organbezirke auch äußerlich abgegrenzt werden. So fällt uns zunächst ein rings von Furchen umgebenes, in der Mitte liegendes Feld auf, das die Form eines Fünfecks mit lang ausgezogener oraler Spitze hat. Ihm entspricht im Innern der hintere Abschnitt

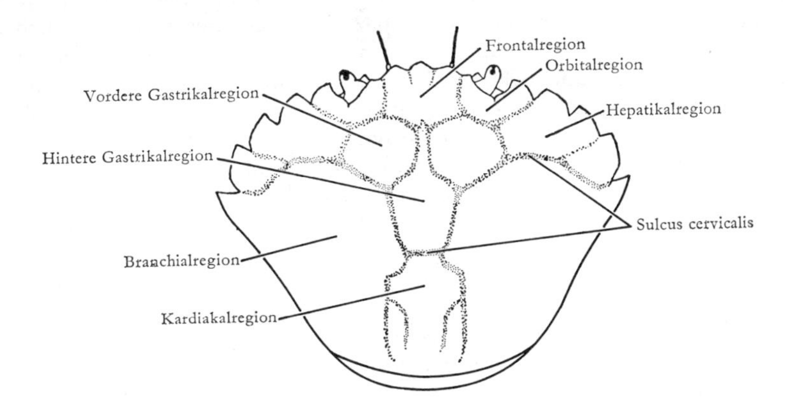

Abb. 128: Furchen und Regionen auf der Dorsalseite des Carapax von *Carcinus maenas*. Nat. Größe

des Magens, so daß wir das Feld als hintere Gastrikalregion bezeichnen können. Vor ihr, durch die orale Spitze des Fünfecks voneinander geschieden, sehen wir zwei rundliche Erhebungen, die zusammen die vordere Gastrikalregion (protogastrale Region) darstellen. Noch weiter vorn, aber nur unscharf abgegrenzt, liegt median die Frontalregion, lateral die beiden Orbitalregionen. Hinter der ganzen Magenregion, durch eine deutliche Querfurche von ihr getrennt, liegt die Kardiakalregion, also die Region des Herzens.

Die Querfurche wird als Nackenfurche (Sulcus cervicalis) bezeichnet und gibt die Grenze zwischen Kopf und Thorax an. Sich nach vorn fortsetzend begrenzt sie die hintere Magenregion auch seitlich, um dann im Bogen zum Seitenrand des Carapax zu ziehen, wo sie zwischen dem 4. und 5. Zahn endet. Alles, was hinter diesem bogenförmigen Abschnitt der Zervikalfurche und zugleich lateral von der Gastrikal- und Kardiakalregion liegt, überdacht die Kiemenkammer und wird daher Branchialregion genannt; was davor liegt, ist die Hepatikalregion (Region der Mitteldarmdrüse), wobei jedoch zu bemerken ist, daß die Mitteldarmdrüse sich, wie wir bei der Präparation sehen werden, erheblich weiter nach hinten ausdehnt, den vorderen Teil der Kiemenregion überdeckend. Auch der Name Kardiakalregion ist übrigens nicht ganz zutreffend, da nur etwa ihre vordere Hälfte wirklich vom Herzen eingenommen wird, während die hintere den Darm überdacht und daher besser als Intestinalregion zu bezeichnen wäre.

Helle, punktförmige Flecke, wie sie besonders im Verlauf der Zervikalfurche deutlich hervortreten, entsprechen Muskelansatzstellen. Weiße, spiralige Röhrchen, die dem Panzer bisweilen aufgeheftet sind, stellen die Kalkgehäuse röhrenbauender Anneliden der Gattung *Spirorbis* dar, die sich als «Epoeken» gern hier ansiedeln.

Wir betrachten jetzt die Ventralseite des Tieres. Nach dem für das Außenskelett der Arthropoden gültigen Schema müßten wir hier seitlich die Pleurite, median die Sternite der einzelnen Cephalothoraxsegmente antreffen. Nun zieht sich aber der durch die Verschmelzung der Rückenstücke (Tergite) entstandene Teil des Carapax mit scharfer Kante umbiegend auf die Ventralseite hinunter und schränkt so den Raum der Pleurite, die zudem nahtlos untereinander verschmolzen sind, beträchtlich ein. Die Grenze wird durch eine Furche, die Pleuralfurche, angegeben, die, vorn etwa zwischen Orbital- und Frontalregion beginnend, schräg nach hinten und außen zieht, dann den Hinterseitenrand des Carapax dicht begleitet, um schließlich in die Thorax-Abdominalgrenze einzulaufen. Was nach vorn-außen von der Pleuralfurche liegt, ist Tergitenregion, und zwar «Subhepatikalregion», was nach hinten-innen liegt, gehört als «Subbranchialregion» zum Gebiet der Pleurite. Bei der Häutung platzt der Panzer beiderseits im Verlauf der Pleuralfurche und anschließend an der Grenze von Cephalothorax und Abdomen auf, während er vorn scharnierartig stehenbleibt. Das Tier zieht sich dann durch Anheben des Rückenschildes aus seinem alten Panzer wie aus einer Deckelschachtel heraus, und zwar zunächst mit dem Abdomen.

Um die Pleuralfurche besser erkennen zu können, empfiehlt es sich bisweilen, den Panzer hier mit dem Skalpell etwas abzuschaben und damit zu reinigen. Sehen wir uns das Abgeschabte unter dem Mikroskop an, so stellen wir fest, daß wir damit zugleich zahlreiche, fein gefiederte Borsten abgelöst haben.

Wie die Tergite und Pleurite der Cephalothoraxsegmente zu einem einzigen Stück verschmolzen sind, so haben sich auch die Sternite fest miteinander verbunden; doch sind hier die Segmentgrenzen als Querfurchen deutlich erkennbar geblieben. Die vorderen Sternalsegmente werden durch die Mundgliedmaßen, insbesondere die beiden breit deckelförmig entwickelten, in der Mittellinie zusammenstoßenden dritten Maxillipeden verdeckt, so daß wir vorläufig nur die posturalen Sternite erkennen können. Sie bilden die vorn spitz zulaufende Sternalplatte, deren Mittelteil zur Aufnahme des hochgeschlagenen Abdomens grubig vertieft ist. Von den einzeln unterscheidbaren Segmenten der Sternalplatte ist das zum ersten Schreitbein, dem Scherenbein, gehörende in oro-kaudaler Richtung am breitesten. Der vor ihm liegende Teil der Sternalplatte entspricht den beiden Maxillen- und den drei Maxillipedensegmenten. Hinter dem Scherenbeinsegment folgen noch vier weitere Thoraxsternite, alle deutlich gegeneinander abgesetzt, das letzte allerdings erst nach Anheben des Abdomens sichtbar werdend.

Den Querfurchen der Sternalplatte entsprechen im Innern Skelettquerwände, die Endosternite, wie wir sie nach beendeter Präparation kennenlernen werden. Fortsätze, die von den hinteren seitlichen Ecken der Sternite nach hinten ziehen, die Episternite, gestalten die Gelenkgruben für die Hüftglieder der seitlich eingelenkten Extremitäten vollständiger.

Von den fünf Paar Schreitbeinen oder Peraeopoden trägt nur das erste eine Schere: Sie ist kräftig entwickelt und die wichtigste Waffe des Tieres für Angriff und Verteidigung. Von den vor den Schreitbeinen gelegenen Extremitäten des Cephalothorax hatten wir erste und zweite Antennen bereits erwähnt. Mandibeln, erste und zweite Maxillen und die beiden ersten Maxillipeden werden durch das dritte Maxillipedenpaar verdeckt; das Studium dieser Mundextremitäten wird besser für den Schluß der Präparation aufgehoben, da wir sie jetzt doch nur unvollständig abzulösen imstande sein würden. Wir biegen daher die letzten Maxillipeden lediglich auseinander, um in der Tiefe die kräftigen Kauladen der Mandibeln zu erkennen, die uns die Lage der Mundöffnung angeben.

Außen schließen die Pleurite dicht an die Hüftglieder der Schreitbeine an, doch so, daß kleine Öffnungen erhalten bleiben, durch die das Atemwasser in die Kiemenkammer einströmen kann. Sie liegen über bzw. zwischen den Hüftgliedern der Extremitäten, sind aber im allgemeinen so klein, daß sie nur mit einer feinen Borste sondiert werden können. Lediglich die vorderste dieser Öffnungen, die unmittelbar über dem Scherenbein liegt, ist groß und daher leicht erkennbar. Sie dient als Hauptinspirationsöffnung. Längere Borsten an ihrem Rande verhindern das Einströmen größerer Schmutzpartikel. Die weite Exspirationsöffnung finden wir unmittelbar nach außen von den Mundextremitäten.

Das Abdomen, dessen Betrachtung wir uns jetzt noch kurz widmen, bietet die beste Möglichkeit, die Geschlechter sofort zu unterscheiden (Abb. 129). Es ist beim Weibchen etwas länger und viel breiter als beim Männchen, so daß es die Sternalplatte fast völlig verdeckt. Dementsprechend ist auch die grubige Vertiefung in der Sternalplatte beim Weibchen erheblich breiter (dafür aber flacher) als beim Männchen. Das Abdomen setzt sich wie beim Flußkrebs aus sechs Segmenten und dem Telson zusammen (Abb. 129). Das Telson, das ventral den After erkennen läßt, ist bei den Brachyuren eine kleine, dreieckige Platte; ein Schwanzfächer fehlt. Zwei Längsfurchen auf der Dorsalseite grenzen die schmalen Tergite gegen die Pleurite ab, die auch einen großen Teil der Ventralseite abdecken. Die Sternite sind so dünnhäutig, daß der Enddarm in der Mitte hindurchschimmert. Beim Weibchen sind alle sechs

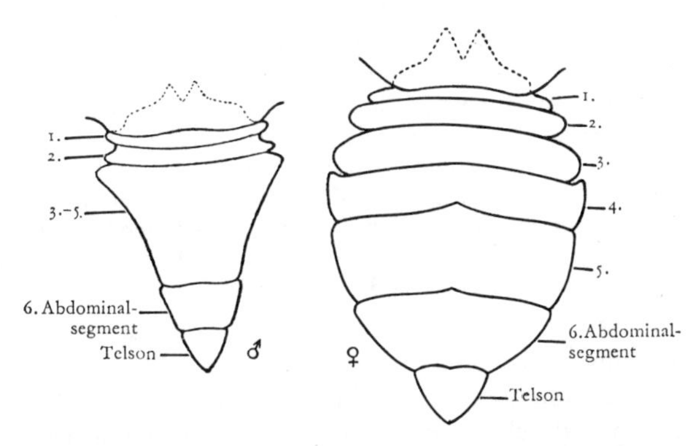

Abb. 129: *Carcinus maenas*. Dorsalansicht des hochgeklappten Abdomens von Männchen und Weibchen. Der vom Carapax bedeckte Teil des ersten Abdominaltergiten gestrichelt. Nat. Größe

Abdominalsegmente wohl getrennt und gegeneinander beweglich, beim Männchen dagegen 3., 4. und 5. Abdominalsegment zu einem großen, trapezförmigen Stück verschmolzen. Das 1. Abdominalsegment, das nur als schmale Querspange gleich hinter dem Carapax erscheint, setzt sich, wie wir bei der Präparation noch sehen werden, unter diesem nach vorn in eine dreieckige Platte fort.

Beim Weibchen tragen 2. bis 5. Abdominalsegment je ein Paar zweiästiger, reich beborsteter Extremitäten (Pleopoden), die wie beim Flußkrebs dem Anheften der Eiballen und damit der Brutpflege dienen. Beim Männchen tragen nur 1. und 2. Abdominalsegment Extremitäten, die zu Kopulationsorganen umgewandelt sind, indem das erste Paar röhrenförmig gestaltet ist, das zweite wie der Kolben in einem Zylinder in ihm eingelassen ist, um als Schieber für die Spermatophoren zu dienen. Die männliche Geschlechtsöffnung liegt an der Ventralseite des Basalgliedes des 5. Beinpaares. Sie ist zu einer schlauchförmigen Papille ausgezogen, deren Spitze man bisweilen in der Röhre des Kopulationsorganes stecken sieht. Die weiblichen Geschlechtsöffnungen liegen zwei Segmente weiter vorn, also im Segment des 3. Beinpaares, und sind als ein Paar großer, grubig eingesenkter Öffnungen der Sternalplatte leicht erkennbar.

Falls wir an der Ventralseite des Abdomens ein weißes Säckchen angeheftet finden, so haben wir eine von *Sacculina* befallene Krabbe vor uns. Eine solche Krabbe ist für die weitere Präparation weniger geeignet, da die wurzelförmig den ganzen Körper des Wirtstieres durchziehenden, feinen Saugröhren des Parasiten alle inneren Organe – mit Ausnahme von Nervensystem, Herz und Kiemen – umspinenn und so das Sondern der Einzelorgane erschweren. Auch *Sacculina* ist ein Krebs, sie gehört, wie die Entwicklungsgeschichte lehrt, zu den Cirripedia. Durch die parasitische Lebensweise wird sie zu einem fast organlosen, tumorartigen Gebilde reduziert, das man bei der Präparation auf der Dorsalseite des Darmes findet und von dem die erwähnten wurzelförmigen Ausläufer ausgehen («Sacculina interna»). Später bricht der Parasit an der Ventralseite des Abdomens mit jenem von uns gefundenen Säckchen («Sacculina externa») durch, das eine Öffnung für die in großer Zahl erzeugten Eier und Spermatozoen aufweist. Die Larven dringen nach kurzem Freileben wieder in eine Krabbe ein. Der Wirt wird durch den Parasiten zwar nicht getötet, aber so stark geschädigt, daß die Häutungen und damit das Wachstum unterbleiben.

Wir führen jetzt eine nicht zu schwache Schere in die Gelenkhaut über dem letzten Schreitbein ein und schneiden von hier der Hinterseitenkante entlang bis zum hintersten Zahn. Der Schnitt wird dann so weitergeführt, daß er die Zähne gerade noch stehenläßt und sich vom Stirnrand etwa $^1/_2$ cm entfernt hält, wobei die starken hinteren Begrenzungswülste der Augenbuchten umschnitten werden. Nachdem so der Carapax beiderseits und vorn aufgeschnitten ist, durchtrennen wir die Gelenkhaut zwischen Cephalothorax und Abdomen. Dann heben wir den Carapax von hinten beginnend vorsichtig an und drängen die ihm anhaftende Epidermis vorsichtig nach unten ab. Hiermit fortfahrend können wir den Carapax immer weiter aufklappen. Dabei erkennen wir verschiedene Muskelbündel, die von ihm entspringen und die Epidermis durchsetzen. Indem sie durchschnitten werden, können wir weiter präparierend schließlich die ganze Carapaxdecke abheben.

An der Innenfläche des Carapax bemerken wir ein den äußeren Furchen genau entsprechendes Leistensystem, das dem Muskelansatz dient. Der Blick auf die inneren Organe wird uns noch durch die graubraun oder auch gelblich marmorierte, zarte Epidermis verwehrt. Mit der feinen Schere entfernen wir sie stückweise, wobei über dem Herzen und der Leberregion besondere Vorsicht geboten ist.

Die Färbung der Epidermis rührt von dicht liegenden Pigmentzellen her. Wir legen ein kleines Stückchen gut ausgebreitet auf einen Objektträger, fügen einen Tropfen Wasser hinzu, legen ein Deckgläschen auf und betrachten unser Präparat unter dem Mikroskop. Man sieht die von schwarzbraunem Pigment erfüllten, in der Form je nach der mehr oder weniger vollständigen Ballung bzw. Ausbreitung der Pigmentkörnchen sehr verschiedenen Pigmentzellen.

Schneiden wir jetzt noch das Vorderstück des ersten Abdominaltergiten fort, eine durchscheinende, vorn tief ausgebuchtete Platte, die durch Abtragen des Rückenpanzers freigelegt wurde, so gewinnen wir einen guten Überblick über die wichtigsten inneren Organe (Abb. 130). In der Mittelregion sehen wir vorn den geräumigen, sich nach hinten zu keilförmig verschmälernden Magen und dahinter das bei guter

Präparation noch in den Herzbeutel eingeschlossene Herz. Seitwärts vom Magen liegt jederseits die Mitteldarmdrüse, ein umfangreiches, weißlichgelbes, sich aus zahlreichen kleinen Schläuchen zusammensetzendes Organ. Ihm liegen, falls wir ein weibliches Tier vor uns haben, die paarigen vorderen Schenkel der Ovarien auf, die sich zwischen Magen und Herz durch ein Querstück verbinden. Beim Männchen finden wir an gleicher Stelle die Hoden.

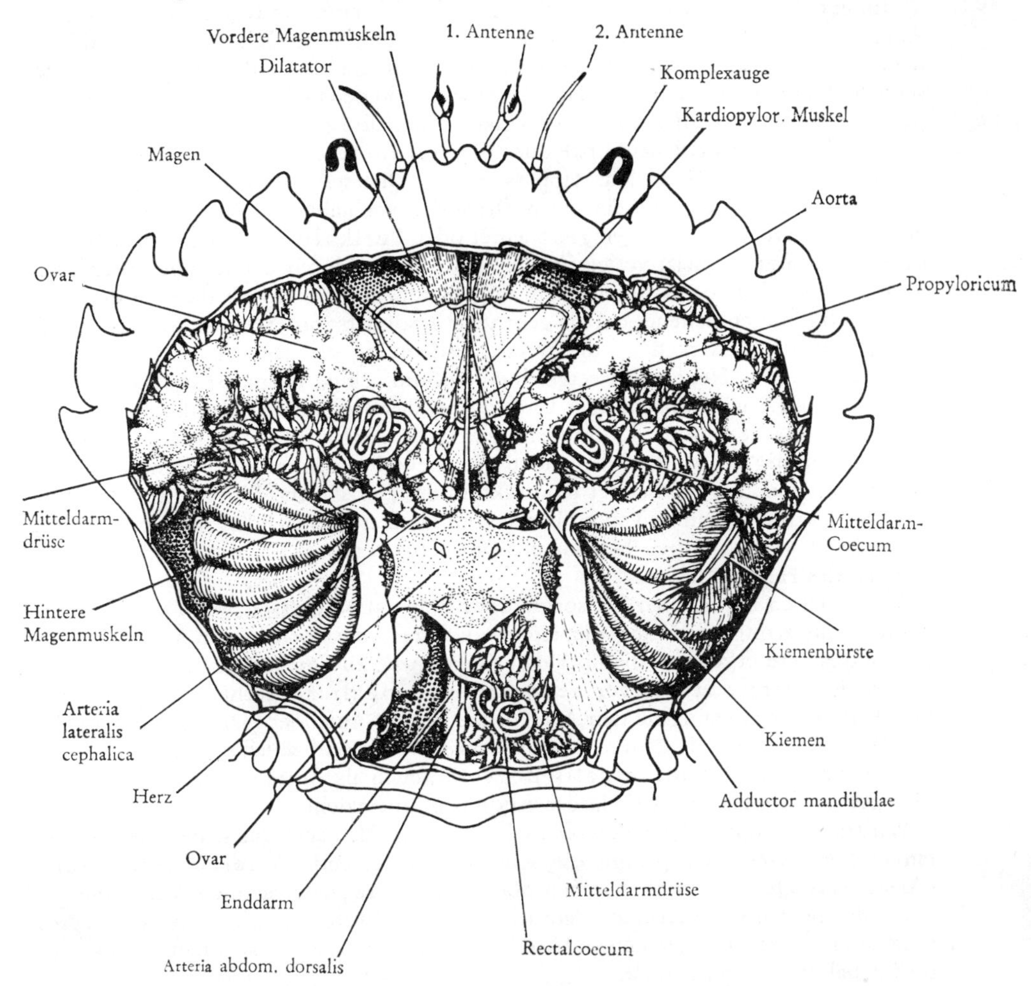

Abb. 130: *Carcinus maenas*. Weibchen, dorsal eröffnet. Haut, Herzbeutel und vorderes Stück des ersten Abdominaltergiten abgetragen

Seitwärts vom Anfangsstück der Ovarien fällt uns jederseits ein feiner, gewundener Schlauch – er hat eine dem Ovar ähnliche weißliche Färbung – auf. Es handelt sich um die paarigen Blindsäcke des Mitteldarms. Ihr gerades Anfangsstück, mit dem sie aus dem Mitteldarm entspringen, können wir uns sichtbar machen, wenn wir Mitteldarmdrüse und Ovarium vorsichtig von der Magenwand abdrücken.

Etwas nach hinten und innen von dem Knäuel der Mitteldarmcoeca liegt jederseits eine Muskelmasse von ovalem Umriß, die deutlich aus einzelnen Bündeln besteht. Es handelt sich um einen der kräftigen, die Mandibel bewegenden Muskeln, und zwar um den inneren Schließmuskel (Adductor mandibulae internus). Er entspringt vom Rückenpanzer und geht in der Tiefe in eine lange, feste Sehne über, durch die er an der Mandibel inseriert. Wir tragen oder zupfen den Muskel bis auf die Sehne ab, da wir so einen freieren Blick auf die Nachbarorgane bekommen.

Hinter dem Herzen sehen wir ein Stück des Enddarmes und seitlich davon weitere Abschnitte der Mitteldarmdrüse und Ovarien (bzw. Samenleiter). Dem Enddarm liegt hinten ein langer, in sich aufgerollter Schlauch auf, das Rectalcoecum. Der seitliche Raum hinter der Mitteldarmdrüse wird von den hellolivgelben Kiemen eingenommen. Meist werden wir ein schlankes, federförmiges Gebilde über sie hinwegziehen sehen, ein als Kiemenbürste oder Flabellum bezeichneter Anhang des ersten Maxillipeden, der als Reinigungsapparat für die Oberseite der Kiemen dient.

Wir wollen uns jetzt die einzelnen Organe etwas näher ansehen. Das Herz ist von einem zarten, geräumigen Herzbeutel oder Perikard umgeben, der allerdings bei der Präparation meist verletzt wird. Es ist in ihm durch Bänder, die Herzligamente oder Alae cordis, schwebend aufgehängt, von denen wir die von den vorderen und hinteren Seitenecken ausgehenden besonders gut erkennen können. Dank ihrer Elastizität bewirken sie die Wiederausdehnung des Herzens nach beendeter Kontraktion. Das Herz selbst zeigt eine etwa fünfeckige Form, ist etwa breiter als lang und läßt nach vollständiger Entfernung des Herzbeutels deutlich zwei Paar Öffnungen (Ostien) in der Dorsalwand erkennen, die für den Eintritt des Blutes aus dem gleichzeitig als Vorhof dienenden Herzbeutel bestimmt sind. Ventile an den Ostien sorgen dafür, daß bei der Kontraktion des Herzens das Blut nicht in das Perikard zurücktreten kann und somit in die vom Herzen ausgehenden Arterien strömen muß. Zwei weitere Ostien bleiben uns vorläufig verborgen, da sie in den Seitenwänden des Herzens liegen.

Von Arterien können wir bei sorgfältiger Präparation (besser, wenn wir die Blutbahnen mit Kongorotlösung injizieren – s. S. 242) die vorn in der Mittellinie abgehende Aorta erkennen, die über den Magen weg zu Cerebralganglion und Stirnregion zieht; ferner zwei Arteriae laterales cephalicae, rechts und links neben der Aorta entspringend, die den Magen, die beiden Antennenpaare und andere Organe versorgen, aber oft schwer erkennbar sind; sowie schließlich eine median hinten abgehende Arteria abdominalis dorsalis, auch als Aorta posterior bezeichnet, die oberhalb des Darmes weit in das Abdomen hineinzieht.

Wir tragen nun das Herz ab, wobei wir feststellen, daß auch aus seiner Ventralseite ein größeres Gefäß entspringt, die senkrecht absteigende Arteria descendens (A. sternalis). Jetzt tritt das zwischen Magen und Herz gelegene quere Verbindungsstück der beiden Ovarien noch deutlicher hervor. Entfernen wir auch noch dieses Querstück, so gewinnen wir einen freien Blick auf den ganzen Darmtractus, soweit er im Cephalothorax gelegen ist.

Zunächst der Magen. Sein vorderer Abschnitt, kardiakaler Teil genannt, ist als Kau- und Knetapparat ausgebildet, der die von den Mundwerkzeugen lediglich in Streifen geschnittene Nahrung zu zerkleinern und mit den Sekreten der Mitteldarmdrüse, die sich bis in diesen vorderen Magenteil ergießen, gründlich zu durchmischen hat. Da der ganze Magen noch in das Gebiet des ektodermalen Vorderdarmes fällt, trägt er innen eine Chitinauskleidung, die sich örtlich zu härteren Platten, verkalkten Skelettspangen und starken Zähnen verdickt.

Der pylorikale Magenabschnitt hat ovalen Umriß und setzt sich gegen den anschließenden entodermalen Mitteldarm deutlich ab. Auf die zahlreichen in der Wand der beiden Magenteile entwickelten Skelettstücke und die zugehörenden Muskeln wollen wir nicht näher eingehen.

Der Mitteldarm ist sehr kurz und geht ohne äußerlich erkennbare Grenze in den langgestreckten, ektodermalen Enddarm über. Unmittelbar hinter dem Magen münden in den Mitteldarm von rechts und links kommend die beiden uns schon bekannten Blinddärme (Mitteldarmcoeca) ein, kurz dahinter rechte und linke Mitteldarmdrüse. Der Enddarm weist etwas vor der hinteren Grenze des Cephalothorax eine Verbreiterung auf, von deren linkem oder rechtem Ende der bereits erwähnte stark aufgerollte Blinddarm (Rectalcoecum) nach hinten abgeht.

Wir gehen nun daran, den ganzen Darmtractus, mit dem Magen beginnend, herauszulösen. Der kardikale Abschnitt wird vorn und seitlich angehoben und freipräpariert, bis wir auf den vom Magen senkrecht nach unten ziehenden Ösophagus treffen. Wir schneiden ihn möglichst dicht am Magen ab und präparieren dann nach hinten zu weiter bis zur Einmündung der beiden Mitteldarmcoeca, die wir in einiger Entfernung vom Darm durchschneiden, da es kaum gelingt, sie im ganzen aus der sie unterlagernden und durchsetzenden Mitteldarmdrüse frei zu präparieren. Auch diese selbst müssen wir wohl oder übel vom Darm trennen. Das Herauslösen des Enddarmes, den wir hinter dem Abgang des Rectalcoecums durchschneiden, macht keine Schwierigkeiten. Wir legen den Darm zu genauerer Untersuchung mit dem Stereomikroskop in ein Schälchen mit Glyzerinwasser 1:1, das wir auf schwarzen Untergrund stellen.

Betrachten wir zunächst den Magen von der Seite her, so sehen wir, daß seine Wand unterhalb der Zygocardiaca noch von feinen Skelettspangen gestützt wird, und daß vor ihnen sich die Magenwand zu kissenförmigen Polstern verstärkt. An der Grenze von kardiakalem und pylorikalem Abschnitt springt der Boden mit einer nach oben und vorn gerichteten Falte tief ins Magenlumen ein. Diese den Übertritt des Nahrungsbreies in den pylorikalen Abschnitt erschwerende Staufalte wird als Kardiopylorikalklappe bezeichnet. Weiter nach hinten zu liegen an den Seiten des pylorikalen Abschnittes zwei sehr kräftige, rötlich oder gelblich gefärbte Polster, die als Preßplatten bezeichnet werden und im Verein mit komplizierten Filtereinrichtungen dafür sorgen, daß nur feinste Partikel zur weiteren Verdauung und Resorption in die Mitteldarmdrüse gelangen, während der unverdauliche Rückstand, soweit er nicht aus dem Mund wieder herausbefördert wurde, dem Enddarm zugeleitet wird, der als ektodermales, von einer chitinigen Intima ausgekleidetes Rohr lediglich dem Kottransport dient, mit der Verdauung also nichts mehr zu tun hat.

Wir tragen jetzt die vordere und untere Magenwand im Bereich des kardiakalen Teiles ab und bekommen damit einen vollständigen Einblick in die «Magenmühle». Von oral und ventral in den Magen hineinsehend, bemerken wir die Vorderwand der weit in das Lumen hineinragenden Kardiopylorikalklappe, sehen unmittelbar über ihr den Medianzahn und seitlich die beiden Lateralzähne, die aber, wie wir jetzt feststellen, in Wahrheit ein ganzes Zahnsystem bilden, von dem der zunächst nur erkennbare laterale Zahn lediglich das vorderste Element war. Der hintere Abschnitt dieses Systems nimmt die Form einer Reibplatte an. Eröffnen wir jetzt den kardiakalen Magen durch einen Längsschnitt, so treten die eben geschilderten Verhältnisse noch klarer hervor.

Wenden wir uns wieder dem Hauptpräparat zu, so haben wir jetzt, nach Herausnahme von Herz und Darm, die beste Gelegenheit, noch einmal Mitteldarmdrüse und Ovarium vollständig zu überblicken. Die Mitteldarmdrüse läßt zwei ausgedehnte vordere Lappen und zwei schlankere hintere Schenkel unterscheiden, die dem Hinterdarm von rechts und links anliegen. Das Ovarium entwickelt sich gleichfalls in der Hauptsache nach vorn zu mit den beiden der Mitteldarmdrüse aufliegenden

Schenkeln, die sich im (bereits entfernten) Querstück zwischen Magen und Herz, den Mitteldarm überlagernd, vereinigen. Von hier ziehen zwei Schenkel nach hinten, die lateral von den hinteren Schenkeln der Mitteldarmdrüse liegen.

Von den hinteren Ovarschenkeln führt je ein kurzer Eileiter nach außen und unten zur Geschlechtsöffnung. Sein Anfangsstück bildet eine blasige Erweiterung, die als Receptaculum seminis die von der letzten Kopulation stammenden Spermatozoen monate- oder gar jahrelang lebensfrisch zur Verfügung hält. Denn Kopulationen finden nur unmittelbar nach der Häutung des Weibchens statt, und die Häutungen sind bei alten Krabben durch ein Jahr oder mehr getrennt. Den zum Receptaculum seminis führenden kurzen Eileiter findet man am besten, wenn man von der Geschlechtsöffnung in der Sternalplatte aus mit einer schwarzen Borste sondiert. – Bei voll ausgewachsenen Weibchen wird man die Ovarien während der Fortpflanzungsperiode erheblich weiter ausgedehnt finden, als hier angegeben und in Abb. 130, die ein Tier mit nicht maximal entwickelten Ovarien darstellt, eingezeichnet ist. Bei solchen legereifen Weibchen haben die Ovarien infolge starker Dotteranhäufung eine orangerote Farbe, und man kann in ihnen die einzelnen Eier gut erkennen.

Beim Männchen stimmen die Geschlechtsorgane der Lage und allgemeinen Form nach mit den weiblichen Organen überein. Die Hoden liegen den vorderen Lappen der Mitteldarmdrüse auf und sind gleichfalls je nach Alter und Jahreszeit von recht verschiedener Größe. Der Hauptteil eines jeden Hodens liegt neben dem kardiakalen Magen, ein von ihm abgehender Schenkel zieht parallel zur Magenwand nach hinten und vereinigt sich zwischen Magen und Herz mit dem Hoden der Gegenseite durch ein über den Darm hinwegziehendes Querstück. Die Samenleiter (Vasa deferentia) ziehen als stark geschlängelte, weiße Kanäle unter dem Herzen hinweg neben dem Enddarm nach hinten. Ihre Mündung an der Basis des fünften Beinpaares haben wir bereits kennengelernt.

Wir entfernen jetzt Geschlechtsorgane und Mitteldarmdrüse, um noch einen Blick auf das Nervensystem werfen zu können. Wir finden es am besten, wenn wir zunächst die beiden Längsstränge (Schlundkonnektive) aufsuchen, die rechts und links vom Ösophagus entlang ziehen. Indem wir sie nach vorn und hinten zu verfolgen und freilegen, treffen wir auf Cerebralganglion und Thoraxganglion.

Das verhältnismäßig kleine Cerebralganglion liegt als querrechteckiger Körper einem nach hinten zweizipfelig ausgezogenen Skeletteil auf, dem Epistoma, das aus der Verschmelzung präoraler Sternite entstanden ist. Von den beiden nach hinten abgehenden Schlundkonnektiven abgesehen, werden wir jederseits vor allem zwei vom Cerebralganglion entspringende Nerven erkennen können. Der eine geht schräg nach vorn zum Auge und stellt im wesentlichen den Nervus opticus dar, der andere zieht rein seitlich und verbreitert sich als Nervus tegumentarius in der Haut. Unmittelbar hinter dem Ösophagus kann man eine sehr feine Querverbindung der beiden Konnektive, die Hinterschlundkommissur, erkennen.

Das umfangreiche Thoraxganglion ist aus der Verschmelzung aller postoralen Ganglienpaare, vom Mandibularsegment angefangen, entstanden. Wir sehen daher auch eine große Anzahl von Nerven nach schräg vorn, seitwärts und schräg hinten von ihm entspringen, von denen der stärkste naturgemäß dem Scherenbein zugeordnet ist. In den hinteren Abschnitt des Thoraxganglions ist bei den Brachyuren auch noch die Gesamtheit der Abdominalganglien eingegangen. Ein nach hinten zu abgehender Mediannerv versorgt mit seinen Querästen die einzelnen Abdominalsegmente. Wir sehen diesen Mediannerv über eine Skelettplatte («Sella turcica») hinwegziehen, die vorn rundlich ausgeschnitten ist, und dann im Abdomen verschwinden.

Man öffnet das Abdomen durch zwei dorsale Längsschnitte, die an der Grenze von Tergiten und Pleuriten geführt werden.

Im Abdomen sehen wir den Enddarm zum After ziehen. Ihm liegt die bereits erwähnte Arteria abdominalis dorsalis (Aorta posterior) auf. Entfernen wir sie und den Darm, so sehen wir jetzt auch den abdominalen Teil des Mediannerven und seine Seitenäste. Im übrigen ist das Abdomen von kräftiger Muskulatur erfüllt.

Wir sehen uns jetzt noch die Kiemen etwas näher an. Innen und unten wird die Wand der Kiemenkammer durch kräftige, miteinander fest verbundene Skelettplatten, die Epimeren, gebildet. Sie sind als Teile der Pleurite aufzufassen, dienen den Kiemen als Lager und scheiden die Kiemenkammer von der Brusthöhle. Oben und außen werden die Kiemen nur von einer zarten Membran überdeckt, da sie hier durch den Rückenpanzer bereits hinreichend geschützt sind. Das über die Kiemen quer hinwegziehende, als Kiemenbürste dienende Flabellum hatten wir bereits kennengelernt; sollte es nicht zu sehen sein, so holen wir es unschwer mit der Pinzette zwischen Außenseite der Kiemen und stehengebliebenem Rande des Carapax hervor. Die Kiemen beginnen mit breiter Basis, verschmälern sich aber so stark, daß ihre Spitzen alle in einem Punkt zusammentreffen. Jede Kieme setzt sich aus zwei Reihen dichtstehender Kiemenblättchen zusammen, die durch eine tiefe dorsale Furche voneinander geschieden werden. Die Kiemen der Brachyuren sind also Phyllobranchien, während die des Flußkrebses Trichobranchien waren. Die zweite Kieme ist eine «Halbkieme», da sie nur auf einer Seite Blättchen trägt.

Um die Kiemen vollständiger überblicken zu können – wir sehen bis jetzt nur einen Teil von ihnen – tragen wir die stehengebliebene Seitenwand des Carapax an einer Seite ab, hinten über dem letzten Beinpaar beginnend und nach vorn bis zu den Augenbuchten hin. Wir bemerken dabei, daß der nach unten und innen weisende Rand des Carapax dicht über den Hüftgliedern der Extremitäten frei endet, so daß auch hier, wie bereits erwähnt, die Eintrittsmöglichkeit für frisches Atemwasser gegeben ist, worauf auch der dichte Besatz von Schmutz abwehrenden Härchen hinweist. Wir sehen nun, daß im ganzen neun Kiemen jederseits entwickelt sind, von denen zwei eine abweichende Lage haben. So hat gleich die erste Kieme eine horizontale Lage, indem sie vorn-unten beginnt und über die Basen der folgenden Kiemen hinwegzieht. Die zweite Kieme hat normale Lage, erscheint also als erste in der Reihe der nach oben ansteigenden Kiemen; sie ist etwas kürzer und sehr schmal. Die dritte Kieme hat wieder eine abweichende Lage. Sie beginnt unter dem Spitzenteil der ersten, ist kurz und breit und zieht nach vorn-oben. Die vierte bis neunte Kieme haben normale Lage, schließen also an die zweite an und füllen die ganze Kiemenkammer aus.

In dem vor der Kiemenkammer gelegenen, mit ihr in Verbindung stehenden Raume, der präbranchialen Kammer, sehen wir den Scaphognathiten, einen Anhang der zweiten Maxille, als breite, bewegliche Platte liegen. Sie hat die Aufgabe, das Atemwasser aus der Kiemenkammer herauszufächeln und durch die neben dem Munde gelegene präbranchiale Kammer auszutreiben, wodurch frisches Wasser von hinten her in die Kiemenkammer nachgesogen wird. Doch kann die Platte ihre Schlagrichtung auch umkehren, so daß der Wasserstrom von vorn nach hinten durch die Kiemenkammer hindurchgetrieben wird, was bei unserer Art, die halb vergraben im Sande lebt, für die Reinigung der Kiemen von besonderer Wichtigkeit ist.

Wir schneiden jetzt eine der breiteren Kiemen ein Stück oberhalb ihrer Basis quer durch, wobei die Schere in die Zwischenräume zwischen zwei Kiemenblättchen eingreifen soll.

Bei der Betrachtung der Schnittfläche unter der Lupe sehen wir, daß die Kieme sich aus einem medianen Septum und zwei seitlichen Reihen von Kiemenblättchen zusammensetzt, die sich nach unten herzförmig zuspitzen (Abb. 131). Am oberen Rande des Septums, im Zuge der bereits früher erwähnten Längsfurche, verläuft ein durchaus gefäßartig wirkender Blutsinus, der Branchialsinus oder zuführende Kiemenkanal, aus dem das vom Körper herkommende Blut in die einzelnen Kiemenblättchen übertritt, wo der Gaswechsel stattfindet. Das so mit Sauerstoff angereicherte Blut sammelt sich in einem an der Unterkante des Septums gelegenen abführenden Kanal, dem Branchioperikardialkanal, der es zum Herzbeutel führt, von wo es durch die Ostien in das Herz selbst eintritt.

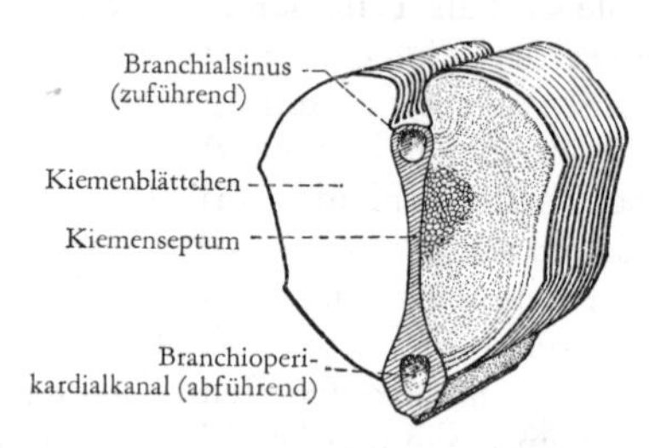

Abb. 131: *Carcinus maenas*. Stück einer quergeschnittenen Kieme. Rechts Feinstruktur des Kiemenblättchens eingezeichnet. 4,5 ×

Schneiden wir ein einzelnes Kiemenblättchen ab, so erkennen wir unter dem Mikroskop, daß der flache in ihm gelegene Blutraum von zahlreichen Zellpfeilern durchsetzt wird.

Wir tragen jetzt beiderseits die Kiemen vollständig ab, wodurch wir uns die Bürsten ihrer Unterfläche, Anhänge des zweiten und dritten Maxillipeden, zur Anschauung bringen.

Entfernen wir nun auch noch das Nervensystem, den Ösophagusstumpf und alles, was an Muskel- und sonstigen Organresten noch im Mittelteil des Cephalothorax liegt, so erhalten wir einen Blick auf das Innenskelett; wobei wir uns aber darüber klar sein müssen, daß die fraglichen Skeletteile wohl funktionell die Aufgabe eines Innenskeletts haben, streng morphologisch aber als Teil des Außenskeletts zu bezeichnen wären, da sie von der Epidermis abgeschieden werden, die mit Falten tief in das Innere des Körpers einspringt.

Das Innenskelett besteht im wesentlichen aus Querwänden, die die seitliche und ventrale Cephalothoraxregion in einzelne Kammern aufteilen, in denen die Muskulatur der Thoraxextremitäten Platz und Ansatz findet. Die hinterste der Querwände ist fast in die Horizontalebene umgelegt; wir hatten diese Platte, die den wenig glücklichen Namen «Sella turcica» trägt, bereits bei der Besprechung des Nervensytems erwähnt. Von ihr zieht in der Medianebene eine Skelettplatte nach vorn. An jeder Querwand wird ein lateral-oberer Abschnitt, der von den Epimerengrenzen entspringt und als Endopleurit bezeichnet wird, von einem medial-unteren, dem Endosterniten, unterschieden, der von der Grenze zwischen zwei Sterniten entspringt. Dadurch, daß Längsverbindungen zwischen den einzelnen Querwänden ausgebildet sind, werden die Muskelkammern noch vollständiger gegeneinander abgegrenzt, gleichzeitig wird aber das Bild für uns dadurch noch komplizierter gestaltet, so daß wir auf eine genauere Darstellung des Innenskeletts besser verzichten.

Wir wollen uns jetzt noch die Extremitäten etwas genauer ansehen. Die ersten

Antennen, auch als Antennulae oder innere Antennen bezeichnet, bestehen aus einem dreigliedrigen Schaft und zwei kurzen, klauenartigen Geißeln. Die beiden distalen Glieder des Schaftes sind lang, schlank und leicht erkennbar. Das basale Schaftglied ist, wie wir bei Betrachtung von ventral her erkennen können, als ein relativ großes, querliegendes Stück beweglich in eine Grube des Außenskeletts eingelassen. Durch Fortschneiden der die Grube überragenden Teile des Stirnrandes lösen wir die Antenne als Ganzes heraus, um sie mit dem Stereomikroskop zu betrachten. In dem Basalglied, dessen Vorderrand reich mit Borsten besetzt ist, liegt das statische Organ eingeschlossen. Seine dorsal gelegene Öffnung ist jedoch bei den Brachyuren nur unmittelbar nach der Häutung sichtbar, da sie sich später schließt. Die beiden Geißeln setzen sich aus zahlreichen schmalen Gliedern zusammen und sind gegeneinander beweglich. Die äußere Geißel, die aber im Leben auf dem sehr beweglichen Schafte auch nach innen gedreht werden kann, ist erheblich kräftiger und mit einem Kamm langer Haare besetzt (Abb. 130). Beim Zurückziehen wird die Antenne in den beiden Gelenken des Schaftes zusammengeklappt. Man hielt sie früher für den Hauptsitz des Geruchsinnes; in Wahrheit scheint sie hierfür von geringer Bedeutung zu sein, ist dafür aber als Sitz von Strömungssinnesorganen nachgewiesen worden.

Durch die Herausnahme der ersten Antenne haben wir auch die Augenstiele freigelegt, die wir, nach Wegschneiden überstehender Skeletteile, nun gleichfalls leicht herauslösen können. Wir sehen, daß jeder Augenstiel aus einem schlanken basalen und einem gedrungenen distalen Glied besteht, das an der Spitze das Auge trägt. Ventral zieht sich das Auge in eine Spitze aus, dorsal wird es durch einen Vorsprung der umgebenden, verkalkten Kutikula nierenförmig ausgeschnitten (Abb. 130).

Die zweite Antenne, auch äußere Antenne genannt, können wir nicht vollständig ablösen, da das basale Glied ihres Schaftes mit den umgebenden Skeletteilen fest verwachsen ist; wir lassen sie also besser ganz unberührt. Bei Betrachtung von der Ventralseite können wir das verschmolzene Basalglied des Schaftes in seinem rechteckigen Umriß noch gut erkennen. Am hinteren, schmalen Rande des Rechtecks bemerken wir ein schuppenartiges, querliegendes Skelettstückchen, das sich von medial-hinten her anheben läßt. Es handelt sich um das Operculum, den Deckel über der Exkretionsöffnung, die wir mit einer Borste sondieren. An das basale Glied des Schaftes schließen sich zwei kleinere, frei bewegliche Glieder, die ihrerseits in die lange, aus vielen Ringelgliedern zusammengesetzte Geißel übergehen.

Es folgen nun die Mundgliedmaßen, das heißt zunächst die Mandibeln, 1. Maxillen und 2. Maxillen, die zum 3., 4. und 5. Segment des Kopfes gehören, dann die zu Kieferfüßen oder Maxillipeden umgewandelten Extremitäten der drei vordersten Thoraxsegmente (Abb. 132).

Wir lösen sie, beginnend mit dem 3. Maxillipeden und dann nach vorn weitergehend, vorsichtig mit spitzer Schere und Pinzette ab. Es ist besonders darauf zu achten, daß die in die Kiemenkammer ziehenden Anhänge der Maxillipeden mit herauskommen. Am sichersten ist es, mit der Präpariernadel zunächst die Gelenkstellen der Extremitäten zu lockern, Muskeln und Sehnen lang abzuschneiden und dann die Extremitäten an der basalen Eingelenkung zu lösen.

Die Mandibeln lassen eine kräftige Kaulade, einen kurzen, zweigliederigen Taster und ein langes, nach innen ziehendes Querstück erkennen, an dem die kräftigen Muskeln dieser für die Zerkleinerung der Nahrung wichtigsten Mundextremität ansetzen.

Die 1. Maxille ist eine blattförmig zarte Extremität, die aus zwei nach innen gerichteten Kauladen (innere Fortsätze oder Endite des Protopoditen) und einem lateralen Abschnitt besteht, der als Endopodit aufgefaßt wird.

Etwas kräftiger ist die 2. Maxille entwickelt, die sich aus den beiden hier zweigespaltenen Kauladen, einem nach vorn fingerartig ausgezogenen Mittelstück (Endopodit) und der großen Platte des Scaphognathiten zusammensetzt, die morphologisch als Exopodit zu betrachten ist. Die starke und dauernde Beanspruchung der 2. Maxille im Dienste des Atemwasserstromes läßt ihre reiche Versorgung mit Muskeln verständlich erscheinen, die, wie wir sehen, vor allem in einer Aushöhlung des Scaphognathiten Platz und Ansatz finden.

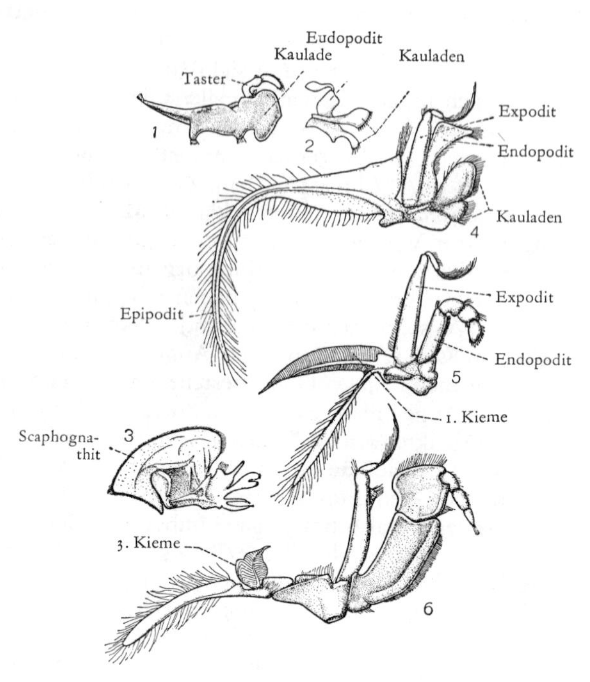

Abb. 132: *Carcinus maenas.* Mundgliedmaßen der rechten Seite, von ventral gesehen. 1,5 ×
1 = Mandibel; 2 = 1. Maxille; 3 = 2. Maxille; 4 = 1. Maxilliped; 5 = 2. Maxilliped
6 = 3. Maxilliped

Der 1. Maxilliped läßt zwei Kauladen, einen ungegliederten, distal verbreiterten Endopoditen, einen mit einem Taster endenden Exopoditen und dann als umfangreichstes Gebilde die uns schon bekannte Kiemenbürste (Flabellum) erkennen, die als Epipodit, also als äußerer Fortsatz (Exit) des Protopoditen aufzufassen ist. Der Basalteil des Flabellum zieht sich nach vorn zu in eine breite Platte aus.

Der 2. Maxilliped läßt den ursprünglichen Spaltfußcharakter durch Fortfall der Kauladen und Gliederung des Endopoditen noch deutlicher hervortreten. Vom Basalteil der Extremität, dem Protopoditen, entspringen der viergliederige Endopodit und der aus ungegliedertem Schaft und Endgeißel bestehende Exopodit. Das Flabellum ist hier kürzer. Zwischen ihm und dem Exopoditen setzt die erste Kieme an.

Der 3. Maxilliped zeigt im Prinzip den gleichen Bau, ist aber viel kräftiger entwickelt. Die basalen Abschnitte von Exopodit und vor allem Endopodit sind stark verbreitert, um den die Mundregion nach unten abschließenden Deckel zu bilden, der uns gleich anfangs aufgefallen war. Flabellum und Kiemenansatz – es handelt sich um die stark verkürzte 3. Kieme – haben die gleiche Lage wie beim 2. Maxillipeden. – Da die 1. und 3. Kieme demnach von Extremitäten ihren Ursprung nehmen, werden sie als «Podobranchien» bezeichnet. Die übrigen sieben Kiemen entspringen entweder von der Gelenkstelle zwischen Extremität und Epimer und werden dann «Arthrobranchien» genannt, oder haben ihren Ursprung noch weiter dorsal, auf das Epimer selbst verlegt: «Pleurobranchien».

Die Schreitbeine oder Peraeopoden setzen sich aus dem zweigliederigen Protopoditen und einem fünfgliederigen Endopoditen zusammen; ein Exopodit fehlt. Die Namen der sieben Glieder sind: Coxa, Basis, Ischium, Merus, Carpus, Propodus und Dactylus. Bei den Brachyuren (und manchen anderen Dekapoden) sind aber Basis und Ischium miteinander verschmolzen, so daß sich die Zahl der gegeneinander beweglichen Glieder auf sechs verringert. Die Verschmelzungsnaht ist als feine Ringfurche noch erkennbar. In ihr erfolgt bei der Selbstverstümmelung (Autotomie) die Abtrennung der Extremität. Die Drehachsen der einzelnen Gelenke der Extremität haben, wie beim Flußkrebs, voneinander abweichende Richtungen. Das Maß der Schwenkbarkeit ist bei den aufeinanderfolgenden Gelenken, wie wir leicht feststellen können, recht verschieden. So ist zwischen Basiischium und Merus nur eine sehr geringe Abknickung möglich, während sich die gegenseitige Lage von Merus und Carpus um fast 180° ändern kann. An dieser Stelle, die daher auch als «Knie» bezeichnet wird, kann die ganze Extremität zusammengeklappt und der Ventralfläche des Carapax angelegt werden, was vor allem für die erste Extremität gilt, die durch Abflachung ihrer Dorsalseite ein besonders enges Anschmiegen gestattet.

Eine Schere ist im Gegensatz zum Flußkrebs nur am ersten Laufbein ausgebildet, das dafür eine als Index bezeichnete Verlängerung des vorletzten Gliedes aufweist. Der Dactylus des letzten Peraeopoden ist ein wenig verbreitert. Bei anderen Krabben kann diese Verbreiterung sehr viel auffälliger sein und damit dieser Extremität eine besondere Wichtigkeit als Schwimmfuß verleihen (*Portunus* und andere «Schwimmkrabben»).

Die Abdominalextremitäten oder Pleopoden haben wir in ihrer geschlechtlichen Verschiedenheit schon vor der Präparation kennengelernt. Wie erinnerlich sind sie beim Weibchen am 2. bis 4. Abdominalsegment als typische Spaltfüße entwickelt, beim Männchen nur am 1. und 2. Segment erhalten und zu Kopulationsorganen («Ruten») umgebildet. Zur genaueren Betrachtung unter der Lupe lösen wir jetzt einen der Pleopoden des Weibchens ab und legen ihn ins Wasser. Wir sehen dann, daß er sich aus einem eingliederigen Protopoditen und zwei gleich langen und gleich starken Ästen, Exopodit und Endopodit, zusammensetzt, die beide reich beborstet sind. Der Endopodit läßt deutlich eine Zusammensetzung aus zahlreichen Einzelgliedern erkennen. Von den distalen Enden dieser Glieder entspringen büschelweise die Borsten, an denen die befruchteten Eier bis zum Schlüpfen der Larven getragen werden.

II. Insecta (= Hexapoda,) Insekten

A. Technische Vorbereitungen

Die zur Präparation benötigten Küchenschaben werden den in jedem Institut vorhandenen Zuchten entnommen. Die Tiere sind kurz vor der Präparation mit Äther oder Chloroform zu töten.

Für das Studium der Mundwerkzeuge werden Bienen *(Apis mellifica)*, Schmetterlinge (irgendeine Tagfalterart), Stubenfliege *(Musca domestica)*, Schmeißfliegen (der Gattung *Calliphora*), Bremsen (der Gattungen *Haematopota* oder *Tabanus*) und Wanzen (z.B. *Pyrrhocoris apterus*) gebraucht. Kurz vor der Präparation abgetötete Tiere sind Alkoholmaterial vorzuziehen. Außerdem halte man fertige Präparate bereit.

B. Allgemeine Übersicht

Die Insekten sind die bei weitem artenreichste Tierklasse. Trotz mannigfacher Abwandlungen im einzelnen stimmen aber alle Insekten in den Grundzügen ihrer Organisation (Körpergliederung, Zahl der Extremitäten) auffallend überein. Der Körper gliedert sich stets in drei Abschnitte: Kopf (Caput), Brust (Thorax) und Hinterleib (Abdomen). Am Aufbau des Kopfes sind sechs Segmente beteiligt, die Brust besteht aus drei Segmenten. Der Hinterleib ist ursprünglich aus 11 Segmenten (und dem Telson) aufgebaut, doch ist bei fast allen imaginalen Insekten die Anzahl der Hinterleibsringe mehr oder weniger stark (auf minimal 6) reduziert. Der Kopf trägt vier umgebildete Extremitätenpaare (1 Paar Antennen und drei Paar Mundgliedmaßen), die Brust drei lokomotorische. Am Hinterleib finden wir extremitätenhomologe Anhänge bei erwachsenen Insekten höchstens an einigen, bei Larven aber oft an einer mehr oder weniger großen Anzahl von Segmenten. Bei den Imagines dienen sie nie als Gehwerkzeuge, wohl aber nicht selten bei den Larven. Während der Embryonalentwicklung treten Extremitätenanlagen häufig an allen Hinterleibsringen auf.

Wie bei allen Arthropoden, ist der Körper umhüllt von einer Chitin-Protein-Kutikula. Dort wo sie sklerotisiert ist (S. 226), wurden die Polypeptidketten der Proteine durch Gerbung zu einem elastisch-starren Gerüst vernetzt. Kalk wird fast nie eingelagert.

Der Kopf ist eine einheitliche Kapsel. Die drei Segmente der Brust, die als Pro-, Meso- und Metathorax bezeichnet werden, sind untereinander mehr oder weniger fest verbunden. Bei den Hymenopteren schließt sich das 1. Abdominalsegment dem Thorax an. Jeder Brustring besteht aus vier fest miteinander verwachsenen Teilen: einem ventralen Sternum, einem dorsalen Tergum (= Notum) und den seitlichen Pleurae. Dagegen sind die Segmente des Hinterleibs nicht nur gegeneinander, sondern auch in sich beweglicher, da das Bauchschild (Sternum) und das Rückenschild (Tergum) seitlich durch biegsame, unsklerotisierte Kutikularmembranen verbunden werden.

Die Antennen – sie entsprechen den ersten Antennen der Krebse – stehen vorn auf der Stirn. Sie sind Träger zahlreicher Sinnesorgane (Tastsinn und chemischer Sinn) und werden vom Cerebralganglion aus innerviert. Die Mundgliedmaßen werden von einem unpaaren Fortsatz der Kopfkapsel, der Oberlippe (Labrum) überdacht. Sie sind, ebenso wie die Oberlippe, in Abhängigkeit von ihrer speziellen

Funktion, sehr verschieden gestaltet, bisweilen zum Teil, jedoch nur selten ganz reduziert. Die immer eingliedrigen Mandibeln sind meist kräftige Beißzangen. Die Maxillen (sie entsprechen den 1. Maxillen der Krebse) dagegen sind, wo sie nicht extrem abgewandelt wurden, mehrgliedrig und mit Kauladen ausgerüstet. Die ebenfalls mehrgliedrige «Unterlippe» (Labium) ist den 2. Maxillen der Krebse homolog. Sie ist, obwohl aus paarigen Anlagen entstanden, immer wenigstens in ihren basalen Abschnitten zu einer unpaaren Platte verschmolzen. Maxillen und Labium tragen antennenähnliche Taster. Ein nicht selten vorhandener unpaarer Fortsatz des Mundhöhlenbodens, der Hypopharynx, steht ebenfalls im Dienst der Nahrungsaufnahme. Er hat ebensowenig den morphologischen Wert einer Extremität wie die Oberlippe.

Die drei Paar lokomotorischen Gliedmaßen der Brust sind untereinander ziemlich gleichmäßig gebaut. Man unterscheidet an ihnen 1. das Hüftglied (Coxa), 2. den Schenkelring (Trochanter), 3. den Schenkel (Femur), 4. die Schiene (Tibia) und 5. den mehrgliedrigen Fuß (Tarsus). An das letzte Fußglied schließt sich der Praetarsus an, eine membranöse Vorwölbung, die neben weichhäutigen Haftorganen (einem Paar Pulvillen oder (und) einem unpaaren Arolium) gewöhnlich zwei Krallen trägt. Oft wird allerdings das letzte Tarsalglied + prätarsaler Haftapparat als Praetarsus oder Krallenglied bezeichnet.

Außer den drei Beinpaaren kommen dem Thorax sehr vieler Insekten noch zwei Paar Flügel zu, die am Meso- und Metathorax inserieren. Als ursprünglich flügellose Insekten gelten nur die früher unter der Bezeichnung Apterygota zusammengefaßten ersten vier Unterklassen. Die übrigen – und das ist die überwiegende Mehrzahl der Insekten, die Pterygota – sind höchstens sekundär flügellos geworden (z.B. viele Parasiten). Bei zwei Ordnungen (den Dipteren und den Strepsipteren) ist ein Flügelpaar zu kleinen Schwingkölbchen (Halteren) umgewandelt. Die Flügel entstehen als seitliche Hautausstülpungen der Rückendecke des zweiten und dritten Thoraxsegments, haben also mit Extremitäten nichts zu tun. Sie werden von «Adern» durchzogen, das sind mit der Leibeshöhle in Verbindung stehende Kanäle zwischen den beiden Kutikulalamellen, aus denen sich der Flügel im wesentlichen zusammensetzt. In den Adern verlaufen Tracheen, Blutlakunen und Nerven, so daß der Flügel also keineswegs ein toter Anhang des Körpers ist. Die Vorderflügel können teilweise oder ganz in harte Flügeldecken (Elytren) umgewandelt sein.

Der Darmkanal ist, besonders bei pflanzenfressenden Insekten, in Schlingen gelegt. In der Mundhöhle münden bei den meisten Insekten ein oder zwei Paar Speicheldrüsen. Der Ösophagus kann sich hinten zu einem Kropf (Ingluvies, Vormagen) erweitern, auf den häufig ein mit kutikularen Leisten und Zähnen ausgerüsteter, muskulöser Kaumagen folgt. Der entodermale Mitteldarm (Chylusdarm) ist relativ kurz. Er ist zylindrisch oder auch sackartig zu einem Magen erweitert, innen von Drüsenepithel ausgekleidet, außen von Ring- und Längsmuskulatur umgeben. Bisweilen ist er mit Blindschläuchen versehen, aber stets ohne Mitteldarmdrüse, die allen Insekten fehlt. Der Beginn des ektodermalen Enddarms wird durch die Einmündung zahlreicher feiner Schläuche, der Exkretionsorgane (Vasa Malpighii), angegeben.

Das Nervensystem ist nach dem Strickleitertypus gebaut. Doch kommt es, namentlich bei den höheren Insekten, zu weitgehenden Verschmelzungen zwischen den zu den einzelnen Segmenten gehörenden Ganglienpaaren; das gilt besonders für die Abdominalsegmente. Oberschlundganglion (Cerebralganglion = Gehirn) und Unterschlundganglion sind aus der Verschmelzung von je drei Ganglienpaaren entstanden. Bei den höher entwickelten Insekten, namentlich den staatenbildenden, weist das Gehirn eine komplizierte Feinstruktur auf. – Im Dienste hormonaler Regulationen stehen zwei, meist paarige, hinter dem Gehirn über dem Ösophagus liegende Organe, die Corpora cardiaca und die C. allata. Sie sind über Nervenbahnen mit dem Gehirn und mit neurosekretorischen Zellen des Gehirns verbunden.

Die Sinnesorgane der Insekten sind hochentwickelt und sehr mannigfaltig. Als Lichtsinnesorgane finden sich die beiden großen Facettenaugen (= Komplexaugen) zu beiden Seiten des Kopfes; dazwischen können – meist drei – kleine Ocellen sitzen.

Als Tastorgane dienen zahlreiche hohle, gelenkig befestigte, haarförmige Sensillen der ganzen Körperhaut; besonders reich sitzen sie an den Antennen, den Tastern der Mundgliedmaßen und in der Umgebung der Geschlechtsöffnung. Geruchsorgane, in der Form von Geruchshaaren, Riechkegeln, Flaschenorganen und Porenplatten, finden sich, oft in ungeheurer Zahl, an den Fühlern. Dazu kommen Geschmacksorgane im Bereich des Mundes; Geschmacksorgane können aber auch an den Tarsen der Vorderbeine sitzen. Als Gehörorgane funktionieren Haarsensillen und Tympanalorgane, manchmal auch Johnstonsche Organe.

Der Respiration dient das Tracheensystem. Tracheen sind mit einer chitinigen Intima ausgekleidete, an der Körperoberfläche mit einer Öffnung, dem Stigma, beginnende Röhren, die sich fein verzweigen und alle Organe umspinnen. Sie sind an den Seiten von Brust und Hinterleib als Einstülpungen von der Haut aus entstanden. Jedem Segment kommt ursprünglich ein Stigmenpaar und dementsprechend ein Paar Tracheenbüschel zu. Meist verbinden sich die Tracheen untereinander durch Längsstämme, was eine Reduktion der Stigmenzahl ermöglicht. Die bei guten Fliegern vorkommenden Tracheenblasen sind Erweiterungen der Tracheen. Bei manchen wasserlebenden Insektenlarven sind die Stigmen geschlossen, die Respiration erfolgt durch Tracheenkiemen, büschel- oder blattartige Anhänge, die reich von Tracheenverzweigungen durchzogen werden und nicht selten umgebildete Abdominalextremitäten darstellen.

Eigenart und hohe Entwicklung des Tracheensystems ermöglichen eine fast vollständige Reduktion des Blutgefäßsystems. Es beschränkt sich auf das röhrenförmige, hinten meist geschlossene, dorsal in der Mittellinie des Hinterleibs gelegene Herz und eine sich kopfwärts anschließende Aorta, die zusammen durchaus dem Rückengefäß der Anneliden entsprechen. Im übrigen umspült das meist farblose Blut frei die Organe. Es sammelt sich wieder im Perikardialsinus, einem durch eine horizontale Scheidewand aus Bindegewebs- und Muskelfasern unvollständig abgekammerten dorsalen Teile der Leibeshöhle, und tritt von ihm durch segmentale Spaltöffnungen, Ostien, in das Herz zurück. Bei der Kontraktion, die von hinten nach vorn fortschreitet, schließen sich die Ostien. Klappenartige Ventile, die in das Herzrohr vorspringen und sein Lumen in hintereinander gelegene Kammern gliedern, verhindern dabei ein Rückfließen des Blutes in den Perikardialismus.

Die Exkretionsorgane der Insekten sind die bereits erwähnten, in den Enddarm mündenden Malpighischen Gefäße, feine, lange Schläuche in verschiedener Zahl, deren Wandzellen Exkretstoffe aus der Leibeshöhle aufnehmen und umbauen und dann zum Darm abführen. Exkretorische Funktionen hat auch der im übrigen als Speicherorgan dienende, mächtige Fettkörper, der alle Organe umhüllt.

Die Insekten sind getrenntgeschlechtlich. Die Geschlechtsorgane sind paarig und liegen immer im Hinterleib. Beim Männchen finden sich zwei Hoden und zwei Ausführgänge (Vasa deferentia), die sich zu einem Ductus ejaculatorius vereinigen. Oft ist ein kompliziert gebauter Kopulationsapparat vorhanden. Die ebenfalls in Zweizahl vorhandenen Ovarien bestehen aus meist büschelförmig angeordneten

Eiröhren (Ovariolen), deren blinde, kopfwärts gerichtete Enden das Keimlager bergen. Die beiden seitlichen Eileiter (Oviductus laterales) vereinigen sich zum unpaaren Ovidukt (Oviductus communis), der über eine oft recht kurze Vagina nach außen oder in eine Begattungstasche (Bursa copulatrix) mündet. Fast immer ist ein Receptaculum seminis zur Aufnahme der Spermatozoen vorhanden. Sowohl die männlichen wie die weiblichen Geschlechtsorgane tragen Anhangsdrüsen.

Ungeschlechtliche Fortpflanzung kommt nur in einigen Fällen vor. Entwicklung aus unbefruchteten Eiern (Parthenogenesis) ist weit verbreitet.

Die postembryonale Entwicklung der Insekten ist eine Metamorphose. Sie verläuft bei den einzelnen Insektenordnungen sehr unterschiedlich, läßt trotzdem aber eine Einteilung in nur zwei Hauptgruppen zu. Bei der unvollkommenen Metamorphose (Heterometabolie) zeigen bereits die frischgeschlüpften Larven eine den erwachsenen Tieren, den Imagines (Einzahl: die Imago), ähnliche Gestalt. Von Häutung zu Häutung werden sie den Vollkerfen dann ähnlicher. Ein ruhendes Puppenstadium wird nicht durchlaufen. Bei der vollkommenen Verwandlung (Holometabolie) ist und bleibt die Larve sehr verschieden vom erwachsenen Tier, und es schiebt sich eine besondere Entwicklungsstufe, das Puppenstadium, ein, während dessen das Tier keine Nahrung zu sich nimmt. Das Puppenstadium ist ein Ruhestadium zwischen den beiden letzten Häutungen. In ihm findet der gesamte für die Herausbildung der Imago aus der Larve notwendige Umbau statt. Als Imagines häuten sich die Insekten nicht mehr, wachsen demzufolge auch nicht mehr.

C. Spezieller Teil

1. *Blatta orientalis*, Küchenschabe

Es werden beide Geschlechter präpariert. Anstelle von *Blatta orientalis* kann man auch die amerikanische Küchenschabe, *Periplaneta americana* verwenden, bei der beide Geschlechter vollentwickelte Flügel tragen. Im übrigen sind die Unterschiede unerheblich.

Die Schaben haben in ihrer Organisation viele ursprüngliche Züge bewahrt und sind daher zur Einführung in den Bau des Insektenkörpers besonders geeignet. Die Küchenschaben sind ursprünglich Bewohner wärmerer Zonen, wurden aber durch den Menschen über die ganze Erde verschleppt und sind zu Kosmopoliten geworden. Doch treffen wir sie, ihrer Herkunft entsprechend, in den gemäßigten und kälteren Gebieten fast ausschließlich innerhalb der menschlichen Behausung an, wo sie neben reicher Nahrung – die Schaben sind Allesfresser – die ihnen zusagende Temperatur finden. Als nächtliche Tiere halten sie sich tagsüber in ihren Schlupfwinkeln verborgen.

Die Geschlechter sind bei der Küchenschabe (*Blatta orientalis*) leicht zu unterscheiden. Die Männchen haben wohlentwickelte Flügel, die einen großen Teil der Rückenfläche einnehmen, die Weibchen nur kurze Flügelreste, die in der Mitte weit voneinander getrennt bleiben (Abb. 133). Da die Flügel des Männchens erst bei der letzten Häutung, dem Übergang vom Larven- zum Imagostadium, in voller Länge erscheinen, versagt dieses bequeme Unterscheidungsmerkmal bei den Larven. Sie lassen sich aber an den gegliederten Anhängen der Hinterleibsspitze unterscheiden. Beim Weibchen (letztes Larvenstadium und Imago) ist nur ein Paar solcher Anhänge entwickelt, nämlich die Cerci, bei den Männchen findet sich zwischen den beiden Cerci und mehr ventral sitzend noch ein zweites, kleineres Paar, die Styli. Da die Larven den

Endstadien sehr ähnlich sind, handelt es sich bei den Schaben um eine unvollkommene Metamorphose.

Wie bei allen Insekten lassen sich auch bei *Blatta* drei Körperregionen unterscheiden: Kopf (Caput), Brust (Thorax) und Hinterleib (Abdomen). Der Kopf ist nach unten und hinten gerichtet, so daß von oben her nur seine Scheitelregion zu sehen ist. Die große auf den Kopf folgende Platte, das Halsschild, bildet die Rückendecke des ersten Thoraxsegments (Prothorax). Sie ist also das Tergum des Prothorax und wird als Pronotum bezeichnet. Die beiden folgenden Segmente (Meso- und Metathorax) liegen beim Weibchen in der Mitte frei zutage, während sie beim Männchen erst sichtbar werden, wenn man die beiden ihnen ansitzenden Flügelpaare zur Seite zieht. Dabei fällt auf, daß ihre Decken (Meso- und Metanotum), wie auch die der anschließenden Abdominalsegmente, beim Männchen viel heller, d.h. schwächer sklerotisiert sind als beim Weibchen.

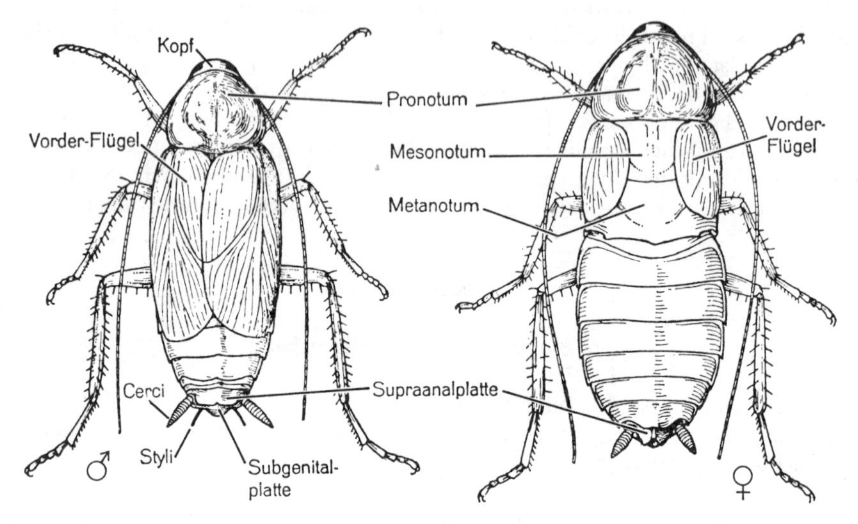

Abb. 133: *Blatta orientalis*. Männchen und Weibchen. Dorsalansicht

Von den Flügeln des Männchens ist das vordere Paar sehr viel derber, so daß man von Flügeldecken (Elytren) sprechen kann. Sie werden so getragen, daß der eine Flügel den anderen teilweise überdeckt. Wir heben die beiden Vorderflügel hoch, schneiden sie an der Wurzel mit der feinen Schere ab und legen sie zur genaueren Untersuchung bei schwacher Vergrößerung zwischen zwei Objektträger. Ein System vielfach verzweigter Längsadern, die durch etwas schwächere Queradern verbunden sind, ist, namentlich auf der Unterseite, gut zu erkennen (Abb. 134). Zwei helle Nähte gliedern dieses System in drei Bezirke oder «Felder» auf. Die eine Naht zieht im Bogen zum Hinterrand des Flügels (Anal- oder Bogennaht). Der durch sie abgegrenzte Bezirk ist das Analfeld, das in der Längsrichtung von den Analadern und ihren Verzweigungen durchzogen wird. Die andere Nahtlinie verläuft geradlinig bis etwa zur Mitte des Flügels. Das zwischen ihr und der Bogennaht liegende Feld ist das Verzweigungsgebiet zweier weiterer Hauptadern, Cubitus und Media. Das nach vorn zu anschließende Gebiet wird von den gegen Flügelspitze und -vorderrand gerichteten Verzweigungen des Radius eingenommen. Der Bezirk der Subcosta tritt als kurzer, breiter Wulst an der Schultergegend hervor. Die Ader selbst verläuft entlang der hinteren Grenze des Wulstes. Den getrennten Ursprung der genannten Hauptadern können wir an der Wurzel des Flügels gut erkennen. Jeder von ihnen entspricht ein gesonderter Ast des Tracheensystems, der sich mit der allmählichen Verzweigung der Adern immer feiner aufteilt. Die Hinterflügel sind ähnlich gebaut. – Obwohl die Flügel relativ gut entwickelt sind, werden sie nicht zum Fliegen verwendet.

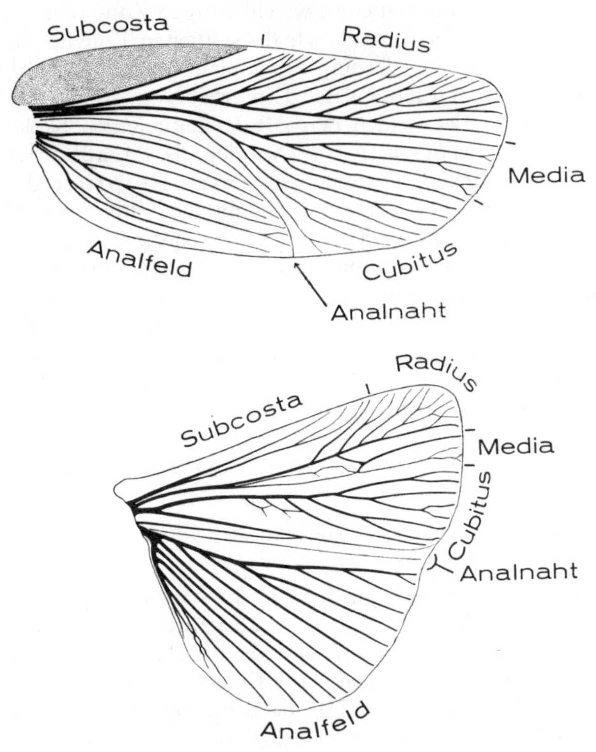

Abb. 134: *Blatta orientalis*. Männchen. Vorder- und Hinterflügel. Queradern nicht gezeichnet 4,5×.

Beim Weibchen sind nur die Vorderflügel als freie Körperanhänge ausgebildet. Sie sind im ganzen kleiner, vor allem aber sehr viel kürzer als die des Männchens. – Die Anlagen der Hinterflügel liegen innerhalb der den Rumpf seitlich überragenden Abschnitte des Metanotums und veranschaulichen damit noch gut die wahrscheinliche Entstehung der Flügel überhaupt: Es sind vergrößerte und abgegliederte Seitenfalten (Paranota) des Meso- und Metanotums.

Während der Keimesentwicklung werden 11 Abdominalsegmente und ein Telson angelegt. Doch treten frühzeitig im Bereich der letzten Körperringe Reduktionen ein, so daß wir, wenigstens mit unseren Präparationsmethoden, nicht alle Segmente darstellen können.

Bei dorsaler Betrachtung erkennen wir beim Weibchen 8 Abdominalsegmente und zwar die Terga I bis VII und als letztes das hinten median kimmenförmig ausgeschnittene Tergum X, die Supraanalplatte. Die Terga VIII und IX sind viel schmaler als die übrigen und – teleskopartig ineinandergeschoben – unter dem 7. Tergum verborgen. Wir können sie als schmale Spangen sichtbar machen, wenn wir das Tier am Thorax mit einem zwischen zwei Stecknadeln ausgespannten Stück Verpackungsgummi fixieren und dann das 10. Tergum mit der Pinzette fassen und etwas nach hinten ziehen. Das Tergum XI ist bis auf einen kleinen, mit der Supraanalplatte verschmolzenen Rest geschwunden. Auch das Telson werden wir nicht finden. Es umgibt als sehr feiner Membranring den After. Median unter der Supraanalplatte – wir heben sie etwas an – liegt inmitten einer weichhäutigen Zone und unten und seitlich umstellt von zwei Skelettelementen, die wie die seitlichen Teile des 10. Tergums aussehen, die Afteröffnung. Sie ist allerdings, falls nicht gerade ein Kotballen ausgetreten ist oder durch leichten Druck auf den Hinterleib zum Austritt gebracht werden kann, schwer erkennbar. Die beiden den After flankierenden Skelettelemente sind Reste des Sternums des 11. Segments. Sie werden als Paraprocte (Analklappen) bezeichnet. Das bei manchen anderen Insekten als Epiproct dem After dorsal aufliegende Tergum XI, ist, wie gesagt, zurückgebildet. Seitlich von den beiden Analklappen, zwischen ihnen und dem Tergum X, setzen die Cerci an. Diese vielgliedrigen, beweglichen und reich mit Sinneshaaren besetzten Anhänge stellen umgewandelte Extremitäten des 11. Abdominalsegmentes dar und dienen als Tastorgane. Unter und vor den Analklappen liegt eine große, weichhäutige Tasche, die von unten her von zwei löffelförmigen Kutikularplatten, den Valvae, abgedeckt wird. Es ist die Genitaltasche, in der die Geschlechtsöffnung liegt und in der auch der Eikokon gebildet und getragen wird. Nicht selten werden wir ein Weibchen finden, bei dem ein Kokon weit aus der gedehnten Genitaltasche hervorragt. Da der After endständig (terminal) liegt, gehört die Region der Genitalkammer mit den Valven bereits zur Ventralseite.

Wir wenden die Schabe, fixieren sie wieder mit dem Gummi und klemmen die weit gespreizten Hinterbeine zwischen gekreuzten Nadeln fest.

Das Sternum des 1. Abdominalsegments ist sehr stark reduziert. Wir finden es nur bei Lupenbetrachtung als kleine, ovale, fast durchsichtige Platte zwischen den Hinterhüften (Abb. 135). Sternum II bis VII sind deutlich erkennbar. Das siebente, die Subgenitalplatte, ist besonders groß. Ihr Endabschnitt hat sich in Form zweier seitlicher Klappen, die wie ein Schiffsbug nach hinten vorragen, abgegliedert. Das sind die schon bei der Betrachtung von oben aufgefallenen Valvae. Ihre Innenseiten und die sie verbindende ventrale Membran sind weichhäutig. Sie bilden den hinteren Abschnitt der Genitalkammer und haben die Aufgabe, den Eikokon von den Seiten her zu fassen und zu halten.

Wir legen das Tier wieder auf den Bauch und befestigen es wie vorher. Wenn wir nun mit einer Pinzette die Supraanalplatte halten und gleichzeitig die Valvae mit einer quer über ihre Hinterenden gelegten Nadel nach unten drücken, öffnet sich die Genitaltasche.

In ihrem Inneren erkennen wir drei Paar etwa 2–3 mm lange, nach rückwärts gerichtete Fortsätze, die Gonapophysen. Sie umstellen die Geschlechtsöffnung und bilden zusammen den sogenannten Ovipositor, der bei vielen anderen Insekten als Legescheide, Legestachel oder Legebohrer (oder auch als Giftstachel) mächtig entwickelt sein kann und oft mehr oder weniger weit nach hinten herausragt. Die Gonapophysen sind von den Gliedmaßen der Genitalsegmente abzuleiten; das dunkle, stark sklerotisierte, am weitesten ventral und am weitesten vorne entspringende Paar (vordere Gonapophysen) gehört zum 8. Segment. Das dünnere, mittlere (hintere, mediale G.) und das zum großen Teil weichhäutige, laterale Paar (hintere, laterale G.), das die beiden anderen Paare außen scheidenförmig umfaßt, gehören zum 9. Segment. Reste des Sternums VIII liegen als spangenartige Sklerite in der weichhäutigen Wandmembran der Genitalkammer, in die übrigens auch die Drüsen münden, die das Material zur Herstellung des Eikokons liefern. Fragmente des Sternums IX sollen in den hinteren, lateralen Gonapophysen enthalten sein.

Beim Männchen läßt die Rückenseite zunächst 9 Terga erkennen; vom 8. ist allerdings nur ein sehr schmaler Streifen zu sehen. Das letzte Tergum ist die zum 10. Segment gehörende, hier trapezförmige Supraanalplatte. Zieht man sie etwas zurück, so erscheint auch noch das ebenfalls schmale Tergum IX, das unter dem 8. verborgen war. Das Tergum des 11. Segments ist wie beim Weibchen stark reduziert und mit der Supraanalplatte verschmolzen.

Ventral finden wir 9 Sterna. Das erste ist auch hier nur eine kleine, querovale Platte zwischen den Hinterhüften, das 2. bis 7. ist normal, das 8. schmal, aber deutlich zu sehen. Das breit wannenförmige Sternum IX funktioniert als Subgenitalplatte; es trägt seitlich die beiden dünnen Styli, Anhänge des basalen Gliedes der ursprünglichen Extremitäten des 9. Segments.

Heben wir – nun wieder bei Bauchlage der Schabe – die Supraanalplatte hoch und drücken gleichzeitig den Subgenitalsternit nach unten, so sehen wir wieder in eine große Tasche hinein. Zu ihren Seiten inserieren die Cerci, oben – zwischen den medianen Enden zweier schmaler, dachartig gegeneinander geneigter Sklerite, den Paraprocten (= Sternum XI) – liegt inmitten einer weichhäutigen Zone der After, während der von der Subgenitalplatte umfaßte Raum den kompliziert gebauten Kopulationsapparat birgt, an dessen Bildung das noch fehlende Sternum X beteiligt ist. Er setzt sich aus dem Penis und einer ganzen Reihe verschieden geformter und asymmetrischer Skelettstücke zusammen. Wir erkennen spangen-, gabel- und löffelförmige Teile, deren Einzelbeschreibung und Funktionsangabe aber zu weit führen würde.

Wir wenden unsere Aufmerksamkeit jetzt dem Kopf und dem Thorax zu. Die Schabe liegt mit dem Bauch nach oben in der Präparierschale.

Der Kopf ist durch einen dünnen Halsabschnitt mit dem Rumpf verbunden und daher sehr beweglich. Er ist in der Scheitelregion abgerundet, nach unten keilförmig verschmälert. Die langen, aus über 100 Gliedern bestehenden Antennen sind in membranösen Aussparungen der Kopfkapsel so eingelenkt, daß sie nach allen Richtungen bewegt werden können. Das erste, mit einem ventralen Gelenkhöcker artikulierende Grundglied wird als Scapus (Schaft) bezeichnet. Es wird durch Muskeln, die vom Kopf her einstrahlen, bewegt und enthält selbst Muskeln, die das zweite Glied, den Pedicellus, bewegen. Im Pedicellus liegt ein wichtiges Sinnesorgan, das Johnstonsche Organ. Muskeln finden wir in ihm, ebenso wie auch in den folgenden Geißelgliedern, keine. Die Bewegung der Geißelglieder erfolgt durch Blutdruckänderungen.

Die großen Facettenaugen legen sich von den Seiten und hinten her um die Antennenwurzeln herum. Die Einzelfacetten sind schon bei Lupenvergrößerung zu erkennen. Ein mit scharfem Messer oberflächlich geführter Schnitt zeigt unter dem Mikroskop, daß sie von unregelmäßig sechseckigem Umriß sind. Nach innen und oben von den Antennenwurzeln fallen zwei weiße Flecke auf, die sogenannten Fenster. Es sind pigmentlose, linsenförmig verdickte Stellen der Kutikula, unter denen ein einfaches, also nicht nach dem Typ des Facettenauges gebautes Sehorgan (Ocellus, Stirnauge) gelegen ist. Beim Männchen sind Facetten- und Einzelaugen deutlich größer als beim Weibchen, wie ja bei den Insekten sehr häufig das Männchen mit leistungsfähigeren Sinnesorganen ausgestattet ist.

Die zwischen den Augen gelegene Region des Kopfes wird als Stirn bezeichnet. An sie schließt sich nach unten ein hellerer Bezirk an, der Clypeus, der aber bei *Blatta* nicht so gut abgesetzt ist wie bei anderen Insekten. Dem Clypeus schließlich sitzt nach unten zu eine dunklere Platte gelenkig an, die als Oberlippe (Labrum) das weichhäutige Mundfeld von vornher bedeckt. Von den Mundteilen fallen besonders die Maxillartaster und die etwas kürzeren Lippentaster auf. Der hintere Abschluß des Mundfeldes wird von der Unterlippe (Labium) hergestellt. Die Mandibeln liegen meist unter der Oberlippe verborgen. Doch soll die genauere Betrachtung der Mundteile für später zurückgestellt werden (S. 277).

Der Hals ist weiß, also weichhäutig, kann aber durch enges Anlegen des Kopfes an den Thorax geschützt werden. Außerdem sind in die Haut des Halses ventral zwei

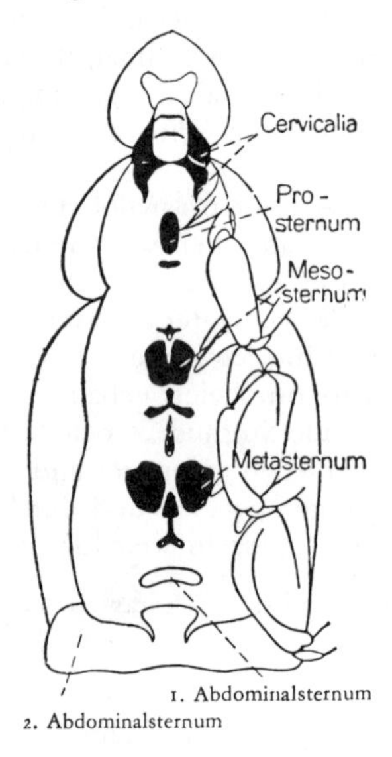

Abb. 135: *Blatta orientalis.* Hals- und Sternalskelett des Männchens

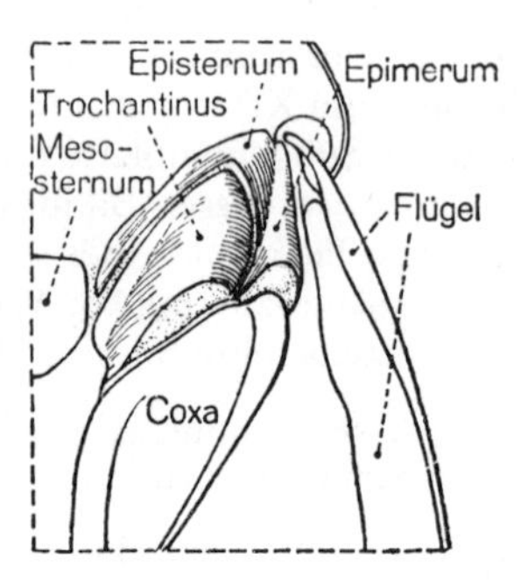

Abb. 136*: *Blatta orientalis.* Pleuralskelett der zweiten, linken Extremität, von seitlich und unten

schmale sklerotisierte Spangen eingelassen (Abb. 135). Etwas dahinter wird er von den Seiten her durch die stärkeren, kragenartigen Kehlplatten (Cervicalia) umfaßt, die vorn am Hinterhaupt und hinten am Thorax gelenken und so zur Festigung der Kopf-Rumpf-Verbindung beitragen.

Von oben her wird die Hals- und vordere Brustregion vom Pronotum geschützt, das, wie wir jetzt sehen, seitlich weit über den eigentlichen Körper vorragt. Das gleiche gilt für Meso- und Metanotum des Weibchens, während beim Männchen die Seitenteile (Paranota) dieser beiden Segmente in der Bildung der Flügel aufgegangen sind. Im übrigen wird der Anblick der Brustregion ganz von den Extremitäten beherrscht. Die kräftige Entwicklung ihrer dem Körper angedrückten basalen Glieder (Coxae) hat zu einer Reduktion der Brustplatten (Sterna) geführt. Ziehen wir die Extremitäten zur Seite, so erscheint zwischen dem ersten Paar eine kleine, längsovale, gelbliche Platte als Rest des Prosternums. Das Mesosternum ist breiter und mehr oder weniger deutlich längsgeteilt. Noch kräftiger und deutlich paarig ist das Metasternum. Zwischen diesen Hauptplatten des Sternalskeletts liegen, wie Abb. 135 zeigt, noch kleinere Sklerite, teilweise von zierlich dreistrahliger Form, die aber, wie das ganze Sternalskelett, einer erheblichen individuellen Variabilität unterworfen sind.

Seitlich vom Sternalskelett und vor dem Ansatz der Extremitäten liegen die das Skelett der Pleura aufbauenden Skleritplatten, die ursprünglich das basale Glied der Extremität, die Subcoxa, darstellten und sich erst später abgliederten und in die Seiten- und Bauchwand des Thorax einfügten. Eine dieser Platten, der Trochantinus, sitzt wie ein spitzes Hütchen der Extremität unmittelbar auf (Abb. 136). Eine zweite Platte umfaßt gabelförmig den Trochantinus von vorn her und wird durch eine Längsfurche, der im Innern eine Leiste entspricht, in einen größeren vorderen Abschnitt, Episternum, und einen kleinen hinteren, Epimerum, aufgeteilt. Sie gelenkt dort wo die Furche endet, mit der Extremität. Aber auch der Trochantinus bildet ein Gelenkköpfchen für eine zweite, mehr nach innen zu liegende Verbindung aus, so daß zwischen Extremität und Pleuralskelett eine dikondyle Artikulation (Eingelenkung mit zwei Gelenkstellen, vorliegt. Schneiden wir jetzt die Extremitäten von medial her entlang der Basis der Coxa ab, so können wir das sterno-pleurale Skelett in seiner Gesamtheit noch besser überblicken.

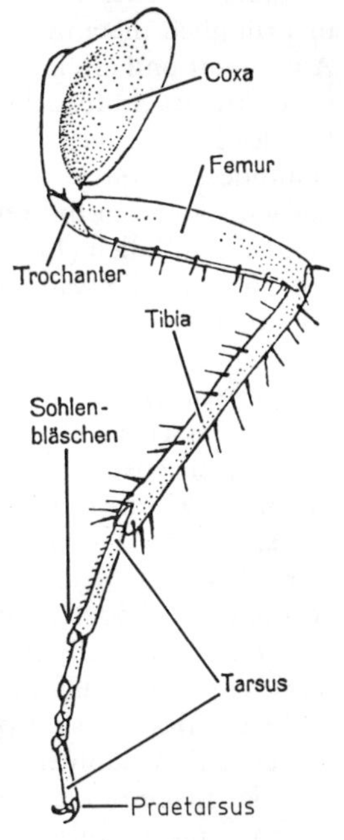

Abb. 137: *Blatta orientalis*. Hinterbein. 4×

Die Extremitäten der Schabe sind typische Laufbeine, ohne besondere Spezialisierungen, also verhältnismäßig primitiv (Abb. 137). Das hinterste Paar ist am längsten und kräftigsten; im übrigen zeigen sich keine nennenswerten Unterschiede. Die Coxae (Hüften) sind sehr kräftig, flach keulenförmig und mit breiter Basis am Thorax schräg eingelenkt. Werden sie dem Körper angelegt, so stoßen sie in der Mittellinie zusammen und decken in dieser Weise den Rumpf, der daher in ihrem Bereich auch nur so schwach gepanzert ist, daß man die Tracheen hindurchschimmern sehen kann. Beim Abspreizen bewegt sich das distale Ende der Coxa von hinten-innen nach vorn-außen. Die Hinterfläche der Coxa zeigt eine flache Mulde, in die das Femur einschmiegen kann. Lateral von ihr springt der Rand der Coxa leistenartig vor. Der Trochanter (Schenkelring) ist klein und dem Femur fest angeschlossen. Das Femur (Schenkel) ist etwas länger aber schmächtiger als die Coxa. Es kann seitwärts abgespreizt werden, bis es fast in gerader Verlängerung der Coxa liegt. Der Hinterrand des Femurs trägt zwei Reihen kräftiger Dornen. Die Tibia (Schiene) ist ihrerseits wieder schlanker als das Femur. Sie trägt beiderseits einen Besatz von Dornen, die noch länger und kräftiger sind als die des Femurs. An der 3. Extremität ist die Tibia länger, an der 2. und besonders der 1. kürzer als der Schenkel. Sie ist gegen ihn nach innen zu abgeknickt («Kniegelenk»), schwingt in seiner Ebene und kann ihm ganz angelegt werden. Der Tarsus (Fuß) ist an allen Extremitäten fünfgliederig. Sein basales Glied ist am längsten. Der Praetarsus trägt zwei Klauen und ein unpaares Haftläppchen (Arolium). Am distalen Ende der Tarsenglieder fallen weiße, vorstehende Polster auf, die Sohlenbläschen, die, ebenso wie der Haftapparat zwischen den Klauen, für das Laufen und besonders das Klettern an glatter Fläche von Bedeutung sind.

Zum Studium der inneren Anatomie verwenden wir zunächst das Weibchen. Es liegt bauchunten im Becken. Mit der feinen Schere, die in die Genitaltasche eingeführt wird, schneiden wir den Körper entlang der rechten Seitenkante bis zum Hinterende des Kopfes auf. Dann wird das Tier in das Präparierbecken gelegt, rechtsseitig festgesteckt und völlig mit Wasser bedeckt. Die Rückendecke wird nun mit der Pinzette von hinten her angehoben und vorsichtig abpräpariert, nach links herübergeschlagen und festgesteckt. Die Präparation wird am besten unter dem Stereomikroskop durchgeführt.

Ein erster Überblick läßt erkennen, daß der Thorax als Träger der Beine auch den Hauptteil der Muskulatur birgt. Im Abdomen fällt zunächst eine Masse weißer Stränge und Lappen auf, die die übrigen Organe umgeben und zum Teil verdecken. Es ist der stark entwickelte Fettkörper (Corpus adiposum), ein für die Insekten sehr charakteristisches Speicherorgan. Da er aus der Wand des Cöloms entsteht, war er ursprünglich metamer gebaut, wovon sich jetzt freilich nichts mehr erkennen läßt. Außer Fett und Glykogen speichert er auch Eiweiß. Außerdem kann er auch Abbauprodukte des Stoffwechsels aufnehmen, also als Speicherniere dienen. Bestimmte Zellen des Fettkörpers, die Mycetocyten, beherbergen symbiontische Bakterien, die zumindest für die normale Entwicklung der Weibchen notwendig sind. Der Fettkörper wird von den ihn reichlich durchziehenden Tracheen, die uns durch ihren Silberglanz auffallen (Luftfüllung!), in seiner Lage gehalten. Innerhalb des Fettkörpers erkennen wir die Windungen des Darmes, der je nach seinem Inhalt mehr graugrün oder bräunlich ist. Auch er wird von Tracheen gehalten, die die Rolle der Mesenterien übernehmen.

Ganz zu oberst muß aber, falls die Präparation sorgfältig genug durchgeführt wurde, das Herz als ein durchsichtiger, zarter Schlauch zu erkennen sein, der von zwei Tracheenstämmen flankiert wird. Sonst ist es an der Rückendecke haften geblieben, was insofern kein Schaden ist, als es sich von diesem dunklen Untergrund besser abhebt. Das Herz ist ein langer, hinten geschlossener, von der Hinterleibsspitze bis ins 1. Brustsegment ziehender Schlauch, der sich in 12 deutlich abgesetzte «Kammern» gliedert, von denen die ersten beiden im Thorax liegen (Abb. 138). Vorn geht das Herz in die Aorta über, die im Kopf endet und so das Blut in die Leibeshöhle einströmen läßt. Zwei thorakale und vier abdominale Gefäßpaare, die das Herz seitlich verlassen, sind präparativ nur sehr schwierig darzustellen. Das zum Herzen fließende Blut sammelt sich in dem das Herz umgebenden Perikardialsinus, einem Teil der Leibeshöhle, der durch ein ventral vom Herzen ausgespanntes, gewölbtes Diaphragma unvollständig von dem darunterliegenden Teil (Perivisceralsinus) geschieden wird. Jede der «Kammern» des Herzens weist ein Paar feiner Öffnungen (Ostien) auf, die das Blut aus dem Perikardialsinus aufnehmen; durch ventilartige Klappen werden sie bei der Kontraktion des Herzschlauches verschlossen. In dem erwähnten (dorsalen) Diaphragma verlaufen rechts und links vom Herzen zarte Muskelzüge, die ihrer Form halber als «Flügelmuskeln» bezeichnet werden; sie bewirken eine Erweiterung von Perikardialsinus und Herz und dienen somit dem Ansaugen von Blut. Bei einem lebenden, möglichst frisch gehäuteten Männchen können wir die von hinten nach vorn verlaufenden Kontraktionen des Herzschlauches gut beobachten.

Die das Herz flankierenden, im Bereich des Thorax durch Queräste miteinander verbundenen Tracheenstämme sind durch lateral abgehende Äste an die beiden Haupttracheenstämme des Körpers angeschlossen, die an den Seitenkanten des Rumpfes verlaufen und mit den Stigmen in Verbindung stehen. Rechts sind durch die Schnittführung die Tracheenverbindungen zerstört, links aber voll erhalten und gut zu überblicken. Von den Hauptästen gehen weitere, gleichfalls segmental angeordnete zum Teil sehr starke Äste ab, die unmittelbar zu den inneren Organen ziehen, wobei sich der Darm als besonders gut versorgt erweist. Schließlich sind die beiden

Hauptstämme auch noch durch segmentale Queräste untereinander verbunden, die der Bauchdecke entlang laufen. An Stigmen sind zwei thorakale und acht abdominale vorhanden, die an den Segmentgrenzen in den Pleuralfalten liegen.

An der Innenseite der Rückendecke erkennen wir am Vorderrand des 6. Tergits beiderseits der Mitte zwei am Rande gekräuselte, taschenartige Organe. Es handelt sich um die bei beiden Geschlechtern vorhandenen Stinkdrüsen. Sie münden zwischen Tergum V und VI.

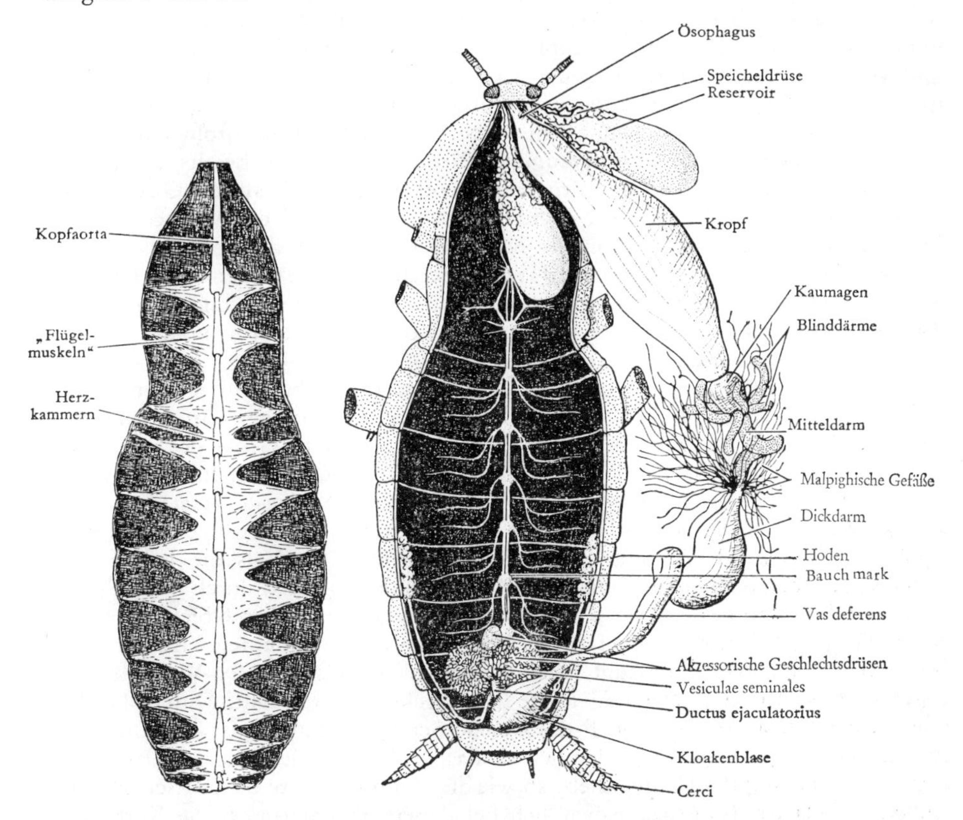

Abb. 138: Anatomie von *Blatta orientalis*, Männchen. Links abgehobene Rückendecke mit Herz

Die Rückendecke wird jetzt ganz abgeschnitten und der Körper auch links festgesteckt. Der Fettkörper wird, soweit er den Blick stört, entfernt, wobei man aber überaus vorsichtig zu Werke geht, um die Ovarien nicht zu zerstören. Man kontrolliere unter dem Stereomikroskop genau, was man herauszupft! Nach Abschluß dieser Tätigkeit ist der Darm in seinem ganzen Verlauf freigelegt. Um seine Windungen entrollen zu können, werden die größeren der ihm zugeordneten Tracheenstämme durchschnitten. Nun kann man den Darm zur Seite ziehen und mit Nadeln festlegen.

Der Darm gliedert sich deutlich in aufeinanderfolgende, morphologisch verschiedene und auch in ihrer Funktion verschiedenartige Abschnitte. Er beginnt mit einem Ösophagus, der sich allmählich zu dem mächtigen, keulenförmigen Kropf erweitert. Zu beiden Seiten des Ösophagus erstrecken sich im Thorax die paarigen, aus vielen kleinen Drüsenlappen zusammengesetzten Speicheldrüsen. Sie liegen je einem großen, sackförmigen Reservoir von glasklar durchsichtiger Wand flach an. Oft wird man allerdings nur die Drüsen finden, da die sehr dünne Wand der Speicher leicht zerreißt. Reservoire und Drüsen jeder Seite entsenden gesonderte Ausführgänge, die sich paarweise vereinigen und dann zum gemeinsamen Speichelgang zusammentreten. Er mündet zwischen Hypopharynx und Unterlippe in die Mundhöhle.

Der Kropf dient der Speicherung der grob zerkauten Nahrung; außerdem beginnt in ihm bereits die Verdauung unter der Einwirkung des Speicheldrüsensekretes. Es folgt ein kurzer, aber sehr muskelkräftiger Kaumagen, der die Form eines nach hinten gerichteten Kegels hat. Kropf und Kaumagen sind ektodermaler Herkunft und von einer Kutikula ausgekleidet. Der anschließende entodermale Mitteldarm ist nur kurz. Sein vorderes Ende wird durch acht ansehnliche, sezernierende und resorbierende Blinddärme gekennzeichnet, sein hinteres durch eine große Zahl (gegen 100) langer feiner Schläuche von grauguner Färbung. Es sind die bereits in den Enddarm mündenden, als Exkretionsorgane dienenden Malpighischen Gefäße. Sie scheiden bei den Küchenschaben allerdings nicht, wie es bei den meisten anderen Insekten der Fall ist, Exkrete, sondern nur Wasser aus. Die Exkretionsstoffe werden in den Zellen gespeichert. Der Enddarm ist bereits wieder ektodermaler Herkunft. Man kann an ihm drei nicht deutlich gegeneinander abgesetzte Abschnitte unterscheiden: einen kurzen Dünndarm, den stark angeschwollenen Dickdarm und das Rectum, das sich zur Rektalblase erweitert.

Wir präparieren jetzt ein Stück der Speicheldrüse ab und betrachten es unter dem Mikroskop (Glyzerin, Deckgläschen). Man erkennt die einzelnen Drüsenläppchen und die sich verzweigenden Tracheen, deren Kaliber genau der Größe des versorgten Drüsenbezirks entspricht. Die Tracheen sind röhrenförmige Einstülpungen des Ektoderms, die nach innen zu eine zarte, aber durch eine Spiralleiste verstärkte Kutikula abgesondert haben. Neben den Tracheen ziehen die Ausführgänge der Drüsenlappen, die zwar stärker, aber weniger gut erkennbar sind als die lufterfüllten Tracheen, die namentlich im Dunkelfeld (Abdrehen des Spiegels) durch ihren Silberglanz auffallen. Ein zweites Stück der Speicheldrüse kann auf dem Objektträger mit einem Tropfen Methylenblau gefärbt werden. Nach einigen Minuten wird der Farbstoff mit Filtrierpapier abgesaugt, das Präparat mit einigen Tropfen Wasser ausgewaschen, Glyzerin zugesetzt und unter dem Deckglas untersucht. Durch die Färbung seiner Kerne tritt jetzt auch das Tracheenepithel (Matrix), das die kutikulare Auskleidung abgeschieden hat, deutlich als flacher, äußerer Belag hervor. Es ist die direkte Fortsetzung des Hautepithels, so wie die chitinige Röhre die Fortsetzung der Außenkutikula ist. Natürlich haben sich bei diesem Präparat auch die Kerne der Speicheldrüsenzellen gefärbt.

Jetzt schneiden wir den Kaumagen heraus, spalten ihn durch einen Längsschnitt und breiten ihn, mit der Innenfläche nach oben, auf einem Objektträger aus (Glyzerin, Deckgläschen). Sechs dunkelbraune stark sklerotisierte Zähne und die kräftige Muskelwand dieses Darmabschnitts zeigen, daß er seinen Namen mit Recht trägt. Drei der Zähne haben scharfe, nach hinten gerichtete Spitzen, die anderen sind mehr abgerundet. Der Kaumagen hat die Aufgabe, die ihm portionsweise aus dem Kropf zugeführte Nahrung feiner zu zerkleinern, wobei er sich gegen den Mitteldarm fest abschließt.Die Nahrung wird dann an den Kropf zur weiteren chemischen Verarbeitung zurückgegeben. Schließlich öffnet sich der Verschluß des Kaumagens gegen den Darm, und der Nahrungsbrei kann in den Mitteldarm eintreten. In ihm und auch im Enddarm wird die Verdauung zum Abschluß gebracht und die Resorption vollzogen.

Wir entfernen jetzt den gesamten Darmtrakt, indem wir ihn hinter dem Kopf und dicht hinter der Kloakenblase abschneiden und wenden unsere Aufmerksamkeit den Geschlechtsorganen zu; ihnen noch anhaftende Reste von Fettgewebe werden (vorsichtig!) weggenommen.

Jedes der beiden Ovarien setzt sich aus acht Eiröhren (Ovariolen) zusammen. Das kopfwärts gerichtete blinde Ende der Eiröhren ist zu einem dünnen Faden ausgezogen (Endfaden). Es folgt dann ein kurzer Abschnitt, in dem die Eizellen gebildet werden, das Germarium. Der Hauptabschnitt (Vitellarium) der an Weite immer mehr gewinnenden Eiröhren ist von einer Reihe hintereinander gelagerter, längsovaler Eier erfüllt, wodurch er ein perlschnurartiges Aussehen erhält. Jedes Ei ist von einem Follikelepithel umgeben, das eine wichtige, jedoch noch nicht ganz geklärte Funktion bei der Ernährung des heranwachsenden Eies ausübt und das zuletzt die Eischale (das Chorion) bildet. Das jeweils am weitesten kaudal gelegene Ei ist oft unverhältnismäßig groß; es handelt sich dann um ein zur Ablage bereites Ei. Da im ganzen 16 Eiröhren vorhanden sind, enthält ein Kokon auch meist 16 Eier. Schneiden wir eine der Eiröhren ab, so erkennen wir unter dem Mikroskop deutlich die einzelnen aufeinanderfolgenden und nur durch kurze Zwischenräume voneinander getrennten Eier mit ihrem großen Kern. Die acht Eiröhren jedes Ovariums münden in einen kurzen aber geräumigen seitlichen Eileiter (Oviductus lateralis), der – mit dem der Gegenseite zum sehr kurzen unpaaren Eileiter (Oviductus communis) vereinigt – sich in die Genitalkammer öffnet. Darüber liegt ein aus vielen weißen Schläuchen zusammengesetztes, paariges Organ. Es handelt sich um Drüsen, die in die Genitaltasche münden und deren Sekret die Kokonhüllen bildet. Die linke, größere, liefert eine wässerige Proteinlösung, die rechte eine organische Säure. Die Mischung der beiden Substanzen führt zur Erhärtung des Proteins. Als Receptacula seminis dienen zwei sehr kleine, geschlängelte Röhrchen, die median zwischen den beiden Drüsen der Genitalkammer aufsitzen. Sie sind fast immer von Spermien erfüllt. Wir überzeugen uns davon, indem wir das hintere – es ist an seinem Ende kolbig erweitert – an seiner Basis mit einer sehr spitzen Pinzette erfassen, in einem Tropfen physiologischer Lösung zwischen Objektträger und Deckglas zerquetschen und dann bei starker Vergrößerung mikroskopieren.

Die Gonaden des Männchens sind schwieriger zu präparieren, da die Hoden im Fettkörper eingebettet und außerdem nur bei jungen Tieren und Larven des letzten (6.) Stadiums vollentwickelt sind. Auch das Männchen wird von dorsal aufpräpariert. Wir führen den Schnitt nun aber nicht an den Seitenkanten des Hinterkörpers entlang, sondern gut 2 mm davon entfernt, erst rechts und dann links, längsparallel von hinten nach vorn, wobei wir die feine Schere so flach wie möglich ansetzen. Die weitere Präparation ist unbedingt unter dem Stereomikroskop bei 10 bis 15facher Vergrößerung und sehr guter Beleuchtung durchzuführen. Das Tier wird am Thorax mit zwei und am Abdomen mit einer Nadel, die man seitlich durch die Subgenitalplatte führt, (man muß dazu die Supraanalplatte anheben), im Becken fixiert. Die Supraanalplatte bleibt am Abdomen, die davor liegenden Terga werden vorsichtig abpräpariert. Auf der Höhe des 3. Segments führen wir dann jederseits eine Stecknadel flach unter den stehengebliebenen, seitlichen Rest des Tergums von innen nach außen, stechen durch, richten die Nadel auf und stecken sie, nach außen geneigt, im Becken fest. Ebenso wird im 7. Segment verfahren. Nach dem Abpräparieren des dorsalen Diaphragmas und der medianen Fettkörperlappen wird der Darm entfernt, wobei man die ihn fixierenden Tracheen wiederum nicht abreißt, sondern abschneidet.

Die Hoden liegen als kompakte, traubige Gebilde sehr weit seitlich in den Segmenten IV und V (Abb. 138). Der Geübte findet sie schnell inmitten der sie umgebenden Fettkörpermassen, da die opak-trüben, weiß umrandeten «Trauben» sich deutlich vom rein weißen Fettkörper abheben. Der Ungeübte lockere an der Stelle, an der sie zu suchen sind, die Lappen des Fettkörpers mit Pinzette und Pipettenstrahl, bis auch er die länglichen Testistrauben erkennt. Hat man einen der Hoden gefunden, so präpariere man ihn vom Fettkörper frei, dabei am kaudalen Ende ganz besonders sorgfältig arbeitend. Dort verläßt nämlich der Samenleiter (Vas deferens) als zarter, dünner Schlauch den Hoden, zieht der Körperseite entlang nach hinten, biegt dann nach vorn um, kreuzt unter einem starken, vom letzten Ganglion zum Körperende ziehenden Nerv hindurch und mündet schließlich in den unpaaren Ductus ejaculatorius. Von ihm werden wir vorerst allerdings nicht viel sehen, da er unter einer Masse zum Teil rein weißer, zum Teil weißlich opaker Drüsenschläuche verborgen ist, die alle in ihn münden. Einige der Schläuche, sie liegen in der Mitte des Komplexes, funktionieren als Samenblasen (Vesiculae seminales). Bei der Begattung wird Sperma in stecknadelkopfgroße Hüllen (Spermatophoren), die aus erhärtetem Sekret bestehen, eingeschlossen und dann in die weiblichen Geschlechtswege befördert. Die beiden Samenleiter zeigen zwei eigenartige Ösenbildungen unbekannter Bedeutung. Ebenfalls unbekannt ist die Funktion einer weiteren, auffallend großen, weißlich-trüben akzessorischen Geschlechtsdrüse, die ventral über dem letzten Abdominalganglion liegt. Davor fallen durch ihre Größe die – übrigens auch beim Weibchen vorhandenen – beiden sackförmigen, median miteinander verwachsenen Sternaldrüsen auf. Sie liegen unter dem Bauchmark zwischen dem letzten und vorletzten Ganglion und münden zwischen Sternum VI und VII durch einen unpaaren Porus nach außen.

Nach Entfernung der Geschlechtsorgane bleibt nur noch das Bauchmark zu untersuchen. Es liegt in einem besonderen, wieder durch ein Diaphragma von dem Perivisceralsinus getrennten, ventralen Teil der Leibeshöhle, dem Perineuralsinus. Durch Entfernung dieses ventralen Diaphragmas und sonstiger dem Bauchmark noch anhaftender Gewebsteile (Tracheen, Muskelfasern) wird es vorsichtig bis zur hinteren Kopfgrenze völlig freigelegt. Um es besser sichtbar zu machen, schiebt man zweckmäßig einen Streifen schwarzen Papiers unter. Die Freilegung der in der Kopfkapsel gelegenen Teile des Nervensystems (Ober- und Unterschlundganglion) kann durch vorsichtiges Abtragen der Kopfdecke mittels oberflächlich geführter Flächenschnitte versucht werden, stellt aber schon größere Anforderungen an das präparatorische Geschick. Besser gelingt die Präparation des Gehirns, wenn man Kopf und Brust der Schabe gut zur Hälfte in das Wachs des Präparierbeckens einschmilzt.

Ober- und Unterschlundganglion bilden einen Ring um den Ösophagus. Vom Oberschlundganglion gehen seitlich die beiden Sehbahnen, dahinter die Antennennerven ab. Median dahinter liegen in der Tiefe die Corpora allata und die C. cardiaca. Das Bauchmark zeigt im Thorax sehr deutlich den ursprünglichen, paarigen Charakter, da seine beiden Längsstränge hier mit weitem Abstand verlaufen. Im Abdomen liegen sie so dicht aneinander, daß ein unpaarer Strang vorgetäuscht wird; unter dem Mikroskop kann man sich aber leicht von seiner Paarigkeit überzeugen. Ursprünglich ist das Bauchmark der Schabe auch insofern, als fast alle Ganglien unverschmolzen geblieben sind. So finden wir in jeden Thoraxsegment ein großes Ganglion, von dem die Nerven zu den Extremitäten abgehen. Auch die ersten sechs Abdominalsegmente zeigen je ein Ganglion. Das letzte von ihnen hat die der noch folgenden Segmente aufgenommen, was in seinem größeren Umfang zum Ausdruck kommt. Embryonal werden 11 abdominale Ganglien angelegt.

Zum Schluß betrachten wir noch die Mundwerkzeuge (Abb. 139).

Wir legen die Schabe (immer noch unter Wasser) auf den Rücken, stecken den Thorax fest, biegen den Kopf des Tieres so weit zurück, bis er waagerecht im Becken liegt und fixieren ihn dann mit zwei dünnen Insektennadeln, die seitlich von der Halshaut durch die Kopfkapsel gesteckt werden.

Erfahrungsgemäß bereitet die eindeutige Kennzeichnung von Lagebeziehungen bei den

Mundwerkzeugen wegen ihrer so unterschiedlichen Anordnung am Kopf Schwierigkeiten. Häufig werden Vorderseite, Oberseite und Dorsalseite (vorn, oben und dorsal) einerseits und Hinterseite, Unterseite und Ventralseite (hinten, unten und ventral) andrerseits, synonym gebraucht. Der Klarheit halber werden hier in Bezug auf die Mundwerkzeuge fast nur die Bezeichnungen Vorderseite (vorn) und Hinterseite (hinten) verwendet. Als Vorderseite bezeichnet wird diejenige Seite eines Mundwerkzeuges, die – bei einer von der Spitze (also von apikal = distal) zur Basis fortschreitenden Betrachtung des Organs – schließlich, mittelbar oder unmittelbar, in die Kopfvorderseite (Frons) übergeht. Entsprechend wird diejenige Seite als

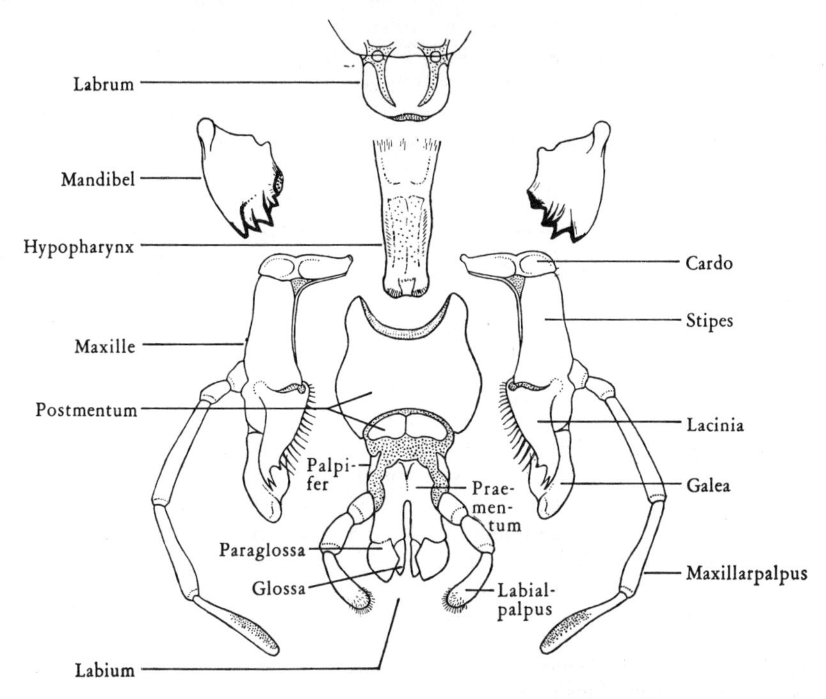

Abb. 139: Mundwerkzeuge einer Küchenschabe, *Blatta orientalis*

Hinterseite bezeichnet, die bei sinngemäß gleicher Betrachtungsweise in die Kopfunterseite und schließlich in die ventrale Halshaut übergeht.

An der gedehnten Halshaut erkennt man median die beiden beborsteten Skleritspangen und seitlich dahinter die relativ großen Cervicalia. Vor der Halshaut wird die Kopfunterseite oder – wenn wir uns auf die Normallage des Kopfes beziehen – die Kopfhinterseite von den basalen, unpaaren Teilen des Labiums wie von einer Kehle abgeschlossen. Das proximale, apikal und basal ausgebuchtete Teilstück – es artikuliert beidseits am Kopf – wird als Postmentum bezeichnet, das zweite, gelenkig daran anschließende als Praementum. Das Praementum trägt jederseits auf einer kleinen Erhebung (Palpifer) einen dreigliedrigen Lippentaster (Palpus labialis) und terminal ein medianes und ein laterales Paar von Fortsätzen, die Glossae und die Paraglossae. Gestalt und Größe dieser zum großen Teil weichhäutigen Organe sind erst dann zu erkennen, wenn wir sie mit Nadel und Pinzette auseinanderdrängen.

Wir unterfahren nun die Unterlippe mit der Präpariernadel von der Seite her, heben sie an und biegen sie nach oben rückwärts.

Dadurch wurde der Hypopharynx freigelegt. Er liegt wie eine Zunge in der Mitte des Mundraumes. Auch er ist zum großen Teil weichhäutig, läßt aber einige sklerotisierte Spangen erkennen. Seine Vorderseite setzt sich in die Pharynxrückwand fort, an seiner Hinterseite mündet dort, wo sie in die Unterlippe übergeht, genau in der Mitte, der unpaare Ausführungsgang der Speicheldrüsen. Man kann die Mündung bei stark zurückgebogener Unterlippe und 30facher Vergrößerung gut erkennen.

Unterlippe und Hypopharynx sind, wie sich leicht feststellen läßt, durch weichhäutige Zonen mit den den Mundraum seitlich begrenzenden Maxillen verbunden. Die Eingelenkung der Maxille an der Kopfkapsel erfolgt durch das sogenannte Angelglied, den Cardo. Die Cardines der beiden Maxillen liegen links und rechts vom Postmentum, das sie zum Teil verdeckt, quer zur Längsachse des Tieres. Das nächste Glied der Maxillen, der lateral eingelenkte Stamm (Stipes), verläuft wieder längsparallel. Er trägt seitlich einen fünfgliedrigen Taster (Palpus maxillaris) und terminal zwei Kauladen. Die äußere, die am Ende ohrförmig eingebuchtete Galea (Lobus externus), ist weichhäutig, die innere, die Lacinia (Lobus internus), – ist besonders an der dolchartigen Spitze – sklerotisiert und an der Innenkante stark beborstet.

Die Unterlippe wird, am besten mit einem aus einem Rasierklingensplitter angefertigten Skalpell (s. S. 2) oder einer Pinzettenschere herausgeschnitten und in 70%igen Alkohol gelegt. Ebenso verfährt man mit dem Hypopharynx. Auch die Maxillen werden, nachdem man sie nach dem Freilegen nochmals eingehend betrachtet hat, an ihrer basalen Eingelenkung von der Kopfkapsel gelöst.

Nun ist die Hinterseite der mächtigen Mandibeln (Oberkiefer) zu sehen. Sie sind ungegliedert; ihre gezähnten Innenkanten und das hintere, im Präparat oben aufliegende Gelenk, geben durch ihre Schwarzfärbung die starke Sklerotisierung zu erkennen. Wir bewegen die Mandibeln mit der Pinzette und sehen, daß sie wie Zangen von den Seiten her zur Mitte hin zubeißen. Sie artikulieren dikondyl, d.h. mit zwei Gelenken an der Kopfkapsel. Die Verbindungslinie zwischen den beiden Gelenken bildet die senkrecht zur Drehebene stehende Drehachse.

Wir fassen nun die linke Mandibel mit einer kräftigeren Pinzette und heben sie, indem wir sie nach vorne wegziehen, aus ihren Gelenken heraus.

Aus ihrer basalen Öffnung ragen die abgerissenen Sehnen der kräftigen, im Kopf liegenden Mandibelmuskeln. Nun können wir auch feststellen, daß beide Gelenke Kugelgelenke sind. Die Pfanne des hinteren Gelenkes befindet sich am Kopf, die des vorderen an der Mandibel.

Schließlich wird auch die rechte Mandibel herausgelöst und in Alkohol gelegt.

Wir sehen jetzt auf die weichhäutige Hinterseite (= Innenseite) der doppelwandigen Oberlippe (Labrum). Sie ist median zu einer Art Gegenzunge, zum Epipharynx, aufgewölbt. Dieses ist, mit Ausnahme von zwei Skleritspangen, den Tormae, – die man deutlich aber erst im mikroskopischen Präparat erkennt – weichhäutig. Die Tormae sind auf Abb. 139 eingezeichnet, jedoch nicht benannt. Nach dem Lösen der beiden Nadeln wird der Kopf, indem wir ihn auf uns zu beugen, von vorn betrachtet. Die schuppenförmige Oberlippe sitzt einem trapezförmigen Fortsatz der Kopfkapsel, dem Clypeus, gelenkig an. Auch sie wird abgeschnitten. Die Mundwerkzeuge werden schließlich zu einem mikroskopischen Präparat verarbeitet, indem man sie erst in 100%igem Alkohol entwässert und dann über Nelkenöl in Caedax – symmetrisch geordnet – eindeckt.

2. Die Mundwerkzeuge einiger anderer Insekten

Die Mundwerkzeuge der Insekten sind überaus verschieden gestaltet. Die der Schaben stellen den ursprünglichen Typus dar. Er wird mannigfach und bisweilen extrem abgewandelt. Das Schicksal der einzelnen Teile läßt sich vergleichend anatomisch oder während der Embryonalentwicklung jedoch fast immer verfolgen, so daß eine Homologisierung meist möglich ist. Die morphologische Ausgestaltung steht im engsten Zusammenhang mit den funktionellen Ansprüchen, die an die Mundwerkzeuge gestellt werden. Darunter sind die der Nahrungsaufnahme zwar oft, aber beileibe nicht immer, die allein ausschlaggebenden. Überall da, wo sie nicht nur im Dienste der Nahrungsaufnahme stehen, sondern auch andere Aufgaben erfüllen, sind einzelne Teile (auch, oder ausschließlich) diesen Aufgaben angepaßt. Trotz aller Mannigfaltigkeit lassen sich die Mundwerkzeuge der Insekten zwanglos in nur drei Funktionsreihen einteilen, nämlich in die kauend-leckenden, in die leckend-saugenden und in die stechend-saugenden Mundwerkzeuge. Innerhalb jeder dieser drei Reihen sind einige voneinander abweichende Typen verwirklicht.

Wir wollen uns hier nur mit den wichtigsten Typen beschäftigen. Das sind unter den kauend-leckenden die bereits behandelten Mundwerkzeuge der Schaben (Grundtyp, oft auch orthopteroider Typ genannt) und die der Hymenopteren, unter den leckend-saugenden die der Schmetterlinge und mancher Fliegen und unter den stechend-saugenden die der Hemipteren und vieler Dipteren.

Wir beginnen mit den kauend-leckenden Mundwerkzeugen eines blütenbesuchenden Hautflüglers, mit der Honigbiene.

Der getöteten Biene wird der Kopf abgeschnitten und in eine kleine Präparierschale gelegt. Hat man nur in Alkohol konserviertes Material zur Verfügung, so bringt man die Köpfe zweckmäßigerweise auf kurze Zeit in kochendes Wasser, um sie aufzuweichen. Die nach dem eingehenden Betrachten des unversehrten Präparates durchzuführende Präparation erfolgt (hier und im folgenden) ganz ähnlich wie bei der Küchenschabe. Mit feiner Pinzette und Splittermesser werden die einzelnen Mundwerkzeuge – man präpariert am besten unter dem Stereomikroskop – von der Unterlippe ausgehend abgetrennt. Sie werden in einem Tropfen Glycerin auf den Objektträger gebracht und mikroskopiert, wenn man sie nicht erst zu einem mikroskopischen Präparat verarbeitet. Manchmal genügt es, die einzelnen Mundteile mit feinen Nadeln auseinander zu spreizen (Abb. 140).

Oberlippe und Mandibeln sind kaum verändert. Die Mandibeln sind zu vielerlei Tätigkeiten brauchbare Beiß- und Knetwerkzeuge. Im Gegensatz zu ihnen sind Maxillen und Labium stark umgeformt. Sie bilden zusammen eine funktionelle Einheit, den Labiomaxillarkomplex, der das eigentliche Organ der Nahrungsaufnahme darstellt.

Beide Stammglieder der Maxillen (Cardo und Stipes) sind stark verlängert. Die Cardines artikulieren mit ihren proximalen Enden am Kopf (an den Postgenae) und mit ihren distalen mit einer querliegenden, V-förmigen Skleritspange, dem Zügel (Lorum). Die Laciniae der Maxillarladen sind zu kleinen, häutigen Höckern an der Basis der Galeae geworden, die Galeae selbst dagegen sind mächtig entwickelt. Sie sehen wie rinnenförmig gebogene Sensenklingen aus. Dort, wo sie an den Stipites eingelenkt sind, erkennen wir die rudimentären Maxillarpalpen. Die beiden Galeae legen sich mit ihren medianen Rändern aneinander und bilden so eine – nach hinten offene – Rinne. Sie wird durch die kleineren, 4gliedrigen, sonst aber ähnlich gestalteten Labialpalpen, die zu einer nach vorn offenen Rinne zusammentreten, zur Rüsselröhre geschlossen, die die langgestreckte, geringelte und stark behaarte Zunge

(Glossa) und die beiden Paraglossae umhüllt. Die Zunge ist hinten von einer Längsrinne, der Zungenrinne, durchzogen. An ihrer Spitze trägt sie das sogenannte Löffelchen. Sie kann völlig in die Rüsselröhre zurückgezogen werden.

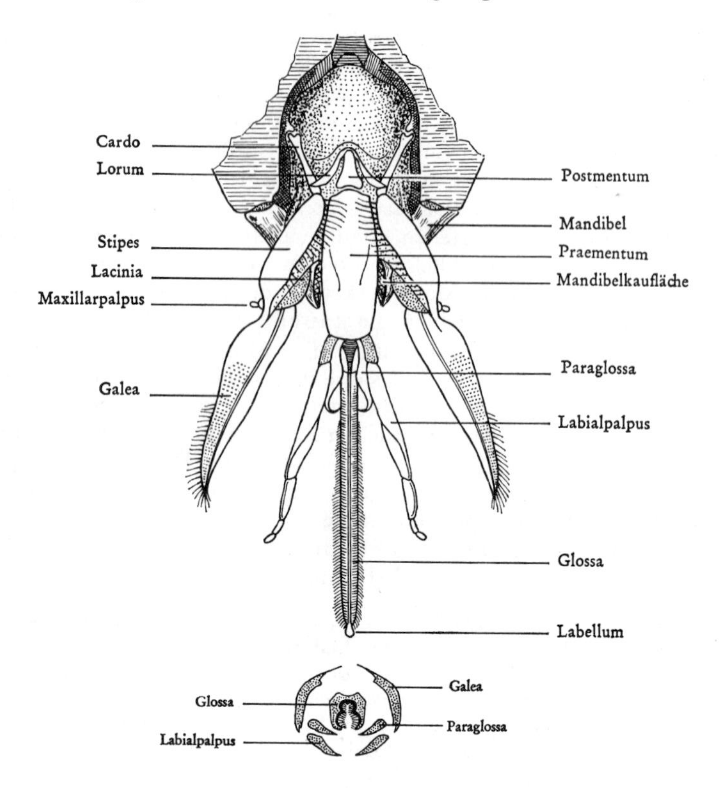

Abb. 140: Mundwerkzeuge einer Honigbienenarbeiterin, *Apis mellifica*. A Labium und Maxillen ausgestreckt und künstlich gespreizt. Ansicht von hinten. B Querschnitt durch die Rüsselbasis. (Kombiniert nach verschiedenen Autoren)

Von den Stammgliedern des Labiums ist das Praementum stark entwickelt. Das viel kleinere Postmentum artikuliert am Zügel. Auf der Vorderseite des Praementums liegt der an zwei schlanken Skleritspangen leicht kenntliche Hypopharynx. An ihm fallen zwei Gruppen von Sinnesorganen auf. Unmittelbar distal davon liegen die beiden Mündungen der Futtersaftdrüsen (Hypopharyngealdrüsen). Der unpaare Ausführgang der Speicheldrüsen (Labialdrüsen) mündet wie bei der Schabe zwischen Hypopharynx und Praementum, auf der Vorder-(Ober-)seite der Zungenbasis. Von dort wird der Speichel von den hohlkehligen Paraglossae um die Zungenbasis herum in die Zungenrinne und dann zur Zungenspitze geleitet. Die flüssige Nahrung dagegen wird in der Rüsselröhre zum Mund befördert. Der ganze Saugapparat kann eingeschlagen und vorgestreckt werden.

Die beiden Typen der leckend-saugenden Mundwerkzeuge, die wir studieren wollen, weichen anatomisch erheblich voneinander ab. Gemeinsam ist ihnen nur die starke bis völlige Rückbildung der Mandibeln, die nur bei manchen primitiven Formen als Beißwerkzeuge erhalten bleiben.

Wir benötigen Köpfe von Tagfaltern (z. B. Kohlweißling, *Pieris brassicae*, oder Fuchs, *Aglais urticae*) und von Stuben- oder Schmeißfliegen (*Musca domestica* oder *Calliphora erythrocephala*). Die Schmetterlingsköpfe – man wird wohl meist Alkoholmaterial verwenden – werden durch Abpinseln von Haaren und Schuppen befreit und dann, ebenso wie die Fliegenköpfe, unter dem Stereomikroskop bei guter Beleuchtung betrachtet. Außerdem werden Caedaxpräparate ausgegeben, in denen die mit Kalilauge mazerierten und aufgehellten Köpfe in Seitenlage (die Augen wurden abgeschnitten) eingedeckt sind.

Der Saugrüssel der Schmetterlinge (Abb. 141) wird auf völlig andere Art und Weise als bei den blütenbesuchenden Hymenopteren gebildet, aber ebenso wie dort, kann man an rezenten Vertretern die Ableitung vom kauenden Typ verfolgen. Bei

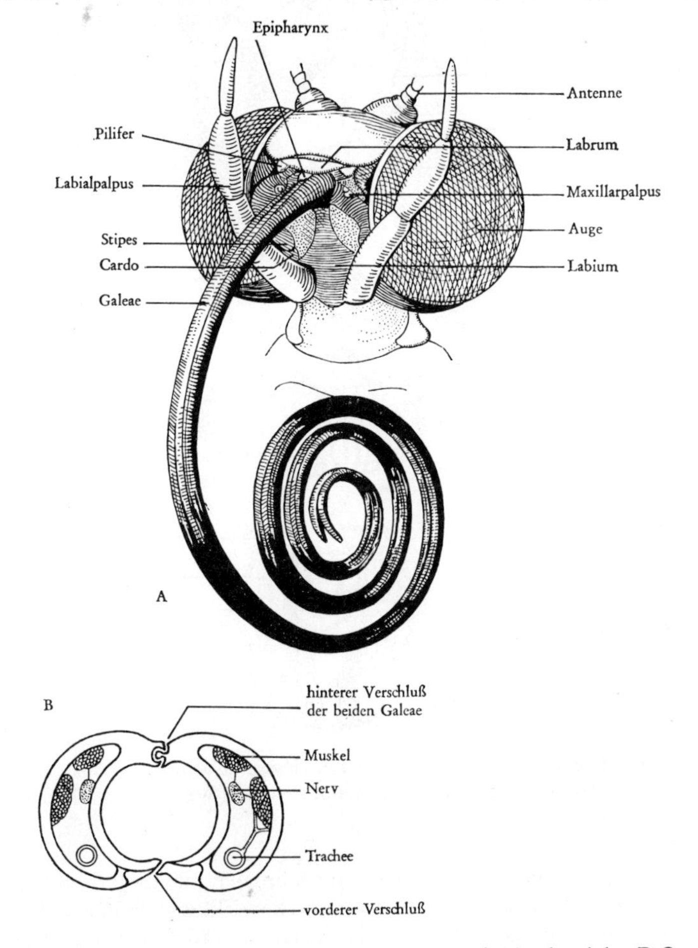

Abb. 141: Kopf und Mundwerkzeuge eines Schmetterlings. A Totalansicht. B Querschnitt durch den Saugrüssel. (A nach Weber, B nach Eidmann)

manchen Kleinschmetterlingen finden wir noch alle zum orthopteroiden Typ gehörenden Organe. Die Mundwerkzeuge der höheren Lepidopteren sind jedoch weitgehend umgestaltet und vor allem gekennzeichnet durch die Ausbildung eines Saugrüssels, der von den gewaltig verlängerten, medial rinnenartig vertieften Galeae gebildet wird. Sie sind von türkenmondförmigem Querschnitt, hohl und enthalten in ihrem Inneren Muskeln, Nerven und Tracheen. Die Ränder ihrer medianen Rinnen legen sich fest aneinander, so daß ein geschlossenes, zum Munde führendes Saugrohr gebildet wird. Auf seiner Hinterseite erfolgt die Verbindung durch eine verzahnte Führung, auf seiner Vorderseite durch zahlreiche Borsten. In der Außenwand der beiden

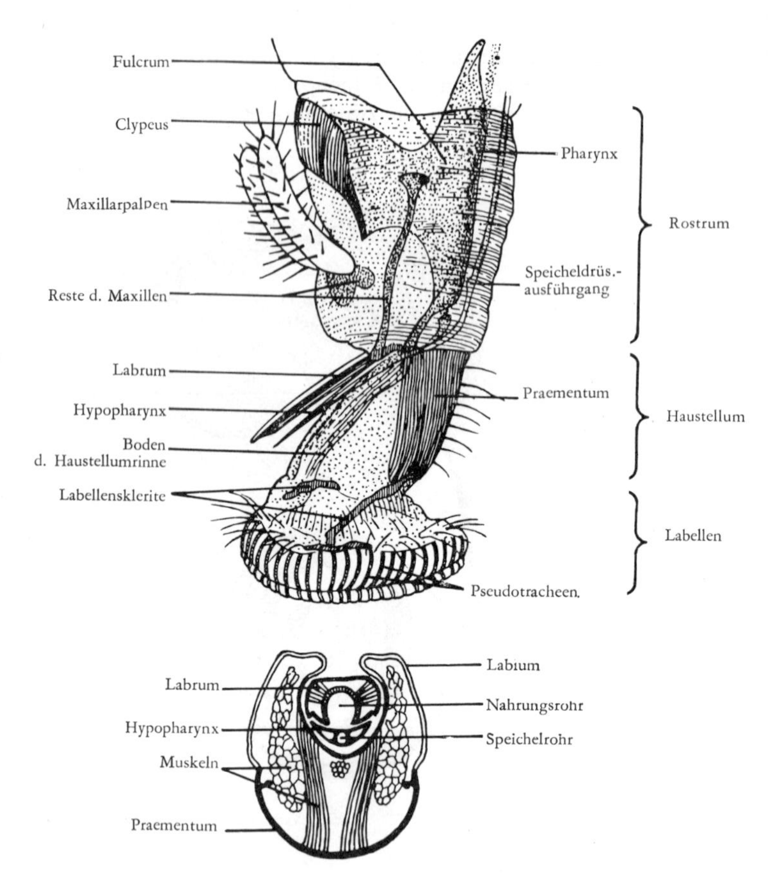

Abb. 142: Mundwerkzeuge einer Hausfliege, *Musca domestica*. A Ansicht von der linken Seite, B Querschnitt durch das Haustellum. (Nach WEBER, A verändert)

Galeae wechseln bogige Skleritspangen mit schmalen membranösen Bezirken ab. Das gibt dem Rüssel Elastizität und Festigkeit und bewirkt, daß er in der Ruhelage spiralig eingerollt ist. Ausgestreckt wird er aktiv durch die Tätigkeit der zahlreich im Rüssellumen schräg ausgespannten kleinen Muskeln. An seiner inneren und äußeren Oberfläche, besonders aber an der Spitze, sitzen zahlreiche Sinnesorgane.

Von allen übrigen Mundteilen sind lediglich die Lippentaster gut ausgebildet. Sie streben von der Kopfunterseite nach vorn und oben und verdecken die Sicht auf die übrigen Mundteile, so daß wir zweckmäßigerweise einen von ihnen entfernen. Die kleine, schmale Oberlippe ist seitlich oft zapfenartig ausgezogen (Pilifer). Vor ihrer Mitte deckt der dreieckig vorspringende Epipharynx die dort klaffende Rüsselbasis zu. Die Mandibeln sind völlig verschwunden; sie sind mit den Genae («Wangen», mundnahe Bezirke der Kopfseiten) verschmolzen. Die wiederum sehr kleinen Cardines der Maxillen artikulieren mit der Kopfkapsel. Die schlanken Stipites konvergieren von den Seiten zur Mitte hin, so daß die an ihren medianen Enden entspringenden Galeae zum Saugrüssel zusammentreten können. Die Laciniae sind verschwunden, die Maxillarpalpen warzenförmig klein.

Die Unterlippe ist eine einheitliche Platte ohne Laden. Sie schließt die Mundöffnung und den ventralen Kopfbezirk zwischen Rüssel und Halshaut unten ab und trägt seitlich die bereits erwähnten, großen Lippentaster. Der Hypopharynx ist reduziert.

Die Schmetterlinge sind reine Sauger. Sie nehmen nur frei zugängliche, flüssige Nahrungsstoffe zu sich. Die mit leckend-saugenden Mundwerkzeugen ausgerüsteten Dipteren dagegen, vermögen außerdem mit dem Speichel feste Futterstoffe aufzulösen und dann aufzusaugen, zum Teil können sie sogar Nahrungspartikel abraspeln und mit dem Speichelstrom aufsaugen. Dieser größeren Vielfalt in der Nahrungsaufnahme entspricht ein vielfältigerer Aufbau der Mundorgane.

Am Kopf der Stubenfliege ist ein ventraler, schnauzenförmig vorgezogener Teil, das Rostrum, fast gänzlich weichhäutig geworden (Abb. 142). Nur der Clypeus ist sklerotisiert geblieben. Die Mandibeln sind restlos verschwunden, von den Maxillen sind nur die eingliedrigen Taster und ein Paar Skleritstäbe geblieben, die von der Oberlippe zum Pharynx ziehen. Der an das Rostrum anschließende eigentliche Rüssel wird zum größten Teil vom Labium gebildet. Er ist ein fast gänzlich membranöses Gebilde, an dem man ein Basalstück, das Haustellum und ein endständiges Labellenpaar unterscheidet. Die sklerotisierte Hinterseite des Haustellums entspricht dem Praementum, die Labellen sind den Labialtastern homolog. Vorn ist das Haustellum der Länge nach von einer sklerotisierten Rinne durchzogen, in der die hinten rinnig vertiefte Oberlippe (Labrum) und der längliche, etwa schwertförmige Hypopharynx liegen. Der Hypopharynx schließt die Oberlippenrinne zum Nahrungsrohr, während er selbst vom Speichelrohr durchzogen ist. Nahrungs- und Speichelrohr münden in den Raum zwischen den beiden mächtigen, weichhäutigen Labellen. Die ventralen Polsterflächen der Labellen sind von feinen, fast zu Röhren geschlossenen Rinnen durchzogen, deren Wandungen durch winzige Skleritspangen verfestigt sind (Pseudotracheen). Sie ziehen vom medianen Spalt divergierend nach außen. Mit ihnen erfolgt die Verteilung des Speichels und das Aufsaugen flüssiger oder im Speichel aufgelöster Nahrung. Diesen Feinbau erkennt man freilich erst an einem mikroskopischen Labellenpräparat, das man gewinnt, indem man die ventrale Polsterfläche der Labellen mit der Schere abschneidet und in Glyzerin oder Caedax eindeckt. Nun sehen wir auch, daß die Skleritspangen an den Rändern der Pseudotracheen in Form spitzer Zähnchen vorstehen. Mit ihnen kann feste Nahrung abgeraspelt werden. – In der Ruhe wird der Rüssel an die Kopfunterseite angeklappt, indem das Rostrum nach hinten, das Haustellum mit den Labellen nach vorn angewinkelt werden.

Sehr viele Insekten entnehmen ihre – flüssige oder verflüssigte – Nahrung dem Inneren pflanzlicher oder tierischer Gewebe. Ihre stechend-saugenden Mundwerkzeuge sind demgemäß langgestreckt, degen- oder dolchförmig. Bei den hier behandelten Formen bildet das Labium eine Führungsrinne für die übrigen Mundteile, die beim Stich alle (Bremsen) oder mit Ausnahme der Oberlippe (Wanzen) in das Gewebe versenkt werden. Dabei wird von einem Speichelrohr gerinnungshemmende und den Säftezustrom fördernde Speichelflüssigkeit in die Wunde injiziert und mit einem Saugrohr die Nahrungsflüssigkeit aufgesaugt.

Die Mannigfaltigkeit innerhalb dieser Funktionsreihe ist groß. Wir untersuchen die Mundteile einer Wanze (z.B. die der Feuerwanze, *Pyrrhocoris apterus*) und die einer Bremse (Weibchen der Gattungen *Haematopota* oder *Tabanus*; die Männchen sind Säftesauger und stechen nicht).

Zur Präparation wird man wiederum Alkoholmaterial verwenden. Außerdem werden mikroskopische Präparate von Wanzen- und Bremsenköpfen ausgeteilt (oder angefertigt) die mit Kalilauge mazeriert und aufgehellt und dann in Seitenlage (Augen vorher kappen!) eingedeckt wurden.

Wir betrachten zunächst den Wanzenkopf (Abb. 143). Seine streng funktionsbedingte Gestalt gibt ihm noch mehr als den anderen Insektenköpfen das Aussehen eines modernen technischen Geräts. Einige mundnahe Teile der Kopfkapsel sind in Beziehung zu den Mundwerkzeugen getreten. Der Clypeus ist verlängert und in einen basalen Post- und einen rostralen Anteclypeus unterteilt; er bildet mit dem zipfelförmigen Labrum eine Einheit, das Clypeolabrum. Unter den Augen erkennt man an den Kopfseiten je eine wangenartige Vorwölbung, die sogenannten Mandibularplatten. Sie haben mit den Mandibeln nichts zu tun, sondern sind nach rostrad verlagerte Teile der Genae. Die folgenden spitz ausgezogenen Maxillarplatten da-

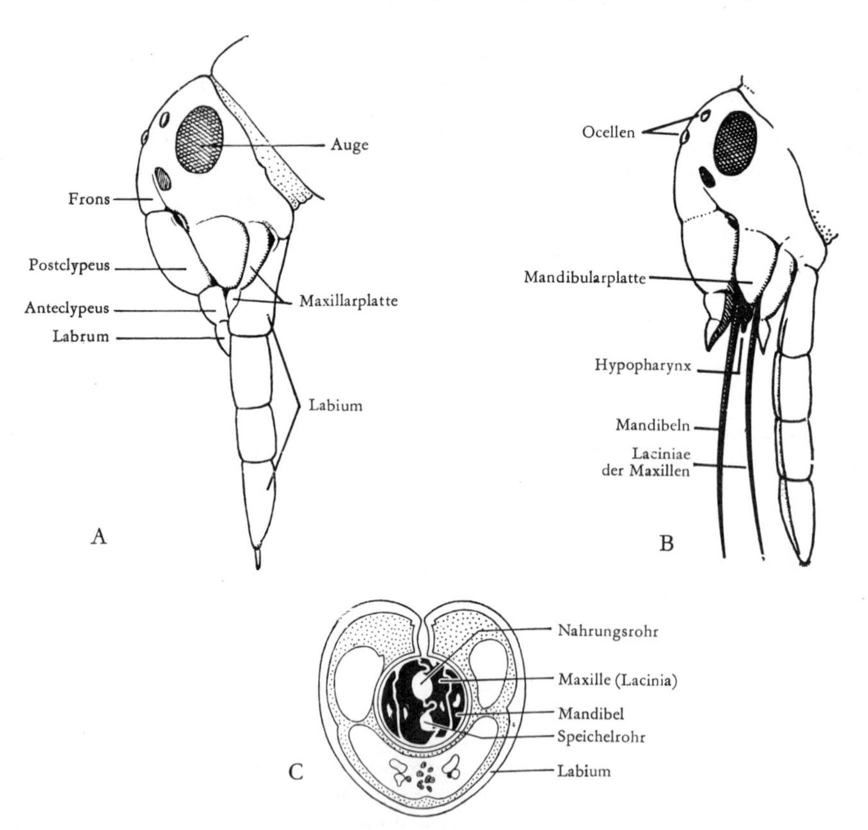

Abb. 143: Kopf und Mundwerkzeuge einer Wanze. A Normallage, B Mundwerkzeuge auseinandergespreizt; mandibulare und maxillare Stechborsten nur einfach gezeichnet. C Querschnitt durch den Rüssel; Labium verhältnismäßig zu klein dargestellt. (A und B nach Weber, C nach Poisson, verändert)

gegen sind vermutlich aus den Stipites und Palpes der Maxillen entstanden. Die Cardines sind als Artikulationshebel für die maxillaren Stechborsten in den Kopf verlagert. Die Maxillarplatten bilden mit dem Clypeolabrum einen Schnabel, aus dessen Spitze das Stechborstenbündel in das als Borstenscheide dienende, 4gliedrige Labium übertritt, das sich hinten an die Maxillarplatten anlegt. Die Vorderwand des Labiums ist zu einer an der Basis offenen und vom Clypeolabrum abgedeckten, an seinem

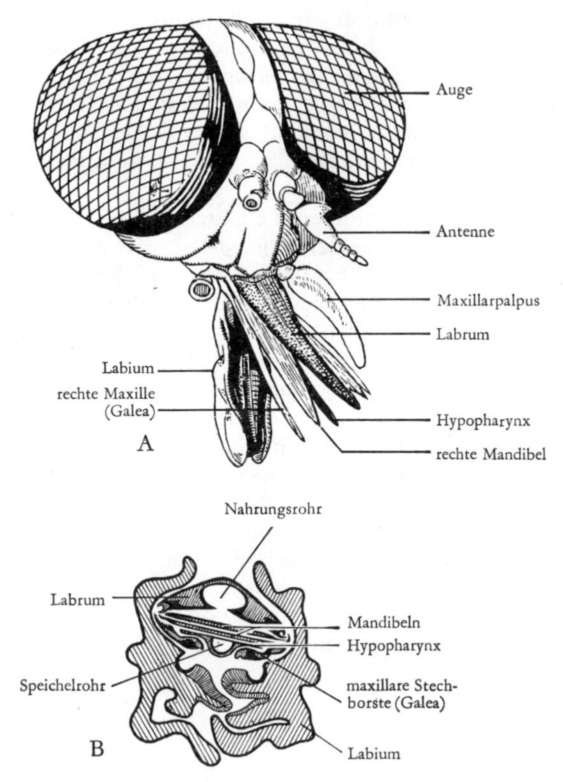

Abb. 144: Kopf und Mundwerkzeuge einer weiblichen Bremse, *Tabanus spec.* A Gesamtansicht, B Querschnitt durch den Stechrüssel. (Nach WEBER)

Endabschnitt aber praktisch vollständig zum Rohr geschlossenen Rinne eingesenkt, aus deren Spitze die Stechborsten vorgestreckt werden können. Das Basalglied des Labiums entspricht dem Praementum, die 3 distalen Glieder den verwachsenen Lippentastern. An seiner Spitze erkennen wir zahlreiche Tast- und Chemorezeptoren. Die Labialladen sind zurückgebildet. Zurückgebildet sind auch die Taster und die Galeae der Maxillen.

Die Mandibeln und die Lacinien der Maxillen sind zum eigentlichen Stechapparat geworden. Die mandibularen Stechborsten sind an der Spitze gezähnt. Die beiden Lacinien sind median miteinander verfalzt. Sie umschließen zwei Kanäle; der vordere dient dem Nahrungstransport, der hintere als Speichelrohr. Der kurze Hypopharynx liegt im Vorderkopf, er ist konisch und ragt mit seinem Ende, auf dem der Ausführungsgang der Speicheldrüse mündet, in das Speichelrohr. Vorstoßen und Zurückziehen der Stechborsten, Aufsaugen der Nahrung und Einspritzen des Speichels wird durch sinnreiche Konstruktionen, auf die hier nicht eingegangen werden kann, bewerkstelligt. Die nach dem Prinzip der Kolbenpumpe gebaute Speichelpumpe ist an den mikroskopischen Präparaten im Vorderkopf im Bereich des Clypeolabrum samt den beiden zuführenden und dem unpaaren, abführenden Speichelkanal und den beiden Ventilen meist gut zu erkennen. – Schließlich versuchen wir noch die Mundteile des Wanzenkopfes voneinander zu isolieren.

Viele Dipteren sind Blutsauger. Nicht wenige sind als lästige, oder – als Krankheitsüberträger – sogar gefährliche Parasiten für den Menschen von Bedeutung. Die Mundwerkzeuge der bekanntesten Gruppen, der (hier nicht behandelten) Stechmücken (Culiciden) und die der Bremsen (Tabaniden) (Abb. 144), sind grundsätzlich in gleicher Weise entwickelt. Nur sind die der Culiciden überaus dünn und lang, mit degenförmigen Stechborsten gegenüber den relativ kurzen, dolchförmigen der Tabaniden.

Wie bei den Wanzen funktioniert die Unterlippe als Gleitrohr. Bei den Bremsen ist sie zum großen Teil häutig; sklerotisiert ist sie nur auf der Hinterseite des kurzen, dem Praementum homologen Basalabschnittes, an den die aus den Labialpalpen hervorgegangenen, sohlenförmigen Labellen anschließen. Die Labialladen (Glossae und Paraglossae) sind verschwunden. Die dolchförmige Oberlippe deckt das Gleitrohr vorn ab. Sie selbst ist hinten vom rinnenförmigen Nahrungskanal durchzogen, der seinerseits von den breiten, sägezähnigen Mandibelklingen zum Rohr geschlossen wird. Ebenfalls dolch- oder klingenförmig sind die stark gezähnten Galeae und der vom Speichelkanal durchbohrte Hypopharynx. Cardo und Stipes sind miteinander verwachsen und klein und über der Basis der Mundteile von der Kopfhinterseite her zu erkennen. Dort entspringen auch die zweigliedrigen Maxillartaster. Alle 6 Stechklingen werden beim Saugakt in das Gewebe eingesenkt, nicht aber das Labium; es wird, ebenso wie bei den Wanzen, nach hinten abgewinckelt, so daß das Stechborsten- bzw. Stechklingenbündel teilweise aus dem Gleitrohr heraustritt und nur von den Labellen (bei den Bremsen und Culiciden) oder von den beiden letzten Unterlippengliedern (bei den Wanzen) geführt wird.

III. Arachnida, Spinnentiere

A. Allgemeine Übersicht

Die Arachnida, sie bilden mit der kleinen, nur 5 rezente Arten umfassenden Klasse der Merostomata (einzige Ordg. Xiphosura, Schwertschwänze) innerhalb der Arthropoden den Unterstamm Chelicerata, unterscheiden sich von den anderen Arthropoden durch das Fehlen der Antennen: das vorderste Extremitätenpaar sind die im Dienste des Nahrungserwerbs stehenden, als Greif- oder Stechorgane ausgebildeten Cheliceren, die bei den meisten Ordnungen – bei den eigentlichen Spinnen nicht – mit Scheren endigen und oft mit einer Gift- oder Spinndrüse ausgestattet sind.

Der Körper gliedert sich in einen Vorderkörper (Prosoma) und einen Hinterkörper (Opisthosoma). Beide Körperteile sind oft durch eine tiefe Einschnürung gegeneinander abgesetzt. Das Prosoma umfaßt – außer dem nicht als Segment zu zählenden Prostomium (Acron) – sechs Segmente, die entweder Laufbeine oder umgewandelte, nicht der Fortbewegung dienende Extremitäten tragen. Während am Vorderkörper die ursprüngliche Segmentierung durch Ausbildung einer gemeinsamen Rückenplatte (Carapax) verdeckt wird, pflegt sie am Hinterkörper deutlich erhalten zu sein.

Von den 6 Extremitätenpaaren des Vorderkörpers wurden die Cheliceren bereits erwähnt. Das zweite Paar, die Pedipalpen, sind bein- oder tasterförmig, können aber auch zu kräftigen, scherentragenden Greiforganen werden. Es folgen 4 Paar Laufbeine, was fast ausnahmslos gilt und daher für die Arachnida besonders kennzeichnend ist.

Das Zentralnervensystem entspricht dem Strickleitertyp, weicht aber durch seine starke Konzentration ab. Meist ist außer dem Cerebralganglion nur ein großes Unterschlundganglion als Verschmelzungsprodukt der segmentalen Ganglienpaare anderer Arthropoden vorhanden. – Von den Sinnesorganen sind die Augen deshalb bemerkenswert, weil sie stets nur als Punktaugen (Ocellen), nie als Facettenaugen entwickelt sind, und weil sie oft in größerer Zahl, bis zu 7 Paaren, vorkommen.

Am Darm läßt sich wie immer ein ektodermaler Vorder- und Hinterabschnitt neben einem entodermalen Mitteldarm unterscheiden. Da die Mundöffnung klein ist und eigentliche Kauwerkzeuge fehlen, findet eine Zerkleinerung der Nahrung durch chemische Einwirkung in einem vor dem Munde gelegenen, von Ober- und Unterlippe und Teilen der vordersten Extremitätenpaare gebildeten Raum statt. Der Vorderdarm arbeitet als Saugpumpe. Vom Mitteldarm gehen schlauchförmige oder verzweigte, ursprünglich segmental angeordnete Blindschläuche ab.

Atmungsorgane sind, von sehr kleinen Formen abgesehen, stets vorhanden. Sie treten als 1–3 Paar gewöhnlicher Tracheen (Röhrentracheen) auf oder als Fächertracheen («Lungen»), das sind spaltförmige, parallel und dicht nebeneinander liegende Hauteinstülpungen, die in einem gemeinsamen, mit der Außenluft durch eine Öffnung (Stigma) in Verbindung bleibenden Hohlraum untergebracht und so vor Austrocknung geschützt werden. Diese eigenartigen, nur von Arachniden bekannten Atmungsorgane treten in ein bis vier Paaren auf. Fächertracheen und Röhrentracheen können bei der gleichen Art nebeneinander, aber in verschiedenen Segmenten vorkommen.

Das Herz ist ein muskulöser Schlauch, der dorsal in einem Perikard liegt, von recht verschiedener Länge ist, sich aber meist auf den Hinterkörper beschränkt und segmentale Öffnungen (Ostien) für den Eintritt des Blutes aufweist. Die von ihm abgehenden Arterien enden in lakunären Bluträumen. Venen fehlen, wie bei den Crustaceen und Insekten. Wir haben also auch hier ein offenes Gefäßsystem, so daß die in ihm strömende Flüssigkeit nicht eigentlich als Blut, sondern richtiger als Haemolymphe zu bezeichnen ist.

Als Exkretionsorgane finden sich umgebildete Metanephridien, die, weil sie an der Basis von Extremitäten ausmünden, als Coxaldrüsen bezeichnet werden. Sie beginnen wie bei den Krebsen in einem Säckchen, das einen Cölomrest darstellt. Solche Coxaldrüsen treten in 1–2 Segmenten des Vorderkörpers auf. Neben ihnen oder statt ihrer sind als Exkretionsorgane schlauchförmige, meist verzweigte, paarige Anhänge des Mitteldarmes tätig, die an die Mapighischen Gefäße der Insekten erinnern und daher auch diesen Namen führen, obwohl sie entodermaler Herkunft sind.

Alle Arachnoiden sind getrenntgeschlechtlich. Die Gonaden sind paarig, ihre Ausführgänge münden an der Bauchfläche in einen gemeinsamen Vorhof, der weit vor dem Körperende am Hinterrand des 2. Abdominalsegments liegt. Einige Arachniden sind vivipar. Die Milben haben Metamorphose.

Man unterscheidet bei den Arachnida neun Ordnungen von recht verschiedenem Aussehen, von denen die Araneae (echte oder Webespinnen), Scorpiones, Opiliones (Weberknechte) und Acari (Milben) allgemein bekannt sind. Fast alle sind ausgesprochene Landtiere. Nur von den Milben ist eine stattliche Zahl von Arten sekundär zum Leben im Wasser übergegangen.

B. Spezieller Teil

Araneus diadematus, Kreuzspinne

Um die äußere Organisation einer Webespinne kennenzulernen, empfiehlt sich die Betrachtung unserer gemeinen Kreuzspinne, *Araneus diadematus*, die im Sommer und Herbst leicht zu erbeuten ist. Ihr radförmiges, senkrecht zwischen zwei Baumstämmen oder Zweigen ausgespanntes Netz besteht aus einem unregelmäßig polygonalen Rahmen, den radiär angeordneten Speichen und zwei Spiralfäden, von denen der eine die Mitte des fertigen Netzes einnimmt, der andere, periphere, mit Tröpfchen einer klebrigen Substanz besetzt ist und die «Fangspirale» darstellt. Die Weibchen halten sich meist im Mittelpunkt des Netzes, den Kopf nach unten gerichtet, auf, während die selteneren, beträchtlich kleineren Männchen meist in der Nähe des Netzes im Gesträuch sitzen.

Das nötige Material wird, wenn es nicht möglich ist, die genügende Anzahl frischer Tiere zu erhalten, im Herbst eingesammelt und in 80%igem Alkohol konserviert.

Die Färbung der Tiere ist sehr verschieden, beim Weibchen schwankt sie von Hellgelb durch Rot und Braun bis fast zum Schwarz, während die Männchen von Hellbraun bis Dunkelbraun variieren. Ihren Namen hat diese Spinne von weißen Flecken auf dem Rücken des Hinterleibes, die zu einem mehr oder minder deutlichen Kreuz zusammentreten. Diese Fleckung beruht darauf, daß mit Exkreten (Guanin) beladene Zellen des Mitteldarmes durch die Haut hindurchschimmern. Die Beine weisen eine hellere und dunklere Ringelung auf.

Der verschieden stark behaarte Körper weist zwei Abschnitte auf, das Kopfbruststück (Prosoma) und den Hinterleib (Opisthosoma). Sie hängen durch einen dünnen Stiel (Petiolus), der der Ventralfläche des Hinterleibs, etwas vor der Mitte, ansitzt und das stark verschmälerte 1. Hinterleibssegment darstellt, miteinander zusammen. Die dadurch bedingte, für die Webespinnen so charakteristische Einschnürung des Körpers verleiht dem Opisthosoma eine große Beweglichkeit, was für die Verwendung der hinten sitzenden Spinnwarzen von Vorteil ist. Das Kopfbruststück ist von einer starken Kutikula umschlossen, im Gegensatz zu dem weichhäutigen und daher dehnbaren Hinterleib. Es ist von ungefähr eiförmigem Umriß, verjüngt sich nach vorn und endet abgestutzt. Der Hinterleib ist beim Weibchen haselnußförmig angeschwollen, beim Männchen mehr länglich. Den dorsalen Teil des

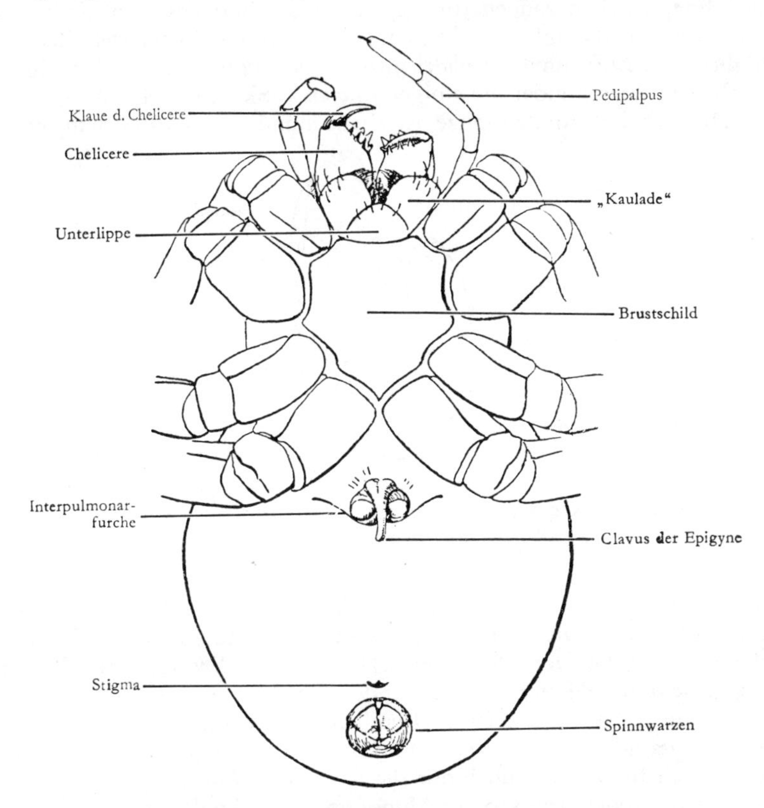

Abb. 145: Kreuzspinne, Weibchen, Unterseite

Kopfbruststückes bildet das Rückenschild (Carapax), das sich seitlich ventralwärts herabkrümmt. Prosoma wie Opisthosoma lassen jede Segmentierung vermissen. Entwicklungsgeschichtlich sind in die Bildung des Prosomas sechs Segmente eingegangen, in die des Hinterleibs zwölf.

Vorn am Rückenschild sitzen die acht Augen, die in zwei Querreihen angeordnet sind (Abb. 146). Jedes Auge besitzt eine stark gewölbte Linse, die aus durchsichtigen Kutikulalagen besteht. In ihrem inneren Bau sind die Augen verschieden: bei den beiden mittleren der vorderen Reihe, den «Hauptaugen», sind die Stäbchen der Sehzellen dem Licht zugewandt, bei den sechs «Nebenaugen» abgewandt. Die Anordnung der Augen ist bei den einzelnen Spinnenarten verschieden und dient als ein systematisch wichtiges Merkmal. Die Achsen der einzelnen Augen weisen nach verschiedenen Richtungen, wodurch das Sehfeld des ganzen optischen Apparates vergrößert wird.

Auf der ventralen Seite liegt das sehr viel kleinere, etwa wie ein Wappenschild aussehende Brustschild (Sternum). Zwischen Rücken- und Brustschild sind die Extremitäten eingelenkt, vier Paar zur Ortsbewegung bestimmte und zwei Paar davor gelegene Mundextremitäten.

Wir beginnen mit der Untersuchung der Mundextremitäten, indem wir das Tier auf den Rücken legen und unter dem Stereomikroskop betrachten. Das erste Paar Mundgliedmaßen sind die Kieferfühler (Cheliceren). Sie sind senkrecht nach unten gerichtet, arbeiten zangenartig gegeneinander und bestehen aus einem sehr kräftig entwickelten Basalglied und einem nach innen einschlagbaren, klauenförmigen Endglied. Zur Aufnahme der nadelspitzen, gekrümmten Klaue dient eine Furche des Basalgliedes, deren Ränder mit einigen spitzen kutikularen Zähnchen, außen vier, innen drei, besetzt sind. An der Spitze der Klaue mündet der Ausführgang einer Gift-

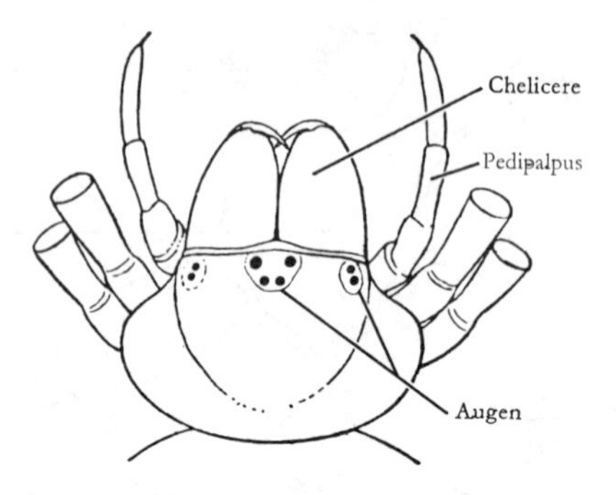

Abb. 146: Kreuzspinne, Weibchen, Kopfbruststück von oben und etwas von vorn

drüse aus. In der Ruhe sind die Klauen, wie die Klinge eines Taschenmessers in die Scheide, eingeschlagen. Die Cheliceren dienen vor allem zum Erfassen und Töten der Beute, die dann zwischen den Klauen und Zähnchen ihres Basalgliedes geknetet wird, wobei sich gleichzeitig der verdauende Saft der Mitteldarmdrüse in sie ergießt. Die so entstandene, nur noch kleinste Partikel enthaltende Flüssigkeit wird portionsweise durch die Saugtätigkeit von Pharynx und Mitteldarm aufgenommen, so daß von einem erbeuteten Insekt schließlich nur die leere Hülle übrigbleibt. Die Verdauung erfolgt also zum großen Teil vor der Mundöffnung (präoral).

Das zweite Paar Mundgliedmaßen sind die Kiefertaster (Maxillipalpen, Pedipalpen). Ihre Basalglieder sind zu Kauladen verbreitert, die am Innenrand einen dichten, bürstenartigen Haarbesatz zeigen. Die «Kauladen» werden aber, entgegen ihrem Namen, bei den Kreuzspinnen nicht zum Kauen verwandt, sondern bilden nur zusammen mit der Unterlippe und den Cheliceren Boden und Seitenwände des erwähnten präoralen Kauraumes. Die übrigen fünf Glieder bilden den beinartigen Taster (Palpus), der bei beiden Geschlechtern sehr verschieden ist. Beim Weibchen trägt das Endglied an der Spitze eine kleine Kralle, die mit Nebenzinken besetzt ist, beim Männchen dicht an seiner Basis einen im einfachsten Fall birnförmigen, meist aber – und so auch bei der vorliegenden Art – sehr viel komplizierter gestalteten Anhang, den Bulbus genitalis, der als Begattungsapparat dient und bei der Paarung in die weibliche Geschlechtsöffnung eingeführt wird. Das geschlechtsreife Männchen setzt auf einem besonderen Gespinst einen Spermatropfen ab und taucht in ihn dann die Spitze des Bulbus ein, so daß sich der im Innern des Bulbus liegende, spiralig aufgerollte und an seiner Spitze mit feiner Öffnung mündende «Samenschlauch» mit Sperma füllt.

Zwischen die beiden Kiefertaster schiebt sich von hinten her eine harte, vom Brustschild durch eine tiefe Furche abgesetzte Platte ein. Es ist die schon erwähnte Unterlippe. Sie gehört nicht eigentlich zu den Mundwerkzeugen, sondern stellt das Bauchstück (Sternit) desjenigen Segmentes dar, zu dem die Kiefertaster als Extremitäten gehören.

Die vier zur Fortbewegung dienenden Beinpaare haben ungefähr gleichen Bau. Es lassen sich an ihnen sieben Glieder unterscheiden (Abb. 147), nämlich Hüftglied

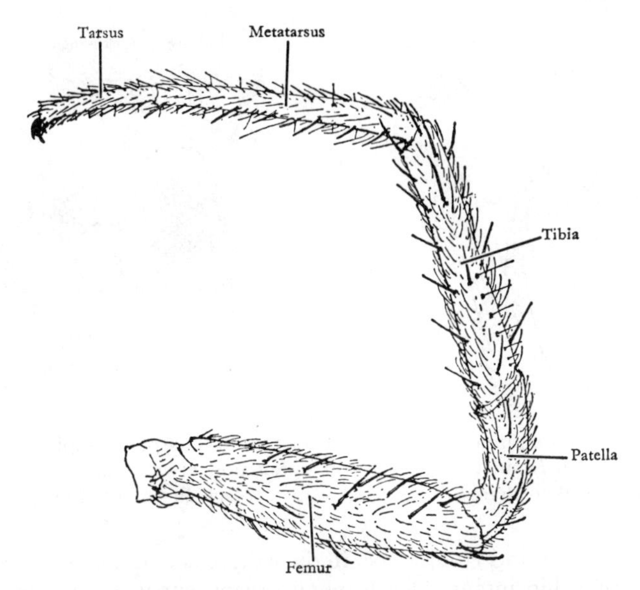

Abb. 147: Kreuzspinne, drittes linkes Bein. Coxa und Trochanter sind fortgelassen

(Coxa), Schenkelring (Trochanter), Schenkel (Femur), Knie (Patella), Schiene (Tibia), Ferse (Metatarsus) und Fuß (Tarsus). Der Fuß trägt an seinem Ende zwei bewegliche, kammförmig gezähnte Klauen («Kammklauen»); dieses Endstück wird als Krallensockel (Praetarsus) vom eigentlichen Fuß oder Tarsus unterschieden (Abb. 148). Da die Kammzähnchen sehr glatt sind und eng zusammenliegen, vermag die Spinne mit Leichtigkeit in die Fäden ihres Netzes einzugreifen und darauf zu laufen, ohne sie zu zerreißen. Zwischen der Basis der beiden Fußklauen entspringt eine dritte, hakenförmige, etwas kleinere Klaue. Rechts und links von dieser kleineren «Vorklaue» stehen zwei bis vier gebogene und gesägte Borsten und bilden, besonders an den Hinterbeinen, zusammen mit der Vorklaue ein Greiforgan, das bei Herstellung des Netzes Verwendung findet. Die Hinterbeine sind fast ganz in den Dienst der Spinntätigkeit getreten.

Betrachten wir den Hinterleib von der Bauchseite (Abb. 145), so sehen wir vorn eine Querfurche, die die Öffnungen der paarigen Lungensäcke überdeckt und daher als Interpulmonarfurche bezeichnet wird. Die Mitte der Furche wird beim Weibchen von einer Kutikulaplatte (Epigyne) eingenommen, unter der die Geschlechtsöffnung liegt. Die Epigyne trägt einen langen, zapfenartigen Fortsatz (Clavus), und es münden auf ihr die paarigen Samentaschen (Receptacula seminis), in die das Männchen die gefüllten Tasterbulben einführt und in denen das Sperma bis zu der erst bei der Eiablage stattfindenden Befruchtung aufbewahrt wird. Die Eier werden in einzelnen Schüben abgelegt und mit einem Kokon umsponnen. Die jungen Spinnen schlüpfen erst im kommenden Mai aus. Die Epigyne kann von hochkompliziertem Bau sein, ist artspezifisch und steht in engster Korrelation zu der jeweiligen Form des männlichen Begattungsapparates («Schlüssel-Schloß-Prinzip»). Die männliche Geschlechtsöffnung ist ein einfacher, ebenfalls in der Mitte der Interpulmonarfurche liegender Querspalt.

Abb. 148: Kreuzspinne, Fußglied mit Klauen des dritten linken Beines

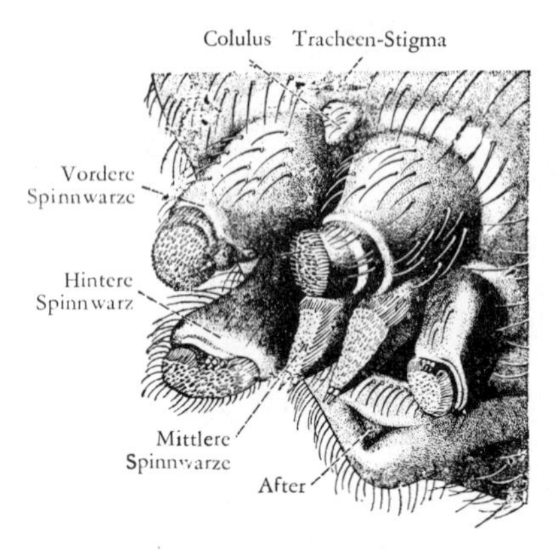

Abb. 149: Kreuzspinne, Spinnapparat, von unten und etwas von rechts gesehen. (Nach PFURTSCHELLER)

Die Lungensäcke sind Hohlräume, in die jederseits eine aus bis zu 100 Blättern gebildete «Lunge» hineinragt. Die Atmungsorgane entstehen aus spaltförmigen, dicht nebeneinander liegenden Ektodermeinstülpungen an der Hinterseite der Extremitätenanlagen des 2. Abdominalsegmentes, die gegen einen Blutraum vorstoßen, aus dessen Wand sie die «Lungenblätter» herausmodellieren. Die ganze Anlage sinkt dabei in die Tiefe und wird so zu einem Hohlraum, der nur durch eine spaltförmige Öffnung, das Stigma, mit der Außenluft in Verbindung bleibt. Der Gaswechsel vollzieht sich zwischen der Luft und der Haemolymphe im Innern der Lungenblätter.

Außer diesen eigentümlichen Atmungsorganen finden sich noch vier gerade, zarte Tracheenröhren, die von einem vor den Spinnwarzen gelegenen und hier mit einem unpaaren Stigma ausmündenden, zentralen Hohlraume entspringen.

Der Spinnapparat (Abb. 149) liegt ventral am Ende des Hinterleibes. Er besteht aus sechs konischen Erhebungen, den Spinnwarzen, die zu drei Paaren symmetrisch zur Mittellinie liegen und als Extremitäten des Hinterleibes aufzufassen sind; ihre Extremitätennatur kommt zum Teil noch in ihrer Gliederung gut zum Ausdruck. Sie entstehen embryonal am 4. und 5. Opisthosomasegment, also viel weiter vorn, werden aber durch starke Streckung dieser Segmente und Verkümmerung der folgenden an das Hinterende des Abdomens und damit an eine für ihre Tätigkeit günstigere Stelle verlegt. Wir können bei der Kreuzspinne ein vorderes, ein hinteres und ein mittleres Paar von Spinnwarzen unterscheiden. Vor ihnen liegt noch eine kleine, dreieckige Kutikulaplatte, der Colulus, die gleichfalls auf Extremitätenanlagen zurückgeht und beianderen Spinnenfamilien als eine besondere «Spinnplatte» (*Cribellum*) ausgebildet ist. Hinter den Spinnwarzen liegt der die Afteröffnung verschließende *Afterdeckel*. In der Ruhelage bilden die vorderen und hinteren Spinnwarzen gemeinsam mit dem Afterdeckel eine fünfteilige, kegelförmige Rosette; die mittleren Warzen sind dann dem Blick entzogen. Das freie, abgestutzte Ende jeder Spinnwarze ist das *Spinnfeld*, auf dem sich zahlreiche, wie Haare aussehende, sehr feine Röhrchen erheben, die *Spinnröhrchen*; daneben liegen noch einige stärkere Spinnröhren. Die zugehörenden Spinndrüsen – es sind einige Hundert, in sechs verschiedenen Formen – erfüllen den Hinterleib und bedingen zusammen mit den Eiern seine bedeutende Anschwellung. Ihr aus den Spinnröhren ausgespritztes Sekret erstarrt an der Luft augenblicklich. Oft werden mehrere Fäden zu einem einzigen verarbeitet, der trotz seiner außerordentlichen Feinheit sehr fest ist.

Tentaculata

Bryozoa, Moostierchen

A. Technische Vorbereitungen

Am günstigsten für die Untersuchung ist lebendes Material einer Süßwasserform. Die hier als Objekt ausgewählte *Cristatella mucedo* findet sich in reinem, stillem oder langsam fließendem Wasser, besonders an Schilfstengeln oder ins Wasser herabhängenden Zweigen, die von den gallertigen Kolonien oft ganz umzogen sind. Sie treten frühestens im Mai auf, erreichen ihre größte Entwicklung im Juni und Juli und verschwinden wieder gegen den Oktober hin. – Außerdem werden fertige Schnitte durch die Kolonie sowie herauspräparierte Einzeltiere in gefärbten mikroskopischen Präparaten gegeben. Falls *Cristatella* nicht zu beschaffen ist, wähle man ein anderes, möglichst durchsichtiges Süßwasserbryozoon.

Als Demonstrationsmaterial stelle man ferner Präparate verschiedener mariner Gattungen auf.

B. Allgemeine Übersicht

Die Bryozoen werden mit zwei weiteren Klassen, den äußerlich muschelähnlichen Brachiopoden und den nur aus wenigen Spezies wurmartiger Röhrenbewohner bestehenden Phoroniden im Stamm der Tentaculata zusammengefaßt. Alle Tentaculata sind festsitzend. Ihr Darm ist u-förmig gekrümmt, die Mundöffnung von einem mehr oder weniger kompliziert gebauten Tentakelkranz umgeben. Die geräumige, sekundäre Leibeshöhle ist unterteilt in ein vorderes, ringförmiges Mesocöl, das schlauchförmige Fortsätze in die Tentakel entsendet, und in ein größeres, im hinteren Körperbereich liegendes Metacöl.

Die Bryozoen oder Moostierchen kommen im Meer und im Süßwasser vor und bilden durch Knospung fast ausnahmslos festsitzende Kolonien, die das Substrat krustenartig überziehen, sich baumförmig von ihm erheben oder dicke Klumpen bilden. An dem durch seinen Tentakelkranz an einen Hydroidpolypen erinnernden, als Zooid bezeichneten Einzeltier kann man einen Vorder- und einen Hinterkörper unterscheiden. Der röhrenförmige Vorderkörper (Polypid) besteht aus der Tentakelkrone und dem Darm, der Hinterkörper (Cystid) aus der Leibeswand; er hat meist die Form eines bis auf die Oberseite von einem kutikularen Skelett geschützten Kästchens. Beim lebenden Tier ragt das Polypid mit seinem Tentakelkranz weit aus dem Cystid heraus und zieht sich bei Reizung blitzschnell zurück.

Die hohlen, Tentakel, deren Flimmerepithel dem Zustrudeln von Nahrung dient, stehen bei den Süßwasserformen (Phylactolaemata) auf einem hufeisenförmigen Tentakelträger, dem Lophophor, während sie bei den marinen Formen (Gymnolaemata) kreisförmig den Mund umgeben.

Infolge der festsitzenden Lebensweise ist der After nicht endständig, der Darm ist umgebogen und der After kommt dadurch in die Nähe des Mundes, aber außerhalb des Tentakelkranzes zu liegen. Am Darm können drei Abschnitte unterschieden werden, der Ösophagus, der Mitteldarm und der nach oben ziehende Enddarm.

Die Körperwand besteht aus einer einschichtigen Epidermis, die nach außen die selten gallertige, oft chitinige, meist aber verkalkte Kutikula absondert, und einer aus Ring- und Längsfasern zusammengesetzten Muskulatur (Hautmuskelschlauch).

Zwischen Körperwand und Darm liegt die sehr geräumige Leibeshöhle. Sie wird von kräftigen Muskeln durchsetzt, die am Darm und Lophophor inserieren und als Retraktoren wirken. Die Leibeshöhlen der unmittelbar aneinander stoßenden Cystide stehen durch Poren oder weite Öffnungen miteinander in Verbindung.

Zwischen Mund und After liegt als Zentrum des Nervensystems ein Ganglion. Blutgefäßsystem und spezifische Exkretionsorgane fehlen. Die Atmung erfolgt durch die Epidermis. Die Leibeshöhlenflüssigkeit enthält amöboide, im Cölomepithel entstandene Zellen.

Die Bryozoen sind fast durchweg Zwitter. Die Gonaden entwickeln sich vom Cölomepithel aus. Die aus den befruchteten Eiern entstehenden, trochophoraähnlichen Larven (Cyphonauteslarven) der marinen Formen sind mit Wimperkränzen ausgestattet, setzen sich nach dem Verlassen des Muttertieres fest und werden zum geschlechtsreifen Tier, durchlaufen also eine Metamorphose. Die meisten Bryozoen jedoch sind lebendgebärend und betreiben Brutpflege. Daneben ist die ungeschlechtliche Fortpflanzung durch Knospung allgemein verbreitet. Die so entstehenden Kolonien zählen oft Hunderte von Individuen, und es kommt häufig zu einem weitgehenden Polymorphismus der Einzeltiere. Eine weitere ungeschlechtliche, aber auf die Süßwasserformen beschränkte Fortpflanzungsart beruht auf der Ausbildung von Dauerknospen (Statoblasten).

C. Spezieller Teil

Cristatella mucedo

Cristatella mucedo bildet gallertartige Kolonien, die langsame Kriechbewegungen ausführen können, während fast alle anderen Bryozoen festsitzend sind. Die Kolonien sind meist nur 5, aber auch bis zu 18 cm lang, schmal und unverzweigt und weisen eine sohlenartige, flache Unterseite auf, die eine gelatinöse Schleimschicht ausscheidet, und eine gewölbte Oberseite, auf der die Zooide gewöhnlich in drei Doppelreihen angeordnet sind.

Schon in der lebenden Kolonie läßt sich die Organisation der Einzeltiere ungefähr erkennen, besser noch an fertigen mikroskopischen Präparaten von Einzeltieren, die aus der Kolonie herauspräpariert worden sind.

Wir betrachten bei schwacher Vergrößerung das Einzeltier. Es lassen sich ohne weiteres drei Teile unterscheiden; einmal die äußere Körperwand, die sich am Grunde mit der des nächsten Tieres verbindet, zweitens der darin liegende, durch eine weite Leibeshöhle von der Körperwand getrennte Darm und drittens der die Mundöffnung umfassende Tentakelkranz.

Der Tentakelkranz sitzt auf einem hufeisenförmigen Tentakelträger, Lophophor, der beim erwachsenen Tier auf dem äußeren und inneren Rand 80–90 Tentakel trägt. Die Außenwand des Lophophors setzt sich direkt in die Körperwand fort, die Innenwand dagegen geht kontinuierlich in das Epithel des vordersten Darmrohrabschnittes über. Die Basis der Tentakel wird außen von einer zarten Tentakelmembran umhüllt.

Der Darm stellt eine einfache Schlinge dar, die drei deutlich voneinander abgesetzte Abschnitte erkennen läßt: Vorderdarm (Ösophagus), Mitteldarm (Magen) und Enddarm.

Am Übergang des Ösophagus in den Mitteldarm liegt eine ins Darmlumen vorspringende Ringfalte. Der Mitteldarm zieht nach unten, sackt sich hier kräftig aus und biegt dann wieder nach oben um. Der Enddarm liegt der dorsalen Wand des Mitteldarmes dicht an und mündet, sich zuletzt stark verengend, im After aus.

Mit starker Vergrößerung läßt sich das Ganglion erkennen, das zwischen After und Mundöffnung als hufeisenförmig gebogener Körper liegt. Die von ihm zu den Tentakeln, dem Darm, der Körperwand und um den Schlund herum ziehenden Nerven sind dagegen an unseren Präparaten nicht zu erkennen.

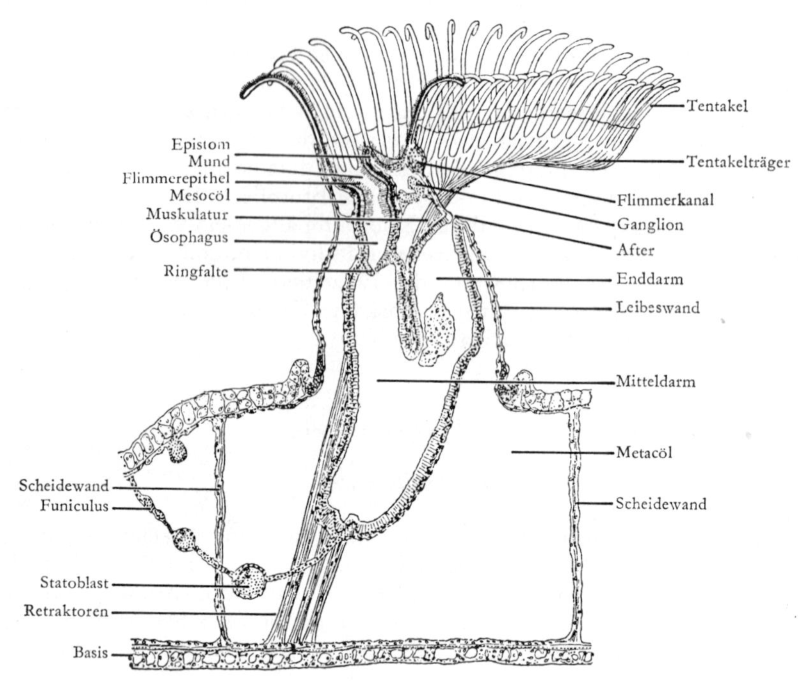

Abb. 150: Längsschnitt durch ein Einzeltier von *Cristatella mucedo*. (Nach Cori)

Die Körperwand scheidet im Gegensatz zu anderen Arten bei *Cristatella* keine festere chitinige Hülle ab.

Es werden jetzt Schnitte durch ein Einzeltier oder ein Stück der Kolonie ausgegeben (s. Abb. 150).

Hier sehen wir an das untere Ende des Mitteldarms ein Band angeheftet, das zur seitlichen Leibeswand zieht, den Funiculus. An ihm entstehen die merkwürdigen Dauerknospen, Statoblasten, die im Frühjahr neue Individuen aus sich hervorgehen lassen.

Ferner inserieren an der hinteren Magenwand Muskeln, die vom Boden des Cystids ausgehen und als Retraktoren des Polypids dienen. An der Mundöffnung sehen wir einen beweglichen Deckel, das Epistom. Er kommt nur bei den Süßwasserbryozoen vor. Sein Binnenraum, das Protocöl, ist von Cölomepithel ausgekleidet und kommuniziert mit dem Mesocöl, das seinerseits mit dem Metacöl in offener Verbindung steht. Durch das zwischen Meso- und Metacöl ausgespannte Dissepiment wird der Ösophagus in seiner Lage gehalten. Etwas über dem Ganglion liegen im Mesacöl zwei flimmernde Kanäle unbekannter Bedeutung. Sie münden nicht nach außen und stellen auch, entgegen älterer Meinung, keine Nephridien dar.

In der Leibeshöhle findet sich eine Flüssigkeit, in der amöboide Zellen herumschwimmen. An ihrer Innenwand bilden sich die Geschlechtsprodukte, die Eier an der vorderen Körperwand, die Spermatozoen am Funiculus und an den die gemeinsame Kolonieleibeshöhle durchsetzenden Septen. Das befruchtete Ei entwickelt sich in einer sackförmigen Wucherung der Leibeswand zur bewimperten Larve, die bereits mit 2–25 mehr oder weniger fertig ausgebildeten Polypiden, also als

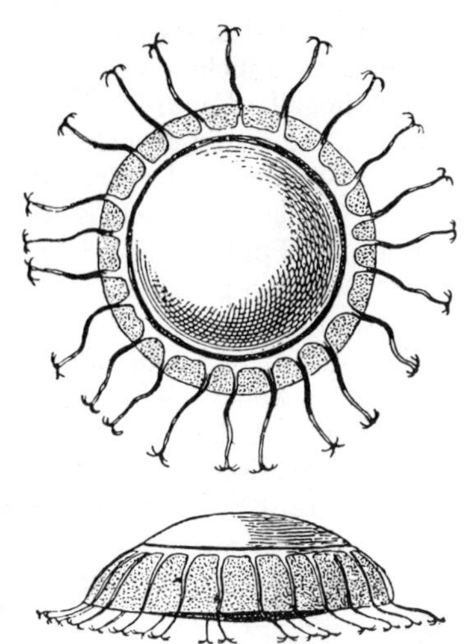

Abb. 151: Statoblast von *Cristatella mucedo*. (Nach KRAEPELIN)

kleiner, freischwimmender Stock, das Muttertier verläßt, um sich nach 5–6stündigem Umherschwimmen festzusetzen.

Außer der geschlechtlichen Fortpflanzung finden wir eine ungeschlechtliche durch Knospung, die zur Bildung von Kolonien führt; bei der vorliegenden Art außerdem die nur den Süßwasserformen zukommende Fortpflanzung durch Statoblasten.

Die Statoblasten (Abb. 151) treten besonders zahlreich im Spätsommer auf, entwickeln sich am Funiculus und sind schon mit bloßem Auge zu sehen als linsenförmige, dunkle Körper, oft in bereits abgestorbenen Teilen der Kolonie, denn diese geht im Winter meist zugrunde. Die Statoblasten hingegen vermögen den Winter zu überdauern und keimen bei warmem Wetter aus; sie werden erst nach einer gewissen Ruhezeit keimfähig. Betrachten wir einen Statoblasten mit schwacher Vergrößerung unter dem Mikroskop, so sehen wir einen scheibenförmigen Körper, von einem breiten Ring lufthaltiger Kammern, dem sogenannten Schwimmring, umgeben, und von der Peripherie ausgehende, zur Anheftung dienende, ankerförmige Dornen. Durch den Schwimmring sind die Statoblasten leichter als Wasser, sie schwimmen und dienen so zur Verbreitung der Art.

Echinodermata, Stachelhäuter

Die Echinodermen oder Stachelhäuter unterscheiden sich durch ihre fünfstrahlige Radiärsymmetrie (Pentamerie) und andere Sonderheiten ihres Bauplanes grundlegend von den übrigen Tierstämmen. Die Entwicklungsgeschichte weist sie als Deuterostomier aus; die Dreiteiligkeit ihrer Cölomanlage macht, neben anderen morphologischen und entwicklungsgeschichtlichen Eigenheiten, ihre Abstammung von branchiotrematenähnlichen Vorfahren wahrscheinlich. Paläontologisch ist ihre Abstammung bisher allerdings nicht zu belegen. Die ältesten fossilen Stachelhäuter lebten im Kambrium. Sie waren ausnahmslos sessil.

Die radiäre Symmetrie der Echinodermen ist sekundär und von der primären der Poriferen und Coelenteraten scharf zu trennen. Ihre Larve, die Dipleurula, ist bilateralsymmetrisch. Die Fünfstrahligkeit tritt erst im Verlauf einer den Körper völlig umgestaltenden Metamorphose auf. Die Echinodermen sind auf das Meer beschränkt, die meisten sind freilebende Grundbewohner.

An den pentameren Adulti unterscheidet man eine Oralseite (Mundseite) und eine Aboral- (= Apikal-)Seite. Ihre Zentren kennzeichnen die Hauptachse des Körpers, von der die 5 Radien ausstrahlen. In der Mitte der Oralseite liegt der Mund, in der Mitte der Aboralseite sehr oft der After.

Die Körperdecke besteht aus einer oft bewimperten Epidermis und einer darunterliegenden bindegewebigen, mesodermalen Unterhaut (Cutis), in deren Fibrillenschichten das meist wohlentwickelte Skelett eingelagert ist. Es entsteht innerhalb besonderer Mesenchymzellen (Scleroblasten), zunächst in der Form von kleinen, dreistrahligen Kalkkörperchen (aus Calcit), die dann zu durchlöcherten Plättchen auswachsen. Die Plättchen können zerstreut in der Unterhaut liegen (Seewalzen), schließen sich aber meist zu größeren Platten zusammen. Die Platten wiederum können miteinander feste Nahtverbindungen eingehen und so eine starre Schale bilden (Seeigel) oder beweglich aneinander grenzen (Seesterne und andere). Dementsprechend ist die der Haut unterlagerte Muskulatur gut entwickelt bis völlig rückgebildet.

Zum Skelett gehören auch die Stacheln, die dem ganzen Stamm den Namen gaben, aber keineswegs überall entwickelt sind. Sie sind, wenigstens zunächst (und immer an ihrer Basis), wie das übrige Skelett von der Epidermis überzogen, sitzen auf Gelenkhöckern der Skelettplatten und sind basal mit radiären Muskeln ausgestattet, die ihnen Beweglichkeit in allen Richtungen verleihen. Bei manchen Arten sind ihre Spitzen mit Giftdrüsen ausgerüstet. Die Stacheln dienen zur Verteidigung, seltener zur Fortbewegung und zum Beutefang.

Der Verteidigung und dem Beuteerwerb, außerdem aber auch zum Reinhalten der Körperoberfläche, dienen auch die Pedicellarien. Das sind kleine, zwei- oder dreiklappige Greifzangen, die meist sehr beweglichen, schlauchförmigen und wenigstens basal durch Kalkstäbchen gestützten Stielen aufsitzen. Man findet sie zwischen den Stacheln auf der Körperoberfläche der Seeigel und vieler Seesterne. Manche sind mit Giftdrüsen ausgestattet.

Ungemein kompliziert und einem Verständnis nur schwer zugänglich ist bei den erwachsenen Echinodermen die Anatomie des Cöloms (Abb. 152). Neben der Ausbildung einer geräumigen Leibeshöhle, deren Wandepithel – wie bei anderen Cölomaten auch – die Körperwand innen und die im Bereich der Leibeshöhle liegenden Organe außen überzieht, kommt es zur Ausbildung mehrerer cölomatischer Kanalsysteme. Ihre Ausgestaltung ist bei den einzelnen Klassen verschieden. Die folgende Darstellung gibt – schematisiert und vereinfacht – etwa die Verhältnisse bei den Seesternen und – mit Einschränkungen – bei den Seeigeln wieder.

Sämtliche Cölomräume nehmen ihren Ausgang von 2 Paar hintereinanderliegenden Cölomsäckchen, die während eines bestimmten Entwicklungsstadiums den Urdarm der Larve flankieren. Das linke vordere Bläschen streckt sich und bildet zwei hintereinanderliegende Tochterblasen, das Protocöl und Mesocöl aus, die über einen engen Kanal, den Steinkanal, miteinander in Verbindung bleiben. Die rechte vordere Blase bleibt klein und ungeteilt (rechtes Protocöl). Die beiden großen rückwärtigen Blasen, das rechte und das linke Metacöl, bilden im adulten Tier die große allgemeine Leibeshöhle, außerdem aber ein orales und ein aborales Kanalsystem.

Das orale metacöle Kanalsystem – es liegt unmittelbar unter der oralen Körperdecke – besteht aus einem den Vorderdarm umgebenden Ringkanal und 5 Radiärkanälen, von denen kleine, seitliche Röhren ihren Ursprung nehmen. Bei den Seesternen ist der Ringkanal innen von einem vom Protocöl herstammenden etwas engeren Kanal begleitet. Ihre benachbarten, aneinanderliegenden Cölothelien – sie sind teilweise durchbrochen, so daß ein Flüssigkeitsaustausch stattfinden kann – umschließen, ebenso wie die gleichfalls paarigen Radiärkanäle, median einen Blutsinus (s. unten). Man nannte sie deshalb früher Perihämalkanäle.

Auch das unter der apikalen Körperdecke liegende aborale Metacöl bildet einen Ringkanal, den sogenannten Genitalkanal. Er trägt interradial 5 Aussackungen, die Gonadenhöhlen, und birgt in seinem Inneren, an einem Aufhängeband befestigt, neben einem oder einigen Blutsinus (s. unten) den Genitalstrang, von dem Abzweigungen in die Gonadenhöhlen eintreten.

Das linke Mesocöl bildet das auch als Hydro- oder Ambulakralsystem bekannte Wassergefäßsystem. Sein Ringkanal und seine Radiärkanäle verlaufen körperwärts von und parallel zu den Metacölkanälen. Die Radiärkanäle geben seitlich paarige Abzweigungen ab, die nach kurzem oberflächenparallelem Verlauf zur Körperdecke hin umbiegen und in tentakelartig bewegliche Hautschläuche eintreten, die manchmal als Fühler und zur Nahrungsaufnahme, meist aber als Fortbewegungsorgane (Ambulakralfüßchen) dienen. Im Bereich der Umbiegungsstelle der Seitenkanälchen finden sich häufig nach innen, in die Leibeshöhle, vorragende Ampullen. Jeder Radiärkanal endet distal in einem fingerförmigen Terminaltentakel. Auch der mesocöle Ringkanal trägt – interradial – oft eine oder mehrere gestielte Ampullen, die Polischen Blasen.

Zwischen den beiden Körperpolen verläuft interradial als dünnwandiger Schlauch das aus dem linken Protocöl hervorgegangene Axocöl. Sein Hohlraum, das Axialcölom (mißverständlich oft auch als Axialsinus bezeichnet), steht oral in offener Verbindung mit dem den Vorderdarm umgebenden Metacölring (oder – bei den Seesternen – mit dem protocölen Begleitkanal), während er aboral mit dem Genitalkanal kommuniziert. Unmittelbar unter der apikalen Körperoberfläche erweitert sich das Axocöl zur Protocölampulle, die oben von einer in der Körperoberfläche liegenden Kalkscheibe, der Madreporenplatte, bedeckt wird. Die Madreporenplatte ist von zahlreichen, feinen, bewimperten Kanälchen durchsetzt. Sie stellen eine offene Verbindung zwischen der Protocölampulle und dem umgebenden Meerwasser her. Nahe der Basis des Axocöls tritt ein vom mesocölen Ringkanal (des Wassergefäßsystems) entspringender, durch Kalkeinlagerungen versteifter Kanal, der Steinkanal, in das Axialcölom ein. Er verläuft dort, von Peritonealepithel umhüllt und an einem Mesenterium befestigt, bis in die Protocölampulle, wo er offen endigt. Er ist innen bewimpert.

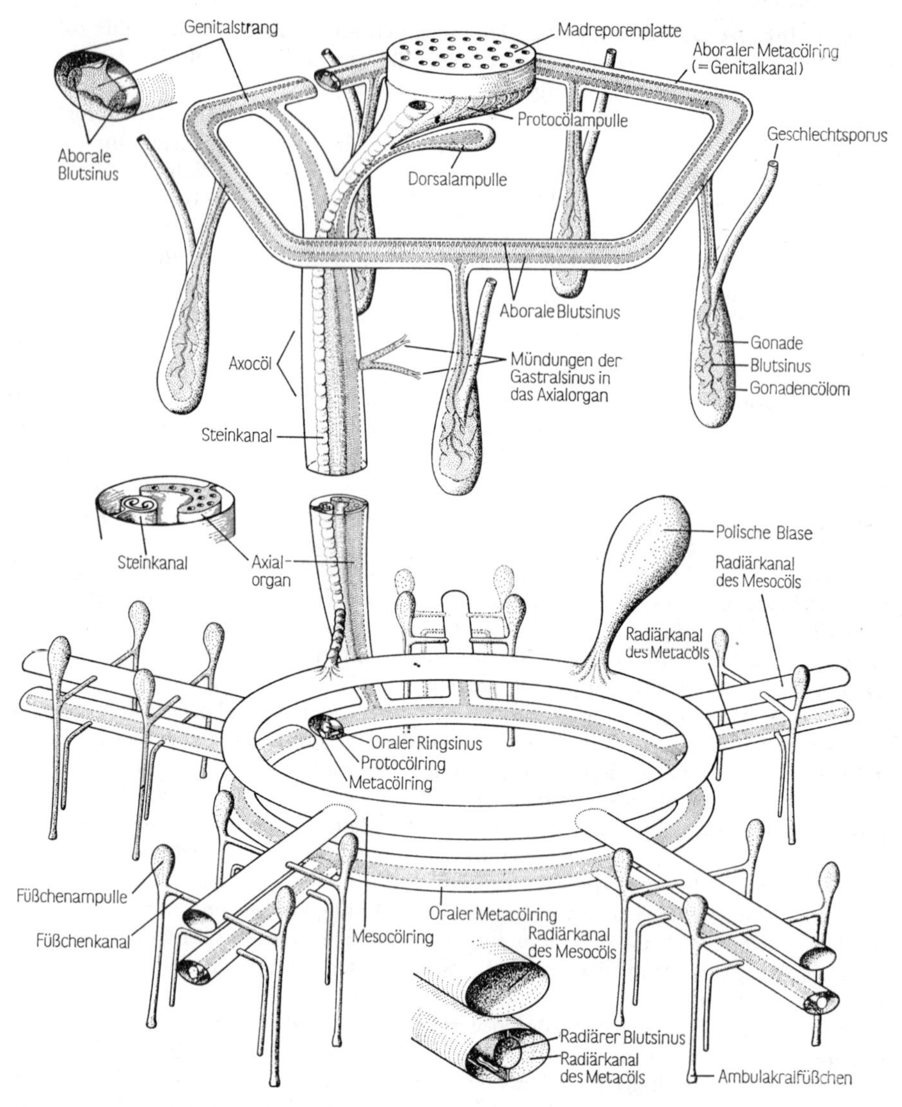

Abb. 152: Schema des Systems der Cölomkanäle und der Hämalsinus eines Seesternes. Axialorgan und die beiden Ringkanäle aufgeschnitten. Einige Schnittflächen vergrößert herausgezeichnet. (Orig. RENNER)

Aus dem rechten Protocöl der Larve ist die Dorsalampulle hervorgegangen. Sie sitzt etwas unterhalb von der Protocölampulle dem aboralen Ende des Axocöls seitlich an. – Die verschiedenen Metacölkanäle stehen also über das Axialcölom miteinander und über die Protocölampulle und den Steinkanal mit dem Mesocöl in Verbindung. Über die Madreporenplatte haben alle Cölomkanäle Verbindung mit der Außenwelt. Das Epithel der Cölomräume ist meist bewimpert. Die Cölomflüssigkeit hat einen dem Meerwasser ähnlichen Salzgehalt, enthält außerdem aber Eiweiß, Kohlenhydrate und Exkretstoffe. In der Flüssigkeit flottieren amöboid bewegliche Zellen, die Cölomocyten.

Die an histologischen Querschnitten erkennbaren Spalträume in der Cutis stehen zwar mit der Leibeshöhle in Verbindung, werden jedoch, da sie eine peritoneale Auskleidung entbehren, nicht zum System der Cölomräume gerechnet. Sehr regelmäßig findet man derartige Spalten als Ringkanäle um die Basis der Papulae (s. S. 303 und Abb. 156).

Sämtliche Bahnen des eigenartigen Blutgefäß- oder besser Hämalsystems der Echinodermen entbehren ein eigenes Wandepithel; sie verlaufen als Lakunen oder Sinus zwischen Gewebslücken oder sind von Cölothelien benachbarter Cölomkanäle umhüllt. Das zentrale Organ des Hämalsystems ist die Axialdrüse (= Axialorgan = braune Drüse), ein von anastomosierenden Blutlakunen und -röhren durchzogener mesenchymatischer, bräunlich bis braunroter Strang im Axocöl. Sie ist von Cölomepithel bedeckt und durch ein «Mesenterium» an der Wand des Axocöls befestigt. Aboral entsendet sie einen Fortsatz in die Dorsalblase. Ihre bluterfüllten Hohlräume vereinigen sich an den Enden zu röhrigen Bahnen, die in die oralen und aboralen Blutsinus einmünden; über den Gastralsinus (s. unten) stehen sie außerdem in Verbindung mit dem reichmaschigen Netz der den Darm umspinnenden, nährstoffsammelnden Blutlakunen. Die Lakunen des aboralen Blutsinus begleiten im Metacölkanal den Genitalstrang. Sie entsenden Abzweigungen in die Gonadenhöhlen.

Auch die oralen Blutsinus begleiten die Colömkanäle. Sie liegen bei den Seeigeln und den Seewalzen zwischen den Meso- und Metacölröhren, deren einander zugewendete Cölothelien die Wand der Blutsinus bilden. Bei den Seesternen verlaufen sie innerhalb der doppelwandigen Septen, die die radiären und perioralen Doppelröhren des Meta- bzw. Meta-Protocöls trennen (s. oben S. 299 u. Abb. 152). – Ein Herz fehlt stets. Beim Seeigel *Strongylocentrotos purpuratus* sind die Wände von zwei im Axialsinus verlaufenden Blutbahnen kontraktil; sie pulsieren 4 bis 8mal in der Minute. Bei anderen Echinodermen wurden kontraktile Hämalsinus bisher noch nicht nachgewiesen. – In der Blutflüssigkeit flottieren Amöbocyten.

Der Darm ist bei den sternförmigen Klassen naturgemäß sehr kurz, dafür aber zu einem geräumigen Magen erweitert, von dem Blindsäcke mit drüsiger Wand weit in die Arme hineinziehen können. Bei den anderen Klassen ist der Darm zu einer Spirale aufgewunden. Der After liegt ursprünglich am aboralen Körperpol, mehr oder weniger zentral. Er kann sich verschieben, bei den Haarsternen bis auf die Mundseite. Den Schlangensternen und manchen Seesternen fehlt ein After.

Eigentliche Exkretionsorgane fehlen. Feste Exkretstoffe werden von den Cölomocyten phagocytiert, die dann den Körper durch die Haut und Kiemen verlassen. Wie gelöste Exkrete abgeschieden werden, ist noch unbekannt.

Atemorgane kommen in verschiedener Form vor: als ausstülpbare Bläschen (Papulae) der Rückenhaut (Seesterne), als Kiemenbüschel (Seeigel) oder Kiementaschen (Schlangensterne) des Mundfeldes, oder als reich verzweigte Darmanhänge (Seewalzen). Daneben spielt die Hautatmung, auch wenn Kiemen vorhanden sind, immer eine wesentliche Rolle.

Das Nervensystem der Stachelhäuter ist überraschend primitiv. Ein ausgesprochenes Zentralorgan ist nirgends ausgebildet. Sämtliche Nervenelemente liegen geflechtartig zwischen den fadenartig verengten Basen von Zellen der Epidermis und des Cölothels. Sie sind parallel zu den Kanälen des Metacöls zu Bahnen (Marksträngen) verdichtet. Die Stränge des ektoneuralen Systems liegen unmittelbar distal von den Kanälen des oralen Metacöls in der Epidermis. Im benachbarten Wandepithel der Cölomkanäle selbst liegt – vom ektoneuralen nur durch eine feine Bindegewebslamelle getrennt – das hyponeurale System. Schließlich finden wir bei Seeigeln, Schlangensternen und Haarsternen im Epithel des aboralen Metacöls ein aborales Nervensystem. – Die Organe des mechanischen, chemischen und optischen Sinnes sind gering entwickelt.

Auch die Geschlechtsorgane sind von einfachem Bau: Sie bestehen in der Regel nur aus den Gonaden selbst, ohne Anhangdrüsen oder andere Hilfsapparate. Sie öffnen sich entweder unmittelbar nach außen oder durch einen Ausführungsgang. Im allgemeinen sind fünf Gonaden, Gonadenpaare oder -büschel vorhanden; nur bei den Seewalzen sind sie auf die Einzahl beschränkt.

Die Entwicklung der Echinodermen verläuft fast stets als Metamorphose. Die Larven sind bei den einzelnen Klassen recht verschieden gebaut, stimmen aber alle in ihrer bilateralen Symmetrie und meist auch in dem Besitz von Wimperschnüren überein. Der Anstoß zur Umformung in die pentaradiale Form geht vom Mesocöl aus.

Technische Vorbereitungen

Von Seesternen wird am besten die in der Nord- und Ostsee überaus gemeine Art *Asterias rubens*, frisch oder in Alkohol konserviert, zur Präparation herangezogen; von Seeigeln der in der Nordsee sehr häufige *Echinus esculentus*, gleichfalls frisch oder in Alkohol; von Seewalzen *Holothuria tubulosa* aus dem Mittelmeer, die von der Zoologischen Station Neapel fixiert bezogen werden kann. Bei diesen Holothurien sind Mund- und Afteröffnung meist verschnürt, um das bei der Fixierung häufig eintretende Auswerfen der Eingeweide zu verhindern.

Von mikroskopischen Präparaten werden Querschnitte durch den entkalkten Arm eines kleinen Exemplares von *Asterias rubens* gebraucht und in Caedax eingeschlossene Hautstückchen einer *Synapta*-Art.

Im Juni-Juli ist es sehr lohnend, von einer biologischen Station der Meeresküste geschlechtsreife Seeigel zu beziehen. Besamung, Furchung, Keimblätterbildung und schließlich die Entwicklung der Pluteus-Larve können am lebenden Objekt beobachtet und studiert werden.

I. Asteroidea, Seesterne

A. Allgemeine Übersicht

Die Seesterne verdanken ihren Namen der Gestalt ihres Körpers, der aus einer zentralen Scheibe und sternförmig davon ausgehenden Armen besteht. Meist sind, entsprechend der pentaradialen Symmetrie der Echinodermen, fünf Arme entwickelt. Die Länge der Arme ist sehr verschieden; sie können so kurz sein, daß sie völlig in der Scheibe aufgehen.

Die Körperwand der Seesterne besitzt in ihrer tiefer liegenden, mesodermalen Schicht eine Panzerung von Kalkplatten, die gegeneinander beweglich sind. Die wichtigsten Stücke dieses Hautskeletts sind paarige, segmental angeordnete Platten an der Unterseite der Arme, die median dachförmig zusammenstoßen, Ambulakralplatten genannt werden und das Dach der Ambulakralfurche bilden. Seitlich schließen sich die kleinen Adambulakralplatten an. Weniger konstant sind die lateralen Randplatten, Marginalia. Das Skelett der Dorsalseite ist sehr verschieden entwickelt und oft rudimentär.

Den Platten des Hautskeletts sitzen Stacheln auf, die zum Teil beweglich sind, außerdem die mannigfach gestalteten, meist zweiklappigen Pedicellarien.

Dünnwandige Ausstülpungen auf der Aboralseite, die Papulae, dienen in erster Linie als Kiemen, außerdem aber auch der Ausscheidung von Abbaustoffen. Sie sind hohl, von Cölothel ausgekleidet und kommunizieren mit der Leibeshöhle.

Der Mund liegt zentral auf der der Unterlage zugewendeten Seite der Scheibe, ist unbewaffnet und führt durch einen kurzen Ösophagus in den geräumigen, sackförmigen Magen. Der Magen besteht aus einem geräumigen, oralen Abschnitt, der Cardia, und aus einem oft fünfeckigen aboralen Teil, dem Pylorus, von dem fünf zweischenkelige, reich mit Aussackungen besetzte Magendivertikel entspringen, die weit in die Arme hineinziehen können und durch Mesenterien an der Aboralwand der geräumigen Armhöhlen befestigt sind. Der sehr kurze, scharf abgesetzte Enddarm gibt meist eine wechselnde Zahl kurzer Blindschläuche (Rectaldivertikel) ab und öffnet sich auf der Aboralseite in dem etwas exzentrisch in einem Interradius gelegenen After. Enddarm und After fehlen bei einigen Formen, z.B. *Astropecten*.

Die Leibeshöhle ist geräumig. Das System der Cölomkanäle entspricht dem Schema (S. 299). Polische Blasen sind fast immer vorhanden; sie dienen wahrscheinlich als Reservoire für die Cölomflüssigkeit. Stets vorhanden sind dagegen die gleichfalls interradial dem mesocölen Ringkanal ansitzenden Tiedemannschen Körperchen. Sie sind innen von blind endigenden, bewimperten Kanälchen durchzogen, die mit dem Mesocöl in Verbindung stehen. Ihre Funktion ist unbekannt. Die Radiärkanäle des Ambulakralgefäßsystems (und auch die des Metacöls) ziehen unter dem First der Ambulakralplatten bis zur Armspitze, wo sie im Terminaltentakel (= Terminalfühler) enden. In jedem durch ein Paar von Ambulakralplatten gekennzeichneten Abschnitt gehen von den mesocölen Radiärkanälchen seitlich die Röhren zu den in zwei oder vier Längsreihen angeordneten Ambulakralfüßchen und den über den Füßchen in der Leibeshöhle liegenden Ampullen ab. Die durch ein medianes Septum unvollständig unterteilten metacölen Radiärkanäle geben außer den röhrenförmigen Abzweigungen, die die Füßchenkanäle begleiten, zwischen je zwei Ambulakralplatten paarige Seitenäste ab. Diese münden in die ebenfalls dem Metacöl angehörenden Marginalkanäle, die seitlich von den Ambulakralplatten in der Haut verlaufen.

Auch das Blutgefäßsystem entspricht weitgehend dem Schema. Zu ergänzen ist, daß das dichte, jedem Magendivertikel aufliegende Lakunennetz in zwei radiäre Sinus mündet, die nahe der Divertikelwand in den Mesenterien verlaufen. An der Armbasis streben sie, miteinander anastomosierend, einem in der Pyloruswand liegenden Hämalring (Gastralsinus) zu, der seinerseits das nährstoffreiche Blut dem Axialorgan zuführt.

Das Nervensystem besteht im wesentlichen aus zwei Geflechten von Nervenfibrillen mit eingestreuten Ganglienzellen, von denen das eine oberflächlich zwischen den Basen der Epidermiszellen liegt (ektoneurales, auch epineurales System), während das andere in das die Cölomräume auskleidende Epithel eingebettet ist (hyponeurales System). Beide Geflechte stehen miteinander in Verbindung. Das ektoneurale System verdichtet sich um den Mund herum zu einem starken Nervenring, von dem fünf radiale Nerven (Ambulakralnerven) zu den Armen abgehen, wo sie inmitten der Ambulakralfurche als mediane, sezierbare Leiste hervortreten. Die schwächeren hyponeuralen Nervenbahnen liegen im distalen Epithel aller oraler Metacölkanäle, also auch der Marginalkanäle. Von den Sinnesorganen sind die Augen zu erwähnen. Sie liegen als primitive Pigmentbecherocellen in Gruppen oral an der Basis der Endtentakel. Am lebenden Tier sind sie als rote Punkte zu erkennen. Unabhängig davon läßt sich ein Hautlichtsinn feststellen. Die Terminaltentakel selbst, sowie die unmittelbar anschließenden, saugscheibenlosen Füßchen stellen Organe des gut entwickelten chemischen Sinnes dar.

Die Geschlechtsorgane bestehen aus einem den Enddarm ringförmig umziehenden Genitalstrang, von dessen interradialen Ecken fünf Paar Gonadenbüschel in die Arme einsprossen. Genitalstrang sowohl als auch die Gonaden selbst sind vom aboralen Metacöl umschlossen. Die kleinen Genitalporen liegen in den Buchten zwischen den Armen oder in größerer Zahl entlang ihrer Seitenkanten. Die Seesterne sind getrenntgeschlechtlich. Die Geschlechtsprodukte werden meist ins freie Wasser abgegeben, doch kommt auch Brutpflege vor. Manche Arten vermögen sich ungeschlechtlich, durch Zweiteilung zu vermehren.

Sehr groß ist die Regenerationsfähigkeit der Seesterne. Autotomie von Armen tritt oft schon bei geringer Reizung ein. Die abgeschnürten Arme werden ersetzt, aber nur bei der Gattung *Linckia* vermag ein einzelner Arm ein vollkommenes Tier zu regenerieren. Dabei wird zunächst die «Kometenform» durchlaufen.

B. Spezieller Teil

Asterias rubens

Die Untersuchung und Präparation erfolgt im Wachsbecken unter Wasser.

Zunächst betrachten wir die äußere Körperform. Wir sehen, daß die fünf Arme der zentralen Scheibe breit aufsitzen und allmählich spitz zulaufen. Scheibe wie Arme sind etwas abgeplattet. Die Bauchseite erkennen wir ohne weiteres an den vier Reihen von Füßchen in der Mittellinie jedes Armes; sie stehen in einer bis zur Spitze des Armes verlaufenden Rinne, der Ambulakralfurche.

Auf der ventralen Seite der Scheibe liegt da, wo die fünf Ambulakralfurchen sich vereinigen, also zentral, der Mund, umstellt von fünf Gruppen beweglicher Stacheln, den Mundpapillen. Auf der dorsalen Seite der Scheibe liegt exzentrisch eine flache, rauhe Kalkplatte, die Madreporenplatte, und zwar zwischen den Ansatzstellen zweier Arme, also interradial. Der After liegt in dem (im Sinne des Uhrzeigers) nächsten Interradius, nur wenig vom Zentrum der Scheibe entfernt; er ist eine sehr feine Öffnung, die am konservierten Tier selten und auch am lebenden nur gelegentlich erkennbar ist.

Die gesamte Körperoberfläche ist mit dicht stehenden kleinen Kalkgebilden, Dornen oder Stacheln, bedeckt, die im allgemeinen unregelmäßig angeordnet sind. Regelmäßige Reihen von Dornen findet man in der dorsalen Mittellinie der Arme. Zwei bis drei Reihen beweglicher Stacheln, die den Adambulakralplatten aufsitzen, begleiten die Ambulakralfurchen und schließen sich über ihnen zusammen, wenn das Tier beunruhigt wird. Zwischen den Dornen stehen Pedicellarien, kleine mit zwei gegeneinander beweglichen Schneiden ausgerüstete Greifzangen. Beim lebenden Seestern kann man außerdem zahlreiche durchscheinende Bläschen oder Schläuche erkennen (Papulae), die als Hautausstülpungen der Atmung dienen.

Am Ende jeder Ambulakralfurche ist im Leben als lebhaft roter Fleck die Gruppe der Pigmentbecherocellen und darüber ein tentakelartiges Füßchen, der Terminalfühler, zu erkennen.

Bei manchen Exemplaren sieht man aus der Mundöffnung eine häutige Blase hervortreten, den ausgestülpten Magen.

Wir nehmen den Seestern aus dem Wasser und trennen ihn ringsherum an der Seite auf. Mit der starken Schere werden zunächst die Arme seitlich von der Spitze bis zur Basis aufgeschnitten. Dann hebt man vorsichtig die dorsale Körperdecke des Armes von der Spitze her auf und präpariert mit der feinen Schere oder dem Stiel des Präpariermessers die beiden braunen Schläuche von der Dorsaldecke ab, die an ihr mit zarten, längsverlaufenden Mesenterien befestigt sind. So verfährt man mit allen fünf Armen. Dann erst kann man dazu übergehen, auch die Dorsaldecke der Scheibe abzuheben. Man beginnt mit der Durchschneidung der zwischen je zwei Armen liegenden Pfeiler. Die Madreporenplatte wird kreisförmig umschnitten und an der unteren Hälfte belassen. Dann erst wird die gesamte Decke vorsichtig abpräpariert (Abb. 153). An ihrer Innenfläche können wir die Zugänge zu den in Gruppen stehenden Papulae gut erkennen.

Durch diese Präparation haben wir zunächst das Darmsystem freigelegt. In der Körpermitte liegt der dünnwandige, blasenförmige Magen, der durch eine Anzahl aboraler Bänder an der Körperwand aufgehängt ist. Noch kräftigere Bänder finden sich auf der oralen Seite, wo sie paarig angeordnet sind und sich in jeden Arm ein Stück weit erstrecken. Am Magen, der durch einen kurzen Ösophagus mit der Mundöffnung in Verbindung steht, lassen sich ein oberer (Pylorus) und ein unterer Abschnitt (Cardia) unterscheiden, die durch eine Einschnürung gegeneinander abgesetzt sind. Der Pylorus hat die Form eines regelmäßigen Fünfecks. Von seinen Ecken aus zieht sich in jeden Arm ein schmaler Blindsack (Magendivertikel) hinein, der sich bald in zwei Schenkel gabelt, die fast bis zur Spitze des Armes ziehen. Die Schenkel sind seitlich mit kleinen, unregelmäßig gelappten Aussackungen von bräunlicher Farbe dicht besetzt. Die Wand dieser Aussackungen ist drüsiger Natur. Ihre Zellen sondern einerseits verdauende Sekrete ab, andererseits dienen sie der Resorption. Von der Oberseite des Magens führt der kurze, etwas gewundene Enddarm zur Afteröffnung. Dem Enddarm sitzen einige unregelmäßig verzweigte Rectaldivertikel an. Der After selbst, der in unserem Präparat natürlich nicht mehr zu sehen ist, liegt, wie wir uns erinnern, etwas exzentrisch in einem Interradius.

Im Magen finden sich mitunter unverdaute Teile, Schalen usw., der Beutetiere. Größere Beute, die der Seestern nicht in seinen Magen aufnehmen kann, bewältigt

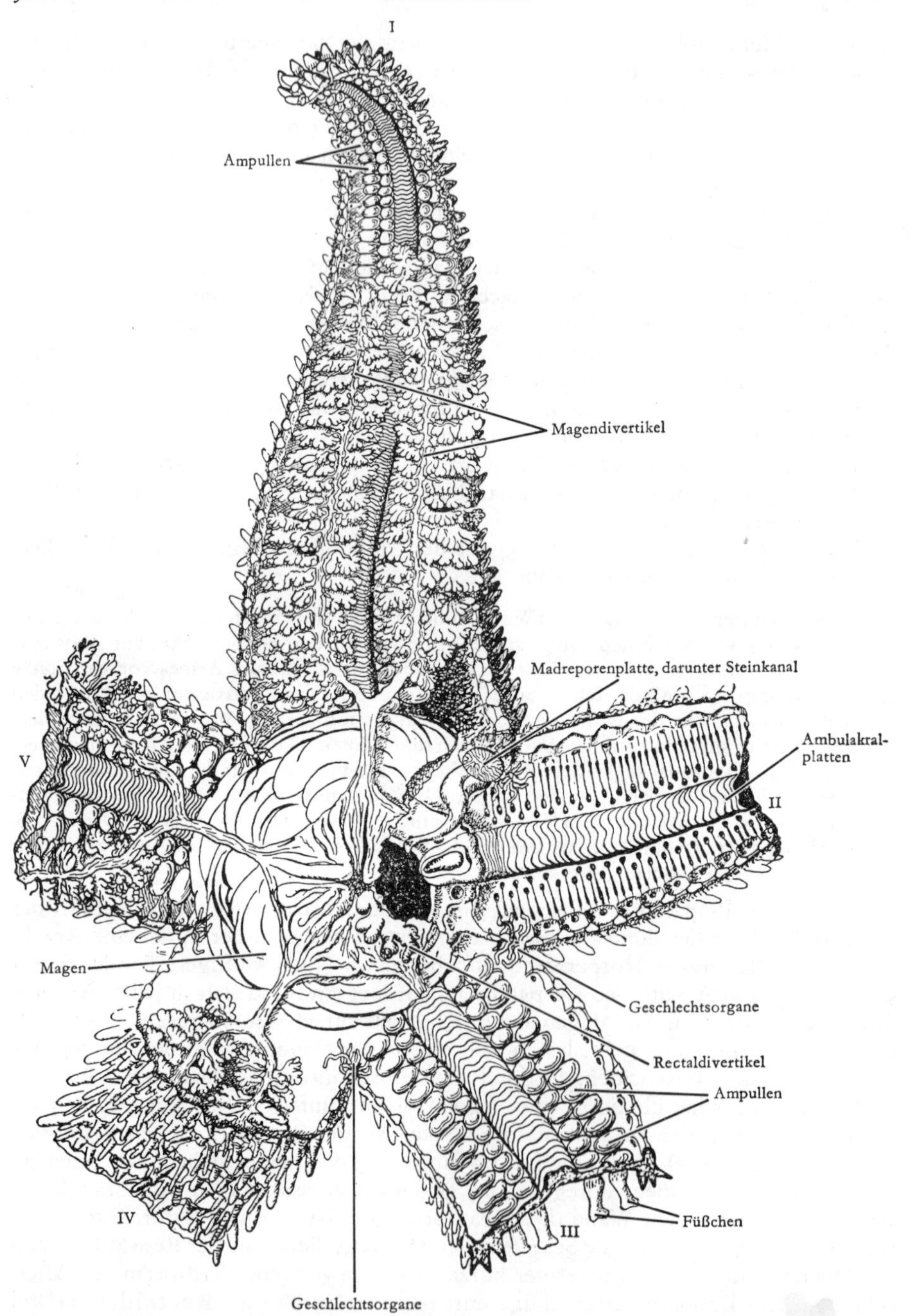

Abb. 153: *Asterias rubens*, vom Rücken aus präpariert. Rechts ist ein Stück des Magens weggeschnitten. I ganzer Arm mit normaler Lagerung der Organe; II das Kalkskelett eines Armes; III Arm mit Ampullen; IV ein Stück der Rückendecke ist belassen; V mit auseinandergezogenen Magendivertikeln

er, indem er den Magen ausstülpt und durch die Wirkung der Verdauungssäfte die Beutetiere (meist Muscheln) tötet und allmählich verdaut.

Zwischen je zwei Armen, also interradial, sehen wir die Geschlechtsorgane, Hoden oder Eierstöcke, als ein doppeltes Büschel fingerförmiger Schläuche frei in die Leibeshöhle vorragen. Sie münden interradial auf der aboralen Seite. Auf unserer Abb. 153 ist ein Tier mit noch wenig entwickelten Geschlechtsorganen abgebildet worden. Werden die Geschlechtsorgane mit zunehmender Reife größer, so drängen sie sich als gegabelte, lappige Äste weit in die Leibeshöhle der Arme hinein.

Zur Betrachtung des Ambulakralsystems (s. Abb. 152) präparieren wir Magen und Magendivertikel vorsichtig ab.

Wir beginnen mit der Madreporenplatte. Wir erkennen unter der Lupe, daß sie auf ihrer Oberfläche sehr zierlich mit radiär verlaufenden Furchen versehen ist, in deren Grunde die Porenöffnungen liegen (s. Abb. 154). Von der Madreporenplatte führt der Steinkanal nach abwärts. Er ist in einen häutigen Sack, das Axocöl eingeschlossen, in dem neben dem Steinkanal noch ein zweites Organ, die Axialdrüse (= Axialorgan), zu sehen ist. Sie ist, wie wir wissen, in das System der Blutlakunen eingeschaltet. Der Steinkanal verdankt seinen Namen der Verkalkung seiner Wandung; faßt man ihn mit der Pinzette, so kann man die Verkalkung deutlich spüren. Sein Inneres ist durch vorragende Falten und Leisten in viele Fächer geteilt und wird von einem Geißelepithel ausgekleidet, das eine von oben nach unten gerichtete Strömung hervorruft.

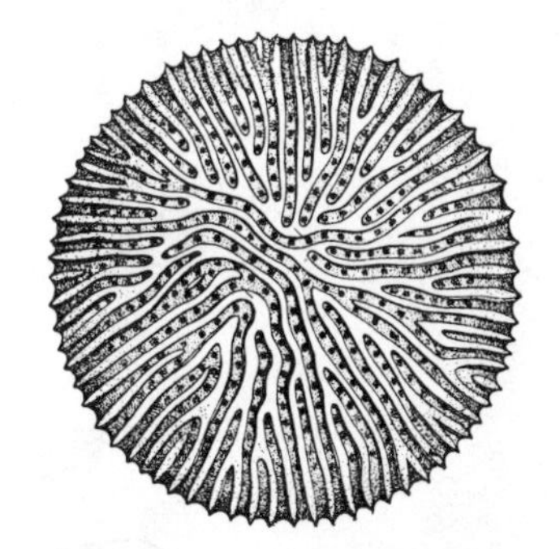

Abb. 154: Madreporenplatte von *Asterias rubens*. In den Furchen liegen die Porenöffnungen

Der Steinkanal führt zum mesocölen Ringkanal, der der Innenfläche der den Mund umgebenden Skelettstücke anliegt. Bei unseren Alkoholexemplaren ist er stark kollabiert und daher schwer zu sehen. Unter der Lupe erkennt man in jedem Interradius ein Paar kleine Anhangsdrüsen des Ringkanals, die Tiedemannschen Körperchen. Zwischen ihnen liegen bei anderen Seesternen größere Blasen, die Polischen Blasen, die mit dem Ringkanal in Verbindung stehen (vgl. Abb. 152); bei *Asterias* fehlen Polische Blasen.

Von dem Ringkanal gehen fünf Radialkanäle in die Arme; sie sind unserem Blick entzogen, da sie sofort auf die Oralseite durchtreten, wo sie im Grunde der tiefen Armfurchen (Ambulakralfurchen) verlaufen.

Dagegen sind deutlich von oben sichtbar die Ampullen, helle Bläschen mit muskulöser Wand, die in zwei Paar dicht stehenden Reihen den Arm entlangziehen. Da die Ampullen sehr dicht gedrängt stehen, so ist die Reihenanordnung oft verwischt. Jede Ampulle steht oralwärts durch einen Kanal, den Ampullenkanal, mit dem Hohlraum eines Füßchens in Verbindung. Füßchen und Ampulle stehen nach innen zu durch einen zweiten, horizontalen Kanal, den Füßchenkanal, mit dem Radialkanal in Verbindung (vgl. Abb. 152). Ventilklappen im Innern des Füßchenkanals verhindern, daß bei Kontraktion der Ampulle die in ihr enthaltene Flüssigkeit in den Radialkanal strömt; sie wird somit in den im Inneren des Füßchens gelegenen Hohlraum hineingepreßt, das sich infolgedessen lang ausstreckt.

Betrachten wir von der oralen Seite her die Füßchen, so sehen wir, daß sie die Gestalt von mehr oder minder kontrahierten Schläuchen haben, und daß besonders die dem Zentrum näher liegenden am freien Ende eine wohl entwickelte Saugscheibe besitzen. Schneiden wir ein solches Füßchen ab, und betrachten wir es bei schwacher Vergrößerung unter dem Mikroskop, so finden wir in seiner Wand eine starke Längsmuskulatur, die in der Mitte der Saugscheibe inseriert. Die Füßchen des Spitzenteiles der Arme entbehren einer Saugscheibe; sie haben wahrscheinlich, wie der Terminalfühler, sensorische Funktion.

Reißen wir die Ampullen eine Strecke weit von ihrer Unterlage ab, so werden in den Ambulakralplatten die Spalten sichtbar, die zum Durchtritt der Ampullenkanäle dienen (Abb. 153, Armstück II). Sie liegen alternierend in zwei Längsreihen jederseits der Mittellinie.

Wir sehen uns bei dieser Gelegenheit das Armskelett der Oralseite etwas näher an. In der Mittellinie stoßen die schmalen Ambulakralplatten, die wirbelähnlich mit-

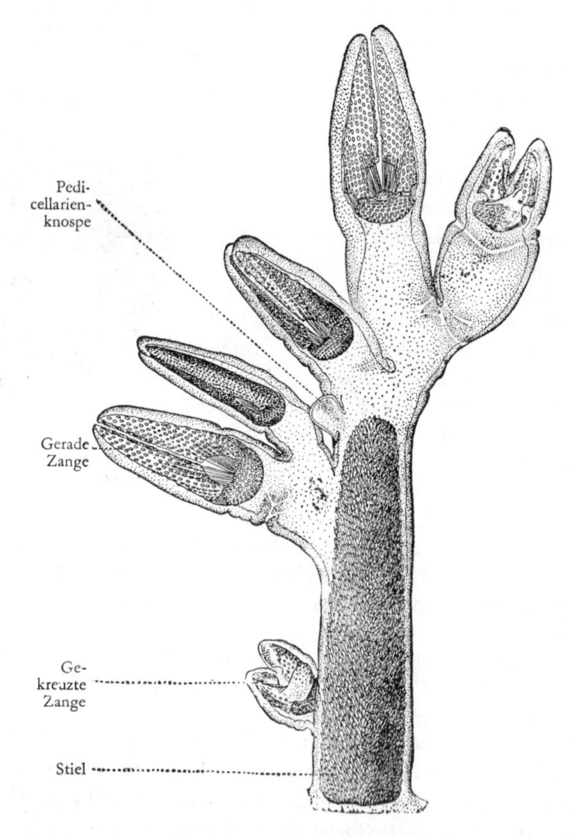

Abb. 155: *Asterias rubens.* Gruppe von Pedicellarien auf einem Kalkstiel

einander verbunden sind, dachförmig zusammen. Die Löcher für die Ampullenkanäle stellen Erweiterungen der Nähte zwischen zwei aufeinanderfolgenden Ambulakralplatten dar.

Entfernen wir mit der Pinzette die Füßchen der an die zentrale Scheibe stoßenden Armabschnitte, so erkennen wir in der Tiefe jeder Ambulakralfurche den ektoneuralen Radiärnerven als weißlichen Längsstrang.

Die fünf Radiärnerven stehen mit dem den Schlund umgebenden Ringnerven in Verbindung, dessen Präparation sich schwerer ausführen läßt. Dicht unter diesem oberflächlichen Nervensystem liegt in der oralen Wand der Metacölkanäle das hyponeurale System, das wir allerdings erst später, beim Studium eines Armquerschnitts sehen werden (Abb. 157).

Ein gutes Präparat der Pedicellarien erhält man, wenn man in der Nähe des Mundes die Kalkstiele abschneidet, auf denen Pedicellarien in Gruppen sitzen, und sie, ohne sie zu färben, in Glyzerin auf den Objektträger bringt.

Die Pedicellarien sind kleine, durch Skeletteile gestützte und mit einer Muskulatur zum Öffnen und Schließen ausgestattete Zangen oder Scheren. Sie sind sämtlich nur zweiklappig, im übrigen aber verschieden ausgebildet. So gibt es außer «geraden» auch «gekreuzte» Formen, bei denen die Blätter im Gelenk kreuzweise miteinander verschränkt sind (Abb. 155).

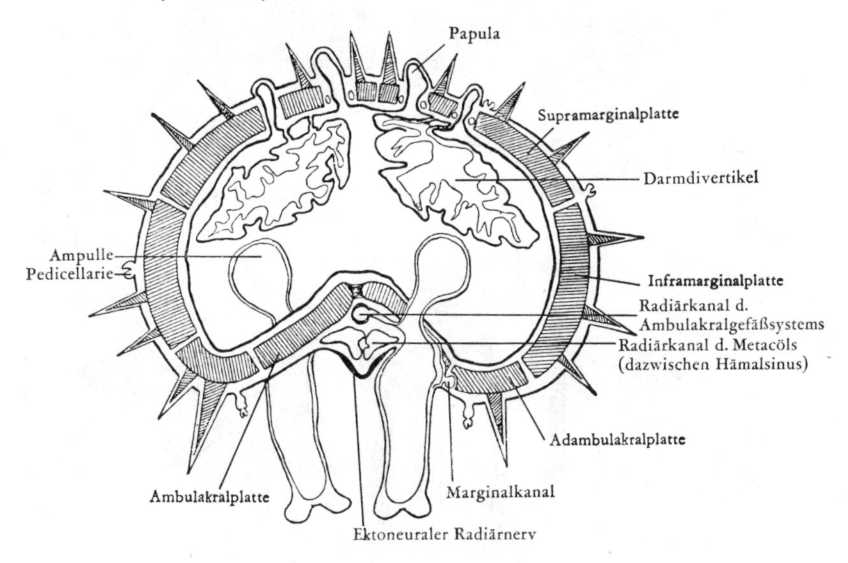

Abb. 156: Querschnitt durch einen dicken Arm von *Asterias rubens*, mit eingezeichneten Skelettstückchen, schematisiert

Es werden jetzt fertige mikroskopische Präparate, Querschnitte durch den entkalkten Arm eines jungen Seesternes, gegeben.

Zunächst müssen wir uns daran erinnern, daß die den Arm umgebenden Skelettstücke durch den Entkalkungsprozeß fast vollständig aufgelöst wurden, so daß nur schwer gegeneinander abgrenzbare Reste übrigblieben, unter der Form von netzförmig angeordneten Zellgruppen. Als Ersatz mag die schematisierte Abb. 156 dienen, die uns über Anordnung und Bezeichnungsweise der Skelettplatten unterrichtet.

Auf den ersten Blick erkennen wir in unseren Präparaten (Abb. 157) die Ambulakralfurche, die uns die Oralseite kennzeichnet. An den Seiten wie auf dem Rükken des Querschnittes sehen wir zarte, bläschenförmige Ausstülpungen, die zwischen den Skelettplatten hindurchtreten. Es sind die Kiemenbläschen (Papulae), deren

Wand von der Haut und dem die Leibeshöhle auskleidenden Peritoneum gebildet wird. Zwischen ihnen sind Pedicellarien und Stacheln in Anschnitten deutlich zu sehen.

Im Innern des Armes liegen, der Decke genähert und an ihr durch je zwei Aufhängebänder (Mesenterien) befestigt, die ansehnlichen Querschnitte der gegabelten Divertikel des Magens, deren Wand stark gefaltet ist. Oral von ihnen sind die Ampullen getroffen, meist nur eine auf jeder Seite, da ja die beiden Reihen einer Seite alter-

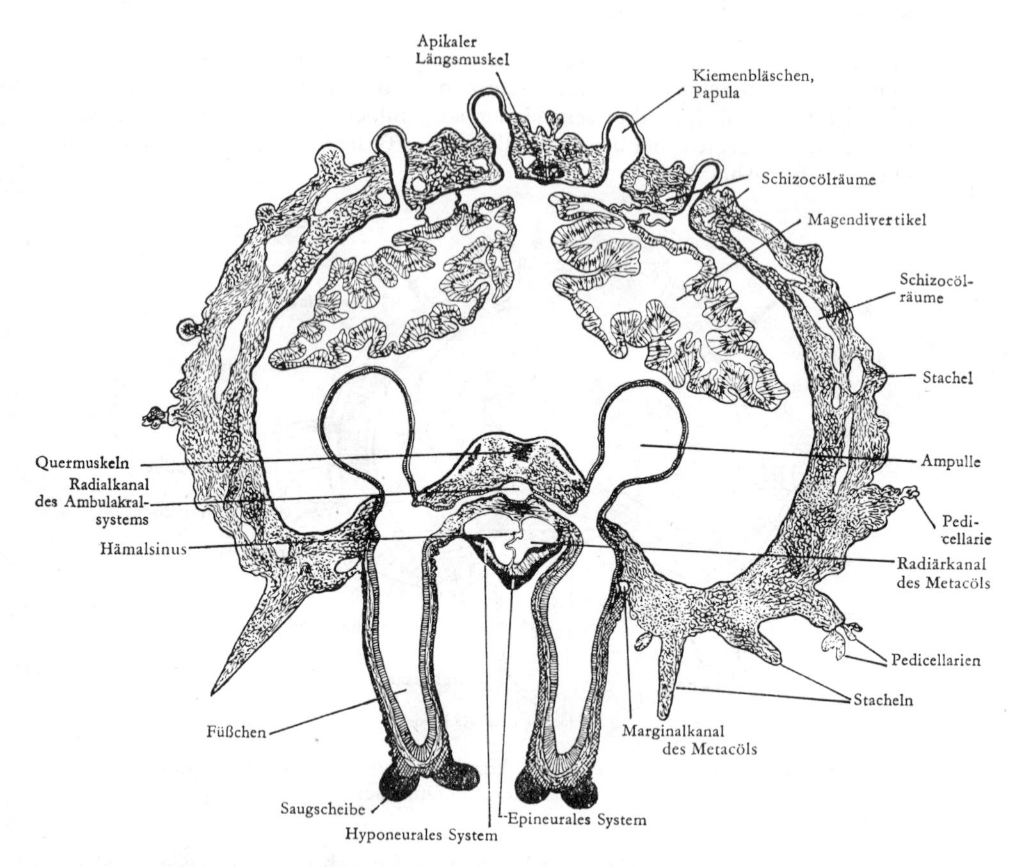

Abb. 157: Querschnitt durch einen entkalkten Arm von *Asterias rubens*

nierend angeordnet sind. Auch der zum Füßchen führende Ampullenkanal ist deutlich sichtbar.

In der Tiefe der Ambulakralfurche sehen wir den Radialkanal des Wassergefäßsystems (Mesocöls), von dem rechts und links die Füßchenkanäle zu den Füßchen und den Ampullen abgehen; natürlich werden diese feinen Kanäle nur ab und zu vom Schnitt getroffen sein.

Vom Nervensystem ist sehr deutlich der uns schon von der Präparation her bekannte ektoneurale (= epineurale) Nervenstrang zu erkennen. Als sogenannter Radiärnerv liegt er der medianen Längsleiste der Ambulakralfurche auf. In etwas tieferer Lage, körperwärts von der Basalmembran der Epidermiszellen und von ihnen außerdem durch eine feine Bindegewebslamelle getrennt, können wir eine zweite Schicht von Nervenfasern erkennen, den hyponeuralen Radiärnerven. Seine Elemente liegen im Epithel des metacölen Radiärkanals (daher die alte Bezeichnung Hyponeuralkanal). Zum hyponeuralen System gehören auch noch die in der distalen Wand der Marginalkanäle eingebetteten Nerven und Nervenknoten. Von den in der Epidermis und dem Peritoneum liegenden Nervengeflechten werden wir an unseren Präparaten kaum etwas erkennen.

Zwischen dem Radiärnerv einerseits und dem Radialkanal des Wassergefäßsystems andrerseits liegt ein Hohlraum, der von einem senkrechten, doppelwandigen Septum durchzogen wird. Es handelt sich um einen Radiärkanal des Metacöls. In seiner Mitte ist die zwischen den Septen verlaufende Blutlakune quergetroffen. In manchen Schnitten werden die vom metacölen Radiärkanal in die mediale Füßchenwand ziehenden Kanäle zu sehen sein. Immer wird man seitlich der Füßchenbasis Querschnitte der Marginalkanäle erkennen.

II. Echinoidea, Seeigel

A. Allgemeine Übersicht

Die Seeigel haben einen meist kugelförmigen, seltener herz- oder scheibenförmigen Körper, der fast ausnahmslos in sich starr ist, indem die Kalkplatten seiner Wandung untereinander in fester Nahtverbindung stehen. Weich bleibt je ein Feld an den beiden Polen der Hauptachse. Das den Mund umgebende Feld heißt Peristom, das obere, in dem – meist exzentrisch, der After liegt, Periproct (Abb. 158). Zwischen beiden liegt, bei den regulären Seeigeln in zehn Doppelreihen angeordnet, das Plattenskelett. Fünf dieser Doppelreihen, die Ambulakralplatten, werden von den Ambulakralfüßchen durchbohrt; die fünf anderen, mit ihnen alternierenden Doppelreihen, die Interambulakralplatten, sind breiter und nicht durchbohrt. Jede Ambulakralplatte besitzt ursprünglich ein Paar von Füßchenporen; doch kann ihre Zahl durch Vereinigung benachbarter Platten erheblich größer werden.

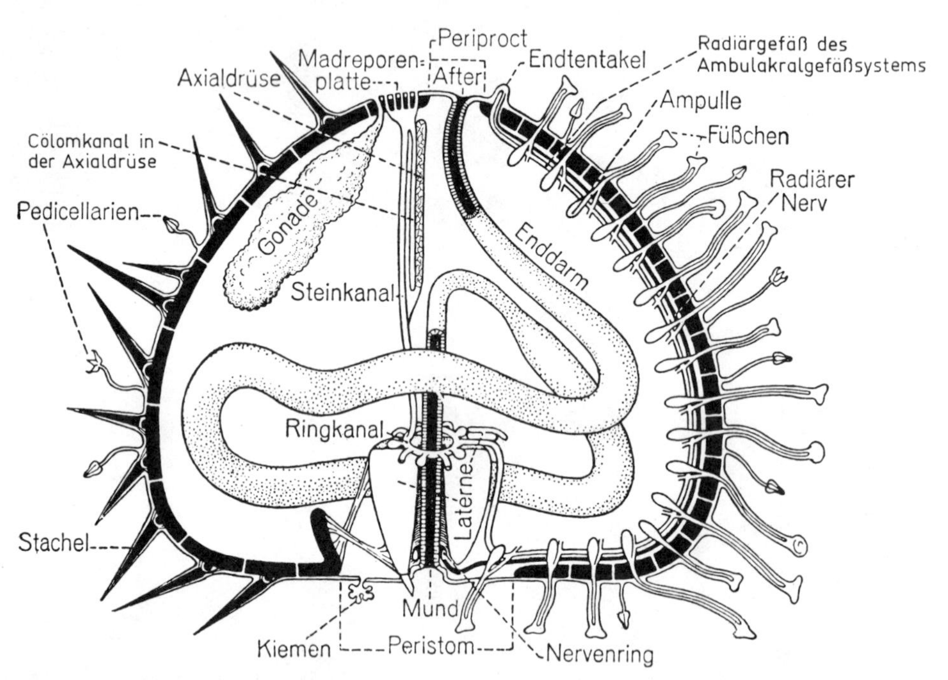

Abb. 158: Schematisierter Längsschnitt eines Seeigels. Der Schnitt geht rechts durch ein Ambulakrum, links durch ein Interambulakrum

Die fünf Doppelreihen der Ambulakralplatten endigen am Periproct mit je einer Ocellarplatte, die fünf Doppelreihen der Interambulakralplatten mit je einer Genitalplatte, von denen eine meist als Madreporenplatte ausgebildet ist.

Bei den irregulären Seeigeln mit mehr oder weniger stark abgeplattetem Körper ist das Afterfeld aus dem Kreis der Ocellar- und Genitalplatten heraus in einen Interradius gerückt – er wird im Hinblick auf die Fortbewegungsrichtung als der hintere bezeichnet –, mitunter bis in die Nähe des Mundfeldes. Die Ambulakralplatten sondern sich bei diesen Formen in einen ventralen, mit typischen lokomotorischen Füßchen ausgestatteten Abschnitt und in einen dorsalen, der Sinnes- oder Kiemenfüßchen trägt. Bei manchen irregulären Seeigeln verschiebt sich auch das Mundfeld vom Pol weg, bis zu einer dem After entgegengesetzten Lage. So kommt es bei den irregulären Seeigeln zu einer allmählichen Überlagerung der radial-symmetrischen Grundform durch eine ausgesprochen bilaterale.

Ambulakralplatten wie Interambulakralplatten sind bedeckt mit kleinen, halbkugeligen Gelenkhöckern, denen Stacheln aufsitzen, die durch basale, radiär angeordnete Muskeln in allen Richtungen bewegt werden können. Pedicellarien sind allgemein entwickelt; sie sind gestielt, von mannigfacher Form und oft hoch kompliziert.

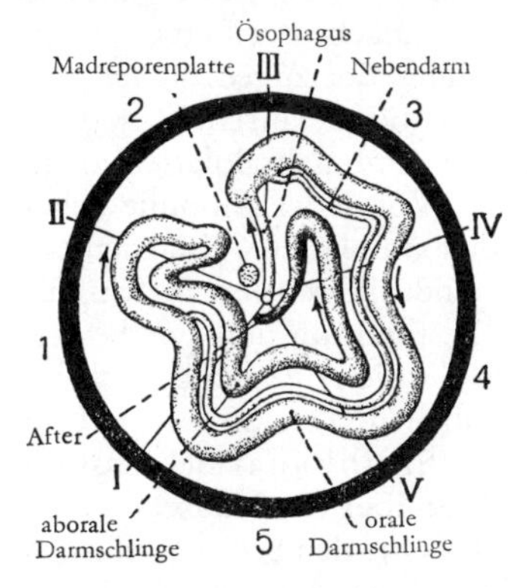

Abb. 159: Schema des Darmverlaufs eines regulären Seeigels, von der oralen Seite gesehen. Radien (Ambulakra) mit römischen, Interradien (Interambulakra) mit arabischen Zahlen angegeben

Der Mund ist bei den regulären und einigen irregulären Seeigeln mit fünf Zähnen bewaffnet, die von einem komplizierten Gerüst von 30 Kalkstücken und der ihnen zugehörenden Muskulatur bewegt werden. Man nennt diesen Apparat die «Laterne des Aristoteles». Der Darmkanal ist durch Bänder und Mesenterien an der Schalenwand befestigt. Er ist spiralig aufgewunden, meist in einer doppelten Spirale, indem er erst eine ganze Windung von links nach rechts (d.h. im Sinne des Uhrzeigers von der Mundseite gesehen), dann eine rückläufige Windung von rechts nach links beschreibt (Abb. 159). Der After liegt meist exzentrisch, bei einigen Arten auch sekundär zentral.

Die erste Spiralwindung des Darmes wird meist begleitet von einem aus einer Furche entstandenen, engen Nebendarm (Siphon), der vom Ende des Ösophagus entspringt und am Ende der ersten Windung wieder in den Hauptdarm einmündet. Er enthält nur Seewasser, nie Nahrungsteilchen. Rhythmische Kontraktionen seiner Wand pumpen das in den Ösophagus aufgenommene Wasser relativ rasch durch ihn hindurch, ein Vorgang, der als Atmungsmechanismus gedeutet wird.

Die Leibeshöhle ist fast immer sehr geräumig. Das System der Cölomkanäle weicht zum Teil nicht unerheblich von dem auf S. 299 gegebenen Schema ab. Das orale Metacöl ist mächtig entwickelt und umgibt als tonnenförmiges Kiefercölom den gesamten Kauapparat. Sein zentrales Wandepithel umfaßt den Ösophagus, sein peripheres deckt als Laternenmembran die Kiefer außen ab, seine Bodenfläche liegt der Peristomialmembran innen dicht an und entsendet Aussackungen in die 5 Paar Kiemen. Auch an der aboralen Oberfläche hat die Laternenmembran interradial 5 – unpaare – Säckchen vorgewölbt. Sie verbergen die basale Wachstumszone der Zähne. Die radiären Metacölkanäle verlaufen unter der Schale genau hinter der Nahtstelle der Ambulakralplatten. Sie verlieren bei fast allen Seeigeln im Laufe der Entwicklung – wohl im Zusammenhang mit der Spezialausbildung des metacölen Ringes – die Verbindung zum Kiefercölom. Der aborale Metacölkanal ist von relativ geringerem Durchmesser als der der Seesterne, sonst aber typisch gebaut. Er entsendet die Gonadensäcke und umschließt den Genitalstrang und den aboralen Hämalsinus.

Der Schlundring des Ambulakralgefäßsystems (Mesocöl) liegt, den Ösophagus umfassend, der Aboralseite des Kiefercöloms auf. Er trägt interradial 5 kleine Blindsäcke (die sogenannten schwammigen Blasen) unbekannter Funktion. Polische Blasen fehlen. Radial gehen die 5 Ambulakralgefäße (Radialkanäle) ab. Jedes Ambulakralgefäß verläuft zunächst auf der Oberseite der Laterne, wobei es aber noch von zwei kleinen, zu dieser gehörenden Skelettstücken überlagert wird, zieht dann an der Außenfläche der Laterne hinab, tritt an die Innenfläche der Schale, verläuft in der Mittellinie der zugeordneten Ambulakralplattendoppelreihe über dem Mesocölkanal nach aboral, durchbohrt die Ocellarplatte und endet im Terminalfühler. Im Bereich der Ambulakralplatten ziehen Querkanälchen vom Radialkanal zu je einer Ampulle. Von jeder Ampulle gehen eng benachbart zwei Kanäle zu den Füßchen. Die Ambulakralplatten weisen dementsprechend Doppelporen auf. Die Ambulakralfüßchen sind differenziert in Saugfüßchen, die an der Spitze einen Saugnapf tragen und zur Festheftung und Fortbewegung dienen, Mundfüßchen (meist in der Zehnzahl), die für die Aufnahme mechanischer und chemischer Reize bestimmt sind, und Kiemenfüßchen. Der an einem Interradius aus dem ambulakralen Ringkanal entspringende Steinkanal zieht fast senkrecht nach aboral, erweitert sich zur Ampulle und mündet über die Madreporen nach außen.

Anders als bei den Seesternen ist weder der Steinkanal noch die ihm eng anliegende Axialdrüse von einem Axialcölom umfaßt. Doch finden wir einen mit bewimpertem Cölothel ausgekleideten Kanal, der vom Axocöl (Protocöl) abstammt, in der Axialdrüse. Dieser Kanal endet oral blind. Aboral mündet er – wenigstens bei *Strongylocentrotos* – in die Ampulle des Steinkanals ein. Eine direkte Verbindung zum aboralen Metacöl besteht nicht. Außer von diesem cölomatischen Kanal ist die Axialdrüse von zwei längsverlaufenden, pulsierenden Hämallakunen (s. S. 301) und – an ihrer Wand – schließlich noch von einem Netz von Hämallakunen durchzogen. Sie ist von Peritonealepithel bedeckt. Die Hämallakunen stehen aboral in Verbindung mit dem Hämalsinus im Metacölring und oral mit dem unter dem Ambulakralgefäßring verlaufenden Hämalringsinus. Der Hämalringsinus entsendet 5 Radiärsinus, die anfangs getrennt von den Radiärkanälen des Wassergefäßsystems sich nach oral wenden, dann aber zwischen diesen und den metacölen Radiärkanälen unter der Körperwand nach aboral ziehen. Der ösophageale Ringsinus steht außerdem über eine mächtige Blutbahn in Verbindung mit dem überaus reichen Netz der Blutlakunen des Darmes.

Zu erwähnen ist noch ein weiteres, den Seesternen fehlendes, ektodermales Kanalsystem. Seine Radiärkanäle verlaufen bei den Seeigeln distal vom Komplex der meso- und metacölen Radiärkanäle – also zwischen diesen und der Schale –, sein Ringkanal umzieht in der Cutis die Mundöffnung. Die Wand dieser Epineuralkanäle wird nicht von Leibeshöhlenepithel gebildet, sie sind also nicht dem System der Cölomräume zuzuordnen.

Von den drei Schichten des Nervensystems ist nur die ektoneurale gut ausgebildet. Seine bandförmigen Bahnen liegen im proximalen Epithel des epineuralen Ringkanals und der epineuralen Radiärkanäle, also eigentlich an der gleichen Stelle wie bei den Seesternen, da die Epineuralkanäle ja nichts anderes darstellen, als die außen durch Verwachsung verschlossenen und dann in die Tiefe verlagerten Ambulakralfurchen. Das hyponeurale Nervensystem ist nur im Bereich des Kauapparates ausgebildet, das aborale verläuft als Ring im Cölothel des Genitalkanals. – Sinnesorgane fehlen, Sinneszellen verschiedener Art finden sich zahlreich im Epithel.

Die Geschlechtsorgane liegen im Dorsalteil der Panzerkapsel als meist fünf sack- oder traubenförmige Drüsen, die durch fünf interradiale Mesenterien an der Innenfläche der Rückenwand befestigt sind. Sie münden durch die Löcher der Genitalplatten aus, wobei auch die Madreporenplatte keine Ausnahme macht. Bei einigen Arten wurde Brutpflege beobachtet. Die Geschlechter sind stets getrennt.

B. Spezieller Teil

Echinus esculentus

Die Körperform der vorliegenden Art gleicht mit ihrer abgeplatteten Unterseite und der gewölbten Oberseite etwa einem Apfel. Im Zentrum der Unterseite liegt der von fünf Zähnchen umstellte Mund; seine häutige Umgebung wird als Mundfeld (Peristom) bezeichnet. Die Mitte der Oberseite wird von dem weichen Afterfeld (Periproct) eingenommen, in das unregelmäßige Kalkplättchen eingelassen sind. Der After selbst liegt etwas exzentrisch. Die gesamte Oberfläche, mit Ausnahme von Mund- und Afterfeld, ist von kürzeren oder längeren Stacheln bedeckt, die auf runden Tuberkeln sitzen und nach allen Richtungen beweglich sind, Da sie, wie das Skelett der ganzen Schale, mesodermaler Herkunft sind, werden sie ursprünglich von der Haut überzogen, die sich aber bald zumindest an der Spitze abreibt.

Um das Skelett der Schale kennenzulernen, untersuchen wir zunächst ein getrocknetes Exemplar, an dem Haut und Stacheln entfernt wurden (Abb. 160).

Um das an der trockenen Schale als kreisförmige Aussparung in Erscheinung tretende Afterfeld herum sehen wir zwei Kreise von Kalkplatten liegen. Der innere besteht aus fünf größeren, fünfeckigen Platten, Basalia genannt, oder auch Genitalplatten, weil jede von ihnen ein Loch aufweist, durch das eine der fünf Gonaden nach außen mündet. Eine dieser Platten ist besonders groß und an ihrer Oberfläche von unzähligen, feinen Poren durchsetzt. Das ist die Madreporenplatte.

Der äußere Plattenkreis schiebt sich zwischen die Genitalplatten etwas ein und besteht aus fünf kleinen, fünfeckigen Stücken, den Radialplatten, auch Ocellarplatten genannt. Auch in jeder dieser Platten findet sich eine allerdings viel engere Durchbohrung, die deutlich sichtbar wird, wenn man das Schalenstück gegen das Licht hält. Durch sie tritt das Endstück des radiären Ambulakralgefäßes und des radiären Nerven nach außen, außerhalb der Schale gemeinsam das Endtentakelchen bildend.

Von diesen beiden Plattenkreisen aus ziehen meridian gestellte Plattenreihen abwärts bis zum Mundfeld, in ihrer Gesamtheit die feste Schale bildend. Wir zählen 20 solcher Reihen, die paarweise vereinigt sind, also 10 Doppelreihen. Fünf Doppelreihen, die Ambulakralplatten, gehen von den Radialplatten aus; mit ihnen alternieren die fünf anderen, an die Genitalplatten anschließenden Doppelreihen, die Interambulakralplatten. Die Naht zwischen je zwei gleichartigen Plattenreihen bildet eine Zickzacklinie.

Die Ambulakralplatten sind leicht daran zu erkennen, daß sie allein von Poren durchsetzt sind, die stets paarig auftreten, entsprechend den gleichfalls paarigen Kanälen zwischen Füßchen und Ampulle. Auf jeder Platte finden sich drei solcher Porenpaare, die stets nach den äußeren Rändern jeder Doppelreihe zu liegen, während der innere Teil mit runden, stacheltragenden Tuberkeln besetzt ist. Entsprechende Stachelwarzen finden wir, in ziemlich regelmäßiger Anordnung, auf den Interambulakralplatten wieder.

Wir legen nun das in Alkohol konservierte Exemplar ins Wachsbecken, das Mundfeld nach oben.

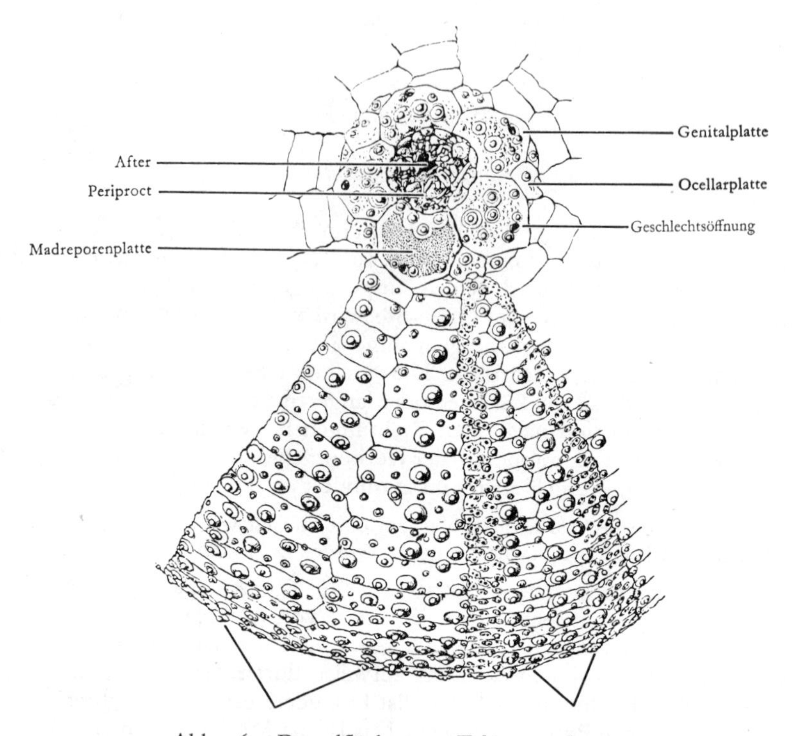

Abb. 160: Dorsalfläche von *Echinus esculentus*

Das Mundfeld ist eine weiche, lederartige Membran, in deren Mitte sich der von den Spitzen der fünf weißen Zähnchen verschlossene Mund befindet. Um den Mund herum stehen zehn größere Mundfüßchen, die statt eines Saugnapfes eine zweilappige, reich innervierte Endscheibe tragen. Sie werden als Organe eines chemischen Sinnes aufgefaßt und spielen wahrscheinlich eine Rolle bei der Nahrungssuche. An der Peripherie des Mundfeldes stehen fünf Paar stark verästelter Anhänge, in jedem Interradius ein Paar, die Kiemen. Sie sind Ausstülpungen, deren flüssigkeiterfüllter Hohlraum mit dem den Kauapparat umgebenden Teil der Leibeshöhle (Kiefercölom) in Verbindung steht.

Zwischen den Stacheln liegen zahlreiche, verschieden geformte und verschiedenen Zwecken dienende, gestielte Pedicellarien.

Mit der feinen Pinzette werden einige Pedicellarien vorsichtig von ihrer Unterlage abgelöst, auf einen Objektträger in Glyzerin gebracht und unter dem Mikroskop bei schwacher Vergrößerung betrachtet.

Man sieht, daß diese kleinen Greifapparate aus einem Stiel und drei diesem aufsitzenden, beweglichen Klappen bestehen. Der Stiel enthält in seinem unteren Teil einen starren Kalkstab, der von einer Scheide elastischer Fasern umgeben ist. Der obere Stiel ist biegsam; er kann sich unten spiralig drehen, oben fernrohrartig ineinanderschieben (Abb. 162). Je nach der Form der Klappen werden tridaktyle, trifoliate, ophiocephale und globifere Pedicellarien unterschieden; die globiferen sind durch den Besitz sehr wirksamer Giftdrüsen ausgezeichnet, während die übrigen reine Greiforgane sind.

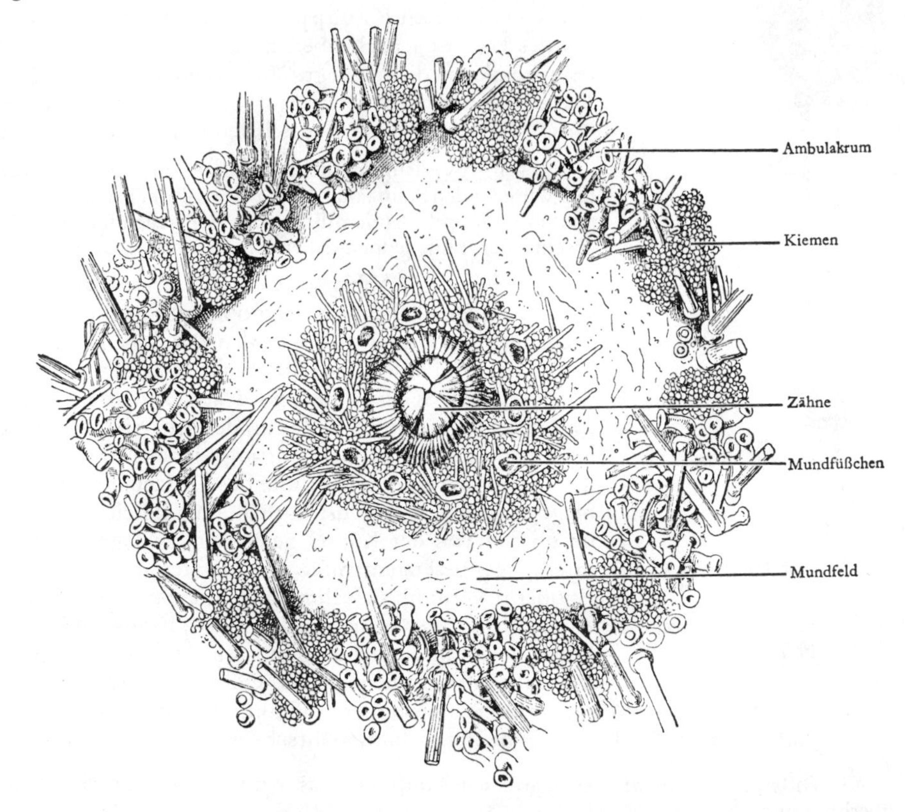

Abb. 161: Mundfeld von *Echinus esculentus*

An dem in Alkohol konservierten Exemplar lassen sich auch die dem Skelett aufsitzenden Stacheln genauer untersuchen. Sie sind mit einem von der Schale gebildeten Tuberkel gelenkig verbunden, und zwar einmal durch ein zentrales Ligament, dann durch eine Tuberkel und Stachelbasis verbindende Kapsel. In die Kapsel ist eine radiär angeordnete Muskulatur eingebettet, die den Stachel in jeder Richtung bewegen und dann sperren kann. Zwischen den zahlreichen Stacheln sieht man im Bereich der Ambulakralplatten die fünf Doppelreihen von Füßchen liegen, die beim lebenden Tier sehr ausdehnungsfähig sind und ähnlich funktionieren wie beim Seestern.

Zum Studium der inneren Organisation wird der Körper des Seeigels geöffnet. Am besten geschieht das mit einer Laubsäge. Etwas unterhalb der Mitte wird die Schalenwand ringsherum horizontal aufgesägt; die beiden Schalenhälften werden vorläufig nicht auseinandergeklappt. Etwas langwieriger, aber lohnender, ist das Heraussägen der Ambulakralplattenreihen, so daß breite Fenster entstehen, durch die man die innere Organisation überschauen kann.

Entfernen wir die beiden Schalenhälften vorsichtig ein wenig voneinander, so sehen wir, wie der Steinkanal den Innenraum axial durchzieht, indem er senkrecht von der Madreporenplatte zum Ringkanal absteigt. Die Wand des Steinkanals enthält bei *Echinus* keine Kalkeinlagerungen. In der unteren Schalenhälfte sehen wir den komplizierten Kauapparat, aus dem der Anfangsteil des Darmes nach oben zu austritt, wobei er sich dem Steinkanal dicht anlegt. Wir erkennen ferner, daß der Darm in seinem weiteren Verlauf spiralig aufgerollt ist und durch Mesenterien an der Schalenwand befestigt wird.

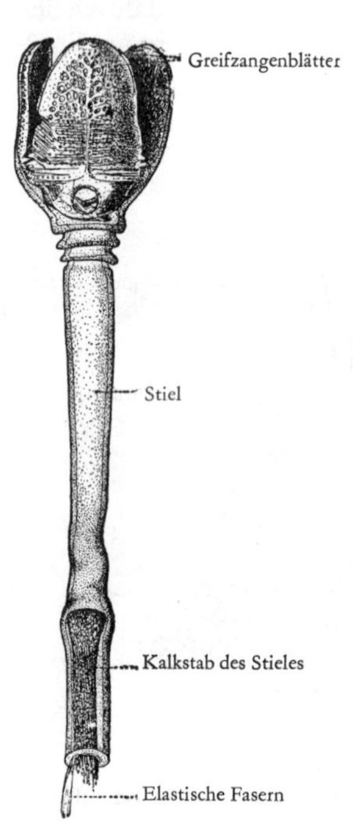

Abb. 162: *Echinus esculentus*. Pedicellarie

Um seinen Verlauf deutlicher erkennen zu können, schneiden wir jetzt den Steinkanal dicht unterhalb der Madreporenplatte durch und klappen die beiden Schalenhälften langsam auseinander, ohne jedoch dabei den Darm durchzureißen.

Wir sehen (vgl. Abb. 163), daß der Darm, nachdem er neben dem Steinkanal weit nach oben gezogen ist, scharf nach unten umbiegt, wobei er sich der Innenfläche der Schale nähert. Dieser erste Abschnitt des Darmrohres ist von geringem Kaliber und wird als Ösophagus betrachtet. Der eigentliche Darm, der sehr viel weiter ist, beschreibt zunächst einen Umgang, der bei Ansicht von der Mundseite in der Richtung des Uhrzeigers verläuft, biegt dann auf sich selbst zurück und beschreibt einen im oberen Teil der Kapsel gelegenen zweiten Umgang in entgegengesetztem Sinn. Sein letzter Abschnitt, der Enddarm, verjüngt sich allmählich in seinem Verlauf zum After. Neben der Mündung des Ösophagus bildet der Darm einen ansehnlichen Blindsack. Der erste Umgang des Darmes wird von einem erheblich dünneren Nebendarm begleitet, der durch eine vordere und hintere Öffnung mit dem Hauptdarm in Verbindung steht. Er dient, wie oben erwähnt, wahrscheinlich der Atmung.

Wir entfernen nunmehr den Darm vorsichtig, um das Ambulakralsystem besser überblicken zu können.

Die Ampullen erkennen wir als abgeflachte, dreieckige, zarte Gebilde, die an der Innenwand der Ambulakralplatten in zwei dicht geschlossenen Reihen angeordnet sind. Der Ringkanal, der den Schlund auf der Oberseite des Kauapparates umgibt, ist schwer zu präparieren und ebenso die fünf von ihm abgehenden Radiärgefäße, die zunächst auf der Oberseite des Kauapparates verlaufen, aber verdeckt durch zu ihm gehörende Skeletteile, dann an seiner Außenfläche hinabziehen, darauf durch die später zu erwähnenden bogenförmigen Aurikeln treten, um schließlich der Innenfläche der Schale angelagert aufzusteigen und am Afterfeld blind zu endigen. Seitlich von ihnen austretende, alternierende Zweige gehen in die Ampullen. Man bringt sie durch vorsichtige Wegnahme der Ampullen zur Ansicht. Jede Ampulle steht mit dem entsprechenden Füßchen durch zwei die Schale durchbohrende Kanäle in Verbindung (Abb. 164). Einer von ihnen, und zwar der dem Radiärgefäß nähere, leitet die

Flüssigkeit von der Ampulle zum Füßchen, der andere führt sie zur Ampulle zurück, was einen für die Atmung günstigen Kreislauf der Flüssigkeit ermöglicht.

Die Geschlechtsorgane sind bei großen Exemplaren sehr stark entwickelt und bilden fünf traubige, miteinander verschmelzende Organe, die an der dorsalen Schalenwand angeheftet sind und interambulakral liegen.

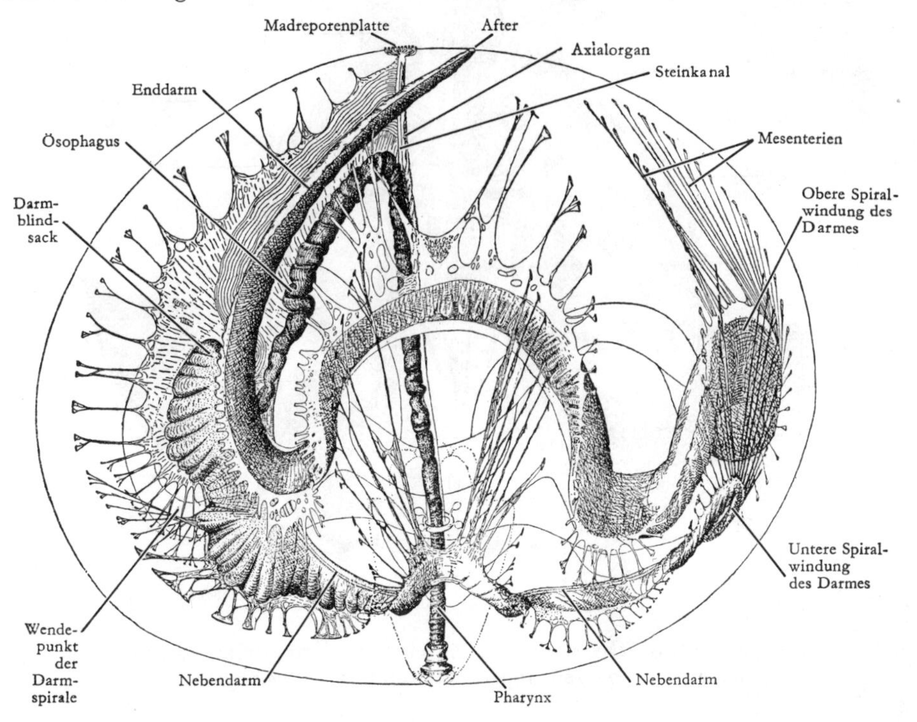

Abb. 163: *Echinus esculentus*. Der Verlauf des Darmes. (Schale und Ambulakralsystem sind weggelassen)

Schließlich wenden wir uns zur Betrachtung des komplizierten Kauapparates, eines seit PLINIUS als «Laterne des Aristoteles» bezeichneten Organes, das von einer Membran, der Laternenmembran, überzogen ist (Abb. 164). Schon bei der Betrachtung der äußeren Körperform hatten wir fünf vorstehende, elfenbeinweiße Zähnchen gesehen. Lösen wir die Laternenmembran vorsichtig ab, so sehen wir, daß jeder Zahn in einen kräftigen Kiefer eingelassen ist, der seiner Form wegen auch als Pyramide bezeichnet wird. Jeder Kiefer setzt sich aus zwei symmetrischen Stücken zusammen, die durch Fasern fest aneinandergeschlossen sind. Die Zähne sind unten meißelartig zugespitzt, oben enden sie mit einer weichen, eingerollten Wurzel, die ihr ständiges Wachstum bewirkt, in der Zahnblase des Kiefercöloms. Zwischen den einzelnen Kiefern spannt sich eine sehr kräftige Quermuskulatur aus (Musculi interpyramidales). Über den Kiefern liegen zehn als Epiphysen oder Bogenstücke bezeichnete Skelettspangen, die wir in ihrer Gesamtheit mit einem Radkranz vergleichen können. Die Speichen des Radkranzes werden durch fünf dem Zentrum zustrebende Zwischenkieferstücke (Rotulae) dargestellt, über denen sich als letzte Elemente fünf schlanke Gabelstücke (Kompaßstücke) erheben, deren peripheres Ende nach unten abgebogen ist.

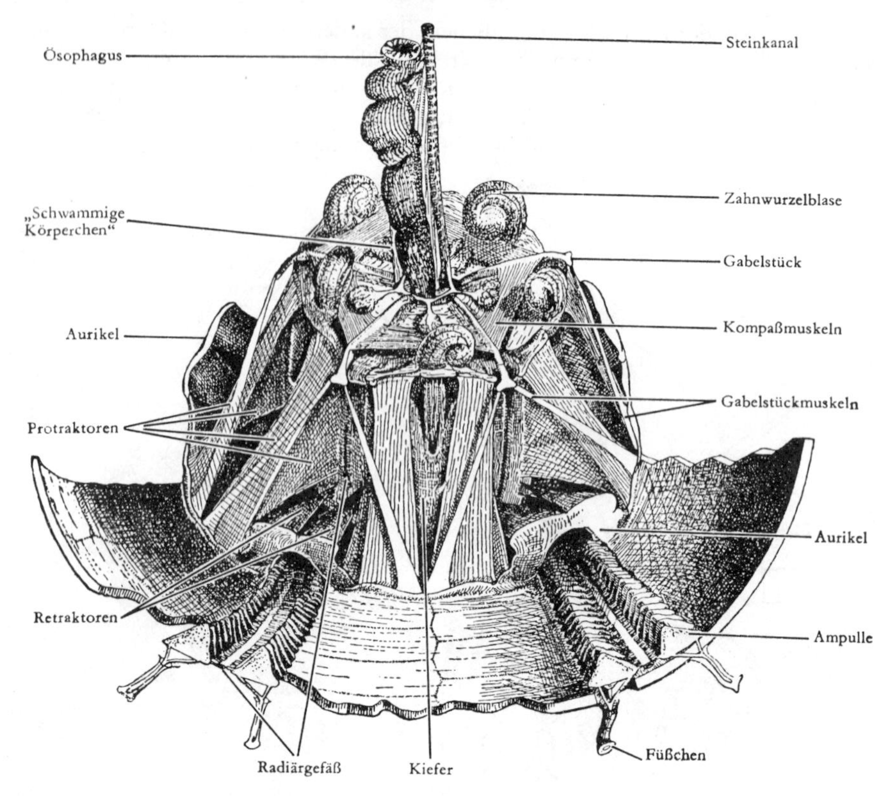

Abb. 164: Kauapparat von *Echinus esculentus*. Die feine Membran (Epithel des Kiefercöloms), die über den ganzen Apparat gespannt ist, ist weggelassen

Dieses komplizierte Skelett wird durch eine große Anzahl Muskeln in Bewegung gesetzt. Sie entspringen zum Teil an einem die Peripherie der Mundscheibe umgebenden, nach innen vorspringenden Skelettring, der fünf ambulakral liegende, bogenförmige Erhebungen aufweist, die Aurikeln. Die Zähne werden aneinandergepreßt durch die schon erwähnten, sehr kräftigen Interpyramidalmuskeln zwischen den einzelnen Kiefern. Das Herabziehen einzelner Kiefer und das Senken der ganzen Laterne wird durch die fünf Muskelpaare besorgt, die von den Bogenstücken zu den interambulakralen Vertiefungen zwischen je zwei Aurikeln ziehen. Als Antagonisten wirken beim Heben zehn kräftige, vom Oberrand der Aurikeln schräg abwärts zu den Unterenden der Kiefer ziehende Muskeln; gleichzeitig bewirken diese Muskeln ein Öffnen der Zähne, wie auch beim Senken gleichzeitig ein Schließen (Zubeißen) eintritt. Die schwachen, von den peripheren Enden der Gabelstücke abwärts ziehenden Muskeln pressen die Gabelstücke auf den darunterliegenden Kiefersinus, einen Teil der Leibeshöhle, und drücken dadurch die in ihm enthaltene Flüssigkeit in die Kiemenbläschen des Mundfeldes, dienen also, wenigstens hauptsächlich, der Atmung. Als ihre Antagonisten wirken die zwischen den Gabelstücken ausgespannten Kompaßmuskeln.

III. Holothuroidea, Seewalzen

A. Allgemeine Übersicht

Die Holothurien haben durch Streckung der Mund und After verbindenden Hauptachse zylindrische bis wurmförmige Gestalt angenommen. Ihre Fortbewegungsweise ist meist ein Kriechen auf dem Meeresboden. Sie liegen dabei auf der Seite (Gegensatz zu den anderen Echinodermen!), und zwar kehren sie dem Untergrund stets die gleiche (dem Steinkanal gegenüberliegende) Körperseite zu, so daß wir von einer (physiologischen) Bauchseite sprechen können. Mund- und Afteröffnung liegen am vorderen bzw. hinteren Körperpol. Die Bauchseite ist häufig abgeflacht (Kriechsohle); sie umfaßt drei füßchentragende Ambulakren und zwei Interambulakren und wird dementsprechend auch als Trivium bezeichnet. Auf die Rückenseite, das Bivium, entfallen demnach zwei Ambulakren und drei Interambulakren. Die Füßchen sind meist nicht gleichmäßig entwickelt; nur das Trivium hat lokomotorische Füßchen mit Saugscheiben, die des Biviums sind tentakel- bis warzenartig und entbehren der Saugscheiben («Ambulakralpapillen»). In diesem wie in anderen Punkten ist es zu einer durch die Art der Fortbewegung bedingten Durchbrechung der radiären Symmetrie, zur Anbahnung einer Bilateralsymmetrie gekommen.

Die unbewimperte Epidermis scheidet eine dünne Kutikula aus. Das Hautskelett ist bei den rezenten Formen auf kleine, durchlöcherte, isoliert in der Cutis liegende Kalkkörperchen (Skleriten) beschränkt. Dazu kommt fast stets ein den vordersten Darmteil umgebender, zusammenhängender Ring von größeren Skelettstücken, der Kalkring, der meist aus fünf größeren radialen und fünf interradialen Platten besteht. Er wird von einem röhrenförmig weit nach innen vorragenden Ringwulst der Unterhaut gebildet.

Die Reduktion des Hautpanzers verleiht der meist lederartig verdickten Haut eine größere Beweglichkeit. Damit steht im Zusammenhang, daß die mit der Haut fest verwachsene Muskulatur der Körperwandung bei den meisten Holothurien kräftig entwickelt ist (Hautmuskelschlauch). Sie wird von fünf radialen (ambulakralen) Längsmuskelbändern und interradialen Ringmuskelfasern gebildet. Die Längsmuskelstränge entspringen vorn am Kalkring.

Der Darmkanal beschreibt eine longitudinale Spiralwindung und erreicht dadurch die drei- bis vierfache Körperlänge (Abb. 165). Ein breites Mesenterium befestigt ihn an der Körperwand. Um die Mundöffnung herum steht ein Kranz von Fühlern (Tentakeln), die gefiedert oder zierlich verästelt sind oder mit einer kleinen Scheibe enden. Es sind umgebildete und mächtig entwickelte vordere Ambulakralfüßchen, die mit den Radialkanälen, seltener mit dem Ringkanal selbst in Verbindung stehen und meist große Ampullen besitzen. Der Schlund ist muskulös und wird vom Kalkring umfaßt. Begleitet wird der Darm fast in seinem ganzen Verlauf von zwei mächtigen, gefäßartigen Blutlakunen, von denen die eine nahe dem Darm im Mesenterium (mesenterialer Sinus), die andere auf der gegenüberliegenden Darmseite (antimesenterialer Sinus) verläuft.

Der Enddarm erweitert sich zur Kloake, von der meist paarige, baumförmig verzweigte Wasserlungen (Kiemenbäume) ausgehen, die durch rhythmisches Einziehen und Ausstoßen von Wasser als Atmungsorgane funktionieren. Sie dienen außerdem der Exkretion und dem Mineralstoffwechsel und sind von Bedeutung für die Regulierung des Körpervolumens. Das plötzliche Ausstoßen des in ihnen enthaltenen Wassers ermöglicht eine schnelle Einstülpung des vorderen, die Fühler tragenden Körperabschnittes.

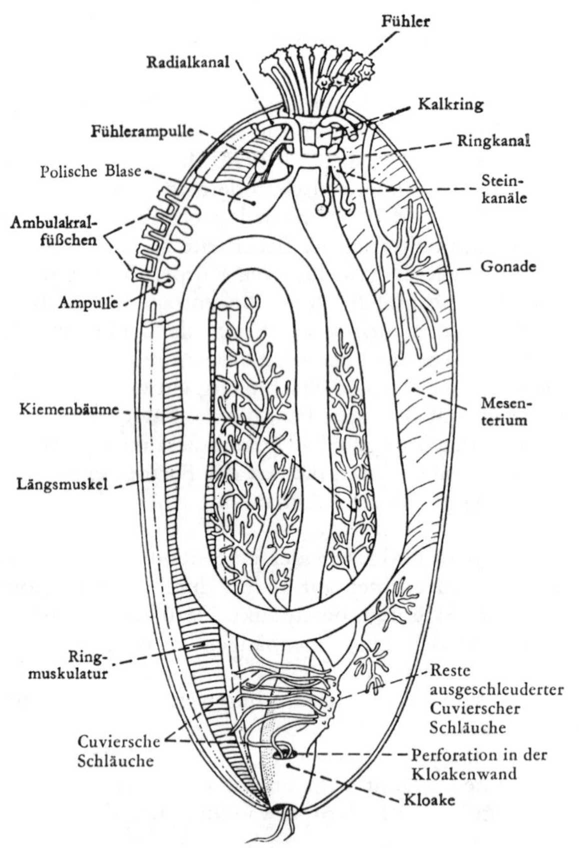

Abb. 165: Schema einer Holothurie

Bei einigen Arten entspringen vom Stamm der Kiemenbäume die Cuvierschen Organe, verhältnismäßig kurze Schläuche, die bei Beunruhigung durch einen Riß in der Kloakenwand in das Kloakenlumen gelangen und aus dem After ausgestoßen werden. Sie werden zu langen, außerordentlich klebrigen Fäden, die der Verteidigung dienen.

Das Ambulakralsystem (Mesocöl) ist nach dem allgemeinen Echinodermentypus entwickelt, zeigt aber einige Abänderungen. Von dem hinter dem Kalkring liegenden Ringkanal, dem meist nur eine Polische Blase gestielt ansitzt, gehen der Steinkanal und die fünf Radialkanäle ab. Der Steinkanal führt meist nicht bis zur Leibeswand, sondern hängt frei in die Leibeshöhle hinein, an seinem Ende mit einer durchlöcherten Madreporenplatte versehen. Die Zahl der Steinkanäle und auch die der Polischen Blasen kann sich erheblich vermehren.

Die Radialkanäle ziehen zunächst zwischen Schlund und Kalkring nach vorn, wo sie die Fühlergefäße abgeben. Dann biegen sie, schmächtiger geworden, nach hinten um und ziehen unter den Längsmuskelbändern bis zum Afterpol, wo sie blind endigen. Rechts und links gehen von den Radialkanälen abwechselnd die Füßchenkanäle ab, die oft verzweigt sind und dann also mehrere Füßchen bzw. Ampullen versorgen.

Das Protocöl und auch das Axialorgan fehlen vollständig. Die geräumige metacöle Leibeshöhle ist von einem flachen bis kubischen Epithel ausgekleidet. Sie ist unvollständig unterteilt durch die mächtigen Mesenterien, an denen der Darm aufgehängt ist. Rund um den Pharynx sind durch das den Kalkring bildende Cutisrohr, durch den Ringkanal des Wassergefäßsystems und den 5 nach vorn strebenden Radialkanälen und durch bindegewebige Septen und Muskeln eine Reihe von Kammern, die Epipharyngealkammern, mehr oder weniger vollständig vom Cölom abgetrennt. – Bei manchen Formen sitzen der Leibeshöhlenwand urnenförmige, bewimperte Organe, die Wimperurnen, auf.

Vom Kanalteil des Metacöls sind nur die Radiärkanäle gut ausgebildet. Sie verlaufen, wie üblich, distal von den Radiärkanälen des Wassergefäßsystems und entsenden Seitenäste in die Tentakel und Füßchen. Ob sie Verbindung haben zum oralen Ringkanal des Metacöls (= Peribuccalkanal), der unmittelbar unter dem ektoneuralen Nervenring die Mundöffnung umzieht, ist ungewiß. Ein dem Genitalkanal entsprechender aboraler Metacölring fehlt den Holothurien. Der in der Körperwand den Anus umziehende Ringkanal ist wohl ein Abkömmling des Metacöls der großen Leibeshöhle.

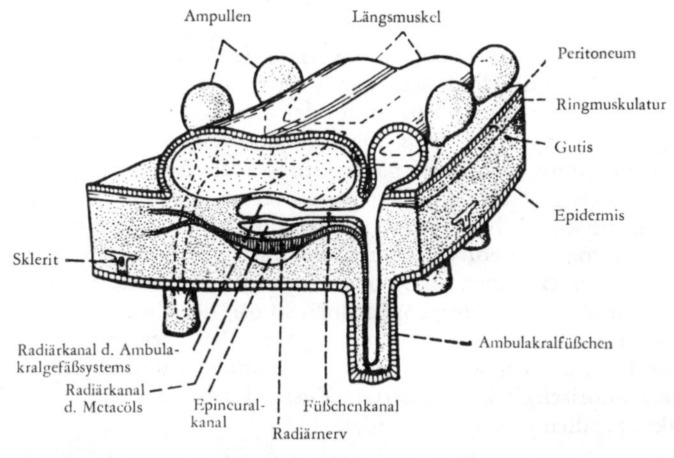

Abb. 166: Stück der Körperwand einer Holothurie

Ebenso wie bei den Seeigeln begleitet ein zwischen Körperoberfläche und ektoneuralem Nervenstrang liegender ektodermaler Epineuralkanal die Cölomkanäle (S. 314 und Abb. 166).

Das Hämalsystem ist hoch entwickelt. Die oben erwähnten Darmsinus stehen in Höhe des Kalkringes mit einer Ringlakune in Verbindung, die hinter dem Mesocölring den Pharynx umgibt und von der die fünf, die Ambulakralgefäße begleitenden Radialsinus ihren Ursprung nehmen. Zwischen den Darmsinus entwickelt sich bei vielen Holothurien ein dichtes Netz von Kapillaren, das sich über einen der Kiemenbäume ausdehnen kann.

Vom Komplex der nervösen Elemente ist allein das ektoneurale Nervensystem gut ausgebildet. Es liegt in der proximalen Wand der Epineuralkanäle und besteht im wesentlichen aus einem den Mund umfassenden Nervenring und den davon abgehenden fünf Radiärnerven (Abb. 166). Unter den ektoneuralen Radiärsträngen liegen auch hier im Bereich der distalen Metacölwand die Bahnen des weit schwächeren hyponeuralen Systems; ihm fehlt ein Nervenring. Auch das aborale System ist unterdrückt.

Von Sinnesorganen finden sich außer den Fühlern, die ein hohes sinneszellenreiches Epithel aufweisen, bei einigen Holothurien Statocysten vor. Einfachste Lichtsinnesorgane, schwarze Pigmentflecke an der Basis der Fühler, sind selten.

Das Genitalsystem zeigt nicht die fünfstrahlige Anordnung der übrigen Echinodermen. Es besteht aus einem oder zwei Büscheln von Genitalschläuchen, die weit vorn in der interradiären Medianlinie des Rückens mit einem Gang ausmünden. Fast stets liegt Getrenntgeschlechtlichkeit vor.

Viele Holothurien weisen eine große Regenerationsfähigkeit auf. Auf starke äußere Reize hin stoßen sie einen großen Teil der Eingeweide, besonders den Darm, die Kiemenbäume und Cuvierschen Organe aus und vermögen dann das Verlorengegangene in verhältnismäßig kurzer Zeit wieder zu regenerieren.

B. Spezieller Teil

Holothuria tubulosa

Wir betrachten zunächst die äußere Körperform dieser Holothurie. Der Körper ist langgestreckt und zylindrisch. Am Vorderende liegt der Mund, umgeben von einem Kranz von 20 kurzen Fühlern oder Tentakeln, die bei fixierten Exemplaren allerdings meist eingezogen sind. Die Tentakel zeigen vorn eine annähernd schildförmige Abflachung, was für die ganze Gruppe der «Aspidochiroten» charakteristisch ist. Am entgegengesetzten Pol liegt die Afteröffnung. Die Körperwand weist eine hellere Bauchseite (Trivium) und eine dunklere Rückenseite (Bivium) auf. Die Bauchseite ist mit lang vorstreckbaren, bei unseren Exemplaren aber natürlich mehr oder weniger eingezogenen lokomotorischen Füßchen besetzt, die eine Saugscheibe tragen. Sie sind unregelmäßig angeordnet, so daß der Unterschied zwischen den drei Ambulakren und den zwei Interambulakren der Bauchseite nicht deutlich in Erscheinung tritt. Die Füßchen der Rückenseite sind plumper und kürzer, ohne Endscheibe, nicht lokomotorisch, in kontrahiertem Zustand warzenförmig, weshalb sie auch als Ambulakralpapillen bezeichnet werden.

Die Körperdecke wird in der Mitte der Bauchseite durch einen Längsschnitt mit dem Messer oder einer starken Schere eröffnet. Etwa 1 cm vor der Afteröffnung lassen wir den Schnitt enden. Dann legen wir das Tier unter Wasser in das Wachsbecken, klappen die Körperdecke auseinander und stecken sie mit kräftigen Nadeln fest, was durch einige seitliche Einschnitte erleichtert werden kann. (Abb. 167).

Wir beginnen mit der Betrachtung des Darmes, der durch ein sehr zartes, feinmaschiges, aber breites Mesenterium in ganzer Länge an der Körperwand befestigt ist. Er beschreibt mehr als eine volle Windung und läßt drei aufeinanderfolgende Schenkel unterscheiden. Der erste Schenkel zieht in der dorsalen Mittellinie geradlinig nach hinten, biegt dann auf die (im Präparat) rechte Seite, läuft hier wieder weit nach vorn (zweiter Darmschenkel), überquert den ersten Schenkel ventral und zieht mit seinem dritten Schenkel zum After. Der dritte Schenkel ist in zahlreiche kleine Windungen gelegt und erweitert sich hinten zur Kloake. Das Mesenterium sehen wir

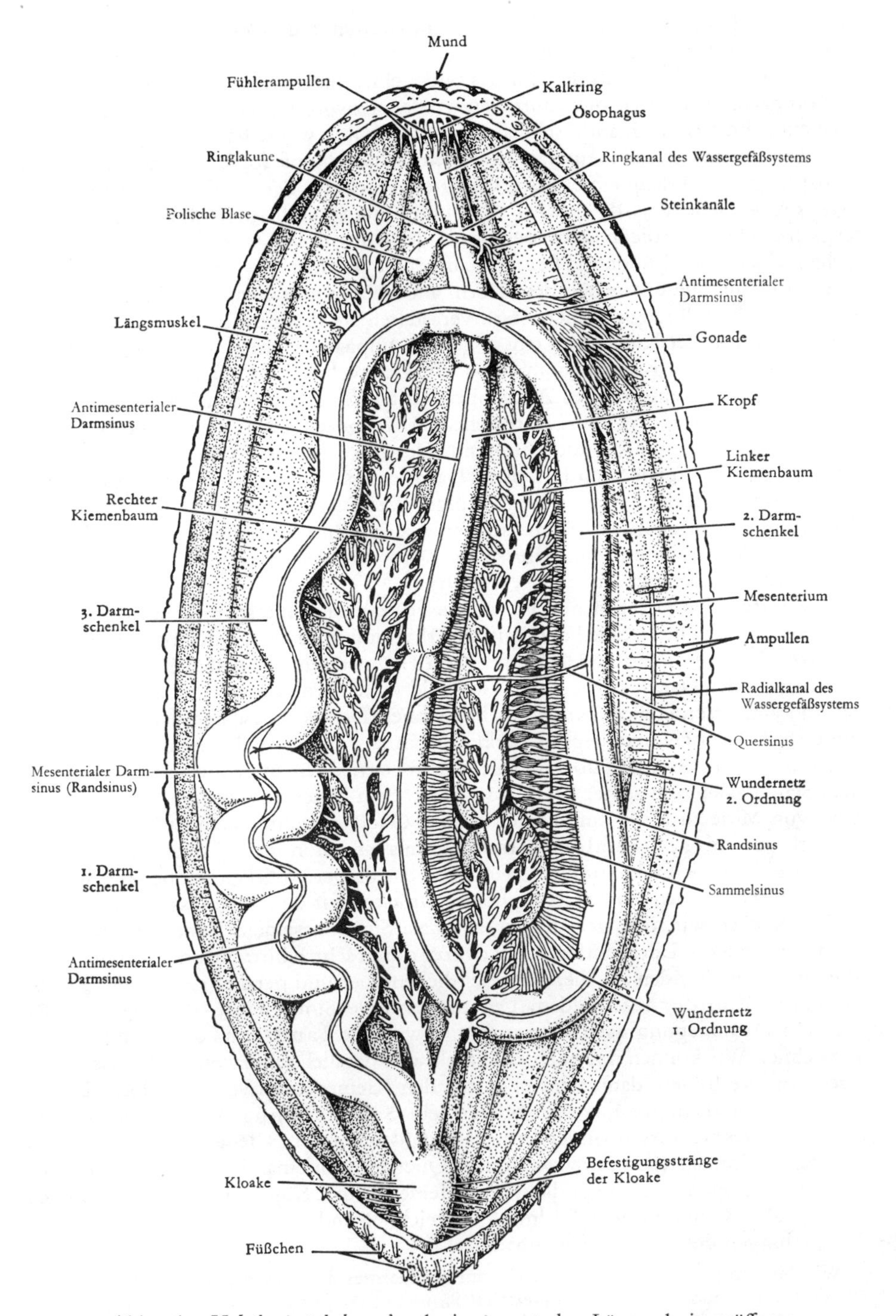

Abb. 167: *Holothuria tubolosa*, durch einen ventralen Längsschnitt eröffnet

in unserem Präparat besonders deutlich vom zweiten und links vom dritten Schenkel sowie an der vorderen Biegung.

Der vorderste Abschnitt des Darmes bildet einen muskulösen Schlundkopf, den wir oft nach innen eingezogen antreffen werden. Er wird umfaßt vom Kalkring, der sich aus zehn eng aneinanderschließenden, durch ihre weiße Farbe sich gut abhebenden Kalkplatten zusammensetzt. Auf den Schlundkopf folgt ein langgestreckter Ösophagus und dann ein etwas erweiterter Abschnitt, der als Kropf oder auch als Magen bezeichnet wird; er wird vorn und hinten durch ringförmige Furchen abgegrenzt. Der eigentliche Darm beginnt in der Mitte des ersten Schenkels. Der dritte Schenkel kann als Enddarm (Rectum) aufgefaßt werden.

Die Organe, die uns neben dem Darm am meisten auffallen, sind die den Körper der Länge nach durchziehenden, stark verästelten Kiemenbäume. Sie beginnen als Ausstülpungen der Kloake mit einem kurzen, unpaaren Stamm, der sich bald in den rechten und linken Kiemenbaum aufgabelt. Der rechte (im Präparat linke) Kiemenbaum, der durch ein dorsales Aufhängeband an der Leibeswand befestigt ist, zieht zwischen erstem und drittem Darmschenkel weit nach vorn, hier dorsal unter der vorderen Darmbiegung hindurchtretend. Der linke Kiemenbaum ist etwas kürzer; er liegt zwischen erstem und zweitem Darmschenkel und ist durch ein System von feinen Gefäßen in komplizierter und inniger Weise am zweiten Darmschenkel angeschlossen. In beide Kiemenbäume strömt, wie erwähnt, rhythmisch frisches Wasser von der Kloake aus ein, um dann wieder ausgestoßen zu werden, sie dienen also zweifellos und in erster Linie der Atmung.

Das System der Blutbahnen ist, wie unser Präparat zeigt, sehr gut entwickelt. Ein Teil der «Gefäße» besitzt die Fähigkeit, sich rhythmisch zu kontrahieren, wodurch eine Art von Zirkulation zustande kommt. Zwei Hauptstämme begleiten einander gegenüberliegend den Darm; sie werden als «dorsaler» und «ventraler», besser als mesenterialer und antimesenterialer Darmsinus bezeichnet. Den antimesenterialen Sinus – nur am ersten Darmschenkel liegt er wirklich ventral – können wir in ganzer Länge bis zur Kloake hin verfolgen; überall liegt er dem Darm dicht an, wobei er sich mit kleinsten Seitengefäßen in seiner Wand ausbreitet. Sein erster und zweiter Schenkel sind etwa von Mitte zu Mitte durch einen starken Quersinus untereinander verbunden.

Auch vom mesenterialen (dorsalen) Sinus ist schon jetzt einiges zu erkennen. Man erleichtert sich sein Studium, wenn man das Präparierbecken so hoch mit Wasser füllt, daß die Kiemenbäume frei flottieren. Drücken wir den linken Kiemenbaum zur Seite, so sehen wir, daß sich der mesenteriale Sinus in seinem Verlauf nach hinten immer weiter vom Darm entfernt, mit dem er durch sehr zahlreiche und dicht liegende Blutbahnen verbunden ist, die, im wesentlichen quer und parallel verlaufend, ein sogenanntes Wundernetz bilden. Der mesenteriale Sinus selbst, der weit vor der hinteren Darmbiegung nach vorn umbiegt, wird als Randsinus des Wundernetzes bezeichnet. Wir können ihn noch ein Stück weit parallel zum zweiten Darmschenkel nach vorn verfolgen, dann wird er durch den Kiemenbaum verdeckt. Dem Darmschenkel viel dichter anliegend verläuft ein Sammelsinus (Collateralsinus) des Wundernetzes; er verschwindet vorn gleichfalls unter dem Kiemenbaum. Randsinus und Sammelsinus stehen durch zahlreiche Quersinus miteinander in Verbindung, die ein zweites System besonders dichter und feiner kleiner Kapillarnetze entwickeln; sie werden als «Wundernetze 2. Ordnung» bezeichnet und umspinnen dicht die letzten Verästelungen des linken Kiemenbaumes.

Wir durchtrennen jetzt im ganzen Verlauf des Darmes das Mesenterium, durchschneiden die Querverbindung des antimesenterialen Sinus und klappen den zweiten Darmschenkel nach links hinüber.

Dadurch haben wir eine dorsale Ansicht des zweiten Darmschenkels gewonnen und können nun den mesenterialen Sinus und das Wundernetz klarer überblicken, als es vorher möglich war. Ganz vorn sehen wir die beiden Darmsinus in die Ringlakune einmünden, die den Vorderdarm umfaßt. Die von ihr abgehenden Radiärlakunen sind schwer erkennbar.

Vom Ambulakralsystem sehen wir zunächst eine große Blase in der Nähe des Schlundes, die Polische Blase (seltener sind es zwei). Verfolgen wir sie nach ihrer Basis hin, so treffen wir auf den Ringkanal, der den Schlund unmittelbar vor der Ringlakune eng umfaßt.

Vom Ringkanal gehen zahlreiche Steinkanäle aus. Wie bei den meisten Holothurien, so erreichen auch bei unserer Art die Steinkanäle die äußere Körperoberfläche nicht mehr, sondern hängen frei in den Leibeshohlraum hinein. Wir sehen sie an unserem Präparat als kleine, keulenförmige Anhänge des Ringkanals abgehen, die mit einer knopfförmigen, von Poren durchsetzten Anschwellung enden.

Vom Ringkanal gehen außerdem die fünf Radiärkanäle aus, die zunächst den Schlund entlang nach vorn verlaufen. Sie verschwinden dann im Innern des Kalkringes, biegen vorn an die Körperwand ab und ziehen hier bis gegen den After hin, wo sie blind endigen. Von ihnen gehen alternierend seitlicheÄste ab, die sich zu den Ampullen der Füßchen begeben. Da bei der vorliegenden Art nicht nur die Radialkanäle, sondern auch die Ampullen unter der Muskulatur liegen, können wir sie nur hie und da durchschimmern sehen. Um sie besser zu erkennen, trägt man die Muskulatur ein Stück weit vorsichtig von der Leibeswand ab und klappt sie um.

Auch in die Fühler gehen Äste des Wassergefäßsystems hinein, und zwar von der Umbiegungsstelle der Radiärkanäle aus. Nach hinten zu geben diese Fühlerkanäle langgestreckten Hohlschläuchen, den Fühlerampullen, den Ursprung, die wir leicht als zarthäutige, nach hinten gerichtete Schläuche auffinden.

Dicht hinter den Steinkanälen liegt die aus mehreren verästelten Schläuchen zusammengesetzte Gonade, von der ein gemeinsamer Ausführungsgang nach vorn geht, um auf der Dorsalseite nach außen zu münden.

Entfernen wir jetzt Darm und Kiemenbäume, so sehen wir, daß der dicke Hautmuskelschlauch aus fünf vorspringenden Längsmuskelbändern und einer mehr peripher gelegenen Schicht von Ringmuskelfasern besteht. Die Längsmuskeln entspringen vorn vom Kalkring und verlaufen in den Radien über den Ambulakralkanälen.

Um die Kalkkörperchen der Haut zur Anschauung zu bringen, kann man ein Stückchen Haut auf dem Objektträger mit etwas Eau de Javelle betropfen und nach einiger Zeit mit Wasser auswaschen. Außerdem werden noch fertige mikroskopische Präparate von *Synapta*-Haut gegeben.

Die Kalkkörperchen (Skleriten) sind ovale, vielfach und in ziemlich regelmäßiger Form durchlöcherte Plättchen. Sie sind «artspezifisch», d.h. bei verschiedenen Holothurienarten verschieden gestaltet; besonders interessant sind die von *Synapta digitata*, wo zu dem flachen Plättchen stets ein ankerförmig gebautes, zierliches Stäbchen tritt.

Chaetognatha, Pfeilwürmer

A. Technische Vorbereitungen

Das Studium der Chaetognathen erfolgt an mikroskopischen Präparaten ganzer Tiere. Die besten Präparate geben in Formol konservierte Exemplare, die mit Boraxkarmin und Bleu de Lyon gefärbt worden sind. An allen Arten lassen sich die Organisationseigentümlichkeiten der Chaetognathen gleich gut wahrnehmen; für unsere Untersuchung ist die im Mittelmeer häufige, kleine *Sagitta bipunctata* gewählt worden.

B. Allgemeine Übersicht

Die Chaetognatha oder Pfeilwürmer – sie sind ebenso wie die Echinodermen Deuterostomia – sind räuberische Tiere von glasheller Durchsichtigkeit, die schwimmend und schwebend im Meer leben und oft einen großen Teil des Planktons ausmachen. Sie sehen mit ihrem langgestreckten, hinten mit einer Schwanzflosse endenden Körper und den horizontal ausgebreiteten, symmetrischen Seitenflossen fast wie kleine Fischchen aus.

Das geräumige Cölom wird durch zwei Querwände (Dissepimente) in drei Abschnitte zerlegt. Ihnen entsprechen äußerlich die drei Körperregionen Kopf, Rumpf, und Schwanz. Der Kopf enthält den Vorderdarm mit der Mundöffnung, das Gehirn und die hauptsächlichsten Sinnesorgane sowie den Greifapparat, der Rumpf den übrigen Darm und die weiblichen Geschlechtsorgane, der Schwanz die männlichen Geschlechtsorgane.

Die den Körper bedeckende Epidermis ist an bestimmten Stellen des Kopfes und am Übergang vom Kopf zum Rumpf mehrschichtig, sonst aber, wie bei allen übrigen Wirbellosen auch, einschichtig. Sie scheidet eine sehr dünne Kutikula aus.

Die Flossen bestehen aus zwei Epidermisplatten und einer hellen, gallertigen Masse, die von chitinigen Strahlen gestützt wird. Es sind ein bis zwei Paar Seitenflossen und eine gleichfalls horizontale Schwanzflosse entwickelt. Die Flossen sind nicht beweglich, sondern dienen nur als Schwebeflächen; die Fortbewegung erfolgt stoßweise und blitzschnell durch Auf- und Abschlagen des Körperendes.

Der Darm verläuft gestreckt durch die Leibeshöhle und wird von einem dorsalen und einem ventralen Mesenterium getragen. Er beginnt ventral im Kopf mit der längsovalen Mundöffnung, die in den ektodermalen Pharynx führt. Der daran anschließende, den Rumpf durchziehende Mitteldarm stülpt nach vorn zwei Blindsäcke aus. Der After liegt ventral am Ende der Rumpfregion.

Die Muskulatur des Kopfes ist äußerst kompliziert; sie dient besonders den Bewegungen der Greifhaken. Die des Rumpfes ist sehr einfach und besteht aus vier Längsmuskelbändern, zwei dorsalen und zwei ventralen. Die Muskulatur ist quergestreift.

Das Nervensystem besteht aus einem dorsal über dem Schlund gelegenen Cerebralganglion und einem ventralen Bauchganglion, die durch zwei Schlundkonnektive miteinander verbunden sind.

Von Sinnesorganen sind zwei deutliche, aus mehreren Pigmentbecherocellen gebildete Augen auf der Dorsalseite des Kopfes vorhanden, sowie die flach warzenartigen, durch starre äußere Fortsätze ausgezeichneten Tastorgane an der Körperoberfläche. Ob die Wimperschlinge, ein auf dem Kopf und Rumpfrücken verlaufender ringförmiger Streifen bewimperten Epithels, die Corona, als Sinnesorgan funktioniert, ist ungewiß. – Ein Gefäßsystem und besondere Atemorgane fehlen.

Die Chaetognathen sind Zwitter. Der durch Querwände abgetrennte, im Rumpf liegende Teil der Leibeshöhle ist bei geschlechtsreifen Tieren in seinem hinteren Teile durch die paarigen Ovarien ausgefüllt. Neben dem Ovarium liegt der Eileiter, ein kopfwärts blind endender Schlauch, der hinten auf einer kleinen Papille nach außen mündet. Die beiden Receptacula seminis liegen eigenartigerweise in den Eileitern.

Die männlichen Geschlechtsorgane liegen im Schwanzsegment als 2 lange Hoden, deren reife, in der Leibeshöhle flottierende Produkte durch 2 kurze Kanäle in eine (meist nach außen vorgewölbte) Samenblase und von da ins Freie geleitet werden.

Die Entwicklung verläuft ohne Metamorphose. Die Furchung ist äqual und total, die Gastrulation eine typische Invagination. Die Urgeschlechtszellen sondern sich sehr früh. Das Cölom gliedert sich vom Urdarm durch zwei vorn beginnende, dann immer weiter nach hinten vorwachsende Längsfalten ab.

C. Spezieller Teil

Sagitta bipunctata

Die Betrachtung des mikroskopischen Präparates erfolgt zunächst bei schwacher Vergrößerung (Abb. 168).

Diese kleine Form gehört wohl zu den häufigsten und verbreitetsten aller Pfeilwürmer. Das Tier erreicht eine Länge von etwa 2 cm und besitzt außer der Schwanzflosse noch zwei Paar schmale aber lange Seitenflossen. Hinter dem Kopf setzt sich ein für diese Art charakteristischer breiter, mehrschichtiger Epidermiswulst an.

Am Kopf (Abb. 169) sehen wir auf jeder Seite acht bis zehn Greifhaken und deutlich die starke Muskulatur, durch die sie bewegt werden. Jeder

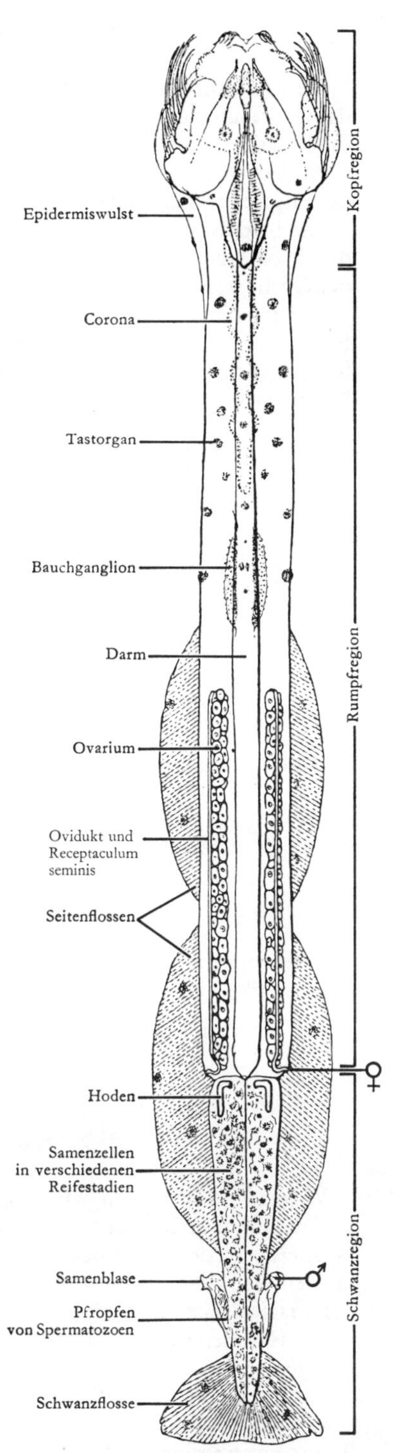

Abb. 168: *Sagitta bipunctata*. 10×

Haken besteht aus einem Schaft und einer gesonderten, scharfen Spitze. Die Basis der Greifhaken umgibt eine Hautfalte, die Kopfkappe, die in der Ruhe den Kopf und die zusammengelegten Greifhaken umhüllt, beim Angriff aber zurückgestreift wird.

Andere Waffen sind vier Gruppen von Zähnchen oder Stacheln, die die Mundöffnung begrenzen und auch in unseren Präparaten in Reihen angeordnet sichtbar sind.

Die beiden Augen setzen sich aus je fünf invertierten Becheraugen zusammen, die durch eine zentrale Pigmentmasse teilweise voneinander geschieden werden. Vier der Ocellen sind nach innen, der fünfte, besonders große ist nach außen gerichtet.

Der Darmtrakt ist von der längsovalen Mundöffnung an bis zu dem ventral am Hinterende des Rumpfsegments austretenden After als geradlinig verlaufender Schlauch leicht zu überblicken. An der Grenze von Kopf- und Rumpfsegment ist der Darm stark eingeschnürt; davor liegt der muskulöse Pharynx.

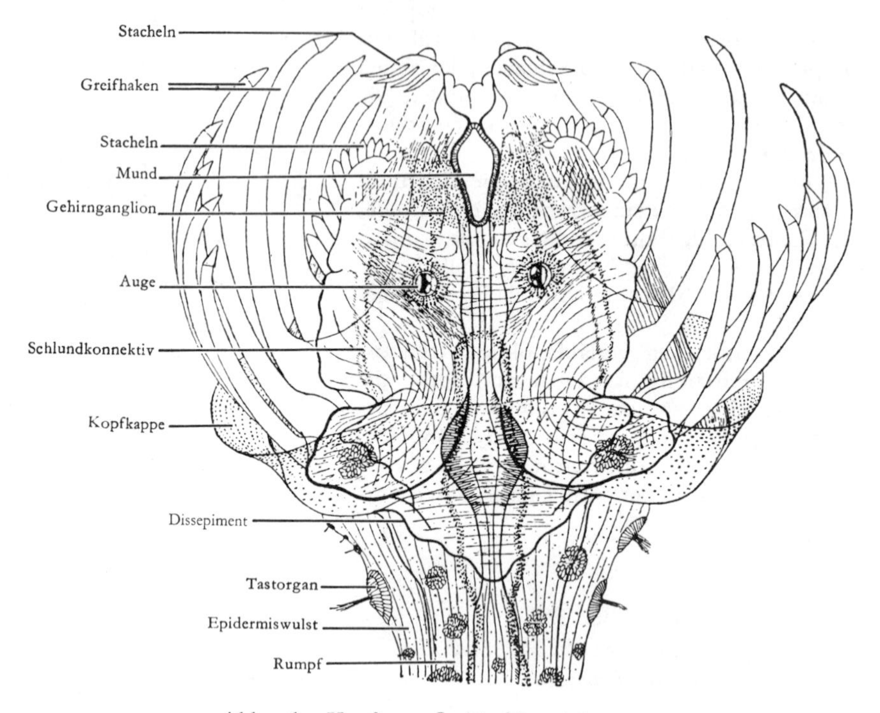

Abb. 169: Kopf von *Sagitta bipunctata*. 30×

Vorn im Kopf sehen wir das die dorsale Epidermis etwas vorwölbende, sechseckige, umfangreiche Gehirnganglion, während das große, massige Bauchganglion etwa in der Mitte des Rumpfes liegt. Besonders deutlich sind hier die stark gefärbten Ganglienzellen an den Seiten.

Dorsalwärts zieht, zwischen den Augen beginnend, die Corona nach hinten, eine ovale, Härchen tragende Epidermisleiste, die sich in der Mitte wiederholt etwas ausbuchtet.

Endlich sind noch die im Präparat meist stark gefärbten Hügelchen auf der Haut zu erwähnen, die auf ihrer Höhe je eine Reihe steifer, feiner Borsten tragen und wohl als Tastorgane dienen. Sie sind über den ganzen Körper verteilt und in Ringen angeordnet.

Die Längsmuskulatur des Rumpfes zeigt die typische Anordnung in vier Längsbändern. Bei starker Vergrößerung erkennt man deutlich die Querstreifung der Muskelfasern.

Die meisten Präparate werden in der hinteren Rumpfhälfte die Ovarien ausgebildet zeigen, die bei geschlechtsreifen Tieren stark ausgedehnt und von reifen und unreifen Eiern prall erfüllt sind.

Ferner sieht man zu beiden Seiten am Ende des Rumpfsegments je einen papillenartigen Vorsprung: Hier münden die beiden Eileiter aus, die sich weit nach vorn erstrecken und sehr enge Kanäle darstellen, deren orales Ende blind geschlossen ist. Das zu jedem Ovidukt gehörende Receptaculum seminis hat eine bei keiner anderen Tiergruppe vorkommende Lage: Es liegt als röhrenförmiger Gewebsstrang im Ovidukt, dessen ohnehin schon enges Lumen auf einen schmalen Spaltraum reduzierend. In diesem Spaltraum zwischen Ovidukt und Receptaculum wandern bei der Ablage die Eier aktiv zur Geschlechtsöffnung. Vorher haben zwei Zellen der Oviduktwand eine röhrenförmige Verbindung zwischen Receptaculum seminis und Ei hergestellt und damit die Besamung ermöglicht.

Das Schwanzsegment ist durch ein deutliches Dissepiment vom Rumpfsegment getrennt und mit Entwicklungsstadien der Spermatozoen gefüllt, die sich in unreifem Zustand von den paarigen, vorn und seitlich im Schwanzsegment liegenden Hoden abgelöst haben. Die kurzen Ausführungsgänge treten in zwei stark vorspringende seitliche Anschwellungen, die Samenblasen ein, die mit einer feinen Öffnung nach außen münden, und in denen sich die reifen Spermatozoen oft zu einem «Pfropfen» (Abb. 168 links) verknäueln.

Chordata, Chordatiere

1. Tunicata, Manteltiere

Der Unterstamm Tunicata gehört mit den beiden Unterstämmen Acrania und Vertebrata zum Stamm der Chordata. Die Chordata sind bilateralsymmetrische Deuterostomia mit sekundärer Leibeshöhle und mehr oder weniger deutlicher, oder (bei den Tunicaten) fehlender Segmentierung.

Durch folgende Merkmale unterscheiden sie sich von allen übrigen Tierstämmen:

1. Besitz eines inneren, axialen Skeletts. Es wird bei den primitiven Formen und den Entwicklungsstadien der höheren von einem elastischen, ungegliederten, zelligen Stab, der Chorda dorsalis (Rückensaite) gebildet, bei den höheren Formen später durch die knorpelige oder knöcherne Wirbelsäule ersetzt. Die Chorda entwickelt sich als Abschnürung vom Dach des Urdarmes.

2. Lage und Form des Zentralnervensystems. Es liegt dorsal über Chorda und Darm und hat die Form eines Rohres. Es entwickelt sich durch eine Einfurchung des Ektoderms entlang der Rückenlinie (Neuralfurche), die sich dann von ihrem Mutterboden ablöst, in die Tiefe sinkt und zum Rohr schließt (Neuralrohr), dessen vorderster Abschnitt sich meist zum Gehirn entwickelt, während der anschließende zum Rückenmark wird.

3. Lage und Bau der Atmungsorgane. Ein vorderer Abschnitt des Darmes und die ihn umgebende Körperwand wird von Spalten durchbrochen, aus denen das durch den Mund aufgenommene Wasser abströmt. Die Wand dieser Kiemenspalten entwickelt bei den Wirbeltieren Auswüchse, die Kiemen, deren große Oberfläche den Gaswechsel begünstigt. Die zunächst überraschende Tatsache, daß gerade ein Teil des Darmes zum Atmungsorgan gewählt und seine Wand von Spalten durchbrochen wurde, erklärt sich aus der ursprünglichen Art der Nahrungsgewinnung der Chordaten: Filtration des Wasser, um die in ihm schwebenden Nahrungspartikel abzufangen.

Von den drei Unterstämmen spiegeln die Acranier den ursprünglichen Chordatentyp am treuesten wider. Er unterlag bei den Tunicaten einer regressiven Vereinfachung, erfuhr bei den Vertebraten eine fortschreitende Vervollkommnung und Komplizierung.

Die Tunicaten sind rein marine, teils festsitzende, teils frei schwebende oder schwimmende Tiere. Ihren Namen verdanken sie dem Auftreten einer als Mantel oder Tunica bezeichneten Kutikula, die im wesentlichen aus Cellulose besteht.

Der Körper der Tunicaten, an dem eine Segmentation nicht festzustellen ist, gliedert sich in Rumpf und Schwanz; doch verschwindet der Schwanz meist während der Entwicklung. Die Chorda dorsalis ist auf den Schwanz beschränkt («Urochordata»), so daß sie bei den Erwachsenen meist vermißt wird.

Auch das Cölom ist bis auf einen unsicheren Rest (Herzbeutel) rückgebildet. Vom Zentralnervensystem ist in der Regel nur ein dorsal liegendes Ganglion erhalten geblieben. Der respiratorisch tätige Abschnitt des Darmes ist sehr ausgedehnt und wird von zwei bis vielen Kiemenspalten durchbrochen, die entweder unmittelbar nach außen führen oder in einen sekundär zwischen Darm und Körperwand eingeschalteten Peribranchialraum. Das Herz ist meist sackförmig, das Gefäßsystem in der Regel durch Blutlakunen vertreten. Exkretionsorgane fehlen oder sind als Speichernieren entwickelt.

Die Tunicaten sind fast stets Zwitter. Ungeschlechtliche Vermehrung durch Knospung ist bei ihnen sehr verbreitet.

A. Technische Vorbereitungen

Von Ascidien wird *Ciona intestinalis*, in Alkohol konserviert, zur Präparation gegeben, außerdem noch mikroskopische Präparate sehr kleiner Exemplare. Von Salpen benutzt man Alkoholpräparate von *Salpa maxima* zur Demonstration, Einzeltier und Kettenform von *Salpa democratica* zur mikroskopischen Betrachtung.

I. Ascidiacea, Seescheiden

A. Allgemeine Übersicht

Die Ascidien sind marine und, von den planktonischen Pyrosomen abgesehen, festsitzende Tiere. Diese Lebensweise hat eine Reihe von Umbildungen zur Folge gehabt, die den Chordatencharakter ihrer Organisation bei Erwachsenen stark trüben. Dagegen stimmen die frei schwimmenden Larven der Ascidien mit den frühen Entwicklungszuständen der Wirbeltiere und besonders des *Branchiostoma* weitgehend überein. Die Larven sind mit einem Ruderschwanz versehen, in dessen Achse eine durch Abschnürung vom Urdarmdach entstandene Chorda dorsalis verläuft. Sie liegt zwischen Darm (ventral) und Nervenrohr (dorsal) und erstreckt sich noch ein Stück weit in den Rumpf hinein. Auch die Entwicklung und Lage des Nervensystems ist die gleiche wie bei den Wirbeltieren. Am Neuralrohr, das vorn eine Zeitlang offen ist (Neuroporus), hinten mit dem Urdarm kommuniziert (Canalis neurentericus), ist der vorderste Abschnitt bläschenartig zu einem Gehirn angeschwollen, in dessen Wandung dorsal ein primitives Auge und ventral ein statisches Organ liegen; der Rest des Neuralrohres kann als Rückenmark bezeichnet werden.

Am Vorderdarm kommt es zum Durchbruch von Kiemenspalten. Ungefähr gleichzeitig mit der Bildung des ersten Paares der Kiemenspalten entwickelt sich vom Rücken her aus zwei ektodermalen Einstülpungen der geräumige Peribranchialraum, in den die Kiemenspalten einmünden.

Vergleichen wir damit die Organisation der erwachsenen, festsitzenden Ascidie – die Festsetzung selbst ist mit dem Vorderpol der Larve erfolgt –, so sehen wir, daß große Veränderungen eingetreten sind.

Der ganze Ruderschwanz samt Chorda ist geschwunden. Die Zugangsöffnung des Darmes hat sich von der Befestigungsstelle weg zum entgegengesetzten Pol hingedreht, so daß der Darm eine U-Form erhält. Der vordere Darmteil hat sich mächtig ausgedehnt, und die Zahl der ihn durchsetzenden Kiemenspalten ist sehr groß geworden («Kiemensack»). Um ihn herum liegt der schmale, einheitliche Peribranchialraum. Er erweitert sich dorsal zur Kloake (Atrium), in die der Darm und die Geschlechtsorgane ausmünden. Die Kloake öffnet sich in der Atrialöffnung (Egestionsöffnung) nach außen.

Zum Schutze des Körpers hat sich ein meist mächtig entwickelter Mantel gebildet, eine kutikuläre Ausscheidung des Körperepithels, die aber zahlreiche aus dem

Mesenchym eingewanderte Zellelemente enthält und somit histologisch den Charakter eines Bindegewebes annimmt.

Auf den Mantel folgt nach innen die Körperwand, die sich aus einem einschichtigen Epithel, aus Längs- und Ringmuskelzügen und einem von Blutlakunen durchsetzten, gallertigen Bindegewebe aufbaut. In ein derartiges Bindegewebe sind auch alle inneren Organe eingebettet. Durch die mächtige Entwicklung des Kiemensackes ist der verdauende Teil des Darmes auf den hinteren Körperabschnitt beschränkt worden.

Er gliedert sich in Ösophagus, Magen, Mittel- und Enddarm und mündet mit dem After in den Kloakenraum ein.

Wimpern an der Innenfläche des Kiemensackes erzeugen einen ständigen, durch die Branchialöffnung (Ingestionsöffnung) eintretenden Wasserstrom, der durch Kiemenspalten, Peribranchialraum und Atrialöffnung den Körper wieder verläßt. Ventral verläuft im Kiemensack auf einer Längsleiste eine von Drüsen- und Wimperzellen ausgekleidete Rinne, Hypobranchialrinne oder Endostyl genannt, die einen jederseits über die Innenfläche des Kiemensackes hinweggleitenden Schleimteppich abscheidet. Durch ihn muß das Wasser, bevor es durch die Kiemenspalten abfließen kann, hindurchfiltrieren, wobei die im Atemwasser enthaltenen Nahrungspartikel abgefangen werden. Der Hypobranchialrinne gegenüber, also dorsal, findet sich eine Längsreihe sichelförmig eingekrümmter Tentakel, in anderen Fällen eine zusammenhängende Längsleiste, deren Bewimperung die beiden Hälften des Schleimfilters mit den in ihnen hängengebliebenen Nahrungspartikeln zu einer «Nahrungswurst» einrollt, die langsam rotierend nach hinten zum Ösophagus befördert wird.

Zwischen Magen und Endostyl liegen das Herz und die Geschlechtsorgane. Das von einem Perikard umschlossene Herz wechselt in kurzen Perioden in seiner Kontraktionsrichtung, indem es das Blut abwechselnd dem Kiemensack und dem Körper zutreibt, was für alle Tunicaten charakteristisch ist. Die Geschlechtsorgane sind fast stets zwitterig; getrenntgeschlechtliche Arten bilden unter den Ascidien die Ausnahme.

Das bei den Ascidienlarven noch in Rückenmark und Gehirn differenzierte Nervensystem hat sich zu einem einfachen Ganglion reduziert, das dorsal zwischen den einander genäherten Körperöffnungen (Ingestions- und Egestionsöffnung) liegt.

Viele Ascidien vermögen sich ungeschlechtlich durch Knospung fortzupflanzen, was zur Bildung von Kolonien führt.

B. Spezieller Teil

Ciona intestinalis

Es werden mikroskopische Präparate von möglichst kleinen (etwa 1,5 cm langen) Exemplaren dieser sehr häufigen, kosmopolitischen Art verteilt.

Wir wenden zunächst die schwächste Vergrößerung an (Abb. 170). Wurzelförmige, von Blutgefäßen durchsetzte Ausläufer des Mantels, die zum Anheften an der Unterlage dienen, zeigen das untere Körperende an. Das freie, obere Körperende ist in zwei röhrenartige Fortsätze ausgezogen, von denen der eine (Branchialsipho) endständig liegt, der andere, etwas kleinere (Atrialsipho) seitlich. Beide zeigen weite, kontraktionsfähige Öffnungen, die als Branchial- und Atrialöffnung oder auch als Ingestions- und Egestionsöffnung bezeichnet werden. Die Branchialöffnung führt in den Kiemendarm, die Atrialöffnung in den Peribranchialraum. Die Atrialöffnung bezeichnet die Dorsalseite des Tieres.

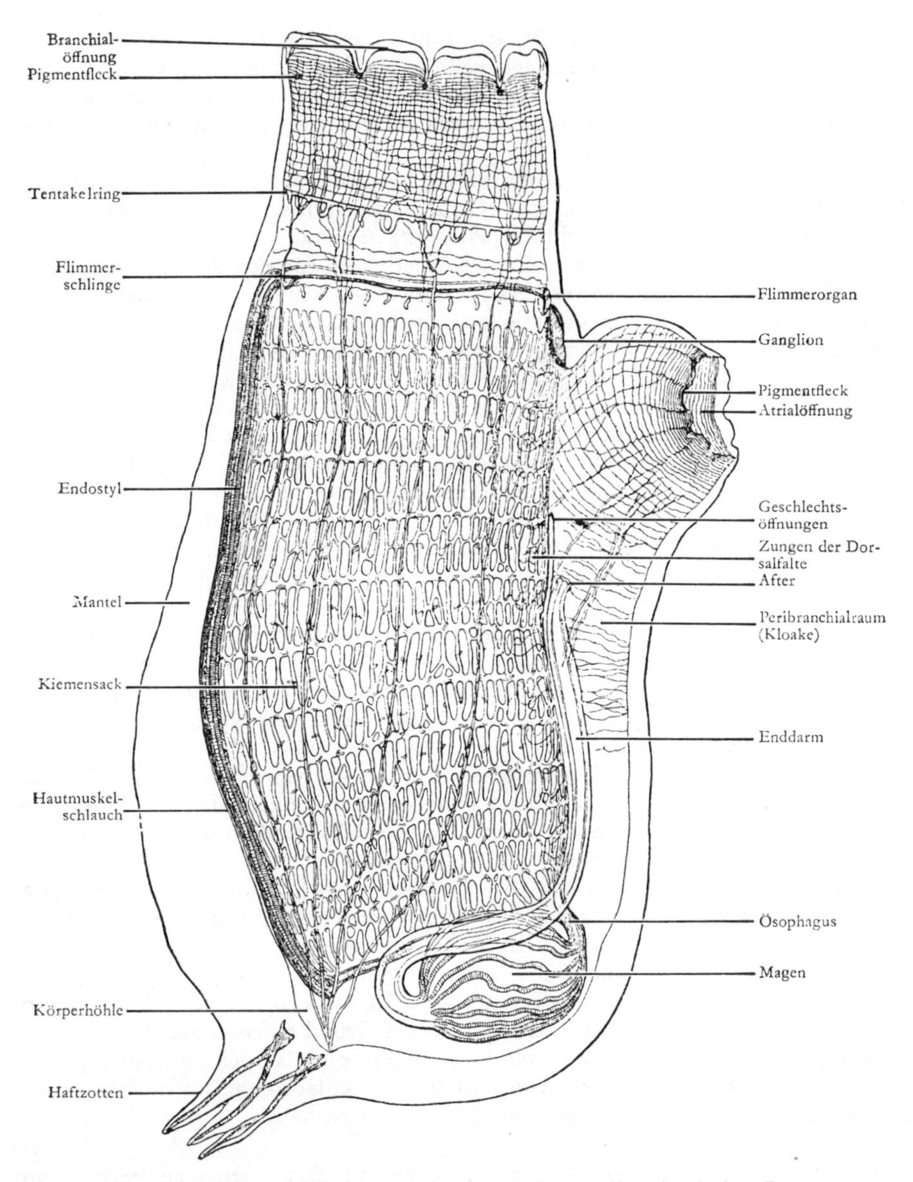

Abb. 170: *Ciona intestinalis*, junges Tier. Nach einem mikroskopischen Präparat

Die Branchialöffnung ist kreisrund und in acht Lappen ausgezogen. In den dadurch gebildeten Einkerbungen liegt je ein als Lichtsinnesorgan gedeuteter und auch experimentell als ein solches bestätigter Pigmentfleck. Ganz ähnlich gebaut ist die Atrialöffnung, nur mit dem Unterschied, daß hier sechs Lappen und sechs Pigmentflecke entwickelt sind.

In die dünne Wand der Siphonen ist außen Ringmuskulatur eingebettet, während nach innen zu Längsmuskeln liegen, die weit nach abwärts ziehen. Ein Stück oberhalb des Kiemensackes sieht man im Branchialsipho eine ringförmige Verdickung, den Tentakelring, auf dem sich in regelmäßiger, reihiger Anordnung kurze Tentakel erheben. Sie ragen im Leben weit in den Hohlraum des Siphos vor und bilden so eine Art Reuse, die größeren Fremdkörpern den Eintritt in den zarten Kiemensack versperrt.

Unterhalb des Tentakelringes sehen wir die Flimmerschlinge als ein stärker gefärbtes Band die weite Öffnung des Kiemensackes umziehen. Der Kiemensack selbst, der morphologisch als Schlund (Pharynx) zu betrachten ist, stellt einen weiten Sack dar, der den Hauptteil des ganzen Körperinnern für sich in Anspruch nimmt. Seine Wand ist ein Maschenwerk sich rechtwinklig kreuzender Leisten, an deren Kreuzungsstellen kurze, hakenförmig gekrümmte Papillen ins Innere vorspringen. Über sie gleitet das Schleimfilter, getrieben durch Wimpern an ihrer konvexen Seite, langsam dorsalwärts hinweg (vgl. oben S. 334). Die feinen, mehr oder weniger ovalen, mit Flimmerepithel bekleideten Kiemenspalten stehen in transversalen Reihen. Auf der ventralen (der Atrialöffnung gegenüber liegenden) Seite liegt, in Form eines stark gefärbten Bandes, die ansehnliche, das Schleimfilter abscheidende Hypobranchialrinne (Endostyl). Ihr gegenüber, also dorsal, sehen wir die als «Zungen» bezeichneten, sichelförmigen Tentakel, die dem Einrollen des Schleimfilters dienen. Der Peribranchialraum ist ein schmaler Spalt zwischen Kiemensack und Körperwand, der nur unter der Atrialöffnung als Atrium größere Ausdehnung gewinnt, wo er die Kloakenhöhle (Atrium) bildet.

Der Nahrungsdarm, der sich an den Kiemensack anschließt, beginnt mit einem kurzen, engen Ösophagus, erweitert sich zum ansehnlichen Magen, beschreibt eine Schlinge und zieht als Enddarm, dem Kiemendarm dorsal angeschmiegt, nach oben, um etwa in halber Körperhöhe im After zu enden. Die Nahrungsreste werden aus der Kloakenhöhle durch die Atrialöffnung ausgestoßen.

Zwischen Enddarm und Kiemensack ziehen die Ausführgänge der Geschlechtsorgane, Ovidukt und Vas deferens, nach oben, ein gutes Stück höher als der After im Atrium ausmündend. Die Geschlechtsorgane selbst sind an den Präparaten der jungen Tiere noch nicht zu sehen.

Deutlich sichtbar ist das Ganglion zwischen Branchial- und Atrialöffnung; es liegt der umfangreichen Neuraldrüse dicht auf. Die Neuraldrüse steht nach oben zu mit dem Flimmerorgan, einem sich in den Branchialsipho öffnenden Trichter, in Zusammenhang. Das Flimmerorgan wurde früher als chemisches Sinnesorgan gedeutet. Da sich aber keine Innervierung nachweisen läßt, bleibt seine Funktion im dunkeln. Die Neuraldrüse wurde seit langem auf Grund morphologischer und entwicklungsgeschichtlicher Befunde mit der Hypophyse der Wirbeltiere homologisiert. Und in der Tat konnte gezeigt werden, daß ihr Extrakt Hormone sowohl des Hinterlappens als auch des Vorderlappens der Hypophyse enthält.

Anschließend werden größere Alkoholexemplare von *Ciona* präpariert, an denen wir uns über die Geschlechtsorgane orientieren können, sowie über einige andere Punkte der inneren Organisation (z. B. Herz), für die die mikroskopischen Präparate weniger geeignet waren.

Die Präparation erfolgt so, daß wir den Mantel durch einen Längsschnitt öffnen und das ganze Tier aus ihm herauslösen. Wir orientieren es dann entsprechend Abb. 170, führen die Schere in die Branchialöffnung ein und eröffnen durch einen Längsschnitt, der etwa in gleicher Entfernung von Endostyl und Enddarm und ihnen parallel geführt wird, den Kiemensack samt Hautmuskelschlauch. Er wird dann in gewohnter Weise auseinandergeklappt und unter Wasser mit Nadeln festgesteckt. Später wird ein zweiter Schnitt von der Atrialöffnung aus entlang der rechten Kante von Abb. 170 geführt. Durch ihn wird das Atrium eröffnet, so daß Enddarm und Ausführgänge der Gonaden gut zur Anschauung kommen.

Wir orientieren uns zunächst noch einmal über Tentakelring, Flimmerschlinge, Ganglion, Neuraldrüse, Endostyl und Magen. An der dem Endostyl gegenüberliegenden Seite des Kiemendarmes, d.h. also entlang seiner dorsalen Medianlinie, sehen wir jetzt deutlicher die Reihe der «Zungen», die alle nach der gleichen Seite eingekrümmt sind. An der uns zugekehrten Innenwand des Kiemendarmes fällt auf, daß sie durch horizontale und etwas schwächere vertikale Züge in rechteckige Felder unterteilt wird, an deren vier Ecken wir je einen der kleinen Tentakel erkennen. In diesen «Zügen» verlaufen Gefäßbahnen, die sich also rechtwinkelig kreuzen. Die «Felder» entsprechen nicht, wie man zunächst vielleicht vermutet, Kiemenspalten.

Um das klar erkennen zu können, schneiden wir ein etwa 1 cm² großes Stück aus dem Kiemendarm heraus. Mit einem feinen Skalpell oder einer Lanzette trennen wir das ihm außen anhaftende Stück des Hautmuskelschlauches ab, wobei wir feststellen, daß der sehr schmale zwischen ihnen liegende Peribranchialraum von zahlreichen Gewebsbalken durchsetzt wird. Wir breiten beide Stücke auf einem Objektträger in einem Tropfen Wasser gut aus und legen ein Deckgläschen auf.

Unter dem Mikroskop treten die wahren Kiemenspalten deutlich zu Tage und wir sehen, daß auf jedes «Feld» etwa 10 schmale, vertikal stehende Spalten entfallen. Das Stück des Hautmuskelschlauches zeigt neben den breiten Längsmuskelbändern und schmaleren ringsherum verlaufenden Muskelzügen zahlreiche Zellen. Durch Zusetzen eines Tropfens Methylgrün können wir sie deutlicher hervortreten lassen.

Zu unserem Sektionspräparat zurückkehrend finden wir leicht zwischen Magen und Enddarm das gelbliche Ovarium, während die dem Magen direkt aufliegenden Hodenschläuche oft schwer zu erkennen sind. Die voneinander völlig unabhängigen Ausführgänge der beiden Gonaden können wir neben dem Enddarm und über ihn hinaus nach oben ziehen sehen. Die Stelle ihrer Ausmündung in das Atrium zeichnet sich durch eine lebhafte Rotfärbung deutlich ab.

Wenn wir die Präparation mit der nötigen Vorsicht ausgeführt haben, werden wir auch das Herz wohlerhalten antreffen. Es spannt sich als ein zarter, etwa 2–3 cm langer und 2–3 cm dicker Schlauch zwischen dem unteren Ende des Endostyls und jenem Punkt aus, wo der Magen sich plötzlich zum Darm verschmälert. Der Herzschlauch ist stark winkelig geknickt, indem sein Anfangsteil, der die direkte Fortsetzung des hypobranchialen Gefäßes ist, schräg nach oben zieht, um dann scharf nach unten umzubiegen, wo er in ein sich auf die inneren Organe verteilendes Gefäß übergeht, so daß das Herz als Ganzes etwa die Form eines kopfstehenden V erhält. Das Herz ist in einen zarten Herzbeutel eingeschlossen. Die physiologisch interessante Tatsache, daß seine Schlagrichtung wechselt, haben wir bereits erwähnt.

II. Thaliacea, Salpen

A. Allgemeine Übersicht

Die frei im Meer lebenden Salpen haben eine Körpergestalt, die am besten mit einer Tonne verglichen wird, der die Böden fehlen, so daß vorn und hinten eine weite Öffnung vorhanden ist. Die vordere Öffnung ist die Branchialöffnung, die hintere, in deren Nähe die Mehrzahl der inneren Organe zu einem Eingeweideknäuel (Nucleus) vereinigt liegt, ist die Atrialöffnung (Kloakenöffnung). Das vorn aufgenommene Wasser wird nach hinten ausgepreßt, so daß die Tiere durch Rückstoß mit der Branchialöffnung voran schwimmen.

Die Körperwand der Salpen besteht aus dem Mantel, der mehr oder weniger reich an Cellulose ist, und dem darunterliegenden Hautmuskelschlauch. Die Ringmuskulatur besteht aus einzelnen Bändern, die den Körper reifenartig vollständig oder zum Teil umfassen.

Der große, innerhalb des Hautmuskelschlauches gelegene Hohlraum entspricht dem Kiemensack und gleichzeitig dem Peribranchial- und Kloakenraum der Ascidien. Die Wandung des Kiemensackes ist nämlich weitgehend rückgebildet. Erhalten blieben lediglich der «Kiemenbalken» und ventral der Endostyl. Der den Hohlraum schräg durchziehende Kiemenbalken gibt die Grenze zwischen dem vorn-unten gelegenen Kiemensack und der hinten-oben gelegenen Kloakenhöhle an. Er ist mit sehr starken, in Querreihen angeordneten Flimmerhaaren besetzt. Von seinem vorderen Ende gehen zwei seitliche Flimmerschlingen aus, die das vordere Ende der Körperhöhle ringförmig umfassen und ventral am Vorderende des Endostyls zusammentreffen. Der Endostyl ist mit Drüsen- und Wimperzellen ausgestattet und setzt sich hinten in einer Wimperrinne fort. Das Abfangen der mit dem Atemwasser eintretenden Nahrungspartikel erfolgt, wie bei den Ascidien, durch ein vom Endostyl abgeschiedenes Schleimfilter.

Der Darmkanal beginnt am Hinterende des Kiemenbalkens mit einer trichterförmigen Öffnung, die in einen kurzen Ösophagus führt. Dann folgt der weite Magen und ein einfacher Enddarm, der in die geräumige Kloakenhöhle mündet. Bei einigen Formen verläuft der Darmkanal gestreckt in der ventralen Mittellinie, bei den meisten ist er aber mit den übrigen Eingeweiden zum «Nucleus» zusammengeballt.

Das Nervensystem besteht aus einem unpaaren, dorsalen Ganglion («Gehirn»), von dem Nerven nach allen Richtungen ausstrahlen, die innen am Mantel entlangziehen und vor allem die Ringmuskeln innervieren. Das Ganglion liegt in der Mittellinie der Rückenfläche, von der Ingestionsöffnung etwa um ein Drittel der Körperlänge entfernt.

Dem Ganglion ist oft ein hufeisenförmiger Ocellus von sehr einfachem Bau dicht aufgelagert. Weiter nach vorn liegt eine tiefe, vielfach als Geruchsorgan gedeutete Flimmergrube.

Das Herz ist ein kurzer, weiter Zylinder, der am oberen Rande des Eingeweideknäuels liegt und nach vorn zu in den Subendostylarsinus (Hypobranchialgefäß) übergeht. Die bei den Ascidien erwähnte Schlagumkehr des Herzens und damit der Richtung des Kreislaufs gilt auch für die Salpen.

Geschlechtsorgane finden sich nur bei der als Kettensalpe bezeichneten Generation, die als eine aus vielen, hintereinander geschalteten Individuen zusammengesetzte Kette auftritt. Die andere Generation, die aus Einzeltieren besteht, hat keine Geschlechtsorgane und pflanzt sich rein ungeschlechtlich fort. Jedes Individuum der Kette produziert nur ein Ei; in der Nähe des Darmkanals bildet sich später der keulenförmige Hoden. Das befruchtete Ei wächst in einer Bruttasche des Muttertieres zum geschlechtslosen Einzeltier heran. Bei ihm entwickelt sich nahe dem hinteren Körperende ein innerer Knospungszapfen (Stolo prolifer), der ständig weiterwachsend nacheinander mehrere Ketten entstehen läßt. Entdeckt wurde dieser Generationswechsel (Metagenese) von dem Dichter und Naturforscher A. von Chamisso (1819).

B. Spezieller Teil

1. *Salpa maxima*

In Alkohol konservierte Exemplare von Einzeltieren werden in kleinen Standgläsern zur Demonstration verteilt. Die vorzüglich konservierten Präparate, wie sie z.B. die Neapeler Station liefert, gestatten einen guten Einblick in die gesamte Organisation, so daß auf eine Präparation verzichtet werden kann.

Zunächst betrachte man das Präparat von der Seite (Abb. 171). Die das vordere Körperende angebende Branchialöffnung hat die Form einer queren Spalte, die durch eine ventrale Klappe verschlossen werden kann. Die Atrial- oder Kloakalöffnung bildet ein kurzes, dorsal am Hinterende gelegenes Rohr. Die Ringmuskeln, neun an der Zahl, umfassen bandartig (Desmomyarier) die dorsale Körperhälfte. Im Innern sieht man deutlich den schräg nach hinten und unten durch den Körper ziehenden Kiemenbalken und auf der Bauchseite nicht minder deutlich den Endostyl. Ösophagus, Magen und Darm bilden einen kompakten Eingeweideknäuel

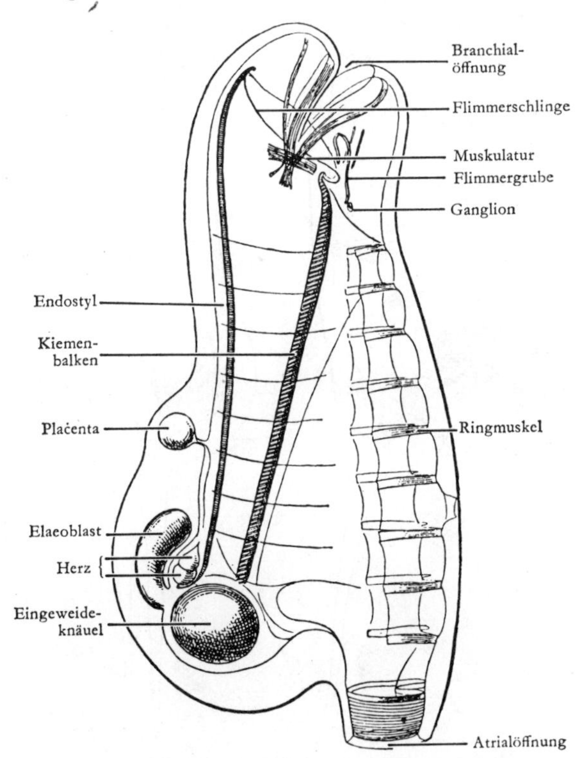

Abb. 171: *Salpa maxima*. Einzelform, von der linken Seite gesehen

(«Nucleus») am hinteren Körperende. Ein hornförmig gebogener Blindsack unmittelbar vor dem Eingeweideknäuel ist der sogenannte Elaeoblast, ein Organ, das unter anderem der Ernährung des wachsenden Embryos dient und später allmählich verschwindet. Zwischen Elaeoblast und Endostyl liegt das zarte Herz.

Nach vorn vom Nucleus liegt auf der Ventralseite ein rundliches, kompaktes Gebilde, auf einem dünnen Stiel sitzend; es ist die sogenannte «Placenta», der Rest eines ernährenden Organes, durch das unser Einzeltier als Embryo mit seiner Mutter, der Kettensalpe, verbunden war.

Schwieriger läßt sich an diesen Präparaten das Ganglion mit dem kleinen Ocellus sowie die Flimmergrube sehen, die besser an mikroskopischen Präparaten demonstriert werden.

Die von uns studierte Einzelform dieser Salpe wurde früher mit einem eigenen Namen als *Salpa africana* bezeichnet.

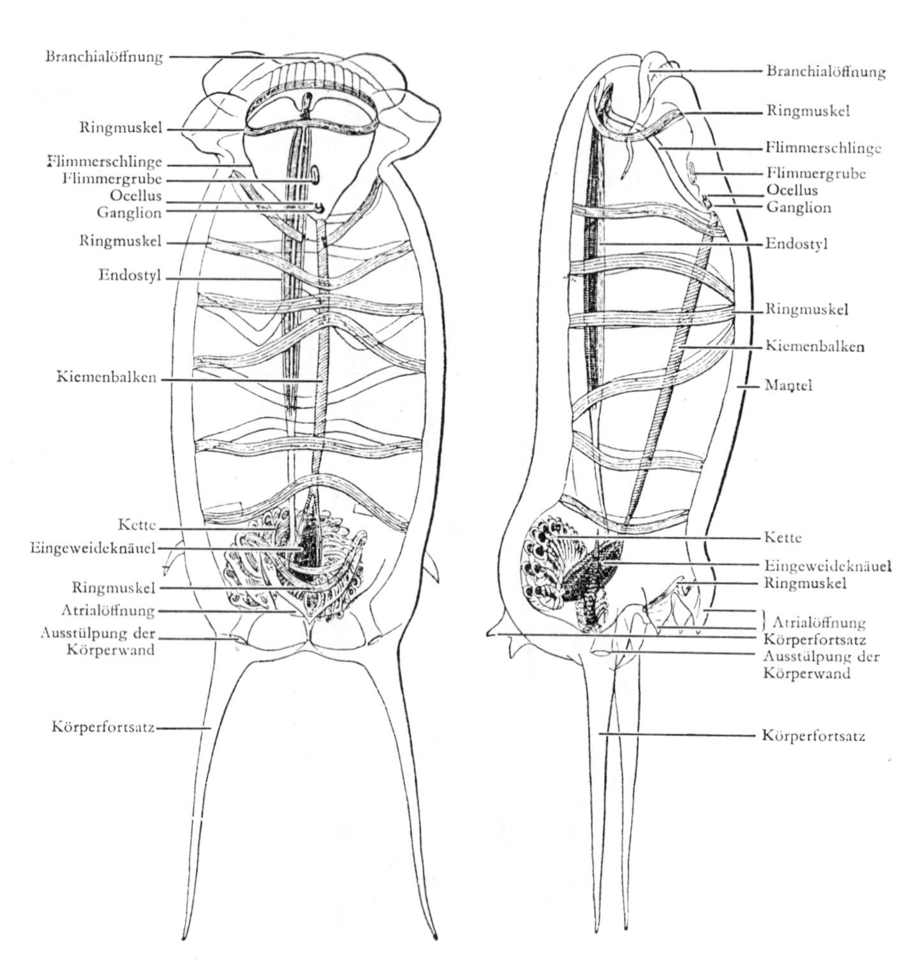

Abb. 172: *Salpa democratica*, links von der Rückenfläche, rechts von der linken Seite gesehen

2. *Salpa democratica*

Eine im Mittelmeer ungemein häufige Salpe ist die *Salpa democratica*, deren geschlechtliches Kettentier als *Salpa mucronata* bezeichnet wurde.

Es werden zunächst gefärbte mikroskopische Präparate der geschlechtslosen Einzeltiere verteilt, die bei schwächster Vergrößerung zu untersuchen sind (Abb. 172).

Beim Einzeltier (der «solitären Form» oder «Amme») ist das Hinterende in drei Zipfel ausgezogen, einen kurzen mittleren, in den der Eingeweideknäuel zum Teil hineinragt, und zwei viel längere seitliche, in die sich die Körperwand röhrenförmig einstülpt. Der vom Eingeweideknäuel schräg aufwärts steigende Strang ist der Kiemenbalken. Von seinem vorderen Ende ziehen die beiden dem Vorderrand des Kiemensackes entsprechenden Flimmerschlingen schräg nach vorn und unten. Der Endostyl entspringt von dem Punkt, wo sich die beiden Flimmerbogen ventral wieder vereinigen. Sein vorderer Abschnitt zieht als ein breites, drüsiges Band in der ventralen Medianlinie etwa bis zur Mitte des Körpers, der hintere bildet eine einfache Flimmerrinne. In der Gabel, die die Flimmerbogen bei ihrem Abgang vom Kiemenbalken bilden, liegt das Ganglion und unmittelbar davor der Ocellus mit seinem hufeisenförmigen Pigmentbecher, in dessen Innern sich bei starker Vergrößerung die Sehzellen wahrnehmen lassen. Ein gutes Stück weiter nach vorn liegt die Flimmergrube und dicht neben dieser ein kurzer Tentakel.

Die Ringmuskulatur läßt bei starker Vergrößerung sehr schön Querstreifung und regelmäßig angeordnete Zellkerne erkennen.

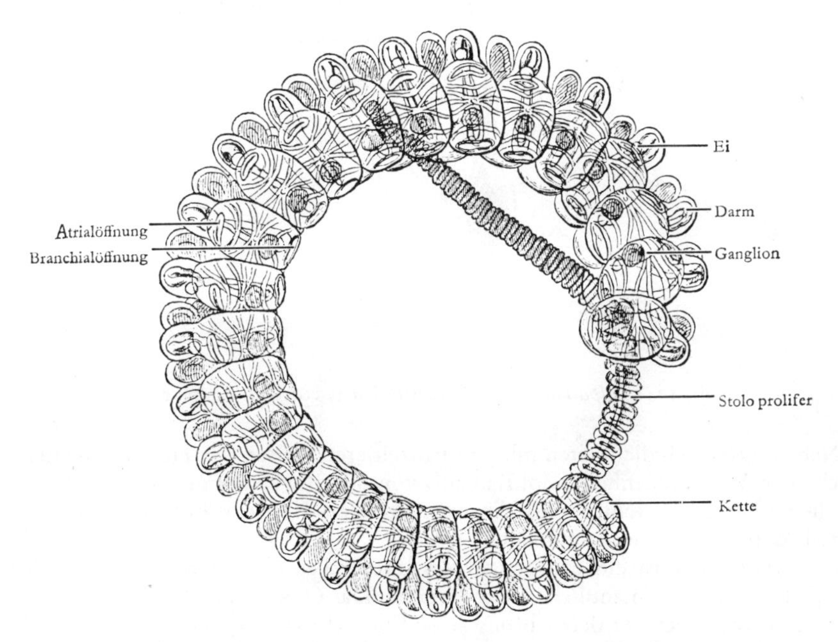

Abb. 173: Stolo prolifer und Kette von *Salpa democratica*. Vergrößert

Fast alle größeren Individuen zeigen um den Nucleus herum eine eigentümliche Spirale, die wir als zusammengesetzt aus einer Doppelreihe miteinander verbundener, kleiner Salpen erkennen. Wir haben hier eine «Salpenkette» vor uns, die in dem Einzeltier durch innere Knospung, also ungeschlechtlich, entsteht. Die Kette (Abb. 173) entwickelt sich vom Stolo prolifer aus, einer bereits bei Embryonen auftretenden, hakenförmigen Erhebung dicht hinter dem Endostylende, an der linken Körperseite, die in spiraliger Krümmung in den Mantel des Einzeltieres hineinwächst, eine Ausbuchtung vor sich hertreibend. Am Ende des Stolo entstehen in der Folge wulstförmige Verdickungen, aus denen die Tiere der Kette hervorgehen, derart, daß die am weitesten entwickelten sich am freien Ende befinden und immer weitergeschoben werden (ähnlich der Gliederbildung beim Bandwurm). Schließlich löst sich das fertig differenzierte Endstück ab und wird durch eine Öffnung des Mantels als Kette ausgestoßen, ein Vorgang, der sich ständig wiederholt.

Wir betrachten jetzt mikroskopische Präparate von einzelnen Tieren der Kettenform (Abb. 174).

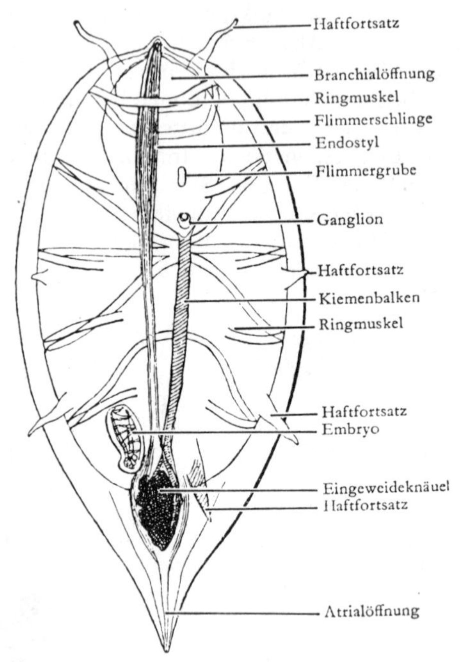

Abb. 174: *Salpa mucronata* = Kettenform von *Salpa democratica*

Neben vielen Ähnlichkeiten mit den Einzeltieren weisen die Tiere der Kettenform doch auch Verschiedenheiten im Bau auf, von denen wir hier nur die Existenz dreier Ocellen über dem Gehirn und die ektodermalen Haftfortsätze erwähnen wollen, mittels derer die Tiere zusammenhängen.

Die Kettensalpe ist ein protogyner Zwitter, d.h. ein Zwitter, der zunächst die weibliche, später die männliche Reife erreicht. Das Ovarium entwickelt meist nur ein einziges Ei, das nach der Befruchtung seine Entwicklung im Innern der Mutter durchmacht, mit ihr durch eine Placenta verbunden. Wir werden also in unseren Präparaten je nach dem Alter des Tieres entweder ein Ei (rechts neben dem Eingeweideknäuel) oder einen, eventuell zu enormer Größe entwickelten Embryo vorfinden.

Chordata, Chordatiere

2. Acrania. Schädellose

A. Technische Vorbereitungen

Zur Präparation werden gut konservierte Exemplare von *Branchiostoma* gegeben, wie man sie von der Biologischen Anstalt Helgoland oder anderen Meereslaboratorien erhalten kann. Man verwende nur große, geschlechtsreife Tiere. Sie lassen sich schon äußerlich an den beiden Gonadenreihen erkennen. In Formol fixierte und in einer 3–5%igen Formollösung aufbewahrte Tiere sind für unsere Zwecke am günstigsten. Es werden dadurch die in Alkohol auftretenden Schrumpfungen vermieden, äußere Körperform und Flossensaum bleiben tadellos erhalten, die Mundcirren ausgestreckt und der Körper durchscheinend. – Man kann die Präparation durch eine vorausgehende Mazeration erleichtern. Dazu überführt man die Tiere aus dem Formol in verdünnte Salzsäure (15 Teile konzentrierte Salzsäure auf 85 Teile Aqua dest.). Sie verbleiben hierin 15 Tage.

Ferner werden fertige mikroskopische Ganzpräparate gebraucht, wozu man kleinere, höchstens 2 cm lange Tiere verwendet. Die Präparate werden mit Boraxkarmin gefärbt.

Endlich werden auch noch Querschnittspräparate von erwachsenen Tieren, am vorteilhaftesten solche durch die Region des Kiemendarmes gegeben, doch können auch Querschnitte aus verschiedenen Körperregionen auf einem Objektträger vereint werden.

B. Allgemeine Übersicht

Die Gattung *Branchiostoma*, die vielfach noch mit ihrem alten Namen *Amphioxus* bezeichnet wird, bildet mit der Schwestergattung *Asymmetron* den zweiten Unterstamm der Chordata, die Acranier. Den Tunicaten gegenüber werden bisweilen Acranier und Cranioten als Vertebraten im weiteren Sinne zusammengefaßt.

Branchiostoma weist in seiner Organisation primitivste Wirbeltiercharaktere auf, daneben aber auch einige Merkmale, die vielleicht als Rückbildung infolge der Lebensweise anzusehen sind. Das Tier hält sich normalerweise halb in grobem Sande versteckt, so daß nur der Vorderkörper herausragt. Schädel, Wirbelsäule und paarige Gliedmaßen fehlen. Ein kontinuierlicher Flossensaum umzieht das Tier dorsal, und zum Teil auch ventral, in der Medianebene. Der Aufbau des Körpers ist überwiegend epithelial, da Stützgewebe nur in geringem Umfange entwickelt ist. Knorpel und Knochen fehlen völlig. Die Epidermis ist ein einschichtiges Epithel, wie bei den Wirbellosen. Die Zellen tragen an ihrer Oberfläche zahlreiche Mikrovilli; darüber liegt eine feine Schicht aus Mucopolysacchariden. Die Larve trägt ein Geißelkleid. Das Skelett wird im wesentlichen durch die zeitlebens erhaltene Chorda dorsalis dargestellt, einen festen, elastischen, vorn und hinten zugespitzten Stab, der den Körper in ganzer Länge durchzieht. Das umgebende Bindegewebe verdichtet sich um die Chorda herum zu einer zellenlosen, offensichtlich aus kollagenen Fasern bestehenden Scheide. Zwischen ihr und der Chorda liegt eine von den Chordazellen gebildete Basalmembran. Sie wird bisweilen auch als Elastica interna bezeichnet.

Über der Chorda liegt das Rückenmark, das durch Einsinken und Einfalten einer als Medullarplatte bezeichneten Ektodermverdickung entlang der dorsalen Mittellinie entsteht. Das Lumen des so entstandenen Medullar- oder Neuralrohres ergibt den Zentralkanal des Rückenmarks, der bei Embryonen hinten durch den Canalis neurentericus mit dem Urdarm kommuniziert und sich vorn im Neuroporus nach außen öffnet. Unmittelbar hinter dem Neuroporus zeigt der Zentralkanal eine ventrikelartige Erweiterung, das Stirnbläschen («Hirnbläschen»); ein eigentliches Gehirn entwickelt sich jedoch nicht.

In jedem Segment gehen ein Paar dorsale und ein Paar ventrale Wurzeln ab. Die dorsalen sind überwiegend sensibel, sie innervieren als solche vor allem die Haut, während ihre motorischen Fasern zu den visceralen Muskeln ziehen. Die ventralen Wurzeln, bislang für Nerven gehalten, sind Fortsätze der Myotommuskeln, die sich ihre Innervierung am Neuralrohr «holen». Eine eigenartige Parallele zu den Muskelzellen der Nematoden.

Die Sinnesorgane sind gering entwickelt. An der Vorderwand des Stirnbläschens findet sich ein bei jungen Tieren größerer Pigmentfleck, der vielfach als Rest eines Auges angesehen wurde und tatsächlich auch photosensible Substanzen enthält. Primitiv gebaute Sehorgane liegen im Rückenmark, ventral und lateral vom Zentralkanal, in dessen gesamter Längsausdehnung; sie bestehen jeweils aus einer Sinneszelle und einer becherförmigen Pigmentzelle. Weitere, wie Lichtrezeptoren gebaute Zellen, allerdings ohne begleitende Pigmentzellen, liegen dorsal zwischen dem Stirnbläschen und dem 4. Myotom (= Josephsche Zellen). Eine mit cilientragenden Epithelzellen ausgekleidete, trichterförmige Grube, die den sich schließenden Neuroporus umgibt (Köllikersche Grube), wird als Geruchsorgan gedeutet. Schließlich finden sich über die ganze Haut verteilt einzelne Sinneszellen unbekannter Funktion; an der Außenseite der Mundcirren und am Velum und seinen Tentakeln treten sie zu Sinnesknospen zusammen.

Die Muskulatur gliedert sich in einen somatischen und einen visceralen Teil. Die somatischen Muskeln bestehen aus zahlreichen (bei *Branchiostoma lanceolatum* etwa 60) metameren Portionen, Muskelsegmente oder Myomere (auch Myotome) genannt. Sie werden durch bindegewebige Platten, Myosepten, voneinander getrennt, die von der Chordascheide entspringen und peripher in die Cutis übergehen. Die Myomere der rechten und linken Seite sind gegeneinander verschoben. Die einzelnen Myomere sind winkelförmig geknickt, mit der Spitze nach vorn gerichtet. Sie entstehen aus den dorsalen, die Visceralmuskeln aus den ventralen Portionen der Cölomsäckchen.

Der Darmkanal beginnt mit einer weiten, nach vorn und unten gerichteten Mundöffnung, die von einer rechten und linken Lippe hufeisenförmg umgrenzt wird. Auf dem Lippenrand sitzen Lippententakel (Cirren), die in ihrem Innern ein Skelettstäbchen von Chorda-ähnlicher Struktur enthalten. Nach hinten zu wird die «Mundhöhle» durch das Velum begrenzt, eine diaphragmaartig einspringende Hautfalte, die nach hinten gerichtete Velartentakel trägt. Die zentrale Öffnung im Velum entspricht der ursprünglichen Mundöffnung. Die erst im Laufe der Entwicklung entstandene «Mundhöhle» ist daher besser als Präoralhöhle zu bezeichnen. Am Dach der Präoralhöhle findet sich eine tiefe Geißelgrube (Hatscheksche Grube), von der aus sich das sogenannte Räderorgan seitlich hinabzieht. Es besteht aus Streifen hoher begeißelter Zellen und dient dem Transport von Nahrungspartikeln.

Hinter dem Velum folgt der Kiemendarm, der von zahlreichen, schräg nach hinten-unten ziehenden Kiemenspalten durchbrochen wird. Man zählt jederseits bis zu 180 Spalten, wobei diejenigen der rechten und linken Seite alternieren. Die zwischen den Spalten stehengebliebenen Wandteile des Kiemendarmes werden als Kiemenbogen bezeichnet. Im Inneren jedes Kiemenbogens liegt ein elastischer Stab, der von verdichtetem, zellfreiem Bindegewebe aufgebaut ist. In der ventralen

Mittellinie des Kiemendarmes zieht sich die dem Endostyl der Tunicaten (und der Schilddrüse der Cranioten) entsprechende Hypobranchialrinne entlang, deren dicht hinter dem Velum gelegenes Vorderende durch zwei Wimperbänder (Peripharyngealbänder) mit einer dorsal verlaufenden Rinne, der Epibranchialrinne, in Verbindung steht. Aus dem Atemwasser abgefangene und in Schleim eingehüllte Nahrungspartikel werden entlang der Epibranchialrinne nach hinten zum verdauenden Teil des Darmes befördert.

Der verdauende Teil des Darmes verläuft ohne Bildung eines gesonderten Magens gestreckt nach hinten; nach vorn gibt er einen rechts liegenden Blindsack, den Leberblindsack ab. Der After liegt nicht genau median, sondern etwas links von der Mittellinie.

Dem Blutgefäßsystem fehlt ein dem der Cranioten vergleichbares Herz. Funktionell wird es ersetzt durch die kontraktile, ventral vom Kiemendarm verlaufende Endostylarterie, die das Blut nach vorn treibt, und durch die Kiemenherzen (Bulbilli). Die Bulbilli sind kontraktile Auftreibungen an der Basis der Kiemenarterien, die von der Endostylarterie abgehen und in den Kiemenbogen aufwärts ziehen. Dorsal vom Kiemendarm ergießen sich die nun Oxyblut führenden Kiemengefäße in eine rechte und linke Aortenwurzel. Hinter dem Kiemendarm erfolgt die Vereinigung beider Aortenwurzeln zu einer nach hinten ziehenden, unpaaren Aorta (dorsalis, descendens), die sich verzweigend und schließlich in Kapillaren auflösend Darm wie übrige Organe mit frischem Blut versorgt. Durch Venen wird es dann wieder gesammelt und der Endostylarterie zugeführt. Die unter dem Darm liegende Vena subintestinalis, die das venöse Blut des Darmes sammelt, zieht aber zunächst nach vorn zum Leberblindsack; hier erfolgt eine kapillare Auflösung, dann Wiedervereinigung in eine dorsale, von der Leber wieder rückwärtsziehende Lebervene. Unter Umbiegung nach vorn und starker Erweiterung (sogenannter Sinus venosus) geht die Lebervene am Hinterende des Kiemendarmes in die Endostylarterie über. In den Sinus venosus münden außerdem vordere und hintere Cardinalvenen durch transversale Ductus Cuvieri ein. Die Übergangsstelle zwischen Sinus venosus und Endostylarterie ist es, die sich beim Fisch zum Herz entwickelt.

Die Leibeshöhle bildet sich bei der Larve in typischer Weise aus, indem sich rechts und links vom Entoderm des Urdarmes metamere Taschen abschnüren. Der Hohlraum dieser Taschen ist das Cölom, ihre Wandung das Mesoderm. Rechte wie linke Tasche umwachsen den Darm ventral und gliedern sich in einen dorsalen und einen ventralen Abschnitt (Myotom und Splanchnotom). Eine taschenartige Vorstülpung des Myotoms – bei allen echten Wirbeltieren ist es eine solide Wucherung – umwächst als Sklerotom Chorda und Nervenrohr. Seine mediale Wand wird zur skeletogenen Schicht, die bei den Cranioten durch Verknorpelung und Verknöcherung die Wirbelsäule liefert. Die laterale Wand des Sklerotoms wird zur Muskelfaszie.

Die wenigen, unpaaren Kiemenspalten der Larve liegen ventral und münden direkt nach außen. Erst im Laufe der Entwicklung erhalten sie – nun zahlreich geworden – ihre endgültige Lage an den Seiten des Kiemendarmes und münden dann nicht mehr nach außen, sondern in den Peribranchialraum. Dieser Peribranchialraum entsteht dadurch, daß seitlich über den Kiemenspalten auftretende, längsparallele Hautfalten (Metapleuralfalten) mehr und mehr nach unten vorwachsen, sich ventral aneinanderlegen und mit ihren freien Kanten schließlich von hinten nach vorn verwachsen. Der Peribranchialraum umgibt somit unten und seitlich als U-förmig gebogener Hohlraum den Kiemendarm. Er ist, seiner Entstehung gemäß, vollständig mit ektodermalem Epithel (Peribranchialepithel) ausgekleidet und erstreckt sich, auch noch einen Teil des nutritorischen Darmes umfassend, bis zum Ende des 2. Körperdrittels, wo er median mit dem Atrioporus nach außen mündet. – Die Leibeshöhle besteht im Bereich des Kiemendarmes im wesentlichen aus einem schmalen Raum ventral von der Hypobranchialrinne, dem Endostylcölom, und aus zwei Räumen rechts und links neben der Epibranchialrinne, den Subchordalcölomen. Beide sind durch die Kiemenbogencölome, die als schmale Kanäle an der Außenseite jedes zweiten Kiemenbogens (Hauptkiemenbogen) entlangziehen, miteinander verbunden.

Sehr eigenartig sind die Exkretionsorgane der Acranier gestaltet. Es sind etwa 90 metamere Nierenkanälchen, die als röhrenförmige Ausstülpungen des Subchordalcöloms entstehen, sich verlängern und schließlich in den Peribranchialraum münden. Die offene Verbindung zum Cölom geht allerdings im Verlauf der weiteren Entwicklung verloren, so daß die Nephridialkanälchen schließlich als proximal geschlossene Röhrchen im Cölom liegen, die einzeln über kurze Verbindungsstücke in den Peribranchialraum münden. Die cölomatischen Abschnitte der Nierenkanälchen sind wie Nadelkissen mit vielen stecknadelförmigen Zellen bespickt. Vom Körper jeder Zelle (dem «Stecknadelkopf») – er liegt mit gelappten Ausläufern der Wand eines Blutraumes an – zieht ein feiner Reusenzylinder aus 10 dreikantigen Stäben quer durch das subchordale Cölom zur Wand eines Nierenkanälchens, durchbohrt sie und endet im Lumen des Kanälchens. Die Geißel, die im Inneren des Reusenzylinders schlägt, ragt weit in den Nephridialkanal hinein. Diese Reusengeißelzellen wurden früher zu den Solenocyten (S. 199) gerechnet. Neuere Untersuchungen rechtfertigen es, sie wegen ihrer besonderen Struktur als eigenen Typ zu behandeln; sie werden Cyrtopodocyten genannt.

Die Geschlechtsorgane der getrenntgeschlechtlichen Tiere liegen in zwei Reihen, segmental angeordnet, im Bereich des Peribranchialraumes. Sie entstehen aus der Wand des Cöloms. Bei der Reife platzt die Cölomwand, und die Geschlechtsprodukte ergießen sich in den Peribranchialraum, um durch den Atrioporus nach außen zu gelangen.

C. Spezieller Teil

Branchiostoma lanceolatum = Amphioxus lanceolatus, Lanzettfischchen

Die zur Präparation verwendete Art, *Branchiostoma lanceolatum*, ist in den europäischen Meeren häufig. Man findet sie als Bewohner sandiger Böden von der Küste bis zu 60 m Tiefe.

Wir legen ein konserviertes Exemplar von *Branchiostoma* unter Wasser ins Wachsbecken und betrachten zunächst seine äußere Körperform (Abb. 175). Das etwa 5 cm lange, etwas durchscheinende, gelblich-weiße Tierchen hat seinen Speziesnamen «*lanceolatum*» von der lanzettförmigen, an beiden Enden zugespitzten Gestalt. Der Körper ist beiderseits flachgedrückt, und wir können einen schmalen Rücken und eine breitere Bauchseite unterscheiden. Schon mit bloßem Auge sieht man die Anordnung der mehr als die dorsale Körperhälfte einnehmenden Muskulatur in regelmäßigen, dicht aufeinanderfolgenden Portionen, Muskelsegmente oder Myomere genannt. Die sie trennenden Scheidewände, die Myosepten, schimmern durch die Haut als winkelige, mit der Spitze nach vorn weisende Linien hindurch. Die Myomere der rechten und linken Körperseite alternieren miteinander.

Sehr deutlich sind auch die Gonaden zu sehen, kleine, ovale oder viereckige Pakete, meist 26 Paare an Zahl, die in regelmäßiger Anordnung jederseits am Bauch

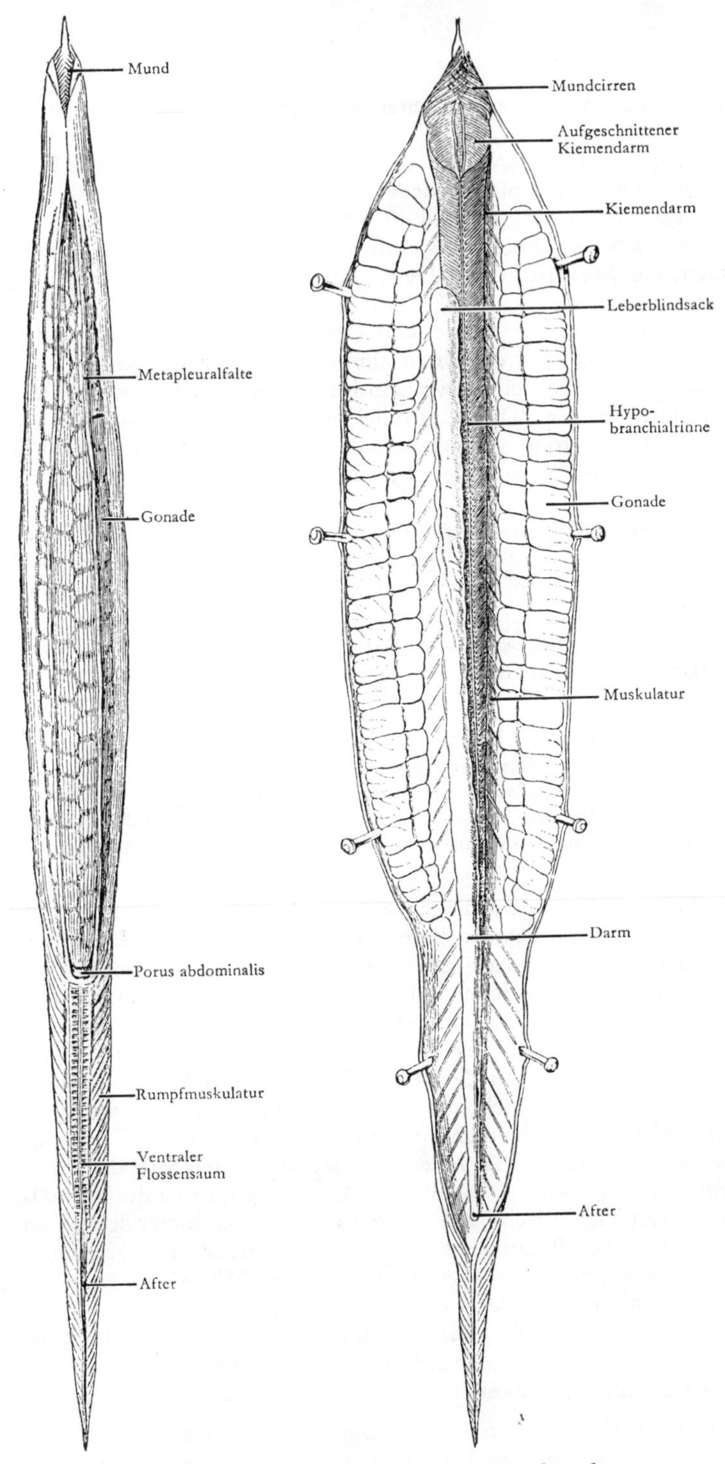

Abb. 175: *Branchiostoma lanceolatum*, von der Unterseite

Abb. 176: *Branchiostoma lanceolatum* von der Unterseite aus eröffnet

liegen; auch sie sind auf beiden Seiten gegeneinander verschoben, so daß sie alternieren.

Über den ganzen Rücken verläuft ein zarter, bläulich schimmernder Flossensaum. An der vorderen Körperspitze bildet er eine kleine Rostralflosse, an der hinteren eine umfangreichere Schwanzflosse. Mit ihr greift er auf die ventrale Seite über, wo er sich noch ein Stück weit fortsetzt, bis zum Atrioporus hin. Hier beginnen zwei starke Hautfalten, die Metapleuralfalten, die sich nach vorn bis zum Mund hin erstrecken.

Betrachten wir das Tier von der Unterseite (wir stützen es links und rechts mit je 2 Nadeln), so sehen wir drei Körperöffnungen. Vorn liegt ventral der Mund, eine längsovale Öffnung, umstellt von einem Kranz ansehnlicher Cirren. Da, wo die Gonaden aufhören, findet sich die ziemlich weite, runde Öffnung des Peribranchialraumes, der Atrioporus (Porus abdominalis). Der After schließlich liegt als viel kleinere Öffnung im Bereich der Schwanzflosse, und zwar etwas nach links verschoben.

Die für die Systematik der Gattung wichtige Lagerung der beiden hinteren Körperöffnungen ist bei den einzelnen Arten verschieden, innerhalb derselben aber leidlich konstant. Sie wird je nach dem Segment, in dem die Öffnungen liegen, durch eine einfache Formel ausgedrückt, der noch die Zahl der Schwanzsegmente hinzugefügt wird. So ist diese Formel bei unserer Art $35 + 15 + 11 = 61$. Der Porus abdominalis liegt also im 35. Segment, der After im 50., und hinter ihm folgen noch 11 Segmente.

Wir beginnen jetzt mit der Präparation. Das Tier wird mit den Fingern der linken Hand am Rücken erfaßt. Vom Munde ausgehend wird dann mit der feinen Schere ein Schnitt in der ventralen Mittellinie zwischen beiden Gonadenreihen hindurch bis zum After geführt. Dann stecken wir mit feinen Nadeln die beiden auseinanderzulegenden Hälften der Körperwand fest und betrachten das Präparat mit dem Stereomikroskop (Abb. 176).

Vorn haben wir mit unserm Schnitt die Mundhöhle (Präoralhöhle) eröffnet. Die die Mundöffnung kranzartig umgebenden Cirren, die häufig ineinandergeschlagen sind, hatten wir bereits kennengelernt. Nach hinten zu wird die Mundhöhle gegen den Kiemendarm durch das Velum abgegrenzt, eine mit Ringmuskulatur ausgestattete, irisblendenartig einspringende Falte, besetzt mit Tentakeln, die eine Art Reuse bilden. Der geräumige, vom Peribranchialraum umgebene Kiemendarm verjüngt sich nach hinten allmählich. Sein Aufbau aus feinen, schräg verlaufenden Spangen, den Kiemenbogen, zwischen denen die Kiemenspalten hindurchtreten, wird ohne weiteres klar. In der uns zugekehrten ventralen Mittellinie des Darmes schimmert die Hypobranchialrinne deutlich hindurch.

Auf der linken Seite des Präparates (also auf der rechten Seite des Tieres) liegt dem Darm ein langgestrecktes, grünlichgelbes Gebilde an. Es ist der Leberblindsack, der vom verdauenden Abschnitt des Darmes unmittelbar hinter dem Kiemendarm abgeht und sich in den Peribranchialraum hinein erstreckt. Der verdauende Darmteil selbst ist hier etwas erweitert (sogenannter «Magen»), dann setzt er sich als geradliniges Rohr nach hinten zum After fort.

Die Gonaden sind umfangreiche Bildungen, die scheinbar mit Darm und Leber in der gleichen Körperhöhle liegen, in Wirklichkeit aber von einer dünnen Haut, der Wand der eigentlichen Leibeshöhle, umkleidet werden.

Darm und Leber werden von der Unterlage abgelöst und entfernt.

Damit ist die Chorda dorsalis freigelegt worden, ein den Körper der Länge nach durchziehender Strang, der vorn und hinten zugespitzt ist.

Wir schneiden mit der Schere eine Hälfte des den Mund umgebenden Cirrenkranzes ab und legen sie in einen Tropfen Glyzerin auf den Objektträger. Deckgläschen!

Unter dem Mikroskop sieht man, daß jeder Cirrus von einem Skelettstab durchzogen wird, dessen verbreiterte Basis, schuhförmig umbiegend, an die des folgenden Cirrus stößt, so daß ein vorn und oben sich hufeisenförmig öffnender Ring gebildet wird. Ein starker, breiter Ringmuskel umzieht ihn. Die Flanken jedes Cirrus sind mit epidermalen Sinnesknospen besetzt, Gruppen büschelförmig vorragender, längerer Zylinderzellen; sie werden als Tast- oder auch Geschmacksorgane gedeutet.

Wir schneiden ein schmales, aber von der Epibranchialrinne bis zur Hypobranchialrinne reichendes Stück des Kiemenkorbes heraus und betrachten es unter dem Mikroskop.

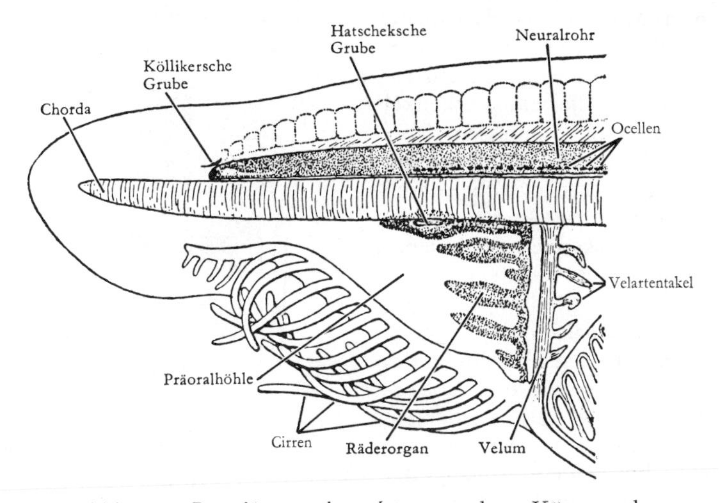

Abb. 177: *Branchiostoma lanceolatum*, vorderes Körperende

Wir sehen einige Kiemenspalten mit den sie trennenden, als Kiemenbogen bezeichneten Wandspangen, deren stützende Skelettstäbe wir deutlich erkennen. Aus entwicklungsgeschichtlichen Gründen unterscheidet man Hauptbogen und Nebenbogen (Zungenbogen). Sie wechseln regelmäßig miteinander ab. Die Skelettstäbe zweier benachbarter Hauptbogen, die durch Querstäbe (Synaptikel) leiterartig untereinander verbunden sind, vereinigen sich dorsal. Von dieser Stelle aus entwickeln sich, nach unten auswachsend, die – ebenfalls durch Skelettstäbe gestützten – Zungenbögen. Sie teilen die ursprüngliche Kiemenspalte in zwei hintereinandergelegene Spalten.

Wir betrachten jetzt mikroskopische Ganzpräparate von jungen, mit Boraxkarmin gefärbten Tieren und wenden zur ersten Orientierung die schwächste Vergrößerung an (Abb. 177 und 178).

Am meisten fällt der dunkler getönte Darmtrakt in die Augen, der schräg durchbrochene Kiemendarm mit seiner nach hinten gerichteten, sich allmählich verjüngenden Fortsetzung, dem verdauenden Darm; darüber liegt die langgestreckte Chorda dorsalis und dorsal von dieser das Rückenmark, leicht kenntlich an der punktweisen, schwärzlichen Pigmentierung.

Wir betrachten jetzt die einzelnen Organsysteme mit etwas stärkerer Vergrößerung und beginnen mit dem Darm. Über den Mund mit seinen cirrenbesetzten Lippenrändern sowie über das tentakeltragende Velum, das trichterförmig nach hinten in den Kiemenraum hineinragt, sind wir bereits genügend unterrichtet. In den Seitenwänden der hinteren Mundhöhle, dicht vor dem Velum, fällt uns ein lappenartig ausgezogenes Organ durch seine dunklere Färbung auf. Es ist das Räderorgan (Abb. 177), das dazu dient, Nahrungspartikel durch seinen lebhaften Geißelschlag nach hinten zu befördern. Oben vereinigen sich die beiden Schenkel des Räderorganes und umfassen dabei eine tiefe Geißelgrube am Dach der Mundhöhle (Hatscheksche Grube), deren Funktion unbekannt ist (Sinnesorgan?). Am Kiemendarm erkennen wir in einer an seinem Ventralrand verlaufenden Verdickung die Hypobranchialrinne wieder, dorsal die Epibranchialrinne.

Neben dem hinteren Abschnitt des Kiemendarmes sehen wir den Leberblindsack, der aus dem vordersten Teil des verdauenden Darmes entspringt. Kurz hinter dem Abgang der Leber fällt uns der «dunkle Darmring» auf. Seine Bedeutung ist nicht genau bekannt; morphologisch unterscheidet er sich von den angrenzenden Darmabschnitten durch ein besonders dichtes und langes Wimperkleid. Da er außerdem von Ringmuskelfasern umgeben ist, dient er vermutlich als eine Art Sphinkter.

Die über dem Darm liegende Chorda dorsalis ist ein zylindrischer, an beiden Enden zugespitzter Strang, vorn bis in die Rostralflosse, hinten bis in die Schwanzflosse gehend. Sie setzt sich aus dünnen, geldrollenartig aneinander gereihten Platten zusammen, zwischen die sich feine, flüssigkeiterfüllte Spalträume ein-

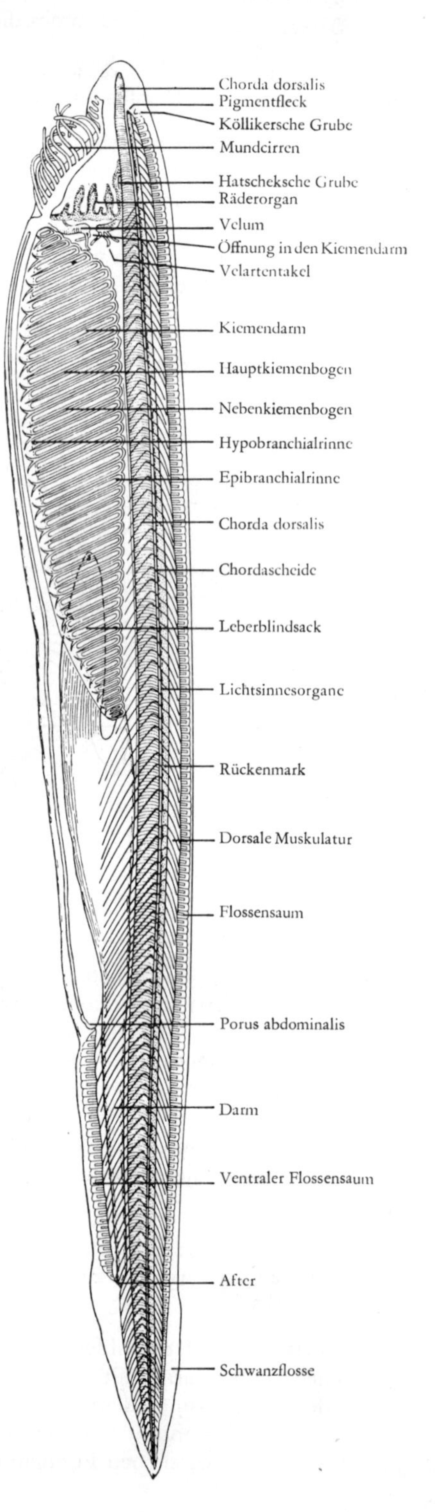

Abb. 178: *Branchiostoma lanceolatum*, junges Tier von der linken Seite

schalten. Fast immer stehen die meist gewellten Platten nicht senkrecht, sondern schräg zur Längsachse. Die Chorda bildet eine Unterlage für das Rückenmark. Es reicht nicht ganz so weit nach vorn wie die Chorda, sondern endigt ein Stück vorher mit einer kleinen Erweiterung seines Zentralkanals, dem Stirnbläschen (Hirnbläschen), in dessen Vorderwand ein Pigmentfleck liegt, der photosensible Stoffe enthält. Über dem Stirnbläschen sehen wir eine kleine Geißelgrube (Köllikersche Grube), die vielleicht als Geruchsorgan zu deuten ist; sie gibt die Lage des ehemaligen Neuroporus an. Die erwähnten Pigmentflecke im Rückenmark – primitive, aus Sinneszelle und Pigment-

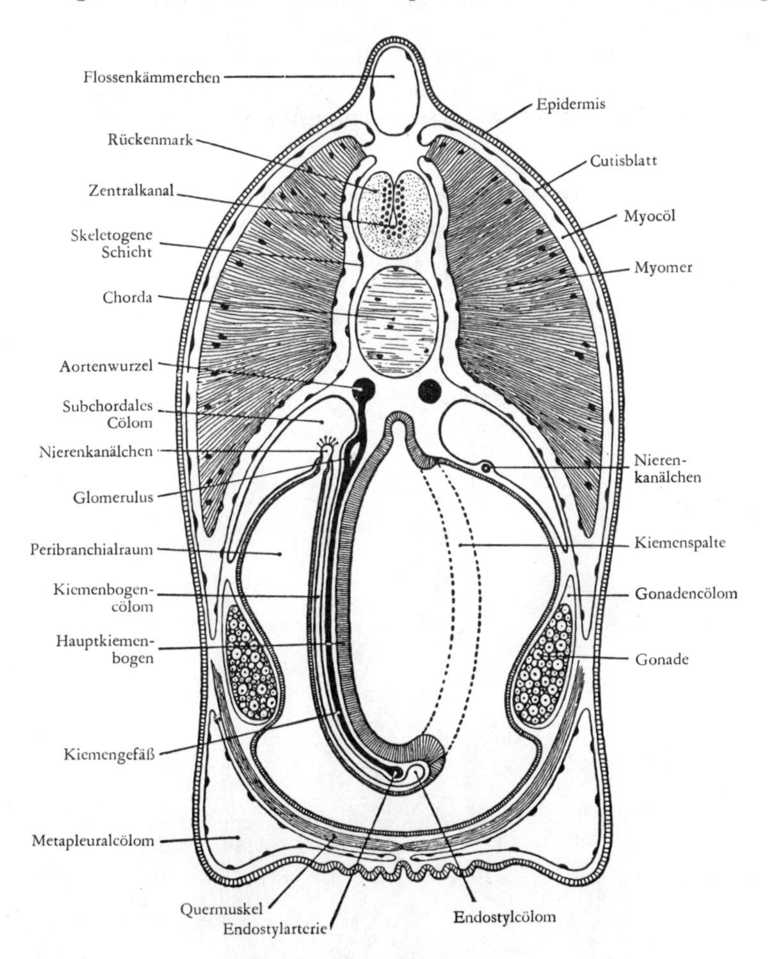

Abb. 179: Querschnitt durch die Kiemenregion eines jungen *Branchiostoma* schematisch. (Nach K. C. Schneider und Boveri)

zelle bestehende Lichtsinnesorgane – sehen wir am zahlreichsten im vorderen Abschnitt des Rückenmarks liegen, am spärlichsten im mittleren Abschnitt.

Der Flossensaum enthält in seinem Innern eine Reihe kleiner Flossenkämmerchen, die den Rumpfmuskeln aufliegen, aber in viel größerer Zahl als die Körpersegmente vorhanden sind. Ihre Wandungen stehen mit den Myosepten in Zusammenhang, ihr Inneres ist ausgefüllt von einer gallertartigen Bindegewebssubstanz, die bei ganz jungen Tieren noch fehlt.

Es werden jetzt Querschnitte durch die Kiemendarmregion eines geschlechtsreifen Tieres gegeben (vgl. Abb. 179 und 180).

Die Epidermis ist ein einschichtiges, aus prismatischen Zellen zusammengesetztes Epithel; die großen Zellkerne liegen basal, apikal bilden die freien Zellflächen Mikrovilli aus; sie sondern einen Schleim aus Mucopolysacchariden ab. Unter der Epidermis liegt die Cutis, ein an Fasern reiches Bindegewebe, das mit dem der Myosepten in Verbindung steht. In der Rückenlinie erhebt sich der unpaare Flossensaum, an der Bauchseite ragen links und rechts die Metapleuralfalten vor. Im Inneren der Rückenflossen sehen wir die schon erwähnten Flossenkämmerchen, deren in unseren Präparaten etwas geschrumpfte Ausfüllungen als «Flossenstrahlen» bezeichnet werden.

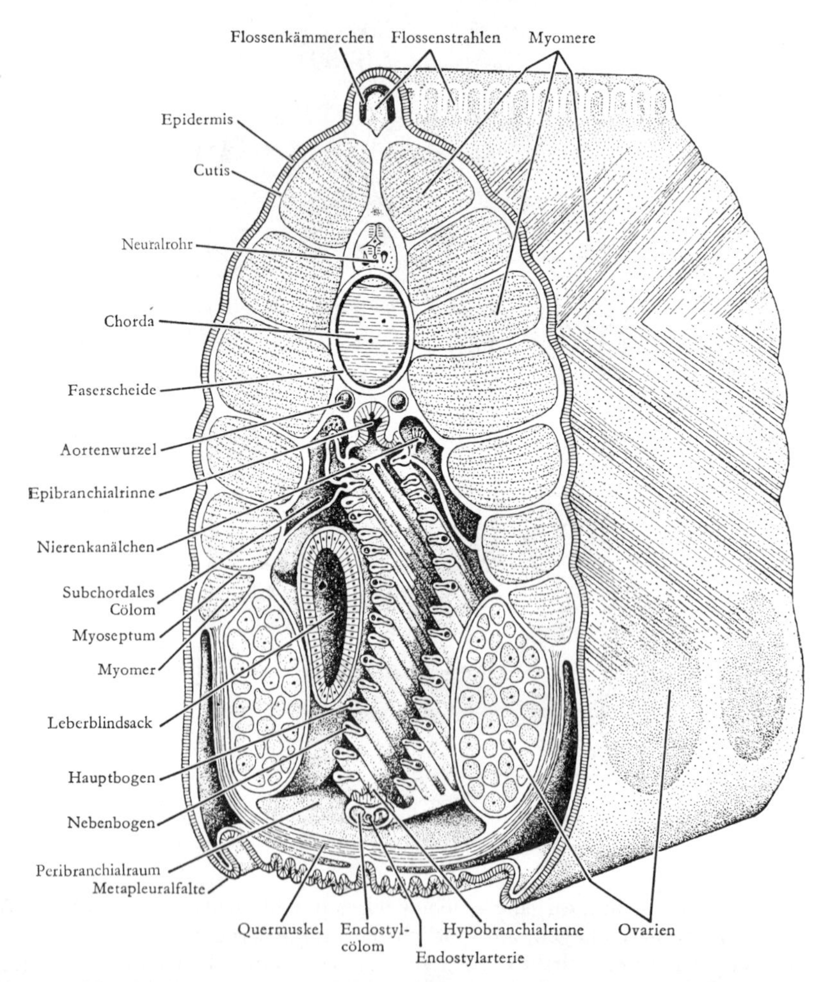

Abb. 180: Ein Stück aus der Kiemendarmregion von *Branchiostoma*, Ansicht von vorn, halbschematisch

Die ganze obere Hälfte des Querschnitts nimmt rechts und links die mächtige Rumpfmuskulatur ein, von der mehrere, durch Myosepten getrennte Myomere im Schnitt getroffen wurden, was sich aus der Winkelform der einzelnen Myomere zwangsläufig ergibt. Die Myosepten gehen zentral in eine Bindegewebsmasse über, die auch das Nervenrohr sowie die Chorda umschließt und hier als faserige Chordascheide bezeichnet wird. In der unteren Wand des Peribranchialraumes erkennen wir außerdem einen durch ein medianes Septum symmetrisch geteilten Quermuskel, der zur visceralen Muskulatur gehört. Er bewirkt durch seine Kontraktion eine Verengerung des Peribranchialraumes und somit ein Ausstoßen von Wasser aus dem Atrioporus.

Daß auch von den Kiemenbogen eine ganze Anzahl im Querschnitt getroffen sein müssen, macht Abb. 180 verständlich. Die Unterscheidung von Hauptbogen und Nebenbogen (Zungenbogen) ist durch die nur den Hauptbogen außen angeschlossenen Cölomkanäle gegeben (vgl. Abb. 181). In jedem Nebenbogen steigen zwei, in jedem Hauptbogen drei Kiemengefäße empor, von denen das stärkste als «Außengefäß» basal in dem keilförmigen Querschnitt jedes Bogens gut zu erkennen ist. Es wird vom Skelettstäbchen umschlossen. Die Flanken der Bogen tragen entodermales Wimperepithel, durch dessen Tätigkeit das Wasser aus den Kiemenspalten herausgetrieben und so eine ständige Strömung aufrechterhalten wird, die im Dienst

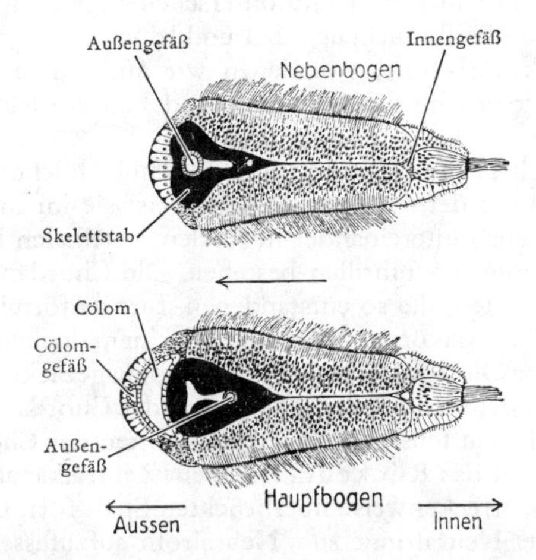

Abb. 181: Querschnitt durch einen Haupt- und einen Nebenkiemenbogen von *Branchiostoma*. Pfeil in der Mitte = Atemwasserstrom. 260×. (Nach Franz)

der Atmung und Nahrungsgewinnung steht. Die schmalen Innenränder sind mit Geißelzellen besetzt, durch deren Schlag die Nahrungspartikel zur Epibranchialrinne befördert werden; der Außenrand der Kiemenbogen ist von einem wimperfreien Epithel ektodermaler Herkunft bekleidet. Die Hypobranchialrinne ist, wie genauere Betrachtung zeigt, aus neun Längsstreifen entodermalen Epithels zusammengesetzt, die teils den Charakter von Drüsenzellen, teils von Geißelzellen besitzen. Der von den Drüsenzellen abgesonderte Schleim breitet sich an der ganzen Innenwand des Kiemendarmes aus und dient dazu, die Nahrungspartikel abzufangen und zusammenzuballen. In dem Bindegewebe unter der Hypobranchialrinne liegen die beiden Endostylarplatten, gebogene Skelettelemente aus verfestigtem Bindegewebe. Ventral von ihnen liegt das Endostylcölom, in dem das zuführende Gefäß des Kiemendarmes, die Endostylarterie, verläuft.

An der Dorsalkante des Kiemendarmes sehen wir die stark vertiefte Epibranchialrinne, rechts und links von ihr die Querschnitte der beiden Aortenwurzeln, die das oxydierte Blut aus den Kiemengefäßen sammeln und sich weiter hinten zur Aorta descendens vereinigen. Umgeben wird der Kiemendarm von dem geräumigen, völlig vom Ektoderm ausgekleideten Peribranchialraum. Das Cölom ist in diesem Bereich auf wenig umfangreiche Abschnitte beschränkt. Wir hatten von ihnen das hypobranchiale Cölom (Endostylcölom) bereits kennengelernt. Beiderseits des Kiemendarmes liegen oben die subchordalen Cölomräume, die durch die Cölomkanäle in den Hauptkiemenbogen mit dem hypobranchialen zusammenhängen. Der Übergang vom subchordalen Cölom in diese Kanäle ist bisweilen an unseren Schnitten gut zu erkennen. Cölomräume sind ferner die Höhlen in den beiderseitigen Metapleuralfalten sowie vielleicht die vorhin erwähnten Flossenkämmerchen. Schließlich wäre zu erwähnen, daß auch die Gonaden in engen Cölomräumen liegen.

Die Gonaden – die weiblichen lassen sich durch die in ihnen liegenden Eier mit großem Kern und Kernkörperchen leicht als solche erkennen – wölben sich infolge ihrer mächtigen Entwicklung weit in den Peribranchialraum vor.

Der Leberblindsack zeigt innen ein einschichtiges Zylinderepithel, das sich von dem des eigentlichen Darmrohres kaum unterscheidet. Außen ist er selbstverständlich vom ektodermalen Peribranchialepithel umkleidet.

Über die Nierenkanälchen, von denen wir nur schwer deutbare Anschnitte sehen, orientieren wir uns hinsichtlich Lage und Bau am leichtesten an Hand der Abb. 180.

Dorsal vom Darm liegt die Chorda. Im Querschnitt hochoval, umgeben von der zarten «Elastica» und der derben Faserscheide, weist sie im Innern, wie wir bereits sahen, einen Aufbau aus hintereinander liegenden, vertikalen Platten auf, die ihrerseits aus feinen, horizontalen Fibrillen bestehen. Die Chordaplatten sind oben und unten etwas ausgeschnitten, die so entstandenen, furchenförmigen Räume zwischen Chordascheide und Chordakörper werden von einem lockeren Gewebe (Müllersches Gewebe) erfüllt. Die Kerne der sternförmig ausgezackten Zellen des Müllerschen Gewebes treten deutlich hervor. Die Kerne der Chordazellen selbst sind spärlicher zu finden und liegen teils peripher, teils inmitten der Chorda.

Über der Chorda liegt das Rückenmark. Sein Zentralkanal setzt sich nach oben zu in einen medianen, streckenweise überbrückten Spalt fort, der als Verschlußnaht bei der Umbildung der Neuralrinne zum Neuralrohr aufzufassen ist. Ganglienzellen, darunter eventuell solche sehr großen Umfanges, die Kolossalzellen, sehen wir im Zuge des Medianspaltes liegen, dorsal etwas angehäuft, und ebenso unter dem Zentralkanal. Die zahlreicheren, dem Zentralkanal und der medianen Naht unmittelbar anliegenden Zellen sind Stützzellen (Ependymzellen). Der periphere Abschnitt des Rückenmarks wird von den Nervenfasern eingenommen. Seitlich und ventral vom Zentralkanal können 1–3 Lichtsinneszellen mit ihrer Pigmentbecherzelle getroffen sein. Die Blickrichtung der Pigmentbecher ist auf den beiden Körperseiten und in den einzelnen Körperabschnitten verschieden.

Chordata, Chordatiere

3. Vertebrata (Craniota), Wirbeltiere

Wie alle Chordata sind auch die Vertebraten im Prinzip bilateralsymmetrische, segmentierte Tiere. Die bilaterale Symmetrie wird in der äußeren Körperform fast ausnahmslos streng eingehalten, während die Anordnung der inneren Organe asymmetrisch werden kann. Die Segmentierung tritt in der Entwicklung klar hervor, verwischt sich aber beim erwachsenen Tier zu den höheren Klassen hin immer mehr; macht sich jedoch auch bei ihnen noch an bestimmten Organsystemen geltend. Eine äußere Segmentierung fehlt völlig.

Die Wirbeltiere sind innerhalb der Chordata vor allem durch folgende Merkmale gekennzeichnet:

1) Außer der Chorda dorsalis, die sich nur bei den Cyclostomata und einigen wenigen Fischen zeitlebens voll erhält, besitzen die Wirbeltiere ein reich gegliedertes Innenskelett, das aus Knorpel oder Knochen besteht. Sein axialer Abschnitt gliedert sich in die von vornherein segmentierte, die Chorda allmählich verdrängende und ersetzende Wirbelsäule und den Schädel (daher auch der Name Craniota). Dazu tritt das Skelett der Extremitäten und ihrer Gürtel.

2) Es sind, wieder mit Ausnahme der Cyclostomen, zwei Paar Extremitäten ausgebildet, die allerdings sekundär rückgebildet werden können.

3) Der Körper gliedert sich in Kopf, Rumpf und Schwanz. Bei den landlebenden Formen kommt eine Halsregion hinzu; der Schwanz ist bei ihnen nicht selten rückgebildet. Am Rumpf kann bei Berücksichtigung des Skelettes eine Brust-, Lenden- und Kreuzbeinregion unterschieden werden.

4) Der vorderste Abschnitt des Zentralnervensystems ist stets zu einem hoch differenzierten Gehirn entwickelt; die Sinnesorgane sind denen der übrigen Chordaten weit überlegen.

5) Ein Peribranchialraum fehlt. An der Wand der Kiemenspalten bilden sich Kiemen aus, wodurch der respiratorisch tätige Darmabschnitt stark verkürzt werden konnte. Sie werden von den Amphibien ab durch gleichfalls vom Vorderdarm entstehende innere Luftatmungsorgane, Lungen, ersetzt.

6) Die paarigen Exkretionsorgane werden während der Embryonalentwicklung segmental angelegt und zeigen vorübergehend den Bau typischer Metanephridien. Die Nieren der erwachsenen Wirbeltiere jedoch, sind nicht metamer aufgebaut; ihre funktionelle und morphologische Einheit ist das Nephron. Gewisse Bereiche der Exkretionsorgane und bestimmte Teile der Geschlechtsorgane gehen eine enge morphologische und funktionelle Verbindung ein. Man faßt daher beide Organsysteme unter der Bezeichnung Urogenitalsystem zusammen.

I. Pisces, Fische

A. Technische Vorbereitungen

Von Haifischen werden in Alkohol oder Formol konservierte Exemplare der kleinen Form *Scyliorhinus canicula*, Katzenhai, gegeben, die von der zoologischen Station Neapel bezogen werden können. Von Knochenfischen wählen wir die Plötze (*Leuciscus rutilus*) oder eine verwandte Art. Die Fische werden mit Chloroform getötet und am besten frisch, im Notfall in einer 3%igen Formollösung konserviert, im Wachsbecken unter Wasser untersucht.

B. Allgemeine Übersicht

Die typische Fischgestalt ist spindelförmig, seitlich etwas zusammengedrückt, mit allmählichem Übergang der drei Körperregionen: Kopf, Rumpf und Schwanz. Eine bewegliche, verschmälerte Halsregion fehlt.

Die Hautbedeckung besteht aus einer dünnen, mehrschichtigen, aber unverhornten, an Schleimzellen sehr reichen Epidermis und einer kräftigen, faserigen Cutis. Die Epidermis ist ektodermalen, die Cutis mesodermalen Ursprungs. Verknöcherungen der Haut sind die Placoidschuppen (Hautzähnchen) der Haie und die Schuppen der Knochenfische. Die Placoidschuppen – sie entsprechen in Bau und Entwicklung den Zähnen – bestehen aus einer Basalplatte und einem ihr aufsitzenden, die Epidermis durchbrechenden, nach hinten gerichteten Zähnchen; an ihrer Bildung sind Epidermis und Cutis beteiligt. Die Schuppen der Knochenfische sind meist dünne, dachziegelartig übereinander gelagerte Knochenplatten; sie entstehen und liegen rein in der Cutis.

Die Fische besitzen außer Brust- und Bauchflossen, die den paarigen Extremitäten der höheren Wirbeltiere entsprechen, noch eine wechselnde Zahl unpaarer Extremitäten, die als Rückenflosse, Schwanzflosse und Afterflosse bezeichnet werden und als abgegliederte Teile eines ehemals zusammenhängenden, median verlaufenden Flossensaumes zu betrachten sind.

Das Skelett ist bei den Selachiern knorpelig, bei den Teleostiern dagegen fast vollständig verknöchert. Die Wirbel sind amphicöl, in den Höhlungen zwischen je zwei Wirbeln erhält sich ein Chordarest. An jedem knöchernen Wirbel findet sich ein oberes und ein unteres Bogenpaar, Neuralbogen und Hämalbogen, am knorpeligen Wirbel zwei obere und zwei untere Paare ungleicher Größe. Die Neuralbogen umfassen das Rückenmark, die Hämalbogen sind nur in der Schwanzregion geschlossen, am Rumpf dagegen weichen sie auseinander und gliedern sich hier jederseits in zwei Teile: Querfortsatz des Wirbels und Rippe (Hämalrippe). Die Rippen fast aller Teleostier sind ventrale Rippen und entsprechen nicht den Rippen der Selachier, Amphibien und Amnioten, die als dorsale Rippen in den transversalen Muskelsepten entstehen. Ein Brustbein fehlt allen Fischen.

Selten tritt die Wirbelsäule in die Schwanzflosse derartig ein, daß oberer und unterer Flügel gleich groß sind (Diphycerkie). Bei manchen Fischen biegt die Wirbelsäule schräg nach oben und tritt in den dorsalen Flügel der auch äußerlich asymmetrischen Schwanzflosse ein (Heterocerkie). Das derart umgebogene Ende der Wirbelsäule kann zu einem kurzen Stück verschmelzen, so bei den Knochenfischen, und dadurch eine scheinbare Diphycerkie erzeugen (Homocerkie).

Der Schädel ist bei den Selachiern ein sehr vollständig entwickelter Knorpelschädel, bei den Teleostiern wird der Knorpel fast völlig von Knochen verdrängt. Ihre Benennung entspricht derjenigen ähnlich gelegener Knochen am Amniotenschädel. Sie sind bei den einzelnen Familien in stark wechselnder Zahl entwickelt und nicht immer mit Sicherheit untereinander zu homologisieren. Nach Herkunft und Lage unterscheidet man Deckknochen, die durch direkte Verknöcherung im Bindegewebe entstehen und meist einem knorpeligen Element aufliegen, Ersatzknochen die sich an den Platz eines solchen Elements setzen und durch endochondrale Verknöcherung entstehen, und schließlich Mischknochen. Hirnschädel, Oberkiefer, Unterkiefer und Kiemenbogenapparat treten als deutlich gesonderte Abschnitte hervor. Der Oberschädel (Hirnschädel) verwächst bisweilen mit den vordersten Halswirbeln; ein echtes Gelenk zwischen Schädel und Wirbelsäule ist nie ausgebildet. Der vorderste Visceralbogen ist zum Kieferbogen geworden. Er besteht aus einem oberen und einem unteren Abschnitt: Palatoquadratum und Mandibulare, die bei den Haien mit Zähnen besetzt sind und als knorpeliger Ober- und Unterkiefer gegeneinander wirken. Bei den Knochenfischen wird das Palatoquadratum funktionell durch die Deckknochen Praemaxillare und Maxillare abgelöst. Sein hinterer Abschnitt, der das Gelenk mit dem Unterkiefer bildet, verknöchert als Quadratum, sein vorderer Abschnitt, die Palatinspange, wird zur Grundlage des knöchernen Gaumenbogens, indem sich in ihrem Zuge eine Reihe von Knochen, meist Deckknochen, anlegen, die die Knorpelspange allmählich zum Verschwinden bringen. Vom knorpeligen Unterkiefer erhält sich ein ansehnlicher Rest als Meckelscher Knorpel zeitlebens. Sein Gelenkabschnitt verknöchert als Articulare; unter den Deckknochen des Unterkiefers ist das zahntragende Dentrale das konstanteste Element.

Der zweite Visceralbogen wird als Zungenbeinbogen bezeichnet. Er setzt sich aus zwei Stücken zusammen, von denen das obere, als Hyomandibulare bezeichnete, sich bei den Knochenfischen (und einigen Selachiern) zwischen Quadratum und Schädel einschiebt und zum Aufhängeapparat für den Kieferbogen wird. Die übrigen Visceralbogen, meist fünf an Zahl, scheiden als Kiemenbogen die Kiemenspalten und tragen die Kiemen, die bei den Knochenfischen durch einen äußeren, mehrstückigen Knochendeckel, den Operkularapparat (Kiemendeckel), verdeckt werden. Siehe auch S. 358 u. 374.

Brust- und Bauchflossen werden von bogenförmigen Skelettstücken, dem Schultergürtel bzw. Beckengürtel, getragen, die mit der Wirbelsäule zunächst nicht in Zusammenhang stehen; bei Teleostiern ist jedoch der Schultergürtel dorsal dem Schädel eng angelagert und ihm durch Bänder angeschlossen. Das Skelett der freien Extremität läßt einen basalen und einen peripheren Abschnitt unterscheiden. Der basale wird von wenigen, aber kräftigen Elementen gebildet, die bei den Selachiern aus Knorpel bestehen und als Flossenstützen (Flossenträger, Radii) bezeichnet werden. Peripher von ihnen liegen zahlreiche, biegsame «Hornstrahlen». Bei den Osteichthyes treten an Stelle der Hornfäden die knöchernen Flossenstrahlen (Lepidotrichia). «Horn»-fäden oder «Horn»strahlen (Actinotrichia) stützen höchstens nur noch ihre äußeren Säume. Die Lepidotrichia sind von Schuppen abzuleiten. Alle Skelettelemente der Flossen sind fächerförmig angeordnet.

Die Muskulatur der Fische besteht im wesentlichen aus einem dorsalen und einem ventralen Längsmuskel jederseits, der durch bindegewebige Scheidewände in tütenartig ineinander steckende, schmale Partien (Myomere) gesondert wird. Zu dieser den Myotomen entstammenden «somatischen» Muskulatur tritt die auf die Seitenplatten zurückgehende «viscerale» des Kieferapparates und der Kiemenbogen. – Die Muskulatur der Extremitäten ist abgespaltene Rumpfmuskulatur.

Das Gehirn ist ausgezeichnet durch seine langgestreckte Gestalt, die großen Lobi olfactorii und das wohl entwickelte Mittel- und Hinterhirn. Das Vorderhirn besteht größtenteils aus den beiden am Boden der ersten beiden Ventrikel liegenden Stamm- oder Basalganglien (auch Corpora striata genannt); eine Hirnrinde fehlt noch, statt ihrer findet sich nur eine epitheliale Schicht.

Das Geruchsorgan der Fische besteht aus zwei Gruben. Die sie auskleidende Riechschleimhaut erhebt sich zu Falten. Die Öffnung der Gruben kann durch eine Hautbrücke in eine vordere und eine hintere zerlegt sein: In die vordere strömt das Wasser ein, durch die hintere wird es abgeleitet. Eine Verbindung zwischen Grubenboden und Munddach besteht nur bei den Dipnoern.

Das Auge ist durch die Kugelform seiner Linse ausgezeichnet. Es ist auf die Nähe eingestellt und kann bei vielen Knochenfischen dank der Tätigkeit eines Rückziehmuskels der Linse (Musculus retractor lentis) auf die Ferne akkommodieren.

Das statische Organ der Fische, das Labyrinth, besteht aus dem Utriculus mit den drei ansehnlichen Bogengängen und dem Sacculus, an dem eine kleine Ausbuchtung, die Lagena, die künftige Cochlea, das Gehörorgan der höheren Wirbeltiere, andeutet. Das Labyrinth ist als Organ des Schweresinnes und des Drehsinnes aufzufassen. Daß ihm auch die Bedeutung eines Gehörorganes zukommt, ist lange bestritten worden, heute aber durch das Experiment bewiesen.

Eigentümliche, nur den Fischen und den wasserlebenden Amphibien zukommende Organe sind die Seitenorgane, einfach gebaute, bei den Fischen in die Tiefe versenkte Sinnesknospen, die am Kopf in mehreren ineinander übergehenden Linien angeordnet sind, am Körper in einer Längslinie jederseits, der Seitenlinie, liegen. Sie sprechen auf Strömungen des Wassers an.

Die Bezahnung kann sich auf fast alle Knochen der Mundhöhle und des Visceralskeletts erstrecken. Der Ersatz der Zähne ist unbegrenzt. Der Boden der Mundhöhle erhebt sich zu einer wenig beweglichen Zunge. Der Pharynx erfährt eine besondere Differenzierung: Seine Wände sind links und rechts von (4–17) Spalten durchbrochen, die sich, weil sie sich mit Einbuchtungen des Ektoderms vereinigen, nicht in die Leibeshöhle, sondern nach außen öffnen. Spantenförmig gebogen bleiben zwischen den Spalten die Kiemenbogen stehen. Die Speiseröhre ist meist kurz, der Magen wenig abgesetzt. Der Darm besitzt entweder eine spiralförmig verlaufende Innenfalte, die Spiralfalte (Selachier und einige andere Gruppen), oder am vorderen Teil eine oft sehr große Anzahl von Blindsäcken, Appendices pyloricae (die meisten Knochenfische). Pankreas, Leber und Milz sind vorhanden, oft auch eine Gallenblase.

Atmungsorgane sind die Kiemen, reich durchblutete, dünnhäutige Anhänge der Kiemenbogen, an denen das durch den Mund angesaugte und durch die Kiemenspalten austretende Atemwasser vorbeiströmt. Die Kiemenspalten öffnen sich entweder selbständig und unmittelbar nach außen (Elasmobranchier), oder sie münden beidseits in je eine Kiemenhöhle, in die dann auch die Kiemen hineinragen und die außen von einer durch Knochenplatten verstärkten Hautfalte, dem Kiemendeckel (Operculum) schützend überdeckt wird (Teleostier). Die Kiemen der Cyclostomata sind anders gebaut.

Als hydrostatischer Apparat fungiert die (den Haien und einigen Knochenfischen fehlende) Schwimmblase, eine Ausstülpung des Darmes, die mit diesem durch einen (bei manchen Teleostiern rückgebildeten) Gang in Verbindung steht. Die Schwimmblase ist der Lunge der landlebenden Wirbeltiere homolog. In die Schwimmblase werden von umspinnenden Blutgefäßen Gase, hauptsächlich Sauerstoff, abgeschieden. Bei den Dipnoern hat die Schwimmblase einen gekammerten Bau und dient als Lunge. Bei manchen Knochenfischen ist zwischen Schwimmblase und Schädel ein beweglicher Knochenapparat (Webersche Knöchelchen) eingeschaltet, der geeignet erscheint, Druckschwankungen in der Schwimmblase dem Labyrinth als Reize zu übermitteln; daß er der Schalleitung dient, wurde im Experiment bewiesen.

Das Herz liegt weit vorn, dicht hinter den Kiemen; es ist in einen Herzbeutel eingehüllt, der einen abgekammerten Teil der Leibeshöhle darstellt, und besteht aus Vorkammer und Herzkammer. Das venöse Körperblut sammelt sich in einem Sinus venosus und tritt durch die Vorkammer in die Herzkammer ein, die es nach vorn in die Kiemen treibt, wo es wieder arteriell wird. Als vordere Fortsetzung des Herzens findet sich der noch zum Herzen gehörende Conus arteriosus (Selachier), der rudimentär werden und dem untersten Abschnitt des Arterienstammes, dem angeschwollenen Bulbus arteriosus (Teleostier) Platz machen kann. Von dem unpaaren Arterienstamm aus gehen die zuführenden Kiemengefäße an die Kiemen ab und lösen sich in ihnen in ein Kapillarnetz auf. Abführende Kiemengefäße nehmen dann das arteriell gewordene Blut auf und vereinigen sich, nachdem sie die großen Kopfarterien (Carotiden) abgegeben haben, zu der nach hinten ziehenden Aorta descendens. Zwei vom Kopf kommende Jugularvenen und zwei vom Körper kommende Cardinalvenen, die sich jederseits zu einem Gang, dem Ductus cuvieri, vereinigen, führen das venöse Blut dem Sinus venosus zu. Das Herz der Fische ist also rein venös, es hat lediglich die Aufgabe, das Blut in die Kiemen zu pressen, der Kreislauf ist ein einfacher, Kopf und Körper erhalten rein arterielles Blut.

Die Nieren der Fische liegen als langgestreckte, meist kompakte Organe dicht unter der Wirbelsäule. Ihre Ausführgänge münden entweder in die Kloake (Selachier, Dipnoer) oder vereinigen sich hinter dem After zu einer häufig auf einer Papille stehenden Öffnung. Der hintere Teil der Harnleiter ist vielfach zu sogenannten «Harnblasen» erweitert, die aber der Harnblase der höheren Wirbeltiere, meist einer ventralen Kloakenausstülpung, nicht homolog sind.

Vergleichend-anatomisch sind die Nieren der Fische als Opisthonephros zu bezeichnen. Embryonal legt sich wie bei allen Anamniern so auch bei Fischen eine Vorniere (Pronephros) an, die bei Schleimfischen und nicht wenigen Teleostiern neben dem Opisthonephros zeitlebens funktionstüchtig bleibt (Kopfniere), während sie sonst stets rückgebildet wird. Als kaudale Fortsetzung des Pronephros bildet sich etwas später der Opisthonephros aus. Man kann an ihm meist einen vorderen (kranialen) von einem hinteren (kaudalen), stärker entwickelten Abschnitt unterscheiden. Ausführgang des Opisthonephros ist der (vom Pronephros übernommene) primäre Harnleiter. Daneben können sich für die Ableitung des Harns aus dem kaudalen Nierenabschnitt sekundäre Harnleiter (Ureteren) als Aussprossungen aus dem primären Harnleiter entwickeln.

Die meist paarigen Gonaden entleeren ihre Produkte auf sehr verschiedene Weise. Bei den Elasmobranchiern spaltet sich der primäre Harnleiter in zwei parallele Kanäle auf, Wolffscher und Müllerscher Gang genannt. Beim Männchen verbindet sich der kraniale Abschnitt des Opisthonephros (Mesonephros) mit der Gonade («Urogenitalverbindung») und wird zum Nebenhoden, der der Ausfuhr des Spermas dient. Der Wolffsche Gang wird dadurch zum Harnsamenleiter. Wenn, wie erwähnt, für die Ableitung des Harns sekundäre Harnleiter ausgebildet sind, dient der Wolffsche Gang rein als Samenleiter. Der Müllersche Gang wird beim Männchen zurückgebildet; ein kaudaler Rest von ihm wird als «Uterus masculinus» bezeichnet.

Beim Weibchen kommt keine Urogenitalverbindung zustande oder wird doch frühzeitig wieder gelöst. Der Wolffsche Gang dient hier als Harnleiter, neben dem wiederum für den hinteren Nierenabschnitt sekundäre Harnleiter entwickelt sein können. Der Ableitung der Eier dienen als Ovidukte die stark entwickelten Müllerschen Gänge. Jeder dieser Gänge beginnt mit einem gegen die Leibeshöhle geöffneten Wimpertrichter, dem Ostium tubae (Ostium abdominale), das die aus dem Ovarium in die Leibeshöhle übertretenden Eier aufnimmt. Meist verschmelzen die Ostien zu einer unpaaren Öffnung. Am Eileiter kann man als hintereinanderliegende, verschieden differenzierte Abschnitte Infundibulum, Nidamentaldrüse und Uterus unterscheiden.

Bei den Teleostiern schließt sich an die Ovarien meist ein Hohlraum an, der als eine Abkammerung der Leibeshöhle entsteht und der hinten unmittelbar in den Trichter des Oviduktes übergeht. Die beiden Eileiter sind hier wahrscheinlich die hintersten, steril gebliebenen Abschnitte der Ovarien selbst; mit Müllerschen Gängen haben sie anscheinend nichts zu tun. Sie vereinigen sich zu einem kurzen, unpaaren Kanal, der dichter hinter dem After nach außen (meist) oder in die Vorderwand der Harnblase mündet. – Abweichend liegen die Dinge bei Salmoniden. Hier sind die Eierstöcke solide Gebilde, die reifen Eier fallen in die Leibeshöhle und werden durch einen medianen Porus genitalis unmittelbar nach außen befördert.

Beim Männchen fehlt die Urogenitalverbindung, wie wir sie bei den Selachiern erwähnten. Die paarigen Hoden der Teleostier entwickeln nach hinten zu sekundäre Samenleiter, die mit gemeinsamem Endstück in den After, in den Ausführgang der Harnblase, in diese selbst oder schließlich, wie bei den Weibchen, zwischen After und Harnröhrenöffnung unabhängig ausmünden. – Die Salmoniden nehmen wiederum eine Ausnahmestellung ein, indem bei ihnen ein Genitalporus ausgebildet ist, der durch den «Genitaltrichter», ein abgekammertes Stück Leibeshöhle, zum Hinterende des Hodens führt.

C. Spezieller Teil

1. *Scyliorhinus canicula* = *Scyllium canicula*, Katzenhai

Wir betrachten zunächst die äußere Körperform (Abb.182). Kopf und Rumpf, die etwa die vordere Hälfte des langgestreckten Körpers ausmachen, sind dorsoventral abgeplattet, die Schwanzregion, die hinter dem After beginnt, ist dagegen seitlich zusammengedrückt. Der Übergang findet allmählich statt; ein ausgesprochener Hals fehlt, wie bei allen Fischen. Die vor den Augen liegende, breite und abgerundete Partie des Kopfes wird als Rostrum bezeichnet.

Von den paarigen Flossen, die den Gliedmaßen der höheren Wirbeltiere entsprechen, liegen die großen, dreieckigen Brustflossen in horizontaler Stellung dicht hinter den Kiemenspalten und sind weit voneinander getrennt, während die kleineren, an der Hintergrenze des Rumpfes gelegenen Bauchflossen in der ventralen Mittellinie zusammenstoßen. Die beiden Geschlechter lassen sich dadurch leicht voneinander unterscheiden, daß sich beim Männchen die inneren Abschnitte der Bauchflossen als länglich-konische Gebilde abgesondert haben, die – bei den Selachiern findet stets innere Befruchtung statt – als Begattungsorgane (Pterygopodien) dienen (Abb.183). Betrachten wir die dem Körper zugewandte dorsale Seite dieser Organe, so sehen wir hier eine tiefe Rinne bis zur Spitze verlaufen, in der bei der Begattung der Samen entlang geleitet wird. Wir können sie uns deutlicher zur Anschauung bringen, wenn wir eins der Pterygopodien halb abschneiden.

Von unpaaren Flossen sind in der Mittellinie des Körpers zwei weit hinten liegende Rückenflossen vorhanden, von denen die vordere die größere ist, dann die heterocerke Schwanzflosse, die den etwas aufwärts gebogenen Schwanzteil der Wirbelsäule umgibt, und eine Afterflosse, die der Medianlinie der Bauchseite in der Mitte zwischen Bauch- und Schwanzflosse aufsitzt. Der dorsale Abschnitt der Schwanzflosse ist sehr niedrig, der ventrale gliedert sich in einen vorderen und einen kleineren, hinteren Lappen.

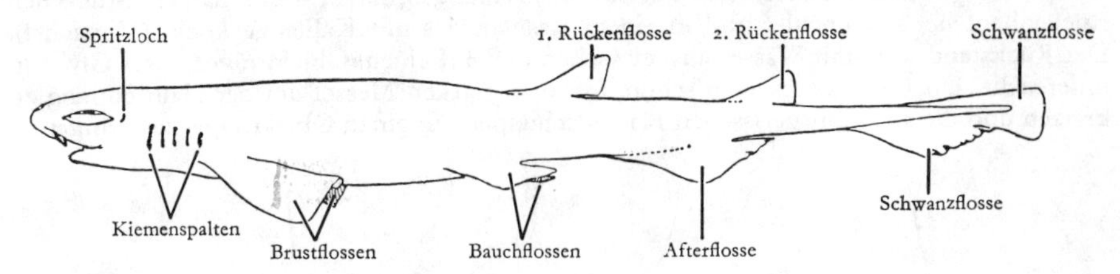

Abb. 182: *Scyliorhinus canicula*

Der Mund liegt auf der Unterseite des zu einem Rostrum ausgezogenen Kopfes und stellt sich als ein querer, stark gebogener Spalt dar, dessen Ränder mit spitzen, zarten, aber doch deutlich sichtbaren Zähnen dicht besetzt sind. Im Mund liegen weitere, noch nicht funktionierende (Ersatz)Zahnreihen. Vor dem und seitlich vom Mund und an den Körperseiten sehen wir Reihen kleiner Öffnungen. Sie führen in die unter der Haut verlaufenden Kanäle des auf Wasserströmungen ansprechenden Seitenliniensystems. Andere, in Gruppen stehende, stichförmige Öffnungen am Kopf sind die Mündungen der Lorenzinischen Ampullen. Es sind dies schlauchförmige, etwa 1 cm lange, mit Gallerte erfüllte Organe der Wärme- oder (und) Elektrorezeption. Vor dem Mund liegen die Geruchsorgane, zwei tiefe Gruben, in denen die rosettenförmigen Riechfalten liegen und deren ventral blickende Öffnung im hinteren Abschnitt von einer breiten medialen Hautklappe überdeckt wird. Heben wir sie hoch, so sehen wir, daß sich unter ihr die Nasenöffnung durch eine breite, flache Furche (Nasolabialrinne) mit der Mundspalte in Verbindung setzt. Die Augen werden oben und unten von Hautwülsten eingefaßt («Lider»). Da sie nicht verschiebbar sind, kann das Auge wohl schlitzförmig verengt, aber nicht verschlossen werden. Eine Nickhaut, die bei vielen Arten im vorderen Augenwinkel ausgebildet ist, fehlt dem Katzenhai.

Hinter den Augenschlitzen befindet sich jederseits ein kleines, rundliches Loch, das Spritzloch, das als die vorderste, zwischen Kiefer- und Zungenbeinbogen verlaufende Kiemenspalte aufzufassen ist. Die funktionierenden Kiemenspalten liegen ein Stück dahinter als jederseits fünf vertikale Schlitze, die den Vorderdarm mit der Außenwelt verbinden. Das durch den Mund einströmende Wasser wird durch diese Spalten wieder nach außen befördert, nachdem es einen Teil seines Sauerstoffs an die im Innern der Spalten gelegenen, von außen nicht sichtbaren Kiemen abgegeben hat. – Der After, richtiger die Kloakenöffnung, ist ein zwischen den Bauchflossen gelegener Längsspalt.

Die Haut ist oben von rötlichgrauer Farbe und mit zahlreichen rundlichen schwarzbraunen Flecken bedeckt, unten weiß. Sie faßt sich, besonders auf der Rückenseite, sehr rauh an. Das rührt von zahlreichen winzigen Hautverknöcherungen, den Placoidschuppen, her, die aus einer knöchernen Platte, der Basalplatte, und darauf sitzenden feinen, dreispitzigen Zähnchen bestehen. Die Spitzen der Hautzähnchen sind nach hinten gerichtet, was wir sehr deutlich merken, wenn wir den Hai «gegen den Strich» zu streicheln versuchen. Die Basalplatte ist zweischichtig. Die untere Schicht besteht aus einer knochenähnlichen Substanz, während die oberflächliche Lage, ebenso wie auch der Zahn, aus Dentin aufgebaut ist. Die Spitze des Zahnes und ein Teil seiner Oberfläche wird von dem sehr harten Vitrodentin gebildet. Das gesamte Hartmaterial der Placoidschuppen wird von der Unterhaut (Corium) geliefert, ist also mesodermaler Herkunft.

Die Placoidschuppen lassen sich gut zur Anschauung bringen, wenn man ein Stückchen Rückenhaut herausschneidet und in einem Reagenzglas mit Kalilauge kocht (Vorsicht!). Der Rückstand wird mit Wasser ausgewaschen und auf einem Objektträger unter Glyzerin untersucht. Doch genügt es auch schon, mit dem starken Messer auf der Haut entlang zu kratzen und die so herausgerissenen Placoidschuppen auf einen Objektträger zu bringen.

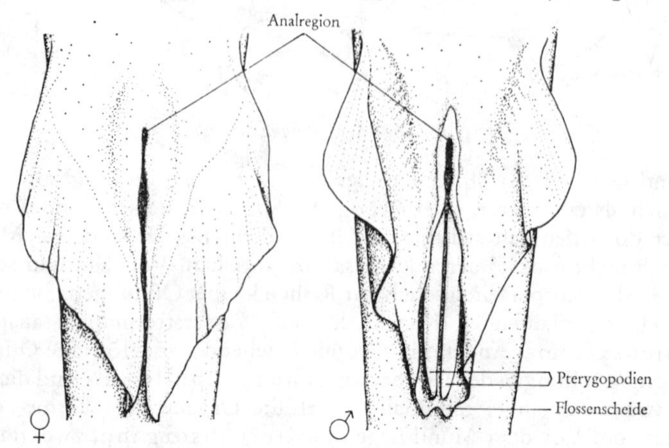

Abb. 183: *Scyliorhinus canicula.* Bauchflossenregion bei Weibchen und Männchen

Wir gehen nunmehr zum Studium der inneren Organe über.

Mit der großen Schere wird in der ventralen Mittellinie ein Schnitt von der Höhe des Bauchflossen- bis zu der des Brustflossenansatzes geführt. Dann macht man von den beiden Endpunkten dieses Längsschnittes vier transversale Schnitte, zwei vor dem Bauchflossenansatz, zwei vor dem Brustflossenansatz. Die dadurch entstehenden beiden Klappen der Körperwand werden dann durch zwei weitere seitliche Längsschnitte abgetragen.

Die große Höhle, die wir durch die Präparation eröffnet haben, ist die von einem dünnen Epithel (Peritoneum) ausgekleidete Bauchhöhle. Sie stellt den Hauptabschnitt des Cöloms dar; ein zweiter, erheblich kleinerer Abschnitt wird später als Herzbeutel zu erwähnen sein.

Der vordere Teil der Bauchhöhle wird von der Leber eingenommen, einem umfangreichen Organ, das auf gelbbraunem Grunde schwarz marmoriert ist und nach hinten zu zwei seitliche Lappen entsendet. Heben wir die in der Mittellinie gelegene Portion des linken Leberlappens etwas in die Höhe, so wird die Gallenblase sichtbar. Sie ist ein Anhangsgebilde des in den Anfangsteil des Darmes einmündenden, aber schwer zu verfolgenden Gallenganges. Das große, die Bauchhöhle fast in ihrer ganzen Länge durchziehende Gebilde ist der Magen. Er besteht aus zwei V-förmig miteinander verbundenen Schenkeln, von denen der linke (im Präparat und der Abbildung also der rechte) die Fortsetzung des Ösophagus ist und als weiter Sack erscheint, während der aufsteigende rechte Schenkel ein enges Lumen hat. Die beiden Schenkel werden auch als Cardia- und Pylorusabschnitt bezeichnet. Der Übergang des Ösophagus in den Magen findet so allmählich statt, daß äußerlich eine Abgrenzung unmöglich ist. Eröffnet man aber die beiden Darmabschnitte durch einen Längsschnitt

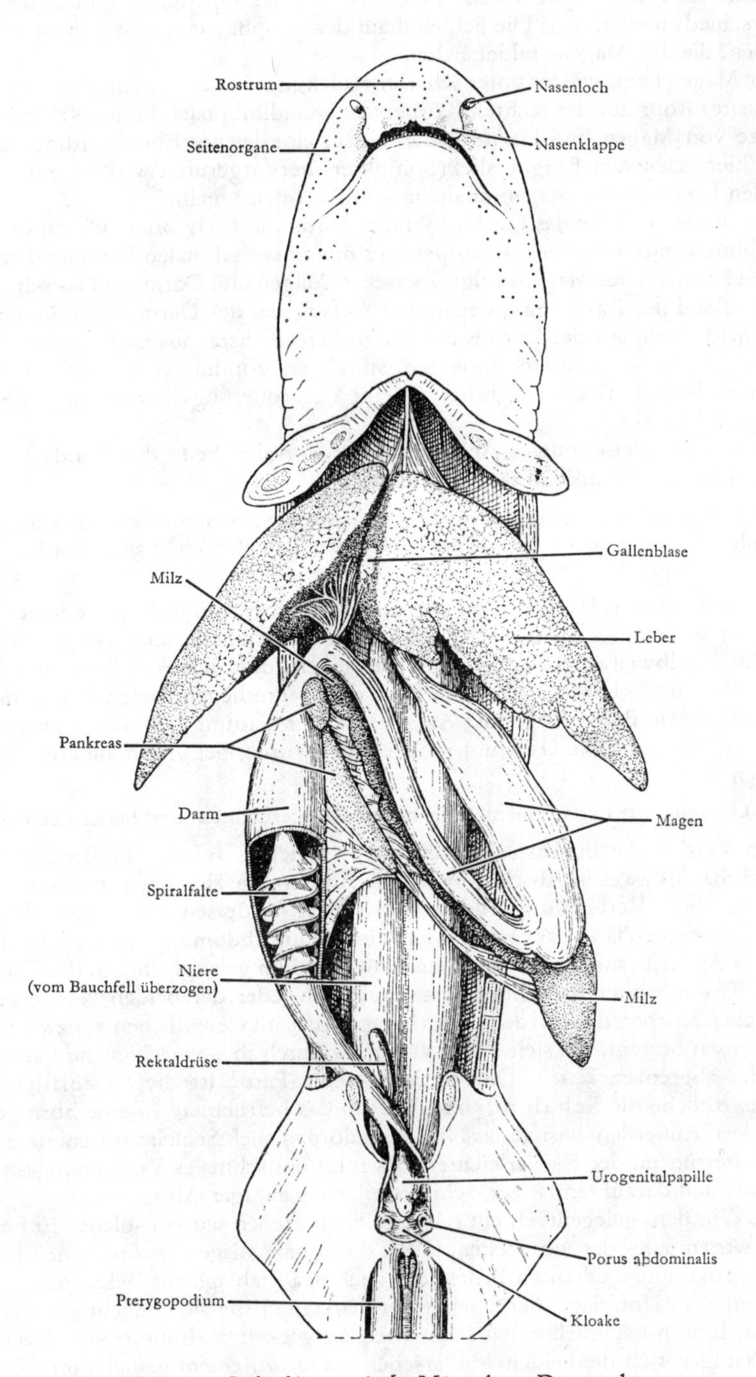

Abb. 184: *Scyliorhinus canicula*, Männchen, Darmtrakt

und entfernt ihren Inhalt durch Ausspülen mit der Pipette, so gibt sich ein klarer Unterschied zu erkennen: Die Schleimhaut des Ösophagus erhebt sich zu zahlreichen Papillen, die des Magens bildet Falten.

Der Magen geht, wieder unter scharfer Knickung, in den Darm über, der als ziemlich weites Rohr auf der rechten Körperseite geradlinig nach hinten verläuft. An der Grenze von Magen und Darm bemerkt man eine leichte Einschnürung, die durch einen hier gelegenen Ringmuskel (Sphinkter) hervorgerufen wird, der die Aufgabe hat, den Übertritt des Mageninhalts in den Darm zu regeln.

Dem hinteren Ende des Cardiaabschnittes sitzt die Milz breit auf, ein braunroter, nach hinten spitz zulaufender Körper, der mit einem schmalen Fortsatz dem aufsteigenden Schenkel des Magens folgt. Zwischen Magen und Darm liegt als schmales, gelapptes Band das Pankreas, das in den Anfangsteil des Darmes einmündet.

Schneidet man aus der Darmwand ein größeres Fenster aus und wäscht das Darmlumen gut aus, so wird eine in engen, spiraligen Windungen verlaufende Schleimhautfalte, die Spiralfalte, sichtbar, die eine Vergrößerung der resorbierenden Darmoberfläche bewirkt.

Ein kleiner, dickwandiger Anhang an der dorsalen Seite des Enddarmes ist die Rectaldrüse; ihre Funktion ist unbekannt.

Der Darmtrakt samt Leber wird oben und unten abgeschnitten und vorsichtig von seiner Anheftung abgetrennt. Man achte darauf, daß die Leber dicht an ihrem Ligament abgeschnitten wird.

Dadurch wird das Urogenitalsystem sichtbar. Haben wir ein **Weibchen** vor uns (Abb. 185 u. 187), so fällt zunächst ein auf der rechten Seite, aber nahe der Mittellinie riegender, gelbweißer Körper auf, der an einem dorsalen Aufhängeband befestigt ist. Größere und kleinere, rundliche Eier, die in ihm liegen, lassen ihn als das Ovarium erkennen. Bei vorliegender Art, wie bei der Gattung *Scyliorhinus* überhaupt, ist es unpaar, da das linke Ovarium rückgebildet wurde, bei vielen anderen Selachiern dagegen paarig.

Das Ovarium wird von seinem Aufhängeband abgeschnitten und herausgehoben.

Nun werden die beiden sehr stark entwickelten Eileiter (Müllersche Gänge) gut sichtbar als zwei in Abschnitte geteilte Röhren, die sich oben und unten vereinigen. Die obere Vereinigung bildet einen Bogen, in dessen Mitte sich eine unpaare Öffnung erkennen läßt, das Ostium tubae (Ostium abdominale), durch das die reifen Eier aus der Leibeshöhle, in die sie aus dem Ovarium gelangt sind, in die Eileiter eintreten. Etwas weiter nach hinten erweitert sich jeder der beiden Gänge zu einem rundlichen Körper, dem Nidamentalorgan, das im wesentlichen aus zwei Gruppen von Drüsen besteht, die sich schon äußerlich durch ihre verschiedene Farbe gegeneinander abgrenzen lassen. Die vordere, weiße Partie ist die Eiweißdrüse, die hintere, rötliche die Schalendrüse, die um das befruchtete Ei eine hornige Schale absondert. Außerdem besitzt das Nidamentalorgan auch Schleimdrüsen, deren Sekret das Weiterrücken der Eier erleichtert. Es folgt ein schmales Verbindungsstück, der Isthmus, und darauf ein langer, sehr erweiterungsfähiger Abschnitt, der sogenannte Uterus, in dem gelegentlich ein reifes Ei liegt. Heben wir ein solches Ei heraus, so sehen wir an jeder der vier Ecken, in die die Schale ausgezogen ist, einen hornigen, spiralig zusammengedrehten Faden, der nach der Eiablage zur Befestigung des Eies an irgendeiner Unterlage dient. Schneidet man eine Eischale vorsichtig auf, so findet man im Innern eventuell einen schon weit entwickelten Embryo vor. Nach hinten zu vereinigen sich die beiden Müllerschen Gänge zu einem gemeinsamen Ausführgang, der in der dorsalen Wand der Kloake mit weiter Öffnung mündet.

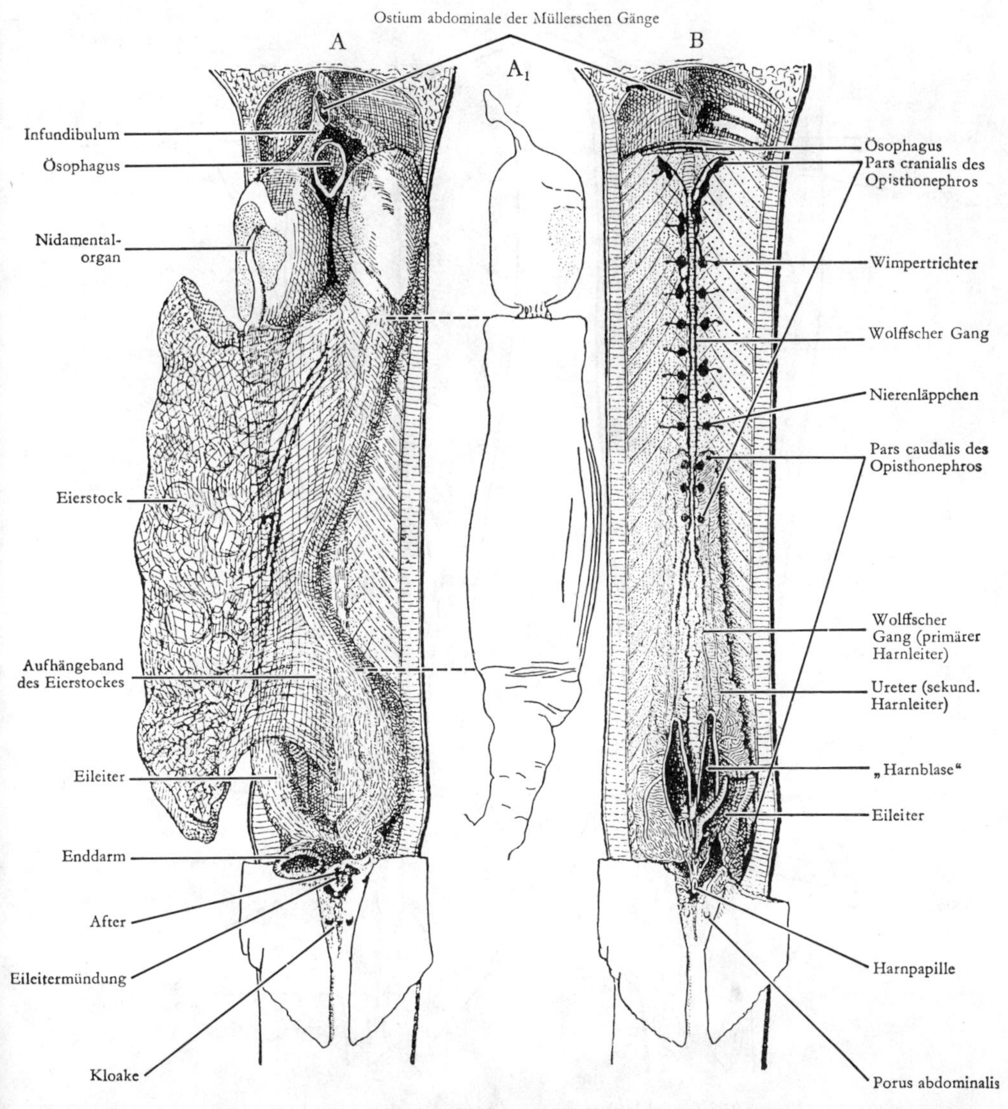

Abb. 185: Geschlechtsorgane (A), reifes Ei im Uterus (A_1) und Exkretionssystem (B) eines Weibchens von *Scyliorhinus canicula*

Unter den Eileitern liegen fast in der ganzen Länge der Bauchhöhle, dorsal vom Peritoneum, die Nieren als lange, schmale, bräunliche Körper. Sie entsprechen der zweiten Nierengeneration der Wirbeltiere, dem Opisthonephros. Ihr vorderer Abschnitt zeigt noch deutlich den ursprünglichen, segmentalen Bau («Nierenläppchen»), ist aber in Rückbildung begriffen. Der hintere Teil, der die Exkretion in der Hauptsache zu leisten hat, ist breiter und einheitlicher. Auf den Nieren liegt jederseits ein dünner Kanal, die beiden Wolffschen Gänge, die beim weiblichen Geschlecht als

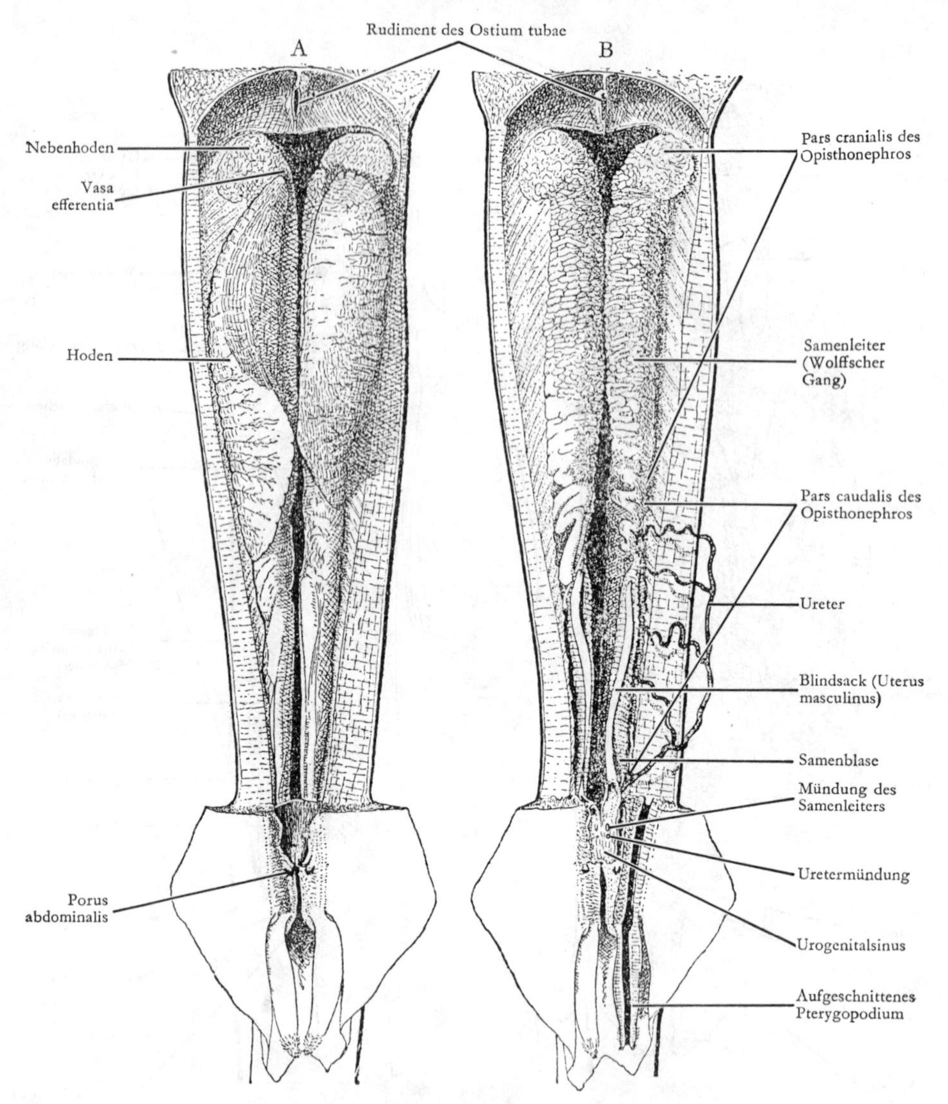

Abb. 186: Geschlechtsorgane (A und Exkretionssystem (B) eines Männchens von *Scyliorhinus canicula*

Harnleiter dienen. Hinten erweitern sie sich zu zwei sogenannten «Harnblasen» und vereinigen sich zu einem Harnsinus, der sich kaudal von der Mündung der Eileiter auf einer Papille in die Kloake öffnet. Die aus dem hintersten Abschnitt der Niere austretenden Harnsammelkanäle fließen zu einigen sekundären Harnleitern (Ureteren) zusammen, die dicht hinter den primären Harnleitern, aber gesondert von ihnen, in den Harnsinus einmünden. – Im hinteren Teil der Kloake liegt rechts und links ein Grübchen und in ihm eine feine Öffnung (Porus abdominalis), durch die die Leibeshöhle mit der Außenwelt in Verbindung steht.

Beim **Männchen** (Abb. 186 u. 187) finden sich folgende Verhältnisse des Urogenitalsystems. Die Hoden sind zwei weißliche, lange Körper, die vorn verschmolzen sind und durch ein zartes dorsales Aufhängeband in ihrer Lage gehalten werden. Ihre sehr zarten Ausführgänge (Vasa efferentia) treten mit dem vorderen Abschnitt der Niere in Verbindung, der somit zum Nebenhoden (Epididymis) wird und das Sperma an den ausschließlich als Samenleiter dienenden Wolffschen Gang weiterleitet. Auch der mittlere Abschnitt der Niere, der noch der Pars cranialis des Opisthonephros zuzurechnen ist, hat seine ursprüngliche exkretorische Funktion ganz verloren; er sondert als «Leydigsche Drüse» ein flüssiges Sekret ab, das sich im Wolffschen Gang dem Sperma beigesellt und die Widerstandsfähigkeit und Beweglichkeit der Spermatozoen erhöht. Hinten erweitert sich der Wolffsche Gang zur sogenannten Samenblase (Vesicula seminalis, besser Ampulle des Samenleiters); ventral von ihr liegt ein Blindsack, der als ein Rest des Müllerschen Ganges aufgefaßt und als «Uterus masculinus» bezeichnet wird. Auch vom vordersten Abschnitt der Müllerschen Gänge ist ein Stück, ein rudimentäres Ostium tubae, beim Männchen erhalten geblieben. Der hintere, allein exkretorisch tätige Teil der Niere (Pars caudalis des Opisthonephros) entsendet eine Reihe segmentaler Ausführgänge (sekundäre Harnleiter, Ureteren), von denen sich die vorderen zu einem Kanal vereinigen, dessen erweiterter Endabschnitt auch hier als «Harnblase» bezeichnet wird. Die Harnblasen und die nicht an sie angeschlossenen hintersten Ausführgänge münden mit einigen Öffnungen von rechts und links her in einen Hohlraum von spindel- bis herzförmigem Umriß, der das unpaare Wurzelstück der oben erwähnten Blindsäcke bildet. In ihm liegen auch, etwas mehr nach vorn und außen, die Mündungen der Samen-

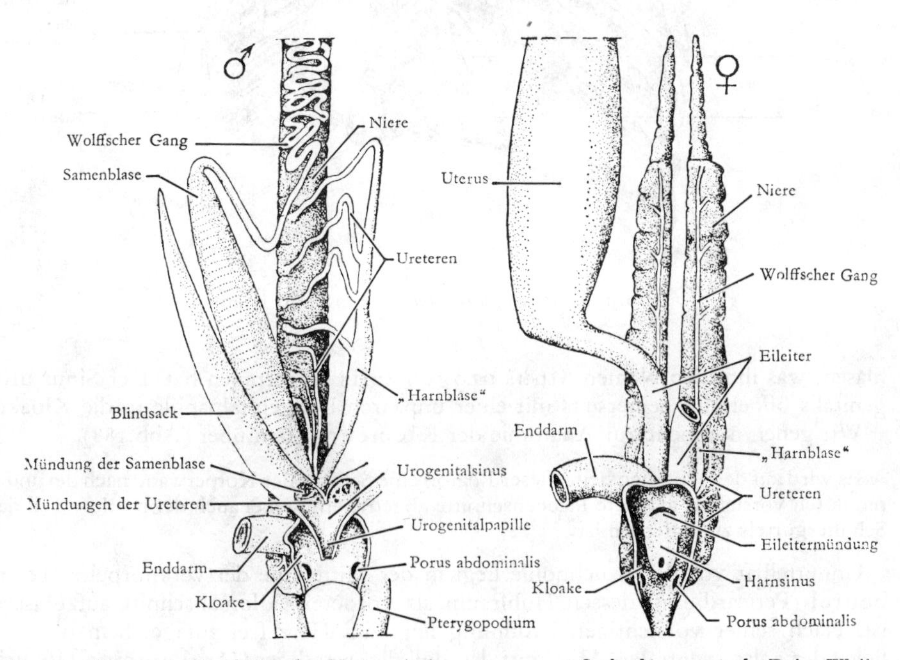

Abb. 187: Hinterer Abschnitt des Urogenitalapparates von *Scyliorhinus canicula*. Beim Weibchen beide Nieren, beim Männchen nur die rechten Organe dargestellt. Gonaden fortgelassen. Beim Männchen Samenblase und Blindsack nach außen, Ureteren nach innen gezogen. (Nach T. J. Parker und W. N. Parker, leicht verändert)

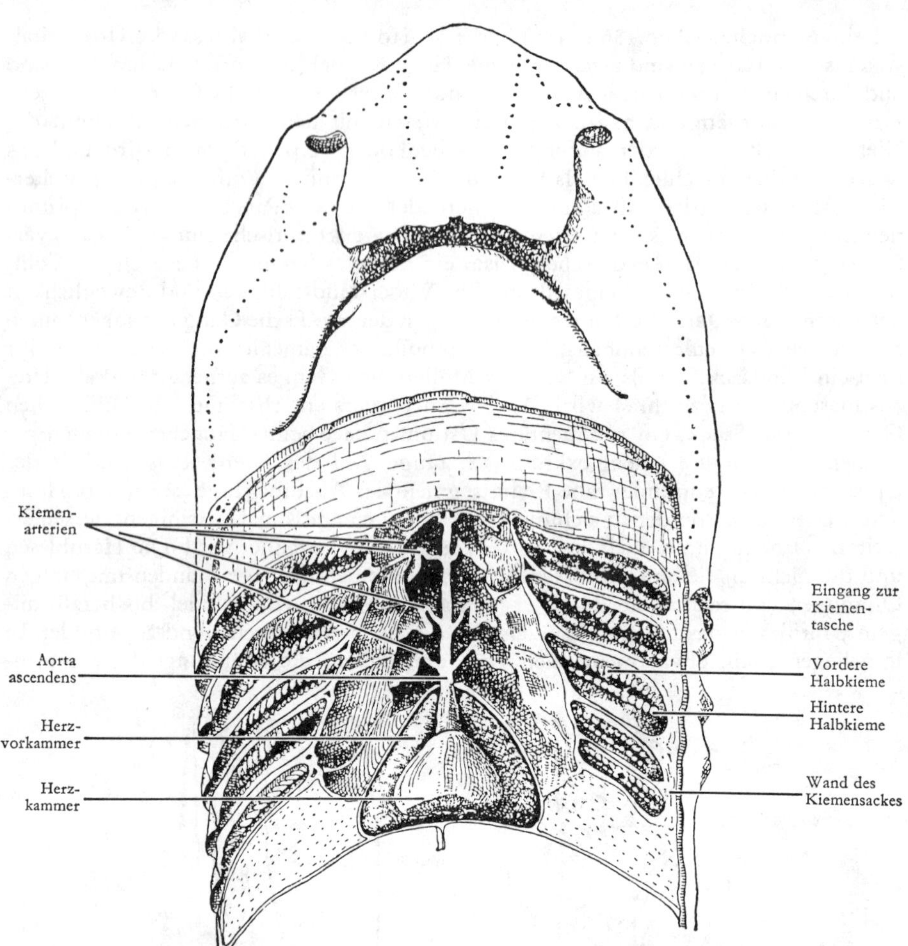

Abb. 188: *Scyliorhinus canicula*. Herz und Kiemen

blasen, was ihm den Namen Sinus urogenitalis eingetragen hat. Der Sinus urogenitalis öffnet sich seinerseits mit einer unpaaren Urogenitalpapille in die Kloake.
Wir gehen nunmehr zur Anatomie der Kiemenregion über (Abb. 188).

Es wird auf der ventralen Seite dieser Region eine Schicht der Körperwand nach der anderen durch vorsichtig geführte Flächenschnitte abgetragen, wobei auch der mittlere Teil des Schultergürtels zu entfernen ist.

Unmittelbar vor der Bauchhöhle liegt in der Mittellinie der verknorpelte Herzbeutel (Pericardium), dessen Hohlraum als vorderer Cölomabschnitt aufzufassen ist. Nach seiner vorsichtigen Eröffnung liegt das Herz frei zutage. Sein obenauf liegender, also ventraler Abschnitt ist die dickwandige Herzkammer (Ventriculus). Sie verjüngt sich oralwärts zum Conus arteriosus, der noch einen Teil des Herzens selbst darstellt. Dorsal von der Herzkammer liegt die große, im Umriß dreieckige Vorkammer, die jederseits unter der Herzkammer vorragt. Heben wir die

Vorkammer vorsichtig in die Höhe, so sehen wir darunter einen dünnwandigen, großen Sack liegen, den Sinus venosus, der das venöse Körperblut sowie das Blut der beiden Lebervenen empfängt und durch eine mediane Öffnung an die Vorkammer abgibt. Wenn man das große, den Conus arteriosus fortsetzende Blutgefäß, die Aorta ascendens (Arterienstamm), weiter nach vorn verfolgt und die seitlich abgehenden Äste freipräpariert, sieht man, daß diese Äste zu den Kiemen verlaufen. Das aus dem Körper stammende venöse Blut gelangt ins Herz und von diesem durch die Aorta ascendens und deren Äste, die Kiemenarterien, in die Kiemen, wo es durch Abgabe von Kohlendioxid und Aufnahme von Sauerstoff gereinigt wird. Ventilklappen zwischen Sinus venosus und Vorkammer, zwischen Vorkammer und Kammer und innerhalb des Conus arteriosus verhindern ein Rückströmen des Blutes bei der Kontraktion des Herzens. Das frische, sauerstoffreiche Blut wird aus den Kiemen durch abführende Gefäße dem dorsal liegenden Hauptgefäß, der Aorta descendens, zugeführt, die den Körper versorgt.

Durch die schichtenweise erfolgte Abtragung der ventralen Körperwand sind auch die Kiemen freigelegt worden. Man sieht die vom Vorderarm nach außen ziehenden fünf Kiemenspalten, deren äußere Öffnungen wir schon bei der Betrachtung der äußeren Körperform erwähnt hatten. An der Vorder- und Hinterwand jeder Spalte liegen die Kiemen selbst, als weiche, reich von Blutgefäßen durchzogene Schleimhautfalten. Mit ihrer Basis sitzen die Kiemen knorpeligen Spangen, den Kiemenbogen, auf. Das Atemwasser strömt durch den Mund ein, streicht an den Kiemen vorbei und tritt durch die äußeren Kiemenspalten wieder aus. Das Spritzloch, d.h. die zwischen dem Kieferbogen und Zungenbeinbogen gelegene Kiemenspalte enthält keine Kieme, sondern nur einige als Kiemenrudimente zu deutende schmale Falten, wovon wir uns leicht überzeugen können, wenn wir einen der Spritzlochkanäle der Länge nach aufschneiden.

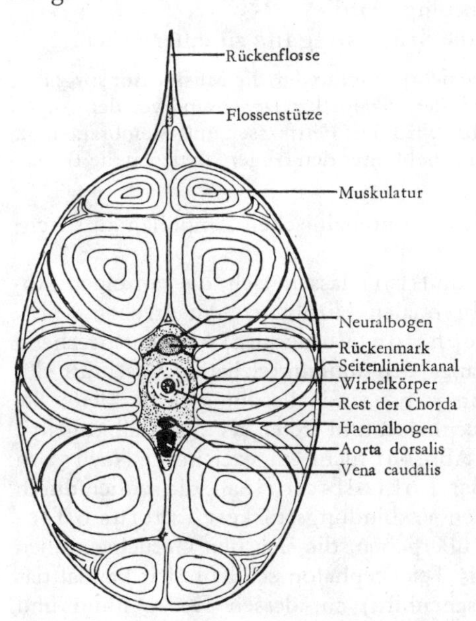

Abb. 189: Querschnitt durch *Scyliorhinus canicula* in der Gegend der vorderen Rückenflosse

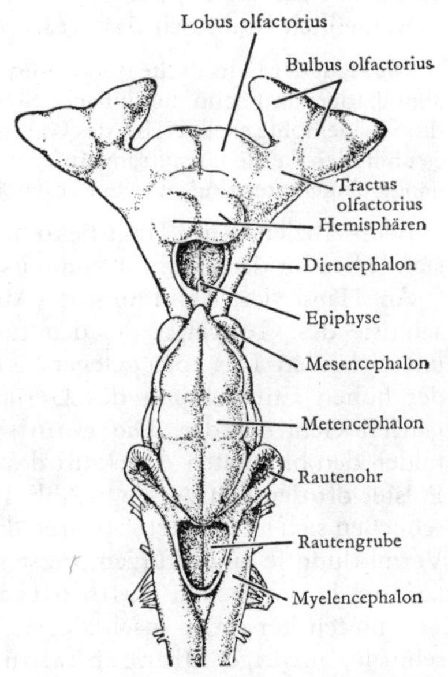

Abb. 190: Gehirn von *Scyliorhinus canicula* von der Dorsalseite. (Nach WIEDERSHEIM)

Mit dem starken Messer schneiden wir jetzt den Körper dicht hinter der vorderen Rückenflosse quer durch und präparieren auf einer Seite des Schwanzstückes die Haut eine Strecke weit ab.

Wie bei *Branchiostoma* werden die Flanken des Körpers von einem starken, deutlich segmentierten Längsmuskel eingenommen, dessen Fasern parallel zur Körperachse von Septum zu Septum verlaufen. Nur in der vorderen Rumpfregion hat sich von ihm ventral ein Teil abgespalten, dessen Fasern schräg von vorn-unten nach hinten-oben ziehen. Die Spitze der Muskelsegmente ist, gleichfalls wie bei *Branchiostoma*, nach vorn gerichtet und liegt in Höhe der Wirbelsäule. Eine Weiterbildung ist insofern eingetreten, als sich der Längsmuskel in einen dorsalen und ventralen Abschnitt gegliedert hat. Dorsaler wie ventraler Teil eines jeden Muskelsegmentes sind noch einmal in sich gewinkelt. Im Querschnitt erscheint die Muskulatur in konzentrischen Ringen angeordnet, ein Bild, das dadurch zustande kommt, daß die Myomere tütenartig ineinander stecken (Abb. 189).

Die knorpelige Wirbelsäule schließt einen gallertigen Rest der Chorda dorsalis ein. Die dorsal vom Wirbelkörper ausgehenden Neuralbogen umfassen das Rückenmark. Ein senkrecht den Neuralbogen aufsitzender Knorpelstrahl dient zur Stütze der Rückenflosse. Die ventralen Hämalbogen umfassen zwei Blutgefäße. Das obere, als querliegender Spalt erscheinende, ist die Schwanzarterie (Aorta dorsalis), die hintere Fortsetzung der Aorta descendens; das darunterliegende, von mehr dreieckigem Querschnitt, ist die Schwanzvene, Vena caudalis.

Einen besseren Einblick in den Aufbau der Wirbelsäule erhält man, wenn man sie genau in der Medianlinie mit dem starken Messer ein Stück weit spaltet.

Die einzelnen Wirbel sind vorn und hinten tief ausgehöhlt (amphicöl) und lassen eine sanduhrförmige Verkalkungszone erkennen, durch die die Einschnürung der Chorda in der Mitte jedes Wirbelkörpers bedingt wird.

Schließlich sind noch das Gehirn und die Sinnesorgane zu untersuchen.

Die Haut der Dorsalseite des Kopfes wird vorsichtig abgezogen, die Muskulatur sorgfältig abpräpariert und dann durch flache Schnitte mit dem Skalpell zwischen und vor den Augen die Schädelhöhle eröffnet, bis das Gehirn sichtbar wird. Die Fettmassen und Membranen, die es umhüllen werden behutsam entfernt. Die Knorpel hinter den Augen, in denen die Bogengänge eingebettet sind, werden geschont.

Beim Abziehen der Haut bekommen wir die Lorenzinischen Ampullen zu sehen; sie bleiben an der Hautunterseite hängen.

An Hand der Abbildungen (Abb. 190 und 191) lassen sich die einzelnen Abschnitte des Gehirns, die den fünf embryonalen Hirnblasen entsprechen, leicht unterscheiden. Das vorn gelegene Telencephalon (Vorderhirn) stellt entsprechend der hohen Entwicklung des Geruchsorganes den umfangreichsten Abschnitt des ganzen Gehirnes dar. Die Hemisphären selbst sind allerdings recht klein. Sie bilden den hintersten Abschnitt des Telencephalon und treten als zwei halbkugelige Polster oft deutlich vor (vgl. Abb. 190; in Abb. 191 nicht eingezeichnet). Nach vorn schließen sich an die Hemisphären die großen Lobi olfactorii an, die seitlich durch Vermittlung je eines kurzen, verschmälerten Verbindungsstückes (Tractus olfactorius) in die breiten Bulbi olfactorii übergehen, die sich den Geruchsorganen von hinten her dicht anschmiegen. An das Telencephalon schließt sich kaudal das schmale, niedrige Diencephalon (Zwischenhirn) an, dessen Decke dünn und gefäßreich ist (Tela chorioidea) und dem hinten die Epiphyse (Zirbeldrüse) aufsitzt. Das Zwischenhirn kann, wie es auch Abb. 191 zeigt, von den anstoßenden Hirnabschnitten völlig verdeckt sein. Das Mesencephalon (Mittelhirn) erhält durch

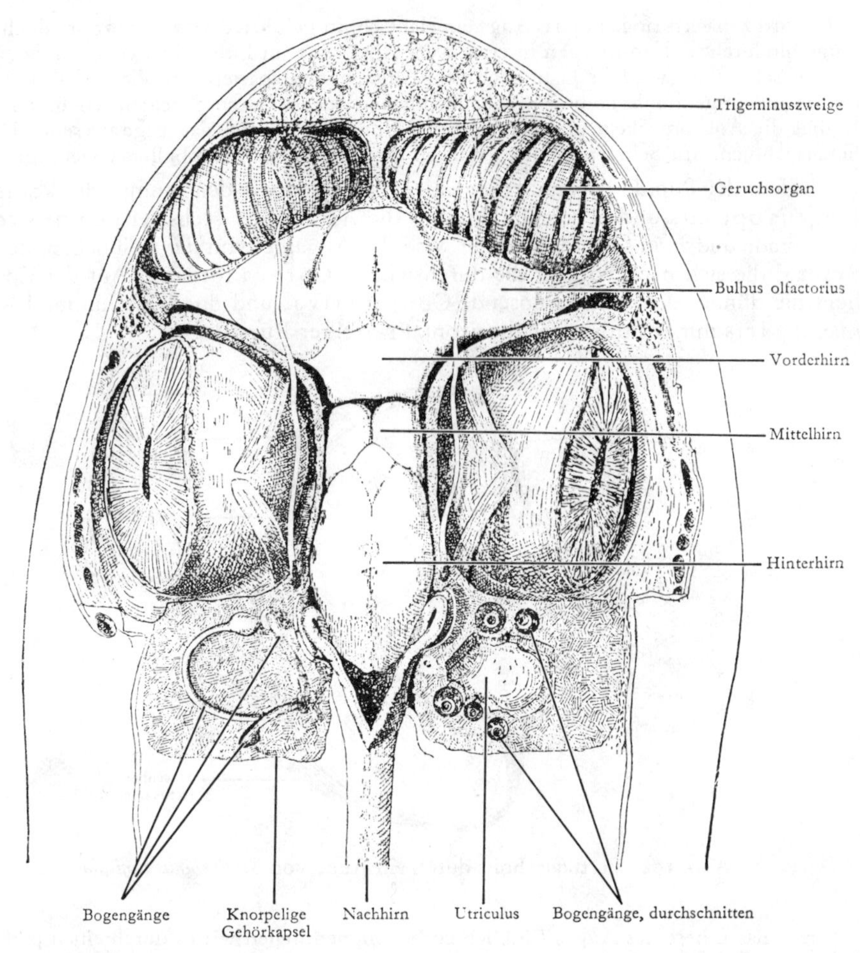

Abb. 191: Gehirn und Sinnesorgane eines jungen *Scyliorhinus canicula.* Hemisphären als nicht hervortretend, Zwischenhirn als verdeckt gezeichnet

eine mediane Furche paarigen Charakter (Corpora bigemina). Sehr kräftig ist, wie bei allen Tieren mit komplizierten Bewegungsleistungen, das Metencephalon (Kleinhirn) entwickelt, über das sich gleichfalls eine mediane Furche hinzieht. Hinter ihm sehen wir die Rautengrube, d.h. den Hohlraum des nur von einer dünnen Decke überlagerten 4. Ventrikels. Er liegt bereits im Gebiete des Myelencephalon (Nachhirn, verlängertes Mark, Medulla oblongata), das sich nach vorn zu rechts und links neben dem Hinterhirn in die sogenannten Rautenohren fortsetzt.

Von den Sinnesorganen betrachten wir zunächst das Geruchsorgan (Abb. 191). Es stellt sich dar als ein jederseits vorn auf der Ventralseite des Kopfes liegender Sack. Die ihn auskleidende Riechschleimhaut ist zur Oberflächenvergrößerung in zahlreiche Falten gelegt. Wir sehen sie am besten, wenn wir das Organ von dorsal her flach anschneiden.

Um das Auge zu studieren, nehmen wir es aus der Augenhöhle heraus.

Es wird zunächst rings um das Auge ein Hautschnitt geführt, der zwischen Spritzloch und Auge hindurch und im übrigen in etwa 1 cm Abstand vom Lidrand zu erfolgen hat. Von diesem Schnitt aus wird die Haut nach dem Auge zu abpräpariert, bis wir hinter die Lider und in die Augenhöhle kommen. Mit der kleinen Schere durchschneiden wir hinter dem Bulbus die Augenmuskeln und den Sehnerv. Nunmehr läßt sich das Auge aus seiner Höhle herausnehmen. Mit Scherenschnitten werden die Lider vom Augenbulbus abgetrennt.

An dem der Pupille gegenüberliegenden Pol sehen wir den Stumpf des kräftigen Nervus opticus und in seinem Umkreis die Ansätze der sechs Augenmuskeln, vier gerade und zwei schiefe. Umhüllt wird der Augapfel von der weißlichen, derben Sclera, die sich nach vorn in die durchsichtige Cornea fortsetzt. Auf der Cornea liegt die dünne, sich leicht ablösende Conjunctiva, und durch sie hindurch sieht man die Iris mit spaltförmiger, horizontal gestellter Pupille.

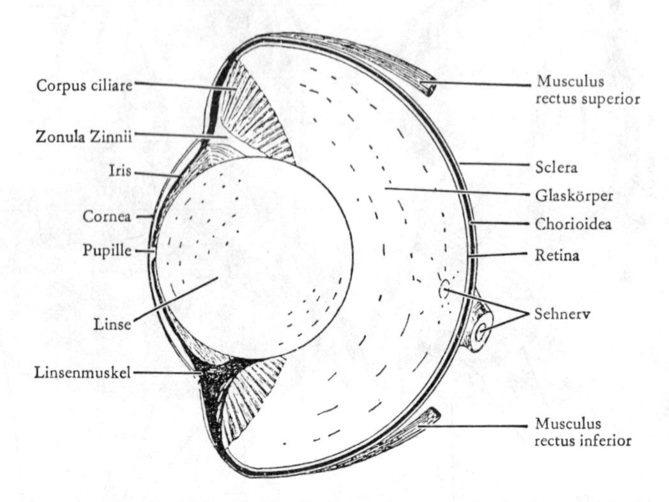

Abb. 192: Vertikalschnitt durch ein Auge von *Scyliorhinus canicula*

Um in das Innere des Auges Einblick zu bekommen, teilen wir es durch einen paramedianen Vertikalschnitt in zwei ungleiche Teile, wozu wir uns eines scharfen Messers bedienen müssen.

Wir sehen jetzt (Abb. 192) die sehr große Linse, die wie bei den meisten wasserlebenden Wirbeltieren Kugelform hat, und dahinter den Glaskörper und die ihm unmittelbar anliegende, weißliche Retina. Auf diese folgt nach außen zu die mit einem glänzenden Tapetum bedeckte, schwarze Chorioidea, welche nach vorn zu in das Corpus ciliare und darauf in die Iris übergeht. Die den Augapfel außerdem überziehende, knorpelige Sclera und die durchsichtige Cornea hatten wir bereits kennengelernt. Die Linse ist durch ein vom Corpus ciliare zum Linsenäquator ziehendes Band, die Zonula Zinnii, befestigt. Ventral befindet sich am inneren Rande des Corpus ciliare eine Papille, die sogenannte «Campanula Halleri», die den stark von Pigment verdeckten, für die Akkomodation bedeutungsvollen Rückziehmuskel der Linse enthält.

Am schwierigsten zu präparieren sind die stato-akustischen Organe, die in eine kräftige, kompliziert gebaute Knorpelkapsel eingeschlossen sind. Andeutungsweise allerdings erkennt man die Bogengänge schon vor weiteren Präparationsschritten im Knorpel hinter und leicht median von den Augen.

Mit der spitzen Pinzette werden nun, indem wir vom Knorpel hinter dem linken Auge Stück um Stück wegbrechen, die häutigen Bogengänge freigelegt. (Abb. 191).

Wir erkennen den horizontalen Bogengang, den vorderen und den hinteren vertikalen Bogengang und ihre Ampullen und stellen fest, daß die Bogengänge in drei senkrecht aufeinanderstehenden Ebenen verlaufen. In der Tiefe zwischen den Gängen des Labyrinthes sehen wir den Utriculus. Gut zu erkennen sind auch die weißlichen, bisweilen auch gelblichen Nervenäste, die, vom Nervus acusticus kommend, die drei Ampullen versorgen.

Um den Sacculus, er liegt ventral vom Utriculus, darzustellen, ist es notwendig erst Haut und Muskulatur seitlich und ventral am Kopf zu entfernen und dann von unten her den Knorpel wie oben beschrieben abzutragen.

Wenn wir das Präparat von der Seite betrachten, erkennen wir den Sacculus unterhalb und etwas hinter der Ampulle des horizontalen Bogenganges.

Zuletzt wird nach Durchtrennung der Nerven das gesamte Labyrinth herausgehoben. Es wird unter Wasser aufbewahrt, genau betrachtet und gezeichnet.

2. *Leuciscus rutilus*, Rotauge oder Plötze

Die äußere Körperform dieses zu den Teleostiern gehörenden Fisches läßt einen bemerkenswerten Unterschied gegenüber *Scyliorhinus* erkennen: der Körper ist seitlich zusammengedrückt, nicht dorso-ventral abgeflacht, zeigt somit die typische Fischgestalt. Von den paarigen Extremitäten liegen die Brustflossen weit vorn, dicht hinter dem Kopf, die Bauchflossen etwa in der Mitte des Körpers, näher zusammenstehend als die Brustflossen. Von unpaaren Flossen sehen wir eine Rückenflosse, die Schwanzflosse und ventral die dicht hinter dem After beginnende Afterflosse.

Die Flossen werden von knöchernen Flossenstrahlen gestützt. Sie können einfach oder verzweigt sein, wobei stets die einfachen vor den verzweigten stehen. Man drückt das so in einer Formel aus, daß die Zahl der einfachen Strahlen von der verzweigten durch einen senkrechten Strich getrennt wird. So gilt, wenn man für jede Flosse nur ihren Anfangsbuchstaben schreibt, für unsere Art folgende Formel: R3 | 9–11; Br 1 | 15; B 1–2 | 8; A3 | 9–11; S 19.

Der ganze Körper, mit Ausnahme des Kopfes, wird von in Reihen angeordneten, sich dachziegelförmig überlagernden Schuppen bedeckt, deren Hinterrand sanft abgerundet ist. Auf der Mitte jeder Körperseite verläuft von vorn nach hinten eine dunklere Linie, die Seitenlinie, in deren Zuge die in die Tiefe versenkten sich mit feinen Poren nach außen öffnenden Seitenorgane liegen. Oberhalb dieser Seitenlinie liegen 7–8 Längsreihen von Schuppen, entlang der Seitenlinie 40–44 Querreihen und unter der Seitenlinie 3–4 Längsreihen. Man drückt das durch die Formel 7–8 | 40–44 | 3–4 aus.

Hebt man eine Schuppe vorsichtig mit der Pinzette hoch, so kann man sich leicht davon überzeugen, daß die Schuppen von der Epidermis überzogen werden, also nicht etwa oberflächlich liegen. Die Epidermis ist mehrschichtig, dabei aber sehr zart und enthält neben sternstrahlenförmigen Pigmentzellen sehr zahlreiche Drüsenzellen, die nicht ausschließlich, doch überwiegend Schleim absondern.

Am spitz zulaufenden Kopf sehen wir eine kleine, fast waagerechte Mundspalte, darüber zwei ansehnliche, tiefe Gruben, die Nasengruben, deren Zugang durch eine annähernd senkrechte Scheidewand in je zwei Nasenlöcher geschieden ist. Seitlich liegen die großen, runden Augen, und weiter hinten, als halbmondförmige

Platten, die Kiemendeckel. Heben wir sie etwas an, so sehen wir unter ihnen die Kiemen in einer gemeinsamen Kiemenhöhle liegen. Schon äußerlich bemerken wir, daß die Kiemendeckel aus mehreren Platten bestehen. Sie sind für die Systematik der Fische von Wichtigkeit. Die sich an die Kiemendeckel anschließende Kiemenhaut wird auf der Bauchseite jederseits durch drei Spangen, die Kiemenstrahlen, gestützt.

Unmittelbar vor der Afterflosse liegen drei Öffnungen, der After und, auf einer Papille, Geschlechtsöffnung und Harnleitermündung.

Mit flach angesetzter Schere schneiden wir nun, kurz vor dem After beginnend und ohne die Eingeweide zu verletzen, den Leib in der Ventrallinie bis vor zu den Brustflossen auf. Hier leistet eine ventrale Knochenspange des Schultergürtels stärkeren Widerstand. Wir zwicken den Knochen median entzwei und setzen dann, jetzt aber nur mehr die Haut aufschneidend, den Schnitt bis zur Unterkieferspitze fort. Einen weiteren Schnitt führen wir auf der linken Seite des Fisches (Seitenangaben beziehen sich immer auf das Tier!) vom After bis etwa zur Seitenlinie, und einen entsprechenden Schnitt vom Hinterrand der Brustflosse nach oben bis zur dorsalen Begrenzung der Leibeshöhle. Die dadurch entstandene Klappe wird dann durch einen etwa der Seitenlinie folgenden, aber etwas mehr als sie von hinten nach vorn ansteigenden Schnitt abgetrennt. Schließlich entfernen wir den gesamten linken Kiemendeckel samt Kiemenhaut und Kiemenstrahlen und legen dann den Fisch in das Wachsbecken unter Wasser. Durch Hautschleim, Schuppen und vor allem durch vom Fettgewebe stammende Fetttröpfchen wird das Wasser immer wieder verunreinigt und getrübt. Es muß daher unbedingt von Zeit zu Zeit erneuert werden.

Wir sehen vor dem mit der Brustflosse stehengebliebenen Stück Körperflanke die Kiemenhöhle mit dem Filigran der Kiemen, und dahinter die Bauchhöhle mit den Eingeweiden. Die Bauchhöhle wird vorn abgeschlossen von einer senkrecht aufsteigenden Querwand des Bauchfells, dem Septum transversum, was gut zu erkennen ist, wenn man den Körperflankenrest an der Brustflosse vorsichtig anhebt und dann von seitlich rückwärts in die Höhlung blickt. Durch das Septum hindurch schimmert schwarzrot eine mächtige venöse Blutbahn, der linke Ductus Cuvieri (S. 359), in den, von der Leber kommend und das Septum durchdringend, die linke Lebervene mündet. Wenn sie nicht schon sichtbar ist, Leber etwas nach hinten drücken. Die Verhältnisse auf der rechten Körperseite sind entsprechend. Vor der peritonealen Querwand sieht man, wenn die Öffnung zwischen den Brustflossen durch vorsichtiges Auseinanderdrängen ein wenig erweitert wird, in den Herzraum, in dem, vom Herzbeutel (Perikard) umhüllt, das Herz liegt.

Wir verlängern nun den entlang der Seitenlinie geführten Schnitt nach vorne bis zur Kiemenhöhle, indem wir den aufsteigenden, linken Teil des knochigen Schultergürtels durchtrennen und dann das restliche Stück Körperflanke samt Brustflosse vorsichtig abpräparieren. Dabei wird der Herzraum voll eröffnet, der zarte, weißliche Herzbeutel aber wohl immer zerstört. Seine Reste werden behutsam mit der Pinzette entfernt.

Die an den Kiemenbögen befestigten Kiemen liegen mit ihrem oberen, hinteren Teil einer Muskelmasse auf, die die Schlundknochen überdeckt. Am Herzen fällt wegen ihrer schwarzroten Färbung die – je nach Blutfüllung verschieden große – Vorkammer (Atrium) auf. Die Herzkammer (Ventrikel) ist muskulöser und von roter Farbe. An ihr sitzt vorn der weißliche, kegelförmige Bulbus arteriosus. Unmittelbar hinter der nun nicht mehr vollständigen peritonealen Querwand beginnt die bräunliche bis braunrote Leber. Sie ist viel dunkler als die Darmschlinge, die wie in die Leber eingebacken erscheint. Viel Raum beanspruchen die Gonaden, der kremfarbene Hoden, oder das blaßrötliche Ovar. Das große, silberglänzende, gaserfüllte Organ, das den dorsalen Teil der Leibeshöhle einnimmt, ist die Schwimm-

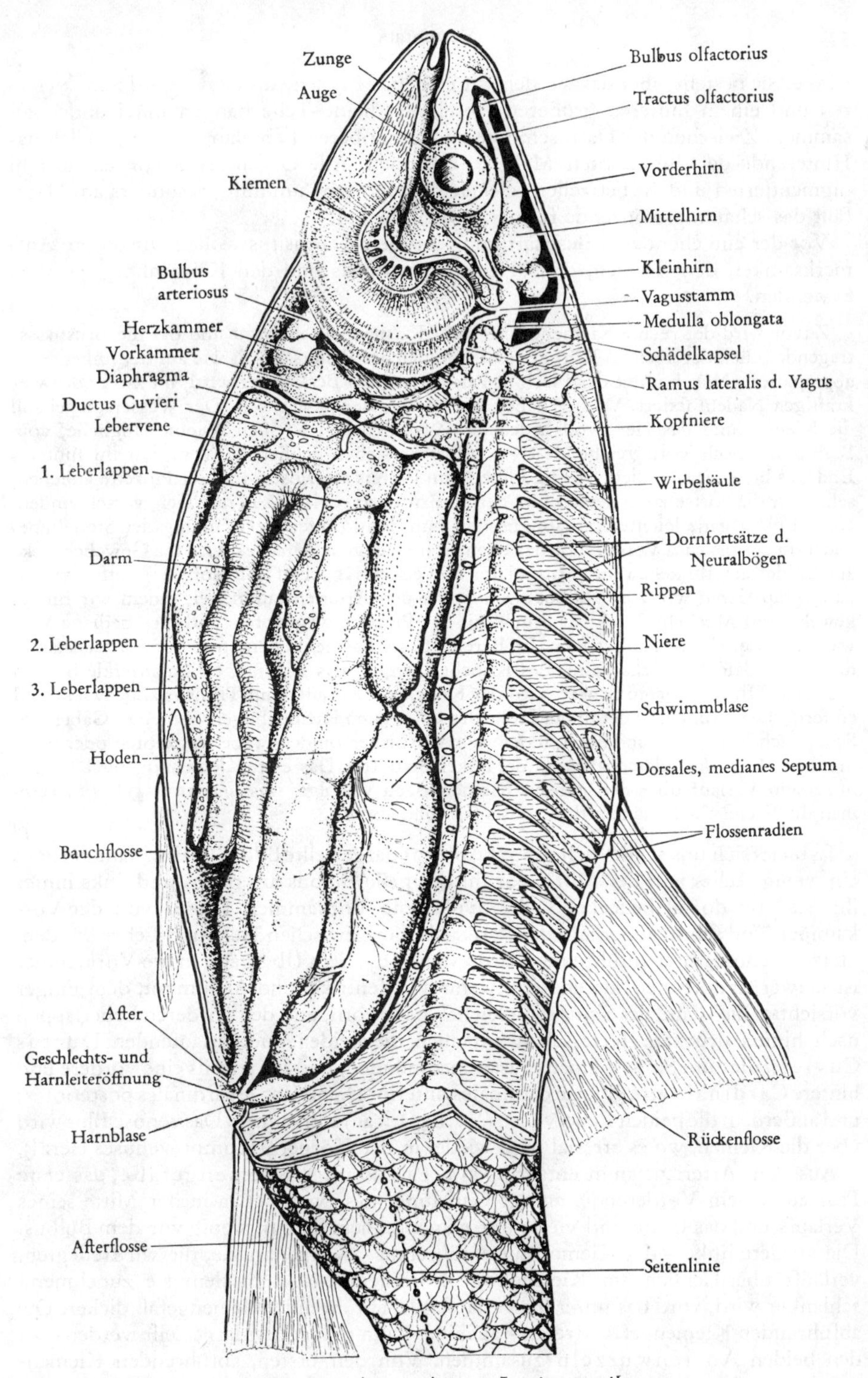
Zunge
Auge
Kiemen
Bulbus
arteriosus
Herzkammer
Vorkammer
Diaphragma
Ductus Cuvieri
Lebervene
1. Leberlappen
Darm
2. Leberlappen
3. Leberlappen
Hoden
Bauchflosse
After
Geschlechts- und
Harnleiteröffnung
Harnblase
Afterflosse
Bulbus olfactorius
Tractus olfactorius
Vorderhirn
Mittelhirn
Kleinhirn
Vagusstamm
Medulla oblongata
Schädelkapsel
Ramus lateralis d. Vagus
Kopfniere
Wirbelsäule
Dornfortsätze d.
Neuralbögen
Rippen
Niere
Schwimmblase
Dorsales, medianes Septum
Flossenradien
Rückenflosse
Seitenlinie

Abb. 193: Anatomie von *Leuciscus rutilus*

blase. Sie besteht, aber das werden wir erst später sehen, aus einem vorderen, kleineren und einem hinteren größeren Abschnitt; beide Teile hängen miteinander zusammen. Zwischen der Darmschlinge und dem oberen Leberlappen ist bisweilen das Hinterende der dunkelroten Milz zu erkennen. Alle Organe sind von einem fein pigmentierten und an Fettzellen reichen Bindegewebe umhüllt. Besonders am Darm fällt das schaumig glänzende fettreiche Gewebe auf.

Vor der eingehenderen Beschäftigung mit dem Darmsitus wollen wir unsere Aufmerksamkeit dem Herzen, dem Truncus arteriosus und den Kiemenbogengefäßen zuwenden.

Zuvor wird der rechte Kiemendeckel samt Kiemenhaut entfernt und das die Brustflosse tragende Stück der rechten Körperwand mit gleicher Behutsamkeit wie auf der linken Seite abpräpariert. Nun kommt der Fisch in Rückenlage ins Becken; er wird mit zwei oder vier kräftigen Nadeln fixiert. Vorher haben wir das Wasser gewechselt. Der Wasserspiegel soll die Kiemen und das Herz voll bedecken. Zwischen den Kiemen ist eine längliche, vom Bulbus bis nach vorn reichende Gewebsbrücke stehen geblieben. Wenn wir ihr hinteres Ende, es befindet sich dicht vor und über dem Bulbus arteriosus, mit der Pinzette anheben, sehen wir die Fortsetzung des Bulbus, den Truncus arteriosus in der Tiefe verschwinden. Unsere nicht ganz leichte Aufgabe, besteht nun darin (unter Verwendung der Stereolupe) den Truncus bis zum Vorderende der Kiemen freizulegen. Zunächst wird die Gewebebrücke aus Epidermis, Bindegewebe, Muskulatur und einem Knochen (Glossohyale) entfernt. Und dann präparieren wir vom Bulbus nach vorne den Arterienstamm frei, indem wir Bindegewebe und Muskeln Stück für Stück mit der Pinzette wegzupfen und die mediane Verwachsung der Kiemen auftrennen. Im Bereich des 2. Kiemenbogens tritt der Arterienstamm durch ein kleines, durchscheinendes Knöchelchen, an das winzige, weißglänzende Sehnen ansetzen. Mit der spitzen Schere wird der Knochen beidseits vom Truncus abgezwickt und entfernt. Der Truncus endet in der Höhe des vordersten Kiemenbogens mit einer Gabelung. Schließlich legen wir auch noch, indem wir wie bisher Bindegewebe wegzupfen oder wegdrücken, Teile der Kiemenarterien der linken Seite frei. Das erste Kiemenbogengefäß wird in seinem Verlauf über den ganzen Kiemenbogen verfolgt, was unschwer gelingt, wenn man die Kiemenblättchen an ihrer Basis faßt und abreißt.

Es bietet sich uns schließlich das auf Abb. 193 dargestellte Bild: Die Herzkammer liegt ein wenig rechts von der Mitte, vor ihr der helle Bulbus arteriosus und links hinter ihr, sie von dorsal bedeckend, die dunkelrote Vorkammer. Dorsal von der Vorkammer, und schon außerhalb des Perikards, liegt zwischen Herz und Leber der dem Herzen venöses Blut zuführende Sinus venosus. Sein Übergang in die Vorkammer ist schwer zu erkennen, am ehesten, wenn wir Ventrikel und Atrium mit dem Finger vorsichtig (die Wand des Sinus reißt leicht!) nach vorn, und den vorderen Leberlappen nach hinten drücken. Jetzt sehen wir auch die beiden querverlaufenden Ductus Cuvieri, die zum Sinus venosus zusammenmünden, und die jeweils eine vordere und hintere Cardinalvene (Venae cardinales anteriores und Venae cardinales posteriores) und außerdem die beiden Lebervenen (Vv. hepaticae) aufnehmen. Das venöse Blut wird über die Kiemen, wo es arterial wird wieder in den Körper gepumpt (venöses Herz!).

Aus dem Arterienstamm entspringen 4 Paar kräftige Kiemengefäße, das erste Paar an seinem Vorderende, an der Gabelung, das zweite etwa in der Mitte seines Verlaufs und das dritte und vierte mit gemeinsamem Stamm wenig vor dem Bulbus. Die vordere linke – der Kieme Blut zuführende – Kiemenarterie, die wir freilegten, verläuft oberflächlich am Kiemenbogen. In dem Maße, in dem sie zunehmend schlanker wird, wird das unter ihr verlaufende, abführende Kiemengefäß dicker. Die abführenden Kiemengefäße treten – auch das kann präparativ dargestellt werden – zu den beiden Aortenwurzeln zusammen. Von den ersten, abführenden Kiemengefäßen zweigt vorher je eine Arteria carotis zur Versorgung des Kopfes ab.

Wir legen nun die Eingeweide auseinander. Besondere Vorsicht ist am vorderen Leberlappen geboten, wo die Lebervenen durch die Bauchfellwand zu den Ductus Cuvieri ziehen. Zunächst lösen wir mit den Fingern die linke Gonade von vorn nach hinten heraus, legen sie nach unten um und verfolgen ihren Ausführgang, durchtrennen ihn aber nicht. Dann spalten wir die bindegewebige Hülle des Darmes und legen auch ihn, zusammen mit Teilen der Leber, nach unten heraus. Schließlich erweitern wir die Öffnung der Leibeshöhle entsprechend der Abb. 193 unter Schonung der Darm- und Urogenitalöffnung noch ein wenig nach hinten.

Vom Darmtrakt sehen wir hinter den Kiemen aus dem Bauchfell-Diaphragma den Ösophagus hervortreten, der in den geräumigen, langgestreckten Magen übergeht. Dann bleibt der Darm bis zum After ungefähr gleich weit. Auch die Leberlappen sind jetzt deutlich sichtbar und – zwischen ihnen – die dunkle Milz. Am rechten Leberlappen befindet sich die hellgelbgrüne Gallenblase, die ihren Inhalt in den Magen ergießt.

Die Gonaden, auf unserer Abb. 193 die Hoden, die als milchigweiße Massen den Leibeshöhlenraum zwischen Darmtrakt und Schwimmblase ausfüllen, verschmälern sich nach hinten zu und gehen kontinuierlich in die Samenleiter (Vasa deferentia) über. Die beiden Samenleiter vereinigen sich und münden hinter dem Darm in die Harnblase. Harn und Geschlechtsprodukte werden also aus einer gemeinsamen Öffnung, der Urogenitalöffnung, entleert. Das ist nicht bei allen Knochenfischen so. Siehe S. 360.

Bei den Weibchen sind die Ovarien leicht an den deutlich sichtbaren kugeligen Eiern zu erkennen. Ihre Eileiter (Oviductus) verhalten sich wie die Ausführgänge der Gonaden der männlichen Fische.

Die Urogenitalöffnung selbst ist nicht leicht zu erkennen. Am ehesten, wenn man die Schuppen der Analregion entfernt und dann einen Pipettenstrahl gegen die Region unmittelbar hinter dem After richtet. Führt man schließlich die Spitze der fein ausgezogenen Pipette in die Urogenitalöffnung ein, so kann die Harnblase, indem man sie vorsichtig mit Wasser füllt, samt den Endteilen der Harnleiter demonstriert werden. Auch die Einmündung des Gonoduktes in den Harnblasenhals wird deutlich.

Dorsal in der Leibeshöhle liegen die mächtigen, silberglänzenden Schwimmblasen. Die vordere ist von einer starken, häutigen Kapsel umgeben. Vom hinteren Blasenteil geht, dicht hinter der Einschnürung, ein als Ductus pneumaticus bezeichneter Gang ab, der – wir verfolgen ihn entlang seiner ganzen Länge – in den Ösophagus mündet. Durch ihn kann die Gasfüllung der Blase reguliert werden. – Wenn die Leibeshöhle vorne, nach oben zu weit genug eröffnet wurde, ist vor der Schwimmblase die hellrote, gehirnartig gefurchte Kopfniere zu sehen.

Mehr erkennen wir von der Kopfniere nach dem nächsten Präparationsschritt, bei dem wir mit den Fingern die Schwimmblase herauslösen ohne den Luftgang zu zerstören.

Durch das Entfernen der Schwimmblase haben wir die Niere freigelegt. Sie wurde paarig angelegt, verläuft aber nun als unpaares, langgestrecktes Organ zwischen Wirbelsäule und dorsaler Bauchfellwand, also außerhalb der Leibeshöhle. Vergleichend anatomisch ist sie ein Opisthonephros, während die cranial von ihr liegende Kopfniere aus dem embryonalen Pronephros hervorging. Die Kopfniere ist entgegen ihrer Bezeichnung beim adulten Tier nicht mehr exkretorisch tätig. Welche Funktion dieses nun lymphoide Organ hat, ist nicht ganz klar, vielleicht spielt es eine Rolle bei der Blutbildung. Die von den Nieren ausgehenden primären Harnleiter (Wolffsche Gänge), sie ziehen von vorn nach hinten über die Nieren hinweg, vereinigen sich, wie wir gesehen haben, zur Bildung einer Harnblase, die mit einem kurzen Ausführgang (Urethra) dicht hinter dem After inmitten der Papilla urogenitalis mündet.

Die beiden Gefäße, die der Länge nach über die Nieren hinwegziehen und deren Verlauf besonders gut zu verfolgen ist, wenn man die dorsale Wand der Leibeshöhle abzieht, sind die hinteren Cardinalvenen, die Venae cardinales posteriores.

Durch Abtragen der dorsalen Muskulatur werden nunmehr die Wirbelsäule und die Dornfortsätze freigelegt und anschließend durch einen nicht zu tiefen Medianschnitt der Schädel bis zur Oberkieferspitze durchtrennt. Die linke Seitenwand des Kopfes wird vorsichtig Stück für Stück abgetragen.

Dorsal von den Kiemen und vom Auge haben wir damit die geräumige, langgestreckte Schädelhöhle eröffnet, in der das Gehirn sichtbar wird, von dessen einzelnen Abschnitten besonders das Mittelhirn und Hinterhirn stark entwickelt sind. Am Vorderhirn entspringt jederseits ein langer Tractus olfactorius, der mit einem Bulbus olfactorius endet. Ein nicht geringer Teil der Schädelhöhle ist von einem schaumig aussehenden Fettgewebe erfüllt. – Am Boden der Mundhöhle erhebt sich die Zunge.

Mit den Fingern nehmen wir einen der unteren Schlundknochen heraus und reinigen ihn von der ansitzenden Muskulatur.

Diese unteren Schlundknochen sind nichts anderes als das fünfte Paar der Kiemenbogen, die aber keine Kiemen tragen, jedoch mit Zähnen besetzt sind, deren Anordnung für die Systematik von Wichtigkeit ist. Die in der Decke des Schlundes gelegenen, paarigen oberen Schlundknochen sind aus der Verschmelzung der obersten Stücke (Pharyngobranchialia) der vier vorderen Kiemenbogen entstanden.

Mit dem starken Messer schneiden wir den Fisch hinter der Leibeshöhle quer durch und betrachten den erhaltenen Querschnitt genauer.

Die mächtige Muskulatur – der Schwanz stellt den für die Bewegung wichtigsten Körperabschnitt dar – besteht aus einzelnen Portionen, deren jede konzentrische Schichtung zeigt. Dorsale und ventrale Rumpfmuskulatur sind deutlich geschieden. Die konzentrische Schichtung kommt dadurch zustande, daß der Querschnitt mehrere tütenförmig ineinandersteckende Muskelkegel (Myomere) getroffen hat.

In der Mitte des Schnittes liegt die Wirbelsäule, die man mit Messer und Nadeln herauspräparieren kann. Der weiße Strang, der von den oberen Bogen (Neuralbogen) umfaßt wird, ist das Rückenmark. Von der Vereinigung dieser Bogen gehen die oberen Dornfortsätze aus. Die unteren oder Hämalbogen umschließen einen Kanal, den Kaudalkanal, in dem wir zwei Gefäße, eine Arterie und eine Vene, verlaufen sehen. Auch der Vereinigung der Hämalbogen sitzen untere Dornfortsätze auf.

Es wird zum Schluß eine Schuppe von ihrer Unterlage entfernt und unter dem Mikroskop bei schwacher Vergrößerung betrachtet.

Sie erweist sich als eine rundliche Knochenplatte (Cycloidschuppe), die am hinteren, freien Rande etwas eingekerbt ist. Vom Zentrum strahlen radial eine Anzahl Furchen aus, besonders nach vorn und nach hinten. Außerdem findet sich eine konzentrische, dem Schuppenrand parallel laufende Streifung (Zuwachsstreifen). Auf dem nicht von der vorhergehenden Schuppe bedeckten Teil finden sich sternförmig verästelte Pigmentzellen.

II. Amphibia, Lurche

A. Technische Vorbereitungen

Große Exemplare des braunen Grasfrosches *(Rana temporaria)* oder des grünen Wasserfrosches *(Rana esculenta)* werden kurz vor Beginn des Kursus in einem verschlossenen Glasgefäß mit Chloroform getötet. Für das Studium der Muskulatur können mit Vorteil Frösche verwandt werden, die bereits einige Zeit in Alkohol lagen. Außerdem sind montierte Skelette einer der beiden Froscharten bereitzustellen.

B. Allgemeine Übersicht

In der Organisation der Amphibien macht sich der Einfluß des Überganges zum Landleben stark bemerkbar; daß der Übergang noch kein vollkommener ist, bringt schon der Name «Amphibien» zum Ausdruck.

Der auffallendste Unterschied gegenüber den im Wasser lebenden Fischen ist der Ersatz der vielstrahligen Flosse durch das fünfstrahlige Gangbein, die pentadaktyle Extremität. Dazu tritt der in der individuellen Entwicklung sich abspielende Übergang von der Kiemen- zur Lungenatmung, der seinerseits stark abändernd auf das Gefäßsystem gewirkt hat (doppelter Kreislauf). Aber auch Haut, Skelettsystem, Muskulatur und Sinnesorgane zeigen deutlich den Einfluß des Mediumwechsels.

Die Haut der Amphibien ist durch den Reichtum an vielzelligen Drüsen ausgezeichnet, die sie feucht erhalten und schlüpfrig machen. Es handelt sich dabei teils um muköse Drüsen (Schleimdrüsen), teils um seröse; zu den serösen gehören die weit verbreiteten Giftdrüsen. Kutikulabildungen kommen nur noch bei Amphibienlarven vor, dafür verhornen die Zellen der obersten Epidermisschicht; dieses «Stratum corneum» kann von Zeit zu Zeit in größeren Fetzen abgestoßen werden. Ein Hautskelett, wie es den ausgestorbenen Panzerlurchen (Stegocephalen) in mächtiger Entwicklung zukam, findet sich unter den rezenten Amphibien nur noch bei der Ordnung der Gymnophionen (Blindwühlen) in Form von kleinen Knochenschuppen der Cutis vor.

Der Schädel der Amphibien wird dem Fischschädel gegenüber hauptsächlich durch folgende Merkmale gekennzeichnet: der Knorpelschädel ist recht vollständig, wenn auch weniger vollständig als derjenige der Haie; er erhält sich zeitlebens in, viel stärkerem Maße, als es bei den Knochenfischen der Fall ist; Ersatzknochen treten sehr spärlich auf, und auch die Zahl der Deckknochen ist bei den rezenten Amphibien gegenüber ihren Vorfahren, den Stegocephalen, wie auch den Knochenfischen gegenüber erheblich geringer geworden. Der Amphibienschädel ist ausgesprochen plattbasisch, die Hirnhöhle reicht nach vorn bis an die Nasenkapseln, so daß ein Septum interorbitale fehlt. Er setzt sich mit der Wirbelsäule durch zwei Condyli occipitales in gelenkige Verbindung. Die Occipitalregion ist kurz, sie entspricht nur drei Wirbeln: spinooccipitale Nerven fehlen, letzter Schädelnerv ist der N. vagus (X). Die im Bereich des Palatoquadratum sich bildenden Deckknochen, Praemaxillare, Maxillare und Palatinum (Oberkiefer und Gaumenknochen) schließen sich enger an das Neurocranium an. Am Palatoquadratum selbst läßt sich ein vorderer, schmälerer Abschnitt (Pars palatina, Palatinspange) und ein gedrungener, hinterer Abschnitt (Pars quadrata) unterscheiden. Die Palatinspange verbindet sich bei den Anuren vorn mit der Ethmoidalregion des Neurocranium, unterliegt aber bei vielen Amphibien einer weitgehenden Reduktion. Die Pars quadrata setzt sich stets direkt (autostyl) durch mehrere Fortsätze mit dem Neurocranium in feste Verbindung, wodurch das Hyomandibulare zu anderer Verwendung frei wird. Die Kiemenbogen, die bei der Metamorphose ihre bisherige Aufgabe verlieren, werden fast vollständig rückgebildet.

Für die Aufzählung der einzelnen Knochen – die man nur mit dem Schädel in der Hand, nicht aus Büchern, lernen kann – legen wir den Schädel von *Rana* zugrunde. Im Gebiet des Neurocranium bilden sich als Ersatzknochen die beiden die Condylen tragenden Exoccipitalia, die Prootica und eine ringförmige Verknöcherung der vorderen Orbitalregion, das sogenannte Sphenethmoid; dazu treten als Deckknochen die Parietalia – Parietale und Frontale jeder Seite verwachsen bei *Rana* zu einem einheitlichen Frontoparietale –, Nasalia und Septomaxillaria (ein kleiner Knochen jederseits am hinteren Umfange der äußeren Nasenöffnung) sowie die Vomeres und das Parasphenoid an der Unterseite des Schädels. Zum Kiefer- und Gaumenbogen gehören die paarigen Deckknochen Praemaxillare, Maxillare, Palatinum und Pterygoid und die Ersatzverknöcherung des Quadratums; dem Quadratum liegt als Deckknochen das Paraquadratum («Squamosum») auf, an das Hinterende des Maxillare schließt sich ein als Quadratojugale oder Quadratomaxillare bezeichneter Deckknochen an, durch dessen Vermittlung der Kieferbogen nach hinten zu eine Verbindung mit dem Quadratum erlangt. – Der Meckelsche Knorpel (knorpeliger Unterkiefer) bleibt in beträchtlichem Umfange erhalten, hinten verknöchert er meist – bei *Rana* nicht – als Articulare, vorn bildet sich die kleine Ersatzverknöcherung des Mentomandibulare. Als Deckknochen findet sich bei *Rana* nur das Dentale an der Außenseite, das Goniale an der Innenseite des Meckelschen Knorpels.

Das Hyomandibulare ist zum Gehörknöchelchen, der Columella auris, geworden. Das Hyoideum bildet das vordere «Horn» des breiten Zungenbeinkörpers; es verbindet sich mit der Labyrinthkapsel. An der Bildung des Zungenbeinkörpers und seiner kürzeren Fortsätze sind außer dem Hyoidbogen wohl noch Reste der beiden vordersten von den vier larvalen Kiemenbogen mit basalen Abschnitten beteiligt.

Die Wirbel sind bei den Anuren vorn ausgehöhlt, procöl, bei den anderen Amphibien opisthocöl oder auch amphicöl. Der Körper des vordersten Wirbels ist verbreitert und trägt Gelenkflächen für die beiden Condylen; doch ist er dem Atlas der Amnioten nicht homolog. Ein hinterer Wirbel – bei *Rana* der neunte – ist als Sakralwirbel in Verbindung mit dem Beckengürtel getreten; das ermöglicht die Unterscheidung einer Rumpf- und einer Schwanzregion der Wirbelsäule. Bei den Anura sind in Anpassung an die springende Bewegungsart sämtliche Schwanzwirbel zu einem einheitlichen Knochenstab, dem Os coccygis (Steißbein), verschmolzen.

Rippen fehlen den Anuren, während sie bei den übrigen Amphibien vorhanden sind; stets enden sie nach unten zu frei, haben keinen Anschluß an das Brustbein. Der Schultergürtel besteht aus einer gebogenen Platte jederseits, dem Schulterblatt (Scapula), das bei den Anuren mit dem Brustbein durch die Clavicula und das Coracoid verbunden ist. Das Brustbein umfaßt zwei Ersatzverknöcherungen, das orale Episternum (Omosternum, Prosternum) und das kaudale Sternum, beide durch Knorpelmasse voneinander getrennt und auch an ihren freien Enden mit verbreiterten Knorpelmassen versehen. Die Vorderextremität ist gegliedert in Oberarm (Humerus), Unterarm (Radius und Ulna), Handwurzel (Carpus) und die Fingerstrahlen, meist vier an Zahl.

Der Beckengürtel wird gebildet von dem dorsalen Darmbein (Ileum), das bei Anuren außerordentlich langgestreckt ist und der Wirbelsäule parallel läuft, und dem einheitlichen, ventralen Scham-Sitzbein-Abschnitt (Ischiopubis), in dem meist nur das Ischium zur Verknöcherung kommt, während der Bezirk des Pubis knorpelig bleibt, eventuell verkalkt, selten verknöchert. An den Hintergliedmaßen finden sich fast stets fünf Zehen.

Das Gehirn ist infolge der reinen Hintereinanderlagerung der fünf Hirnteile langgestreckt; es gilt als sehr niedrig entwickelt. Das Vorderhirn ist ziemlich groß, das Hinterhirn dagegen nur ein quer vor der Rautengrube liegender Wulst, was gegenüber dem mächtig entwickelten Hinterhirn der Fische besonders auffällt.

Von den Sinnesorganen sind diejenigen der Seitenlinie naturgemäß nur bei den wasserlebenden Formen bzw. den Larven erhalten geblieben. Das Geruchsorgan hat eine Verbindung nach hinten zur Mundhöhle hin erhalten, die Choanen; es dient nun gleichzeitig der Passage der Atemluft. Bei den Urodelen ist das Geruchsorgan zum Riechen unter Wasser wie an Land befähigt. Die Augen werden durch Ausbildung von Augenlidern und -drüsen gegen Austrocknung und Staub geschützt. Das Gehörorgan vervollkommnet sich bei den meisten Anura durch die Ausbildung eines schalleitenden Apparates. Dabei wurde das Spritzloch der Selachier zu einem Gang, dessen innerer Abschnitt als Tuba Eustachii in den Rachen mündet, während sein äußerer Abschnitt sich zur Paukenhöhle erweitert, die nach außen durch das Trommelfell abgeschlossen wird. Ein Knochen, die erwähnte Columella auris, fügt sich mit seinem einen Ende dem Trommelfell an, während das zu einer Fußplatte (Operculum) verbreiterte andere Ende in eine Öffnung der Labyrinthkapsel, das Foramen ovale, beweglich eingelassen ist.

Als Atmungsorgan kommen bei den Amphibien sowohl Kiemen wie Lungen vor. Kiemen sind stets bei den Larven entwickelt, selten das ganze Leben hindurch (Perennibranchiaten). Ältere Larven besitzen neben der Kiemen- auch schon die Lungenatmung; bei der Metamorphose werden die Kiemen rückgebildet. Einige landlebende Urodelen sind lungenlos; hier deckt die Atmung der Haut und der Schleimhaut des Mundes, die bei allen Amphibien eine große Rolle spielt, den Sauerstoffbedarf allein. Die Kiemen sind äußere Anhänge, die bei den Batrachierlarven bald durch «innere Kiemen» ersetzt werden, die aber nicht denen der Fische homolog sind, sondern im Bereich der Kiemenspalten ventral und nach innen von den äußeren Kiemen entstehen und von einer Hautfalte, Operculum genannt, überdeckt werden. Die Lungen sind zwei sackförmige Organe, deren Innenraum nur wenig aufgeteilt ist, und die meist dem Vorderdarm (Pharynx) unmittelbar, ohne Zwischenschaltung einer Luftröhre, ansitzen. An ihrer Einmündung in den Pharynx kann eine Stimmritze mit Stimmbändern entwickelt sein, deren Lautgebung noch durch Ausstülpungen des Mundhöhlenbodens, die Schallblasen, die als Resonatoren wirken, verstärkt werden kann. Die Atembewegungen bestehen in einem Einschlucken der Luft. Dazu tritt die Mundhöhlenatmung, die auf einer Ventilation der Mundhöhle durch rasches Heben und Senken des Mundhöhlenbodens beruht.

Durch das Auftreten der Lungenatmung ist auch der Blutkreislauf komplizierter geworden. Während bei den Fischen das Herz aus einer Kammer und einer Vorkammer besteht, ist bei den Amphibien eine Trennung der Vorkammer in zwei eingetreten, eine linke und eine rechte. Die linke Vorkammer empfängt das Blut von den Lungen (sobald diese funktionieren), führt also arterielles Blut, die rechte nimmt das venöse Blut der Körpervenen auf. Aus dem aus der Herzkammer entspringenden Arterienstamm zweigen sich ursprünglich jederseits vier Arterienbogen ab, von denen die drei vorderen bei den Larven zu den Kiemen gehen. Hier wird das Blut oxydiert und sammelt sich in den abführenden Kiemengefäßen an, die in die beiden Aortenbogen übergehen, die sich zur Aorta descendens vereinigen. Der letzte, vierte Arterienbogen gibt jederseits einen Ast an die Lunge ab, die Lungenarterien. Sobald bei der Metamorphose die Kiemen schwinden, geht natürlich auch der Kapillarkreislauf in ihnen verloren, und das Blut strömt nunmehr durch bereits bei den Larven vorhandene, direkte Verbindungen in die abführenden Gefäße. Der erste Arterienbogen wird jederseits zur Carotis, die den Kopf versorgt, die zweiten Bogen vereinigen sich zur Aorta descendens und heißen Aortenbogen, die dritten werden mehr oder minder rudimentär, und die vierten sind die Lungenarterien, von denen bei den Anuren ein starker Ast als Arteria cutanea zur Haut geht, in der eine intensive Blutzirkulation und Atmung stattfindet.

Die Sonderung der beiden Blutarten ist sehr unvollkommen, da eine Mischung in der Herzkammer stattfindet; doch ist durch schwammige Ausbildung des Herzinnern und durch Scheidewände im Innern des Truncus arteriosus dafür gesorgt, daß das arterielle, von der linken Vorkammer in die Herzkammer eintretende Lungenblut überwiegend in die beiden ersten Arterienbogen geht.

Die Zähne der Amphibien sind sehr klein und kommen außer auf den Kiefern auch noch an Knochen der Mundhöhlendecke, so dem Vomer, vor. Der Unterkiefer der Anuren trägt in der Regel keine Zähne. Die Zunge ist meist vorn festgeheftet und kann vorgeschnellt werden. Die kurze, weite Speiseröhre führt in einen geräumigen, nach hinten ziehenden Magen. Das meist deutlich abgesetzte Duodenum zieht kopfwärts, bildet also mit dem Magen eine Schlinge, um dann allmählich in den Dünndarm überzugehen. Der Enddarm ist weiter und mündet in die Kloake ein. Gallenblase und Pankreas sind bei den Amphibien vorhanden.

Das Urogenitalsystem zeigt einfache, an Selachier erinnernde Verhältnisse. Die bei den Urodelen und besonders Gymnophionen langgestreckten und bandförmigen, bei den Anuren mehr kompakten, meist außerhalb der Leibeshöhle («retroperitoneal») liegenden Nieren des erwachsenen Tieres sind vergleichend-anatomisch als Opisthonephros zu bezeichnen. Der sich oral von ihnen anlegende, einfach gebaute Pronephros dient als Exkretionsorgan der Larve und wird zur Zeit der Metamorphose rückgebildet.

Aus der Vereinigung der vordersten Pronephroskanäle entsteht der primäre Harnleiter, der dann selbständig kaudal auswächst und vom Opisthonephros übernommen wird; er mündet in die Kloake. Die «Harnblase» ist eine Ausstülpung der ventralen Kloakenwand gegenüber den Harnleiteröffnungen, steht also mit diesen in keinem unmittelbaren Zusammenhang und unterscheidet sich damit wesentlich von den Harnblasen der Fische, die Erweiterungen der Harnleiter darstellen.

An der Niere des erwachsenen Tieres kann man zwei funktionell verschiedene Abschnitte unterscheiden (Pars cranialis und Pars caudalis des Opisthonephros), die sich bei den Urodelen auch äußerlich gegeneinander absetzen. Der vordere Abschnitt tritt beim Männchen mit dem Hoden in Verbindung, während der hintere Teil Exkretionsorgan bleibt. Demnach dient der primäre Harnleiter (Wolffscher Gang) hier als Harnsamenleiter. So treffen wir es nicht nur beim Frosch, sondern überhaupt bei den meisten Anuren an. Bei einigen Anuren aber und bei fast allen Urodelen machen sich die Sammelkanäle des kaudalen, exkretorischen Nierenabschnittes fast völlig vom primären Harnleiter frei und münden nur ganz hinten in ihn ein oder sogar unmittelbar in die Kloake. Hier dient also der primäre Harnleiter rein als Samenleiter. Müllersche Gänge werden auch beim Männchen angelegt. Meist werden sie völlig oder doch stark reduziert. Nur bei den Kröten (Bufoniden) erhalten sie sich in recht vollständiger Form. – Beim Weibchen fehlt die Beziehung der Niere zur Gonade.

Die Eier werden, nachdem sie sich von den Ovarien abgelöst haben, von den Eileitern aufgenommen, die mit weiter Öffnung gegen die Leibeshöhle (Ostium tubae) beginnen. Die Eileiter stellen Müllersche Gänge dar, die durch Längsspaltung der primären Harnleiter, oder als Abfaltungen von benachbarten Cölomepithel entstehen. Die Wolffschen Gänge dienen beim Weibchen rein als Harnleiter. Die Eileiter zeigen, namentlich zur Brunstzeit, einen stark geschlängelten Verlauf und sondern bei den Anuren die bekannte Gallerthülle um die Eier ab. Der Endteil des Eileiters kann bei Formen, die Larven oder Jungtiere gebären, zu einem «Uterus» erweitert sein.

Die Genitalfalte läßt außer den Gonaden selbst noch ein oder zwei andere Organe entstehen. Ihr vorderster Abschnitt wandelt sich bei den Anuren in einen Fettkörper um, der dem oralen Pol der Gonade aufsitzt und Reservestoffe für die Ausbildung der Geschlechtszellen speichert. Zwischen Gonade und Fettkörper entwickelt sich aus der Genitalfalte bei einigen Anuren (Bufoniden) außerdem noch das sogenannte Biddersche Organ, ein rudimentäres, bei beiden Geschlechtern auftretendes Ovarium, das als Hormondrüse funktioniert und sich nach Kastration zu einem funktionstüchtigen Ovarium entwickelt. Den Fröschen, wie allen Urodelen und Gymnophionen, fehlt das Biddersche Organ. Der Fettkörper liegt bei den Urodelen und Gymnophionen als langgestrecktes Organ an der Medialseite der Gonade.

Die Geschlechtsdifferenzierung ist bei den Fröschen sehr labil. Bei bestimmten Lokalrassen entwickeln sich zunächst alle Tiere in weiblicher Richtung, ein Teil von ihnen wandelt sich dann in Männchen um. Intersexualität ist infolgedessen eine häufige Erscheinung.

Die befruchteten Eier werden fast stets ins Wasser abgelegt, oft zu Schnüren oder Klumpen vereint. Die Entwicklung verläuft meist unter dem Bild einer Metamorphose, die namentlich bei den Anuren sehr ausgesprochen ist. Sie erfolgt hier in einer Weise, daß die aus dem Ei entstandenen Kaulquappen ursprünglich drei äußere Kiemenbüschel und einen langen Ruderschwanz besitzen. Dann sprossen die paarigen Extremitäten hervor, und die Kiemen werden jederseits von einer Hautfalte, dem Operculum, in eine Kiemenhöhle eingeschlossen; die Kiemenhöhlen münden mit paarigen Öffnungen oder gemeinsam mit einer unpaaren Öffnung nach außen. Mit dem Übergang zum Landleben gehen dann auch Ruderschwanz und innere Kiemen verloren, nachdem sich vorher schon die Lungen ausgebildet haben; die Kaulquappe ist damit zum jungen Frosch geworden.

C. Spezieller Teil

Rana temporaria, Grasfrosch, *Rana esculenta*, Wasserfrosch

Diese beiden häufigen, über fast ganz Europa verbreiteten Froscharten sind gleich gut für unsere Zwecke geeignet. Sie unterscheiden sich in ihrem inneren Bau nur unbedeutend. Äußerlich erkennt man den Wasserfrosch an der spitzen Schnauze und der geringen Breite und rinnenartigen Vertiefung der zwischen den Augen gelegenen Schädelfläche. Die Färbung ist weniger zuverlässig, da sehr variabel. Immerhin ist der Grasfrosch niemals ausgesprochen grün und zeigt fast stets einen ausgedehnten dunklen Fleck hinter dem Auge und dunkle Querbänder an den Hinterbeinen.

Am lebenden Frosch achten wir zunächst auf Körperhaltung und -umriß. Der Frosch sitzt in der Ruhe auf den Schenkeln, mit aufgestemmten Vorderbeinen, so immer zum Sprung, seiner fast ausschließlichen Bewegungsart auf dem Lande, bereit. Die Hinterextremitäten sind zwei- bis dreimal so lang wie die vorderen, Z-förmig zusammengelegt, das Knie nach vorn gerichtet. Der Rumpf ist gedrungen und verhältnismäßig kurz. Er geht ohne deutlich ausgeprägte Halsregion in den dreieckig zugespitzten Kopf über. Der Schwanz, der bei der Larve noch wohl entwickelt ist, schrumpft beim Jungfrosch kurz nach der Verwandlung vollkommen ein. Die Mundspalte reicht weit nach hinten. Die kleinen, verschließbaren Nasenöffnungen liegen etwas hinter der Kopfspitze. Die großen, runden, vortretenden Augen zeigen eine goldglänzende Iris. Bisweilen schiebt sich von unten her eine halbdurchsichtige «Nickhaut» über das Auge herüber. Hinter dem Auge liegt eine kreisförmige Membran, das Trommelfell, das die Paukenhöhle nach außen abschließt.

Die Kehlhaut befindet sich in ständiger, rascher Bewegung, wodurch eine gründliche Ventilation der Mundhöhle erzielt wird (Mundhöhlenatmung). Dabei sind die Nasenlöcher natürlich geöffnet, der Zugang zur Lunge dagegen verschlossen. Ab und zu wird die Mundhöhlenatmung durch das Auspressen der Lungenluft unterbrochen, an das sich sofort eine Inspiration anschließt, bei der Luft aus dem Mundraum in die Lungen gedrückt wird (Schluckatmung).

Die Rückenlinie des sitzenden Frosches zeigt einen auffälligen Knick. Er liegt dort, wo das sehr langgestreckte Becken sein vorderes Ende erreicht und sich mit der Wirbelsäule zum Kreuzbein verbindet.

Ob wir ein Männchen oder ein Weibchen vor uns haben, läßt sich oft schon äußerlich erkennen. Das Männchen zeigt am ersten Finger der Vorderextremität schwielige Verdickungen, Daumenschwielen genannt, die vor und während der Brunstzeit besonders stark hervortreten und bei der Umklammerung des Weibchens eine Rolle spielen. Es sind besonders drüsenreiche, rauhe, verhornte Erhebungen der Haut.

Der Frosch wird jetzt mit Chloroform oder Äther getötet. Nach 10–20 Minuten wird er aus dem Betäubungsglas herausgenommen. Der reichlich ausgeschiedene Schleim wird unter der Wasserleitung abgespült.

Die Haut ist glatt und schlüpfrig, da sehr drüsenreich. Sie läßt sich fast überall in Falten hochheben. Dieses lose Aufliegen rührt davon her, daß sich unter ihr große, von Lymphe erfüllte Hohlräume, die Lymphsäcke, ausdehnen. Sie stehen einerseits mit den Lymphkapillaren in Verbindung, die die Lymphe der verschiedenen Organe sammeln, münden andererseits in das Blutgefäßsystem ein. An den (vier) Verbindungsstellen mit dem Gefäßsystem sind Lymphherzen entwickelt, die die Lymphe in die Venen hineindrücken. Wir heben die Rückenhaut kurz vor dem Rumpfende etwas in die Höhe, schneiden sie in der Mittellinie etwa 1 cm lang auf und ziehen die beiden Lappen zur Seite. Dann können wir bei dem frisch (und nicht zu lange!) chloroformierten Frosch sehr schön die beiden hinteren Lymphherzen, die rechts und links vom Steißbein liegen, pulsieren sehen. Die vorderen Lymphherzen liegen auf der Dorsalseite der Querfortsätze des dritten Wirbels; sie sind sehr viel schwerer freizulegen. Zwischen den Lymphsäcken ist die Haut mit der darunterliegenden Muskulatur verwachsen, entweder in größerem Umfang (Kopfgebiet) oder im Verlauf zarter, vielfach durchbrochener Scheidewände oder Septen, wovon Abb. 194 eine Vorstellung gibt. Man kann die Abgrenzung der einzelnen Lymphsäcke schon jetzt durch Verschieben der Haut feststellen.

Bevor wir zur Präparation übergehen, wollen wir den Frosch noch äußerlich etwas genauer betrachten. Am Auge ist das Oberlid – es ist am Augapfel festgewachsen –

schwach entwickelt, das Unterlid an sich gleichfalls, setzt sich aber in eine ausgedehnte Hautfalte, die Nickhaut fort. In der Ruhelage verschwindet die Nickhaut zwischen Augapfel und unterem Lid. Indem wir sie mit der Pinzette erfassen, machen wir uns ihre Bewegungsform und Ruhelage klar. Von der echten Nickhaut der Säugetiere unterscheidet sich die des Frosches übrigens dadurch, daß es sich bei jenen um eine vom inneren (vorderen) Augenwinkel ausgehende Falte handelt.

Das in einem Knorpelring ausgespannte Trommelfell liegt durchaus im Niveau der Haut. Während also der Frosch, wie alle Amphibien, bereits das den Fischen noch fehlende Mittelohr (Paukenhöhle und Tuba Eustachii) besitzt, fehlt ihm das äußere Ohr (Gehörgang und Ohrmuschel) der Säugetiere.

Die Mundspalte ist außerordentlich groß, sie reicht noch über das Trommelfell hinaus, fast bis zum Ansatz der Vorderextremität. Unmittelbar hinter dem Mundwinkel und unterhalb des Trommelfells sehen wir beim Männchen von *Rana esculenta* einige längs verlaufende, schwärzliche Hautfalten. Ziehen wir sie mit der Pinzette heraus, so erkennen wir, daß es sich um die Wand eines großen Sackes handelt, der eine von der Außenhaut überzogene Ausstülpung der Mundschleimhaut darstellt. Wir haben hier die als Resonatoren wirkenden Schallblasen vor uns, die sich beim quakenden Frosch rhythmisch mit Luft füllen.

Der Mund ist fest verschlossen, wobei die Spitze des Oberkiefers den Unterkiefer etwas überragt. Öffnen wir das Maul, so sehen wir, daß sich der Unterkieferrand in eine Rinne des Oberkiefers einfügt, wobei ein kleines Polster an der Unterkieferspitze in ein entsprechendes Grübchen am Oberkiefer eingreift. Die dicke, fleischige Zunge ist ganz vorn am Unterkiefer festgewachsen. Holen wir sie mit der Pinzette heraus, so sehen wir, daß sie hinten mit zwei Zipfeln endet. Zum Erfassen der Beute wird die Zunge herausgeschleudert, wobei die Zungenzipfel das Sekret einer umfangreichen, vor und unter der Nasenkapsel liegenden Drüse abstreifen, deren Schläuche am Dach der Mundhöhle dicht hinter der Schnauzenspitze münden (Intermaxillardrüse). Kleine Beutetiere (Insekten) kleben an dem Sekret fest und werden mit der Zunge in das Maul gezogen.

Fassen wir mit dem Finger in das Maul hinein, so fühlen wir an den Oberkieferrändern zahlreiche Zähnchen, während der Unterkiefer zahnlos ist. Außerdem finden sich in der Mundhöhle noch Zähnchen an den Vomeres. Beiderseits von ihnen sehen wir die beiden inneren Nasenöffnungen, die Choanen, die sich nach hinten in Gaumenfurchen fortsetzen. Weiter rückwärts liegen die beiden großen Öffnungen der Tubae Eustachii. Die noch weiter nach hinten zu und mehr ventral liegenden Öffnungen der Schallblasen sind verhältnismäßig klein und zwischen Schleimhautfalten so versteckt, daß sie nicht immer leicht zu finden sind. Führen wir in eine der Öffnungen mit einer Pipette Luft ein, so können wir die Schallblase beim Männchen von *Rana esculenta* als mächtige Kugel heraustreten lassen; bei *Rana temporaria* treten sie nicht nach außen vor, bei weiblichen Fröschen fehlen sie vollkommen. Im ganzen Bereich der Mundhöhle fällt die große Zahl fein verästelter Blutgefäße auf (Mundhöhlenatmung!). Die Schleimhaut der Mundhöhle ist ein Flimmerepithel, dessen Schlagrichtung wir uns durch Aufstreuen von etwas fein zerriebener Asche zur Anschauung bringen können.

Tasten wir den Rumpf des Frosches ab, so können wir durch Haut und Muskeln hindurch den Schultergürtel fühlen. Bewegt man die Vorderextremitäten nach vorn und drückt gleichzeitig die Kopfspitze etwas herunter, so tritt das kaudale Ende des Sternums deutlich hervor. Trotz des Fehlens von Rippen ist die Brustregion durch Schultergürtel und Brustbein gut gefestigt. Dagegen ist der Bauch weich und ungeschützt. Am Rücken können wir in der hinteren Körperhälfte drei Knochenlängsstäbe durchfühlen. Ein Vergleich mit dem montierten Skelett eines Frosches zeigt, daß es sich um die zum Steißbein (Os coccygis) verschmolzenen Wirbel der Schwanzregion und die beiden langgestreckten Darmbeine (Ossa ilei) handelt, die vorn durch die besonders kräftigen Querfortsätze des letzten (neunten) Wirbels verbunden werden. Hinten endet die Beckenregion in einer schmalen, vertikal gestellten Scheibe, die rechts und links die Gelenkgruben für den Kopf des Femurs trägt. Vor dem Becken wird der Rücken durch die langen Querfortsätze der Wirbel geschützt. Die Kloakenöffnung, die wir vorsichtig sondieren, liegt etwas auf die Rückenseite verschoben.

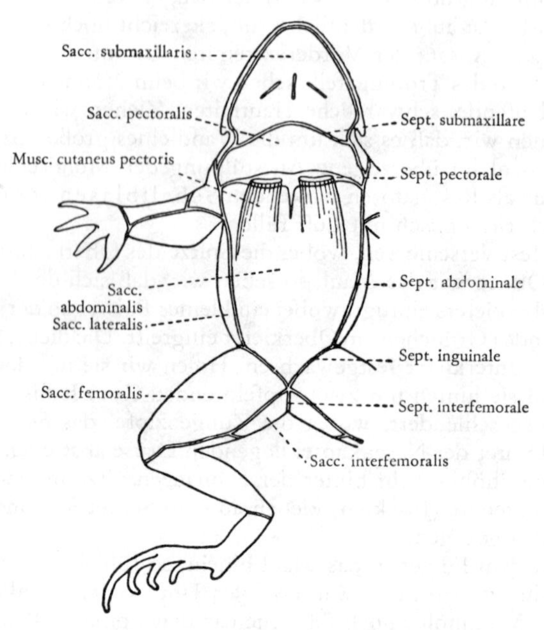

Abb. 194: *Rana esculenta*. Subkutane Lymphsäcke der Ventralseite. (Nach E. Gaupp)

Die kurzen, aber kräftigen Vorderextremitäten tragen vier Finger; der Daumen ist rückgebildet. Die Hinterextremitäten zeigen fünf sehr lange Zehen, die untereinander durch eine Schwimmhaut verbunden sind. An den Gelenken der Finger- und Zehenglieder sind auf der Unterseite Gelenkhöcker ausgebildet. Die außerordentliche Länge des Fußes wird nicht nur durch Verlängerung der Zehen erreicht, sondern auch durch die Umbildung zweier Elemente der Fußwurzel (Tarsus) in lange Knochenstäbe; man vergleiche hierzu ein montiertes Skelett. So schaltet sich zwischen Unterschenkel und Fuß ein zusätzliches Hebelglied ein, was für das Abrollen des Fußes vom Boden beim Ansatz zum Sprung von Bedeutung ist. Die hinteren Extremitäten sind erheblich muskelstärker als die vorderen, da nur sie zum Schwimmen und Springen verwandt werden.

Der Frosch wird nun in Rückenlage im wassergefüllten Wachsbecken festgesteckt, die Bauchhaut mit der Pinzette angehoben und durch einen Längsschnitt vom Becken bis zur Unterkieferspitze eröffnet.

Wir achten auf die dabei zu durchtrennenden Scheidewände der Lymphsäcke (Abb. 194): ganz hinten in der Mittellinie das Septum interfemorale, von ihm nach vorn zu divergierend, entlang der Grenze von Rumpf und Hinterextremitäten, die beiden S. inguinalia, dann die die Bauchregion seitlich einfassenden S. abdominalia, ferner das den großen Saccus abdominalis vorn quer abgrenzende S. pectorale und davor und ihm parallel das S. submaxillare. Im Verlauf des S. pectorale setzt ein paariger, von hinten kommender Muskel (M. cutaneus pectoris) an der Haut an, den wir am besten gleich mit abtragen.

In der Kehlregion wird die Haut dicht am Unterkiefer entlang abgeschnitten, an den Armen durch einen Schnitt in der Längsrichtung der Extremität bis zum Ellenbogengelenk gespalten. An den Seiten des Rumpfes ist Vorsicht geboten.

Hier zieht ein großes, unter dem Ansatz der Vorderextremität zum Vorschein kommendes Gefäß in der Haut kaudalwärts, biegt etwa in der Mitte des Rumpfes in scharfem Bogen nach vorn und tritt in die Muskulatur des Bauches ein. Es handelt sich um die Vena cutanea magna, die das in der Haut oxydierte Blut dem Herzen zuführt. Ihre fein verzweigten Äste heben sich deutlich ab. Das ihr entsprechende arterielle Gefäß (Arteria cutanea) und seine nicht weniger reichen Verzweigungen in der Haut können wir dagegen nur mit Mühe als helle Linien erkennen, da beim toten Tier die Arterien, im Gegensatz zu den Venen, blutleer sind. Das Ursprungsgebiet der Vene dehnt sich bis zur Schnauzenspitze aus. Sie sammelt im Kopfgebiet, hier als V. facialis bezeichnet, vor allem das Blut der Mundschleimhaut, stellt somit das wichtigste rückleitende Gefäß für die gesamte Oberflächenatmung (Haut und Mundhöhle) dar. Beim Abpräparieren der Haut soll die Vene nicht durchschnitten werden.

An den Hinterextremitäten wird die Haut wieder in der Längsrichtung, bis zum Kniegelenk, gespalten. Dabei werden wir an der Innen- und Außenseite der Oberschenkel gleichfalls venöse Gefäße finden, die nach Ausbreitung in der Haut in die Muskulatur übertreten. Die Haut des Rückens wird durch einen Längsschnitt eröffnet und nach vorn bis zum Trommelfell und Auge abgetragen. Dabei sehen wir, daß der große Lymphsack des Rückens von Hautnerven, die von den dorsalen Ästen der Spinalnerven ausgehen, sowie von feinen Arterien und Venen durchsetzt wird. – Hinten lassen wir um die Kloake herum einen Hautring stehen. Die Haut der Extremitäten kann im ganzen, nach Art eines Strumpfes, abgezogen werden.

Wir haben uns damit ein Präparat hergestellt, an dem sich die Muskulatur gut überschauen läßt, und wollen uns, falls es die Zeit erlaubt, einige der größeren und oberflächlich liegenden Muskeln ansehen; andernfalls kann das folgende, die Muskulatur behandelnde Kapitel, bis S. 392 unten, überschlagen werden.

Betrachten wir zunächst die Ventralseite des Rumpfes, so sehen wir die Brustregion von einigen starken Muskeln bedeckt (Abb. 195), die in der Mittellinie von Brustbein und Schultergürtel entspringen und konvergierend zur Vorderextremität ziehen. Von den Muskeln, die wir hier bei genauerem Zusehen gegeneinander abgrenzen können, ist der vorderste, die portio episternalis des Musculus deltoideus, sehr schmal. Wie der Name anzeigt, entspringt dieser Muskelteil vom Vorderabschnitt des Brustbeins, von wo er zum distalen Teil des Oberarmknochens zieht. Eine weit stärkere Portion des gleichen Muskels, seine portio scapularis, die vom Schulterblatt (Scapula) entspringt, sehen wir aus der Tiefe emporsteigen; sie setzt mehr proximal am Humerus an. Beide Portionen des Deltoideus wirken als Heber und Abspreizer (Abduktoren) des Oberarmes. – Der zweite vom Brustbein entspringende Muskel ist der M. coraco-radialis. Es ist ein sehr breiter Muskel, von dem aber zunächst nur der vordere Abschnitt freiliegt. Seine Sehne durchbohrt die tieferen

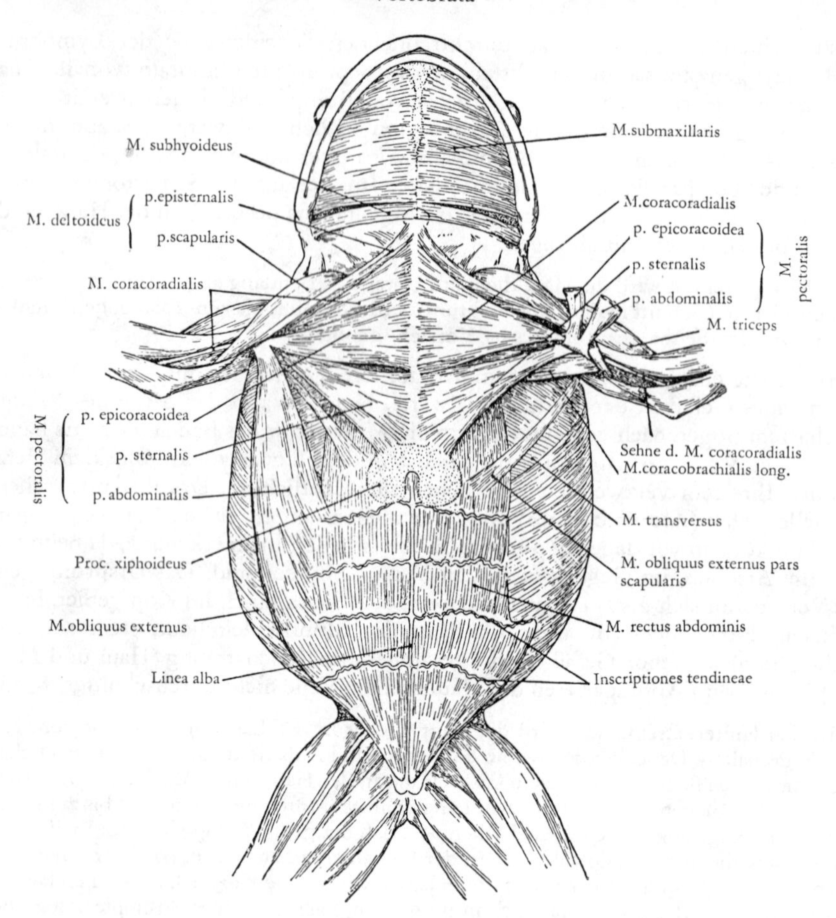

Abb. 195: Brust- und Bauchmuskulatur. Musculus rectus abdominis noch in der Scheide. Auf der linken Seite des Tieres sind die portio epicoracoidea und p. abdominalis des Musculus pectoralis abpräpariert und vor dem Ansatz weggeschnitten worden. Wenig vergrößert

Partien des Deltoideus, nachdem sie vorher durch eine Sehnenscheide hindurchgetreten ist, an die sich die erste und dritte Portion des gleich zu erwähnenden M. pectoralis anheften. Wir können die Sehne bis zu ihrem Ansatz am Ellenbogengelenk hin verfolgen und durch Zug an ihr die Wirkung des Muskels gut zur Anschauung bringen: er zieht den Oberarm an den Rumpf heran (Adduktion), ist somit Gegenspieler (Antagonist) des Deltoideus; außerdem beugt er den Unterarm. – Über dem hinteren Abschnitt des Coracoradialis liegt die portio epicoracoidea des M. pectoralis, auf die kaudal die p. sternalis des gleichen Muskels folgt. Beide Portionen entspringen vom Schultergürtel bzw. Brustbein, wirken ebenfalls als Adduktoren der Vorderextremität und bewegen sie gleichzeitig ventralwärts, gegen die andere Extremität hin (Umklammerungsbewegung). Eine dritte Portion des M. pectoralis, die p. abdominalis, entspringt nicht vom Skelett, sondern von der «Rectusscheide», d.h. von dem straffhäutigen Überzuge des geraden Bauchmuskels (M. rectus abdominis). Sie wirkt daher nicht nur auf die Extremität, sondern dient auch der Spannung der Bauchwand.

Die bisher genannten Muskeln können als Brustmuskeln zusammengefaßt werden, die nun folgenden als Bauchmuskeln. Der wichtigste von ihnen ist der eben erwähnte M. rectus abdominis. Er wird durch ein bindegewebiges Band, die Linea alba, in eine rechte und eine linke Hälfte und durch vier querverlaufende, sehnige Scheidewände, die Inscriptiones tendineae, in hintereinanderliegende Portionen zerlegt. In dieser Gliederung kommt die ehemalige Segmentierung der Rumpfmuskulatur, wie wir sie bei den Fischen kennengelernt haben, noch zum Ausdruck. Der breite Muskel entspringt mit schmaler Sehne vom Becken, verbreitert sich aber schnell und zieht mit seinen medialen Fasern zum Sternum, während sein lateraler Teil an einer schräg nach vorn und außen ziehenden Sehnenscheide endet. Bei dem Fehlen von Skeletteilen in der Bauchregion hat der Muskel für Festigung und Schutz der Baucheingeweide eine besondere Bedeutung. – Seitlich schließt sich ihm der vom Rücken herabsteigende M. obliquus externus an, unter dem in tieferer Lage der M. transversus die Seiten des Rumpfes umfaßt und zusammenhält.

An der Unterseite des Kopfes spannt sich zwischen den beiden Unterkieferästen der M. submaxillaris aus, dessen rechte und linke Hälfte an einer medianen Bindegewebsplatte ansetzen. Er hebt den Mundhöhlenboden und hilft so bei der Kehlatmung mit. Ähnlich in Verlauf und Wirkung ist der kaudal anschließende, aber nicht immer deutlich abgesetzte M. subhyoideus.

Wir tragen jetzt die p. sternalis und epicoracoidea des M. pectoralis sowie den dadurch in ganzer Breite zutage tretenden M. coraco-radialis ab, wodurch die Clavicula, d.h. die vordere Spange des Schultergürtels, freigelegt wird. Auf einige damit gleichzeitig erscheinende, tiefere Armmuskeln (M. coraco-brachialis, p. clavicularis des M. deltoideus) wollen wir nicht eingehen; wohl aber auf einen Muskel, der etwas hinter der Clavicula mit seinem medialen Teil vom Sternum entspringt, während er seitlich eine direkte Fortsetzung der Rectus abdominis bildet, von dessen Fasern er nur durch die erwähnte schräge Inscriptio tendinea getrennt ist. Dieser Muskel, der M. sterno-hyoideus, zieht unter der Clavicula hinweg zum Boden der Mundhöhle, wo er am breiten Zungenbein Ansatz gewinnt. Indem er das Zungenbein nach hinten und unten zieht, vergrößert er den Mundhöhlenraum, so daß Luft durch die Nasenlöcher einströmt. Unterstützt wird er hierin durch den von der Scapula schräg nach vorn und innen zum Zungenbein ziehenden M. omohyoideus. – Tragen wir jetzt den M. submaxillaris ab, so erscheint unter ihm der jederseits aus zwei Längsbändern bestehende, vom Unterkiefer zum Zungenbein ziehende M. genio-hyoideus. Sein medialer Teil entspringt in der Kinngegend, der laterale mehr seitlich davon vom Unterkiefer (vgl. Abb. 202). Beide Teile vereinigen sich bei ihrem Verlauf nach hinten, um sich dann wieder aufzuspalten und getrennt am Zungenbein zu inserieren. Der M. genio-hyoideus zieht das Zungenbein nach vorn und oben, verkleinert damit die Mundhöhle und wirkt so als Gegenspieler des M. sterno-hyoideus. Ist das Zungenbein (durch die Tätigkeit anderer Muskeln) fixiert, so zieht er den Unterkiefer nach unten, öffnet also das Maul. Über den Muskel sehen wir einen Nerv nach vorn verlaufen; es ist der ihn innervierende zweite Spinalnerv, der dem Nervus hypoglossus der Säugetiere entspricht. – Nach Abtragung des Sterno-hyoideus und Geniohyoideus erscheint in der Tiefe der M. hyo-glossus, der vom Zungenbein zur Zunge läuft. Ziehen wir an ihm, so sehen wir, daß er als Rückzieher der Zunge wirkt.

Die Muskulatur der Rückenseite (Abb. 196) wird zum großen Teil von einer breiten, derben Muskelhaut, der Fascia dorsalis, überzogen und verdeckt. Vom Außenrand der Faszie geht der uns schon bekannte, die Seiten des Rumpfes umfassende M. obliquus externus aus, vorn liegt ihr der mit breiter Basis von ihr entspringende M. depressor mandibulae auf. Dieser Muskel zieht unter starker Verschmälerung zum

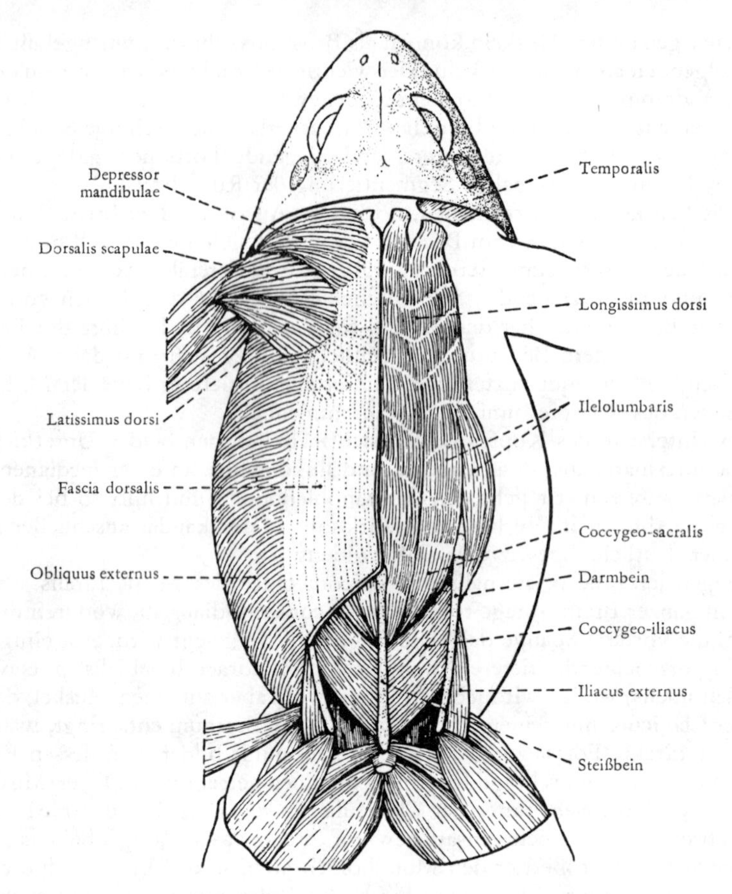

Abb. 196: Muskulatur des Rückens, rechts nach Fortnahme der oberflächlichen Muskeln. (Kombiniert nach Abbildungen von E. GAUPP)

Unterkiefer, an dem er hinter dem Kiefergelenk ansetzt, so daß seine Kontraktion ein Öffnen des Maules bewirkt. Tragen wir die Fascia dorsalis mit dem Depressor mandibulae ab, so erscheint oral von ihm das oberste Stück des M. temporalis. Dieser kräftige Muskel setzt vor dem Kiefergelenk am Unterkiefer an, ist also einer der Schließmuskeln des Maules. Kaudal folgen auf ihn zwei zur Vorderextremität gehörende Muskeln, der vom obersten Abschnitt des Schultergürtels, der Suprascapula, entspringende M. dorsalis scapulae und der M. latissimus dorsi. Beide setzen mit gemeinsamer Sehne am Oberarm an, adduzieren ihn und ziehen ihn nach hinten bzw. nach oben.

Unter den bisher erwähnten, zu Schultergürtel, Vorderextremität und Unterkiefer gehörenden Muskeln liegt die Eigenmuskulatur des Rückens, die sich bis zum Rumpfende erstreckt und im wesentlichen aus zwei sehr langen Muskeln besteht. Rechts und links der Mittellinie zieht der M. longissimus dorsi vom Steißbein bis zur Hinterfläche des Schädels. Er ist Strecker des Rumpfes und Kopfes. Durch sehnige Zwischenstreifen ist er in segmentale Abschnitte gegliedert. Seitlich schließt sich ihm der gleichfalls deutlich segmentierte M. ileo-lumbaris an, der vom Vorderende des

Darmbeins und vom Querfortsatz des letzten Wirbels entspringt und bei einseitiger Kontraktion den Rumpf nach rechts oder links einkrümmt. Hinten finden wir noch zwei kürzere Muskeln, M. coccygeo-sacralis und M. coccygeo-iliacus, die vom Steißbein (Os coccygis) entspringen und schräg nach vorn und außen zum Querfortsatz des letzten Wirbels bzw. zum Darmbein ziehen. Auch sie kommen für seitliche

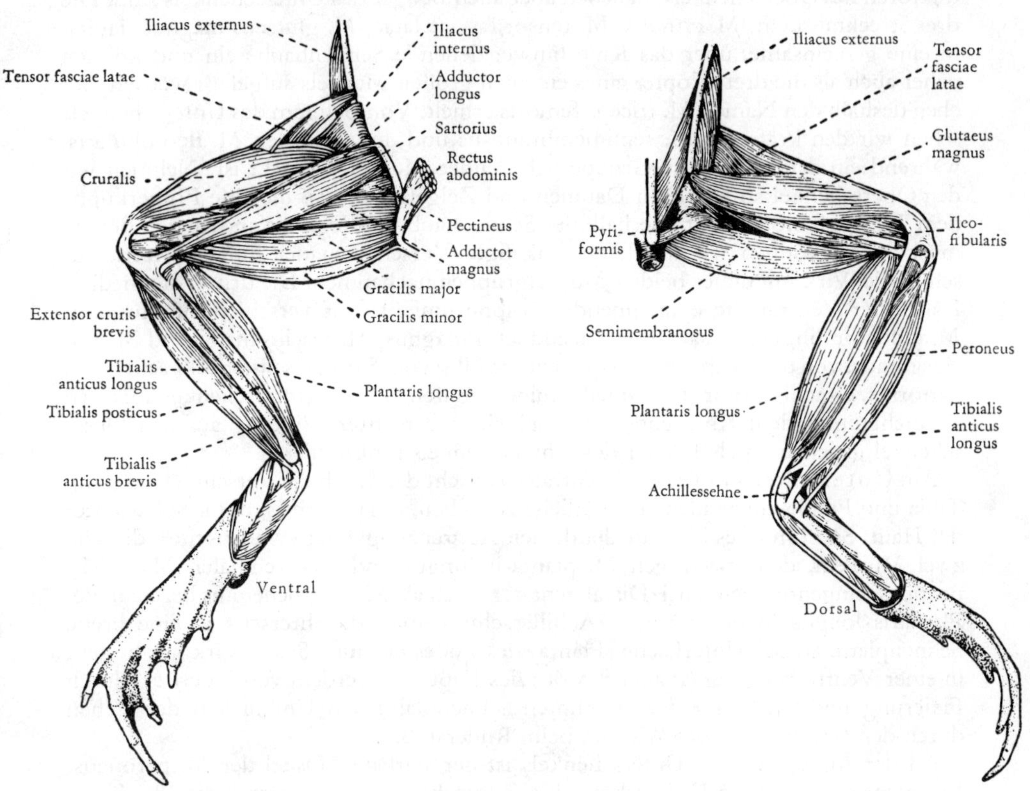

Abb. 197: Muskeln am Ober- und Unterschenkel der rechten Seite. (Nach E. Gaupp)

Krümmungen des Rumpfes, daneben für Streckung der Rücken-Becken-Linie und Fixierung des Beckens in Frage.

Die anfangs etwas verwirrende Vielheit der Muskeln am O b e r s c h e n k e l (Abb. 197) läßt sich wie folgt gruppieren. Zunächst haben wir zwischen kurzen und langen Muskeln zu unterscheiden. Die langen liegen oberflächlich, die kurzen in der Tiefe und sind daher an unserem Präparat zum großen Teil verdeckt. Beide Gruppen entspringen vom Becken und inserieren an den Knochen der Extremität. Während aber die kurzen Muskeln schon hoch am Femur enden, ziehen die langen in der Mehrzahl bis zum Unterschenkel. Die kurzen Muskeln rufen daher nur Bewegungen des Oberschenkels hervor, indem sie ihn adduzieren (Schließen der Schenkel) oder abduzieren (Spreizen der Schenkel), ihn dorsal- oder ventralwärts bewegen oder schließlich ihn um die eigene Achse drehen (rotieren). Da wir von den im ganzen neun Muskeln dieser Gruppe nur vier an unserem Präparat sehen können (M. iliacus internus, M. iliacus externus, M. pectineus, M. pyriformis), lohnt es sich nicht, auf ihre Wirkung im einzelnen einzugehen. Die langen Muskeln lassen sich wieder in drei Gruppen aufteilen. Den ganzen lateralen (bei Winkelung des Oberschenkels vorderen) Umfang nehmen die für das Springen besonders wichtigen Streckmuskeln des Unterschenkels ein. Der mediale (hintere) Umfang teilt sich so auf, daß ventral die Beuger des Unterschenkels liegen, dorsal eine Gruppe von Muskeln, die in erster Linie Adduktoren des Oberschenkels, daneben aber auch Beuger des Unterschenkels sind. Die drei Streckmuskeln, M. cruralis, M. tensor fasciae latae, M. glutaeus magnus, laufen in eine gemeinsame, über das Knie hinwegziehende Sehnenhaube ein und können daher auch als die drei «Köpfe» eines einzigen großen Muskels aufgefaßt werden, der eben deshalb den Namen M. triceps femoris erhielt. Von Beugern des Unterschenkels sehen wir den kräftigen M. semimembranosus und den schmalen M. ileo-fibularis, während ein dritter in diese Gruppe gehörender Muskel verdeckt ist. Nehmen wir den Oberschenkel so zwischen Daumen und Zeigefinger, daß die eine Fingerkuppe dem Triceps femoris dicht oberhalb der Sehnenhaube aufliegt, die andere den Beugemuskeln, so können wir durch gegenläufiges Verschieben der Fingerspitzen sehr schön die Wirkung dieser beiden Muskelgruppen nachahmen. Die dritte, die mediale Hälfte der Ventralseite einnehmende Gruppe umfaßt fünf verschiedene Muskeln: M. adductor longus, M. sartorius, M. adductor magnus, M. gracilis maior und M. gracilis minor, von denen aber der erstgenannte völlig vom Sartorius überdeckt sein kann. Sartorius, Gracilis maior und Gracilis minor greifen auf den Unterschenkel über, wo sie dicht unter dem Knie enden, so daß sie neben ihrer Wirkung auf den Oberschenkel gleichzeitig als Beuger des Unterschenkels funktionieren.

Am Unterschenkel liegt bei ventraler Ansicht der durch die Verschmelzung von Tibia und Fibula entstandene einheitliche Knochen, das Os cruris, unmittelbar unter der Haut. So kommt es hier zur deutlichen Abgrenzung einer «Wadenseite», die von zwei Muskeln, dem mächtigen M. plantaris longus und dem schmalen M. tibialis posticus, eingenommen wird. Distal geht der (auch als M. gastrocnemius bezeichnete) Plantaris longus in die kräftige «Achillessehne» über, die ihrerseits in eine breite Sehnenplatte an der Unterfläche (Planta) des Fußes einläuft. Seine Wirkung besteht in einer Ventralbeugung (Plantarflexion) des Fußes. Außerdem verhindert er, durch Fixierung und Spannung der erwähnten Sehnenplatte, ein Umknicken der Zehen durch den Gegendruck des Wassers beim Ruderstoß.

An der Außenseite des Unterschenkels ist der stärkste Muskel der M. peroneus. Er entspringt nicht am Unterschenkel, sondern bereits an der Streckseite des Kniegelenks und dem distalen Femurende und setzt mit zwei Sehnen am distalen Ende des Os cruris und am proximalen des Fibulare an. Auch der M. tibialis anticus longus und der M. extensor cruris brevis greifen mit schlanken Sehnen über das Kniegelenk hinweg und stehen somit im Dienste der Streckung der Extremität beim Springen und Schwimmen, während der M. tibialis anticus brevis, der vom Os cruris entspringt, in seiner Wirkung auf den Fuß, im Sinne einer Dorsalbeugung, beschränkt ist. – Auf die außerordentlich vielseitige Muskulatur des Fußes, die der Bewegung dieses Extremitätenabschnittes als Ganzes wie auch der einzelnen Zehen dient, kann hier nicht eingegangen werden.

Um die Organe der Brust- und Bauchhöhle freizulegen, lösen wir nun zuerst die portio abdominalis des M. pectoralis (Abb. 195, S. 388) von hinten her ab, doch ohne die Vena cutanea magna anzuschneiden, die zunächst dem seitlichen Rande des Muskels folgt, dann nach vorn umbiegt und nun an seinem inneren Rand entlangzieht. Bei *R. esculenta* liegt die Umbiegungsstelle in Höhe der vorletzten Inscriptio tendinea des M. rectus abdominis, bei *R. temporaria* mehr oralwärts. Dann tragen wir alles, was von Brustmuskeln noch stehengeblieben ist, ab, bis Brustbein und Schultergürtel von ventral freiliegen.

Wir können jetzt sehen, daß sich die V. cutanea magna mit der von der Vorderextremität kommenden V. brachialis zur V. subclavia vereinigt, die nach vorn zu unter dem Schultergürtel verschwindet. Wir werden sie später in ihrem weiteren oralen Verlauf verfolgen, wenden unsere Aufmerksamkeit zunächst aber dem Schultergürtel selbst zu. Um auch gleich seine dorsalen Abschnitte studieren zu können, ziehen wir ein montiertes Skelett heran.

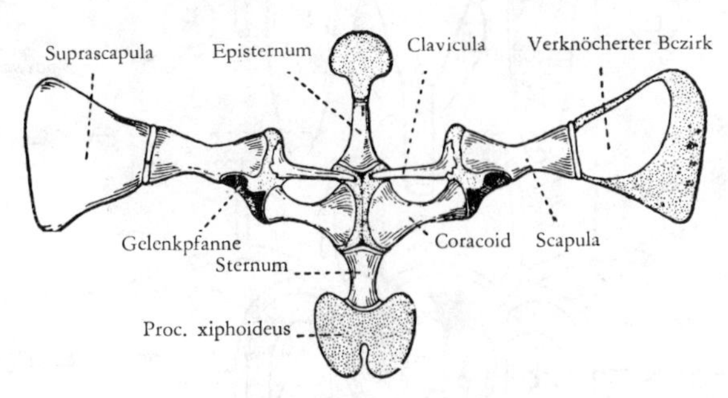

Abb. 198: Brustbein und Schultergürtel ausgebreitet, ventrale Ansicht. (Nach E. GAUPP)

Der Schultergürtel steht median mit dem Brustbein in Verbindung. Das Brustbein selbst ist eine langgestreckte Knorpelplatte, die zwei Ersatzverknöcherungen aufweist: vorn das Episternum (= Omosternum, Prosternum), hinten das Sternum (= Xiphisternum, Hyposternum). An das Sternum schließt sich eine breite, knorpelige Endplatte, der Schwertfortsatz (Processus xiphoideus), an. Zwischen Sternum und Episternum setzt sich der Schultergürtel mit zwei Schenkeln jederseits

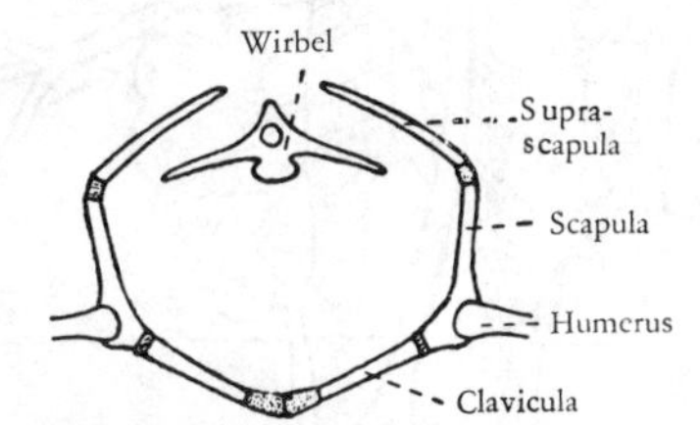

Abb. 199: Schultergürtel im Querschnitt, schematisch. (Nach E. GAUPP)

dem Brustbein an. Der vordere besteht aus einem Knorpelstab (Cartilago praecoracoidea), der von einem Deckknochen, der Clavicula, umfaßt wird, während der hintere Schenkel, das Coracoid, ein Ersatzknochen ist. Lateral sitzt dem Coracoid und der Clavicula das Schulterblatt, Scapula, an, das die Gelenkpfanne für den Oberarm bildet und zum Rücken hinaufsteigt. Hier verbreitert sich der Schultergürtel zu einer flügelförmigen Platte (Suprascapula), in der sich eine Verknöcherung findet, während sie im übrigen aus verkalktem Knorpel besteht (Abb. 198 und 199).

Jetzt schneiden wir beiderseits Clavicula und Coracoid dicht neben dem Oberarmgelenk mit einer stärkeren Schere durch, heben das Vorderende des Brustbeins mit der Pinzette an und präparieren von vorn nach hinten zu den ganzen Ventralteil des Schultergürtels vor-

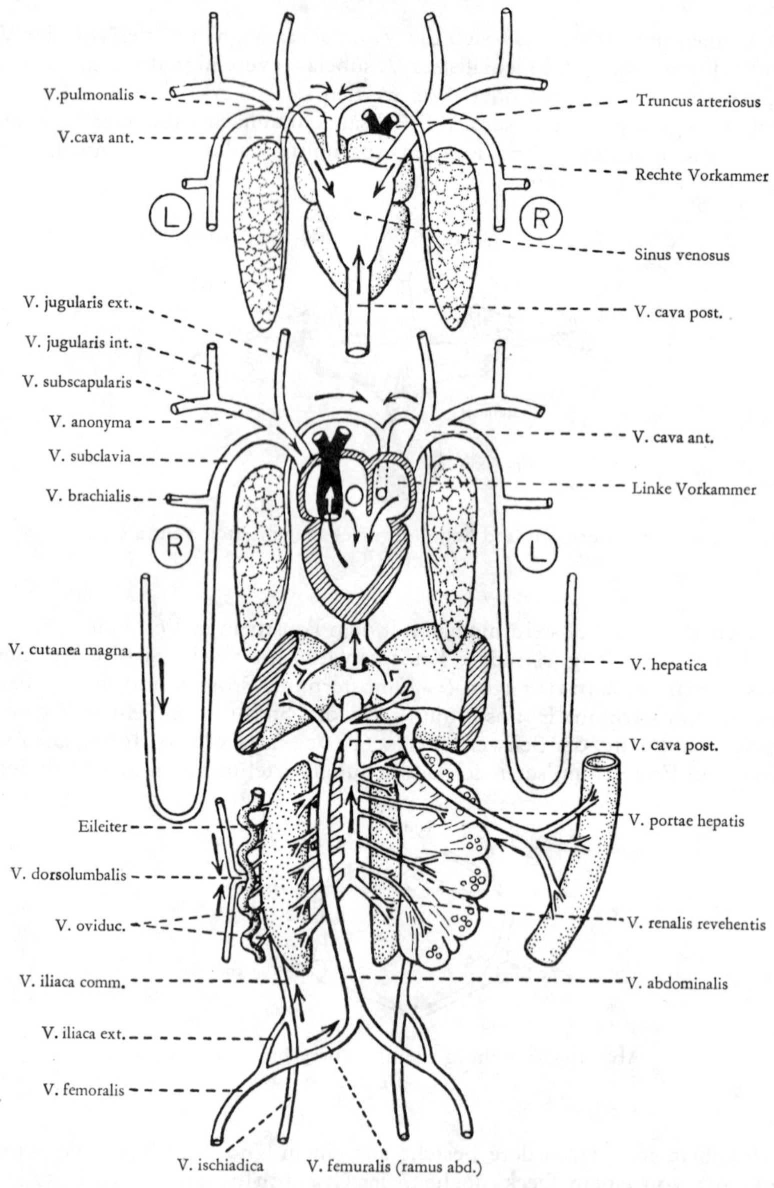

Abb. 200: Schema des Venensystems (Weibchen von *Rana esculenta*), ventrale Ansicht. Herz frontal durchschnitten, Vena abdominalis etwas zur Seite gezogen, Bulbus cordis und Truncus arteriosus schwarz. – Darüber Teilbild der Herzgegend in dorsaler Ansicht. (Entworfen unter Benutzung der Abbildungen verschiedener Autoren)

sichtig ab. Damit erscheint das in den zarten Herzbeutel eingeschlossene Herz. Wir heben den Herzbeutel mit der spitzen Pinzette an, schneiden ihn auf und entfernen ihn, jetzt aber mit einer stumpfen Pinzette und der Schere arbeitend, möglichst vollständig ohne das Herz oder eines der von ihm ausgehenden Gefäße zu verletzen. Die Vorderextremitäten werden behutsam nach den Seiten gezogen und mit kräftigen Nadeln festgesteckt. Ebenso verfahren wir mit den Hinterbeinen. Man achte darauf, daß das Präparat vollständig von Wasser bedeckt ist. Mit Schere und Pinzette entfernen wir schließlich vorsichtig – wenn möglich unter Zuhilfenahme einer Stereolupe – das Bindegewebe, das den Gefäßverlauf teilweise verdeckt.

Das Herz setzt sich aus der kegelförmigen, dickwandigen Kammer (Ventriculus) und den beiden dünnwandigen Vorkammern (Atria) zusammen, die der Kammer oral vorgelagert sind (Abb. 202, S. 398). Falls das Herz noch schlägt, beachten wir, daß sich zunächst die beiden Vorkammern kontrahieren, und zwar gleichzeitig, kurz darauf die Herzkammer, wobei ihre Farbe von dunkelrot zu blaßrot wechselt. Zum Herzen gehören dann noch der Bulbus cordis, der die Überleitung zu dem vom Herzen ausgehenden Arterienstamm (Truncus arteriosus) bildet, und ein auf der Dorsalseite des Herzens gelegener, gleichfalls nach hinten verjüngter, selbständig pulsierender, sackartiger Abschnitt (Sinus venosus), der das gesamte Körpervenenblut, auch das in Haut und Mundschleimhaut arterialisierte, empfängt und dem rechten Vorhof zuführt. Wir sehen den Bulbus cordis linksseitig (im Präparat) an der Grenze von Kammer und rechter Vorkammer liegen. Um den Sinus venosus sichtbar zu machen, schlagen wir das Herz etwas kopfwärts um.

Vom Gefäßsystem können wir in diesem Stadium der Präparation naturgemäß nur einen verhältnismäßig kleinen Teil überblicken. In erster Linie fallen – weil sie ventral von den Arterien verlaufen – Venen auf (Abb. 200). Die V. cutanea magna hatten wir bereits kennengelernt und ihre Vereinigung mit der V. brachialis zur V. subclavia gefunden. Verfolgen wir die V. subclavia nach vorn, so sehen wir, daß sie sich dicht seitlich vom vorderen Herzende mit zwei weiteren Venen vereinigt, von denen die eine (V. jugularis externa) von vorn kommt, die andere (V. anonyma) von der Seite und mehr aus der Tiefe heraus. Die V. jugularis externa sammelt das Blut der Mundhöhle (Zunge, Kehlkopf) und eines Teiles der Brustmuskulatur. Ventral läuft der Nervus hypoglossus, dorsal der Nervus glossopharyngeus über die Vene hinweg. Ventral sehen wir ihr außerdem ein ovales Körperchen lymphoider Natur aufliegen, das auf Reste der larvalen Kiemenhöhle zurückgeht und daher als «ventraler Kiemenrest» bezeichnet wird; oder auch als Pseudothyreoidea, da es oft mit der versteckt liegenden und schwer erkennbaren Thyreoidea (Schilddrüse) verwechselt wurde. Verfolgen wir die V. anonyma peripherwärts, so sehen wir, daß sie aus zwei Ästen zusammenfließt, von denen der eine aus der Vorderextremität kommt (V. subscapularis), der andere vom Kopf her (V. jugularis interna). Durch den Zusammenfluß von V. anonyma (von der Seite), V. subclavia (von hinten) und V. jugularis externa (von vorn) entsteht beidseits je ein kurzer, aber sehr weiter Venenstamm, die V. cava anterior dextra und die V. c. a. sinistra (vordere rechte und linke Hohlvene). Diese beiden Hohlvenen führen das gesamte venöse Blut des Vorderkörpers von rechts und links her dem Sinus venosus zu; um die Mündung der vorderen Hohlvenen in den Sinus zu sehen, heben wir das Herz wieder etwas an. Das Blut der hinteren Körperhälfte wird von einem unpaaren Gefäß gesammelt, der V. cava posterior (hintere Hohlvene). Wir sehen sie als kurzen, mächtigen Stamm von kaudal her in den Sinus venosus übergehen, nachdem sie von rechts und links zwei ebenfalls nur sehr kurze, aber kräftige Äste aufgenommen hat (Herz nach vorn ziehen!). Sie kommen aus den Leberlappen heraus, sind also die ableitenden Lebergefäße (Venae hepaticae). Die zuführenden Lebergefäße und den kaudalen Abschnitt der hinteren Hohlvene werden wir später kennenlernen. Zunächst wenden wir uns dem Studium der bisher freigelegten Teile des Arteriensystems zu.

Alle Arterien beginnen mit dem Truncus arteriosus, der unpaar als Fortsetzung des Bulbus cordis beginnt, sich aber sehr bald in einen rechten und linken Arterienstamm aufspaltet (Abb. 201). Jeder Arterienstamm teilt sich seinerseits in drei Arterienbogen. Die Gabelungsstelle liegt unter (dorsal) der V. jugularis externa.

Um sie klarer zu erkennen, können wir jetzt diese Vene sowie die V. anonyma entfernen; desgleichen alles, was von Nerven, Muskeln und Bindegewebsmembranen den Blick stört. Die Arterien sind, wie erwähnt, im Gegensatz zu den Venen meist blutleer und daher schlecht zu sehen. Das trifft auch für die Arterienbogen zu. Wir schaffen Abhilfe, indem wir mit dem Finger leicht auf das Herz drücken.

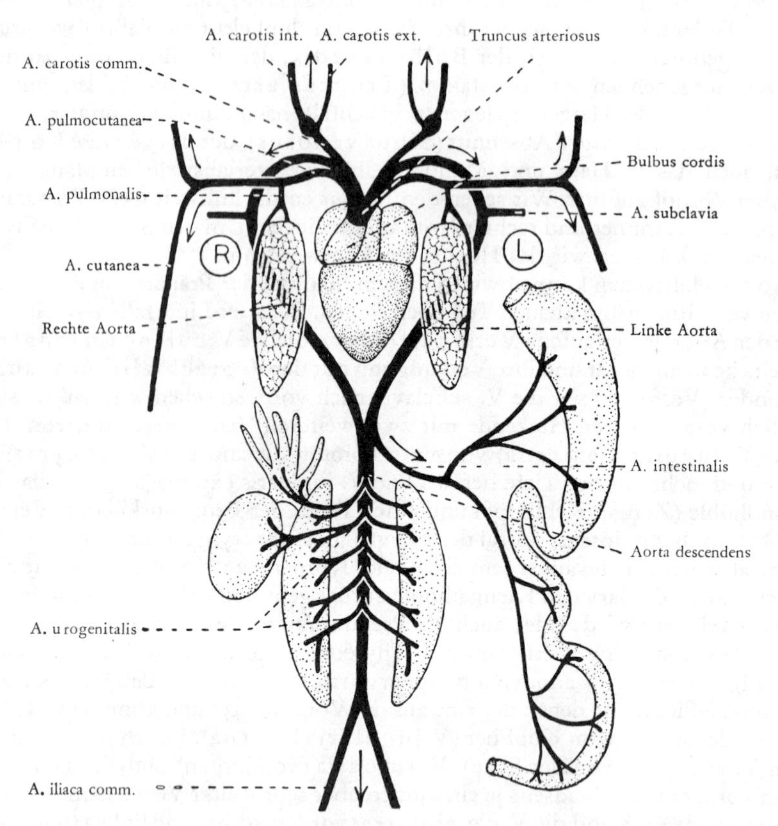

Abb. 201: Schema des Arteriensystems von *Rana esculenta*, Männchen. Ventrale Ansicht

Der vorderste Arterienbogen ist die zum Kopf ziehende A. carotis communis. Sie teilt sich bald in die nach vorn zu Zunge und Mundhöhlenboden gehende Carotis externa und die erheblich stärkere, vor allem das Gehirn und Auge versorgende Carotis interna. An der Teilungsstelle sehen wir eine meist schwärzlich pigmentierte Anschwellung, das Carotisorgan (Sinus caroticus; oft als Carotisdrüse bezeichnet), das auf Änderung des Sauerstoffgehalts des Blutes anspricht und bei der Regulation der Atmung mitwirkt, darüber hinaus aber vielleicht auch noch andere Funktionen ausübt.

Der zweite Arterienbogen ist der stärkste, es ist der Aortenbogen. Die beiden Aortenbogen biegen bald nach ihrer Trennung von der Carotis nach hinten und dorsal um und vereinigen sich zu dem arteriellen Hauptgefäß des Körpers, der Aorta descendens. Wir können die Aorten aber vorläufig nur ein Stück weit in die Tiefe und nach hinten verfolgen, etwa bis zu der Stelle, an der sie die Arteria subclavia abgeben, die in Begleitung eines starken Nerven (N. brachialis) in die Vorderextremität zieht.

Der hinterste Arterienbogen ist, wie schon der Name Arteria pulmo-cutanea besagt, das gemeinsame zuführende Gefäß für Lunge und Haut. Der zur Lunge ziehende Ast (A. pulmonalis) biegt unter rechtem Winkel nach hinten ab, verläuft oberflächlich in der Lungenwand und teilt sich in drei sich vielfach verzweigende Gefäße, die von Pigmentzellen begleitet werden und daher gut zu verfolgen sind. Der zur Haut ziehende Ast (A. cutanea) verläuft etwa in Verlängerung des Stammstückes seitwärts und etwas nach vorn. Er gibt unter anderem jenen Zweig ab, der die V. cutanea magna auf ihrem Verlauf in der Haut begleitet.

Wir eröffnen nun die Bauchhöhle und achten dabei auf ein Gefäß, das in der die beiden Hälften des M. rectus abdominis scheidenden «Linea alba» durchschimmert, die Vena abdominalis. Von dem durch Abtragen des Schultergürtels geschaffenen freien Vorderrand der Bauchdecke ausgehend, führen wir zwei Längsschnitte dicht rechts und links dieser Vene bis zum Becken hin, so daß ein schmaler Mittelstreifen der Bauchdecke mit der Vene stehenbleibt; im übrigen wird die Bauchdecke vollständig entfernt. Schließlich durchtrennen wir noch das Bindegewebe, das die Organe umgibt und zusammenhält.

Indem wir mit den Fingern Herz, Lungen und Eingeweide hin und her bewegen, gelingt es nun, den Verlauf der Aortenbogen und den der Aorta descendens weiter zu verfolgen (vgl. Abb. 261). Kurz nach der Umbiegungsstelle zweigen die beiden Arteriae subclaviae zu den Vorderextremitäten ab. Vor der Vereinigung der beiden Aortenbogen zur Aorta descendens – sie liegt knapp hinter der Herzspitze – zweigt die Arteria intestinalis ab, die die Eingeweide mit Blut versorgt (s. Abb. 201 und S. 403).

Wir schneiden jetzt die Arterienbogen der einen Seite durch und klappen das Herz nach der anderen Seite herüber.

Das ermöglicht uns, die bisher noch nicht erwähnten Lungenvenen (Venae pulmonales) auf ihrem Weg zum Herzen zu verfolgen. Sie verlaufen am medialen Rand der Lungensäcke und münden mit gemeinsamem, kurzen Endstück von hinten (dorsal) her in die linke Vorkammer, ihr das in der Lunge arteriell gewordene Blut zuleitend. Von der linken Vorkammer wird es dann in die Herzkammer gepumpt, so daß hier eine Mischung der beiden Blutarten eintritt, die jedoch dank der in die Herzkammer und die Arterienstämme eingebauten Septen und dank physiologischer Besonderheiten von Herz und Arterienstämmen keine vollständige ist. Es scheint dafür gesorgt zu sein, daß die Carotiden das sauerstoffreichste, die Arteriae pulmo-cutaneae das sauerstoffärmste Blut erhalten.

Die Lungen sind dünnwandige Säcke mit großem inneren Hohlraum. Eine Vergrößerung der respiratorischen Fläche wird in bescheidenem Maße dadurch erzielt, daß sich die Wand des Sackes zu netzförmig angeordneten, ins Innere vorspringenden Septen erhebt. Die Netzstruktur ist schon äußerlich wahrzunehmen, kann aber noch klarer erkannt werden, wenn wir eine Lunge in der Längsrichtung aufschneiden. Die Lungen sitzen direkt dem Kehlkopf an, eine Luftröhre fehlt dem Frosch. Neben ihrer respiratorischen haben die Lungen auch eine hydrostatische Funktion, nach Art einer Schwimmblase.

In der Bauchhöhle fallen zunächst die Schlingen des Darmrohres und die sehr umfangreiche Leber auf. Schlagen wir die Leber hoch, so erscheint eine kugelige, grüne Blase, die wir ohne weiteres als Gallenblase ansprechen werden. Der weite, spindelförmige Magen liegt rechts (im Präparat). Ein gelbliches, flaches Organ

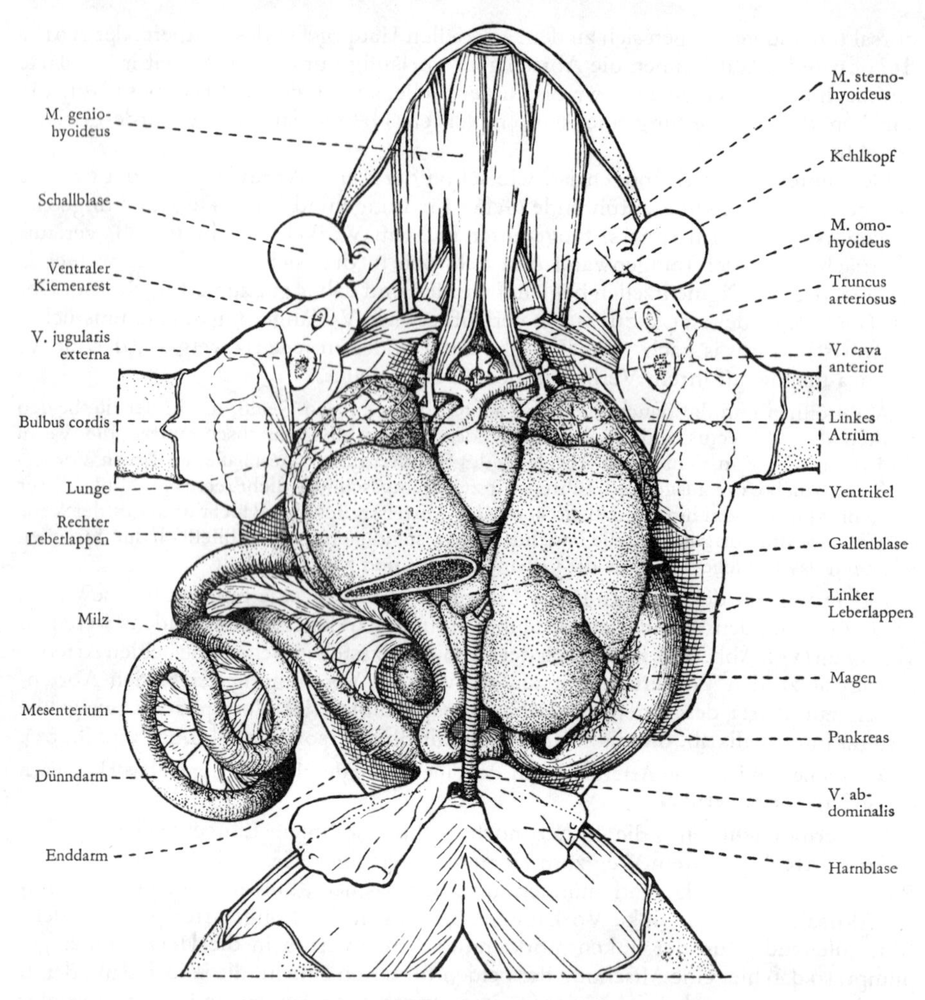

Abb. 202: *Rana esculenta*, Lage der Eingeweide nach Abtragen der Bauchdecke. Musculus submaxillaris, M. sterno-hyoideus (größtenteils), Schultergürtel und Herzbeutel entfernt

zwischen ihm und dem anschließenden Darmstück ist die Bauchspeicheldrüse, das Pankreas. Etwa im Zentrum der Bauchhöhle liegt zwischen den Schlingen des Darmes ein tiefrotes Organ von ovalem Umriß, die Milz. Ein ventral vom Enddarm, im Präparat also über ihm liegendes, zweilappiges, zarthäutiges Gebilde ist die Harnblase. Von den Nieren und Geschlechtsorganen ist im allgemeinen wenig zu sehen, da sie von Leber und Darm überdeckt werden. Sollten wir jedoch einen weiblichen Frosch kurz vor der Brunstzeit eröffnet haben, so quellen die dann mächtig entwickelten Ovarien und seitlich von ihnen die dicken, stark geschlängelten, weißen Eileiter schon jetzt hervor. In diesem Fall empfiehlt es sich, dem Wasser 1 % Kochsalz zuzusetzen, um ein übermäßiges Quellen der Eileiter zu vermeiden.

Bevor wir näher auf die Eingeweide eingehen, wollen wir die vom Venensystem gewonnenen Kenntnisse vervollständigen (Abb. 200). Die schon erwähnte Vena abdominalis gabelt sich vorn in zwei Äste, die in den rechten und linken Leberlappen (nach oben umlegen!) eindringen, um sich dort in ein Kapillarnetz aufzulösen. Die V. abdominalis ist somit ein, aber, wie wir sehen werden, nicht das einzige der zuführenden Lebergefäße. Ganz hinten können wir sie – nach Wegpräparieren von wenig Muskelgewebe – durch die Vereinigung zweier schräg von hinten kommender Gefäße entstehen sehen; es sind die Abdominaläste der Schenkelvenen (Rami abdominales venae femoralis). Die V. femoralis selbst tritt nahe der Außenkante des Oberschenkels aus der Muskulatur hervor und zieht, nach Abgabe des abdominalen Astes, als V. iliaca externa zur Niere weiter. Vorher mündet in sie die ebenfalls aus dem Hinterbein kommende V. ischiadica. Die V. abdominalis nimmt gleich bei ihrer Entstehung eine von der Harnblase kommende Vene auf, dann, in ihrem Verlauf in der Linea alba, mehrere kleine, segmental angeordnete Venen der Bauchwand und schließlich, kurz vor der Gabelung in die beiden Leberäste, eine Vene von der Gallenblase. Somit ist es vor allem Blut der hinteren Extremität, der Bauchwand und gewisser Bauchorgane, das auf diese Weise der Leber zugeführt wird.

Ein zweites zuführendes Lebergefäß, die eigentliche Pfortader der Leber (V. portae hepatis), sammelt das Blut aus Darm- und Magenwand, Milz und Pankreas. Ihre zahlreichen Zuflüsse können wir in den Aufhängebändern von Darm und Magen sehr klar erkennen, während sich die Pfortader selbst kopfwärts nur etwa bis zur Milz verfolgen läßt. Dann tritt sie in das Pankreas ein und verschwindet damit für unser Auge, es sei denn, daß sie infolge starker Blutfüllung durch das Pankreasgewebe hindurchschimmert. In diesem Falle können wir sie bis zu ihrem Eintritt in den linken Leberlappen verfolgen. Kurz vorher setzt sie sich durch einen Querast mit der V. abdominalis in Verbindung.

Schließlich wollen wir noch kurz die hintere Hohlvene, die V. cava posterior aufsuchen. Wir finden sie, wenn wir die Darmschlingen und Leberlappen zur Seite legen, in der Tiefe, also dorsal von den Eingeweiden, wo sie zwischen den Nieren entspringt. Sie zieht kopfwärts, durchquert die Leber, nimmt danach die beiden Lebervenen auf und mündet in den Sinus venosus. Wir werden uns, eingehender, mit weiteren Teilen des Gefäßsystems später beschäftigen (S. 403).

Um die weitere Präparation zu erleichtern, schneiden wir jetzt den bisher geschonten Mittelstreifen der Bauchdecke mit der V. abdominalis bis auf ein kurzes vorderes und hinteres Stück heraus.

Die Leber ist ein je nach Jahreszeit und Ernährungszustand graugelbes bis rotbraunes Organ, das sich in drei Hauptlappen gliedert, von denen der mittlere aber nur ein schmales Verbindungsstück zwischen den beiden Seitenlappen darstellt und durch das Herz völlig verdeckt wird. Der linke, also im Präparat rechts liegende Lappen ist bei weitem der umfangreichste. Er wird durch eine tiefe Inzisur in einen vorderen und hinteren Abschnitt zerlegt, von denen der vordere seitlich, der hintere median liegt. Die Oberfläche der Lappen zeigt oft eine durch Pigmentzellen hervorgerufene Felderung oder unregelmäßige Marmorierung.

Legen wir die Leberlappen nach vorn um, so tritt die durch ihren Inhalt schwarzgrün erscheinende Gallenblase hervor. Sie dient als Reservoir für die ständig in der Leber erzeugte, aber nur während der Verdauung benötigte Galle. Eine Reihe feiner, schwer sichtbarer Kanäle (Ductus hepatici) schafft die Galle aus der Leber heraus (Abb. 203). Sie münden zum Teil in die Gallenblase, durch Vermittlung zweier Ductus cystici, zum Teil aber auch unmittelbar in den die Galle zum Darm leitenden Ductus choledochus. Die Verfolgung dieses Ganges ist dadurch erschwert, daß er in die Drüsenmasse des Pankreas eingebettet ist. Er mündet in den Anfangsabschnitt des Darmes.

Unter dem linken Leberlappen liegt der Magen. Als muskelkräftiges, sich nach hinten zu verjüngendes Rohr zieht er in flachem Bogen von der linken Seite zur Körpermitte. Gegen den kurzen, dünnwandigen, sehr dehnungsfähigen Ösophagus ist er meist, gegen den Anfangsteil des Darmes stets durch eine ringförmige Einschnürung abgesetzt. Der Anfangsabschnitt des Darmes wird als Duodenum bezeichnet. Er biegt vom Magen in scharfem Knick nach vorn und links um (Duodenalschlinge), so daß Magen und Duodenum zusammen ein etwas schräg liegendes V bilden. Mit einem zweiten Knick geht das Duodenum in den Dünndarm über, der in seinem Verlauf mehrere Schlingen bildet, die zum Teil spiralig angeordnet sind,

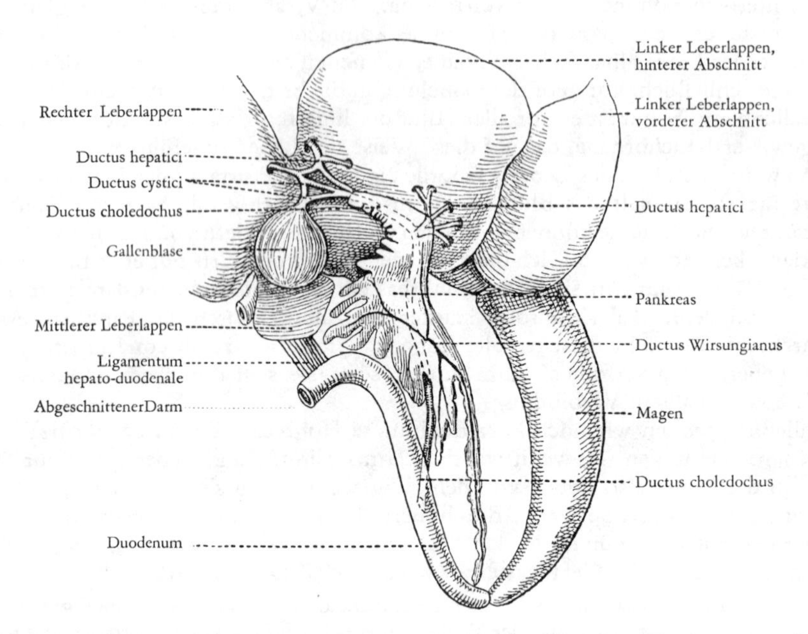

Abb. 203: Pankreas und Gallenblase des Frosches, ventrale Ansicht, Leberlappen nach vorn umgeschlagen. (Nach Ecker-Wiedersheim-Gaupp)

um schließlich in den kurzen Enddarm (Rectum) zu münden. Der Beginn des Enddarmes wird durch eine plötzliche, starke Erweiterung des Darmrohres gekennzeichnet. Nach hinten zu verjüngt sich der Enddarm allmählich wieder und geht schließlich in die Kloake über. Ventral von dieser liegt die große Harnblase, die aus zwei zarthäutigen, an der Basis zusammenhängenden Säckchen besteht und eine Ausstülpung der ventralen Kloakenwand ist. Führen wir eine mit Wasser gefüllte Pipette in die Kloake ein und spritzen ihren Inhalt aus, so schwillt die Harnblase zu ihrem vollen Umfang an.

Das Pankreas liegt als bräunlich-gelbes, gelapptes Band in dem Raum zwischen Magen, Duodenum und Leber. Eine Felderung seiner Oberfläche deutet die Zusammensetzung aus einzelnen Drüsenläppchen an. Ihre Ausführgänge, die sich zu einem kurzen Ductus Wirsungianus vereinigen können, münden in den Ductus choledochus ein, der also die Sekrete von Leber und Pankreas dem Darm zuführt.

Die Milz ist ein blutroter, fast kugeliger Körper, der dorsal vom Vorderende des Rectums in das Aufhängeband des Darmes eingelassen ist. Die auffallend starke

Blutversorgung der Milz erklärt sich aus ihrer Aufgabe als Blutspeicher, Bildungsstätte weißer und Ort des Abbaus der roten Blutkörperchen.

Wir nehmen jetzt den ganzen Darmtrakt, einschließlich Milz und Pankreas, heraus, indem wir den Enddarm in seiner Mitte quer durchschneiden, dann den Darm nach vorn zu abpräparieren, seine zarten Aufhängebänder durchtrennend. Die Verbindung von Magen und Ösophagus wird möglichst weit vorn durchschnitten.

Eröffnen wir den Magen durch einen Längsschnitt, so sehen wir, daß seine rötlichgelbe Schleimhaut sich zu einigen kräftigen Längsfalten erhebt, was seiner Dehnbarkeit zugute kommt. Im Dünndarm finden wir zwei Reihen halbmondförmiger, nach hinten geöffneter Querfalten, die eine Rückstauung des Nahrungsbreies verhindern und die resorbierende Oberfläche vergrößern. Das Bild ist jedoch für die einzelnen Abschnitte des Dünndarmes verschieden, weiter nach hinten zu kommt es wieder zur Herausbildung von Längsfalten, und auch zwischen den beiden Arten *R. esculenta* und *R. temporaria* bestehen Unterschiede; bei *R. temporaria* ist übrigens das Darmrohr erheblich kürzer und dementsprechend die Schlingenbildung geringer.

Zum Studium des Urogenitalsystems und der Gefäße der Bauchhöhle werden die Leberlappen, wenn wir sie nicht an ihrer Basis kappen, nach vorn umgelegt und fixiert. Den

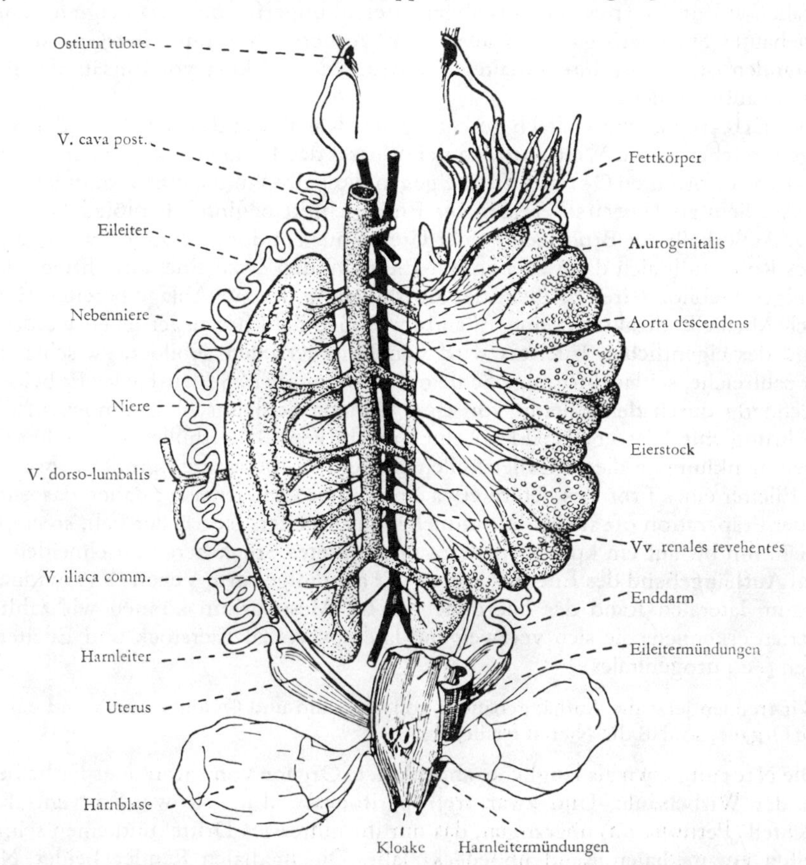

Abb. 204: Harn- und Geschlechtsorgane des Weibchens (*Rana esculenta*). Kloake und Enddarm in der ventralen Mittellinie aufgeschnitten, rechter Eierstock und Fettkörper abgetragen

mittleren, unter dem Herzen liegenden Lappen lassen wir auf jeden Fall unberührt. Haben wir einen weiblichen Frosch mit sehr stark entwickelten Ovarien vor uns, so tragen wir das Ovarium der einen Seite ab.

Die weiblichen Geschlechtsorgane (Abb. 204) bestehen aus Ovarium (Eierstock) und Ovidukt (Eileiter, Müllerscher Gang), die beide paarig und symmetrisch entwickelt sind. Ihre Größe und Form ist je nach der Jahreszeit beträchtlichen Schwankungen unterworfen. Die Ovarien sind meist umfangreiche, gelappte, dünnwandige Säcke mit konvexem lateralem und geradem oder leicht konkavem medialem Rand. An ihm setzt das Aufhängeband (Mesovarium) an. Durch quere Scheidewände wird der Hohlraum des Eierstocks in eine Anzahl keilförmiger, fächerartig angeordneter Kammern (Ovarialtaschen) zerlegt. Die Eier entwickeln sich in der Wand des Ovariums und schimmern infolge ihrer braunen bis schwarzen Pigmentierung deutlich durch. Ein bestimmter Bezirk des voll entwickelten Eies, der Dotterpol, ist pigmentfrei. Die reifen Eier platzen nach außen aus der Wand des Ovariums heraus, gelangen damit in die Bauchhöhle und werden in ihr durch temporär auftretende Streifen von Flimmerepithel kranialwärts zu den Mündungen der Eileiter befördert.

Vom Vorderrand des Mesovariums entspringt der durch seine lebhaft gelbe Farbe auffallende Fettkörper, ein aus abgeplatteten, fingerförmig verzweigten Läppchen aufgebautes Speicherorgan, das aus einem vorderen Abschnitt der Gonadenanlage entstanden ist. Die in ihm enthaltene Fettreserve wird kurz vor Einsatz der Brunstperiode aufgebraucht.

Der Eileiter ist ein vielfach geschlängelter Kanal, der das Achtfache der Rumpflänge erreichen kann. Weit vorn, an der Wurzel der Lungensäcke, öffnet er sich mit dem trichterförmigen Ostium tubae gegen die Leibeshöhle, hinten mündet er in die Kloake. Sein als Uterus bezeichneter Endabschnitt beginnt als plötzliche Erweiterung. Außerhalb der Brunstzeit ist der Uterus nur ein dünnwandiges, wenig ansehnliches Rohr, füllt sich dann aber so mit Eiern an, daß er zu einem mächtigen, kugelförmigen Gebilde wird. Er dient der Aufstapelung der zur Ablage bereiten Eier, die durch Muskelkontraktion seiner Wand in großer Zahl herausgetrieben werden. Die Wand des eigentlichen Eileiters wird von Flimmerzellen gebildet, zwischen denen sehr zahlreiche, schlauchförmige Schleimdrüsen münden. So wird jedes Ei bei seinem Durchgang durch den Eileiter von einer dünnen Schleimschicht umgeben, die bei Berührung mit Wasser alsbald zu einer mächtigen Gallerthülle anschwillt. Durch Zusammenklumpen dieser Gallerthüllen entsteht das bekannte Bild des Froschlaichs. Die Eileiter eines Frosches liefern etwa einen Liter Gallertmasse; daher das enorme, bei der Präparation oft störende Aufquellen der Eileiter. Ist das der Fall, so empfiehlt es sich, ihn bis auf ein kurzes vorderes und hinteres Stück herauszuschneiden.

Im Aufhängeband des Eileiters achten wir auf einige zarte Venen (Vv. oviducales), die zum lateralen Rand der Niere ziehen. Im Mesovarium können wir zahlreiche Arterien erkennen, die sich verzweigend lateralwärts zu Eierstock und Eileiter verlaufen (Aa. urogenitales).

Wir trennen jetzt die Aufhängebänder von Ovarium und Ovidukt durch und entfernen diese Organe, so daß die Nieren freiliegen.

Die Nieren liegen als längliche, abgeplattete Organe von rotbrauner Farbe beiderseits der Wirbelsäule. Und zwar «retroperitoneal», d.h., sie werden ventral vom Bauchfell (Peritoneum) überzogen, das nur ihr hinterstes Drittel und einen schmalen Streifen am medialen Rand unbedeckt läßt. Die medialen Ränder beider Nieren liegen dicht aneinander und sind leicht eingekerbt. Der uns zugekehrten Ventralseite der Niere liegt ein goldgelber, aus kleinsten Läppchen oder Strängen zusammengesetzter, bandförmiger Körper auf. Das ist die Nebenniere (Glandula suprarenalis), eine Hormondrüse, deren operative Entfernung den Tod des Tieres zur Folge hat.

An der lateralen Kante der Niere, etwa an der Grenze von mittlerem und hinterem Drittel, tritt der Harnleiter aus der Nierensubstanz heraus. Er verläuft nach hinten und innen und mündet, getrennt vom Harnleiter der anderen Seite, von dorsal her in die Kloake ein. Um ihn bis dahin verfolgen zu können, muß die Harnblase nach hinten umgelegt und vom Enddarm freipräpariert werden. Vergleichend-anatomisch ist der Harnleiter ein Wolffscher Gang (primärer Harnleiter), die Niere ein Opisthonephros.

Was die Beziehungen zum Gefäßsystem anbetrifft, so ist die Niere des Frosches in den venösen Kreislauf eingeschaltet, erhält aber natürlich auch arterielles Blut. Von den zuführenden Venen mündet die eine in den lateralen Rand der Niere, etwas kopfwärts vom Harnleiter und ein wenig auf ihre dorsale Seite verschoben. Es ist die V. iliaca communis, auch als Nierenpfortader bezeichnet, die wir kaudalwärts durch die Vereinigung zweier Venen der Hinterextremität entstehen sehen: der V. iliaca externa, die von der uns schon bekannten V. femoralis herkommt, und der V. ischiadica, die mehr medial aus der Tiefe emporsteigt. Ein zweites zuführendes Nierengefäß ist die V. dorso-lumbalis, die etwa in der Mitte der lateralen Nierenkante eintritt. Sie entsteht durch den Zusammenfluß eines von vorn und eines von hinten kommenden Gefäßes und bringt vor allem Blut aus der Rumpfmuskulatur zur Niere. Einen dritten Zufluß venösen Blutes erhält die Niere (beim Weibchen) durch die obenerwähnten, vom Eileiter kommenden Vv. oviducales. Alle diese zuführenden Gefäße vereinigen sich zunächst in der Niere und teilen sich dann in Kapillaren auf, die die Harnkanälchen umspinnen. Darauf fließen die Kapillaren von neuem zu Venen zusammen, die schließlich als sehr kräftige Stämme (Vv. renales revehentes) auf der Ventralseite der Niere zutage treten und quer zur Mittellinie hinüberziehen. Hier vereinigen sie sich von rechts und links her zur Bildung der V. cava posterior. Das hinterste Paar dieser Venen, mit dem also die V. cava beginnt, pflegt besonders stark zu sein. Vorn verschwindet die Hohlvene im mittleren Leberlappen, der ihr mit einem kaudal gerichteten Zipfel entgegenkommt. Sie durchsetzt ihn glatt, tritt am Vorderrand wieder aus und ergießt sich nach kurzem, freien Verlauf, auf dem sie die Vv. hepaticae aufnimmt, in den Sinus venosus des Herzens.

Ziehen wir die Nieren etwas auseinander, so finden wir dorsal der V. cava jenen Hauptarterienstamm, von dem die Aa. urogenitales zu den Nieren und mit Verzweigungen zu den Ovarien und dem Fettkörper ziehen. Dieser Stamm ist die Aorta (Aorta descendens), d.h. das arterielle Hauptgefäß des Körpers, das durch die Vereinigung der zweiten Arterienbogen (Aortenbogen) entstand. Präparieren wir die V. cava posterior mit den Vv. renales revehentes ab, so werden wir die Vereinigungsstelle der Aortenbogen in Höhe der Vorderspitze der Niere finden. Gerade an dieser Stelle zweigt die den Magen und Darm versorgende A. intestinalis ab, von der allerdings nur ein kurzer Stumpf übriggeblieben sein wird, da wir diese Arterie bei der Entfernung von Magen und Darm durchschnitten hatten. Sie stellt in der Hauptsache die Fortsetzung des ein sauerstoffärmeres Blut enthaltenden linken Aortenbogens dar. Etwas vor dem hinteren Ende der Niere spaltet sich die Aorta spitzwinkelig in die beiden Aa. iliacae communes auf, die in die Hinterextremitäten ziehen.

Die männlichen Geschlechtsorgane (Abb. 205) bestehen aus den Hoden, den Ausführkanälchen der Hoden und dem bei diesem Geschlecht gemeinsamen ableitenden Kanal für Geschlechtsprodukte und Urin, dem Harnsamenleiter (Wolffscher Gang). Außerdem finden sich beim Männchen Rudimente von Müllerschen Gängen, unter der Form von zarten, weißlichen, fadenartigen Gebilden, die an der gleichen

Stelle wie beim Weibchen liegen, also etwas lateral der Nieren. Sie erstrecken sich wie beim Weibchen weit kopfwärts, bis zur Lungenwurzel, und sind mitunter recht ansehnlich, oft aber auch kaum auffindbar.

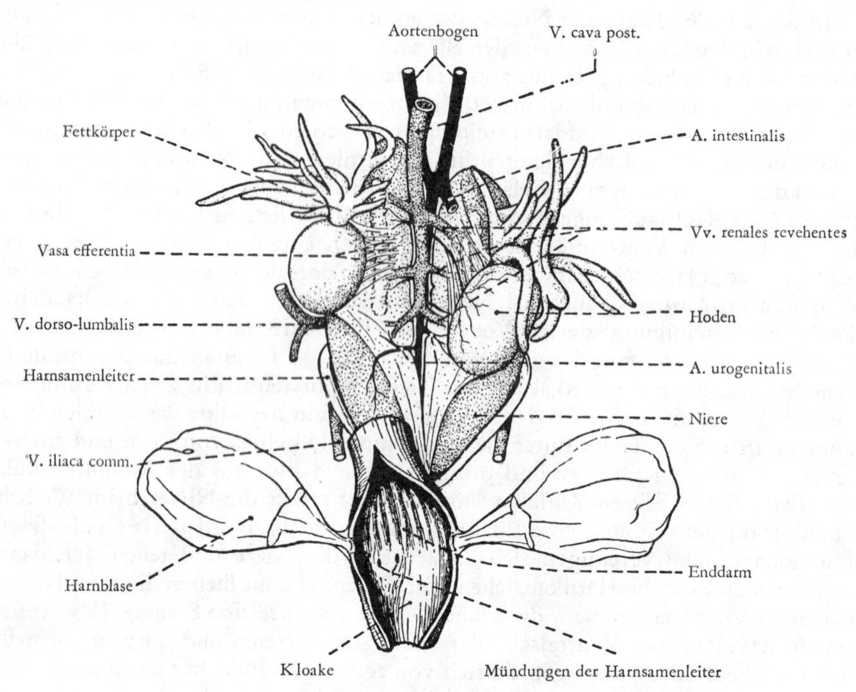

Abb. 205: Harn- und Geschlechtsorgane des Männchens (*Rana esculenta*). Kloake und Enddarm in der ventralen Mittellinie aufgeschnitten

Die Hoden liegen als ovale, rein gelbliche oder schwarz pigmentierte Körper der Ventralfläche der Nieren dicht neben der Mittellinie auf. Eine Asymmetrie hinsichtlich Lage und Größe der beiderseitigen Hoden ist nicht selten. Vom Medialrand der Hoden geht ein Aufhängeband (Mesorchium) ab, in dem wir deutlich die feinen Ausführkanälchen (Vasa efferentia) erkennen, die das Sperma vom Hoden zur Niere führen, auf deren Ventralfläche wir sie eindringen sehen; sie können durch Anastomosen untereinander verbunden sein. In dem Aufhängeband verlaufen auch die zu Hoden und Fettkörper ziehenden Zweige der Aa. urogenitales sowie Venen, die das Blut zu den Vv. renales revehentes oder unmittelbar zur V. cava posterior ableiten. Der Fettkörper ist dem Vorderpol des Hodens und dem Vorderrand des Mesorchiums angeheftet.

Innerhalb der Niere treten die Vasa efferentia mit den Harnkanälen in Verbindung, die ihrerseits in den an der lateralen Kante der Nieren austretenden Harnsamenleiter (Wolffschen Gang) einmünden. Eine bei *R. esculenta* wenig ansehnliche, spindelförmige Erweiterung des Harnsamenleiters wird bei *R. temporaria* zu einer während der Brunstzeit mächtig entwickelten lateralen Aussackung, die als Samenblase (Vesicula seminalis) bezeichnet wird. Ihre Aufgabe besteht in der Aufspeicherung von Sperma; daneben dürfte sie sekretorisch tätig sein.

Mit der starken Schere wird jetzt die Gelenkverbindung zwischen Becken und Oberschenkel beiderseits durchschnitten und das Becken herauspräpariert, wodurch die Kloake freigelegt wird. Wir führen in sie eine Sonde ein und eröffnen dann ihre ventrale Wand, mit der Schere der Sonde folgend, möglichst genau in der Mittellinie, wobei gleichzeitig die Harnblase gespalten wird. Auch die ventrale Wand des Rectums wird noch ein Stück weit median durchschnitten. Dann werden die hinteren Extremitäten kräftig nach den Seiten gezogen und neu festgesteckt.

Die Harnsamenleiter nähern sich bei ihrem kaudalen Verlauf einander immer mehr und lagern sich dabei der dorsalen Wand des Rectums an (Rectum nach hinten ziehen!). Sie münden dicht nebeneinander, aber doch getrennt, an der Dorsalwand der Kloake, unmittelbar gegenüber der Harnblase. Es sind sehr feine Öffnungen, die nicht leicht zu finden sind, da sie sich zwischen den Längsfalten der Kloakenwand verbergen. – Beim Weibchen folgen die Harnleiter der dorsalen Wand des Uterus und münden an gleicher Stelle wie beim Männchen in die Kloake. Etwas kopfwärts von ihnen finden wir unschwer die auf papillenförmigen Erhebungen liegenden Mündungen der beiden Eileiter.

Wir präparieren jetzt das Herz zusammen mit den Lungen ganz heraus, wodurch der Übergang der Vv. pulmonales in die linke Vorkammer des Herzens deutlicher erkannt werden kann, als es vorher vielleicht möglich war. Dann trennen wir die Lungen ab und zerlegen das Herz durch einen Frontalschnitt mit einem scharfen Messer (Rasierklinge) in eine dorsale und ventrale Hälfte. Damit sind die drei Hohlräume des Herzens eröffnet, aus denen wir mit Pinsel und Pipette etwaige Blutklumpen entfernen.

Entsprechend der größeren von ihm zu leistenden Arbeit ist der Ventrikel erheblich muskelkräftiger als die Vorkammern. Rechte und linke Vorkammer, die bei äußerer Betrachtung kaum gegeneinander abgrenzbar waren, zeigen sich im Innern durch eine sagittale Scheidewand, das Septum atriorum, deutlich und vollständig voneinander getrennt. Die rechte Vorkammer ist größer und läßt die Mündung des Sinus venosus erkennen (sondieren!), die linke die Eintrittsstelle der Vena pulmonalis. Nach hinten zu stehen die Vorkammern durch eine gemeinsame, große Öffnung mit dem Ventrikel in Verbindung. Dorsaler und ventraler Rand dieser Öffnung, in die der Hinterrand des Septum atriorum frei hineinragt, tragen je eine taschenförmige Klappe (Valvula atrio-ventricularis), die bei der Kontraktion des Ventrikels ventilartig zusammenschließen und so dem Blut den Rückweg in die Vorkammern versperren. Etwas rechts davon finden wir die vom Ventrikel in den Bulbus cordis führende Öffnung, die gleichfalls mit den Rückfluß des Blutes verhindernden Ventilklappen ausgerüstet ist.

Nach dem Entfernen von Nieren, Lungen und Herz sieht man zu beiden Seiten der Wirbelsäule symmetrisch gelagerte, weiße Körperchen, die Kalksäckchen, Kalkreservoire unbekannter Funktion. Sie stehen durch Endolymphkanäle, die innerhalb der Wirbelsäule verlaufen, mit dem Ductus endolymphaticus des statischen Organes in Verbindung.

Wir wenden uns jetzt der Untersuchung des Nervensystems zu. Unser Präparat läßt zunächst die 10 Paar Spinalnerven deutlich verfolgen. Jeder Spinalnerv wird durch die Vereinigung zweier aus dem Rückenmark entspringender Wurzeln gebildet, einer ventralen mit motorischen Nervenfasern und einer dorsalen mit sensiblen. Die dorsale Wurzel weist kurz vor der Vereinigung mit der ventralen eine Anschwellung, das Spinalganglion, auf. Die Spinalganglien werden von den Kalksäckchen umgeben, sind also nicht ohne weiteres erkennbar.

Jeder Spinalnerv teilt sich sofort in einen dorsalen Ast, der zur Haut und zur Muskulatur des Rückens zieht, und einen ventralen, der außer der Bauchdecke auch die beiden Extremitätenpaare versorgt. Beide enthalten sensible und motorische Fasern. Nur die ventralen Äste sind an unserem Präparat zu sehen. Der erste tritt an der

Grenze von erstem und zweitem Wirbel aus. Er ist relativ schwach, innerviert die Zungenmuskulatur und wurde bereits oben als N. hypoglossus erwähnt. Vergleichend-anatomisch ist er übrigens bereits als II. Spinalnerv zu zählen, da der wahre I. schon embryonal rückgebildet wird. Der III. Sp. N., in unserem Präparat also der zweite, ist besonders kräftig. Er bildet mit Zweigen, die von Nervus spinalis II und IV kommen, den Plexus brachialis, aus dem die Nerven für Vorderextremität und Schultergürtel hervorgehen. Die drei folgenden Nerven (V–VII) ziehen gesondert zur Bauchwand. VIII, IX und X bilden wieder ein Geflecht, den Plexus lumbo-

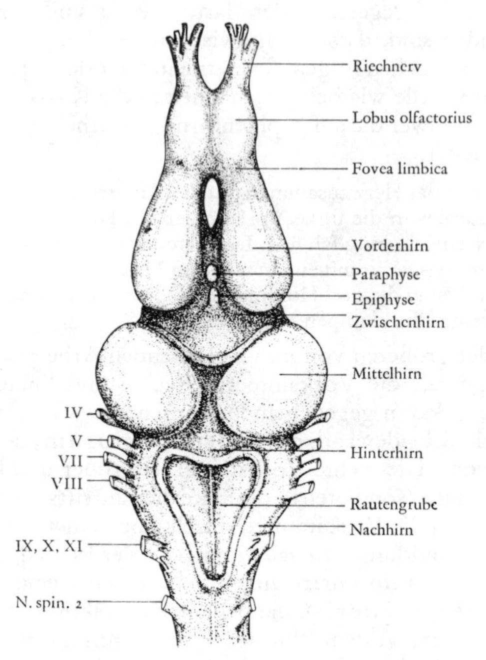

Abb. 206: Gehirn vom Frosch, Dorsalansicht

sacralis, dessen stärkster Ast als N. ischiadicus in die Hinterextremität zieht. Der XI. Spinalnerv ist zart; auch er bildet, mit einigen Fasern von X, einen Plexus, der vor allem Nerven zu Enddarm und Harnblase sendet.

Von jedem Ventralast geht ein Zweig (Ramus communicans) oder auch mehrere ab, die die Verbindung mit dem vom zentralen weitgehend unabhängigen sympathischen Nervensystem herstellen. Den Hauptteil dieses Systems sehen wir als sogenannten Grenzstrang beiderseits der Wirbelsäule verlaufen und segmental zu einem Knötchen, dem Ganglion sympathicum, anschwellen.

Um auch das Gehirn zur Anschauung zu bringen, muß man die Schädeldecke abtragen. Das geschieht am besten durch einen flachen Schnitt mit dem Präpariermesser und vorsichtiges Abheben des Schädeldaches.

Am Gehirn können wir folgende Abschnitte unterscheiden (Abb. 206): Vorn liegt das paarige Vorderhirn (Telencephalon), das sich aus den Hemisphären und den beiden großen, von ihnen durch eine flache Querfurche geschiedenen Lobi olfactorii zusammensetzt, die median miteinander verschmolzen sind. Der anschließende Abschnitt, das kurze und wenig entwickelte Zwischenhirn (Diencephalon), trägt dorsal zwei Anhänge: vorn die Paraphyse (nach anderer Meinung ist sie ein Anhang des Telencephalons), ein rundliches, reichlich durchblutetes Körperchen unbekannter Funktion, dahinter einen zarten, weißlichen, nach vorn gerichteten Blindschlauch, den Epiphysenstiel; das Endstück der Epiphyse schnürt sich schon bei der Larve als «Stirnbläschen» ab, das außerhalb der Schädeldecke liegt, also bei unserer Präparation abgetragen wurde. Beide Anhänge sind rückgebildete Augen. Es folgt darauf der dritte Hirnabschnitt, das Mittelhirn (Mesencephalon), mit den beiden großen Lobi optici, der breiteste Abschnitt des Gehirns überhaupt. Der vierte Abschnitt, das Hinterhirn (Metencephalon, Kleinhirn), ist nur ein querliegender Wulst, der die Rautengrube des fünften Abschnittes, des Nachhirns (Myelencephalon) vorn begrenzt.

Wir schneiden nun vorsichtig von hinten nach vorn die vom Gehirn ausgehenden Nerven ab, nehmen das Gehirn heraus und legen es in ein Uhrschälchen, um auch seine Ventralseite zu betrachten.

Vom Lobus olfactorius gehen jederseits die Nervi olfactorii nach vorn, die bald in die sich in der Riechschleimhaut verteilenden Fila olfactoria zerfallen. Auf der Ventralseite des Zwischenhirns sehen wir vorn die Kreuzung (Chiasma) der Nervi optici, die sich nach oben zu jederseits durch den Tractus opticus bis in die Lobi optici fortsetzen. Hinter dem Chiasma findet sich der Hirntrichter, das Infundibulum, mit der großen, kaudal anschließenden Hypophyse, die die Ventralfläche des Mittelhirns bedeckt. – Auf die Hirnnerven soll hier nicht näher eingegangen werden.

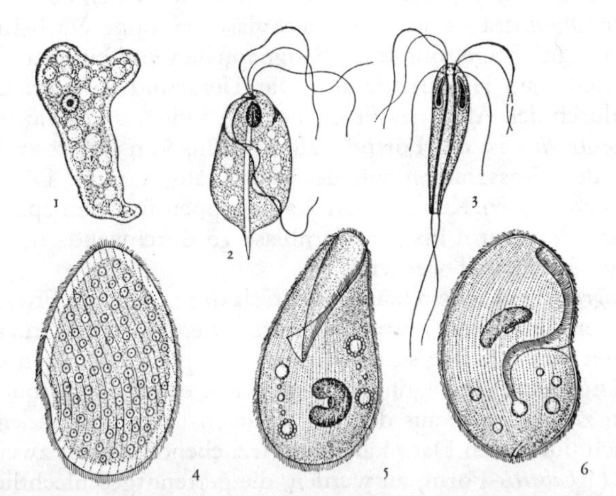

Abb. 207: Die häufigsten parasitischen Protozoen des Froschdarmes,
1 *Entamoeba ranarum*, 700×; 2 *Trichomonas batrachorum*, 1000×;
3 *Octomitus intestinalis*, 1000×; 4 *Opalina ranarum*, 40×;
5 *Balantidium entozoon*, 100×; 6 *Nyctotherus cordiformis*, 120×.
(Nach Doflein und Stein)

Zum Schluß wollen wir uns einige Parasiten anschauen, die im Frosch oft in großer Menge vorkommen. Zunächst wird der Inhalt des Enddarmes in ein Uhrschälchen ausgequetscht.

Bringen wir einen Tropfen der Flüssigkeit auf den Objektträger und betrachten ihn bei schwacher Vergrößerung, so werden wir in den meisten Fällen zahlreiche gleichförmig bewimperte Protozoen herumschwimmen sehen. Es handelt sich um die zu den Protociliaten gehörende Art *Opalina ranarum* (Abb. 207, 4). Ihr bis 0,8 mm langer Körper ist von annähernd ovalem Umriß und stark abgeplattet. Mit stärkerer Vergrößerung sehen wir eine Längsstreifung, die von kontraktilen Fibrillen herrührt. Zahlreiche scheibenförmige Körperchen im Innern sind die Kerne dieser vielkernigen Form. Durch Zusatz von etwas verdünnter Essigsäure werden sie deutlicher. Mund, After und kontraktile Vakuole fehlen, ebenso Nahrungsvakuolen, was alles darauf zurückzuführen ist, daß *Opalina* als Entoparasit lebt. Die Übertragung der *Opalina* findet in der Weise statt, daß sich im Frühjahr nach einigen schnell aufeinanderfolgenden Teilungen die so entstandenen kleinen Individuen encystieren. Diese «Infektionscysten» gelangen mit dem Kot des bisherigen Wirtes ins Wasser (Brunstzeit der Frösche!) und werden hier später von Kaulquappen mit der Nahrung aufgenommen.

Außerdem sind aus dem Darm des Frosches noch zwei Ciliaten zu erwähnen, das häufige *Balantidium entozoon* und der seltenere *Nyctotherus cordiformis*, beide zu den Heterotrichen gehörig, sowie die Flagellaten *Trichomonas batrachorum* und *Octomitus intestinalis* und schließlich noch der Rhizopode *Entamoeba ranarum* (vergleiche Abb. 207).

Schließlich mögen noch zwei parasitische Würmer kurz besprochen werden, von denen der eine, *Polystomum integerrimum* in der Harnblase, der andere, *Rhabdonema nigrovenosum* in der Lunge des Frosches schmarotzt.

Polystomum integerrimum gehört zu den monogenetischen Trematoden, d.h. zu jener ursprünglicheren Abteilung der Saugwürmer, bei denen ein Generationswechsel noch nicht zur Ausbildung gekommen ist. Bringen wir einen der etwa $^1/_2$ cm langen Würmer auf den Objektträger unter ein Deckgläschen (ohne Wachsfüßchen!), so fällt uns besonders die mächtige, mit sechs Saugnäpfchen und einigen chitinigen Haken besetzte Haftscheibe am Hinterende auf. Die Tiere sind Zwitter. Die befruchteten Eier gelangen durch den After des Frosches nach außen, und zwar ins Wasser; denn ähnlich wie bei *Opalina* ist der Fortpflanzungszyklus von *Polystomum* auf die Brunstzeit und damit den Wasseraufenthalt des Wirtes abgestimmt. Die ausgeschlüpften Larven heften sich an den Kiemen von Kaulquappen fest, um später, nach Reduktion der Kiemen, den Darm bis zur Harnblase zu durchwandern, wo sie zur Ruhe kommen und geschlechtsreif werden.

Rhabdonema nigrovenosum ist ein häufiger Parasit der Lunge des Frosches. Man findet die 3–4 mm langen, schlanken Würmchen leicht, wenn man ein Stück der Lunge auf dem Objektträger zerzupft. Sie sind schon an der spindelförmigen Gestalt und den lebhaften, schlängelnden Bewegungen ohne weiteres als Nematoden zu erkennen. Das Tier ist ein Zwitter. Die aus den befruchteten Eiern entstandenen Larven verlassen den Frosch durch den Darmkanal, um freilebend zu einer zweiten, viel kleineren Generation (*Rhabditis*-Form) zu werden, die getrenntgeschlechtlich ist und einen anderen Bau hat. Wir haben hier eine seltene Form des Generationswechsels vor uns, bei der in der Generationenfolge zwittrige Organismen mit getrenntgeschlechtlichen abwechseln.

III. Reptilia, Kriechtiere

A. Technische Vorbereitungen

Dieser Präparation legen wir als Objekt die häufigste der bei uns heimischen Eidechsenarten, die Zauneidechse, *Lacerta agilis*, zugrunde. Die Tiere werden kurz vor der Präparation in einem Glas mit Chloroform getötet. Die Untersuchung geschieht im Wachsbecken unter Wasser.

B. Allgemeine Übersicht

Reptilien, Vögel und Säugetiere werden als Amniota zusammengefaßt und den Anamnia (= Fische, Amphibien) gegenübergestellt. Demnach sind Amphibien und Reptilien, die in der älteren Systematik zu einer gemeinsamen Klasse vereint wurden, scharf voneinander zu trennen.

Zur Charakteristik der Amnioten gehört erstens der Besitz eines Amnions, d.h. einer vom Embryo selbst gebildeten und ihn schützend umgebenden Hülle, zweitens der Besitz einer Allantois, d.h. einer aus dem Körper heraus verlegten als Ernährungs- oder Respirationsorgan dienenden embryonalen Harnblase, drittens die Ausbildung einer Nachniere (Metanephros) als bleibendes Exkretionsorgan, viertens der völlige Fortfall der Kiemen, die auch embryonal nicht mehr zur Anlage kommen, während Kiemenspalten stets noch gebildet werden.

Die Körpertemperatur der Reptilien ist wie die der Fische und Amphibien abhängig von der Temperatur der Umgebung; sie sind wechselwarme (poikilotherme) Tiere («Kaltblüter»), im Gegensatz zu den gleichwarmen (homoiothermen) Vögeln und Säugetieren («Warmblüter»).

Ihrer Organisation nach sind die Reptilien echte Landtiere, in weit ausgesprochenerem Maße als die Amphibien; doch sind viele von ihnen sekundär zum Leben im Wasser zurückgekehrt.

Die Haut der Reptilien ist im Gegensatz zu der der Amphibien trocken und fest. Die Trockenheit beruht auf dem Fehlen von Drüsen – nur ganz vereinzelt kommen Hautdrüsen bei Reptilien vor –, die Festigkeit auf der weit stärkeren Verhornung der Epidermis sowie besonders auf der lederartigen Dicke der Cutis. Die Verhornung der Oberhaut, die als eine Anpassung an das Landleben anzusehen ist, führt zur Entstehung von Hornplatten oder Hornschuppen; die Hornschuppen können bei der Häutung im Zusammenhang abgestreift werden («Natternhemd»). Verknöcherungen der Lederhaut kommen bei Reptilien häufig vor; sie können sich, bei Krokodilen und Schildkröten, zu einem festen Knochenpanzer zusammenschließen. – Lokale Verstärkung der Verhornung führt bei den Reptilien zur Bildung von Krallen.

Das Skelett ist fast völlig verknöchert. Die Wirbelsäule läßt eine Hals-, Brust-, Lenden-, Kreuz- und Schwanzregion unterscheiden. Sämtliche Wirbel, mit Ausnahme der Schwanzwirbel, können Rippen tragen. Brustwirbel sind diejenigen, deren Rippen das Brustbein erreichen. Bei sekundärem Verlust der Extremitäten und ihrer Gürtel (z.B. Schlangen) geht die Regionenbildung der Wirbelsäule naturgemäß verloren.

Die ursprünglichsten rezenten Reptilien (Rhynchocephalen) haben amphicöle Wirbel und ansehnliche Chordareste zwischen ihnen. Sonst sind die Wirbel meist procöl und die Chorda ist ganz verschwunden. Der erste Halswirbel, der Atlas, ist kein vollwertiger Wirbel. Er besteht nur aus dem Neuralbogen und einer «hypochordalen Spange»; der zugehörige Wirbelkörper bleibt frei oder verwächst mit dem Körper des zweiten Halswirbels, des Epistropheus, an dem er den sogenannten Zahnfortsatz bildet. Die Nickbewegungen des Kopfes finden im Atlanto-occipitalgelenk statt, bei Drehbewegungen rotiert der Schädel samt Atlas um den Zahnfortsatz des Epistropheus. Diese Art der Schädelgelenkung ist für alle Amnioten charakteristisch.

Vom Schädel bleiben im allgemeinen nur Teile der Ethmoidal- und Orbitalregion knorpelig. Das Primordialcranium ist ausgesprochen tropibasisch (kielbasisch), da die großen Augen die Schädelwände der Orbitalregion zu einem hohen Septum interorbitale zusammendrängen, das die Hirnhöhle von den Nasenkapseln trennt. Die einzelnen Knochen des Schädels schließen fester zusammen als bei den Amphibien und sind auch in sich kräftiger entwickelt, so daß der Schädel im ganzen ein viel solideres Gefüge erhält.

In der Occipitalregion sind Supraoccipitale, Basioccipitale und zwei Exoccipitalia vorhanden; Basioccipitale und Exoccipitalia beteiligen sich an der Bildung des unpaaren Condylus occipitalis. Die Grenze zwischen Schädel und Wirbelsäule liegt gegenüber den Amphibien um drei Segmente weiter kaudal; die Occipitalregion hat also bei den Reptilien (und allen anderen Amnioten) einen Zuwachs durch drei in den Schädelverband aufgenommene Wirbel erfahren.

Das Basisphenoid trägt einen vorderen Fortsatz (Rostrum), einen Rest des bei Anamniern so konstanten und ausgedehnten Parasphenoids. «Alisphenoide» – sie sind den Alisphenoiden der Säugetiere nicht homolog – und Orbitosphenoide fehlen meist. Von den Otica ist nur das Prooticum stets als gesonderter Knochen vorhanden.

Von Schädeldachknochen erscheinen, außer den häufig verschmolzenen Parietalia, noch Frontalia und Nasalia sowie Post- und Praefrontalia, Postorbitalia und häufig noch Lacrimalia (Adlacrimalia). Außer dem unteren Jochbogen, wie er bei den Amphibien auftritt, kann auch noch ein oberer Jochbogen erscheinen. Gewöhnlich ist nur einer der beiden vorhanden, doch gibt es auch Formen, bei denen beide Jochbogen gleichzeitig vorkommen (Rhynchocephalen, Krokodile), während bei den Schlangen beide rückgebildet sind. Als das Ursprüngliche ist eine völlig überdeckte Schläfen (= Temporal-)gegend zu betrachten, wie es noch viele Schildkröten zeigen. Durch Fensterbildungen in ihr wurden die Jochbogen herausgeschnitten.

Wie bei den Amphibien so ist auch bei den Reptilien das Quadratum mit dem Schädel direkt (autostyl) verbunden, und zwar ursprünglich stets beweglich. Bei der Verknöcherung kann es entweder beweglich bleiben (Streptostylie), wie bei den Schlangen und Eidechsen, oder fest verwachsen (Monimostylie), wie bei den Rhynchocephalen, Schildkröten und Krokodilen. Die Knochen der innen ziehenden Gaumenreihe, Palatinum und Pterygoid, und die der außen ziehenden Kieferreihe, Praemaxillare und Maxillare, verbinden sich hinten durch ein nur den Schildkröten fehlendes Os transversum.

Bei den Krokodilen und manchen Schildkröten bildet sich ein «sekundäres Munddach» dadurch aus, daß von den Maxillaria und Palatina, eventuell auch von den Pterygoidea, horizontale Platten in einem tieferen Niveau aufeinander zuwachsen, bis sie zur Bildung eines knöchernen Gaumens zusammentreffen. Dadurch wird ein Teil der Mundhöhle der Nasenhöhle zugeschlagen, und die Mündungen der Nasenhöhle in die Mundhöhle werden weit nach hinten verlegt («sekundäre Choanen»).

Der Basis des Quadratums liegt das Squamosum auf, das sich bei den Schlangen zwischen Quadratum und Schädel einschiebt. Das Hyomandibulare tritt als Columella auris in die Paukenhöhle ein.

Vom Schultergürtel ist stets ein dorsaler Abschnitt, die Scapula, vorhanden und ein ventraler, der als Coracoid aufgefaßt wird. Dazu treten als Deckknochen die Claviculae sowie das zum Brustbein gehörende Episternum (Interclavicula). Den Krokodilen fehlen die Claviculae, bei den Schildkröten werden Claviculae und Episternum in den Brustpanzer aufgenommen, den Schlangen fehlt ein Schultergürtel ganz.

Das Becken wird von drei Knochen, dem Darmbein, Schambein und Sitzbein gebildet; Schambein und Sitzbein verbinden sich durch eine doppelte Symphyse mit den entsprechenden Knochen der Gegenseite. Das Darmbein verbindet sich mit den Querfortsätzen der Sakralwirbel (meist zwei an Zahl). Auch das Becken fehlt den Schlangen meist völlig.

Die freien Extremitäten sind kurze Gehfüße; sie können bei den Schlangen und schlangenähnlichen Eidechsen völlig verlorengehen. An der hinteren Extremität ist das Sprunggelenk in den Tarsus hinein verlegt (Intertarsalgelenk), indem die proximale Reihe der Tarsalia mit dem unteren Ende des Unterschenkels, die distale Reihe mit den Metatarsalia fest verbunden ist.

Das Gehirn ist zwar noch relativ klein, zeigt aber doch den Amphibien gegenüber in manchen Punkten eine entschiedene Höherentwicklung. Namentlich hat das Vorderhirn an Umfang gewonnen, so daß es nach hinten zu das Zwischenhirn überlagert, ein Größenzuwachs, der vor allem auf der Ausbildung eines Hirnmantels mit einer wohlentwickelten Rindenschicht von Ganglienzellen (Rindengrau) beruht. Entsprechend dem tropibasischen Typus des Schädels sind die Riechlappen meist zu langen Tractus olfactorii ausgezogen. Am Zwischenhirn sitzen wie immer ventral ein Infundibulum mit Hypophyse, dorsal eine Epiphyse, an der sich bei vielen Eidechsen ein relativ hoch organisiertes Scheitelauge (Parietalorgan) entwickelt, das in das Foramen parietale der Schädeldecke eingelassen ist. Die Decke des Mittelhirns wölbt sich als Zweihügel-, seltener als Vierhügelregion vor. Das bei den Amphibien sehr kleine Hinterhirn hat bei den Reptilien wieder eine beträchtliche Größe gewonnen; besonders umfangreich ist es bei den Krokodilen.

Die Geruchsorgane weisen jederseits eine vorspringende Schleimhautfalte auf, die Nasenmuschel. Bei Eidechsen und Schlangen finden sich hochentwickelte Nebengeruchsorgane, die Jacobsonschen Organe, die sich vom Hauptorgan absondern und vorn in die Mundhöhle einmünden. – Am Auge findet sich bei Eidechsen und Schildkröten vorn in der Sclera ein aus Knochenplatten gebildeter Scleroticalring, der den Schlangen und Krokodilen fehlt. Die beiden Augenlider sind bei den Schlangen und einigen Eidechsen zu einer durchsichtigen Membran, der «Brille», verwachsen. Eine Nickhaut findet sich ebenfalls meist vor. – Vom Labyrinth ist zu erwähnen, daß bei Reptilien erstmalig, und zwar bei Krokodilen, der das Gehörorgan darstellende Teil, die Lagena, zu einem längeren, etwas gekrümmten Schlauch, der späteren Schnecke, auswächst. – Den Schlangen fehlt eine Paukenhöhle.

Eine Bezahnung fehlt nur den Schildkröten, und zwar, wie die Paläontologie zeigt, sekundär; die Zähne werden hier durch Hornscheiden auf den Kiefern ersetzt. Die Reptilienzähne sind meist konisch und entweder den Knochen aufgewachsen oder in Alveolen eingesenkt (Krokodile). Bei Schlangen und Eidechsen finden sie sich außer auf den Kieferknochen oft auch noch am Palatinum und Pterygoid. Bei den Giftschlangen sind gewisse Zähne des Oberkiefers vergrößert und zu Giftzähnen umgebildet worden. Sie zeigen oberflächlich eine Rinne (Furchenzähne), die sich in anderen Fällen zu einem Kanal vervollkommnet (Röhrenzähne); durch eine Öffnung an der Basis des Zahnes tritt das Sekret einer Giftdrüse in den Kanal ein und wird durch eine zweite Öffnung dicht unterhalb der Spitze des Zahnes ausgespritzt.

Die Zunge ist bei Schildkröten und Krokodilen kurz und plump, bei den Schlangen und den meisten Eidechsen lang und zweispaltig. Die Speiseröhre ist besonders bei den Schlangen sehr erweiterungsfähig. Bei den Krokodilen ist der etwas schräg gestellte Magen als Muskelmagen entwickelt. Leber und Pankreas sind stets vorhanden. Die Afterspalte ist bei den Rhynchocephalen, Sauriern und Ophidiern quer gestellt (Plagiotremen), bei Krokodilen und Schildkröten längsgestellt.

Die Atmung geschieht ausschließlich durch Lungen. Kiemen treten auch in der Embryogenese niemals auf, wohl aber stets – das gilt für alle Amnioten – Kiemenspalten oder deren Anlage. Das Vorderende der oft langen Luftröhre ist zu einem Kehlkopf umgewandelt, der bei einigen Eidechsen echte Stimmbänder besitzt. Meist gabelt sich die Luftröhre in zwei kurze Bronchien, die in die beiden Lungensäcke eintreten. Die Lungen vervollkommnen sich innerhalb der Reptilienklasse dadurch, daß sie in immer höherem Maße gekammert werden, was eine außerordentliche Vergrößerung ihrer respiratorischen Innenfläche bedeutet. Bei den Schlangen ist nur eine Lunge, die rechte, entwickelt, während die linke rudimentär ist. Die Atmung ist im allgemeinen keine Schluckatmung mehr, sondern eine Saugatmung: durch Bewegungen der Rippen wird der Brustkorb erweitert und dadurch Luft in die elastischen Lungensäcke eingesogen.

Mit der ausschließlichen Lungenatmung ist auch die Trennung der beiden Herzhälften in eine linke, arterielle und eine rechte, venöse vollständiger geworden, indem auch die Herzkammer eine, allerdings meist noch unvollständige, Scheidewand erhält; bei den Krokodilen sind die Herzkammern völlig geschieden.

Ein anderer, wesentlicher Unterschied gegenüber den Fischen und Amphibien liegt darin, daß der vom Herzen abgehende Arterienstamm nicht einheitlich ist, sondern durch das Fehlen des rudimentär gewordenen Conus arteriosus und des Auftretens innerer Scheidewände in drei gesondert vom Herzen entspringende Gefäße zerfällt. Eines dieser Gefäße geht von der linken Herzkammer aus, eines von der rechten, während das dritte unmittelbar rechts von der Mitte oder direkt über der unvollständigen Scheidewand seinen Ursprung nimmt. Das von der linken Herzkammer entspringende Gefäß gibt einen sich gabelnden Zweig, die Carotiden, an den Kopf ab und biegt dann als rechter Aortenbogen nach hinten. Der mediane, bzw. unmittelbar rechts neben der Mitte ausgehende linke Aortenbogen gibt, bevor er sich mit dem rechten Aortenbogen vereinigt, die kräftige Arteria coeliaca ab. Das dritte Gefäß, das ebenfalls aus der rechten Herzkammer entspringt, teilt sich in die beiden Lungenarterien.

Vergleichen wir die Verhältnisse mit den bei Fischen und Amphibien gefundenen, so sind die Carotiden auf das erste Paar Arterienbogen zurückzuführen, die beiden Aortenbogen auf das zweite Paar und die Lungenarterien auf das vierte Paar; das dritte Paar war ja bereits bei den Amphibien im Verschwinden.

Der Kreislauf des Blutes vollzieht sich folgendermaßen. Der rechte, etwas größere Vorhof empfängt das Blut aus den Körpervenen und gibt es an die rechte Herzkammer bzw. die rechte Hälfte der einheitlichen Herzkammer ab, von wo es durch die Lungenarterien den Lungen zugeführt wird. Aus den Lungen gelangt das arterielle Blut durch die Lungenvenen in die linke Vorkammer und durch diese in die linke Herzkammer (bzw. in die linke Hälfte der einheitlichen Kammer), von der es in das große Gefäß gepumpt wird, das den Carotiden und dem rechten Aortenbogen den Ursprung gibt. Rechter Aortenbogen und Carotiden führen also arterielles Blut, der linke Aortenbogen venöses (bei vollständiger Trennung der Herzkammer) oder gemischtes (bei unvollständiger Trennung der Herzkammer). Das Blut der Aorta descendens, zu der die beiden Bogen zusammentreten, ist auf jeden Fall gemischt. Venöser und arterieller Kreislauf sind also auch bei den Reptilien noch nicht völlig getrennt.

Die Niere der erwachsenen Reptilien, wie auch die aller anderen Amnioten, ist vergleichend-anatomisch ein Metanephros (Nachniere). Er entsteht embryonal schwanzwärts vom Mesonephros, der spätestens nach dem Schlüpfen bzw. nach der Geburt völlig aus der Exkretion ausgeschaltet wird und sich nur soweit erhält, als er beim Männchen in den Dienst der Spermaableitung tritt und zum Nebenhoden wird.

Embryonal wird oral vom Mesonephros ein einfacher, aus segmentalen Kanälchen bestehender Pronephros angelegt. Er läßt in der üblichenWeise den primären Harnleiter entstehen, geht im übrigen aber verloren.

Während der Mesonephros während der Entwicklung noch deutlich segmental ist, entsteht der Metanephros aus einer einheitlichen Gewebsmasse, dem nephrogenen Strang. In ihr legen sich Exkretionskanälchen in großer Zahl und frei von jeder segmentalen Anordnung an. Vom primären Harnleiter aus wächst eine Knospe in das nephrogene Gewebe hinein, die sich vielfach aufspaltend das System der Sammelröhren liefert, im übrigen zum Ureter wird. Der Ureter macht sich im allgemeinen vom primären Harnleiter völlig frei und mündet selbständig in die Kloake; nur ganz hinten können beide Gänge zusammenfließen (Lacertilier). Somit wird der primäre Harnleiter (Wolffscher Gang) beim Männchen zum reinen Samenleiter (Vas deferens), während er beim Weibchen der Rückbildung anheimfällt.

Als Eileiter dienen die mit einem weiten Ostium tubae beginnenden Müllerschen Gänge, die getrennt vom Ureter in die Kloake einmünden. – Beim Männchen bleiben oft recht ansehnliche Reste der Müllerschen Gänge erhalten.

Eine Harnblase ist nicht immer vorhanden, was wohl mit der breiigen Beschaffenheit des Urins vieler Reptilien zusammenhängt. Sie fehlt den Schlangen, Krokodilen und einigen Eidechsen. Da ihre Mündung bald an der ventralen, bald an der dorsalen Wand der Kloake liegt, ist die Harnblase der Reptilien wahrscheinlich morphologisch verschiedenwertig.

Die Begattungsorgane – bei Reptilien findet allgemein eine innere Befruchtung statt – sind bei Eidechsen und Schlangen paarige, vorstülpbare Blindsäcke, bei Krokodilen und Schildkröten dagegen unpaare, solide Körper. Sie werden bei der Kopulation in die weibliche Kloake eingeführt. Der Leitung des Samens dient in beiden Fällen eine spiralige oder längsverlaufende Rinne auf den Begattungsorganen.

Die meisten Reptilien legen Eier, die, wenn sie das Ovar verlassen, schon sehr dotterreich sind, im Eileiter aber noch mit einer Eiweißschicht umgeben werden und dadurch beträchtliche Größe erreichen. Anschließend wird eine pergamentartige (fibröse) Schale abgeschieden, in die vielfach auch Kalk abgelagert wird. Einige Schlangen und Eidechsen gebären lebendige Junge, indem die befruchteten Eier bis zum Schlüpfen der Jungtiere in den Eileitern zurückbehalten oder indem die Embryonen ganz ähnlich wie bei den Säugern durch Plazentareinrichtungen im Uterus versorgt werden.

C. Spezieller Teil

Lacerta agilis, Zauneidechse

Die äußere Körperform unserer Eidechse erinnert noch ungefähr an diejenige eines urodelen Amphibiums, etwa eines Salamanders. Der spitz zulaufende, dreieckige Kopf ist mit dem Rumpf durch einen deutlichen, wenn auch nicht stark ausgeprägten Halsabschnitt verbunden. Der Schwanz ist fast drehrund und länger als der übrige Körper. Von den kurzen Extremitäten sind die hinteren kräftiger entwickelt; sie besitzen wie die Vorderextremitäten fünf mit feinen Hakenkrallen versehene Zehen.

Die Haut ist mit Hornschuppen bedeckt, die am Kopf zu größeren Schildern werden und eine artkonstante, für die Systematik wichtige Lage einnehmen. Die Halsgegend wird ventral nach hinten abgeschlossen durch eine Reihe krausenartig vortretender, größerer Hornschuppen, die als Halsband bezeichnet werden. Ein größeres Schild liegt auch vor der Kloakenöffnung: das Afterschild. Auf dem Schwanz sind die Schilder gekielt und wirtelförmig angeordnet. Männchen und Weibchen lassen sich durch ihre verschiedene Färbung unterscheiden. Das Männchen ist an Seite und Bauch grün, das Weibchen dagegen an den Seiten bräunlich, am Bauch weißlich. Auch sind die Weibchen schlanker, jedoch im Frühling dickbauchiger. An den Hinterextremitäten finden sich auf der Unterseite des Oberschenkels eine Anzahl größerer Schilder, aus denen gelbe, aus verhornten Zellen gebildete Pfropfen ragen, die Schenkelporen. Diese ihrer Bedeutung nach unbekannten Drüsenorgane sind beim Männchen viel stärker entwickelt als beim Weibchen.

Bei vielen Exemplaren wird der Schwanz in seinem hinteren Teil stummelförmig und scharf von dem vorderen Teil abgesetzt sein. In diesen Fällen handelt es sich um eine Regeneration des leicht an präformierten Stellen abbrechenden Schwanzes (Autotomie). Das regenerierende Endstück bleibt aber stets verkürzt.

Der Mund ist eine lange, fest verschließbare Spalte. Vorn am Oberkiefer sehen wir zwei rundliche Öffnungen, die Nasenlöcher. Hinter den mit Augenlidern und Nickhaut versehenen Augen findet sich jederseits das etwas versenkte, schwarze Trommelfell. Die Kloakenöffnung stellt eine Querspalte dar.

Wir öffnen den Mund und erblicken auf dem Boden der Mundhöhle die schwärzliche, vorn in zwei Spitzen auslaufende Zunge. Die Zungenenden dienen als Hilfsorgan der Geruchswahrnehmung. Sie beladen sich beim Züngeln mit den Molekülen der Geruchsstoffe und werden dann im Mundraum in die beiden Öffnungen der Jakobsonschen Organe eingeführt, in denen dann die Reception erfolgt. Die beiden Jakobsonschen Organe sind paarige, von der Nasenhöhle völlig abgegliederte Taschen, die sich seitlich vorne am Dach der Mundhöhle öffnen. Am hinteren, eingebuchteten Rand der Zunge liegt der Kehlkopfspalt. Am Mundhöhlendach springt ein von der Nasenscheidewand gebildeter Knopf vor, zu dessen beiden Seiten die schlitzförmigen Choanen liegen. Ober- wie Unterkiefer sind mit Zähnen besetzt, die auf niedrigen Knochensockeln seitlich an den Kieferrändern (pleurodontes Gebiß) in einer Reihe stehen. Weitere, den Pterygoiden aufsitzende Zähnchen sind an unserem Präparat nicht zu sehen, da sie zu tief in der Schleimhaut verborgen liegen.

Zur Eröffnung der Leibeshöhle wird ein Scherenschnitt etwas seitlich der Medianlinie vom Analschild an nach vorn bis zum Thorax und von da an genau median bis zum Unterkieferwinkel geführt. Schneidet man ganz oberflächlich, so wird man die Eingeweide noch von dem schwarzen Bauchfell bedeckt finden. In jedem Fall wird die Haut dann von der Mitte zu den Seiten hin abpräpariert. Im Abdomen ist auf die Vena abdominalis zu achten, die ventral genau median verläuft und die vorsichtig von der Bauchdecke abgelöst werden muß. Das Bauchfell wird, wenn es nicht an der Bauchdecke haften geblieben ist, vollständig entfernt. Die zur Seite geklappte Haut wird mit Nadeln festgesteckt, ebenso die leicht zur Seite gezogenen Vorderbeine. Zwischen den Beinen, am Vorderrand der Thoraxregion fallen die Knochen des Schultergürtels auf. Sie sind allerdings zum größten Teil mit Muskulatur bedeckt, die wir nun abschaben.

Wir erkennen am weitesten vorn die beiden Claviculae, seitlich dahinter die kräftigeren Coracoide und zwischen diesen 4 Knochen die kreuzförmige Interclavicula. Die beiden dorsalen Teile des Schultergürtels, die Scapulae, sind nicht sichtbar. Caudal vom Schultergürtel fällt das breitflächige Brustbein, Sternum auf, das jederseits mit einer Anzahl Rippen gelenkig verbunden ist.

Nun wird der Brustkorb eröffnet, indem man erst die Rippen seitlich durchtrennt, dann die Coracoide kurz vor dem Schultergelenk abzwickt, und schließlich die ventralen Teile des Schultergürtels abpräpariert. Zuletzt wird noch das Becken median durchschnitten und auseinandergebogen oder abgetragen.

Wir betrachten zunächst die Eingeweide der Brusthöhle (Abb. 208). Das Herz liegt in der ventralen Mittellinie und ist von einem dünnwandigen Herzbeutel umgeben, den wir vorsichtig aufschneiden und abtragen. Es lassen sich dann die drei Abteilungen des Herzens gut unterscheiden: vorn die beiden Vorkammern und dahinter die Kammer, die nach hinten spitz konisch zuläuft, äußerlich einheitlich ist, im Innern aber durch eine unvollkommene Scheidewand in zwei Ventrikel zerlegt wird.

Zwischen beiden Vorkammern, teilweise durch sie verdeckt, sehen wir zwei Gefäße aus der Herzkammer entspringen, den linken Aortenbogen und die Lungenarterie; sie verdecken an ihrer Basis den Ursprung eines dritten größeren Gefäßes, den des rechten Aortenbogens, der nach vorn zu die Carotiden abgibt und dann nach hinten umbiegt. Die Lungenarterie entspringt aus dem rechten Teil der unvollständig geteilten Herzkammer und führt daher venöses Blut. Der rechte Aortenbogen dagegen, er kommt aus dem linken Teil des Ventrikels, führt sauerstoffreiches Blut. Der linke Aortenbogen schließlich nimmt seinen Ursprung unmittelbar rechts neben der Herzmitte, fast über dem Septum, und enthält gemischtes Blut. Die Vereinigung der beiden Aortenbogen zur Aorta descendens liegt in Höhe der Herzspitze. Etwas vor der Zusammenmündung entläßt der rechte Aortenbogen mit gemeinsamer Wurzel die beiden Arteriae subclaviae. Wir orientieren uns über die Lageverhältnisse der genannten Gefäße, indem wir die Herzkammer mit den Fingern bald zur einen, bald zur anderen Seite bewegen.

Vom Venensystem fällt besonders die große, aus dem vorderen Leberlappen austretende linke Hohlvene (Vena cava posterior) auf; sie bildet zusammen mit den von vorn kommenden beiden vorderen Hohlvenen (Venae cavae anteriores) den auf der dorsalen Fläche der Vorkammern liegenden Sinus venosus, der sich mit einer Spalte in die rechte Vorkammer öffnet. Die beiden vorderen Hohlvenen sind sehr kurz; sie entstehen nur wenig vor ihrer Mündung in den Sinus venosus durch den Zusammenfluß der vom Kopf her kommenden Venae jugulares und der Venae subclaviae.

Hinter dem Herzen liegen die beiden langgestreckten Lungen. Wir öffnen eine von ihnen, um uns davon zu überzeugen, daß hier die Aufteilung des inneren Hohlraumes durch von der Außenwand her einwuchernde Scheidewände und Leisten sehr viel weiter fortgeschritten ist als bei den Amphibien. Zwei kurze Bronchien führen

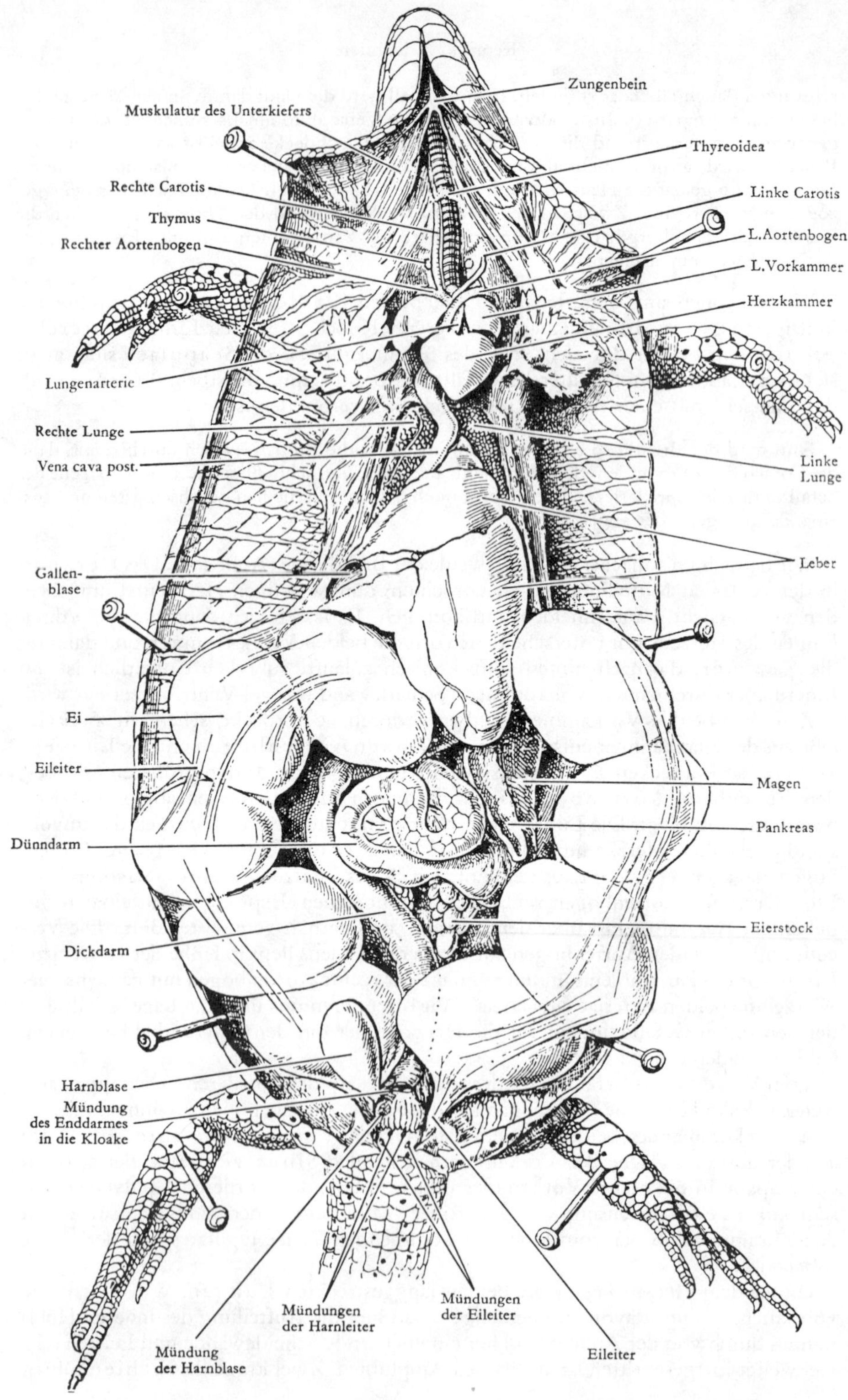

Abb. 208: Anatomie einer weiblichen, trächtigen Zauneidechse, *Lacerta agilis*

in die Trachea, die von einer großen Zahl nicht geschlossener Knorpelringe gestützt wird und geradlinig nach vorn zieht, um sich in der hinteren Rachenhöhle durch den Kehlkopf zu öffnen.

Etwas kranial vom Herzen finden sich zwei Drüsen mit innerer Sekretion, der paarige, rechts und links von der Trachea liegende Thymus und, ein Stück weiter kopfwärts, die unpaare, der Trachea aufliegende Thyreoidea. Weiter vorn liegt das Zungenbein. Es besteht aus einem unpaaren Mittelstück, dem Zungenbeinkörper, der einen langen Processus entoglossus in die Zunge hinein entsendet, und drei Bogenpaaren, den «Zungenbeinhörnern», die auf den Hyalbogen und die beiden ersten Branchialbogen zurückzuführen sind.

Vom Darmtrakt sehen wir den von der Trachea überlagerten, trichterförmigen Pharynx. Er geht in den langen, geraden Ösophagus über, der in den spindelförmigen Magen einmündet. Der Magen tritt zwischen den beiden Lungen hervor, zieht auf der linken Seite nach hinten und krümmt sich nach der Medianen zu ein. Hier liegt eine breite, flache Drüse von heller Farbe, das Pankreas. Die ansehnliche, rotbraune Leber schiebt sich vorn zwischen die Lungen ein, hinten ist sie zweizipfelig und umfaßt die birnenförmige Gallenblase, die das von der Leber gelieferte Sekret sammelt und durch den innerhalb des Pankreas verlaufenden Ductus choledochus dem Darm zuführt. Die Milz liegt als ein kleiner, länglich-bohnenförmiger Körper von rötlicher Farbe dorsal vom Magen. In der Beckenhöhle sehen wir einen zweizipfeligen, gelben Fettkörper.

Der Dünndarm macht mehrere Windungen und geht dann in den wurstförmigen Dickdarm über, der als Enddarm in die Kloake ausmündet.

Vom Urogenitalsystem fallen, wenn es sich, wie in Abb. 208, um ein trächtiges Weibchen handelt, zunächst die großen Eier auf, die beiderseits in zwei Reihen angeordnet sind. Sehen wir genauer zu, so finden wir sie in zwei langgestreckten, dünnwandigen Schläuchen liegen, den beiden Eileitern. Der Mittellinie genähert und in tieferer Lage erkennen wir die Eierstöcke als zwei zitronengelbe, ovale Gebilde, die durch zahlreiche in ihnen enthaltene Eier von verschiedener Größe ein traubiges Aussehen bekommen.

Wir gewinnen einen vollständigeren Überblick über das Urogenitalsystem, wenn wir jetzt den Enddarm etwa einen halben Zentimeter vor seiner Ausmündung abschneiden und zur Seite legen, die Kloake der Länge nach aufspalten und, im Falle des trächtigen Weibchens, die Eileiter aufschneiden und die großen Eier aus ihnen entfernen.

Es zeigt sich jetzt, daß die Eierstöcke in keiner direkten Verbindung mit den Eileitern stehen. Die reifen Eier gelangen in die Leibeshöhle, werden von langen, schlitzförmigen Ostien der Eileiter aufgenommen und in diesen mit Eiweißhülle und fester Schale versehen. Die Ausmündung der Eileiter in die Kloake erfolgt auf deren dorsaler Seite mit je einer Öffnung (Abb. 208).

An der Innenseite der Eierstöcke zieht sich jederseits die Nebenniere als ein länglicher Körper von goldgelber Farbe hin. Die Nebenniere ist eine lebenswichtige Hormondrüse.

Die Nieren liegen als zwei langgestreckte, hellrote Körper zu beiden Seiten der Mittellinie in der Kreuzbeingegend. Die von den Nieren ausgehenden, kurzen Harnleiter (Ureteren) öffnen sich direkt mit zwei feinen Öffnungen in die Kloake. Die Harnblase mündet als zarthäutiger Sack in die ventrale Kloakenwand. Sie stellt einen Rest der embryonalen Allantois dar. – Die Nieren empfangen venöses Blut aus der hinteren Körperregion. Die abführenden Venen münden in median der Nieren verlaufende Venen, die zur hinteren Hohlvene (V. cava posterior) zusammentreten.

Beim Männchen (Abb. 209) liegen die Hoden als zwei kleine, eiförmige Gebilde von heller Farbe an gleicher Stelle wie die Ovarien. An ihrem äußeren Rande findet sich der gleiche, goldgelbe Körper wieder, den wir beim Weibchen als Nebenniere kennengelernt hatten. Lateral von den Nebennieren wiederum sieht man jederseits den großen, durchscheinenden Nebenhoden, der den vielfach geschlängelten und aufgeknäuelten Anfangsteil des Wolffschen Ganges darstellt. Der anschließende

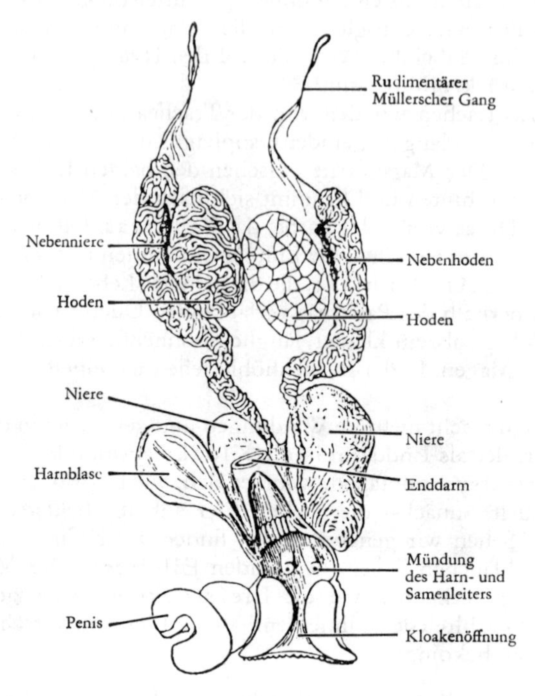

Abb. 209: Harn- und Geschlechtsorgane eines Männchens von *Lacerta agilis*. (Nach Leydig)

Teil wird als Samenleiter bezeichnet. Die Samenleiter beider Seiten münden in die dorsale Wand der Kloake, nachdem sie sich kurz vor der Ausmündung mit den beiden Harnleitern (Ureteren) vereinigt haben. Kopfwärts von den Nebenhoden findet man Reste der Müllerschen Gänge, die sich also auch beim Männchen anlegen, hier aber rudimentär werden.

Beim Männchen finden sich ferner zwei Begattungsorgane, Blindschläuche, die in der Ruhelage in Taschen der Schwanzwurzel liegen und nach außen vorgestülpt werden können.

Um das Gehirn freizulegen, durchschneiden wir im Nacken die Muskulatur und tragen von hier aus mit einem Flächenschnitt die Schädeldecke ab.

Das in der Schädelhöhle nunmehr freiliegende Gehirn zeigt gegenüber dem der Amphibien eine Weiterentwicklung besonders darin, daß die Großhirnhemisphären das Zwischenhirn völlig überdecken. Nach vorn zu gehen die Großhirnhemisphären in die Riechlappen über, die sich in Lobus, Tractus und Bulbus olfactorius gliedern. Auf der Decke des Zwischenhirns ruht die Epiphyse, während das über ihr in einer Aussparung der Schädeldecke (Foramen parietale) liegende Parietalauge durch die Präparation verlorenging. Das Mittelhirn ist durch eine Längsfurche in die beiden Corpora bigemina gespalten. Das bei *Lacerta* relativ gering entwickelte Hinterhirn (Kleinhirn) ist eine vertikal aufgerichtete Platte vor der Rautengrube. Das Nachhirn, das allmählich in das Rückenmark übergeht, zeigt eine nach unten konvexe Biegung.

IV. Aves, Vögel

A. Technische Vorbereitungen

Am bequemsten lassen sich von größeren Vögeln Tauben beschaffen. Sie werden vor Beginn der Präparation mit Chloroform getötet.

B. Allgemeine Übersicht

In ihrer inneren Organisation den Reptilien in vielen Punkten ähnlich und daher mit ihnen auch oft zur Gruppe der Sauropsiden zusammengefaßt, zeigen die Vögel andererseits doch durch die Anpassung an das Fliegen so tiefgreifende und einheitliche Umformungen, daß sie als eigene Klasse der Wirbeltiere aufzufassen sind. Fast alle Organsysteme sind vom Flug beeinflußt worden, am intensivsten Skelett und Integument.

Nur wenige Stellen der dünnen Hautdecke der Vögel weisen noch einen an die Reptilien erinnernden Bau auf, so die Füße, die meist mit Hornschildern oder -tafeln bedeckt sind, die den Schuppen der Reptilien gleichen, sowie der von einer harten Hornscheide umzogene Schnabel. Der gesamte übrige Körper aber ist von Federn bedeckt. Die Federn sind kompliziert gebaute Horngebilde, die in sackförmigen Vertiefungen der Haut, den Follikeln, sitzen. Man kann zwei Hauptformen der Feder unterscheiden, die Deck- oder Konturfeder und die Flaumfeder oder Dune.

Die Dunen treten als Jugendkleid auf und werden später von den Konturfedern überdeckt, die ihre vollkommenste Ausbildung in den Schwungfedern der Flügel und den Steuerfedern des Schwanzes erfahren.

Die Entwicklungsgeschichte zeigt, daß die Federn den Reptilienschuppen homolog sind. Die erste Anlage der Feder ist wie die der Reptilienschuppe eine Cutispapille, überzogen von der Epidermis, die oberflächlich eine Hornscheide bildet. Bei der Feder wächst die Papille zu einem langen Fortsatz aus, und ihre Hornscheide gliedert sich gleichzeitig in komplizierter Weise in die einzelnen, die fertige Feder zusammensetzenden Hornstrahlen. Nach vollendeter Entwicklung schrumpft die gefäßreiche Cutispapille ein und bildet auf ihrem schrittweisen Rückzug die in der Spule liegende, aus übereinanderliegenden Hornkappen bestehende «Federseele» aus. Ein weiterer Unterschied gegenüber der Reptilienschuppe liegt darin, daß sich die ältere Federanlage mehr und mehr in die Haut einsenkt: als weit herausragendes Gebilde bedarf sie naturgemäß einer besseren Befestigung.

Von Hautdrüsen findet sich nur die große, zweilappige Bürzeldrüse oberhalb des Schwanzes, deren fettiges Sekret zum Einölen des Gefieders dient; sie fehlt nur wenigen Vögeln.

Die Wirbelsäule zeigt die bereits bei den Reptilien unterschiedenen Regionen. Besonders lang und sehr beweglich ist die Halsregion, die Brustregion dagegen starr und die Lendenregion durch starke Ausdehung der Sakralregion praktisch unterdrückt. Denn außer den zwei ursprünglichen, schon den Reptilien zukommenden Sakralwirbeln treten eine stattliche Anzahl davor und dahinter gelegener Wirbel durch Verschmelzung in die Bildung des großen, festen Kreuzbeines ein. Nur einige der darauffolgenden Schwanzwirbel bleiben frei beweglich, während die hintersten zur

Bildung eines senkrecht nach oben stehenden Knochens, Pygostyl, verwachsen, der die Steuerfedern trägt. Die Halswirbel der Vögel sind in der Regel durch Sattelgelenke miteinander verbunden, worauf die große Beweglichkeit des Halses beruht.

Der Schädel der Vögel schließt sich in seinem Bau eng an den Reptilienschädel, insbesondere den Eidechsenschädel, an. Er ist ausgesprochen tropibasisch, da die Orbitae beim Vogel noch größer sind als beim Reptil. Auch die Vögel besitzen nur einen Condylus occipitalis, der von der Hinterseite auf die untere Fläche des Basioccipitale verlagert ist, wodurch der Schädel fast rechtwinklig zur Wirbelsäule gestellt erscheint. Durch das Wachstum des Gehirns ist die Schädelkapsel viel geräumiger geworden. Das Squamosum ist in die Schädelkapsel miteinbezogen worden. An ihm artikuliert das bewegliche Quadratum (Streptostylie). Quadratum und Maxillare sind durch einen Jochbogen verbunden, der dem unteren Jochbogen der Reptilien entspricht und von einem Quadratojugale und dem dünnen, stäbchenförmigen Jugale gebildet wird. Der aus den Praemaxillaria, Maxillaria und Nasalia bestehende Oberschnabel ist nur dorsal mit der Schädelkapsel verbunden und daher ihr gegenüber beweglich; er kann beim Öffnen des Schnabels angehoben werden, indem das sich vorwärts drehende Unterende des Quadratum durch die Schubstangen des Jochbogens und der Gaumenknochen (Pterygoid und Palatinum) auf die hintere, untere Ecke des Maxillare einwirkt. Das Septum interorbitale kann in großem Umfange verknöchern, bleibt aber immer von der knöchernen Nasenscheidewand getrennt. Das Basisphenoid ist mit dem Parasphenoid verschmolzen. Orbitosphenoide und «Alisphenoide» sind vorhanden.

Eine besondere Eigentümlichkeit des Vogelschädels ist, daß alle Knochen ungewöhnlich dünn sind und zudem noch Lufträume enthalten können. Dadurch wird der Vogelschädel sehr leicht. Trotzdem besitzt er genügende Festigkeit, da die einzelnen Knochen sehr frühzeitig nahtlos untereinander verwachsen. Die erwähnten Lufträume entstehen von der Nasenhöhle oder von der Paukenhöhle aus.

Die Halswirbel tragen kurze Rippen, die mit den Wirbeln verschmelzen; von den Brustwirbeln zum Brustbein gehen größere Rippen, die aus zwei in Intercostalgelenken gegeneinander beweglichen Stücken bestehen. Eine besondere Festigkeit erlangt der Brustkorb dadurch, daß sich vom Hinterrande jedes oberen Rippenstückes ein Fortsatz, Processus uncinatus, über die folgende Rippe legt.

Das Brustbein der Vögel ist sehr groß und breit und bei allen fliegenden Formen in der Medianlinie mit einem vorspringenden Kamm, der Carina, versehen, von der die Flugmuskeln entspringen.

Der Schultergürtel ist sehr fest gebaut. Vom säbelförmigen Schulterblatt geht vorn das kräftige Coracoid zum Vorderrand des Brustbeines, an dem es gelenkig eingelassen ist. Die beiden (nur den Straußenvögeln und einigen anderen Formen fehlenden) Schlüsselbeine sind miteinander am unteren Ende zum Gabelknochen, der Furcula, verschmolzen und mit dem Brustbeinkamm durch ein Band oder auch knöchern verbunden.

Die Vorderextremität der Vögel ist zum Flügel umgewandelt. Oberarm, Unterarm und Hand sind sehr lang; sie liegen in der Ruhe einander ungefähr parallel. Am Unterarm ist die Ulna stärker als der Radius ausgebildet. Im Carpus finden sich nur zwei kleine Carpalknochen, Radiale und Ulnare. Die Metacarpalia II und III sind an ihren Enden miteinander verwachsen. Mit ihrem proximalen Ende sind außerdem die Reste der übrigen Metacarpalia und die distalen Handwurzelknochen verschmolzen. An diesem «Mittelhandknochen» (Carpometacarpus) sind die erhaltengebliebenen Phalangen des 1., 2. und 3. Fingers eingelenkt. Der erste Finger trägt mitunter eine Kralle, der zweite ist der bei weitem längste. (Nicht selten wird heute die Meinung vertreten, daß die erhalten gebliebenen Handknochen den Metacarpalia III und IV und den Phalangen des 2., 3. und 4. Fingers entsprechen.)

Der Beckengürtel ist besonders kräftig ausgebildet, da die ganze Last des Körpers auf den hinteren Extremitäten ruht. Vor allem sind die Darmbeine mächtig entwickelt und können über der Wirbelsäule dachartig miteinander verschmelzen. Ihre nach vorn und hinten weit ausgreifende Verbindung mit der Wirbelsäule wurde schon erwähnt. Die ventralen Beckenknochen, Scham- und Sitzbein, sind beide nach hinten gerichtet und bilden ventral keine Symphyse, so daß das Becken median offen ist (Ausnahme: Strauß). Beim erwachsenen Vogel sind alle Beckenknochen zu einem Ganzen verschmolzen.

Der Oberschenkel ist kurz, am langen Unterschenkel ist die Tibia viel stärker entwickelt als die Fibula. Das untere Ende der Tibia ist mit den proximalen Tarsalia zum Tibiotarsus verwachsen, während die distalen Tarsalia mit den Metatarsalia zu einem langen Knochen, dem Laufknochen (Tarsometatarsus), zusammentreten. Es bildet sich also mitten im Tarsus das Laufgelenk aus (Intertarsalgelenk). An das Vorderende des Laufes setzen sich die Zehen an, von denen die fünfte stets fehlt.

Ganz allgemein gilt für das Vogelskelett, daß seine Knochen an Stelle eines Markgewebes in weitem Maße Lufträume enthalten, die mit den Luftsäcken der Lunge in Verbindung stehen können.

Das Gehirn der Vögel ist weit höher entwickelt als das der Reptilien, was sich schon äußerlich durch seinen relativen Größenzuwachs zu erkennen gibt. Die hierbei bevorzugten Teile sind einmal das Großhirn als Sitz der höheren Funktionen, sodann das Kleinhirn (Hinterhirn) als Zentrum für die Koordination der Bewegungen (Flug!). Das Großhirn, dessen Basalganglien (Corpora striata) sehr stark entwickelt sind, überwächst nach vorn zu die Lobi olfactorii, nach hinten zu das Zwischenhirn und den größten Teil des Mittelhirns. Vom Kleinhirn ist besonders der mediane Teil als sogenannter Wurm wohl ausgebildet.

Das Geruchsvermögen der Vögel ist meist gering und dementsprechend ihr Geruchsorgan kaum höher organisiert als dasjenige der Reptilien. Im allgemeinen sind drei Muscheln entwickelt, von denen nur die hinterste Riechepithel trägt. – Außerordentlich leistungsfähig ist dagegen das Auge, das schon durch seine Größe imponiert. Es besitzt einen wohl ausgebildeten Akkommodationsapparat. Vorn ist in die Sclera ein knöcherner Scleroticalring eingelassen. In den Glaskörper ragt von hinten her eine gefäßführende Wucherung der Chorioidea, der Pecten, ein. Zu den beiden Augenlidern tritt noch vom inneren Augenwinkel her die Nickhaut. – Am Labyrinth ist die Lagena stark ausgewachsen. Das Trommelfell liegt am Grunde eines kurzen äußeren Gehörganges. Wie bei den Reptilien, so findet sich auch bei den Vögeln nur ein Gehörknöchelchen, die Columella.

Sämtlichen lebenden Vögeln fehlen die Zähne, während ausgestorbene Formen («Zahnvögel») sie noch besaßen. Die Zunge ist meist schmal und hart. Bei den meisten Vögeln erweitert sich der Ösophagus zu einem Kropf, der als Reservoir für die aufgenommene Nahrung dient. Am Magen unterscheiden wir Drüsenmagen und Muskelmagen. Der Muskelmagen ist bei Körnerfressern besonders kräftig entwickelt und wird hier zu einem Kaumagen, indem sich in ihm feste Reibplatten aus erhärtendem Drüsensekret bilden. Leber und Pankreas münden in das Duodenum ein. Am Übergang des Dünndarmes in den Enddarm finden sich zwei Blinddärme. An der Hinterwand der Kloake mündet eine Drüse von nicht völlig bekannter Funktion, die Bursa Fabricii.

Die Luftröhre ist oft sehr lang und weist außer dem eigentlichen Kehlkopf oder

Larynx noch einen unteren «Kehlkopf» (Syrinx) auf, der an der Übergangsstelle der Trachea in die beiden Bronchien gelegen ist. Der Larynx besitzt keine Stimmbänder, die Töne werden fast stets nur vom Syrinx erzeugt. Die Lungen liegen der dorsalen Wand der Leibeshöhle innig an. Sie sind weit komplizierter gebaut als diejenigen der Reptilien, ja sogar komplizierter als die der Säugetiere. Von den Lungen gehen fünf Paar umfangreiche Ausstülpungen, die Luftsäcke, aus, die sich zwischen den Eingeweiden und Muskeln ausbreiten und auch in das Skelett eindringen. Jeder Bronchus erweitert sich nach seinem Eintritt in die Lunge zu einem Vestibulum, dessen Fortsetzung als ein geradliniger Kanal (Mesobronchus) die Lunge durchzieht, um in den abdominalen Luftsack einzumünden. An Vestibulum und Mesobronchus sitzen fiedrig angeordnete Seitenäste (sekundäre Bronchien), die in rechtem Winkel zahlreiche feine Kanäle, die häufig anastomosierenden «Lungenpfeifen» (Parabronchien), abgeben. Die von diesen abgehenden Bronchioli lösen sich in zahlreiche sehr enge, vielfach verzweigte und anastomosierende Röhrchen auf; ihre Wandung bildet das respiratorische Gewebe. Es ist von feinsten Blutkapillaren überaus dicht durchflochten, so daß ein rascher und intensiver Gasaustausch gewährleistet ist. Die Lunge selbst ist sehr wenig elastisch, fast starr, der Luftwechsel findet durch die Tätigkeit der als Blasebälge wirkenden Luftsäcke statt. Sowohl die einströmende als auch die ausströmende Luft wird auf ihrem Wege durch die Lunge zum Gaswechsel verwandt.

Das Blutgefäßsystem der Vögel ist dem der Reptilien im Prinzip durchaus ähnlich, weist aber einen bedeutungsvollen Fortschritt dadurch auf, daß die beiden Herzkammern vollkommen voneinander geschieden sind. Körper- und Lungenkreislauf sind also vollkommen getrennt, es findet keine Vermischung des arteriellen und des venösen Blutes im Herzen mehr statt. Ein weiterer Unterschied gegenüber den Reptilien findet sich darin, daß der linke Aortenbogen verlorengegangen ist und nur der rechte, aus der linken Herzkammer entspringende, die Aorta bildet. (Bei den Säugetieren ist umgekehrt der rechte verlorengegangen und der linke allein vorhanden, der bei ihnen aber aus der linken Kammer entspringt.)

Auch der Urogenitalapparat der Vögel erinnert in manchen Punkten an den der Reptilien. Die Nieren sind große, kompakte, meist dreilappige Gebilde dicht neben der Wirbelsäule; ihre Ausführgänge münden getrennt in die Kloake. Eine Harnblase fehlt den erwachsenen Vögeln mit Ausnahme des Straußes. Wie bei den Reptilien ist die Niere des erwachsenen Vogels ein Metanephros, der Ausführgang ein sekundärer Harnleiter oder Ureter.

Der rechte Eierstock ist meist völlig geschwunden, und ebenso ist von den als Eileiter dienenden Müllerschen Gängen nur der linke entwickelt. Der Eileiter nimmt mit seinem weiten Ostium die großen, dotterreichen Eier auf, und hier im Eileiter werden sie auch befruchtet. Langsam herabrückend wird das Ei von Drüsen der Eileiterwand mit einem Eiweißmantel, dann mit einer dünnen Schalenhaut versehen und gelangt schließlich in den unteren, erweiterten Abschnitt des Eileiters, der als Uterus bezeichnet wird. Hier erhält das Ei die äußere Kalkschale. Währenddessen hat die Eizelle bereits die Furchung durchlaufen und die Embryonalentwicklung begonnen. Die weitere Entwicklung findet unter dem Einfluß der beim Bebrüten erzeugten Wärme statt. Häufig werden von Drüsen des Uterus der Schalenhaut und (oder) der Kalkschale Farbstoffe eingelagert.

Die Hoden sind beide entwickelt und liegen vor den Nieren. Die Samenleiter (Wolffsche Gänge) münden seitlich der Harnleiter auf je einer Papille in die Kloake. Bei einigen Vögeln, so z.B. bei den Straußen, den Enten und den Gänsen, ist an der Vorderwand der Kloake ein Penis ausgebildet, der in einer mit spongiösem Gewebe ausgekleideten Rinne den Samen leitet und bei der Paarung in die Kloake des Weibchens eingeführt wird. Bei den übrigen Vögeln werden bei der Samenübertragung lediglich die Kloakenmündungen aufeinandergepreßt.

C. Spezieller Teil

Columba livia, Haustaube

Wir betrachten zuerst die äußere Körperform. Der ganze Körper ist mit Federn bedeckt. Federfrei sind nur der von zwei hornigen Kiefern gebildete Schnabel und die unteren Teile der Hinterextremitäten, die an der Vorderseite quergestellte Hornschilder, an der Rückseite einen netzförmig gefelderten Hornüberzug aufweisen. Der Kopf ist durch einen schlanken Hals mit dem Rumpf verbunden. Der Oberschnabel überragt den Unterschnabel ein wenig. Zu beiden Seiten des Oberschnabels finden sich zwei Spalten, die Nasenlöcher. Die Basis des Oberschnabels ist bedeckt von einer weichen, gekörnten, wulstig vorgewölbten Haut, der Wachshaut. Die runden Augen sind von einem nackten Hautring umgeben. Um die große Pupille zieht sich eine zinnoberrote Iris. Im inneren (vorderen) Augenwinkel findet sich die Nickhaut, die wir mit der Pinzette erfassen und über das Auge ziehen können. Hinter dem Auge liegt die Öffnung des äußeren Gehörganges. An seinem Grund ist das Trommelfell ausgespannt.

An den Beinen sehen wir drei nach vorn gerichtete Vorderzehen und eine in gleicher Höhe wie die Vorderzehen eingelenkte, nach hinten gerichtete Hinterzehe. Die Zehen sind nicht, wie z.B. bei den Wasservögeln, durch dazwischen ausgespannte Hautlappen verbunden, und der Fuß wird daher als «Spaltfuß» bezeichnet. Am Ende jeder Zehe findet sich auf ihrer Dorsalseite ein kurzer, hakenförmig gebogener Nagel.

Die Federn sind von zweierlei Art. Die Oberfläche bedecken die größeren, steiferen Deck- oder Konturfedern, während die gekräuselten, kleinen, weichen Flaumfedern darunterliegen. Die Konturfedern der Flügel, die Schwungfedern, und die des Schwanzes, die Steuerfedern, sind besonders groß. Breiten wir einen Flügel aus, so lassen sich an ihm äußerlich folgende Abschnitte unterscheiden. 10 lange Federn, die Handschwingen, sind an der Hand befestigt. Es folgen dann etwa 11–15 Armschwingen, die am Unterarm sitzen, und nach innen von diesen der kleinere Schulterfittich. Eine kleine, abgesonderte Portion, die dem rudimentären Daumen (nach anderer Deutung dem rudimentären 2. Finger) aufsitzt, ist der Nebenfittich. Der Basis der Schwungfedern liegen dachziegelartig kleinere Deckfedern auf. Am Schwanz sind 12–16 Steuerfedern vorhanden.

Wir rupfen eine Feder aus und betrachten sie genauer. Es lassen sich an ihr zwei Teile unterscheiden, ein Achsenteil, der Kiel, und die seitlich daran ansitzenden Äste (Rami), die in ihrer Gesamtheit die Federfahne bilden. Der Achsenteil zerfällt in einen unteren Abschnitt, die Spule (Calamus), die in eine Hauteinstülpung eingesenkt ist, und den Schaft (Rhachis). Die Spule ist ein Hohlzylinder, der Schaft voll und abgeplattet. Untersuchen wir die Fahne mit der Lupe, so erkennen wir, daß jeder Ramus entlang seiner vorderen und hinteren Kante dicht besetzt ist mit viel feineren und kürzeren Nebenästen, die als Radii bezeichnet werden. Sie gehen unter spitzem Winkel vom Ramus ab, so daß sich die Radii zweier benachbarter Äste überkreuzen. Da die Nebenäste mit kleinen Häkchen (Hamuli oder Radioli) ausgestattet sind, bedarf es einiger Kraft, um sie voneinander zu trennen.

Nun wird die Taube gerupft, indem ihr die Federn in der Längsrichtung der Federstellung mit einem kurzen Ruck ausgerissen werden. In der Halsgegend nur wenige Federn auf einmal ausreißen, da hier die Haut sehr dünn ist und leicht einreißt.

Wir sehen nunmehr, daß die Deckfedern nicht gleichmäßig über den Rumpf verteilt sind, sich vielmehr auf bestimmte Zonen, die «Fluren» (Pterylae), beschränken, zwischen denen sich federlose Stellen, die «Raine» (Apteria), hinziehen.

Bevor wir mit der Präparation beginnen, wird eine spitz ausgezogene Glasröhre in den Kehlkopf eingeführt und Luft hineingeblasen, wodurch die Luftsäcke gefüllt werden. Man beachte die Volumenzunahme des Abdomens! Nun wird die Taube mit der Bauchseite nach oben in das Wachsbecken gelegt und mit starken Nadeln, die durch Flügel, Beine und Schnabel gesteckt werden, befestigt. Mit dem Präpariermesser schneiden wir die Haut in der Medianlinie dicht neben dem Kamm des Brustbeins auf und führen den Schnitt nach hinten bis zur Kloake, nach vorn bis zum Schnabel weiter. In der Gegend des Kropfes muß ganz oberflächlich geschnitten werden. Dann wird die Haut von der Mitte zu den Seiten hin abpräpariert.

Dem Brustbein liegt der mächtige Musculus pectoralis maior auf, der als Herabzieher des Flügels wirkt. Der Flügelheber, der M. pectoralis minor, ist kleiner und liegt, für uns noch nicht sichtbar, unter dem großen Brustmuskel. Vorn zweigt sich jederseits ein kleines, schmales Muskelbündel in die Haut ab, der Hautbrustmuskel.

Wir schneiden nun den rechten, großen Brustmuskel ganz am Kiel des Brustbeines entlang ab. In etwa 1 cm Tiefe stoßen wir auf den M. pectoralis minor. Zwischen die beiden Brustmuskeln schiebt sich der Ausläufer eines Luftsackes ein, der sich durch erneutes Aufblasen deutlich machen läßt. Den großen Brustmuskel drücken wir nun mit den Fingern zur Seite und präparieren ihn von hinten her von der Brustbeinfläche und M. pectoralis minor ab, bis wir im vorderen Bereich in der Tiefe und ziemlich weit seitlich Gefäße erkennen, die nach lateral ziehen. Es sind dies die Armarterie und die Armvene. Vorsichtig lösen wir den M. pectoralis maior auch noch von dem Gabelbein und klappen ihn dann zur Seite. Um stärkere Blutungen zu vermeiden, werden die Armgefäße vor dem Durchtrennen abgebunden: Wir fassen ein Stück Bindfaden mit der Pinzettenspitze und führen das eine Ende unter den Gefäßen durch, verknoten genügend fest und schneiden die Adern lateral vom Faden durch. Nun können wir beide Brustmuskeln völlig vom Brustbein ablösen und durch abwechselndes Ziehen an ihren Sehnen die Wirkung auf die Vorderextremitäten demonstrieren. –
Jetzt führen wir die gleichen Präparationsschritte auch auf der linken Seite aus, um dann das gesamte Brustbein in folgender Weise abzuheben: Zunächst wird mit der Schere ein Schnitt am Hinterrand des Brustbeines entlang bis zu den Rippen geführt, dann die Rippen in den Sternocostalgelenken, die man leicht fühlen kann,durchschnitten. Nun werden vorsichtig die die beiden Coracoide und das Gabelbein bedeckenden Muskeln bis zu den Schultergelenken abpräpariert, die Eingelenkungen des Gabelbeins am Schultergürtel und die der Coracoide am Brustbein gelöst und schließlich das Brustbein unter stetem Abpräparieren abgehoben. Das Abdomen öffnen wir durch einen einfachen, bis zur Kloake geführten Medianschnitt (Abb. 210).

Etwa in der Mitte des Präparates liegt das Herz, das von konischer Form ist und an relativer Größe dasjenige wechselwarmer Wirbeltiere erheblich übertrifft. Es ist vom Perikard überzogen, das wir mit Pinzette und Schere wie üblich sorgfältig entfernen. Außerdem präparieren wir die aus dem Herzen entspringenden Gefäße frei. Wir erkennen am Herzen die beiden dünnwandigen Vorkammern, die von den beiden viel muskelkräftigeren Herzkammern äußerlich durch einen gelben Fettbelag geschieden werden. Etwa in der Mitte des Herzens tritt ein, von der linken Herzkammer kommender, großer Gefäßstamm aus, der sich sofort in drei Gefäße, die rechte und die linke Kopfarmarterie (Truncus brachiocephalicus dexter und

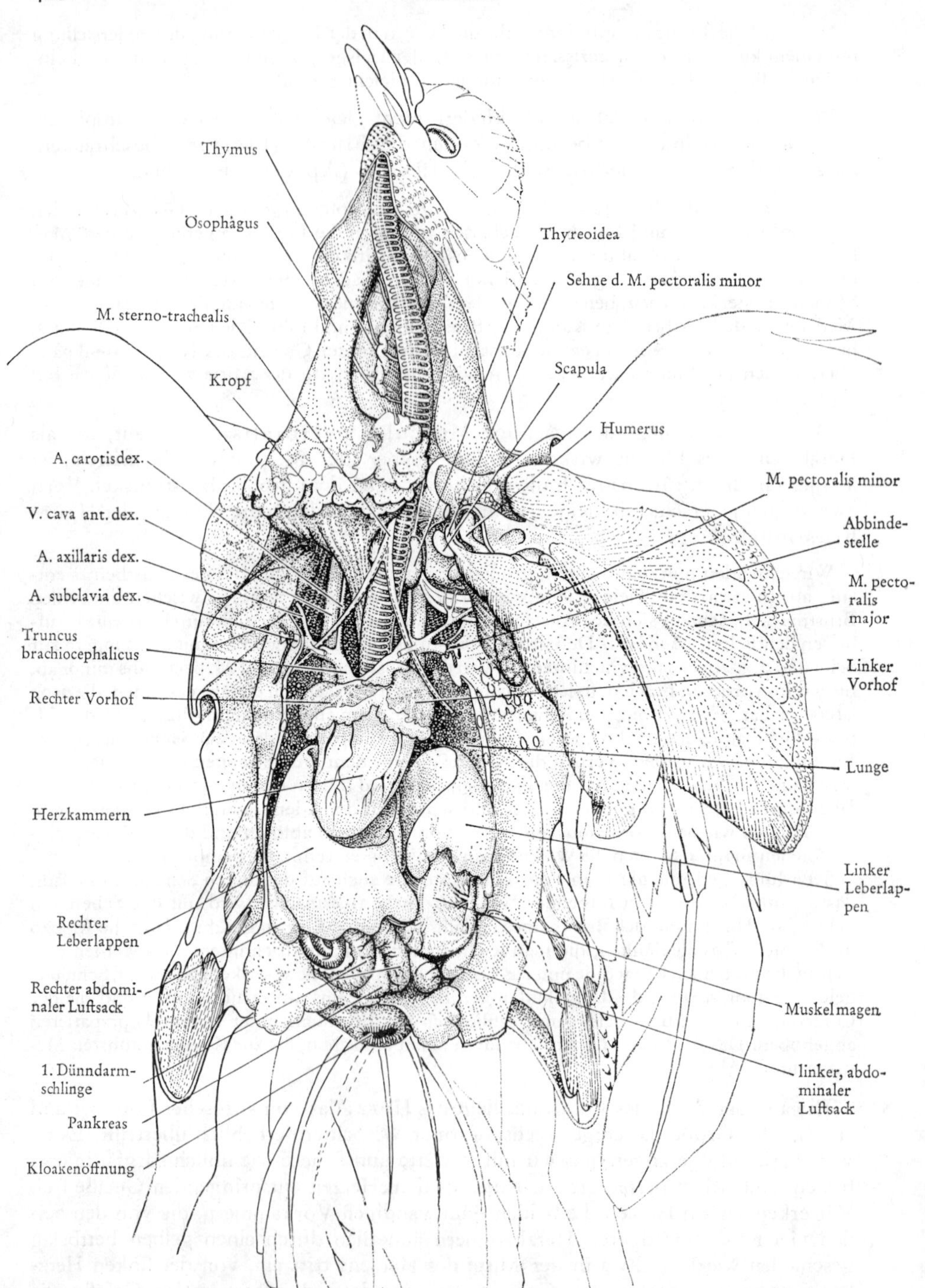
Thymus
Ösophagus
Thyreoidea
Sehne d. M. pectoralis minor
M. sterno-trachealis
Scapula
Kropf
Humerus
A. carotis dex.
M. pectoralis minor
V. cava ant. dex.
Abbindestelle
A. axillaris dex.
M. pectoralis major
A. subclavia dex.
Truncus brachiocephalicus
Linker Vorhof
Rechter Vorhof
Lunge
Herzkammern
Linker Leberlappen
Rechter Leberlappen
Rechter abdominaler Luftsack
Muskelmagen
1. Dünndarmschlinge
linker, abdominaler Luftsack
Pankreas
Kloakenöffnung

Abb. 210: Anatomie einer Haustaube

sinister) und in die nach rechts hinten umbiegende Aorta aufteilt. Jede Kopfarmarterie teilt sich in der Weise weiter auf, daß sie zunächst nach oben die den Kopf versorgende A. carotis abgibt, während sich der andere Ast, die A. subclavia, nach Abgabe eines Zweiges an die Brustmuskeln in die A. axillaris fortsetzt, die später zur A. brachialis wird. Der Aortenbogen wird in der Tiefe zwischen den

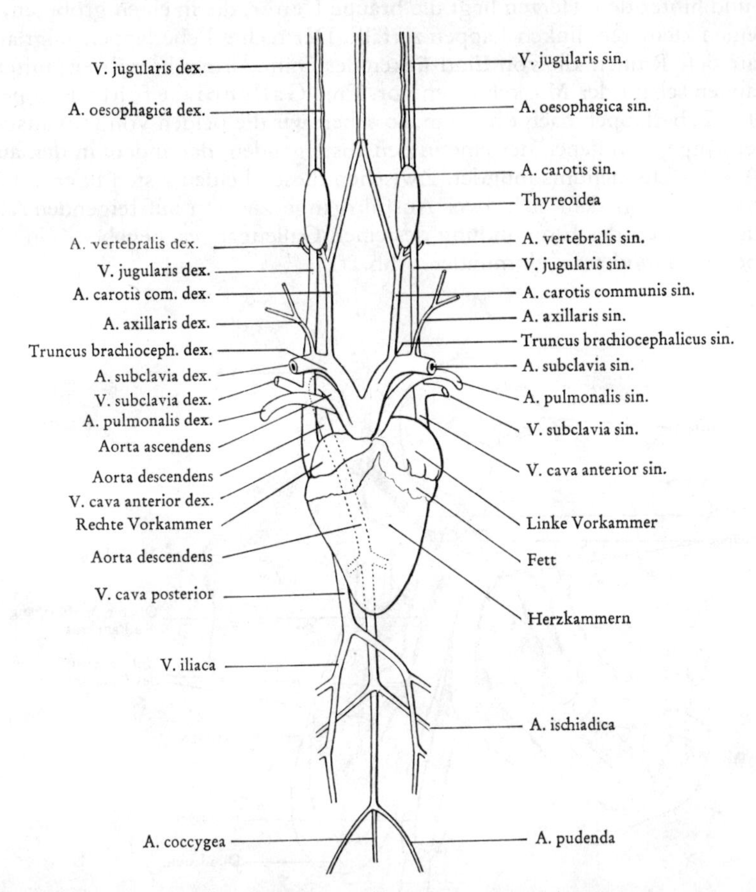

Abb. 211: Herz und wichtigste Arterien- und Venenstämme der Taube. Um die aus dem Herzen entspringenden Gefäßsysteme deutlicher sichtbar werden zu lassen, ist das Herz etwas nach hinten gezogen. (Nach Röseler und Lamprecht)

beiden Kopfarmarterien deutlich sichtbar, wenn wir das Herz etwas nach hinten und nach links drücken. Die beiden Lungenarterien (Aa. pulmonales) – sie entspringen gemeinsam aus der rechten Herzkammer – sind schwieriger zu finden. Auf die rechte stoßen wir, wenn wir den Aortenbogen nach oben und die rechte Herzkammer nach unten drücken, in der Tiefe unter der Wölbung des Aortenbogens, während die linke sichtbar wird, wenn man das Herz vorsichtig nach rechts und ventral aus seinem Bett heraushebt und es dabei so um seine Längsachse dreht, daß beim Anblick von seitlich links ein Teil seiner Dorsalseite sichtbar wird. Unter, also dorsal von der linken Lungenarterie verläuft parallel zu ihr der linke Bronchus, caudal von beiden zieht nahe der Körpermitte in engem Bogen die linke Lungenvene zur linken Vorkammer. Sie hat sich – aber das ist in diesem Präparationsstadium nicht zu sehen – kurz vorher und zwar schon innerhalb des Herzbeutels mit der rechten V. pulmonalis vereinigt. – Drei große Venenstämme (zwei obere und eine untere Hohlvene) bringen das venöse Körperblut in die rechte Vorkammer zurück. Vergleiche auch Abb. 211.

Unter und hinter dem Herzen liegt die braune Leber, die in einen größeren, rechten und einen kleineren, linken Lappen zerfällt. Der rechte Leberlappen zeigt auf der Dorsalseite tiefe Rinnen, die von Eindrücken des Dünndarmes herrühren; unter dem linken Lappen schaut der Muskelmagen vor. Eine Gallenblase fehlt. Klappen wir den rechten Leberlappen nach oben um, so sehen wir die beiden von ihm ausgehenden Gallengänge, von denen der eine in den absteigenden, der andere in den aufsteigenden Ast des Duodenums mündet. Zwischen diesen beiden Ästen liegt das weißrote Pankreas, von dem sich zwei Ausführgänge zu dem aufsteigenden Ast des Duodenums, unweit der Einmündung des einen Gallenganges, begeben, ein dritter weiter oben ins Duodenum einmündet (Abb. 212).

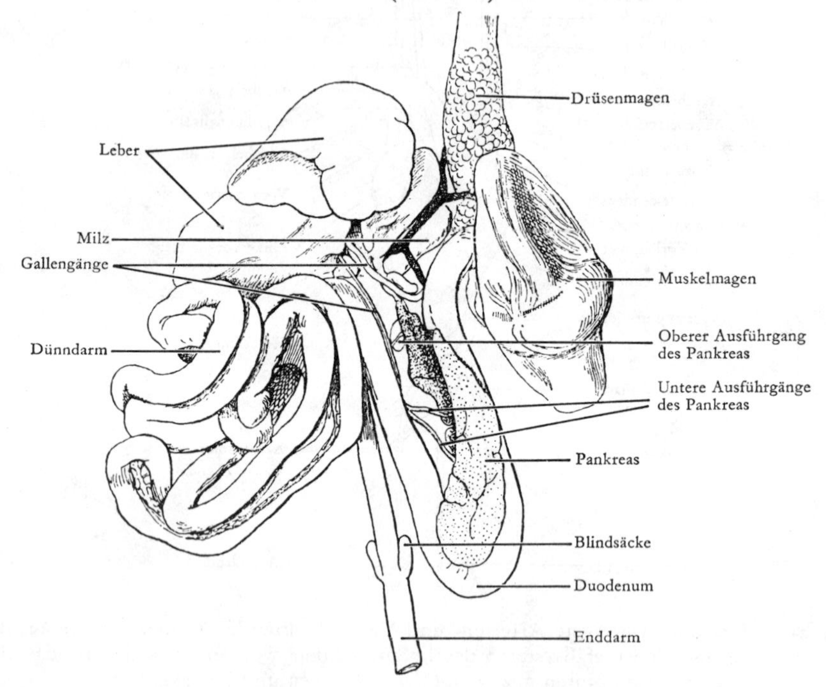

Abb. 212: Darmtrakt der Taube

Wir schneiden nunmehr die Leber ab und nehmen sie heraus.

Dadurch wird der Darmtrakt deutlicher sichtbar. Wir fangen bei seiner Untersuchung mit der Mundhöhle an, indem wir die Mundwinkel ein Stück weit aufschneiden. In der langen und weiten Mundhöhle liegt die schmale, hornige Zunge. Sie umfaßt nach hinten zu mit zwei seitlichen Ausläufern eine Schleimdrüse, die Hinterzungendrüse. Weiter hinten liegt die von dicken Lippen umstellte Stimmritze. Am Dach der Mundhöhle stellt ein langer, schmaler, von kurzen Papillen begrenzter Schlitz im Gaumen die hintere Nasenöffnung (Choane) dar. Dahinter finden sich die Öffnungen der Tubae Eustachii.

Der Ösophagus erweitert sich zu einem großen, häutigen Sack, dem Kropf, und zieht dann zum Drüsenmagen weiter. Im Kropf der Tauben entstehen während der Brutzeit bei Männchen wie Weibchen durch fettige Degeneration von Epithelzellen krümelige, käsige Massen, mit denen die Jungen gefüttert werden. In erster Linie dient aber auch hier der Kropf der Aufspeicherung, Quellung und Vorverdauung der Körnernahrung. Der schlanke, aber dickwandige Drüsenmagen oder Vormagen ist mit zahlreichen, wohl erkennbaren Drüsen besetzt, die Pepsin absondern. Seinem Hinterrand ist die kleine, abgeplattete Milz angeheftet. Auf ihn folgt der Muskelmagen, der außerordentlich fest ist und einen Sehnenüberzug aufweist. Wir schneiden den Magen quer durch, um uns die Stärke seiner Muskulatur und die von Drüsen seiner Innenwand abgeschiedenen Reibplatten zur Anschauung zu bringen. Von der dorsalen Fläche des Muskelmagens entspringt das Duodenum, das eine das Pankreas umfassende Schlinge bildet. Dann folgt der in zahlreiche Windungen gelegte Dünndarm, dessen Ende durch zwei kurze, seitliche Blindsäcke bezeichnet wird. Das Rectum mündet in die weite Kloake ein, die sich in einer quergelagerten, von einem Ringmuskel umfaßten Spalte öffnet.

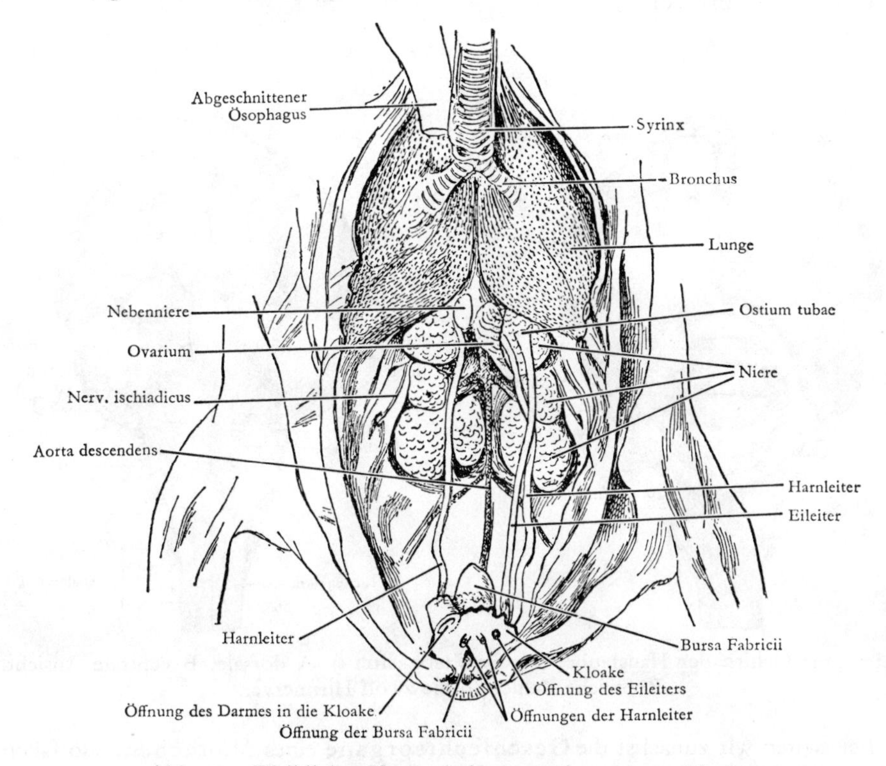

Abb. 213: Weiblicher Urogenitalapparat einer jungen Taube

Das Respirationssystem beginnt mit dem oberen Kehlkopf (Larynx), der sich, wie wir sahen, durch eine Längsspalte in die Mundhöhle öffnet. Er bildet, durch Knorpelringe gestützt, eine feste Kapsel. Die von ihm abgehende Luftröhre ist ebenfalls von zahlreichen Knorpelringen umgeben und erweitert sich am kaudalen Ende zu dem unteren Kehlkopf oder Syrinx, in dem allein die Töne erzeugt werden. Zwei kleine Muskeln, die an der Trachea inserieren (s. Abb. 210), sind die Mm. sternotracheales. Die beiden kurzen Bronchien, in die sich die Luftröhre gabelt, treten in die Lungen ein. Die Lungen sind hellrote, relativ kleine Gebilde, etwa von Gestalt dreiseitiger Pyramiden, die dorsal im Brustraum festgeheftet sind und sich zwischen die Rippen einschmiegen. Von den Lungen gehen die Luftsäcke aus, die wir schon vor Beginn der Präparation durch Aufblasen sichtbar gemacht hatten.

Von Drüsen am Hals bemerkt man den Thymus, der als langgestrecktes, gewundenes Band die Luftröhre jederseits begleitet, und dahinter, dicht vor den Bronchien, die rotbraune Thyreoidea, jederseits zwischen der Carotis und Subclavia gelegen.

Der Darm wird jetzt vor der Kloake abgebunden, durchschnitten und herausgenommen. Damit liegt das Urogenitalsystem frei.

Die Nieren sind ansehnliche Körper, die hinter den Lungen beginnen und jederseits in drei Portionen zerfallen. Sie werden vom Bauchfell überzogen, liegen also außerhalb der Bauchhöhle. Die Harnleiter entspringen auf der ventralen Fläche und münden in die Kloake ein. Vor den Nieren liegen die kleinen, gelblichen oder rotbraunen Nebennieren.

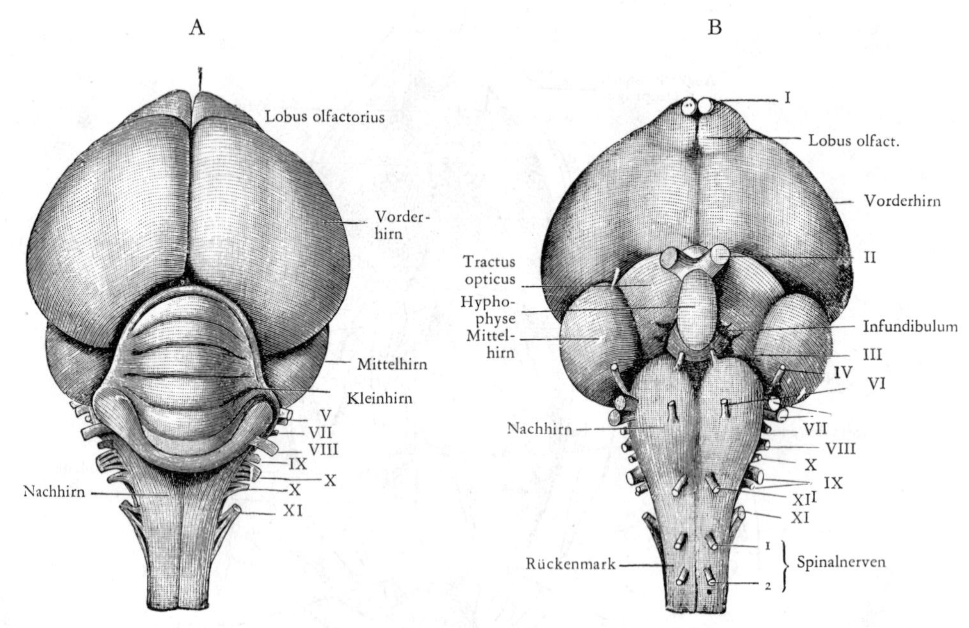

Abb. 214: Gehirn der Haustaube. (Nach WIEDERSHEIM). A dorsale, B ventrale Ansicht. Römische Zahlen = die zwölf Hirnnerven

Betrachten wir zunächst die Geschlechtsorgane eines Männchens, so fallen die in der Brunstzeit großen, bohnenförmigen Hoden besonders auf; der rechte ist etwas kleiner als der linke. Ihre Ausführungsgänge, die Vasa deferentia, verlaufen neben den Harnleitern, überkreuzen sie und münden ebenfalls in die Kloake ein.

Beim Weibchen ist nur der linke Eierstock, ein traubiges Gebilde, festzustellen, da der rechte fast völlig verkümmert. Der Eileiter ist der Körperwand angeheftet. Er beginnt mit einem weiten, trichterförmigen Ostium, hat einen geschlängelten Verlauf und erweitert sich im unteren Abschnitt zum Uterus; bei jungen Tieren (siehe Abb. 213) ist der Uterus noch nicht ausgeprägt.

Schneiden wir mit der Schere die ventrale Kloakenwand längs auf, so finden wir in der Kloake die paarigen Mündungen der Ureteren und seitlich von ihnen beim Männchen die auf Papillen sitzenden Mündungen der Samenleiter. Die Mündung des Eileiters in die Kloake liegt seitwärts von der des linken Ureters. Eine symmetrisch liegende, aber viel feinere Öffnung auf der rechten Seite stellt diejenige des rudimentären rechten Eileiters dar.

In die Kloake mündet auch die Bursa Fabricii, eine Aussackung mit drüsiger Wandung. Ihre funktionelle Bedeutung ist nicht völlig geklärt, doch scheint es sich um eine Drüse zu handeln, die auch inkretorisch tätig und für die Ausbildung der Geschlechtsreife von Bedeutung ist. Die Öffnung der Bursa Fabricii liegt median hinter denen der Ureteren.

Zur Präparation des Gehirns wird der Schädel vom Hinterhauptsloch her mit einer starken Schere geöffnet und die Schädeldecke sowie die angrenzenden Teile der Schädelseitenwand Stück für Stück abgetragen, bis die Oberseite des Gehirns in ganzer Ausdehnung freiliegt. Dann löst man das Gehirn auf der Ventralseite los, indem man von hinten nach vorn präpariert und die abgehenden Nerven möglichst weit von ihrem Ursprung abschneidet.

Die beiden Hemisphären des Vorderhirnes (Großhirnes) sind umfangreich, doch ohne jede Furchung; nach vorn zu verschmälern sie sich und überlagern jederseits einen kleinen Lobus olfactorius. Bei Betrachtung von der Dorsalseite hat man den Eindruck, als ob sich an das Großhirn unmittelbar das Kleinhirn anschlösse. Biegen wir aber diese beiden Hirnabschnitte etwas auseinander, so tritt zwischen ihnen das Zwischenhirn mit der kleinen, kaudalwärts umgebogenen Epiphyse zutage. Auf der Ventralseite sitzen dem Zwischenhirn das Chiasma opticum und dahinter die umfangreiche Hypophyse an. Die Sehhügel des Mittelhirnes treten infolge ihrer starken Entwicklung auch bei dorsaler Ansicht zutage. Ganz besonders mächtig ist das Kleinhirn (Hinterhirn) entwickelt, dessen Mittelstück, der «Wurm», eine Querfaltung aufweist. Die Rautengrube des Nachhirns wird vom Kleinhirn völlig überdeckt.

Über die Hirnnerven orientiert Abbildung 214.

V. Mammalia, Säugetiere

A. Technische Vorbereitungen

Zur praktischen Einführung in die Anatomie der Säugetiere sind größere Arten wie Kaninchen, Katzen und Hunde besser geeignet als kleine. Trotzdem wird man heute, schon aus Gründen der Sparsamkeit, meist kleinere Arten vorziehen. Ebenso leicht zu beschaffen, nicht teuer und zudem erheblich größer als der oft verwendete Goldhamster, ist die weiße Zuchtform der Hausratte, die wir verwenden wollen. Die Tiere werden kurz vor der Präparation in großen Gefäßen durch Chloroform getötet. Präpariert wird in großen Wachsbecken. Das oft reichlich entwickelte Fettgewebe kann die Präparation sehr erschweren. Es empfiehlt sich daher, die Tiere in den letzten Wochen vor der Präparation nur gerade ausreichend zu füttern.

B. Allgemeine Übersicht

Die Säugetiere werden als die am höchsten entwickelten Wirbeltiere betrachtet. Ihr Name besagt, daß sie ihre Jungen mit dem Sekret spezialisierter Hautdrüsen (Milchdrüsen) ernähren. Das trifft für alle Säugetiere zu, wenn auch die niedersten von ihnen, die Monotremen, infolge des Fehlens von Zitzen noch kein eigentliches «Säugen» vollziehen können. Man hat die Säugetiere auch als «Haartiere» bezeichnet, nach einem Merkmal, das nur ihnen zukommt.

Die Haut der Säugetiere ist also einmal durch den Besitz eines Haarkleides ausgezeichnet; wo ein solches fehlt, ist es sekundär reduziert worden. Charakteristisch für die Säugetierhaut ist ferner ihr Drüsenreichtum und schließlich die stark entwickelte Epidermis; die noch erheblich stärkere Cutis ist meist von lederartiger Festigkeit.

Die Haare sind, wie die Federn der Vögel, aus verhornten Epidermiszellen aufgebaut, stellen aber im Gegensatz zu den Federn keine modifizierten Reptilienschuppen dar. Sie sind somit den Federn analoge, jedoch nicht homologe Bildungen der Säugerhaut. Das Haar besteht aus einem elastischen, zylindrischen Hornfaden, dem Schaft, und einem in die Haut eingesenkten Teil, der Haarwurzel. In den untersten, zwiebelförmig aufgetriebenen Teil der Haarwurzel stülpt sich von unten her eine blutgefäßreiche Cutispapille ein. Die Hauteinsenkung, in der die Haarwurzel sitzt, wird der Haarbalg genannt. Seine Wand, die demnach eingestülpte Epidermis ist, wird als Wurzelscheide bezeichnet. Nach außen von der Wurzelscheide bildet das umgebende Bindegewebe eine Haarbalgscheide aus. An den Haarbalg herantretende glatte Muskeln (Arrectores pilorum) vermögen das Haar aufzurichten. In den Haarbalg münden Drüsen von acinösem (traubigem) Bau ein, die Talgdrüsen.

Die Haare können als feinere Wollhaare und stärkere Grannenhaare auftreten; die Grannenhaare können zu Borsten und Stacheln umgewandelt sein. Alle Haare dienen, da an ihre Wurzeln die Endverzweigungen sensibler Nerven herantreten, nebenbei als Tastorgane. Hierfür besonders spezialisiert sind die auch als Sinushaare bezeichneten Sinneshaare, wie sie sich namentlich an der Oberlippe vieler Säuger finden.

Bei manchen Säugetieren ist die Haut von Hornschuppen oder -platten bedeckt, die denen der Reptilien entsprechen. Hautknochen kommen hier und da vor, besonders stark entwickelt bei fossilen Formen. Horngebilde an den Endgliedern der Extremitäten sind die Krallen, Hufe und Nägel.

Außer den schon erwähnten Talgdrüsen, die fast stets in Verbindung mit den Haarbälgen stehen, finden sich in der Haut tubulöse (schlauchförmige) Schweißdrüsen vor. Die Milchdrüsen leiten sich vermutlich von den gleichen indifferenten Drüsengebilden der Haut her, die auch die Schweißdrüsen entstehen ließen, haben aber frühzeitig eine divergente Entwicklung eingeschlagen. Bei den Monotremen münden die schlauchförmigen Milchdrüsen getrennt auf einer begrenzten, weniger behaarten Stelle der Bauchhaut (Mammarfeld). Von den Marsupialiern an bilden sich Zitzen (Brustwarzen) aus, Erhebungen der Haut, in denen die Drüsenmündungen zusammengefaßt sind. Die Zahl der Zitzen schwankt von 2 bis über 20. Sie liegen jederseits in einer Reihe, die von der Achselhöhle bis zur Weichengegend reicht.

Der Schädel ist wie der der Amphibien durch zwei Condylen mit der Wirbelsäule verbunden; doch dürfen wir nicht außer acht lassen, daß die Schädelgrenze bei Säugetieren (wie bei allen Amnioten) um drei Segmente weiter rückwärts liegt als bei Amphibien. Embryologische Befunde sprechen dafür, daß die Dicondylie des Säugetierschädels aus der Monocondylie des Reptilienschädels durch Zerlegung des einfachen Gelenkhöckers entstanden ist.

Das Primordialcranium der Säugetiere schließt in vielen Punkten an den Knorpelschädel der Reptilien an. Der tropibasische Ausgangscharakter des Säugetierschädels ist durch die starke Entwicklung des Gehirns wie auch des Geruchsorgans verwischt worden: Hirnkapsel und Nasenkapsel stoßen aneinander, das (embryonal nachweisbare) Septum interorbitale verschwindet. In den Aufbau des definitiven Schädels werden nur Abschnitte der Ethmoidalregion des Knorpelschädels übernommen.

Der knöcherne Schädel zeigt eine weitgehende Verschmelzung ursprünglich getrennter Skelettelemente. So können die vier Knochen der Hinterhauptsregion, das Basioccipitale, die beiden Exoccipitalia und das Supraoccipitale, zu einem einheitlichen Os occipitale verschmelzen. In der Keilbeinregion liegen unten das Basisphenoid, davor das Praesphenoid, seitlich die Alisphenoide, davor die Orbitosphenoide; sie alle vereinigen sich oft zum einheitlichen Keilbein mit seinen zwei Flügelpaaren. Das Schädeldach wird durch paarige oder verschmolzene Parietalia und durch die Frontalia gebildet, die ebenfalls verschmelzen können. Zwischen die Parietalia schieben sich die Interparietalia ein, die meist untereinander und mit dem Supraoccipitale verschmelzen. Ein hinterer Abschnitt der knorpeligen Nasenscheidewand verknöchert als Mesethmoid, dem sich seitlich die paarigen Exethmoidea anschließen, die die Seitenwände der Nasenhöhle und die stützenden Einlagerungen der Riechmuscheln (Ethmoturbinalia) bilden. Das Dach der Nasenregion wird von den paarigen Nasalia gebildet. Maxillaria und meist auch Praemaxillaria sind stark entwickelt. Von den Knochen der Gaumenreihe beteiligt sich das Palatinum gemeinsam mit den beiden eben genannten Knochen an der Bildung des harten Gaumens, während das Pterygoid meist unscheinbar wird und sich einem absteigenden Fortsatz (Processus pterygoideus) des Basisphenoids anschließt. Die Vomeres sind zu einem unpaaren Knochen geworden, der den Unterrand der Nasenscheidewand umfaßt, das Parasphenoid ist meist spurlos geschwunden.

Die durch die Größenzunahme des Gehirns an den Boden des Schädels gedrängte Labyrinthkapsel verknöchert als Perioticum (Petrosum), das in der Hauptsache dem Prooticum, in seinem Mastoidteil dem Opisthoticum der Reptilien entspricht. Mit dem Perioticum verbinden sich vielfach (z.B. bei *Homo*) das Squamosum und das Tympanicum zu einem einheitlichen Knochenstück, dem Os temporale. Das Squamosum nimmt an der Umwandung der Hirnhöhle teil und entsendet nach vorn einen Fortsatz, der gemeinsam mit dem Jugale den Jochbogen bildet. Das Tympanicum ist wahrscheinlich auf das Angulare, einen Deckknochen des Reptilien-Unterkiefers, zurückzuführen. Es bildet ursprünglich einen Knochenring, in dem das Trommelfell ausgespannt ist. Von seinem Unterrand aus kann ein knöcherner Boden der Paukenhöhle entstehen (Bulla ossea).

Vom Palatoquadratknorpel kommt nur der hintere Abschnitt zur Anlage; er verknöchert als Incus (Amboß), ein Homologon des Quadratums der übrigen Wirbeltierklassen. Mit ihm gelenkt der Malleus (Hammer), eine Verknöcherung des hintersten Stückes des knorpeligen Unterkiefers (Mandibulare, Meckelscher Knorpel), also ein Homologon des Articulare der Nicht-Mammalia. Incus und Malleus werden bei Säugetieren in die Paukenhöhle aufgenommen, werden Teile des schalleitenden Apparates, Gehörknöchelchen. Das Kiefergelenk der Säugetiere ist eine Neubildung, es liegt zwischen Squamosum (oben) und Dentale (unten). Das dritte Gehörknöchelchen, der Stapes (Steigbügel), ist auf die schon bei Amphibien und Reptilien vorhandene Columella und somit auf das Hyomandibulare der Fische zurückzuführen.

Die Wirbelsäule läßt im allgemeinen fünf Regionen unterscheiden: Hals-, Brust-, Lenden-, Kreuzbein- und Schwanzregion. Die Zahl der Halswirbel beträgt (mit wenigen Ausnahmen) sieben, gleichgültig ob der Hals sehr lang oder stark verkürzt ist. Die Brustwirbel haben besonders starke Dornfortsätze und tragen die Rippen, die meist mit zwei Gelenkhöckern, Tuberculum und Capitulum, inserieren. Ins Kreuzbein treten ursprünglich zwei Wirbel ein, ihre Zahl erhöht sich aber meist durch Angliederung einiger Lenden- und Schwanzwirbel. Die Wirbelkörper der Säugetiere sind schwach bikonkav, seltener opisthocöl, und durch elastische, aus Faserknorpel bestehende Zwischenwirbelscheiben miteinander verbunden. – Ein Sternum ist überall entwickelt; es besteht aus mehreren, hintereinander liegenden Knochenstücken. Ein Episternum kommt nur bei Monotremen vor.

Von den drei Elementen des Schultergürtels ist das Schulterblatt (Scapula) bei allen Säugetieren entwickelt. Das Coracoid ist nur bei den Monotremen ein selbständiger, bis zum Brustbein reichender Knochen; es wird bei den anderen Säugern rudimentär und erscheint als Processus coracoideus des Schulterblattes. Die Clavicula fehlt vielen guten Läufern, außerdem aber den Sirenen und Cetaceen.

Die drei Knochenpaare des Beckengürtels verwachsen frühzeitig zu einem einheitlichen Hüftknochen. Die Schambeine treten fast stets zu einer Symphyse zusammen, an deren Bildung sich oft auch die Sitzbeine beteiligen. Zur Stütze des Beutels finden sich bei Monotremen und Marsupialiern, dem Vorderrand des Beckens angegliedert, die beiden stabförmigen Beutelknochen.

Das Skelett der freien Extremität ist ihrer sehr verschiedenartigen Verwendung entsprechend (Lauf-, Sprung-, Kletter-, Greif-, Grab-, Schwimm- und Flugextremität) mannigfach umgewandelt, ohne dabei in seinem Aufbau den Grundbauplan der Tetrapodenextremität zu verleugnen.

Das Gehirn der niederen Säugetiere schließt sich an das der Reptilien an, bei den höheren kommt es zu einer immer stärkeren Ausbildung der Großhirnhemisphären, die schließlich alle übrigen Gehirnteile dorsal überlagern. Zwischen den beiden Hemisphären bildet sich eine starke Kommissur aus, der Balken (Corpus callosum). Der Hirnmantel (Pallium) legt sich bei den höheren Formen in Falten, die in ihrem Verlauf eine gewisse Konstanz zeigen. Auch das Kleinhirn ist mächtig entwickelt; seine Seitenteile setzen sich als ansehnliche Kleinhirnhemisphären vom medianen Wurm ab. Unten liegt die Brücke (Pons Varoli) als starkes Kommissurensystem zwischen den Kleinhirnhemisphären. Durch die starke Entwicklung einzelner Hirnteile ist eine dreifache Knickung der Hirnachse, Nackenbeuge, Brückenbeuge und Scheitelbeuge, besonders stark ausgeprägt.

Von Sinnesorganen finden sich in der Haut verschiedene Typen von Hautsinnesorganen sowie zahlreiche freie Nervenendigungen; sie dienen als Rezeptoren mechanischer und thermischer Reize. – Die Geschmacksorgane, knospenförmige Zusammenfassungen einiger Sinneszellen und Stützzellen, finden sich hauptsächlich auf der Zunge und sind hier zu mehreren bis sehr vielen auf Geschmackspapillen vereint.

Das hochentwickelte Auge wird durch ein oberes und ein unteres Augenlid geschützt; die Nickhaut ist meist rudimentär geworden. Dreierlei Drüsen stehen mit dem Auge in Verbindung: die Meibomschen Drüsen, die am freien Rand des Oberlides ausmünden, die Hardersche Drüse des vorderen (inneren) Augenwinkels und die Tränendrüse, die gewöhnlich am hinteren (seitlichen) Winkel der Augenhöhle liegt.

Am Labyrinth ist die Lagena stark ausgewachsen und durch spiralige Einrollung zur Schnecke (Cochlea) geworden, ihr Sinnesepithel zu dem kompliziert gebauten Cortischen Organ. Zum Mittelrohr tritt fast stets ein aus Gehörgang und Ohrmuschel bestehendes äußeres Ohr.

Auch das Geruchsorgan ist in der Regel weit höher entwickelt als das aller übrigen Wirbeltiere. Seine perzipierende Oberfläche hat durch Ausbildung zahlreicher, kompliziert gespaltener und gefalteter (Siebbeinlabyrinth!) Ethmoturbinalia stark an Ausdehnung gewonnen. Auch das vor den Riechmuscheln liegende, mit Schleimhaut bekleidete Maxilloturbinale ist meist stark verästelt, gefaltet oder eingerollt. Oberhalb des Maxilloturbinale findet sich noch ein einfacheres Nasoturbinale. Vielfach entwickeln sich von der Nasenhöhle aus Lufträume in die angrenzenden Knochen hinein, im Stirnbein z.B. die Stirnhöhle und in den Kieferknochen die Kieferhöhlen. Die Choanen (sekundäre Choanen) liegen infolge der Ausbildung des knöchernen Gaumens weit hinten.

Das Gebiß der Säugetiere ist meist heterodont, d.h. die einzelnen Zähne sind der Form nach verschieden (Schneidezähne, Eckzähne, Backenzähne); wo ein homodontes Gebiß auftritt (z.B. bei den Zahnwalen), ist es sekundär aus einem heterodonten entstanden. Ferner sind die Säugetiere diphyodont, d.h. es treten zwei Generationen von Zähnen auf (Milchgebiß und Dauergebiß). Die schon im Milchgebiß vorhandenen Backenzähne werden als Prämolaren bezeichnet; sie werden gewechselt. Die hinter ihnen auftretenden Backenzähne sind die Molaren. An die zahlreicheren Zahngenerationen der niederen Wirbeltiere sollen Spuren zweier weiterer Dentitionen erinnern. Die eine, die prälacteale, soll vor dem Milchgebiß auftreten, die andere, die postpermanente, nach dem Dauergebiß. Die Bezahnung der einzelnen Säugetiere ist ihrer Lebensweise aufs genaueste angepaßt. Die Zahl der Zähne ist bei den älteren Säugetieren größer als bei den jüngeren Gruppen; als ursprünglich betrachtet man bei den Placentaliern 44 Zähne.

Die Mundöffnung wird von fast stets beweglichen Hautfalten, den Lippen, begrenzt. Auf dem Boden der Mundhöhle liegt die muskulöse, sehr vielseitiger Bewegung fähige Zunge. Nach hinten wird die Mundhöhle durch das Gaumensegel abgegrenzt, von dessen Mitte bei manchen Primaten das Zäpfchen (Uvula) herabhängt. Speicheldrüsen, die ihr Sekret in die Mundhöhle ergießen, sind die Ohrspeicheldrüse (Glandula parotis), die Unterkieferdrüse (Gl. submaxillaris) und die Unterzungendrüse (Gl. sublingualis); ihr Sekret ist muköser, seröser oder gemischter Natur. Die Schlundhöhle (Pharynx) geht in die Speiseröhre (Ösophagus) über, die das Zwerchfell durchzieht und in den Magen eintritt. Am Magen unterscheidet man einen vorderen Cardia- und einen hinteren Pylorusteil. Der Magen der Wiederkäuer besteht aus vier Abteilungen, von denen die zwei ersten, Pansen und Netzmagen, vergleichend-anatomisch dem Ösophagus zuzurechnen sind. Von den beiden folgenden Abteilungen, Blättermagen und Labmagen, besitzt nur der letztgenannte Magendrüsen, so daß funktionell nur er dem Magen der übrigen Säugetiere entspricht. Am Darm unterscheiden wir Dünndarm und Dickdarm; ihrer Übergangsstelle sitzt der Blinddarm an, der bei Pflanzenfressern als Gärkammer (Celluloseabbau durch Bakteriengärung) dient und sehr groß werden kann. In den oberen, als Duodenum bezeichneten Abschnitt des Dünndarmes münden, oft vereinigt, die Ausführgänge von Leber und Pankreas. Der an das Duodenum anschließende Hauptteil des Dünndarmes kann in Jejunum und Ileum gegliedert sein. Am Dickdarm unterscheidet man einen vorderen, in Schlingen gelegten Abschnitt als Colon von dem als Rectum bezeichneten Endabschnitt.

Die Leibeshöhle der Säugetiere wird durch eine transversale, sehnig-muskulöse Scheidewand, das Zwerchfell (Diaphragma), vollkommen in Brusthöhle und Bauchhöhle geschieden.

In der Brusthöhle liegen außer Herz und Ösophagus auch die Atmungsorgane. Sie beginnen mit dem Kehlkopf, dessen Öffnung, die Stimmritze, durch den vorspringenden Kehldeckel (Epiglottis) verschließbar ist. Die Trachea gabelt sich in die beiden Bronchien, die sich innerhalb der Lunge strauchartig feiner und feiner verzweigen, so den luftleitenden «Bronchialbaum» bildend, der mit den respiratorischen Alveolarbäumchen endet. Die Atmung erfolgt einerseits durch Abflachung des gegen die Brusthöhle vorgewölbten Zwerchfells, dessen radiäre Muskulatur sich kontrahiert. Die Brusthöhle gewinnt dadurch an Raum, die Lungen folgen dieser Ausdehnung, ihre Hohlräume werden erweitert und dadurch frische Luft eingesogen (Inspiration). Beim Erschlaffen des Zwerchfells ziehen sich die Lungen dank ihrer Elastizität wieder zusammen, und ein Teil der Luft wird ausgetrieben (Exspiration). Neben dieser «abdominalen» Atmung besteht eine «thorakale», die auf einer Erweiterung bzw. Verengerung des knöchernen Brustkorbes beruht.

Das Herz besteht aus zwei Kammern und zwei Vorkammern. Von den beiden Aortenbogen der Reptilien ist bei Säugetieren nur der linke erhalten geblieben, der aus der linken Herzkammer entspringt. Das aus dem Körper zurückströmende Blut tritt durch eine oder zwei vordere und eine hintere Hohlvene in die rechte Vorkammer und durch diese in die rechte Herzkammer ein, die es durch die Lungenarterie in die Lungen drückt. Von hier kehrt es oxydiert durch die Lungenvenen zum Herzen zurück, tritt in die linke Vorkammer ein und wird von ihr an die linke Herzkammer weitergegeben, die es in den Aortenbogen hineinpreßt.

Das Urogenitalsystem schließt sich an das der Reptilien an, erfährt aber innerhalb der Säugetiere beträchtliche Umformungen. Die eierlegenden Monotremen besitzen als älteste Gruppe noch eine Kloake. Bei den meisten Marsupialiern und allen Placentaliern wird die Kloake durch eine Falte ihrer Vorderwand, den «Damm» (Perineum), in zwei völlig getrennte Abschnitte zerlegt: einen vorderen, den Urogenitalsinus, und einen hinteren, der den Enddarm mit dem After umfaßt. Ein sich in der vorderen Wand des Urogenitalsinus entwickelnder, schwellbarer Körper, der Geschlechtshöcker, wird beim männlichen Geschlecht zum Penis, der, außer bei den Monotremen, vom Sinus urogenitalis durchsetzt wird. Die Hoden verlagern sich meist aus der Bauchhöhle, indem sie in peritoneale Bruchsäcke eintreten (Descensus testiculorum); sie können bei manchen Säugetieren nach jeder Brunstperiode zurücktreten. Ein Teil des Mesonephros wird zum Nebenhoden; die Wolffschen Gänge werden zu den in den Sinus urogenitalis einmündenden Samenleitern. Die Ausführgänge der bleibenden Niere, die Ureteren, münden in die Harnblase ein, eine Aussackung der ventralen Kloakenwand.

Beim weiblichen Geschlecht gliedern sich die beiden Müllerschen Gänge in hintereinanderliegende, morphologisch und funktionell verschiedene Abschnitte: Eileiter, Uterus und Vagina. Bei den Marsupialiern münden die Vaginen getrennt in den Sinus urogenitalis, es sind also zwei Scheiden vorhanden («Didelphier»); bei Placentaliern sind sie zu einem unpaaren Gange vereinigt («Monodelphier»). Der Uterus zeigt bei ihnen alle Übergänge von völliger Trennung (Uterus duplex) bis zu teilweiser (Uterus bicornis) oder völliger (Uterus simplex) Verschmelzung. Es besteht also eine Verwachsungstendenz der beiden Müllerschen Gänge vom kaudalen Ende aus; sie erstreckt sich aber niemals bis auf die oral vom Uterus gelegenen Eileiter.

Nur die Monotremen sind eierlegend. Ihre Eier sind wie die der Sauropsiden reich an Dotter, die Eierstöcke daher groß, während sie bei allen anderen Säugetieren recht kleine Gebilde sind. Bei den Marsupialiern verweilen die Embryonen nur kurze Zeit im Uterus und werden in sehr unvollkommenem Zustande geboren, um ihre Weiterentwicklung im Beutel durchzumachen; bei den Placentaliern kommt es durch Entwicklung von Zotten an Chorion und Allantois, die sich in die Schleimhaut des Uterus einsenken, zur Bildung eines Ernährungsorganes für den Embryo, der Placenta. Die Jungen bleiben hier länger im Körper der Mutter und kommen verhältnismäßig weit entwickelt zur Welt.

Die Säugetiere sind wie die Vögel «Warmblüter» mit konstanter Körpertemperatur (homoiotherme Tiere).

Die Mehrzahl der Säugetiere ist terrestrisch, einige wenige führen eine grabende Lebensweise unter der Erde, eine größere Zahl aus verschiedenen Gruppen hat sich dem Wasserleben in verschieden hohem Grad angepaßt, andere sind Flattertiere geworden.

C. Spezieller Teil

Rattus rattus rattus, Hausratte

Äußere Körperform. Der gesamte Körper der Ratte ist mit Haaren bedeckt, die von zweierlei Art sind: feine, wollige Unterhaare (Wollhaare) und steifere, längere Grannenhaare. An der Oberlippe finden sich zu beiden Seiten kräftige, lange Spürhaare.

An den Hinterpfoten sind alle 5 Zehen wohlausgebildet und mit krallenartigen Nägeln versehen, an den Vorderpfoten dagegen nur 4; hier ist die erste Zehe stark verkürzt, ihr Nagel ist seltsamerweise abgeflacht. An den Zehenspitzen und den Fußflächen befinden sich Schwielen.

Am Kopf sehen wir die gespaltene Oberlippe sowie die meißelförmigen oberen und unteren Nagezähne. Zwischen den Nagezähnen und den Mundwinkeln schlägt sich die behaarte Haut der Oberlippe nach innen um, ein für die Nage- und Hasentiere charakteristisches Merkmal. Am Auge können wir außer dem oberen und unteren Augenlid noch eine Nickhaut feststellen, die als knorpelgestützte Schleimhautfalte vom inneren (vorderen) Augenwinkel ausgeht. (Beim Menschen findet sich ein Rest der Nickhaut, die Plica semilunaris, am inneren Augenwinkel.) Die Ohren sind mäßig groß.

Die Thoraxregion ist, wie sich durch Abtasten feststellen läßt, etwas kürzer als die Bauch- und Lendenregion. Am Hinterende des Körpers liegt ventral der After, davor und durch den Damm von ihm getrennt, bei den Männchen der Penis, auf dessen Spitze die Urogenitalöffnung (Urethra) mündet, bei den Weibchen der Eingang in die Vagina. Die Harnröhre mündet bei den weiblichen Ratten (und einigen anderen Nagetieren und Insektenfressern) getrennt von der Geschlechtsöffnung, und zwar vor der Vagina an der Basis der von einer kleinen Vorhaut umhüllten Clitoris. Ein Sinus urogenitalis bzw. ein Vestibulum vaginae fehlt dann. Beim Weibchen finden sich rechts und links in der Bauchhaut die Zitzen, drei Paar in der Thorakal- und drei Paar in der Abdominalregion. Die Zitzen der Männchen sind rudimentär und schwer zu finden.

Wir beginnen mit der Präparation, indem wir die Haut der Bauchseite von der Körpermitte ausgehend durch einen medianen Schnitt nach vorn bis zum Unterkieferwinkel und nach hinten seitlich an der Clitoris bzw. an der Penisspitze vorbei bis zum Becken (beim Männchen bis zum Ende des Scrotums) aufschneiden. Dann wird die Haut mit den Fingern und – wenn nötig – dem Skalpell von der Unterlage gelöst. Haben wir ein Weibchen vor uns, so sehen wir unter der Haut die flach ausgebreiteten Milchdrüsen liegen. Besondere Vorsicht ist in der Halsregion geboten. Keinesfalls dürfen mit dem Unterhautfettgewebe die Speicheldrüsen – sie liegen zwischen Haut und Muskulatur – entfernt werden. Am Kopf lösen wir das Fell bis zum Auge und Ohr, an den Extremitäten bis zur Mitte von Unterarm und Unterschenkel, am Körper so weit, daß es sich, ohne das Abdomen zu deformieren, seitlich ausbreiten und feststecken läßt.

Es wird nun in der Mitte des Bauches die Bauchdecke mit der Pinzette etwas hochgehoben und mit der Schere angeschnitten. Dann führt man einen Medianschnitt längs der weißen, sehnigen Linea alba nach kranial und kaudal, der die Bauchhöhle eröffnet. Hinten schneiden wir bis zur Schambeinsymphyse auf, vorn bis zum Hinterrand des Sternums. Dann führen wir, ohne den Brustraum zu eröffnen, vom Sternum aus jederseits einen Schnitt am Rippenbogen, dem Hinterrand des Brustkorbes, entlang und können nun die Bauchdecken zurückklappen und feststecken (Abb. 215).

Die Bauchhöhle, die wir auf diese Weise in ganzer Ausdehnung eröffnet haben, wird von der Brusthöhle durch eine sich gegen diese vorwölbende, muskulöse Membran, das Zwerchfell, vollkommen geschieden. Die kaudal vom Zwerchfell liegende Bucht füllt ein ansehnliches, braunrotes, in mehrere Lappen zerfallendes Organ aus, die Leber. Das Zwerchfell wird sichtbar, wenn wir das Sternum etwas anheben und die Leber vorsichtig nach hinten drücken. Durch den dünnen, membranösen zentralen Teil des Zwerchfells erkennt man die hellrote Lunge. Die Leber bedeckt mit ihrem linken Lappen den größten Teil des Magens. Eine Gallenblase fehlt der Ratte. Der Magen ist ein weiter, querliegender Sack, mit oraler Konkavität (Curvatura minor) und kaudaler Konvexität (C. maior). Vorn liegt in der Mitte unter den Leberlappen die als Cardia bezeichnete Einmündungsstelle des Ösophagus, rechts – von Teilen des Pankreas überlagert – der Pylorus, die Übergangsstelle in den Darm. Der zwischen Cardia und Pylorusregion liegende Teil wird als Magengrund oder Fundus bezeichnet. Die den Magen umschließende Bauchfellduplikatur (Mesogastrium) setzt sich als «Netz» (Ommentum) über seinen Hinterrand fort. Das Netz ist oft reich an Fett und überdeckt die Darmschlingen mehr oder weniger weit.

Die Milz liegt als zungenförmiges, braunrotes Organ unmittelbar links und dorsal vom Magen. Kaudal vom Magen befindet sich der sehr lange, in viele Windungen gelegte Dünndarm. Auf den Dünndarmschlingen finden wir – bei verschiedenen Tieren in wechselnder Lage – den ziemlich großen, graugrünen Blinddarm (Coecum) und ein kurzes Stück des anschließenden Dickdarmes. Die Wand des Dickdarmes erscheint fein quergestreift. Ganz hinten sehen wir die Harnblase, die, wenn sie prall gefüllt ist, eine ansehnliche Größe erreicht.

Um einen besseren Überblick über die einzelnen Abschnitte des Darmes zu gewinnen, heben wir den Blinddarm an, wenden ihn, uns über die Einmündung des Dünndarmes und den Ursprung des Dickdarmes informierend, hin und her und drücken die Dünndarmschlingen, wo sie die Sicht auf tiefere Regionen des Bauchsitus verdecken, zur Seite. Schließlich legen wir möglichst große Abschnitte des Dünndarmes, dabei die Mesenterien so weit als möglich schonend, heraus.

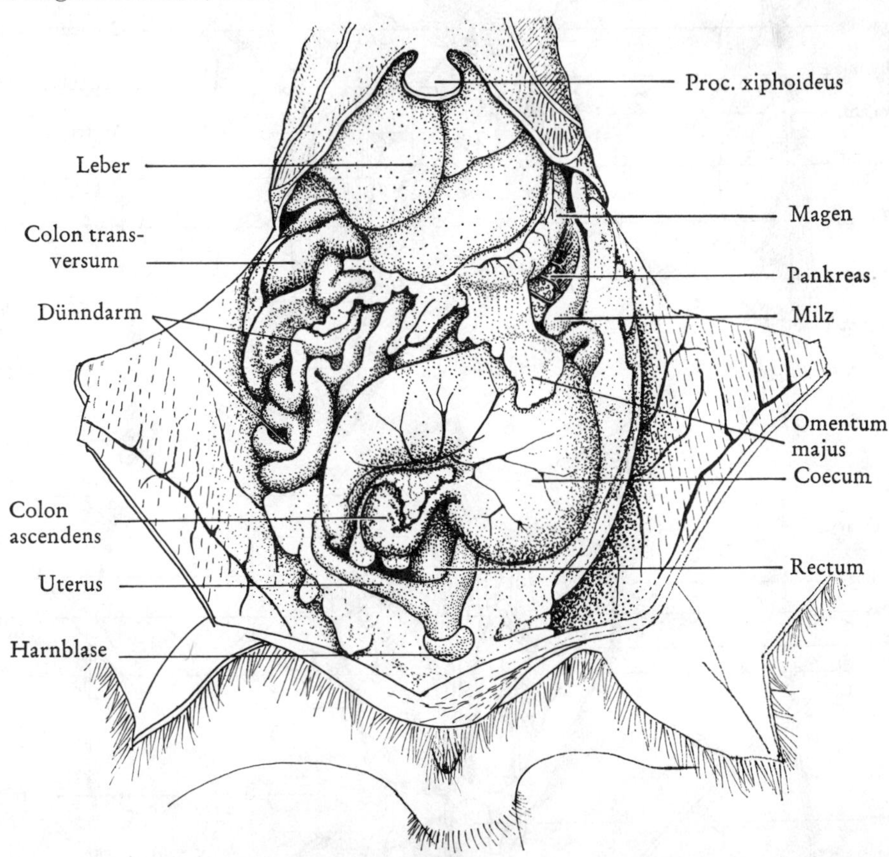

Abb. 215: Situs der Baucheingeweide einer weiblichen Ratte

Folgen wir nochmals, am Magen beginnend, dem Darmverlauf, so sehen wir, daß der als Duodenum bezeichnete Anfangsabschnitt des Dünndarmes eine weit nach hinten reichende U-förmige Schlinge bildet. Im Mesenterium der Duodenalschlinge liegt die hellrote, weitverzweigte Bauchspeicheldrüse (Pankreas). Unweit vom Pylorus mündet der Gallengang in den absteigenden Schenkel der Duodenalschlinge.

Der an das Duodenum anschließende, sehr lange und vielfach gewundene Hauptabschnitt des Dünndarms – sein magennaher Teil wird als Jejunum, sein magenferner als Ileum bezeichnet – mündet unvermittelt in den weiteren Blinddarm (Coecum) ein, der bereits dem Dickdarm zuzurechnen ist. An der Einmündungsstelle findet sich

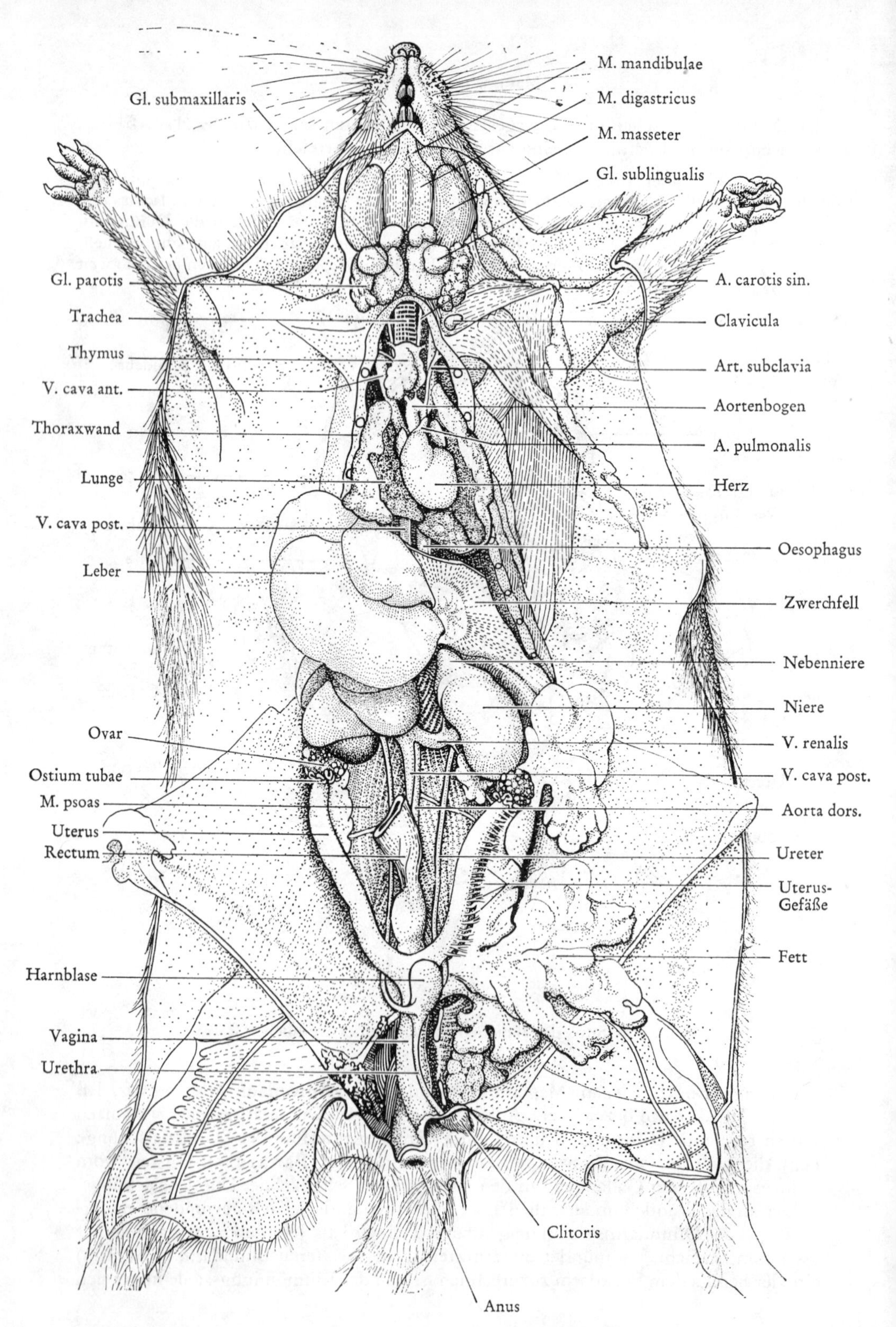

Abb. 216: Anatomie einer weiblichen Ratte. (Der Darm ist entfernt)

in Form einer hellen, ringförmigen Anschwellung ein Rückstauventil und unweit davon ein an Lymphfollikeln reiches Gewebe.

Vom Blinddarm geht, unweit der Einmündung des Ileum, der Dickdarm aus. Sein erster als Grimmdarm (Colon) bezeichneter Abschnitt zieht kopfwärts (Colon ascendens), biegt dann quer zur anderen Körperseite (C. transversum) um und steigt hier als C. descendens abwärts. Er geht allmählich in den kurzen, zum After führenden und durch starke Muskulatur ausgezeichneten Mastdarm (Rectum) über.

Etwa auf halber Höhe zwischen Pylorus und Umbiegungsstelle der Duodenalschlinge mündet in den absteigenden Schenkel des Duodenums der von der Leber kommende Gallengang. Er ist, da er zum Teil durch Pankreasgewebe zieht, nicht ganz leicht zu finden.

Nun wird der Ösophagus kurz vor seinem Eintritt in den Magen und der Enddarm etwa 2 cm vor dem After durchschnitten und der gesamte Darm, indem wir vorsichtig die ihn befestigenden Mesenterien durchtrennen, samt Pankreas und Milz herausgenommen. Alle übrigen Organe bleiben an Ort und Stelle.

Durch das Entfernen des Darmes haben wir das Urogenitalsystem freigelegt (Abb.216), zu dessen Betrachtung wir jetzt übergehen. Häufig werden gerade diese Organe in Fett eingebettet sein. Wir entfernen das Fettgewebe von der Vagina ausgehend sorgfältig von den Uteri, den Eileitern, den Ovarien und den Nieren. Die Nieren sind zwei bohnenförmige Körper von dunkelblauroter Farbe. Ihre Oberfläche ist glatt und von einer Hülle, der Nierenkapsel, umgeben, die wir abziehen können. Die Nieren sind etwas asymmetrisch gelagert, indem die linke mehr schwanzwärts und seitwärts liegt als die rechte, die in ihrem oberen Teil von einem Leberlappen überdeckt wird.

Der Innenrand der Niere zeigt eine seichte Einbuchtung (Hilus), in deren Bereich die Ein- und Austrittsstelle der Nierengefäße, der Arteria renalis und der Vena renalis, liegt. Auch der Harnleiter (Ureter) tritt hier aus. Er beginnt mit einer trichterförmigen Erweiterung im Inneren der Niere, dem Nierenbecken, und zieht nach hinten zur Harnblase.

Die Harnblase gibt beim Weibchen eine kurze Harnröhre (Urethra) ab, die – wie wir wissen – bei der Ratte vor der Vagina an der Basis der Clitoris mündet. Beim männlichen Geschlecht ist die Urethra bedeutend länger, sie erstreckt sich von der Blase bis zur Penisspitze und besteht somit aus einem kurzen, nur Harn führenden Teil (dem «Blasenhals») und dem Urogenitalsinus.

Nach innen zu vom oberen Nierenrand finden wir rosarote, kompakte, runde Körper, die Nebennieren, lebenswichtige Hormondrüsen. Die rechte Nebenniere liegt unmittelbar am oberen Nierenrand – wir sehen sie, wenn wir den rechten Leberlappen nach oben wegdrücken und die Nieren leicht nach unten ziehen –, die linke wenige Millimeter vom Nierenrand entfernt, der Mittellinie genähert. Die Nebennieren dürfen nicht mit den Nierenknoten verwechselt werden, lymphatischen Organen, die nahe vom Hilus jeder Niere unmittelbar vor den Arteriae renales liegen.

Bei der **weiblichen** Ratte finden wir die Ovarien als zwei kugelige, traubige Körper dem Psoasmuskel aufliegen; sie sind durch eine schmale Falte des Bauchfells, das Mesovarium, an der dorsalen Bauchwand festgeheftet. An der Oberfläche des reifen Ovariums sieht man die je ein Ei bergenden Graafschen Follikel als Bläschen verschiedener Größe vorspringen. Der Eileiter (Ovidukt), in dem die Befruchtung des Eies stattfindet, beginnt mit einem weiten, gegen die Bauchhöhle geöffneten Trichter (Ostium tubae), der die Eier, die durch Follikelsprung freigeworden sind, aufnimmt. In stark geschlängeltem Verlauf führen die von Flimmerepithel ausgekleideten und wie ein kugeliges Knäuel aussehenden Eileiter in die beiden erheblich geräumigeren

Uteri über, deren gerader, durch ein gefaltetes Band befestigter Hauptteil als Uterushorn bezeichnet wird. Die kaudalen Abschnitte der beiden Uteri scheinen über eine kurze Strecke miteinander verwachsen zu sein, doch bleiben ihre Lumina völlig getrennt, so daß bei der Ratte ein Uterus duplex vorliegt. Die Uteri münden getrennt auf zwei Papillen in die Scheide ein, was sich leicht sichtbar machen läßt, wenn man mit der Schere die ventrale Wand des vorderen Teils der Scheide aufschneidet.

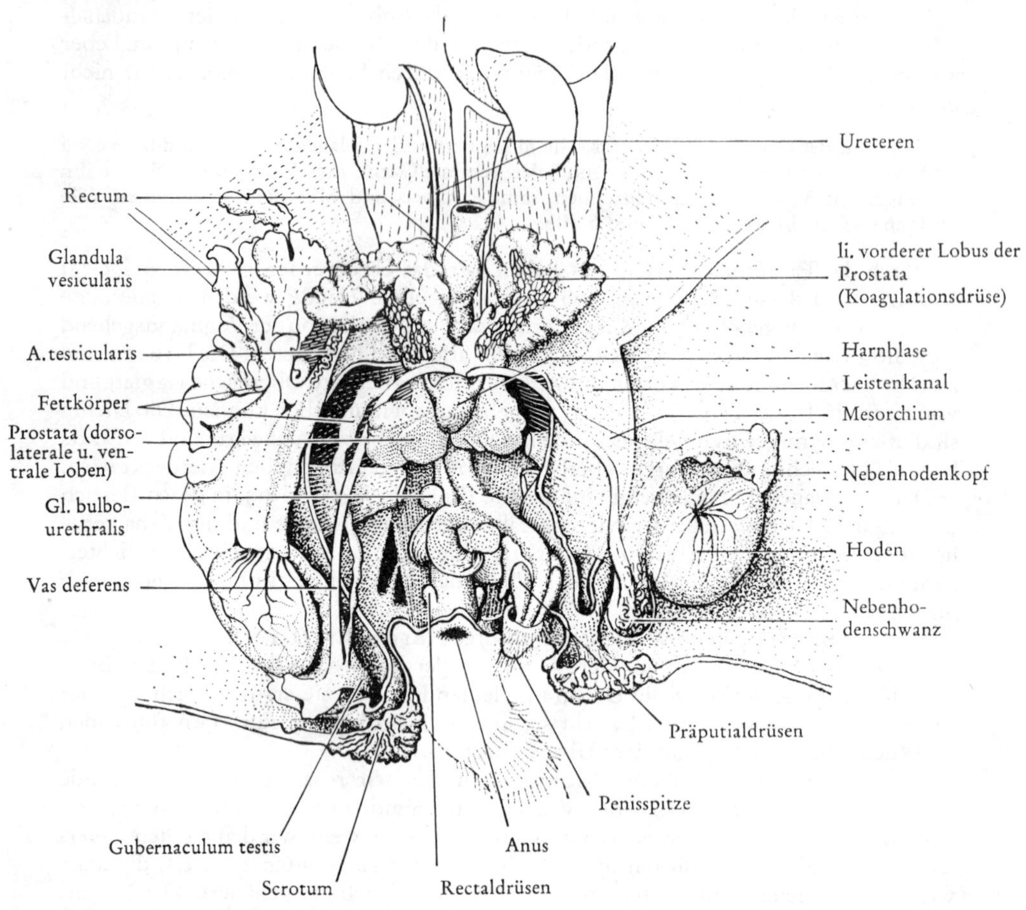

Abb. 217: Geschlechtsorgane einer männlichen Ratte

Die Scheide (Vagina) verläuft als gerades Rohr kaudalwärts; in ihren Endabschnitt münden die den Cowperschen Drüsen des Männchens entsprechenden Bartholinischen Drüsen. Ihr Sekret macht den Scheidengang schlüpfrig. Spalten wir die Scheide der Länge nach auf, so sehen wir, daß ihre Schleimhaut in Längsfalten gelegt ist. Seitlich vom Enddarm liegen die mächtig entwickelten Analdrüsen.

Wir gehen nun zur Untersuchung einer **männlichen** Ratte über (Abb. 217). Die Hoden liegen bei jungen Tieren an der dorsalen Wand der Bauchhöhle und wandern vor der Geschlechtsreife durch den Leistenkanal in den Hodensack (Scrotum), der durch ein Paar muskulöse Ausstülpungen der Bauchwand gebildet wird. Schneiden wir den Hodensack auf, so sehen wir in ihm die Hoden als ovoide Körper liegen. Sie sind durch ein Band, das Gubernaculum testis, an der muskulösen Innenwand des Scrotums befestigt.

Am dorsalen und medialen Rand jedes Hodens liegt der Nebenhoden (Epididymis). Er beginnt mit dem dem vorderen Pol des Hodens anliegenden Nebenhodenkopf (Caput epididymidis), einer Aufknäuelung von etwa einem Dutzend aus dem Hoden austretenden Ductuli efferentes (Reste des Mesonephros). Die Ductuli münden in den proximalen Teil des ehemaligen Wolffschen Ganges, in den Ductus epididymidis, der der medialen Wand des Hodens entlang zieht und in seinem Hinterpol als Nebenhodenschwanz (Cauda epididymidis) eine weitere Aufknäuelung bildet. Von hier an macht sich der ziemlich dicke Schlauch (distaler Teil des Wolffschen Ganges), von nun an als Samenleiter (Ductus deferens) bezeichnet, vom Hoden frei. Die Samenleiter treten nach vorn durch den Leistenring in die Bauchhöhle ein, überbrücken die beiden Ureteren, wenden sich wieder kaudalwärts und münden von der dorsalen Seite her am Blasengrund in den Urogenitalkanal ein. Der Verlauf der Samenleiter ist gut zu verfolgen, wenn man die ventralen Prostataloben nach hinten, und die Glandulae vesiculares nach vorn drückt.

Wir lösen mit der Schere die Hoden von der Scrotumwand ab und legen sie seitlich heraus. Darauf entfernen wir die von der ventralen Seite des Beckens entspringende und medial zwischen den Leistenkanälen liegende Muskulatur, legen die Schambeinsymphyse frei und zwicken mit einer Knochenzange die Scham- und Sitzbeine unmittelbar seitlich von der Schambeinsymphyse durch. Dann heben wir den abgetrennten medianen Beckenteil heraus, indem wir sorgfältig die beiden Corpora cavernosa penis von der Hinterfläche des Sitzbeins lostrennen. Um alle dorsal von Urogenitalkanal gelegenen Teile sehen zu können, durchschneiden wir – unter Schonung der Gefäße – die Bänder, die Urogenitalkanal und Rectum gemeinsam umhüllen, und ziehen den Urogenitalkanal samt Blase zur Seite.

Es liegt nunmehr der Urogenitalkanal frei vor uns, und wir sehen ihn dorsal von der Symphyse in den Penis eintreten. Nach vorn setzt er sich in den Hals der Harnblase fort, in die, von vorn kommend, seitlich die Harnleiter münden. Man sieht das dann deutlich, wenn man die Harnblase und die accessorischen Geschlechtsdrüsen dieses Bereichs kaudalwärts herabzieht. Jetzt wird auch klar, daß die beiden Samenleiter von hinten kommend die Ureteren kurz vor deren Einmündung in die Blase (ventral) kreuzen, unmittelbar darauf nach dorsal hinten umbiegen und gemeinsam mit den Ausführgängen der schon erwähnten accessorischen Geschlechtsdrüsen (Glandula prostatica und Gl. vesicularis) in den Urogenitalkanal münden. Die Prostata umgibt mit paarigen dorsalen und ventralen Loben die Basis des Urogenitalkanals, während sich ihre, – bei den Nagetieren besonders mächtig entwickelten, aus feinen, weißlich-rosaroten Drüsenschläuchen bestehenden, vorderen Loben dorsal der Harnblase nach vorn erstrecken. Sie liegen innerhalb der Bogen der ziemlich kompakten, weißlich-gelben und widderhornförmigen Glandulae vesiculares (Samenleiterdrüsen). Die beiden vorderen Prostataloben werden häufig auch als Koagulationsdrüsen bezeichnet, da sie ein Sekret liefern, das, bei der Begattung unmittelbar nach der Ejakulation der Samenflüssigkeit ausgestoßen, zu einem die Vagina verschließenden Pfropf gerinnt. Die Sekrete der anderen Prostataloben und die der Samenleiterdrüse werden der Samenflüssigkeit beigemengt. Kaudal von diesen Organen liegen dem Urogenitalkanal dorsolateral die beiden Cowperschen Drüsen (Glandulae bulbo-uretrales) an. Die großen Analdrüsen finden wir an entsprechender Stelle wie beim weiblichen Tier, also seitlich vom Enddarm. Ihr Sekret macht die Kotballen vor dem Durchtritt durch den After geschmeidig.

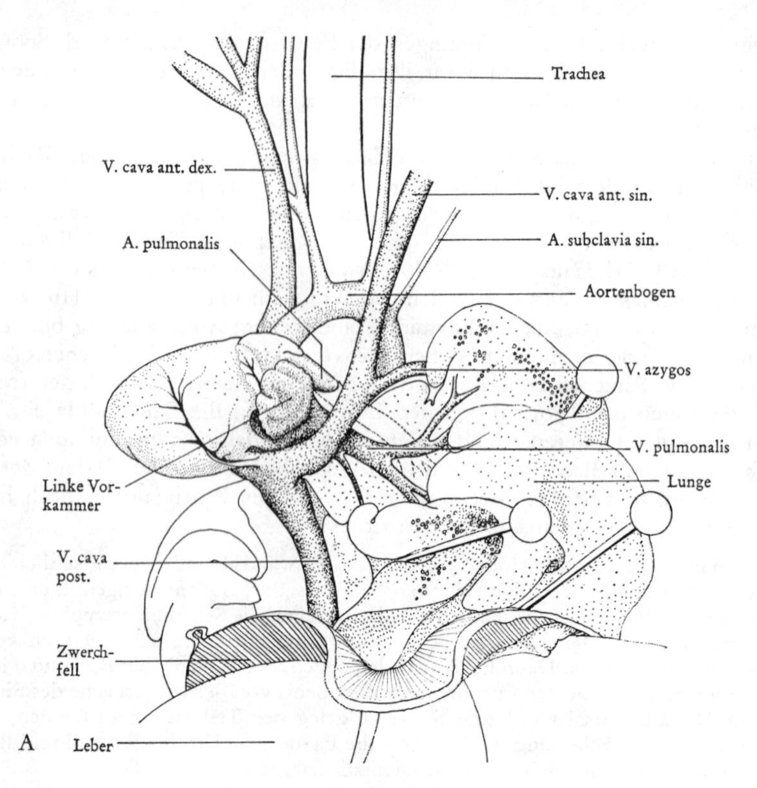

Abb. 218: Herz und Gefäßstämme der Ratte.
Die Lungenlappen sind seitlich festgesteckt. In A wurde das Herz (bezogen auf das Tier) nach rechts, in B nach links aus seiner Normallage herausgezogen und dabei so um die Längsachse gedreht, daß jedesmal ein Teil seiner Dorsalseite sichtbar wurde.

Der Penis ist ein langgestrecktes, vorn zugespitztes Gebilde. Er wird seiner ganzen Länge nach vom Urogenitalkanal durchbohrt. Den Urogenitalkanal umgibt ein gefäßreicher Schwellkörper, das Corpus spongiosum, das sich nach vorn zuspitzt, ohne eine eigentliche Eichel zu bilden. Ventral durchziehen den Penis zwei weitere Schwellkörper, die Corpora cavernosa. Eine lose, den freien Teil des Penis umgebende Hautfalte ist die Vorhaut, das Praeputium; in die durch sie gebildete Tasche münden kleine Präputialdrüsen ein.

Bevor wir zur Anatomie der Brusteingeweide übergehen, bringen wir uns das Nierenbecken zur Anschauung, indem wir eine Niere herauslösen und durch einen Längsschnitt halbieren.

In das Nierenbecken ragt die Nierenpapille hinein, auf der die Nierenkanälchen ausmünden; bei den meisten anderen Säugern trifft man eine größere Zahl solcher Papillen an. Die Rindenschicht der Niere, die die Malpighischen Körperchen enthält, hebt sich durch ihre hellere Farbe deutlich von der dunkleren, radiärstreifigen Markschicht ab.

Nun wird die dem Brustkorb aufliegende Muskulatur abpräpariert, im Bereich der Schlüsselbeine soweit, bis man (Vorsicht!) auf Gefäße, die Jugularvenen und die Aa. und Vv. sub-

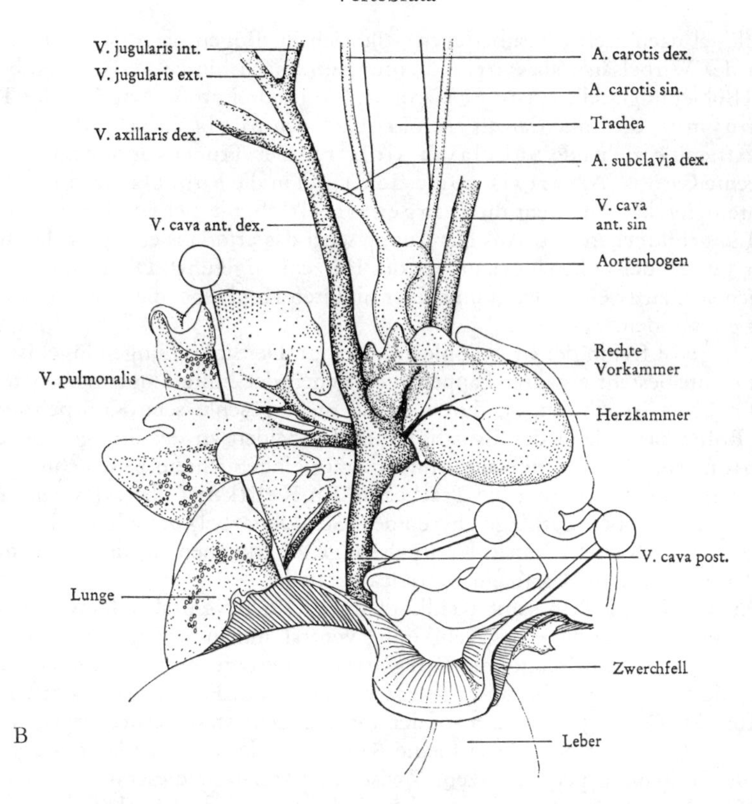

claviae stößt. Anschließend öffnen wir die Brusthöhle, indem wir das Zwerchfell am Rippenbogen entlang aufschneiden und mit der starken Schere rechts und links vom Brustbein einen Schnitt nach vorn führen, dabei die Rippen zerschneidend. Dann wird das Brustbein vorn abgeschnitten und die Rippen seitlich tiefer heruntergeschnitten. Schließlich spalten wir durch einen Medianschnitt die Halsmuskeln auf, um die Trachea freizulegen.

Die Mitte des Brustkorbes nimmt das Herz ein. Rechts und links von ihm liegt die hellrosa gefärbte Lunge. Das Zwerchfell, das Brust- und Bauchhöhle trennt, ist dünn und gliedert sich – wir sehen das deutlich, wenn wir das Zwerchfell mit 2 Pinzetten an den Rändern fassen, hochziehen und abwechselnd nach hinten und vorn bewegen – in eine ausgedehnte, sehnige Mittelscheibe (Centrum tendineum) und eine radiär davon ausstrahlende Muskulatur. Es wird, etwas ventral von der Mitte des Centrum tendineum, von der Vena cava inferior durchsetzt; dorsal von dieser tritt der Ösophagus hindurch und dicht vor der Wirbelsäule die große Körperaorta. Links und dorsal von der Aorta zieht der dünnwandige Ductus thoracicus als Hauptlymphstamm des Körpers in der Brusthöhle nach vorn, um in die linke Vena subclavia einzumünden.

Die beiden Lungenflügel umschließen das mit der Spitze nach links weisende Herz, vor dessen cranialem Ende sich Reste des bei jungen Tieren größeren Thymus nebst Fettablagerungen befinden. Umgeben wird das Herz selbst vom Herzbeutel, einem dünnwandigen Sack, den wir – ebenso wie die bindegewebigen Umhüllungen der herznahen Gefäße – vorsichtig abpräparieren. Die Gestalt des Herzens ist kegelförmig. Aus der linken Herzkammer entspringt die Körperaorta (linken

Lungenflügel nach rechts herüberlegen), die sich im Bogen nach links wendet und dann an der Wirbelsäule als Aorta descendens nach hinten verläuft (Abb. 218). An der Umbiegungsstelle entspringen von der Aorta drei große Arterien, der Truncus anonymus, die linke Carotis (A. carotis communis sin.) und die zur linken Vorderextremität ziehende Subclavia sinistra. Der Truncus anonymus teilt sich in die rechte Carotis (A. carotis com. dex.) und in die Subsclavia dextra. Von der rechten Herzkammer geht die Lungenarterie ab, die sich in zwei Äste für die beiden Lungenflügel spaltet. Aus der Lunge wird das arterialisierte Blut durch zwei Lungenvenen der linken Vorkammer des Herzens zugeführt. Die Körpervenen vereinigen sich zu zwei vorderen und einer hinteren Hohlvene, die in die rechte Vorkammer einmünden.

Die Lunge ist frei in der Brusthöhle aufgehängt. Der linke Lungenflügel ist ungeteilt, der rechte besteht aus drei Lappen, von denen der hintere nochmals geteilt ist.

Die Trachea ist ein langes, durch dorsal nicht geschlossene Knorpelringe gestütztes Rohr, das sich in der Brusthöhle in die beiden zu den Lungen gehenden Bronchien teilt. An ihre dorsale, rinnenförmig eingebuchtete Seite schmiegt sich der Ösophagus an. Vorn geht die Trachea in den Kehlkopf über, der ventral und seitlich von der großen Cartilago thyreoidea (Schildknorpel) umfaßt wird, während kaudal davon noch eine schmale Knorpelspange zu erkennen ist, die den ventralen Bogen der ringförmigen Cartilago cricoidea darstellt.

Spalten wir die Trachea samt Kehlkopf durch einen ventralen Längsschnitt, so sehen wir, daß die Mündung des Kehlkopfes ventral und an beiden Seiten durch eine große, gewölbte Knorpelplatte, die Epiglottis, überragt wird, die wie ein Deckel über die Mündung des Kehlkopfes gelegt werden kann. Ferner bemerken wir, daß die ringförmige Cartilago cricoidea auf der dorsalen Seite stark verbreitert ist und daß ihrem oralen Rand hier noch zwei kleine Knorpelstücke, die Cartilagines arytaenoideae (Gießbeckenknorpel) aufsitzen. Zwischen Fortsätzen dieser beiden Knorpel und der Cartilago thyreoidea spannen sich die beiden Stimmbänder aus.

Vor dem Kehlkopf finden sich zwei Paar Speicheldrüsen, die Unterkieferdrüsen (Glandulae submaxillares) und die Unterzungendrüsen (Gl. sublinguales). Unterhalb des Kehlkopfes liegt der Trachea die rotbraune, zweilappige Schilddrüse (Gl. thyreoidea) auf, eine lebenswichtige inkretorische Drüse, die vor allem die Geschwindigkeit des Stoffwechsels regelt.

Zur Untersuchung der Mundhöhle und Rachenhöhle verlängern wir jederseits die Mundöffnung, indem wir vom Mundwinkel aus die Backen durchschneiden.

Außen wird die Mundhöhle begrenzt durch die Lippen, die nichts anderes als muskulöse Hautfalten sind. Die Mundhöhle stellt ein hinten sich erweiterndes Gewölbe dar, dessen Dach von einer dicken, in Querfalten gelegten Schleimhaut überzogen wird. Vorn stehen im Ober- wie Unterkiefer je zwei meißelförmige Nagezähne. Nur ihre Vorderseite ist mit Schmelz überzogen. Das ist der Grund, weshalb diese immerwachsenden Zähne (die also zeitlebens eine offene Pulpahöhle haben, «wurzellos» sind) stets scharf bleiben, während sie sich fortwährend gegenseitig abschleifen und dadurch die gleiche Größe behalten.

Ein weiter Zwischenraum (Diastema) trennt die Schneidezähne von den Backenzähnen, von denen sich oben und unten jederseits drei vorfinden. Ihre Kronen sind durch eindringende Schmelzlamellen quergefaltet. Dicht hinter den Schneidezähnen des Oberkiefers liegen zwei feine Längsspalten, die Öffnungen der Nasengaumengänge, die die Mundhöhle mit der Nasenhöhle verbinden und einen Rest der primären Choanen darstellen.

Mit der Lupe können wir auf der Oberfläche und den Seiten der fleischigen Zunge verschieden geformte Papillen unterscheiden. Fast die gesamte dorsale Oberfläche der Zunge ist mit kleinen, spitzen Papillen besetzt, die so dicht stehen, daß sie ihr ein samtartiges Aussehen verleihen. Es handelt sich dabei meist um die nur mechanisch wirkenden Papillae filiformes. Dazwischen stehen im vorderen Bereich in geringer Zahl die auffallenden Papillae fungiformes, die, ebenso wie die einzelne, nahe der Zungenbasis erkennbare Papilla circumvallata, mit Geschmacksknospen ausgestattet ist.

Auf die Mundhöhle folgt die oben vom weichen Gaumen bedeckte Rachenhöhle. Vom Hinterrand des weichen Gaumens ziehen jederseits zwei Falten, die Gaumenpfeiler, nach unten.

Von Speicheldrüsen haben wir bereits die Gl. sublinguales und submaxillares kennengelernt. Exartikulieren wir auf einer Seite den Unterkiefer und präparieren wir die Muskulatur ab, so finden wir zwei weitere Speicheldrüsen. Vorn und unter dem Augapfel liegt die Gl. infraorbitalis und hinter der Gelenkfläche des Unterkiefers die große Gl. parotis, deren Ausführgang, der Ductus parotidicus, sich vorn an der Backenschleimhaut öffnet.

Wir gehen jetzt zur Untersuchung des Gehirnes über.

Der Kopf wird zwischen den Condylen des Hinterhauptes und dem ersten Halswirbel (Atlas) vom Rumpf abgelöst. Dann wird die Haut und Muskulatur vom Schädel abpräpariert, indem man einen Medianschnitt von der Nase zum Hinterhauptsloch und einen zweiten, senkrecht darauf stehenden Schnitt in der Scheitelregion führt und die vier Hautzipfel abpräpariert. Ist die Schädelkapsel freigelegt, so wird sie mit der Laubsäge ringsherum aufgesägt. Man geht dabei vom Hinterhauptsloch aus und führt jederseits den Sägeschnitt nach vorn, dicht über dem Auge hinweg. Beide Schnitte werden vorn durch einen transversalen Sägeschnitt verbunden. Dann versucht man, unter Einführung des starken Messers in die Schnittrinne, das Schädeldach allmählich abzuheben. Beim Sägen wie beim Abheben ist Vorsicht geboten, um nicht ins Innere der Schädelkapsel vorzustoßen und das Gehirn zu verletzen.

Ist die Schädeldecke abgehoben, so finden wir das Gehirn noch von den Hirnhäuten bedeckt. Die zu äußerst gelegene harte Hirnhaut (Dura mater) wird der Länge nach aufgeschnitten und zur Seite gezogen. Die Weiterpräparation erfolgt vom Hinterhauptsloch aus. Mit einer Knochenzange erweitern wir die Öffnung zu beiden Seiten des hinteren Hirnabschnittes, führen vorsichtig den Stiel des Messers unter die Basis der Medulla oblongata und heben sie langsam von ihrer knöchernen Unterlage ab. Die von der Medulla abgehenden Nerven werden mit der feinen Schere oder einem dünnen Messer möglichst entfernt von ihrem Ursprung durchtrennt. In dieser Weise wird nach vorn weiterpräpariert, wobei man am besten den Schädel mit dem Scheitel nach unten hält. Größere Schwierigkeiten bereitet das Herauslösen der in der Sella turcica der Schädelbasis eingelassenen Hypophyse; vor allem hat man hier Zerrungen zu vermeiden. Sind erst die Augennerven durchschnitten, so kann man vorsichtig das Gehirn ganz herausklappen und nach dem Abschneiden der Riechnerven in ein Gefäß mit schwachem Alkohol gleiten lassen. Zum Schluß werden die Reste der Dura mater und, soweit möglich, auch die darunterliegende Gefäßhaut (Pia mater) entfernt. Eine wohl zu beachtende Regel ist, niemals das Gehirn selbst mit Fingernägeln oder Instrumenten zu berühren.

Wir beginnen mit der Betrachtung der Oberseite des Gehirnes. Das Vorderhirn ist stark entwickelt, die beiden Großhirnhemisphären sind aber noch glatt und zeigen nicht die für alle höheren Säugetiere charakteristischen Furchen und Windungen. Vorn geben sie die beiden ansehnlichen Riechlappen ab, aus denen die beiden Riechnerven austreten, hinten überdecken sie das Zwischenhirn und Mittelhirn fast völlig. Vom Zwischenhirn ist nur die Zirbeldrüse (Epiphyse) sichtbar, vom Mittelhirn ein Teil der Vierhügelregion. Das Hinterhirn (Kleinhirn) ist deutlich in drei Abschnitte geteilt, einen mittleren, unpaaren, den Wurm, und die beiden kompliziert gefalteten Kleinhirnhemisphären. Es schließt sich weiter nach hinten das schmale Nachhirn (Medulla oblongata) mit der Rautengrube an.

Betrachten wir das Gehirn von der Ventralseite, so sehen wir über beide Großhirnhemisphären eine tiefe Längsfurche verlaufen, die Fissura rhinalis (Fovea limbica): sie scheidet den zentralen Riechapparat vom übrigen Mantel. Zwischen beiden Großhirnhemisphären liegt hinten als rundlicher Körper die Hypophyse des Zwischenhirns, aus einem vorderen und hinteren Lappen bestehend. Vor der Hypophyse sieht man die Kreuzung der Sehnerven (Chiasma). Vom Mittelhirn erkennen wir die beiden Hirnschenkel (Crura cerebri), die die Verbindung zwischen

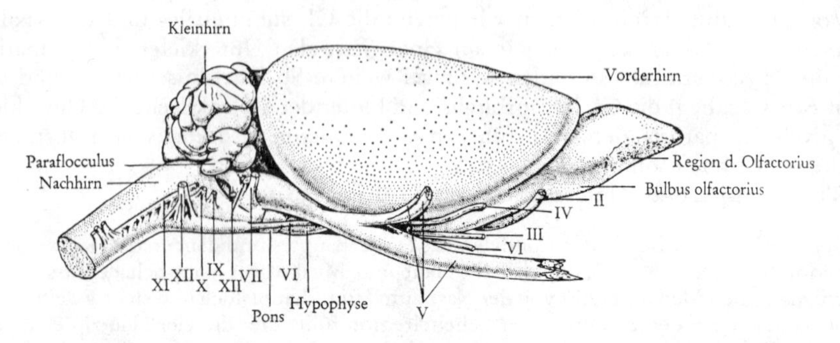

Abb. 219: Gehirn der Ratte von der Seite gesehen. Römische Zahlen = die Hirnnerven. (Nach GREENE aus GRASSÉ)

hinteren (Kleinhirn, Nachhirn) und vorderen (Zwischenhirn, Vorderhirn) Gehirnabschnitten herstellen. Das Kleinhirn weist auf der Ventralseite eine mächtige, querlaufende Kommissur zwischen beiden Kleinhirnhemisphären auf, die Brücke (Pons), die das Nachhirn ventral umschlingt und von der die eben erwähnten Hirnschenkel ausgehen. In der Medianlinie zieht sich auf ihr eine Längsfurche entlang. Das Nachhirn verschmälert sich nach hinten zu, um ganz allmählich in das Rückenmark überzugehen. Es zeigt auf der Ventralseite eine Längsrinne, an deren beiden Seiten Anschwellungen, die Pyramiden, liegen.

Schließlich sind noch die 12 Hirnnerven aufzusuchen (Abb. 219). Ihre Namen sind: I. N. olfactorius (in der Abb. nicht mit I gekennzeichnet); II. N. opticus; III. N. oculomotorius; IV. N. trochlearis; V. N. trigeminus; VI. N. abducens; VII. N. facialis; VIII. N. acusticus; IX. N. glossopharyngeus; X. N. vagus; XI. N. accessorius; XII. N. hypoglossus.

Systematische Gliederung des Tierreiches

I. Unterreich: Protozoa, Einzellige Tiere

Einzellige, meist mikroskopisch kleine Organismen. Der einheitliche Plasmaleib durch Ausbildung verschiedenartiger Organelle oft hoch kompliziert. Vermehrung durch Zweiteilung oder Vielteilung, Konjugation oder Kopulation.

I. Abteilung: Cytomorpha

Bewegung durch Scheinfüßchen (Pseudopodien) oder Geißeln. Gewöhnlich mit einem oder mehreren gleichwertigen Kernen. Kopulation.

1. Stamm: Flagellata (= Mastigophora), Geißeltierchen

Bewegung durch einen, zwei oder mehrere, lange, schwingende Protoplasmafortsätze: Geißeln, manchmal auch durch Pseudopodien. Längsspaltung oder (bei Parasiten) multiple Teilung.

1. Ordnung: Chrysomonadina

1–2 Geißeln, daneben bisweilen Pseudopodienbildung. Chromatophoren gelb oder braun. Bildung verkieselter Dauercysten sehr verbreitet. Kleine, ovale Formen; Koloniebildung häufig. *Chromulina.*

2. Ordnung: Heterochloridina

Eine lange und eine kurze Geißel. Gelbgrüne Chromatophoren. Amöboide Fortbewegung häufig. *Rhizochloris.*

3. Ordnung: Cryptomonadina

Zwei Geißeln verschiedener Länge in schräger Bauchfurche entspringend. Chromatophoren verschiedener Farben. Vielfach Symbionten («Zooxanthellen») in marinen Organismen. *Chilomonas.*

4. Ordnung: Dinoflagellata (Peridinea)

Außer einer Längsgeißel eine wellenförmig schlagende Quergeißel, in Furchen gelagert. Chromatophoren zahlreich, oberflächlich, braun. Meist Zellulosehülle oder aus zwei oder vielen Platten zusammengesetzter Panzer. *Ceratium*, *Noctiluca.*

5. Ordnung: Euglenoidea

In einem Geißelsäckchen am Vorderende inserieren 1 oder 2 Geißeln. Pellicula spiralstreifig. Chromatophoren grün, bisweilen reduziert. *Euglena*, *Peranema.*

6. Ordnung: Chloromonadina

Eine Schwimm- und eine Schleppgeißel. Gelblichgrüne Chromatophoren.

7. Ordnung: Phytomonadina

2 gleich lange Geißeln, selten mehr. 1 großes, grasgrünes, becherförmiges Chromatophor. Pellicula meist zellulosehaltig. Koloniebildung häufig. *Volvox.*

8. Ordnung: Protomonadina

Meist 1–2, selten mehr Geißeln, bisweilen undulierende Membran. Chromatophoren fehlen: heterotrophe Organismen, Saprozoen oder Parasiten. *Trypanosoma*.

9. Ordnung: Polymastigina

Meist 4, oft sehr zahlreiche Geißeln. Heterotroph, fast ausschließlich Darmparasiten. *Trichomonas*.

10. Ordnung: Rhizomonadina

1 bis zahlreiche Geißeln, daneben amöboide Bewegung. Nahrungsaufnahme durch Pseudopodienbildung. Übergangsformen zwischen Flagellaten und Rhizopoden. *Mastigamoeba*.

2. Stamm: Rhizopoda, Wurzelfüßler

Fortbewegung und Nahrungsaufnahme durch Pseudopodien. Vermehrung durch Zweiteilung, Knospung oder multiple Teilung. Bei verschiedenen Vertretern ist geschlechtliche Fortpflanzung häufig.

1. Klasse: Amoebina, Wechseltierchen

Körper ohne oder mit Schale, Pseudopodien lappig oder fadenförmig, ohne Achsenfaden, ohne Anastomosen. *Amoeba*, *Arcella*, *Difflugia*. Die kollektiven Amöben (Acrasina) aggregieren sich bei Nahrungsmangel und bilden auf Sporenträgern Sporen aus. *Dictyostelium*.

2. Klasse: Foraminifera, Kammerlinge

Körper mit Schale; bei primitiven Formen einkammerig und mit Sandeinlagerung, sonst vielhammerig und aus Kalk. Pseudopodien fadenförmig, zu Verzweigung und Verschmelzung neigend (Rhizopodien). Fast stets marin. *Lagena*, *Polystomella*, *Globigerina*, *Nummulites*.

3. Klasse: Heliozoa, Sonnentierchen

Von kugeliger Gestalt, mit feinen, radiär abstehenden, nur selten verschmelzenden Pseudopodien (Axopodien), die axial durch ein Bündel von Mikrotubuli versteift sind. Der Körper besteht aus dem äußeren, grob vakuolisierten Ektoplasma (Rindenschicht) und dem inneren, feinschaumigen Entoplasma (Markschicht), die nicht durch eine Nembran getrennt sind. Fast durchweg Süßwasserbewohner. *Actinosphaerium*, *Actinophrys*.

4. Klasse: Radiolaria, Strahlentierchen

Pseudopodien strahlenförmig, oft verzweigt (Filopodien und Axopodien). Das Körperprotoplasma durch eine aus Polysacchariden bestehende, von Verbindungsöffnungen durchsetzte Membran, die Zentralkapsel, in einen äußeren und einen inneren, kernhaltigen Bezirk geschieden. Inneres Skelett, aus Kieselsäure oder (bei den Acantharien) aus Strontiumsulfat bestehend, selten fehlend. Marin. *Thalassicolla*, *Collozoum*, *Acanthometron*.

3. Stamm: Sporozoa, Sporentierchen

Entoparasitische Protozoen; in erwachsenem Zustand ohne Fortbewegungsorganellen, Zellmund fehlt. Nahrungsaufnahme durch die Körperoberfläche. Durch Vielteilung der Zygote entstehen Individuen, die der Übertragung dienen und meist in eine feste Kapsel eingeschlossen sind («Sporen»). Gamogonie und Sporogonie (vielfach auch Schizogonie) wechseln miteinander ab. Dieser Generationswechsel ist oft verbunden mit Wirtswechsel.

1. Klasse: Telosporidia

Im erwachsenen Zustand einkernig, Sporozoiten gestreckt, Sporen ohne Polkapseln.

1. Ordnung: Gregarinida, Gregarinen

Vegetative Form auffallend groß, wurmähnlich. Meist ohne Schizogonie (Eugregarinaria). Sporenbildung in encystiertem Zustand. 8 Sporozoiten. In der Jugend Zellparasiten, später frei im Darm oder Leibeshöhle wirbelloser Tiere. *Monocystis*, *Gregarina*.

2. Ordnung: Coccidia, Coccidien

Zellparasiten. Körper kugelig oder eiförmig. Gametogonie und Sporogonie wechseln ab mit Schizogonie. *Coccidium*.

3. Ordnung: Haemosporidia

Parasiten in roten Blutkörperchen, in den Zellen des Knochenmarks und der Leber. Generationswechsel und Wirtswechsel. Sporogonie im Zwischenwirt (z.B. Insekt). Sporen unbeschalt. *Plasmodium*.

2. Klasse: Cnidosporidia (Neosporidia)

Im erwachsenen Zustand oft vielkernig, Jugendstadien amöboid. Sporenbildung kann während des ganzen vegetativen Lebens stattfinden. Sporen oft in ein- bis dreiklappiger Schale, neben dem Keim 1–4 Polkapseln oder -fäden enthaltend. Sicherlich nicht mit den Telosporidia verwandt. Systematische Stellung unklar.

1. Ordnung: Myxosporidia

Meist beweglich, amöbenartig, groß, vielkernig. Intra- oder extrazelluläre Schmarotzer kaltblütiger Wirbeltiere (Fische). Sporen in zweiklappiger Schale, oder mit 2 oder 4 Polkapseln. *Myxobolus*.

2. Ordnung: Actinomyxidia

Zellschmarotzer des Darmepithels von Oligochäten. Sporen dreistrahlig, mit langen Fortsätzen, 3 Schalenzellen, 3 Polkapseln. *Triactinomyxon*.

3. Ordnung: Microsporidia

Sehr klein, ein- oder vielkernig, Zellschmarotzer, besonders bei Arthropoden und Fischen. Sporen meist oval, mit nur einem Polfaden in einer Vakuole. *Nosema*.

3. Klasse: Sarcosporidia

Große, viele Sporoblasten oder Sporen enthaltende Schläuche, Jugendstadium amöboid. Sporen sichelförmig, ohne Polkapseln. Muskelparasiten bei Wirbeltieren. Systematische Stellung völlig ungeklärt. *Sarcocystis*.

4. Stamm: Protociliata

Wie holotriche Ciliaten gleichmäßig bewimperte Parasiten im Darm von Amphibien und (seltener) von Fischen und Eidechsen. Ohne Zellmund und pulsierende Vakuole. Zwei- oder vielkernig. Ungeschlechtliche Vermehrung durch Längsteilung. Gametenbildung nach Zerfallsteilung. Kopulation. Kein Kerndualismus. Systematische Stellung noch unsicher. *Opalina*.

2. Abteilung: Ciliophora

Gleichmäßig oder ungleichmäßig durch Cilien bewimperte Protozoen; nur die erwachsenen Suctorien ganz ohne Wimpern. Kerndualismus: somatischer Makronucleus und generativer Mikronucleus. Geschlechtsvorgänge in Form der Konjugation: Austausch haploider Mikronuclei.

5. **Stamm: Ciliata,** Wimpertierchen

Oft lebhaft bewegliche Wimperinfusorien. Nahrungsaufnahme durch Zellmund. Meist mit pulsierenden Vakuolen. Ungeschlechtliche Vermehrung durch Querteilung, geschlechtliche durch Konjugation.

1. **Klasse: Euciliata,** Wimperinfusorien

Zeitlebens bewimpert.

1. Ordnung: Holotricha

Alle Wimpern von etwa gleicher Größe. Anordnung der Wimpern verschiedenartig: entweder über den ganzen Körper verteilt, oder auf eine Seite beschränkt, oder 1 oder 2 gürtelförmige Ringe bildend. *Paramecium.*

2. Ordnung: Spirotricha

Adorale Membranellenzone, die vom Vorderpol im Uhrzeigersinn spiralig zum Munde führt.

1. Unterordnung: **Heterotricha**

Neben adoraler Membranellenzone gleichmäßige, gewöhnlich den ganzen Körper bedeckende Bewimperung. *Stentor.*

2. Unterordnung: **Oligotricha**

Wimperkleid (abgesehen von der adoralen Membranellenzone) stark oder völlig rückgebildet. *Halteria.*

3. Unterordnung: **Entodiniomorpha**

Bewimperung des Körpers stark reduziert. Adorale Zone außerhalb der Mundgrube mit dicken, cirrenähnlichen Membranellen. Hinterende oft mit bizarren Dornen und Zacken. Darmbewohner der Säuger, die besonders im Pansen der Wiederkäuer und im Blinddarm der Pferde auftreten. *Entodinium.*

4. Unterordnung: **Ctenostomata**

Die verkürzte Membranellenzone innerhalb einer schüsselförmigen Mundgrube. Zelloberfläche verfestigt; meist mit Zacken und Dornen. Leben im Faulschlamm. *Saprodinium.*

5. Unterordnung: **Hypotricha**

Dorso-ventral abgeflacht. Gewölbte Rückenfläche mit einzelnen, feinen Tastborsten versehen. Ebene Bauchfläche mit kräftiger adoraler Membranellenzone und oft starken Cirren. *Stylonychia, Kerona.*

3. Ordnung: Peritricha

Adorale, im Gegensinn des Uhrzeigers ziehende Wimperspirale. Wimperkleid stark oder völlig rückgebildet. Im allgemeinen festsitzend, bisweilen koloniebildend. *Vorticella.*

2. **Klasse: Suctoria,** Sauginfusorien

Wimpern nur bei den freischwimmenden Jugendstadien vorhanden. Nahrungsaufnahme durch röhrenförmige Saugtentakel. Vermehrung fast ausschließlich durch Knospung. Meist festsitzend. *Acineta.*

II. Unterreich: Metazoa, Vielzellige Tiere

Vielzellige Tiere, deren Zellen nicht gleichartig sind, sondern sich mindestens in Körper- und Fortpflanzungszellen differenzieren.

I. Abteilung: Mesozoa

Einziger Stamm: Mesozoa

Kleine, entoparasitisch lebende Vielzeller, deren Körper aus einer äußeren Lage meist bewimperter Zellen besteht, die eine oder mehrere der Vermehrung dienende Axialzellen einschließen. Die Axialzellen können, ohne Reduktionsteilung, zu einer neuen Generation heranwachsen. Bei einem Teil der Mesozoa treten Männchen und Weibchen auf, die den Wirt verlassen (Generationswechsel). – Der einfache Bau wird vielfach als sekundär betrachtet und die Mesozoen dann meist als degenerierte Plathelminthen aufgefaßt. *Dicyema*; *Rhopalura*.

II. Abteilung: Parazoa

Neben den Fortpflanzungszellen sind mehrere Arten ausgesprochen verschiedener Körperzellen vorhanden, die aber keine Organe, und abgesehen von den Grenzflächen gegen das Wasser, auch keine Epithelien bilden.

Einziger Stamm: Porifera, Schwämme

Festsitzend; in der Regel Kolonien. Ohne echte Organe, ohne Sinnes- und Nervenzellen. Die Körperwand besteht aus zwei Schichten (Dermallager und Gastrallager) und wird von zahlreichen Poren durchsetzt. Meist mit Innenskelett aus kohlensaurem Kalk, Kieselsäure oder aus «horniger» Substanz (Spongin). Fast alle marin.

1. **Klasse: Calcarea,** Kalkschwämme

Kleine, durchweg marine Formen. Das Skelett besteht aus Kalknadeln, die fast stets isoliert sind und dreistrahlige, vierstrahlige oder einachsige Gestalt haben.

1. **Ordnung: Homocoela**

Der innere Hohlraum ist mit einem zusammenhängenden Lager von Geißelzellen (Gastrallager) ausgekleidet (Ascontypus). *Leucosolenia*.

2. **Ordnung: Heterocoela**

Das Gastrallager ist in Radialtuben (Sycontypus) oder Geißelkammern (Leucontypus) aufgeteilt, während der übrige Teil des Binnenraumes von Plattenepithel ausgekleidet ist. *Sycon*.

2. **Klasse: Silicea,** Kieselschwämme

Skelettelemente aus Kieselsäure, oft durch Sponginfasern miteinander verkittet, manchmal auch mehr oder weniger rückgebildet. Im Extremfall bildet das Spongin allein das Skelett.

1. Unterklasse: **Triaxonia** (= Hexactinellida), Glasschwämme

Geißelkammern sackförmig, groß, in einfacher Schicht. Dermallager ohne Oberflächenepithel. Skelett aus sechsstrahligen Kieselnadeln oder davon ableitbaren Nadelformen bestehend, die isoliert liegen oder netzförmig vereint sind.

1. Ordnung: Hexasterophora

Glasschwämme mit zum Teil überaus reizvollem Skelett. Die Mikrosklerite tragen an den Spitzen Büschel feiner Ästchen. *Euplectella.*

2. Ordnung: Amphidiscophora

Geißelkammern unregelmäßig geformt. Mikrosklerite tragen am Ende pilzhutförmige Scheiben, Amphidisken. *Hyalonema.*

2. Unterklasse: **Demospongiae**

Meist nach dem Leucontyp gebaute Kieselschwämme. Geißelkammern klein und kugelig.

1. Ordnung: Tetraxonida, Strahlschwämme

Skelett aus ursprünglich vierachsigen Kieselnadeln bestehend, die oft strahlig angeordnet sind; bisweilen rückgebildet. *Geodia, Oscarella.*

2. Ordnung: Monaxonida

Einachsige Kieselnadeln, durch Spongin verbunden, bisweilen mehr oder weniger rückgebildet und dann im kräftig entwickelten Spongin eingebettet. Marin und im Süßwasser. *Suberites, Cliona, Spongilla.*

3. Ordnung: Keratosa, Hornschwämme

Skelett wird ausschließlich von Sponginfasern gebildet. Hierher gehört der Badeschwamm: *Spongia.*

III. Abteilung: Eumetazoa (=Histozoa), Gewebetiere

Vielzellige Tiere, deren Zellen zumindest zu Epithelien, meist auch zu Organen vereinigt sind. Muskeln und Nervenzellen sind eindeutig ausdifferenziert, wodurch der Körper im Gegensatz zu den Parazoa sehr beweglich wird.

1. Unterabteilung: Coelenterata (=Radiata), Hohltiere

Meist radiär-symmetrisch. Eine vom Gastralraum abgesonderte Leibeshöhle fehlt. Die Wand des ursprünglich becherförmigen Körpers besteht aus zwei Epithelschichten, Ektoderm und Entoderm. Zwischen ihnen liegt eine zunächst strukturlose mittlere Schicht, in die bei den höheren Formen oft Zellen einwandern (Mesogloea). Der Gastralraum kann sich zu einem Gastrovaskularsystem komplizieren; seine Öffnung geht auf den Urmund zurück. Die Gonaden bilden sich im Ektoderm oder Entoderm aus. Ungeschlechtliche Vermehrung durch Teilung oder Knospenbildung allgemein verbreitet; sie führt häufig zur Bildung von Tierstöcken. Meist marin. Teils festsitzend, teils frei schwimmend.

1. Stamm: Cnidaria, Nesseltiere

Mit Nesselkapseln (Cnidae) ausgestattete Coelenteraten. Tentakel im Umkreis der Mundöffnung.

1. Klasse: Hydrozoa

In zwei Formen auftretend: der festsitzende Polyp und die frei schwimmende Meduse (Hydromeduse). Die beiden Formen alternieren miteinander (Generationswechsel), oder die eine von ihnen wird zurückgebildet. Ohne Schlundrohr; Gastralraum einheitlich, nie durch Septen aufgeteilt. Zwischen Ektoderm und Entoderm bei den Polypen eine lamelläre, bei den Medusen eine zellfreie, gallertige Mesogloea. Medusen mit Velum. Die Geschlechtsprodukte reifen im Ektoderm.

1. Ordnung: Hydroida

Die meist festsitzende Polypengeneration gut entwickelt; fast immer stockbildend. In der Regel mit Generationswechsel. Geschlechtliche Fortpflanzung durch Medusen, die durch Knospung entstehen, sich ablösen und frei schwimmen und dann mit Augen oder Statocysten ausgerüstet sind, oder als sessile Gonophoren am Polypenstock verbleiben.

1. Unterordnung: **Athecatae-Anthomedusae**

Meist mit Peridermhülle, aber ohne Hydrotheken; Periderm bisweilen verkalkt. Medusen glockenförmig, mit Ocellen, ohne Statocysten. Gonaden im Ektoderm der Manubriumwand. *Hydra*, *Millepora*, *Tubularia*, *Cordylophora*, *Coryne*.

2. Unterordnung: **Thecaphorae-Leptomedusae**

Mit Hydrotheken (Gonotheken). Medusen in der Regel scheibenförmig, mit Statocysten; Gonaden an den Radiärkanälen. *Laomedea* (Meduse: *Obelia*), *Campanularia*.

3. Unterordnung: **Limnohydroida – Limnomedusae**

Polyp solitär, manchmal ohne Tentakel. Medusen tragen die Geschlechtsorgane am Mundrohr oder an den Radiärkanälen. *Craspedacusta*.

2. Ordnung: Trachylina

Fast stets nur Medusenform. Polypengeneration fehlt völlig oder ist ersetzt durch parasitisches, knospenbildendes Actinulastadium. Gonaden im Verlauf der Radiärkanäle (Trachymedusae) oder in der subumbrellaren Magenwand liegend (Narcomedusae). Statocysten oder statische Randorgane aus umgewandelten Tentakeln, mit entodermalen Statolithen. *Liriope*, *Halammohydra*.

3. Ordnung: Siphonophora, Staatsquallen

Frei schwimmende Hydrozoenstöcke mit sehr verschiedener, durch Arbeitsteilung bedingter Körperform der einzelnen Personen, die teils polypoid, teils medusoid sind und entweder an einem langen Stamm oder an der Unterseite einer Scheibe sitzen. *Physalia*, *Physophora*, *Velella*.

2. Klasse: Scyphozoa

Meist Medusen, die ein Polypenstadium durchlaufen und durch terminale Knospung (Strobilation) entstehen; oft fällt das Polypenstadium aus. Polyp mit vier entodermalen Magenleisten (Septen), ohne Schlundrohr, Medusen ohne Velum, mit Rhopalien und Gastralfilamenten, Mesogloea gallertig und zellhaltig, Gonaden im Entoderm.

1. Ordnung: Stauromedusae, Stielquallen

Kelchförmige, mit dem aboralen Pol festsitzende Scyphozoen. Die Randorgane sind, wenn vorhanden, umgebildete Tentakel. *Lucernaria*.

2. Ordnung: Cubomedusae, Würfelquallen

Vierkantig, hochgewölbt, mit subumbrellarer Ringfalte (Velarium) am Schirmrand. *Carybdea*.

3. Ordnung: Coronata, Tiefseequallen

Eine exumbrellare Ringfurche setzt den Randbehang vom Zentralteil des Körpers ab. *Nausithoë*.

4. Ordnung: Semaeostomeae, Fahnenquallen

Mundrohr an den vier Kanten zu faltigen Mundarmen ausgezogen. *Aurelia*.

5. Ordnung: Rhizostomeae, Wurzelquallen

Mundarme reich gefaltet und zu einem massigen, unbeweglichen Rohr mit sehr zahlreichen Nebenöffnungen verwachsen; zentrale Mundöffnung kann ganz unterdrückt sein. *Rhizostoma.*

3. Klasse: Anthozoa, Korallentiere

Nur in Polypenform auftretend, mit entodermalen, in den Magenhohlraum vorspringenden Septen, an denen sich die Geschlechtsorgane entwickeln, und ektodermalem, eingestülptem Schlundrohr. Zwischen Ektoderm und Entoderm liegt eine meist stark entwickelte Mesogloea. Meist festsitzend. Einzelindividuen oder Tierstöcke.

1. Unterklasse: **Hexacorallia,** Sechsstrahlige Korallen

Mesenterien meist in sechszähliger Anordnung. Tentakel hohle, meist nicht gefiederte Schläuche. Skleriten fehlen stets. Gonaden flächig.

1. Ordnung: Actiniaria, Seerosen

Fast nie koloniebildend, ohne Skelett. Der Zuwachs der zu Paaren gruppierten Mesenterien erfolgt in allen Fächern. Mundrohr meist mit zwei Flimmerrinnen. *Actinia*, *Anemonia.*

2. Ordnung: Madreporaria, Steinkorallen

Meist koloniebildend, mit kompaktem, vom Ektoderm der Fußscheibe abgeschiedenem Kalkskelett. *Madrepora.*

3. Ordnung: Antipatharia, Dörnchenkorallen

Stets stockbildend, mit hornigem und bedorntem, biegsamem Achsenskelett. *Antipathes.*

4. Ordnung: Ceriantharia, Zylinderrosen

Nicht koloniebildend, ohne Skelett. Der Mesenterienzuwachs erfolgt nur im ventralen Zwischenfach. *Cerianthus.*

5. Ordnung: Zoantharia, Krustenanemonen

Meist koloniebildend und mit Sandkörnchen oder anderen Fremdkörpern inkrustiert. *Epizoanthus.*

2. Unterklasse: **Octocorallia,** Achtstrahlige Korallen

Mit acht Mesenterien und acht gefiederten Tentakeln. Die Geschlechtsorgane entstehen als Ausstülpungen der Septen. Stets koloniebildend.

1. Ordnung: Alcyonaria, Lederkorallen

Festgewachsen, ohne innere Skelettachse, nur mit einzelnen Kalkkörperchen (Skleriten) in der Mesogloea. *Alcyonium.*

2. Ordnung: Gorgonaria, Hornkorallen

Festgewachsen mit innerer horniger, kalkiger oder hornig-kalkiger Achse, die meist stark verästelt ist. Stockbildend. *Corallium*, *Gorgonia.*

3. Ordnung: Helioporida, Blaue Korallen

Festsitzend. Ektoderm sondert solide, teilweise blau gefärbte Kalkhülle ab. *Heliopora.*

4. Ordnung: Pennatularia, Seefedern

Nicht festgewachsen, mit innerer horniger, unverästelter Achse. *Pennatula.*

2. Stamm: Acnidaria, Ctenophora

Keine Nesselzellen, dafür Greifzellen (Klebzellen, Colloblasten).

Einzige Klasse: Ctenophora, Kamm- oder Rippenquallen

Zweistrahlig-symmetrische Coelenteraten mit mächtig entwickelter, mesenchymatischer Mittelschicht. Vier Paare meridian verlaufender Reihen von Ruderplättchen, die aus verschmolzenen Wimpern entstanden sind. Am aboralen Pol ein Sinneskörper. Gastrovaskularsystem röhrenförmig verzweigt, mit weitem, ektodermalem Schlund. Zwitter. Entwicklung direkt, ohne Generationswechsel.

1. Unterklasse: **Tentaculifera**

Mit zwei langen, retraktilen Tentakeln und röhrenförmigem Pharynx. *Pleurobrachia*, *Leucothea*, *Cestus*.

2. Unterklasse: **Atentaculata**

Ohne Tentakel, mit sehr weitem Schlund. *Beroë*.

II. Unterabteilung: Bilateria

Zweiseitig symmetrische Eumetazoa. (Die Echinodermata machen nur scheinbar mit ihrem radiären Bau eine Ausnahme; ihre Larven sind ausgesprochen bilateral.) Neben dem äußeren und dem inneren Keimblatt tritt ein drittes Keimblatt, das Mesoderm auf. Es nimmt oft Epithelcharakter an und bildet dann Wandungen für besondere Hohlorgane (Cölom- und Gonadenhöhlen, Kanäle für das Exkretions- und Blutgefäßsystem). Die Keimblätter bilden Organe aus.

A. Protostomia (= Gastroneuralia)

Den Körper durchziehende starke Längsstränge des Nervensystems liegen auf der Bauchseite. Der Urmund (Blastoporus) schließt sich bis auf eine kleine Öffnung, die zum Mund wird, während der After sekundär durchbricht. (Bei sehr dotterreichen, z.B. centrolecithalen Eiern läßt sich das nicht beobachten).

1. Stamm: Plathelminthes, Plattwürmer

Körper meist abgeflacht. Leibeshöhle von einem Mesenchym erfüllt: Die Plathelminthes sind parenchymatöse Acölomata. After, Blutgefäße und spezielle Atmungsorgane fehlen. Protonephridialsystem ist gut entwickelt. Fast immer Zwitter.

1. Klasse: Turbellaria, Strudelwürmer

Freilebend. Körperdecke wenigstens auf der Bauchseite bewimpert. Mit Mund, aber afterlosem, einfachem oder verzweigtem, manchmal lumenlosem Darm. Entwicklung meist direkt. Zwitter. Systematische Gliederung noch unsicher.

1. Unterklasse: **Archoophora**

Ovarium einfach, nicht in Keim- und Dotterstock geteilt.

1. Ordnung: Macrostomida

Pharynx nicht vorstreckbar. Darmrohr gerade, ohne Divertikel. Hoden und Ovar paarig. *Macrostomum*, *Microstomum*.

2. Ordnung: Acoela

Pharynx nicht vorstreckbar. Mitteldarm meist ohne Lumen; Zellgrenzen dann nur elektronenmikroskopisch nachweisbar. *Convoluta.*

3. Ordnung: Catenulida

Pharynx nicht vorstreckbar. Darmrohr gerade, ohne Divertikel. Hoden und Ovar unpaar. *Stenostomum.*

4. Ordnung: Polycladida

Pharynx ausstülpbar. Von einem Hauptdarm gehen nach allen Seiten verzweigte oder anastomosierende Darmäste aus. *Leptoplana.*

2. Unterklasse: **Neoophora**

Ovarium in Keim- und Dotterstock geteilt.

1. Ordnung: Prolecithophora

Pharynx vorstülpbar. Darm einfach, ohne Divertikel. *Plagiostomum.*

2. Ordnung: Lecithoepitheliata

Mit Pharynx bulbosus. Darm gerade, ohne Divertikel. *Prorhynchus.*

3. Ordnung: Seriata

Pharynx vorstülpbar. Darm einfach oder 2-schenkelig; mit wenigen kurzen oder vielen langen seitlichen Divertikeln. Mit den Unterordnungen Proseriata und Tricladida. *Polystylophora*, *Planaria*, *Dugesia*, *Dendrocoelum*, *Rhynchodemus.*

4. Ordnung: Neorhabdocoela

Meist mit Pharynx bulbosus. Darm stab- oder sackförmig; ohne Divertikel. *Mesostoma*, *Dalyellia*, *Gyratrix.*

2. Klasse: Trematodes, Saugwürmer

Ausschließlich Parasiten. Die unbewimperte Epidermis besteht aus einer kernlosen, aber protoplasmatischen Außenlage, die den Körper wie eine Kutikula überzieht und kernhaltigen, an der Außenlage „hängenden" Fortsätzen, die tief im Mesenchym versenkt sind («versenktes Epithel»). Mit Haftorganen und Mund. Darm ohne After. Entwicklung meist eine Metamorphose, oft mit Generationswechsel verbunden. Fast stets Zwitter.

1. Ordnung: Monogenea

Meist Ektoparasiten von wasserbewohnenden Wirbeltieren, mit starken Haftorganen (Saugnäpfen oder kutikularisierten Haken). Entwicklung direkt aus bewimperten Jugendformen. *Polystomum*, *Diplozoon.*

2. Ordnung: Digenea

Entoparasiten mit einem Mund- und meist auch mit einem Bauchsaugnapf. Entwicklung eine Metamorphose, die mit Generations- und Wirtswechsel verbunden ist. *Fasciola*, *Dicrocoelium*, *Schistosoma*, *Leucochloridium.*

3. Klasse: Cestodes, Bandwürmer

Entoparasiten. Die wimperlose Körperdecke ähnlich wie die der Trematodes gebaut, außen jedoch mit Mikrovilli. Mund und Darm fehlen. Körper fast stets in Scolex mit Haftorganen und mehr oder weniger zahlreiche Proglottiden mit je einem vollständigen, zwittrigen Geschlechtsapparat gegliedert. Protonephridien. Entwicklung meist mit Metamorphose, selten auch mit Generationswechsel, wohl aber fast immer mit Wirtswechsel verbunden.

1. Ordnung: Haplobothrioidea

Scolex mit 4 zurückziehbaren Rüsseln. *Haplobothrium.*

2. Ordnung: Pseudophyllidea

Scolex mit 2 länglichen Sauggruben. *Diphyllobothrium, Ligula.*

3. Ordnung: Tetrarhynchidea

Scolex mit 4, viele Widerhaken tragenden, zurückziehbaren Rüsseln und mit 2 oder 4 flachen Saugscheiben. In Haien.

4. Ordnung: Tetraphyllidea

Scolex mit 4 flachen, sitzenden oder auch gestielten Saugscheiben mit oder ohne Haken. Nur in Haien.

5. Ordnung: Diphyllidea

Der sehr lange Scolex mit 4 grubenartigen Haftorganen und einem Haken tragenden Fortsatz bewehrt. In Haien und Rochen.

6. Ordnung: Cyclophyllidea

Scolex meist mit 4 Saugnäpfen, oft auch mit einem Rostrum, in dem ein Hakenkranz inseriert. Hierher gehören die wichtigsten im Menschen parasitierenden Bandwürmer. *Taenia, Echinococcus, Hymenolepis, Dipylidium.*

2. Stamm: Kamptozoa (= Entoprocta)

Wenige mm große, festsitzende, polypenartige Tiere, mit beweglichem Stiel und kelchförmigem, einen Tentakelkranz tragenden Vorderkörper. Mund, After, Nephroporus und Geschlechtsorgane öffnen sich innerhalb des Tentakelkranzes. Leibeshöhle mesenchymatisch. Mit Metamorphose; Larve trochophoraartig. Meist stockbildend, fast ausschließlich marin. *Pedicellina, Urnatella.*

3. Stamm: Nemertini, Schnurwürmer

Meist freilebend. Körperepithel bewimpert. Darm mit After. Dorsal vom Darm ein oft körperlanger, einziehbarer Rüssel. Leibeshöhle mit Mesenchym. Blutgefäßsystem vorhanden. *Cerebratulus.*

4. Stamm: Nemathelminthes (= Aschelminthes), Rundwürmer

Unsegmentiert. Epidermis von Kutikula bedeckt. Primäre Leibeshöhle (Pseudocoel) mehr oder weniger geräumig, Mesenchym meist nur schwach entwickelt. Die Nemathelminthes sind pseudocölomate Acölomata. Darm gestreckt, selten zurückgebildet, meist mit After. Exkretionsorgane: Protonephridien oder Hautkanäle oder fehlend. Stets ohne Blutgefäßsystem. Fast immer getrenntgeschlechtlich.

1. Klasse: Gastrotricha

Klein (etwa 1 mm), Bewimperung auf die abgeplattete Ventralfläche und den Kopf beschränkt. Kutikula schuppenartig oder stachelig. Als Festheftungsorgane fast stets die sehr charakteristischen «Haftröhrchen». Darm gestreckt, mit Mund und After. Exkretionsorgane meist als ein Paar Protonephridien ausgebildet. Zwitter oder parthenogenetische Weibchen. Litorale Bodentiere oder im Süßwasser. *Chaetonotus.*

2. Klasse: Rotatoria, Rädertierchen

Sehr klein, von rundlichem, seltener abgeplattetem Querschnitt. Vorn ein der Nahrungsaufnahme und Fortbewegung dienender Wimperkranz (Räderorgan). Körper hinten oft mit fußartigem Anhang. Vorderdarm mit Kauapparat, After dorsal gerückt. Die

Protonephridien münden in den Enddarm ein, ebenso die unpaare, selten paarige Gonade. Die Männchen vielfach stark rückgebildet (Zwergmännchen); Parthenogenesis weit verbreitet. Die meisten Arten im Süßwasser. *Rotifer.*

3. Klasse: **Nematodes,** Fadenwürmer

Langgestreckt, drehrund, mit starker Kutikula aus gegerbten oder keratinisierten Proteinen. Darm selten rückgebildet, mit ventralem After. Pseudocöl geräumig, von lockerem Mesenchym durchsetzt. Nervenring um den Schlund, von ihm Längsstränge ausgehend. Nur Längsmuskulatur, in Felder geteilt. Als Exkretionsorgane meist die in den «Seitenlinien» verlaufenden, langen, intrazellulären «Seitenkanäle». Meist getrenntgeschlechtlich, Gonaden einfach oder paarig, beim Weibchen auf der Bauchseite ausmündend, beim Männchen in den Enddarm. Teils freilebend, teils parasitisch.

1. Unterklasse: **Aphasmidia**

Ohne Phasmiden. (Phasmiden sind an den Körperseiten hinter dem After ausmündende schlauchförmige Einstülpungen, an deren proximalem Ende eine Drüsenzelle mündet). Meist freilebend, marin und im Süßwasser, einige Parasiten. *Mononchus*, *Mermis*, *Trichinella*, *Dioctophyme.*

2. Unterklasse: **Phasmidia**

Mit einem Paar Phasmiden. Freilebende Bodenbewohner oder Parasiten. *Rhabditis*, *Enterobius*, *Ascaris*, *Ancylostoma.*

4. Klasse: **Nematomorpha,** Saitenwürmer

Drehrund, saitenartig dünn, $^1/_2$ bis 1 m lang. Die wimperlose Epidermis scheidet eine Kutikula aus. Primäre Leibeshöhle meist mehr oder weniger von Mesenchym erfüllt. Darm rückgebildet. Nahrungsaufnahme durch die Körperoberfläche. Blutgefäße und Exkretionsorgane fehlen. Gonaden schlauchförmig, münden in den Enddarm. Larve mit 3 Stilette führendem Rüssel. Parasiten in der Leibeshöhle von Insekten und Tausendfüßlern, nur Anfang und Ende des Lebenslaufes frei im Wasser. *Gordius.*

5. Klasse: **Kinorhyncha**

Klein, ohne Bewimperung. Vorderende einstülpbar, mit Hakenkränzen, Kutikula stark, segmentiert. Segmentierte Längsmuskulatur. Gehirn ringförmig, ventraler, segmentierter Nervenstrang. Ein Paar Protonephridien. Getrenntgeschlechtlich, Gonaden paarig. Metamorphose. Rein marin, Schlammbewohner. *Echinoderes.*

6. Klasse: **Acanthocephala,** Kratzer

Langgestreckt, drehrund oder seitlich abgeflacht. Darm völlig rückgebildet. Vorn ein mit Widerhaken besetzter, einstülpbarer Rüssel. Protonephridien oft rückgebildet. In der dicken, syncytialen Epidermis und in zwei von der Rüsselbasis in die Leibeshöhle hinabhängenden Schläuchen (Lemnisci) ein reich verästeltes Lakunensystem. Getrenntgeschlechtlich. Entoparasiten in Wirbeltieren, Larven in Arthropoden. *Echinorhynchus.*

5. Stamm: Priapulida

Körper wurmförmig, sein Vorderende zu einem einziehbaren Rüssel umgebildet. Kutikula stark, geringelt, mit Papillen besetzt. Mundfeld mit kräftigen, hakenförmigen Dornen, die sich in den ektodermalen Vorderdarm fortsetzen. Pseudocoel. Nervensystem aus Schlundring mit paarigem Oberschlundganglion und medioventralem Markstrang bestehend. Protonephridien büschelweise einem paarigen Kanal ansitzend, dessen Wand die Gonade liefert. Geschlechter getrennt. Die Urogenitalöffnungen seitlich vom After gelegen. Larve mit Kutikularpanzer. Nur 4 Arten. Marine Schlammbewohner. *Priapulus.*

6. Stamm: **Mollusca,** Weichtiere

Bilateral-symmetrische (oder sekundär asymmetrische), unsegmentierte Tiere. Körper setzt sich aus Kopf, Mantel, Eingeweidesack und Fuß zusammen. Haut sehr reich an Drüsenzellen, sondert in der Regel eine Kalkschale ab, die bei den Muscheln paarig, bei Schnecken und Tintenfischen unpaar ist. Cölom meist stark verkleinert und dann auf den Herzbeutel und die Gonadenhöhle beschränkt. Das Nervensystem erinnert bei den niedrigsten Formen (Amphineura) mit seinen längs verlaufenden Marksträngen an das der Plathelminthen; bei höher entwickelten Klassen vereinigen sich die Nervenzellen zu einer Anzahl von Ganglien, die durch Konnektive verbunden bleiben. Der Darm entsendet 1 Paar große Divertikel. Mundhöhle in der Regel mit einer ventralen Reibplatte (Radula). Gefäßsystem offen, hoch entwickelt. Dorsal gelegenes, arterielles Herz mit Vorkammern, deren Zahl von den Kiemen abhängt. Als Respirationsorgane sind zweireihige Blättchenkiemen (Ctenidien), entwickelt; bisweilen abgeändert oder ersetzt durch akzessorische Kiemen oder durch eine Lunge, die vom Dach der Kiemenhöhle gebildet wird. Exkretionsorgane sind Nephridien, gewöhnlich ein Paar; sie stehen mit dem Herzbeutel in Verbindung und können gleichzeitig als Geschlechtswege dienen. Fortpflanzung ausschließlich geschlechtlich; vielfach tritt in der Entwicklung eine Metamorphose auf, durch Ausbildung einer modifizierten Trochophora, der Veligerlarve.

1. Unterstamm: **Amphineura**

Rücken von einer stacheligen Kutikula oder von 8 Kalkplatten bedeckt. Kopf ohne Augen und Fühler. Zwei Paar Längsnervenstränge; das äußere Paar am Körperende durch eine über dem Enddarm verlaufende Kommissur miteinander verbunden. Ohne Statocysten.

1. Klasse: Polyplacophora (= Placophora), Käferschnecken

Acht dorsale, dachziegelartig sich überdeckende Schalenstücke; Fuß als Kriech- und Haftsohle stark entwickelt. In der Rinne zwischen Fuß und Mantel (Mantelhöhle) jederseits eine Reihe von Ctenidien. Arterielles Herz in Perikard (Cölom) mit 2 Vorhöfen. Offenes Blutgefäßsystem. Mundhöhle mit Radula. Darm gewunden, paarige Speichel-, «Zucker»- und Mitteldarmdrüsen. Paarige Niere. Gonade mit zwei Ausführgängen. Nervensystem: nur Markstränge, keine Ganglien. Entwicklung über eine Larve vom Trochophora-Typus. Leben im Meer, meist in der Gezeitenzone. *Chiton.*

2. Klasse: Solenogastres (= Aplacophora), Wurmschnecken

Körper wurmförmig, ohne Schale; von stacheliger Kutikula bedeckt, die nur Mundregion (bei einer Unterklasse auch eine ventromediane Rinne) freiläßt. Mundhöhle mit Zähnen oder Radula. Neben dem Cerebralganglion oft auch Pleural- und Pedalganglion, aber auch Markstränge. Am Körperende eine höhlenförmige Vertiefung, die Kaudalhöhle, in die der After mündet und die manchmal Kiemen trägt. Meist Zwitter. Die Geschlechtsprodukte gelangen ins Perikard und von dort über paarige Ausführgänge (Nieren?), die sich zu einem unpaaren Gang vereinigen, in die Kaudalhöhle. Ausschließlich marin. *Neomenia*, *Crystallophrison.*

2. Unterstamm: **Conchifera**

Rücken nie von einer Kutikula, sondern von einer einheitlichen oder 2klappigen Schale bedeckt. (Bei manchen Formen Schale reduziert oder völlig rückgebildet) Nervensystem mit Ganglien. Pleurale Stränge hinten durch eine unter dem Enddarm verlaufende Kommissur verbunden. Mit Statocysten.

1. Klasse: Monoplacophora

Bilateralsymmetrische Mollusken mit einheitlicher, flach mützenförmiger Schale von – ebenso wie der Körper – nahezu kreisförmigem Umriß. Mantelhöhle umgibt als tiefe Rinne den ganzen Körper. 8 Paar Dorsoventralmuskeln ziehen von der Schale zum Fuß. Mit den Muskeln alternieren 5–6 Paar einfache Kiemen und 6 Paar Nieren. 2 Paar Gonaden entleeren ihre Geschlechtsprodukte durch die Nierenpaare 3 und 4. Herz zweiteilig mit 2 Paar Vorkammern. Cölom repräsentiert durch Perikard und Gonadenhöhlen. Nervensystem: seitlich vom Pharynx je ein Cerebralknoten und, kreisförmig den Körper umziehend, 2 Paar Markstränge. Nur 2 rezente Arten. *Neopilina*, *Vema*.

2. Klasse: Gastropoda, Schnecken

Körper meist asymmetrisch. Die vier Körperabschnitte, Eingeweidesack, Kopf, Fuß und Mantel, meist deutlich gesondert. Der Fuß ist in der Regel eine Kriechsohle, seltener zu Schwimmflossen umgebildet. Kopf meist mit Tentakeln (Fühlern) und Augen. Eingeweidesack meist stark entwickelt, bruchsackartig vorgestülpt und asymmetrisch spiralig aufgerollt. Schale meist spiralig, bisweilen rückgebildet. Pallialorgane (Ctenidien, After, Exkretions- und Geschlechtsöffnungen) nach rechts oder nach vorn verlagert, wobei gewöhnlich ein Ctenidium, eine Niere und ein Vorhof unterdrückt werden. Fast immer mit Radula. Gonade unpaar.

1. Unterklasse: **Prosobranchia (= Streptoneura),** Vorderkiemer

Ursprünglich zwei vor dem Herzen gelegene Kiemen, später die rechte meist rückgebildet. Schale fast stets gut entwickelt, in der Regel eingerollt, seltener kegelförmig oder rückgebildet. Fuß gewöhnlich mit Operculum. Pleurovisceralkonnektive gekreuzt (Streptoneurie). Meist getrenntgeschlechtlich. Überwiegend marin.

1. Ordnung: Diotocardia (= Archaeogastropoda)

Meist 2 Herzvorhöfe, manchmal auch zwei doppelfiedrige Kiemen, von denen eine oder auch beide rückgebildet sein können und dann durch sekundäre, ringförmig angeordnete Mantelkiemen ersetzt werden. Häufig noch Pedalstränge mit zahlreichen Kommissuren. *Haliotis*, *Fissurella*, *Patella*, *Trochus*, *Turbo*, *Neritina*.

2. Ordnung: Monotocardia

1 Kieme, 1 Herzvorhof, 1 Niere. Schale in der Regel eingerollt. Kieme einfiedrig, am Dach der Mantelhöhle festgewachsen. Mantel bisweilen mit Sipho. Pedalstränge gewöhnlich zum Pedalganglion verkürzt. *Viviparus (Paludina)*, *Littorina*, *Murex*, *Buccinum*.

2. Unterklasse: **Euthyneura**

Immer nur eine Kieme (oder Lunge) und dementsprechend auch nur ein Herzvorhof. Die Visceralkonnektive nur bei einer altertümlichen Gruppe manchmal gekreuzt, sonst gerade. Eine Niere. Schale gut entwickelt, rückgebildet oder fehlend. Operculum bei Erwachsenen meist nicht vorhanden. Fast immer Zwitter. Leben im Meer, Süßwasser und auf dem Land.

1. Überordnung: Opisthobranchia, Hinterkiemer

Kieme und Vorhof liegen hinter dem Herzen. Die Schale ist meist schwach entwickelt, dünn, häufig von Mantellappen überwachsen oder sie fehlt ganz. Oft ist auch das Ctenidium zurückgebildet und durch sekundäre Kiemen (Hautausstülpungen) ersetzt, die paarige Längsreihen oder eine Rosette bilden. Zwitter. Marin.

1. Ordnung: Bullacea (= Cephalaspidea)

Schale vorhanden, aber oft sehr dünn und leicht. Kopf mit schildartigen Verbreitungen zum Durchpflügen des Schlicks oder Fuß mit großen, flossenartigen seitlichen Auswüchsen (Sarapodien), mit denen die Schnecken wie mit Flügelschlägen im Wasser schwimmen. Mantelhöhle und Ctenidium vorhanden. *Acteon*, *Limacina*, *Clio*.

2. Ordnung: Aplysiacea (= Anaspidea)

Schale klein, mehr oder weniger vom Mantel bedeckt, selten völlig fehlend. Mantelhöhle und Ctenidium meist vorhanden. Kopf mit 4 Fühlern, Fuß mit Parapodien. *Aplysia*, *Clione*.

3. Ordnung: Saccoglossa (= Ascoglossa)

Ohne Schale oder mit muschelähnlicher, zweiklappiger Schale. Radula nur mit einer Zahnreihe. Marin. *Berthelinia*, *Elysia*.

4. Ordnung: Notaspidea

Schale dünn und flach, bisweilen vom Mantel überwachsen. Mantelhöhle rinnenförmig, mit Ctenidium. *Pleurobranchus*.

5. Ordnung: Nudibranchia

Habitus bilateralsymmetrisch. Schale, Mantelhöhle und Ctenidium völlig rückgebildet. Alle Ganglien im Schlundring vereint. Als Kiemen funktionieren nicht selten Körperanhänge. Oft von bizarrer Gestalt und auffallend gefärbt; Hochseeformen durchsichtig. *Doris*, *Aeolidia*, *Fimbria*, *Phyllirhoe*.

2. Überordnung: Pulmonata, Lungenschnecken.

Schale spiralig eingerollt, selten rückgebildet. Mantelhöhle ohne Kiemen; ihre Decke funktioniert als Lunge. Vorkammer vor dem Herzen gelegen. Sämtliche Ganglien liegen im Schlundring. Zwitter. Land und Süßwasser.

1. Ordnung: Basommatophora

Augen an der Basis der Fühler gelegen. Schale stets vorhanden. Meeresstrand oder Süßwasser. *Lymnaea*, *Planorbis*.

2. Ordnung: Stylommatophora

Augen an den Spitzen eines Paares einstülpbarer Fühler, vor denen meist noch ein zweites Fühlerpaar sitzt. Fast alle Landbewohner. *Arion*, *Limax*, *Helix*.

3. Klasse: Scaphopoda, Kahnfüßer

Symmetrisch. Körperform: ein lang ausgezogener Kegel. Mantel röhrenförmig, etwas gekrümmt, mit dorsaler und etwas weiterer ventraler Öffnung. Die Form der unpaaren Schale entspricht der des Mantels. Fadenförmige, von der Basis des Kopfes entspringende Tentakel. Fuß zylindrisch, unmittelbar hinter dem Kopf gelegen. Radula vorhanden. Herz ohne Vorhöfe. Kiemen fehlen. Nervensystem symmetrisch. 1 Paar Nieren. Getrenntgeschlechtlich. Gonade unpaar, rechte Niere als ihr Ausführgang dienend. Marin. *Dentalium*.

4. Klasse: Bivalvia (= Lamellibranchia), Muscheln

Körper symmetrisch, seitlich zusammengedrückt. Partikelfresser. Kopf extrem rückgebildet, nur durch Mund und Mundlappen repräsentiert. Ohne Radula und Kiefer. Die paarigen Mantellappen umgeben von der dorsalen Mittellinie her den ganzen Körper, Schale daher zweilappig und meist symmetrisch. Fuß beilförmig. Nervensystem symmetrisch, mit drei durch lange Konnektive verbundenen Ganglienpaaren. Darm stark gewunden, mit seinem Endabschnitt meist Herzbeutel und Herzkammer durchsetzend. Respirationsorgane ursprünglich Ctenidien, deren Blättchen meist zu langen Fäden auswachsen, die ihrerseits häufig zu durchbrochenen Lamellen verwachsen. Herz mit zwei Vorkammern. 1 Paar Nieren. 1 Paar Gonaden, die durch die Nieren münden oder eigene Ausführgänge besitzen. Marin und im Süßwasser.

1. Ordnung: Taxodonta

Schloß mit zahlreichen, gleichartigen Zähnen. Fast immer zwei Schließmuskeln vorhanden. Respirationsorgane: Ctenidien oder Fadenkiemen. *Nucula*, *Arca*.

2. Ordnung: Anisomyaria

Vorderer Schließmuskel verkleinert oder ganz fehlend. Schloßzähne fehlen meist. Kiemen einfach fadenförmig oder gefaltet. *Mytilus*, *Pinctada*, *Pecten*, *Ostrea*.

3. Ordnung: Eulamellibranchiata

Kiemenfäden meist zu zwei durchbrochenen Blättern verschmolzen. Schloß mit wenigen, wechselständigen, ungleichartigen Zähnen, oder zahnlos. Vorderer Schließmuskel nur selten zurückgebildet. *Unio*, *Anodonta*, *Tridacna*, *Teredo*.

5. Klasse: Cephalopoda, Kopffüßer, Tintenfische

Körper symmetrisch. Kopf groß, Eingeweidesack in dorso-ventraler Richtung stark verlängert, Mantel sehr muskulös, Mantelhöhle kaudal gelegen. Vorderer Abschnitt des Fußes mit dem Kopf verschmolzen und zu Greifarmen umgebildet, hinterer zu einem Trichter, der aus der Mantelhöhle nach außen führt. Schale unpaar, meist ins Innere des Körpers aufgenommen, oft mehr oder weniger rückgebildet. Radula und kräftige Kiefer meist vorhanden. Enddarm fast stets mit Anhangsdrüse (Tintenbeutel). Cölom bisweilen geräumig. Nervensystem zu einer den Schlund umgebenden Masse zusammengefaßt und in eine knorpelige Kapsel eingeschlossen. Sinnesorgane, besonders Augen und Statocysten, hoch entwickelt. 2 oder 4 typische Ctenidien. Herz mit 2 oder 4 Vorkammern, außerdem unabhängige Kiemenherzen. 1 oder 2 Paar Nieren. Gonade unpaar, mit 1 oder 2 eigenen Ausführgängen. Getrenntgeschlechtlich. Marin.

1. Unterklasse: **Tetrabranchiata,** Vierkiemer

Mit äußerer, wohlentwickelter, spiralig eingerollter und gekammerter Schale. Trichter rinnenförmig, von zwei getrennten Lappen gebildet. Mit 2 Paar Kiemen, 2 Paar Herzvorkammern und 2 Paar Nierensäcken. Mund von zahlreichen, saugnapflosen Tentakeln umstellt. Offene Grubenaugen. Ohne Tintenbeutel. Nur 6 Arten. *Nautilus*.

2. Unterklasse: **Dibranchiata,** Zweikiemer

Mit innerer, mehr oder weniger rudimentärer Schale; mit zwei Kiemen, zwei Vorkammern, zwei Nierensäcken; mit acht oder zehn kräftigen, oft sehr langen, saugnapftragenden Armen; meist mit Tintenbeutel.

1. Ordnung: Decabrachia

Schale entweder deutlich gekammert *(Spirula)* oder als Kalkschulp *(Sepia)* oder als horniger Gladius (*Loligo* und andere) entwickelt. Außer acht kürzeren zwei längere, gestielte Fangarme mit Endkeule. Saugnäpfe gestielt, mit Hornringen. Tintenbeutel, Flossen und Radula stets vorhanden. *Spirula*, *Loligo*, *Sepia*.

2. Ordnung: Octobrachia

Schale meist vollkommen rückgebildet. Acht Arme. Saugnäpfe nicht gestielt, ohne Hornringe. Tintenbeutel meist vorhanden. Meist flossenlos. Einige Arten ohne Radula. *Octopus*, *Ozaena (= Eledone)*, *Argonauta*.

7. Stamm: Sipunculida

Körper walzenförmig, vorne zu einziehbarem Rüssel verschmälert. Körperdecke ein Hautmuskelschlauch mit Kutikula. Mund an der Rüsselspitze, fast stets von Tentakeln umstellt. Darm haarnadelförmig, die beiden Schenkel meist spiralig umeinandergewunden. After dorsal in Höhe der Rüsselbasis. Gehirn über dem Anfangsdarm, unpaarer Bauchnervenstrang. Sekundäre Leibeshöhle zweiteilig: durch den ganzen Rumpf reichendes Körpercölom und – davon getrennt – Tentakelcölom. Kein Blutgefäßsystem. Exkretionsorgane: Metanephridien; sie beginnen im Körpercölom, münden ventral und leiten auch Geschlechtsprodukte aus. Getrenntgeschlechtlich. Metamorphose, Larve gleicht einer Trochophora. *Sipunculus*.

8. Stamm: Echiurida

Körper plumpsackförmig. Hautmuskelschlauch mit zarter Kutikula. Mund überragt von einem langen, rüsselartigen Kopflappen (Prostomium). Vorne ventral zwei Borsten in Borstentaschen, außerdem manchmal Borstenkränze am Körperende. Darm stark gewunden; After terminal. Nervensystem: bis in den Rüssel hinein ausgezogener Schlundring und davon ausgehender, unpaarer, ventraler Markstrang. Einheitliche, fast den ganzen Rumpf durchziehende sekundäre Leibeshöhle, im Bereich der Borstentaschen durch gelöchertes Septum unvollkommen getrennt von davorliegender, bis in das Prostomium reichender, primärer Leibeshöhle. Geschlossenes Blutgefäßsystem. Exkretionsorgane: 2 in den Enddarm mündende Analschläuche mit vielen Wimpertrichtern und – im Vorderkörper – 1 bis 4 Paar (oder mehr) Metanephridien, die auch Geschlechtszellen ausleiten. Getrenntgeschlechtlich. Bisweilen Zwergmännchen. Entwicklung: Metamorphose; Larve trochophoraähnlich. *Echiurus*, *Bonellia*.

9. Stamm: Annelida, Ringelwürmer

Wurmförmig. Einschichtige Epidermis scheidet dünne Kutikula ab. Hautmuskelschlauch aus Längs-, Ring- und Diagonalmuskeln. Körper gegliedert in meist zahlreiche, hintereinanderliegende Segmente mit je einem Paar meist wohl entwickelter Cölomhöhlen. Oft stummelförmige, metamer angeordnete Fortbewegungsorgane (Parapodien). Das Nervensystem besteht aus einem Schlundring mit großem, dorsalem Cerebralganglion und kleinerem, ventralem Unterschlundganglion, von dem eine Kette metamerer Bauchganglien (Bauchmark) nach hinten zieht. Darm stets mit After. Blutgefäßsystem meist vorhanden, stets geschlossen. Als Exkretionsorgane dienen die segmental angeordneten Nephridien. Bei marinen Arten als typische Larvenform die Trochophora.

1. Klasse: Polychaeta, Vielborstige

Langgestreckte Anneliden mit homonomer oder heteronomer, auch äußerlich deutlich ausgesprochener Segmentierung. Segmentale, ursprünglich zweilappige Parapodien, mit zahlreichen Borsten besetzt, die außerdem Cirren oder Kiemen tragen können. Sekundäre Leibeshöhle (Cölom) und Gefäßsystem wohl entwickelt. Meist getrenntgeschlechtlich, Gonaden segmental oft wiederholt. Fast ausschließlich marin.

1. Ordnung: Errantia

Alle Segmente mit Ausnahme der vordersten und des hintersten gleichartig. Prostomium deutlich, oft mit Augen, Palpen, Tentakeln. Parapodien wohl entwickelt. Vielfach kräftige Kiefer. In der Regel freilebend. *Nereis*.

2. Ordnung: Sedentaria

Körper oft aus verschieden gestalteten Regionen zusammengesetzt (heteronome Segmentierung). Prostomium klein und undeutlich. Parapodien wenig vorstehend. Kiemen meist auf einen bestimmten Körperabschnitt beschränkt. Sessil oder halbsessil; meist in Röhren wohnend. *Spirographis*.

3. Ordnung: Archiannelida

Kleine Anneliden mit homonomer Segmentierung. Parapodien und Borsten fehlend oder von einfachem Bau. Fortbewegung meist durch Wimperschlag. Nervensystem gewöhnlich in der Haut liegend. Blutgefäßsystem reduziert oder fehlend. Exkretionsorgane: Nephridien, bei kleinen Formen fehlend. Fast ausschließlich marin. *Polygordius*.

2. Klasse: Myzostomida

An Crinoideen parasitierende Anneliden mit bewimperter Epidermis. Fünf Paar Parapodien mit kräftiger Hakenborste. Schlund zu einem Saugorgan entwickelt; Mitteldarm meist verzweigt. Gehirn klein. Blutgefäße und Kiemen fehlen. Cölom ungegliedert, klein, durch Mesenchym eingeengt. Zwitter. Begattung wechselseitig. Sperma gelangt in Form einer syncytialen, amöboid sich zwischen den Organen fortbewegenden Masse zu den Ovarien. Trochophora. Marin. *Myzostoma.*

3. Klasse: Clitellata, Gürtelwürmer

Parapodien fehlen stets, meist auch Fühler, Cirren und Kiemen. Wenigstens zur Fortpflanzungszeit Clitellum vorhanden: drüsige, gürtelförmige Umbildung der Haut in bestimmten, aufeinanderfolgenden Segmenten im Bereich der Geschlechtsöffnungen. Gonaden oft auf wenige Segmente beschränkt. Zwitter. Direkte Entwicklung.

1. Ordnung: Oligochaeta, Wenigborster

Innere und äußere Segmentierung deutlich. Borsten in geringer Zahl, segmental in vier Gruppen angeordnet. Hoden vor den Ovarien. Im Süßwasser oder in der Erde. *Nais, Tubifex, Branchiobdella, Lumbricus.*

2. Ordnung: Hirudinea, Egel

Meist abgeflacht. Äußere Metamerie durch sekundäre Ringelung verwischt. Mit Mundsaugnapf und hinterem Saugnapf. Fast nie Borsten. Mitteldarm meist mit segmentalen Blindsäcken. Cölom durch starke Parenchymbildung auf ein Lakunensystem beschränkt, das den Charakter von Blutgefäßen annehmen kann. Hoden – oft zahlreich – hinter den Ovarien. Süßwasser und Land, selten im Meer.

1. Unterordnung: **Acanthobdellae,** Borstenegel

Körper drehrund; 30 Segmente. Nur End- aber kein Mundsaugnapf. Cölomsäcke gut entwickelt. Blutgefäße mit eigener Wand. Mit Borsten. Nur eine Art: *Acanthobdella.*

2. Unterordnung: **Achaetobdellae,** Egel i. e. S.

Körper mehr oder weniger abgeflacht; 33 Segmente. Cölom durch Bindegewebe bis auf kanalartige Reste, die bei Kiefer- und Schlundegeln als Blutgefäße dienen, eingeengt. Mund und Endsaugnapf. Keine Borsten. Mit den Überfamilien: 1. **Rhynchobdellodea**, Rüsselegel; mit ausstülpbarem Rüssel, ohne Kiefer, *Piscicola.* 2. **Gnathobdellodea**, Kieferegel; mit 3 bezahnten Muskelwülsten (Kiefern) im Schlund; *Hirudo.* 3. **Pharyngobdellodea**, Schlundegel; ohne Rüssel und ohne Kiefer; *Erpobdella (= Herpobdella).*

10. Stamm: Onychophora

Vereinen in ihrer Organisation Anneliden- und Arthropodenmerkmale. Körper wurmförmig mit vielen (17 bis 43 Paar) parapodienähnlichen, krallenbewehrten Laufbeinen. Körperoberfläche geringelt, nicht segmentiert. Hautmuskelschlauch aus Epidermis mit dünner Chitinkutikula und glatter Ring-, Diagonal- und Längsmuskulatur. Kopf mit Prostomium, Mund und je einem Paar geringelter Antennen, sichelförmiger Kiefer, Oralpapillen und sehr kleiner Linsenaugen. Leibeshöhle ist ein Mixocöl, ungekammert. Blutgefäßsystem offen, Herz röhrenförmig mit segmentalen Ostien, keine Gefäße. Atmung durch unverzweigte Tracheenbüschel. Nervensystem: paariges Oberschlundganglion und 2 ventrale, weit seitlich verlaufende Ganglienzellstränge mit zahlreichen Kommissuren. Verdauungstrakt gerade, Mitteldarm bildet peritrophische Membran. Exkretion durch segmentale Metanephridien, deren Wimpertrichter in Cölomsäcken liegen. Getrenntgeschlechtlich. Mit einer Ausnahme lebendgebärend. Leben räuberisch in Feuchtluftspalten des Bodens und in Mulm. Fast nur auf der südlichen Erdhälfte. *Peripatus, Peripatopsis.*

11. Stamm: Tardigrada, Bärtierchen

Sehr kleine, äußerlich wenig deutlich in Kopf und vier Segmente gegliederte Tiere. 4 Paar einziehbare Extremitäten (Stummelfüße) mit Krallen oder Haftscheiben. Epidermis mit Kutikula aus Albuminoiden. Muskulatur glatt, zu segmentalen Gruppen angeordnet. Am Vorderende Mund und fadenförmige Cirren. Darmrohr unverzweigt. Leibeshöhle ein Mixocöl. Atemorgane und Gefäßsystem fehlen. Nervensystem aus Cerebralganglion, Unterschlundganglion und vier durch Konnektive verbundenen Rumpfganglienpaaren bestehend. Zwei Pigmentbecherocellen auf dem Gehirn. Exkretion durch Epidermis und Enddarmwand und durch 3 Malpighische Gefäße. Getrenntgeschlechtlich, legen Eier. Entwicklung direkt. Marin und im Süßwasser, überwiegend in kleinen und kleinsten temporären Wasseransammlungen, deren Austrocknen sie in Trockenstarre als sog. Tönnchen überdauern. Pflanzenfresser. *Macrobiotus.*

12. Stamm: Pentastomida = Linguatulida, Zungenwürmer

Langgestreckte, bisweilen zungenförmige Parasiten der Atemwege von Landwirbeltieren. Körper sekundär geringelt. Hautmuskelschlauch: Epidermis mit Chitinkutikula, quergestreifte Ring- und Längsmuskulatur. Einige wenige primitive Formen haben nicht weit hinter dem Mund zwei Paar ungegliederte Beinpaare, von denen bei den meisten übrigen Arten nur die Krallen erhalten bleiben. Leibeshöhle ist ein Mixocöl. Zentralnervensystem zurückgebildet; nur ein oder einige Ganglienknoten im Vorderkörper. Zirkulations-, Exkretions- und Atemorgane fehlen. Getrenntgeschlechtlich. Ovipar. Entwicklung eine Metamorphose mit Wirtswechsel. *Linguatula.*

13. Stamm: Arthropoda, Gliederfüßler

Der Körper besitzt eine chitinige Kutikula und ist primär (beim Embryo) wie bei den Anneliden in gleichartige Segmente gegliedert, die je ein Paar Cölomsäcke ausbilden. Im Laufe der Entwicklung gruppieren sich die Segmente zu sehr verschiedenartig gestalteten Körperabschnitten, Tagmata (Kopf, Cephalothorax, Thorax, Abdomen), und die Wände der Cölomsäcke verwandeln sich in Muskeln, Fettkörper usw., so daß sekundäre und primäre Leibeshöhle zusammenfließen und ein Mixocöl entsteht. Bei den urtümlichen Gruppen bildet jedes Segment 1 Paar Extremitäten aus, von denen besonders die der hinteren Körperabschnitte in vielen Klassen ganz zurückgebildet werden. Jede Extremität besteht aus einer Anzahl rohrförmiger, starr kutikularisierter Glieder, die durch Ringe aus biegsamer Gelenkhaut miteinander verbunden werden. Immer ist wenigstens ein Extremitätenpaar zu Mundwerkzeugen oder Antennen umgebildet. Kein Hautmuskelschlauch; Muskulatur quergestreift. Das Zentralnervensystem besteht aus einem über dem Schlund gelegenen Gehirn (Oberschlundganglion) und einem Bauchmark aus hintereinanderliegenden, paarigen Ganglien, die durch Konnektive miteinander verbunden sind. Sinnesorgane reich entwickelt. Fast stets getrenntgeschlechtlich. Furchung superficiell. Postembryonale Entwicklung direkt oder indirekt (Metamorphose), immer mit Häutungen verbunden. Weitaus artenreichster Tierstamm.

1. Gruppe: Amandibulata

Es sind keine zangenartig gegeneinander bewegbaren Oberkiefer ausgebildet.

1. Unterstamm: Trilobitomorpha

Einzige Klasse: Trilobita

Altertümliche, schon im Perm ausgestorbene, marine Arthropoden, deren Körper sich in Kopf, Rumpf und Hinterkörper gliedert. Der Kopf ist dorsal von einem einheitlichen Rückenschild überdeckt, seine Segmente sind miteinander verschmolzen. Er ist aufgebaut aus dem Acron, einem präoralen Antennensegment und 4 postoralen, mit je einem Beinpaar ausgerüsteten Segmenten. Die ebenfalls Extremitäten tragenden Segmente des Rumpfes sind gegeneinander abgesetzt, die des Hinterkörpers wieder verschmolzen. Die 2 Antennen sind vielgliedrig, geißelförmig. Sämtliche Beine gleichförmig und zweiästig. Am Kopfschild seitlich Komplexaugen.

2. Unterstamm: **Chelicerata**, Fühlerlose

Der Rumpf der Chelicerata besteht aus einem aus sechs gliedmaßentragenden Segmenten und dem Acron aufgebauten Vorderkörper (Prosoma) und einem oft gegliederten Hinterkörper (Opisthosoma). Das Prosoma wird häufig von einem einheitlichen Rückenschild überdacht. Das 1. Gliedmaßenpaar wird nicht durch Fühler, sondern durch Cheliceren dargestellt, das sind 2- oder 3gliedrige Extremitäten, die oft eine Schere oder eine Subchela tragen. Darm oft mit großen Divertikeln.

1. Klasse: Merostomata

Wasserbewohnende, kiemenatmende Chelicerata, die am Opisthosoma breite, blattförmige Extremitäten tragen, an deren Hinterseite jederseits eine Reihe von Kiemenblättern angeheftet ist.

1. Ordnung: **Xiphosura,** Schwertschwänze

Vorderleib mit breitem, dorsoventral abgeflachtem, halbkreisförmigem Rückenschild. Auf die scherenförmigen Cheliceren folgen 5 Paar Laufbeine, deren Basis einen zum Mund hin gerichteten, ladenartigen Fortsatz aufweist. Hinterkörper mit langem Schwanzstachel und 6 Paar breiten plattenförmigen Extremitäten, von denen die hinteren 5 Paar Kiemen tragen. Herz lang, hinten geschlossen; Blutkreislauf offen, Gefäßsystem jedoch reich entwickelt. Darm mit Mitteldarmdrüse. Exkretion durch Coxaldrüsen. Aus den Eiern schlüpfen Larven. Marin. *Limulus. Tachypleus.*

2. Klasse: **Arachnida**, Spinnentiere

Landtiere, deren Atemorgane als Fächer-, Sieb- oder Röhrentracheen entwickelt sind. Opisthosoma in seltenen Fällen mit kleinen Rudimenten von Extremitäten (Kämme der Skorpione, Spinnwarzen der Spinnen), meist ohne jede Spur von Gliedmaßen. Vorderkörper mit Cheliceren und 5 Beinpaaren, von denen das 1. (Pedipalpen) häufig stark im Dienste der Nahrungsaufnahme umgewandelt ist, wobei der Telopodit häufig zu einem kleinen Taster, manchmal aber zu großen Scheren umgebildet wird. Exkretion durch röhrenförmige, dünne entodermale Blindschläuche (Malpighische Gefäße) und Nephridien (Coxaldrüsen).

1. Ordnung: **Scorpiones**, Skorpione

Das Prosoma hat eine einheitliche Rückendecke, das Opisthosoma ist geteilt in einen breiten, gegliederten Mittelleib (Mesosoma) und einen schmalen, aus 5 Ringen bestehenden Nachleib (Metasoma), dessen letztes Segment einen Telsonanhang in Form einer Giftblase trägt, die in einem Stachel endigt. Die Pedipalpen bilden große, waagerecht getragene Scheren. 4 Paar Fächertracheen. *Euscorpius.*

2. Ordnung: **Pedipalpi**, Geißelskorpione und Geißelspinnen

Das 1. Beinpaar ist zu einem sehr dünnen, oft extrem langen und vielgliedrigen Tastbein ausgezogen. Die Pedipalpen bilden entweder Scheren oder kräftige Raubbeine. Der Vorderkörper hat meist ein einheitliches Rückenschild, der gegliederte Hinterkörper setzt sich mit einer stielartigen Verschmälerung daran und hat manchmal die letzten 3 Segmente zu sehr engen, kurzen Ringen verschmälert, die einen oft langen Anhang (Flagellum) tragen. Fast immer 2 Fächertracheen. *Thelyphonus*, *Tarantula.*

3. Ordnung: **Palpigradi**

Prosoma dreigeteilt, Opisthosoma zweigeteilt in ein großes Mesosoma und ein kurzes Metasoma, das einen langen, vielgliedrigen Telsonanhang (Flagellum) trägt. Erstes Beinpaar Tastorgan. Herz und Atemorgane fehlen. *Koenenia.*

4. Ordnung: **Araneae,** Spinnen

Der Vorderkörper hat einen einheitlichen Rückenschild, der Hinterkörper ist gestielt und fast immer ungegliedert. Am Ende des Hinterkörpers sitzen mehrere Spinnwarzen. Die Pedipalpen sind bein- oder tastenartig entwickelt. 2 Paar Fächertracheen (Vogelspinnen), 1 Paar Fächer- und 1 Paar Sieb- oder Röhrentracheen, selten nur Röhrentracheen. *Araneus*, *Tegenaria*.

5. Ordnung: **Ricinulei.** Kapuzenspinnen

Prosoma vorne mit beweglichem Fortsatz, der wie eine Kapuze über die Mundwerkzeuge geklappt werden kann. Opisthosoma segmentiert, setzt breit am Prosoma an. *Cryptocellus*.

6. Ordnung: **Pseudoscorpiones**, Afterskorpione

Der Vorderkörper mit einheitlichem Rückenschild, der ein oder zwei querverlaufende Furchen zeigen kann. Hinterleib breit ansetzend und gegliedert. Pedipalpen als waagerecht getragene Scheren entwickelt wie bei den Skorpionen. Atmung durch Sieb-, selten durch baumartig verzweigte Tracheen. Zwergformen. *Chelifer*.

7. Ordnung: **Solifugae,** Walzenspinnen

Der Vorderkörper gliedert sich dorsal in einen großen, vorderen Abschnitt (Proterosoma), der rückwärts bis zum 2. Laufbein reicht, sowie zwei einfache, durch Bindehäute getrennte Tergite, von denen je eines zum Segment des 3. und 4. Laufbeines gehört. Der gegliederte Hinterkörper setzt sich mit einer unbedeutenden Verschmälerung an. Pedipalpen laufbeinförmig. 1. Laufbein schwach, als Tastbein gebraucht. Atmung durch sehr stark verzweigte Röhrentracheen. *Galeodes*.

8. Ordnung: **Opiliones,** Weberknechte

Der gegliederte Hinterkörper setzt sich in voller Breite an den Vorderleib, so daß der Rumpf ein einheitliches Oval bildet. Vorderkörper wie bei den Solifugen meist geteilt in ein ungegliedertes, oft weichhäutiges Proterosoma, das bis zum 2. Laufbeinpaar reicht, sowie 2 folgende Tergite über dem 3. und 4. Laufbein. Pedipalpen teils als Taster, teils als vertikal getragene, bestachelte Raubbeine ausgebildet. Atmung durch stark verzweigte Röhrentracheen. *Opilio*, *Phalangium*.

9. Ordnung: **Acari,** Milben

Zwergformen, die äußerst vielgestaltig sind. Körpergliederung sehr selten ganz ähnlich wie bei den Opiliones. Meist ist der Körper zweigeteilt. Einem Proterosoma, das bis zum 2. Laufbeinpaar reicht, steht ein Hinterkörper (Hysterosoma) gegenüber, der aus den Segmenten der beiden letzten Laufbeinpaare sowie dem ungegliederten, stark verkürzten Hinterleib besteht. Ferner ist gewöhnlich die Mundgegend (Cheliceren, Pedipalpenhüften) durch eine Furche gegen den Rumpf abgegrenzt (= Gnathosoma). Pedipalpen tasterförmig. Atmung durch Tracheen oder Atemorgane völlig zurückgebildet. *Acarus*, *Ixodes*.

3. Klasse: **Pantopoda**, Asselspinnen

Marine fühlerlose, oft mit Cheliceren ausgestattete Arthropoden, deren Körperstamm so schmal ist, daß Darmdivertikel und der größte Teil der Gonaden nur in den Grundgliedern der Laufbeine Platz finden. Der Hinterleib ist zu einem ganz kurzen, ungegliederten Stummel zurückgebildet. Außer Cheliceren und Pedipalpen, die rudimentär sein können, sind 5–7 Paar weitere – abgesehen vom vorderen – laufbeinartig ausgebildete Extremitäten vorhanden. *Nymphon*.

2. Gruppe: Mandibulata

Der Mund wird flankiert von einem Extremitätenpaar, dessen medialwärts gerichtete Laden eine Zange (= Mandibel) bilden.

3. Unterstamm: **Diantennata** = Branchiata

Wassertiere mit 2 Paar Antennen. Auf die Mandibeln folgen 2 Paar flachgedrückte Maxillen, zu denen weitere zu Mundwerkzeugen umgewandelte Beinpaare (Kieferfüße) treten können. Die Atmung erfolgt durch Kiemen, die teils durch dünnhäutige Anhänge der Extremitäten (Epipodite), teils durch die zarte, gegen den Rumpf gerichtete Wand einer breiten Kopfduplikatur (Carapax) gebildet werden. Darmblindsäcke vorhanden. Exkretion durch Nephridien im Segment der 2. Antenne oder der 2. Maxille sowie durch die Kiemen.

Einzige Klasse: Crustacea, Krebse

Mit den Merkmalen des Unterstammes. Der Körper gliedert sich selten in Kopf, Thorax und Hinterleib. Meist verschmilzt der Kopf, der beide Antennenpaare, die Mandibeln sowie die beiden Maxillenpaare trägt, mit wenigstens einem, oft auch mehreren Thoraxsegmenten zu einem Cephalothorax.

1. Unterklasse: **Cephalocarida**

Marine Zwergformen. Kopf mit kurzem Carapax. 9 beintragende Thorax- und 10 gliedmaßenlose Hinterleibssegmente. Telson mit einer Furca, deren Endstacheln äußerst lang sind. Keine Augen, Spaltbeine. *Hutchinsoniella.*

2. Unterklasse: **Anostraca,** Kiemenfüße

Langgestreckte, blattbeinige Krebse ohne Carapax, mit sehr primitiv anmutender einförmiger Gliederung des Rumpfes, des Nervensystems und des Herzens. Mit gestielten, seitlichen Komplexaugen. *Branchipus*, *Artemia.*

3. Unterklasse: **Phyllopoda,** Blattfußkrebse

Die auf den Thorax beschränkten Beine sind als Blattbeine ausgebildet. Kopf mit einer großen, seinen Hinterrand weit überragenden Duplikatur (Carapax).

1. Ordnung: Notostraca

Der breite Rückenschild bedeckt lose die meisten beintragenden Segmente und ist nur seitlich leicht ventralwärts gebogen. Telson mit 2 sehr langen, reich gegliederten Anhängen (Furca). Mehr als 30 Paar Blattbeine. 4 in einer Gruppe liegende Naupliusaugen; 1 Paar Komplexaugen nahe der Mediane des Rückens. *Triops*, *Lepidurus.*

2. Ordnung: Onychura

Die Furca des Telsons bildet kurze, gebogene, kräftige Klauen. Der Carapax ist in der dorsalen Mittellinie des Körpers geknickt, so daß er zwei seitliche, ventralwärts gerichtete Klappen bildet, die den Körper einschließen wie die Schalen einer Muschel. Komplexaugen in der Körpermitte. *Limnadia*, *Daphnia*, *Polyphemus.*

4. Unterklasse: **Ostracoda,** Muschelkrebse

Kleinformen, deren ganzer Körper eingehüllt ist in die beiden stark gewölbten Schalen eines zweiklappigen Carapax. Hinter den Kopfextremitäten sind höchstens 2 Paar Rumpfgliedmaßen vorhanden. *Cypris.*

5. Unterklasse: **Mystacocarida,** Bartkrebse

Rumpf aus 11 gleichförmigen Segmenten. Kleinformen ($< 0{,}5$ mm) mit langgestrecktem Körper, ohne Carapax. Auf die z.T. sehr lang beborsteten Mundwerkzeuge (Name!) folgen 1 Paar Kieferfüße und nur 4 kurze, eingliedrige Beinpaare. Keine Komplexaugen. *Derocheilocaris.*

6. Unterklasse: **Copepoda,** Ruderfußkrebse

Die freilebenden Arten sind ausgezeichnet durch 5 Paar Spaltbeine mit kurzgliedrigen, gleichartigen Ästen. Das letzte Paar ist oft abgewandelt. Das 1. Rumpfsegment, häufig auch das 2., verschmelzen mit dem Kopf zu einem Cephalothorax. Komplexaugen fehlen. Die zahlreichen parasitischen Arten bilden im weiblichen Geschlecht Körper und Gliedmaßen häufig derartig um, daß sie nicht mehr als Copepoden, ja nicht einmal als Krebse kenntlich sind. Nur ein Copepodenmerkmal behalten auch sie bei: ihre Eier bleiben in Form eines paarigen oder unpaaren Klumpens oder Stranges an der Geschlechtsöffnung bis zum Ausschlüpfen hängen. *Cyclops*, *Diaptomus*.

7. Unterklasse: **Branchiura,** Fischläuse

Flachgedrückte Parasiten, deren Carapax schildförmig ausgebreitet ist. Nur 4 Paar Spaltfüße Hinterleib ungegliedert, zu einem flachen Anhang zurückgebildet. 3 beieinander liegende Naupliusaugen und 1 Paar Komplexaugen. *Argulus*.

8. Unterklasse: **Ascothoracica**

Parasiten mit langgestrecktem, gegliedertem Rumpf, der in einer Furca endigt. 1. Antenne trägt Schere, 2. Antenne zurückgebildet. Mundwerkzeuge eingliedrige, spitze Stilette. Die 6 Paar Thoracopoden teils als Spalt-, teils als Stabbeine, manchmal schwach oder gar nicht ausgebildet. 5 Hinterleibssegmente. Carapax 2 große Schalenklappen bildend, die den Körper wenigstens beim Weibchen völlig einhüllen. Keine Komplexaugen. *Ascothorax*.

9. Unterklasse: **Cirripedia,** Rankenfüßler

Festsitzende oder parasitische Krebse, deren Körper in einen zweiklappigen Carapax eingehüllt ist, dessen Außenwand mit sehr verschiedenartig geformten Kalkplatten bedeckt ist. Der vordere Kopfabschnitt ist bei festsitzenden Arten zu einem Haftstiel oder einer Haftscheibe umgebildet. Die 2. Antenne ist stets, die 1. beim erwachsenen Tier fast immer zurückgebildet. Die 6 – selten 4 – Paar Beine sind Spaltbeine, deren Äste sich aus vielen kurzen Gliedern zusammensetzen. Keine Komplexaugen. Die parasitischen Arten haben Gliederung und Extremitäten völlig zurückgebildet. *Lepas*, *Balanus*.

10. Unterklasse: **Malacostraca**

Der Rumpf besteht aus 8 Brust- und primär 7 – durch Rückbildung des letzten – meist 6 Hinterleibsringen. Im Gegensatz zu den anderen Unterklassen tragen in den meisten Fällen auch die Abdominalsegmente Beine (Pleopoden). Die Thoracopoden sind in sehr vielen Fällen als Stabbeine ausgebildet, deren Aussehen denen der Insekten ähnelt. Die Pleopoden hingegen sind Spaltbeine, deren Äste einander mehr oder weniger gleichen und nicht zum Schreiten dienen. Die Geschlechtsöffnung liegt beim Weibchen im 6., beim Männchen im 8. Rumpfsegment. Komplexaugen sind fast immer vorhanden.

1. Überordnung: Phyllocarida

7 Hinterleibsringe und Furca vorhanden. Der große, muschelschalenförmige Carapax bedeckt den Thorax. Thoraxextremitäten als Blattbeine, Hinterleibsextremitäten als Spaltbeine ausgebildet. Augen gestielt. Marin.

Einzige Ordnung: Leptostraca

Nebalia.

2. Überordnung: Hoplocarida

Der Carapax ist eben, läßt die 4 letzten Thoraxsegmente unbedeckt; überragt Seitenkante des Thorax nur wenig. Die Thoracopoden 2–5 tragen Subchelae, besonders das 2. ist zu einem sehr starken Raubbein entwickelt. Die 6.–8. Thoraxgliedmaßen sind Laufbeine. Augen auf beweglichen Stielen. Marin.

Einzige Ordnung: Stomatopoda, Fangheuschrecken-Krebse

Squilla.

3. Überordnung: Syncarida

Kein Carapax. Kopf nicht immer mit dem 1. Thoraxsegment verwachsen. Rumpfsegmente recht gleichförmig. Bei den großen Arten tragen die Thoraxbeine je 2 Epipoditen.

1. Ordnung: Anaspidacea

Oberirdisch lebend. Im Süßwasser. *Anaspides.*

2. Ordnung: Bathynellacea

In Brunnen, Grundwässern und im Mesopsammon. Zwergformen. *Bathynella.*

4. Überordnung: Eucarida

Carapax dorsal fast immer mit allen Brustsegmenten verwachsen. Augen auf beweglichen Stielen. Herz sackförmig. Ohne Bruttasche. Meist mit Metamorphose.

1. Ordnung: Euphausiacea, Leuchtkrebse

Kein Beinpaar zu Kieferfüßen umgewandelt. Kiemen frei, in einer einzelnen Reihe am Grundgliede der Thorakalbeine. Fast stets mit Leuchtorganen versehen. Marin. *Euphausia.*

2. Ordnung: Decapoda

Die drei ersten Fußpaare sind zu Kieferfüßen umgewandelt, der darauf folgende Thoracopode in der Regel mit Schere versehen. Kiemen vom Carapax überdeckt, meist in mehreren Reihen, sowohl am Grundglied der Thorakalfüße wie am Körper selbst sitzend. Meist marin, einige Süßwasser- und Landformen.

1. Unterordnung: **Natantia**

Körper meist seitlich zusammengedrückt, Abdomen stets länger als Cephalothorax. Abdominalfüße meist wohl entwickelt, zum Schwimmen gebraucht. *Crangon.*

2. Unterordnung: **Reptantia**

Körper nicht seitlich, aber oft dorso-ventral zusammengedrückt. Abdomen vielfach verkürzt, Abdominalfüße oft reduziert oder fehlend. *Astacus, Pagurus, Carcinus.*

5. Überordnung: Pancarida

Carapax mit dem 1. Thoracomer verwachsen, ragt nach hinten über weitere Thoraxsegmente hinweg und bildet auf diese Weise beim Weibchen einen dorsalen Brutsack. Das 1. Brustbein ist zu einem Kieferfuß umgewandelt, die übrigen weisen einen Expoditen auf. Pleopoden sind nur an den beiden vorderen Abdominalsegmenten vorhanden und eingliedrig.

Einzige Ordnung: Thermosbaenacea

Zwerghafte Bewohner unterirdischer Gewässer und des Mesopsammons. *Thermosbaena.*

6. Überordnung: Peracarida, Ranzenkrebse

Carapax, wenn vorhanden, vier oder mehr Brustsegmente freilassend. Mindestens das 1. Brustsegment ist stets mit dem Kopfe verschmolzen. Weibchen mit Bruttasche (Marsupium), die aus blattförmigen Anhängen der Beine gebildet ist. Direkte Entwicklung.

1. Ordnung: Mysidacea

Carapax über den größten Teil der Brust sich erstreckend, aber höchstens mit drei Brustringen verwachsen. Augen gestielt. Brustbeine mit Schwimmfußästen (Exopoditen). Das erste Fußpaar oder die beiden ersten zu Kieferfüßen umgewandelt. In den Endopoditen der Uropoden findet sich oft eine Statocyste. Marin, vereinzelt im Süßwasser. *Mysis.*

2. Ordnung: Cumacea

Carapax mit den ersten 3 bis 6 Brustsegmenten verwachsen. Augen sitzend, in die Mediane gerückt und mehr oder weniger rückgebildet. Einige Brustbeine mit Schwimmfußästen, die ersten drei Fußpaare zu Kieferfüßen umgewandelt. Marin. *Diastylis.*

3. Ordnung: Spelaeogriphacea

Kopf und 1. Thoraxsegment miteinander verschmolzen. Carapax wie bei den Tanaidaceen eine seitliche Atemhöhle bildend, in der der Epipodit des 1. Kieferfußes arbeitet, nicht über das 2. Thoraxsegment hinausragend. Die Thoracopoden 2–4 mit 3gliedrigen, die Thoracopoden 5–7 mit eingliedrigen Expoditen. Pleopoden als breite Schwimmbeine gebildet. *Spelaeogriphus*, augenloses Höhlentier.

4. Ordnung: Tanaidacea, Scherenasseln

Carapax kurz, rückgebildet. Kopf mit den ersten beiden Brustsegmenten verwachsen. Augen fehlend oder auf kurzen, unbeweglichen Kopfauswüchsen stehend. Brustfüße meist ohne Exopoditen. Das erste Fußpaar zu Kieferfüßen umgewandelt, das zweite mit einer Schere versehen. Pleopoden zweiästig. Marin. *Tanais.*

5. Ordnung: Isopoda, Asseln

Körper meist dorso-ventral zusammengedrückt. Carapax fehlt. Das erste (selten zweite) Brustsegment mit dem Kopf verwachsen. Telson fast stets mit dem letzten Abdominalsegment verwachsen. Augen sitzend. Brustbeine ohne Exopoditen, das erste Paar zu Kieferfüßen umgewandelt. Pleon oft sehr kurz. Pleopoden zweiästig. Herz kurz, ganz oder teilweise im Hinterleib liegend. Teilweise Parasiten und dann stark umgebildet. Meist marin, doch auch auf dem Lande, vereinzelt im Süßwasser. *Asellus* (Wasserassel), *Oniscus* (Mauerassel), *Porcellio* (Kellerassel).

6. Ordnung: Amphipoda, Flohkrebse

Körper meist seitlich zusammengedrückt. Carapax fehlt. Das erste Brustsegment oder die beiden ersten mit dem Kopfe verwachsen. Augen sitzend. Brustbeine ohne Exopoditen, das erste Paar zu Kieferfüßen umgewandelt. Pleopoden zweiästig, die 3 vorderen Paare zum Schwimmen, die 3 übrigen zum Springen dienend. Meist marin, einzelne Formen im Süßwasser. *Gammarus*, *Phronima*, *Caprella.*

4. Unterstamm: Tracheata

Es ist nur 1 Paar Antennen vorhanden. Auf die Mandibeln folgen in den meisten Fällen 2 Paar Maxillen. Kieferfüße treten nur selten auf. Die Atmung erfolgt durch Tracheen, die mit Hilfe von Verzweigungen den Sauerstoff bis zu den Organen transportieren. Der Darmkanal besitzt niemals ausgedehnte und verästelte Blindschläuche. Die Exkretion wird hauptsächlich von ektodermalen, dünnen Darmblindschläuchen, den Malpighischen Gefäßen, besorgt. Die Nephridialorgane treten stark zurück. Landtiere, die höchstens sekundär ins Wasser einwanderten.

1. Klasse: Myriapoda, Tausendfüßler

Rumpf besteht aus einer oft recht großen Anzahl gleichartiger, meist beintragender Segmente. Alle Antennenglieder besitzen eigene Muskeln.

1. Unterklasse: Chilopoda, Hundertfüßler

Rumpf langgestreckt, aus vielen, sehr gleichartigen Segmenten bestehend, die mit Ausnahme der letzten beiden je ein gut entwickeltes Beinpaar tragen. Das 1. Bein ist zu zangenartigen Kieferfüßen, in denen eine Giftdrüse mündet, umgebildet. Tracheen mit Stigmen an allen oder zahlreichen Segmenten. Herz und gut ausgebildetes Arteriensystem vorhanden. Die Gonaden münden am Hinterende des Rumpfes. *Lithobius*, *Scolopendra.*

2. Unterklasse: **Diplopoda,** Doppelfüßler, Tausendfüßler

Abgesehen von den vorderen 4 Ringen tragen die übrigen, meist sehr zahlreichen, sämtliche je 2 Beinpaare und besitzen auch 2 Ganglien, stellen also Doppelsegmente dar. Nur 2 Paar Mundwerkzeuge: Mandibeln und die zu einer breiten, den Mundvorraum verschließenden Platte (Gnathochilarium) umgestaltete 1. Maxillen. Das Segment der 1. Maxille ist erster Rumpfring. Kutikula meist mit Kalkeinlagerung, sehr starr. Stigmen an fast allen Segmenten. Tracheen- und Blutgefäßsystem vorhanden. *Polyxenus*, *Glomeris*, *Iulus*.

3. Unterklasse: **Pauropoda,** Wenigfüßler

Zwergformen mit überaus dünnem Integument. Die Antennen zweiästig mit Geißelhaaren. Mundwerkzeuge wie Diplopoda. 9 Beinpaare. Tracheen und Gefäßsystem fehlen. *Pauropus*.

4. Unterklasse: **Symphyla**

Progoneaten mit 12 Laufbeinpaaren und einem Paar Spinngriffel am Körperende. Zwischen den Laufbeinhüften zumindest des 3.–9. Segmentes liegen 1 Paar Ventralsäcke. Die Tracheen münden durch 1 Paar Stigmen am Kopf. *Scutigerella*.

2. Klasse: Insecta (= Hexapoda), Insekten

Körper meist deutlich in drei Regionen gegliedert: Kopf, Brust und Hinterleib. Die Brust (Thorax) besteht aus drei Segmenten mit je einem Beinpaar («Hexapoda»), Hinterleib (Abdomen) ursprünglich aus 11 Segmenten bestehend, bei den Imagines stets ohne Beine, aber nicht selten mit stark umgebildeten Extremitäten (Gonopoden usw.). Am Kopf ein Paar Antennen, ein Paar Mandibeln, ein Paar Maxillen und ein unpaares Labium, das durch Verschmelzen des 2. Maxillenpaares entstanden ist. Tracheensystem fast immer sehr vollkommen, Blutgefäßsystem vereinfacht. Exkretionsorgane: Malpighische Gefäße. Getrenntgeschlechtlich. Bisweilen Parthenogenese. Entwicklung meist mit deutlicher Metamorphose. Artenreichste aller Tierklassen. – Ein (kleiner) Teil der Insekten ist primär flügellos. Sie werden häufig als Apterygota zusammengefaßt und den geflügelten und höchstens sekundär flügellosen übrigen Insekten, den Pterygota, gegenübergestellt. Da die Apterygota im Gegensatz zu den Pterygota keine einheitliche Verwandtschaftsgruppe bilden und außerdem zwei ihrer Unterklassen den geflügelten Insekten näher stehen als den übrigen ungeflügelten, hat man neuerdings diese Einteilung zugunsten anderer systematischer Gliederungen verlassen.

a. Entotropha (= Entognatha)

Die in diese Gruppe eingeordneten Unterklassen stellen keine einheitliche Verwandtschaftsgruppe dar. – Meist kleine, primär flügellose Insekten. Metamorphose undeutlich oder fehlend. Mandibeln und Maxillen hochspezialisiert und in einer Tasche versenkt, die vom Labium und den Kopfseiten gebildet wird. Mandibeln mit nur einem Gelenk. Die Antennen sind Gliederantennen, d.h. mit Ausnahme des letzten Gliedes besitzen alle Fühlerglieder eigene Muskulatur. Komplexaugen reduziert oder fehlend.

1. Unterklasse: **Diplura**

Ursprünglichste Entotropha mit vielgliedriger Gliederantenne. Weder Komplexaugen noch Ocellen. Abdomen schon beim Schlüpfen mit 11 Segmenten. Die ersten 7 Abdominalsegmente mit je einem Paar Styli. Ein Paar lange, fadenförmige oder kurze zangenartige Cerci am 11. Segment. Nur eine Ordnung. *Campodea*, *Projapyx*.

2. Unterklasse: **Protura**

Ohne Antennen; ihre Funktion wird vom 1. Beinpaar übernommen. Auch die Augen fehlen. Das Abdomen erreicht die volle Segmentzahl (11) erst im Laufe der postembryonalen Entwicklung. Stummelförmige Extremitäten am 1. bis 3., und Gonopoden am 8. und 9. Abdominalsegment. Nur eine Ordnung. *Eosentomon.*

3. Unterklasse: **Collembola,** Springschwänze

Antennen höchstens 4gliedrig. Sehr einfache Komplexaugen und 4 einfache Ocellen. Die auf 6 reduzierte Anzahl der Abdominalsegmente wird erst während der Postembryonalentwicklung erreicht. Abdomen mit 3 spezialisierten Extremitätenpaaren; die des 3. und 4. Segments bilden den Springapparat (Name!). Nur eine Ordnung. *Desoria, Hydropodura, Sminthurus.*

b. Ectotropha (= Ectognatha)

Die Mandibeln und Maxillen liegen nicht in einer Tasche, sondern arbeiten frei an der Unterseite des Kopfes. Mandibeln nur bei den Archaeognatha mit einem, sonst mit 2 weit voneinander entfernten Gelenkköpfen. Kopf mit echtem Innenskelett (Tentorium). Die Fühler sind Geißelantennen, d.h. nur das Grundglied (Scapus) besitzt Muskulatur; das 2. Glied (Pedicellus) beherbergt immer ein als Johnstonsches Organ bezeichnetes Sinnesorgan. Meist mit Komplexaugen und Ocellen. Fast immer mit Flügeln; primär flügellos sind nur die früher (und bisweilen auch heute noch) unter der Bezeichnung Thysanura in einer Unterklasse vereinten Archaeognatha und Zygentoma. Die Entwicklung erfolgt meist mit mehr oder weniger starker Verwandlung des Habitus (Metamorphose) und der Lebensweise.

4. Unterklasse: **Archaeognatha**

Wohl ursprünglichste Ectotropha. Mandibeln mit nur einem Gelenk. Coxen des Meso- und Metathorax mit Styli. Abdomen bereits beim Schlüpfen mit 11 Segmenten, das letzte mit 3 langen, gegliederten Anhängen (einem medianen Terminalfaden und zwei seitlichen Cerci), die einen Sprungapparat bilden. *Machilis.*

5. Unterklasse: **Zygentoma**

Mandibeln mit zwei Gelenken an der Kopfkapsel befestigt. Keine Styli am Thorax, höchstens an den Abdominalsegmenten 7 bis 9. Am 11. Abdominalsegment ebenso wie die Archaeognatha mit 2 Cerci und einem Terminalfaden, die jedoch keinen Sprungapparat bilden. *Lepisma.*

6. Unterklasse: **Pterygota,** geflügelte Insekten

Es sind 2 Paar Flügel vorhanden, die aus dorsalen Hautfalten des 2. und 3. Thoraxsegmentes gebildet werden und selten sekundär zurückgebildet worden sind. Mandibeln mit 2 Gelenkköpfen. 2 Haupttypen der Metamorphose: Heterometabolie («unvollkommene Verwandlung»), bei der ein ruhendes Puppenstadium fehlt (Ordnungen 1 bis 20), und Holometabolie («vollkommene Verwandlung») mit ruhendem Puppenstadium (Ordnungen 21 bis 31). Ein Teil der Pterygotenordnungen wird zu Überordnungen zusammengefaßt.

1. Ordnung: Ephemeroptera, Eintagsfliegen

Mundwerkzeuge reduziert. Flügelgeäder netzförmig. Hinterleibsende mit zwei langen Cerci, dazu meist noch ein Terminalfilum. Larven wasserlebend, mit abdominalen Kiemengliedmaßen (Tracheenkiemen). *Ephemera.*

2. Ordnung: Odonata, Libellen

Kopf und Augen groß. Kauende Mundwerkzeuge. Flügelgeäder netzförmig. Larven wasserlebend, mit Fangmaske (Labium). *Aeschna.*

3. Ordnung: Plecoptera, Steinfliegen

Mundwerkzeuge etwas reduziert. Flügel mit großem, faltbarem Analteil; Flügelgeäder netzförmig. Abdomen meist mit langen Cerci. Larven wasserlebend, mit thorakalen Kiemenanhängen. *Perla.*

4. Ordnung: **Embioptera,** Embien

Kauende Mundgliedmaßen. Vorderbeine mit vergrößertem 1. Tarsus (Spinnbeine). Zwei Cerci. Weibchen flügellos. *Embia.*

Überordnung: **Blattoidea** (Ordnungen 5–8)

Mundwerkzeuge kauend. Hüften groß, Sternalskelett verschmälert. Meist mit gegliederten Cerci.

5. Ordnung: **Dermaptera,** Ohrwürmer

Prothorax beweglich. Vorderflügel zu kurzen Decken reduziert, Hinterflügel fast nur aus dem quer und längs faltbaren Analfächer bestehend. Cerci zu kräftigen Zangen umgewandelt. *Forficula.*

6. Ordnung: **Mantodea,** Fangschrecken

Vorderbeine als Fangbeine ausgebildet. Cerci gegliedert. *Mantis.*

7. Ordnung: **Blattariae,** Schaben

Körper abgeflacht, Kopf wird von schildartig verbreitertem Pronotum ganz oder zum Teil überdeckt. *Blatta, Periplaneta.*

8. Ordnung: **Isoptera,** Termiten

Staatenbildend mit Polymorphismus. Die «Arbeiter» und «Soldaten», also die große Mehrzahl der Individuen, sind Männchen oder Weibchen mit unentwickelten Geschlechtsorganen, ohne Flügel und meist auch ohne Augen. Vorder- und Hinterflügel der Geschlechtstiere einander ähnlich, werden nach dem Hochzeitsflug abgeworfen. Cerci kurz, gegliedert. *Calotermes.*

Überordnung: **Orthopteroidea** (Ordnungen 9–12)

Kauende Mundwerkzeuge. Die beiden Flügelpaare ungleich: meist pergamentartige Vorder- und weiche, faltbare Hinterflügel. Rein landlebend.

9. Ordnung: **Notoptera = Grylloblattodea**

Nur 6 Arten. Flügellos. Komplexaugen reduziert oder fehlend. Weibchen mit Legeapparat. Cerci voll ausgebildet. *Grylloblatta.*

10. Ordnung: **Phasmida,** Gespenst- und Stabheuschrecken

Von stab- oder blattförmiger Gestalt. Prothorax klein. Flügel oft fehlend. Cerci kurz, höchstens zwei-, meist eingliedrig. Legescheide rudimentär. *Phyllium, Carausius.*

11. Ordnung: **Ensifera,** Laubheuschrecken und Grillen

Fühler lang bis sehr lang. Legeapparat langgestreckt, säbelförmig. Stridulationsorgane an den Vorderflügeln. Gehörorgane in den Tibien der Vorderbeine. 3. Beinpaar Sprungbeine. *Tettigonia, Gryllotalpa, Liogryllus.*

12. Ordnung: **Caelifera,** Feldheuschrecken im weiteren Sinne

Fühler kurz. Der Legeapparat der Weibchen viel kürzer als bei den Ensifera; nie lang, stielförmig. Stridulationsorgane werden nie von den Flügeln allein gebildet. Schrilleiste meist an der Hinterschenkelinnenseite, Schrillkante an den Vorderflügeln. Gehörorgane seitlich im 1. Abdominalsegment. *Euthystira, Locusta, Oedipoda.*

13. Ordnung: **Zoraptera**

Nur einige Arten. Flügel schmal, behaart; Männchen oft flügellos. Cerci eingliedrig. *Zorotypus.*

Überordnung: Psocoidea (Ordnungen 14–16)

Klein, z.T. Parasiten. Mundwerkzeuge kauend bis stechend – saugend.

14. Ordnung: Psocoptera (= Copeognatha, Corrodentia), Flechtlinge, Staub- und Bücherläuse

Kopf groß, prognath, Innenlade der Maxille meißelartig, in die Kopfkapsel eingesenkt, vorschnellbar. Labiale Spinndrüsen. Flügel oft reduziert. *Liposcelis.*

15. Ordnung: Mallophaga, Federlinge, Haarlinge

Ektoparasiten an Vögeln und Säugern. Mundwerkzeuge kauend, aber stark modifiziert. Klammerbeine. Flügellos. *Trichodectes.*

16. Ordnung: Anoplura (Siphunculata), Läuse

Abgeflacht. Mandibeln reduziert, die übrigen Mundteile als Stechborsten ausgebildet; blutsaugend an Säugern. Einfache Augen oder augenlos. Flügel rückgebildet. Klammerbeine mit einer Klaue. *Pediculus*, *Phthirius.*

17. Ordnung: Thysanoptera, Fransenflügler, Blasenfüße

Klein; mit stechend saugenden Mundwerkzeugen. Rechte Mandibel stark zurückgebildet, die linke zu einer spitzen Stechborste geworden. Die stilettförmigen Lacinien der Maxillen legen sich meist zu einem Saugrohr zusammen. Zwischen den Beinklauen große Haftblasen. 2 Paar schmale Flügel mit langen Fransen. *Thrips.*

Überordnung: Hemipteroidea (Rhynchota) Schnabelkerfe (Ordnungen 18–20)

Mundwerkzeuge bilden Stechrüssel. Analfeld der Vorderflügel durch eine Gelenknaht abgetrennt, Hinterflügel kleiner; oft flügellos.

18. Ordnung: Auchenorrhyncha, Zikaden

Stechrüssel am ventralen Hinterende des Kopfes, jedoch nicht zwischen die Vorderhüften verlagert. Flügel häutig; werden dachartig über dem Rücken aneinander gelegt. 1. Abdominalsegment bei den Männchen mit Trommelorganen, bei beiden Geschlechtern mit Gehörorganen. *Cicada.*

19. Ordnung: Sternorrhyncha, Pflanzenläuse

Klein, Flügel häutig, dachartig getragen, Weibchen oft flügellos. Basis des Stechrüssels zwischen oder hinter die Hüften der Vorderbeine verlagert. *Psylla*, *Aphis.*

20. Ordnung: Heteroptera, Wanzen

Meist abgeflacht, Stechrüssel am Vorderende des Kopfes, in der Ruhe bauchseitig zurückgeschlagen. Prothorax frei, mit großem Halsschild, Flügel waagrecht getragen. Vorderflügel mit pergamentartigem Basal- und häutigem Endteil. Hinterflügel gewöhnlich der Länge nach faltbar; bisweilen flügellos. *Notonecta*, *Cimex*, *Pyrrhocoris.*

Überordnung: Neuropteroidea, Netzflüglerartige (Ordnungen 21–23)

Mundwerkzeuge primär kauend. Prothorax frei beweglich. Flügel homonom, häutig. Abdomen mit 10 deutlichen Segmenten. Cerci, wenn vorhanden, eingliedrig. Larven zum Teil wasserlebend.

21. Ordnung: Megaloptera, Schlammfliegen

Flügel reich geädert, Hinterflügel meist viel größer, mit faltbarem Analteil. Cerci vorhanden. Larven wasserlebend, mit gegliederten Tracheenkiemen am Abdomen. *Sialis.*

22. Ordnung: Rhaphidioptera, Kamelhalsfliegen

Prothorax halsartig verlängert nd sehr beweglich. Flügel mit Pterostigma; Analfeld der Hinterflügel klein, nicht faltbar. Weibchen mit langer Legeröhre. Larven landlebend. *Rhaphidia.*

23. Ordnung: Planipennia (Neuroptera), Hafte, Netzflügler i. e. S.

Prothorax groß, doch nicht auffallend verlängert. Längsadern der Flügel reich verzweigt. Hinterflügel ohne Analfächer, Larven meist landlebend; Malpighische Gefäße oft zum Spinnen dienend. *Chrysopa*, *Myrmeleon*.

24. Ordnung: Coleoptera, Käfer

Mundwerkzeuge kauend. Vorderflügel zu Elytren umgebildet, die medial mit glatter Naht zusammenstoßen; Hinterflügel häutig, groß, faltbar. *Carabus*, *Dytiscus*, *Coccinella*, *Meloë*, *Chrysomela*, *Melolontha*.

25. Ordnung: Hymenoptera, Hautflügler

Mundwerkzeuge kauend bis leckend-saugend. Flügel häutig. 1. Abdominalsegment dem Thorax fest angeschlossen. Vielfach staatenbildend. *Sirex*, *Cynips*, *Formica*, *Apis*.

26. Ordnung: Trichoptera, Köcherfliegen

Mundwerkzeuge leckend. Flügel zart, mehr oder weniger behaart, selten beschuppt. Hinterflügel meist kleiner, Analfeld oft faltbar. Larven wasserlebend, raupen- bis engerlingartig, mit Spinndrüsen. *Phryganea*.

27. Ordnung: Lepidoptera, Schmetterlinge

Mandibeln fast stets rückgebildet und Maxillen zum Saugrüssel umgeformt. Flügel beschuppt. Larven typische Raupen, mit kauenden Mundwerkzeugen, Spinndrüsen und Abdominalextremitäten. *Hepialus*, *Tinea*, *Zygaena*, *Bombyx*, *Sphinx*, *Papilio*.

28. Ordnung: Mecoptera (Panorpatae), Schnabelfliegen

Kopf meist schnabelartig verlängert. Mundteile kauend, selten stechend-saugend. Flügel fast homonom, weder beschuppt noch dicht behaart. Larven raupenähnlich, landlebend. *Panorpa*, *Boreus*.

29. Ordnung: Diptera, Zweiflügler (Fliegen und Mücken)

Mundwerkzeuge leckend oder stechend-saugend. Antennen oft stark verkürzt. Häutige Vorderflügel. Hinterflügel zu Halteren umgebildet. Larven fußlos, zum Teil wasserlebend oder parasitisch. *Culex*, *Tabanus*, *Musca*.

30. Ordnung: Strepsiptera, Fächerflügler

Verwandtschaftsbeziehungen ungeklärt. Entoparasiten anderer Insekten. Starker Sexualdimorphismus: Weibchen flügellos, meist madenförmig, Männchen als Imago frei lebend. Mundwerkzeuge verkümmert, Vorderflügel zu Halteren umgebildet. *Stylops*.

31. Ordnung: Siphonaptera (=Aphaniptera, Suctoria), Flöhe

Verwandtschaftsbeziehungen ungeklärt. Seitlich zusammengedrückt. Mundwerkzeuge stechend-saugend. Sprungbeine. Flügellose, meist blinde Blutsauger an Warmblütern. Larven fußlos. *Pulex*.

14. Stamm: Tentaculata

Festsitzend. Darm u-förmig gekrümmt, so daß Mund und After einander genähert am Vorderende des Körpers liegen. Mund von einem bisweilen kompliziert gebauten Tentakelkranz (Lophophor) umgeben. Der After liegt stets außerhalb des Lophophors. Cölom 2teilig: Mesocöl ringförmig mit je einem Blindschlauch in die Tentakel, Metacöl geräumiger.

1. Klasse: Phoronida

Körper langgestreckt, wurmförmig, in eine Chitinröhre eingeschlossen. Nicht stockbildend. Tentakel auf zwei bisweilen eingerollten Mundarmen. Blutgefäßsystem vorhanden. Ein Paar Nephridien. Marin. *Phoronis*.

2. Klasse: **Bryozoa,** Moostierchen

Stockbildend. Kutikula oft verkalkt. Tentakelkranz hufeisen- oder kreisförmig um den Mund. Körper in Cystid und Polypid gegliedert. Blutgefäßsystem fehlt. Ein Paar Nephridien, die auch fehlen können. Zwitter. Ungeschlechtliche Fortpflanzung (Knospung) allgemein verbreitet. Polymorphismus häufig. Bei Süßwasserformen Dauerknospen (Statoblasten). Marin und im Süßwasser. *Cristatella.*

3. Klasse: **Brachiopoda,** Armfüßler

Körper dorso-ventral abgeplattet, mit zweiklappiger Kalkschale. Die Tentakel stehen auf zwei spiralig eingerollten Mundarmen. Der Darm endet meist blind. Blutgefäßsystem mit dorsalem Herz. Ein (bis zwei) Paar Nephridien, die gleichzeitig als Geschlechtsgänge dienen. Getrenntgeschlechtlich. Nie stockbildend. Festsitzend an meist kurzem Stiel. Marin. *Terebratula.*

B. Deuterostomia (=Notoneuralia)

Das Zentrum des Nervensystems liegt auf der Rückenseite des Körpers. Der Urmund (Blastoporus) wird zum After, der Mund bricht sekundär durch (an dotterreichen Eiern u. U. nicht klar zu beobachten). Die stets vorhandene sekundäre Leibeshöhle entsteht durch Abschnürung vom Urdarm. Das Skelett wird nie von der Epidermis, sondern von mesodermalen Elementen gebildet.

15. Stamm: Branchiotremata (= Hemichordata)

Deuterostomia, deren oft wurmförmiger Körper in drei Abschnitte, Proto-, Meso- und Metasoma gegliedert ist. Das Protosoma besitzt eine einheitliche, Meso- und Metasoma eine paarige Cölomhöhle. Der Mund liegt am Hinterende des Protosoma und führt in einen Vorderdarm, der fast immer zumindest durch 1, meist durch mehrere Paare von Kiemenspalten durchbrochen wird, eine Form der Atemorgane, die sonst nur noch von Chordaten bekannt ist. Blutgefäßsystem gut entwickelt, offen. Das meist farblose Blut fließt im Dorsomediangefäß von hinten nach vorn, im Ventralgefäß in umgekehrter Richtung. Das Nervensystem ist zum großen Teil in der Epidermis gelegen. Furchung total.

1. Klasse: **Enteropneusta,** Eichelwürmer

Wurmförmige, zum Teil recht große (bis 2,50 m lange) Bewohner des Meeresbodens, deren Protosoma eichelförmig aufgetrieben und an der Basis stielartig verschmälert ist. Kiemenspalten im Metasoma zahlreich; ihre Wände sind durch ein inneres Skelett versteift. Epidermis bewimpert. Muskulatur glatt. Röhrenförmiges Nervenmark im Mesosoma; außerdem je ein Geflecht von Nervenzellen zwischen den Basen der Zellen der Epidermis und des Darmepithels. Spezielle Exkretionsorgane fehlen. Getrenntgeschlechtlich. Entwicklung meist indirekt. Die Larve, die planktonische Tornaria, zeigt große Übereinstimmung mit manchen Echinodermenlarven. *Saccoglossus, Balanoglossus.*

2. Klasse: **Pterobranchia**

In Gehäusen lebende, sessile und sehr kleine marine Branchiotremata mit V-förmig gebogenem Darm, so daß der After nicht weit vom Vorderende liegt, das aus der Röhrenmündung herausgestreckt werden kann. Protosoma scheibenförmig, Mesosoma mit einem oder mehreren Paaren armartiger Fortsätze, die Tentakel tragen, in die sich das Cölom mit blinden Divertikeln hineinschiebt. Vorderarm manchmal mit einer Kiemenspalte. Als Atemorgan funktionieren wohl in erster Linie die Tentakel. Epidermis bewimpert. Nervensystem geflechtartig zwischen den Basen der Epidermiszellen liegend, mit einer Anhäufung von Ganglienzellen in der Mitte des Mesosomarückens. Meist getrenntgeschlechtlich. Entwicklung soweit bekannt indirekt. Ungeschlechtliche Vermehrung durch Knospung. *Cephalodiscus.*

16. Stamm: Echinodermata, Stachelhäuter

Sekundär radiärsymmetrische, meist fünfstrahlige Tiere, mit in der mesodermalen Unterhaut gelegenem Skelett, das aus isolierten oder aneinander schließenden Kalkplatten besteht, denen oft Stacheln aufsitzen.

Vom Cölom sondern sich mehrere Kanalsysteme ab, von denen eines vor allem der Ortsbewegung dient (Ambulakralsystem). Das Nervensystem liegt zum Teil oberflächlich und besteht im wesentlichen aus einem den Mund umziehenden Ring und fünf davon ausstrahlenden Radiärnerven. Sinnesorgane wenig entwickelt. Der Darm beschreibt eine Spirale oder ist sackartig erweitert; After bisweilen rückgebildet. Das Gefäßsystem wird durch Blutsinus dargestellt; ein Herz fehlt stets. Im allgemeinen Hautatmung, bisweilen Atmungsorgane verschiedener Bauart. Exkretionsorgane fehlen. Geschlechter fast stets getrennt.

Entwicklung mit Metamorphose: frei schwimmende, bilateralsymmetrische Larven, mit Wimperschnüren und zum Teil mit inneren Skelettstäben ausgestattet. Meist freibeweglich, selten festsitzend, rein marin.

1. Klasse: Crinoidea, Haarsterne

Von kelchförmiger Gestalt, Mund nach oben gerichtet, die Seitenwandungen mit polygonalen Kalkplatten gepanzert. Der Körper zumindest in früher Jugend mittels eines vom aboralen Pol ausgehenden, gegliederten, mit rankenartigen Seitenästen versehenen Stieles festsitzend (die Mehrzahl der rezenten Formen löst sich bald vom Stiel ab und wird freilebend). Am oberen Körperrand stehen fünf (oder zehn) meist verästelte Arme, von denen zweireihige kleine Blättchen (Pinnulae) entspringen, die die Geschlechtsprodukte enthalten. Der After liegt exzentrisch neben dem zentral gelegenen Mund. Von ihm gehen die Ambulakralfurchen aus, sie sich über die Arme hinziehen und von ampullenlosen Tentakeln (Ambulakralfüßchen) flankiert werden, die nicht der Fortbewegung dienen. *Metacrinus*, *Antedon.*

2. Klasse: Holothuroidea, Seewalzen

Körper im Sinne der Hauptachse verlängert, walzenförmig. Mehr oder weniger ausgesprochener Übergang zu bilateraler Symmetrie. Haut weich, in der Regel mit verstreuten Kalkplättchen oder -körpern. Stacheln und Pedicellarien fehlen. Hautmuskelschlauch gut entwickelt, Bewegungen wurmförmig. Madreporenplatte fast stets innerhalb der Leibeshöhle. Die Ambulakralfüßchen im Umkreis des Mundes zu langen, rückziehbaren Tentakeln ausgewachsen, die übrigen manchmal zu Papillen verkümmert oder ganz verschwunden. Der Darm beschreibt eine Windung. In die Kloake münden vielfach zwei baumförmige, der Atmung dienende Organe («Wasserlungen»). Nur eine, aus zahlreichen Schläuchen bestehende Gonade.

1. Ordnung: Dendrochirota

Körperquerschnitt kreisförmig oder fünfeckig. Tentakel stark verzweigt. Mit Ambulakralfüßchen. Steinkanäle bisweilen in größerer Zahl vorhanden. Mit baumförmigen Organen. *Cucumaria.*

2. Ordnung: Aspidochirota

Ventralfläche in der Regel abgeflacht. Tentakel mit Endscheibe. Ambulakralfüßchen vorhanden. Steinkanäle oft in größerer Zahl entwickelt. Mit Wasserlunge. *Holothuria.*

3. Ordnung: Elasipoda

Ventralfläche fast stets deutlich abgeflacht. Tentakel mit Endscheiben. Ambulakralfüßchen vorhanden. Steinkanal bisweilen in Verbindung mit der Außenwelt. Ohne Wasserlunge. Am Meeresboden in größerer Tiefe lebend. (Die Gattung *Pelagothuria* ist freischwimmend und weicht in vielen Punkten von den anderen Vertretern der Ordnung ab.) *Elpidia.*

4. Ordnung: Molpadioidea

Körper walzenförmig, sein Hinterende häufig anhangsartig verschmälert. Tentakel fingerförmig oder wenig verzweigt. Ambulakralfüßchen reduziert, Ambulakralgefäße noch vorhanden. Nur ein Steinkanal. Mit baumförmigen Organen. *Molpadia.*

5. Ordnung: Apoda (Paractinopoda)

Körper langgestreckt, wurmförmig. Tentakel fingerförmig oder gefiedert, Ambulakralfüßchen und Ambulakralgefäße fehlen. Steinkanäle bisweilen in größerer Zahl vorhanden. Ohne baumförmige Organe. Zum Teil Zwitter. *Synapta.*

3. Klasse: Echinoidea, Seeigel

Körper meist kugelig, mitunter ei- oder scheibenförmig, ohne gesonderte Arme. Platten des Hautskeletts fast stets fest miteinander verwachsen. Bewegliche, auf halbkugeligen Höckern sitzende Stacheln. Stets mit gestielten Pedicellarien. Der Darm beschreibt eine einfache oder doppelte Spirale. Mund oft mit kompliziertem Kauapparat, After immer vorhanden. Madreporenplatte aboral. Die Ambulakralkanäle verlaufen an der Innenfläche der Schale. Ambulakralfüßchen mit Ampullen, teilweise in respiratorische und sensorische Anhänge umgewandelt. 5 einfache Gonaden. Künstliche Einteilung in:

1. Unterklasse: **Regularia**

Körper meist kugelig, Kauapparat stets vorhanden. Mund und After polar gelegen. *Echinus.*

2. Unterklasse: **Irregularia**

Körper abgeplattet, mit meist ovalem Umriß. After randständig. Kauapparat bisweilen fehlend. *Clypeaster*, *Spatangus.*

4. Klasse: Asteroidea, Seesterne

Körper dorso-ventral abgeflacht, von einer zentralen Scheibe und 5 (oder mehr) nicht verzweigten, bisweilen stark verkürzten Armen gebildet, die mit breiter Basis in die Scheibe übergehen. Stacheln und Pedicellarien in der Regel vorhanden. Die mit Ampullen versehenen Ambulakralfüßchen in einer Längsrinne auf der Oralseite der Arme untergebracht. Mund in der Mitte der Oralfläche, After (bisweilen rückgebildet) und Madreporenplatte aboral. Darm sackförmig, mit 5 gegabelten, in die Arme hineinziehenden Blindsäcken. An den Armspitzen einfache Lichtsinnesorgane und Endtentakelchen. Respirationsorgane: bläschenförmige Ausstülpungen der Haut (Papulae). 5 Paar interradialer Gonaden.

1. Ordnung: Phanerozonia

Mit stark entwickelten Marginalplatten. Kiemenbläschen nur auf der Oberseite. Zwei Füßchenreihen. Sitzende Pedicellarien. *Astropecten.*

2. Ordnung: Spinulosa

Marginalplatten klein. Kiemenbläschen auch lateral und oral. Zwei Füßchenreihen. Füßchen mit deutlicher Saugscheibe. Pedicellarien sitzend oder fehlend. *Asterina.*

3. Ordnung: Forcipulata

Marginalplatten winzig klein. Kiemen oral und aboral. Die Füßchen stehen in vier Reihen; sie haben immer deutliche Saugscheiben. Pedicellarien gestielt. *Asterias.*

5. Klasse: Ophiuroidea, Schlangensterne

Körperform seesternähnlich, aber Arme scharf von der Scheibe abgesetzt, sehr beweglich, bisweilen dichotomisch verzweigt. Ambulakralplatten mächtig entwickelt, ins Innere verlagert und paarweise zu «Wirbeln» verschmolzen. Ambulakralfurchen durch orale Platten geschlossen. Stacheln vorhanden, Pedicellarien fehlend, Ambulakralfüßchen ohne Ampullen, ohne lokomotorische Funktion. Darm sackförmig, ohne Armblindsäcke, ohne After. Madreporenplatte auf der Oralseite. Zu beiden Seiten der oralen Armansätze liegen die spaltförmigen Öffnungen von 5 Paar ektodermalen Taschen (Bursae), die zur Atmung und als Ausführwege der Geschlechtsprodukte dienen.

1. Ordnung: Ophiurae

Arme nie verzweigt. Die Gelenke der Wirbel gestatten nur Bewegung der Arme in der Horizontalebene. Haut mit in der Regel gut entwickelten Kalkplatten. *Ophiura.*

2. Ordnung: Euryalae

Arme oft verzweigt und zu Krümmungen gegen die Oralseite befähigt. Haut weich, Kalkplatten rudimentär. *Gorgonocephalus.*

17. Stamm: Pogonophora

Der fadenförmige Körper steckt in einer dünnen, zylindrischen Röhre aus Chitin-Protein. Er besteht aus drei Abschnitten: dem kurzen Protosoma, das selten einen, meistens viele (bis über 220) Tentakel trägt, dem Mesosoma und dem Metasoma, das den weitaus größten Abschnitt des Körpers bildet. Jeder der 3 Körperabschnitte enthält eine Cölomhöhle, die von der Urdarmhöhle abgeschnürt worden ist. Mund und Darmkanal fehlen. Das Nervensystem liegt innerhalb der Epidermis und besteht aus einem im Protosoma liegenden Gehirn und einem Markstrang, der über dem Längsgefäß des geschlossenen Blutgefäßsystems verläuft. Das Herz befindet sich im Protosoma. Die paarigen Gonaden liegen im Metasoma. Die Geschlechtszellen gelangen ins Cölom und durch Cölomodukte nach außen. Getrenntgeschlechtlich. *Siboglinum.*

18. Stamm: Chaetognatha, Pfeilwürmer

Kleine gestreckte, glashelle Plankter. Cölom in 3 Abschnitte zerlegt, die nicht den gleichliegenden Teilen des Cöloms der Echinodermen oder Enteropneusten entsprechen. Kopf mit 17–18 kutikularen Greifhaken. Nervensystem durch ein Oberschlundganglion, seitliche Ösophagealganglien und ein ventrales, kurzes Unterschlundganglion vertreten (Abweichung der Lage von der sonstigen Situation der Notoneuralia!). Blutgefäßsystem und Exkretionsorgane fehlen. Zwitter. Direkte Entwicklung. Systematische Stellung völlig rätselhaft. *Sagitta.*

19. Stamm: Chordata, Chordatiere

Bilateralsymmetrische Tiere. Mit innerer, mehr oder weniger verwischter Segmentierung, oder auch unsegmentiert. Mit Achsenskelett, das ursprünglich aus einem ungegliederten, zelligen Stabe (Chorda dorsalis) besteht, der sich vom Dach des Urdarms abschnürt und bei den Vertebraten später durch die Wirbelsäule ersetzt wird. Zentralnervensystem in Form eines dorsal gelegenen Rohres, das sich aus einer ektodermalen Längsplatte entwickelt und sich meist vorn zum Gehirn erweitert. Vorderer Abschnitt des Darmes zum Atmungsorgan umgebildet durch Auftreten von Spalten, in deren Wand sich bei den Wirbeltieren Kiemen entwickeln, die dann durch Lungen ersetzt werden können. Gefäßsystem geschlossen (Ausnahme: Tunicata), Herz ventral gelegen. Exkretionsorgane, wenn vorhanden, fast stets typische Nephridien, ursprünglich in segmentaler Ausbildung.

1. Unterstamm: Tunicata, Manteltiere

Körper nicht segmentiert, in Rumpf und Schwanz gegliedert. Der Schwanz verschwindet meist während der Entwicklung. Die einschichtige Epidermis sondert eine vielfach aus Tunicin bestehende Hülle (Mantel) ab. Die Chorda beschränkt sich auf den Schwanz («Urochordata») und verliert sich mit diesem. Zentralnervensystem gewöhnlich bis auf ein dorsales Ganglion rückgebildet. Cölom fehlt, ein Rest von ihm vielleicht im Herzbeutel erhalten. Der Darm beschreibt eine Schleife. Atmungsdarm sehr ausgedehnt, mit zwei bis vielen Kiemenspalten, die entweder unmittelbar nach außen führen oder in einen sekundär zwischen Darm und Körperwand eingeschalteten Peribranchialraum. Herz meist sackförmig. Gefäßsystem in der Regel durch Blutlakunen vertreten. Exkretionsorgane fehlend oder als sehr einfache Speichernieren entwickelt. Fast stets Zwitter. Ungeschlechtliche Vermehrung sehr verbreitet. Zum Teil festsitzend. Stets marin.

1. Klasse: **Appendiculariae (Copelata)**

Kleine, pelagische Tiere. Schwanz und Chorda bleiben erhalten. Der Schwanz sitzt rechtwinklig der Ventralfläche des Rumpfes an. Der Hautbezirk um den Mund herum sondert einen komplizierten blasenförmigen «Mantel» ab, der als Filterapparat dient und oft das ganze Tier wie ein Gehäuse umschließt. Darm U-förmig, Mund vorn gelegen, After ventral, vor dem Schwanzansatz. Nur 2 Kiemenspalten, Peribranchialraum fehlt. Neuralrohr mit vorderer, eine Statocyste enthaltender Erweiterung. Gefäßsystem und Exkretionsorgane fehlen. Fortpflanzung geschlechtlich. *Oikopleura*, *Fritillaria*.

2. Klasse: **Thaliaceae,** Salpen

Pelagisch, Körperform: ein vorn und hinten offenes Faß. Im erwachsenen Zustand ohne Schwanz und Chorda, die bei den Cyclomyariern während der Entwicklung auftreten. Mantel durchsichtig, zellfrei oder mit eingewanderten Mesodermzellen. 4–9 reifenartige Muskelbänder, die bei den Cyclomyariern geschlossen, bei den Desmomyariern ventral unterbrochen sind. Vorderdarm sehr weit, tonnenförmig, mit vielen (Cyclomyarier) oder nur 2 breiten (Desmomyarier) Kiemenspalten in den dahinterliegenden Peribranchialraum mündend. Mitteldarm gewunden oder eingerollt. Herz sack- oder schlauchförmig, im Herzbeutel gelegen. Gefäße fehlend oder wenig entwickelt. Generationswechsel zwischen einer ungeschlechtlichen Einzelform und einer geschlechtlichen Kettenform. *Doliolum*, *Salpa*.

(Die Gattung *Pyrosoma*, die große, frei schwimmende Kolonien bildet, unterscheidet sich in verschiedenen Punkten von den typischen Vertretern der Klasse. Ihre systematische Stellung ist noch unsicher: sie wird entweder wie hier zu den Salpen gerechnet oder zu den Ascidien, oder als selbständige Klasse betrachtet).

3. Klasse: **Ascidiaceae,** Seescheiden

Festsitzende, oft koloniebildende Tiere. Körper sackförmig, kugelig oder zylindrisch. Erwachsen ohne Schwanz und Chorda. Mantel stark entwickelt, mit zahlreichen mesodermalen Zellen und häufig mit verzweigten Blutgefäßen, bisweilen auch mit Kalkkörperchen. Darm U-förmig, seine hintere Öffnung dorsalwärts verlagert. Sehr zahlreiche Kiemenspalten; Peribranchialraum vorhanden. Herz schlauch- oder V-förmig. Gefäße gut entwickelt. Ungeschlechtliche, Kolonien ergebende Vermehrung sehr verbreitet (Synascidien). Ohne Generationswechsel. Die frei schwimmenden Larven besitzen Schwanz mit Chorda, Neuralrohr (mit Anlage eines Gehirns) und gestreckten Darm; sie setzen sich mit dem Vorderpol fest. *Ciona*, *Clavelina*.

II. Unterstamm: **Acrania**

Körper gestreckt, seitlich zusammengedrückt, beiderseits zugespitzt, ohne abgesonderten Kopfabschnitt, ohne Extremitäten. Epidermis einschichtig. Chorda persistierend, den ganzen Körper durchziehend. Muskulatur deutlich segmentiert. Rückenmark mit segmentalen Spinalnerven, ohne Gehirn. Sinnesorgane gering entwickelt. Mundöffnung von Cirren umstellt. Respiratorischer Darm mit zahlreichen, schiefstehenden Kiemenspalten, ohne eigentliche Kiemen. Verdauender Darm geradlinig, mit Blindsack («Leber»). Cölom vorhanden, aber in seiner Ausdehung durch den Peribranchialraum stark eingeengt. Gefäßsystem wohl entwickelt, geschlossen; als Motor dienen der Sinus venosus, die kontraktile Endostylarterie, muskulöse Anschwellungen der Kiemenarterien (Bulbilli) und der großen Venen. Zahlreiche segmentale, mit Solenocyten ausgestattete, ursprünglich vom Cölom ausgehende Nephridien, die getrennt in den Peribranchialraum münden. Segmentale Gonaden an der Cölomwand, ohne Ausführgänge; getrenntgeschlechtlich. *Branchiostoma (Amphioxus).*

III. Unterstamm: **Vertebrata,** Wirbeltiere

Körper im allgemeinen gestreckt, aus Kopf, Rumpf, Schwanz und 2 Extremitätenpaaren bestehend. Epidermis mehrschichtig. Die Chorda wird meist während der Entwicklung rückgebildet und durch ein knorpeliges oder knöchernes, in Schädel und Wirbelsäule gegliedertes Achsenskelett ersetzt. Skelett der Extremitäten von fächerförmig (viele Fische) oder in einer Längsreihe angeordneten (übrige Wirbeltiere) Elementen gebildet. Bisweilen Hautskelett. Segmentierung der Muskulatur mehr oder weniger deutlich. Gehirn stets vorhanden, Sinnesorgane hoch entwickelt. Darm mehr oder weniger gewunden, in der Regel mit Magen. Mundhöhle meist mit Zähnen ausgestattet. Leber und Pankreas stets vorhanden. Atmungsdarm verkürzt, Zahl der Kiemenspalten verringert, in ihrer Wand Kiemen entwickelt, die beim Übergang zum Landleben durch Lungen ersetzt werden. Cölom geräumig, Peribranchialraum fehlend. Gefäßsystem geschlossen, Herz mit 1–2 Kammern und 1–2 Vorkammern. Nephridien ursprünglich segmental und typisch gebaut, in einen gemeinsamen Gang mündend, der auch der Ableitung der Geschlechtsprodukte dienen kann. Geschlechter fast stets getrennt. Nie ungeschlechtliche Fortpflanzung. Nur ein Paar Gonaden. In der Regel eierlegend, zum Teil lebendgebärend.

1. Überklasse: Agnatha

Ohne Kiefer. Rezent nur:

Einzige Klasse: Cyclostomata, Rundmäuler

In der äußeren Körperform an Aale erinnernd. Keine Schuppen. Ohne paarige Extremitäten, ohne Kiefer, ohne echte Zähne. Mit knorpeligem Skelett. Chorda persistiert, manchmal mit knorpeligen dorsalen Bogen besetzt. Schädel von dem der anderen Wirbeltiere stark abweichend, ohne Occipitalregion. Geruchsorgan unpaar. Statisches Organ bläschenförmig, mit nur 1–2 Bogengängen. Darm geradlinig. Mundöffnung mehr oder weniger kreisförmig und mit Hornzähnen ausgestattet. 5–15 Kiemenpaare, die in Erweiterungen der kanalartigen Kiemenspalten liegen. Wasserlebend.

1. Ordnung: Myxinoidea (Hyperotreta), Schleimfische

Nasenhöhle hinten mit Mundhöhle verbunden. Flossensaum nicht unterbrochen. Mund von Barteln umstellt. Augen rückgebildet. Die Kiemenkanäle gehen unmittelbar vom Vorderdarm aus und münden außen entweder einzeln (*Bdellostoma*) oder mit gemeinsamer Öffnung. Als Exkretionsorgan arbeitet vorn ein Pronephros, hinten ein Opisthonephros. *Myxine.*

2. Ordnung: Petromyzontia (Hyperoartia), Neunaugen

Nasen- und Mundhöhle ohne Verbindung. Flossensaum aufgeteilt. Mund ohne Barteln. Die 7 Paar Kiemenkanäle haben getrennte Mündungen und gehen von einem besonderen Ductus branchialis aus, der ventral vom Darm liegt und mit diesem vorn in Verbindung steht. Das Exkretionsorgan ist ein Opisthonephros, vor dem sich Reste des Pronephros erhalten können. Larvenform: *Ammocoetes*, der noch keinen Saugmund und noch unter der Haut verborgene Augen hat; aus ihm entwickelt sich im vierten Jahr das geschlechtsreife Tier: *Petromyzon.*

2. Überklasse: Gnathostoma

Kiefer vorhanden, die vom vordersten Visceralbogen gebildet werden.

1. Reihe: Pisces, Fische

Mit 2 Paar Extremitäten (Brust- und Bauchflossen), Kiefern und Zähnen; Extremitäten und Zähne bisweilen sekundär ganz zurückgebildet. Haut in der Regel mit Schuppen. Chorda fast stets mehr oder weniger rückgebildet und von Wirbelkörpern verdrängt, die meist amphicöl sind. Geruchsorgan paarig, meist ohne Verbindung mit Mundhöhle. Statoakustisches Organ in Utriculus und Sacculus gegliedert, stets 3 Bogengänge. Kiemen innerhalb von Kiemenspalten, deren Höchstzahl 7 ist. Herz fast immer aus einer Kammer und einer Vorkammer bestehend. Bleibendes Exkretionsorgan ist der Opisthonephros; in einigen Fällen erhält sich daneben der Pronephros funktionstüchtig. Meer und Süßwasser.

1. Klasse: Chondrichthyes, Knorpelfische

Skelett rein knorpelig. Hautknochen weder auf dem Schädel noch auf dem Schultergürtel.

1. Unterklasse: **Elasmobranchii**

Skelett knorpelig, stellenweise verkalkt. Achsenskelett meist mit gesonderten, unter Beteiligung der verknorpelnden Chordascheide entstandenen Wirbeln. Haut meist mit Placoidschuppen. Herzkammer mit einem vorderen muskulösen Herzabschnitt, dem klappentragenden Conus arteriosus. Darm mit gut entwickelter Spiralfalte. Gewöhnlich 5, selten 6–7 Kiemenspalten, meist ohne Kiemendeckel, Kiemensepten vollständig, keine Schwimmblase. Der kraniale Teil des Opisthonephros gliedert sich beim Männchen in Nebenhoden (Epididymis) und Leydigsche Drüse. Die Sammelkanäle des kaudalen Teils vereinigen sich zur Bildung sekundärer Harnleiter. Der primäre Harnleiter spaltet sich in Wolffschen Gang und Müllerschen Gang. Ein innerer Abschnitt der Bauchflosse zum Begattungsorgan umgebildet. Befruchtung der Eier – und oft auch Entwicklung – innerlich.

1. Ordnung: Selachii, Haie **und 2. Ordnung: Batei,** Rochen

Körperform spindelförmig bis abgeflacht. Mund quer und ventral. Schwanzflosse meist heterocerk. Schädel hyostyl oder amphistyl. 5 (bis 7) Kiemenspalten, dazu noch eine vordere Spalte zwischen Mandibular- und Hyoidbogen (Spirakularkanal, «Spritzloch»), ohne Kiemendeckel. *Hexanchus*, *Scyliorhinus*, *Acanthias*, *Raja*.

2. Unterklasse: **Holocephali**

Haut nackt, Schwanzflosse diphycerk. Chorda persistierend, von schmalen Knorpelringen umgeben, darüber Knorpelbögen. Das Palatoquadratum ist mit dem Schädel verwachsen (autostyler Schädel). Mund mit Zahnplatten. Kein Spirakulum. 4 Kiemenspalten, von einem Kiemendeckel überdeckt. Keine Schwimmblase.

1. Ordnung: Chimaerae, Seekatzen

Mit den Merkmalen der Unterklasse. *Chimaera*.

2. Klasse: Osteichthyes, höhere Knochenfische

Skelett zum Teil oder ganz verknöchert. 5 dicht beieinanderliegende Kiemenspalten. Kiemensepten mehr oder weniger verkürzt. Kiemen in einer gemeinsamen Kammer liegend und von einem Kiemendeckel überlagert. Schwimmblase vorhanden oder sekundär fehlend. Urogenitalverbindung wird durch schrittweise Entstehung eines sekundären Samenleiters gelöst.

1. Unterklasse: **Actinopterygii,** Strahlenflosser

In die paarigen Flossen treten niemals Muskeln ein. Ihre Basis besteht aus Skelettstücken, an die sich eine Anzahl parallel oder strahlenförmig in die Flosse hineinragender Stücke (Radialia) anschließt. Der Hauptabschnitt der Flossenhaut aber wird gestützt von dünnen, biegsamen, knöchernen Flossenstrahlen (Lepidotrichia), der Flossensaum von elastischen „Horn"strahlen (aus Elastoidin), den Actinotrichia. Beide Nasenöffnungen jeder Körperseite münden außen auf dem Schädel.
Die folgenden konventionell unterschiedenen 3 Überordnungen gehen durch fossile Vertreter ohne Grenze ineinander über, sind also keine Entwicklungslinien, sondern Stufen, die von den rezenten Arten repräsentiert werden.

1. Überordnung: Palaeopterygii (= Chondrostei), Altfische, Knorpelganoiden

Auf die stützenden Skelettstücke der Rücken- und Analflosse folgt distal eine wesentlich größere Anzahl von elastischen Stützstrahlen. Schwanzflosse heterocerk. Skelett oft zu erheblichem Teil knorpelig. Spirakulum vorhanden. Dünndarm mit Spiralfalte. Conus arteriosus.

1. Ordnung: Acipenseriformes, Störartige

Der Schädel überragt den Mund mit einem Rostrum. Das Endocranium ist knorpelig, wird aber von Deckknochen überzogen. Maxillare und Dentale klein. Die Schuppen besitzen bei den rezenten Arten kein Ganoin, sind entweder ganz verschwunden oder ziehen höchstens in 5 Reihen über den Körper. Chorda persistiert. Keine Wirbelkörper, aber knorpelige Bögen. Unpaare, dorsal mündende Schwimmblase. *Acipenser.*

2. Überordnung: Neopterygii (= Holostei), Knochenganoiden

An jedes stützende Skelettstück der Rücken- und Afterflosse setzt sich distal ein elastischer Strahl an. Ganoidschuppen. Schädel und Achsenskelett weitgehend verknöchert. Chorda rückgebildet. Wirbelkörper gut ausgebildet. Spirakulum geschlossen. Keine Spiralfalte. Conus arteriosus und dorsal in den Schlund mündende, unpaare, gekammerte Schwimmblase vorhanden.

1. Ordnung: Amiiformes, Kahlhechte

Kopf von der Form normaler Knochenfische. Schuppen der rezenten Formen abgerundet, dachziegelartig einander deckend wie bei den Teleostiern; mit dünner Ganoinschicht. Wirbel amphicöl. *Amia.*

2. Ordnung: Lepisosteiformes, Knochenhechte

Kiefer sehr lang und schmal, einen Greifschnabel bildend. Schuppen rhombisch zu einem dicken Panzer zusammengeschlossen. Wirbel opisthocöl. (Die Diagnose berücksichtigt nur die rezenten Formen.) *Lepidosteus.*

3. Überordnung: Teleostei, echte Knochenfische

Die mehr als 30 Ordnungen der *Teleostei* schließen sich eng an die vorige Überordnung an. Sie gleichen ihr in Bezug auf die Flossenstrahlen der Rücken- und Analflosse sowie die grundsätzliche Verknöcherung des Schädels und des Achsenskelettes. Wirbel amphicöl. Innenskelett der paarigen Flossen sehr kurz. Statt der Ganoidschuppen aber treten Ctenoid- oder Cycloidschuppen auf, die sich meist dachziegelartig überdecken. Der Conus arteriosus ist zu einem Bulbus arteriosus mit nur einem Klappenpaar reduziert. Die Schwimmblase ist ungekammert, falls sie nicht fehlt. *Clupea, Cyprinus.*

2. Unterklasse **Polypteriformes (= Brachiopterygii),** Flösselhechte

Die Rückenflosse besteht aus sehr vielen kurzen Abschnitten. Die Basis der Brustflossen enthält einige Muskeln. Rhombische zu festem Panzer zusammengeschlossene Ganoidschuppen.

Endocranium zum größten Teil knorpelig, doch treten viele Deckknochen auf. Maxillare, Praemaxillare und Dentosplenia vorhanden. Amphicöle, knöcherne Wirbelkörper, die von der eingeschnürten Chorda durchzogen werden. Paarige, gekammerte, ventral in den Schlund mündende Schwimmblasen. *Polypterus.*

3. Unterklasse: **Dipnoi,** Lungenfische

Es sind gekammerte, meist paarige, ventral in den Schlund mündende Lungen vorhanden, die durch eine Lungenvene das oxydierte Blut zum Herzen schicken, wo es – gesondert vom Körperblut – in die linke, durch ein unvollkommenes Septum abgetrennte Atriumhälfte eintritt. Die Luftaufnahme ist erleichtert dadurch, daß eines der Nasenlöcher sich zum Kopfinneren wendet und als unechtes Choanenpaar in den Rachen mündet. Die paarigen Flossen werden gestützt durch einen gegliederten, langen Skelettstab, an den sich, wie Fiedern einer Feder, auf zwei Seiten schräg abstehende Skelettstücke ansetzen können. Die Cycloidschuppen gehen im Gegensatz zu denen der Actinopterygier auch auf die paarigen Flossen über, sind aber bei den rezenten Formen etwas zurückgebildet. Bei diesen persistiert die Chorda. Wirbelkörper fehlen, knorpelige Bögen sind vorhanden und können verknöchern. Das Endocranium der rezenten Arten ist knorpelig, ihm liegen nur wenige Hautknochen auf. Ein Maxillare wird nicht gebildet, doch treten Dentale und Pterygoid auf. Dünndarm mit Spiralfalte. *Neoceratodus.*

4. Unterklasse: **Crossopterygia,** Quastenflosser

Die paarigen Flossen enthalten Muskulatur und sind in der basalen Hälfte beschuppt. Ihr langes Skelett besteht aus einer gelenkig verbundenen Reihe von Skelettstücken, denen an einer Seite je ein divergierendes Stück ansitzt. Von diesem Flossenskelett lassen sich die Tetrapodengliedmaßen ableiten. Die einzige rezente Gattung der im Palaeozoikum blühenden Gruppe hat keine Wirbelkörper, sondern eine persistierende nicht eingeschnürte Chorda, der knorpelige Böden aufsitzen. Ihr Neurocranium ist zum Teil knorpelig, dorsal aber von einer Anzahl Deckknochen bedeckt. Ein Maxillare tritt nicht auf, wohl aber ein Dentale. Abgerundete, dachziegelartig sich deckende Cosmoidschuppen. Darm mit Spiralklappe. Unpaare Lunge. Bei den fossilen *Rhipidistia* öffnet sich die Nasenhöhle durch eine paarige 3. Öffnung (echte Choanen) in den Rachen, was auf große physiologische Bedeutung der Lungenatmung schließen läßt. *Latimeria.*

2. Reihe: Tetrapoda

Die beiden Extremitätenpaare sind primär fünfzehig. Epidermis verhornend. Skelett weitgehend verknöchert. Zahl der Schädelknochen stark verringert. Die erwachsenen Tiere atmen durch Lungen.

3. Klasse: **Amphibia,** Lurche

Kopf vom Rumpf deutlich abgesetzt. Haut drüsenreich, meist nackt, selten von Cutisverknöcherungen unterlagert. Gelenkverbindung zwischen Schädel und Wirbelsäule durch zwei Condyli occipitales der Pleurooccipitalia. Das Quadratum verbindet sich mit dem Oberschädel und trägt den Unterkiefer (Autostylie). Das Hyomandibulare ist zum Gehörknöchelchen, Columella, geworden. Rippen, wenn vorhanden, ohne Verbindung mit dem Brustbein. Wirbelsäule und Becken durch einen Sakralwirbel verbunden. Letzter Hirnnerv ist der Vagus. Spirakularkanal zum Mittelohr umgebildet. Die Nasenhöhlen stehen mit der Mundhöhle in Verbindung. Atmung durch Kiemen oder Lungen, Kiemen meist nur bei den Jugendstadien, seltener beide Atmungsorgane dauernd nebeneinander. Herz mit einer Herzkammer und zwei Vorkammern. Bleibendes Exkretionsorgan ist der Opisthonephros. Sein kranialer Teil wird zum Nebenhoden. Der Wolffsche Gang dient entweder als Harnsamenleiter oder, infolge Entwicklung sekundärer Harnleiter, lediglich als Samenleiter. Vor dem Darm liegt eine Harnblase, entstanden als ventrale Aussackung der Kloakenwand. Mehr oder minder ausgeprägte Metamorphose. Süßwasser und Land.

1. Unterklasse: **Anura,** Frösche

Rumpf verkürzt, ohne Schwanz. Die zwei Paar Gliedmaßen sind stark entwickelt, die größeren Hintergliedmaßen sind Sprung- und Schwimmbeine. Ohne abgesonderte Rippen. Unterkiefer zahnlos. Paukenhöhle meist vorhanden. Larven mit äußeren, später mit inneren Kiemen. *Pipa*, *Xenopus*, *Rana*, *Hyla*, *Bufo*.

2. Unterklasse: **Urodela,** Schwanzlurche

Körper langgestreckt, mit langem Schwanz. Mit 2 Paar kurzen Gliedmaßen, die hinteren bisweilen rückgebildet. Rippen vorhanden. Manche Formen dauernd kiemenatmend (Perennibranchiata). Paukenhöhle fehlt. *Proteus*, *Salamandra*.

3. Unterklasse: **Apoda (Gymnophiona),** Blindwühlen

Wurmförmiger Körper, der sich nur wenig über den After hinaus erstreckt, also Schwanz ganz kurz. Extremitätengürtel und Gliedmaßen fehlen. Haut geringelt, manchmal mit kleinen Hautknochen unterlagert. Die Embryonen mancher Arten mit 3 Paar äußeren Kiemen. *Ichthyophis*.

4. Klasse: **Reptilia,** Kriechtiere

Die Reptilien gehören wie die Vögel und Säugetiere zu den Amnioten.

Gemeinsame Merkmale der Amnioten sind: 1. Entwicklung embryonaler Hüllen (Amnion und Serosa) und einer embryonalen Harnblase (Allantois); 2. kielbasischer autostyler Schädel; 3. vollkommenes Fehlen von Kiemen, während Kiemenspalten in der Entwicklung noch auftreten; 4. mehr oder weniger vollständige Aufteilung der Herzkammer in eine rechte und linke Hälfte; 5. Gliederung des Opisthonephros in einen kranialen Abschnitt (Mesonephros), der beim Männchen zum Nebenhoden wird, und einen kaudalen Abschnitt (Metanephros), der das funktionierende Exkretionsorgan darstellt und mit einem sekundären Harnleiter ausgestattet ist, während der Wolffsche Gang als Samenleiter, der Müllersche Gang als Eileiter dient.

Die Haut der Reptilien ist sehr drüsenarm. Die Oberhaut bildet stets Hornschuppen oder -platten, die Cutis oft Knochenplatten aus. Schädel mit Os transversum (Ausnahme: Chelonia) und unpaarem Condylus occipitalis; der Unterkiefer artikuliert am Quadratum, das beweglich (streptostyl) oder fest mit dem Hirnschädel verbunden (monimostyl) ist. Die Bezahnung ist meist homodont. Herzkammer bei den Krokodilen vollständig, sonst unvollständig zweigeteilt. 2 Aortenbögen. Kopulationsorgane fast immer vorhanden.

1. Ordnung: Chelonia, Schildkröten

Körper verkürzt und verbreitert, Schwanz gering entwickelt. Haut mit großen Hornschilden bedeckt, die von Knochenplatten unterlagert sind. Die Knochenplatten der Dorsalseite sind fast stets mit dem Achsenskelett fest verbunden. Knöcherner Gaumen von recht verschiedener Ausdehnung. Ohne Os tranversum. Nie Zähne vorhanden, die in der Regel durch Hornscheiden der Kiefer ersetzt werden. Mit Harnblase, Kloake ein Längsspalt. Penis unpaar. *Testudo*, *Chelonia*, *Dermochelys*, *Trionyx*.

2. Ordnung: Rhynchocephalia, Brückenechsen

Eidechsenähnlich, aber das Quadratum fest mit dem Schädel verbunden. Schädel diapsid (doppelter Jochbogen). Wirbel amphicöl. In das große Sternum sind Bauchrippen eingelenkt. Kloake ein Querspalt. Ohne Kopulationsorgane. Nur eine rezente Art: *Sphenodon* (*Hatteria*).

3. Ordnung: Squamata (Plagiotremata)

Haut von Schuppen bedeckt. Quadratum beweglich. Columella cranii gewöhnlich vorhanden. Wirbel fast stets procöl. Kloake ein Querspalt. Paarige Kopulationsorgane.

1. Unterordnung: **Sauria,** Echsen

Extremitäten im allgemeinen gut entwickelt, selten rückgebildet. Schädel gewöhnlich mit Scheitelloch. Trommelfell nicht an der Kopfoberfläche. Fast stets mit Harnblase. *Lacerta*, *Chamaeleo*.

2. Unterordnung: **Ophidia,** Schlangen

Extremitäten und Schultergürtel fast immer vollständig rückgebildet; Gaumen- und Kieferknochen verschiebbar. Ohne Scheitelloch. Häufig mit Giftzähnen ausgerüstet. Augenlider zu einer durchsichtigen «Brille» verwachsen. Paukenhöhle und Harnblase fehlen stets. *Python*, *Tropidonotus*, *Vipera*.

4. Ordnung: Crocodilia

Körper gestreckt, mit langem, seitlich zusammengedrücktem Schwanz. Haut mit großen Hornschilden, die mit Knochenplatten unterlagert sind, die keine Beziehung zum Achsenskelett haben. Bauchrippen. Ausgedehnter knöcherner Gaumen. Schädel diapsid. Zähne in Alveolen eingelassen. Herz mit geteiltem Ventrikel. Keine Harnblase. After ein Längsschlitz. Unpaarer Penis. *Alligator*.

5. Klasse: **Aves,** Vögel

Mit den Reptilien eng verwandt, beide Klassen häufig als Sauropsiden vereinigt. Haut mit Federn bedeckt, manche Teile auch mit Hornschilden. Vorderextremitäten in Flügel umgewandelt, Hinterextremitäten kräftig. Verbindung zwischen Beckengürtel und Wirbelsäule sehr ausgedehnt, indem außer den 2 ursprünglichen Sakralwirbeln noch zahlreiche Lenden- und Schwanzwirbel mit dem Darmbein verwachsen; Beckensymphyse fast stets gelöst. Schädel betont kielbasisch, Quadratum beweglich, Condylus occipitalis unpaar. Zähne durch Hornschnabel ersetzt. Lunge mit Luftsäcken. Herzkammer vollständig zweigeteilt. Nur ein Aortenbogen (der rechte). Ovarium und Eileiter der rechten Seite verkümmert. Körpertemperatur konstant («Warmblüter»). Die rezenten Vögel werden in 28 nicht leicht kurz diagnostizierbare Ordnungen geteilt. Oft werden 5 nicht fliegende Ordnungen mit wenig ausgebildeten Flügeln und fehlendem Kiel des Sternums, der dem Ansatz der Flugmuskeln dient, als **Ratitae** oder **Palaeognathae** den übrigen Ordnungen gegenübergestellt, die als **Neognathae** zusammengefaßt werden. Es besteht aber der Verdacht, daß die Rückbildung der Flugorgane sekundär und konvergent erfolgt ist, die **Palaeognathae** also eine polyphyletische Gruppe darstellen.

Das folgende System richtet sich weitgehend nach Wetmore (1951). Im Anschluß an eine kurze Charakteristik der Ordnungen werden jeweils die Familien mit ihren deutschen Namen genannt. Die Welt-Artenzahl jeder Familie steht in Klammern, daneben mindestens eine der wichtigsten Gattungen. Von den mit *versehenen Familien brüten Vertreter auch in Europa.

1. Ordnung: Sphenisciformes, Flossentaucher, (Pinguine)

Marine Vögel, flugunfähig, aber vorzügliche Schwimmer und Taucher. Flügel klein, Flossenähnlich, mit schuppenartigen Federchen, zum Schwimmen unter Wasser dienend. Die kurzen Beine setzen sehr weit hinten am Rumpf an, Körperhaltung dadurch fast vertikal; Schwimmfüße mit 4 nach vorn gerichteten Zehen und Schwimmhäuten. Schwanz verkürzt. Schnabel lang und schlank. Antarktis und kalte Gewässer nördlich bis zu den Galapagosinseln. Pinguine (17), *Aptenodytes*.

2. Ordnung: Struthioniformes, Afrika-Laufvögel, (Strauße)

Sehr große, flugunfähige Vögel. Die Hinterextremitäten sind Laufbeine mit 2 Zehen. Schnabel breit und flach. Kopf und Hals fast nackt, Schwung- und Steuerfedern groß und locker gefügt. Brustbein ohne Kiel (Carina), Claviculae fehlend, Pygostyl und Schambeinsymphyse vorhanden. Größte lebende Vögel, oft über 2.20 m hoch. Gewicht 135 kg. Afrika. Strauße (1), *Struthio*.

3. Ordnung: Rheiformes, Neuwelt-Laufvögel

Große, flugunfähige Vögel. Laufbeine mit 3 Zehen. Schnabel breit und flach. Lockeres, auch Kopf und Hals bedeckendes Federkleid, Schwung- und Steuerfedern groß. Brustbein ohne Kiel, Claviculae fehlend, ohne Pygostyl, mit Sitzbeinsymphyse. 1.20 m hoch. Südamerika. Nandus (2), *Rhea.*

4. Ordnung: Casuariiformes, Australien-Laufvögel

Große, flugunfähige Vögel, Flügel stark verkümmert, Laufbeine mit 3 Zehen. Schnabel dorsal gekielt. Schwungfedern verkümmert, Steuerfedern fehlend. Brustbein ohne Kiel, Pygostyl und Beckensymphyse fehlend, rudimentäre Claviculae meist vorhanden. 1.50 m hoch. Australien und Neuguinea. Kasuare (6), *Casuarius;* Emus (2), *Dromiceus.*

5. Ordnung: Apterygiformes, Schnepfenstrauße

Hühnergroße, flugunfähige Vögel. Flügel verkümmert und völlig vom Federkleid verdeckt. Die Hinterextremitäten sind kurze, kräftige Grabbeine mit 4 Zehen. Schnabel lang und dünn. mit Nasenlöchern an der Spitze. Federn haarähnlich, Schwung- und Steuerfedern fehlend. Ohne Brustbeinkiel, Claviculae, Pygostyl und Beckensymphyse. Nächtliche Lebensweise. Neuseeland. Kiwis (3), *Apteryx.*

6. Ordnung: Tinamiformes, Steißhühner

Flügel kurz, Schwanz stark verkümmert. Schlechte Flieger. Schnabel lang und leicht gekrümmt. Schädel dem der Strauße ähnlich. Ohne Pygostyl. Mittel- und Südamerika. Tinamus (32), *Tinamus.*

7. Ordnung: Gaviiformes, Schwimmtaucher

Wasservögel, schlechte Flieger, aber vorzügliche Taucher. Flügel kurz, Schwanz verkümmert. Ansatz der Beine und Körperhaltung ähnlich wie bei den Pinguinen. Typische Schwimmfüße mit Schwimmhäuten. Schnabel gerade, spitz. Nördl. Amerika und Eurasien. Seetaucher* (4), *Gavia.*

8. Ordnung: Podicipediformes, Lappentaucher

Charakterisierung wie Gaviiformes, aber Schwimmfüße mit voneinander getrennten Hautsäumen an den 3 Vorderzehen und der Hinterzehe statt Schwimmhäuten. Weltweite Verbreitung. Steißfüße* (20), *Podiceps.*

9. Ordnung: Procellariiformes, Röhrennasen

Marine, z. T. möwenähnliche Vögel. Ausgezeichnete Langstreckenflieger mit langen, schmalen Flügeln. Maximal 3,50 m Flügelspannweite (größte Spannweite aller lebenden Vögel). Füße mit Schwimmhäuten, Hinterzehe klein bis fehlend. Schnabel sehr kräftig, mit hakenförmig gekrümmter Spitze. Nasenöffnung röhrenförmig ausgezogen. Weltweite Verbreitung. Albatrosse (14), *Diomedea*; Sturmvögel* (56), *Puffinus*; Sturmschwalben* (18), *Oceanodroma*; Tauchersturmvögel (5), *Pelecanoides.*

10. Ordnung: Pelecaniformes, Ruderfüßler

Wasservögel, z. T. tauchend. Alle Zehen, auch die hintere, durch eine einzige, breite, bis zu ihrer Spitze reichende Schwimmhaut verbunden. Kopf klein. Schnabel lang, mit seitlicher Längsfurche. Nasenlöcher rudimentär oder fehlend. Kehlsack (außer bei Tropikvögeln). Weltweite Verbreitung. Tropikvögel (3), *Phaeton;* Pelikane* (6), *Pelecanus;* Tölpel* (9), *Sula;* Kormorane* (30), *Phalacrocorax;* Schlangenhalsvögel (1), *Anhinga;* Fregattvögel (5), *Fregata.*

11. Ordnung: Ciconiiformes, Schreitvögel

Sumpfvögel. Hals und Beine sehr lang. Vorderzehen am Grunde durch einen schmalen Hautsaum (Interdigitalmembran) verbunden, Hinterzehe lang, dem Boden aufruhend. Schnabel unscharf vom Kopf abgesetzt, lang, konisch, in ganzer Ausdehnung hart. Weltweite Verbreitung. Reiher und Schuhschnäbler* (59), *Ardea;* Störche und Marabus* (16), *Ciconia;* Ibisse und Löffler* (28), *Threskiornis.*

12. Ordnung: Phoenicopteriformes, Flamingos

Wasservögel der Uferzone. Hals und Beine sehr lang. Vorderzehen mit Schwimmhäuten, Hinterzehe verkümmert oder fehlend. In der Mitte fast rechtwinklig abgebogener Schnabel, als Filterapparat entwickelt. Tropische und gemäßigte Zonen. Flamingos* (6), *Phoenicopterus.*

13. Ordnung: Anseriformes, Entenvögel

Wasservögel, z.T. tauchend. Schienbeine kurz, Schwimmfüße mit Schwimmhaut bis zur Spitze der Vorderzehen (außer bei Wehrvögeln), Hinterzehe kurz und frei. Schnabel breit und flach, mit vielen taktilen Sinneszellen und mit Filterapparat (querstehende Hornleisten) an den Rändern. Weltweit; Wehrvögel nur Südamerika. Wehrvögel (3), *Anhima;* Entenvögel* (145), *Anser, Anas, Cygnus.*

14. Ordnung: Falconiformes, Tagraubvögel

Ausschließlich tagsüber jagend. Füße mit sehr starken, krummen und spitzen Krallen. Schnabel kräftig und hart, mit schneidenden Rändern und Wachshaut. Oberschnabel den Unterschnabel mit hakenförmiger Spitze überragend. Hochentwickelter Gesichtssinn. Sehr gute und meist ausdauernde Flieger. Weltweit verbreitet. Neuweltgeier (6), *Vultur;* Sekretäre (1), *Sagittarius,* Greife* (205), *Aquila, Gyps;* Fischadler* (1), *Pandion;* Falken* (58), *Falco.*

15. Ordnung: Galliformes, Hühnervögel

Flügel kurz und abgerundet, Flug schwerfällig. Schwanz gut entwickelt. Beine kräftig, mit 4 Zehen, von denen die 3 vorderen schmale Bindehäute (Interdigitalmembranen) aufweisen, während die hintere Zehe höher ansetzt. Schnabel kräftig, an der Basis weich, in der Regel gekrümmt, mit abwärts gebogener Spitze. Überwiegend pflanzliche Nahrung. In der Mehrzahl am Boden, seltener auf Bäumen lebend. Weltweite Verbreitung. Rauhfußhühner* (18), *Tetrao, Lyrurus;* Fasanen* (165), *Gallus, Phasianus;* Perlhühner (7), *Numida;* Truthühner (2), *Meleagris;* Großfußhühner (10), *Alectura;* Hokkos (38), *Crax;* Schopfhühner (1) *Opistocomus.*

16. Ordnung: Gruiformes, Rallenartige

Steppen- und Sumpfbewohner. Einige Arten sehr groß mit langen Füßen und langem Hals, gute Flieger (Kraniche), andere kleiner mit meist kurzem Hals, schlechte Flieger (Rallen). Vorderzehen frei oder mit Bindehäuten am Grunde oder mit Lappensäumen (Schwimmfüße der Bläßhühner) versehen. Hinterzehe kurz oder fehlend. Schnabel scharf vom Kopf abgesetzt, meist schlank, mit weicher Basis. Weltweit verbreitet. Laufhühnchen* (15), *Turnix;* Kraniche* (14), *Grus;* Riesenrallen (1), *Aramus;* Rallen* (132), *Rallus, Fulica;* Trappen* (23), *Otus.*

17. Ordnung: Charadriiformes, Sumpf- und Strandvögel

Zumindest außerhalb der Brutzeit fast alle an Sumpf- und Wasserbiotope gebunden. Flügel gewöhnlich lang, schmal und zugespitzt, meist sehr gute Flieger. Teilweise gute Taucher (Alkenvögel). Einige Familien besitzen Schwimmfüße mit Schwimmlappen (Wassertreter) oder Schwimmhäuten (Raubmöwen, Möwen, Seeschwalben, Scherenschnäbel, Alkenvögel) an den 3 vorderen Zehen. Hinterzehe bisweilen fehlend. Schnabel oft seitlich zusammengedrückt mit abwärtsgebogener Spitze. Weltweit verbreitet. Blatthühnchen (7), *Jacana;* Goldschnepfe (2), *Rostratula;* Austernfischer* (6), *Haematopus;* Regenpfeifer* (63), *Vanellus, Charadrius;* Schnepfen, Wasser- und Strandläufer* (77), *Scolopax, Tringa, Calidris;* Säbelschnäbler* (7), *Recurvirostra;* Wassertreter* (3), *Phalaropus;* Triele* (9), *Burhinus;* Brachschwalben* (16), *Glareola;* Raubmöwen* (4), *Stercorarius;* Möwen und Seeschwalben* (82), *Larus, Sterna;* Scherenschnäbel (3), *Rynchops;* Alkenvögel* (22), *Uria.*

18. Ordnung: Columbiformes, Taubenvögel

Flügel mittelgroß, zugespitzt. Beine kurz, Vorderzehen frei oder mit schmalen Bindehäuten, Hinterzehe dem Boden aufruhend. Schnabel schwach, an der Basis aufgetrieben und mit Wachshaut um die Nasenöffnungen. Junge werden mit Kropfmilch gefüttert. Weltweite Verbreitung. Flughühner* (16), *Pterocles;* Tauben* (289), *Columba.*

19. Ordnung: Psittaciformes, Handfüßler, (Papageien)

Klettervögel, lebhaft gefärbt. Schienbeine kurz, mit netzförmig angeordneten Hornschilden, 2 Zehen nach vorn, 2 nach hinten gerichtet (Kletterfüße). Schnabel hart, Oberschnabel beweglich mit dem Stirnbein verbunden, von der Basis an gebogen und mit gekrümmter Spitze den verkürzten und stumpfen Unterschnabel überragend. Zunge dick und fleischig, bisweilen pinselförmig. Tropen und Subtropen. Papageien (315), *Amazona, Agapornis.*

20. Ordnung: Cuculiformes, Kuckucksartige

Fast immer sehr langschwänzig. 2 nach vorn und 2 nach hinten gerichtete Zehen; äußere Hinterzehe als Wendezehe ausgebildet. Viele Altweltkuckucke sind Brutparasiten. Weltweit verbreitet; Turakos und Lärmvögel nur Afrika. Turakos und Lärmvögel (19), *Tauraco;* Kuckucke* (127), *Cuculus.*

21. Ordnung: Strigiformes, Nachtraubvögel

Vorwiegend nächtlich jagend. Lautloser Flug. Große, abgerundete Flügel. Großer, runder Kopf, oft mit Ohrbüscheln, bisweilen mit «Schleier». Augen nach vorn gerichtet. Füße denen der Tagraubvögel ähnlich, aber vordere Außenzehe als Wendezehe ausgebildet. Schnabel kurz und kräftig, von der Basis an gekrümmt. Weltweit verbreitet. Schleiereulen* (11), *Tyto;* Echte Eulen und Käuze* (123), *Asio, Strix.*

22. Ordnung: Caprimulgiformes, Schwalmartige

Beine schwach, zum Laufen ungeeignet. Schnabel kurz, breit und tief gespalten, gewöhnlich an der Basis von reusenartigen Borsten gesäumt (Insektenfang im Fluge). Meist nachtaktiv. Weltweit verbreitet. Fettschwalme (1), *Steatornis;* Schwalme (12), *Podargus;* Tagschläfer (5), *Nyctibius;* Ziegenmelker * (67), *Caprimulgus.*

23. Ordnung: Apodiformes, Schwirrflügler

Sehr kurze Beine; Schnabel entweder kurz, breit und tief gespalten (Segler) oder aber lang und röhrenförmig (Kolibris). Hervorragende Flieger. Weltweit verbreitet; Kolibris nur Nord- und Südamerika. Segler* (76), *Apus;* Kolibris (319), *Patagona.*

24. Ordnung: Coliiformes, Buschkletterer

Langschwänzige Klettervögel. Von den 4 Zehen sind die beiden äußeren Wendezehen. Verbreitung: Afrika. Mausvögel (6), *Colius.*

25. Ordnung: Trogoniformes, Verkehrtfüßler

Kurzer, kräftiger Schnabel mit hakenförmiger Spitze. Kleine, schwache Beine. Gewöhnlich schillerndes Gefieder mit langem Schwanz. Erste und zweite Zehe weisen nach hinten, dritte und vierte nach vorne. Tropen, z. T. Subtropen. Trogons (34), *Trogon.*

26. Ordnung: Coraciiformes, Rakenartige

Mittlere Vorderzehe (= 3. Zehe) teilweise mit der Außenzehe (= 4. Zehe) verbunden. Schnabel meist sehr groß, von sehr verschiedener Form. Höhlenbrüter. Weltweit verbreitet. Eisvögel* (87), *Alcedo;* Todis (5), *Todus;* Sägeraken (8), *Momotus;* Bienenfresser* (24), *Merops;* Raken* (16), *Coracias;* Hopfe* (7), *Upupa;* Nashornvögel (45), *Tockus.*

27. Ordnung: Piciformes, Spechtartige

Kletterfüße mit 2 Zehen nach vorne (2. und 3. Zehe) und 2 Zehen nach hinten (1. und 4. Zehe) gerichtet. Schnabel kräftig, meißelförmig. Zunge lang, schlank, mit Widerhaken an der Spitze, weit vorstreckbar. Zungenbeinhörner so stark verlängert, daß sie über die Schädeldecke weg bis zum Schnabelgrund reichen. Höhlenbrüter. Weltweit verbreitet. Glanzvögel (15), *Galbula;* Faulvögel (30), *Bucco;* Bartvögel (72), *Lybius;* Honiganzeiger (13), *Indicator;* Tukane (37), *Ramphastos;* Spechte* (224), *Picus.*

28. Ordnung: Passeriformes, Sperlingsvögel

Klein bis mittelgroß. Flügel mit 9 bis 10 Handschwingen und kurzen Deckfedern. Schienbeine mit Hornplatten an der Vorderseite (in der Regel 7). Mittlere Vorderzehe an der Basis mit der Außenzehe verwachsen. Hinterzehe länger und stärker als die vordere Innenzehe. Schnabel vom Grund an hart, ohne Wachshaut, von sehr verschiedener Form. (Die Sperlingsvögel sind mit mehr als 5000 Arten die bei weitem umfangreichste Ordnung; sie umfassen etwa drei Fünftel aller Vögel. Aus Platzgründen können hier von den 69 Familien nur die in Europa brütenden genannt werden). Lerchen* (74), *Alauda;* Schwalben* (75), *Hirundo;* Stelzen* (48), *Motacilla;* Würger* (72), *Lanius;* Seidenschwänze* (3), *Bombycilla;* Wasseramseln* (5), *Cinclus;* Zaunkönige* (63), *Troglodytes;* Braunellen* (12), *Prunella;* Grasmücken* (386), *Acrocephalus, Sylvia;* Fliegenschnäpper* (328), *Muscicapa;* Goldhähnchen* (5), *Regulus;* Drosseln* (304), *Turdus;* Meisen* (65), *Parus;* Kleiber* (17), *Sitta;* Baumläufer* (17), *Certhia;* Ammern und Finken* (426), *Emberiza, Fringilla;* Webervögel* (263), *Passer;* Stare* (103), *Sturnus;* Pirole* (32), *Oriolus;* Rabenvögel* (100), *Corvus.*

6. Klasse: Mammalia, Säugetiere

Haut sehr drüsenreich, von Haaren bedeckt; selten mit Hornschuppen oder nackt. Weibchen stets mit Milchdrüsen, die bei den niedersten Formen auf einem Drüsenfeld ausmünden, bei allen anderen in besonderen Hauterhebungen (Zitzen) zusammengefaßt sind. Schädel ursprünglich kielbasisch mit 2 Gelenkhöckern. Zwischen Squamosum und Dentale bildet sich ein neues Kiefergelenk aus, während das Quadratum zum Amboß, das Articulare zum Hammer wird, die neben dem Steigbügel als Gehörknöchelchen dienen. Wirbel ohne Gelenke, dafür Zwischenwirbelscheiben; Zahl der Halswirbel fast stets 7. Das Coracoid erreicht nur bei Monotremen das Sternum, wird sonst zum Processus coracoideus des Schulterblattes verkürzt. Bezahnung ursprünglich diphyodont, d.h. aus Milch- und Dauergebiß bestehend, doch kann eine Zahngeneration oder auch beide unterdrückt werden. Zähne in Alveolen sitzend und meist sehr spezialisiert (Heterodontie). Starke Entwicklung des Großhirns, dessen Rinde sich bei den höheren Formen furcht. Mittelohr stets, äußeres Ohr meist vorhanden; Schnecke lang und eingerollt. Vollständiges Diaphragma, das Bauch- und Brusthöhle trennt. Herz mit zwei Kammern und zwei Vorkammern, linke Hälfte arteriell. Der rechte Aortenbogen ist verlorengegangen. Harnblase und Kopulationsorgane stets vorhanden. Scheide noch nicht differenziert (Monotremata) oder doppelt (Didelphia) oder unpaar (Monodelphia).

1. Unterklasse: **Prototheria,** (Eierlegende Säugetiere)

Rezent nur **1. Ordnung: Monotremata,** Kloakentiere

Eierlegende Säugetiere mit persistierender Kloake. Der gesamte weibliche Geschlechtsapparat ist paarig. Keine Zitzen, nur Drüsenfelder. Ohne Placenta, zum Teil mit temporärem Beutel, Beutelknochen stets vorhanden. Coracoid gut entwickelt. Bezahnung sekundär fehlend. *Echidna, Ornithorhynchus.*

2. Unterklasse: **Theria,** (Säugetiere, die lebende Junge gebären)

Milchdrüsen münden in Zitzen. Keine Kloake ausgebildet. Lebendgebärend. Eier mikroskopisch klein. Penis für den Durchgang von Urin und Sperma eingerichtet. Weibliche Ausführgänge gegliedert in Ovidukt, Uterus und Vagina. Coracoid zu einem Vorsprung der Scapula zurückgebildet.

1. Überordnung: Metatheria

Rezent nur: **2. Ordnung: Marsupialia = Didelphia,** Beuteltiere

Lebend gebärende Säugetiere, meist ohne Placenta. Weibchen fast stets mit Beutel, in dem die frühzeitig geborenen Jungen sich weiter entwickeln. Kloake rückgebildet. Im allgemeinen zwei vollkommen gesonderte Scheiden, Uterus stets paarig. Beutelknochen vorhanden. Coracoid rudimentär. Das Milchgebiß bleibt bestehen, nur der dritte Prämolar kann gewechselt werden. Unterkiefer mit hakenartigem, nach innen vorspringendem Processus angularis. *Didelphys*, *Caenolestes*, *Macropus*.

2. Überordnung: Eutheria, Placentatiere

Lebend gebärende Säugetiere; mit Placenta. Uterus paarig oder streckenweise bis vollkommen unpaar; Scheide stets unpaar. Beutel und Beutelknochen fehlen.

3. Ordnung: Insectivora, Insektenfresser

Klein und in vieler Hinsicht sehr ursprünglich. Extremitäten meist fünfzehig. Meist Sohlengänger. Gebiß vollständig, Eckzähne klein, Backenzähne spitzhöckerig. *Talpa*, *Sorex*, *Erinaceus*.

4. Ordnung: Galeopithecidae (Dermoptera), Pelzflatterer

Mit behaarter Flughaut, die sich zwischen Hals und Rumpf, Extremitäten und Schwanz ausspannt und als Fallschirm dient; Finger nicht verlängert. Untere Schneidezähne kammförmig, Backenzähne spitzhöckerig. *Galeopithecus*.

5. Ordnung: Chiroptera, Fledermäuse

Nackte oder dünnbehaarte Flughaut, die sich zwischen dem 2.–5. Finger, den Seiten des Rumpfes und den Hinterextremitäten ausspannt, bisweilen auch den Schwanz einschließend. Clavicula stets vorhanden. Finger der Vorderextremität stark verlängert. Brustbein mit Knochenkamm. Gebiß vollständig, Eckzähne groß, Backenzähne spitzhöckerig. *Vespertilio*.

6. Ordnung: Primates, Herrentiere

Plantigrad, fünfzehige Extremitäten, meist mit Plattnägeln und opponierbarem Daumen. Augenhöhlen mehr oder weniger nach vorn gerichtet. Gebiß vollständig, mit im Höchstfall 4 oberen und 4 unteren Schneidezähnen.

1. Unterordnung: **Lemuroidea (Prosimii),** Halbaffen

Von raubtierartigem oder affenartigem Habitus. Klettertiere, fast alle nachtlebend. Augenhöhle in weiter Verbindung mit der Schläfenhöhle. Untere Schneide- und Eckzähne horizontal gestellt, dabei die Eckzähne den Schneidezähnen angeschlossen und ihnen in der Form sehr ähnlich. Uterus zweihörnig. *Lemur*.

2. Unterordnung: **Tarsioidea,** Makis

Kletternde Nachttiere. Kopf rundlich, mit stark vergrößerten, nach vorn gerichteten Augen. Finger- und Zehenballen scheibenartig verbreitert. Augenhöhle fast völlig abgeschlossen. Die beiden unteren Schneidezähne senkrecht stehend. Uterus zweihörnig. *Tarsius*.

3. Unterordnung: **Anthropoidea (Simiae),** Affen

Augenhöhle von der Schläfengrube völlig abgeschlossen. Eckzähne in der Regel stark entwickelt. Uterus einfach. Meist taglebend.

1. Überfamilie: **Platyrrhina,** Breitnasenaffen

Mit 3 Prämolaren. Nasenscheidewand breit, Nasenlöcher seitlich gerichtet. Bewohner der neuen Welt. *Hapale*, *Ateles*, *Cebus*.

2. Überfamilie: **Catarrhina,** Schmalnasenaffen

Mit 2 Prämolaren. Nasenscheidewand schmal, Nasenlöcher nach vorn gerichtet. Bewohner der alten Welt. *Macacus.*

3. Überfamilie: **Hominoidea**

Schwanz zurückgebildet. Schmales Septum zwischen den abwärts gerichteten Nasenlöchern. *Gorilla.*

7. Ordnung: Carnivora, Raubtiere

Fast stets räuberisch, Schneidezähne klein, Eckzähne mehr oder weniger vorspringend, Backenzähne von recht verschiedener Form. Clavicula fehlend oder rudimentär. Placenta gürtelförmig.

1. Unterordnung: **Fissipedia,** Landraubtiere

Terrestrische Raubtiere, mit scharfkralligen Extremitäten, getrennten Zehen und schneidendem Gebiß, mit großen, krummen und spitzen Eckzähnen und ungleichen Backenzähnen, von denen einer jederseits oben und unten zum Reißzahn entwickelt ist. *Ursus, Mustela, Viverra, Felis, Hyaena, Canis.*

2. Unterordnung: **Pinnipedia,** Robben

Überwiegend im Wasser lebende Raubtiere, von spindelförmigem Körperbau. Zehen durch Schwimmhaut verbunden. Schwanz stark verkürzt, Extremitäten zu breiten Ruderflossen umgewandelt, mit mehr oder weniger reduzierten Nägeln. Eckzähne wenig vorspringend, Backenzähne gleichförmig. *Phoca, Otaria, Monachus.*

8. Ordnung: Perissodactyla, Unpaarzehige Huftiere

Die mittlere Zehe dominiert, die anderen bilden sich verschiedengradig zurück. Gebiß vollständig, nur daß bisweilen die Eckzähne fehlen. Prämolaren und Molaren von ungefähr der gleichen Größe und Form. *Tapirus, Rhinoceros, Equus.*

9. Ordnung: Artiodactyla (= Paraxonia), Paarzehige Huftiere

Dritte und vierte Zehe dominieren, die anderen sind mehr oder weniger rudimentär. Die Prämolaren sind von den Molaren schärfer unterschieden. Obere Schneidezähne und Eckzähne oft reduziert.

1. Unterordnung: **Bunodontia (= Suiformes = Nonruminantia)**

Plump, kurzbeinig, Haut mit oft spärlichem Haarkleid und Speckschicht. Orbita hinten offen. Extremitäten vierfingerig, Metacarpalia und Metatarsalia III und IV nicht verschmolzen. Eckzähne und obere Schneidezähne stets vorhanden, Backenzähne bunodont (neobunodont). Nicht wiederkäuend. *Hippopotamus, Sus.*

2. Unterordnung: **Tylopoda,** Schwielensohler

Hochbeinig, schlankhalsig. Normal behaart. Ohne Horn- oder Geweihbildungen. Alle Zehenglieder der 3. und 4. Zehe berühren den Boden. Metapodien III und IV miteinander verwachsen. Im Oberkiefer 1 Paar, im Unterkiefer 3 Paar Schneidezähne. Eckzähne nach hinten gekrümmt. Wiederkäuend. *Camelus, Lama.*

3. Unterordnung: **Selenodontia (= Ruminantia),** Wiederkäuer

Schlank, hochbeinig, normal behaart. Orbita hinten geschlossen. Mit Horn- oder Geweihbildungen. Treten nur mit der Spitze der 3. und 4. Zehe auf. Metapodien III und IV mehr oder weniger miteinander verschmolzen. Obere Schneidezähne fehlen immer, obere Eckzähne oft. Backenzähne selenodont. Wiederkäuend. *Tragulus, Bos, Giraffa.*

10. Ordnung: Hyracoidea, Klippschlieferartige

Klein, vorn vierzehig, hinten dreizehig, mit breiten, gekrümmten, hufähnlichen Nägeln. Ein immerwachsender, dreikantiger oberer Schneidezahn; Eckzähne gehen verloren, Backenzähne lophodont. *Hyrax.*

11. Ordnung: Proboscidea, Elefanten

Groß, plump. Die fünf Zehen tragen nagelähnliche Hufe und sind zu einem «Klumpfuß» verwachsen. Nase und Oberlippe bilden einen langen Rüssel. Die oberen Schneidezähne sind immerwachsende Stoßzähne, die Backenzähne sind sehr groß, aus mehreren transversalen Lamellen zusammengesetzt, Eckzähne fehlen. *Elephas.*

12. Ordnung: Sirenia, Seekühe

Große, dauernd im Wasser lebende, pflanzenfressende Säugetiere. Durch Konvergenz den Walen ähnlich. Vorderextremitäten zu Flossen umgewandelt. Hinterextremitäten geschwunden. Schwanz zu einer horizontalen Flosse verbreitert. Haarkleid stark rückgebildet. Backenzähne zahlreich, sechshöckerig, vordere Zähne meist rudimentär. *Trichechus*, *Halicore.*

13. Ordnung: Cetacea, Wale

Rein wasserlebend und dadurch stark umgewandelt. Körper fischförmig, Haarkleid gewöhnlich vollkommen rückgebildet. Vorderextremität kurz, flossenartig. Hinterextremität äußerlich völlig fehlend, ihr Skelett und der Beckengürtel fast völlig rückgebildet. Schwanz zu einer breiten, horizontalen Flosse umgebildet. *Delphinus*, *Physeter.*

14. Ordnung: Edentata = Xenarthra, Faultiere, Ameisenbären, Gürteltiere

Haarkleid normal, oder (Gürteltiere) stark rückgebildet und dann mit großen, aneinanderstoßenden Hornplatten und unterliegenden Cutisverknöcherungen. Gebiß in Rückbildung, meist monophyodont und homodont, stets schmelzlos. Brust- und Lendenwirbel mit akzessorischen Gelenkfortsätzen. *Bradypus*, *Myrmecophaga*, *Dasypus.*

15. Ordnung: Tubulidentata, Erdferkel

Spärlich behaart, Schnauze lang ausgezogen. Gebiß in Rückbildung, heterodont. Backenzähne aus hexagonalen, schmelzlosen Prismen zusammengesetzt. *Orycteropus.*

16. Ordnung: Pholidota, Schuppentiere

Haut des Rückens mit Hornschuppen in dachziegelartiger Anordnung. Haarkleid fast völlig rückgebildet. Gebiß völlig rückgebildet. Clavicula fehlt. Zunge wurmförmig. *Manis.*

17. Ordnung: Rodentia = Simplicidentata, Nagetiere

Im Ober- und im Unterkiefer stehen nur je 1 Paar Nagezähne, die zeitlebens wachsen und oft lediglich an der Vorderseite mit Schmelz überzogen sind. Eckzähne fehlen. Das Unterkiefergelenk gestattet im wesentlichen neben dem Öffnen nur ein Vor- und Zurückschieben des Unterkiefers. Transversale Bewegungen sind nur in ganz geringem Maße möglich. Schwanz oft ziemlich lang. *Mus.*

18. Ordnung: Lagomorpha = Duplicidentata, Hasentiere

Im Oberkiefer befinden sich 2 Paar, im Unterkiefer 1 Paar Nagezähne, die zeitlebens wachsen, aber auf Vorder- und Hinterseite mit Schmelz überzogen sind. Eckzähne fehlen. Das Unterkiefergelenk gestattet auch kräftige transversale Bewegungen. Der Schwanz ist stets kurz. *Lepus.*

Wörterverzeichnis biologischer Fachausdrücke

Abkürzungen: l. = lateinisch; latin. = latinisiert; gr. = griechisch

a(n)- gr. ohne, nicht, negativ
ab- l. weg von
Abdomen l. Leib, Bauch; (Hinterleib)
abducens l. wegführend; (abspreizen; Bewegen von Körperteilen von der Körperachse weg)
aboral l. ab-, weg von; os, oris, Mund; (der Mundöffnung entgegengesetzt)
Acantho- gr. akantha, Dorn, Spitze
Acarus gr. l. Milbe
accessorius l. hinzutretend
Acicula l. Borste
Acnidaria gr. a-knide, ohne Nesseln
Acölomata gr. a-, nicht; koiloma, Hohlraum; (ohne Cölom)
Acrania l. a-cranium, ohne Schädel
Acrasped, Acraspedota gr. a-, ohne; kraspedon, Rand, Saum
Acron gr. akros, spitz, hoch
Actin gr. aktis, Strahl
Actinophrys gr. ~; ophrys, Augenbraue
acusticus gr. l. von gr. akouein, hören
ad- (aff-) l. an, zu, hinzu
adult l. herangewachsen; (geschlechtsreif; erwachsen)
afferens l. heranbringend, hinzubringend; (zum Zentralnervensystem leitend bzw. zum Herzen führend)
Agamet gr. agametos, unvermählt
Agamogonie gr. a-, nicht; gamein, begatten; gone, Erzeugung
Agnatha gr. ~; gnathos, Kiefer
Akinese gr. ~; kinesis, Bewegung; (Starre, Bewegungshemmung)
Akontie gr. akontion, Wurfspieß
Albino l. albus, weiß
Alisphenoid l. ala, Flügel, gr. sphen, Keil
Allantois gr. allas (-antos), Wurst, länglicher Sack
allometrisch gr. allos, anders, metron, Maß; (unterschiedliche Wachstumsgeschwindigkeit verschiedener Körperteile)
Allomixis gr. ~; mixein, mischen
Alula l. kleiner Flügel
Ambulakral- ambulare, herumwandern
Ammocoetes gr. ammos, Sand; koite, Lager
Amnion gr. Schafhaut
Amoeba gr. amoibaios, abwechselnd
Amoebocyten gr. ~; latin. zyte, Zelle, von gr. kytos, Gefäß
Amphi-, amphi gr. ampho, beide; amphis, beiderseits; amphi, um herum
Amphibia gr. ~; bios, Leben; (im Wasser und auf dem Land)
amphicoel gr. ~; koilos, ausgehöhlt
Amphidisk gr. ~; diskos, Scheibe
Amylum l. Stärke
anal l. zum After gehörig; von anus, After
Anastomose gr. ana, weiter; stoma, Mündung; (Querverbindung)
Angulare l. angularis, winkelig
animal l. animalis, tierisch, lebendig
Anisogamie gr. anisos, ungleich; gamein, (be-)gatten
Anisomyaria gr. ~; mys, Muskel
Annelida l. an(n)ellus, kleiner Ring
Anodonta gr. an-, ohne; odontes, Zähne
Anonymus gr. ~; onoma, Name
Anostraca gr. ~; ostracon, Schale
Anter-, anterior l. anterior, der vordere, weiter vorn
Antho- gr. anthos, Blume
Anthozoa gr. ~; zoon, Tier
Anthrop-, Anthropus gr. anthropos, Mensch
anti- gr. anti, gegen
Anura gr. an-, ohne; oura, Schwanz
anus l. After
Apertur l. apertura, Öffnung
Apex, l. apex, Scheitel
Aphaniptera gr. aphanes, unscheinbar; pteron, Flügel
Aphis gr. Blattlaus
apikal l. apex, Scheitel, Spitze; (im Bereich der Körperspitze gelegen)
Apis l. Honigbiene
Aplacophora gr. a-, ohne; plax, plakos, Platte, Schild; phoros, Träger
Apoda gr. a-, ohne; pous, podos, Fuß
Append-, Appendix l. Anhang
Apteryx, Apterygota gr. a-, ohne; pteryx, pterygos, Flügel
Arachnida gr. arachne, Spinne
Araneae l. aranea, Spinne

Archae- gr. archaios, alt
Arolium gr. aroo, pflügen; leios, glatt, kahl
Arrectores pilorum l. arrigere, aufrichten; pilus, Haar
Arthro- gr. arthron, Glied, Gelenk
Arthropoda gr. ~; pous, podos, Fuß
Articulamentum l. articulus, Glied, Gelenk; mentum, Kinn
Articulare, Articulata l. articulus, Glied, Gelenk
Ascaris, Asc- gr. askos, Schlauch
ascendens l. aufsteigend
Aspido- gr. aspis, Schild
Astacus gr. Flußkrebs
Ästhetasken, Ästheten gr. aisthanein, empfinden; l. task-, Höchstleistung
Ast(e)r gr. astron, Stern
Athecata gr. a-, ohne; theke, Hülle, Behälter
atok gr. a-, ohne; tokos, Nachkommen (steril)
Atri- l. atrium, Eingangshalle, Vorhof
Auchenorrhyncha gr. auchen, Nacken; rhynchos, Schnauze, Rüssel
Aurikel l. auriculus, Öhrchen
Autogamie gr. autos, selbst; gamein, gatten
Automixis gr. ~; mixis, Vermischung
autostyl, gr. ~; stylos, Säule
Autotomie gr. ~; tomein, trennen
Aves l. avis, Vogel
axial l. axis, Achse
Axocöl gr. axon, Achse; koiloma, Hohlraum
Axon gr. ~;
Axopodien gr. ~; pous, podos, Fuß

Bas(i)- gr. basis, Grund
Basioccipitale gr. ~; l. occiput, Hinterkopf
Basipodit gr. ~; pous, podos, Fuß
Basisphenoid gr. ~; sphen, Keil
Basommatophora gr. ~; omma, Auge; phora, das Tragen
Bathy- gr. bathys, tief
Bdell- gr. bdella, Blutegel
bi- l. zwei, doppelt
Bilateria l. ~; lateralis, -seitig
Bio- gr. bios, Leben
Bivalvia l. bi, zwei; valvae, Flügeltür
Blast-, -blast gr. blastos, Keim
Blastostyl gr. ~; stylos, Stiel, Säule
Blatta, Blattariae, Blattoidea l. blatta, Schabe
Blepharoblast gr. blepharon, Wimper; blastos, Keim
Bombyx l. Seidenraupe
Bos l. bos, bovis, Rind
Botryoid- gr. botrys, Traube
Brachi- gr. brachion, Arm
Brachy- gr. brachys, kurz
Branch-, -branch-, gr. branchia, Kiemen
Branchialsipho gr. ~; siphon, Röhre
Branchiostoma gr. ~; stoma, Maul
Bronchie gr. bronchos, Luftröhre
Bryozoa gr. bryon, Moos; zoon, Tier
Buccalganglion l. bucca, Backe; gr. ganglion, Knoten
Bulbus gr. bolbos, Zwiebel, Knolle
Bulla l. Kapsel
bunodont gr.
Bursa l. Tasche, Beutel
Byssos gr. Seide, Flachs

Caecum l. caecus, blind
Caelifera l. caelum, Stichel, Meißel; ferre, tragen
Campanularia l. campanula, Glöckchen
Capitulum, Caput l. caput, Haupt
Carapax gr. charax, Befestigung; (Panzer); pagios, fest
Carcinus gr. karkinos, Krebs
Cardia gr. kardia, Herz, Magenmund
cardiaca latin. von gr. ~
Cardo, l. Türangel
Carnivora l. caro, Fleisch; l. vorare, verschlingen
Carotis gr. kara, Kopf
Carpus, Carpalia gr. karpos, Handwurzel
Cartilago l. Knorpel
Catarrhina gr. kata, hinab; rhis Nase
caudad, schwanzwärts; von l. cauda, Schwanz
caudal l. caudalis, am Schwanz
Cephal- gr. kephale, Kopf
Cercarie, Cercus gr. kerkos, Schwanz
cerebral, Cerebrum l. cerebrum, Gehirn
-ceros gr. keras, Horn
Cervicalia l. cervix, Nacken
Cestodes l. cestus, Gürtel
Chaetognatha, -chaet-, gr. chaite, Borste; gnathos, Kiefer
Chelicerata, Chelicere gr. chele, Schere; keras Horn
Chelonia gr. chelone, Schildkröte
Chiasma gr. Überkreuzung (nach der Form des chi = X)
Chilopoda gr. chilioi, tausend; pous, podos, Fuß
Chiroptera gr. cheir, Hand; pteron, Flügel
Chloro- gr. chloros, gelbgrün
Chloroplasten, gr. ~; plastos, geformt
Choane, Choanocyt gr. choanos, Trichter; latin. zyte, Zelle von gr. kytos, Gefäß

choledochus gr. chole, Galle; doche, Gefäß
chondr- gr. chondros, Knorpel, Kern
Chondrichthyes gr. ~; ichthyes, Fische
Chondrostei gr. ~; osteon, Knochen
Chorda gr. chorde, Darmseite
Chorioidea, Chorion gr. chorion, Haut, Leder
Chromatophere gr. chroma, Farbe; phorein, tragen
Chrys- gr. chrysos, Gold
Ciliata, Ciliophora l. cilium, Augenlid; Wimper; gr. phorein, tragen
circum l. rings herum
Cirripedia, Cirrus l. cirrus, Ranke; pedes, Füße
Cladocera gr. klados, Zweig; keras, Horn
Clitellata, Clitellum l. clitellae, Packsattel
Clitoris gr. kleitoris, Kitzler
Clype-, Clypeus gr. klypeos, Schild
Cnidaria, Cnide, Cnido- gr. knide, Nessel
Cnidocil gr. ~; l. cilium, Wimper
Co(n)- l. cum, mit, zusammen
Coccidia, Cocc- gr. kokkos, Kern der Granatfrucht
Cochlea l. Schnecke
Coecum → Caecum
Coel-, -coel gr. koilos, hohl
Coelenterata gr. ~; enteron, Inneres
Cölom gr. koiloma, Hohlraum
Coenosark, Coenurus- gr. koinos, gemeinsam; sarx, sarkos, Fleisch
Coleoptera gr. koleos, Schwertscheide; pteron, Flügel
Collembola l. collum, Hals; gr. embolon, das Hineingeschobene
Collencyt, Colloblast gr. kolla, Leim; kytos, Gefäß; blastos, Keim
Collum l. Hals
Colon l. Dickdarm, Enddarm
Colulus l colus, Spinnrocken
Columella l. kleine Säule
co(n)- l. zusammen mit
Conchifera gr. konche, Muschelschale; phorein, tragen
Conchiolin gr. konchylion, Muschel
Condylus, gr. kondylos, Gelenkhöcker
contra l. gegen, gegenüber, wider, im Widerspruch
Conus l. Kegel
Copeognatha gr. kope, Ruder(griff); gnathos, Kiefer
Copepoda, Copepodit gr. ~; pous, podos, Fuß
Cor l. Herz
Cornea l. corneus, verhornt
Corrodentia l. corrodere, zernagen
Cortical- l. zur Rinde (cortex) gehörig
Coxa l. Hüfte
Craniota l. cranium, Schädel
Crasped-, craspedot gr. kraspedon, Rand, Saum
Cribrellum l. cribrum, Sieb
Crinoidea gr. krinon, Lilie
Crista l. Leiste, Kamm
Crossopterygii gr. krossai, Quaste; pteryx, Flosse, Flügel
Crustacea l. crusta, Schale, Kruste
Crypt- gr. kryptos, verborgen
Ctenidium, Cteno- gr. kteis, ktenos, Kamm
Cubo- l. cubus, Würfel
Cuticula l. Häutchen
Cutis l. Haut
Cyanin gr. kyaneos, schwarzblau
Cyclo-, Cycloid- gr. kyklos, Kreis
Cyrtocyt gr. kyrte, Fischerreuse; kytos, Gefäß
Cyste, Cystid gr. kystis, Blase, Beutel
Cysticercus gr. ~; kerkos, Schwanz
Cyto-, Zell-, latin. zyte, Zelle vom gr. kytos, Gefäß
Cytopyge, gr. ~; pyge, After, Steiß
Cytostom, Zellmund gr. ~; stoma, Mund

de(s) l. ab, abwärts, weg
Deca- gr. deka, zehn
Decabrachia, Decapoda gr. ~; brachion, Arm; pous, podos, Fuß
deferens l. herabführend
Dendrocoelium gr. dendron, Baum; koilos, hohl
Dentale, Dentin, -dent-, l. dens, dentis, Zahn
Derm-, Dermal- gr. derma, Haut
descendens l. herabsteigend
Desmomyaria gr. desmos, Band; mys, Muskel
Deut-, Deutero- gr. deuteros, zweiter
Deuterostomia gr. ~; stoma, Mund
Deutomerit gr. ~; meros, Teil
dexter l. rechts
di- gr. dis zwei, doppelt
dia- gr. hindurch, durch
Diaphragma gr. Grenzwand
Diastole gr. diastole, Trennung (Herzerweiterung)
dicondyl, Dicondylie gr. dis, zwei; kondylos, Gelenkhöcker
Didelphia gr. dis, zwei; delphys, Gebärmutter
Diencephalon gr. ~; enkephalos, Gehirn

Dinoflagellata gr. deinos, furchtbar, seltsam; l. flagellum, Geißel
Diotocardia gr. dis, zwei, ous, otos, Ohr; kardia, Herz
Diphycerkie gr. diphyes, zweigestaltet; kerkos, Schwanz
diphyodont gr. ~; odontes, Zähne
Dipleurula gr. dis, zwei, doppelt; pleura, Seite
Diplo-, Diplopoda gr. diploos, doppelt; pous, podos, Fuß
Dipnoi gr. dis, zwei, doppelt; pneuo, atme
Diptera gr. ~; pteron, Flügel
dis-, di- l. auseinander, zer-
discoidal gr. diskoidios, scheibenähnlich
Dissepiment l. dissaeptum, Scheidewand
distal l. distare, getrennt sein
dorsad l. dorsum, Rücken; ad, zu hin, rückenwärts
dorsal l. dorsualis, auf dem Rücken befindlich
-duct, Ductus l. ductus, Gang
Duodenum l. duodeni, je zwölf
duplex l. doppelt
Duplicidentata l. ~; dentatus, bezahnt

e-, eff-, ex- l. aus-, heraus von, von, weg-, ab-
Echino- gr. echinos, Igel
Echiurida gr. ~; oura, Schwanz
Ecto- gr. ektos, außen
Edentata l. edentatus, zahnlos
efferent l. efferre, hinaustragen; efferens, bewirkend; (vom Zentralnervensystem wegführend; von einem Organ herkommend)
Egestion- l. egestio, das Fortschaffen
Ekto- gr. ektos, außen
Ektoderm gr. ~; derma, Haut
Elaeoblast gr. elaion, Öl; blastos, Keim
Elasmobranchii gr. elasmos, Band; branchia, Kiemen
Elytren gr. elytron, Hülle, Scheide
Embryo gr. embryon, das Ungeborene
en- gr. in, hinein
Encephalon gr. enkephalos, Gehirn
Endit, endo- gr. endon, innen
Endopodit gr. ~; pous, podos, Fuß
Endostyl gr. ~; stylon, Griffel
Ensifera l. ensis, Schwert; fero, ich trage
Enteron gr. Inneres
Ento-, entero- gr. entos, innen
Ependym gr. ependyma, Oberkleid
Ephemeroptera gr. ephemerios, eintägig; pteron, Flügel
Ephippium gr. ephippion, Satteldecke
Ephyra gr. Meernymphe
Ep(i)- gr. auf, darauf, darüber, daran
Epididymis gr. epi-, dabei; didymos, doppelt
Epiglottis gr. epi-, darüber; glotta, glossa, Zunge
Epigyne gr. ~; gyne, Weib
Epimer, Epimerit gr. epi-, daneben; meros, Teil
Epiphyse gr. epiphyomai, auf etwas wachsen
Epipodit gr. epi-, über; pous, podos, Fuß
Epiprokt gr. ~; proktos, After
Epistropheus gr. Dreher
Epithel gr. epitheles, Häutchen
epitok gr. epi, daran; tokos, Nachkommen
Ergastoplasma gr. ergastes, Arbeiter; plasma, Gebilde
Errantia l. errare, umherirren
Erythrocyt gr. erythros, rot; latin. zyte, Zelle, von gr. kytos, Gefäß
Ethmoid gr. ethmos, Sieb
Eu- gr. echt, gut, richtig
Eury-, eury- gr. eurys, breit, mit weitem Spielraum
euryhalin gr. ~; hala, Salz
eurytherm gr. ~; therme, Wärme
Euthyneura gr. euthys, richtig; neuron, Band, Sehne
evers l. eversus, nach auswärts gewendet
Evertebrata l. e-, un; vertebratus, gelenkig, mit Wirbeln
Ex- l. aus, außen von
exogen gr. exo-, außerhalb; l. genere, erzeugen, entstehen
Exit, Exopodit gr. ~; pous, podos, Fuß
Exumbrella l. ex-, außen; umbrella, Schirm

Facialis l. facies, Gesicht
falciparum l. falx, Sichel; parire, erzeugen
Fasciola l. kleine Binde
Femur l. Oberschenkel
-fer l. fero, ich trage
fertil, l. fertilis, fruchtbar
Fibrille l. fibra, Faser
filiformis l. filum, Faden; forma, Gestalt
Filopodien l. ~; pous, podos, Fuß
Fiss(i)- l. fissum, gespalten
Flabellum l. Fächer, Wedel
Flagellata, Flagellum l. flagellum, Geißel
foliata l. folium, Blatt
Follikel l. folliculus, kleiner Sack
Foramen l. Öffnung, Loch
Foraminifera l. ~; fero, ich trage

frontal, Frontale l. frontalis, zur Stirn gehörig
Frontalebene, Ebene senkrecht zur Transversal- → und Sagittalebene →; teilt Körper in dorsale und ventrale Hälfte
Fundus l. Grund, Boden
fungiformes l. fungus, Pilz; forma, Gestalt
Funiculus l. kleiner Strang
Furca, l. zweizinkige Gsbel
Furcula l. kleine Gabel

Galea l. Helm
Gameten, -gamie gr. gamein, sich gatten
Gamogonie gr. ~; gone, Zeugung
Gamont gr. ~; on, ontos, entstehend, seiend
Ganglion gr. Knoten
Gast(e)r- gr. gaster, Bauch, Magen
Gastroneuralia gr. ~; neuron, Nerv
Ge(o)- gr. ge, Erde
Gemmula l. kleine Knospe
Gen, -gen gr. gen, von gignomai, ich erzeuge, ich lasse entstehen
Gena l. Wange
-genea gr. Abkunft
Genese, -genese gr. genesis, Erzeugung, Entstehung
Geo- gr. ge, Erde
Germarium l. germen, Keim
Glandula l. Drüse
Globulus l. Kügelchen
Glochidium gr. glochis, Stachel
Glomeris, Glomerulus l. Verkleinerung von glomus, Knäuel
Gloss-, Glossa, Glott- gr. glossa, glotta, Zunge
Glutinant l. glutinare, kleben
Gnath-, -gnatha gr. gnathos, Kiefer
Gonade, -gon- gr. gone, Erzeugung
Gonapophyse gr. ~; apophysis, Auswuchs, Fortsatz
Gonophor gr. ~; phero, phoreo, ich trage
Gonotheca gr. ~; theke, Behälter
Granulum l. granum, Korn
Gubernaculum l. Leitung, Steuerruder
Gymno- gr. gymnos, nackt
Gymnophiona gr. ~; ophis, Schlange
-gyne gr. gyne, Frau, Weib
gynandromorph gr. ~; aner, andros, Mann; morphe, Gestalt

Haem-, Häm- gr. haima, Blut
halophil gr. hala, Salz; philos, freundlich
Haltere gr. halteres, Hanteln
Hämocyanin gr. haima, Blut; kyaneos, schwarzblau
Hämoglobin gr. ~; l. globus, Kugel
Hamulus, l. hamus, Haken
Haplo-, haploid gr. (h)aploos, einfach
Haustellum, Haustrum l. haustor, Schöpflöffel
Hectocotylus gr. hektos, sechster; kotyle, Saugnapf
Heliozoa, Helio- gr. (h)elios, Sonne; zoon, Tier
Helix gr. gewunden
-helminth- gr. helmis, Wurm
Hemi- gr. halb
hepato-, hepaticus l. hepar, Leber
Hermaphrodit gr. hermaphroditos, Zwitter
Hetero- gr. heteros, anders
Heterocerkie gr. ~; kerkos, Schwanz
heterodont gr. ~; odontes, Zähne
Heterogonie gr. ~; gone, Abkunft
heteronom gr. ~; nomos, Regel
Heteroptera gr. ~; pteron, Flügel
Heterotricha gr. ~; thrix, trichos, Haar
heterotroph gr. ~; trophe, Nahrung
Hexa- gr. sechs
Hexapoda gr. ~; pous, podos, Fuß
Hilus l. Einbuchtung (an einer Bohne)
Hippo- gr. hippos, Pferd
Histo-, Histozoa gr. histion, Gewebe; zoon, Tier
Holo- gr. holos, ganz
Holocephali gr. ~; kephale, Kopf
Holostei gr. ~; osteon, Knochen
Hom-, hom- gr. homos, gleich, dasselbe,
Homo, Homin- l. homo, Mensch,
Homocerkie gr. homos, gleich; kerkos, Schwanz
Homocoela gr. ~; koilos, hohl
homodont gr. ~; odontes, Zähne
homoiotherm gr. homoios, gleichartig; ähnlich; thermos, Wärme
homonom gr. homos, gleich; nomos, Regel
Humerus l. Oberarmknochen
Hyal-, hyalin gr. hyalinos, durchsichtig, hyalos, Glas
Hydr(o)- gr. hydor, Wasser
Hydranth gr. ~; anthos, Blume
Hydrocaulus gr. ~; kaulos, Stengel
Hydrocöl gr. ~; koilos, hohl
Hydrozoa gr. ~; zoa, Tiere
hygro- gr. hygros, feucht
Hymeno- gr. hymen, Häutchen
Hymenoptera gr. ~; pteron, Flügel
Hyo-, Hyoid gr. hys, Rüssel
Hyper- gr. über, hinaus

Hypo- gr. unter
Hypodermis gr. ~; derma, Haut
Hypopharynx gr. ~; pharynx, Schlund
Hypophyse gr. ~; physis, Wuchs
Hypostom gr. ~; stoma, Mund
Hypostracum gr. ~; ostrakon, Schale

Ichthy- gr. ichthys, Fisch
Ileum l. Eingeweide, Weichen
Imago l. Bild, Abbildung (Vollinsekt)
Immersion l. immergo, ich tauche ein
Imperforata l. in-, un-; perforatus, durchbohrt
in- l. a) in, hinein, b) un-, ohne
Incus l. Amboß
Infundibulum l. Trichter
Infra- l. unterhalb
Infusion l. infusus, Aufguß
Ingestion l. ingestio, das Einführen
Inguinal- l. inguina, Weichen, Leistengegend
Insecta l. insecare, einschneiden, kerben
Inter- l. zwischen, dazwischen
interstitiell l. interstitium, Zwischenraum
Intestinum l. Darm
Intima l. intimus, der Innerste
Intra- l. innerhalb, innen
Intussuszeption l. intus, hinein; suscipere, aufnehmen
invers l. inversus, umgekehrt, abgewendet
Invertebrata l. in-, un-; vertebra, Wirbel
in vitro l. im Glase
in vivo l. in lebendem Zustand
Iridocyten gr. iris, Regenbogen, latin. zyte, Zelle, von gr. kytos, Gefäß
Irregularia l. in-, un-; regula, Regel
Ischium l. gr. ischion, Hüftknochen
Iso- gr. isos, gleich
Isogameten gr. ~; gametes, Gatte
Isogamie gr. ~; gamein, gatten
Isopoda gr. ~; pous, podos, Fuß
Isoptera gr. ~; pteron, Flügel

Jugale l. jugum, Joch

Kamptozoa gr. kampto, krümme; zoa, Tiere
Kardia gr. Herz, Magenmund
Karyon gr. Kern
Keratin, Keratosa gr. keras, Horn
Kineto-, Kinetosom gr. kinein, bewegen; soma, Körper
Kollagen gr. kolla, Leim
Kommissur, l. commissura, Verbindung
Kondylus gr. kondylos, Knochenfortsatz
Konjugation l. conjugatio, Verbindung, Paarung
Konnektiv, l. connexus, Verbindung
Kutikula, s. Cuticula

Labellum, Labium l. labium, Unterlippe
Labrum l. Oberlippe
Lacinia l. Zipfel, Fetzen
Lacrimale l. lacrima, Träne
Lagena l. Flasche
Lagomorpha gr. lagos, Hase; morphe, Gestalt
Lamellibranchia l. lamella, Blättchen; gr. branchia, Kiemen
latent, Latenz- l. latere, verborgen sein
lateral, Lateral- l. lateralis, seitlich
Lecitho- gr. lekythos, Dotter
-lemm gr. lemma, Schale, Hülse
Lepido-, Lepidoptera gr. lepis, Schuppe; pteron, Flügel
Lepto gr. leptos, zart
Leptotän gr. ~; l. taenia, Band
Leptostraca gr. ~; ostracon, Schale
Leuc(o)- gr. leukos, weiß
Ligula l. ligula, kleine Zunge
Limn(o)- gr. limne, stehendes Gewässer
Linguatulida l. lingua, Zunge
Lith- gr. lithos, Stein
Lobo-, Lobus l. lobus, Lappen
Lobopodien l. ~; gr. pous, podos, Fuß
Lophophor gr. lophos, Büschel, Hügel; phero, ich trage
Lorum l. Riemen, Zügel

Macr(o)-, Makr(o)- gr. makros, groß, lang
Malacostraca gr. malakos, weich, zart; ostracon, Schale
Malleus l. Hammer
Mallophaga gr. mallos, Wolle, phagein, fressen
Mammalia l. mamma, weibliche Brust
Mandibel, Mandibulare l. mandibula, Unterkiefer (bei Insekten Oberkiefer)
Manubrium l. Griff, Stiel
Marginalia l. marginalis, zum Rand gehörig
Marsupialia l. marsupium, Beutel
Mastig(o)- gr. mastix, mastigos, Geißel
Mastigophora gr. ~; phorein, tragen
Mastigonema gr. ~; nema, Faden
Maxillare l. Oberkiefer (bei Insekten Unterkiefer)
Mecoptera gr. mekos, Länge; pteron, Flügel
medial l. in der Mitte liegend
mediosagittal, s. Sagittalebene
Medulla l. Mark
Mega- gr. megas, groß

Meiose gr. meion, geringer
Mentum l. Kinn
-merit, Mero- gr. meros, Teil
Merozoit gr. ~; zoon, Lebewesen
Meso(o)-, gr. mesos, mitten
Mesencephalon gr. ~; enkephalos, Gehirn
Mesenchym gr. ~; enchyma, das Eingeschlossene
Mesenterium gr. ~; enteron, Inneres; (tuchartige Bauchfellduplikatur, an der der Darm befestigt ist)
Mesoderm gr. ~; derma, Haut
Mesogloea gr. ~; gloios, klebriges Öl
Mesorchium gr. ~; orchis, Hode; (Hodenaufhängeband)
Meta- gr. meta, nach, hinterher
Metabolie gr. meta-, um- (Änderung, Veränderung); bole, Wurf
Metacarpus gr. ~; karpos, Handwurzel
Metagenese gr. ~; genesis, Erzeugung
Metamerie gr. ~; meros, Teil
Metamorphose gr. ~; morphosis, Gestaltung
Metanephridium, Metanephros gr. ~; nephros, Niere
Micr(o)-, Mikr(o)- gr. mikros, klein
Mikrovilli gr. ~; l. villus, zottiges Haar
Mikrotubulus gr. ~; l. tubulus, Röhrchen
Mitochondrien gr. mitos, Faden; chondros, Korn
Mitose l. mitosis, fädige Anordnung; von gr. mitos, Faden
Mix-, -mixis gr. mixis, Vermischung
mixotroph gr. ~; trophe, Nahrung
Mollusca l. mollis, weich
Mon- gr. monos, einzig, allein, einzeln
Monimostylie gr. monimos, bleibend; stylos, Säule, Stütze
Monodelphia gr. ~; delphys, Gebärmutter
Monoplacophora gr. ~; plax, plakos, Platte; phoreo, ich trage
Monotremata gr. ~; trema, Öffnung
Monothalamia gr. ~; thalamos, Kammer
Monotocardia gr. ~; ous, otos, Ohr; kardia, Herz
Morph- gr. morphe, Gestalt
Musca l. Fliege
Mycetocyten gr. mykes, Pilz; latin. zyte von gr. kytos, Gefäß
Mycetom gr. ~; Nachsilbe -om bezeichnet eine Geschwulst
Myelencephalon gr. myelos, Mark; enkephalos, Hirn
Myo-, Muskel-, von gr. mys, myos, Maus (Muskel)
Myoblast gr. ~; blaste, Gebilde
Myofibrille gr. ~; fibrilla von fibra, Faser
Myotom gr. ~; tome, Abschnitt
Myri- gr. myrios, zahllos
Myriapoda gr. ~; pous, podos, Fuß
Myrmeleon gr. myrmex, Ameise; leon, Löwe
Myx- gr. myxa, Schleim

Nannoplankton gr. nannos, Zwerg; plankton, das Umhergetriebene
Narcomeduse gr. narke, Betäubung
Natantia l. natans, schwimmend
Nautilus gr. nautilos, Schiffer
Nekrose, nekrotisch gr. nekros, tot
Nema- gr. nema, nematos, Faden
Nemathelminthes gr. ~; helmis, Wurm
Nematomorpha gr. ~; morphe, Gestalt
Nemertini gr. Nemertes, Name einer Nereide
Neo- gr. neos, neu, jung
Neotenie gr. neos, jung; teinein, festhalten (im Jugend- bzw. Larvenstadium verharren)
Nephr(id)- gr. nephros, Niere
Nephridium gr. ~; -idios, ähnlich
Nephromixa gr. ~; mix, vermischt
Nephrostom gr. ~; stoma, Öffnung, Trichter
Nephrotom gr. ~; tome, Abschnitt
Neur-, Neural-, -neura gr. neuron, Nerv, Faser, Sehne
Neurolemm gr. ~; lemma, Schale, Hülse
Neuropil gr. ~; pilos, Filz
Neuroptera gr. ~; pteron, Flügel
Nidamental- l. nidamentum, Nistmaterial; von nidus, Nest
Noctiluca l. nox, Nacht; lux, Licht
Nomen-, l. nomen, Namen
Noto-, Notum gr. noton, Rücken
Nudibranchia l. nudus, nackt; gr. branchia, Kiemen
Nukleus l. nucleus, Kern
Nummulit l. nummulus, schlechtes Geld

Occipitale l. occiput, Hinterhaupt
Ocell-, Ocellus l. Verkleinerung von oculus, Auge
Octo- gr. okto, acht
Octobrachia gr. ~; brachion, Arm
Octocorallia gr. ~; korallion, rote Koralle
Oculus l. Auge
Oculomotorius l. ~; motor, Beweger
Odont-, -odont gr. odontes, Zähne

officinalis l. in der Apotheke gebräuchlich
Ökologie gr. oikos, Wohnung; logos, Lehre
Olfactorius l. olfacere, riechen
Oligo- gr. oligos, wenig
Oligochaeta gr. ~; chaite, Borste
Oligotricha gr. ~; thrix, trichos, Haar
oligotroph gr. ~; trophe, Nahrung
Omentum l. Netz
Ommatidium gr. omma, Auge
Omni- l. omnis, alles, jeder
Oncosphaera gr. onkos, Haken; sphaira, Kugel
Ontogonie gr. on, das Sein, das Lebendige; gone, Abkunft
Onychophora gr. onyx, Kralle; phorein, tragen
Oo- gr. oon, Ei
Oocyste gr. ~; kystis, Blase
Ookinet gr. ~; kinetos, beweglich
Ootyp gr. ~; typos, Form, Gepräge
Operculum l. Deckel
Ophi- gr. ophis, Schlange
Ophiuroidea gr. ~; oura, Schwanz
Opilio l. Schafhirt von gr. oiopolos, einsam
Opistho- gr. opisthen, hinten
Opisthobranchia gr. ~; branchia, Kiemen
Opisthonephros gr. ~; nephros, Niere
Opisthosoma gr. ~; soma, Körper
Opticus l. von gr. optike, das Sehen
oral l. oralis, zum Mund gehörig
Orch-, -orch gr. orchis, Hoden
Orbitale l. orbitus, kreisförmig
Ornis, Ornith- gr. ornis, ornithos, Vogel
Ortho- gr. orthos, gerade
Orthoneurie gr. ~; neuron, Nerv (Sehne)
Orthoptera gr. ~; pteron, Flügel
os l. Mund, Maul, Öffnung
os, ossi-, l. os, Knochen
Osculum l. Mündchen
Ösophagus gr. oisophagos, Schlund
Osphradium gr. osphrainomai, ich wittere
Ostariophysi gr. ostarios, knöchern; physa, Blase
Oste-, ostei gr. osteon, Knochen
Osteichthyes gr. ~; ichthyes, Fische
Ostium l. Tür
Ostrac-, Ostracoda gr. ostrakon, Schale, Gehäuse
Ostracum gr. ~
Ostrea l. Auster, Muschel
Östrus gr. oistros, Brunst
Ot- gr. ous, otos, Ohr
Otolith gr. ~; lithos, Stein
Ov- l. ovum, Ei
Ovar, Ovariole, Ovarium l. ovarius, zum Ei gehörig
Oviduct l. ~; ductus, Gang
ovipar l. ~; parere, gebären
Ovipositor l. ~; ponere, stellen, legen
Ovulation l. ovulatio, Eiablage, Eiaustritt

Pachy- gr. pachys, dick
Pachytän gr. ~; tainia, Band
Pädogamie gr. pais, paidos, Kind; gamein, gatten, begatten
Pädogenese gr. ~; genesis, Erzeugung
Paläo- gr. palaios, alt
Palatinum l. palatum, Gaumen
Pallium l. Mantel
Palpifer l. palpus, Taster; ferre, tragen
Palpigradi l. ~; gradus, Schritt
Palpus l. ~
Pan-, Pant- gr. pas (pantos), jeder, alles, ganz
Pantopoda gr. ~; pous, podos, Fuß
Papilio l. Schmetterling
Papillae l. papilla, Brustwarze
Papulae l. papula, Bläschen
Para- gr. neben
Parabronchus gr. ~; bronchos, Luftröhre
Paraglossa gr. ~; glossa, Zunge
Paraphyse gr. ~; physis, Wuchs
Parapodium gr. ~; pous, podos, Fuß
Paraproct gr. ~; proktos, After
Parasomal- gr. ~; soma, Rumpf
Parenchym gr. ~; enchyma, das Eingeschlossene
parietal, Parietale l. parietalis, zur Wand gehörig
Parotis gr. para, neben; ous, otos, Ohr
Pars l. Teil
Parthenogenese gr. parthenos, Jungfrau; genesis, Zeugung
Passer l. Sperling
Patella l. Schale, Schüssel
Pecten l. Kamm
Pectoralis l. pectus, Brust
Ped-, Pedes l. pes, pedis, Fuß
Pedalganglion l. ~; gr. ganglion, Knoten
Pedicellarie l. pedicella, kleine Fußschlinge
Pedicellus l. Verkleinerung von pediculus, Stengel, Stiel, Füßchen
Pediculus l. Laus
Pedipalpi l. pes, pedis, Fuß; palpus, Taster
Pellicula l. Häutchen
Penetrant l. penetrare, durchdringen
Peniculus l. Bürste
Penta- gr. pente, fünf
Pentamerie gr. ~; meros, Teil

Pentastomida gr. ~; stoma, Mund
Per-, per- l. durch
Peraeon gr. perao, ich gehe, schreite
Peraeopod gr. ~; pous, podos, Fuß
Perforata l. perforatus, durchbohrt
Peri- gr. um – herum
Periderm gr. ~; derma, Haut
Perikard gr. ~; kardia, Herz
Perineum l. perineus, Damm
Periostracum gr. ~; ostrakon, Schale, Gehäuse
Peripatus gr. peripatein, herumlaufen
Perisarc gr. peri-, um – herum; sarx, sarkos, Fleisch
Perissodactyla gr. perissos, ungerade; daktylos, Finger, Zehe
Peristom gr. peri-, um – herum; stoma, Mund
Peritoneum l. Bauchfell
Permeation l. permeare, durchgehen, durchwandern
Petiolus l. kleiner Fuß
Petrosum l. petrosus, felsig
-phag, Phago- gr. phagein, fressen
Phagocytose gr. ~; latin. zyte, Zelle; von gr. kytos, Gefäß
Pharynx gr. Schlund
Phasmida gr. phasma, Gespenst
-pher, -phor gr. pherein, tragen
-phil, Phil(o) – gr. philein, lieben
-phob, Phobie gr. phobos, Furcht; phobein, fliehen
-phor gr. phoreus, Träger
Phototaxis gr. phos, photos, Licht; taxis, Stellung, Richtung
Phragma gr. Zaun, Trennwand
Phyll-, -phyll gr. phyllon, Blatt
Phyllobranchien gr. ~; branchia, Kiemen
Phyllopoda gr. ~; pous, podos, Fuß
Phylogenie gr. phylon, Stamm; l. genesis, Entstehung
Phylum gr. ~
Physiologie gr. physis, Natur; logos, Lehre
Phyt- gr. phyton, Gewächs, Pflanze
Pilidium gr. pilidion, Filzmütze
Pinakocyt gr. pinax, pinakos, Schüssel; Gefäß, Urne; latin. zyte, Zelle von gr. kytos
Pineal- l. pinea, Kiefernzapfen
Pinn- l. pinna, Feder
Pinocytose gr. pino, ich trinke; latin. zyte, Zelle; von gr. kytos, Gefäß
Pisces l. Fische
Placo-, -placo- gr. plax, plakos, Platte
Placophora gr. ~; phoreo, trage
Placenta l. Kuchen
Placoid- von gr. plax, plakos, Platte
Plankton gr. das Umhergetriebene
Planta l. Fußsohle
Planula gr. planos, umherirrend
Plasma gr. Gebilde
Plasmodium s. Plasma
Plasmotomie gr. plasma, Gebilde; tome, Schnitt, das Schneiden
Plat(y)- gr. platys, breit, platt
Plathelminthes gr. ~; helmis, Wurm
Plecoptera gr. plekein, flechten; pteron, Flügel
Pleon gr. pleo, ich schwimme
Pleomer gr. ~; meros, Teil
Pleopod gr. ~; pous, podos, Fuß
Plerocercoid gr. pleres, voll; kerkos, Schwanz
Pleur-, Pleura, pleural, Pleurum gr. pleura, Seite
Pleurobranchien gr. ~; branchia, Kiemen
Plexus l. Geflecht
Plica l. Falte
Pod-, -pod- gr. pous, podos, Fuß
Podobranchien gr. ~; branchia, Kiemen
Pogonophora gr. pogon, Bart; phoreo, ich trage
poikilotherm gr. poikilos, wechselnd; thermos, warm
Poly- gr. viel
Polychaeta gr. ~; chaite, Borste
Polycladida gr. ~; klados, Zweig
Polymastigina gr. ~; mastix, Geißel
Polymorphismus gr. ~; morphe, Gestalt
Polyp gr. polypous, vielfüßig
Polyplacophora gr. polys, viel, plax, plakos, Platte
Polythalamia gr. ~; thalamos, Kammer
Pons l. Brücke
Porifera l. porus, Pore; fero, ich trage
Porus l. Pore, Loch
Post- l. nach, hinter, hinten
posterior l. posterus, nachkommend, hinten
Prae- l. vorne, vorher, voran, vor
Praeputium l. Vorhaut
Praetarsus l. prae, vor, vorne; tarsus, Fuß(wurzel)
Priapulida l. nach dem Gott Priapus
Primates l. primas, einer der Ersten
Pro- gr. und l. vor
Proboscis l. Rüssel
Procercoid l. vor; kerkos, Schwanz
Processus l. procedere, hervortreten, fortschreiten

Proglottiden gr. proglottis, Zungenspitze
-proct gr. proktos, After
Proliferation l. proles, Sproß, Nachkomme; fero, ich bringe
Pronephros gr. pro, vor; nephros, Niere
Proso- gr. pros, pro, vor
Prosobranchia gr. ~; branchia, Kiemen
Prosoma gr. ~; soma, Rumpf, Körper
Prostata gr. prostates, Vorsteher
Prostomium gr. pro, vor; stoma, Mund
Prot- gr. protos, erster
Protocerebrum gr. ~; l. cerebrum, Gehirn
Protocöl gr. ~; koilos, ausgehöhlt
Protomerit gr. ~; meros, Teil
Protonephridien gr. ~; nephros, Niere
Protoplasma gr. ~; plasma, Gebilde
Protopodit gr. ~; pous, podos, Fuß
Protostomia gr. ~; stoma, Mund
Prototroch gr. ~; trochos, Kreis, Rad
Protozoa gr. ~; zoa, Tiere
Pseudo- gr. pseudes, falsch
Pseudopodium gr. ~; pous, podos, Fuß
Pter-, -ptera gr. pteron, Flügel
Pterygoid gr. ~; Flügel
Pubis l. pubes, Schamgegend
Pulmo l. Lunge
Pulmonata l. ~
Pulvilli l. pulvillus, kleines Polster
-pyge, Pygidium gr. pyge, Steiß, After
Pygostyl gr. ~; stylos, Pfeiler, Stütze
Pylorus gr. pyloros, Pförtner
Pyr- gr. pyros, Feuer

Quadratum l. Quadrat
Quartana l. quartus, vierte

radial l. radialis, strahlig
Radiolaria l. radiolus, kleiner Strahl
Radiolus l. ~
Radula l. Schabeisen
Ramus l. Ast, Zweig
Rana l. Frosch
re- l. zurück, entgegen, nochmal
Receptaculum l. Behälter
Receptor l. Aufnehmer, Empfänger
Rectum l. rectus, gerade
Redie benannt nach dem Franzosen Redi 1626–1697
Regularia l. regularis, regelmäßig
Reno-, l. ren, renis, Niere
Reptantia l. reptare, kriechen
Reticulum l. kleines Netz
Retina l. rete, Netz
Retractor l. Rückzieher
Rhabdit gr. rhabdos, Stab
Rhachis gr. Rückgrat
Rhaph- gr. rhaphe, Naht
Rheoplasma gr. rhein, fließen; plasma, Gebilde
Rhin- gr. rhis, rhinos, Nase
Rhizo- gr. rhiza, Wurzel
Rhizopoda gr. ~; pous, podos, Fuß
Rhopalium gr. rhopalon, Keule
Rhynch- gr. rhynchos, Rüssel, Schnauze
Rhynchobdellodea gr. ~; bdella, Blutegel
Rhynchota gr. ~; rhynchos, Rüssel
Rodentia l. rodere, benagen
Rostellum l. kleiner Schnabel
Rostrum l. Schnabel
rostral l. zum Rostrum gehörig
Rotatoria l .rotator, Dreher
Ruminantia l. ruminare, wiederkäuen

Sacc- l. saccus, Tasche, Sack
Sacculus l. Säckchen
sagitta l. Pfeil
Sagittal l. sagittalis, zur Symmetrieebene gehörig
Sagittalebene, die Symmetrieebene des Körpers (Mediosagittalebene) und alle dazu parallelen Ebenen (Laterosagittalebenen)
Sapro- gr. sapros, faulig
Sarco- gr. sarx, Fleisch
Scaphognathit gr. skaphe, Aushöhlung, Nachen, Kahn, gnathos, Kiefer
Scaphopoda gr. ~; pous, podos, Fuß
Scapula l. Schulterblatt
Scapus l. Schaft, Stiel
Schizo- gr. schizein, spalten
Schizogonie gr. ~; gone, Abkunft
Scler-, Skler- gr. skleros, hart
Scleroblast gr. ~; blastos, Gebilde
Scolex gr. skolex, Wurm
Scutellum, Scutum l. scutum, Schild
Scyph- gr. skyphos, Becher
Scyphostoma gr. ~; stoma, Mund
Sedentaria l. sedentarius, festsitzend
Semaeostomeae gr. semeion, Fahne; stoma, Mund
Semi- l. semi, halb
seminalis l. semen, Samen
Sensillum l. sensus, Sinn
Septum l. saepiere, einzäumen, abteilen
sessil l. sessilis, zum Sitzen geeignet
Simiae l. simia, Affe
Simplicidentata l. simplex, einfach; dentatus, bezahnt
sinister l. links
Sinus l. Bucht, Falte

Sipho(n)- gr. siphon, Röhre
Siphonoglyphe gr. ~; glyphe, Furche, Kerbe
Skler-, skler-, Sklerit gr. skleros, hart
-skop- gr. skopein, sehen
Solen- gr. solen, Röhre
Solenocyten gr. ~; latin. zyte, Zelle von gr. kytos, Gefäß
Solifugae l. sol, Sonne; fuga, Flucht
Som-, Somato-, -som gr. soma, Körper
Somatopleura gr. ~; pleura, Seite
Species l. Art, Gestalt
Spermatophor gr. sperma, Same; phoreo, ich trage
Sphenoid, Sphen- gr. sphen, Keil
Sphinkter gr. sphingo, ich umschließe
Spiculum l. Spitze, Stachel
Spina l. Dorn, Stachel, Gräte, Rückgrat
Spinal-, spinal l. Rückgrat
Spir- 1. l. spira, Windung; 2. l. spirare, atmen
Spiralia l. spiralis, gewunden
Spirographis l. ~; graphe, Schrift
Splanchn- gr. splanchna, Eingeweide
Splanchnotom gr. ~; tome, Schnitt
Splanchnopleura gr. ~; pleura, Seite
Spongia, Spongi- l. spongia, Schwamm
Spongoblast ~; gr. blaste, Keim
Sporo-, -sporidia gr. sporos, Saat, Keim
Sporocyste gr. ~; kystis, Blase
Sporogonie gr. ~; gone, Abkunft
Squamosum l. squamosus, schuppig
Stapes l. stapia, Steigbügel
Statoblast l. stare, haften, verankern; gr. blaste, Gebilde
Statocyste l. status, Stellung, Lage; gr. kystis, Blase
Statolith l. ~; gr. lithos, Stein
Stauro- gr. stauros, Pfahl
Sten-, steno- gr. eng
Stereo- gr. stereos, steif, fest
Sternorrhyncha gr. sternon, Brustbein; rhynchos, Schnauze, Rüssel
Sternum gr. sternon, Brustbein
Stigma gr. Stich, Mal, Fleck
Stipes l. Pfahl, Baumstamm
Stolo l. Wurzelsproß
Stom-, Stoma-, -stom gr. stoma, Mund
Stomodaeum gr. ~; daiomai, ich teile ab
Stratum l. Schicht, Lage
Streps-, Strept- gr. streptos, gewunden, verdreht
Streptoneurie gr. ~; neuron, Nerv
Streptostylie gr. ~; stylos, Stiel
Strobilation gr. strobilos, Kreisel, Wirbel, Nadelholzzapfen
Styl-, -styl, Styli l. stilum, Stiel, Säule; gr. stylon, Griffel
Stylommatophora l. ~; omma, Auge; phoreo, ich trage
Sub- l. sub, unter, fast
Subitan- l. subitaneus, rasch entstehend
Submentum l. sub, unter; mentum, Kinn
Subumbrella l. ~; umbrella, Schirm
Suctoria l. suctus, das Saugen
Super-, Supra- l. super, über, oberhalb
superficiell l. ~; superficies, Oberfläche
Sykon gr. sykon, Feige
Symbiose gr. symbioein, zusammenleben
Syn-, sym gr. mit, zusammen, gemeinsam
Synapse aus gr. syn-, zusammen und (h)apsis, Verknüpfung, Wölbung
Syncytium gr. ~; l. zyte, Zelle von gr. kytos, Gefäß
Synkaryon gr. ~; karyon, Kern
synonym gr. ~; onoma, Name
Syrinx gr. Hirtenflöte
Systole gr. von systellomai, ich schrumpfe (Zusammenziehung des Herzmuskels)

Taenia l. Band; taeniola, Bändchen
Tagma, Mehrz. Tagmata; gr. Anordnung
Tapetum l. Teppich
Tardigrada l. tardus, langsam; gradus, Schritt
Tarsalia von Tarsus
Tarsus l. Fuß
Tax-, Taxo- gr. taxis, Reihe, Ordnung, Einordnung
Taxis, -taxis gr. ~
Taxonomie gr. ~; nomos, Regel, Gesetz
Tectum l. Dach
Tegmentum l. Decke
Tel- gr. telos, Ende, Ziel
Tele- gr. tele, aus der Ferne, fern
Telencephalon gr. telos, Ende, Ziel; enkephalon, Gehirn
Teleostei gr. teleos, vollkommen; osteon, Knochen
Telo- gr. telos, Ende, Ziel
telolecithal gr. ~, (hier oberer Pol); lekythos, Ölflasche, Dotter
Telson gr. Grenzmark
Tentaculata l. tentaculum, Fühler
Tergit, Tergum l. tergum, Rücken
Testacea l. testaceus, mit Schale
Testis l. Hoden
Tetra- gr. vier

Thalamo-, -thalamia gr. thalamos, Kammer
Thalass- gr. thalatta, Meer
Theca, Thec-, -theca gr. theke, Behälter
Theria, -theria gr. therion, (Säuge-)Tier
Thigmo- gr. thigma, Berührung
Thorac-, Thorax gr. thorax, Panzer
Thyreoidea gr. thyreos, Schild
Tysanoptera gr. thysanos, Franse; pteron, Flügel
Tibia l. Schienbein
Tok-, -tok gr. tokein, gebären
Tom-, -tom gr. tome, Schnitt, Abschnitt
Tonsillen l. tonsillae, Mandeln
Torma gr. Loch, in das ein Zapfen gesteckt wird
Tox(o)- gr. toxikos, giftig
Trachea gr. Luftröhre, von trachys, rauh
Trachee s. Trachea
Trachy- gr. trachys, rauh, fest, starr
Tractus l. tractus, Strang
trans- l. jenseits, über hinaus, über
transversal l. transversalis, quer, schräg-liegend
Transversalebene l. ~; Querebene; Ebene senkrecht zur Körperlängsachse
Trematodes gr. trema, Loch, Saugnapf
Tri- gr. tris, dreimal
Trich-, Tricho- gr. thrix, trichos, Haar
Trichobranchien gr. ~; branchia, Kiemen
Trichocyste gr. ~; kystis, Blase
Trichobothrium gr. ~; bothros, Grube
Trichoptera gr. ~; pteron, Flügel
Tricladida gr. treis, drei; klados, Zweig
Trigeminus gr. ~; l. geminus, zugleich geboren
Tritocerebrum gr. tritos, dritter; l. cerebrum, Gehirn
Trivium l. Dreiweg, Scheideweg
Troch-, -troch gr. trochos, Rad, Ring, Kreis, Scheibe, Reifen
Trochanter, Trochantinus gr. ~; anteres, gegenüber
Trochlearis l. trochlea, Rolle, Winde
Trochophora gr. ~; phorein, tragen
Tropismen gr. tropos, Wendung
Troph-, troph gr. trophe, Ernährung
Trophozoit gr. ~;
Truncus l. Stamm
Tuba l. Röhre
Tuberculum l. Knötchen
Tubularia l. tubulus, Röhrchen
Tunica, Tunicata l. tunica, Unterkleid, Doppelrock, Haut
Turbellaria l. turbare, umherwirbeln
Turgor l. das Angeschwollensein
Tympanal-, Tympanicum l. tympanum, Handtrommel
Typhlosolis gr. typhlos, blind; solen, Rinne

Ulna l. Elle
Umbrella l. Schirm
Uncinatus l. mit Haken versehen
undulierend l. kleine Wellen schlagend
Unguis l. Nagel, Klaue
Ungulata Huftiere, von Unguis ↗
Ureter gr. oureter, Harnleiter
Urethra gr. ourethra, Harnröhre
Uro- gr. oura, Schwanz
Urodela gr. ~; delos, deutlich
Urogenital- l. urina, Harn; genitalia, Geschlechtsteile
Uropod gr. oura, Schwanz; pous, podos, Fuß
Uterus l. Gebärmutter
Utriculus l. kleiner Schlauch
Uvula l. kleine Traube

Vagina l. Scheide
vagus l. umherschweifend
Valva l. Türflügel, Klappe
Valvifer l. ~; ferre, tragen
Vas l. Gefäß
vascular l. vasculum, kleines Gefäß
Veliger l. segeltragend, von velum, Segel; gerere, tragen
Velum l. Segel
Vena l. Blutader
Venter l. Bauch
ventral l. ventralis, zum Bauch gehörig
Ventrikel l. ventriculus, kleiner Bauch, Herzkammer
Vermes l. vermis, Wurm
Vertebrata l. vertebratus, mit vertebrae, Wirbeln; gelenkig
Vertex l. Scheitel
Vesica, Vesicula l. Blase, Bläschen
Vestibulum l. Vorhof
Villi l. villus, Zotte
Viscera l. Eingeweide
visceral l. visceralis, zu den Eingeweiden gehörig
Visceropleura l. ~; pleura, Seite
Vitellarium l. vitellum, Dotter
vivipar l. vivus, lebendig; parere, gebären
Volvent l. volvere, sich rollen (um)
Vomer l. Pflugschar

-xanth- gr. xanthos, gelb
Xantophyll gr. ~; phyllon, Blatt

Xiph- gr. Xiphos, Schwert
Xiphosura gr. ∼; oura, Schwanz

Zentriol l. centrum, Mitte
Zentrosom l. ∼; gr. soma, Körper
Zoëa gr. zoon, Tier aus zoe, Leben
Zonula l. Verkleinerung von zona, Zone
Zoo-, -zoon gr. zoon, Tier
Zyg-, gr. zygon, Joch (verbinden, zusammen-)
Zygote gr. ∼
Zyklose gr. kyklosis, Einkreisung
Zyste gr. kystis, Blase
Zyto- latin. zyte, Zelle von gr. kytos, Gefäß

Sachregister

I

M

T

U

V